**ttl 74er digital**

ttl + cmos

integrierte Schaltungen
integrated circuits
circuits intégrés
circuiti integrati
circuitos integrados

datenlexikon
data dictionary
lexique de données
enciclopedia dati
lexicon de datos

vergleichstabelle
comparison table
table d'équivalence
tabella comparativa
tabla comparativa

ISBN 3-88109-032-0

Dieses Buch ist hinterlegt und urheberrechtlich geschützt. Alle Rechte beim Herausgeber. Die Vervielfältigung, Übersetzung, Mikroverfilmung sowie die Einspeicherung und Verarbeitung von Daten in elektronischen Systemen ist strafbar.

This book is deposited and protected by copyright. All rights reserved to the editor. The reproduction, translation, microfilming as well as storing and processing of data in electronic systems are liable to prosecution.

Cet ouvrage est déposé et sa propriété littéraire est protégée. Tous les droits sont réservés à l'éditeur. La reproduction, traduction, le microfilmage ainsi que la mise en mémoire et le traitement de données dans des systèmes électroniques sont punissables.

Questo libro è depositato e soggetto a protezione di diritto d'autore. Tutti i diritti presso l'editore. Sono passibili a sanzioni penali la riproduzione, traduzione, riduzione microcinematografica nonchè la memorizzazione e l'elaborazione di dati in sistemi elettronici.

Este libro ha sido depositado, derechos de autor reservados. Copyright en manos del editor. La multiplicación, traducción, toma de micropelículas y el registro y la elaboración de datos en y con sistemas electrónicos serán perseguidos por la Ley.

IMPRESSUM

Herausgeber:	ECA · Electronic + Acustic GmbH Postfach 40 05 05 Telex 5 21 54 53 eca d Telefax 16 62 31 D-8000 München 40
Autor:	E. Gaßner
Umschlag-Design:	ECA Electronic, Gerhard Ruder
Fotosatz:	ECA
Druck:	Walter Biering GmbH, München
Einband:	Bückers GmbH Industrielle Buchbinderei, Anzing

© 1989 by ECA

VERTRETUNGEN / DISTRIBUTORS

BELGIE/BELGIQUE	ITC International Trading Company N.V.-S.A. Chrysantenstraat 17 B-1020 Brüssel-Bruxelles Tel. 02/479.12.73 – 02/478.09.58
FRANCE	Et Pons SARL Gp ECA Electronique Pool 2000, Lö Mail F-07130 Saint-Peray Téléphone (75) 40 51 51
GREAT BRITAIN	Electro-Replacement Ltd., Unit 1 Moor Park Industrial Centre, Tolpits Lane, Watford WD1 8SP. Telephone 0923/55344 3 lines Telex 261 507 Ref 3517
ΈΛΛΑΣ	Georgios Antoniadis Elektronik Mavili Str. 10 Thessaloniki/Griechenland Tel. 031-516.368
ISRAEL	Beltzer Electronics 17, Har Zion Blvd. 66057 Tel-Aviv, Israel Tel. 03-82 82 56, 03-37 69 97
ITALIA	Elettroacustica Veneta S.N.C. di Galvan N. & C. Via Firenze 24 I-36016 Thiene Tel. 0445-36 19 04
NEDERLAND	NEDIS BV NL-5320 AB Hedel Postbus 70 Tel. 0 41 99-10 55 Telex 50 857 nedis bv
ESPAÑA	Berengueras Diputación, 219 08011 Barcelona Teléf. 32 33 651 Telefax 32 31 978
BRASIL	Livraria Alemã Ltda. Caixa Postal 109 89100 Blumenau SC Fone: (0473) 22 45 58

Faltblatt
Folding leaf
Depliant au bout
Foglio pieghévole in fondo
Hoja plegable

D Inhaltsverzeichnis		GB table of contents		F sommaire		I indice		E índice		section
	Seite		page		page		pagina		página	
Vorwort	VII	Preface	VIII	Préface	IX	Prefazione	X	Prólogo	XI	
Alphanumerisches Inhaltsverzeichnis	XV	Alphanumeric list of contents	XV	Table des matières alpha-numérique	XV	Indice alfanumerica	XV	Indice alfanumérico	XV	
Funktionelles Inhaltsverzeichnis	1-3	Functional list of contents	1-31	Table des matières fonctionnelle	1-59	Indice funzionale	1-87	Indice di funciones	1-115	1
Erläuterungen	1-145	Explanations	1-153	Explications	1-161	Spiegazioni	1-169	Aclaraciones	1-177	
Hersteller und ihre Abkürzungen	1-187	Abbreviations of manufacturers	1-187	Abréviations des fournisseurs	1-187	Abbreviazioni dei fabbricanti	1-187	Abreviaciones de los fabricantes	1-187	
Daten- und Vergleichstabelle	2-3	Data and comparison tables	2-3	Table des données et d'équivalence	2-3	Tabella comparativa di dati	2-3	Tabla comparativa y de datos	2-3	2
Gehäusezeichnungen	3-3	Case outline drawings	3-3	Dessins des boîtiers	3-3	Disegni di involucri	3-3	Esquemas de cápsulas	3-3	3
RAM	4-3	RAM	4-3	RAM	4-3	RAM	4-3	RAM	4-3	4
PROM	5-3	PROM	5-3	PROM	5-3	PROM	5-3	PROM	5-3	5
FPLA	6-3	FPLA	6-3	FPLA	6-3	FPLA	6-3	FPLA	6-3	6

VORWORT

Die vorliegende Neufassung der ECA Daten- und Vergleichstabelle »ttl 74er digital '86/87« erweitert das Datenpaket über digitale ttl (Transistor–Transistor-Logik) integrierte Schaltungen. ttl ist ursprünglicher Aspirant für Speicher und die geläufigste Form von IC-Logik.

Die 74er Serie ist wohl die mit Abstand beliebteste und gebräuchlichste Logik-Familie aller digitalen ICs. Durch die große Auswahl an logischen Funktionen sicherte sie sich den Vorzug.

Um allen Anwenderwünschen gerecht zu werden, wurde sie nicht nur durch zahlreiche neue Typen, sondern gegenüber dem Stand der inzwischen hinfälligen 1. Auflage »IC-ttl-Digital« um sieben neue Technologien (ALS, AS, C, F, HC, HCT und HCU) ergänzt und erweitert. Die neu hinzugekommenen Sectionen 4, 5 und 6 liefern Erläuterungen zu einigen komplexen Schaltungen wie Schreib-/Lesespeicher, programmierbare Lesespeicher und FPLAs.

Also liegt Ihnen eine völlig neu konzipierte Auflage mit dem Doppeltitel »ttl 74er« vor.

Aus dem Inhalt:
39 210 Kenndaten   31 Hersteller
14 914 Typen   15 Funktionsgruppen
   622 Anschlußzeichnungen 12 Technologien
   572 Typenfamilien
= 1 kompaktes Datenbuch

Wie bei allen ECA-Lexika wurde auch diese Tabelle in logische Abschnitte (Sectionen) unterteilt.

Um dem Benützer diese Datenflut nahe zu bringen, wurden einige Kapitel hinzugefügt, ergänzt oder völlig neu überarbeitet. Im alpha-numerischen Typenverzeichnis (Seite XV) sind keine Seitenzahlen, sondern die 74...er Bezeichnungen genannt, wodurch jede abweichende Typenbezeichnung sofort nachgeschlagen werden kann.

Section 1 »Funktionelles Inhaltsverzeichnis«: Wurde wesentlich erweitert und übersichtlicher gestaltet. Ist die Problemstellung, nicht aber der Typ bekannt, so ist das »Funktionelle Inhaltsverzeichnis« (Seite 1-3) eine wesentliche Hilfe für die Suche nach dem geeigneten Typ.

»Erläuterungen«: In bewährter Weise wird hier grundsätzliches aufgelistet und beschrieben; zum Beispiel wurden Erläuterungen zu den Datentabellen (gemeinsame Grenz- und Kenndaten), in den Tabellen angegebene Kenndaten (bei 25°C), Ein- und Ausgangsbeschaltungen, Erläuterungen zu den Funktionsgruppen, Abkürzungen in den Anschlußzeichnungen neu bearbeitet und definiert. Die »**Hersteller und ihre Abkürzungen**« sind auf Seite 1-187 nachzuschlagen.

Section 2: Das bewährte Konzept, alle wesentlichen Fakten wie Kurzbeschreibung, Daten, Vergleiche, Hersteller, Anschlußzeichnungen, Logiktabellen und, wenn nötig, auch Hinweise auf einer Seite anzuordnen, wurde beibehalten.

Dieser Umstand machte es notwendig, auf spezielle Daten zu verzichten, die ohnehin nur im Extremfall vom Entwickler benötigt werden. Trotzdem geht die Section 2 über eine Sammlung von »Kurzdaten« hinaus, alle wesentlichen Aspekte wurden berücksichtigt: Stromaufnahme, Ein- und Ausgangslastfaktoren, die wichtigsten Schaltzeiten und Grenzfrequenzen. Die Ordnung des Tabellentextes basiert auf der 74... Serie, die am verbreitetsten ist. Die Reihenfolge ist streng numerisch aufsteigend, beginnend mit 7400.

Ein **ausklappbares Faltblatt** am Umschlag des Buches erspart jetzt jedoch das Blättern in Section 1 nach den Testbedingungen, unter denen die aufgeführten Daten gelten.

Section 3 »Gehäusezeichnungen«: Die Bezeichnung der Gehäuse wurde vereinheitlicht (z. B. 14a), so daß die Zahl immer die Anzahl der Anschlüsse und der Kleinbuchstabe dahinter das Raster bzw. die Bauform angibt, die ebenfalls auf dem Faltblatt jederzeit abrufbar ist.

Die Gehäusezeichnungen sind als Prinzipzeichnungen zu verstehen, da die tatsächlichen Ausführungen von Hersteller zu Hersteller differieren.

Section 4 »RAM«: Erläuterungen der Schreib-/Lesespeicher.
Section 5 »PROMS«: Erläuterungen der programmierbaren Lesespeicher.
Section 6 »FPLA«: Erläuterung der feldprogrammierbaren Logikeinheiten.

Wir hoffen, daß diese »ttl-74er-Tabelle« ein unentbehrliches Werkzeug in Ihrer Datensammlung werden wird. Für eventuelle Abweichungen kann im Rahmen einer Vergleichstabelle keine Gewähr übernommen werden. Wie bei allen derart umfangreichen Datensammlungen müssen sich die Herausgeber natürlich Irrtum vorbehalten.

 **PREFACE**

The new edition of the ECA Table of Technical Data and References "ttl series 74 digital '86/87', reflects the expanded packet of integrated circuits employing transistor–transistor logic (ttl). ttl was the original candidate proposed for memory packages, and has become the most common form of IC logic.

The 74 series is by far the most popular and most often employed logic family of all the digital ICs. It remains in the forefront, thanks to the large selection of logic functions it has to offer.

In response to user requests, this series was not only supplement and expanded by numerous new types, but also updated by seven new technologies (ALS, AS, C, F, HC, HCT and HCU), as compared to the currency of the ICs described in the (meanwhile outmoded) initial edition, "IC-ttl-Digital". The new sections of the lexicon, sections 4, 5 and 6, provide explanations on complex circuits, namely RAMs, PROMs and FPLAs.

In other words, the (now available) new edition with the two key words "ttl 74" has been completely revised and redesigned.
Contents include: 39,210 specifications   31 manufacturers
                  14,914 types   15 functional groups
                  622 diagrams   12 technologies
                  572 type families
                  = all contained in one compact book of data

As is the case with all ECA lexicons, this lexicon is subdivided into logical tabular sections.

To get this wealth of data/information across to the user, several chapters have been added, and others supplemented or fully revised. The alphanumeric directory of types (page XV) does not give any page numbers; instead the designations used in the 74 series are listed, permitting immediate referencing of any type name.

Section 1 "Table of Functions": This section has been greatly expanded and reorganized in a more easily comprehensible form. When the kind of type is not known, this "Table of Functions" (page 1-31) directory provides the help one needs in finding the suitable type to solve the problem.

"Explanations": Here the basics are listed and described in a manner proven to be effective. For example explanations about the data tables (mutual limiting data and specifications) were re-edited and newly defined, as well as the characteristics (at 25°C) specified in the tables, input and output wiring schemes, explanations on the functional groups, and abbreviations in the connection diagrams. **"Manufacturers and their Codes"** can be looked up by referring to page 1-187.

Section 2: The tried and tested concept of locating all important facts and information such as a brief description, technical specifications, references, manufacturer, connection diagrams, logic tables, and if necessary, also notes, on just one page, has also been employed in this lexicon.

This approach made it necessary to dispense with some data, which the developer would anyway only require in extreme cases. Nevertheless Section 2 goes beyond the boundaries of a mere collection of "condensed data", since all essential aspects are taken into account; for instance power consumption, input and output load factors, and the most important switching times and limit frequencies. The arrangement of the table text had the 74 series as its foundation, for this is the most wide-spread series. The order of sequence is strictly numeric and ascending, beginning with 7400.

A **fold-out page** on the jacket of the book makes it unnecessary to leaf through Section 1 for the test conditions under which the technical data will apply.

Section 3 "Case Outlines": The designations for the cases were made uniform (e.g. 14a), so that the numeric figure always corresponds to the number of connections and so that the lowercase letter behind it always indicates the relevant grid or the design type, which can likewise be referenced at any time using the fold-out page.

The enclosure diagrams must be regarded as basic diagrams since the actual product models vary from manufacturer to manufacturer.

Section 4 "RAM": Explanations on the random-access memories.

Section 5 "PROMS": Explanations on the programmable read-only memories.

Section 6 "FPLA": Explanation of the field-programmable logic arrays.

We hope that this table, the "ttl-74", will soon become an indispensable tool in your collection of technical data. We cannot accept liability for any discrepancies within the framework of a relational table. As is the case with all such extensive collections of data, the publishers cannot exclude the possibility of error.

PREFACE

Cette édition remaniée du tableau d'équivalence et des données ECA «Circuits intégrés numériques ttl de la série 74, 1986/87» élargit le paquet de données concernant les circuits intégrés ttl numériques (logique transistor – transistor). ttl représente l'aspirant initial pour les mémoires et la forme la plus courante de logique à circuits intégrés (IC).

La série 74 est de loin la famille de logique la plus estimée et la plus utilisée parmi tous les IC numériques qui s'est ansi assurée la préférence grâce à un grand choix de fonctions logiques.

Pour faire face aux désirata des utilisateurs, l'édition n'a pas été seulement complétée et élargie par de nombreux types nouveaux mais aussi par 7 technologies nouvelles (ALS, AS, C, F, HC, HCT et HCU) par rapport à l'état de la première édition qui est périmée entre temps «IC-ttl-Digital» (IC ttl numériques). Les nouvelles sections ajoutées 4, 5 et 6 donnent des explications relatives à quelques circuits complexes, tels que les mémoires de lecture-écriture, mémoires de lecture programmables et unités logiques à champ programmable (FPLA).

Vous disposez donc dès à présent d'une édition de conception tout à fait nouvelle portant le titre «ttl série 74».

Extrait du contenu: 39 210 **Données caracterist.** 31 **Fabricants**
14 914 **Types** 15 **Groupes fonct.**
622 **Schémas de connex.** 12 **Technologies**
572 **Familles de types**
= 1 **Manuel technique compact**

Ce tableau a été aussi subdivisé en paragraphes (sections) logiques comme dans tous les lexiques ECA.

Dans le but d'appliquer à l'utilisateur ce flux de données, quelques chapitres ont été ajoutés, complétés ou totalement révisés. Dans le répertoire alphanumérique des types (page XV), les désignations 74... ont été indiquées à la place des numéros de page, ce qui permet de localiser immédiatement chaque désignation de type divergente.

Section 1 «Table des matières fonctionnelle»: Cette section a été élargie d'une manière considérable et arrangée de façon plus claire. Dans le cas où les données du problème sont connues, mais pas le type, la «Table des matières fonctionnelle» (page 1-59) représente une aide considérables lors de la recherche du type convenable.

«Explications»: Dans ce chapitre, on donne d'une manière qui a fait ses preuves, une liste complète avec description: Par exemple, des explications relatives aux tableaux de données (caractéristiques et données limites communes), les caractéristiques indiquées dans les tableaux (à 25°C), circuits d'entrée et de sortie, explications relatives aux groupes fonctionnels, abréviations figurant dans les schémas de connexion, ont été révisés et redéfinis. Les **«Fabricants et leurs abréviations»** sont indiqués à la page 1-187.

Section 2: La conception ayant fait ses preuves de classer tous les faits essentiels, tels que description abrégée, données, comparaisons, fabricants, schémas de connexion, tableaux logiques et, si nécessaire, des indications également concernant une page, a été conservée.

Cette circonstance a conduit à renoncer aux données spéciales qui ne sont utilisées par le concepteur que dans des cas extrêmes. Malgré cela, la section 2 dépasse le cadre d'un répertoire de «données abrégées», tous les aspects essentiels ont été pris en considération: Consommation de courant, facteurs de charge d'entrée et de sortie, les temps de commutation les plus importants et les fréquences limites. La structure du texte de tableau est basée sur la série 74... qui est la plus répandue. L'ordre suit rigoureusement la croissance numérique en commençant par 7400. Un dépliant se trouvant sur la couverture du manuel épargne maintenant de feuilleter dans la section pour trouver les conditions de test sous lesquelles les données indiquées sont valables.

Section 3 «Schémas des boîtiers»: La désignation des boîtiers a été unifiée (par exemple 14a), de manière que le chiffre indique toujours le nombre de connexions et que la lettre miniscule se trouvant derrière le chiffre indique le pas ou la forme de construction pouvant être référencée en tout temps sur le dépliant.

Les schéma des boîtiers doivent être interprétés en tant que schémas de principe, étant donné que les exécutions effectives divergent d'un fabricant à l'autre.

Section 4 «RAM»: Explications relatives aux mémoires d'écriture-lecture.
Section 5 «PROMS»: Explications relatives aux mémoires de lecture programmables.
Section 6 «FPLA»: Explications relatives aux unités logiques à champ programmable.

Nous espérons que ce «tableau ttl série 74» sera un outil indispensable dans votre répertoire de données. Pour des divergences éventuelles, aucune garantie ne peut être prise en charge dans le cadre d'un tableau d'équivalence. Les éditeurs doivent naturellement se réserver le droit d'erreur comme pour tous les répertoires de données similaires parfois très complexes.

PREFAZIONE

La presente nuova versione della tabella di dati e di comparazione ECA «ttl 74 digitale '86/87» estende il pacchetto dati su ttl digitali di circuiti integrati (logica transistore – transistore). ttl è l'aspirante originario per memorie e la forma più corrente di logica IC.
La serie 74 è certamente di gran lunga la più preferita ed usuale famiglia logica di tutti gli ICs digitali. Grazie alla grande scelta di funzioni logiche essa si assicura la preferenza.
Per poter soddisfare tutti i desideri degli utenti è stata integrata ed estesa non solo per mezzo di numerosi nuovi tipi, ma al confronto con la situazione della prima edizione «IC-ttl-Digital» nel frattempo non più valida anche di sette nuove tecnologie (ALS, AS, C, F, HC, HCT e HCU). Le nuove adottate sezione 4, 5 e 6 forniscono spiegazioni relative ad alcuni circuiti complessi, quali memorie di registrazione/lettura, memorie di lettura programmabili e FPLAs.
Siete quindi in possesso di un'edizione concepita completamente a nuovo col titolo doppio «ttl 74er».

Dal contenuto:	39.210 dati caratteristici	31 produttori
	14.914 tipi	15 gruppi funzionali
	622 disegni di colleg.	12 tecnologie
	572 tipi di famiglia	

= 1 libro dati compatto

Come nel caso di tutti i dizionari ECA, anche questa tabella è stata suddivisa in sezioni logiche.
Per rendere più comprensibile all'utente questo flusso di dati, sono stati aggiunti, integrati o completamente rielaborati alcuni capitoli. Sull'indice alfa-numerico dei tipi (pagina XV) non sono indicati numeri di pagine ma le denominazioni 74..., sicchè ogni denominazione di tipo diversa potrà essere immediatamente riscontrata.
Sezione 1 «Indice funzionale»: E' stato notevolmente esteso e reso più comprensibile. Se è noto il problema da risolvere, non tuttavia il tipo, «l'indice funzionale» (pagina 1-87) è un notevole aiuto per la ricerca del tipo appropriato.
«Spiegazioni»: In modo provato qui vengono elencati e descritti elementi fondamentali. Sono stati ad esempio nuovamente lavorati e definiti spiegazioni relative alle tabelle dei dati (dati limiti e caratteristici in comune), dati caratteristici indicati nelle tabelle (a 25°C), cablaggi d'entrata e d'uscita, spiegazioni relative ai gruppi funzionali ed abbreviazioni nei disegni di collegamento. I **«Produttori e loro abbreviazioni»** si possono trovare alla pagina 1-187.
Sezione 2: E' stato conservato il provato concetto di disporre su una pagina tutti i fattori essenziali, quali la descrizione in breve, i dati, i paragoni, i produttori, i segni di collegamento, le tabelle logiche e, se necessario, anche avvertimenti.
Questo fatto rende necessario di rinunciare a dati speciali per il resto adoperati dallo sviluppatore solo in casi estremi. Malgrado ciò la sezione 2 passa oltre ad una collezione di «dati in breve», sono stati infatti tenuti in considerazione tutti gli aspetti essenziali: mancanza di corrente, fattori di carico d'entrata e uscita nonche i più importanti tempi di commutazione e le frequenze limite. La disposizione del testo delle tabelle è basata sulla serie 74 più diffusa. La successione è severamente numericamente ascendente, iniziando con 7400.
Un foglio piegato apribile alla copertina del libro risparmia tuttavia ora di sfogliare la sezione 1 alla ricerca delle condizioni di test alle quali valgono i dati riportati.
Sezione 3 «Disegni di carcassa»: La definizione delle carcasse è stata unificata (ad esempio 14a) dimodochè il numero indica sempre la quantità dei collegamenti e la retrostante lettera minuscola il reticolo ossia la forma di costruzione richiamabile ogni momento sul foglio piegato. Le definizioni di carcassa vanno intese come disegni di principio, poichè le effettive esecuzioni variano da produttore a produttore.
Sezione 4 «RAM»: Spiegazioni delle memorie di registrazione/lettura.
Sezione 5 «PROMS»: Spiegazioni delle memorie di lettura programmabili.
Sezione 6 «FPLA»: Spiegazioni delle unità logiche programmabili a campo.
Speriamo che questa «tabella ttl-74» diventerà un indispensabile strumento nella vostra raccolta di dati. Per eventuali variazioni nell'ambito di una tabella comparativa non si possono dare delle garanzie. Come nel caso di tutte le raccolte di dati così ampie, gli editori si debbono naturalmente riservare eventuali errori.

 **PROLOGO**

La presente nueva edición de la tabla comparativa y de datos «ttl 74er digital '86/87» amplia la serie de libros de la editorial ECA sobre circuitos integrados digitales ttl (lógica transistor – transistor). La lógica ttl es para memorias y la forma más corriente de lógica integrada.

La serie 74 es sin duda la familia lógica más preferida y corriente de todos los circuitos integrados. Gracias a su gran gama de funciones lógicas ha conseguido mantener su primacía.

Para poder satisfacer todos los deseos de los usuarios no sólo se le han añadido numerosos tipos nuevos de componentes sino que además se incluyen seite nuevas tecnologías (ALS, AS, C, F, HC, HCT y HCU) respecto a la antigua primera edición «IC-ttl-Digital». Se han añadido las secciones 4, 5 y 6, que proporcionan información sobre algunos circuitos complejos, tales como memorias de lectura y escritura, memorias de sólo lectura programables y FPLA's.

La presente edición con el doble título «ttl 74er» es pues de diseño completamente nuevo.

De su contenido: **39 210 datos característicos**   **31 fabricantes**
                  14 914 tipos de circuitos   **15 grupos de**
                  622 esquemas de conexiones   **funciones**
                  572 familias de componentes   **12 tecnologías**
                  = **1 libro de datos compacto**

Al igual que todas las restantes obras de la editorial ECA, la presente tabla también está dividida en diferenes secciones.

Para poder proporcionar al usuario este sinnúmero de datos de forma ordenada, se han añadido algunos capítulos y otros se han ampliado o han sido redactados de nuevo. En el índice alfanumérico de tipos (página XV) no se indican páginas sino la denominación 74..., con lo que es posible consultar directamente cualquier variación de la denominacion de los componentes.

Sección 1 «Índice funcional»: Se ha ampliado considerablemente y ordenado de forma clara. Cuando se conoce el problema a solucionar pero no el tipo de componente, este **«Índice funcional»** (página 1-115) es una excelente ayuda en la búsqueda del tipo de componente adecuado.

«Aclaraciones»: Aquí se indican de forma ya conocida informaciones básicas; por ejemplo se han actualizado e incluido en las tablas de datos información sobre los datos límites y datos característicos (a 25°C), conexiones de entrada y de salida, aclaraciones sobre los grupos de funciones y abreviaturas en los esquemas de conexión. Los **«Fabricantes y sus abreviaturas»** pueden consultarse en la página 1-187.

Sección 2: Básicamente se ha mantenido la eficaz idea de indicar en una sola página todas las informaciones básicas: una breve mención de los datos, comparaciones, fabricantes, esquemas de conexiones, tablas de verdad y, de ser necesario, notas aclaratorias.

Por ello ha sido necesario prescindir de datos especiales, que además solamente son precisos en casos extremos. No obstante la sección 2 es más que una simple colección de datos breves; se han tenido en cuenta todos los aspectos básicos: consumo de corriente, factores de carga a la entrada y a la salida, los tiempos de conmutación más importantes y las frecuencias de corte. El orden de los textos da la tabla se basa en la serie 74..., que es la más frecuente; empezando por el 7400 van siguiendo los circuitos con numeración creciente.

Una **hoja plegable** unida a la cubierta del libro permite ahorrarse ahora el hojear en la sección 1 en busca de las condiciones de test válidas para los datos indicados.

Sección 3 «Croquis de las cápsulas»: Se ha unificado la denominación de las cápsulas (p. ej. 14a), indicando las cifras el número de terminales del chip, y la letra minúscula siguiente las distancias de la trama o la forma, que puede consultarse en cualquier momento en la hoja desplegable.

Los croquis de las cápsulas deben entenderse como simples esquemas indicativos, pues la forma exacta varía de fabricante a fabricante.

Sección 4 «RAM»: Aclaraciones sobre las memorias de lectura y escritura.

Sección 5 «PROMS»: Aclaraciones sobre las memorias de sólo lectura programables.

Sección 6 «FPLA»: Aclaraciones sobre las matrices lógicas programables.

Esperamos que la presente tabla «ttl-74» se convierta en una herramienta imprescindible en su biblioteca de trabajo. No obstante, como en el marco de una tabla comparativa es imposible garantizar la no existencia de alguna discordancia, al igual que en todas las recopilaciones de datos de esta envergadura los editores las publican salvo error u omisión.

Alphanumerisches Inhaltsverzeichnis
alphanumeric list of contents
table des matières alpha-numérique
indice alfanumerica
índice alfanumérico

Typ	s. Serien-Nr.	Typ	s. Serien-Nr.	Typ	s. Serien-Nr.	Typ	s. Serien-Nr.
CD 54HC...	74...	FJH 271	7486	FLH 171	7453	FLH 345	7486
CD 54HCT...	74...	FJH 281	74180	FLH 175	7453	FLH 351	7413
CD 74HC...	74...	FJH 291	7403-S3	FLH 181	7454	FLH 355	7413
CD 74HCT...	74...	FJH 301	7403-S1	FLH 185	7454	FLH 361	7443
D1...	74...	FJH 311	7401-S1	FLH 191	7402	FLH 365	7443
D2...	74...	FJH 321	7405-S1	FLH 195	7402	FLH 371	7444
DM 54...	74...	FJJ 101	7470	FLH 191S	7402-S1	FLH 375	7444
DM 54ALS...	74...	FJJ 111	7472	FLH 195S	7402-S1	FLH 381	7408
DM 54AS...	74...	FJJ 121	7473	FLH 201	7401	FLH 385	7408
DM 54H...	74...	FJJ 131	7474	FLH 205	7401	FLH 391	7409
DM 54L...	74...	FJJ 141	7490	FLH 201S	7401-S1	FLH 395	7409
DM 54LS...	74...	FJJ 151	7491	FLH 205S	7401-S1	FLH 391T	7409-S1
DM 74...	74...	FJJ 181	7475	FLH 201T	7401-S3	FLH 395T	7409-S1
DM 74ALS...	74...	FJJ 191	7476	FLH 205T	7401-S3	FLH 401	74181
DM 74AS...	74...	FJJ 211	7493	FLH 211	7404	FLH 405	74181
DM 74H...	74...	FJJ 241	7496	FLH 215	7404	FLH 411	74182
DM 74L...	74...	FJJ 251	7492	FLH 221	7480	FLH 415	74182
DM 74LS...	74...	FJJ 261	74107	FLH 225	7480	FLH 421	74180
DM 74S...	74...	FJK 101	74121	FLH 231	7482	FLH 425	74180
E 1...	74...	FJL 101	7441	FLH 235	7482	FLH 431	7485
FJH 101	7430	FJL 131	7413	FLH 271	7405	FLH 435	7485
FJH 111	7420	FJQ 111	7489	FLH 275	7405	FLH 441	7487
FJH 121	7410	FJY 101	7460	FLH 271S	7405-S1	FLH 445	7487
FJH 131	7400	FLH 101	7400	FLH 275S	7405-S3	FLH 451	74183
FJH 141	7440	FLH 105	7400	FLH 271T	7405-S3	FLH 455	74183
FJH 151	7450	FLH 111	7410	FLH 275T	7405-S3	FLH 481	7406
FJH 161	7451	FLH 115	7410	FLH 281	7442	FLH 485	7406
FJH 171	7453	FLH 121	7420	FLH 285	7442	FLH 481T	7416
FJH 181	7454	FLH 125	7420	FLH 291	7403	FLH 485T	7416
FJH 191	7480	FLH 131	7430	FLH 295	7403	FLH 491	7407
FJH 201	7482	FLH 135	7430	FLH 291S	7403-S1	FLH 495	7407
FJH 211	7483	FLH 141	7440	FLH 295S	7403-S1	FLH 491T	7417
FJH 221	7402	FLH 145	7440	FLH 291T	7403-S3	FLH 495T	7417
FJH 231	7401-S3	FLH 151	7450	FLH 295T	7403-S3	FLH 501	7412
FJH 241	7404	FLH 155	7450	FLH 291U	7426	FLH 505	7412
FJH 251	7405-S3	FLH 161	7451	FLH 295U	7426	FLH 511	7423
FJH 261	7442	FLH 165	7451	FLH 341	7486	FLH 515	7423

Typ	s. Serien-Nr.	Typ	s. Serien-Nr.	Typ	s. Serien-Nr.	Typ	s. Serien-Nr.
FLH 521	7425	FLJ 175	7492	FLJ 365	74118	FLK 125	74123
FLH 525	7425	FLJ 181	7493	FLJ 371	74119	FLL 101	74141
FLH 531	7437	FLJ 185	7493	FLJ 375	74119	FLL 111	7445
FLH 535	7437	FLJ 191	7495	FLJ 381	74196	FLL 115	7445
FLH 541	7438	FLJ 195	7495	FLJ 385	74196	FLL 111T	74145
FLH 545	7438	FLJ 201	74190	FLJ 391	74197	FLL 115T	74145
FLH 551	7448	FLJ 205	74190	FLJ 395	74197	FLL 121U	7446
FLH 555	7448	FLJ 211	74191	FLJ 401	74160	FLL 125U	7446
FLH 561	74184	FLJ 215	74191	FLJ 405	74160	FLL 121V	7447
FLH 565	74184	FLJ 221	7491	FLJ 411	74161	FLL 125V	7447
FLH 571	74185	FLJ 225	7491	FLJ 415	74161	FLL 151	74142
FLH 575	74185	FLJ 231	7494	FLJ 421	74162	FLL 171	74143
FLH 601	74132	FLJ 235	7494	FLJ 425	74162	FLL 175	74143
FLH 605	74132	FLJ 241	74192	FLJ 431	74163	FLL 171T	74144
FLH 611	7422	FLJ 245	74192	FLJ 435	74163	FLL 175T	74144
FLH 615	7422	FLJ 251	74193	FLJ 441	74164	FLQ 101	7489
FLH 621	7427	FLJ 255	74193	FLJ 445	74164	FLQ 105	7489
FLH 625	7427	FLJ 261	7496	FLJ 451	74165	FLQ 111	7481
FLH 631	7432	FLJ 265	7496	FLJ 455	74165	FLQ 115	7481
FLH 635	7432	FLJ 271	74107	FLJ 461	74166	FLQ 121	7484
FLH 661	7428	FLJ 275	74107	FLJ 465	74166	FLQ 125	7484
FLH 665	7428	FLJ 281	74104	FLJ 471	74167	FLQ 131	74170
FLJ 101	7470	FLJ 285	74104	FLJ 521	74115	FLQ 135	74170
FLJ 105	7470	FLJ 291	74105	FLJ 525	74115	FLQ 141	74200
FLJ 111	7472	FLJ 295	74105	FLJ 531	74174	FLY 101	7460
FLJ 115	7472	FLJ 301	74100	FLJ 535	74174	FLY 105	7460
FLJ 121	7473	FLJ 305	74100	FLJ 541	74175	FLY 111	74150
FLJ 125	7473	FLJ 311	74198	FLJ 545	74175	FLY 115	74150
FLJ 131	7476	FLJ 315	74198	FLJ 551	74194	FLY 121	74151
FLJ 135	7476	FLJ 321	74199	FLJ 555	74194	FLY 125	74151
FLJ 141	7474	FLJ 325	74199	FLJ 561	74195	FLY 131	74153
FLJ 145	7474	FLJ 331	7497	FLJ 565	74195	FLY 135	74153
FLJ 151	7475	FLJ 341	74110	FLK 101	74121	FLY 141	74154
FLJ 155	7475	FLJ 345	74110	FLK 105	74121	FLY 145	74154
FLJ 161	7490	FLJ 351	74111	FLK 111	74122	FLY 151	74155
FLJ 165	7490	FLJ 355	74111	FLK 115	74122	FLY 155	74155
FLJ 171	7492	FLJ 361	74118	FLK 121	74123	FLY 161	74156

Typ	s. Serien-Nr.	Typ	s. Serien-Nr.	Typ	s. Serien-Nr.	Typ	s. Serien-Nr.
FLY 165	74156	MB 442	7442	MM 54HCU...	74...	SN 74S...	74...
FLY 171	74157	MB 443	74145	MM 74C...	74...	SN 84...	74...
FLY 175	74157	MB 447	74180	MM 74HC...	74...	SN 84L...	74...
FLY 181	74120	MB 448	7485	MM 74HCT...	74...	SW 54...	74...
FLY 185	74120	MB 449	7486	MM 74HCU...	74...	SW 74...	74...
GFB 74...	74...	MB 450	74160	N 74...	74...	T 54...	74...
GJB 74H...	74...	MB 451	74162	N 74F...	74...	T 54H...	74...
GTB 74S...	74...	MB 456	74191	N 74H...	74...	T 74...	74...
HD 74...	74...	MB 460	74170	N 74LS...	74...	T 74H...	74...
HD 74ALS...	74...	MB 461	7489	N 74S...	74...	TD 34...	74...
HD 74LS...	74...	MB 74LS...	74...	NC 74...	74...	TL 74...	74...
HD 74S...	74...	MC 54...	74...	NC 74H...	74...	TL 84...	74...
IDT 74...	74...	MC 54ALS...	74...	NC 74L...	74...	TRW 74...	74...
ITT 54...	74...	MC 54AS...	74...	S 54...	74...	U3l 54...	74...
ITT 74...	74...	MC 54F...	74...	S 54F...	74...	U3l 74...	74...
ITT 84...	74...	MC 54H...	74...	S 54H...	74...	U6A 54...	74...
M 5S...	74...	MC 54HC...	74...	S 54LS...	74...	U6A 74...	74...
M 532...	74...	MC 54HCT...	74...	S 54S...	74...	U7A 74...	74...
M 533...	74...	MC 54HCU...	74...	S 84...	74...	US 54...	74...
M 74LS...	74...	MC 74...	74...	SFC 4...	74...	US 54H...	74...
M 74S...	74...	MC 74ALS...	74...	SFC 41...	741...	US 74...	74...
MB 400	7400	MC 74AS...	74...	SN 54...	74...	US 74H...	74...
MB 402	7420	MC 74F...	74...	SN 54ALS...	74...	ZN 54...	74...
MB 403	7430	MC 74H...	74...	SN 54AS...	74...	ZN 74...	74...
MB 404	7440	MC 74HC...	74...	SN 54H...	74...	µPB 2S...	74...
MB 405	7450	MC 74HCT...	74...	SN 54HC...	74...	µPB 201	7400
MB 407	7471	MC 74HCU...	74...	SN 54L...	74...	µPB 202	7410
MB 408	7480	MCB 54...	74...	SN 54LS...	74...	µPB 203	7420
MB 410	74107	MIC 54...	74...	SN 54S...	74...	µPB 204	7430
MB 411	7453	MIC 64...	74...	SN 64...	74...	µPB 205	7440
MB 416	7401	MIC 74...	74...	SN 74...	74...	µPB 206	7450
MB 417	7402	MIC 74H...	74...	SN 74ALS...	74...	µPB 207	7451
MB 418	7404	MIC 74L...	74...	SN 74AS...	74...	µPB 208	7453
MB 420	7474	MH 74...	74...	SN 74H...	74...	µPB 209	7454
MB 433	7438	MM 54C...	74...	SN 74HC...	74...	µPB 210	7460
MB 435	7437	MM 54HC...	74...	SN 74L...	74...	µPB 211	7470
MB 440	74123	MM 54HCT...	74...	SN 74LS...	74...	µPB 213	7413

XVII

Typ	s. Serien-Nr.	Typ	s. Serien-Nr.	Typ	s. Serien-Nr.	Typ	s. Serien-Nr.
µPB 214	7474	54LS...	74...				
µPB 215	7401	54S...	74...				
µPB 217	7475	74ALS...	74...				
µPB 219	7490	74AS...	74...				
µPB 222	7492	74F...	74...				
µPB 223	7493	74LS...	74...				
µPB 224	7476	74S...	74...				
µPB 225	7473						
µPB 226	7495						
µPB 230	7483						
µPB 233	7411						
µPB 234	7408						
µPB 235	7404						
µPB 236	7405						
µPB 237	7437						
µPB 238	7438						
µPB 20...	74...						
µPB 21...	74...						
1LB 311	7420						
1LB 312	7430						
1LB 316	7440						
1LB 551	7420						
1LB 552	7430						
1LB 553	7400						
1LB 554	7410						
1LB 556	7440						
1LB 558	7403						
1LP 551	7460						
1LR 551	7450						
1LR 553	7453						
1TK 551	7472						
1TK 552	7474						
1TR 551	7495						
54...	74...						
54ALS...	74...						
54AS...	74...						
54F...	74...						

Funktionelles Inhaltsverzeichnis 1–3
Erläuterungen 1–145

functional list of contents 1–31
explanations 1–153

table des matières fonctionnelle 1–59
explications 1–161

indice funzionale 1–87
spiegazioni 1–169

índice di funciones 1–115
aclaraciones 1–177

section

Hersteller und ihre Abkürzungen 1–187
abbreviations of manufacturers
abréviations des fournisseurs
abbreviazioni dei fabbricanti
abreviaciones de los fabricantes

Kurzbeschreibung	Typ	Pins	Output	N	ALS	AS	C	F	H	HC	HCT	HCU	L	LS	S
1. GATTER															
1.1. NAND															
1x12 NAND	74134	16	TS												x
1x13 NAND	74133	16	TP		x					x				x	x
1x8 NAND	7430	14	TP	x	x	x	x		x	x			x	x	x
2x2 NAND	748003	8	TP		x										
2x4 NAND	7420	14	TP	x	x	x	x	x	x	x	x		x	x	x
2x4 NAND	7422	14	OC	x	x				x					x	x
2x4 NAND (FQ=30)	7440	14	TP	x	x				x					x	x
2x4 NAND-Treiber	741020	14	TP		x										
3x3 NAND	7410	14	TP	x	x	x	x	x	x	x	x		x	x	x
3x3 NAND	7412	14	OC	x	x									x	x
3x3 NAND-Treiber	741010	14	TP		x										
4x2 NAND	7400	14	TP	x	x	x	x	x	x	x	x		x	x	x
4x2 NAND	7401	14	OC	x	x				x					x	x
4x2 NAND	7403	14	OC	x	x	x				x				x	x
4x2 NAND (15V)	7426	14	OC	x										x	
4x2 NAND (FQ=30)	7437	14	TP	x	x				x					x	x
4x2 NAND (FQ=30)	7438	14	OC	x	x									x	x
4x2 NAND (FQ=30)	7439	14	OC	x											
4x2 NAND-Treiber	741000	14	TP		x	x									
4x2 NAND-Treiber	741003	14	OC		x										
6x2 NAND	74804	20	TP		x	x									
1.2. NOR															
2x4 NOR	7425	14	TP	x											
2x4 NOR, expandierbar	7423	16	TP	x											
2x5 NOR	74260	14	TP											x	x

Kurzbeschreibung	Typ	Pins	Output	N	ALS	AS	C	F	H	HC	HCT	HCU	L	LS	S
3x3 NOR	7427	14	TP	x	x	x				x	x			x	
4x2 NOR	7402	14	TP	x	x	x	x	x		x	x		x	x	x
4x2 NOR	7436	14	TP							x					
4x2 NOR (FQ = 30)	7428	14	TP	x	x									x	
4x2 NOR-Treiber	741002	14	TP		x	x									
4x2 NOR-Treiber	741036	14	TP			x									
4x2 NOR-Treiber	7433	14	OC	x	x									x	
6x2 NOR-Treiber	74805	20	TP		x	x									
1.3. AND															
2x4 AND	7421	14	TP	x	x	x			x	x				x	
3x3 AND	7411	14	TP	x	x	x	x	x	x	x				x	x
3x3 AND	7415	14	OC		x				x					x	x
3x3 AND-Treiber	741011	14	TP		x										
4x2 AND	7408	14	TP	x	x	x	x	x	x	x	x			x	x
4x2 AND	7409	14	OC	x	x					x				x	x
4x2 AND-Treiber	741008	14	TP		x	x									
4x2 AND-Treiber (15V)	74131	14	OC	x	x	x									
4x2 AND-Treiber (30V)	74130	14	OC	x											
6x2 AND-Treiber	74808	20	TP		x	x									
1.4. OR															
4x2 OR	7432	14	TP	x	x	x	x	x		x	x			x	x
4x2 OR-Treiber	741032	14	TP		x	x									
6x2 OR-Treiber	74832	20	TP		x	x									
1.5. EX-NOR															
4x2 EX-NOR	74266	14	OC							x				x	
4x2 EX-NOR	74810	14	TP		x										
4x2 EX-NOR	74811	14	OC		x										
4x2 EX-OR/NOR	74135	16	TP												x

Kurzbeschreibung	Typ	Pins	Output	N	ALS	AS	C	F	H	HC	HCT	HCU	L	LS	S
1.6. EX-OR															
4x2 EX-OR	7486	14	TP	x	x		x	x		x	x		x	x	x
4x2 EX-OR	74386	14	TP							x				x	
4x2 EX-OR	74136	14	OC	x	x									x	x
4x2 EX-OR/NOR	74135	16	TP												x
1.7. Inverter															
6 Inverter	7404	14	TP	x	x	x	x	x	x	x	x	x		x	x
6 Inverter	7405	14	OC	x	x					x	x	x		x	x
6 Inverter	74366	16	TS	x	x					x	x			x	
6 Inverter	74368	16	TS	x	x					x	x			x	
6 Inverter (15V)	7416	14	OC	x										x	
6 Inverter (30V)	7406	14	OC	x										x	
6 Inverter-Treiber	741004	14	TP		x	x									
6 Inverter-Treiber	741005	14	OC		x										
1.8. Kombinationsgatter															
2 NAND + 2 Inverter	74265	16	TP	x											
AND/NAND-Treiber	74800	20	TP			x									
AND/NOR	7464	14	TP					x							x
AND/NOR	7465	14	OC												x
AND/NOR	7450	14	TP	x					x						
AND/NOR	7451	14	TP	x					x	x				x	x
AND/NOR	7454	14	TP	x					x					x	
AND/NOR, expandierbar	7452	14	TP						x						
AND/NOR, expandierbar	7453	14	TP	x					x						
AND/NOR, expandierbar	7455	14	TP						x					x	x
AND/OR	7458	14	TP							x					
OR-/NOR-Treiber	74802	20	TP			x									

Kurzbeschreibung	Typ	Pins	Output	N	ALS	AS	C	F	H	HC	HCT	HCU	L	LS	S
1.9. Schmitt-Trigger															
2x4 NAND Schmitt-Trigger	7413	14	TP	x										x	
2x4 NAND Schmitt-Trigger	7418	14	TP											x	
4x2 NAND Schmitt-Trigger	74132	14	TP	x						x	x			x	x
4x2 NAND Schmitt-Trigger	7424	14	TP											x	
6 invertierende Schmitt-Trigger	7419	14	TP											x	
6 invertierende Schmitt-Trigger	7414	14	TP	x			x			x	x			x	
1.10. Expander															
2x4 AND Expander	7460	14	X	x					x						
3x3 AND Expander	7461	14	X						x						
AND/NOR Expander	7462	14	X						x						
1.11. 50 Ω-Leitungstreiber															
2x4 NAND	74140	14	TP												x
4x2 NOR	74128	14	TP	x											

Kurzbeschreibung	Typ	Pins	Output	N	ALS	AS	C	F	H	HC	HCT	HCU	L	LS	S
2. FLIPFLOPS															
2.1. Flankengetriggert															
2.1.1. Mit Preset, J und K															
1 Flipflop	74101	14	TP						x						
2 Flipflops	74113	14	TP		x	x		x		x				x	x
2.1.2. Mit Clear, J und K															
2 Flipflops	74107	14	TP		x		x			x	x			x	
2 Flipflops	7473	14	TP				x			x	x			x	
2 Flipflops	74103	14	TP						x						
4 Flipflops	74376	16	TP	x											
2.1.3. Mit Preset, Clear, J und K															
1 Flipflop	74102	14	TP						x						
1 Flipflop	7470	14	TP	x											
2 Flipflops	7476	16	TP				x			x	x			x	
2 Flipflops	7478	14	TP											x	
2 Flipflops	74108	14	TP						x						
2 Flipflops	74109	16	TP	x	x	x		x		x	x			x	x
2 Flipflops	74112	16	TP		x	x		x		x	x			x	x
2 Flipflops	74114	14	TP		x	x		x		x				x	x
2 Flipflops	74106	16	TP						x						
4 Flipflops	74276	20	TP	x											
2.2. Impulsgetriggert															
2.2.1. Mit Preset, J und K															
1 Flipflop	7471	14	TP						x						

Kurzbeschreibung	Typ	Pins	Output	N	ALS	AS	C	F	H	HC	HCT	HCU	L	LS	S
2.2.2. Mit Clear, J und K															
2 Flipflops	74115	14	TP	x											
2 Flipflops	74107	14	TP	x											
2 Flipflops	7473	14	TP	x					x					x	
2.2.3. Mit Preset, Clear, J und K															
1 Flipflop	7471	14	TP										x		
1 Flipflop	7472	14	TP	x					x				x		
1 Flipflop	74104	14	TP	x											
1 Flipflop	74105	14	TP	x											
1 Flipflop	74110	14	TP	x											
2 Flipflops	7476	16	TP	x					x						
2 Flipflops	7478	14	TP						x				x		
2 Flipflops	74111	16	TP	x											
2.3. RS-Latches															
4 Latches	74279	16	TP	x										x	
6 Latches	74118	16	TP	x											
6 Latches	74119	24	TP	x											
2.4. D-Latches															
2.4.1. Nicht invertierend															
2x4-Bit	74873	24	TS		x	x									
4 Latches	7477	14	TP	x										x	x
8 Latches	74100	24	TP	x											
8 Latches	74363	20	TS											x	
8 Latches	74373	20	TS	x	x	x	x	x		x	x			x	x
8 Latches	74116	24	TP	x											
8-Bit Businterface	74845	24	TS		x	x									

Kurzbeschreibung	Typ	Pins	Output	N	ALS	AS	C	F	H	HC	HCT	HCU	L	LS	S
8-Bit Businterface	74573	20	TS		x	x				x	x			x	
8-Bit Multifunktion (= Intel 8212)	74412	24	TP												x
9-Bit Businterface	74843	24	TS		x	x									
10-Bit Businterface	74841	24	TS		x	x									
2.4.2. Invertierend															
2x4-Bit	74880	24	TS		x	x									
8-Bit	74580	20	TS		x	x									
8-Bit Businterface	74846	24	TS		x	x									
8-Bit Businterface	74533	20	TS		x	x			x		x	x			
8-Bit Businterface	74563	20	TS		x					x	x				
9-Bit Businterface	74844	24	TS		x	x									
10-Bit Businterface	74842	24	TS		x	x									
2.4.3. Komplementär-Ausgänge															
4 Latches	7475	16	TP	x						x	x		x	x	
4 Latches	74375	16	TP											x	
2.5. D-Flipflops															
2.5.1. Nicht invertierend															
2x4-Bit	74878	24	TS		x	x									
2x4-Bit	74874	24	TS		x	x									
4 Flipflops	74173	16	TS	x			x			x	x			x	
6 Flipflops	74174	16	TP	x	x	x	x	x		x	x			x	x
6 Flipflops	74378	16	TP							x				x	
8 Flipflops	74273	20	TP	x	x					x	x			x	
8 Flipflops	74364	20	TS											x	
8 Flipflops	74374	20	TS		x	x	x	x		x	x			x	x
8 Flipflops	74377	20	TP		x					x	x			x	

Kurzbeschreibung	Typ	Pins	Output	N	ALS	AS	C	F	H	HC	HCT	HCU	L	LS	S
8-Bit Businterface	74574	20	TS		x	x				x	x			x	
8-Bit Businterface	74575	24	TS		x	x									
8-Bit Businterface	74825	24	TS			x									
9-Bit Businterface	74823	24	TS			x									
10-Bit Businterface	74821	24	TS			x									
2.5.2. Invertierend															
2x4-Bit	74876	24	TS		x	x									
2x4-Bit	74879	24	TS		x	x									
8-Bit Businterface	74826	24	TS			x									
8-Bit Businterface	74534	20	TS		x	x		x		x	x				
8-Bit Businterface	74564	20	TS		x					x	x				
8-Bit Businterface	74576	20	TS		x	x									
8-Bit Businterface	74577	24	TS		x	x									
9-Bit Businterface	74824	24	TS			x									
10-Bit Businterface	74822	24	TS			x									
2.5.3. Komplementär-Ausgänge															
2 Flipflops	7474	14	TP	x	x	x	x	x	x	x	x		x	x	x
4 Flipflops	74171	16	TP											x	
4 Flipflops	74175	16	TP	x	x	x	x		x	x	x			x	x
4 Flipflops	74379	16	TP							x				x	
2.6. Monoflops															
Mit Schmitt-Trigger-Eingang	74221	16	TP	x			x			x	x			x	
Mit Schmitt-Trigger-Eingang	74121	14	TP	x									x		
Nachtriggerbare Monoflops	74123	16	TP	x						x	x		x	x	
Nachtriggerbare Monoflops	74423	16	TP							x	x			x	
Nachtriggerbares Monoflop	74122	14	TP	x									x	x	
Nachtriggerbares Monoflop	74422	14	TP											x	

Kurzbeschreibung	Typ	Pins	Output	N	ALS	AS	C	F	H	HC	HCT	HCU	L	LS	S
3. ZÄHLER															
3.1. Binärzähler															
3.1.1. Vorwärts zählend															
2x4-Bit	74393	14	TP	x						x	x			x	
2x4-Bit	7469	16	TP											x	
4-Bit	7493	14	TP	x			x			x			x	x	
4-Bit	74293	14	TP	x										x	
4-Bit mit Preset	74177	14	TP	x											
4-Bit mit Preset	74197	14	TP	x										x	x
4-Bit mit Preset	74561	20	TS		x										
4-Bit mit Preset	74569	20	TS		x									x	
4-Bit mit Preset	74161	16	TP	x	x	x	x	x		x	x			x	x
4-Bit mit Preset	74163	16	TP	x	x	x	x	x		x	x			x	x
4-Bit mit Preset und Register	74691	20	TS		x									x	
4-Bit mit Preset und Register	74693	20	TS		x									x	
8-Bit	74590	16	TS							x	x			x	
8-Bit	74591	16	OC											x	
8-Bit mit Preset	74592	16	TP							x	x			x	
8-Bit mit Preset	74593	20	TS							x	x			x	
3.1.2. Vorwärts/rückwärts zählend															
4-Bit	74169	16	TP		x	x		x		x	x			x	x
4-Bit mit Preset	74669	16	TP											x	
4-Bit mit Preset	74191	16	TP	x	x			x		x	x			x	
4-Bit mit Preset	74193	16	TP	x	x		x	x		x	x	x		x	
4-Bit mit Preset und Register	74697	20	TS		x									x	
4-Bit mit Preset und Register	74699	20	TS		x									x	
4-Bit mit Universalschieberegister	74291	20	TP												x
8-Bit mit Preset	74867	24	TP			x									
8-Bit mit Preset	74869	24	TP			x									

Kurzbeschreibung	Typ	Pins	Output	N	ALS	AS	C	F	H	HC	HCT	HCU	L	LS	S
3.2. Dezimalzähler															
3.2.1. Vorwärts zählend															
2x4-Bit	74390	16	TP	x						x	x			x	
2x4-Bit	74490	16	TP	x						x				x	
2x4-Bit	7468	16	TP											x	
4-Bit	7490	14	TP	x			x			x			x	x	
4-Bit	74290	14	TP	x										x	
4-Bit mit 7-Segment-Ausgang	74143	24	OC	x											
4-Bit mit 7-Segment-Ausgang	74144	24	OC	x											
4-Bit mit Dezimalausgang	74142	16	OC	x											
4-Bit mit Preset	74176	14	TP	x											
4-Bit mit Preset	74196	14	TP	x										x	x
4-Bit mit Preset	74560	20	TS		x										
4-Bit mit Preset	74568	20	TS		x									x	
4-Bit mit Preset	74160	16	TP	x	x	x	x	x		x	x			x	x
4-Bit mit Preset	74162	16	TP	x	x	x	x	x		x	x			x	x
4-Bit mit Preset und Register	74692	20	TS		x									x	
4-Bit mit Preset und Register	74690	20	TS		x									x	
4-Bit mit Preset und Register	74696	20	TS		x									x	
3.2.2. Vorwärts/rückwärts zählend															
4-Bit	74168	16	TP		x	x		x						x	x
4-Bit mit Preset	74668	16	TP											x	
4-Bit mit Preset	74190	16	TP	x	x			x		x	x			x	
4-Bit mit Preset	74192	16	TP	x	x		x	x		x	x		x	x	
4-Bit mit Preset und Register	74698	20	TS		x									x	

Kurzbeschreibung	Typ	Pins	Output	N	ALS	AS	C	F	H	HC	HCT	HCU	L	LS	S
4. SCHIEBEREGISTER															
4.1. Seriell															
8-Bit	7491	14	TP	x									x	x	
4.2. Parallele Eingänge															
4-Bit NOR-Eingänge	7494	16	TP	x											
8-Bit	74165	16	TP	x	x		x			x	x			x	
8-Bit	74166	16	TP	x	x					x	x			x	
8-Bit mit Latch	74589	16	TS							x					
8-Bit mit Latch	74597	16	TP							x				x	
16-Bit	74674	24	TP											x	
4.3. Parallele Ausgänge															
8-Bit	74164	14	TP	x	x		x	x		x	x		x	x	
8-Bit mit Latch	74594	16	TP											x	
8-Bit mit Latch	74595	16	TS							x				x	
8-Bit mit Latch	74596	16	OC											x	
8-Bit mit Latch	74599	16	OC											x	
16-Bit	74673	24	TP											x	
4.4. Parallele Ein- und Ausgänge															
4-Bit	74395	16	TS		x									x	
4-Bit	74178	14	TP	x											x
4-Bit	74179	16	TP	x											x
4-Bit	7495	14	TP	x		x	x						x	x	
4-Bit	7499	16	TP										x		
4-Bit links/rechts	74295	14	TS											x	
4-Bit links/rechts	74194	16	TP	x		x		x		x	x			x	x

Kurzbeschreibung	Typ	Pins	Output	N	ALS	AS	C	F	H	HC	HCT	HCU	L	LS	S
4-Bit mit Zähler	74291	20	TP												x
4-Bit universal	74195	16	TP	x		x	x	x		x	x			x	x
4-Bit universal	74671	20	TP											x	
4-Bit universal	74672	20	TP											x	
5-Bit	7496	16	TP	x									x	x	
8-Bit	74199	24	TP	x											
8-Bit	74598	20	TS											x	
8-Bit	74322	20	TP											x	
8-Bit links/rechts	74198	24	TP	x											
8-Bit links/rechts	74299	20	TS		x	x				x	x			x	x
8-Bit universal	74323	20	TS		x	x					x			x	

5. OSZILLATOREN

Kurzbeschreibung	Typ	Pins	Output	N	ALS	AS	C	F	H	HC	HCT	HCU	L	LS	S
Spannungsgesteuerter Oszillator	74324	14	TP											x	
Spannungsgesteuerter Oszillator	74624	14	TP											x	
Spannungsgesteuerter Oszillator	74628	14	TP											x	
2 spannungsgesteuerte Oszillatoren	74325	16	TP											x	
2 spannungsgesteuerte Oszillatoren	74326	16	TP											x	
2 spannungsgesteuerte Oszillatoren	74327	14	TP											x	
2 spannungsgesteuerte Oszillatoren	74625	16	TP											x	
2 spannungsgesteuerte Oszillatoren	74626	16	TP											x	
2 spannungsgesteuerte Oszillatoren	74627	14	TP											x	
2 spannungsgesteuerte Oszillatoren	74629	16	TP											x	
2 spannungsgesteuerte Oszillatoren	74124	16	TP	x										x	x
Quarzoszillator	74320	16	TP											x	
Quarzoszillator	74321	16	TP											x	
Taktoszillator für TMS 9900	74362	20	TP											x	
Taktoszillator für den 8080	74424	16	TP											x	x

Kurzbeschreibung	Typ	Pins	Output	N	ALS	AS	C	F	H	HC	HCT	HCU	L	LS	S
6. MULTIPLEXER															
8-zu-1	74354	20	TS							x	x			x	
8-zu-1	74355	20	OC											x	
8-zu-1	74356	20	TS							x	x			x	
8-zu-1	74357	20	OC											x	
8-zu-1	74151	16	TP	x	x	x	x	x		x	x			x	x
8-zu-1	74152	14	TP	x						x				x	
8-zu-1	74251	16	TS	x	x	x		x		x	x			x	x
16-zu-1	74250	24	TS		x										
16-zu-1	74150	24	TP	x		x	x								
16-zu-1	74850	28	TS		x										
16-zu-1	74851	28	TS		x										
2x4-zu-1	74153	16	TP	x	x	x		x		x	x		x	x	x
2x4-zu-1	74352	16	TP		x	x		x		x				x	
2x4-zu-1	74353	16	TS		x	x		x		x				x	
2x4-zu-1	74253	16	TS	x	x	x		x		x	x			x	x
2x8-zu-1	74351	20	TS	x											
4x2-zu-1	74257	16	TS	x	x	x		x		x	x			x	x
4x2-zu-1	74258	16	TS		x	x		x		x				x	x
4x2-zu-1	74158	16	TP	x	x	x		x		x	x			x	x
4x2-zu-1	74398	20	TP											x	
4x2-zu-1	74399	16	TP											x	
4x2-zu-1	74157	16	TP	x	x	x	x	x		x	x		x	x	x
4x2-zu-1 mit Register	74298	16	TP	x		x				x				x	
4x2-zu-1 mit Register	7498	16	TP					x					x		
6x2-zu-1	74857	24	TP		x	x									
8x2-zu-1 mit Latch	74604	28	TS											x	
8x2-zu-1 mit Register	74605	28	OC											x	
8x2-zu-1 mit Register	74606	28	TS											x	
8x2-zu-1 mit Register	74607	28	OC											x	

Kurzbeschreibung	Typ	Pins	Output	N	ALS	AS	C	F	H	HC	HCT	HCU	L	LS	S
7. DEMULTIPLEXER															
3-zu-8	74131	16	TP	x	x	x									
3-zu-8	74538	20	TS		x			x							
3-zu-8 mit Latch	74137	16	TP		x	x				x	x			x	x
4-zu-16	74154	24	TP	x			x			x	x		x	x	
4-zu-16	74159	24	OC	x											
2x2-zu-4	74155	16	TP	x							x			x	
2x2-zu-4	74156	16	OC	x										x	
2x2-zu-4	74539	20	TS		x			x							
8. ARITHMETISCHE BAUSTEINE															
8.1. Addierer															
1-Bit	7480	14	TP	x											
2-Bit	7482	14	TP	x											
2x1-Bit	74183	14	TP	x					x					x	
4 serielle Addierer/Subtrahierer	74385	20	TP											x	
4-Bit	7483	16	TP	x			x							x	
4-Bit	74283	16	TP	x				x		x				x	x
8.2. Multiplizierer															
2x4-Bit Multiplizierer	74261	16	TP											x	
4x4-Bit Multiplizierer	74274	20	TS												x
4x8-Bit Multiplizierer	74284	16	OC	x											
4x8-Bit Multiplizierer	74285	16	OC	x											
8x1-Bit 2-er Komplement	74384	16	TP							x	x			x	
16x16-Bit Multiplizierer	741616	64	TP		x										

Kurzbeschreibung	Typ	Pins	Output	N	ALS	AS	C	F	H	HC	HCT	HCU	L	LS	S
8.3. Paritätsprüfer															
9-Bit	74180	14	TP	x											
9-Bit	74280	14	TP			x				x	x			x	x
9-Bit	74286	14	TP			x									
8.4. ALU															
4-Bit	74381	20	TP											x	x
4-Bit	74181	24	TP	x		x		x		x				x	x
4-Bit	74382	20	TP											x	
4-Bit ALU / Funktionsgenerator	74881	24	TP			x									
Übertragseinheit für 32-Bit ALUs	74882	24	TP			x									
8.5. AKU															
4-Bit	74281	24	TP												x
4-Bit	74681	20	TP											x	
8.6. Komparatoren															
4-Bit	7485	16	TP	x		x				x	x		x	x	x
7-Bit Wallace-Tree-Element	74275	16	TS											x	x
8-Bit	74684	20	TP											x	
8-Bit	74685	20	OC											x	
8-Bit	74686	24	TP											x	
8-Bit	74687	24	OC											x	
8-Bit	74688	20	TP		x					x	x			x	
8-Bit	74689	20	OC		x									x	
8-Bit	74866	28	OC			x									
8-Bit	74518	20	OC		x										
8-Bit	74519	20	OC		x										
8-Bit	74520	20	TP		x										

Kurzbeschreibung	Typ	Pins	Output	N	ALS	AS	C	F	H	HC	HCT	HCU	L	LS	S
8-Bit	74521	20	TP		x			x		x	x				
8-Bit	74522	20	OC		x										
8-Bit erweiterbar	74885	24	TP			x									
8-Bit mit Pull-up Widerständen	74682	20	TP											x	
8-Bit mit Pull-up-Widerständen	74683	20	OC											x	
12-Bit Adresskomparator	74679	20	TP		x										
12-Bit Adresskomparator mit Latch	74680	20	TP		x										
12-Bit programmierbar	74527	20	TP		x										
12-Bit programmierbar	74528	16	TP		x										
16-Bit Adresskomparator	74677	24	TP		x										
16-Bit Adresskomparator mit Latch	74678	24	TP		x										
16-Bit programmierbar	74526	20	TP		x										

8.7. Sonstige

Kurzbeschreibung	Typ	Pins	Output	N	ALS	AS	C	F	H	HC	HCT	HCU	L	LS	S
9-er Komplement	74184	16	OC	x											
10-er Komplement	74184	16	OC	x											
4-Bit Komplementierer	7487	14	TP						x						
Kaskadierbare Übertragseinheit	74282	20	TP			x									
Übertragseinheit für Zähler	74182	16	TP	x		x		x		x				x	x
Übertragseinheit für Zähler	74264	16	TP			x									

Kurzbeschreibung	Typ	Pins	Output	N	ALS	AS	C	F	H	HC	HCT	HCU	L	LS	S
9. CODE-KONVERTER															
9.1. BCD zu Dezimal															
4-Bit	7442	16	TP	x			x			x	x		x	x	
4-Bit	74537	20	TS		x			x							
5,5V-Ausgang	7441	16	OC	x											
15V-Ausgang	74145	16	OC	x										x	
30V-Ausgang	7445	16	OC	x											
60V-Ausgang	74141	16	OC	x											
Mit Anzeigetreiber	74445	16	TP											x	
9.2. BCD zu Binär															
5-Bit kaskadierbar	74184	16	OC	x											
5,5V-Ausgang	74249	16	OC	x										x	
9.3. BCD zu 7-Segment															
15V-Ausgang	7447	16	OC	x										x	x
15V-Ausgang	74247	16	OC	x											x
15V-Ausgang	74347	16	OC												x
30V-Ausgang	7446	16	OC	x										x	
30V-Ausgang	74246	16	OC	x											
Mit Anzeigetreiber	74248	16	TP	x										x	
Mit Anzeigetreiber	74447	16	TP											x	
Mit Zähler	74143	24	OC	x											
Mit Zähler	74144	24	OC	x											
Negative Logik	7448	16	OC	x			x							x	
Negative Logik	7449	14	OC	x										x	

Kurzbeschreibung	Typ	Pins	Output	N	ALS	AS	C	F	H	HC	HCT	HCU	L	LS	S
9.4. Binär zu BCD															
5-Bit kaskadierbar	74185	16	OC	x											
9.5. Binär zu Dezimal															
2x2-Bit	74139	16	TP		x	x		x		x	x			x	x
3-Bit	74138	16	TP	x	x	x		x		x	x			x	x
3-Bit	74237	16	TP							x					
3-zu-8	74131	16	TP	x	x	x									
3-zu-8	74538	20	TS		x			x							
3-zu-8 mit Latch	74137	16	TP		x	x				x	x			x	x
3-zu-8 mit Latch	74137	16	TP		x	x				x	x			x	x
4-zu-16	74154	24	TP	x			x			x	x		x	x	
4-zu-16	74159	24	OC	x											
2x2-zu-4	74155	16	TP	x							x			x	
2x2-zu-4	74156	16	OC	x										x	
2x2-zu-4	74539	20	TS		x			x							
9.6. Prioritätsencoder															
8-Kanal Prioritätsencoder	74149	20	TP							x	x				
8-zu-3-Bit Prioritätsenkoder	74348	16	TS											x	
Kaskadierbares 4-Bit Prioritätsregister	74278	14	TP	x											
Prioritätsenkoder	74147	16	TP	x						x				x	
Prioritätsenkoder	74148	16	TP	x				x						x	
9.7. Sonstiges															
Excess-3-zu-Dezimal	7443	16	TP	x										x	x
Excess-3-Gray-zu-Dezimal	7444	16	TP	x										x	x

Kurzbeschreibung	Typ	Pins	Output	N	ALS	AS	C	F	H	HC	HCT	HCU	L	LS	S
10. SPEICHER															
10.1. ROM															
32x8-Bit	7488	16	OC	x											
256x4-Bit	74187	16	OC	x											
256x8-Bit	74271	20	OC												x
256x8-Bit	74371	20	TS												x
512x4-Bit	74270	16	OC												x
512x4-Bit	74370	16	TS												x
10.2. PROM															
32x8-Bit	74188	16	OC	x											x
32x8-Bit	74288	16	TS												x
64x8-Bit	74186	24	OC	x											
256x4-Bit	74287	16	TS												x
256x4-Bit	74387	16	OC												x
256x8-Bit	74470	20	OC												x
256x8-Bit	74471	20	TS												x
512x8-Bit	74472	20	TS												x
512x8-Bit	74473	20	OC												x
512x8-Bit	74474	24	TS												x
512x8-Bit	74475	24	OC												x
10.3. RAM															
4x4-Bit	74170	16	OC	x										x	
4x4-Bit	74670	16	TS							x	x			x	
8x2-Bit	74172	24	TS	x											x
16x1-Bit	7481	14	TP	x											
16x1-Bit	7484	16	OC	x											

Kurzbeschreibung	Typ	Pins	Output	N	ALS	AS	C	F	H	HC	HCT	HCU	L	LS	S
16x4-Bit	74189	16	TS											x	x
16x4-Bit	74219	16	TS											x	
16x4-Bit	74289	16	OC											x	x
16x4-Bit	7489	16	OC	x			x							x	
256x1-Bit	74200	16	TS	x			x							x	x
256x1-Bit	74201	16	TS												x
256x1-Bit	74202	16	TS											x	
256x1-Bit	74206	16	OC												x
256x1-Bit	74300	16	OC											x	x
256x1-Bit	74301	16	OC												x
256x1-Bit	74302	16	OC											x	
256x4-Bit	74207	16	TS											x	x
256x4-Bit	74208	20	TS											x	x
1024x1-Bit	74214	16	TS											x	x
1024x1-Bit	74215	16	TS											x	
1024x1-Bit	74314	16	OC											x	x
1024x1-Bit	74315	16	OC											x	
1024x1-Bit	74319	16	OC											x	
4096x1-Bit	74400	18	TS												x
4096x1-Bit	74401	18	OC												x

10.4. FIFO

Kurzbeschreibung	Typ	Pins	Output	N	ALS	AS	C	F	H	HC	HCT	HCU	L	LS	S
16x4-Bit	74222	20	TS											x	
16x4-Bit	74224	16	TS											x	
16x4-Bit	74227	20	OC											x	
16x4-Bit	74228	16	OC											x	
16x5-Bit	74225	20	TS												x

Kurzbeschreibung	Typ	Pins	Output	N	ALS	AS	C	F	H	HC	HCT	HCU	L	LS	S
10.5. Sonstige															
2x16 Register à 4 Bit	74870	24	TP			x									
2x16 Register à 4 Bit	74871	28	TP			x									
8-Bit Speicherregister	74396	16	TP											x	
8-Bit Zwischenspeicher	74259	16	TP	x	x					x	x			x	
11. TEILER															
1:12	7492	14	TP	x						x				x	
1:2^{15} programmierbar	74294	16	TP							x				x	
1:2^{30} programmierbar	74292	16	TP							x				x	
1:5 + 1:2	7456	8	TP											x	
1:6 + 1:5 + 1:2	7457	8	TP											x	
4-Bit programmierbar	74167	16	TP	x											
6-Bit programmierbar	7497	16	TP	x											

12. TREIBER

12.1. Nicht invertierend

Kurzbeschreibung	Typ	Pins	Output	N	ALS	AS	C	F	H	HC	HCT	HCU	L	LS	S
2x4-Bit	74241	20	TS		x	x		x		x	x			x	x
2x4-Bit	74244	20	TS		x	x	x	x		x	x			x	x
2x4-Bit	74341	20	TS												x
2x4-Bit	74344	20	TS												x
2x4-Bit	74757	20	OC		x										
2x4-Bit	74760	20	OC		x										
2x4-Bit	74797	20	TS											x	
2x4-Bit	741241	20	TS		x	x									
2x4-Bit	741244	20	TS		x										
2x4-Bit	74467	20	TS		x									x	
4 + 2-Bit	74367	16	TS	x	x					x	x			x	
4 + 2-Bit	74368	16	TS	x	x					x	x			x	
4-Bit	74125	14	TS	x						x				x	
4-Bit	74126	14	TS	x						x				x	
4-Bit	74425	14	TS	x											
4-Bit	74426	14	TS	x											
4-Bit bi-direktional	74243	14	TS		x	x		x		x	x			x	x
4-Bit bi-direktional	741243	14	TS		x										
4-Bit bi-direktional	74449	16	TS											x	
4-Bit bi-direktional	74759	14	OC			x									
4-Bit bi-direktional mit Latch	74226	16	TS												x
4-Bit tri-direktional	74440	20	OC											x	
4-Bit tri-direktional	74442	20	TS											x	
6-Bit	7407	14	OC	x										x	
6-Bit	7417	14	OC	x										x	
6-Bit	74365	16	TS	x	x					x	x			x	

Kurzbeschreibung	Typ	Pins	Output	N	ALS	AS	C	F	H	HC	HCT	HCU	L	LS	S
6-Bit	7434	14	TP		x	x					x				
6-Bit	7435	14	OC		x										
6-Bit	741034	14	TP		x	x									
6-Bit	741035	14	OC		x	x									
8-Bit	74541	20	TS		x					x	x			x	
8-Bit	74465	20	TS		x									x	
8-Bit	74795	20	TS											x	
8-Bit Port-Controller bi-direktional	74877	24	TP			x									
8-Bit Port-Controller bi-direktional	74852	24	TS			x									
8-Bit Port-Controller bi-direktional	74856	24	TS			x									
8-Bit bi-direktional	741638	20	SS		x										
8-Bit bi-direktional	74245	20	TS		x	x		x		x	x			x	
8-Bit bi-direktional	74621	20	OC		x	x								x	
8-Bit bi-direktional	74623	20	TS		x	x				x				x	
8-Bit bi-direktional	74639	20	SS		x	x		x						x	
8-Bit bi-direktional	74641	20	OC		x	x								x	
8-Bit bi-direktional	741245	20	TS		x										
8-Bit bi-direktional	741621	20	OC		x										
8-Bit bi-direktional	741623	20	TS		x										
8-Bit bi-direktional	741641	20	OC		x										
8-Bit bi-direktional	74645	20	TS		x	x		x						x	
8-Bit bi-direktional	741639	20	SS		x										
8-Bit bi-direktional	741645	20	TS		x										
8-Bit bi-direktional	742640	20	TS			x									
8-Bit bi-direktional	742645	20	TS			x									
8-Bit bi-direktional	742620	20	TS			x									
8-Bit bi-direktional	742623	20	TS			x									
8-Bit bi-direktional mit Latch	74543	24	TS							x	x				
8-Bit bi-direktional mit Latch	74550	28	TS							x	x				

Kurzbeschreibung	Typ	Pins	Output	N	ALS	AS	C	F	H	HC	HCT	HCU	L	LS	S
8-Bit bi-direktional mit Latch	74646	24	TS		x	x				x	x			x	
8-Bit bi-direktional mit Latch	74647	24	OC		x									x	
8-Bit bi-direktional mit Latch	74652	24	TS		x	x								x	
8-Bit bi-direktional mit Latch	74654	24	OC		x									x	
12.2. Invertierend															
2x4-Bit	74240	20	TS		x	x	x			x	x			x	x
2x4-Bit	74340	20	TS												x
2x4-Bit	74756	20	OC				x								
2x4-Bit	74763	20	OC				x								
2x4-Bit	741240	20	TS		x										
2x4-Bit	74231	20	TS			x									
2x4-Bit	74468	20	TS		x									x	
4-Bit bi-direktional	74242	14	TS		x	x		x		x	x			x	x
4-Bit bi-direktional	74446	16	TP											x	
4-Bit bi-direktional	74758	14	OC				x								
4-Bit bi-direktional	741242	14	TS		x										
4-Bit tri-direktional	74441	20	OC											x	
4-Bit tri-direktional	74443	20	TS											x	
6-Bit	74436	16	TP												x
6-Bit	74366	16	TS	x	x					x	x			x	
6-Bit	7416	14	OC	x										x	
6-Bit	7406	14	OC	x										x	
6-Bit	741004	14	TP		x	x									
6-Bit	741005	14	OC		x										
6-Bit mit Dämpfungswiderstand	74437	16	TP											x	
8-Bit	74466	20	TS		x									x	
8-Bit	74796	20	TS											x	
8-Bit	74540	20	TS		x					x	x			x	

Kurzbeschreibung	Typ	Pins	Output	N	ALS	AS	C	F	H	HC	HCT	HCU	L	LS	S
8-Bit bi-direktional	74620	20	TS		x	x				x				x	
8-Bit bi-direktional	74622	20	OC		x	x								x	
8-Bit bi-direktional	741620	20	TS		x										
8-Bit bi-direktional	741622	20	OC		x										
8-Bit bi-direktional	741640	20	TS		x										
8-Bit bi-direktional	741642	20	OC		x										
8-Bit bi-direktional	74638	20	SS		x	x		x						x	
8-Bit bi-direktional	74640	20	TS		x	x		x		x	x			x	
8-Bit bi-direktional	74642	20	OC		x	x								x	
8-Bit bi-direktional mit Latch	74544	24	TS							x	x				
8-Bit bi-direktional mit Latch	74551	28	TS							x	x				
8-Bit bi-direktional mit Latch	74648	24	TS		x	x				x	x			x	
8-Bit bi-direktional mit Latch	74649	24	OC		x									x	
8-Bit bi-direktional mit Latch	74651	24	TS		x	x								x	
8-Bit bi-direktional mit Latch	74653	24	OC		x									x	

12.3. Invertierend und nicht-invertierend

Kurzbeschreibung	Typ	Pins	Output	N	ALS	AS	C	F	H	HC	HCT	HCU	L	LS	S
2x4-Bit	74230	20	TS			x									
2x4-Bit	74762	20	OC			x									
2x4-Bit	74798	20	TS											x	
4-Bit tri-direktional	74444	20	TS											x	
4-Bit tri-direktional	74448	20	OC											x	
8-Bit bi-direktional	74643	20	TS		x	x		x		x	x			x	
8-Bit bi-direktional	74644	20	OC		x	x								x	
8-Bit bi-direktional	741643	20	TS		x										
8-Bit bi-direktional	741644	20	OC		x										
Systemsteuerbaustein für den 8080	74428	28	TP												x
Systemsteuerbaustein für den 8080	74438	28	TP												x

Kurzbeschreibung	Typ	Pins	Output	N	ALS	AS	C	F	H	HC	HCT	HCU	L	LS	S
13. FPLA															
12 x 50 x 6 FPLA	74330	20	TS												x
12 x 50 x 6 FPLA	74331	20	OC												x
14. MIKROCOMPUTER-KOMPONENTEN															
14-Bit Controller für 74888	74890	64	TP			x									
4-Bit Slice-Mikrocontroller	74482	20	TS												x
4-Bit Slice-Prozessor	74481	48	TS											x	x
8-Bit Multifunktionslatch (= Intel 8212)	74412	24	TS												x
8-Bit Slice-CPU	74888	64	TP		x										
Refresh-Controller für 4/16 KByte RAM	74600	20	TP											x	
Refresh-Controller für 4/16 KByte RAM	74602	20	TP											x	
Refresh-Controller für 64 KByte RAM	74601	20	TP											x	
Refresh-Controller für 64 KByte RAM	74603	20	TP											x	
Taktgenerator für den 8080	74424	16	TP											x	x
Zyklus-Controller für dynamische RAMs	74608	16	TP											x	

Kurzbeschreibung	Typ	Pins	Output	N	ALS	AS	C	F	H	HC	HCT	HCU	L	LS	S
15. SONSTIGES															
8-Bit Register für sukzessive Approx.	74502	16	TP	x										x	
8-Bit Register für sukzessive Approx.	74503	16	TP	x										x	
12-Bit Register für sukzessive Approx.	74504	24	TP	x										x	
16-Bit Drehrichtungsdiskriminator	742000	28	TP											x	
6 Stromsensoren	7463	14	TP											x	
Digitaler PLL-Filter..................	74297	16	TP							x	x			x	
EDAC 8-Bit...................	74636	20	TP											x	
EDAC 8-Bit...................	74637	20	OC											x	
EDAC 16-Bit...................	74630	28	TS											x	
EDAC 16-Bit...................	74631	28	OC											x	
EDAC 32-Bit...................	74632	52	TP		x										
EDAC 32-Bit...................	74633	52	OC		x										
EDAC 32-Bit...................	74634	48	OC		x										
EDAC 32-Bit...................	74635	48	OC		x										
Impulssynchronisierer	74120	16	TP	x											
Memory-Mapper	74612	40	TS											x	
Memory-Mapper	74613	40	OC											x	
Memory-Mapper mit gelatchten Ausgängen ..	74610	40	TS											x	
Memory-Mapper mit gelatchten Ausgängen ..	74611	40	OC											x	
Verzögerungselement	7431	16	TP											x	

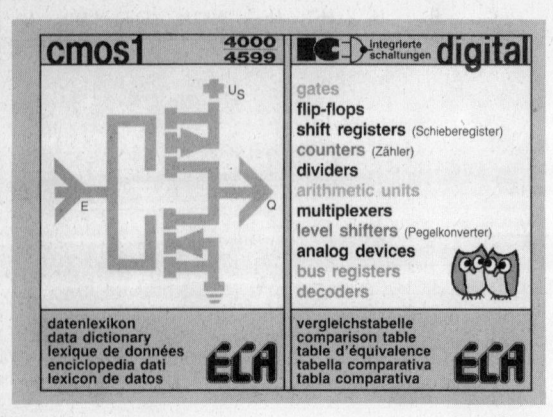

cmos1 digital

(D) Datenlexikon für integrierte cmos-Digital-Schaltungen.
Funktionelles Inhaltsverzeichnis, Kurzbeschreibungen, Grenz- und Kenndaten.
1. Auflage, 383 Seiten, 300 Anschlußschemata mit Schaltungsinnenaufbau, Logiktabellen, 26 Gehäusemaßzeichnungen, fünfsprachig. Bestell-Nr. 36, ISBN 3-88109-025-8.

(GB) Date lexicon for integrated cmos digital circuits.
Functional list of contents, abbreviations, maximum ratings and characteristics.
1st edition, 383 pages, 300 connection schemes with circuit inner structure, logic tables, 26 housing dimensioned drawings, in five languages. Order no. 36, ISBN 3-88109-025-8.

(F) Table de données pour CI digitaux CMOS.
Applications fonctionnelles, description succinte, caractéristiques limites et données.
1ère édition, 383 pages, 300 schémas de branchement, etats logiques et table de vérité, 26 boîtiers avec connections en 5 langues. N° de commande: 541, ISBN 3-88109-025-8.

(I) Dizionario dei dati per circuit digitali integrati cmos
Indice funzionale, descrizione in breve, dati limiti e di riconoscimento.
1a edizione, 383 pagine, 300 disegni di allacciamento inclusi gli occupazioni, tabelle logiche, 21 disegni di involucri, in cinque lingue. Ordinazione no. 36, ISBN 3-88109-025-8.

(E) Diccionario de datos para conexiones digitales cmos integradas.
Indice functional, breves descriptiones, datos límites y característicos.
1a edición, 383 páginas, 300 esquemas de conexión con estructura interna de conexión, tablas lógicas, 26 dibujos a escala de caja, en cinco idiomas. N° de referencia 36, ISBN 3-88109-025-8.

Short Description	Type	Pins	Output	N	ALS	AS	C	F	H	HC	HCT	HCU	L	LS	S
1. GATES															
1.1. NAND															
1x12 NAND	74134	16	TS												x
1x13 NAND	74133	16	TP		x					x				x	x
1x8 NAND	7430	14	TP	x	x	x	x		x	x			x	x	x
2x2 NAND	748003	8	TP		x										
2x4 NAND	7420	14	TP	x	x	x	x	x	x	x	x		x	x	x
2x4 NAND	7422	14	OC	x	x				x					x	x
2x4 NAND (FQ=30)	7440	14	TP	x	x				x					x	x
2x4 NAND drivers	741020	14	TP		x										
3x3 NAND	7410	14	TP	x	x	x	x	x	x	x			x	x	x
3x3 NAND	7412	14	OC	x	x									x	x
3x3 NAND drivers	741010	14	TP		x										
4x2 NAND	7400	14	TP	x	x	x	x	x	x	x			x	x	x
4x2 NAND	7401	14	OC	x	x				x					x	x
4x2 NAND	7403	14	OC	x	x	x				x				x	x
4x2 NAND (15V)	7426	14	OC	x										x	
4x2 NAND (FQ=30)	7437	14	TP	x	x				x					x	x
4x2 NAND (FQ=30)	7438	14	OC	x	x									x	x
4x2 NAND (FQ=30)	7439	14	OC	x											
4x2 NAND drivers	741000	14	TP		x	x									
4x2 NAND drivers	741003	14	OC		x										
6x2 NAND	74804	20	TP		x	x									
1.2. NOR															
2x4 NOR	7425	14	TP	x											
2x4 NOR, expandable	7423	16	TP	x											
2x5 NOR	74260	14	TP											x	x

Short Description	Type	Pins	Output	N	ALS	AS	C	F	H	HC	HCT	HCU	L	LS	S
3x3 NOR	7427	14	TP	x	x	x				x	x			x	
4x2 NOR	7402	14	TP	x	x	x	x	x		x	x		x	x	x
4x2 NOR	7436	14	TP							x					
4x2 NOR (FQ = 30)	7428	14	TP	x	x									x	
4x2 NOR drivers	741002	14	TP		x	x									
4x2 NOR drivers	741036	14	TP		x										
4x2 NOR drivers	7433	14	OC	x	x									x	
6x2 NOR drivers	74805	20	TP		x	x									

1.3. AND

Short Description	Type	Pins	Output	N	ALS	AS	C	F	H	HC	HCT	HCU	L	LS	S
2x4 AND	7421	14	TP	x	x	x			x	x				x	
3x3 AND	7411	14	TP	x	x	x		x	x	x	x			x	x
3x3 AND	7415	14	OC		x				x					x	x
3x3 AND drivers	741011	14	TP		x										
4x2 AND	7408	14	TP	x	x	x	x	x	x	x	x			x	x
4x2 AND	7409	14	OC	x	x					x				x	x
4x2 AND drivers	741008	14	TP		x	x									
4x2 AND drivers (15V)	74131	14	OC	x	x	x									
4x2 AND drivers (30V)	74130	14	OC	x											
6x2 AND drivers	74808	20	TP		x	x									

1.4. OR

Short Description	Type	Pins	Output	N	ALS	AS	C	F	H	HC	HCT	HCU	L	LS	S
4x2 OR	7432	14	TP	x	x	x	x	x		x	x			x	x
4x2 OR drivers	741032	14	TP		x	x									
6x2 OR drivers	74832	20	TP		x	x									

1.5. EX-NOR

Short Description	Type	Pins	Output	N	ALS	AS	C	F	H	HC	HCT	HCU	L	LS	S
4x2 EX-NOR	74266	14	OC							x				x	
4x2 EX-NOR	74810	14	TP		x										
4x2 EX-NOR	74811	14	OC		x										
4x2 EX-OR/NOR	74135	16	TP												x

Short Description	Type	Pins	Output	N	ALS	AS	C	F	H	HC	HCT	HCU	L	LS	S
1.6. EX-OR															
4x2 EX-OR	7486	14	TP	x	x		x	x		x	x		x	x	x
4x2 EX-OR	74386	14	TP							x				x	
4x2 EX-OR	74136	14	OC	x	x									x	x
4x2 EX-OR/NOR	74135	16	TP												x
1.7. Inverters															
6 Inverters	7404	14	TP	x	x	x	x	x	x	x	x	x	x	x	x
6 Inverters	7405	14	OC	x	x					x	x	x		x	x
6 Inverters	74366	16	TS	x	x					x	x			x	
6 Inverters	74368	16	TS	x	x					x	x			x	
6 Inverters (15V)	7416	14	OC	x										x	
6 Inverters (30V)	7406	14	OC	x										x	
6 inverting drivers	741004	14	TP		x	x									
6 inverting drivers	741005	14	OC		x										
1.8. Multifunction															
2 NAND + 2 Inverters	74265	16	TP	x											
AND/NAND driver	74800	20	TP			x									
AND/NOR	7464	14	TP					x							x
AND/NOR	7465	14	OC												x
AND/NOR	7450	14	TP	x					x						
AND/NOR	7451	14	TP	x					x	x			x	x	x
AND/NOR	7454	14	TP	x					x					x	x
AND/NOR, expandable	7452	14	TP						x						
AND/NOR, expandable	7453	14	TP	x					x						
AND/NOR, expandable	7455	14	TP						x					x	x
AND/OR	7458	14	TP							x					
OR-/NOR driver	74802	20	TP			x									

Short Description	Type	Pins	Output	N	ALS	AS	C	F	H	HC	HCT	HCU	L	LS	S
1.9. Schmitt Triggers															
2x4 NAND Schmitt triggers	7413	14	TP	x										x	
2x4 NAND Schmitt triggers	7418	14	TP											x	
4x2 NAND Schmitt triggers	74132	14	TP	x						x	x			x	x
4x2 NAND Schmitt triggers	7424	14	TP											x	
6 inverting Schmitt triggers	7419	14	TP											x	
6 inverting Schmitt triggers	7414	14	TP	x			x			x	x			x	
1.10. Expanders															
2x4 AND expanders	7460	14	X	x					x						
3x3 AND expanders	7461	14	X						x						
AND/NOR expanders	7462	14	X						x						
1.11. 50 Ω Line Drivers															
2x4 NAND	74140	14	TP												x
4x2 NOR	74128	14	TP	x											

Short Description	Type	Pins	Output	N	ALS	AS	C	F	H	HC	HCT	HCU	L	LS	S
2. FLIP-FLOPS															
2.1. Edge-triggered															
2.1.1. With Preset, J and K															
1 flip-flop	74101	14	TP						x						
2 flip-flops	74113	14	TP		x	x		x		x				x	x
2.1.2. With Clear, J and K															
2 flip-flops	74107	14	TP		x		x			x	x			x	
2 flip-flops	7473	14	TP				x			x	x			x	
2 flip-flops	74103	14	TP						x						
4 flip-flops	74376	16	TP	x											
2.1.3. With Preset, Clear, J and K															
1 flip-flop	74102	14	TP						x						
1 flip-flop	7470	14	TP	x											
2 flip-flops	7476	16	TP			x				x	x			x	
2 flip-flops	7478	14	TP											x	
2 flip-flops	74108	14	TP						x						
2 flip-flops	74109	16	TP	x	x	x		x		x	x			x	x
2 flip-flops	74112	16	TP		x	x		x		x	x			x	x
2 flip-flops	74114	14	TP		x	x		x		x				x	x
2 flip-flops	74106	16	TP						x						
4 flip-flops	74276	20	TP	x											
2.2. Pulse-triggered															
2.2.1. With Preset, J and K															
1 flip-flop	7471	14	TP						x						

Short Description	Type	Pins	Output	N	ALS	AS	C	F	H	HC	HCT	HCU	L	LS	S
2.2.2. With Clear, J and K															
2 flip-flops	74115	14	TP	x											
2 flip-flops	74107	14	TP	x											
2 flip-flops	7473	14	TP	x					x					x	
2.2.3. With Preset, Clear, J and K															
1 flip-flop	7471	14	TP										x		
1 flip-flop	7472	14	TP	x					x				x		
1 flip-flop	74104	14	TP	x											
1 flip-flop	74105	14	TP	x											
1 flip-flop	74110	14	TP	x											
2 flip-flops	7476	16	TP	x					x						
2 flip-flops	7478	14	TP						x				x		
2 flip-flops	74111	16	TP	x											
2.3. RS-Latches															
4 latches	74279	16	TP	x										x	
6 latches	74118	16	TP	x											
6 latches	74119	24	TP	x											
2.4. D-type latches															
2.4.1. Non-inverting															
2x4-bit	74873	24	TS		x	x									
4 latches	7477	14	TP	x										x	x
8 latches	74100	24	TP	x											
8 latches	74363	20	TS											x	
8 latches	74373	20	TS	x	x	x	x	x		x	x			x	x
8 latches	74116	24	TP	x											
8-bit bus interface	74845	24	TS		x	x									

Short Description	Type	Pins	Output	N	ALS	AS	C	F	H	HC	HCT	HCU	L	LS	S
8-bit bus interface	74573	20	TS		x	x				x	x			x	
8-bit multi function (= Intel 8212)	74412	24	TP												x
9-bit bus interface	74843	24	TS		x	x									
10-bit bus interface	74841	24	TS		x	x									

2.4.2. Inverting

Short Description	Type	Pins	Output	N	ALS	AS	C	F	H	HC	HCT	HCU	L	LS	S
2x4-bit	74880	24	TS		x	x									
8-bit	74580	20	TS		x	x									
8-bit bus interface	74846	24	TS		x	x									
8-bit bus interface	74533	20	TS		x	x		x		x	x				
8-bit bus interface	74563	20	TS		x					x	x				
9-bit bus interface	74844	24	TS		x	x									
10-bit bus interface	74842	24	TS		x	x									

2.4.3. With complementary outputs

Short Description	Type	Pins	Output	N	ALS	AS	C	F	H	HC	HCT	HCU	L	LS	S
4 latches	7475	16	TP	x						x	x		x	x	
4 latches	74375	16	TP											x	

2.5. D-type flip-flops
2.5.1. Non-inverting

Short Description	Type	Pins	Output	N	ALS	AS	C	F	H	HC	HCT	HCU	L	LS	S
2x4-bit	74878	24	TS		x	x									
2x4-bit	74874	24	TS		x	x									
4 flip-flops	74173	16	TS	x			x			x	x			x	
6 flip-flops	74174	16	TP	x	x	x	x	x		x	x			x	x
6 flip-flops	74378	16	TP							x				x	
8 flip-flops	74273	20	TP	x	x					x	x			x	
8 flip-flops	74364	20	TS											x	
8 flip-flops	74374	20	TS		x	x	x	x		x	x			x	x
8 flip-flops	74377	20	TP		x					x	x			x	

Short Description	Typ	Pins	Output	N	ALS	AS	C	F	H	HC	HCT	HCU	L	LS	S
8-bit bus interface	74574	20	TS		x	x				x	x			x	
8-bit bus interface	74575	24	TS		x	x									
8-bit bus interface	74825	24	TS			x									
9-bit bus interface	74823	24	TS			x									
10-bit bus interface	74821	24	TS			x									
2.5.2. Inverting															
2x4-bit	74876	24	TS		x	x									
2x4-bit	74879	24	TS		x	x									
8-bit bus interface	74826	24	TS			x									
8-bit bus interface	74534	20	TS		x	x		x		x	x				
8-bit bus interface	74564	20	TS		x					x	x				
8-bit bus interface	74576	20	TS		x	x									
8-bit bus interface	74577	24	TS		x	x									
9-bit bus interface	74824	24	TS			x									
10-bit businterface	74822	24	TS			x									
2.5.3. With complementary outputs															
2 flip-flops	7474	14	TP	x	x	x	x	x	x	x	x		x	x	x
4 flip-flops	74171	16	TP											x	
4 flip-flops	74175	16	TP	x	x	x	x	x		x	x			x	x
4 flip-flops	74379	16	TP							x				x	
2.6. Monostable multivibrators															
With Schmitt-Trigger inputs	74221	16	TP	x			x			x	x			x	
With Schmitt-Trigger inputs	74121	14	TP	x									x		
Retriggerable monostable multivibrators	74123	16	TP	x						x	x			x	
Retriggerable monostable multivibrators	74423	16	TP							x	x			x	
Retriggerable monostable multivibrator	74122	14	TP	x									x	x	
Retriggerable monostable multivibrator	74422	14	TP											x	

Short Description	Type	Pins	Output	N	ALS	AS	C	F	H	HC	HCT	HCU	L	LS	S
3. COUNTERS															
3.1. Binary counters															
3.1.1. Count up															
2x4-bit	74393	14	TP	x						x	x			x	
2x4-bit	7469	16	TP											x	
4-bit	7493	14	TP	x		x				x			x	x	
4-bit	74293	14	TP	x										x	
4-bit with preset	74177	14	TP	x											
4-bit with preset	74197	14	TP	x										x	x
4-bit with preset	74561	20	TS		x										
4-bit with preset	74569	20	TS		x									x	
4-bit with preset	74161	16	TP	x	x	x	x	x		x	x			x	x
4-bit with preset	74163	16	TP	x	x	x	x	x		x	x			x	x
4-bit with preset and register	74691	20	TS		x									x	
4-bit with preset and register	74693	20	TS		x									x	
8-bit	74590	16	TS							x	x			x	
8-bit	74591	16	OC											x	
8-bit with preset	74592	16	TP							x	x			x	
8-bit with preset	74593	20	TS							x	x			x	
3.1.2. Count up/down															
4-bit	74169	16	TP		x	x		x		x	x			x	x
4-bit with preset	74669	16	TP											x	
4-bit with preset	74191	16	TP	x	x			x		x	x			x	
4-bit with preset	74193	16	TP	x	x		x	x		x	x		x	x	
4-bit with preset and register	74697	20	TS		x									x	
4-bit with preset and register	74699	20	TS		x									x	
4-bit with universal shift register	74291	20	TP												x
8-bit with preset	74867	24	TP		x										
8-bit with preset	74869	24	TP		x										

Short Description	Type	Pins	Output	N	ALS	AS	C	F	H	HC	HCT	HCU	L	LS	S
3.2. Decimal counters															
3.2.1. Count up															
2x4-bit.	74390	16	TP	x						x	x			x	
2x4-bit.	74490	16	TP	x						x				x	
2x4-bit.	7468	16	TP											x	
4-bit	7490	14	TP	x			x			x			x	x	
4-bit	74290	14	TP	x										x	
4-bit with 7-segment output	74143	24	OC	x											
4-bit with 7-segment output	74144	24	OC	x											
4-bit with decimal output.	74142	16	OC	x											
4-bit with preset	74176	14	TP	x											
4-bit with preset	74196	14	TP	x										x	x
4-bit with preset	74560	20	TS		x										
4-bit with preset	74568	20	TS		x									x	
4-bit with preset	74160	16	TP	x	x	x	x	x		x	x			x	x
4-bit with preset	74162	16	TP	x	x	x	x	x		x	x			x	x
4-bit with preset and register	74692	20	TS		x									x	
4-bit with preset and register	74690	20	TS		x									x	
4-bit with preset and register	74696	20	TS		x									x	
3.2.2. Count up/down															
4-bit	74168	16	TP		x	x		x						x	x
4-bit with preset	74668	16	TP											x	
4-bit with preset	74190	16	TP	x	x			x		x	x			x	
4-bit with preset	74192	16	TP	x	x		x	x		x	x		x	x	
4-bit with preset and register	74698	20	TS		x									x	

Short Description	Type	Pins	Output	N	ALS	AS	C	F	H	HC	HCT	HCU	L	LS	S
4. SHIFT REGISTERS															
4.1. Serial															
8-bit	7491	14	TP	x									x	x	
4.2. Parallel inputs															
4-bit, NOR inputs	7494	16	TP	x											
8-bit	74165	16	TP	x	x		x			x	x			x	
8-bit	74166	16	TP	x	x					x	x			x	
8-bit with latch	74589	16	TS							x					
8-bit with latch	74597	16	TP							x				x	
16-bit	74674	24	TP											x	
4.3. Parallel outputs															
8-bit	74164	14	TP	x	x		x	x		x	x		x	x	
8-bit with latch	74594	16	TP											x	
8-bit with latch	74595	16	TS							x				x	
8-bit with latch	74596	16	OC											x	
8-bit with latch	74599	16	OC											x	
16-bit	74673	24	TP											x	
4.4. Parallel inputs and outputs															
4-bit	74395	16	TS			x								x	
4-bit	74178	14	TP	x											x
4-bit	74179	16	TP	x											x
4-bit	7495	14	TP	x		x	x						x	x	
4-bit	7499	16	TP										x		
4-bit left/right	74295	14	TS											x	
4-bit left/right	74194	16	TP	x		x		x		x	x			x	x

1-41

Short Description	Type	Pins	Output	N	ALS	AS	C	F	H	HC	HCT	HCU	L	LS	S
4-bit with counter	74291	20	TP												x
4-bit universal	74195	16	TP	x		x	x	x		x	x			x	x
4-bit universal	74671	20	TP											x	
4-bit universal	74672	20	TP											x	
5-bit	7496	16	TP	x									x	x	
8-bit	74199	24	TP	x											
8-bit	74598	20	TS											x	
8-bit	74322	20	TP											x	
8-bit left/right	74198	24	TP	x											
8-bit left/right	74299	20	TS		x	x				x	x			x	x
8-bit universal	74323	20	TS		x	x					x			x	

5. OSCILLATORS

Short Description	Type	Pins	Output	N	ALS	AS	C	F	H	HC	HCT	HCU	L	LS	S
Voltage controlled oscillator	74324	14	TP											x	
Voltage controlled oscillator	74624	14	TP											x	
Voltage controlled oscillators	74628	14	TP											x	
2 voltage controlled oscillators	74325	16	TP											x	
2 voltage controlled oscillators	74326	16	TP											x	
2 voltage controlled oscillators	74327	14	TP											x	
2 voltage controlled oscillators	74625	16	TP											x	
2 voltage controlled oscillators	74626	16	TP											x	
2 voltage controlled oscillators	74627	14	TP											x	
2 voltage controlled oscillators	74629	16	TP											x	
2 voltage controlled oscillators	74124	16	TP	x										x	x
Crystal oscillator	74320	16	TP											x	
Crystal oscillator	74321	16	TP											x	
Clock oscillator for the TMS 9900	74362	20	TP											x	
Clock oscillator for the 8080	74424	16	TP											x	x

Short Description	Type	Pins	Output	N	ALS	AS	C	F	H	HC	HCT	HCU	L	LS	S
6. MULTIPLEXERS															
8-line-to-1-line	74354	20	TS							x	x			x	
8-line-to-1-line	74355	20	OC											x	
8-line-to-1-line	74356	20	TS							x	x			x	
8-line-to-1-line	74357	20	OC											x	
8-line-to-1-line	74151	16	TP	x	x	x	x	x		x	x			x	x
8-line-to-1-line	74152	14	TP	x						x				x	
8-line-to-1-line	74251	16	TS	x	x	x		x		x	x			x	x
16-line-to-1-line	74250	24	TS			x									
16-line-to-1-line	74150	24	TP	x		x	x								
16-line-to-1-line	74850	28	TS			x									
16-line-to-1-line	74851	28	TS			x									
2x4-line-to-1-line	74153	16	TP	x	x	x		x		x	x		x	x	x
2x4-line-to-1-line	74352	16	TP		x	x		x		x				x	
2x4-line-to-1-line	74353	16	TS		x	x		x		x				x	
2x4-line-to-1-line	74253	16	TS	x	x	x		x		x	x			x	x
2x8-line-to-1-line	74351	20	TS	x											
4x2-line-to-1-line	74257	16	TS	x	x	x		x		x	x			x	x
4x2-line-to-1-line	74258	16	TS		x	x		x		x				x	x
4x2-line-to-1-line	74158	16	TP	x	x	x		x		x	x			x	x
4x2-line-to-1-line	74398	20	TP											x	
4x2-line-to-1-line	74399	16	TP											x	
4x2-line-to-1-line	74157	16	TP	x	x	x	x	x		x	x		x	x	x
4x2-line-to-1-line with register	74298	16	TP	x		x				x				x	
4x2-line-to-1-line with register	7498	16	TP										x		
6x2-line-to-1-line	74857	24	TP		x	x									
8x2-to-1-line with latch	74604	28	TS											x	
8x2-line-to-1-line with register	74605	28	OC											x	
8x2-line-to-1-line with register	74606	28	TS											x	
8x2-line-to-1-line with register	74607	28	OC											x	

Short Description	Type	Pins	Output	N	ALS	AS	C	F	H	HC	HCT	HCU	L	LS	S
7. DEMULTIPLEXERS															
3-line-to-8-line	74131	16	TP	x	x	x									
3-line-to-8-line	74538	20	TS		x			x							
3-line-to-8-line with latch	74137	16	TP		x	x				x	x			x	x
4-line-to-16-line	74154	24	TP	x			x			x	x		x	x	
4-line-to-16-line	74159	24	OC	x											
2x2-line-to-4-line	74155	16	TP	x							x			x	
2x2-line-to-4-line	74156	16	OC	x										x	
2x2-line-to-4-line	74539	20	TS		x			x							
8. ARITHMETIC OPERATORS															
8.1. Adders															
1-bit	7480	14	TP	x											
2-bit	7482	14	TP	x											
2x1-bit	74183	14	TP	x					x					x	
4 serial adders/subtractors	74385	20	TP											x	
4-bit	7483	16	TP	x			x							x	
4-bit	74283	16	TP	x				x		x				x	x
8.2. Multipliers															
2-by-4 bit multiplier	74261	16	TP											x	
4-by-4-bit multiplier	74274	20	TS												x
4-by-8-bit multiplier	74284	16	OC	x											
4-by-8-bit multiplier	74285	16	OC	x											
8-bit-by-1-bit 2's complement	74384	16	TP							x	x			x	
16-by-16-bit multiplier	741616	64	TP		x										

Short Description	Type	Pins	Output	N	ALS	AS	C	F	H	HC	HCT	HCU	L	LS	S
8.3. Parity checkers															
9-bit	74180	14	TP	x											
9-bit	74280	14	TP			x				x	x			x	x
9-bit	74286	14	TP			x									
8.4. ALU															
4-bit	74381	20	TP											x	x
4-bit	74181	24	TP	x		x		x		x				x	x
4-bit	74382	20	TP											x	
4-bit ALU / function generator	74881	24	TP			x									
Carry generator for 32-bit ALUs	74882	24	TP			x									
8.5. AKU															
4-bit	74281	24	TP												x
4-bit	74681	20	TP											x	
8.6. Comparators															
4-bit	7485	16	TP	x			x			x	x		x	x	x
7-bit Wallace tree element	74275	16	TS											x	x
8-bit	74684	20	TP											x	
8-bit	74685	20	OC											x	
8-bit	74686	24	TP											x	
8-bit	74687	24	OC											x	
8-bit	74688	20	TP		x					x	x			x	
8-bit	74689	20	OC		x									x	
8-bit	74866	28	OC			x									
8-bit	74518	20	OC		x										
8-bit	74519	20	OC		x										
8-bit	74520	20	TP		x										

Short Description	Type	Pins	Output	N	ALS	AS	C	F	H	HC	HCT	HCU	L	LS	S
8-bit	74521	20	TP		x			x		x	x				
8-bit	74522	20	OC		x										
8-bit expandable	74885	24	TP			x									
8-bit with pull-up resistors.............	74682	20	TP											x	
8-bit with pull-up resistors.............	74683	20	OC											x	
12-bit address comparator	74679	20	TP		x										
12-bit address comparator with latch	74680	20	TP		x										
12-bit programmable	74527	20	TP		x										
12-bit programmable	74528	16	TP		x										
16-bit address comparator	74677	24	TP		x										
16-bit address comparator with latch	74678	24	TP		x										
16-bit programmable	74526	20	TP		x										
8.7. Other															
9's complement	74184	16	OC	x											
10's complement	74184	16	OC	x											
4-bit true / complement circuit	7487	14	TP						x						
Cascadable carry generator	74282	20	TP			x									
Carry generator for counters	74182	16	TP	x		x		x		x				x	x
Carry generator for counters	74264	16	TP			x									

Short Description	Type	Pins	Output	N	ALS	AS	C	F	H	HC	HCT	HCU	L	LS	S
9. CODE CONVERTERS															
9.1. BCD-to-decimal															
4-bit	7442	16	TP	x			x			x	x		x	x	
4-bit	74537	20	TS		x			x							
5,5V output	7441	16	OC	x											
15V output	74145	16	OC	x										x	
30V output	7445	16	OC	x											
60V output	74141	16	OC	x											
With display driver	74445	16	TP											x	
9.2. BCD-to-binary															
5-bit cascadable	74184	16	OC	x											
5,5V output	74249	16	OC	x										x	
9.3. BCD-to-7-segment															
15V output	7447	16	OC	x										x	
15V output	74247	16	OC	x										x	
15V output	74347	16	OC											x	
30V output	7446	16	OC	x									x		
30V output	74246	16	OC	x											
With display driver	74248	16	TP	x										x	
With display driver	74447	16	TP											x	
With counter	74143	24	OC	x											
With counter	74144	24	OC	x											
Outputs active-high	7448	16	OC	x			x							x	
Outputs active-high	7449	14	OC	x										x	

Short Description	Type	Pins	Output	N	ALS	AS	C	F	H	HC	HCT	HCU	L	LS	S
9.4. Binary-to-BCD															
5-bit cascadable	74185	16	OC	x											
9.5. Binary-to-decimal															
2x2-bit	74139	16	TP		x	x		x		x	x			x	x
3-bit	74138	16	TP	x	x	x		x		x	x			x	x
3-bit	74237	16	TP							x					
3-line-to-8-line	74131	16	TP	x	x	x									
3-line-to-8-line	74538	20	TS		x			x							
3-line-to-8-line with latch	74137	16	TP		x	x				x	x			x	x
3-line-to-8-line with latch	74137	16	TP		x	x				x	x			x	x
4-line-to-16-line	74154	24	TP	x			x			x	x		x	x	
4-line-to-16-line	74159	24	OC	x											
2x2-line-to-4-line	74155	16	TP	x							x			x	
2x2-line-to-4-line	74156	16	OC	x										x	
2x2-line-to-4-line	74539	20	TS		x			x							
9.6. Priority encoders															
8 channel priority encoder	74149	20	TP							x	x				
8-line-to-3-line priority encoder	74348	16	TS											x	
4-bit cascadable priority register	74278	14	TP	x											
Priority encoder	74147	16	TP	x						x	x			x	
Priority encoder	74148	16	TP	x				x						x	
9.7. Other															
Excess-3-to-decimal	7443	16	TP	x									x	x	
Excess-3-Gray-to-decimal	7444	16	TP	x									x	x	

Short Description	Type	Pins	Output	N	ALS	AS	C	F	H	HC	HCT	HCU	L	LS	S
10. MEMORIES															
10.1. ROM															
32x8-bit.	7488	16	OC	x											
256x4-bit.	74187	16	OC	x											
256x8-bit.	74271	20	OC												x
256x8-bit.	74371	20	TS												x
512x4-bit.	74270	16	OC												x
512x4-bit.	74370	16	TS												x
10.2. PROM															
32x8-bit.	74188	16	OC	x											x
32x8-bit.	74288	16	TS												x
64x8-bit.	74186	24	OC	x											
256x4-bit.	74287	16	TS												x
256x4-bit.	74387	16	OC												x
256x8-bit.	74470	20	OC												x
256x8-bit.	74471	20	TS												x
512x8-bit.	74472	20	TS												x
512x8-bit.	74473	20	OC												x
512x8-bit.	74474	24	TS												x
512x8-bit.	74475	24	OC												x
10.3. RAM															
4x4-bit.	74170	16	OC	x										x	
4x4-bit.	74670	16	TS							x	x			x	
8x2-bit.	74172	24	TS	x											x
16x1-bit.	7481	14	TP	x											
16x1-bit.	7484	16	OC	x											

Short Description	Type	Pins	Output	N	ALS	AS	C	F	H	HC	HCT	HCU	L	LS	S
16x4-bit..................	74189	16	TS											x	x
16x4-bit..................	74219	16	TS											x	
16x4-bit..................	74289	16	OC											x	x
16x4-bit..................	7489	16	OC	x			x							x	
256x1-bit.................	74200	16	TS	x			x							x	x
256x1-bit.................	74201	16	TS												x
256x1-bit.................	74202	16	TS											x	
256x1-bit.................	74206	16	OC												x
256x1-bit.................	74300	16	OC											x	x
256x1-bit.................	74301	16	OC												x
256x1-bit.................	74302	16	OC											x	
256x4-bit.................	74207	16	TS											x	x
256x4-bit.................	74208	20	TS											x	x
1024x1-bit................	74214	16	TS											x	x
1024x1-bit................	74215	16	TS											x	
1024x1-bit................	74314	16	OC											x	x
1024x1-bit................	74315	16	OC											x	
1024x1-bit................	74319	16	OC											x	
4096x1-bit................	74400	18	TS											x	
4096x1-bit................	74401	18	OC											x	

10.4. FIFO

Short Description	Type	Pins	Output	N	ALS	AS	C	F	H	HC	HCT	HCU	L	LS	S
16x4-bit..................	74222	20	TS											x	
16x4-bit..................	74224	16	TS											x	
16x4-bit..................	74227	20	OC											x	
16x4-bit..................	74228	16	OC											x	
16x5-bit..................	74225	20	TS												x

Short Description	Type	Pins	Output	N	ALS	AS	C	F	H	HC	HCT	HCU	L	LS	S
10.5. Other															
2x16 registers, 4 bit each	74870	24	TP			x									
2x16 registers, 4 bit each	74871	28	TP			x									
8-bit storage register	74396	16	TP											x	
8-bit latch	74259	16	TP	x	x					x	x			x	
11. DIVIDERS															
1:12	7492	14	TP	x						x				x	
1:2^{15} programmable	74294	16	TP							x				x	
1:2^{30} programmable	74292	16	TP							x				x	
1:5 + 1:2	7456	8	TP											x	
1:6 + 1:5 + 1:2	7457	8	TP											x	
4-bit programmable	74167	16	TP	x											
6-bit programmable	7497	16	TP	x											

Short Description	Type	Pins	Output	N	ALS	AS	C	F	H	HC	HCT	HCU	L	LS	S
12. DRIVERS															
12.1. Non-inverting															
2x4-bit	74241	20	TS		x	x		x		x	x			x	x
2x4-bit	74244	20	TS		x	x	x	x		x	x			x	x
2x4-bit	74341	20	TS												x
2x4-bit	74344	20	TS												x
2x4-bit	74757	20	OC			x									
2x4-bit	74760	20	OC			x									
2x4-bit	74797	20	TS											x	
2x4-bit	741241	20	TS		x	x									
2x4-bit	741244	20	TS		x										
2x4-bit	74467	20	TS		x									x	
4 + 2-bit	74367	16	TS	x	x					x	x			x	
4 + 2-bit	74368	16	TS	x	x					x	x			x	
4-bit	74125	14	TS	x						x				x	
4-bit	74126	14	TS	x						x				x	
4-bit	74425	14	TS	x											
4-bit	74426	14	TS	x											
4-bit bi-directional	74243	14	TS		x	x		x		x	x			x	x
4-bit bi-directional	741243	14	TS		x										
4-bit bi-directional	74449	16	TS											x	
4-bit bi-directional	74759	14	OC			x									
4-bit bi-directional with latch	74226	16	TS												x
4-bit tri-directional	74440	20	OC											x	
4-bit tri-directional	74442	20	TS											x	
6-bit	7407	14	OC	x										x	
6-bit	7417	14	OC	x										x	
6-bit	74365	16	TS	x	x					x	x			x	

Short Description	Type	Pins	Output	N	ALS	AS	C	F	H	HC	HCT	HCU	L	LS	S
6-bit	7434	14	TP		x	x					x				
6-bit	7435	14	OC		x										
6-bit	741034	14	TP		x	x									
6-bit	741035	14	OC		x	x									
8-bit	74541	20	TS		x					x	x			x	
8-bit	74465	20	TS		x									x	
8-bit	74795	20	TS											x	
8-bit port controller bi-directional	74877	24	TP			x									
8-bit port controller bi-directional	74852	24	TS			x									
8-bit port controller bi-directional	74856	24	TS			x									
8-bit bi-directional	741638	20	SS		x										
8-bit bi-directional	74245	20	TS		x	x		x		x	x			x	
8-bit bi-directional	74621	20	OC		x	x								x	
8-bit bi-directional	74623	20	TS		x	x				x				x	
8-bit bi-directional	74639	20	SS		x	x		x						x	
8-bit bi-directional	74641	20	OC		x	x								x	
8-bit bi-directional	741245	20	TS		x										
8-bit bi-directional	741621	20	OC		x										
8-bit bi-directional	741623	20	TS		x										
8-bit bi-directional	741641	20	OC		x										
8-bit bi-directional	74645	20	TS		x	x		x						x	
8-bit bi-directional	741639	20	SS		x										
8-bit bi-directional	741645	20	TS		x										
8-bit bi-directional	742640	20	TS			x									
8-bit bi-directional	742645	20	TS			x									
8-bit bi-directional	742620	20	TS			x									
8-bit bi-directional	742623	20	TS			x									
8-bit bi-directional with latch	74543	24	TS							x	x				
8-bit bi-directional with latch	74550	28	TS							x	x				

Short Description	Type	Pins	Output	N	ALS	AS	C	F	H	HC	HCT	HCU	L	LS	S
8-bit bi-directional with latch	74646	24	TS		x	x				x	x			x	
8-bit bi-directional with latch	74647	24	OC		x									x	
8-bit bi-directional with latch	74652	24	TS		x	x								x	
8-bit bi-directional with latch	74654	24	OC		x									x	

12.2. Inverting

Short Description	Type	Pins	Output	N	ALS	AS	C	F	H	HC	HCT	HCU	L	LS	S
2x4-bit	74240	20	TS		x	x	x			x	x			x	x
2x4-bit	74340	20	TS												x
2x4-bit	74756	20	OC			x									
2x4-bit	74763	20	OC			x									
2x4-bit	741240	20	TS		x										
2x4-bit	74231	20	TS			x									
2x4-bit	74468	20	TS		x									x	
4-bit bi-directional	74242	14	TS		x	x		x		x	x			x	x
4-bit bi-directional	74446	16	TP											x	
4-bit bi-directional	74758	14	OC			x									
4-bit bi-directional	741242	14	TS		x										
4-bit tri-directional	74441	20	OC											x	
4-bit tri-directional	74443	20	TS											x	
6-bit	74436	16	TP												x
6-bit	74366	16	TS	x	x					x	x			x	
6-bit	7416	14	OC	x										x	
6-bit	7406	14	OC	x										x	
6-bit	741004	14	TP		x	x									
6-bit	741005	14	OC		x										
6-bit with damping resistor	74437	16	TP												x
8-bit	74466	20	TS		x									x	
8-bit	74796	20	TS											x	
8-bit	74540	20	TS		x					x	x			x	

Short Description	Type	Pins	Output	N	ALS	AS	C	F	H	HC	HCT	HCU	L	LS	S
8-bit bi-directional	74620	20	TS		x	x				x				x	
8-bit bi-directional	74622	20	OC		x	x								x	
8-bit bi-directional	741620	20	TS	x											
8-bit bi-directional	741622	20	OC	x											
8-bit bi-directional	741640	20	TS	x											
8-bit bi-directional	741642	20	OC	x											
8-bit bi-directional	74638	20	SS		x	x		x						x	
8-bit bi-directional	74640	20	TS		x	x		x		x	x			x	
8-bit bi-directional	74642	20	OC		x	x								x	
8-bit bi-directional with latch	74544	24	TS							x	x				
8-bit bi-directional with latch	74551	28	TS							x	x				
8-bit bi-directional with latch	74648	24	TS		x	x				x	x			x	
8-bit bi-directional with latch	74649	24	OC		x									x	
8-bit bi-directional with latch	74651	24	TS		x	x								x	
8-bit bi-directional with latch	74653	24	OC		x									x	

12.3. Inverting and non inverting

Short Description	Type	Pins	Output	N	ALS	AS	C	F	H	HC	HCT	HCU	L	LS	S
2x4-bit	74230	20	TS			x									
2x4-bit	74762	20	OC			x									
2x4-bit	74798	20	TS											x	
4-bit tri-directional	74444	20	TS											x	
4-bit tri-directional	74448	20	OC											x	
8-bit bi-directional	74643	20	TS		x	x		x		x	x			x	
8-bit bi-directional	74644	20	OC		x	x								x	
8-bit bi-directional	741643	20	TS	x											
8-bit bi-directional	741644	20	OC	x											
System controller for the 8080	74428	28	TP												x
System controller for the 8080	74438	28	TP												x

Short Description	Type	Pins	Output	N	ALS	AS	C	F	H	HC	HCT	HCU	L	LS	S
13. FPLA															
12 x 50 x 6 FPLA	74330	20	TS												x
12 x 50 x 6 FPLA	74331	20	OC												x
14. MICROCOMPONENTS															
14-bit controller for 74888	74890	64	TP			x									
4-bit slice micro controller	74482	20	TS												x
4-bit slice processor	74481	48	TS											x	x
8-bit multi function latch (= Intel 8212)	74412	24	TS												x
8-bit slice processor	74888	64	TP			x									x
Refresh controller for 4/16 KByte RAM	74600	20	TP											x	
Refresh controller for 4/16 KByte RAM	74602	20	TP											x	
Refresh controller for 64 KByte RAM	74601	20	TP											x	
Refresh controller for 64 KByte RAM	74603	20	TP											x	
Clock generator for the 8080	74424	16	TP											x	x
Cycle controller for dynamic RAMs	74608	16	TP											x	

Short Description	Type	Pins	Output	N	ALS	AS	C	F	H	HC	HCT	HCU	L	LS	S
15. OTHER															
8-Bit Successive Approximation Register	74502	16	TP	x										x	
8-Bit Successive Approximation Register	74503	16	TP	x										x	
12-Bit Successive Approximation Register	74504	24	TP	x										x	
16-bit direction discriminator	742000	28	TP											x	
6 current sensors	7463	14	TP											x	
Digital PLL filter	74297	16	TP							x	x			x	
EDAC 8-bit	74636	20	TP											x	
EDAC 8-bit	74637	20	OC											x	
EDAC 16-bit	74630	28	TS											x	
EDAC 16-bit	74631	28	OC											x	
EDAC 32-bit	74632	52	TP		x										
EDAC 32-bit	74633	52	OC		x										
EDAC 32-bit	74634	48	OC		x										
EDAC 32-bit	74635	48	OC		x										
Pulse synchronizers	74120	16	TP	x											
Memory mapper	74612	40	TS											x	
Memory mapper	74613	40	OC											x	
Memory mapper with latched outputs	74610	40	TS											x	
Memory mapper with latched outputs	74611	40	OC											x	
Time delay unit	7431	16	TP											x	

tdv 1–4

Transistoren-Datenlexikon und Vergleichstabellen

A…BUZ	⟶	**tdv 1**
C…Z	⟶	**tdv 2**
2N21…6776	⟶	**tdv 3**
2S…40 000	⟶	**tdv 4**

tdv 1
Bestell-Nr. 101
ISBN 3-88109-028-2

tdv 2
Bestell-Nr. 102
ISBN 3-88109-029-0

tdv 3
Bestell-Nr. 103
ISBN 3-88109-030-4

tdv 4
Bestell-Nr. 104
ISBN 3-88109-031-3

Description succincte	Type	Pins	Output	N	ALS	AS	C	F	H	HC	HCT	HCU	L	LS	S
1. PORTES															
1.1. NAND															
1x12 NAND	74134	16	TS												x
1x13 NAND	74133	16	TP		x					x				x	x
1x8 NAND	7430	14	TP	x	x	x	x		x	x			x	x	x
2x2 NAND	748003	8	TP		x										
2x4 NAND	7420	14	TP	x	x	x	x	x	x	x	x		x	x	x
2x4 NAND	7422	14	OC	x	x				x					x	x
2x4 NAND (FQ=30)	7440	14	TP	x	x				x					x	x
2x4 NAND drivers	741020	14	TP		x										
3x3 NAND	7410	14	TP	x	x	x	x	x	x	x	x		x	x	x
3x3 NAND	7412	14	OC	x	x									x	
3x3 NAND drivers	741010	14	TP		x										
4x2 NAND	7400	14	TP	x	x	x	x	x	x	x	x		x	x	x
4x2 NAND	7401	14	OC	x	x				x					x	x
4x2 NAND	7403	14	OC	x	x	x				x				x	x
4x2 NAND (15V)	7426	14	OC	x										x	
4x2 NAND (FQ=30)	7437	14	TP	x	x				x					x	x
4x2 NAND (FQ=30)	7438	14	OC	x	x									x	x
4x2 NAND (FQ=30)	7439	14	OC	x											
4x2 NAND drivers	741000	14	TP		x	x									
4x2 NAND drivers	741003	14	OC		x										
6x2 NAND	74804	20	TP		x	x									
1.2. NOR															
2x4 NOR	7425	14	TP	x											
2x4 NOR, expandable	7423	16	TP	x											
2x5 NOR	74260	14	TP											x	x

Description succincte	Type	Pins	Output	N	ALS	AS	C	F	H	HC	HCT	HCU	L	LS	S
3x3 NOR	7427	14	TP	x	x	x				x	x			x	
4x2 NOR	7402	14	TP	x	x	x	x	x		x	x		x	x	x
4x2 NOR	7436	14	TP						x						
4x2 NOR (FQ=30)	7428	14	TP	x	x									x	
4x2 NOR drivers	741002	14	TP		x	x									
4x2 NOR drivers	741036	14	TP			x									
4x2 NOR drivers	7433	14	OC	x	x									x	
6x2 NOR drivers	74805	20	TP		x	x									

1.3. AND

Description succincte	Type	Pins	Output	N	ALS	AS	C	F	H	HC	HCT	HCU	L	LS	S
2x4 AND	7421	14	TP	x	x	x			x	x				x	
3x3 AND	7411	14	TP	x	x	x		x	x	x	x			x	x
3x3 AND	7415	14	OC		x				x					x	x
3x3 AND drivers	741011	14	TP		x										
4x2 AND	7408	14	TP	x	x	x	x	x	x	x	x			x	x
4x2 AND	7409	14	OC	x	x					x				x	x
4x2 AND drivers	741008	14	TP		x	x									
4x2 AND drivers (15V)	74131	14	OC	x	x	x									
4x2 AND drivers (30V)	74130	14	OC	x											
6x2 AND drivers	74808	20	TP		x	x									

1.4. OR

Description succincte	Type	Pins	Output	N	ALS	AS	C	F	H	HC	HCT	HCU	L	LS	S
4x2 OR	7432	14	TP	x	x	x	x	x		x	x			x	x
4x2 OR drivers	741032	14	TP		x	x									
6x2 OR drivers	74832	20	TP		x	x									

1.5. EX-NOR

Description succincte	Type	Pins	Output	N	ALS	AS	C	F	H	HC	HCT	HCU	L	LS	S
4x2 EX-NOR	74266	14	OC							x				x	
4x2 EX-NOR	74810	14	TP		x										
4x2 EX-NOR	74811	14	OC		x										
4x2 EX-OR/NOR	74135	16	TP												x

Description succincte	Type	Pins	Output	N	ALS	AS	C	F	H	HC	HCT	HCU	L	LS	S
1.6. EX-OR															
4x2 EX-OR	7486	14	TP	x	x		x	x		x	x		x	x	x
4x2 EX-OR	74386	14	TP							x				x	
4x2 EX-OR	74136	14	OC	x	x									x	x
4x2 EX-OR/NOR	74135	16	TP												x
1.7. Convertisseurs															
6 Convertisseurs	7404	14	TP	x	x	x	x	x	x	x	x	x	x	x	x
6 Convertisseurs	7405	14	OC	x	x					x	x	x		x	x
6 Convertisseurs	74366	16	TS	x	x					x	x			x	
6 Convertisseurs	74368	16	TS	x	x					x	x			x	
6 Convertisseurs (15V)	7416	14	OC	x										x	
6 Convertisseurs (30V)	7406	14	OC	x										x	
6 Drivers inverseurs	741004	14	TP		x	x									
6 Drivers inverseurs	741005	14	OC		x										
1.8. Portes Universelles															
2 NAND + 2 Convertisseurs	74265	16	TP	x											
AND/NAND driver	74800	20	TP		x										
AND/NOR	7464	14	TP				x								x
AND/NOR	7465	14	OC												x
AND/NOR	7450	14	TP	x					x						
AND/NOR	7451	14	TP	x					x	x			x	x	x
AND/NOR	7454	14	TP	x					x				x	x	
AND/NOR, expandable	7452	14	TP						x						
AND/NOR, expandable	7453	14	TP	x					x						
AND/NOR, expandable	7455	14	TP						x				x	x	
AND/OR	7458	14	TP							x					
OR-/NOR driver	74802	20	TP			x									

Description succincte	Type	Pins	Output	N	ALS	AS	C	F	H	HC	HCT	HCU	L	LS	S
1.9. Trigger de Schmitt															
2x4 NAND, montage trigger de Schmitt	7413	14	TP	x										x	
2x4 NAND, montage trigger de Schmitt	7418	14	TP											x	
4x2 NAND, montage trigger de Schmitt	74132	14	TP	x						x	x			x	x
4x2 NAND, montage trigger de Schmitt	7424	14	TP											x	
6 convertisseurs, trigger de Schmitt	7419	14	TP											x	
6 convertisseurs, trigger de Schmitt	7414	14	TP	x			x			x	x			x	
1.10. Expandeurs															
2x4 AND expandeurs	7460	14	X	x					x						
3x3 AND expandeurs	7461	14	X						x						
AND/NOR expandeurs	7462	14	X						x						
1.11. Driver de Ligne 50 Ω															
2x4 NAND	74140	14	TP												x
4x2 NOR	74128	14	TP	x											

Description succincte	Type	Pins	Output	N	ALS	AS	C	F	H	HC	HCT	HCU	L	LS	S
2. FLIP-FLOPS															
2.1. Déclenché par flanc															
2.1.1. Avec Preset, J et K															
1 flip-flop	74101	14	TP						x						
2 flip-flops	74113	14	TP		x	x		x		x				x	x
2.1.2. Avec Clear, J et K															
2 flip-flops	74107	14	TP		x		x			x	x			x	
2 flip-flops	7473	14	TP				x			x	x			x	
2 flip-flops	74103	14	TP						x						
4 flip-flops	74376	16	TP	x											
2.1.3. Avec Preset, Clear, J et K															
1 flip-flop	74102	14	TP						x						
1 flip-flop	7470	14	TP	x											
2 flip-flops	7476	16	TP				x			x	x			x	
2 flip-flops	7478	14	TP											x	
2 flip-flops	74108	14	TP						x						
2 flip-flops	74109	16	TP	x	x	x		x		x	x			x	x
2 flip-flops	74112	16	TP		x	x		x		x	x			x	x
2 flip-flops	74114	14	TP		x	x		x		x				x	x
2 flip-flops	74106	16	TP						x						
4 flip-flops	74276	20	TP	x											
2.2. Déclenché par l'impulsion															
2.2.1. Avec Preset, J et K															
1 flip-flop	7471	14	TP						x						

1-63

Description succincte	Type	Pins	Output	N	ALS	AS	C	F	H	HC	HCT	HCU	L	LS	S
2.2.2. Avec Clear, J et K															
2 flip-flops	74115	14	TP	x											
2 flip-flops	74107	14	TP	x											
2 flip-flops	7473	14	TP	x					x					x	
2.2.3. Avec Preset, Clear, J et K															
1 flip-flop	7471	14	TP										x		
1 flip-flop	7472	14	TP	x					x				x		
1 flip-flop	74104	14	TP	x											
1 flip-flop	74105	14	TP	x											
1 flip-flop	74110	14	TP	x											
2 flip-flops	7476	16	TP	x					x						
2 flip-flops	7478	14	TP						x					x	
2 flip-flops	74111	16	TP	x											
2.3. Latches RS															
4 latches	74279	16	TP	x										x	
6 latches	74118	16	TP	x											
6 latches	74119	24	TP	x											
2.4. Latches D															
2.4.1. Sorties non-invertissants															
2x4 bits	74873	24	TS		x	x									
4 latches	7477	14	TP	x										x	x
8 latches	74100	24	TP	x											
8 latches	74363	20	TS											x	
8 latches	74373	20	TS	x	x	x	x		x	x				x	x
8 latches	74116	24	TP	x											
8 bits interface de bus	74845	24	TS		x	x									

Description succincte	Type	Pins	Output	N	ALS	AS	C	F	H	HC	HCT	HCU	L	LS	S
8 bits interface de bus	74573	20	TS		x	x				x	x			x	
8 bits multifonction (= Intel 8212)	74412	24	TP												x
9 bits interface de bus	74843	24	TS		x	x									
10 bits interface de bus	74841	24	TS		x	x									

2.4.2. Sorties invertissants

Description succincte	Type	Pins	Output	N	ALS	AS	C	F	H	HC	HCT	HCU	L	LS	S
2x4 bits	74880	24	TS		x	x									
8 bits	74580	20	TS		x	x									
8 bits interface de bus	74846	24	TS		x	x									
8 bits interface de bus	74533	20	TS		x	x		x		x	x				
8 bits interface de bus	74563	20	TS		x					x	x				
9 bits interface de bus	74844	24	TS		x	x									
10 bits interface de bus	74842	24	TS		x	x									

2.4.3. Sorties complémentaires

Description succincte	Type	Pins	Output	N	ALS	AS	C	F	H	HC	HCT	HCU	L	LS	S
4 latches	7475	16	TP	x						x	x		x	x	
4 latches	74375	16	TP											x	

2.5. Flip-flops D

2.5.1. Sorties non-invertissants

Description succincte	Type	Pins	Output	N	ALS	AS	C	F	H	HC	HCT	HCU	L	LS	S
2x4 bits	74878	24	TS		x	x									
2x4 bits	74874	24	TS		x	x									
4 flip-flops	74173	16	TS	x			x			x	x			x	
6 flip-flops	74174	16	TP	x			x	x		x	x			x	x
6 flip-flops	74378	16	TP							x				x	
8 flip-flops	74273	20	TP	x	x					x	x			x	
8 flip-flops	74364	20	TS											x	
8 flip-flops	74374	20	TS		x	x	x	x		x	x			x	x
8 flip-flops	74377	20	TP		x					x	x			x	

Description succincte	Type	Pins	Output	N	ALS	AS	C	F	H	HC	HCT	HCU	L	LS	S
8 bits interface de bus	74574	20	TS		x	x				x	x			x	
8 bits interface de bus	74575	24	TS		x	x									
8 bits interface de bus	74825	24	TS			x									
9 bits interface de bus	74823	24	TS			x									
10 bits interface de bus	74821	24	TS			x									
2.5.2. Sorties invertissants															
2x4 bits	74876	24	TS		x	x									
2x4 bits	74879	24	TS		x	x									
8 bits interface de bus	74826	24	TS			x									
8 bits interface de bus	74534	20	TS		x	x		x		x	x				
8 bits interface de bus	74564	20	TS		x					x	x				
8 bits interface de bus	74576	20	TS		x	x									
8 bits interface de bus	74577	24	TS		x	x									
9 bits interface de bus	74824	24	TS			x									
10 bit interface de bus	74822	24	TS			x									
2.5.3. Sorties complémentaires															
2 flip-flops	7474	14	TP	x	x	x	x	x	x	x	x		x	x	x
4 flip-flops	74171	16	TP											x	
4 flip-flops	74175	16	TP	x	x	x	x	x		x	x			x	x
4 flip-flops	74379	16	TP							x				x	
2.6. Bascules monoflop															
A entrée de déclencheur Schmitt..........	74221	16	TP	x			x			x	x			x	
A entrée de déclencheur Schmitt..........	74121	14	TP	x									x		
Monoflops à déclenchement ultérieur	74123	16	TP	x						x	x		x	x	
Monostables redéclenchables	74423	16	TP							x	x			x	
Monoflop à déclenchement ultérieur	74122	14	TP	x									x	x	
Monostable redéclenchable	74422	14	TP											x	

Description succincte	Type	Pins	Output	N	ALS	AS	C	F	H	HC	HCT	HCU	L	LS	S
3. COMPTEURS															
3.1. Compteurs binaires															
3.1.1. En avant															
2x4 bits	74393	14	TP	x						x	x			x	
2x4 bits	7469	16	TP											x	
4 bits	7493	14	TP	x		x				x			x	x	
4 bits	74293	14	TP	x										x	
4 bits avec preset	74177	14	TP	x											
4 bits avec preset	74197	14	TP	x										x	x
4 bits avec preset	74561	20	TS		x										
4 bits avec preset	74569	20	TS		x									x	
4 bits avec preset	74161	16	TP	x	x	x	x	x		x	x			x	x
4 bits avec preset	74163	16	TP	x	x	x	x	x		x	x			x	x
4 bits avec preset et registre	74691	20	TS		x									x	
4 bits avec preset et registre	74693	20	TS		x									x	
8 bits	74590	16	TS							x	x			x	
8 bits	74591	16	OC											x	
8 bits avec preset	74592	16	TP							x	x			x	
8 bits avec preset	74593	20	TS							x	x			x	
3.1.2. En avant/en arrière															
4 bits	74169	16	TP		x	x		x		x	x			x	x
4 bits avec preset	74669	16	TP											x	
4 bits avec preset	74191	16	TP	x	x			x		x	x			x	
4 bits avec preset	74193	16	TP	x	x		x	x		x	x		x	x	
4 bits avec preset et registre	74697	20	TS		x									x	
4 bits avec preset et registre	74699	20	TS		x									x	
4 bits avec registre de décalage	74291	20	TP												x
8 bits avec preset	74867	24	TP		x										
8 bits avec preset	74869	24	TP		x										

3.2. Compteurs décimaux
3.2.1. En avant

Description succincte	Type	Pins	Output	N	ALS	AS	C	F	H	HC	HCT	HCU	L	LS	S
2x4 bits	74390	16	TP	x						x	x			x	
2x4 bits	74490	16	TP	x						x				x	
2x4 bits	7468	16	TP											x	
4 bits	7490	14	TP	x			x			x			x	x	
4 bits	74290	14	TP	x										x	
4 bits avec sortie à 7 segments	74143	24	OC	x											
4 bits avec sortie à 7 segments	74144	24	OC	x											
4 bits avec sortie décimale	74142	16	OC	x											
4 bits avec preset	74176	14	TP	x											
4 bits avec preset	74196	14	TP	x										x	x
4 bits avec preset	74560	20	TS		x										
4 bits avec preset	74568	20	TS		x									x	
4 bits avec preset	74160	16	TP	x	x	x	x	x		x	x			x	x
4 bits avec preset	74162	16	TP	x	x	x	x	x		x	x			x	x
4 bits avec preset et registre	74692	20	TS		x									x	
4 bits avec preset et registre	74690	20	TS		x									x	
4 bits avec preset et registre	74696	20	TS		x									x	

3.2.2. En avant/en arrière

Description succincte	Type	Pins	Output	N	ALS	AS	C	F	H	HC	HCT	HCU	L	LS	S
4 bits	74168	16	TP		x	x		x						x	x
4 bits avec preset	74668	16	TP											x	
4 bits avec preset	74190	16	TP	x	x			x		x	x			x	
4 bits avec preset	74192	16	TP	x	x		x	x		x	x		x	x	
4 bits avec preset et registre	74698	20	TP		x									x	

4. REGISTRES DE DÉCALAGE

4.1. Seriel

Description succincte	Type	Pins	Output	N	ALS	AS	C	F	H	HC	HCT	HCU	L	LS	S
8 bits	7491	14	TP	x									x	x	

4.2. Entrées paralleles

Description succincte	Type	Pins	Output	N	ALS	AS	C	F	H	HC	HCT	HCU	L	LS	S
4 bits, entrées NOR	7494	16	TP	x											
8 bits	74165	16	TP	x	x		x			x	x			x	
8 bits	74166	16	TP	x	x					x	x			x	
8 bits avec latch	74589	16	TS							x					
8 bits avec latch	74597	16	TP							x				x	
16 bits	74674	24	TP											x	

4.3. Sorties paralleles

Description succincte	Type	Pins	Output	N	ALS	AS	C	F	H	HC	HCT	HCU	L	LS	S
8 bits	74164	14	TP	x	x		x	x		x	x		x	x	
8 bits avec latch	74594	16	TP											x	
8 bits avec latch	74595	16	TS							x				x	
8 bits avec latch	74596	16	OC											x	
8 bits avec latch	74599	16	OC											x	
16 bits	74673	24	TP											x	

4.4. Entrées et sorties paralleles

Description succincte	Type	Pins	Output	N	ALS	AS	C	F	H	HC	HCT	HCU	L	LS	S
4 bits	74395	16	TS		x									x	
4 bits	74178	14	TP	x											x
4 bits	74179	16	TP	x											x
4 bits	7495	14	TP	x		x	x						x	x	
4 bits	7499	16	TP										x		
4 bits à gauche/à droite	74295	14	TS											x	
4 bits à gauche/à droite	74194	16	TP	x		x		x		x	x			x	x

Description succincte	Type	Pins	Output	N	ALS	AS	C	F	H	HC	HCT	HCU	L	LS	S
4 bits avec compteur....................	74291	20	TP												x
4 bits universel	74195	16	TP	x		x	x	x		x	x			x	x
4 bits universel	74671	20	TP											x	
4 bits universel	74672	20	TP											x	
5 bits	7496	16	TP	x									x	x	
8 bits	74199	24	TP	x											
8 bits	74598	20	TS											x	
8 bits	74322	20	TP											x	
8 bits à gauche/à droite	74198	24	TP	x											
8 bits à gauche/à droite	74299	20	TS		x	x				x	x			x	x
8 bits universel	74323	20	TS		x	x					x			x	

5. OSCILLATEURS

Description succincte	Type	Pins	Output	N	ALS	AS	C	F	H	HC	HCT	HCU	L	LS	S
Oscillateur commandé par tension.........	74324	14	TP											x	
Oscillateur commandé par tension.........	74624	14	TP											x	
Oscillateur commandé par tension.........	74628	14	TP											x	
2 oscillateurs commandés par tension	74325	16	TP											x	
2 oscillateurs commandés par tension	74326	16	TP											x	
2 oscillateurs commandés par tension	74327	14	TP											x	
2 oscillateurs commandés par tension	74625	16	TP											x	
2 oscillateurs commandés par tension	74626	16	TP											x	
2 oscillateurs commandés par tension	74627	14	TP											x	
2 oscillateurs commandés par tension	74629	16	TP											x	
2 oscillateurs commandés par tension	74124	16	TP	x										x	x
Oscillateur à quartz....................	74320	16	TP											x	
Oscillateur à quartz....................	74321	16	TP											x	
Oscillateur d'impulsion pour le TMS 9900 ...	74362	20	TP											x	
Oscillateur d'impulsion pour le 8080	74424	16	TP											x	x

Description succincte	Type	Pins	Output	N	ALS	AS	C	F	H	HC	HCT	HCU	L	LS	S
6. MULTIPLEXEURS															
8 lignes-1 ligne	74354	20	TS							x	x			x	
8 lignes-1 ligne	74355	20	OC											x	
8 lignes-1 ligne	74356	20	TS							x	x			x	
8 lignes-1 ligne	74357	20	OC											x	
8 lignes-1 ligne	74151	16	TP	x	x	x	x	x		x	x			x	x
8 lignes-1 ligne	74152	14	TP	x						x				x	
8 lignes-1 ligne	74251	16	TS	x	x	x		x		x	x			x	x
16 lignes-1 ligne	74250	24	TS			x									
16 lignes-1 ligne	74150	24	TP	x		x	x								
16 lignes-1 ligne	74850	28	TS			x									
16 lignes-1 ligne	74851	28	TS			x									
2x4 lignes-1 ligne	74153	16	TP	x	x	x		x		x	x		x	x	x
2x4 lignes-1 ligne	74352	16	TP		x	x		x		x				x	
2x4 lignes-1 ligne	74353	16	TS		x	x		x		x				x	
2x4 lignes-1 ligne	74253	16	TS	x	x	x		x		x	x			x	x
2x8 lignes-1 ligne	74351	20	TS	x											
4x2 lignes-1 ligne	74257	16	TS	x	x	x		x		x	x			x	x
4x2 lignes-1 ligne	74258	16	TS		x	x		x		x				x	x
4x2 lignes-1 ligne	74158	16	TP	x	x	x		x		x	x			x	x
4x2 lignes-1 ligne	74398	20	TP											x	
4x2 lignes-1 ligne	74399	16	TP											x	
4x2 lignes-1 ligne	74157	16	TP	x	x	x	x	x		x	x		x	x	x
4x2 lignes-1 ligne avec registre	74298	16	TP	x		x				x				x	
4x2 lignes-1 ligne avec registre	7498	16	TP										x		
6x2 lignes-1 ligne	74857	24	TP		x	x									
8x2 lignes-1 ligne avec latch	74604	28	TS											x	
8x2 lignes-1 ligne avec registre	74605	28	OC											x	
8x2 lignes-1 ligne avec registre	74606	28	TS											x	
8x2 lignes-1 ligne avec registre	74607	28	OC											x	

Description succincte	Type	Pins	Output	N	ALS	AS	C	F	H	HC	HCT	HCU	L	LS	S
7. DÉMULTIPLEXEURS															
3 lignes-8 lignes	74131	16	TP	x	x	x									
3 lignes-8 lignes	74538	20	TS		x			x							
3 lignes-8 lignes avec latch	74137	16	TP		x	x				x	x			x	x
4 lignes-16 lignes	74154	24	TP	x			x			x	x		x	x	
4 lignes-16 lignes	74159	24	OC	x											
2x2 lignes-4 lignes	74155	16	TP	x							x			x	
2x2 lignes-4 lignes	74156	16	OC	x										x	
2x2 lignes-4 lignes	74539	20	TS		x			x							
8. COMPOSANTS ARITHMÉTIQUES															
8.1. Additioneurs															
1 bit	7480	14	TP	x											
2 bits	7482	14	TP	x											
2x1 bit	74183	14	TP	x						x				x	
4 additioneurs/subtracteurs série	74385	20	TP											x	
4 bits	7483	16	TP	x			x							x	
4 bits	74283	16	TP	x					x		x			x	x
8.2. Multiplicateurs															
Multiplicateur, 2x4 bits	74261	16	TP											x	
Multiplicateur, 4x4 bits	74274	20	TS												x
Multiplicateur, 4x4 bits	74284	16	OC	x											
Multiplicateur, 4x4 bits	74285	16	OC	x											
8x1 bit, complémentaire à 2	74384	16	TP							x	x			x	
Multiplicateur 16x16 bits	741616	64	TP		x										

Description succincte	Type	Pins	Output	N	ALS	AS	C	F	H	HC	HCT	HCU	L	LS	S
8.3. Contrôle de parité															
9 bits	74180	14	TP	x											
9 bits	74280	14	TP			x				x	x			x	x
9 bits	74286	14	TP			x									
8.4. ALU															
4 bits	74381	20	TP											x	x
4 bits	74181	24	TP	x		x		x		x				x	x
4 bits	74382	20	TP											x	
ALU 4 bits / générateur de fonctions	74881	24	TP			x									
Générateur de retenue pour 32 bits	74882	24	TP			x									
8.5. AKU															
4 bits	74281	24	TP											x	
4 bits	74681	20	TP											x	
8.6. Comparateurs															
4 bits	7485	16	TP	x			x			x	x		x	x	x
Circuit Wallace-Tree à 7 bits	74275	16	TS											x	x
8 bits	74684	20	TP											x	
8 bits	74685	20	OC											x	
8 bits	74686	24	TP											x	
8 bits	74687	24	OC											x	
8 bits	74688	20	TP		x					x	x			x	
8 bits	74689	20	OC		x									x	
8 bits	74866	28	OC				x								
8 bits	74518	20	OC		x										
8 bits	74519	20	OC		x										
8 bits	74520	20	TP		x										

Description succincte	Type	Pins	Output	N	ALS	AS	C	F	H	HC	HCT	HCU	L	LS	S
8 bits	74521	20	TP		x			x		x	x				
8 bits	74522	20	OC		x										
8 bits extensible	74885	24	TP			x									
8 bits avec résistances pull-up	74682	20	TP											x	
8 bits avec résistances pull-up	74683	20	OC											x	
Comparateur d'adresses 12 bits	74679	20	TP		x										
Comparateur 16 bits avec latch	74680	20	TP		x										
12 bits programmable	74527	20	TP		x										
12 bits programmable	74528	16	TP		x										
Comparateur d'adresses 16 bits	74677	24	TP		x										
Comparateur 16 bits avec latch	74678	24	TP		x										
16 bits programmable	74526	20	TP		x										
8.7. Divers															
Complément à 9	74184	16	OC	x											
Complément à 10	74184	16	OC	x											
Complétateur á 4 bits	7487	14	TP						x						
Générateur de report cascadable	74282	20	TP			x									
Générateur de report pour compteurs	74182	16	TP	x		x		x		x				x	x
Générateur de report pour compteurs	74264	16	TP			x									

Description succincte	Type	Pins	Output	N	ALS	AS	C	F	H	HC	HCT	HCU	L	LS	S
9. CONVERTISSEURS DE CODE															
9.1. BCD vers décimal															
4 bits	7442	16	TP	x			x			x	x		x	x	
4 bits	74537	20	TS		x			x							
Sortie à 5,5V	7441	16	OC	x											
Sortie à 15V	74145	16	OC	x										x	
Sortie à 30V	7445	16	OC	x											
Sortie à 60V	74141	16	OC	x											
Avec driver d'affichage	74445	16	TP											x	
9.2. BCD vers binaire															
5 bits cascadable	74184	16	OC	x											
Sortie à 5,5V	74249	16	OC	x										x	
9.3. BCD vers 7-segments															
Sortie à 15V	7447	16	OC	x									x	x	
Sortie à 15V	74247	16	OC	x										x	
Sortie à 15V	74347	16	OC											x	
Sortie à 30V	7446	16	OC	x									x		
Sortie à 30V	74246	16	OC	x											
Avec driver d'affichage	74248	16	TP	x										x	
Avec driver d'affichage	74447	16	TP											x	
Avec compteur	74143	24	OC	x											
Avec compteur	74144	24	OC	x											
Logique negative	7448	16	OC	x			x							x	
Logique negative	7449	14	OC	x										x	

Description succincte	Type	Pins	Output	N	ALS	AS	C	F	H	HC	HCT	HCU	L	LS	S
9.4. Binaire vers BCD															
5 bits cascadable	74185	16	OC	x											
9.5. Binaire vers décimale															
2x2 bits	74139	16	TP		x	x		x		x	x			x	x
3 bits	74138	16	TP	x	x	x		x		x	x			x	x
3 bits	74237	16	TP					x							
3 lignes-8 lignes	74131	16	TP	x	x	x									
3 lignes-8 lignes	74538	20	TS		x			x							
3 lignes-8 lignes avec latch	74137	16	TP		x	x				x				x	x
3 lignes-8 lignes avec latch	74137	16	TP		x	x				x				x	x
4 lignes-16 lignes	74154	24	TP	x			x			x	x		x	x	
4 lignes-16 lignes	74159	24	OC	x											
2x2 lignes-4 lignes	74155	16	TP	x							x			x	
2x2 lignes-4 lignes	74156	16	OC	x										x	
2x2 lignes-4 lignes	74539	20	TS		x			x							
9.6. Encodeur de priorité															
Encodeur de priorité de 8 bits ...	74149	20	TP							x	x				
Encodeur de priorité 8 bits à 3 bits ...	74348	16	TS											x	
Registre de priorité à 4 bits	74278	14	TP	x											
Encodeur de priorité	74147	16	TP	x						x	x			x	
Encodeur de priorité	74148	16	TP	x				x						x	
9.7. Divers															
Excess-3 vers décimale	7443	16	TP	x									x	x	
Excess-3-Gray vers décimal	7444	16	TP	x									x	x	

Description succincte	Type	Pins	Output	N	ALS	AS	C	F	H	HC	HCT	HCU	L	LS	S
10. MÉMOIRES															
10.1. ROM															
32x8 bits	7488	16	OC	x											
256x4 bits	74187	16	OC	x											
256x8 bits	74271	20	OC												x
256x8 bits	74371	20	TS												x
512x4 bits	74270	16	OC												x
512x4 bits	74370	16	TS												x
10.2. PROM															
32x8 bits	74188	16	OC	x											x
32x8 bits	74288	16	TS												x
64x8 bits	74186	24	OC	x											
256x4 bits	74287	16	TS												x
256x4 bits	74387	16	OC												x
256x8 bits	74470	20	OC												x
256x8 bits	74471	20	TS												x
512x8 bits	74472	20	TS												x
512x8 bits	74473	20	OC												x
512x8 bits	74474	24	TS												x
512x8 bits	74475	24	OC												x
10.3. RAM															
4x4 bits	74170	16	OC	x										x	
4x4 bits	74670	16	TS								x	x		x	
8x2 bits	74172	24	TS	x											x
16x1 bit	7481	14	TP	x											
16x1 bit	7484	16	OC	x											

Description succincte	Type	Pins	Output	N	ALS	AS	C	F	H	HC	HCT	HCU	L	LS	S
16x4 bits	74189	16	TS											x	x
16x4 bits	74219	16	TS											x	
16x4 bits	74289	16	OC											x	x
16x4 bits	7489	16	OC	x			x							x	
256x1 bit	74200	16	TS	x			x							x	x
256x1 bit	74201	16	TS												x
256x1 bit	74202	16	TS											x	
256x1 bit	74206	16	OC												x
256x1 bit	74300	16	OC											x	x
256x1 bit	74301	16	OC												x
256x1 bit	74302	16	OC											x	
256x4 bits	74207	16	TS											x	x
256x4 bits	74208	20	TS											x	x
1024x1 bit	74214	16	TS											x	x
1024x1 bit	74215	16	TS											x	
1024x1 bit	74314	16	OC											x	x
1024x1 bit	74315	16	OC											x	
1024x1 bit	74319	16	OC											x	
4096x1 bit	74400	18	TS												x
4096x1 bit	74401	18	OC												x

10.4. FIFO

Description succincte	Type	Pins	Output	N	ALS	AS	C	F	H	HC	HCT	HCU	L	LS	S
16x4 bits	74222	20	TS											x	
16x4 bits	74224	16	TS											x	
16x4 bits	74227	20	OC											x	
16x4 bits	74228	16	OC											x	
16x5 bits	74225	20	TS												x

Description succincte	Type	Pins	Output	N	ALS	AS	C	F	H	HC	HCT	HCU	L	LS	S
10.5. Divers															
2x16 registres, 4 bits chacun	74870	24	TP			x									
2x16 registres, 4 bits chacun	74871	28	TP			x									
Registre mémoire 8 bits	74396	16	TP											x	
Mémoire intermediaire à 8 bits	74259	16	TP	x	x					x	x			x	
11. DIVISEURS															
1:12	7492	14	TP	x						x				x	
1:2^{15} programmable	74294	16	TP							x				x	
1:2^{30} programmable	74292	16	TP							x				x	
1:5 + 1:2	7456	8	TP											x	
1:6 + 1:5 + 1:2	7457	8	TP											x	
4 bits programmable	74167	16	TP	x											
6 bits programmable	7497	16	TP	x											

12. DRIVER
12.1. Pas invertissant

Description succincte	Type	Pins	Output	N	ALS	AS	C	F	H	HC	HCT	HCU	L	LS	S
2x4 bits	74241	20	TS		x	x		x		x	x			x	x
2x4 bits	74244	20	TS		x	x	x	x		x	x			x	x
2x4 bits	74341	20	TS												x
2x4 bits	74344	20	TS												x
2x4 bits	74757	20	OC			x									
2x4 bits	74760	20	OC			x									
2x4 bits	74797	20	TS											x	
2x4 bits	741241	20	TS		x	x									
2x4 bits	741244	20	TS		x										
2x4 bits	74467	20	TS		x									x	
4 + 2 bits	74367	16	TS	x	x					x	x			x	
4 + 2 bits	74368	16	TS	x	x					x	x			x	
4 bits	74125	14	TS	x						x				x	
4 bits	74126	14	TS	x						x				x	
4 bits	74425	14	TS	x											
4 bits	74426	14	TS	x											
4 bits bi-directionnel	74243	14	TS		x	x		x		x	x			x	x
4 bits bi-directionnel	741243	14	TS		x										
4 bits bi-directionnel	74449	16	TS											x	
4 bits bi-directionnel	74759	14	OC			x									
4 bits bi-directionnel avec registre	74226	16	TS												x
4 bits tri-directionnel	74440	20	OC											x	
4 bits tri-directionnel	74442	20	TS											x	
6 bits	7407	14	OC	x										x	
6 bits	7417	14	OC	x										x	
6 bits	74365	16	TS	x	x					x	x			x	

Description succincte	Type	Pins	Output	N	ALS	AS	C	F	H	HC	HCT	HCU	L	LS	S
6 bits	7434	14	TP		x	x					x				
6 bits	7435	14	OC		x										
6 bits	741034	14	TP		x	x									
6 bits	741035	14	OC		x	x									
8 bits	74541	20	TS		x					x	x			x	
8 bits	74465	20	TS		x									x	
8 bits	74795	20	TS											x	
8 bits contrôleur de port bi-directionnel	74877	24	TP			x									
8 bits contrôleur de port bi-directionnel	74852	24	TS			x									
8 bits contrôleur de port bi-directionnel	74856	24	TS			x									
8 bits bi-directionnel	741638	20	SS		x										
8 bits bi-directionnel	74245	20	TS		x	x		x		x	x			x	
8 bits bi-directionnel	74621	20	OC		x	x								x	
8 bits bi-directionnel	74623	20	TS		x	x				x				x	
8 bits bi-directionnel	74639	20	SS		x	x		x						x	
8 bits bi-directionnel	74641	20	OC		x	x								x	
8 bits bi-directionnel	741245	20	TS		x										
8 bits bi-directionnel	741621	20	OC		x										
8 bits bi-directionnel	741623	20	TS		x										
8 bits bi-directionnel	741641	20	OC		x										
8 bits bi-directionnel	74645	20	TS		x	x		x						x	
8 bits bi-directionnel	741639	20	SS		x										
8 bits bi-directionnel	741645	20	TS		x										
8 bits bi-directionnel	742640	20	TS			x									
8 bits bi-directionnel	742645	20	TS			x									
8 bits bi-directionnel	742620	20	TS			x									
8 bits bi-directionnel	742623	20	TS			x									
8 bits bi-directionnel avec registre	74543	24	TS							x	x				
8 bits bi-directionnel avec registre	74550	28	TS							x	x				

Description succincte	Type	Pins	Output	N	ALS	AS	C	F	H	HC	HCT	HCU	L	LS	S
8 bits bi-directionnel avec registre	74646	24	TS		x	x				x	x			x	
8 bits bi-directionnel avec registre	74647	24	OC		x									x	
8 bits bi-directionnel avec registre	74652	24	TS		x	x								x	
8 bits bi-directionnel avec registre	74654	24	OC		x									x	
12.2. Invertissant															
2x4 bits	74240	20	TS		x	x	x			x	x			x	x
2x4 bits	74340	20	TS												x
2x4 bits	74756	20	OC			x									
2x4 bits	74763	20	OC			x									
2x4 bits	741240	20	TS		x										
2x4 bits	74231	20	TS			x									
2x4 bits	74468	20	TS		x									x	
4 bits bi-directionnel	74242	14	TS		x	x		x		x	x			x	x
4 bits bi-directionnel	74446	16	TP											x	
4 bits bi-directionnel	74758	14	OC			x									
4 bits bi-directionnel	741242	14	TS		x										
4 bits tri-directionnel	74441	20	OC											x	
4 bits tri-directionnel	74443	20	TS											x	
6 bits	74436	16	TP												x
6 bits	74366	16	TS	x	x					x	x			x	
6 bits	7416	14	OC	x										x	
6 bits	7406	14	OC	x										x	
6 bits	741004	14	TP		x	x								x	
6 bits	741005	14	OC		x										
6 bits avec résistance d'atténuation	74437	16	TP												x
8 bits	74466	20	TS		x									x	
8 bits	74796	20	TS											x	
8 bits	74540	20	TS		x					x	x			x	

Description succincte	Type	Pins	Output	N	ALS	AS	C	F	H	HC	HCT	HCU	L	LS	S
8 bits bi-directionnel	74620	20	TS		x	x				x				x	
8 bits bi-directionnel	74622	20	OC		x	x								x	
8 bits bi-directionnel	741620	20	TS		x										
8 bits bi-directionnel	741622	20	OC		x										
8 bits bi-directionnel	741640	20	TS		x										
8 bits bi-directionnel	741642	20	OC		x										
8 bits bi-directionnel	74638	20	SS		x	x		x						x	
8 bits bi-directionnel	74640	20	TS		x	x		x		x	x			x	
8 bits bi-directionnel	74642	20	OC		x	x								x	
8 bits bi-directionnel avec registre	74544	24	TS							x	x				
8 bits bi-directionnel avec registre	74551	28	TS							x	x				
8 bits bi-directionnel avec registre	74648	24	TS		x	x				x	x			x	
8 bits bi-directionnel avec registre	74649	24	OC		x									x	
8 bits bi-directionnel avec registre	74651	24	TS		x	x								x	
8 bits bi-directionnel avec registre	74653	24	OC		x									x	
12.3. Invertissant et non-invertissant															
2x4 bits	74230	20	TS			x									
2x4 bits	74762	20	OC			x									
2x4 bits	74798	20	TS											x	
4 bits tri-directionnel	74444	20	TS											x	
4 bits tri-directionnel	74448	20	OC											x	
8 bits bi-directionnel	74643	20	TS		x	x		x		x	x			x	
8 bits bi-directionnel	74644	20	OC		x	x								x	
8 bits bi-directionnel	741643	20	TS		x										
8 bits bi-directionnel	741644	20	OC		x										
Circuit de commande système pour le 8080..	74428	28	TP												x
Circuit de commande système pour le 8080..	74438	28	TP												x

Description succincte	Type	Pins	Output	N	ALS	AS	C	F	H	HC	HCT	HCU	L	LS	S
13. FPLA															
FPLA 12 x 50 x 6	74330	20	TS												x
FPLA 12 x 50 x 6	74331	20	OC												x
14. COMPOSANTS À L'ORDINATEUR-MICRO															
Contrôleur de 14 bits pour 74888	74890	64	TP			x									
Micro-contrôleur à répartition 4 bits	74482	20	TS												x
Processeur à répartition 4 bits	74481	48	TS											x	x
Latch multifonction 8 bits (= Intel 8212)	74412	24	TS												x
Slice-CPU à 8 bits	74888	64	TP			x									
Contrôleur de régénération pour RAM......	74600	20	TP											x	
Contrôleur de régénération pour RAM......	74602	20	TP											x	
Contrôleur de régénération pour RAM......	74601	20	TP											x	
Contrôleur de régénération pour RAM......	74603	20	TP											x	
Générateur de cadence pour le 8080	74424	16	TP											x	x
Contrôleur de cycle pour RAM dynamiques ..	74608	16	TP											x	

15. DIVERS

Description succincte	Type	Pins	Output	N	ALS	AS	C	F	H	HC	HCT	HCU	L	LS	S
Registre de 8 bits pour approx. successive ..	74502	16	TP	x										x	
Registre de 8 bits pour approx. successive ..	74503	16	TP	x										x	
Registre de 12 bits pour approx. successive .	74504	24	TP	x										x	
Discriminateur direction de rotation 16	742000	28	TP											x	
6 senseurs de courant	7463	14	TP											x	
Filtre digital PLL	74297	16	TP							x	x			x	
EDAC 8 bits...........................	74636	20	TP											x	
EDAC 8 bits...........................	74637	20	OC											x	
EDAC 16 bits...........................	74630	28	TS											x	
EDAC 16 bits...........................	74631	28	OC											x	
EDAC 32 bits...........................	74632	52	TP		x										
EDAC 32 bits...........................	74633	52	OC		x										
EDAC 32 bits...........................	74634	48	OC		x										
EDAC 32 bits...........................	74635	48	OC		x										
Synchronisateurs d'impulsion	74120	16	TP	x											
Configurateur mémoire (memory mapper) ...	74612	40	TS											x	
Configurateur mémoire (memory mapper) ...	74613	40	OC											x	
Configurateur mémoire (memory mapper) ...	74610	40	TS											x	
Configurateur mémoire (memory mapper) ...	74611	40	OC											x	
Élément de retardement	7431	16	TP											x	

vrt band 1 A...Z

Nachfolger der tvt 1

Vergleichstabelle Transistoren, Dioden, Thyristoren, IC.
Etwa 22000 Typen mit Kurzdaten, Pin-Belegung sowie ca. 65000 Vergleichstypen und Referenzbuchangabe, 93 Anschlußzeichnungen.
2. Auflage, 1988, 392 Seiten, Format DIN A5, seitliches Ausschlagblatt mit Pin-Code, fünfsprachig.
Bestell-Nr. 34, ISBN 3-88109-033-9.

neu

GB
vrt volume 1 A...Z (Supersedes tvt 1)
Comparison table transistors, diodes, thyristors, ICs. About 22.000 types with short data, pin assignment as well as approx. 65.000 comparison types and indication of reference books, 93 connection drawings.
2nd edition, 1988, 392 pages, DIN A5 format, lateral foldout sheet with pin-code, in five languages. Order No. 34, ISBN 3-88109-033-9.

F
vrt tome 1 A...Z (nouvelle version de tvt 1)
Tableau d'équivalence pour transistors, diodes, thyristors et CI. Environ 22.000 types avec caractéristiques sous forme abrégée, brochage ainsi qu'un nombre approximatif de 65.000 types équivalents et de renvois de référence, 93 schémas de raccordement.
2e édition, 1988, 392 pages, format DIN A5, dépliant latéral avec code des broches, en cinq langues. No. de commande 34, ISBN 3-88109-033-9.

I
vrt volume 1 A...Z (Successore di tvt 1)
Tabella comparativa transistori, diodi, tiristori, IC. Circa 22.000 tipi con dati in breve, occupazione pin, nonchè circa 65.000 tipi comparativi ed indicazione di libri di riferimento, 93 disegni di connessione.
2a edizione, 1988, 392 pagine, formato DIN A5, foglio ripiegevole laterale con codice pin, in cinque lingue. No. di ordinazione 34, ISBN 3-88109-033-9.

E
vrt tomo 1 A...Z (Sucesor de tvt 1)
Tabla comparativa transistores, diodos, tiristores, IC. Unos 22.000 tipos con características abreviadas, ocupación de pin así como aprox. 65.000 tipos comparativos e indicación del libro de referencia, 93 planos de conexión.
2a edición, 1988, 392 páginas, formato DIN A5, hoja lateral desplegable con código pin, en 5 idiomas. Referencia 34, ISBN 3-88109-033-9.

Descrizione sommaria	Tipo	Pins	Output	N	ALS	AS	C	F	H	HC	HCT	HCU	L	LS	S
1. CIRCUITI PORTA															
1.1. NAND															
1x12 NAND	74134	16	TS												x
1x13 NAND	74133	16	TP		x					x				x	x
1x8 NAND	7430	14	TP	x	x	x	x		x	x			x	x	x
2x2 NAND	748003	8	TP		x										
2x4 NAND	7420	14	TP	x	x	x	x	x	x	x	x		x	x	x
2x4 NAND	7422	14	OC	x	x				x					x	x
2x4 NAND (FQ=30)	7440	14	TP	x	x				x					x	x
2x4 NAND eccitatori	741020	14	TP		x										
3x3 NAND	7410	14	TP	x	x	x	x	x	x	x			x	x	x
3x3 NAND	7412	14	OC	x	x									x	x
3x3 NAND eccitatori	741010	14	TP		x										
4x2 NAND	7400	14	TP	x	x	x	x	x	x	x	x		x	x	x
4x2 NAND	7401	14	OC	x	x				x					x	x
4x2 NAND	7403	14	OC	x	x	x				x				x	x
4x2 NAND (15V)	7426	14	OC	x										x	
4x2 NAND (FQ=30)	7437	14	TP	x	x				x					x	x
4x2 NAND (FQ=30)	7438	14	OC	x	x									x	x
4x2 NAND (FQ=30)	7439	14	OC	x											
4x2 NAND eccitatori	741000	14	TP		x	x									
4x2 NAND eccitatori	741003	14	OC		x										
6x2 NAND	74804	20	TP		x	x									
1.2. NOR															
2x4 NOR	7425	14	TP	x											
2x4 NOR ampliabile	7423	16	TP	x											
2x5 NOR	74260	14	TP											x	x

Descrizione sommaria	Tipo	Pins	Output	N	ALS	AS	C	F	H	HC	HCT	HCU	L	LS	S
3x3 NOR	7427	14	TP	x	x	x				x	x			x	
4x2 NOR	7402	14	TP	x	x	x	x	x		x	x		x	x	x
4x2 NOR	7436	14	TP						x						
4x2 NOR (FQ = 30)	7428	14	TP	x	x									x	
4x2 NOR eccitatori	741002	14	TP		x	x									
4x2 NOR eccitatori	741036	14	TP			x									
4x2 NOR eccitatori	7433	14	OC	x	x									x	
6x2 NOR eccitatori	74805	20	TP		x	x									
1.3. AND															
2x4 AND	7421	14	TP	x	x	x			x	x				x	
3x3 AND	7411	14	TP	x	x	x		x	x	x	x			x	x
3x3 AND	7415	14	OC		x				x					x	x
3x3 AND eccitatori	741011	14	TP		x										
4x2 AND	7408	14	TP	x	x	x	x	x	x	x	x			x	x
4x2 AND	7409	14	OC	x	x					x				x	x
4x2 AND eccitatori	741008	14	TP		x	x									
4x2 AND eccitatori (15V)	74131	14	OC	x	x	x									
4x2 AND eccitatori (30V)	74130	14	OC	x											
6x2 AND eccitatori	74808	20	TP		x	x									
1.4. OR															
4x2 OR	7432	14	TP	x	x	x	x	x		x	x			x	x
4x2 OR eccitatori	741032	14	TP		x	x									
6x2 OR eccitatori	74832	20	TP		x	x									
1.5. EX-NOR															
4x2 EX-NOR	74266	14	OC							x				x	
4x2 EX-NOR	74810	14	TP		x										
4x2 EX-NOR	74811	14	OC		x										
4x2 EX-OR/NOR	74135	16	TP												x

Descrizione sommaria	Tipo	Pins	Output	N	ALS	AS	C	F	H	HC	HCT	HCU	L	LS	S
1.6. EX-OR															
4x2 EX-OR	7486	14	TP	x	x		x	x		x	x		x	x	x
4x2 EX-OR	74386	14	TP							x				x	
4x2 EX-OR	74136	14	OC	x	x									x	x
4x2 EX-OR/NOR	74135	16	TP												x
1.7. Invertitori															
6 Invertitori	7404	14	TP	x	x	x	x	x	x	x	x	x	x	x	x
6 Invertitori	7405	14	OC	x	x				x	x	x			x	x
6 Invertitori	74366	16	TS	x	x					x	x			x	
6 Invertitori	74368	16	TS	x	x					x	x			x	
6 Invertitori (15V)	7416	14	OC	x										x	
6 Invertitori (30V)	7406	14	OC	x										x	
6 eccitatori invertitori	741004	14	TP		x	x									
6 eccitatori invertitori	741005	14	OC		x										
1.8. Moltifunzione															
2 NAND + 2 Invertitori	74265	16	TP	x											
AND/NAND eccitatori	74800	20	TP		x										
AND/NOR	7464	14	TP					x							x
AND/NOR	7465	14	OC												x
AND/NOR	7450	14	TP	x				x							
AND/NOR	7451	14	TP	x				x	x				x	x	x
AND/NOR	7454	14	TP	x				x					x	x	
AND/NOR, ampliabile	7452	14	TP					x							
AND/NOR, ampliabile	7453	14	TP	x				x							
AND/NOR, ampliabile	7455	14	TP					x					x	x	
AND/OR	7458	14	TP						x						
Eccitatore OR-/NOR	74802	20	TP		x										

Descrizione sommaria	Tipo	Pins	Output	N	ALS	AS	C	F	H	HC	HCT	HCU	L	LS	S
1.9. Circuiti »Schmitt«															
2x4 NAND »Schmitt«.................	7413	14	TP	x										x	
2x4 NAND »Schmitt«.................	7418	14	TP											x	
4x2 NAND »Schmitt«.................	74132	14	TP	x						x	x			x	x
4x2 NAND »Schmitt«.................	7424	14	TP											x	
6 invertitori »Schmitt«.................	7419	14	TP											x	
6 invertitori »Schmitt«.................	7414	14	TP	x			x			x	x			x	
1.10. Estensori															
2x4 AND estensori	7460	14	X	x					x						
3x3 AND estensori	7461	14	X						x						
AND/NOR estensori	7462	14	X						x						
1.11. Eccitatori di Linea 50 Ω															
2x4 NAND	74140	14	TP												x
4x2 NOR	74128	14	TP	x											

Descrizione sommaria	Tipo	Pins	Output	N	ALS	AS	C	F	H	HC	HCT	HCU	L	LS	S
2. FLIPFLOPS															
2.1. Scattato dal fianco															
2.1.1. Con Preset, J e K															
1 flipflop	74101	14	TP						x						
2 flipflop	74113	14	TP		x	x		x		x				x	x
2.1.2. Con Clear, J e K															
2 flipflop	74107	14	TP		x		x			x	x			x	
2 flipflop	7473	14	TP				x			x	x			x	
2 flipflop	74103	14	TP						x						
4 flipflop	74376	16	TP	x											
2.1.3. Con Preset, Clear, J e K															
1 flipflop	74102	14	TP						x						
1 flipflop	7470	14	TP	x											
2 flipflop	7476	16	TP			x				x	x			x	
2 flipflop	7478	14	TP											x	
2 flipflop	74108	14	TP						x						
2 flipflop	74109	16	TP	x	x	x		x		x	x			x	x
2 flipflop	74112	16	TP		x	x		x		x	x			x	x
2 flipflop	74114	14	TP		x	x		x		x				x	x
2 flipflop	74106	16	TP						x						
4 flipflop	74276	20	TP	x											
2.2. Scattato d'impulso															
2.2.1. Con Preset, J e K															
1 flipflop	7471	14	TP						x						

Descrizione sommaria	Tipo	Pins	Output	N	ALS	AS	C	F	H	HC	HCT	HCU	L	LS	S
2.2.2. Con Clear, J e K															
2 flipflop	74115	14	TP	x											
2 flipflop	74107	14	TP	x											
2 flipflop	7473	14	TP	x						x				x	
2.2.3. Con Preset, Clear, J e K															
1 flipflop	7471	14	TP										x		
1 flipflop	7472	14	TP	x						x			x		
1 flipflop	74104	14	TP	x											
1 flipflop	74105	14	TP	x											
1 flipflop	74110	14	TP	x											
2 flipflop	7476	16	TP	x					x						
2 flipflop	7478	14	TP						x					x	
2 flipflop	74111	16	TP	x											
2.3. Latches RS															
4 latches	74279	16	TP	x										x	
6 latches	74118	16	TP	x											
6 latches	74119	24	TP	x											
2.4. Latches tipo D															
2.4.1. Con uscita non-invertente															
2x4-bit	74873	24	TS		x	x									
4 latches	7477	14	TP	x										x	x
8 latches	74100	24	TP	x											
8 latches	74363	20	TS											x	
8 latches	74373	20	TS	x	x	x	x	x		x	x			x	x
8 latches	74116	24	TP	x											
8-bit bus interfaccia	74845	24	TS		x	x									

Descrizione sommaria	Tipo	Pins	Output	N	ALS	AS	C	F	H	HC	HCT	HCU	L	LS	S
8-bit bus interfaccia	74573	20	TS		x	x				x	x			x	
8-bit funzioni multiple (=Intel 8212)	74412	24	TP												x
9-bit bus interfaccia	74843	24	TS		x	x									
10-bit bus interfaccia	74841	24	TS		x	x									
2.4.2. Con uscita invertente															
2x4-bit	74880	24	TS		x	x									
8-bit	74580	20	TS		x	x									
8-bit bus interfaccia	74846	24	TS		x	x									
8-bit bus interfaccia	74533	20	TS		x	x		x		x	x				
8-bit bus interfaccia	74563	20	TS		x					x	x				
9-bit bus interfaccia	74844	24	TS		x	x									
10-bit bus interfaccia	74842	24	TS		x	x									
2.4.3. Con uscita complementare															
4 latches	7475	16	TP	x						x	x		x	x	
4 latches	74375	16	TP											x	
2.5. Flipflops tipo D															
2.5.1. Con uscita non-invertente															
2x4-bit	74878	24	TS		x	x									
2x4-bit	74874	24	TS		x	x									
4 flipflop	74173	16	TS	x			x			x	x			x	
6 flipflop	74174	16	TP	x	x	x	x			x	x			x	x
6 flipflop	74378	16	TP							x				x	
8 flipflop	74273	20	TP	x	x					x	x			x	
8 flipflop	74364	20	TS											x	
8 flipflop	74374	20	TS		x	x	x			x	x			x	x
8 flipflop	74377	20	TP		x					x	x			x	

Descrizione sommaria	Tipo	Pins	Output	N	ALS	AS	C	F	H	HC	HCT	HCU	L	LS	S
8-bit bus interfaccia	74574	20	TS		x	x				x	x			x	
8-bit bus interfaccia	74575	24	TS		x	x									
8-bit bus interfaccia	74825	24	TS			x									
9-bit bus interfaccia	74823	24	TS			x									
10-bit bus interfaccia	74821	24	TS			x									

2.5.2. Con uscita invertente

Descrizione sommaria	Tipo	Pins	Output	N	ALS	AS	C	F	H	HC	HCT	HCU	L	LS	S
2x4-bit	74876	24	TS		x	x									
2x4-bit	74879	24	TS		x	x									
8-bit bus interfaccia	74826	24	TS			x									
8-bit bus interfaccia	74534	20	TS		x	x		x		x	x				
8-bit bus interfaccia	74564	20	TS		x					x	x				
8-bit bus interfaccia	74576	20	TS		x	x									
8-bit bus interfaccia	74577	24	TS		x	x									
9-bit bus interfaccia	74824	24	TS			x									
10-bit bus interfaccia	74822	24	TS			x									

2.5.3. Con uscita complementare

Descrizione sommaria	Tipo	Pins	Output	N	ALS	AS	C	F	H	HC	HCT	HCU	L	LS	S
2 flipflop	7474	14	TP	x	x	x	x	x	x	x	x		x	x	x
4 flipflop	74171	16	TP											x	
4 flipflop	74175	16	TP	x	x	x	x	x		x	x			x	x
4 flipflop	74379	16	TP							x				x	

2.6. Monoflops

Descrizione sommaria	Tipo	Pins	Output	N	ALS	AS	C	F	H	HC	HCT	HCU	L	LS	S
Con ingresso trigger Schmitt	74221	16	TP	x			x			x	x			x	
Con ingresso trigger Schmitt	74121	14	TP	x									x		
Monoflops a scatto addizionale	74123	16	TP	x						x	x		x	x	
Multivibratore monostabile rieccitabile	74423	16	TP							x	x			x	
Monoflop a scatto addizionale	74122	14	TP	x									x	x	
Multivibratore monostabile rieccitabile	74422	14	TP											x	

Descrizioni sommaria	Tipo	Pins	Output	N	ALS	AS	C	F	H	HC	HCT	HCU	L	LS	S
3. CONTATORI															
3.1. Contatori binarii															
3.1.1. In avanti															
2x4-bit	74393	14	TP	x						x	x			x	
2x4-bit	7469	16	TP											x	
4-bit	7493	14	TP	x			x			x			x	x	
4-bit	74293	14	TP	x										x	
4-bit con preset	74177	14	TP	x											
4-bit con preset	74197	14	TP	x										x	x
4-bit con preset	74561	20	TS		x									x	
4-bit con preset	74569	20	TS		x									x	
4-bit con preset	74161	16	TP	x	x	x	x	x		x	x			x	x
4-bit con preset	74163	16	TP	x	x	x	x	x		x	x			x	x
4-bit con preset e registro	74691	20	TS		x									x	
4-bit con preset e registro	74693	20	TS		x									x	
8-bit	74590	16	TS							x	x			x	
8-bit	74591	16	OC											x	
8-bit con preset	74592	16	TP							x	x			x	
8-bit con preset	74593	20	TS							x	x			x	
3.1.2. In avanti/indietro															
4-bit	74169	16	TP		x	x		x		x	x			x	x
4-bit con preset	74669	16	TP											x	
4-bit con preset	74191	16	TP	x	x			x		x	x			x	
4-bit con preset	74193	16	TP	x	x		x	x		x	x		x	x	
4-bit con preset e registro	74697	20	TS		x									x	
4-bit con preset e registro	74699	20	TS		x									x	
4-bit con registro scorrevole	74291	20	TP												x
8-bit con preset	74867	24	TP		x										
8-bit con preset	74869	24	TP		x										

1-95

Descrizioni sommaria	Tipo	Pins	Output	N	ALS	AS	C	F	H	HC	HCT	HCU	L	LS	S
3.2. Contatori decimali															
3.2.1. In avanti															
2x4-bit	74390	16	TP	x						x	x			x	
2x4-bit	74490	16	TP	x						x				x	
2x4-bit	7468	16	TP											x	
4-bit	7490	14	TP	x			x			x			x	x	
4-bit	74290	14	TP	x										x	
4-bit con uscita 7-segmenti	74143	24	OC	x											
4-bit con uscita 7-segmenti	74144	24	OC	x											
4-bit con uscita decadica	74142	16	OC	x											
4-bit con preset	74176	14	TP	x											
4-bit con preset	74196	14	TP	x										x	x
4-bit con preset	74560	20	TS		x										
4-bit con preset	74568	20	TS		x									x	
4-bit con preset	74160	16	TP	x	x	x	x	x		x	x			x	x
4-bit con preset	74162	16	TP	x	x	x	x	x		x	x			x	x
4-bit con preset e registro	74692	20	TS		x									x	
4-bit con preset e registro	74690	20	TS		x									x	
4-bit con preset e registro	74696	20	TS		x									x	
3.2.2. In avanti/indietro															
4-bit	74168	16	TP		x	x		x						x	x
4-bit con preset	74668	16	TP											x	
4-bit con preset	74190	16	TP	x	x			x		x	x			x	
4-bit con preset	74192	16	TP	x	x		x	x		x	x		x	x	
4-bit con preset e registro	74698	20	TS		x									x	

Descrizioni sommaria	Tipo	Pins	Output	N	ALS	AS	C	F	H	HC	HCT	HCU	L	LS	S
4. REGISTRI SCORREVOLE															
4.1. Seriale															
8-bit	7491	14	TP	x									x	x	
4.2. Entrate parallele															
4-bit, entrate NOR	7494	16	TP	x											
8-bit	74165	16	TP	x	x		x			x	x			x	
8-bit	74166	16	TP	x	x					x	x			x	
8-bit con latch	74589	16	TS							x				x	
8-bit con latch	74597	16	TP							x				x	
16-bit	74674	24	TP											x	
4.3. Uscite parallele															
8-bit	74164	14	TP	x	x		x	x		x	x		x	x	
8-bit con latch	74594	16	TP											x	
8-bit con latch	74595	16	TS							x				x	
8-bit con latch	74596	16	OC											x	
8-bit con latch	74599	16	OC											x	
16-bit	74673	24	TP											x	
4.4. Entrate e uscite parallele															
4-bit	74395	16	TS		x									x	
4-bit	74178	14	TP	x											x
4-bit	74179	16	TP	x											x
4-bit	7495	14	TP	x		x	x						x	x	
4-bit	7499	16	TP										x		
4-bit sinistra/destra	74295	14	TS											x	
4-bit sinistra/destra	74194	16	TP	x		x		x		x	x			x	x

Descrizioni sommaria	Tipo	Pins	Output	N	ALS	AS	C	F	H	HC	HCT	HCU	L	LS	S
4-bit con contatore	74291	20	TP												x
4-bit universale	74195	16	TP	x		x	x	x		x	x			x	x
4-bit universale	74671	20	TP											x	
4-bit universale	74672	20	TP											x	
5-bit	7496	16	TP	x									x	x	
8-bit	74199	24	TP	x											
8-bit	74598	20	TS											x	
8-bit	74322	20	TP											x	
8-bit sinistra/destra	74198	24	TP	x											
8-bit sinistra/destra	74299	20	TS		x	x				x	x			x	x
8-bit universale	74323	20	TS		x	x					x			x	

5. OSCILLATORI

Descrizioni sommaria	Tipo	Pins	Output	N	ALS	AS	C	F	H	HC	HCT	HCU	L	LS	S
Oscillatore commandato da tensione	74324	14	TP											x	
Oscillatore controllato dalla tensione	74624	14	TP											x	
Oscillatore controllato dalla tensione	74628	14	TP											x	
2 oscillatori commandati da tensione	74325	16	TP											x	
2 oscillatori commandati da tensione	74326	16	TP											x	
2 oscillatori commandati da tensione	74327	14	TP											x	
2 oscillatori commandati da tensione	74625	16	TP											x	
2 oscillatori commandati da tensione	74626	16	TP											x	
2 oscillatori commandati da tensione	74627	14	TP											x	
2 oscillatori commandati da tensione	74629	16	TP											x	
2 oscillatori commandati da tensione	74124	16	TP	x										x	x
Oscillatore a cristallo	74320	16	TP											x	
Oscillatore a cristallo	74321	16	TP											x	
Oscillatore di cadenza per il TMS 9900	74362	20	TP											x	
Oscillatore di cadenza per il 8080	74424	16	TP											x	x

6. MULTIPLATORI

Descrizioni sommaria	Tipo	Pins	Output	N	ALS	AS	C	F	H	HC	HCT	HCU	L	LS	S
8 a 1	74354	20	TS							x	x			x	
8 a 1	74355	20	OC											x	
8 a 1	74356	20	TS							x	x			x	
8 a 1	74357	20	OC											x	
8 a 1	74151	16	TP	x	x	x	x	x		x	x			x	x
8 a 1	74152	14	TP	x						x				x	
8 a 1	74251	16	TS	x	x	x		x		x	x			x	x
16 a 1	74250	24	TS			x									
16 a 1	74150	24	TP	x		x	x								
16 a 1	74850	28	TS			x									
16 a 1	74851	28	TS			x									
2x4 a 1	74153	16	TP	x	x	x		x		x	x		x	x	x
2x4 a 1	74352	16	TP		x	x		x		x				x	
2x4 a 1	74353	16	TS		x	x		x		x				x	
2x4 a 1	74253	16	TS	x	x	x		x		x	x			x	x
2x8 a 1	74351	20	TS	x											
4x2 a 1	74257	16	TS	x	x	x		x		x	x			x	x
4x2 a 1	74258	16	TS		x	x		x		x				x	x
4x2 a 1	74158	16	TP	x	x	x		x		x	x			x	x
4x2 a 1	74398	20	TP											x	
4x2 a 1	74399	16	TP											x	
4x2 a 1	74157	16	TP	x	x	x	x	x		x	x		x	x	x
4x2 a 1 con registro	74298	16	TP	x		x				x				x	
4x2 a 1 con registro	7498	16	TP										x		
6x2 a 1	74857	24	TP	x	x										
8x2 a 1 con latch	74604	28	TS											x	
8x2 a 1 con registro	74605	28	OC											x	
8x2 a 1 con registro	74606	28	TS											x	
8x2 a 1 con registro	74607	28	OC											x	

Descrizione sommaria	Tipo	Pins	Output	N	ALS	AS	C	F	H	HC	HCT	HCU	L	LS	S
7. DEMULTIPLATORI															
3 a 8	74131	16	TP	x	x	x									
3 a 8	74538	20	TS		x			x							
3 a 8 con latch	74137	16	TP		x	x				x	x			x	x
4 a 16	74154	24	TP	x			x			x	x		x	x	
4 a 16	74159	24	OC	x											
2x2 a 4	74155	16	TP	x							x			x	
2x2 a 4	74156	16	OC	x										x	
2x2 a 4	74539	20	TS		x			x							
8. MODULI ARITMETICI															
8.1. Addizionatori															
1-bit	7480	14	TP	x											
2-bit	7482	14	TP	x											
2x1-bit	74183	14	TP	x					x					x	
4 addizionatori/sottrattori seriali	74385	20	TP											x	
4-bit	7483	16	TP	x			x							x	
4-bit	74283	16	TP	x				x		x				x	x
8.2. Moltiplicatori															
Moltiplicatore, 2x4 bit	74261	16	TP											x	
Moltiplicatore, 4x4 bit	74274	20	TS												x
Moltiplicatore, 4x4 bit	74284	16	OC	x											
Moltiplicatore, 4x4 bit	74285	16	OC	x											
8x1-bit, complementare a 2	74384	16	TP							x	x			x	
16x16-bit moltiplicatore	741616	64	TP		x										

Descrizione sommaria	Tipo	Pins	Output	N	ALS	AS	C	F	H	HC	HCT	HCU	L	LS	S
8.3. Controllo parità															
9-bit	74180	14	TP	x											
9-bit	74280	14	TP			x				x	x			x	x
9-bit	74286	14	TP			x									
8.4. ALU															
4-bit	74381	20	TP											x	x
4-bit	74181	24	TP	x		x		x		x				x	x
4-bit	74382	20	TP											x	
4-bit ALU / generatori di funzioni	74881	24	TP			x									
Unità di riporto per 32-bit ALU	74882	24	TP			x									
8.5. AKU															
4-bit	74281	24	TP												x
4-bit	74681	20	TP											x	
8.6. Comparatori															
4-bit	7485	16	TP	x			x			x	x		x	x	x
Circuito Wallace-Tree di 7 bit	74275	16	TS											x	x
8-bit	74684	20	TP											x	
8-bit	74685	20	OC											x	
8-bit	74686	24	TP											x	
8-bit	74687	24	OC											x	
8-bit	74688	20	TP		x					x	x			x	
8-bit	74689	20	OC		x									x	
8-bit	74866	28	OC				x								
8-bit	74518	20	OC		x										
8-bit	74519	20	OC		x										
8-bit	74520	20	TP		x										

Descrizione sommaria	Tipo	Pins	Output	N	ALS	AS	C	F	H	HC	HCT	HCU	L	LS	S
8-bit	74521	20	TP		x			x		x	x				
8-bit	74522	20	OC		x										
8-bit espandibile	74885	24	TP			x									
8-bit con resistenze pull-up	74682	20	TP											x	
8-bit con resistenze pull-up	74683	20	OC											x	
12-bit comparatore latch	74679	20	TP		x										
12-bit comparatore indirizzi con latch	74680	20	TP		x										
12-bit programmabile	74527	20	TP		x										
12-bit programmabile	74528	16	TP		x										
16-bit comparatore indirizzi	74677	24	TP		x										
16-bit comparatore indirizzi con latch	74678	24	TP		x										
16-bit programmabile	74526	20	TP		x										

8.7. Varie

Descrizione sommaria	Tipo	Pins	Output	N	ALS	AS	C	F	H	HC	HCT	HCU	L	LS	S
Complemento a 9	74184	16	OC	x											
Complemento a 10	74184	16	OC	x											
Complementatore di 4 bit	7487	14	TP						x						
Unità di trasmissione cascatabile	74282	20	TP			x									
Unità di trasmissione per contatore	74182	16	TP	x		x		x		x				x	x
Unità di trasmissione per contatore	74264	16	TP			x									

Descrizione sommaria	Tipo	Pins	Output	N	ALS	AS	C	F	H	HC	HCT	HCU	L	LS	S
9. CONVERTITORE DI CODICE															
9.1. BCD a decimale															
4-bit	7442	16	TP	x			x			x	x		x	x	
4-bit	74537	20	TS		x			x							
Uscita a 5,5V	7441	16	OC	x											
Uscita a 15V	74145	16	OC	x										x	
Uscita a 30V	7445	16	OC	x											
Uscita a 60V	74141	16	OC	x											
Con eccitatore	74445	16	TP											x	
9.2. BCD a binario															
5-bit estensibile	74184	16	OC	x											
Uscita a 5,5V	74249	16	OC	x										x	
9.3. BCD a 7 segmenti															
Uscita a 15V	7447	16	OC	x										x	x
Uscita a 15V	74247	16	OC	x										x	
Uscita a 15V	74347	16	OC											x	
Uscita a 30V	7446	16	OC	x										x	
Uscita a 30V	74246	16	OC	x											
Con eccitatore	74248	16	TP	x										x	
Con eccitatore	74447	16	TP											x	
Con contatore	74143	24	OC	x											
Con contatore	74144	24	OC	x											
Logica negativa	7448	16	OC	x			x							x	
Logica negativa	7449	14	OC	x										x	

Descrizione sommaria	Tipo	Pins	Output	N	ALS	AS	C	F	H	HC	HCT	HCU	L	LS	S
9.4. Binario a BCD															
5-bit estensibile	74185	16	OC	x											
9.5. Binario a decimale															
2x2-bit	74139	16	TP		x	x		x		x	x			x	x
3-bit	74138	16	TP	x	x	x		x		x	x			x	x
3-bit	74237	16	TP							x					
3 a 8	74131	16	TP	x	x	x									
3 a 8	74538	20	TS		x			x							
3 a 8 con latch	74137	16	TP		x	x				x	x			x	x
3 a 8 con latch	74137	16	TP		x	x				x	x			x	x
4 a 16	74154	24	TP	x			x			x	x		x	x	
4 a 16	74159	24	OC	x											
2x2 a 4	74155	16	TP	x							x			x	
2x2 a 4	74156	16	OC	x										x	
2x2 a 4	74539	20	TS		x			x							
9.6. Codificatore di priorità															
Codificatore di priorità di 8 bit	74149	20	TP							x	x				
Codificatore di priorità 8 bit a 3 bit	74348	16	TS											x	
Registro di priorità in cascata di 4 bit	74278	14	TP	x											
codificatore di priorità	74147	16	TP	x						x	x			x	
codificatore di priorità	74148	16	TP	x			x							x	
9.7. Varie															
Excess-3 a decimale	7443	16	TP	x										x	x
Excess-3-Gray a decimale	7444	16	TP	x										x	x

Descrizione sommaria	Tipo	Pins	Output	N	ALS	AS	C	F	H	HC	HCT	HCU	L	LS	S
10. MEMORIE															
10.1. ROM															
32x8-bit	7488	16	OC	x											
256x4-bit	74187	16	OC	x											
256x8-bit	74271	20	OC												x
256x8-bit	74371	20	TS												x
512x4-bit	74270	16	OC												x
512x4-bit	74370	16	TS												x
10.2. PROM															
32x8-bit	74188	16	OC	x											x
32x8-bit	74288	16	TS												x
64x8-bit	74186	24	OC	x											
256x4-bit	74287	16	TS												x
256x4-bit	74387	16	OC												x
256x8-bit	74470	20	OC												x
256x8-bit	74471	20	TS												x
512x8-bit	74472	20	TS												x
512x8-bit	74473	20	OC												x
512x8-bit	74474	24	TS												x
512x8-bit	74475	24	OC												x
10.3. RAM															
4x4-bit	74170	16	OC	x										x	
4x4-bit	74670	16	TS							x	x			x	
8x2-bit	74172	24	TS	x											x
16x1-bit	7481	14	TP	x											
16x1-bit	7484	16	OC	x											

Descrizione sommaria	Tipo	Pins	Output	N	ALS	AS	C	F	H	HC	HCT	HCU	L	LS	S
16x4-bit.	74189	16	TS											x	x
16x4-bit.	74219	16	TS											x	
16x4-bit.	74289	16	OC											x	x
16x4-bit.	7489	16	OC	x			x							x	
256x1-bit.	74200	16	TS	x			x							x	x
256x1-bit.	74201	16	TS												x
256x1-bit.	74202	16	TS											x	
256x1-bit.	74206	16	OC												x
256x1-bit.	74300	16	OC											x	x
256x1-bit.	74301	16	OC												x
256x1-bit.	74302	16	OC											x	
256x4-bit.	74207	16	TS											x	x
256x4-bit.	74208	20	TS											x	x
1024x1-bit.	74214	16	TS											x	x
1024x1-bit.	74215	16	TS											x	
1024x1-bit.	74314	16	OC											x	x
1024x1-bit.	74315	16	OC											x	
1024x1-bit.	74319	16	OC											x	
4096x1-bit.	74400	18	TS												x
4096x1-bit.	74401	18	OC												x

10.4. FIFO

Descrizione sommaria	Tipo	Pins	Output	N	ALS	AS	C	F	H	HC	HCT	HCU	L	LS	S
16x4-bit.	74222	20	TS											x	
16x4-bit.	74224	16	TS											x	
16x4-bit.	74227	20	OC											x	
16x4-bit.	74228	16	OC											x	
16x5-bit.	74225	20	TS												x

Descrizione sommaria	Tipo	Pins	Output	N	ALS	AS	C	F	H	HC	HCT	HCU	L	LS	S
10.5. Varie															
2x16 registri di 4 bit	74870	24	TP			x									
2x16 registri di 4 bit	74871	28	TP			x									
8-bit registro di memoria	74396	16	TP											x	
Memoria intermedia di 8 bit	74259	16	TP	x	x					x	x			x	
11. DIVISORE															
1:12	7492	14	TP	x						x				x	
1:2^{15} programmabile	74294	16	TP							x				x	
1:2^{30} programmabile	74292	16	TP							x				x	
1:5 + 1:2	7456	8	TP											x	
1:6 + 1:5 + 1:2	7457	8	TP											x	
4-bit programmabile	74167	16	TP	x											
6-bit programmabile	7497	16	TP	x											

Descrizione sommaria	Tipo	Pins	Output	N	ALS	AS	C	F	H	HC	HCT	HCU	L	LS	S
12. ECCITATORI															
12.1. Non-invertente															
2x4-bit	74241	20	TS		x	x		x		x	x			x	x
2x4-bit	74244	20	TS		x	x	x	x		x	x			x	x
2x4-bit	74341	20	TS												x
2x4-bit	74344	20	TS												x
2x4-bit	74757	20	OC		x										
2x4-bit	74760	20	OC		x										
2x4-bit	74797	20	TS											x	
2x4-bit	741241	20	TS		x	x									
2x4-bit	741244	20	TS		x										
2x4-bit	74467	20	TS		x									x	
4 + 2-bit	74367	16	TS	x	x					x	x			x	
4 + 2-bit	74368	16	TS	x	x					x	x			x	
4-bit	74125	14	TS	x						x				x	
4-bit	74126	14	TS	x						x				x	
4-bit	74425	14	TS	x											
4-bit	74426	14	TS	x											
4-bit bidirezionale	74243	14	TS		x	x		x		x	x			x	x
4-bit bidirezionale	741243	14	TS		x										
4-bit bidirezionale	74449	16	TS											x	
4-bit bidirezionale	74759	14	OC			x									
4-bit bidirezionale con registro	74226	16	TS												x
4-bit tridirezionale	74440	20	OC											x	
4-bit tridirezionale	74442	20	TS											x	
6-bit	7407	14	OC	x										x	
6-bit	7417	14	OC	x										x	
6-bit	74365	16	TS	x	x					x	x			x	

Descrizione sommaria	Tipo	Pins	Output	N	ALS	AS	C	F	H	HC	HCT	HCU	L	LS	S
6-bit	7434	14	TP		x	x					x				
6-bit	7435	14	OC		x										
6-bit	741034	14	TP		x	x									
6-bit	741035	14	OC		x	x									
8-bit	74541	20	TS		x					x	x			x	
8-bit	74465	20	TS		x									x	
8-bit	74795	20	TS											x	
8-bit controllore port bidirezionale	74877	24	TP			x									
8-bit controllore port bidirezionale	74852	24	TS			x									
8-bit controllore port bidirezionale	74856	24	TS			x									
8-bit bidirezionale	741638	20	SS		x										
8-bit bidirezionale	74245	20	TS		x	x		x		x	x			x	
8-bit bidirezionale	74621	20	OC		x	x								x	
8-bit bidirezionale	74623	20	TS		x	x				x				x	
8-bit bidirezionale	74639	20	SS		x	x		x						x	
8-bit bidirezionale	74641	20	OC		x	x								x	
8-bit bidirezionale	741245	20	TS		x										
8-bit bidirezionale	741621	20	OC		x										
8-bit bidirezionale	741623	20	TS		x										
8-bit bidirezionale	741641	20	OC		x										
8-bit bidirezionale	74645	20	TS		x	x		x						x	
8-bit bidirezionale	741639	20	SS		x										
8-bit bidirezionale	741645	20	TS		x										
8-bit bidirezionale	742640	20	TS			x									
8-bit bidirezionale	742645	20	TS			x									
8-bit bidirezionale	742620	20	TS			x									
8-bit bidirezionale	742623	20	TS			x									
8-bit bidirezionale con registro	74543	24	TS							x	x				
8-bit bidirezionale con registro	74550	28	TS							x	x				

Descrizione sommaria	Tipo	Pins	Output	N	ALS	AS	C	F	H	HC	HCT	HCU	L	LS	S
8-bit bidirezionale con registro	74646	24	TS		x	x				x	x			x	
8-bit bidirezionale con registro	74647	24	OC		x									x	
8-bit bidirezionale con registro	74652	24	TS		x	x								x	
8-bit bidirezionale con registro	74654	24	OC		x									x	
12.2. Invertente															
2x4-bit	74240	20	TS		x	x	x			x	x			x	x
2x4-bit	74340	20	TS												x
2x4-bit	74756	20	OC			x									
2x4-bit	74763	20	OC			x									
2x4-bit	741240	20	TS		x										
2x4-bit	74231	20	TS			x									
2x4-bit	74468	20	TS		x									x	
4-bit bidirezionale	74242	14	TS		x	x		x		x	x			x	x
4-bit bidirezionale	74446	16	TP											x	
4-bit bidirezionale	74758	14	OC			x									
4-bit bidirezionale	741242	14	TS		x										
4-bit tridirezionale	74441	20	OC											x	
4-bit tridirezionale	74443	20	TS											x	
6-bit	74436	16	TP												x
6-bit	74366	16	TS	x	x					x	x			x	
6-bit	7416	14	OC	x										x	
6-bit	7406	14	OC	x										x	
6-bit	741004	14	TP		x	x									
6-bit	741005	14	OC		x										
6-bit con resistenza di smorzamento	74437	16	TP												x
8-bit	74466	20	TS		x									x	
8-bit	74796	20	TS											x	
8-bit	74540	20	TS		x					x	x			x	

Descrizione sommaria	Tipo	Pins	Output	N	ALS	AS	C	F	H	HC	HCT	HCU	L	LS	S
8-bit bidirezionale	74620	20	TS		x	x				x				x	
8-bit bidirezionale	74622	20	OC		x	x								x	
8-bit bidirezionale	741620	20	TS		x										
8-bit bidirezionale	741622	20	OC		x										
8-bit bidirezionale	741640	20	TS		x										
8-bit bidirezionale	741642	20	OC		x										
8-bit bidirezionale	74638	20	SS		x	x		x						x	
8-bit bidirezionale	74640	20	TS		x	x		x		x	x			x	
8-bit bidirezionale	74642	20	OC		x	x								x	
8-bit bidirezionale con registro	74544	24	TS							x	x				
8-bit bidirezionale con registro	74551	28	TS							x	x				
8-bit bidirezionale con registro	74648	24	TS		x	x				x	x			x	
8-bit bidirezionale con registro	74649	24	OC		x									x	
8-bit bidirezionale con registro	74651	24	TS		x	x								x	
8-bit bidirezionale con registro	74653	24	OC		x									x	

12.3. invertente e non-invertente

Descrizione sommaria	Tipo	Pins	Output	N	ALS	AS	C	F	H	HC	HCT	HCU	L	LS	S
2x4-bit	74230	20	TS			x									
2x4-bit	74762	20	OC			x									
2x4-bit	74798	20	TS											x	
4-bit tridirezionale	74444	20	TS											x	
4-bit tridirezionale	74448	20	OC											x	
8-bit bidirezionale	74643	20	TS		x	x		x		x	x			x	
8-bit bidirezionale	74644	20	OC		x	x								x	
8-bit bidirezionale	741643	20	TS		x										
8-bit bidirezionale	741644	20	OC		x										
Circuito controllo sistema per il 8080	74428	28	TP												x
Circuito controllo sistema per il 8080	74438	28	TP												x

Descrizione sommaria	Tipo	Pins	Output	N	ALS	AS	C	F	H	HC	HCT	HCU	L	LS	S
13. FPLA															
FPLA di 12 x 50 x 6	74330	20	TS												x
FPLA di 12 x 50 x 6	74331	20	OC												x
14. MICROCOMPONENTI															
14-bit controllore per il 74888	74890	64	TP		x										
4-bit microcontroller slice	74482	20	TS												x
4-bit processore slice	74481	48	TS											x	x
8-bit latch a funzioni multiple (= 8212)	74412	24	TS												x
Slice-CPU di 8 bit	74888	64	TP			x									
Refresh-controller per RAM di 4/16 KByte	74600	20	TP											x	
Refresh-controller per RAM di 4/16 KByte	74602	20	TP											x	
Refresh-controller per RAM di 64 KByte	74601	20	TP											x	
Refresh-controller per RAM di 64 KByte	74603	20	TP											x	
Generatore di cadenza per l'8080	74424	16	TP											x	x
Controller ciclo per RAMs dinamiche	74608	16	TP											x	

Descrizione sommaria	Tipo	Pins	Output	N	ALS	AS	C	F	H	HC	HCT	HCU	L	LS	S
15. VARIE															
Registro di 8 bit per appross. successiva	74502	16	TP	x										x	
Registro di 8 bit per appross. successiva	74503	16	TP	x										x	
Registro di 12 bit per appross. successiva ...	74504	24	TP	x										x	
16-bit discriminatore senso di rotazione	742000	28	TP											x	
6 sensori di corrente	7463	14	TP											x	
Filtro digitale PLL	74297	16	TP							x	x			x	
EDAC 8-bit	74636	20	TP											x	
EDAC 8-bit	74637	20	OC											x	
EDAC 16-bit	74630	28	TS											x	
EDAC 16-bit	74631	28	OC											x	
EDAC 32-bit	74632	52	TP		x										
EDAC 32-bit	74633	52	OC		x										
EDAC 32-bit	74634	48	OC		x										
EDAC 32-bit	74635	48	OC		x										
Sincronizzatori d'impulsi	74120	16	TP	x											
Memory-mapper...................	74612	40	TS											x	
Memory-mapper...................	74613	40	OC											x	
Memory-mapper con uscite latches	74610	40	TS											x	
Memory-mapper con uscite latches	74611	40	OC											x	
Elemento ritardatore	7431	16	TP											x	

neu

vrt band 2 1N...60 000...µ

Nachfolger der tvt 2

Vergleichstabelle Transistoren, Dioden, Thyristoren, IC.
Etwa 28000 Typen mit Kurzdaten, Pin-Belegung sowie ca. 80000 Vergleichstypen und Referenzbuchangabe, 93 Anschlußzeichnungen.
2. Auflage, 1988, 456 Seiten, Format DIN A5, seitliches Ausschlagblatt mit Pin-Code, fünfsprachig.
Bestell-Nr. 35, ISBN 3-88109-035-5.

GB
vrt volume 2 1N...60 000...µ (Supersedes tvt 2)
Comparison table transistors, diodes, thyristors, ICs. About 28.000 types with short data, pin assignment as well as approx. 80.000 comparison types and indication of reference books, 93 connection drawings.
2nd edition, 1988, 456 pages, DIN A5 format, lateral foldout sheet with pin-code, in five languages. Order No. 35, ISBN 3-88109-035-5.

F
vrt tome 2 1N...60 000...µ (nouvelle version de tvt 2)
Tableau d'équivalence pour transistors, diodes, thyristors et CI. Environ 28.000 types avec caractéristiques sous forme abrégée, brochage ainsi qu'un nombre approximatif de 80.000 types équivalents et de renvois de référence, 93 schémas de raccordement.
2e édition, 1988, 456 pages, format DIN A5, dépliant latéral avec code des broches, en cinq langues. No. de commande 35, ISBN 3-88109-035-5.

I
vrt volume 2 1N...60 000...µ (Successore di tvt 2)
Tabella comparativa transistori, diodi, tiristori, IC. Circa 28.000 tipi con dati in breve, occupazione pin, nonchè circa 80.000 tipi comparativi ed indicazione di libri di riferimento, 93 disegni di connessione.
2a edizione, 1988, 456 pagine, formato DIN A5, foglio ripiegevole laterale con codice pin, in cinque lingue. No. di ordinazione 35, ISBN 3-88109-035-5.

E
vrt tomo 2 1N...60 000...µ (Sucesor de tvt 2)
Tabla comparativa transistores, diodos, tiristores, IC. Unos 28.000 tipos con características abreviadas, ocupación de pin así como aprox. 80.000 tipos comparativos e indicación del libro de referencia, 93 planos de conexión.
2a edición, 1988, 456 páginas, formato DIN A5, hoja lateral desplegable con código pin, en 5 idiomas. Referencia 35, ISBN 3-88109-035-5.

Descripción resumida	Typo	Pins	Output	N	ALS	AS	C	F	H	HC	HCT	HCU	L	LS	S
1. PUERTAS															
1.1. NAND															
1x12 NAND	74134	16	TS												x
1x13 NAND	74133	16	TP		x					x				x	x
1x8 NAND	7430	14	TP	x	x	x	x		x	x			x	x	x
2x2 NAND	748003	8	TP		x										
2x4 NAND	7420	14	TP	x	x	x	x	x	x	x	x		x	x	x
2x4 NAND	7422	14	OC	x	x				x					x	x
2x4 NAND (FQ = 30)	7440	14	TP	x	x				x					x	x
2x4 NAND excitadores	741020	14	TP		x										
3x3 NAND	7410	14	TP	x	x	x	x	x	x	x	x		x	x	x
3x3 NAND	7412	14	OC	x	x									x	x
3x3 NAND excitadores	741010	14	TP		x										
4x2 NAND	7400	14	TP	x	x	x	x	x	x	x	x		x	x	x
4x2 NAND	7401	14	OC	x	x					x				x	
4x2 NAND	7403	14	OC	x	x	x				x				x	x
4x2 NAND (15V)	7426	14	OC	x										x	
4x2 NAND (FQ = 30)	7437	14	TP	x	x				x					x	x
4x2 NAND (FQ = 30)	7438	14	OC	x	x									x	x
4x2 NAND (FQ = 30)	7439	14	OC	x											
4x2 NAND excitadores	741000	14	TP		x	x									
4x2 NAND excitadores	741003	14	OC		x										
6x2 NAND	74804	20	TP		x	x									
1.2. NOR															
2x4 NOR	7425	14	TP	x											
2x4 NOR, ampliable	7423	16	TP	x											
2x5 NOR	74260	14	TP											x	x

Descripción resumida	Typo	Pins	Output	N	ALS	AS	C	F	H	HC	HCT	HCU	L	LS	S
3x3 NOR	7427	14	TP	x	x	x				x	x			x	
4x2 NOR	7402	14	TP	x	x	x	x	x		x	x		x	x	x
4x2 NOR	7436	14	TP							x					
4x2 NOR (FQ = 30)	7428	14	TP	x	x									x	
4x2 NOR excitadores	741002	14	TP		x	x									
4x2 NOR excitadores	741036	14	TP			x									
4x2 NOR excitadores	7433	14	OC	x	x									x	
6x2 NOR excitadores	74805	20	TP		x	x									
1.3. AND															
2x4 AND	7421	14	TP	x	x	x			x	x				x	
3x3 AND	7411	14	TP	x	x	x	x	x	x	x				x	x
3x3 AND	7415	14	OC		x				x					x	x
3x3 AND excitadores	741011	14	TP		x										
4x2 AND	7408	14	TP	x	x	x	x	x	x	x				x	x
4x2 AND	7409	14	OC	x	x					x				x	x
4x2 AND excitadores	741008	14	TP		x	x									
4x2 AND excitadores (15V)	74131	14	OC	x	x	x									
4x2 AND excitadores (30V)	74130	14	OC	x											
6x2 AND excitadores	74808	20	TP		x	x									
1.4. OR															
4x2 OR	7432	14	TP	x	x	x	x	x		x	x			x	x
4x2 OR excitadores	741032	14	TP		x	x									
6x2 OR excitadores	74832	20	TP		x	x									
1.5. EX-NOR															
4x2 EX-NOR	74266	14	OC							x				x	
4x2 EX-NOR	74810	14	TP		x										
4x2 EX-NOR	74811	14	OC		x										
4x2 EX-OR/NOR	74135	16	TP												x

Descripción resumida	Typo	Pins	Output	N	ALS	AS	C	F	H	HC	HCT	HCU	L	LS	S
1.6. EX-OR															
4x2 EX-OR	7486	14	TP	x	x		x	x		x	x		x	x	x
4x2 EX-OR	74386	14	TP							x				x	
4x2 EX-OR	74136	14	OC	x	x									x	x
4x2 EX-OR/NOR	74135	16	TP												x
1.7. Inversores															
6 Inversores	7404	14	TP	x	x	x	x	x	x	x	x	x	x	x	x
6 Inversores	7405	14	OC	x	x				x	x	x			x	x
6 Inversores	74366	16	TS	x	x					x	x			x	
6 Inversores	74368	16	TS	x	x					x	x			x	
6 Inversores (15V)	7416	14	OC	x										x	
6 Inversores (30V)	7406	14	OC	x										x	
6 Excitadores inversores	741004	14	TP		x	x									
6 Excitadores inversores	741005	14	OC		x										
1.8. Puertas de combinación															
2 NAND + 2 Inversores	74265	16	TP	x											
AND/NAND excitadores	74800	20	TP			x									
AND/NOR	7464	14	TP					x							x
AND/NOR	7465	14	OC												x
AND/NOR	7450	14	TP	x					x						
AND/NOR	7451	14	TP	x					x	x			x	x	x
AND/NOR	7454	14	TP	x					x				x	x	
AND/NOR, ampliable	7452	14	TP						x						
AND/NOR, ampliable	7453	14	TP	x					x						
AND/NOR, ampliable	7455	14	TP						x				x	x	
AND/OR	7458	14	TP							x					
Excitadores OR-/NOR	74802	20	TP			x									

Descripción resumida	Typo	Pins	Output	N	ALS	AS	C	F	H	HC	HCT	HCU	L	LS	S
1.9. Disparadores de Schmitt															
2x4 NAND, disparadores de Schmitt	7413	14	TP	x										x	
2x4 NAND, disparadores de Schmitt	7418	14	TP											x	
4x2 NAND, disparadores de Schmitt	74132	14	TP	x						x	x			x	x
4x2 NAND, disparadores de Schmitt	7424	14	TP											x	
6 inversores, disparadores de Schmitt	7419	14	TP											x	
6 inversores, disparadores de Schmitt	7414	14	TP	x			x			x	x			x	
1.10. Expanders															
2x4 AND expanders	7460	14	X	x					x						
3x3 AND expanders	7461	14	X						x						
AND/NOR expanders	7462	14	X						x						
1.11. Excitadores de Linea de 50 Ω															
2x4 NAND	74140	14	TP												x
4x2 NOR	74128	14	TP	x											

Descripción resumida	Typo	Pins	Output	N	ALS	AS	C	F	H	HC	HCT	HCU	L	LS	S
2. FLIPFLOPS															
2.1. Gobernados por flancos															
2.1.1. Con preset, J y K															
1 flipflop	74101	14	TP						x						
2 flipflops	74113	14	TP		x	x		x		x				x	x
2.1.2. Con clear, J y K															
2 flipflops	74107	14	TP		x		x			x	x			x	
2 flipflops	7473	14	TP				x			x	x			x	
2 flipflops	74103	14	TP						x						
4 flipflops	74376	16	TP	x											
2.1.3. Con preset, clear, J y K															
1 flipflop	74102	14	TP						x						
1 flipflop	7470	14	TP	x											
2 flipflops	7476	16	TP			x				x	x			x	
2 flipflops	7478	14	TP											x	
2 flipflops	74108	14	TP						x						
2 flipflops	74109	16	TP	x	x	x		x		x	x			x	x
2 flipflops	74112	16	TP		x	x		x		x	x			x	x
2 flipflops	74114	14	TP		x	x		x		x				x	x
2 flipflops	74106	16	TP						x						
4 flipflops	74276	20	TP	x											
2.2. Gobernados por pulsos															
2.2.1. Con preset, J y K															
1 flipflop	7471	14	TP						x						

Descripción resumida	Typ	Pins	Output	N	ALS	AS	C	F	H	HC	HCT	HCU	L	LS	S
2.2.2. Con clear, J y K															
2 flipflops	74115	14	TP	x											
2 flipflops	74107	14	TP	x											
2 flipflops	7473	14	TP	x					x					x	
2.2.3. Con preset, clear, J y K															
1 flipflop	7471	14	TP										x		
1 flipflop	7472	14	TP	x					x				x		
1 flipflop	74104	14	TP	x											
1 flipflop	74105	14	TP	x											
1 flipflop	74110	14	TP	x											
2 flipflops	7476	16	TP	x					x						
2 flipflops	7478	14	TP						x				x		
2 flipflops	74111	16	TP	x											
2.3. Latches RS															
4 registros-latch	74279	16	TP	x										x	
6 registros-latch	74118	16	TP	x											
6 registros-latch	74119	24	TP	x											
2.4. Latches D															
2.4.1. No inversores															
2x4 bits	74873	24	TS		x	x									
4 registros-latch	7477	14	TP	x										x	x
8 registros-latch	74100	24	TP	x											
8 registros-latch	74363	20	TS											x	
8 registros-latch	74373	20	TS	x	x	x	x	x		x	x			x	x
8 registros-latch	74116	24	TP	x											
8 bits interface de bus	74845	24	TS		x	x									

Descripción resumida	Typo	Pins	Output	N	ALS	AS	C	F	H	HC	HCT	HCU	L	LS	S
8 bits interface de bus	74573	20	TS		x	x				x	x			x	
8 bits multifunctión (= Intel 8212)	74412	24	TP												x
9 bits interface de bus	74843	24	TS		x	x									
10 bits interface de bus	74841	24	TS		x	x									

2.4.2. Inversores

Descripción resumida	Typo	Pins	Output	N	ALS	AS	C	F	H	HC	HCT	HCU	L	LS	S
2x4 bits	74880	24	TS		x	x									
8 bits	74580	20	TS		x	x									
8 bits interface de bus	74846	24	TS		x	x									
8 bits interface de bus	74533	20	TS		x	x				x	x				
8 bits interface de bus	74563	20	TS		x					x	x				
9 bits interface de bus	74844	24	TS		x	x									
10 bits interface de bus	74842	24	TS		x	x									

2.4.3. Salidas complementarias

Descripción resumida	Typo	Pins	Output	N	ALS	AS	C	F	H	HC	HCT	HCU	L	LS	S
4 registros-latch	7475	16	TP	x						x	x		x	x	
4 registros-latch	74375	16	TP											x	

2.5. Flipflops D

2.5.1. No inversores

Descripción resumida	Typo	Pins	Output	N	ALS	AS	C	F	H	HC	HCT	HCU	L	LS	S
2x4 bits	74878	24	TS		x	x									
2x4 bits	74874	24	TS		x	x									
4 flipflops	74173	16	TS	x			x			x	x			x	
6 flipflops	74174	16	TP	x	x	x	x	x		x	x			x	x
6 flipflops	74378	16	TP							x				x	
8 flipflops	74273	20	TP	x	x					x	x			x	
8 flipflops	74364	20	TS											x	
8 flipflops	74374	20	TS		x	x	x	x		x	x			x	x
8 flipflops	74377	20	TP		x					x	x			x	

Descripción resumida	Typo	Pins	Output	N	ALS	AS	C	F	H	HC	HCT	HCU	L	LS	S
8 bits interface de bus	74574	20	TS		x	x				x	x			x	
8 bits interface de bus	74575	24	TS		x	x									
8 bits interface de bus	74825	24	TS			x									
9 bits interface de bus	74823	24	TS			x									
10 bits interface de bus	74821	24	TS			x									
2.5.2. Inversores															
2x4 bits	74876	24	TS		x	x									
2x4 bits	74879	24	TS		x	x									
8 bits interface de bus	74826	24	TS			x									
8 bits interface de bus	74534	20	TS		x	x				x	x				
8 bits interface de bus	74564	20	TS		x					x	x				
8 bits interface de bus	74576	20	TS		x	x									
8 bits interface de bus	74577	24	TS		x	x									
9 bits interface de bus	74824	24	TS			x									
10 bits interface de bus	74822	24	TS			x									
2.5.3. Salidas complementarias															
2 flipflops	7474	14	TP	x	x	x	x	x	x	x	x		x	x	x
4 flipflops	74171	16	TP											x	
4 flipflops	74175	16	TP	x	x	x	x			x	x			x	x
4 flipflops	74379	16	TP								x			x	
2.6. Monoflops															
Con entrada trigger de Schmitt	74221	16	TP	x			x			x	x			x	
Con entrada trigger de Schmitt	74121	14	TP	x									x		
Multivibradores redisparables	74123	16	TP	x						x	x		x	x	
Multivibradores redisparables	74423	16	TP							x	x			x	
Multivibrador monoestable redisparable	74122	14	TP	x									x	x	
Multivibrador monoestable redisparable	74422	14	TP											x	

3. CONTADORES
3.1. Contadores binarios
3.1.1. Contando adelante

Descripción resumida	Typo	Pins	Output	N	ALS	AS	C	F	H	HC	HCT	HCU	L	LS	S
2x4 bits	74393	14	TP	x						x	x			x	
2x4 bits	7469	16	TP											x	
4 bits	7493	14	TP	x			x			x			x	x	
4 bits	74293	14	TP	x										x	
4 bits con preset	74177	14	TP	x											
4 bits con preset	74197	14	TP	x										x	x
4 bits con preset	74561	20	TS		x										
4 bits con preset	74569	20	TS		x									x	
4 bits con preset	74161	16	TP	x	x	x	x	x		x	x			x	x
4 bits con preset	74163	16	TP	x	x	x	x	x		x	x			x	x
4 bits con preset y registro	74691	20	TS		x									x	
4 bits con preset y registro	74693	20	TS		x									x	
8 bits	74590	16	TS							x	x			x	
8 bits	74591	16	OC											x	
8 bits con preset	74592	16	TP							x	x			x	
8 bits con preset	74593	20	TS							x	x			x	

3.1.2. Contando adelante/atrás

Descripción resumida	Typo	Pins	Output	N	ALS	AS	C	F	H	HC	HCT	HCU	L	LS	S
4 bits	74169	16	TP		x	x		x		x	x			x	x
4 bits con preset	74669	16	TP											x	
4 bits con preset	74191	16	TP	x	x			x		x	x			x	
4 bits con preset	74193	16	TP	x	x		x	x		x	x		x	x	
4 bits con preset y registro	74697	20	TS		x									x	
4 bits con preset y registro	74699	20	TS		x									x	
4 bits con registro de desplaziamiento	74291	20	TP												x
8 bits con preset	74867	24	TP			x									
8 bits con preset	74869	24	TP			x									

Descripción resumida	Typo	Pins	Output	N	ALS	AS	C	F	H	HC	HCT	HCU	L	LS	S
3.2. Contadores decimales															
3.2.1. Contando adelante															
2x4 bits	74390	16	TP	x						x	x			x	
2x4 bits	74490	16	TP	x						x				x	
2x4 bits	7468	16	TP											x	
4 bits	7490	14	TP	x			x			x			x	x	
4 bits	74290	14	TP	x										x	
4 bits con salida a 7 segmentos	74143	24	OC	x											
4 bits con salida a 7 segmentos	74144	24	OC	x											
4 bits con salida decimal	74142	16	OC	x											
4 bits con preset	74176	14	TP	x											
4 bits con preset	74196	14	TP	x										x	x
4 bits con preset	74560	20	TS		x										
4 bits con preset	74568	20	TS		x									x	
4 bits con preset	74160	16	TP	x	x	x	x	x		x	x			x	x
4 bits con preset	74162	16	TP	x	x	x	x	x		x	x			x	x
4 bits con preset y registro	74692	20	TS		x									x	
4 bits con preset y registro	74690	20	TS		x									x	
4 bits con preset y registro	74696	20	TS		x									x	
3.2.2. Contando adelante/atrás															
4 bits	74168	16	TP		x	x		x						x	x
4 bits con preset	74668	16	TP											x	
4 bits con preset	74190	16	TP	x	x			x		x	x			x	
4 bits con preset	74192	16	TP	x	x		x	x		x	x		x	x	
4 bits con preset y registro	74698	20	TS		x									x	

Descripción resumida	Typo	Pins	Output	N	ALS	AS	C	F	H	HC	HCT	HCU	L	LS	S
4. REGISTROS DE DESPLAZIAMENTO															
4.1. Serie															
8 bits	7491	14	TP	x									x	x	
4.2. Entradas en paralelo															
4 bits, entradas NOR	7494	16	TP	x											
8 bits	74165	16	TP	x	x		x			x	x			x	
8 bits	74166	16	TP	x	x					x	x			x	
8 bits con registro-latch	74589	16	TS							x					
8 bits con registro-latch	74597	16	TP							x				x	
16 bits	74674	24	TP											x	
4.3. Salidas en paralelo															
8 bits	74164	14	TP	x	x		x	x		x	x		x	x	
8 bits con registro-latch	74594	16	TP											x	
8 bits con registro-latch	74595	16	TS							x				x	
8 bits con registro-latch	74596	16	OC											x	
8 bits con registro-latch	74599	16	OC											x	
16 bits	74673	24	TP											x	
4.4. Entradas y salidas en paralelo															
4 bits	74395	16	TS		x									x	
4 bits	74178	14	TP	x											x
4 bits	74179	16	TP	x											x
4 bits	7495	14	TP	x			x	x					x	x	
4 bits	7499	16	TP										x		
4 bits izquierda/derecha	74295	14	TS											x	
4 bits izquierda/derecha	74194	16	TP	x		x		x		x	x			x	x

Descripción resumida	Typo	Pins	Output	N	ALS	AS	C	F	H	HC	HCT	HCU	L	LS	S
4 bits con contador	74291	20	TP												x
4 bits universal	74195	16	TP	x		x	x	x		x	x			x	x
4 bits universal	74671	20	TP											x	
4 bits universal	74672	20	TP											x	
5 bits	7496	16	TP	x									x	x	
8 bits	74199	24	TP	x											
8 bits	74598	20	TS											x	
8 bits	74322	20	TP											x	
8 bits izquierda/derecha	74198	24	TP	x											
8 bits izquierda/derecha	74299	20	TS		x	x				x	x			x	x
8 bits universal	74323	20	TS		x	x					x			x	

5. OSCILADORES

Descripción resumida	Typo	Pins	Output	N	ALS	AS	C	F	H	HC	HCT	HCU	L	LS	S
Oscilador controlado por tensión	74324	14	TP											x	
Oscilador controlado por tensión	74624	14	TP											x	
Oscilador controlado por tensión	74628	14	TP											x	
2 osciladores controlados por tensión	74325	16	TP											x	
2 osciladores controlados por tensión	74326	16	TP											x	
2 osciladores controlados por tensión	74327	14	TP											x	
2 osciladores controlados por tensión	74625	16	TP											x	
2 osciladores controlados por tensión	74626	16	TP											x	
2 osciladores controlados por tensión	74627	14	TP											x	
2 osciladores controlados por tensión	74629	16	TP											x	
2 osciladores controlados por tensión	74124	16	TP	x										x	x
Oscilador de cuarzo	74320	16	TP											x	
Oscilador de cuarzo	74321	16	TP											x	
Oscilador del impulso para el TMS 9900	74362	20	TP											x	
Oscilador del impulso para el 8080	74424	16	TP											x	x

Descripción resumida	Typo	Pins	Output	N	ALS	AS	C	F	H	HC	HCT	HCU	L	LS	S
6. MULTIPLEXADORES															
8 a 1	74354	20	TS							x	x			x	
8 a 1	74355	20	OC											x	
8 a 1	74356	20	TS							x	x			x	
8 a 1	74357	20	OC											x	
8 a 1	74151	16	TP	x	x	x	x	x		x	x			x	x
8 a 1	74152	14	TP	x						x				x	
8 a 1	74251	16	TS	x	x	x		x		x	x			x	x
16 a 1	74250	24	TS			x									
16 a 1	74150	24	TP	x		x	x								
16 a 1	74850	28	TS			x									
16 a 1	74851	28	TS			x									
2x4 a 1	74153	16	TP	x	x	x		x		x	x		x	x	x
2x4 a 1	74352	16	TP		x	x		x		x				x	
2x4 a 1	74353	16	TS		x	x		x		x				x	
2x4 a 1	74253	16	TS	x	x	x		x		x	x			x	x
2x8 a 1	74351	20	TS	x											
4x2 a 1	74257	16	TS	x	x	x		x		x	x			x	x
4x2 a 1	74258	16	TS		x	x		x		x				x	x
4x2 a 1	74158	16	TP	x	x	x		x		x	x			x	x
4x2 a 1	74398	20	TP											x	
4x2 a 1	74399	16	TP											x	
4x2 a 1	74157	16	TP	x	x	x	x	x		x	x		x	x	x
4x2 a 1 con registro	74298	16	TP	x		x				x				x	
4x2 a 1 con registro	7498	16	TP										x		
6x2 a 1	74857	24	TP		x	x									
8x2 a 1 con registro-latch ...	74604	28	TS											x	
8x2 a 1 con registro	74605	28	OC											x	
8x2 a 1 con registro	74606	28	TS											x	
8x2 a 1 con registro	74607	28	OC											x	

Descripción resumida	Typo	Pins	Output	N	ALS	AS	C	F	H	HC	HCT	HCU	L	LS	S
7. DEMULTIPLEXADORES															
3 a 8	74131	16	TP	x	x	x									
3 a 8	74538	20	TS		x			x							
3 a 8 con registro-latch	74137	16	TP		x	x				x	x			x	x
4 a 16	74154	24	TP	x			x			x	x		x	x	
4 a 16	74159	24	OC	x											
2x2 a 4	74155	16	TP	x							x			x	
2x2 a 4	74156	16	OC	x										x	
2x2 a 4	74539	20	TS		x			x							
8. COMPONENTES ARITMÉTICOS															
8.1. Sumadores															
1 bit	7480	14	TP	x											
2 bits	7482	14	TP	x											
2x1 bit	74183	14	TP	x					x					x	
4 sumadores/restadores serie	74385	20	TP											x	
4 bits	7483	16	TP	x			x							x	
4 bits	74283	16	TP	x				x		x				x	x
8.2. Multiplicadores															
Multiplicador de 2x4 bits	74261	16	TP											x	
Multiplicador de 4x4 bits	74274	20	TS												x
Multiplicador de 4x8 bits	74284	16	OC	x											
Multiplicador de 4x8 bits	74285	16	OC	x											
8x1 bit, en complemento a 2	74384	16	TP							x	x			x	
Multiplicador de 16x16 bits	741616	64	TP	x											

Descripción resumida	Typo	Pins	Output	N	ALS	AS	C	F	H	HC	HCT	HCU	L	LS	S
8.3. Controladores de paridad															
9 bits	74180	14	TP	x											
9 bits	74280	14	TP			x				x	x			x	x
9 bits	74286	14	TP			x									
8.4. ALU															
4 bits	74381	20	TP											x	x
4 bits	74181	24	TP	x		x		x		x				x	x
4 bits	74382	20	TP											x	
4 bits ALU / generador de funciones	74881	24	TP			x									
Generador de acarreo para ALUs de 32 bit ..	74882	24	TP			x									
8.5. AKU															
4 bits	74281	24	TP												x
4 bits	74681	20	TP											x	
8.6. Comparadores															
4 bits	7485	16	TP	x			x			x	x		x	x	x
Elemento Wallace-Tree de 7 bits	74275	16	TS											x	x
8 bits	74684	20	TP											x	
8 bits	74685	20	OC											x	
8 bits	74686	24	TP											x	
8 bits	74687	24	OC											x	
8 bits	74688	20	TP		x					x	x			x	
8 bits	74689	20	OC		x									x	
8 bits	74866	28	OC				x								
8 bits	74518	20	OC		x										
8 bits	74519	20	OC		x										
8 bits	74520	20	TP		x										

Descripción resumida	Typo	Pins	Output	N	ALS	AS	C	F	H	HC	HCT	HCU	L	LS	S
8 bits	74521	20	TP		x			x		x	x				
8 bits	74522	20	OC		x										
8 bits ampliabile	74885	24	TP			x									
8 bits con resistencias pull-up	74682	20	TP											x	
8 bits con resistencias pull-up	74683	20	OC											x	
Comparador de direcciones de 12 bits	74679	20	TP		x										
Comparador de 12 bits con registro	74680	20	TP		x										
12 bits programable	74527	20	TP		x										
12 bits programable	74528	16	TP		x										
Comparador de direcciones de 16 bits	74677	24	TP		x										
Comparador de 16 bits con registro	74678	24	TP		x										
16 bits programable	74526	20	TP		x										

8.7. Otros

Descripción resumida	Typo	Pins	Output	N	ALS	AS	C	F	H	HC	HCT	HCU	L	LS	S
Complementador a 9	74184	16	OC	x											
Complementador a 10	74184	16	OC	x											
Complementador de 4 bits	7487	14	TP						x						
Generador de acarreo en cascada	74282	20	TP			x									
Generador de acarreo para contadores	74182	16	TP	x		x		x		x				x	x
Generador de acarreo para contadores	74264	16	TP			x									

Descripción resumida	Typo	Pins	Output	N	ALS	AS	C	F	H	HC	HCT	HCU	L	LS	S
9. CONVERTIDORES DE CÓDIGO															
9.1. BCD a decimal															
4 bits	7442	16	TP	x			x			x	x		x	x	
4 bits	74537	20	TS		x			x							
Salida a 5,5V	7441	16	OC	x											
Salida a 15V	74145	16	OC	x										x	
Salida a 30V	7445	16	OC	x											
Salida a 60V	74141	16	OC	x											
Con excitador de display	74445	16	TP											x	
9.2. BCD a binario															
5 bits en cascada	74184	16	OC	x											
Salida a 5,5V	74249	16	OC	x										x	
9.3. BCD a 7-segmentos															
Salida a 15V	7447	16	OC	x									x	x	
Salida a 30V	74247	16	OC	x										x	
Salida a 15V	74347	16	OC											x	
Salida a 30V	7446	16	OC	x									x		
Salida a 30V	74246	16	OC	x											
Con excitador de display	74248	16	TP	x										x	
Con excitador de display	74447	16	TP											x	
Con contador	74143	24	OC	x											
Con contador	74144	24	OC	x											
Lógica negativa	7448	16	OC	x			x							x	
Lógica negativa	7449	14	OC	x										x	

Descripción resumida	Typo	Pins	Output	N	ALS	AS	C	F	H	HC	HCT	HCU	L	LS	S
9.4. Binario a BCD															
5 bits en cascada	74185	16	OC	x											
9.5. Binario a decimal															
2x2 bits	74139	16	TP		x	x		x		x	x			x	x
3 bits	74138	16	TP	x	x	x		x		x	x			x	x
3 bits	74237	16	TP							x					
3 a 8	74131	16	TP	x	x	x									
3 a 8	74538	20	TS		x			x							
3 a 8 con registro-latch	74137	16	TP		x	x				x				x	x
3 a 8 con registro-latch	74137	16	TP		x	x				x				x	x
4 a 16	74154	24	TP	x			x			x	x		x	x	
4 a 16	74159	24	OC	x											
2x2 a 4	74155	16	TP	x						x				x	
2x2 a 4	74156	16	OC	x										x	
2x2 a 4	74539	20	TS		x			x							
9.6. Codificador de prioridad															
Codificador de prioridad de 8 bit	74149	20	TP							x	x				
Codificador de prioridad de 8 a 3 bits	74348	16	TS											x	
Registro de prioridad de 4 bits cascadable	74278	14	TP	x											
Codificador de prioridad	74147	16	TP	x						x	x			x	
Codificador de prioridad	74148	16	TP	x				x						x	
9.7. Otros															
Excess-3 a decimal	7443	16	TP	x									x	x	
Excess-3-Gray a decimal	7444	16	TP	x									x	x	

Descripción resumida	Typo	Pins	Output	N	ALS	AS	C	F	H	HC	HCT	HCU	L	LS	S
10. MEMORIAS															
10.1. ROM															
32x8 bits	7488	16	OC	x											
256x4 bits	74187	16	OC	x											
256x8 bits	74271	20	OC												x
256x8 bits	74371	20	TS												x
512x4 bits	74270	16	OC												x
512x4 bits	74370	16	TS												x
10.2. PROM															
32x8 bits	74188	16	OC	x											x
32x8 bits	74288	16	TS												x
64x8 bits	74186	24	OC	x											
256x4 bits	74287	16	TS												x
256x4 bits	74387	16	OC												x
256x8 bits	74470	20	OC												x
256x8 bits	74471	20	TS												x
512x8 bits	74472	20	TS												x
512x8 bits	74473	20	OC												x
512x8 bits	74474	24	TS												x
512x8 bits	74475	24	OC												x
10.3. RAM															
4x4 bits	74170	16	OC	x										x	
4x4 bits	74670	16	TS							x	x			x	
8x2 bits	74172	24	TS	x											x
16x1 bit	7481	14	TP	x											
16x1 bit	7484	16	OC	x											

Descripción resumida	Typo	Pins	Output	N	ALS	AS	C	F	H	HC	HCT	HCU	L	LS	S
16x4 bits	74189	16	TS											x	x
16x4 bits	74219	16	TS											x	
16x4 bits	74289	16	OC											x	x
16x4 bits	7489	16	OC	x			x							x	
256x1 bit	74200	16	TS	x			x							x	x
256x1 bit	74201	16	TS												x
256x1 bit	74202	16	TS											x	
256x1 bit	74206	16	OC												x
256x1 bit	74300	16	OC											x	x
256x1 bit	74301	16	OC												x
256x1 bit	74302	16	OC											x	
256x4 bits	74207	16	TS											x	x
256x4 bits	74208	20	TS											x	x
1024x1 bit	74214	16	TS											x	x
1024x1 bit	74215	16	TS											x	
1024x1 bit	74314	16	OC											x	x
1024x1 bit	74315	16	OC											x	
1024x1 bit	74319	16	OC											x	
4096x1 bit	74400	18	TS											x	
4096x1 bit	74401	18	OC												x

10.4. FIFO

Descripción resumida	Typo	Pins	Output	N	ALS	AS	C	F	H	HC	HCT	HCU	L	LS	S
16x4 bits	74222	20	TS											x	
16x4 bits	74224	16	TS											x	
16x4 bits	74227	20	OC											x	
16x4 bits	74228	16	OC											x	
16x5 bits	74225	20	TS												x

Descripción resumida	Typo	Pins	Output	N	ALS	AS	C	F	H	HC	HCT	HCU	L	LS	S
10.5. Otros															
2x16 registros de 4 bits	74870	24	TP			x									
2x16 registros de 4 bits	74871	28	TP			x									
Registro de memoria de 8 bits	74396	16	TP											x	
Registro-latch de 8 bits	74259	16	TP	x	x					x	x			x	
11. DIVISORES															
1:12	7492	14	TP	x						x				x	
1:2^{15} programable	74294	16	TP							x				x	
1:2^{30} programable	74292	16	TP							x				x	
1:5 + 1:2	7456	8	TP											x	
1:6 + 1:5 + 1:2	7457	8	TP											x	
4 bits programable	74167	16	TP	x											
6 bits programable	7497	16	TP	x											

Descripción resumida	Typo	Pins	Output	N	ALS	AS	C	F	H	HC	HCT	HCU	L	LS	S
12. EXCITADORES															
12.1. No inversores															
2x4 bits	74241	20	TS		x	x		x		x	x			x	x
2x4 bits	74244	20	TS		x	x	x	x		x	x			x	x
2x4 bits	74341	20	TS												x
2x4 bits	74344	20	TS												x
2x4 bits	74757	20	OC		x										
2x4 bits	74760	20	OC		x										
2x4 bits	74797	20	TS											x	
2x4 bits	741241	20	TS		x	x									
2x4 bits	741244	20	TS		x										
2x4 bits	74467	20	TS		x									x	
4 + 2 bits	74367	16	TS	x	x					x	x			x	
4 + 2 bits	74368	16	TS	x	x					x	x			x	
4 bits	74125	14	TS	x						x				x	
4 bits	74126	14	TS	x						x				x	
4 bits	74425	14	TS	x											
4 bits	74426	14	TS	x											
4 bits bidireccional	74243	14	TS		x	x		x		x	x			x	x
4 bits bidireccional	741243	14	TS		x										
4 bits bidireccional	74449	16	TS											x	
4 bits bidireccional	74759	14	OC			x									
4 bits bidireccional	74226	16	TS												x
4 bits tridireccional	74440	20	OC											x	
4 bits tridireccional	74442	20	TS											x	
6 bits	7407	14	OC	x										x	
6 bits	7417	14	OC	x										x	
6 bits	74365	16	TS	x	x					x	x			x	

Descripción resumida	Typo	Pins	Output	N	ALS	AS	C	F	H	HC	HCT	HCU	L	LS	S
6 bits	7434	14	TP		x	x					x				
6 bits	7435	14	OC		x										
6 bits	741034	14	TP		x	x									
6 bits	741035	14	OC		x	x									
8 bits	74541	20	TS		x					x	x			x	
8 bits	74465	20	TS		x									x	
8 bits	74795	20	TS											x	
8 bits controlador de port bidireccional	74877	24	TP			x									
8 bits controlador de port bidireccional	74852	24	TS			x									
8 bits controlador de port bidireccional	74856	24	TS			x									
8 bits bidireccional	741638	20	SS		x										
8 bits bidireccional	74245	20	TS		x	x		x		x	x			x	
8 bits bidireccional	74621	20	OC		x	x								x	
8 bits bidireccional	74623	20	TS		x	x				x				x	
8 bits bidireccional	74639	20	SS		x	x	x							x	
8 bits bidireccional	74641	20	OC		x	x								x	
8 bits bidireccional	741245	20	TS		x										
8 bits bidireccional	741621	20	OC		x										
8 bits bidireccional	741623	20	TS		x										
8 bits bidireccional	741641	20	OC		x										
8 bits bidireccional	74645	20	TS		x	x		x						x	
8 bits bidireccional	741639	20	SS		x										
8 bits bidireccional	741645	20	TS		x										
8 bits bidireccional	742640	20	TS			x									
8 bits bidireccional	742645	20	TS			x									
8 bits bidireccional	742620	20	TS			x									
8 bits bidireccional	742623	20	TS			x									
8 bits bidireccional	74543	24	TS							x	x				
8 bits bidireccional	74550	28	TS							x	x				

Descripción resumida	Typo	Pins	Output	N	ALS	AS	C	F	H	HC	HCT	HCU	L	LS	S
8 bits bidireccional	74646	24	TS		x	x				x	x			x	
8 bits bidireccional	74647	24	OC		x									x	
8 bits bidireccional	74652	24	TS		x	x								x	
8 bits bidireccional	74654	24	OC		x									x	
12.2. Inversores															
2x4 bits	74240	20	TS		x	x	x			x	x			x	x
2x4 bits	74340	20	TS												x
2x4 bits	74756	20	OC		x										
2x4 bits	74763	20	OC		x										
2x4 bits	741240	20	TS		x										
2x4 bits	74231	20	TS		x										
2x4 bits	74468	20	TS		x									x	
4 bits bidireccional	74242	14	TS		x	x		x		x	x			x	x
4 bits bidireccional	74446	16	TP											x	
4 bits bidireccional	74758	14	OC		x										
4 bits bidireccional	741242	14	TS		x										
4 bits tridireccional	74441	20	OC											x	
4 bits tridireccional	74443	20	TS											x	
6 bits	74436	16	TP												x
6 bits	74366	16	TS	x	x					x	x			x	
6 bits	7416	14	OC	x										x	
6 bits	7406	14	OC	x										x	
6 bits	741004	14	TP		x	x									
6 bits	741005	14	OC		x										
6 bits con resist. de amortiguamiento	74437	16	TP												x
8 bits	74466	20	TS		x									x	
8 bits	74796	20	TS											x	
8 bits	74540	20	TS		x					x	x			x	

Descripción resumida	Typo	Pins	Output	N	ALS	AS	C	F	H	HC	HCT	HCU	L	LS	S
8 bits bidireccional	74620	20	TS		x	x				x				x	
8 bits bidireccional	74622	20	OC		x	x								x	
8 bits bidireccional	741620	20	TS		x										
8 bits bidireccional	741622	20	OC		x										
8 bits bidireccional	741640	20	TS		x										
8 bits bidireccional	741642	20	OC		x										
8 bits bidireccional	74638	20	SS		x	x		x						x	
8 bits bidireccional	74640	20	TS		x	x		x		x	x			x	
8 bits bidireccional	74642	20	OC		x	x								x	
8 bits bidireccional	74544	24	TS							x	x				
8 bits bidireccional	74551	28	TS							x	x				
8 bits bidireccional	74648	24	TS		x	x				x	x			x	
8 bits bidireccional	74649	24	OC		x									x	
8 bits bidireccional	74651	24	TS		x	x								x	
8 bits bidireccional	74653	24	OC		x									x	

12.3. Inversores y no inversores

Descripción resumida	Typo	Pins	Output	N	ALS	AS	C	F	H	HC	HCT	HCU	L	LS	S
2x4 bits	74230	20	TS			x									
2x4 bits	74762	20	OC			x									
2x4 bits	74798	20	TS											x	
4 bits tridireccional	74444	20	TS											x	
4 bits tridireccional	74448	20	OC											x	
8 bits bidireccional	74643	20	TS		x	x		x		x	x			x	
8 bits bidireccional	74644	20	OC		x	x								x	
8 bits bidireccional	741643	20	TS		x										
8 bits bidireccional	741644	20	OC		x										
Controlador del sistema para el 8080	74428	28	TP												x
Controlador del sistema para el 8080	74438	28	TP												x

Descripción resumida	Typo	Pins	Output	N	ALS	AS	C	F	H	HC	HCT	HCU	L	LS	S
13. FPLA															
FPLA 12 x 50 x 6	74330	20	TS												x
FPLA 12 x 50 x 6	74331	20	OC												x
14. COMPONENTES DE MICRO-COMPUTADORES															
14-bit controlador por 74888	74890	64	TP			x									
Sección de microcontrolador de 4 bits	74482	20	TS												x
Sección (slice) de procesador de 4 bits	74481	48	TS											x	x
Registro-latch multifunción de 8 bits	74412	24	TS												x
Slice-CPU de 8 bit	74888	64	TP			x									
Controlador de refresco para RAM 4/16 KB	74600	20	TP											x	
Controlador de refresco para RAM 4/16 KB	74602	20	TP											x	
Controlador de refresco para RAM 64 KB	74601	20	TP											x	
Controlador de refresco para RAM 64 KB	74603	20	TP											x	
Generador de reloj para el 8080	74424	16	TP											x	x
Controlador de ciclos para RAMs dinámica	74608	16	TP											x	

Descripción resumida	Typo	Pins	Output	N	ALS	AS	C	F	H	HC	HCT	HCU	L	LS	S
15. OTROS															
Registro de 8 bits para aprox. sucesiva	74502	16	TP	x										x	
Registro de 8 bits para aprox. sucesiva	74503	16	TP	x										x	
Registro de 12 bits para aprox. sucesiva	74504	24	TP	x										x	
Discriminador de sentido de giro de 16 bits ..	742000	28	TP											x	
6 sensores de corriente	7463	14	TP											x	
Filtro digital PLL	74297	16	TP							x	x			x	
EDAC 8 bits	74636	20	TP											x	
EDAC 8 bits	74637	20	OC											x	
EDAC 16 bits	74630	28	TS											x	
EDAC 16 bits	74631	28	OC											x	
EDAC 32 bits	74632	52	TP		x										
EDAC 32 bits	74633	52	OC		x										
EDAC 32 bits	74634	48	OC		x										
EDAC 32 bits	74635	48	OC		x										
Sincronizador de pulsos	74120	16	TP	x											
Mapper de memoria	74612	40	TS											x	
Mapper de memoria	74613	40	OC											x	
Mapper de memoria con salidas en latch	74610	40	TS											x	
Mapper de memoria con salidas en latch	74611	40	OC											x	
Elemento de retardo	7431	16	TP											x	

Erläuterungen
Explications
Explanations
Spiegazioni
Aclaraciones

Erläuterungen

I. Gemeinsame Grenzdaten

			74	74ALS	74AS	74C	74F	74H	74HC	74HCT	74HCU	74L	74LS	74S	
Speisespannung	U_S	min.	−0,5	−0,5	−0,5	−0,3	−0,5	−0,5	−0,5	−0,5	−0,5	−0,5	−0,5	−0,5	V
		max.	7	7	7	18	7	7	7	7	7	8	7	7	V
Empfohlen	U_S	min.	4,5	4,5	4,5	3	4,75	4,5	2	4,5	2	4,5	4,5	4,5	V
		max.	5,5	5,5	5,5	15	5,25	5,5	6	5,5	6	5,5	5,5	5,5	V
Eingangsspannung	U_E	min.	−0,5			−0,3	−0,5	−0,5	−0,5	−0,5	−0,5	−0,5	−0,3	−0,3	V
		max.	5,5	7	7	U_S+0,3	7	5,5	U_S+0,5	U_S+0,5	U_S+0,5	5,5	5,5	5,5	V
Eingangsstrom	I_E	min.	−12				−30	−8	−20	−20	−20	−0,2	−18	−18	mA
		max.	1	0,1	0,1		5	1	20	20	20	0,1	0,1	1	mA
Ausgangsspannung	U_Q	min.	0,5			−0,3		0,5	−0,5	−0,5	−0,5	0,5	0,5	0,5	V
		max.	U_S			U_S+0,3		U_S	U_S+0,5	U_S+0,5	U_S+0,5	U_S	U_S	U_S	V

II. Gemeinsame Kenndaten (bei U_S = 5V, T_U = 25°C)

		74	74ALS	74AS	74C	74F	74H	74HC	74HCT	74HCU	74L	74LS	74S	
L-Eingangsspannung	max.	0,7	0,8	0,8	1,5	0,8	0,8	1	0,8	1	0,8	0,8	0,8	V
H-Eingangsspannung	min.	2	2	2	3,5	2	2	3,5	2	4	2	2	2	V
L-Ausgangsspannung	max.	0,4	0,5	0,5	0,5	0,5	0,4	0,1[1]	0,26[2]	0,1[1]	0,4	0,4	0,5	V
H-Ausgangsspannung	min.	2,4	2,5	2,5	4,5	2,4	2,4	4,4[1]	3,98[2]	4,4[1]	2,4	2,7	2,7	V
L-Störspannungsabstand		0,3	0,3	0,3	1	0,3	0,4	0,9[1]	0,4[2]	0,9[1]	0,4	0,4	0,3	V
H-Störspannungsabstand		0,4	0,5	0,5	1	0,4	0,4	1,4[1]	1,7[2]	1,4[1]	0,4	0,7	0,7	V
L-Eingangsstrom (FI = 1)		−1,6	−0,1	−0,5	−5n	−0,6	−2	−1µ	−1µ	−1µ	−0,18	−0,36	−2	mA
H-Eingangsstrom (FI = 1)		40	20	20	5n	20	50	1	1	1	10	20	50	µA
L-Ausgangsstrom		16	8	48	1,75	20	20	20µ[1]	4[2]	20µ[1]	3,6	8	20	mA
H-Ausgangsstrom		−0,4	−0,4	−48	−1,75	−1	−0,5	−20µ[1]	−4[2]	−20µ[1]	−0,2	−0,4	−1	mA
Fan out bei L[3]		10	80	40	*	33	10	*[1]	10[2]	*[1]	20	20	10	
Fan out bei H[3]		10	20	100	*	50	10	*[1]	10[2]	*[1]	20	20	20	

[1]) Zusammenschaltung mit HC/HCU.
[2]) Zusammenschaltung mit LS.
[3]) Wenn in den Datentabellen nicht anders vermerkt: FI und FQ sind nur auf Schaltungen innerhalb einer Familie bezogen, z.B. LS-Ausgang auf LS-Eingang.
* Nur durch erforderliche Schaltgeschwindigkeit (t_R) und die Lastkapazität beschränkt: $t_R = 2,2 \cdot R_L \cdot C_L$

III. In den Tabellen angegebene Kenndaten (Testbedingungen siehe Faltblatt)

Output	TP = Gegentakt, OC = off. Kollektor, TS = Tri-State, X = Expander
Typ	Typenbezeichnung in den angegebenen Temperaturbereichen
Hersteller	Siehe Herstellerverzeichnis
Bild	Gehäuseausführung; siehe Sektion 3 und Faltblatt (cc = Chip Carrier).
I_S	Durchschnittliche Stromaufnahme des ICs bei je 50% Betrieb mit maximaler und minimaler Leistungsaufnahme.
I_R	Ruhestrom
t_{PD}	Schaltzeiten von den jeweils angegebenen Eingängen zu den (→) jeweiligen Ausgängen:
↓	bei Wechsel des Ausgangssignals von H auf L,
↑	bei Wechsel des Ausgangssignals von L auf H, bzw.
↕	das arithmetische Mittel beider Werte.

Alle Schaltzeiten gelten bei folgenden Bedingungen, wenn nicht anders angegeben:

		74	74ALS	74AS	74C	74F	74H	74HC	74HCT	74HCU	74L	74LS	74S	
Lastwiderstand	R_L	400	500	500			280	1k	1k	1k	4k	2k	280	Ω
Lastkapazität	C_L	15	50	50	50	15	25	50	50	50	50	50	15	pF

f_T	maximale Taktfrequenz, typischer oder Minimalwert.
f_Z	maximale Zählfrequenz, typischer oder Minimalwert.
f_E	maximale Eingangsfrequenz, typischer oder Minimalwert.

IV. Prinzipielle Ein- und Ausgangsbeschaltungen (nur TTL)

1. Eingänge

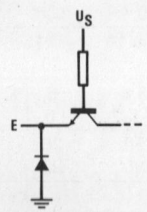

z. B. Inverter wie 7404

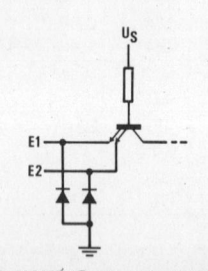

z. B. NAND-Gatter wie 7400

2.1. Gegentaktausgänge

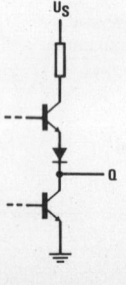

2.2. Ausgänge mit offenem Kollektor (nur TTL)

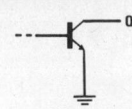

Erforderliche Pull-up-Widerstände:

N	\multicolumn{7}{c}{R max in Ω bei n =}	R min (Ω) bei n = 1...7
	1	2	3	4	5	6	7	
1	8965	4814	3291	2500	2015	1688	1452	319
2	7878	4482	3132	2407	1954	1645	1420	359
3	7027	4193	2988	2321	1897	1604	1390	410
4	6341	3939	2857	2241	1843	1566	1361	479
5	5777	3714	2736	2166	1793	1529	1333	575
6	5306	3513	2626	2096	1744	1494	1306	718
7	4905	3333	2524	2031	1699	1460	1280	958
8	4561	3170	2419	1969	1656			1437
9	4262	3023						2875
10	4000							4000

n = Anzahl der parallel geschalteten Ausgänge
N = Anzahl der angeschlossenen Eingänge

2.3. Tri-State-Ausgänge

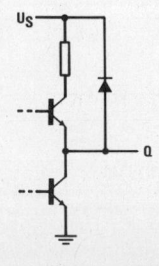

V. Erläuterungen zu den Funktionsgruppen

1. Gatter

NAND

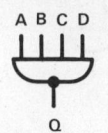

Logische Funktion (Bool'sche Gleichung): $Q = \overline{A \cdot B \cdot C^* \cdot D^*}$

Logiktabelle:

A	B	C	D	Q
H	H	H	H	L
L	X	X	X	H
X	L	X	X	H
X	X	L	X	H
X	X	X	L	H

NOR

Logische Funktion (Bool'sche Gleichung): $Q = \overline{A + B + C^* + D^*}$

Logiktabelle:

A	B	C	D	Q
L	L	L	L	H
H	X	X	X	L
X	H	X	X	L
X	X	H	X	L
X	X	X	H	L

* sofern vorhanden

AND

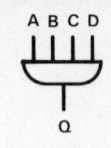

Logische Funktion (Bool'sche Gleichung): $Q = A \cdot B \cdot C^* \cdot D^*$

Logiktabelle:

A	B	C	D	Q
H	H	H	H	H
L	X	X	X	L
X	L	X	X	L
X	X	L	X	L
X	X	X	L	L

OR

Logische Funktion (Bool'sche Gleichung): $Q = A + B + C^* + D^*$

Logiktabelle:

A	B	C	D	Q
L	L	L	L	L
H	X	X	X	H
X	H	X	X	H
X	X	H	X	H
X	X	X	H	H

* sofern vorhanden

EX-OR

Logische Funktion (Bool'sche Gleichung):

$Q = (\overline{A} \cdot B) + (A \cdot \overline{B})$

Logiktabelle:

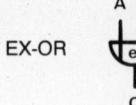

A	B	Q
L	L	L
L	H	H
H	L	H
H	H	L

EX-NOR

Logische Funktion (Bool'sche Gleichung):

$Q = (A \cdot B) + (\overline{A} \cdot \overline{B})$

Logiktabelle:

A	B	Q
L	L	H
L	H	L
H	L	L
H	H	H

INVERTER

Logische Funktion:
$Q = \overline{E}$

Logiktabelle:

E	Q
L	H
H	L

TREIBER

Logische Funktion:
$Q = E$

Logiktabelle:

E	Q
L	L
H	H

2. Flipflops

2.1. JK-Flipflops (flankengetriggert)

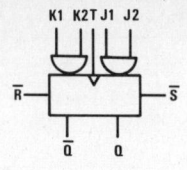

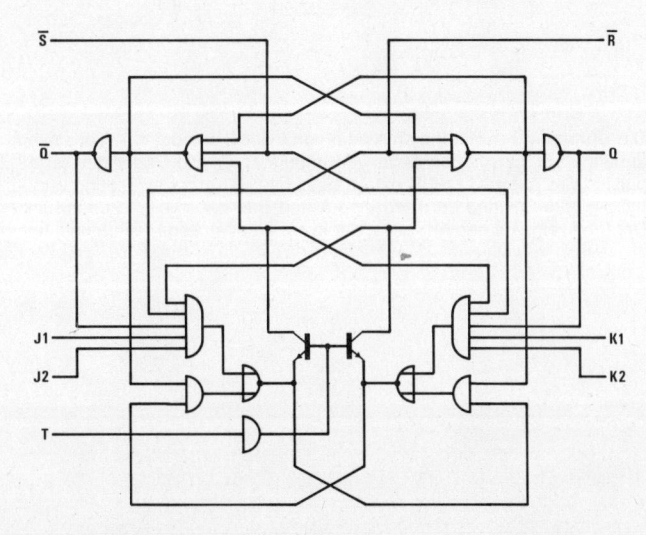

Die Eingangsinformation, die an J und K anliegt, wird bei Übergang des Taktsignals von L auf H (positiv flankengetriggert) oder von H auf L (negativ flankengetriggert) zum Ausgang übertragen. R und S arbeiten taktunabhängig. Logiktabellen siehe bei den einzelnen Typen in Section 2.

2.2. JK-Master-Slave-Flipflops (impulsgetriggert)

Durch Aufteilung in 2 Schaltstufen zeitunkritisches Verhalten bei Wechsel der JK-Eingangssignale während des Taktimpulses.
1. Stufe = Master, 2. Stufe = Slave

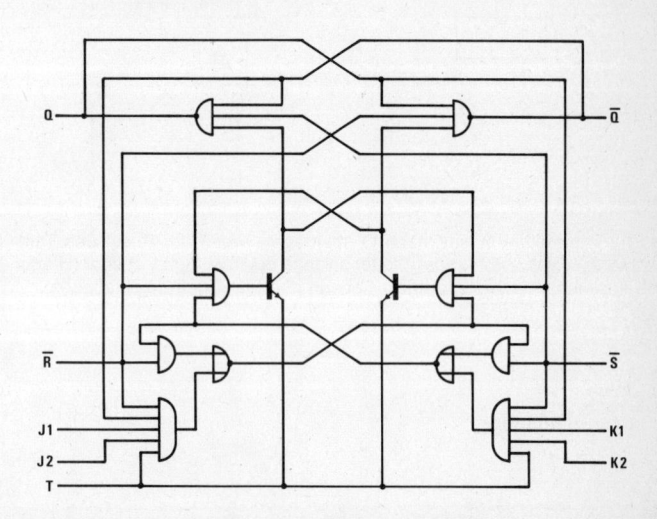

Taktimpuls:

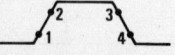

1 = Slave von Master trennen
2 = J- und K-Eingangssignale in Master eingeben
3 = J- und K-Eingänge sperren
4 = Information von Master nach Slave übertragen

R und S arbeiten auch hier taktunabhängig. Logiktabellen siehe Sec. 2.

2.3. D-Flipflops / D-Latches

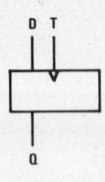

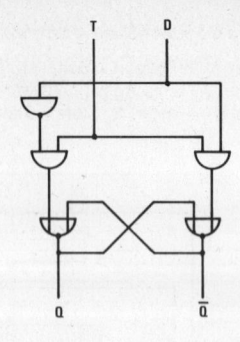

Die Information D wird nach Q übertragen, wenn der Pegel des Taktimpulses wechselt (↓ oder ↑) oder solange der Taktimpuls anliegt (H oder L). Welcher der Fälle zutrifft, siehe in den jeweiligen Logiktabellen.

2.4. RS-Flipflops

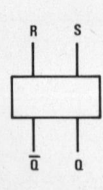

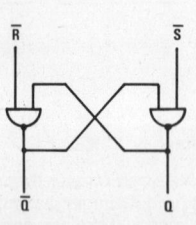

Bistabile Flipflops, die durch L-Impulse an R oder S gekippt werden.

2.5. Monoflops

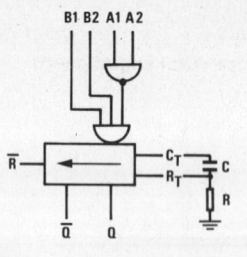

Der Übergang von H auf L an A oder von L auf H erzeugt einen positiven Impuls an Q, bzw. einen negativen Impuls an $\overline{Q}$. Die Dauer dieses Impulses wird durch C und R extern bestimmt. $\overline{R}$ setzt das Flipflop unabhängig vom Zustand der Eingänge A und B in die stabile Lage zurück. Der Pfeil zeigt auf den Ausgang, der in der stabilen Lage H-Potential hat.

VI. Abkürzungen in den Anschlußzeichnungen

A, B, C...	Eingänge bei Zählern, Schieberegistern, Decodern etc. A = niederwertigstes Bit (LSB)
a, b, c...	Ausgänge von 7-Segment-Dekodern
A0, A1...	Adress-Eingänge von Speichern
BA	Eingang für Betriebsartwahl
BER	Eingang für Bereichswahl bei Oszillatoren
BI	Eingang zur Ziffernausblendung
C	Kontrolleingang allgemein
C_E	Übertragseingang
C_{ext}	Anschluß für externen Kondensator
C_n, C_{n+1}	Übertragseingang/-ausgang, je nach Pfeil
C_Q	Übertragsausgang
CASC	Ein-/Ausgang für Kaskadierung
CLK	Clock, Takteingang
CLR	Clear, Löscheingang
CLKEN	Clock enable, Taktfreigabe
CS	Chip select, Schaltkreis-Freigabe
D	Dateneingang/-ausgang allgemein
DIR	Direction, Auswahl einer Richtung
D0, D1...	Dateneingänge, D0 = niederwertigstes Bit (LSB)
dp	Dezimalpunkt-Ausgang von 7-Segment-Dekodern
E	Eingang allgemein
EE	Erweiterungseingang
EN...	Enable..., Freigabe ...
even	Vorwahleingang für gerade Zahlen
F0, F1...	bi-direktionale Datenanschlüsse, F0 = niederwertigstes Bit (LSB)
FE	Freigabeeingang
FEp	Freigabeeingang parallel
FEs	Freigabeeingang seriell
FQ	Freigabeausgang
G...	Freigabeeingang
GAB	Datenfluß-Freigabe A nach B
GBA	Datenfluß-Freigabe B nach A
J, J1, J2...	J-Eingänge von Flipflops
JK	JK-Eingang von Flipflops
K, K1, K2...	K-Eingänge von Flipflops
LOAD	Freigabe paralleles Laden
LT	Lampentesteingang bei 7-Segment-Dekodern
M0, M1...	Multiplikator-Eingänge
MEM	Speicher
MODE	Eingang für Betriebsart
OE	Output enable, Ausgangs-Freigabe
odd	Vorwahleingang für ungerade Zahlen
$Osc.U_S$	Versorgungsspannung nur für Oszillator
OV	Overflow, Überlauf
Q	Ausgang allgemein
Q_{even}	Paritätsausgang gerade
Q_{odd}	Paritätsausgang ungerade
Q0, Q1...	Ziffernausgänge von Dezimaldekodern
QA, QB...	Datenausgänge, QA = niederwertigstes Bit (LSB)
R	Rückstelleingang allgemein
R0	Rückstelleingang auf 0
R9	Rückstelleingang auf 9
R_{ext}	Anschluß für externen Widerstand
R_{int}	Anschluß des internen Widerstands
RBI	Eingang zur Null-Ausblendung
RBQ	Übertragsausgang zur Null-Ausblendung
RC_{ext}	Anschluß für externen Widerstand und Kondensator
RD	Lese-Freigabeeingang
R/W	Read/write, Schreib-/Lesefreigabe
S	Stelleingang allgemein
S...	Select, meist Eingänge für Betriebsart
SE	Serieller Eingang bei Schieberegistern
SEl	Serieller Eingang für Linksschieben
SEr	Serieller Eingang für Rechtsschieben
SER IN	Serieller Dateneingang
SER OUT	Serieller Datenausgang
SEL	Selektionseingang
SIGN	Vorzeichenein-/-ausgang
SQ	Serieller Ausgang bei Schieberegistern
SQl	Serieller Ausgang für Linksschieben
SQr	Serieller Ausgang für Rechtsschieben
ST	Strobe Eingang, Sperreingang
S0, S1...	Eingänge für Vorwahl der Betriebsart
T	Takteingang

TL	Takteingang für Linksschieben		
TR	Takteingang für Rechtsschieben		
Ü	Übertragsausgang		
U/D	Up/down, Auswahl vorwärts/rückwärts		
U_S	Anschluß der Versorgungsspannung		
V/R	Betriebsart-Eingang vorwärts/rückwärts zählen		
W/R	Freigabeeingang schreiben/lesen		
$\overline{WR}$	Schreib-Freigabeeingang		
X, $\overline{X}$	Erweiterungseingänge expandierbarer Gatter und Erweiterungsausgänge von Expandern		
X1, X2...	Adresseingänge Matrix-Zeile		
Y1, Y2...	Adresseingänge Matrix-Spalte		
Σ	Summenausgang		

VII. Spezielle Abkürzungen in den Logiktabellen

A, B...	Logischer Zustand an A, B...
A·B	A AND B (nicht A mal B)
A+B	A OR B (nicht A plus B)
A→B	Datenfluß von A nach B
H	Logisch HIGH
L	Logisch LOW
Q1n, Q2n...	Logischer Zustand von Q1, Q2... vor dem Taktimpuls
shift →	Daten in den betreffenden Spalten werden nach rechts geschoben
shift ←	Daten werden nach links geschoben
t_n	Zeitpunkt vor dem Taktimpuls
$t_{n+...}$	Zeitpunkt nach ...Taktimpulsen
X	Logischer Zustand beliebig (LOW oder HIGH)
Z	Ausgang ist hochohmig (bei Tri-State-Ausgängen)
⌐	Übergang von LOW auf HIGH
⌐	Übergang von HIGH auf LOW
⊓	Positiver Impuls
⊔	Negativer Impuls
Σ	Summe
?	Zustand ist von anderen Faktoren abhängig

Explanations

I. Common absolute maximum ratings

			74	74ALS	74AS	74C	74F	74H	74HC	74HCT	74HCU	74L	74LS	74S	
Supply voltage	U_S	min.	−0,5	−0,5	−0,5	−0,3	−0,5	−0,5	−0,5	−0,5	−0,5	−0,5	−0,5	−0,5	V
		max.	7	7	7	18	7	7	7	7	7	8	7	7	V
Recommended	U_S	min.	4,5	4,5	4,5	3	4,75	4,5	2	4,5	2	4,5	4,5	4,5	V
		max.	5,5	5,5	5,5	15	5,25	5,5	6	5,5	6	5,5	5,5	5,5	V
Input voltage	U_E	min.	−0,5			−0,3	−0,5	−0,5	−0,5	−0,5	−0,5	−0,5	−0,3	−0,3	V
		max.	5,5	7	7	$U_S+0,3$	7	5,5	$U_S+0,5$	$U_S+0,5$	$U_S+0,5$	5,5	5,5	5,5	V
Input current	I_E	min.	−12				−30	−8	−20	−20	−20	−0,2	−18	−18	mA
		max.	1	0,1	0,1		5	1	20	20	20	0,1	0,1	1	mA
Output voltage	U_Q	min.	0,5			−0,3		0,5	−0,5	−0,5	−0,5	0,5	0,5	0,5	V
		max.	U_S			$U_S+0,3$		U_S	$U_S+0,5$	$U_S+0,5$	$U_S+0,5$	U_S	U_S	U_S	V

II. Common electrical characteristics (at $U_S = 5V$, $T_U = 25°C$)

		74	74ALS	74AS	74C	74F	74H	74HC	74HCT	74HCU	74L	74LS	74S	
L input voltage	max.	0,7	0,8	0,8	1,5	0,8	0,8	1	0,8	1	0,8	0,8	0,8	V
H input voltage	min.	2	2	2	3,5	2	2	3,5	2	4	2	2	2	V
L output voltage	max.	0,4	0,5	0,5	0,5	0,5	0,4	0,1[1]	0,26[2]	0,1[1]	0,4	0,4	0,5	V
H output voltage	min.	2,4	2,5	2,5	4,5	2,4	2,4	4,4[1]	3,98[2]	4,4[1]	2,4	2,7	2,7	V
L noise margin		0,3	0,3	0,3	1	0,3	0,4	0,9[1]	0,4[2]	0,9[1]	0,4	0,4	0,3	V
H noise margin		0,4	0,5	0,5	1	0,4	0,4	1,4[1]	1,7[2]	1,4[1]	0,4	0,7	0,7	V
L input current (Fl = 1)		−1,6	−0,1	−0,5	−5n	−0,6	−2	−1µ	−1µ	−1µ	−0,18	−0,36	−2	mA
H input current (Fl = 1)		40	20	20	5n	20	50	1	1	1	10	20	50	µA
L output current		16	8	48	1,75	20	20	20µ[1]	4[2]	20µ[1]	3,6	8	20	mA
H output current		−0,4	−0,4	−48	−1,75	−1	−0,5	−20µ[1]	−4[2]	−20µ[1]	−0,2	−0,4	−1	mA
Fan out on L[3]		10	80	40	*	33	10	*[1]	10[2]	*[1]	20	20	10	
Fan out on H[3]		10	20	100	*	50	10	*[1]	10[2]	*[1]	20	20	20	

[1]) Wired to HC/HCU.
[2]) Wired to LS.
[3]) Unless stated otherwise in the data tables. FI and FQ relate only to circuits within a family, e.g. LS output to LS input.
* Restricted only by desired transition time (t_R) and load capacity: $t_R = 2,2 \cdot R_L \cdot C_L$

III. Characteristics given in tables (Test conditions see last page)

Output	TP = totem pole, OC = open collector, TS = tri-state, X = expander
Type	Typ designations in noted temperature ranges
Manufacturer	See List of Manufacturers
Fig.	Case outline; see section 3 and last page (cc = chip carrier).
I_S	Average supply current on 50% duty cycle.
I_R	Quiescent current
t_{PD}	Propagation delay time from the stated inputs in each case to the (→) corresponding outputs:
↓	for a change of the output signal from H to L,
↑	for a change of output signal from L to H, or
↕	arithmetic mean of both values.

All delay times apply under the following conditions unless stated otherwise:

		74	74ALS	74AS	74C	74F	74H	74HC	74HCT	74HCU	74L	74LS	74S	
Load resistance	R_L	400	500	500			280	1k	1k	1k	4k	2k	280	Ω
Load capacity	C_L	15	50	50	50	15	25	50	50	50	50	50	15	pF

f_T max. clock frequency, typical or minimal value.
f_Z max. count frequency, typical or minimal value.
f_E max. input frequency, typical or minimal value.

IV. Input and output configurations (TTL only)

1. Inputs

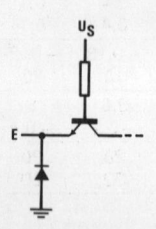

e.g. inverter same as 7404

e.g. NAND gate same as 7400

2.1. Totem-pole outputs

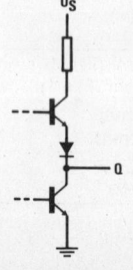

2.2. Open collector outputs (TTL only)

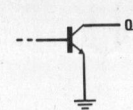

Necessary pull-up resistances:

N	R max (Ω) at n =						R min (Ω) at n = 1...7
	1	2	3	4	5	6	7	
1	8965	4814	3291	2500	2015	1688	1452	319
2	7878	4482	3132	2407	1954	1645	1420	359
3	7027	4193	2988	2321	1897	1604	1390	410
4	6341	3939	2857	2241	1843	1566	1361	479
5	5777	3714	2736	2166	1793	1529	1333	575
6	5306	3513	2626	2096	1744	1494	1306	718
7	4905	3333	2524	2031	1699	1460	1280	958
8	4561	3170	2419	1969	1656			1437
9	4262	3023		not permiss				2875
10	4000							4000

n = number of outputs in parallel
N = number of inputs connected

2.3. Tri-state outputs

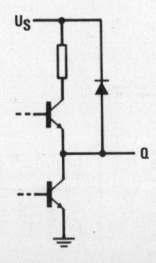

V. Explanations to the function groups

1. Gates

NAND

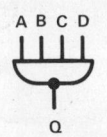

Logical function (Boolean equation): $Q = \overline{A \cdot B \cdot C^* \cdot D^*}$

Logic table:

A	B	C	D	Q
H	H	H	H	L
L	X	X	X	H
X	L	X	X	H
X	X	L	X	H
X	X	X	L	H

NOR

Logical function (Boolean equation): $Q = \overline{A + B + C^* + D^*}$

Logic table:

A	B	C	D	Q
L	L	L	L	H
H	X	X	X	L
X	H	X	X	L
X	X	H	X	L
X	X	X	H	L

* where provided

AND

Logical function (Boolean equation): $Q = A \cdot B \cdot C^* \cdot D^*$

Logic table:

A	B	C	D	Q
H	H	H	H	H
L	X	X	X	L
X	L	X	X	L
X	X	L	X	L
X	X	X	L	L

OR

Logical function (Boolean equation): $Q = A + B + C^* + D^*$

Logic table:

A	B	C	D	Q
L	L	L	L	L
H	X	X	X	H
X	H	X	X	H
X	X	H	X	H
X	X	X	H	H

* where provided

EX-OR

Logical function (Boolean equation):

$Q = (\overline{A} \cdot B) + (A \cdot \overline{B})$

Logic table:

A	B	Q
L	L	L
L	H	H
H	L	H
H	H	L

EX-NOR

Logical function (Boolean equation):

$Q = (A \cdot B) + (\overline{A} \cdot \overline{B})$

Logic table:

A	B	Q
L	L	H
L	H	L
H	L	L
H	H	H

INVERTER

Logical function: $Q = \overline{E}$

Logic table:

E	Q
L	H
H	L

DRIVER

Logical function: $Q = E$

Logic table:

E	Q
L	L
H	H

2. Flipflops

2.1. JK flipflops edge-triggered

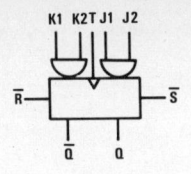

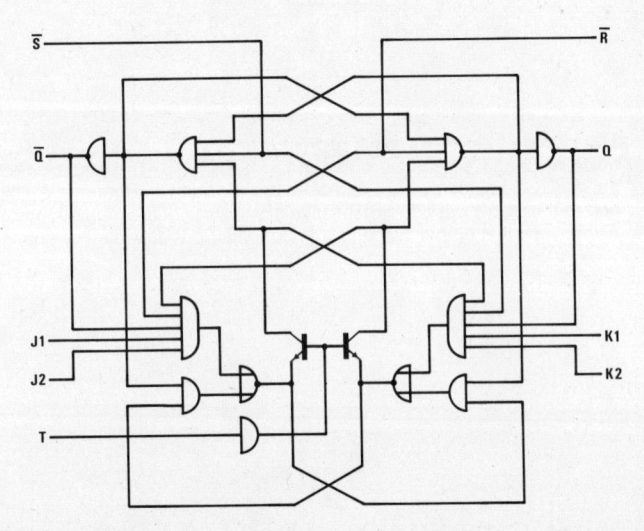

Input data applied to J and K is signalled to output when the clock signal goes from L to H (positive edge-triggered) or from H to L (negative edge-triggered). R and S operate independent of the clock. Logic tables see individual types in section 2.

2.2. JK master-slave flipflops (pulse-triggered)

Two-stage configuration makes for response uncritical with time on a change of the JK input signals during the clock pulse.
1st stage = master, 2nd stage = slave

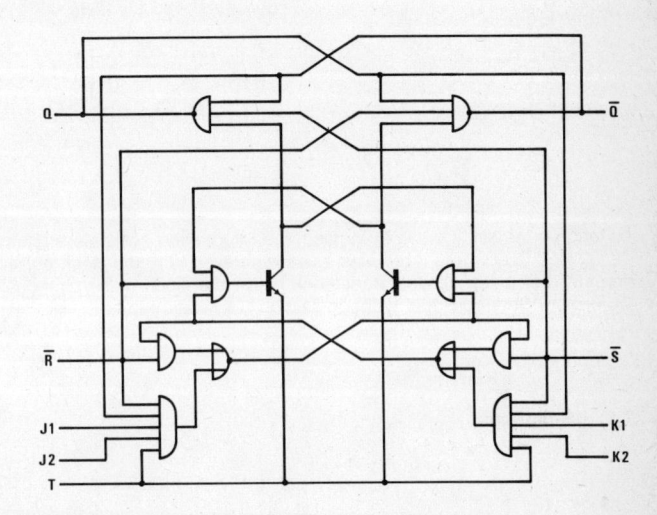

Clock pulse

1 = separate slave from master
2 = enter J and K input signals in master
3 = reverse J and K inputs
4 = transfer data from master to slave

R and S also operate in this arrangement independent of the clock. See section 2 for logic tables.

2.3. D-type flipflops / D-Latches

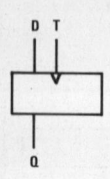

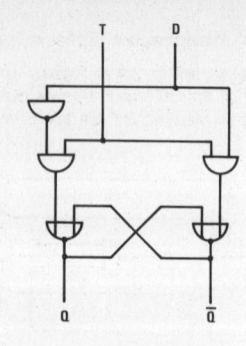

As long as the clock pulse in applied, the information available at D is transferred to Q where it remains it available even after the clock pulse drops (T = H or L). Or it is transferred when the clock pulse chances (T = ↓ or ↑). See individual types in section 2 for logic tables.

2.4. RS flipflops

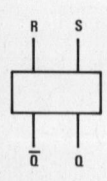

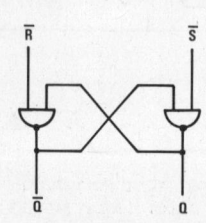

Bistable flipflops which are triggered by L pulses applied to R or S.

2.5. Monoflops

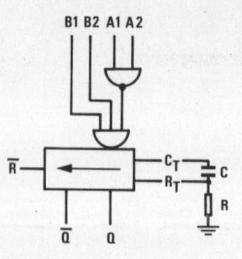

The change from H to L on A or from L to H on B produces a positive pulse at Q and a negative pulse at $\overline{Q}$ respectively. The length of this pulse is determined by the external values of C and R. $\overline{R}$ returns the flip-flop to the stable position irrespective of the state of the inputs A and B. Arrow indicates output carrying a H potential in the stable position.

VI. Abbreviations used in the connection drawings

A, B, C...	Inputs on counters, shift registers, decoders etc. A = least significant bit (LSB)
a, b, c...	Outputs of 7-segment decoders
A0, A1...	Memory address inputs
BA	Mode select input
BER	Range control input on oscillators
BI	Digit blanking input
C	Check input, general
C_E	Carry input
C_{ext}	Connection for external capacitor
C_n, C_{n+1}	Carry input/output, according to arrow
C_Q	Carry output
CASC	Cascade input/output
CLK	Clock
CLR	Clear
CLKEN	Clock enable
CS	Chip select
D	Data input/output, general
DIR	Direction
D0, D1...	Data inputs, D0 = least significant bit (LSB)
dp	Decimal point output of 7 segment decoders
E	Input, general
EE	Expansion input
EN	Enable
even	Even number preselect input
F0, F1...	Bi-directional data connections, F0 = least significant bit (LSB)
FE	Enable input
FEp	Enable input, parallel
FEs	enable input, serial
FQ	Enable output
G...	Enable...
GAB	Enable A to B data flow
GBA	Enable B to A data flow
J, J1, J2...	J inputs on flipflops
JK	JK inputs on flipflops
K, K1, K2...	K inputs on flipflops
LT	Lamp test input on 7-segment decoders
M0, M1...	Multiplier inputs
MEM	Memory
OE	Output enable
odd	Odd number preselect input
Osc.U_S	Supply voltage for oscillator only
OV	Overflow
Q	Output, general
Q_{even}	Parity output, even
Q_{odd}	Parity output, odd
Q0, Q1...	Data outputs on decimal decoders
QA, QB...	Data outputs, QA = least significant bit (LSB)
R	Reset input, general
R0	Input set to 0
R9	Input set to 9
R_{ext}	Connection for external resistance
R_{int}	Connection of internal resistance
RBI	Ripple blanking input
RBQ	Ripple blanking output
RC_{ext}	Connection for external resistance and capacitance
RD	Read enable input
R/W	Read/write
S	Set input, general
S...	Select...
SE	Serial input on shift registers
SEI	Serial input for shift left
SEr	Serial input for shift right
SER	Serial
SEL	Selection input
SQ	Serial output on shift registers
SQl	Serial output for shift left
SQr	Serial output for shift right
ST	Strobe input
S0, S1...	Mode select inputs
T	Clock input
TL	Clock input for shift left
TR	Clock input for shift right
Ü	Carry output
U/D	Up/down

U_S	Connection for supply voltage	
V/R	Mode input count up/count down	
W/R	Read/write enable input	
$\overline{WR}$	Write enable input	
X, $\overline{X}$	Inputs for expandable gates and expander outputs	
X1, X2...	Adress inputs matrix line	
Y1, Y2...	Adress inputs matrix column	
Σ	Sum output	

VII. Special abbreviations in the ligic tables

A, B...	Logic status at A, B...
A·B	A AND B (not A times B)
A+B	A OR B (not A plus B)
A→B	A to B data flow
H	Logic HIGH
L	Logic LOW
Q1n, Q2n...	Logic status of Q1, Q2... prior to clock pulse
shift →	Data in the corresponding column shifted right
shift ←	Data shifted left
t_n	Time before clock pulse
$t_{n+...}$	Time after ... clock pulses
X	Irrelevant logic level (L or H)
Z	Logic level is high impedance (Tri-State outputs only)
⌐	Transition from L to H level
⌐	Transition from H to L level
⊓	Positive pulse
⊔	Negative pulse
Σ	Sum
?	Logic level depends on other conditions

1-160

Explications

I. Données limites communes

			74	74ALS	74AS	74C	74F	74H	74HC	74HCT	74HCU	74L	74LS	74S	
Tension d'alimentation	U_S	min.	−0,5	−0,5	−0,5	−0,3	−0,5	−0,5	−0,5	−0,5	−0,5	−0,5	−0,5	−0,5	V
		max.	7	7	7	18	7	7	7	7	7	8	7	7	V
Tension recommandée	U_S	min.	4,5	4,5	4,5	3	4,75	4,5	2	4,5	2	4,5	4,5	4,5	V
		max.	5,5	5,5	5,5	15	5,25	5,5	6	5,5	6	5,5	5,5	5,5	V
Tension d'entrée	U_E	min.	−0,5			−0,3	−0,5	−0,5	−0,5	−0,5	−0,5	−0,5	−0,3	−0,3	V
		max.	5,5	7	7	U_S+0,3	7	5,5	U_S+0,5	U_S+0,5	U_S+0,5	5,5	5,5	5,5	V
Courant d'entrée	I_E	min.	−12					−30	−8	−20	−20	−20	−0,2	−18	−18	mA
		max.	1	0,1	0,1			5	1	20	20	20	0,1	0,1	1	mA
Tension de sortie	U_Q	min.	0,5			−0,3		0,5	−0,5	−0,5	−0,5	0,5	0,5	0,5	V
		max.	U_S			U_S+0,3		U_S	U_S+0,5	U_S+0,5	U_S+0,5	U_S	U_S	U_S	V

II. Caracteristiques communes (pour U_S=5V, T_U=25°C)

		74	74ALS	74AS	74C	74F	74H	74HC	74HCT	74HCU	74L	74LS	74S	
Tension d'entrée L	max.	0,7	0,8	0,8	1,5	0,8	0,8	1	0,8	1	0,8	0,8	0,8	V
Tension d'entrée H	min.	2	2	2	3,5	2	2	3,5	2	4	2	2	2	V
Tension de sortie L	max.	0,4	0,5	0,5	0,5	0,5	0,4	0,1[1]	0,26[2]	0,1[1]	0,4	0,4	0,5	V
Tension de sortie H	min.	2,4	2,5	2,5	4,5	2,4	2,4	4,4[1]	3,98[2]	4,4[1]	2,4	2,7	2,7	V
Rapport signal/bruit L		0,3	0,3	0,3	1	0,3	0,4	0,9[1]	0,4[2]	0,9[1]	0,4	0,4	0,3	V
Rapport signal/bruit H		0,4	0,5	0,5	1	0,4	0,4	1,4[1]	1,7[2]	1,4[1]	0,4	0,7	0,7	V
Courant d'entrée L (FI=1)		−1,6	−0,1	−0,5	−5n	−0,6	−2	−1µ	−1µ	−1µ	−0,18	−0,36	−2	mA
Courant d'entrée H (FI=1)		40	20	20	5n	20	50	1	1	1	10	20	50	µA
Courant de sortie L		16	8	48	1,75	20	20	20µ[1]	4[2]	20µ[1]	3,6	8	20	mA
Courant de sortie H		−0,4	−0,4	−48	−1,75	−1	−0,5	−20µ[1]	−4[2]	−20µ[1]	−0,2	−0,4	−1	mA
Fan out pour L[3]		10	80	40	*	33	10	*[1]	10[2]	*[1]	20	20	10	
Fan out pour H[3]		10	20	100	*	50	10	*[1]	10[2]	*[1]	20	20	20	

[1]) Interconnexion avec HC/HCU.
[2]) Interconnexion avec LS.
[3]) Sauf indications contraires dans les tableaux de données. FI et FQ ne se réfèrent que sur les circuits à l'intérieur d'un même groupe, par ex. sortie LS sur entrée LS.
* Limité uniquement par la vitesse de commutation nécessaire (t_R) et la capacité de charge: $t_R = 2,2 \cdot R_L \cdot C_L$

III. Caracteristiques données dans les tableaux (pour les conditions de test, se référer au dépliant)

Sortie TP = Push-pull, OC = Collecteur ouvert, TS = Tri-State, X = Expander
Type Désignation du type dans les gammes de température indiquées
Fournisseur Voir inventaire des fournisseurs
Figure Ecécution boîtier; voir section 3 et dépliant (cc = chip carrier).
I_S Courant moyen absorbé par les CI pour un service de 50% avec puissance absorbée maximale et minimale.
I_R Courant de repos.
t_{PD} Temps de commande des entrées indiquées vers les (→) sorties corresp.:
↓ lors du passage du signal sortie de H à L,
↑ lors du passage du signal sortie de L à H, ou
↕ la moyenne arithmétique des deux valeurs.

Tous les temps de commande sont valables sous les conditions suivantes, sauf indications contraires:

		74	74ALS	74AS	74C	74F	74H	74HC	74HCT	74HCU	74L	74LS	74S	
Résistance de charge	R_L	400	500	500			280	1k	1k	1k	4k	2k	280	Ω
Capacité de charge	C_L	15	50	50	50	15	25	50	50	50	50	50	15	pF

f_T Fréquence maximale de cadence, valeur typique ou valeur minimale.
f_Z Fréquence maximale de comptage, valeur typique ou valeur minimale.
f_E Frequence maximale d'entrée, valeur typique ou valeur minimale.

IV. Montages d'entrée et de sortie schématiques (uniquement TTL)

1. Entrées

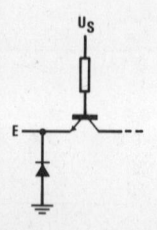

p. ex. inverseur comme 7404

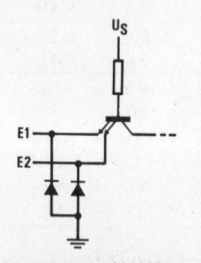

p. ex. porte NAND comme 7400

2.1. Sorties en push-pull

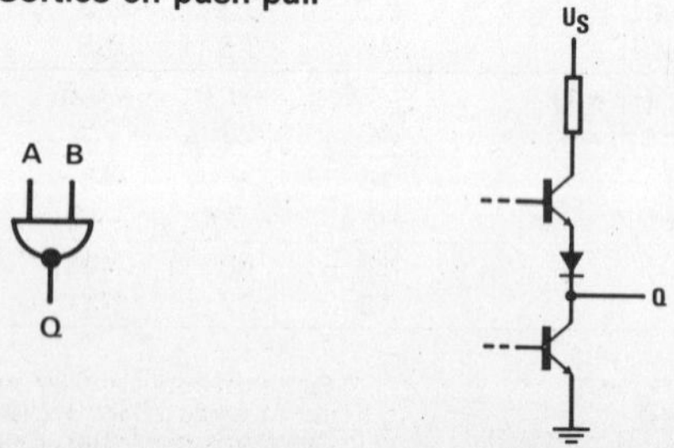

2.2. Sorties avec collecteur ouvert (uniquement TTL)

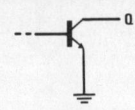

Résistances pull-up nécessaires:

N	\multicolumn{6}{c	}{R max en ohms pour n =}	R min (Ω) pour n = 1...7
	1	2	3	4	5	6	7	
1	8965	4814	3291	2500	2015	1688	1452	319
2	7878	4482	3132	2407	1954	1645	1420	359
3	7027	4193	2988	2321	1897	1604	1390	410
4	6341	3939	2857	2241	1843	1566	1361	479
5	5777	3714	2736	2166	1793	1529	1333	575
6	5306	3513	2626	2096	1744	1494	1306	718
7	4905	3333	2524	2031	1699	1460	1280	958
8	4561	3170	2419	1969	1656			1437
9	4262	3023	\multicolumn{5}{c	}{non admissible}	2875
10	4000							4000

n = nombre des sorties branchées en parallèle
N = nombre des entrées branchées

2.3. Sorties a trois états (tri-state)

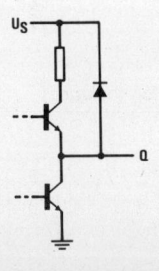

V. Explications pour les groupes fonctionnels

1. Porte

NAND

Fonction logique (équation de Bool): $Q = \overline{A \cdot B \cdot C^* \cdot D^*}$

Tableau logique:

A	B	C	D	Q
H	H	H	H	L
L	X	X	X	H
X	L	X	X	H
X	X	L	X	H
X	X	X	L	H

NOR

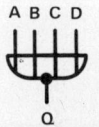

Fonction logique (équation de Bool): $Q = \overline{A + B + C^* + D^*}$

Tableau logique:

A	B	C	D	Q
L	L	L	L	H
H	X	X	X	L
X	H	X	X	L
X	X	H	X	L
X	X	X	H	L

* s'il existe

AND

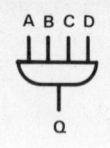

Fonction logique (équation de Bool): $Q = A \cdot B \cdot C^* \cdot D^*$

Tableau logique:

A	B	C	D	Q
H	H	H	H	H
L	X	X	X	L
X	L	X	X	L
X	X	L	X	L
X	X	X	L	L

OR

Fonction logique (équation de Bool): $Q = A + B + C^* + D^*$

Tableau logique:

A	B	C	D	Q
L	L	L	L	L
H	X	X	X	H
X	H	X	X	H
X	X	H	X	H
X	X	X	H	H

* s'il existe

EX-OR

Fonction logique (équation de Bool):

$Q = (\overline{A} \cdot B) + (A \cdot \overline{B})$

Tableau logique:

A	B	Q
L	L	L
L	H	H
H	L	H
H	H	L

EX-NOR

Fonction logique (équation de Bool):

$Q = (A \cdot B) + (\overline{A} \cdot \overline{B})$

Tableau logique:

A	B	Q
L	L	H
L	H	L
H	L	L
H	H	H

INVERSEUR

Fonction logique: $Q = \overline{E}$

Tableau logique:

E	Q
L	H
H	L

ETAGE DRIVER

Fonction logique: $Q = E$

Tableau logique:

E	Q
L	L
H	H

2. Bascules Flipflop

2.1. Bascules JK (déclenchées par flancs)

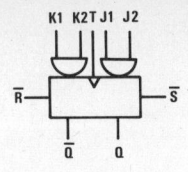

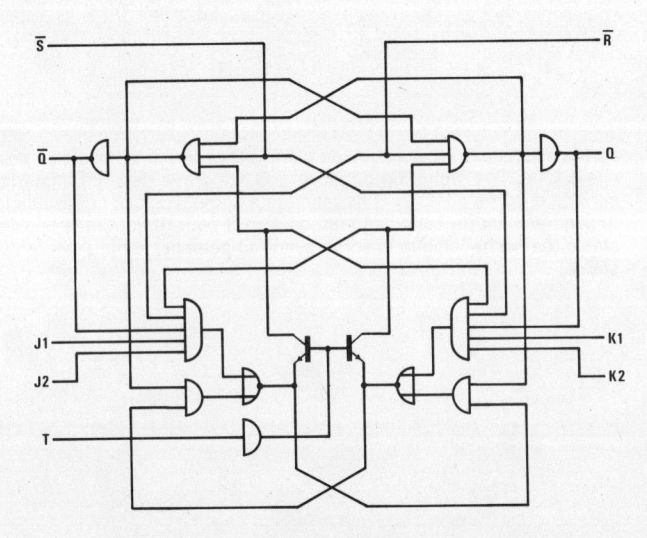

L'information d'entrée appliquée à J et K sera transmise vers la sortie et ce lors de la transition du signal de cadence de L à H (déclenchée de manière positive par flancs) ou de H à L (déclenchée de manière négative par flancs). R et S fonctionnent indépendamment de la cadence. En ce qui concerne les tableaux logiques, voir les différents types en sec. 2.

2.2. Bascules JK master-slave (déclenchées par impulsions)

Par division en deux étages de commande, comportement temporel non critique lors du changement des signaux d'entrée JK au cours de impulsion de cadence.
1ier étage = master (maître), 2ième étage = slave (esclave)

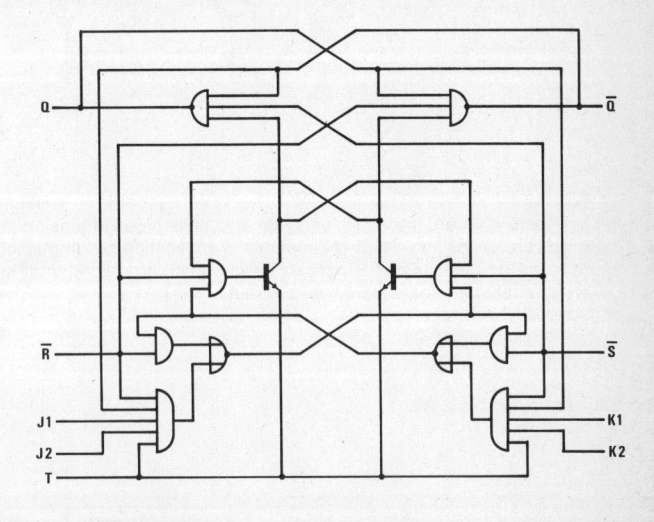

Impulsion de cadence:

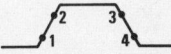

1 = slave à séparer de master
2 = introduire dans «master» les signaux d'entrées J et K
3 = bloquer les entrées J et K
4 = transmettre l'information de «master» à «slave»

Dans ce cas également, R et S fonctionnent indépendamment de la cadence. Pour les tableaux logiques, voir section 2.

2.3. Bascules latch type D

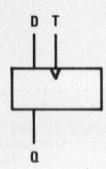

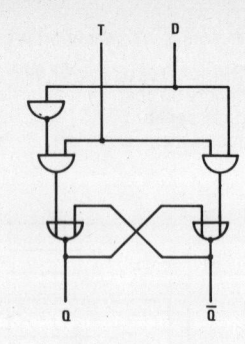

L'information «D» sera transmise vers «Q» si le niveau de l'impulsion de cadence varie (↓ ou ↑) ou pendant l'intervalle d'application de l'impulsion de cadence (H ou L). Pour l'applicabilité des cas correspondants, se référer aux tableaux logiques correspondants.

2.4. Bascules type RS

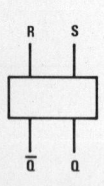

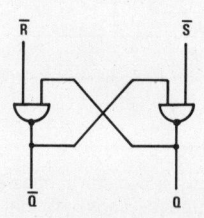

Bascules bistables déclenchées par les impulsions L sur R ou S.

2.5. Bascules monostables

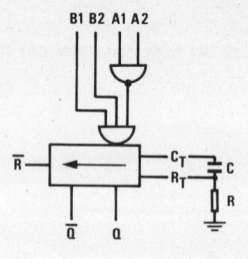

La transition de H à L sur A ou de L à H sur B génère une impulsion positive à Q ou une impulsion négative à $\overline{Q}$. La durée de cette impulsion sera déterminée par C et R de manière externe. $\overline{R}$ place la bascule indépendamment de l'état des entrées A et B pour reprendre la position stable. La flèche indique la sortie ayant du potentiel H dans la position stable.

VI. Abreviations utilisées pour les schemas de raccordement

A, B, C...	Entrées pour compteurs, registres de décalage, décodeurs, etc. A = bit de valence la plus faible (LSB)	JK	Entrée JK des bascules
		K, K1, K2...	Entrées K des bascules
		LOAD	Validation chargement parallèle
		LT	Entrée test de lampes pour décodeurs à 7 segments
a, b, c...	Sorties des décodeurs à 7 segments	M0, M1...	Entrées multiplicateur
A0, A1...	Entrées d'adressage venant des memoires	MEM	Mémorie
BA	Entrée pour sélection de mode	MODE	Entrée pour mode d'exploitation
BER	Entrée pour sélection de gamme pour oscillateurs	OE	Validation sortie
BI	Entrée pour suppression des chiffres	odd	Entrée de présélection pour chiffres impairs
C	Entrée de contrôle, générale	Osc.U_S	Tension d'alimentation, uniquement pour oscillateur
C_E	Entrée de report	OV	Overflow, Dépassement
C_{ext}	Raccordement pour condensateur externe	Q	Sortie, générale
C_n, C_{n+1}	Entrée/sortie de report, selon flèche	Q_{even}	Sortie de parité, paire
C_Q	Sortie de report	Q_{odd}	Sortie de parité, impaire
CASC	Entrée/sortie pour cascade	Q0, Q1...	Sortie chiffres venant des décodeurs décimaux
CLK	Horloge	QA, QB...	Sorties de données, QA = bit de valence la plus faible (LSB)
CLR	Remise à zéro		
CLK EN	Validation horloge	R	Entrée de remise, générale
CS	Sélection de circuit	R0	Entrée de remise, à 0
D	Entrée/sortie de données, générale	R9	Entrée de remise, à 9
DIR	Direction, choix d'une direction	R_{ext}	Raccordement pour résistance externe
D0, D1...	Entrée de données, D0 = bit de valence la plus faible (LSB)	R_{int}	Raccordement de la résistance interne
		RBI	Entrée vers suppression zéro
dp	Sortie point décimal des décodeurs à 7 segments	RBQ	Sortie de transfert vers suppression zéro
		RC_{ext}	Raccordement pour résistance externe et condensateur
E	Entrée, générale	RD	Entrée libération de lecture
EE	Entrée d'élargissement	R/W	Lecture/écriture
EN...	Validation...	S	Entrée de réglage, générale
even	Entrée de présélection pour chiffres pairs	S...	Sélection d'entrées pour la plupart pour le mode d'exploitation
F0, F1...	Raccordements bidirectionnels de données, F0 = bit de valence la plus faible (LSB)		
		SE	Entrée de série pour registres de transfert
FE	Entrée de libération	SEl	Entrée de série pour registres de transfert à gauche
FEp	Entrée de libération, parallèle	SEr	Entrée de série pour transfert à droite
FEs	Entrée de libération, de série	SER IN	Entrée données sérielle
FQ	Sortie de libération	SER OUT	Sortie données sérielle
G...	Entrée validation	SEL	Entrée de sélection
GAB	Validation flux de données A vers B	SIGN	Entrée/sortie signe
GBA	Validation flux de données B vers A	SQ	Sortie de série pour registres de transfert
J, J1, J2...	Entrées J des bascules	SQl	Sortie de série pour transfert à gauche

1-167

SQr	Sortie de série pour transfert à droite		**VII. Abreviations particulieres dans les tableaux logiques**
ST	Entrée strobe, entrée de blocage		
S0, S1...	Entrées pour présélection du mode	A, B...	État logique à A, B...
T	Entrée de cadence	$A \cdot B$	A AND B (et non A multiplié par B)
TL	Entrée de cadence pour transfert à gauche	$A + B$	A OR B (ei non A plus B)
TR	Entrée de cadence pour transfert à droite	$A \rightarrow B$	Flux de données de A vers B
Ü	Sortie de report	H	Logique HIGH
U/D	Sélection progressive/régressive	L	Logique LOW
U_S	Raccordement de la tension d'alimentation	Q1n, Q2n...	État logique de Q1, Q2... avant l'impulsion de cadence
V/R	Entrée mode de service, comptage en avant/arrière	shift $\rightarrow$	Les données dans les colonnes correspondantes seront déplacées vers la droite
W/R	Entrée de libération enregistrement/lecture		
$\overline{WR}$	Entrée de libération enregistrement	shift $\leftarrow$	État logique quelconque (LOW ou HIGH)
X, $\overline{X}$	Entrées d'élargissement des portes expandables et sorties d'élargissement des expandeurs	t_n	Temps avant l'impulsion horloge
		$t_{n+...}$	Temps après ... impulsions horloge
X1, X2...	Entrées d'adressage, ligne de matrice	X	État logique quelconque (LOW ou HIGH)
Y1, Y2...	Entrées d'adressage, colonne de matrice	Z	Sortie se trouve à haute valeur ohmique (pour les sorties Tri-State)
Σ	Sortie somme		
		⌐	Transvert de LOW à HIGH
		⌐	Transvert de HIGH à LOW
		⊓	Impulsion positive
		⊔	Impulsion négative
		Σ	Somme
		?	L'état dépend d'autres facteurs

Spiegazioni

I. Dati limite comuni

			74	74ALS	74AS	74C	74F	74H	74HC	74HCT	74HCU	74L	74LS	74S	
Tensione d'aliment.	U_S	min.	−0,5	−0,5	−0,5	−0,3	−0,5	−0,5	−0,5	−0,5	−0,5	−0,5	−0,5	−0,5	V
		max.	7	7	7	18	7	7	7	7	7	8	7	7	V
Consigliato	U_S	min.	4,5	4,5	4,5	3	4,75	4,5	2	4,5	2	4,5	4,5	4,5	V
		max.	5,5	5,5	5,5	15	5,25	5,5	6	5,5	6	5,5	5,5	5,5	V
Tensione d'entrata	U_E	min.	−0,5			−0,3	−0,5	−0,5	−0,5	−0,5	−0,5	−0,5	−0,3	−0,3	V
		max.	5,5	7	7	$U_S+0,3$	7	5,5	$U_S+0,5$	$U_S+0,5$	$U_S+0,5$	5,5	5,5	5,5	V
Corrente d'entrata	I_E	min.	−12				−30	−8	−20	−20	−20	−0,2	−18	−18	mA
		max.	1	0,1	0,1		5	1	20	20	20	0,1	0,1	1	mA
Tensione d'uscita	U_Q	min.	0,5			−0,3	0,5	0,5	−0,5	−0,5	−0,5	0,5	0,5	0,5	V
		max.	U_S			$U_S+0,3$	U_S	U_S	$U_S+0,5$	$U_S+0,5$	$U_S+0,5$	U_S	U_S	U_S	V

II. Data caratteristici comuni (per $U_S=5V$, $T_U=25°C$)

		74	74ALS	74AS	74C	74F	74H	74HC	74HCT	74HCU	74L	74LS	74S	
Tensione entrata-L	max.	0,7	0,8	0,8	1,5	0,8	0,8	1	0,8	1	0,8	0,8	0,8	V
Tensione entrata-H	min.	2	2	2	3,5	2	2	3,5	2	4	2	2	2	V
Tensione d'uscita-L	max.	0,4	0,5	0,5	0,5	0,5	0,4	0,1[1]	0,26[2]	0,1[1]	0,4	0,4	0,5	V
Tensione d'uscita-H	min.	2,4	2,5	2,5	4,5	2,4	2,4	4,4[1]	3,98[2]	4,4[1]	2,4	2,7	2,7	V
Distanza tensione di disturbo L		0,3	0,3	0,3	1	0,3	0,4	0,9[1]	0,4[2]	0,9[1]	0,4	0,4	0,3	V
Distanza tensione di disturbo H		0,4	0,5	0,5	1	0,4	0,4	1,4[1]	1,7[2]	1,4[1]	0,4	0,7	0,7	V
Corrente entrata-L (FI = 1)		−1,6	−0,1	−0,5	−5n	−0,6	−2	−1μ	−1μ	−1μ	−0,18	−0,36	−2	mA
Corrente entrata-H (FI = 1)		40	20	20	5n	20	50	1	1	1	10	20	50	μA
Corrente uscita-L		16	8	48	1,75	20	20	20μ[1]	4[2]	20μ[1]	3,6	8	20	mA
Corrente uscita-H		−0,4	−0,4	−48	−1,75	−1	−0,5	−20μ[1]	−4[2]	−20μ[1]	−0,2	−0,4	−1	mA
Fan-out con L[3]		10	80	40	*	33	10	*[1]	10[2]	*[1]	20	20	10	
Fan-out con H[3]		10	20	100	*	50	10	*[1]	10[2]	*[1]	20	20	20	

[1]) Accoppiamento con HC/HCU.
[2]) Accoppiamento con LS.
[3]) Salvo segnalazione diversa nelle tabelle dei dati. FI e FQ si riferiscono soltanto a collegamenti all'interno di una medesima famiglia, per es. uscita-LS su entrata-LS.
* Limitato solo dalla necessaria velocità dei contatti (t_R) e dalla capacità di carico: $t_R = 2,2 \cdot R_L \cdot C_L$

III. Dati caratteristici riportati nelle tabelle (per le condizioni del test vedasi foglio piegato)

all'uscia	TP = Controfase, OC = Collettore aperto, TS = Tri-State, X = Expander
Tipo	Denominazione di tipo nelle gamme di temperatura indicate
Costruttore	Vedere elenco dei construttori
Fig.	Tipo di scatola; vedasi sezione 3 e foglio piegato (cc = chip carrier).
I_S	Potenza assorbita media dell'ICs a 50% di funzionamento con potenza assorbita massima e minima.
I_R	Corrente di riposo
t_{PD}	Tempi di commutazione dalle entrate indicate di volta in volta alle rispettive (→) uscite:
↓	al cambiare del segnale d'uscita da H a L,
↑	al cambiare del segnale d'uscita da L a H,
↕	risp. la media aritmetica dei due valori.

Tutti tempi di commutazione sono validi alle seguenti condizioni, salvo diversa indicazione:

		74	74ALS	74AS	74C	74F	74H	74HC	74HCT	74HCU	74L	74LS	74S	
Resistenza di car.	R_L	400	500	500			280	1k	1k	1k	4k	2k	280	Ω
Capacità di carico	C_L	15	50	50	50	15	25	50	50	50	50	50	15	pF

f_T	Frequenza impulsi max, valore tipico o minimo.
f_Z	Frequenza di conteggio max, valore tipico o minimo.
f_E	Frequenza d'entrata max, valore tipico o minimo.

IV. Cablaggi di principio di entrata/uscita (solo TTL)

1. Entrate

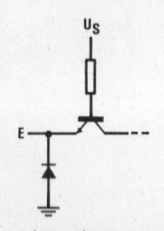

per. es. invertitore come 7404

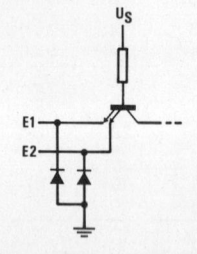

per. es. NAND-porta come 7400

2.1. Uscite di controfase

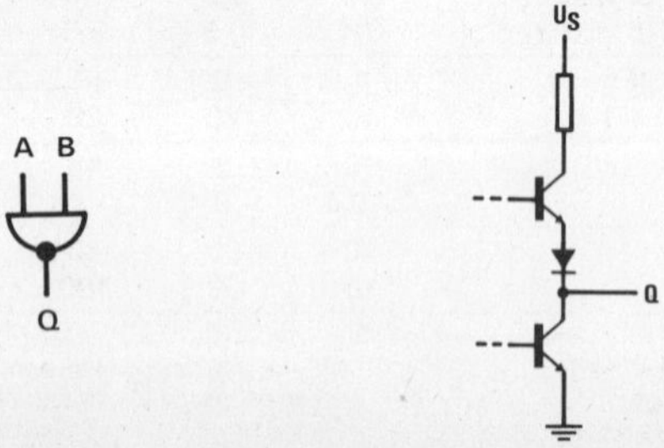

2.2. Uscite di collettore aperto (solo TTL)

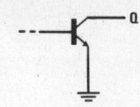

Resistenze richieste di pull-up:

N	R max in Ω con n =						R min (Ω) con n = 1...7
	1	2	3	4	5	6	7	
1	8965	4814	3291	2500	2015	1688	1452	319
2	7878	4482	3132	2407	1954	1645	1420	359
3	7027	4193	2988	2321	1897	1604	1390	410
4	6341	3939	2857	2241	1843	1566	1361	479
5	5777	3714	2736	2166	1793	1529	1333	575
6	5306	3513	2626	2096	1744	1494	1306	718
7	4905	3333	2524	2031	1699	1460	1280	958
8	4561	3170	2419	1969	1656			1437
9	4262	3023						2875
10	4000							4000

n = numero d'uscite messe in parallelo
N = numero delle entrate collegate

2.3. Uscite a tre stati

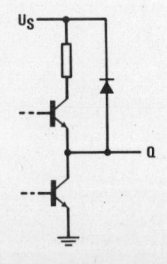

V. Esemplificazioni dei gruppi di funzionamento

1. Porte

NAND

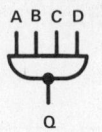

Funzione logica (equazione di Bool): $Q = \overline{A \cdot B \cdot C^* \cdot D^*}$

Tabella logica:

A	B	C	D	Q
H	H	H	H	L
L	X	X	X	H
X	L	X	X	H
X	X	L	X	H
X	X	X	L	H

NOR

Funzione logica (equazione di Bool): $Q = \overline{A + B + C^* + D^*}$

Tabella logica:

A	B	C	D	Q
L	L	L	L	H
H	X	X	X	L
X	H	X	X	L
X	X	H	X	L
X	X	X	H	L

* in quanto esistenti

AND

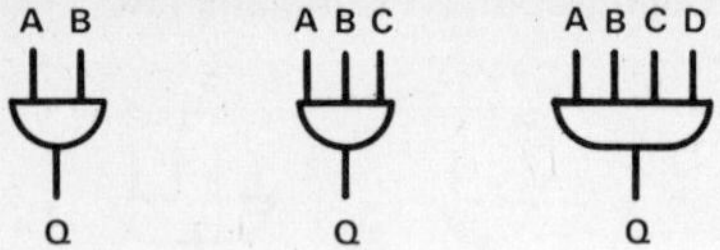

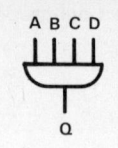

Funzione logica (equazione di Bool): $Q = A \cdot B \cdot C^* \cdot D^*$

Tabella logica:

A	B	C	D	Q
H	H	H	H	H
L	X	X	X	L
X	L	X	X	L
X	X	L	X	L
X	X	X	L	L

OR

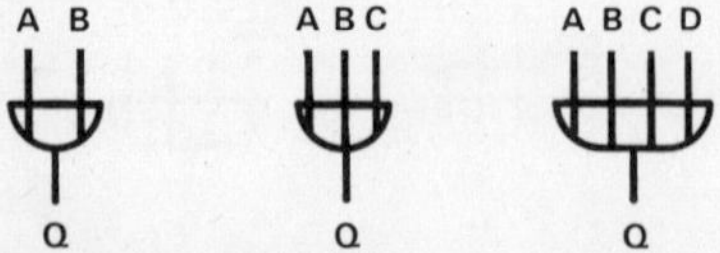

Funzione logica (equazione di Bool): $Q = A + B + C^* + D^*$

Tabella logica:

A	B	C	D	Q
L	L	L	L	L
H	X	X	X	H
X	H	X	X	H
X	X	H	X	H
X	X	X	H	H

* in quanto esistenti

EX-OR

Funzione logica (equazione di Bool):

$Q = (\overline{A} \cdot B) + (A \cdot \overline{B})$

Tabella logica:

A	B	Q
L	L	L
L	H	H
H	L	H
H	H	L

EX-NOR

Funzione logica (equazione di Bool):

$Q = (A \cdot B) + (\overline{A} \cdot \overline{B})$

Tabella logica:

A	B	Q
L	L	H
L	H	L
H	L	L
H	H	H

INVERTITORE

Funzione logica: $Q = \overline{E}$

Tabella logica:

E	Q
L	H
H	L

ECCITATORE

Funzione logica: $Q = E$

Tabella logica:

E	Q
L	L
H	H

2. Flipflops

2.1. JK-Flipflops (scattato dal fianco)

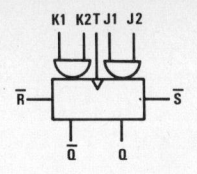

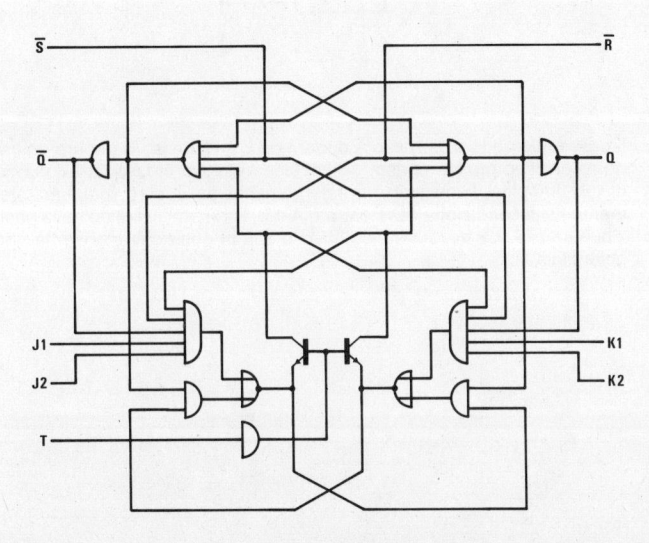

L'informazione presente a J e K viene trasmessa all'uscita quando avviene il passaggio del segnale di cadenza da L a H (scattato dal fianco positivo) oppure da H a L (scattato dal fianco negativo). R e S lavorano indipendentemente dal segnale di cadenza. Ved. tabelle logiche con i singoli tipi a Sezione 2.

2.2. JK-Master-Slave Flipflop (scattato d'impulso)

Mediante divisione in 2 fasi di collegamento, comportamento acritico dal punto di vista del tempo al cambiare dei segnali d'entrata JK durante l'impulso di cadenza.
1. Fase = Master, 2. Fase = Slave

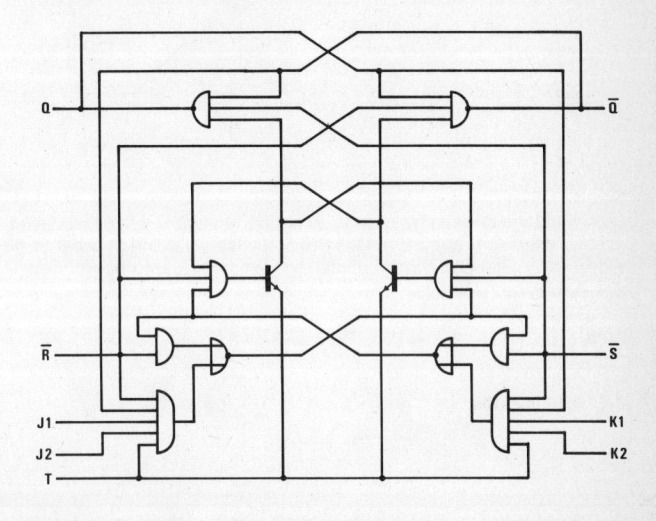

Impulso di cadenza:

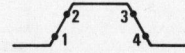

1 = Staccare Slave da Master
2 = Inserire nel Master segnali d'entrata J e K
3 = Bloccare entrate J e K
4 = Trasmettere informazione da Master a Slave

R e S lavorano anche qui indipendentemente dall'impulso di cadenza. Vedi tabelle logiche a Sez. 2.

2.3. Flipflops tipo D / D-latches

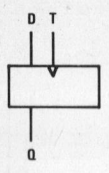

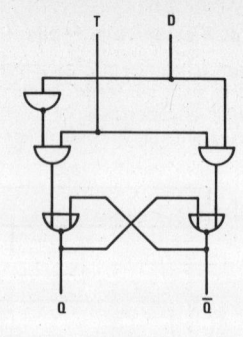

L'informazione D viene trasmessa a Q quando cambia il livello della cadenza d'impulso (↓ oppure ↑) o mentre è applicato il pulso di cadenza (livello H o L). Ove può essere d'interesse, vedere quanto riportato nelle tabelle logiche rispettive.

2.4. RS-Flipflops

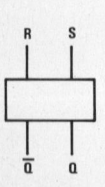

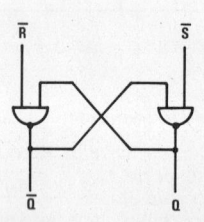

Flipflops bistabili che mediante impulsi di L vengono applicati a R o S.

2.5. Monoflops

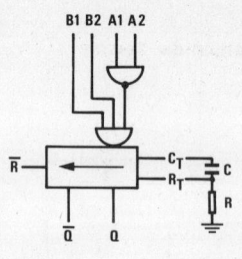

Il passaggio da H a L presso A oppure da L a H presso B genera un impulso positivo presso Q risp. un impulso negativo presso $\overline{Q}$. La durata di tale impulso viene stabilita esternamente da C e R. Indipendentemente dalla condizione delle entrate A e B, $\overline{R}$ rimette il flipflop nella posizione stabile. La freccia indica l'uscita che in posizione stabile ha una potenziale H.

VI. Abbreviazoni nei disegni di collegamento

A, B, C...	Entrate per contatori, registri scorrevoli, decodificatori, ecc.
	A = Bit a valore minimo (LSB)
a, b, c...	Uscite di decodificatori a 7 segmenti
A0, A1...	Entrate indirizzi di memorie
BA	Entrata per selezione tipo funzionamento
BER	Entrata per selezione gamma in oscillatori
BI	Entrata all'estrazione numerica
C	Entrata di controllo generale
C_E	Entrata di riporto
C_{ext}	Collegamento per condensatore esterno
C_n, C_{n+1}	Entrata/uscita di riporto, a seconda di freccia
C_Q	Uscita di riporto
CASC	Entrata/uscita per cascatura
CLK	Clock, entrata impulsi
CLR	Clear, entrata cancellazione
CLKEN	Clock enable, scatto impulsi
CS	Chip select, scatto circuito logico
D	Entrata/uscita dati generale
DIR	Direction, scelta di una direzione
D0, D1...	Entrate dati, D0 = Bit a valore minimo (LSB)
dp	Uscita punto decimale di decodificatori a 7 segmenti
E	Entrata generale
EE	Entrata ampliamento
EN...	Enable..., scatto ...
even	Entrata preselezione per numeri pari
F0, F1...	Collegamenti bidirezionali di dati, F0 = Bit a valore minimo (LSB)
FE	Entrata per dispositivo di sgancio
FEp	Entrata per dispositivo di sgancio in parallelo
FEs	Entrata per dispositivo di sgancio in serie
FQ	Uscita dispositivo di sgancio
G...	Entrata scatto
GAB	Scatto flusso dati da A verso B
GBA	Scatto flusso dati da B verso A
J, J1, J2...	Uscita di J per flipflop
JK	Entrata JK di flipflop
K, K1, K2...	Entrate di K di flipflop
LOAD	Scatto caricamento parallelo
LT	Entrata controllo lampada in decodificatori a 7 segmenti
M0, M1...	Entrate moltiplicatore
MEM	Mémoria
MODE	Entrata per modo operativo
OE	Output enable, scatto uscita
odd	Entrata preselezione per numeri dispari
Osc.U_S	Tensione di alimentazione solo per oscillatore
OV	Overflow, supero di capacità
Q	Uscita generale
Q_{even}	Uscita di parità pari
Q_{odd}	Uscita di parità dispari
Q0, Q1...	Uscita numeri di decodificatori decimali
QA, QB...	Uscita dati, QA = Bit a valore minimo (LSB)
R	Entrata di ripristino generale
R0	Entrata di ripristino su 0
R9	Entrata di ripristino su 9
R_{ext}	Collegamento per resistenza esterna
R_{int}	Collegamento della resistenza interna
RBI	Entrata sulla cancellazione dello zero
RBQ	Uscita di riporto cancellazione dello zero
RC_{ext}	Collegamento per resistanza esterna e condensatore
RD	Entrata libera-lettura
R/W	Read/Write, scatto scrittura/lettura
S	Entrata regolazione generale
S...	Select, più sovente entrate per modo operativo
SE	Entrata seriale per registri scorrevoli
SEl	Entrata seriale per spinta sinistrorsa
SEr	Entrata seriale per spinta destrorsa
SERIN	Entrata dati seriali
SEROUT	Uscita dati seriali
SEL	Entrata di selezione
SIGN	Entrata/uscita polarità
SQ	Uscita seriale per registri scorrevoli
SQl	Uscita seriale per spinta sinistrorsa
SQr	Uscita seriale per spinta destrorsa
ST	Entrata-Strobe, entrata di bloccaggio
S0, S1...	Entrata per preselezione tipo funzionamento

T	Entrata d'impulso di cadenza		
TL	Entrata impulsi di cadenza per spinta sinistrorsa		
TR	Entrata impulsi di cadenza per spinta destrorsa		
Ü	Uscita di riporto		
U/D	Up/down, scelta in avanti/in dietro		
U_S	Collegamento per tensione di alimentazione		
V/R	Entrata tipo funzionamento contare avanti/indietro		
W/R	Entrata liberazione scrivere/leggere		
WR	Entrata libera-scrittura		
X, $\overline{X}$	Entrate ampliamenti porte espandibili ed uscite ampliamenti di espansori		
X1, X2...	Entrate indirizzi riga-matrice		
Y1, Y2...	Entrata indirizzi rubrica-matrice		
Σ	Uscita somme		

VII. Abbreviazioni speciali nelle tabelle logiche

A, B...	Stato logico ad A, B...
A·B	A AND B (non A per B)
A+B	A OR B (non A più B)
A→B	Flusso dati da A verso B
H	HIGH logico
L	LOW logico
Q1n, Q2n...	Stato logico di Q1, Q2... prima dell'impulso di cadenza
shift →	Dati nelle rispettive rubriche vengono spinti a destra
shift ←	Dati vengono spinti a sinistra
t_n	Momento prima dell'impulso di sincronizzazione
t_{n+}...	Momento dopo ... impulsi di sincronizzazione
X	Stato logico opzionale (LOW oppure HIGH)
Z	Uscita ad alta resistenza (ohmica)
⌐	Passaggio da LOW a HIGH
⌐	Passaggio da HIGH a LOW
⊓	Impulso positivo
⊔	Impulso negativo
Σ	Totale
?	Lo stato depende da altri fattori

ACLARACIONES

I. Datos límites comunes

			74	74ALS	74AS	74C	74F	74H	74HC	74HCT	74HCU	74L	74LS	74S	
Tensión de alimentación	U_S	min.	−0,5	−0,5	−0,5	−0,3	−0,5	−0,5	−0,5	−0,5	−0,5	−0,5	−0,5	−0,5	V
		max.	7	7	7	18	7	7	7	7	7	8	7	7	V
Recomendada	U_S	min.	4,5	4,5	4,5	3	4,75	4,5	2	4,5	2	4,5	4,5	4,5	V
		max.	5,5	5,5	5,5	15	5,25	5,5	6	5,5	6	5,5	5,5	5,5	V
Tensión de entrada	U_E	min.	−0,5			−0,3	−0,5	−0,5	−0,5	−0,5	−0,5	−0,5	−0,3	−0,3	V
		max.	5,5	7	7	U_S+0,3	7	5,5	U_S+0,5	U_S+0,5	U_S+0,5	5,5	5,5	5,5	V
Corriente de entrada	I_E	min.	−12				−30	−8	−20	−20	−20	−0,2	−18	−18	mA
		max.	1	0,1	0,1		5	1	20	20	20	0,1	0,1	1	mA
Tensión de salida	U_Q	min.	0,5			−0,3		0,5	−0,5	−0,5	−0,5	0,5	0,5	0,5	V
		max.	U_S			U_S+0,3		U_S	U_S+0,5	U_S+0,5	U_S+0,5	U_S	U_S	U_S	V

II. Datos característicos comunes (a U_S = 5V, T_U = 25°C)

		74	74ALS	74AS	74C	74F	74H	74HC	74HCT	74HCU	74L	74LS	74S	
Tensión de entrada (nivel L)	max.	0,7	0,8	0,8	1,5	0,8	0,8	1	0,8	1	0,8	0,8	0,8	V
Tensión de entrada (nivel H)	min.	2	2	2	3,5	2	2	3,5	2	4	2	2	2	V
Tensión de salida (nivel L)	max.	0,4	0,5	0,5	0,5	0,5	0,4	0,1[1]	0,26[2]	0,1[1]	0,4	0,4	0,5	V
Tensión de salida (nivel H)	min.	2,4	2,5	2,5	4,5	2,4	2,4	4,4[1]	3,98[2]	4,4[1]	2,4	2,7	2,7	V
Margen de tensión perturbadora (a nivel L)		0,3	0,3	0,3	1	0,3	0,4	0,9[1]	0,4[2]	0,9[1]	0,4	0,4	0,3	V
Margen de tensión perturbadora (a nivel H)		0,4	0,5	0,5	1	0,4	0,4	1,4[1]	1,7[2]	1,4[1]	0,4	0,7	0,7	V
Corriente de entrada (nivel L) (Fl = 1)		−1,6	−0,1	−0,5	−5n	−0,6	−2	−1µ	−1µ	−1µ	−0,18	−0,36	−2	mA
Corriente de entrada (nivel H) (Fl = 1)		40	20	20	5n	20	50	1	1	1	10	20	50	µA
Corriente de salida (nivel L)		16	8	48	1,75	20	20	20µ[1]	4[2]	20µ[1]	3,6	8	20	mA
Corriente de salida (nivel H)		−0,4	−0,4	−48	−1,75	−1	−0,5	−20µ[1]	−4[2]	−20µ[1]	−0,2	−0,4	−1	mA
Fan out a nivel L[3]		10	80	40	*	33	10	*[1]	10[2]	*[1]	20	20	10	
Fan out a nivel H[3]		10	20	100	*	50	10	*[1]	10[2]	*[1]	20	20	20	

[1]) En circuitos con HC/HCU.
[2]) En circuitos con LS.
[3]) Cuando en las tablas de datos no se indique lo contrario: Fl y FQ se refieren únicamente a circuitos con componentes de la propia familia, por ejemplo salida LS conectada a entrada LS.
* Limitado sólamente por la velocidad de conmutación necesaria (t_R) y por la capacidad de carga: $t_R = 2,2 \cdot R_L \cdot C_L$

III. Datos característicos indicados en las tablas (Condiciones de test: véase hoja plegable)

Satida   TP = Contrafase, OC = Colector abierto, TS = Tri-State, X = Expander
Type   Caracterización del tipo en los márgenes de temperatura indicados
Fabricantes   Véase el índice de fabricantes
Fig.   Tipo de cápsula; véase sección 3 y hoja plegable (cc = chip carrier).
I_S Consumo medio de corriente de los circuitos integrados funcionando a partes iguales con un consumo máximo y mínimo de potencia.
I_R Corriente de reposo
t_{PD} Tiempos de conmutación de cada una de las entradas indicadas a las salidas correspondientes (→):
↓   al pasar la señal de salida de nivel H a nivel L,
↑   al pasar la señal de salida de nivel L a nivel H, o
↕   la media aritmética de ambos valores.

De no indicarse lo contrario, todos los tiempos de conmutación se entienden a las condiciones siguientes:

	74	74ALS	74AS	74C	74F	74H	74HC	74HCT	74HCU	74L	74LS	74S	
Resistencia de carga R_L	400	500	500			280	1k	1k	1k	4k	2k	280	Ω
Capacidad de carga C_L	15	50	50	50	15	25	50	50	50	50	50	15	pF

f_T frecuencia de reloj máxima, valor típico o mínimo.
f_Z frecuencia máxima de cuenta, valor típico o mínimo.
f_E máxima frecuencia de entrada, valor típico o mínimo.

IV. Circuitos básicos de entrada y salida (sólo TTL)

1. Entradas

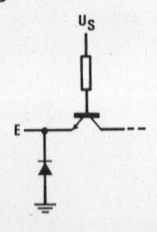

p.ej. inversor como el 7404

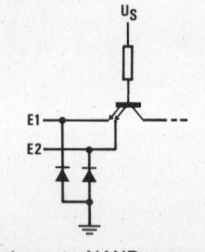

p.ej. puerta NAND como el 7400

2.1. Salidas en contrafase

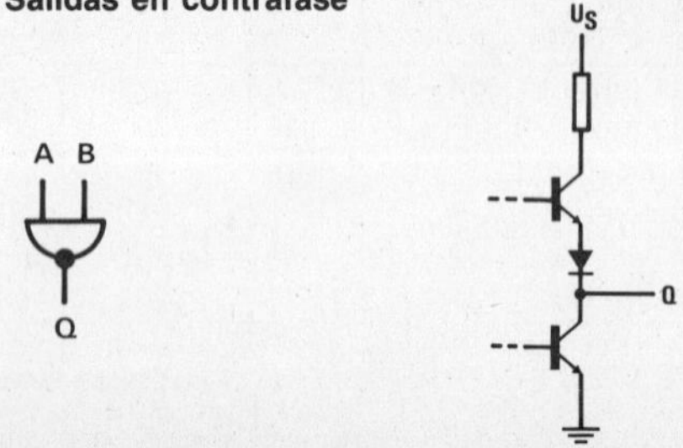

2.2. Salidas con colector abierto (sólo TTL)

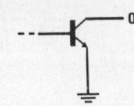

Resistencias pull-up necesarias:

N	\multicolumn{7}{c}{R max en Ω para n =}	R min (Ω) para n=1...7
	1	2	3	4	5	6	7	
1	8965	4814	3291	2500	2015	1688	1452	319
2	7878	4482	3132	2407	1954	1645	1420	359
3	7027	4193	2988	2321	1897	1604	1390	410
4	6341	3939	2857	2241	1843	1566	1361	479
5	5777	3714	2736	2166	1793	1529	1333	575
6	5306	3513	2626	2096	1744	1494	1306	718
7	4905	3333	2524	2031	1699	1460	1280	958
8	4561	3170	2419	1969	1656			1437
9	4262	3023						2875
10	4000		prohibido					4000

n = número de salidas conectadas en paralelo
N = número de entradas conectadas

2.3. Salidas tri-state

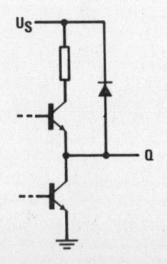

V. Aclaraciones sobre los grupos de funciones

1. Puertas

NAND

Función lógica (ecuación de Bool): $Q = \overline{A \cdot B \cdot C^* \cdot D^*}$

Tabla de verdad:

A	B	C	D	Q
H	H	H	H	L
L	X	X	X	H
X	L	X	X	H
X	X	L	X	H
X	X	X	L	H

NOR

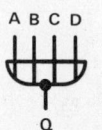

Función lógica (ecuación de Bool): $Q = \overline{A + B + C^* + D^*}$

Tabla de verdad:

A	B	C	D	Q
L	L	L	L	H
H	X	X	X	L
X	H	X	X	L
X	X	H	X	L
X	X	X	H	L

* en caso de existir

AND (Y)

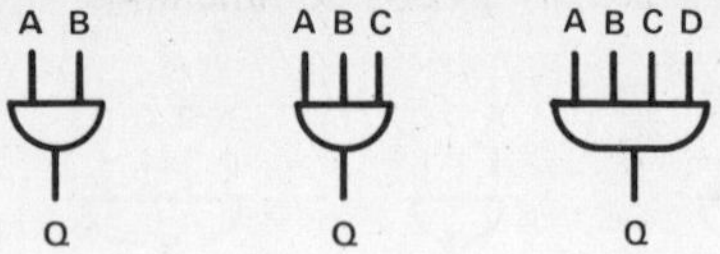

Función lógica (ecuación de Bool): $Q = A \cdot B \cdot C^* \cdot D^*$

Tabla de verdad:

A	B	C	D	Q
H	H	H	H	H
L	X	X	X	L
X	L	X	X	L
X	X	L	X	L
X	X	X	L	L

OR (O)

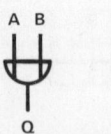

Función lógica (ecuación de Bool): $Q = A + B + C^* + D^*$

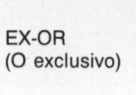

Tabla de verdad:

A	B	C	D	Q
L	L	L	L	L
H	X	X	X	H
X	H	X	X	H
X	X	H	X	H
X	X	X	H	H

* en caso de existir

EX-OR (O exclusivo)

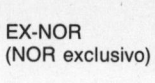

Función lógica (ecuación de Bool):

$Q = (\overline{A} \cdot B) + (A \cdot \overline{B})$

Tabla de verdad:

A	B	Q
L	L	L
L	H	H
H	L	H
H	H	L

EX-NOR (NOR exclusivo)

Función lógica (ecuación de Bool):

$Q = (A \cdot B) + (\overline{A} \cdot \overline{B})$

Tabla de verdad:

A	B	Q
L	L	H
L	H	L
H	L	L
H	H	H

INVERSOR

Función lógica:
$Q = \overline{E}$

Tabla de verdad:

E	Q
L	H
H	L

EXCITADOR

Función lógica:
$Q = E$

Tabla de verdad:

E	Q
L	L
H	H

2. Flipflops

2.1. Flipflops JK (gobernados por flancos)

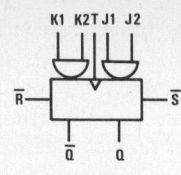

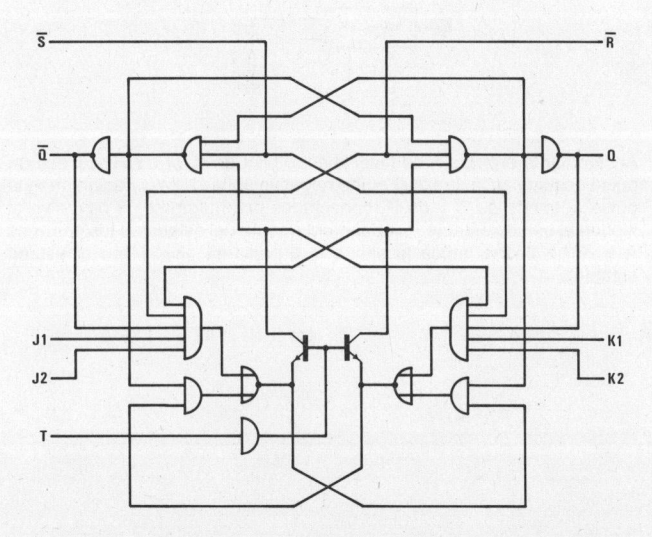

La información aplicada a las entradas J y K se transmite a la salida al pasar la señal de reloj del nivel L al nivel H (flipflop gobernado por flancos positivos) o al pasar de nivel H a nivel L (flipflop gobernado por flancos negativos). Las entradas R y S funcionan asíncronamente, o sea independientemente del reloj. Véanse las tablas de verdad para los diferentes tipos en la sección 2.

2.2. Flipflop JK maestro-esclavo (gobernados por pulsos)

Gracias a su estructura de 2 etapas, presentan un comportamiento no crítico al cambiar las señales de entrada J y K durante el pulso de reloj.
1ª etapa = maestro (master), 2ª etapa = esclavo (slave)

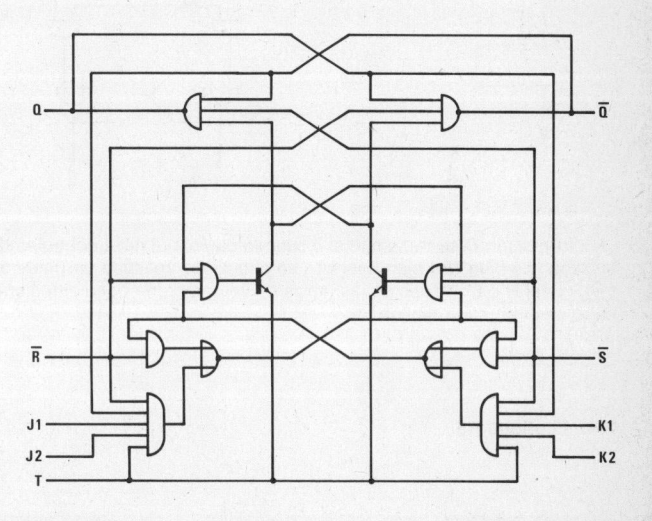

Pulso de reloj:

1 = Aislar el esclavo del maestro
2 = Pasar las señales de entrada J y K al maestro
3 = Bloquear las entradas J y K
4 = Pasar la información del maestro al esclavo

Las entradas R y S también son asíncronas en este flipflop.
Véanse las tablas de verdad en la sección 2.

2.3. Flipflops D / D-latches

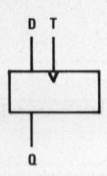

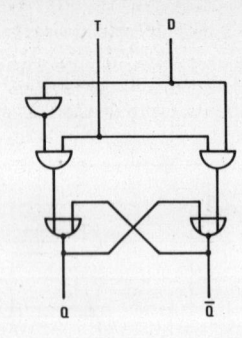

La información D se transmite a Q cuando cambia el nivel del pulso de entrada (↓ o bien ↑) o bien mientras se encuentre aplicado un pulso de reloj (nivel H ó L). Véase en las tablas de verdad correspondientes cuál es el caso en cada flipflop.

2.4. Flipflops RS

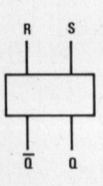

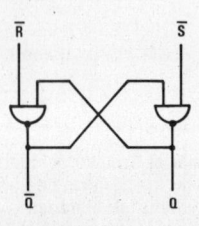

Flipflops biestables, que vuelcan al aplicar pulsos L a las entradas R ó S.

2.5. Monoflops (Multivibratores monoestables)

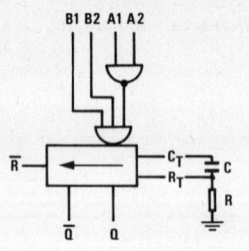

Al cambiar la entrada A de nivel H a L o bien de nivel L a H aparece un pulso positivo en la salida Q y uno negativo en la $\overline{Q}$. La duración de este pulso depende de C y de R, conectados externamente. $\overline{R}$ devuelve al flipflop al estado estable independientemente del estado de las entradas A y B. La flecha indica la salida que presenta nivel H en el estado estable.

VI. Abreviaturas utilizadas en los esquemas de conexión

A, B, C...	Entradas de contadores, registros de desplazamiento, decodificadores, etc. A = bit de menor peso (LSB)
a, b, c...	Salidas de los decodificadores de 7 segmentos
A0, A1...	Entradas de dirección de memorias
BA	Entrada de selección del modo de funcionamiento
BER	Entrada de selección de gama en los osciladores
BI	Entrada para suprimir la indicación de las cifras
C	Entrada de control, en general
C_E	Entrada de acarreo
C_{ext}	Terminal para condensador externo
C_n, C_{n+1}	Entrada/salida de acarreo, según la flecha
C_Q	Salida de acarreo
CASC	Entrada/salida para conexión en cascada
CLK	Clock, entrada de reloj
CLR	Clear, entrada de borrado
CLKEN	Clock enable, desbloqueo del reloj
CS	Chip select, selección del chip
D	Entrada/salida de datos, en general
DIR	Direction, selección de un sentido
D0, D1...	Entradas de datos, D0 = bit de menor peso (LSB)
dp	Salida para punto decimal en los decodificadores de 7 segmentos
E	Entrada, en general
EE	Entrada suplementaria
EN...	Enable..., = desbloqueo de ..., permiso para ...
even	Entrada de preselección para números pares
F0, F1...	Terminales bidireccionales para datos, F0 = bit de menor peso (LSB)
FE	Entrada de desbloqueo
FEp	Entrada de desbloqueo paralelo
FEs	Entrada de desbloqueo serie
FQ	Salida de desbloqueo
G...	Entrada de desbloqueo
GAB	Desbloqueo del flujo de datos de A a B
GBA	Desbloqueo del flujo de datos de B a A
J, J1, J2...	Entradas J de flipflops
JK	Entradas JK de flipflops
K, K1, K2...	Entradas K de flipflops
LOAD	Desbloqueo para carga en paralelo
LT	Entrada para lámpara de test en los decodificadores de 7 segmentos
M0, M1...	Entradas de multiplicador
MEM	Memoria
MODE	Entrada para modo de funcionamiento
OE	Output enable, desbloqueo de la salida
odd	Entrada de preselección para números impares
$Osc.U_S$	Tensión de alimentación sólo para oscilador
OV	Overflow, desbordamiento
Q	Salida, en general
Q_{even}	Salida de paridad par
Q_{odd}	Salida de paridad impar
Q0, Q1...	Salidas de cifras en los decodificadores decimales
QA, QB...	Salidas de datos, QA = bit de menor peso (LSB)
R	Entrada de reposición (reset), en general
R0	Entrada de reposición a 0
R9	Entrada de reposición a 9
R_{ext}	Terminal para resistencia externa
R_{int}	Terminal para resistencia interna
RBI	Entrada para supresión del cero
RBQ	Salida de acarreo para supresión del cero
RC_{ext}	Terminal para conexión de resistencia y condensador externos
RD	Entrada de desbloqueo (permiso) de lectura
R/W	Read/write, desbloqueo (permiso) de lectura/escritura
S	Entrada de preselección, en general
S...	Select, generalmente entrada de selección del modo de funcionamiento
SE	Entrada serie para registros de desplazamiento
SEl	Entrada serie para desplazar hacia la izquierda
SEr	Entrada serie para desplazar hacia la derecha
SER IN	Entrada serie de datos
SER OUT	Salida serie de datos
SEL	Entrada de selección
SIGN	Entrada/salida de signo
SQ	Salida serie en los registros de desplazamiento
SQl	Salida serie para desplazamiento hacia la izquierda

SQr	Salida serie para desplazamiento hacia la derecha		**VII. Abreviaturas especiales utilizadas en las tablas de verdad**
ST	Entrada de strobe (bloqueo)		
S0, S1...	Entrada de preselección del tipo de funcionamiento	A, B...	Estado lógico de A, B...
T	Entrada de reloj	A·B	A AND B (y no A por B)
TL	Entrada de reloj para desplazamiento hacia la izquierda	A+B	A OR B (y no A más B)
TR	Entrada de reloj para desplazamiento hacia la derecha	A→B	Flujo de datos desde A hacia B
Ü	Salida de acarreo	H	Nivel lógico HIGH
U/D	Up/down, selección adelante/atrás	L	Nivel lógico LOW
U_S	Terminal para la tensión de alimentación	Q1n, Q2n...	Estado lógico de Q1, Q2... antes del pulso de reloj
V/R	Entrada de modo de funcionamiento, contar adelante/atrás	shift →	Los datos de la columna correspondiente se desplazan a la derecha
W/R	Entrada de desbloqueo escritura/lectura	shift ←	Los datos se desplazan a la izquierda
WR	Entrada de desbloqueo (permiso) de escritura	t_n	Instante de tiempo antes del pulso de reloj
X, $\overline{X}$	Entradas suplementarias de puertas ampliables o salidas suplementarias de expanders (ampliadores)	$t_{n+...}$	Instante de tiempo después de ... pulsos de reloj
		X	Estado lógico indeterminado (LOW o bien HIGH)
X1, X2...	Entradas de dirección de líneas de una matriz	Z	Salida presenta gran impedancia (en salidas tri-state)
Y1, Y2...	Entradas de selección de columnas de una matriz	⌐	Paso de LOW a HIGH
Σ	Salida de suma	⌐	Paso de HIGH a LOW
		⊓	Pulso positivo
		⊔	Pulso negativo
		Σ	Suma
		?	El estado depende de otros factores

Hersteller und ihre Abkürzungen
abbreviations of manufacturers
abréviations des fournisseurs
abbreviazioni dei fabbricanti
abreviaciones de los fabricantes

HERSTELLER UND IHRE ABKÜRZUNGEN
ABBREVIATIONS OF MANUFACTURERS
ABRÉVIATIONS DES FOURNISSEURS
ABBREVIAZIONI DEI FABBRICANTI
ABREVIACIONES DE LOS FABRICANTES

Aeg AEG-Telefunken (Fachbereich Halbleiter)
Postfach 1109, 7100 Heilbronn, BRD

Fch Fairchild Camera and Instrument Corp.
464 Ellis Street, Mountain View, California 94042
BRD: Fairchild Camera and Instrument GmbH
3000 Hannover, Königsworther Str. 23
6202 Wiesbaden-Bierbrich, Hagenauer Str. 38
7250 Leonberg, Poststr. 37
8046 Garching, Daimlerstr. 15
8500 Nürnberg, Waldluststr. 1

Fer Ferranti Electronics, Ltd.
Fields New Road, Chadderton, Oldham OL9 8NP, England
BRD: Ferranti GmbH, Widenmayerstraße 5, 8000 München 22

Fui Fujitsu Ltd. (Components Group)
1015 Kamikodanaka, Nakahara-Ku, Kawasaki 211, Japan
BRD: Comtec GmbH, Widenmayerstraße 1, 8000 München 22

Hfo VEB Halbleiterwerk Frankfurt (Oder)
Markendorf, 1201 Frankfurt (Oder), DDR
Export: Heim-Electric, Alexanderplatz 6, 1026 Berlin, DDR

Hit Hitachi, Ltd. (Electronic Devices Group)
1450 Josuihonmachi, Kodaire City, Tokyo, Japan
BRD: Hitachi Ltd., Immermannstraße 15, 4000 Düsseldorf 1

Itt ITT Semiconductors (Intermetall)
748 Commerce Way, Woburn, MA 01801, USA
BRD: Intermetall GmbH, Hans-Bunte-Straße 19, 7800 Freiburg

Mit Mitsubishi Electric Corporation
Kita-Itami Works, 4-1 Mizuhara, Itami-Shi, Hyogo-Ken,
Post Code 664, Japan

Mot Motorola Semiconductor Products
5005 E.McDowell Rd., M370, Phoenix, Arizona 85008
BRD: Motorola GmbH, Geschäftsbereich Halbleiter
6204 Taunusstein-Neuhof 5, Heinrich-Hertz-Str. 1 (Zentrale)
3012 Langenhagen, Hans-Böckler-Str. 30 (Verkaufsbüro)

Mul Mullard, Ltd.
Torrington Place, London WC1E 7HD, England
BRD: Valvo GmbH, Burchardstraße 19, 2000 Hamburg 1

Nip Nippon Electric Co., Ltd. (NEC)
1753 Shimonumabe, Nakahara-ku, Kawasaki City, Japan
BRD: NEC Electronics GmbH, Karlstr.123–127, 4 Düsseldorf

Nsc National Semiconductor Corporation
2900 Semiconductor Drive, Santa Clara, CA 95051, USA
BRD: National Semiconductor GmbH, Industriestraße 10,
8080 Fürstenfeldbruck

Nuc Nucleonic Products Co., Inc.
6660 Variel Avenue, Canoga Park, CA 91303, USA

Phi Philips Gloillampen-Fabrieken N.V.
Building BA, Einhoven, Niederlande
BRD: Valvo GmbH, Burchardstraße 19, 2000 Hamburg 1

Ray Raytheon Semiconductor Co.
350 Ellis Street, Mountain View, CA 94042, USA
BRD: Raytheon Halbleiter GmbH, Thalkirchner Straße 74,
8000 München 2

Rca RCA Corporation (Solid State Division)
Route 202, Somerville, NJ 08876, USA
BRD: RCA GmbH, Schillerstraße 14, 2085 Quickborn

Riz RIZ Radio Industrie Zagreb/Iskra Ljubljana
Trg revolucije 3, 61000 Ljubljana, Jugoslawia
BRD: Alfred Neye, Schillerstraße 14, 2085 Quickborn

Rtc R.T.C. La Radiotechnique-Compelec
130 Avenue Ledru-Rollin, 75540 Paris Cedex 11, France
BRD: Valvo GmbH, Burchardstraße 19, 2000 Hamburg 1

Ses Sescosem (Thomson CSF)
23, Rue de Courcelles, 75362 Paris, France
BRD: Thomson-CSF GmbH, Perchtinger Str.3, 8 München 70

Sgs SGS-ATES Componenti Elettronici SpA
Via C. Olivetti 2, I-20041 Agrate Brianza
BRD: SGS-ATES Deutschland Halbleiter Bauelemente GmbH
8018 Grafing, Haidling 17 (Zentrale Deutschland)
3012 Langenhagen, Hubertusstr. 7 (Verkaufsbüro)
7000 Stuttgart 80, Kalifenweg 45 (Verkaufsbüro)
8000 München 21, Landsberger Str. 289 (Verkaufsbüro)
8500 Nürnberg 15, Parsifalstr. 10 (Verkaufsbüro)

Sie	**Siemens AG** (Bereich Bauelemente) Balanstraße 73, 8000 München 80, BRD Vertrieb Bauteile: Postfach 202109, 8000 München 2
Sig	**Signetics Corporation** 811 E. Arques Avenue, Sunnyvale, CA 94086, USA
Spr	**Sprague Electric Co.** 87 Marshall Street, North Adams, MA 01247, USA BRD: Sprague Elektronik GmbH, Friedberger Anlage 24, 6000 Frankfurt 1
Stw	**Stow Laboratories, Inc.** Kane Industrial Drive, Hudson, MA 01749, USA
Su	**UdSSR**
Tes	**Tesla** Roznov pod Rahdostem, CSSR
Tix	**Texas Instruments, Inc.** P.O.Box 225012, Dallas, TX 75265, USA BRD: Texas Instruments Deutschland GmbH, Haggertystraße 1, 8050 Freising
Tos	**Toshiba - Tokyo Shibaura Electric Co., Ltd.** 72 Horikawa-cho, Saiwai-ku, Kawasaki-shi, Kanagawa-ken, Japan BRD: Toshiba Deutschl., Hammer Landstr.115, 4040 Neuss
Trw	**TRW Semiconductors, Inc.** 14520 Aviation Boulevard, Lawndale, CA 90260, USA BRD: TRW GmbH, Konrad-Celtis-Str. 81, 8000 München 70
Tun	**Tungsram** Vaciut 77, Budapest IV, Ungarn BRD: Tungsram GmbH, Hohenstaufenstr. 8, 6000 Frankfurt
Val	**Valvo GmbH** Burchardstr. 19, 2000 Hamburg 1 Zweigbüros BRD: Valvo GmbH 6000 Frankfurt/Main, Theodor-Heuss-Allee 106 7012 Fellbach, Höhenstr. 21 8000 München 2, Ridlerstr. 37

Daten- und Vergleichstabelle
data and comparison tables
table des données et d'équivalence
tabella comparativa di dati
tabla comparativa y de datos

section 2

D — Wie bei allen ECA-Lexika sind auch hier alle veralteten Typen kompromißlos weitergeführt. Alle älteren Ausgaben oder Auflagen können somit ohne jeglichen Datenverlust vernichtet werden.

GB — As with all ECA dictionaries, old-fashioned types have all been continued here without exception. All other editions can therefore be disregarded without loss of data.

F — Tous les types classiques ont été repris sans aucun compromis dans cette série comme c'est le cas pour tous les autres ouvrages ECA. Toutes les anciennes éditions peuvent être ainsi retirées sans pour autant craindre une perte quelconque de données.

I — Come presso tutti i dizionari ECA anche qui sono riportati senza compromessi tutti i tipi antiquati. Tutte le edizioni o tirature più vecchie possono quindi essere distrutte senza qualsiasi perdita di dati.

E — Al igual que en todos los manuales ECA también se indican aquí todos los tipos anticuados sin excepción, por lo que es posible prescindir de las ediciones anteriores sin pérdida alguna de datos.

7400 / 1
Output: TP

NAND-Gatter
NAND gates
Porte NAND
Circuito porta NAND
Puertas NAND

Logiktabelle siehe Sektion 1
Function table see section 1
Tableau logique voir section 1
Per tavola di logica vedi sec. 1
Tabla de verdad, ver sección 1

7400 / 1	Typ - Type - Tipo			Hersteller Production Fabricants Produttori Fabricantes	Bild Fig. Fig. Fig. Sec 3	I_S &I_R mA	t_{PD} E→Q ns_{typ} ↓ ↑ ↑	t_{PD} E→Q ns_{max} ↓ ↑ ↑	Bem./Note f_T §f_Z &f_E MHz
0...70°C § 0...75°C	−40...85°C § −25...85°C		−55...125°C						
MIC7400J	MIC6400J		MIC5400J	Itt	14c	14	10 14	15 22	
MIC7400N				Itt	14a	14	10 14	15 22	
N7400A	§N8400A			Mul,Phi,Sig	14a	<22	7 11	15 22	
N7400F			N5400F	Mul,Phi,Sig	14c	<22	7 11	15 22	
NC7400N				Nuc	14c	8	13		
SFC400E	§SFC400ET		SFC400EM	Ses,Nuc	14c	14,4		13 15	
			SFC400JM	Ses,Nuc	14a	14,4		13 15	
			SFC400KM	Ses,Nuc	14c	14,4		13 15	
SN7400J			SN5400J	Tix	14c	8	7 11	15 22	
SN7400N	§SN8400N			Tix	14a	8	7 11	15 22	
SW7400J				Stw	14a	8		22	
SW7400N				Stw	14c	8		22	
T7400B1				Sgs	14a	14,4		13 15	
T7400D1			T5400D2	Sgs	14c	14,4		13 15	
TD3400				Tos	14a	8	7 11	15 22	
TL7400N	§TL8400N			Aeg	14a	8	7 11	15 22	
TRW7400-1				Trw	14a	8		22	
TRW7400-2				Trw	14c	8		22	
U6A7400-59X			U6A5400-51X	Fch	14c				
U7A7400-59X			U7A5400-51X	Fch	14a				
US7400A			US5400A	Spr	14c			10 10	
ZN7400E			ZN5400E	Fer	14a	8		29	
ZN7400J			ZN5400J	Fer	14c	8		29	
µPB201				Nip	14a	<22		15 22	
7400DC			5400DM	Fch	14c	<22		15 22	
7400FC			5400FM	Fch	14n	<22		15 22	
7400J			5400J	Ray	14c	<22		15 22	
7400PC				Fch	14a	<22		15 22	
1LB553				Su	14a	<22	10 14	15 22	

ALS

DM74ALS00J			DM54ALS00J	Nsc	14c	<3		8 11	
DM74ALS00N				Nsc	14a	<3		8 11	
HD74ALS00				Hit	14a	<3		8 11	
MC74ALS00J			MC54ALS00J	Mot	14c	1,5	2 3	8 11	
MC74ALS00N				Mot	14a	1,5	2 3	8 11	
MC74ALS00W			MC54ALS00W	Mot	14p	1,5	2 3	8 11	
			SN54ALS00AFH	Tix	cc	1,5	2 3	10 14	
SN74ALS00AFN				Tix	cc	1,5	2 3	10 14	
			SN54ALS00AJ	Tix	14c	1,5	2 3	10 14	
SN74ALS00AN				Tix	14a	1,5	2 3	8 11	

7400 / 1	Typ - Type - Tipo			Hersteller Production Fabricants Produttori Fabricantes	Bild Fig. Fig. Fig. Sec 3	I_S &I_R mA	t_{PD} E→Q ns_{typ} ↓ ↑ ↑	t_{PD} E→Q ns_{max} ↓ ↑ ↑	Bem./Note f_T §f_Z &f_E MHz
0...70°C § 0...75°C	−40...85°C § −25...85°C	−55...125°C							
D100C	§E100C			Hfo	14c	14	10 14	15 22	
D100D				Hfo	14a	14	10 14	15 22	
DM7400J		DM5400J		Nsc	14c	8		25 25	
DM7400N				Nsc	14a	8		25 25	
FJH131				Phi,Sig,Val	14a	8	11		
FLH101	§FLH105			Sie,Tun	14a	<22			
GFB7400				Rtc	14c	<22	7 11	15 22	
HD7400				Hit	14a	<22		15 22	
IDT7400				Riz	14c	14	10 14	15 22	
M53200P				Mit	14a	<22		15 22	
MB400				Fui	14a	<22		15 22	
MB400M				Fui	14c	<22		15 22	
MC7400J		MC5400J		Mot	14c	8	7 11	15 22	
MC7400N				Mot	14a	8	7 11	15 22	
MC7400W		MC5400W		Mot	14p	8	7 11	15 22	
MH7400				Tes	14c	<22	10 14	15 22	

| 7400 / 1 | Typ - Type - Tipo | | Hersteller Production Fabricants Produttori Fabricantes | Bild Fig. Fig. Sec 3 | I_S &I_R mA | t_{PD} E→Q ns_{typ} ↓↕↑ | t_{PD} E→Q ns_{max} ↓↕↑ | Bem./Note f_T §f_Z &f_E MHz |
0...70°C § 0...75°C	−40...85°C § −25...85°C	−55...125°C						
AS								
DM74AS00J		DM54AS00J	Nsc	14c	<16,1		3 4,5	
DM74AS00N			Nsc	14a	<16,1		3 4,5	
		SN54AS00FH	Tix	cc	10,8	1 1	5 5	
SN74AS00FN			Tix	cc	10,8	1 1	4 4,5	
		SN54AS00J	Tix	14c	10,8	1 1	5 5	
SN74AS00N			Tix	14a	10,8	1 1	4 4,5	
C								
	MM74C00J	MM54C00J	Nsc	14c	10n	50 50	90 90	
	MM74C00N		Nsc	14a	10n	50 50	90 90	
		MM54C00W	Nsc	14n	10n	50 50	90 90	
F								
MC74F00J		MC54F00J	Mot	14c	<10,2	2,6 2,9	3,6 3,9	
MC74F00N			Mot	14a	<10,2	2,6 2,9	3,6 3,9	
MC74F00W		MC54F00W	Mot	14p	<10,2	2,6 2,9	3,6 3,9	
N74F00F		S54F00F	Val	14c	<10,2	1,8 2,9	4,3 5	
N74F00N			Val	14a	<10,2	1,8 2,9	4,3 5	
		S54F00W	Val	14n	<10,2	1,8 2,9	4,3 5	
74F00DC		74F00DM	Fch	14c	<10,2	2,6 2,9	3,6 3,9	
74F00FC		74F00FM	Fch	14n	<10,2	2,6 2,9	3,6 3,9	
74F00PC			Fch	14a	<10,2	2,6 2,9	3,6 3,9	
H								
D200C			Hfo	14c	15,6	7 7	10 10	
DM74H00J		DM54H00J	Nsc	14c	<17		10 10	
DM74H00N			Nsc	14a	<17		10 10	
GJB74H00P			Rtc	14a	<40		<10	
MIC74H00J			Itt	14c	15,6	7 7	10 10	
N74H00A			Mul,Phi,Sig	14a	<40	6,2 5,9	10 10	
N74H00F		S54H00F	Mul,Phi,Sig	14c	<40	6,2 5,9	10 10	
SFC400HE		SFC400HEM	Ses,Nuc	14c	8	6		
		SFC400HJM	Ses,Nuc	14c	8	6		
		SFC400HKM	Ses,Nuc	14c	8	6		
SN74H00J		SN54H00J	Tix	14c	18	6,2 5,9	10 10	
SN74H00N			Tix	14a	18	6,2 5,9	10 .10	
T74H00B1			Sgs	14a	18	6		
T74H00D1		T54H00D2	Sgs	14c	18	6		
US74H00A		US54H00A	Spr	14c			10 10	
HC								
§CD74HC00E			Rca	14a	<2u		15 15	
		CD54HC00F	Rca	14c	<2u		15 15	
MC74HC00J		MC54HC00J	Mot	14c	<2u	8 8	15 15	
MC74HC00N			Mot	14a	<2u	8 8	15 15	
MM74HC00J		MM54HC00J	Nsc	14c	<2u	8 8	15 15	
MM74HC00N			Nsc	14a	<2u	8 8	15 15	
		SN54HC00FH	Tix	cc	<2u		17 17	
SN74HC00FH			Tix	cc	<2u		17 17	
		SN54HC00FK	Tix	cc	<2u		17 17	
SN74HC00FN			Tix	cc	<2u		17 17	
		SN54HC00J	Tix	14c	<2u		17 17	
SN74HC00J			Tix	14c	<2u		17 17	
SN74HC00N			Tix	14a	<2u		17 17	
HCT								
§CD74HCT00E			Rca	14a	<2u		20 20	
		CD54HCT00F	Rca	14c	<2u		20 20	
MC74HCT00J		MC54HCT00J	Mot	14c				
MC74HCT00N			Mot	14a				
MM74HCT00J		MM54HCT00J	Nsc	14c	<2u	14 14	20 20	
MM74HCT00N			Nsc	14a	<2u	14 14	20 20	
L								
DM74L00J		DM54L00J	Nsc	14c	0,8		100 100	
DM74L00N			Nsc	14a	0,8		100 100	
MIC74L00J			Itt	14c	0,8		100	
NC74L00N			Nuc	14a	0,8	60	60	
SFC400LE		SFC400LEM	Ses,Nuc	14c	<2		60	
		SFC400LJM	Ses,Nuc	14c	<2		60	
		SFC400LKM	Ses,Nuc	14c	<2		60	
SN74L00J	§SN84L00J	SN54L00J	Tix	14c	0,8	70 35	100 60	
SN74L00N			Tix	14a	0,8	70 35	100 60	
LS								
DM74LS00J		DM54LS00J	Nsc	14c	<4,4		15 15	
DM74LS00N			Nsc	14a	<4,4		15 15	
HD74LS00			Hit	14a	<4,4		15 15	
M74LS00			Mit	14a	<4,4		15 15	
MB74LS00			Fui	14a	<4,4		15 15	
MB74LS00M			Fui	14c	<4,4		15 15	

7400 / 1

0...70°C / § 0...75°C	−40...85°C / § −25...85°C	−55...125°C	Hersteller Production Fabricants Produttori Fabricantes	Bild Fig. Fig. Sec 3	I_S &I_R mA	t_{PD} E→Q ns_{typ} ↓↕↑	t_{PD} E→Q ns_{max} ↓↕↑	Bem./Note f_T §f_Z &f_E MHz
N74LS00A			Mul,Phi,Sig	14a	1,6	25		
N74LS00F	S54LS00F		Mul,Phi,Sig	14c	1,6	25		
SFC400LSE	SFC400LSEM		Ses,Nuc	14c	<8,8		15	
§SN74LS00J		SN54LS00J	Mot	14c	1,6	5 5	10 10	
SN74LS00J	SN54LS00J		Tix	14c	1,6	10 9	15 15	
§SN74LS00N			Mot	14a	1,6	5 5	10 10	
SN74LS00N			Tix	14a	1,6	10 9	15 15	
	SN54LS00W		Tix	14n	1,6	10 9	15 15	
§SN74LS00W	SN54LS00W		Mot	14p	1,6	5 5	10 10	
74LS00J	54LS00J		Ray	14c	<4,4		15 15	
74LS00DC	54LS00DM		Fch	14c	2,4	5 5	10 10	
74LS00FC	54LS00FM		Fch	14p	2,4	5 5	10 10	
74LS00PC			Fch	14a	2,4	5 5	10 10	

S

0...70°C / § 0...75°C	−40...85°C / § −25...85°C	−55...125°C	Hersteller	Bild	I_S &I_R mA	t_{PD} ns_{typ}	t_{PD} ns_{max}	Bem./Note MHz
DM74S00J		DM54S00J	Nsc	14c	<36		5 4,5	
DM74S00N			Nsc	14a	15		5 5	
GTB74S00P			Rtc	14c	<36	<5		
HD74S00			Hit	14a	<36		5 4,5	
M74S00			Mit	14a	<36		5 4,5	
N74S00A	N54S00F		Mul,Phi,Sig	14a	36	3 3	5 4,5	
N74S00F			Mul,Phi,Sig	14c	36	3 3	5 4,5	
SFC400SE	SFC400SJM		Ses,Nuc	14c	<36		5 4,5	
	SFC400SKM		Ses,Nuc	14c	<36		5 4,5	
SN74S00J	SN64S00J		Tix	14c	15	3 3	5 4,5	
SN74S00N			Tix	14a	15	3 3	5 4,5	
	SN54S00W		Tix	14n	15	3 3	5 4,5	
µPB2S00			Nip	14a	<36		5 4,5	
74S00DC	54S00DM		Fch	14c	<36		5 4,5	
74S00FC	54S00FM		Fch	14n	<36		5 4,5	
74S00PC			Fch	14a	<36		5 4,5	

7400 / 2
Output: TP

NAND-Gatter / NAND gates / Porte NAND / Circuito porta NAND / Puertas NAND

Logiktabelle siehe Sektion 1
Function table see section 1
Tableau logique voir section 1
Per tavola di logica vedi sec. 1
Tabla de verdad, ver sección 1

7400 / 2

0...70°C / § 0...75°C	−40...85°C / § −25...85°C	−55...125°C	Hersteller Production Fabricants Produttori Fabricantes	Bild Fig. Fig. Sec 3	I_S &I_R mA	t_{PD} E→Q ns_{typ} ↓↕↑	t_{PD} E→Q ns_{max} ↓↕↑	Bem./Note f_T §f_Z &f_E MHz
MC7400F		DM5400W	Nsc	14n	8	7 11	15 22	
		MC5400F	Mot	14p	8	10		
		SN5400W	Tix	14n	8	7 11	15 22	
U3I7400-59X		U3I5400-51X	Fch	14n				
US7400J		US5400J	Spr	14n			10 10	

H

	S54H00W		Sig	14n	18	6,2 5,9	10 10	
SN54H00W			Tix	14n	18	6,2 5,9	10 10	
US74H00J		US54H00J	Spr	14n			10 10	

L

| DM74L00F | | DM54L00F | Nsc | 14p | 0,8 | | 100 100 | |
| | | SN54L00T | Tix | 14p | 0,8 | 70 35 | 100 60 | |

7401 / 1
Output: OC

NAND-Gatter / NAND gate / Porte NAND / Circuito porta NAND / Puertas NAND

Logiktabelle siehe Sektion 1
Function table see section 1
Tableau logique voir section 1
Per tavola di logica vedi sec. 1
Tabla de verdad, ver sección 1

7401 / 1			Hersteller Production Fabricants Produttori Fabricantes	Bild Fig. Fig. Sec 3	I_S &I_R mA	t_{PD} E→Q ns_{typ} ↓↕↑	t_{PD} E→Q ns_{max} ↓↕↑	Bem./Note f_T §f_Z &f_E MHz
0...70°C § 0...75°C	−40...85°C § −25...85°C	−55...125°C						
LS								
DM74LS01J		DM54LS01J	Nsc	14c	<4,4		28 32	
DM74LS01N			Nsc	14a	<4,4		28 32	
HD74LS01			Hit	14a	<4,4		28 32	
MB74LS01			Fui	14c	<4,4		28 32	
MB74LS01M			Fui	14c	<4,4		28 32	
74LS01J		54LS01J	Ray	14c	<4,4		28 32	

7401 / 1			Hersteller Production Fabricants Produttori Fabricantes	Bild Fig. Fig. Sec 3	I_S &I_R mA	t_{PD} E→Q ns_{typ} ↓↕↑	t_{PD} E→Q ns_{max} ↓↕↑	Bem./Note f_T §f_Z &f_E MHz
0...70°C § 0...75°C	−40...85°C § −25...85°C	−55...125°C						
DM74ALS01J		DM54ALS01J	Nsc	14c	<3		28 54	
DM74ALS01N			Nsc	14a	<3		28 54	
HD74ALS01			Hit	14a	<3		28 54	
H								
DM74H01J		DM54H01J	Nsc	14c	<40		15 15	
DM74H01N			Nsc	14a	<40		15 15	
MIC74H01J			Itt	14c	16		9 9	
N74H01A			Mul,Phi,Sig	14a	16	7,5 10	12 15	
N74H01F		S54H01F	Mul,Phi,Sig	14c	16	7,5 10	12 15	
NC74H01N			Nuc	14c	16		9	
SFC401HE		SFC401HEM	Ses,Nuc	14c	<40		15	
		SFC401HJM	Ses,Nuc	14c	<40		15	
		SFC401HKM	Ses,Nuc	14c	<40		15	
SN74H01J		SN54H01J	Tix	14c	16,4	7,5 10	12 15	
SN74H01N			Tix	14a	16,4	7,5 10	12 15	
US74H01A		US54H01A	Spr	14c			10 10	

2-6

7401 / 2
Output: OC

NAND-Gatter / NAND gate / Porte NAND / Circuito porta NAND / Puertas NAND

Logiktabelle siehe Sektion 1
Function table see section 1
Tableau logique voir section 1
Per tavola di logica vedi sec. 1
Tabla de verdad, ver sección 1

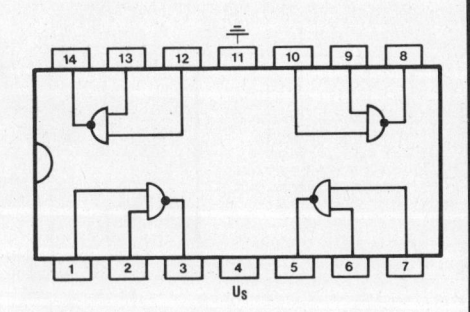

7401 / 3
Output: OC

NAND-Gatter / NAND gate / Porte NAND / Circuito porta NAND / Puertas NAND

Logiktabelle siehe Sektion 1
Function table see section 1
Tableau logique voir section 1
Per tavola di logica vedi sec. 1
Tabla de verdad, ver sección 1

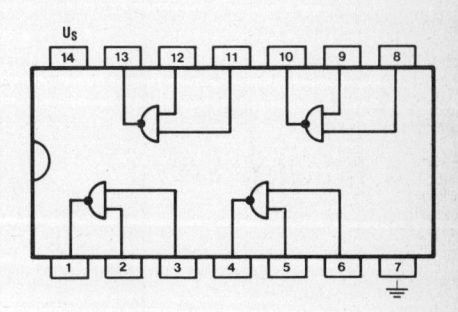

7401 / 2	Typ - Type - Tipo			Hersteller Production Fabricants Produttori Fabricantes	Bild Fig. Fig. Sec 3	I_S & I_R mA	t_{PD} E→Q ns_{typ} ↓ ↑ ↑	t_{PD} E→Q ns_{max} ↓ ↑ ↑	Bem./Note f_T §f_Z & f_E MHz
0...70°C § 0...75°C	-40...85°C § -25...85°C	-55...125°C							
		DM5401W	Tix,Nsc	14n	8	8 35	15 45	
MC7401F		MC5401F	Mot	14n	8	8 35	15 45	
		S5401W	Sig	14n	8	8 35	15 45	
		SN5401W	Tix	14n	8	8 35	15 45	
US7401J		US5401J	Spr	14n			12 40	
H								
		S54H01W	Sig	14n	16	7,5 10	12 15	
		SN54H01W	Tix	14n	16,4	7,5 10	12 15	
US74H01J		US54H01J	Spr	14n			10 10	
L								
DM74L01F		DM54L01F	Nsc	14n	0,8		90 90	
		SN54L01T	Tix	14p	0,8	33 60	60 90	

7401 / 3	Typ - Type - Tipo			Hersteller Production Fabricants Produttori Fabricantes	Bild Fig. Fig. Sec 3	I_S & I_R mA	t_{PD} E→Q ns_{typ} ↓ ↑ ↑	t_{PD} E→Q ns_{max} ↓ ↑ ↑	Bem./Note f_T §f_Z & f_E MHz
0...70°C § 0...75°C	-40...85°C § -25...85°C	-55...125°C							
DM7401J		DM5401J	Nsc	14c	<20		45 45	
DM7401N			Nsc	14a	<20		45 45	
FJH231			Phi,Sig,Val	14a	6	22		
FJH311			Phi,Sig,Val	14a	6	22		Q:15V
FLH201	§FLH205		Sie,Tun	14a	8	8 35	15 45	
FLH201S	§FLH205S		Sie,Tun	14a	8	8 35	15 45	Q:15V
FLH201T	§FLH205T		Sie,Tun	14a	8	8 35	15 45	Q:0,05 mA
GFB7401			Rtc	14c	8	8 35	15 45	
GFB7400-S1			Rtc	14c	8	8 35	15 45	Q:15V
HD7401			Hit	14a	<22		15	
M53201P			Mit	14a	<22		15	
MB416			Fui	14a	<22		15	
MC7401J		MC5401J	Mot	14c	8	8 35	15 45	
MC7401N			Mot	14a	8	8 35	15 45	
MC7401W		MC5401W	Mot	14p	8	8 35	15 45	
MIC7401J	MIC6401J	MIC5401J	Itt	14c	8	8 35	15 45	

7401 / 3	Typ - Type - Tipo		Hersteller Production Fabricants Produttori Fabricantes	Bild Fig. Fig. Sec 3	I_S &I_R	t_{PD} E→Q ns$_{typ}$			t_{PD} E→Q ns$_{max}$			Bem./Note f_T §f_Z &f_E
0...70°C §0...75°C	–40...85°C §–25...85°C	–55...125°C			mA	↓	↕	↑	↓	↕	↑	MHz
MIC7401AJ	MIC6401AJ	MIC5401AJ	Itt	14c	8	8		35	15		45	
N7401A			Mul,Phi,Sig	14a	8	8		35	15		45	
N7401F		S5401F	Mul,Phi,Sig	14c	8	8		35	15		45	
NC7401N			Nuc	14c	8	30						
SFC401E	§SFC401ET	SFC401EM	Ses,Nuc	14c	<22			23				
		SFC401JM	Ses,Nuc	14c	<22			23				
		SFC401KM	Ses,Nuc	14c	<22			23				
SN7401J		SN5401J	Tix	14c	8	8		35	15		45	
SN7401N	§SN8401N		Tix	14a	8	8		35	15		45	
SN7401N-S1	§SN8401N-S1	SN5401N-S1	Tix	14a	8	8		35	15		45	Q:15V
SN7401N-S3	§SN8401N-S3	SN5401N-S3	Tix	14a	8	8		35	15		45	Q:0,05mA
SW7401J			Stw	14a	8	30						
SW7401N			Stw	14c	8	30						
T7401B1			Sgs	14a	8	8		35	15		45	
T7401D1		T5401D2	Sgs	14a	8	8		35	15		45	
TD3401			Tos	14a	8	8		35	15		45	
TL7401N	§TL8401N		Aeg	14a	8	8		35	15		45	
TL7401N-S1			Aeg	14a	8	8		35	15		45	Q:15V
TL7401N-S2			Aeg	14a	8	8		35	15		45	Q:0,05mA
TRW7401-1			Trw	14a	8						45	
TRW7401-2			Trw	14c	8						45	
µPB215			Nip	14a	<22						15	
7401DC		5401DM	Fch	14c	<22						15	
7401FC		5401FM	Fch	14n	<22						15	
7401J		5401J	Ray	14c	<22						15	
7401PC			Fch	14a	<22						15	
ALS												
		SN54ALS01FH	Tix	cc	1,62	8		23	29		59	
SN74ALS01FN			Tix	cc	1,62	8		23	28		54	
		SN54ALS01J	Tix	14c	1,62	8		23	29		59	
SN74ALS01N			Tix	14a	1,62	8		23	28		54	
LS												
HD74LS01			Hit	14a	<4,4				28		32	
N74LS01A			Mul,Phi,Sig	14a	1,6	16						
N74LS01F			Mul,Phi,Sig	14c	1,6	16						
SFC401LSE		SFC401LSEM	Ses,Nuc	14c	<22	16		23				
SN74LS01J		SN54LS01J	Tix	14c	1,6	15	17		28		32	
SN74LS01N			Tix	14a	1,6	15	17		28		32	
		SN54LS01W	Tix	14n	1,6	15	17		28		32	

7402 / 1
Output: TP

NOR-Gatter
NOR gate
Porte NOR
Circuito porta NOR
Puertas NOR

Logiktabelle siehe Sektion 1
Function table see section 1
Tableau logique voir section 1
Per tavola di logica vedi sec. 1
Tabla de verdad, ver sección 1

7402 / 1	Typ - Type - Tipo		Hersteller Production Fabricants Produttori Fabricantes	Bild Fig. Fig. Sec 3	I_S &I_R	t_{PD} E→Q ns$_{typ}$			t_{PD} E→Q ns$_{max}$			Bem./Note f_T §f_Z &f_E
0...70°C §0...75°C	–40...85°C §–25...85°C	–55...125°C			mA	↓	↕	↑	↓	↕	↑	MHz
DM7402J		DM5402J	Nsc	14a	11,2				22		22	
DM7402N			Nsc	14a	11,2				22		22	
FJH221			Phi,Sig,Val	14a	11,5	10						
FLH191	§FLH195		Sie	14a	11	8		12	15		22	
FLH191S	§FLH195S		Sie	14a	11	8		12	15		22	Q:6,5V/0,5mA
GFB7402			Rtc	14a	11,2	13						
HD7402			Hit	14a	<27				15		15	
M53202P			Mit	14a	<27				15		15	
MB417			Fuj	14a	<27				15		15	
MC7402J		MC5402J	Mot	14c	11	8		12	22		22	
MC7402N			Mot	14a	11	8		12	22		22	
MC7402W		MC5402W	Mot	14p	11	8		12	22		22	
MIC7402J	MIC6402J	MIC5402J	Itt	14c	11	8		12	22		22	
MIC7402N			Itt	14a	11	8		12	22		22	
N7402A			Mul,Phi,Sig	14a	11	8		12	15		22	
N7402F		S5402F	Mul,Phi,Sig	14c	11	8		12	15		22	
NC7402N			Nuc	14c	8						22	

7402 / 1	Typ - Type - Tipo			Hersteller Production Fabricants Produttori Fabricantes	Bild Fig. Fig. Sec 3	I_S &I_R mA	t_{PD} E→Q ns_{typ} ↓↕↑	t_{PD} E→Q ns_{max} ↓↕↑	Bem./Note f_T §f_Z &f_E MHz
0...70°C § 0...75°C	–40...85°C § –25...85°C	–55...125°C							
SFC402E	§SFC402ET §SFC402EV	SFC402EM		Ses,Nuc Ses,Nuc	14c 14c	11,2 11,2		22 22	
SN7402J	§SN8402J	SN5402J		Tix	14c	11	8 12	22 22	
SN7402N				Tix	14a	11	8 12	22 22	
SN7402N-S1	§SN8402N-S1	SN5402N-S1		Tix	14a	11	8 12	15 22	Q:6,5V/0,5mA
SW7402J				Stw	14a	2,8		22	
SW7402N				Stw	14a	2,8		22	
T7402B1				Sgs	14a	11	8 12	15 22	
T7402D1		T5402D2		Sgs	14c	11	8 12	15 22	
TD3402				Tos	14a	11	8 12	22 22	
TL7402N	§TL8402N			Aeg	14a	11	8 12	22 22	
TRW7402-1				Trw	14a	8		22	
TRW7402-2				Trw	14c	8		22	
U6A7402-59X		U6A5402-51X		Fch	14c				
U7A7402-59X		U7A5402-51X		Fch	14a				
US7402A		US5402A		Spr	14a		10	8 18	
ZN7402E		ZN5402E		Fer	14a	10		29	
ZN7402J		ZN5402J		Fer	14c	10		29	
µPB215				Nip	14a	<27		15 15	
7402DC		5402DM		Fch	14c	<27		15 15	
7402FC		5402FM		Fch	14n	<27		15 15	
7402PC				Fch	14a	<27		15 15	
ALS									
DM74ALS02J		DM54ALS02J		Nsc	14c	<4		10 12	
DM74ALS02N				Nsc	14a	<4		10 12	
MC74ALS02J		MC54ALS02J		Mot	14c	2,16	3 3	10 12	
MC74ALS02N				Mot	14a	2,16	3 3	10 12	
MC74ALS02W		MC54ALS02W		Mot	14p	2,16	3 3	10 12	
		SN54ALS02FH		Tix	cc	2,16	3 3	11 14	
SN74ALS02FN				Tix	14c	2,16	3 3	10 12	
		SN54ALS02J		Tix	14c	2,16	3 3	11 14	
SN74ALS02N				Tix	14a	2,16	3 3	10 12	
AS									
DM74AS02J		DM54AS02J		Nsc	14c	<18,8		3 4,5	
DM74AS02N				Nsc	14a	<18,8		3 4,5	
		SN54AS02FH		Tix	cc	12,5	1 1	5 5	
SN74AS02FN				Tix	cc	12,5	1 1	4,5 4,5	
		SN54AS02J		Tix	14c	12,5	1 1	5 5	
SN74AS02N				Tix	14a	12,5	1 1	4,5 4,5	

7402 / 1	Typ - Type - Tipo			Hersteller Production Fabricants Produttori Fabricantes	Bild Fig. Fig. Sec 3	I_S &I_R mA	t_{PD} E→Q ns_{typ} ↓↕↑	t_{PD} E→Q ns_{max} ↓↕↑	Bem./Note f_T §f_Z &f_E MHz
0...70°C § 0...75°C	–40...85°C § –25...85°C	–55...125°C							
C									
	MM74C02J MM74C02N	MM54C02J		Nsc Nsc	14c 14a	10n 10n	50 50 50 50	90 90 90 90	
		MM54C02W		Nsc	14n	10n	50 50	90 90	
F									
MC74F02J MC74F02N		MC54F02J		Mot Mot	14c 14a	<13 <13	2,6 3,5 2,6 3,5	3,5 4,8 3,5 4,8	
MC74F02W		MC54F02W		Mot	14p	<13	2,6 3,5	3,5 4,8	
74F02DC		74F02DM		Fch	14c	<13	2,6 3,5	3,5 4,8	
74F02FC		74F02FM		Fch	14n	<13	2,6 3,5	3,5 4,8	
74F02PC				Fch	14a	<13	2,6 3,5	3,5 4,8	
HC									
§CD74HC02E				Rca	14a		8 8		
		CD54HC02F		Rca	14c		8 8		
HD74HC02				Hit	14a				
MC74HC02J		MC54HC02J		Mot	14c	<2u	8 8	15 15	
MC74HC02N				Mot	14a	<2u	8 8	15 15	
MM74HC02J MM74HC02N		MM54HC02J		Nsc Nsc	14c 14a	<2u <2u	8 8 8 8	15 15 15 15	
		SN54HC02FH		Tix	cc	<2u		17 17	
SN74HC02FH				Tix	cc	<2u		17 17	
		SN54HC02FK		Tix	cc	<2u		17 17	
SN74HC02FN				Tix	cc	<2u		17 17	
		SN54HC02J		Tix	14c	<2u		17 17	
SN74HC02J				Tix	14c	<2u		17 17	
SN74HC02N				Tix	14a	<2u		17 17	
HCT									
§CD74HCT02E				Rca	14a		8 8		
		CD54HCT02F		Rca	14c		8 8		
L									
DM74L02J		DM54L02J		Nsc	14c	0,8		100 100	
SN74L02J		SN54L02J		Tix	14c	1,1	35 31	60 60	
SN74L02N	§SN84L02N			Tix	14a	1,1	35 31	60 60	

7402 / 1

Typ - Type - Tipo			Hersteller Production Fabricants Produttori Fabricantes	Bild Fig. Fig. Sec 3	I_S &I_R mA	t_{PD} E→Q ns_{typ} ↓↕↑	t_{PD} E→Q ns_{max} ↓↕↑	Bem./Note f_T §f_Z &f_E MHz
0...70°C § 0...75°C	−40...85°C § −25...85°C	−55...125°C						
LS								
DM74LS02J		DM54LS02J	Nsc	14c	<5,4		15 15	
DM74LS02N			Nsc	14a	<5,4		15 15	
HD74LS02			Hit	14a	<5,4		15 15	
M74LS02			Mit	14a	<5,4		15 15	
MB74LS02			Fui	14a	<5,4		15 15	
MB74LS02M			Fui	14c	<5,4		15 15	
N74LS02A			Mul,Phi,Sig	14a	<2,1	10		
N74LS02F		S54LS02F	Mul,Phi,Sig	14c	<2,1	10		
§SN74LS02J		SN54LS02J	Mot	14c	2	5 5	10 10	
SN74LS02J		SN54LS02J	Tix	14c	2,2	10 10	15 15	
§SN74LS02N			Mot	14a	2	5 5	10 10	
SN74LS02N			Tix	14a	2,2	10 10	15 15	
		SN54LS02W	Tix	14n	2,2	10 10	15 15	
§SN74LS02W		SN54LS02W	Mot	14p	2	5 5	10 10	
74LS02DC		54LS02DM	Fch	14c	2,4	5 5	10 10	
74LS02J		54LS02J	Ray	14c	<5,4		15 15	
74LS02FC		54LS02FM	Fch	14p	2,4	5 5	10 10	
74LS02PC			Fch	14a	2,4	5 5	10 10	
S								
DM74S02J		DM54S02J	Nsc	14c	<45		5,5 5,5	
DM74S02N			Nsc	14a	<45		5,5 5,5	
HD74S02			Hit	14a	<45		5,5 5,5	
SN74S02J		SN54S02J	Tix	14c	21,5	3,5 3,5	5,5 5,5	
SN74S02N			Tix	14a	21,5	3,5 3,5	5,5 5,5	
		SN54S02W	Tix	14n	21,5	3,5 3,5	5,5 5,5	
74S02DC		54S02DM	Fch	14c	<45		5,5 5,5	
74S02FC		54S02FM	Fch	14n	<45		5,5 5,5	
74S02PC			Fch	14a	<45		5,5 5,5	

7402 / 2
Output: TP

NOR-Gatter / NOR gate / Porte NOR / Circuito porta NOR / Puertas NOR

Logiktabelle siehe Sektion 1
Function table see section 1
Tableau logique voir section 1
Per tavola di logica vedi sec. 1
Tabla de verdad, ver sección 1

7402 / 2

Typ - Type - Tipo			Hersteller Production Fabricants Produttori Fabricantes	Bild Fig. Fig. Sec 3	I_S &I_R mA	t_{PD} E→Q ns_{typ} ↓↕↑	t_{PD} E→Q ns_{max} ↓↕↑	Bem./Note f_T §f_Z &f_E MHz
0...70°C § 0...75°C	−40...85°C § −25...85°C	−55...125°C						
MC7402F		MC5402F	Tix,Mot	14n	11	8 12	22 22	
		SN5402W	Tix	14n	11	8 12	22 22	
L								
DM74L02F		DM54L02F	Nsc	14n	0,8		100 100	
		SN54L02T	Tix	14p	1,1	35 31	60 60	

7403
Output: OC

NAND-Gatter / NAND gate / Porte NAND / Circuito porta NAND / Puertas NAND

Logiktabelle siehe Sektion 1
Function table see section 1
Tableau logique voir section 1
Per tavola di logica vedi sec. 1
Tabla de verdad, ver sección 1

Pinout: U_S = 14, Gnd = 7

7403			Hersteller Production Fabricants Produttori Fabricantes	Bild Fig. Fig. Sec 3	I_S &I_R mA	t_{PD} E→Q ns_{typ} ↓ ↕ ↑	t_{PD} E→Q ns_{max} ↓ ↕ ↑	Bem./Note f_T §f_Z &f_E MHz
0...70°C § 0...75°C	−40...85°C § −25...85°C	−55...125°C						
MC7403N			Mot	14a	8	8 35	15 45	
MC7403W		MC5403W	Mot	14p	8	8 35	15 45	
MH7403			Tes	14a	9,4	8,5 20,5	15 30	
MIC7403J	MIC6403J	MIC5403J	Itt	14c	8	8 35	15 45	
MIC7403N			Itt	14a	8	8 35	15 45	
MIC7403AJ	MIC6403AJ	MIC5403AJ	Itt	14c	8	8 35	15 45	
MIC7403N			Itt	14a	8	8 35	15 45	
N7403A			Mul,Phi,Sig	14a	8,4	8 35	15 45	
N7403F		S5403F	Mul,Phi,Sig	14a	8,4	8 35	15 45	
NC7403N			Nuc	14c	8		45	
SFC403E	§SFC403ET	SFC403EM	Ses,Nuc	14c	8		23	
	§SFC403EV		Ses,Nuc		8		23	
SN7403J		SN5403J	Tix	14c	8	8 35	15 45	
SN7403N	§SN8403N		Tix	14a	8	8 35	15 45	
SN7403N-S1	§SN8403N-S1	SN5403N-S1	Tix	14a	8	8 35	15 45	Q:15V
SN7403N-S3	§SN8403N-S3	SN5403N-S3	Tix	14a	8	8 35	15 45	Q:0,05mA
SW7403J			Stw	14a	2	30		
SW7403N			Stw	14a	2	30		
T7403B1			Sgs	14a	8,4	8 35	15 45	
T7403D1		T5403D2	Sgs	14c	8,4	8 35	15 45	
TD3403			Tos	14a	8	8 35	15 45	
TL7403N	§TL8403N		Aeg	14a	8	8 35	15 45	
TL7403N-S1			Aeg	14a	8	8 35	15 45	Q:15V
TL7403N-S3			Aeg	14a	8	8 35	15 45	Q:0,05mA
TRW7402-1			Trw	14a	8		45	
TRW7403-2			Trw	14c	8		45	
U6A7403-59X		U6A5403-51X	Fch	14c				
U7A7403-59X		U7A5403-51X	Fch	14a				
US7403A		US5403A	Spr	14c		12 40		
ZN7403E		ZN5403E	Fer	14a	8		45	
ZN7403J		ZN5403J	Fer	14c	8		45	
7403DC		5403DM	Fch	14c	<22		15	
7403FC		5403FM	Fch	14n	<22		15	
7403J		5403J	Ray	14c	<22		15	
7403PC			Fch	14a	<22		15	
1LB558			Su	14a	9,4	8,5 20,5	15 30	

ALS

DM74ALS03J		DM54ALS03J	Nsc	14c	<3		22 54	
DM74ALS03N			Nsc	14a	<3		22 54	
HD74ALS03			Hit	14a	<3		22 54	

7403			Hersteller Production Fabricants Produttori Fabricantes	Bild Fig. Fig. Sec 3	I_S &I_R mA	t_{PD} E→Q ns_{typ} ↓ ↕ ↑	t_{PD} E→Q ns_{max} ↓ ↕ ↑	Bem./Note f_T §f_Z &f_E MHz
0...70°C § 0...75°C	−40...85°C § −25...85°C	−55...125°C						
D103C	§E103C		Hfo	14c	14	8,5 20,5	15 30	
D103D			Hfo	14a	14	8,5 20,5	15 30	
DM7403J		DM5403J	Nsc	14c	<20		45 45	
DM7403N			Nsc	14a	<20		45 45	
FJH291			Phi,Sig,Val	14a	8,4	8 35	15 45	Q:0,05mA
FJH301			Phi,Sig,Val	14a	8,4	8 35	15 45	Q:15V
FLH291	FLH295		Sie	14a	8,4	8 35	15 45	
FLH291S	FLH295S		Sie	14a	8,4	8 35	15 45	Q:15V
FLH291T	FLH295T		Sie	14a	8,4	8 35	15 45	Q:0,05mA
GFB7403			Rtc	14c	8		45	
HD7403			Hit	14a	<22		15	
M53203P			Mit	14a	<22		15	
MB416			Fui	14a	<22		15	
MB416M			Fui	14c	<22		15	
MC7403J		MC5403J	Mot	14c	8	8 35	15 45	

7403	Typ - Type - Tipo		Hersteller Production Fabricants Produttori Fabricantes	Bild Fig. Fig. Sec 3	I_S &I_R	t_{PD} E→Q ns$_{typ}$			t_{PD} E→Q ns$_{max}$			Bem./Note f_T §f_Z &f_E
0...70°C § 0...75°C	−40...85°C § −25...85°C	−55...125°C			mA	↓	↕	↑	↓	↕	↑	MHz
SN74ALS03AFN		SN54ALS03AFH	Tix	cc	1,62	5	23		26	59		
			Tix	cc	1,62	5	23		22	54		
SN74ALS03AN		SN54ALS03AJ	Tix	14c	1,62	5	23		26	59		
			Tix	14a	1,62	5	23		22	54		
AS												
SN74AS03FN		SN54AS03FH	Tix	cc								
			Tix	cc								
SN74AS03N		SN54AS03J	Tix	14c								
			Tix	14a								
HC												
MC74HC03J		MC54HC03J	Mot	14c	<2u	11	11		21	21		
MC74HC03N			Mot	14a	<2u	11	11		21	21		
	MM74HC03J	MM54HC03J	Nsc	14c	<2u	11	11		21	21		
	MM74HC03N		Nsc	14a	<2u	11	11		21	21		
		SN54HC03FH	Tix	cc					17	17		
	SN74HC03FN		Tix	cc					17	17		
		SN54HC03J	Tix	14c					17	17		
	SN74HC03N		Tix	14a					17	17		
L												
DM74L03J		DM54L03J	Nsc	14c	0,8				90	90		
DM74L03N			Nsc	14a	0,8				90	90		
MIC74L03J			Itt	14c	0,8	33	60		60	90		
SFC403LE		SFC403LEM	Ses,Nuc	14c	0,2				90			
SN74L03J		SN54L03J	Tix	14c	0,8	33	60		60	90		
SN74L03N	§SN84L03N		Tix	14a	0,8	33	60		60	90		
LS												
DM74LS03J		DM54LS03J	Nsc	14c	<4,4				28	32		
DM74LS03N			Nsc	14a	<4,4				28	32		
HD74LS03			Hit	14a	<4,4				28	32		
M74LS03			Mit	14a	<4,4				28	32		
MB74LS03			Fui	14a	<4,4				28	32		
MB74LS03M			Fui	14c	<4,4				28	32		
N74LS03A			Mul,Phi,Sig	14a	<1,6	16						
N74LS03F		S54LS03F	Mul,Phi,Sig	14c	<1,6	16						
§SN74LS03J		SN54LS03J	Mot	14c	1,6	10	14		18	22		
SN74LS03J		SN54LS03J	Tix	14c	1,6	15	17		28	32		

7403	Typ - Type - Tipo		Hersteller Production Fabricants Produttori Fabricantes	Bild Fig. Fig. Sec 3	I_S &I_R	t_{PD} E→Q ns$_{typ}$			t_{PD} E→Q ns$_{max}$			Bem./Note f_T §f_Z &f_E
0...70°C § 0...75°C	−40...85°C § −25...85°C	−55...125°C			mA	↓	↕	↑	↓	↕	↑	MHz
§SN74LS03N			Mot	14a	1,6	10	14		18	22		
SN74LS03N			Tix	14a	1,6	15	17		28	32		
		SN54LS03W	Tix	14n	1,6	15	17		28	32		
§SN74LS03W		SN54LS03W	Mot	14p	1,6	10	14		18	22		
74LS03J		54LS03J	Ray	14c	<4,4				28	32		
74LS03DC		54LS03DM	Fch	14c	2,4	10	14		18	22		
74LS03FC		54LS03FM	Fch	14p	2,4	10	14		18	22		
74LS03PC			Fch	14a	2,4	10	14		18	22		
S												
DM74S03N			Nsc	14a	<14				7	7		
DM74S03N			Nsc	14a	<36				7	7,5		
GTB74S03P			Rtc	14c	<29,6	3						
HD74S03			Hit	14a	<36				7	7,5		
M74S03			Mit	14a	<36				7	7,5		
N74S03A			Mul,Phi,Sig	14a	13,6	4,5	5		7			
N74S03F		S54S03F	Mul,Phi,Sig	14c	13,6	4,5	5		7			
SN74S03J		SN54S03J	Tix	14c	13	4,5	5		7	7,5		
SN74S03N			Tix	14a	13	4,5	5		7	7,5		
		SN54S03W	Tix	14n	13	4,5	5		7	7,5		
74S03DC		54S03DM	Fch	14c	<36				7	7,5		
74S03FC		54S03FM	Fch	14n	<36				7	7,5		
74S03PC			Fch	14a	<36				7	7,5		

7404 / 1
Output: TP

Inverter / Inverters / Convertisseurs / Invertitori / Inversores

Logiktabelle siehe Sektion 1
Function table see section 1
Tableau logique voir section 1
Per tavola di logica vedi sec. 1
Tabla de verdad, ver sección 1

7404 / 1			Hersteller Production Fabricants Produttori Fabricantes	Bild Fig. Fig. Sec 3	I_S &I_R mA	t_{PD} E→Q ns_{typ} ↓↕↑	t_{PD} E→Q ns_{max} ↓↕↑	Bem./Note f_T §f_Z &f_E MHz
0...70°C § 0...75°C	−40...85°C § −25...85°C	−55...125°C						
SN7404N	§SN8404N		Tix	14a	12	8 12	15 22	
T7404B1			Sgs	14a	12,6	8 12	15 22	
T7404D1		T5404D2	Sgs	14c	12,6	8 12	15 22	
TD3404			Tos	14a	12	8 12	15 22	
TL7404N	§TL8404N		Aeg	14a	12	8 12	15 22	
U6A7404-59X		U6A5404-51X	Fch	14c				
U7A7404-59X		U7A5404-51X	Fch	14a				
µPB235			Nip	14a	<33		15 22	
7404DC		5404DM	Fch	14a	<33		15 22	
7404FC		5404FM	Fch	14n	<33		15 22	
7404J		5404J	Ray	14c	<33		15 22	
7404PC			Fch	14a	<33		15 22	
ALS								
DM74ALS04J		DM54ALS04J	Nsc	14c	<3,8		9 11	
DM74ALS04N			Nsc	14a	<3,8		9 11	
HD74ALS04			Hit	14a	<3,8		9 11	
MC74ALS04J		MC54ALS04J	Mot	14c				
MC74ALS04N			Mot	14a				
MC74ALS04W		MC54ALS04W	Mot	14p				
SN74ALS04J		SN54ALS04J	Tix	14c				
SN74ALS04N			Tix	14a				
SN74ALS04AFN		SN54ALS04AFH	Tix	cc	2,9	2 3	12 14	
			Tix	cc	2,9	2 3	8 11	
SN74ALS04AN		SN54ALS04AJ	Tix	14c	2,9	2 3	12 14	
			Tix	14a	2,9	2 3	8 11	
AS								
DM74AS04J		DM54AS04J	Nsc	14c	<24,2		3 4,5	
DM74AS04N			Nsc	14a	<24,2		3 4,5	
		SN54AS04FH	Tix	cc	14	1 1	4,5 6	
SN74AS04FN			Tix	cc	14	1 1	4 5	
		SN54AS04J	Tix	14c	14	1 1	4,5 6	
SN74AS04N			Tix	14a	14	1 1	4 5	
C								
MM74C04J		MM54C04J	Nsc	14c	10n	50 50	90 90	
MM74C04N			Nsc	14a	10n	50 50	90 90	
		MM54C04W	Nsc	14n	10n	50 50	90 90	

7404 / 1			Hersteller Production Fabricants Produttori Fabricantes	Bild Fig. Fig. Sec 3	I_S &I_R mA	t_{PD} E→Q ns_{typ} ↓↕↑	t_{PD} E→Q ns_{max} ↓↕↑	Bem./Note f_T §f_Z &f_E MHz
0...70°C § 0...75°C	−40...85°C § −25...85°C	−55...125°C						
DM7404J		DM5404J	Nsc	14c	<33		15 22	
DM7404N			Nsc	14a	<33		15 22	
FJH241			Phi,Sig,Val	14a	12,6	8 12	15 22	
FLH211	§FLH215		Sie	14a	12,6	8 12	15 22	
HD7404			Hit	14a	<33		15 22	
M53204			Jap,Mit	14a	<33		15 22	
MB418			Fui	14a	<33		15 22	
MC7404J		MC5404J	Mot	14c	12	8 12	15 22	
MC7404N			Mot	14a	12	8 12	15 22	
MC7404W		MC5404W	Mot	14p	12	8 12	15 22	
MIC7404J		MIC5404J	Itt	14c	12	8 12	15 22	
MIC7404N			Itt	14a	12	8 12	15 22	
N7404A			Mul,Phi,Sig	14a	12,6	8 12	15 22	
N7404F		S5404F	Mul,Phi,Sig	14c	12,6	8 12	15 22	
SN7404J		SN5404J	Tix	14c	12	8 12	15 22	

2-13

7404 / 1 0...70°C § 0...75°C	Typ - Type - Tipo −40...85°C § −25...85°C	−55...125°C	Hersteller Production Fabricants Produttori Fabricantes	Bild Fig. Fig. Sec 3	I_S &I_R mA	t_{PD} E→Q ns typ ↓ ↕ ↑	t_{PD} E→Q ns max ↓ ↕ ↑	Bem./Note f_T §f_Z &f_E MHz	7404 / 1 0...70°C § 0...75°C	Typ - Type - Tipo −40...85°C § −25...85°C	−55...125°C	Hersteller Production Fabricants Produttori Fabricantes	Bild Fig. Fig. Sec 3	I_S &I_R mA	t_{PD} E→Q ns typ ↓ ↕ ↑	t_{PD} E→Q ns max ↓ ↕ ↑	Bem./Note f_T §f_Z &f_E MHz
F									**HCU**								
MC74F04J		MC54F04J	Mot	14c	<15,3	2,5 2,7	3,5 3,8		MC74HCU04J		MC54HCU04J	Mot	14c	<2u	8 8	14 14	
MC74F04N			Mot	14a	<15,3	2,5 2,7	3,5 3,8		MC74HCU04N			Mot	14a	<2u	8 8	14 14	
MC74F04W		MC54F04W	Mot	14p	<15,3	2,5 2,7	3,5 3,8			MM74HCU04J	MM54HCU04J	Nsc	14c	<2u	8,4 8,4	14 14	
N74F04F		S54F04F	Val	14c	<15,3	3,7 2,7	4,3 5			MM74HCU04N		Nsc	14a	<2u	8,4 8,4	14 14	
N74F04N			Val	14a	<15,3	3,7 2,7	4,3 5		**L**								
		S54F04W	Val	14n	<15,3	3,7 2,7	4,3 5		SN74L04J		SN54L04J	Tix	14c	1,2	31 35	60 60	
74F04DC		74F04DM	Fch	14c	<15,3	2,5 2,7	3,5 3,8		SN74L04N	§SN84L04N		Tix	14a	1,2	31 35	60 60	
74F04FC		74F04FM	Fch	14n	<15,3	2,5 2,7	3,5 3,8		**LS**								
74F04PC			Fch	14a	<15,3	2,5 2,7	3,5 3,8		DM54LS04J		DM54LS04J	Nsc	14c	<6,6		15 15	
H									DM74LS04N			Nsc	14a	<6,6		15 15	
N74H04A			Mul,Phi,Sig	14a	28	6,5 9	10 13		HD74LS04			Hit	14c	<6,6		15 15	
N74H04F		S54H04F	Mul,Phi,Sig	14c	28	6,5 9	10 13		M74LS04			Mit	14a	<6,6		15 15	
SN74H04J		SN54H04J	Tix	14c	27	6,5 6	10 10		§SN74LS04J		SN54LS04J	Mot	14c	2,4	5 5	10 10	
SN74H04N			Tix	14a	27	6,5 6	10 10		SN74LS04J		SN54LS04J	Tix	14c	2,4	10 9	15 15	
HC									§SN74LS04N			Mot	14a	2,4	5 5	10 10	
§CD74HC04E			Rca	14a	<2u		15 15		SN74LS04N			Tix	14a	2,4	10 9	15 15	
		CD54HC04F	Rca	14c	<2u		15 15				SN54LS04W	Tix	14n	2,4	10 9	15 15	
MC74HC04J		MC54HC04J	Mot	14c	<2u	9 9	16 16		§SN74LS04W		SN54LS04W	Mot	14p	2,4	5 5	10 10	
MC74HC04N			Mot	14a	<2u	9 9	16 16		74LS04J		54LS04J	Ray	14c	<6,6		15 15	
	MM74HC04J	MM54HC04J	Nsc	14c	<2u	9 9	16 16		74LS04DC		54LS04DM	Fch	14c	3,6	5 5	10 10	
	MM74HC04N		Nsc	14a	<2u	9 9	16 16		74LS04FC		54LS04FM	Fch	14p	3,6	5 5	10 10	
		SN54HC04FH	Tix	cc	<2u		14 14		74LS04PC			Fch	14a	3,6	5 5	10 10	
SN74HC04FH			Tix	cc	<2u		14 14		**S**								
		SN54HC04FK	Tix	cc	<2u		14 14		DM74S04J		DM54S04J	Nsc	14c	<54		5 4,5	
SN74HC04FN			Tix	cc	<2u		14 14		DM74S04N			Nsc	14a	<54		5 4,5	
		SN54HC04J	Tix	14c	<2u		14 14		HD74S04			Hit	14c	<54		5 4,5	
SN74HC04J			Tix	14c	<2u		14 14		M74S04			Mit	14a	<54		5 4,5	
SN74HC04N			Tix	14a	<2u		14 14		N74S04A			Mul,Phi,Sig	14a	22,4	3 3	5 4,5	
HCT									N74S04F		S54S04F	Mul,Phi,Sig	14c	22,4	3 3	5 4,5	
§CD74HCT04E			Rca	14a	<2u		20 20		SN74S04J		SN54S04J	Tix	14c	22,5	3 3	5 4,5	
		CD54HCT04F	Rca	14c	<2u		20 20		SN74S04N			Tix	14a	22,5	3 3	5 4,5	
MC74HCT04J		MC54HCT04J	Mot	14c	<2u						SN54S04W	Tix	14n	22,5	3 3	5 4,5	
MC74HCT04N			Mot	14a	<2u				μPB2S04			Nip	14a	<54		5 4,5	
	MM74HCT04J	MM54HCT04J	Nsc	14c	<2u	14 14	20 20		74S04DC		54S04DM	Fch	14c	<54		5 4,5	
	MM74HCT04N		Nsc	14a	<2u	14 14	20 20		74S04FC		54S04FM	Fch	14n	<54		5 4,5	
									74S04PC			Fch	14a	<54		5 4,5	

7404 / 2
Output: TP

Inverter / Inverters / Convertisseurs / Invertitori / Inversores

7405 / 1
Output: OC

Inverter / Inverters / Convertisseurs / Invertitori / Inversores

Logiktabelle siehe Sektion 1
Function table see section 1
Tableau logique voir section 1
Per tavola di logica vedi sec. 1
Tabla de verdad, ver sección 1

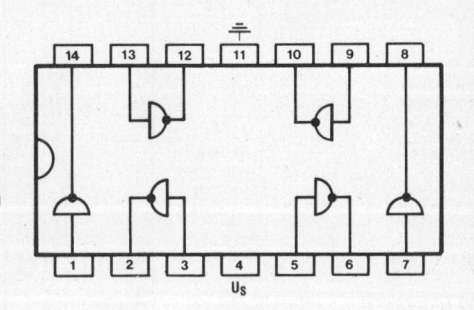

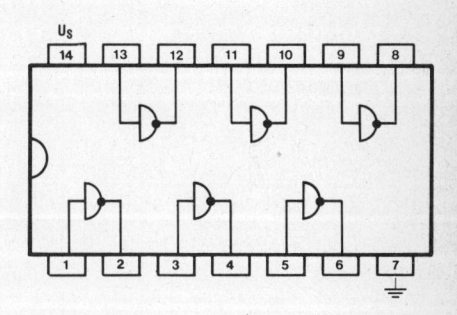

7404 / 2			Hersteller Production Fabricants Produttori Fabricantes	Bild Fig. Fig. Sec 3	I_S &I_R mA	t_{PD} E→Q ns_{typ} ↓ ↕ ↑	t_{PD} E→Q ns_{max} ↓ ↕ ↑	Bem./Note f_T §f_Z &f_E MHz
0...70°C § 0...75°C	−40...85°C § −25...85°C	−55...125°C						
		Typ - Type - Tipo						
H	S5404W SN5404W		Mul,Phi,Sig Tix	14n 14n	12,6 12	8 12 8 12	15 22 15 22	
	S54H04W SN54H04W		Mul,Phi,Sig Tix	14n 14n	28 27	6,5 9 6,5 6	10 13 10 10	
L		SN54L04T	Tix	14p	1,2	31 35	60 60	

7405 / 1			Hersteller Production Fabricants Produttori Fabricantes	Bild Fig. Fig. Sec 3	I_S &I_R mA	t_{PD} E→Q ns_{typ} ↓ ↕ ↑	t_{PD} E→Q ns_{max} ↓ ↕ ↑	Bem./Note f_T §f_Z &f_E MHz
0...70°C § 0...75°C	−40...85°C § −25...85°C	−55...125°C						
		Typ - Type - Tipo						
DM7405J DM7405N FJH251 FJH321 FLH271		DM5405J	Nsc Nsc Phi,Sig,Val Phi,Sig,Val Phi,Sie	14c 14a 14a 14a 14a	<33 <33 12 12 12	15 15 8 40 8 40 8 40	15 15 15 55 15 55 15 55	
FLH271S FLH271T HD7405 M53205 MC7405J	FLH275 §FLH275S §FLH275T	MC5405J	Phi,Sie Sie Hit Mit Mot	14a 14a 14a 14a 14c	12 12 <33 <33	8 40 8 40 15 15 15	15 55 15 55	Q:15V Q:0,05mA
MC7405N MC7405W MIC7405J MIC7405N N7405A		MC5405W MIC5405J	Mot Mot Itt Itt Mul,Phi,Sig	14a 14p 14c 14a 14a	12 12 12 12 12	8 40 8 40 8 40 8 40 8 40	15 55 15 55 15 55 15 55 15 55	

2-15

7405 / 1 0...70°C § 0...75°C	Typ - Type - Tipo −40...85°C § −25...85°C	−55...125°C	Hersteller Production Fabricants Produttori Fabricantes	Bild Fig. Fig. Sec 3	I_S &I_R mA	t_{PD} E→Q ns_{typ} ↓ ↕ ↑	t_{PD} E→Q ns_{max} ↓ ↕ ↑	Bem./Note f_T §f_Z &f_E MHz
N7405F		S5405F	Mul,Phi,Sig	14c	12	8 40	15 55	
SN7405J		SN5405J	Tix	14c	12	8 40	15 55	
SN7405N	§SN8405N		Tix	14a	12	8 40	15 55	
SN7405N-S1	§SN8405N-S1	SN5405N-S1	Tix	14a	12	8 40	15 55	Q:15V
SN7405N-S3	§SN8405N-S3	SN5405N-S3	Tix	14a	12	8 40	15 55	Q:0,05mA
TD3405			Tos	14a	12	8 40	15 55	
TL7405N	§TL8405N		Aeg	14a	12	8 40	15 55	
TL7405N-S1			Aeg	14a	12	8 40	15 55	Q:15V
TL7402N-S3			Aeg	14a	12	8 40	15 55	Q:0,05mA
U6A7405-59X		U6A5405-51X	Fch	14c				
U7A7405-59X		U7A5405-51X	Fch	14a				
µPB236			Nip	14a	<33		15	
7405DC		5405DM	Fch	14c	<33		15	
7405FC		5405FM	Fch	14n	<33		15	
7405J		5405J	Ray	14a	<33		15	
7405PC			Fch	14a	<33		15	
ALS								
DM74ALS05J		DM54ALS05J	Nsc	14c	<3,8		23 54	
DM74ALS05N			Nsc	14a	<3,8		23 54	
HD74ALS05			Hit	14a	<3,8		23 54	
		SN54ALS05J	Tix	14c				
SN74ALS05N			Tix	14a				
		SN54ALS05AFH	Tix	cc	2,9	4 23	19 59	
SN74ALS05AFN			Tix	cc	2,9	4 23	14 54	
		SN54ALS05AJ	Tix	14c	2,9	4 23	19 59	
SN74ALS05AN			Tix	14a	2,9	4 23	14 54	
H								
N74H05F		S54H05F	Mul,Phi,Sig	14c	28	10 10	15 18	
SN74H05J		SN54H05J	Tix	14c	28,0	7,5 10	12 15	
SN74H05N			Tix	14a	28,0	7,5 10	12 15	
HC								
		SN54HC05FH	Tix	cc			14 20	
SN74HC05FN			Tix	cc			14 20	
		SN54HC05J	Tix	14c			14 20	
SN74HC05N			Tix	14a			14 20	

7405 / 1 0...70°C § 0...75°C	Typ - Type - Tipo −40...85°C § −25...85°C	−55...125°C	Hersteller Production Fabricants Produttori Fabricantes	Bild Fig. Fig. Sec 3	I_S &I_R mA	t_{PD} E→Q ns_{typ} ↓ ↕ ↑	t_{PD} E→Q ns_{max} ↓ ↕ ↑	Bem./Note f_T §f_Z &f_E MHz
HCT								
MM74HCT05J		MM54HCT05J	Nsc	14c	<2u	10 12	22 20	
MM74HCT05N			Nsc	14a	<2u	10 12	22 20	
LS								
DM74LS05J		DM54LS05J	Nsc	14c	<6,6		28 32	
DM74LS05N			Nsc	14a	<6,6		28 32	
HD74LS05			Hit	14a	<6,6		28 32	
M74LS05			Mit	14a	<6,6		28 32	
§SN74LS05J		SN54LS05J	Mot	14c	2,4	10 14	18 22	
SN74LS05J		SN54LS05J	Tix	14c	2,4	15 17	28 32	
§SN74LS05N			Mot	14a	2,4	10 14	18 22	
SN74LS05N			Tix	14a	2,4	15 17	28 32	
		SN54LS05W	Tix	14n	2,4	15 17	28 32	
§SN74LS05W		SN54LS05W	Mot	14p	2,4	10 14	18 22	
74LS05J		54LS05J	Ray	14c	<6,6		28 32	
74LS05DC		54LS05DM	Fch	14c	3,6	10 14	18 22	
74LS05FC		54LS05FM	Fch	14p	3,6	10 14	18 22	
74LS05PC			Fch	14a	3,6	10 14	18 22	
S								
DM74S05J		DM54S05J	Nsc	14c	<54		7 7,5	
DM74S05N			Nsc	14a	<54		7 7,5	
HD74S05			Hit	14a	<54		7 7,5	
N74S05A			Mul,Phi,Sig	14a	19,5	4,5 5	7 7,5	
N74S05F		S54S05F	Mul,Phi,Sig	14c	19,5	4,5 5	7 7,5	
SN74S05J		SN54S05J	Tix	14c	19,5	4,5 5	7 7,5	
SN74S05N			Tix	14a	19,5	4,5 5	7 7,5	
		SN54S05W	Tix	14n	19,5	4,5 5	7 7,5	
74S05DC		54S05DM	Fch	14c	<54		7 7,5	
74S05FC		54S05FM	Fch	14n	<54		7 7,5	
74S05PC			Fch	14a	<54		7 7,5	

7405 / 2
Output: OC

Inverter / Inverters / Convertisseurs / Invertitori / Inversores

Logiktabelle siehe Sektion 1
Function table see section 1
Tableau logique voir section 1
Per tavola di logica vedi sec. 1
Tabla de verdad, ver sección 1

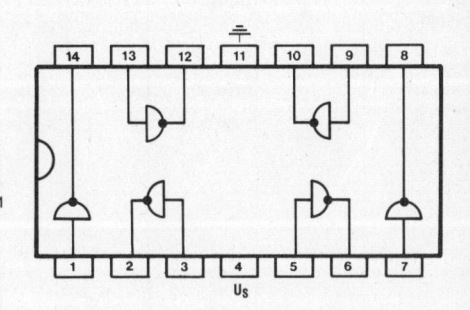

7406
Output: OC

Inverter (30V) / Inverters (30V) / Convertisseurs (30V) / Invertitori (30V) / Inversores (30V)

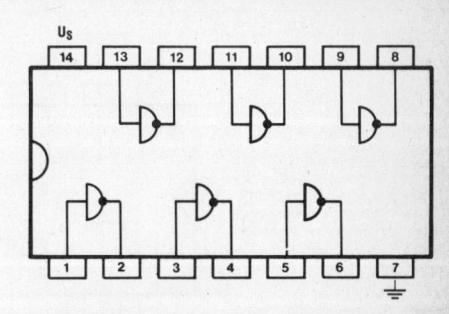

Logiktabelle siehe Sektion 1
Function table see section 1
Tableau logique voir section 1
Per tavola di logica vedi sec. 1
Tabla de verdad, ver sección 1

7405 / 2 0...70°C § 0...75°C	Typ - Type - Tipo −40...85°C § −25...85°C	−55...125°C	Hersteller Production Fabricants Produttori Fabricantes	Bild Fig. Fig. Sec 3	I_S &I_R mA	t_{PD} E→Q ns_{typ} ↓ ↕ ↑	t_{PD} E→Q ns_{max} ↓ ↕ ↑	Bem./Note f_T §f_Z &f_E MHz
H	S5405W		Mul,Phi,Sig	14n	12	8 40	15 55	
	SN5405W		Tix	14n	12	8 40	15 55	
	S54H02W		Mul,Phi,Sig	14n	28	10 10	15 18	
	SN54H05W		Tix	14n	28,0	7,5 10	12 15	

7406 0...70°C § 0...75°C	Typ - Type - Tipo −40...85°C § −25...85°C	−55...125°C	Hersteller Production Fabricants Produttori Fabricantes	Bild Fig. Fig. Sec 3	I_S &I_R mA	t_{PD} E→Q ns_{typ} ↓ ↕ ↑	t_{PD} E→Q ns_{max} ↓ ↕ ↑	Bem./Note f_T §f_Z &f_E MHz
DM7406J		DM5406J	Nsc	14c	<51		23 15	
DM7406N			Nsc	14a	<51		23 15	
FLH481	§FLH485		Sie	14a	31	15 10	23 15	
HD7406			Hit	14a	<51		23 15	
MC7406J		MC5406J	Mot	14c	31	15 10	23 15	
MC7406N			Mot	14a	31	15 10	23 15	
MC7406W		MC5406W	Mot	14p	31	15 10	23 15	
MIC7406J		MIC5406J	Itt	14c	31	15 10	23 15	
MIC7406N			Itt	14a	31	15 10	23 15	
SN7406J		SN5406J	Tix	14c	31	15 10	23 15	
SN7406N	§SN8406N		Tix	14a	31	15 10	23 15	
			Tix	14n	31	15 10	23 15	
		SN5406W	Tix	14p	31	15 10	23 15	
TD3406			Tos	14a	31		23 15	
TL7406N			Aeg	14a	31	15 10	23 15	
7406DC		5406DM	Fch	14c	<51		23 15	
7406FC		5406FM	Fch	14n	<51		23 15	
7406PC			Fch	14a	<51		23 15	
LS								
SN74LS06J		SN54LS06J	Tix	14c	<35	10 7	20 15	
SN74LS06N			Tix	14a	<35	10 7	20 15	
		SN54LS06W	Tix	14n	<35	10 7	20 15	

7407
Output: OC

Treiber (30V)
Drivers (30V)
Étages driver (30V)
Eccitatori (30V)
Excitadores (30V)

7407	Typ - Type - Tipo		Hersteller Production Fabricants Produttori Fabricantes	Bild Fig. Fig. Sec 3	I_S &I_R mA	t_{PD} E→Q ns$_{typ}$ ↓ ↕ ↑	t_{PD} E→Q ns$_{max}$ ↓ ↕ ↑	Bem./Note f_T §f_Z &f_E MHz
0...70°C § 0...75°C	−40...85°C § −25...85°C	−55...125°C						
TL7407N 7407DC 7407FC 7407PC		5407DM 5407FM	Aeg Fch Fch Fch	14a 14c 14n 14a	25 <30 <30 <30	20 6	30 10 30 10 30 10 30 10	
LS SN74LS07J SN74LS07N		SN54LS07J SN54LS07W	Tix Tix Tix	14c 14a 14n	<45 <45 <45	18 6 18 6 18 6	30 10 30 10 30 10	

Logiktabelle siehe Sektion 1
Function table see section 1
Tableau logique voir section 1
Per tavola di logica vedi sec. 1
Tabla de verdad, ver sección 1

7407	Typ - Type - Tipo		Hersteller Production Fabricants Produttori Fabricantes	Bild Fig. Fig. Sec 3	I_S &I_R mA	t_{PD} E→Q ns$_{typ}$ ↓ ↕ ↑	t_{PD} E→Q ns$_{max}$ ↓ ↕ ↑	Bem./Note f_T §f_Z &f_E MHz
0...70°C § 0...75°C	−40...85°C § −25...85°C	−55...125°C						
DM7407J DM7407N FLH491 HD7407 MC7407J	§FLH495	DM5407J MC5407J	Nsc Nsc Sie Hit Mot	14c 14a 14a 14a 14c	<30 <30 25 <30 25	20 6 20 6	30 10 30 10 30 10 30 10 30 10	
MC7407N MC7407W MIC7407J MIC7407N N7407A		MC5407W MIC5407J	Mot Mot Itt Itt Mul,Phi,Sig	14a 14p 14c 14a 14a	25 25 25 25 25	20 6 20 6 20 6 20 6 20 6	30 10 30 10 30 10 30 10 30 10	
N7407F SN7407J SN7407N TD3407	§SN8407N	S5407F SN5407J SN5407W	Mul,Phi,Sig Tix Tix Tix Tos	14a 14c 14a 14n 14a	25 25 25 25 25	20 6 20 6 20 6 20 6 20 6	30 10 30 10 30 10 30 10 30 10	

7408
Output: TP

AND-Gatter / AND gate / Porte AND / Circuito porta AND / Puertas AND

Logiktabelle siehe Sektion 1
Function table see section 1
Tableau logique voir section 1
Per tavola di logica vedi sec. 1
Tabla de verdad, ver sección 1

Pinout: U_S = 14, pins 13, 12, 11, 10, 9, 8; inputs/outputs 1–7 (GND = 7)

7408			Hersteller Production Fabricants Produttori Fabricantes	Bild Fig. Fig. Sec 3	I_S &I_R mA	t_{PD} E→Q ns_{typ} ↓ ↕ ↑	t_{PD} E→Q ns_{max} ↓ ↕ ↑	Bem./Note f_T §f_Z &f_E MHz
0...70°C § 0...75°C	−40...85°C § −25...85°C	−55...125°C						
SFC408P			Ses,Nuc	14c			27	
	§SFC408EV		Ses,Nuc	14c			27	
SN7408J		SN5408J	Tix	14c	15,5	12 17,5	19 27	
SN7408N	§SN8408N		Tix	14a	15,5	12 17,5	19 27	
		SN5408W	Tix	14n	15,5	12 17,5	19 27	
SW7408N			Stw	14c			27	
T7408B1			Sgs	14a	16	12 17,5	19 27	
T7408D1		T5408D2	Sgs	14c	16	12 17,5	19 27	
TD3408			Tos	14a	15,5	12 17,5	19 27	
TL7408N	§TL8408N		Aeg	14a	15,5	12 17,5	19 27	
TRW7408-1			Trw	14a			27	
TRW7408-2			Trw	14c			27	
U3I7408-59X		U3I5408-51X	Fch	14n				
U6A7408-59X		U6A5408-51X	Fch	14c				
U7A7408-59X		U7A5408-51X	Fch	14a				
US7408A		US5408A	Spr	14c			8 27	
US7408J		US5408J	Spr	14n			8 27	
ZN7408E		ZN5408E	Fer	14a			27	
ZN7408J		ZN5408J	Fer	14c			27	
µPB234			Nip	14a	<33		19 27	
7408DC		5408DM	Fch	14c	<33		19 27	
7408FC		5408FM	Fch	14n	<33		19 27	
7408J		5408J	Ray	14c	<33		19 27	
7408PC			Fch	14a	<33		19 27	

7408			Hersteller Production Fabricants Produttori Fabricantes	Bild Fig. Fig. Sec 3	I_S &I_R mA	t_{PD} E→Q ns_{typ} ↓ ↕ ↑	t_{PD} E→Q ns_{max} ↓ ↕ ↑	Bem./Note f_T §f_Z &f_E MHz
0...70°C § 0...75°C	−40...85°C § −25...85°C	−55...125°C						
DM7408J		DM5408J	Nsc	14c	<172		32 32	
DM7408N			Nsc	14a	<172		32 32	
		DM5408W	Nsc	14n	<172		32 32	
FLH381	§FLH385		Sie	14a	16,2	12 17,5	19 27	
GFB7408			Rtc	14c	<8	13		
HD7408			Hit	14a	<33		19 27	
M53208P			Mit	14a	<33		19 27	
MC7408J		MC5408J	Mot	14c	15,5	12 17,5	19 27	
MC7408N			Mot	14a	15,5	12 17,5	19 27	
MC7408W		MC5408W	Mot	14p	15,5	12 17,5	19 27	
MIC7408J	MIC6408J	MIC5408J	Itt	14c	15,5	12 17,5	19 27	
MIC7408N			Itt	14a	15,5	12 17,5	19 27	
N7408A			Mul,Phi,Sig	14a	14,6	12 17,5	19 27	
N7408F	§SFC408ET	S5408F	Mul,Phi,Sig	14a	14,6	12 17,5	19 27	
SFC408E		SFC408EM	Ses,Nuc	14c			27	

ALS

			Hersteller	Bild Fig.	I_S mA	t_{PD} typ	t_{PD} max	
DM74ALS08J		DM54ALS08J	Nsc	14c	<4		10 14	
DM74ALS08N			Nsc	14a	<4		10 14	
HD74ALS08			Hit	14a	<4		10 14	
MC74ALS08J		MC54ALS08J	Mot	14c	2,2	3 4	10 14	
MC74ALS08N			Mot	14a	2,2	3 4	10 14	
MC74ALS08W		MC54ALS08W	Mot	14p	2,2	3 4	10 14	
		SN54ALS08FH	Tix	cc	2,2	3 4	12 16	
SN74ALS08FN			Tix	cc	2,2	3 4	12 16	
SN74ALS08N		SN54ALS08J	Tix	14a	2,2	3 4	10 14	

AS

DM74AS08J		DM54AS08J	Nsc	14c	<22,7		5,5 5,5	
DM74AS08N			Nsc	14a	<22,7		5,5 5,5	
		SN54AS08FH	Tix	cc	14,9	1 1	6,5 6,5	
SN74AS08FN			Tix	cc	14,9	1 1	5,5 5,5	

7408 0...70°C § 0...75°C	Typ - Type - Tipo −40...85°C § −25...85°C	−55...125°C	Hersteller Production Fabricants Produttori Fabricantes	Bild Fig. Fig. Sec 3	I_S &I_R mA	t_{PD} E→Q ns$_{typ}$ ↓↕↑	t_{PD} E→Q ns$_{max}$ ↓↕↑	Bem./Note f_T §f_Z &f_E MHz	7408 0...70°C § 0...75°C	Typ - Type - Tipo −40...85°C § −25...85°C	−55...125°C	Hersteller Production Fabricants Produttori Fabricantes	Bild Fig. Fig. Sec 3	I_S &I_R mA	t_{PD} E→Q ns$_{typ}$ ↓↕↑	t_{PD} E→Q ns$_{max}$ ↓↕↑	Bem./Note f_T §f_Z &f_E MHz
		SN54AS08J	Tix	14c	14,9	1 1	6,5 6,5		**HCT** §CD74HCT08E			Rca	14a		10 10		
SN74AS08N			Tix	14a	14,9	1 1	5,5 5,5				CD54HCT08F	Rca	14c		10 10		
C									**LS**								
	MM74C08J	MM54C08J	Nsc	14c	10n	80 80	140 140		DM74LS08J		DM54LS08J	Nsc	14c	<8,8		20 15	
	MM74C08N		Nsc	14a	10n	80 80	140 140		DM74LS08N			Nsc	14a	<8,8		20 15	
		MM54C08W	Nsc	14n	10n	80 80	140 140		HD74LS08			Hit	14a	<8,8		20 15	
F									M74LS08			Mit	14a	<8,8		20 15	
MC74F08J		MC54F08J	Mot	14c	<13	3,6 4,1	5 5,5		MB74LS08			Fui	14a	<8,8		20 15	
MC74F08N			Mot	14a	<13	3,6 4,1	5 5,5										
MC74F08W		MC54F08W	Mot	14p	<13	3,6 4,1	5 5,5		MB74LS08M			Fui	14c	<8,8		20 15	
N74F08F		S54F08F	Val	14c	<13	4 4,2	5,6 5,3		N74LS08A			Mul,Phi,Sig		<8,8		12	
N74F08N			Val	14a	<13	4 4,2	5,6 5,3		N74LS08F		S54LS08F	Mul,Phi,Sig		<8,8		12	
									§SN74LS08J		SN54LS08J	Mot	14c	3,4	7,5 8	11 13	
		S54F08W	Val	14n	<13	4 4,2	5,6 5,3		SN74LS08J		SN54LS08J	Tix	14c	3,4	10 8	20 15	
74F08DC		74F08DM	Fch	14n	<13	3,6 4,1	5 5,5										
74F08FC		74F08FM	Fch	14n	<13	3,6 4,1	5 5,5		§SN74LS08N			Mot	14a	3,4	7,5 8	11 13	
74F08PC			Fch	14a	<13	3,6 4,1	5 5,5		SN74LS08N			Tix	14a	3,4	10 8	20 15	
											SN54LS08W	Tix	14n	3,4	10 8	20 15	
H									§SN74LS08W		SN54LS08W	Mot	14p	3,4	7,5 8	11 13	
DM74H08J		DM54H08J	Nsc	14c	<64		12 12		74LS08DC		54LS08DM	Fch	14c	4,4	7,5 8	11 13	
DM74H08N			Nsc	14a	<64		12 12		74LS08FC		54LS08FM	Fch	14p	4,4	7,5 8	11 13	
N74H08A			Mul,Phi,Sig	14a	33,6	8,8 7,6	12 12		74LS08J		54LS08J	Ray	14a	<8,8		20 15	
N74H08F		S54H08F	Mul,Phi,Sig	14c	33,6	8,8 7,6	12 12		74LS08PC			Fch	14a	4,4	7,5 8	11 13	
									S								
HC									DM74S08J		DM54S08J	Nsc	14c	<57		7,5 7	
§CD74HC08E			Rca	14a		7 7			DM74S08N			Nsc	14a	<57		7,5 7	
		CD54HC08F	Rca	14c		7 7			N74S08A			Mul,Phi,Sig	14c	<57	7,5		
MC74HC08J		MC54HC08J	Mot	14c	<2u	10 10	20 20		N74S08F		S54S08F	Mul,Phi,Sig	14c	<57	7,5		
MC74HC08N			Mot	14a	<2u	10 10	20 20		SN74S08J		SN54S08J	Tix	14c	25	5 4,5	7,5 7	
	MM74HC08J	MM54HC08J	Nsc	14c	<2u	13 7	20 13										
	MM74HC08N		Nsc	14a	<2u	13 7	20 13		SN74S08N			Tix	14a	25	5 4,5	7,5 7	
		SN54HC08FH	Tix	cc	<2u		17 17				SN54S08W	Tix	14n	25	5 4,5	7,5 7	
	SN74HC08FH		Tix	cc	<2u		17 17		74S08DC		54S08DM	Fch	14c	<57		7,5 7	
	SN74HC08FN	SN54HC08FK	Tix	cc	<2u		17 17		74S08FC		54S08FM	Fch	14p	<57		7,5 7	
			Tix	cc	<2u		17 17		74S08PC			Fch	14a	<57		7,5 7	
		SN54HC08J	Tix	14c	<2u		17 17										
	SN74HC08J		Tix	14c	<2u		17 17										
	SN74HC08N		Tix	14a	<2u		17 17										

7409
Output: OC

AND-Gatter / AND gate / Porte AND / Circuito porta AND / Puertas AND

Logiktabelle siehe Sektion 1
Function table see section 1
Tableau logique voir section 1
Per tavola di logica vedi sec. 1
Tabla de verdad, ver sección 1

Pinout: 14-pin DIP, U_S at pin 14, GND at pin 7. Four 2-input AND gates.

7409 0...70°C / § 0...75°C	–40...85°C / § –25...85°C	–55...125°C	Hersteller Production Fabricants Produttori Fabricantes	Bild Fig. Sec 3	I_S &I_R mA	t_{PD} E→Q ns_{typ} ↓ ↕ ↑	t_{PD} E→Q ns_{max} ↓ ↕ ↑	Bem./Note f_T §f_Z &f_E MHz
N7409F		S5409F	Mul,Phi,Sig	14c	14,7	16 21	24 32	
SFC409E	§SFC409ET	SFC409EM	Ses,Nuc	14c			32	
SFC409P		SFC409PM	Ses,Nuc	14c			32	
	§SFC409EV		Ses,Nuc	14c			32	
SN7409J		SN5409J	Tix	14c	15,5	16 21	24 32	
SN7409N	§SN8409N		Tix	14a	15,5	16 21	24 32	
		SN5409W	Tix	14n	15,5	16 21	24 32	
T7409B1			Sgs	14c	12	16 21	24 32	
T7409D1		T5409D2	Sgs	14c	12	16 21	24 32	
TD3409			Tos	14a		16 21	24 32	
TL7409N	§TL8409N		Aeg	14a	15,5	16 21	24 32	
US7409A		US5409A	Spr	14c			12 40	
US7409J		US5409J	Spr	14n			12 40	
ZN7409E		ZN5409E	Fer	14a			32	
ZN7409J		ZN5409J	Fer	14c			32	
7409DC		5409DM	Fch	14c	<33		24 32	
7409FC		5409FM	Fch	14n	<33		24 32	
7409J		5409J	Ray	14c	<33		24 32	
7409PC			Fch	14a	<33		24 32	

ALS

DM74ALS09J		DM54ALS09J	Nsc	14c	<4		15 54	
DM74ALS09N			Nsc	14a	<4		15 54	
HD74ALS09			Hit	14a	<4		15 54	
MC74ALS09J		MC54ALS09J	Mot	14c	2,2	5 23	15 54	
MC74ALS09N			Mot	14a	2,2	5 23	15 54	
MC74ALS09W		MC54ALS09W	Mot	14p	2,2	5 23	15 54	
		SN54ALS09FH	Tix	cc	2,2	5 23	17 59	
SN74ALS09FN			Tix	cc	2,2	5 23	17 59	
		SN54ALS09J	Tix	14c	2,2	5 23	17 59	
SN74ALS09N			Tix	14a	2,2	5 23	15 54	

HC

		SN54HC09FH	Tix	cc			17 23	
SN74HC09FN			Tix	cc			17 23	
		SN54HC09J	Tix	14c			17 23	
SN74HC09N			Tix	14a			17 23	

LS

DM74LS09J		DM54LS09J	Nsc	14c	<8,8		35 35	
DM74LS09N			Nsc	14a	<8,8		35 35	
HD74LS09			Hit	14a	<8,8		35 35	

7409

7409 0...70°C / § 0...75°C	–40...85°C / § –25...85°C	–55...125°C	Hersteller Production Fabricants Produttori Fabricantes	Bild Fig. Sec 3	I_S &I_R mA	t_{PD} E→Q ns_{typ} ↓ ↕ ↑	t_{PD} E→Q ns_{max} ↓ ↕ ↑	Bem./Note f_T §f_Z &f_E MHz
DM7409J		DM5409J	Nsc	14c	<132		32 32	
DM7409N			Nsc	14a	<132		32 32	
		DM5409W	Nsc	14n	<132		32 32	
FLH391	§FLH395		Sie	14a	16,2	16 21	29 32	
FLH391T	§FLH395T		Sie	14a	<16,2	16 21	29 32	Q:15V
HD7409			Hit	14a	<33		24 32	
M53209P			Mit	14a	<33		24 32	
MC7409J		MC5409J	Mot	14c	15,5	16 21	24 32	
MC7409N			Mot	14a	15,5	16 21	24 32	
MC7409W		MC5409W	Mot	14p	15,5	16 21	24 32	
MIC7409J	MIC6409J	MIC5409J	Itt	14c	15,5	16 21	24 32	
MIC7409N			Itt	14a	15,5	16 21	24 32	
MIC7409AJ	MIC6409AJ	MIC5409AJ	Itt	14c	12	16 21	24 32	
MIC7409AN			Itt	14a	12	16 21	24 32	
N7409A			Mul,Phi,Sig	14a	14,7	16 21	24 32	

7409

	Typ - Type - Tipo		Hersteller Production Fabricants Produttori Fabricantes	Bild Fig. Fig. Sec 3	I_S &I_R mA ↓ ↕ ↑	t_{PD} E→Q ns_{typ} ↓ ↕ ↑	t_{PD} E→Q ns_{max} ↓ ↕ ↑	Bem./Note f_T §f_Z &f_E MHz
0...70°C § 0...75°C	−40...85°C § −25...85°C	−55...125°C						
M74LS09			Mit	14a	<8,8		35 35	
MB74LS09			Fui	14a	<8,8		35 35	
MB74LS09M			Fui	14c	<8,8		35 35	
N74LS09A			Mul,Phi,Sig	14a	<3,4	20		
N74LS09F		S54LS09F	Mul,Phi,Sig	14c	<3,4	20		
§SN74LS09J		SN54LS09J	Mot	14c	3,4	10 13	15 20	
SN74LS09J		SN54LS09J	Tix	14c	3,4	17 20	35 35	
§SN74LS09N			Mot	14a	3,4	10 13	15 20	
SN74LS09N			Tix	14a	3,4	17 20	35 35	
		SN54LS09W	Tix	14n	3,4	17 20	35 35	
§SN74LS09W		SN54LS09W	Mot	14n	3,4	10 13	15 20	
74LS09DC		54LS09DM	Fch	14c	4,4	10 13	15 20	
74LS09FC		54LS09FM	Fch	14p	4,4	10 13	15 20	
74LS09J		54LS09J	Ray	14c	<8,8		35 35	
74LS09PC			Fch	14a	4,4	10 13	15 20	

S

	Typ - Type - Tipo		Hersteller	Bild	I_S&I_R	t_{PD}	t_{PD}	Bem./Note
DM74S09J		DM54S09J	Nsc	14c	<57		10 10	
DM74S09N			Nsc	14a	<57		10 10	
N74S09A			Mul,Phi,Sig	14a	<57	7,5		
N74S09F		S54S09F	Mul,Phi,Sig	14c	<57	7,5		
SN74S09J		SN54S09J	Tix	14c	25	6,5 6,5	10 10	
SN74S09N			Tix	14a	25	6,5 6,5	10 10	
		SN54S09W	Tix	14n	25	6,5 6,5	10 10	
74S09DC		54S09DM	Fch	14c	<57		10 10	
74S09FC		54S09FM	Fch	14n	<57		10 10	
74S09PC			Fch	14a	<57		10 10	

7410 / 1
Output: TP

NAND-Gatter / NAND gate / Porte NAND / Circuito porta NAND / Puertas NAND

Logiktabelle siehe Sektion 1
Function table see section 1
Tableau logique voir section 1
Per tavola di logica vedi sec. 1
Tabla de verdad, ver sección 1

7410 / 1	Typ - Type - Tipo		Hersteller Production Fabricants Produttori Fabricantes	Bild Fig. Fig. Sec 3	I_S &I_R mA ↓ ↕ ↑	t_{PD} E→Q ns_{typ} ↓ ↕ ↑	t_{PD} E→Q ns_{max} ↓ ↕ ↑	Bem./Note f_T §f_Z &f_E MHz
0...70°C § 0...75°C	−40...85°C § −25...85°C	−55...125°C						
D110C	§E110C		Hfo	14c	10,5	12,5 14,5	15 22	
D110D			Hfo	14a	10,5	12,5 14,5	15 22	
DM7410J		DM5410J	Nsc	14c	6		30 30	
DM7410N			Nsc	14a	6		30 30	
		DM5410W	Nsc	14n	6		30 30	
FJH121			Phi,Sig,Val	14a	6	7 11	15 22	
FLH111	§FLH115		Sie	14c	6	7 11	15 22	
GFB7410			Rtc	14c	6	13		
HD7410			Hit	14a	<16,5		15 22	
M53210P			Mit		<16,5		15 22	
MC7410J		MC5410J	Mot	14c	6	7 11	15 22	
MC7410N			Mot	14a	6	7 11	15 22	
MC7410W		MC5410W	Mot	14p	6	7 11	15 22	
MIC7410J	MIC6410J	MIC5410J	Itt	14c	6	7 11	15 22	
MIC7410N			Itt	14a	6	7 11	15 22	

7410 / 1 0...70°C § 0...75°C	Typ - Type - Tipo −40...85°C § −25...85°C	−55...125°C	Hersteller Production Fabricants Produttori Fabricantes	Bild Fig. Fig. Sec 3	I_S &I_R mA	t_{PD} E→Q ns$_{typ}$ ↓ ↕ ↑	t_{PD} E→Q ns$_{max}$ ↓ ↕ ↑	Bem./Note f_T §f_Z &f_E MHz
N7410A			Mul,Phi,Sig	14a	6	7 11	15 22	
N7410F			Mul,Phi,Sig	14c	6	7 11	15 22	
NC7410N			Nuc	14c	<6	13		
SFC410E	§SFC410ET	SFC410EM	Ses,Nuc	14c	8		23	
SN7410J		SN5410J	Tix	14c	6	7 11	15 22	
SN7410N	§SN8410N		Tix	14a	6	7 11	15 22	
SW7410J			Stw	14a	<8	22		
SW7410N			Stw	14c	<8	22		
T7410B1			Sgs	14a	6	8 12	15 22	
T7410D1		T5410D2	Sgs	14c	6	8 12	15 22	
TD3410			Tos	14a	6	7 11	15 22	
TL7410N	§TL8410N		Aeg	14a	6	7 11	15 22	
TRW7410-1			Trw	14a	6	22		
TRW7410-2			Trw	14c	6	22		
U6A7410-59X		U6A5410-51X	Fch	14c				
U7A7410-59X		U7A5410-51X	Fch	14a				
US7410A		US5410A	Spr	14c		8 18		
ZN7410E		ZN5410E	Fer	14a	10	29		
ZN7410J		ZN5410J	Fer	14c	10	29		
µPB202			Nip	14a	<16,5		15 22	
7410DC		5410DM	Fch	14c	<16,5		15 22	
7410FC		5410FM	Fch	14c	<16,5		15 22	
7410J		5410J	Ray	14c	<16,5		15 22	
7410PC			Fch	14a	<16,5		15 22	
1LB554			Su	14a	7	12,5 14,5	15 22	
ALS								
DM74ALS10J		DM54ALS10J	Nsc	14c	<2,2		18 11	
DM74ALS10N			Nsc	14a	<2,2		18 11	
MC74ALS10J		MC54ALS10J	Mot	14c	1,2	4 3	18 11	
MC74ALS10N			Mot	14a	1,2	4 3	18 11	
MC74ALS10W		MC54ALS10W	Mot	14p	1,2	4 3	18 11	
		SN54ALS10FH	Tix	cc	1,2	4 3	21 14	
SN74ALS10FN			Tix	cc	1,2	4 3	18 11	
		SN54ALS10J	Tix	14c	1,2	4 3	21 14	
SN74ALS10N			Tix	14a	1,2	4 3	18 11	
		SN54ALS10AFH	Tix	cc	1,2		12 13	
SN74ALS10AFN			Tix	cc	1,2		10 11	
		SN54ALS10AJ	Tix	14c	1,2		12 13	
SN74ALS10AN			Tix	14a	1,2		10 11	

7410 / 1 0...70°C § 0...75°C	Typ - Type - Tipo −40...85°C § −25...85°C	−55...125°C	Hersteller Production Fabricants Produttori Fabricantes	Bild Fig. Fig. Sec 3	I_S &I_R mA	t_{PD} E→Q ns$_{typ}$ ↓ ↕ ↑	t_{PD} E→Q ns$_{max}$ ↓ ↕ ↑	Bem./Note f_T §f_Z &f_E MHz
AS								
DM74AS10J		DM54AS10J	Nsc	14c	<12,1		3 4,5	
DM74AS10N			Nsc	14a	<12,1		3 4,5	
		SN54AS10FH	Tix	cc	8,1	1 1	5 5	
SN74AS10FN			Tix	cc	8,1	1 1	4,5 4,5	
		SN54AS10J	Tix	14c	8,1	1 1	5 5	
SN74AS10N			Tix	14a	8,1	1 1	4,5 4,5	
C								
MM74C10J		MM54C10J	Nsc	14c	10n	60 60	100 100	
MM74C10N			Nsc	14a	10n	60 60	100 100	
		MM54C10W	Nsc	14n	10n	60 60	100 100	
F								
MC74F10J		MC54F10J	Mot	14c	<7,7	2,7 2,9	3,7 3,9	
MC74F10N			Mot	14a	<7,7	2,7 2,9	3,7 3,9	
MC74F10W		MC54F10W	Mot	14p	<7,7	2,7 2,9	3,7 3,9	
N74F10F		S54F10F	Val	14c	<7,7		2 2,5	
N74F10N			Val	14a	<7,7		2 2,5	
		S54F10W	Val	14n	<7,7		2 2,5	
74F10DC		74F10DM	Fch	14c	<7,7	2,7 2,9	3,7 3,9	
74F10FC		74F10FM	Fch	14c	<7,7	2,7 2,9	3,7 3,9	
74F10PC			Fch	14a	<7,7	2,7 2,9	3,7 3,9	
H								
D210C			Hfo	14c	12	7 7	10 10	
DM74H10J		DM54H10J	Nsc	14c	<30		10 10	
DM74H10N			Nsc	14a	<30		10 10	
GJB74H10P			Rtc	14c	13,8		13	
MIC74H10J			Itt	14c	13,5	6,3 5,9	10 10	
N74H10A			Mul,Phi,Sig	14a	3,5	6,3 5,9	10 10	
N74H10F		S54H10F	Mul,Phi,Sig	14c	3,5	6,3 5,9	10 10	
NC74H10F			Nuc	14a	12		10	
SFC410HE		SFC410HEM	Ses,Nuc	14c	12		10	
SN74H10J		SN54H10J	Tix	14c	13,5	6,3 5,9	10 10	
SN74H10N			Tix	14a	13,5	6,3 5,9	10 10	
T74H10B1			Sgs	14a	14	6		
T74H10D1		T54H10D2	Sgs	14c	14	6		
US74H10A		US54H10A	Spr	14c			10 10	

7410 / 1 0...70°C § 0...75°C	Typ - Type - Tipo −40...85°C § −25...85°C	−55...125°C	Hersteller Production Fabricants Produttori Fabricantes	Bild Fig. Fig. Sec 3	I_S &I_R mA	t_{PD} E→Q ns_{typ} ↓↕↑	t_{PD} E→Q ns_{max} ↓↕↑	Bem./Note f_T §f_Z &f_E MHz	7410 / 1 0...70°C § 0...75°C	Typ - Type - Tipo −40...85°C § −25...85°C	−55...125°C	Hersteller Production Fabricants Produttori Fabricantes	Bild Fig. Fig. Sec 3	I_S &I_R mA	t_{PD} E→Q ns_{typ} ↓↕↑	t_{PD} E→Q ns_{max} ↓↕↑	Bem./Note f_T §f_Z &f_E MHz
HC											SN54LS10W	Tix	14n	1,2	10 9	15 15	
§CD74HC10E			Rca	14a		10 10			§SN74LS10W		SN54LS10W	Mot	14p	1,2	6 6	10 10	
		CD54HC10F	Rca	14c		10 10			74LS10J		54LS10J	Ray	14c	<3,3		15 15	
MC74HC10J		MC54HC10J	Mot	14c	<2u	8 8	16 16		74LS10DC		54LS10DM	Fch	14c	1,8	7 5	10 10	
MC74HC10N			Mot	14a	<2u	8 8	16 16		74LS10FC		54LS10FM	Fch	14p	1,8	7 5	10 10	
	MM74HC10J	MM54HC10J	Nsc	14c	<2u	8 8	15 15		74LS10PC			Fch	14a	1,8	7 5	10 10	
	MM74HC10N		Nsc	14a	<2u	8 8	15 15										
	SN74HC10FH	SN54HC10FH	Tix	cc	<2u		17 17		**S**								
		SN54HC10FK	Tix	cc	<2u		17 17		DM74S10J		DM54S10J	Nsc	14c	<27		5 4,5	
	SN74HC10FN		Tix	cc	<2u		17 17		DM74S10N			Nsc	14a	<27		5 4,5	
		SN54HC10J	Tix	14c	<2u		17 17		GTB74S10B			Rtc	14c	<22,2	3	5 4,5	
	SN74HC10J		Tix	14c	<2u		17 17		HD74S10			Hit	14a	<27		5 4,5	
	SN74HC10N		Tix	14a	<2u		17 17		M74S10			Mit	14a	<27		5 4,5	
									N74S10A			Mul,Phi,Sig	14a	<27		5 5	
HCT									N74S10F		S54S10F	Mul,Phi,Sig	14c	<27		5 5	
§CD74HCT10E			Rca	14a		10 10			SN74S10J		SN54S10J	Tix	14c	11,25	3 3	5 4,5	
		CD54HCT10F	Rca	14c		10 10			SN74S10N			Tix	14c	11,25	3 3	5 4,5	
											SN54S10W	Tix	14n	11,25	3 3	5 4,5	
L									µPB2S10			Nip	14a	<27		5 4,5	
DM74L10J		DM54L10J	Nsc	14c	0,6		100 100		74S10DC		54S10DM	Fch	14c	<27		5 4,5	
DM74L10N			Nsc	14a	0,6		100 100		74S10FC		54S10FM	Fch	14n	<27		5 4,5	
MIC74L10J			Itt	14c	0,6	31 35	60 60		74S10PC			Fch	14a	<27		5 4,5	
SFC410LE		SFC410LEM	Ses,Nuc	14c	0,2		60										
SN74L10J		SN54L10J	Tix	14c	0,6	31 35	60 60										
SN74L10N	§SN84L10N		Tix	14a	0,6	31 35	60 60										
LS																	
DM74LS10J		DM54LS10J	Nsc	14c	<3,3		15 15										
DM74LS10N			Nsc	14a	<3,3		15 15										
HD74LS10			Hit	14a	<3,3		15 15										
M74LS10			Mit	14a	<3,3		15 15										
MB74LS10			Fui	14a	<3,3		15 15										
MB74LS10M			Fui	14c	<3,3		15 15										
N74LS10A			Mul,Phi,Sig	14a	<1,2		25 25										
N74LS10F		N54LS10F	Mul,Phi,Sig	14c	<1,2		25 25										
§SN74LS10J		SN54LS10J	Mot	14c	1,2	6 6	10 10										
SN74LS10J		SN54LS10J	Tix	14c	1,2	10 9	15 15										
§SN74LS10N			Mot	14a	1,2	6 6	10 10										
SN74LS10N			Tix	14a	1,2	10 9	15 15										

7410 / 2
Output: TP

NAND-Gatter
NAND gate
Porte NAND
Circuito porta NAND
Puertas NAND

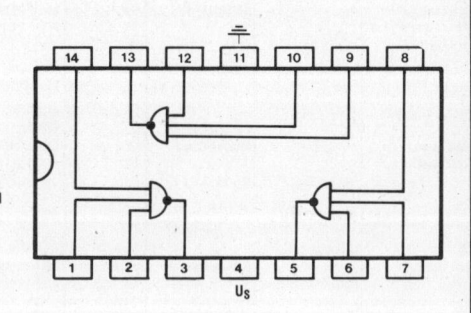

7411 / 1
Output: TP

AND-Gatter
AND gate
Porte AND
Circuito porta AND
Puertas AND

Logiktabelle siehe Sektion 1
Function table see section 1
Tableau logique voir section 1
Per tavola di logica vedi sec. 1
Tabla de verdad, ver sección 1

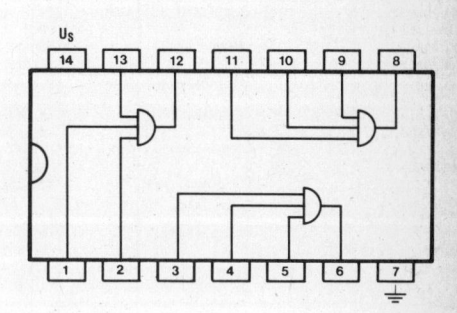

Logiktabelle siehe Sektion 1
Function table see section 1
Tableau logique voir section 1
Per tavola di logica vedi sec. 1
Tabla de verdad, ver sección 1

7410 / 2			Typ - Type - Tipo			Hersteller Production Fabricants Produttori Fabricantes	Bild Fig. Fig. Sec 3	I_S &I_R mA	t_{PD} E→Q ns$_{typ}$ ↓ ↕ ↑	t_{PD} E→Q ns$_{max}$ ↓ ↕ ↑	Bem./Note f_T §f_Z &f_E MHz
0...70°C § 0...75°C	−40...85°C § −25...85°C		−55...125°C								
MC7410F			MC5410F			Mot	14p	6	13		
US7410J			SN5410W			Tix	14n	6	7 11	15 22	
			US5410J			Spr	14n		8 18		
H											
US74H10J			SN54H10W			Tix	14n	13,5	6,3 5,9	10 10	
			US54H10J			Spr	14n			10 10	
L											
DM74L10F			DM54L10F			Nsc	14n	0,6		100 100	
			SN54L10T			Tix	14p	0,6	31 35	60 60	

7411 / 1			Typ - Type - Tipo			Hersteller Production Fabricants Produttori Fabricantes	Bild Fig. Fig. Sec 3	I_S &I_R mA	t_{PD} E→Q ns$_{typ}$ ↓ ↕ ↑	t_{PD} E→Q ns$_{max}$ ↓ ↕ ↑	Bem./Note f_T §f_Z &f_E MHz
0...70°C § 0...75°C	−40...85°C § −25...85°C		−55...125°C								
DM7411N						Nsc	14a	<66	27	27	
MIC7411J			MIC6411J			MIC5411J	Itt	14c	11,8	12 17,5	19 27
MIC7411N						Itt	14a	11,8	12 17,5	19 27	
N7411A						Mul,Phi,Sig	14a	10,5	12 17,5	19 27	
N7411F						S5411F	Mul,Phi,Sig	14c	10,5	12 17,5	19 27
SFC411HE						SFC41HEM	Nuc,Ses	14c	12		12	
US7411A						Spr	14a	12	8 18		
μPB233						Nip	14a	<24		25 40	
7411DC						5411DM	Fch	14c	<24		25 40
7411FC						5411FM	Fch	14n	<24		25 40
7411J						5411J	Ray	14c	<24		25 40
7411PC						Fch	14a	<24		25 40	

7411 / 1 0...70°C § 0...75°C	Typ - Type - Tipo −40...85°C § −25...85°C	−55...125°C	Hersteller Production Fabricants Produttori Fabricantes	Bild Fig. Fig. Sec 3	I_S &I_R mA	t_{PD} $E \to Q$ ns_{typ} ↓↕↑	t_{PD} $E \to Q$ ns_{max} ↓↕↑	Bem./Note f_T §f_Z &f_E MHz	7411 / 1 0...70°C § 0...75°C	Typ - Type - Tipo −40...85°C § −25...85°C	−55...125°C	Hersteller Production Fabricants Produttori Fabricantes	Bild Fig. Fig. Sec 3	I_S &I_R mA	t_{PD} $E \to Q$ ns_{typ} ↓↕↑	t_{PD} $E \to Q$ ns_{max} ↓↕↑	Bem./Note f_T §f_Z &f_E MHz
ALS									N74H11F		S54H11F	Mul,Phi,Sig	14c	24	8,8 7,6	12 12	
DM74ALS11J		DM54ALS11J	Nsc	14c	<3		10 20		NC74H11N			Nuc	14a	24	8,8 7,6	12 12	
DM74ALS11N			Nsc	14a	<3		10 20		SN74H11J		SN54H11J	Tix	14c	24	8,8 7,6	12 12	
MC74ALS11J		MC54ALS11J	Mot	14c	1,6	3 5	10 20		SN74H11N			Tix	14a	24	8,8 7,6	12 12	
MC74ALS11N			Mot	14a	1,6	3 5	10 20		US74H11A			Spr			10 10	15	
MC74ALS11W		MC54ALS11W	Mot	14p	1,6	3 5	10 20										
									HC								
		SN54ALS11FH	Tix	cc	1,6	3 5	12 23		§CD74HC11E			Rca	14a	<2u		21 21	
SN74ALS11FN			Tix	cc	1,6	3 5	10 20				CD54HC11F	Rca	14c	<2u		21 21	
		SN54ALS11J	Tix	14c	1,6	3 5	12 23		MC74HC11J		MC54HC11J	Mot	14c	<2u	13 13	21 21	
SN74ALS11N			Tix	14a	1,6	3 5	10 20		MC74HC11N			Mot	14a	<2u	13 13	21 21	
		SN54ALS11AFH	Tix	cc	1,6		12 16		MM74HC11J		MM54HC11J	Nsc	14c	<2u	15 15	21 21	
SN74ALS11AFN			Tix	cc	1,6		10 13		MM74HC11N			Nsc	14a	<2u	15 15	21 21	
		SN54ALS11AJ	Tix	14c	1,6		12 16				SN54HC11FH	Tix	cc	<2u		17 17	
SN74ALS11AN			Tix	14a	1,6		10 13		SN74HC11FH			Tix	cc	<2u		17 17	
											SN54HC11FK	Tix	cc	<2u		17 17	
AS									SN74HC11FN			Tix	cc	<2u		17 17	
DM74AS11J		DM54AS11J	Nsc	14c	<17		5,5 5,5				SN54HC11J	Tix	14c	<2u		17 17	
DM74AS11N			Nsc	14a	<17		5,5 5,5		SN74HC11J			Tix	14c	<2u		17 17	
		SN54AS11FH	Tix	cc	11,2	1 1	6,5 6,5		SN74HC11N			Tix	14a	<2u		17 17	
SN74AS11FN			Tix	cc	11,2	1 1	5,5 6										
		SN54AS11J	Tix	14c	11,2	1 1	6,5 6,5		**HCT**								
SN74AS11N			Tix	14a	11,2	1 1	5,5 6		§CD74HCT11E			Rca	14a	<2u		28 28	
											CD54HCT11F	Rca	14c	<2u		28 28	
F																	
MC74F11J		MC54F11J	Mot	14c	<9,7	3,7 4,2	5 5,5		**LS**								
MC74F11N			Mot	14a	<9,7	3,7 4,2	5 5,5		DM74LS11J		DM54LS11J	Nsc	14c	<6,6		20 15	
MC74F11W		MC54F11W	Mot	14p	<9,7	3,7 4,2	5 5,5		DM74LS11N			Nsc	14a	<6,6		20 15	
N74F11F		S54F11F	Val	14c	<9,7		4,3 5		HD74LS11			Hit	14c	<6,6		20 15	
N74F11N			Val	14a	<9,7		4,3 5		M74LS11			Mit	14c	<6,6		20 15	
									MB74LS11			Fuj	14a	<6,6		20 15	
		S54F11W	Val	14n	<9,7		4,3 5										
74F11DC		74F11DM	Fch	14c	<9,7	3,7 4,2	5 5,5		MB74LS11M			Fuj	14c	<6,6		20 15	
74F11FC		74F11FM	Fch	14n	<9,7	3,7 4,2	5 5,5		N74LS11A			Mul,Phi,Sig	14a	6,6	12		
74F11PC			Fch	14a	<9,7	3,7 4,2	5 5,5		N74LS11F		S54LS11F	Mul,Phi,Sig	14c	6,6	12		
									§SN74LS11J		SN54LS11J	Mot	14c	2,55	7,5 8,5	11 13	
H									SN74LS11J		SN54LS11J	Tix	14c	2,55	10 8	20 15	
DM74H11J		DM54H11J	Nsc	14c			12 12										
DM74H11N			Nsc	14a			12 12		§SN74LS11N			Mot	14a	2,55	7,5 8,5	11 13	
GJB74H11P			Rtc	14c	24		12		SN74LS11N			Tix	14a	2,55	10 8	20 15	
MIC74H11J			Itt	14c	24	8,8 7,6	12 12		§SN74LS11W		SN54LS11W	Tix	14n	2,55	10 8	20 15	
N74H11A			Mul,Phi,Sig	14a	24	8,8 7,6	12 12		74LS11DC		54LS11DM	Fch	14c	3,3	7,5 8,5	11 13	

7411 / 1

AND-Gatter / AND gate / Porte AND / Circuito porta AND / Puertas AND

Typ - Type - Tipo			Hersteller Production Fabricants Produttori Fabricantes	Bild Fig. Fig. Sec	I_S &I_R	t_{PD} E→Q ns_{typ}		t_{PD} E→Q ns_{max}		Bem./Note f_T §f_Z &f_E
0...70°C § 0...75°C	−40...85°C § −25...85°C	−55...125°C		3	mA	↓↑↑		↓↑↑		MHz
74LS11FC		54LS11FM	Fch	14p	3,3	7,5	8,5	11	13	
74LS11J		54LS11J	Ray	14c	<6,6			20	15	
74LS11PC			Fch	14a	3,3	7,5	8,5	11	13	
S										
DM74S11J		DM54S11J	Nsc	14c	<42			7,5	7	
DM74S11N			Nsc	14a	<42			7,5	7	
GTB74S11P			Rtc	14c	<22	3				
HD74S11			Hit	14a	<42			7,5	7	
M74S11			Mit	14a	<42			7,5	7	
N74S11A			Mul,Phi,Sig	14a	18,75	5	4,5	7,5	7	
N74S11F		S54S11F	Mul,Phi,Sig	14c	18,75	5	4,5	7,5	7	
SN74S11J		SN54S11J	Tix	14c	18,75	5	4,5	7,5	7	
SN74S11N			Tix	14a	18,75	5	4,5	7,5	7	
		SN54S11W	Tix	14n	18,75	5	4,5	7,5	7	
µPB2S11			Nip	14a	<42			7,5	7	
74S11DC		54S11DM	Fch	14c	<42			7,5	7	
74S11FC		54S11FM	Fch	14n	<42			7,5	7	
74S11PC			Fch	14a	<42			7,5	7	

7411 / 2
Output: TP

Logiktabelle siehe Sektion 1
Function table see section 1
Tableau logique voir section 1
Per tavola di logica vedi sec. 1
Tabla de verdad, ver sección 1

7411 / 2	Typ - Type - Tipo		Hersteller Production Fabricants Produttori Fabricantes	Bild Fig. Fig. Sec	I_S &I_R	t_{PD} E→Q ns_{typ}		t_{PD} E→Q ns_{max}		Bem./Note f_T §f_Z &f_E
0...70°C § 0...75°C	−40...85°C § −25...85°C	−55...125°C		3	mA	↓↑↑		↓↑↑		MHz
US7411J		S5411W US5411J	Mul,Phi,Sig Spr	14n 14n	10,5	12 8	17,5 18	19	27	
H										
SFC411HP		SFC411HPM	Nuc,Ses	14n						
US74H11J		SN54H11W US54H11J	Tix Spr	14n 14n	24	8,8 10	7,6 10	12 15	12	

7412
Output: TP

NAND-Gatter
NAND gate
Porte NAND
Circuito porta NAND
Puertas NAND

Logiktabelle siehe Sektion 1
Function table see section 1
Tableau logique voir section 1
Per tavola di logica vedi sec. 1
Tabla de verdad, ver sección 1

7412			Hersteller Production Fabricants Produttori Fabricantes	Bild Fig. Fig. Sec 3	I_S &I_R mA	t_{PD} E→Q ns_{typ} ↓ ↕ ↑	t_{PD} E→Q ns_{max} ↓ ↕ ↑	Bem./Note f_T §f_Z &f_E MHz
0...70°C § 0...75°C	−40...85°C § −25...85°C	−55...125°C						
ALS								
DM74ALS12J		DM54ALS12J	Nsc	14c	<2,2		30 54	
DM74ALS12N			Nsc	14a	<2,2		30 54	
MC74ALS12J		MC54ALS12J	Mot	14c	1,2	9 23	30 54	
MC74ALS12N			Mot	14a	1,2	9 23	30 54	
MC74ALS12W		MC54ALS12W	Mot	14p	1,2	9 23	30 54	
		SN54ALS12FH	Tix	cc	1,2	9 23	37 59	
SN74ALS12FN			Tix	cc	1,2	9 23	30 54	
		SN54ALS12J	Tix	14c	1,2	9 23	37 59	
SN74ALS12N			Tix	14a	1,2	9 23	30 54	
		SN54ALS12AFH	Tix	cc	1,2		22 59	
SN74ALS12AFN			Tix	cc	1,2		18 54	
		SN54ALS12AJ	Tix	14c	1,2		22 59	
SN74ALS12AN			Tix	14a	1,2		18 54	
LS								
DM74LS12J		DM54LS12J	Nsc	14c	<3,3		28 32	
DM74LS12N			Nsc	14a	<3,3		28 32	
HD74LS12			Hit	14a	<3,3		28 32	
M74LS12			Mit	14a	<3,3		28 32	
MB74LS12			Fui	14a	<3,3		28 32	
MB74LS12M			Fui	14c	<3,3		28 32	
SN74LS12J		SN54LS12J	Tix	14c	1,26	15 17	28 32	
SN74LS12N			Tix	14a	1,26	15 17	28 32	
		SN54LS12W	Tix	14n	1,26	15 17	28 32	
74LS12J		54LS12J	Ray	14c	<3,3		28 32	
S								
HD74S12			Hit	14a	<27		7 7,5	

7412			Hersteller Production Fabricants Produttori Fabricantes	Bild Fig. Fig. Sec 3	I_S &I_R mA	t_{PD} E→Q ns_{typ} ↓ ↕ ↑	t_{PD} E→Q ns_{max} ↓ ↕ ↑	Bem./Note f_T §f_Z &f_E MHz
0...70°C § 0...75°C	−40...85°C § −25...85°C	−55...125°C						
FLH501	§FLH505		Sie	14a	6	8 35	15 45	
HD7412			Hit	14a	<16,5		15	
MIC7412J	MIC6412J	MIC5412J	Itt	14c	6	8 35	15 45	
MIC7412N			Itt	14a	6	8 35	15 45	
MIC7412AJ	MIC6412AJ	MIC5412AJ	Itt	14c	6	8 35	15 45	Q:15V
MIC7412AN			Itt	14a	6	8 35	15 45	Q:15V
SN7412J		SN5412J	Tix	14c	6	8 35	15 45	
SN7412N	§SN8412N		Tix	14a	6	8 35	15 45	
		SN5412W	Tix	14n	6	8 35	15 45	
TL7412N			Aeg	14a	6	8 35	15 45	
ZN7412E			Fer	14a	<16,4		45	
ZN7412J		ZN5412J	Fer	14c	<16,4		45	
7412DC		5412DM	Fch	14c	<16,5		15	
7412FC		5412FM	Fch	14n	<16,5		15	
7412J		5412J	Ray	14c	<16,5		15	
7412PC			Fch	14a	<16,5		15	

7413
Output: TP

NAND-Schmitt-Trigger
NAND Schmitt Triggers
Porte NAND, montage trigger de Schmitt
Circuito porta NAND
Disparadores de Schmitt NAND

Logiktabelle siehe Sektion 1
Function table see section 1
Tableau logique voir section 1
Per tavola di logica vedi sec. 1
Tabla de verdad, ver sección 1

7413	Typ - Type - Tipo		Hersteller Production Fabricants Produttori Fabricantes	Bild Fig. Fig. Sec 3	I_S &I_R mA	t_{PD} E→Q ns$_{typ}$ ↓ ↕ ↑	t_{PD} E→Q ns$_{max}$ ↓ ↕ ↑	Bem./Note f_T §f_Z &f_E MHz
0...70°C § 0...75°C	−40...85°C § −25...85°C	−55...125°C						
TL7413N	§TL8413N		Aeg	14a	17	15 18	22 27	
µPB213			Nip	14a	<32		22 27	
7413DC		5413DM	Fch	14c	<32		22 27	
7413FC		5413FM	Fch	14n	<32		22 27	
7413PC			Fch	14a	<32		22 27	

LS

DM74LS13J		DM54LS13J	Nsc	14c	<7		27 22	
DM74LS13N			Nsc	14a	<7		27 22	
HD74LS13			Hit	14a	<7		27 22	
M74LS13			Mit	14a	<7		27 22	
SN74LS13J		SN54LS13J	Tix	14c	3,5	18 15	27 22	
SN74LS13N			Tix	14a	3,5	18 15	27 22	
		SN54LS13W	Tix	14n	3,5	18 15	27 22	
74LS13DC		54LS13DM	Fch	14c	12		22 22	
74LS13FC		54LS13FM	Fch	14p	12		22 22	
74LS13J		54LS13J	Ray	14c	<7		27 22	
74LS13PC			Fch	14a	12		22 22	

7413	Typ - Type - Tipo		Hersteller Production Fabricants Produttori Fabricantes	Bild Fig. Fig. Sec 3	I_S &I_R mA	t_{PD} E→Q ns$_{typ}$ ↓ ↕ ↑	t_{PD} E→Q ns$_{max}$ ↓ ↕ ↑	Bem./Note f_T §f_Z &f_E MHz
0...70°C § 0...75°C	−40...85°C § −25...85°C	−55...125°C						
DM7413J		DM5413J	Nsc	14c	<32		22 27	
DM7413N			Nsc	14a	<32		22 27	
FJL131			Val	14a	17	15 18	22 27	
FLH351	§FLH355		Sie	14a	17	15 18	22 27	
HD7413			Hit	14a	<32		22 27	
MB404			Fui	14a	<32		22 27	
MB404M			Fui	14c	<32		22 27	
MC7413J		MC5413J	Mot	14c	17	15 18	22 27	
MC7413N			Mot	14a	17	15 18	22 27	
MC7413W		MC5413W	Mot	14p	17	15 18	22 27	
MIC7413J	MIC6413J	MIC5413J	Itt	14c	17	15 18	30 35	
MIC7413N			Itt	14a	17	15 18	30 35	
SN7413J		SN5413J	Tix	14c	17	15 18	22 27	
SN7413N	§SN8413N		Tix	14a	17	15 18	22 27	
		SN5413W	Tix	14n	17	15 18	22 27	

2-29

7414
Output: TP

Invertierende Schmitt-Trigger
Schmitt Trigger Inverters
Montages trigger de Schmitt invertisseurs
Sganciatori invertenti Schmitt
Diparadores de Schmitt inversores

Logiktabelle siehe Sektion 1
Function table see section 1
Tableau logique voir section 1
Per tavola di logica vedi sec. 1
Tabla de verdad, ver sección 1

7414 0...70°C §0...75°C	Typ - Type - Tipo −40...85°C §−25...85°C	−55...125°C	Hersteller Production Fabricants Produttori Fabricantes	Bild Fig. Fig. Sec 3	I_S & I_R mA	t_{PD} E→Q ns_{typ} ↓↑ ↕ ↑	t_{PD} E→Q ns_{max} ↓↑ ↕ ↑	Bem./Note f_T §f_Z & f_E MHz
C								
	MM74C14J	MM54C14J	Nsc	14c	50n	220 220	400 400	
	MM74C14N		Nsc	14a	50n	220 220	400 400	
		MM54C14W	Nsc	14n	50n	220 220	400 400	
HC								
§CD74HC14E			Rca	14a		12 12		
		CD54HC14F	Rca	14c		12 12		
MC74HC14J	MC74HC14J	MC54HC14J	Mot	14c	<2u	11 11	21 21	
MC74HC14N			Mot	14a	<2u	11 11	21 21	
	MM74HC14J	MM54HC14J	Nsc	14c	<2u	11 11	21 21	
	MM74HC14N		Nsc	14a	<2u	11 11	21 21	
	SN74HC14FH	SN54HC14FH	Tix	cc	<2u		24 24	
	SN74HC14FN	SN54HC14FK	Tix	cc	<2u		24 24	
			Tix	cc	<2u		24 24	
		SN54HC14J	Tix	14c	<2u		24 24	
	SN74HC14J		Tix	14c	<2u		24 24	
	SN74HC14N		Tix	14a	<2u		24 24	
HCT								
§CD74HCT14E			Rca	14a		12 12		
		CD54HCT14F	Rca	14c		12 12		
LS								
DM74LS14J		DM54LS14J	Nsc	14c	<21		22 22	
DM74LS14N			Nsc	14a	<21		22 22	
HD74LS14			Hit	14a	<21		22 22	
M74LS14			Mit	14a	<21		22 22	
§SN74LS14J		SN54LS14J	Mot	14c	10,3		20 20	
SN74LS14J		SN54LS14J	Tix	14c	10,3	15 15	22 22	
§SN74LS14N			Mot	14a	10,3		20 20	
SN74LS14N			Tix	14a	10,3	15 15	22 22	
		SN54LS14W	Tix	14n	10,3	15 15	22 22	
§SN74LS14W		SN54LS14W	Mot	14p	10,3		20 20	
74LS14DC		54LS14DM	Fch	14c	12		27 27	
74LS14FC		54LS14FM	Fch	14p	12		27 27	
74LS14PC			Fch	14a	12		27 22	

7414 0...70°C §0...75°C	Typ - Type - Tipo −40...85°C §−25...85°C	−55...125°C	Hersteller Production Fabricants Produttori Fabricantes	Bild Fig. Fig. Sec 3	I_S & I_R mA	t_{PD} E→Q ns_{typ} ↓↑ ↕ ↑	t_{PD} E→Q ns_{max} ↓↑ ↕ ↑	Bem./Note f_T §f_Z & f_E MHz
DM7414J		DM5414J	Nsc	14c	<36		22 22	
DM7414N			Nsc	14a	<36		22 22	
HD7414			Hit	14a	<36		22 22	
MC7414J		MC5414J	Mot	14c	30,6	15 15	22 22	
MC7414N			Mot	14a	30,6	15 15	22 22	
MC7414W		MC5414W	Mot	14p	30,6	15 15	22 22	
SN7414J		SN5414J	Tix	14c	30,6	15 15	22 22	
SN7414N	§SN8414N		Tix	14a	30,6	15 15	22 22	
		SN5414W	Tix	14n	30,6	15 15	22 22	
7414	§8414		Sie	14a	30,6	15 15	22 22	
7414DC		5414DM	Fch	14c	<36		22 22	
7414FC		5414FM	Fch	14n	<36		22 22	
7414PC			Fch	14a	<36		22 22	

7415
Output: OC

AND-Gatter / AND gates / Porte AND / Circuito porta AND / Puertas AND

Logiktabelle siehe Sektion 1
Function table see section 1
Tableau logique voir section 1
Per tavola di logica vedi sec. 1
Tabla de verdad, ver sección 1

U_S — pins 14, 13, 12, 11, 10, 9, 8 / 1, 2, 3, 4, 5, 6, 7

7415

						t_{PD} $E \rightarrow Q$ ns_{typ}			t_{PD} $E \rightarrow Q$ ns_{max}			
0...70°C § 0...75°C	−40...85°C § −25...85°C	−55...125°C	Hersteller Production Fabricants Produttori Fabricantes	Bild Fig. Fig. Sec 3	I_S &I_R mA	↓	↕	↑	↓	↕	↑	Bem./Note f_T §f_Z &f_E MHz

LS

Typ - Type - Tipo			Hersteller	Bild	I_S&I_R	t_{PD} typ			t_{PD} max			Note
DM74LS15J			Nsc	14c	<6,6				35		35	
DM74LS15N			Nsc	14a	<6,6				35		35	
HD74LS15			Hit	14a	<6,6				35		35	
M74LS15			Mit	14a	<6,6				35		35	
MB74LS15			Fui	14a	<6,6				35		35	
MB74LS15M			Fui	14c	<6,6				35		35	
N74LS15A			Mul,Phi,Sig	14a	<2,5	20						
N74LS15F		S54LS15F	Mul,Phi,Sig	14c	<2,5	20						
§SN74LS15J		SN54LS15J	Mot	14c	2,55	10		13	15		20	
SN74LS15J		SN54LS15J	Tix	14c	2,55	17		20	35		35	
§SN74LS15N			Mot	14a	2,55	10		13	15		20	
SN74LS15N			Tix	14a	2,55	17		20	35		35	
§SN74LS15W		SN54LS15W	Mot	14p	2,55	10		13	15		20	
SN74LS15W		SN54LS15W	Tix	14p	2,55	17		20	35		35	
74LS15DC		54LS15DM	Fch	14c	3,3	10		13	15		20	
74LS15FC		54LS15FM	Fch	14p	3,3	10		13	15		20	
74LS15J		54LS15J	Ray		<6,6				35		35	
74LS15PC			Fch	14a	3,3	10		13	15		20	

S

Typ - Type - Tipo			Hersteller	Bild	I_S&I_R	t_{PD} typ			t_{PD} max			Note
DM74S15J		DM54S15J	Nsc	14c	<42				9		8,5	
DM74S15N			Nsc	14a	<42				9		8,5	
HD74S15			Hit	14a	<42				9		8,5	
M74S15			Mit	14a	<42				9		8,5	
N74S15A			Mul,Phi,Sig	14a	17,2	6		5,5	9		8,5	
N74S15F		S54S15F	Mul,Phi,Sig	14c	17,2	6		5,5	9		8,5	
SN74S15J		SN54S15J	Tix	14c	17,25	6		5,5	9		8,5	
SN74S15N			Tix	14a	17,25	6		5,5	9		8,5	
		SN54S15W	Tix	14n	17,25	6		5,5	9		8,5	
74S15DC		54S15DM	Fch	14c	<42				9		8,5	
74S15FC		54S15FM	Fch	14n	<42				9		8,5	
74S15PC			Fch	14a	<42				9		8,5	

7415

Typ - Type - Tipo			Hersteller	Bild	I_S&I_R	t_{PD} typ			t_{PD} max			Note
0...70°C § 0...75°C	−40...85°C § −25...85°C	−55...125°C			mA	↓	↕	↑	↓	↕	↑	MHz
DM74ALS15J		DM54ALS15J	Nsc	14c								
DM74ALS15N			Nsc	14a								
MC74ALS15J		MC54ALS15J	Mot	14c	1,66	6	23		13	54		
MC74ALS15N			Mot	14a	1,66	6	23		13	54		
MC74ALS15W		MC54ALS15W	Mot	14p	1,66	6	23		13	54		
		SN54ALS15FH	Tix	cc	1,66	6	23		14	59		
SN74ALS15FN			Tix	cc	1,66	6	23		13	54		
		SN54ALS15J	Tix	14c	1,66	6	23		14	59		
SN74ALS15N			Tix	14a	1,66	6	23		13	54		

H

Typ - Type - Tipo			Hersteller	Bild	I_S&I_R	t_{PD} typ			t_{PD} max			Note
SN74H15J		SN54H15J	Tix	14c	22,5	9	12		13	18		
SN74H15N			Tix	14a	22,5	9	12		13	18		
		SN54H15W	Tix	14n	22,5	9	12		13	18		

2-31

7416
Output: OC

Inverter (15V)
Inverters (15V)
Convertisseurs (15V)
Invertitori (15V)
Inversores (15V)

Logiktabelle siehe Sektion 1
Function table see section 1
Tableau logique voir section 1
Per tavola di logica vedi sec. 1
Tabla de verdad, ver sección 1

FQ = 25

7416			Hersteller Production Fabricants Produttori Fabricantes	Bild Fig. Fig. Sec	I_S & I_R	t_{PD} E→Q ns$_{typ}$			t_{PD} E→Q ns$_{max}$			Bem./Note f_T §f_Z & f_E
0...70°C § 0...75°C	−40...85°C § −25...85°C	−55...125°C		3	mA	↓	↕	↑	↓	↕	↑	MHz
TL7416N 7416DC 7416FC 7416PC		5416DM 5416FM	Aeg Fch Fch Fch	14a 14c 14n 14a	28,5 <51 <51 <51	15		10	23 23 23 23		15 15 15 15	
LS												
SN74LS16J SN74LS16N		SN54LS16J SN54LS16W	Tix Tix Tix	14c 14a 14n	3,67 3,67 3,67	10 10 10		7 7 7	20 20 20		15 15 15	

7416			Hersteller Production Fabricants Produttori Fabricantes	Bild Fig. Fig. Sec	I_S & I_R	t_{PD} E→Q ns$_{typ}$			t_{PD} E→Q ns$_{max}$			Bem./Note f_T §f_Z & f_E
0...70°C § 0...75°C	−40...85°C § −25...85°C	−55...125°C		3	mA	↓	↕	↑	↓	↕	↑	MHz
DM7416J DM7416N FLH481T HD7416 MC7416J	§FLH485T	DM5416J MC5416J	Nsc Nsc Sie Hit Mot	14c 14a 14a 14a 14c	<51 <51 31 <51 31	15 15		10 10	23 23 23 23 23		15 15 15 15 15	
MC7416N MC7416W MIC7416J MIC7416N SN7416J	MIC6416J	MC5416W MIC5416J SN5416J	Mot Mot Itt Itt Tix	14a 14p 14c 14a 14c	31 31 28,6 28,6 31	15 15 15 15 15		10 10 10 10 10	23 23 23 23 23		15 15 15 15 15	
SN7416N T7416B1 T7416D1 TD3416	§SN8416N	SN5416W T5416D2	Tix Tix Sgs Sgs Tos	14a 14n 14a 14c 14a	31 31 28,5 28,5 <51	15 15 13 13		10 10 17 17	23 23 20 20 23		15 15 26 26 15	

7417
Output: OC

Treiber (15V)
Drivers (15V)
Étages driver (15V)
Eccitatori (15V)
Excitadores (15V)

Logiktabelle siehe Sektion 1
Function table see section 1
Tableau logique voir section 1
Per tavola di logica vedi sec. 1
Tabla de verdad, ver sección 1

FQ = 25

7417			Typ - Type - Tipo	Hersteller Production Fabricants Produttori Fabricantes	Bild Fig. Fig. Sec 3	I_S &I_R mA	t_{PD} E→Q ns$_{typ}$ ↓ ↕ ↑	t_{PD} E→Q ns$_{max}$ ↓ ↕ ↑	Bem./Note f_T §f_Z &f_E MHz
0...70°C § 0...75°C	−40...85°C § −25...85°C	−55...125°C							
TL7417N				Aeg	14a	25	20 6	30 10	
7417DC			5417DM	Fch	14c	<30		30 10	
7417FC			5417FM	Fch	14n	<30		30 10	
7417PC				Fch	14a	<30		30 10	
LS									
SN74LS17J			SN54LS17J	Tix	14c	2,67	18 6	30 10	
SN74LS17N				Tix	14a	2,67	18 6	30 10	
			SN54LS17W	Tix	14n	2,67	18 6	30 10	

7417			Hersteller Production Fabricants Produttori Fabricantes	Bild Fig. Fig. Sec 3	I_S &I_R mA	t_{PD} E→Q ns$_{typ}$ ↓ ↕ ↑	t_{PD} E→Q ns$_{max}$ ↓ ↕ ↑	Bem./Note f_T §f_Z &f_E MHz
0...70°C § 0...75°C	−40...85°C § −25...85°C	−55...125°C						
DM7417J		DM5417J	Nsc	14c	<30		30 10	
DM7417N			Nsc	14a	<30		30 10	
FLH491T	§FLH495T		Sie	14a	25	20 6	30 10	
HD7417			Hit	14a	<30		30 10	
MC7417J		MC5417J	Mot	14c	25	20 6	30 10	
MC7417N			Mot	14a	25	20 6	30 10	
MC7417W		MC5417W	Mot	14p	25	20 6	30 10	
MIC7417J	MIC6417J	MIC5417J	Itt	14c	25	20 6	30 10	
MIC7417N			Itt	14a	25	20 6	30 10	
SN7417J		SN5417J	Tix	14c	25	20 6	30 10	
SN7417N	§SN8417N		Tix	14a	25	20 6	30 10	
		SN5417W	Tix	14n	25	20 6	30 10	
T7417B1			Sgs	14a	25	20 6	30 10	
T7417D1		T5417D2	Sgs	14c	25	20 6	30 10	
TD3417			Tos	14a	<30		30 10	

7418									
Output: TP									

NAND-Schmitt-Trigger
NAND Schmitt Triggers
Porte NAND, montage trigger de Schmitt
Circuito porta NAND
Disparadores de Schmitt NAND

7419									
Output: TP									

Invertierender Schmitt-Trigger
Inverting Schmitt Triggers
Montages trigger de Schmitt invertisseurs
Sganciatori invertenti
Disparadores de Schmitt inversores

Logiktabelle siehe Sektion 1
Function table see section 1
Tableau logique voir section 1
Per tavola di logica vedi sec. 1
Tabla de verdad, ver sección 1

Logiktabelle siehe Sektion 1
Function table see section 1
Tableau logique voir section 1
Per tavola di logica vedi sec. 1
Tabla de verdad, ver sección 1

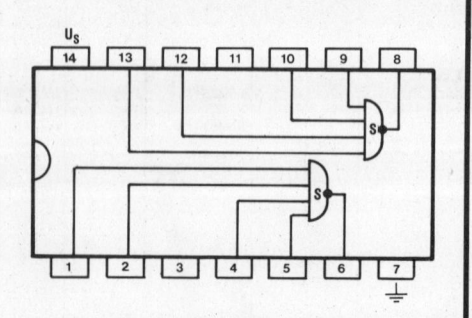

7418	Typ - Type - Tipo		Hersteller Production Fabricants Produttori Fabricantes	Bild Fig. Fig. Sec 3	I_S &I_R mA	t_{PD} E→Q ns typ ↓ ↕ ↑	t_{PD} E→Q ns max ↓ ↕ ↑	Bem./Note f_T §f_Z &f_E MHz
0...70°C § 0...75°C	−40...85°C § −25...85°C	−55...125°C						
SN74LS18J SN74LS18N		SN54LS18J SN54LS18W	Tix Tix Tix	14c 14a 14n	5,7 5,7 5,7	33 13 33 13 33 13	55 20 55 20 55 20	

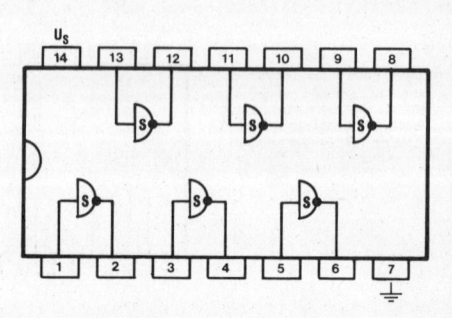

7419	Typ - Type - Tipo		Hersteller Production Fabricants Produttori Fabricantes	Bild Fig. Fig. Sec 3	I_S &I_R mA	t_{PD} E→Q ns typ ↓ ↕ ↑	t_{PD} E→Q ns max ↓ ↕ ↑	Bem./Note f_T §f_Z &f_E MHz
0...70°C § 0...75°C	−40...85°C § −25...85°C	−55...125°C						
SN74LS19J SN74LS19N		SN54LS19J SN54LS19W	Tix Tix Tix	14c 14a 14n	17 17 17	18 13 18 13 18 13	30 20 30 20 30 20	

7420 / 1
Output: TP

NAND-Gatter
NAND gates
Porte NAND
Circuito porta NAND
Puertas NAND

Logiktabelle siehe Sektion 1
Function table see section 1
Tableau logique voir section 1
Per tavola di logica vedi sec. 1
Tabla de verdad, ver sección 1

7420 / 1			Hersteller Production Fabricants Produttori Fabricantes	Bild Fig. Fig. Fig. Sec 3	I_S &I_R mA	t_{PD} E→Q ns_{typ} ↓ ↕ ↑	t_{PD} E→Q ns_{max} ↓ ↕ ↑	Bem./Note f_T §f_Z &f_E MHz
0...70°C § 0...75°C	−40...85°C § −25...85°C	−55...125°C						
MIC7420N			Itt	14a	4	8 10	15 22	
N7420A			Mul,Phi,Sig	14a	4	8 12	15 22	
N7420F		S5420F	Mul,Phi,Sig	14c	4	8 12	15 22	
NC7420N			Nuc	14a	<8		22	
SFC420E	§SFC420ET	SFC420EM	Nuc,Ses	14a	<8		22	
SN7420J		SN5420J	Tix	14c	4	8 12	15 22	
SN7420N	§SN8420N		Tix	14a	4	8 12	15 22	
SW7420J			Stw	14a	<8		22	
SW7420N			Stw	14c	<8		22	
T7420B1			Sgs	14a	4	8 12	15 22	
T7420D1		T5420D2	Sgs	14c	4	8 12	15 22	
TD3420			Tos	14a	<11		15 22	
TL7420N			Aeg	14a	4	8 12	15 22	
TRW7420-1			Trw	14a	4		22	
TRW7420-2			Trw	14c	4		22	
U6A7420-59X		U6A5420-51X	Fch	14c				
U7A7420-59X			Fch	14a				
US7420A			Spr	14a			8 18	
ZN7420E		ZN5420E	Fer	14a	2		29	
μPB203			Nip	14a	<11		15 22	
7420DC		5420DM	Fch	14c	<11		15 22	
7420FC		5420FM	Fch	14n	<11		15 22	
7420J		5420J	Ray	14c	<11		15 22	
7420PC			Fch	14a	<11		15 22	
1LB551			Su	14a	4,5	12,5 14,5	15 22	

ALS

DM74ALS20J		DM54ALS20J	Nsc	14c	<1,5		10 11	
DM74ALS20N			Nsc	14a	<1,5		10 11	
HD74ALS20			Hit	14a	<1,5		10 11	
MC74ALS20J		MC54ALS20J	Mot	14c				
MC74ALS20N			Mot	14a				
MC74ALS20W		MC54ALS20W	Mot	14p				
SN74ALS20AFN		SN54ALS20AFH	Tix	cc	0,81	3 3	12 13	
			Tix	cc	0,81	3 3	10 11	
SN74ALS20AN		SN54ALS20AJ	Tix	14c	0,81	3 3	12 13	
			Tix	14a	0,81	3 3	10 11	

7420 / 1			Hersteller Production Fabricants Produttori Fabricantes	Bild Fig. Fig. Sec 3	I_S &I_R mA	t_{PD} E→Q ns_{typ} ↓ ↕ ↑	t_{PD} E→Q ns_{max} ↓ ↕ ↑	Bem./Note f_T §f_Z &f_E MHz
0...70°C § 0...75°C	−40...85°C § −25...85°C	−55...125°C						
D120C	§E120C		Hfo	14c	7	12,5 14,5	15 22	
D120D			Hfo	14a	7	12,5 14,5	15 22	
DM7420J		DM5420J	Nsc	14c	4		25 25	
DM7420N			Nsc	14a	4		25 25	
FJH111			Phi,Sig,Val	14a	4	7 11	15 22	
FLH121	§FLH125		Sie	14a	4	8 12	15 22	
GFB7420P			Rtc	14a	4	13	15 22	
HD7420			Hit	14a	<11		15 22	
M53220P			Mit	14a	<11		15 22	
MB402			Fui	14a	<11		15 22	
MC7420J		MC5420J	Mot	14c	4	8 12	15 22	
MC7420N			Mot	14a	4	8 12	15 22	
MC7420W		MC5420W	Mot	14p	4	8 12	15 22	
MH7420	§MH8420		Tes	14a	4,5	12,5 14,5	15 22	
MIC7420J	MIC6420J	MIC5420J	Itt	14c	4	8 10	15 22	

2-35

7420 / 1 0...70°C § 0...75°C	Typ - Type - Tipo −40...85°C § −25...85°C	−55...125°C	Hersteller Production Fabricants Produttori Fabricantes	Bild Fig. Fig. Sec 3	I_S &I_R mA	t_{PD} E→Q ns_{typ} ↓ ↕ ↑	t_{PD} E→Q ns_{max} ↓ ↕ ↑	Bem./Note f_T §f_Z &f_E MHz	7420 / 1 0...70°C § 0...75°C	Typ - Type - Tipo −40...85°C § −25...85°C	−55...125°C	Hersteller Production Fabricants Produttori Fabricantes	Bild Fig. Fig. Sec 3	I_S &I_R mA	t_{PD} E→Q ns_{typ} ↓ ↕ ↑	t_{PD} E→Q ns_{max} ↓ ↕ ↑	Bem./Note f_T §f_Z &f_E MHz
AS									**HC**								
DM74AS20J		DM54AS20J	Nsc	14c	<8,1		3 4,5		§CD74HC20E			Rca	14a		20 20		
DM74AS20N			Nsc	14a	<8,1		3 4,5				CD54HC20F	Rca	14a		20 20		
SN74AS20FN		SN54AS20FH	Tix	cc	5,4	1 1	5 5,5		MC74HC20J		MC54HC20J	Mot	14c	<2u	8 8	15 15	
			Tix	cc	5,4	1 1	4,5 5		MC74HC20N			Mot	14a	<2u	8 8	15 15	
		SN54AS20J	Tix	14c	5,4	1 1	5 5,5			MM74HC20J	MM54HC20J	Nsc	14c	<2u	8 8	15 15	
SN74AS20N			Tix	14a	5,4	1 1	4,5 5		MM74HC20N			Nsc	14a	<2u	8 8	15 15	
C											SN54HC20FH	Tix	cc	<2u		19 19	
	MM74C20J	MM54C20J	Nsc	14c	10n	70 70	115 115		SN74HC20FH			Tix	cc	<2u		19 19	
	MM74C20N		Nsc	14a	10n	70 70	115 115				SN54HC20FK	Tix	cc	<2u		19 19	
		MM54C20W	Nsc	14n	10n	70 70	115 115		SN74HC20FN			Tix	cc	<2u		19 19	
F											SN54HC20J	Tix	14c	<2u		19 19	
MC74F20J		MC54F20J	Mot	14c	<5,1	2,8 2,9	3,8 3,9		SN74HC20J			Tix	14c	<2u		19 19	
MC74F20N			Mot	14a	<5,1	2,8 2,9	3,8 3,9		SN74HC20N			Tix	14a	<2u		19 19	
MC74F20W		MC54F20W	Mot	14p	<5,1	2,8 2,9	3,8 3,9		**HCT**								
N74F20F		S54F20F	Val	14c	<5,1	3,2 3,7	4,3 5		§CD74HCT20E			Rca	14a		20 20		
N74F20N			Val	14a	<5,1	3,2 3,7	4,3 5				CD54HCT20F	Rca	14c		20 20		
		S54F20W	Val	14n	<5,1	3,2 3,7	4,3 5		**L**								
74F20DC		74F20DM	Fch	14c	<5,1	2,8 2,9	3,8 3,9		DM74L20J		DM54L20J	Nsc	14c	0,4		100 100	
74F20FC		74F20FM	Fch	14n	<5,1	2,8 2,9	3,8 3,9		DM74L20N			Nsc	14a	0,4		100 100	
74F20PC			Fch	14a	<5,1	2,8 2,9	3,8 3,9		MIC74L20J			Itt	14c	0,2		60	
H									SFC420LE		SFC420LEM	Nuc,Ses	14a			60	
D220C			Hfo	14c	7,75	7 7	10 10		SN74L20J		SN54L20J	Tix	14c	0,4	31 35	60 60	
DM74H20J		DM54H20J	Nsc	14c	<20		10 10		SN74L20N	§SN84L20N		Tix	14a	0,4	31 35	60 60	
DM74H20N			Nsc	14a	<20		10 10		**LS**								
GJB74H20P			Rtc	14c	9,2		13		DM74LS20J		DM54LS20J	Nsc	14c	<2,2		15 15	
MIC74H20J			Itt	14c			10		DM74LS20N			Nsc	14a	<2,2		15 15	
N74H20A			Mul,Phi,Sig	14a	9	7 6	10 10		HD74LS20			Hit	14a	<2,2		15 15	
N74H20F		S54H20F	Mul,Phi,Sig	14c	9	7 6	10 10		M74LS20			Mit	14c	<2,2		15 15	
NC74H20N			Nuc	14a	8	6	10		MB74LS20			Fui	14a	<2,2		15 15	
SFC420HE		SFC420HEM	Nuc,Ses	14a	8	6	10		MB74LS20M			Fui	14c	<2,2		15 15	
SN74H20J		SN54H20J	Tix	14c	9	7 6	10 10		N74LS20A			Mul,Phi,Sig	14a	<0,8		25	
SN74H20N			Tix	14a	9	7 6	10 10		N74LS20F		S54LS20F	Mul,Phi,Sig	14c	<0,8		25	
T74H20B1			Sgs	14a	9	7 6	10 10		§SN74LS20J		SN54LS20J	Mot	14c	0,8	7 7	12 12	
T74H20D1		T54H20D2	Sgs	14c	9	7 6	10 10		SN74LS20J		SN54LS20J	Tix	14c	0,8	10 9	15 15	
US74H20A			Spr	14a			10 10		§SN74LS20N			Mot	14a	0,8	7 7	12 12	
1LB311			Su	14a	7,8	7 7	10 10		SN74LS20N			Tix	14a	0,8	10 9	15 15	

7420 / 1 — 7420 / 2 — NAND-Gatter / NAND gates / Porte NAND / Circuito porta NAND / Puertas NAND

Output: TP

7420 / 1			Hersteller Production Fabricants Produttori Fabricantes	Bild Fig. Fig. Sec 3	I_S &I_R	t_{PD} E→Q ns_{typ}			t_{PD} E→Q ns_{max}			Bem./Note f_T §f_Z &f_E
0...70°C § 0...75°C	−40...85°C § −25...85°C	−55...125°C			mA	↓	↕	↑	↓	↕	↑	MHz
§SN74LS20W		SN54LS20W	Tix	14n	0,8	10		9	15		15	
74LS20DC		SN54LS20W	Mot	14p	0,8	7		7	12		12	
		54LS20DM	Fch	14c	1,2	8		5	10		10	
74LS20FC		54LS20FM	Fch	14p	1,2	8		5	10		10	
74LS20J		54LS20J	Ray	14c	<2,2				15		15	
74LS20PC			Fch	14a	1,2	8		5	10		10	
S												
DM74S20J		DM54S20J	Nsc	14c	<18				5		4,5	
DM74S20N			Nsc	14a	<18				5		4,5	
HD74S20			Hit	14c	<18				5		4,5	
M74S20			Mit	14a	<18				5		4,5	
N74S20A			Mul,Phi,Sig	14a	7,5	3		3	5		4,5	
N74S20F		S54S20F	Mul,Phi,Sig	14c	7,5	3		3	5		4,5	
SN74S20J		SN54S20J	Tix	14c	7,5	3		3	5		4,5	
SN74S20N			Tix	14a	7,5	3		3	5		4,5	
		SN54S20W	Tix	14n	7,5	3		3	5		4,5	
µPB2S20			Nip	14a	<18				5		4,5	
74S20DC		54S20DM	Fch	14c	<18				5		4,5	
74S20FC		54S20FM	Fch	14n	<18				5		4,5	
74S20PC			Fch	14a	<18				5		4,5	

Logiktabelle siehe Sektion 1
Function table see section 1
Tableau logique voir section 1
Per tavola di logica vedi sec. 1
Tabla de verdad, ver sección 1

7420 / 2			Hersteller Production Fabricants Produttori Fabricantes	Bild Fig. Fig. Sec 3	I_S &I_R	t_{PD} E→Q ns_{typ}			t_{PD} E→Q ns_{max}			Bem./Note f_T §f_Z &f_E
0...70°C § 0...75°C	−40...85°C § −25...85°C	−55...125°C			mA	↓	↕	↑	↓	↕	↑	MHz
MC7420F		DM5420W	Nsc	14n	4				25		25	
		MC5420F	Mot	14p	4	8		12	15		22	
		MCB5420F	Mot	14q	4	8		12	15		22	
		S5420W	Mul,Phi,Sig	14n	4	8		12	15		22	
		SN5420W	Tix	14n	4	8		12	15		22	
US7420J		US5420J	Spr	14n					8		18	
ZN7420F		ZN5420F	Fer	14q	2						29	
H												
		S54H20W	Mul,Phi,Sig	14n	9	7		6	10		10	
		SN54H20W	Tix	14n	9	7		6	10		10	
US74H20J		US54H20J	Spr	14n					10		10	
L												
DM74L20F		DM54L20F	Nsc	14n	0,4				100		100	
		SN54L20T	Tix	14p	0,4	31		35	60		60	

7421 / 1
Output: TP

AND-Gatter / AND gates / Porte AND / Circuito porta AND / Puertas AND

Logiktabelle siehe Sektion 1
Function table see section 1
Tableau logique voir section 1
Per tavola di logica vedi sec. 1
Tabla de verdad, ver sección 1

7421 / 1	Typ - Type - Tipo			Hersteller Production Fabricants Produttori Fabricantes	Bild Fig. Fig. Fig. Sec	I_S &I_R	t_{PD} E→Q ns_{typ}			t_{PD} E→Q ns_{max}			Bem./Note f_T §f_Z &f_E
0...70°C § 0...75°C	−40...85°C § −25...85°C		−55...125°C		3	mA	↓	↓	↑	↓	↓	↑	MHz
			MC74ALS21W	MC54ALS21W	Mot	14p	1,1	3		6	10		26
			SN74ALS21FN	SN54ALS21FH	Tix	cc	1,1	3		6	12		30
					Tix	cc	1,1	3		6	10		26
				SN54ALS21J	Tix	14c	1,1	3		6	12		30
			SN74ALS21N		Tix	14a	1,1	3		6	10		26
AS													
			DM74AS21J	DM54AS21J	Nsc	14c	<11,3				5,5		5,5
			DM74AS21N		Nsc	14a	<11,3				5,5		5,5
			SN74AS21FN	SN54AS21FH	Tix	cc	7,4	1		1	6,5		6,5
					Tix	cc	7,4	1		1	6		6
				SN54AS21J	Tix	14c	7,4	1		1	6,5		6,5
			SN74AS21N		Tix	14a	7,4	1		1	6		6
H													
			DM74H21J	DM54H21J	Nsc	14c	<32				12		12
			DM74H21N		Nsc	14a	<32				12		12
			MIC74H21J		Itt	14c			8				
			N74H21A		Mul,Phi,Sig	14a	16	8,8		7,6	12		12
			N74H21F	S54H21F	Mul,Phi,Sig	14c	16	8,8		7,6	12		12
			NC74H21N		Nuc	14a					12		
			SFC421HE	SFC421HEM	Nuc,Ses	14a					12		
			SN74H21J	SN54H21J	Tix	14c	16	8,8		7,6	12		12
			SN74H21N		Tix	14a	16	8,8		7,6	12		12
			T74H21B1		Sgs	14a	16	8,8		7,6	12		12
			T74H21D1	T54H21D2	Sgs	14c	16	8,8		7,6	12		12
			US74H21A		Spr	14a					10		45
HC													
				SN54HC21FH	Tix	cc	<2u				19		19
			SN74HC21FH		Tix	cc	<2u				19		19
				SN54HC21FK	Tix	cc	<2u				19		19
			SN74HC21FN		Tix	cc	<2u				19		19
				SN54HC21J	Tix	14c	<2u				19		19
			SN74HC21J		Tix	14c	<2u				19		19
			SN74HC21N		Tix	14a	<2u				19		19
LS													
			DM74LS21J	DM54LS21J	Nsc	14c	<4,4				20		15
			DM74LS21N		Nsc	14a	<4,4				20		15
			HD74LS21		Hit	14a	<4,4				20		15

7421 / 1	Typ - Type - Tipo			Hersteller Production Produttori Fabricantes	Bild Fig. Fig. Sec	I_S &I_R	t_{PD} E→Q ns_{typ}			t_{PD} E→Q ns_{max}			Bem./Note f_T §f_Z &f_E
0...70°C § 0...75°C	−40...85°C § −25...85°C		−55...125°C		3	mA	↓	↓	↑	↓	↓	↑	MHz
MIC7421J	MIC6421J	MIC5421J		Itt	14c	8	12	17,5		19	27		
MIC7421N				Itt	14a	8	12	17,5		19	27		
N7421A				Mul,Phi,Sig	14a	16	8,8	7,6		12	12		
N7421F		S5421F		Mul,Phi,Sig	14c	16	8,8	7,6		12	12		
TD3421				Tos	14a	<15				19	27		
7421DC		5421DM		Fch	14c	<15				19	27		
7421FC		5421FM		Fch	14n	<15				19	27		
7421J		5421J		Ray	14c	<15				19	27		
7421PC				Fch	14a	<15				19	27		
ALS													
DM74ALS21J		DM54ALS21J		Nsc	14c	<2				10	26		
DM74ALS21N				Nsc	14a	<2				10	26		
HD74ALS21				Hit	14a	<2				10	26		
MC74ALS21J		MC54ALS21J		Mot	14c	1,1	3	6		10	26		
MC74ALS21N				Mot	14a	1,1	3	6		10	26		

2-38

7421 / 1	Typ - Type - Tipo		Hersteller Production Fabricants Produttori Fabricantes	Bild Fig. Fig. Sec 3	I_S &I_R mA	t_{PD} E→Q ns_{typ} ↓↕↑	t_{PD} E→Q ns_{max} ↓↕↑	Bem./Note f_T §f_Z &f_E MHz
0...70°C § 0...75°C	−40...85°C § −25...85°C	−55...125°C						
M74LS21			Mit	14a	<4,4		20 15	
MB74LS21			Fui	14a	<4,4		20 15	
MB74LS21M			Fui	14c	<4,4		20 15	
N74LS21A			Mul,Phi,Sig	14a	4,4	12		
N74LS21F		S54LS21F	Mul,Phi,Sig	14c	4,4	12		
§SN74LS21J		SN54LS21J	Mot	14c	1,7	8 10	12 15	
SN74LS21J		SN54LS21J	Tix	14c	1,7	10 8	20 15	
§SN74LS21N			Mot	14a	1,7	8 10	12 15	
SN74LS21N			Tix	14a	1,7	10 8	20 15	
		SN54LS21W	Tix	14n	1,7	10 8	20 15	
§SN74LS21W		SN54LS21W	Mot	14n	1,7	8 10	12 15	
74LS21DC		54LS21DM	Fch	14c	2,2	8 10	12 15	
74LS21FC		54LS21FM	Fch	14p	2,2	8 10	12 15	
74LS21J		54LS21J	Ray	14c	<4,4		20 15	
74LS21PC			Fch	14a	2,2	8 10	12 15	

7421 / 2
Output: TP

AND-Gatter / AND gates / Porte AND / Circuito porta AND / Puertas AND

Logiktabelle siehe Sektion 1
Function table see section 1
Tableau logique voir section 1
Per tavola di logica vedi sec. 1
Tabla de verdad, ver sección 1

7421 / 2	Typ - Type - Tipo		Hersteller Production Fabricants Produttori Fabricantes	Bild Fig. Fig. Sec 3	I_S &I_R mA	t_{PD} E→Q ns_{typ} ↓↕↑	t_{PD} E→Q ns_{max} ↓↕↑	Bem./Note f_T §f_Z &f_E MHz
0...70°C § 0...75°C	−40...85°C § −25...85°C	−55...125°C						
H		S5421W	Mul,Phi,Sig	14n	16	8,8 7,6	12 12	
		S54H21W	Mul,Phi,Sig	14n	16	8,8 7,6	12 12	
		SN54H21W	Tix	14n	16	8,8 7,6	12 12	
US74H21J		US54H21J	Spr	14n			10 45	

2-39

7422 / 1
Output: OC

NAND-Gatter / NAND gates / Porte NAND / Circuito porta NAND / Puertas NAND

Logiktabelle siehe Sektion 1
Function table see section 1
Tableau logique voir section 1
Per tavola di logica vedi sec. 1
Tabla de verdad, ver sección 1

7422 / 1 0…70°C § 0…75°C	−40…85°C § −25…85°C	−55…125°C	Hersteller Production Fabricants Produttori Fabricantes	Bild Fig. Fig. Sec 3	I_S &I_R mA	t_{PD} E→Q ns_{typ} ↓ ↕ ↑	t_{PD} E→Q ns_{max} ↓ ↕ ↑	Bem./Note f_T §f_Z &f_E MHz
MC74ALS22N			Mot	14a				
MC74ALS22W		MC54ALS22W	Mot	14p				
		SN54ALS22AFH	Tix	cc	0,8	6 23	24 59	
SN74ALS22AFN			Tix	cc	0,8	6 23	20 54	
		SN54ALS22AJ	Tix	14c	0,8	6 23	24 59	
SN74ALS22AN			Tix	14a	0,8	6 23	20 54	
		SN54ALS22BFH	Tix	cc	0,8		21 50	
SN74ALS22BFN			Tix	cc	0,8		18 45	
		SN54ALS22BJ	Tix	14c	0,8		21 50	
SN74ALS22BN			Tix	14a	0,8		18 45	
H								
DM74H22J		DM54H22J	Nsc	14c	<20		15 15	
DM74H22N			Nsc	14a	<20		15 15	
MIC74H22J			Itt	14c	15	9		
N74H22A			Mul,Phi,Sig	14a	8,2	7,5 10	12 15	
N74H22F		S54H22F	Mul,Phi,Sig	14c	8,2	7,5 10	12 15	
NC74H22N			Nuc	14a	15	9		
SN74H22J		SN54H22J	Tix	14c	8,2	7,5 10	12 15	
SN74H22N			Tix	14a	8,2	7,5 10	12 15	
US74H22A			Spr	14a	15		10 45	
LS								
DM74LS22J		DM54LS22J	Nsc	14c	<2,2		28 32	
DM74LS22N			Nsc	14a	<2,2		28 32	
HD74LS22			Hit	14a	<2,2		28 32	
M74LS22			Mit	14a	<2,2		28 32	
MB74LS22			Fui	14a	<2,2		28 32	
MB74LS22M			Fui	14c	<2,2		28 32	
N74LS22A			Mul,Phi,Sig	14a	<0,8	16		
N74LS22F		S54LS22F	Mul,Phi,Sig	14c	<0,8	16		
§SN74LS22J		SN54LS22J	Mot	14c	0,8	10 14	18 22	
SN74LS22J		SN54LS22J	Tix	14c	0,8	15 17	28 32	
§SN74LS22N			Mot	14a	0,8	10 14	18 22	
SN74LS22N			Tix	14a	0,8	15 17	28 32	
§SN74LS22W		SN54LS22W	Mot	14n	0,8	10 14	18 22	
§SN74LS22W		SN54LS22W	Tix	14n	0,8	15 17	28 32	
74LS22DC		54LS22DM	Fch	14c	1,2	10 14	18 22	
74LS22FC		54LS22FM	Fch	14p	1,2	10 14	18 22	
74LS22J		54LS22J	Ray	14c	<2,2		28 32	
74LS22PC			Fch	14a	1,2	10 14	18 22	

7422 / 1 0…70°C § 0…75°C	−40…85°C § −25…85°C	−55…125°C	Hersteller Production Fabricants Produttori Fabricantes	Bild Fig. Fig. Sec 3	I_S &I_R mA	t_{PD} E→Q ns_{typ} ↓ ↕ ↑	t_{PD} E→Q ns_{max} ↓ ↕ ↑	Bem./Note f_T §f_Z &f_E MHz
FLH611	§FLH615		Sie	14a	4	8 35	15 45	
HD7422			Hit	14a	<11		15	
MB402			Fui	14a	<11		15	
MB402M			Fui	14c	<11		15	
SN7422J		SN5422J	Tix	14c	4	8 35	15 45	
SN7422N	§SN8422N		Tix	14a	4	8 35	15 45	
		SN5422W	Tix	14n	4	8 35	15 45	
7422DC		5422DM	Fch	14c	<11		15	
7422FC		5422FM	Fch	14n	<11		15	
7422J		5422J	Ray	14c	<11		15	
7422PC			Fch	14a	<11		15	
ALS								
HD74ALS22			Hit	14a	<1,5		20 54	
M74ALS22			Mit	14a	<1,5		20 54	
MC74ALS22J		MC54ALS22J	Mot	14c				

7422 / 1

Typ - Type - Tipo			Hersteller Production Fabricants Produttori Fabricantes	Bild Fig. Fig. Sec 3	I_S &I_R mA	t_{PD} E→Q ns_{typ} ↓ ↕ ↑	t_{PD} E→Q ns_{max} ↓ ↕ ↑	Bem./Note f_T §f_Z &f_E MHz
0...70°C § 0...75°C	−40...85°C § −25...85°C	−55...125°C						
S								
DM74S22J		DM54S22J	Nsc	14c	<18		7 7,5	
DM74S22N			Nsc	14a	<18		7 7,5	
HD74S22			Hit	14a	<18		7 7,5	
M74S22			Mit	14a	<18		7 7,5	
N74S22A			Mul,Phi,Sig	14a	13	4,5 5	7 7,5	
N74S22F		S54S22F	Mul,Phi,Sig	14c	13	4,5 5	7 7,5	
		S54S22W	Mul,Phi,Sig	14n	13	4,5 5	7 7,5	
SN74S22J		SN54S22J	Tix	14c	6,5	4,5 5	7 7,5	
SN74S22N			Tix	14a	6,5	4,5 5	7 7,5	
		SN54S22W	Tix	14n	6,5	4,5 5	7 7,5	
74S22DC		54S22DM	Fch	14c	<18		7 7,5	
74S22FC		54S22FM	Fch	14n	<18		7 7,5	
74S22PC			Fch	14a	<18		7 7,5	

7422 / 2
Output: OC

NAND-Gatter / NAND gates / Porte NAND / Circuito porta NAND / Puertas NAND

Logiktabelle siehe Sektion 1
Function table see section 1
Tableau logique voir section 1
Per tavola di logica vedi sec. 1
Tabla de verdad, ver sección 1

7422 / 2

Typ - Type - Tipo			Hersteller Production Fabricants Produttori Fabricantes	Bild Fig. Fig. Sec 3	I_S &I_R mA	t_{PD} E→Q ns_{typ} ↓ ↕ ↑	t_{PD} E→Q ns_{max} ↓ ↕ ↑	Bem./Note f_T §f_Z &f_E MHz
0...70°C § 0...75°C	−40...85°C § −25...85°C	−55...125°C						
US74H22J		S54H22W	Mul,Phi,Sig	14n	8,2	7,5 10	12 15	
		SN54H22W	Tix	14n	8,2	7,5 10	12 15	
		US54H22J	Spr	14n	15		10 45	

7423
Output: TP

NOR-Gatter
NOR gates
Porte NOR
Circuito porta NOR
Puertas NOR

7424
Output: TP

NAND-Schmitt-Trigger
NAND Schmitt Triggers
Porte NAND, montage trigger de Schmitt
Circuito porta NAND
Disparadores de Schmitt

Expandierbar mit 7460
Expandable with 7460
Expandable avec 7460
Espansibile con 7460
Expansible con 7460

Pin	FI
ST	4

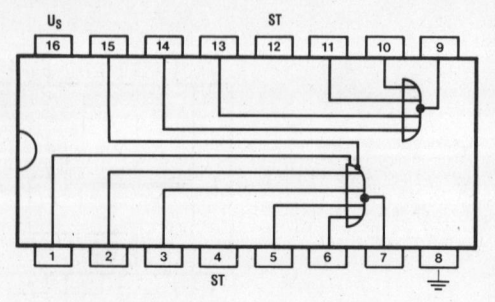

Logiktabelle siehe Section 1 · Function table see section 1 · Tableau logique voir section 1
Per tavola di logica vedi sezione 1 · Tabla de verdad, ver sección 1

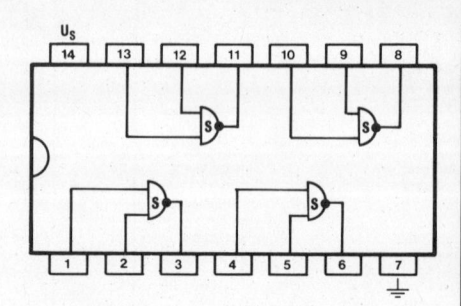

Logiktabelle siehe Sektion 1
Function table see section 1
Tableau logique voir section 1
Per tavola di logica vedi sec. 1
Tabla de verdad, ver sección 1

7423 0...70°C § 0...75°C	Typ - Type - Tipo −40...85°C § −25...85°C	−55...125°C	Hersteller Production Fabricants Produttori Fabricantes	Bild Fig. Fig. Sec 3	I_S &I_R mA	t_{PD} E→Q ns_{typ} ↓ ↕ ↑	t_{PD} E→Q ns_{max} ↓ ↕ ↑	Bem./Note f_T §f_Z &f_E MHz
DM7423J			Nsc	16c	<19		15 15	
DM7423N			Nsc	16a	<19		15 15	
DM7423W		DM5423W	Nsc	16n	<19		15 22	
FLH511	§FLH515		Sie	16a	9	8 13	15 22	
HD7423			Hit	16a	<19		15 22	
MC7423J		MC5423J	Mot	16c	9	8 13	15 22	
MC7423N			Mot	16a	9	8 13	15 22	
MC7423W		MC5423W	Mot	16n	9	8 13	15 22	
SN7423J		SN5423J	Tix	16c	9	8 13	15 22	
SN7423N	§SN8423N		Tix	16a	9	8 13	15 22	
SW7423J		SN5423W	Tix	16n	9	8 13	15 22	
SW7423N			Stw	16a	<20		22	
TL7423N			Stw	16c	<20		22	
7423DC		5423DM	Aeg	16a	9	8 13	15 22	
			Fch	16c	<19		15 22	
7423FC		5423FM	Fch	16n	<19		15 22	
7423PC			Fch	16a	<19		15 22	

7424 0...70°C § 0...75°C	Typ - Type - Tipo −40...85°C § −25...85°C	−55...125°C	Hersteller Production Fabricants Produttori Fabricantes	Bild Fig. Fig. Sec 3	I_S &I_R mA	t_{PD} E→Q ns_{typ} ↓ ↕ ↑	t_{PD} E→Q ns_{max} ↓ ↕ ↑	Bem./Note f_T §f_Z &f_E MHz
SN74LS24J		SN54LS24J	Tix	14c	11	21 13	40 20	
SN74LS24N			Tix	14a	11	21 13	40 20	
		SN54LS24W	Tix	14n	11	21 13	40 20	

7425
Output: TP

NOR-Gatter / NOR gates / Porte NOR / Circuito porta NOR / Puertas NOR

Expandierbar mit 7460
Expandable with 7460
Expandable avec 7460
Espansibile con 7460
Expansible con 7460

Pin	Fl
ST	4

Logiktabelle siehe Sektion 1
Function table see section 1
Tableau logique voir section 1
Per tavola di logica vedi sec. 1
Tabla de verdad, ver sección 1

Pin diagram: U_S=14, 13, 12, 11(ST), 10, 9, 8; bottom: 1, 2, 3, 4(ST), 5, 6, 7(GND)

7425			Hersteller Production Fabricants Produttori Fabricantes	Bild Fig. Fig. Sec 3	I_S &I_R mA	t_{PD} E→Q ns_{typ} ↓↕↑	t_{PD} E→Q ns_{max} ↓↕↑	Bem./Note f_T §f_Z &f_E MHz
0...70°C §0...75°C	−40...85°C §−25...85°C	−55...125°C						
SW7425N			Stw	14c	<20		22	
TL7425N			Aeg	14a	4,5	8 13	15 22	
ZN7425E			Fer	14a	<21		22	
ZN7425J		ZN5425J	Fer	14c	<21		22	
7425DC		5425DM	Fch	14c	<19		15 22	
7425FC		5425FM	Fch	14n	<19		15 22	
7425PC			Fch	14a	<19		15 22	

7425			Hersteller Production Fabricants Produttori Fabricantes	Bild Fig. Fig. Sec 3	I_S &I_R mA	t_{PD} E→Q ns_{typ} ↓↕↑	t_{PD} E→Q ns_{max} ↓↕↑	Bem./Note f_T §f_Z &f_E MHz
0...70°C §0...75°C	−40...85°C §−25...85°C	−55...125°C						
DM7425J		DM5425J	Nsc	14c	<19		15 15	
DM7425N			Nsc	14a	<19		15 15	
DM7425W		DM5425W	Nsc	14n	<19		15 15	
FLH521	§FLH525		Sie	14a	4,5	8 13	15 22	
HD7425			Hit	14a	<19		15 22	
M53225P			Mit	14a	<19		15 22	
MC7425J		MC5425J	Mot	14c	4,5	8 13	15 22	
MC7425N			Mot	14a	4,5	8 13	15 22	
MC7425W		MC5425W	Mot	14p	4,5	8 13	15 22	
MIC7425J	MIC6425J	MIC5425J	Itt	14c	9	8 13	15 22	
MIC7425N			Itt	14a	9	8 13	15 22	
SN7425J		SN5425J	Tix	14c	4,5	8 13	15 22	
SN7425N	§SN8425N		Tix	14a	4,5	8 13	15 22	
		SN5425W	Tix	14n	4,5	8 13	15 22	
SW7425J			Stw	14a	<20		22	

7426
Output: OC

NAND-Gatter (15V)
NAND gates (15V)
Porte NAND (15V)
Circuito porta NAND (15V)
Puertas NAND (15V)

Logiktabelle siehe Sektion 1
Function table see section 1
Tableau logique voir section 1
Per tavola di logica vedi sec. 1
Tabla de verdad, ver sección 1

7426			Hersteller Production Fabricants Produttori Fabricantes	Bild Fig. Fig. Sec 3	I_S &I_R mA	t_{PD} E→Q ns_{typ} ↓↕↑	t_{PD} E→Q ns_{max} ↓↕↑	Bem./Note f_T §f_Z &f_E MHz
0...70°C § 0...75°C	−40...85°C § −25...85°C	−55...125°C						
SFC426E	§SFC426ET	SFC426EM	Nuc,Ses	14a	<22		24	
SN7426J		SN5426J	Tix	14c	8	11 16	17 24	
SN7426N	§SN8426N		Tix	14a	8	11 16	17 24	
SW7426N			Stw	14c	<22		24	
T7426B1			Sgs	14a	8	11 16	17 24	
T7426D1		T5426D2	Sgs	14c	8	11 16	17 24	
TD3426			Tos	14a	<22		17 24	
TL7426N			Aeg	14a	8	11 16	17 24	
US7426A			Spr	14a	8	15		
7426DC		5426DM	Fch	14c	<22		17 24	
7426FC		5426FM	Fch	14n	<22		17 24	
7426PC			Fch	14a	<22		17 24	

LS

DM74LS26J		DM54LS26J	Nsc	14c	<4,4		28 32	
DM74LS26N			Nsc	14a	<4,4		28 32	
HD74LS26			Hit	14c	<4,4		28 32	
MB74LS26			Fui	14a	<4,4		28 32	
MB74LS26M			Fui	14c	<4,4		28 32	
SN74LS26J		SN54LS26J	Tix	14c	1,6	15 17	28 32	
SN74LS26N			Tix	14a	1,6	15 17	28 32	
		SN54LS26W	Tix	14n	1,6	15 17	28 32	
74LS26DC		54LS26DM	Fch	14c	2,4	10 14	18 22	
74LS26FC		54LS26FM	Fch	14p	2,4	10 14	18 22	
74LS26J		54LS26J	Ray	14c	<4,4		28 32	
74LS26PC			Fch	14a	2,4	10 14	18 22	

7426	Typ - Type - Tipo		Hersteller Production Fabricants Produttori Fabricantes	Bild Fig. Fig. Sec 3	I_S &I_R mA	t_{PD} E→Q ns_{typ} ↓↕↑	t_{PD} E→Q ns_{max} ↓↕↑	Bem./Note f_T §f_Z &f_E MHz
0...70°C § 0...75°C	−40...85°C § −25...85°C	−55...125°C						
D126C	§E126C		Hfo	14c	14	8,5 20,5	15 30	
D126D			Hfo	14a	14	8,5 20,5	15 30	
DM7426J		DM5426J	Nsc	14c	<22		17 24	
DM7426N			Nsc	14a	<22		17 24	
FLH291U	§FLH295U		Sie	14a	8	11 16	17 24	
GFB7426P			Rtc	14c	8		45	
HD7426			Hit	14a	<22		17 24	
MC7426J		MC5426J	Mot	14c	8	11 16	17 24	
MC7426N			Mot	14a	8	11 16	17 24	
MC7426W		MC5426W	Mot	14p	8	11 16	17 24	
MIC7426J	MIC6426J	MIC5426J	Itt	14c	8	11 16	17 24	
MIC7426N			Itt	14a	8	11 16	17 24	
N7426A			Mul,Phi,Sig	14a	8	11 16	17 24	
N7426F		S5426F	Mul,Phi,Sig	14c	8	11 16	17 24	
NC7426N			Nuc	14a	<22		24	

2-44

7427
Output: TP

NOR-Gatter / NOR gates / Porte NOR / Circuito porta NOR / Puertas NOR

Logiktabelle siehe Sektion 1
Function table see section 1
Tableau logique voir section 1
Per tavola di logica vedi sec. 1
Tabla de verdad, ver sección 1

Pinout: U_S = 14, pins 13, 12, 11, 10, 9, 8 (top); pins 1, 2, 3, 4, 5, 6, 7 (bottom, GND at 7)

7427 0...70°C § 0...75°C	−40...85°C § −25...85°C	−55...125°C	Hersteller Production Fabricants Produttori Fabricantes	Bild Fig. Fig. Sec 3	I_S & I_R mA	t_{PD} E→Q ns_{typ} ↓ ↕ ↑	t_{PD} E→Q ns_{max} ↓ ↕ ↑	Bem./Note f_T § f_Z & f_E MHz
ZN7427E			Fer	14a	28,6		15	
ZN7427J		ZN5427J	Fer	14c	28,6		15	
7427DC		5427DM	Fch	14c	<26		11 15	
7427FC		5427FM	Fch	14n	<26		11 15	
7427PC			Fch	14a	<26		11 15	

ALS

DM74ALS27J		DM54ALS27J	Nsc	14c	<4		9 15	
DM74ALS27N			Nsc	14a	<4		9 15	
MC74ALS27J		MC54ALS27J	Mot	14c	2	3 4	9 15	
MC74ALS27N			Mot	14a	2	3 4	9 15	
		MC54ALS27W	Mot	14p	2	3 4	9 15	
		SN54ALS27FH	Tix	cc	2	3 4	10 22	
SN74ALS27FN			Tix	cc	2	3 4	10 22	
		SN54ALS27J	Tix	14c	2	3 4	10 22	
SN74ALS27N			Tix	14a	2	3 4	9 15	

AS

DM74AS27J		DM54AS27J	Nsc	14c	<16,2		3 4,5	
DM74AS27N			Nsc	14a	<16,2		3 4,5	
		SN54AS27FH	Tix	cc	10,6	1 1	5 6,5	
SN74AS27FN			Tix	cc	10,6	1 1	4,5 5,5	
		SN54AS27J	Tix	14c	10,6	1 1	5 6,5	
SN74AS27N			Tix	14a	10,6	1 1	4,5 5,5	

HC

§CD74HC27E			Rca	14a		12 12		
		CD54HC27F	Rca	14c		12 12		
MC74HC27J		MC54HC27J	Mot	14c	<2u	8 8	15 15	
MC74HC27N			Mot	14a	<2u	8 8	15 15	
MM74HC27J		MM54HC27J	Nsc	14c	<2u	8 8	15 15	
MM74HC27N			Nsc	14a	<2u	8 8	15 15	
		SN54HC27FH	Tix	cc	<2u		17 17	
SN74HC27FH		SN54HC27FK	Tix	cc	<2u		17 17	
SN74HC27FN			Tix	cc	<2u		17 17	
		SN54HC27J	Tix	14c	<2u		17 17	
SN74HC27J			Tix	14c	<2u		17 17	
SN74HC27N			Tix	14a	<2u		17 17	

7427 0...70°C § 0...75°C	−40...85°C § −25...85°C	−55...125°C	Hersteller Production Fabricants Produttori Fabricantes	Bild Fig. Fig. Sec 3	I_S & I_R mA	t_{PD} E→Q ns_{typ} ↓ ↕ ↑	t_{PD} E→Q ns_{max} ↓ ↕ ↑	Bem./Note f_T § f_Z & f_E MHz
DM7427J		DM5427J	Nsc	14c	<26		15 15	
DM7427N			Nsc	14a	<26		15 15	
DM7427W		DM5427W	Nsc	14n	<26		15 15	
FLH621	§FLH625		Sie	14a	13	7 10	11 15	
HD7427			Hit	14a	<26		11 15	
M53227P			Mit	14a	<26		11 15	
MC7427J		MC5427J	Mot	14c	13	7 10	11 15	
MC7427N			Mot	14a	13	7 10	11 15	
MC7427W		MC5427W	Mot	14p	13	7 10	11 15	
N7427A			Mul,Phi,Sig	14a	<16	10		
N7427F		S5427F	Mul,Phi,Sig	14c	<16	10		
SN7427J	§SN8427N	SN5427J	Tix	14c	13	7 10	11 15	
SN7427N			Tix	14a	13	7 10	11 15	
		SN5427W	Tix	14n	13	7 10	11 15	
US7427A			Spr	14a	10	10		

2-45

7427 0...70°C § 0...75°C	Typ - Type - Tipo −40...85°C § −25...85°C	−55...125°C	Hersteller Production Fabricants Produttori Fabricantes	Bild Fig. Fig. Sec 3	I_S &I_R mA	t_{PD} E→Q ns_{typ} ↓ ↕ ↑	t_{PD} E→Q ns_{max} ↓ ↕ ↑	Bem./Note f_T §f_Z &f_E MHz
HCT								
§CD74HCT27E			Rca	14a		12 12		
		CD54HCT27F	Rca	14c		12 12		
LS								
DM74LS27J		DM54LS27J	Nsc	14c	<6,8		15 15	
DM74LS27N			Nsc	14a	<6,8		15 15	
HD74LS27			Hit	14a	<6,8		15 15	
M74LS27			Mit	14a	<6,8		15 15	
MB74LS27			Fui	14a	<6,8		15 15	
MB74LS27M			Fui	14c	<6,8		15 15	
N74LS27A			Mul,Phi,Sig	14a	6,8	10		
N74LS27F		S54LS27F	Mul,Phi,Sig	14c	6,8	10		
§SN74LS27J		SN54LS27J	Mot	14c	2,7	8 8	13 13	
SN74LS27J		SN54LS27J	Tix	14c	2,7	10 10	15 15	
§SN74LS27N			Mot	14a	2,7	8 8	13 13	
SN74LS27N			Tix	14a	2,7	10 10	15 15	
		SN54LS27W	Tix	14n	2,7	10 10	15 15	
§SN74LS27W		SN54LS27W	Mot	14p	2,7	8 8	13 13	
74LS27DC		54LS27DM	Fch	14c	3,4	8 8	13 13	
74LS27FC		54LS27FM	Fch	14p	3,4	8 8	13 13	
74LS27J		54LS27J	Ray	14c	<6,8		15 15	
74LS27PC			Fch	14a	3,4	8 8	13 13	

7428
Output: TP

NOR-Gatter (FQ = 30)
NOR gates (FQ = 30)
Porte NOR (FQ = 30)
Circuito porta NOR (FQ = 30)
Puertas NOR (FQ = 30)

Logiktabelle siehe Sektion 1
Function table see section 1
Tableau logique voir section 1
Per tavola di logica vedi sec. 1
Tabla de verdad, ver sección 1

7428			Hersteller Production Fabricants Produttori Fabricantes	Bild Fig. Fig. Sec 3	I_S &I_R mA	t_{PD} E→Q ns_{typ} ↓ ↕ ↑	t_{PD} E→Q ns_{max} ↓ ↕ ↑	Bem./Note f_T §f_Z &f_E MHz
0...70°C § 0...75°C	–40...85°C § –25...85°C	–55...125°C						
		SN74ALS28AFN	Tix	cc	5,6	2 2	7 8	
			Tix	14c	5,6	2 2	10 10	
	SN54ALS28AJ							
		SN74ALS28AN	Tix	14a	5,6	2 2	7 8	

LS

			Hersteller	Bild	I_S	t_{PD} typ	t_{PD} max	Note
MB74LS28			Fui	14a	<13,8		24 24	
MB74LS28M			Fui	14c	<13,8		24 24	
SN74LS28J		SN54LS28J	Tix	14c	4,36	12 12	24 24	
SN74LS28N			Tix	14a	4,36	12 12	24 24	
		SN54LS28W	Tix	14n	4,36	12 12	24 24	
74LS28DC		54LS28DM	Fch	14c	11	10,5 8,5	24 24	
74LS28FC		54LS28FM	Fch	14p	11	10,5 8,5	24 24	
74LS28J		54LS28J	Ray	14c	<13,8		24 24	
74LS28PC			Fch	14a	11	10,5 8,5	24 24	

7428			Hersteller Production Fabricants Produttori Fabricantes	Bild Fig. Fig. Sec 3	I_S &I_R mA	t_{PD} E→Q ns_{typ} ↓ ↕ ↑	t_{PD} E→Q ns_{max} ↓ ↕ ↑	Bem./Note f_T §f_Z &f_E MHz
0...70°C § 0...75°C	–40...85°C § –25...85°C	–55...125°C						
FLH661	§FLH665		Sie	14a	22,5	8 6	12 9	
MIC7428J	MIC6428J		Itt	14c	20	8 10	15 15	
MIC7428N		MIC5428J	Itt	14a	20	8 10	15 15	
SN7428J		SN5428J	Tix	14c	22,5	8 6	12 9	
SN7428N	§SN8428N		Tix	14a	22,5	8 6	12 9	
		SN5428W	Tix	14n	22,5	8 6	12 9	
T7428B1		T5428D2	Sgs	14a	22,5	8 6	12 9	
T7428D1			Sgs	14c	22,5	8 6	12 9	
ZN7428E			Fer	14c	22,4		18	
ZN7428J		ZN5428J	Fer	14c	22,4		18	

ALS

DM74ALS28J		DM54ALS28J	Nsc	14c	<8		8 8	
DM74ALS28N			Nsc	14a	<8		8 8	
SN74ALS28N		SN54ALS28J	Tix	14c				
			Tix	14a				
		SN54ALS28AFH	Tix	cc	5,6	2 2	10 10	

2-47

7430 / 1
Output: TP

NAND-Gatter / NAND gates / Porte NAND / Circuito porta NAND / Puertas NAND

Logiktabelle siehe Sektion 1
Function table see section 1
Tableau logique voir section 1
Per tavola di logica vedi sec. 1
Tabla de verdad, ver sección 1

Pinout: U_S pin 14, GND pin 7, inputs 1,2,3,4,5,6,11,12, output 8

7430 / 1	Typ - Type - Tipo		Hersteller Production Fabricants Produttori Fabricantes	Bild Fig. Sec 3	I_S &I_R mA	t_{PD} E→Q ns_{typ} ↓↑↑	t_{PD} E→Q ns_{max} ↓↑↑	Bem./Note f_T §f_Z &f_E MHz
0...70°C § 0...75°C	–40...85°C § –25...85°C	–55...125°C						
		MIC5430J	Itt	14c	2	8 10	15 22	
MIC7430J			Itt	14a	2	8 10	15 22	
MIC7430N	MIC6430J		Mul,Phi,Sig	14a	2	8 13	15 22	
N7430A		S5430F	Mul,Phi,Sig	14c	2	8 13	15 22	
N7430F			Nuc	14a	10	13		
NC7430N								
SFC430E	§SFC430ET	SFC430EM	Nuc,Ses	14a	10	13		
SN7430J		SN5430J	Tix	14c	2	8 13	15 22	
SN7430N	§SN8430N		Tix	14a	2	8 13	15 22	
SW7430J			Stw	14c	2		22	
SW7430N			Stw	14a	2		22	
T7430B1			Sgs	14a	2	8 13	15 22	
T7430D1		T5430D2	Sgs	14c	2	8 13	15 22	
TD3430			Tos	14a	<6		15 22	
TL7430N	§TL8430N		Aeg	14a	2	8 13	15 22	
TRW7430-1			Trw	14a	2		22	
TRW7430-2			Trw	14c	2		22	
U6A7430-59X		U6A5430-51X	Fch	14c				
U7A7430-59X			Fch	14a				
US7430A			Spr	14a		8 18		
ZN7430E			Fer	14a	2		29	
µPB204			Nip	14a	<6		15 22	
7430DC		5430DM	Fch	14c	<6		15 22	
7430FC		5430FM	Fch	14n	<6		15 22	
7430PC			Fch	14a	<6		15 22	
1LB552			Su	14a	11	12,5 14,5	15 22	
D130C	§E130C		Hfo	14c	3,5	12,5 14,5	15 22	
D130D			Hfo	14a	3,5	12,5 14,5	15 22	
DM7430J		DM5430J	Nsc	14c	2		22 22	
DM7430N			Nsc	14a	2		22 22	
FJH101			Phi,Sig,Val	14a	2	7 11	15 22	
FLH131	§FLH135		Sie	14a	2	8 13	15 22	
GFB7430P			Rtc	14a	2	13		
HD7430			Hit	14a	<6		15 22	
M53230P			Mit	14a	<6		15 22	
MB403			Fui	14a	<6		15 22	
MB400M			Fui	14c	<6		15 22	
MC7430J		MC5430J	Mot	14c	2	8 13	15 22	
MC7430N			Mot	14a	2	8 13	15 22	
MC7430W		MC5430W	Mot	14p	2	8 13	15 22	
MH7430	§MH8430		Tes	14a	2,2	12,5 14,5	15 22	

ALS

DM74ALS30J		DM54ALS30J	Nsc	14c	<0,9		10	
DM74ALS30N			Nsc	14a	<0,9		10	
		SN54ALS30FH	Tix	cc	0,54	5 3	22 12	
SN74ALS30FN			Tix	cc	0,54	5 3	20 10	
		SN54ALS30J	Tix	14c	0,54	5 3	22 12	
SN74ALS30N			Tix	14a	0,54	5 3	20 10	
		SN54ALS30AFH	Tix	cc	0,54		15 12	
SN74ALS30AFN			Tix	cc	0,54		12 10	
		SN54ALS30AJ	Tix	14c	0,54		15 12	
SN74ALS30AN			Tix	14a	0,54		12 10	

7430 / 1 0...70°C § 0...75°C	Typ - Type - Tipo −40...85°C § −25...85°C	−55...125°C	Hersteller Production Fabricants Produttori Fabricantes	Bild Fig. Fig. Sec 3	I_S &I_R mA	t_{PD} E→Q ns$_{typ}$ ↓ ↕ ↑	t_{PD} E→Q ns$_{max}$ ↓ ↕ ↑	Bem./Note f_T §f_Z &f_E MHz	7430 / 1 0...70°C § 0...75°C	Typ - Type - Tipo −40...85°C § −25...85°C	−55...125°C	Hersteller Production Fabricants Produttori Fabricantes	Bild Fig. Fig. Sec 3	I_S &I_R mA	t_{PD} E→Q ns$_{typ}$ ↓ ↕ ↑	t_{PD} E→Q ns$_{max}$ ↓ ↕ ↑	Bem./Note f_T §f_Z &f_E MHz
AS									**L**								
DM74AS30J		DM54AS30J	Nsc	14c	<4,5		3 4,5		DM74L30J		DM54L30J	Nsc	14c	0,25		90 90	
DM74AS30N			Nsc	14a	<4,5		3 4,5		DM74L30N			Nsc	14a	0,25		90 90	
		SN54AS30FH	Tix	cc	3	1 1	5 5,5		MIC74L30N			Itt	14c	0,2	60		
SN74AS30FN			Tix	cc	3	1 1	4,5 5		NC74L30N			Nuc	14c	0,2	60		
		SN54AS30J	Tix	14c	3	1 1	5 5,5				SFC430LEM	Nuc,Ses	14a	0,2	60		
SN74AS30N			Tix	14a	3	1 1	4,5 5		SN74L30J		SN54L30J	Tix	14c	0,2	70 35	100 60	
									SN74L30N	§SN84L30N		Tix	14a	0,2	70 35	100 60	
C									**LS**								
	MM74C30J	MM54C30J	Nsc	14c	10n	125 125	180 180		DM74LS30J		DM54LS30J	Nsc	14c	<1,1		20 15	
	MM74C30N		Nsc	14a	10n	125 125	180 180		DM74LS30N			Nsc	14a	<1,1		20 15	
		MM54C30W	Nsc	14n	10n	125 125	180 180		HD74LS30			Hit	14a	<1,1		20 15	
									M74LS30			Mit	14a	<1,1		20 15	
H									MB74LS30			Fui	14a	<1,1		20 15	
D230C			Hfo	14c	4,2	9 7	12 10		MB74LS30M			Fui	14c	<1,1		20 15	
DM74H30J		DM54H30J	Nsc	14c	<10		12 12		N74LS30A			Mul,Phi,Sig	14a	0,4		25	
DM74H30N			Nsc	14a	<10		12 12		N74LS30F		S54LS30F	Mul,Phi,Sig	14c	0,4		25	
GJB74H30P			Rtc	14c	4,6	13			§SN74LS30J		SN54LS30J	Mot	14c	0,5	13 7	20 12	
MIC74H30J			Itt	14c		11			SN74LS30J		SN54LS30J	Tix	14c	0,48	13 8	20 15	
N74H30A			Mul,Phi,Sig	14a	4,5	8,9 6,8	12 10		§SN74LS30N			Mot	14a	0,5	13 7	20 12	
N74H30F		S54H30F	Mul,Phi,Sig	14c	4,5	8,9 6,8	12 10		SN74LS30N			Tix	14a	0,48	13 8	20 15	
NC74H30N			Nuc	14a	4	6	11				SN54LS30W	Tix	14n	0,48	13 8	20 15	
SFC430HE		SFC430HEM	Nuc,Ses	14a	4	6	11		§SN74LS30W		SN54LS30W	Mot	14p	0,5	13 7	20 12	
SN74H30J		SN54H30J	Tix	14c	4,5	8,9 6,8	12 10		74LS30DC		54LS30DM	Fch	14c	0,6	12,5 6,5	15 12	
SN74H30N			Tix	14a	4,5	8,9 6,8	12 10		74LS30FC		54LS30FM	Fch	14p	0,6	12,5 6,5	15 12	
US74H30A			Spr	14a		10 10	12		74LS30J		54LS30J	Ray	14c	<1,1		20 15	
1LB312			Su	14a	4,2	9 7	12 10		74LS30PC			Fch	14a	0,6	12,5 6,5	15 12	
HC									**S**								
MC74HC30J		MC54HC30J	Mot	14c					DM74S30J		DM54S30J	Nsc	14c	<10		7 6	
MC74HC30N			Mot	14a					DM74S30N			Nsc	14a	<10		7 6	
	MM74HC30J	MM54HC30J	Nsc	14c	<2u	18 18	30 30		M74S30			Mit	14a	<10		7 6	
	MM74HC30N		Nsc	14a	<2u	18 18	30 30		SN74S30J		SN54S30J	Tix	14c	4,25	4,5 4	7 6	
		SN54HC30FH	Tix	cc	<2u		17 17		SN74S30N			Tix	14a	4,25	4,5 4	7 6	
SN74HC30FH			Tix	cc	<2u		17 17				SN54S30W	Tix	14n	4,25	4,5 4	7 6	
SN74HC30FN		SN54HC30FK	Tix	cc	<2u		17 17		74S30DC		54S30DM	Fch	14c	<10		7 6	
		SN54HC30J	Tix	cc	<2u		17 17		74S30FC		54S30FM	Fch	14n	<10		7 6	
SN74HC30J			Tix	14c	<2u		17 17		74S30PC			Fch	14a	<10		7 6	
SN74HC30N			Tix	14a	<2u		17 17										

2-49

7430 / 2
Output: TP

NAND-Gatter
NAND gates
Porte NAND
Circuito porta NAND
Puertas NAND

7431
Output: TP

Verzögerungselement
Time delay unit
Élément de retardement
Elemento ritardatore
Elemento de retardo

Logiktabelle siehe Sektion 1
Function table see section 1
Tableau logique voir section 1
Per tavola di logica vedi sec. 1
Tabla de verdad, ver sección 1

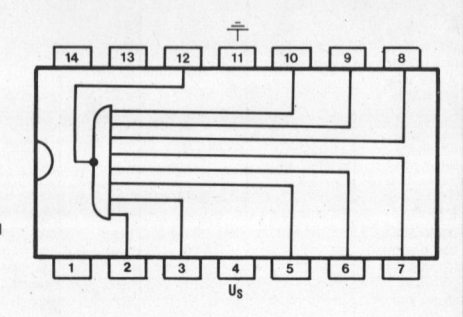

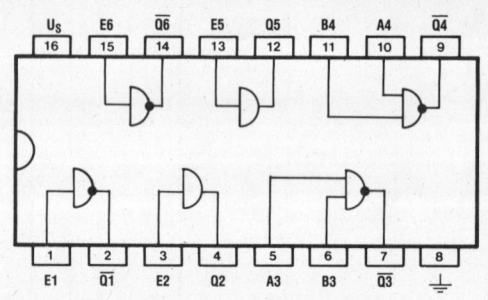

Pin-out 7430/2 (14-pin): 1,2,3,4,5,6 = inputs; 7 = U_S (GND); 8 = Y; 11,12 = inputs; 14 = V_{CC}

Pin-out 7431 (16-pin): 16=U_S, 15=E6, 14=$\overline{Q6}$, 13=E5, 12=Q5, 11=B4, 10=A4, 9=$\overline{Q4}$, 1=E1, 2=$\overline{Q1}$, 3=E2, 4=Q2, 5=A3, 6=B3, 7=$\overline{Q3}$, 8=GND

Logiktabelle siehe Section 1 · Function table see section 1 · Tableau logique voir section 1
Per tavola di logica vedi sezione 1 · Tabla de verdad, ver sección 1

7430 / 2	Typ - Type - Tipo		Hersteller Production Fabricants Produttori Fabricantes	Bild Fig. Fig. Sec 3	I_S &I_R mA	t_{PD} E→Q ns$_{typ}$ ↓ ↕ ↑	t_{PD} E→Q ns$_{max}$ ↓ ↕ ↑	Bem./Note f_T §f_Z &f_E MHz
0...70°C §0...75°C	−40...85°C §−25...85°C	−55...125°C						
MC7430F		DM5430W	Nsc	14n	2		22 22	
		MC5430F	Mot	14p	2	8 13	15 22	
		MCB5430F	Mot	14q	2	8 13	15 22	
N7430W		S5430W	Mul,Phi,Sig	14n	2	8 13	15 22	
		SFC430PM	Nuc,Ses	14p	10	13	15 22	
		SN5430W	Tix	14n	2	8 13	15 22	
U3I7430-59X		U3I5430-51X	Fch	14q				
US7430J		US5430J	Spr	14n		8 18		
ZN7430F		ZN5430F	Fer	14q	2		29	
H								
N74H30W		S54H30W	Mul,Phi,Sig	14n	4,5	8,9 6,8	12 10	
		SFC430HPM	Nuc,Ses	14n	4	6	11	
		SN54H30W	Tix	14n	4,5	8,9 6,8	12 10	
US74H30J		US54H30J	Spr	14n		10 10	12	
L								
DM74L30F		DM54L30F	Nsc	14n	0,25		90 90	
		SN54L30T	Tix	14p	0,2	70 35	100 60	

7431	Typ - Type - Tipo		Hersteller Production Fabricants Produttori Fabricantes	Bild Fig. Fig. Sec 3	I_S &I_R mA	t_{PD} E→Q ns$_{typ}$ ↓ ↕ ↑	t_{PD} E→Q ns$_{max}$ ↓ ↕ ↑	Bem./Note f_T §f_Z &f_E MHz
0...70°C §0...75°C	−40...85°C §−25...85°C	−55...125°C						
SN74LS31J	−	SN54LS31J	Tix	16c	13	23 32	35 50	
		SN54LS31N	Tix	16c	13	23 32	35 50	
SN74LS31N			Tix	16a	13	23 32	35 50	
			Tix	16a	13	23 32	35 50	

7432
Output: TP

OR-Gatter
OR gates
Porte OR
Circuito porta OR
Puertas OR

Logiktabelle siehe Sektion 1
Function table see section 1
Tableau logique voir section 1
Per tavola di logica vedi sec. 1
Tabla de verdad, ver sección 1

7432	Typ - Type - Tipo		Hersteller Production Fabricants Produttori Fabricantes	Bild Fig. Fig. Sec 3	I_S &I_R mA	t_{PD} E→Q ns_{typ} ↓↑ ↑	t_{PD} E→Q ns_{max} ↓↑ ↑	Bem./Note f_T §f_Z &f_E MHz
0...70°C § 0...75°C	−40...85°C § −25...85°C	−55...125°C						
		ZN7430J					22	
		ZN5430J	Fer	14c	<38		22	
7432DC		5432DM	Fch	14c	<38		22	15
7432FC		5432FM	Fch	14n	<38		22	15
7432PC			Fch	14a	<38		22	15

ALS

Typ 0...70°C / §0...75°C	−40...85°C / §−25...85°C	−55...125°C	Hersteller	Bild	I_S &I_R	t_{PD} typ	t_{PD} max	Note
DM74ALS32J		DM54ALS32J	Nsc	14c	<4,9		12	14
DM74ALS32N			Nsc	14a	<4,9		12	14
MC74ALS32J		MC54ALS32J	Mot	14c	2,6	3 3	12	14
MC74ALS32N			Mot	14a	2,6	3 3	12	14
MC74ALS32W		MC54ALS32W	Mot	14p	2,6	3 3	12	14
		SN54ALS32FH	Tix	cc	2,6	3 3	13	16
SN74ALS32FN			Tix	cc	2,6	3 3	12	14
		SN54ALS32J	Tix	14c	2,6	3 3	13	16
SN74ALS32N			Tix	14a	2,6	3 3	12	14

AS

DM74AS32J		DM54AS32J	Nsc	14c	<25,4		5,5	5,5
DM74AS32N			Nsc	14a	<25,4		5,5	5,5
		SN54AS32FH	Tix	cc	16,5	1 1	6,5	7,5
SN74AS32FN			Tix	cc	16,5	1 1	5,8	5,8
		SN54AS32J	Tix	14c	16,5	1 1	6,5	7,5
SN74AS32N			Tix	14a	16,5	1 1	5,8	5,8

C

MM74C32J		MM54C32J	Nsc	14c	50n	80 80	150	150
MM74C32N			Nsc	14a	50n	80 80	150	150
		MM54C32W	Nsc	14n	50n	80 80	150	150

F

MC74F32J		MC54F32J	Mot	14c	<15,5	3,5 3,9	5	5,5
MC74F32N			Mot	14a	<15,5	3,5 3,9	5	5,5
MC74F32W		MC54F32W	Mot	14p	<15,5	3,5 3,9	5	5,5
N74F32F		S54F32F	Val	14c	<12,9	4 4,2	5,3	5,6
N74F32N			Val	14a	<12,9	4 4,2	5,3	5,6
		S54F32W	Val	14n	<12,9	4 4,2	5,3	5,6
74F32DC		74F32DM	Fch	14c	<15,5	3,5 3,9	5	5,5
74F32FC		74F32FM	Fch	14n	<15,5	3,5 3,9	5	5,5
74F32PC			Fch	14a	<15,5	3,5 3,9	5	5,5

7432	Typ - Type - Tipo		Hersteller Production Fabricants Produttori Fabricantes	Bild Fig. Fig. Sec 3	I_S &I_R mA	t_{PD} E→Q ns_{typ} ↓↑ ↑	t_{PD} E→Q ns_{max} ↓↑ ↑	Bem./Note f_T §f_Z &f_E MHz
0...70°C § 0...75°C	−40...85°C § −25...85°C	−55...125°C						
DM7432J		DM5432J	Nsc	14c	<35		22	22
DM7432N			Nsc	14a	<35		22	22
DM7432W		DM5432W	Nsc	14n	<35		22	22
FLH631	§FLH635		Sie	14a	19	14 10	22	15
HD7432			Hit	14a	<38		22	15
MIC7432J	MIC6432J		Itt	14c	19	14 10	22	15
MIC7432N		MIC5432J	Itt	14a	19	14 10	22	15
N7432A			Mul,Phi,Sig	14a	19	14 10	22	15
N7432F		S5432F	Mul,Phi,Sig	14c	19	14 10	22	15
SN7432J		SN5432J	Tix	14c	19	14 10	22	15
SN7432N	§SN8432N		Tix	14a	19	14 10	22	15
		SN5432W	Tix	14n	19	14 10	22	15
US7432A			Spr	14a		18 8	27	
US7432J		US5432J	Spr	14n		18 8	27	
ZN7432E			Fer	14a	<38		22	

2-51

7432	Typ - Type - Tipo		Hersteller Production Fabricants Produttori Fabricantes	Bild Fig. Fig. Sec 3	I_S &I_R mA	t_{PD} $E \to Q$ ns_{typ} ↓↕↑	t_{PD} $E \to Q$ ns_{max} ↓↕↑	Bem./Note f_T §f_Z &f_E MHz	7432	Typ - Type - Tipo		Hersteller Production Fabricants Produttori Fabricantes	Bild Fig. Fig. Sec 3	I_S &I_R mA	t_{PD} $E \to Q$ ns_{typ} ↓↕↑	t_{PD} $E \to Q$ ns_{max} ↓↕↑	Bem./Note f_T §f_Z &f_E MHz
0...70°C § 0...75°C	−40...85°C § −25...85°C	−55...125°C							0...70°C § 0...75°C	−40...85°C § −25...85°C	−55...125°C						
HC									**S**								
§CD74HC32E			Rca	14a		9 9			DM74S32J		DM54S32J	Nsc	14c	<68		7 7	
		CD54HC32F	Rca	14c		9 9			DM74S32N			Nsc	14a	<68		7 7	
MC74HC32J		MC54HC32F	Mot	14c	<2u	9 9	17 17		SN74S32J		SN54S32J	Tix	14c	28	4 4	7 7	
MC74HC32N			Mot	14a	<2u	9 9	17 17		SN74S32N			Tix	14a	28	4 4	7 7	
	MM74HC32J	MM54HC32J	Nsc	14c	<2u	9 9	17 17				SN54S32W	Tix	14n	28	4 4	7 7	
	MM74HC32N		Nsc	14a	<2u	9 9	17 17		74S32DC		54S32DM	Fch	14c	<68		7 7	
	SN74HC32FH	SN54HC32FH	Tix	cc	<2u		17 17		74S32FC		54S32FM	Fch	14n	<68		7 7	
		SN54HC32FK	Tix	cc	<2u		17 17		74S32PC			Fch	14a	<68		7 7	
	SN74HC32FN		Tix	cc	<2u		17 17										
		SN54HC32J	Tix	14c	<2u		17 17										
	SN74HC32J		Tix	14c	<2u		17 17										
	SN74HC32N		Tix	14a	<2u		17 17										
HCT																	
§CD74HCT32E			Rca	14a		9 9											
		CD54HCT32F	Rca	14c		9 9											
LS																	
DM74LS32J		DM54LS32J	Nsc	14c	<9,8		22 22										
DM74LS32N			Nsc	14a	<9,8		22 22										
HD74LS32			Hit	14a	<9,8		22 22										
M74LS32			Mit	14a	<9,8		22 22										
MB74LS32			Fui	14a	<9,8		22 22										
MB74LS32M			Fui	14c	<9,8		22 22										
N74LS32A			Mul,Phi,Sig	14a	9,8	14											
N74LS32F		S54LS32F	Mul,Phi,Sig	14c	9,8	14											
§SN74LS32J		SN54LS32J	Mot	14c	4	7 7	11 11										
SN74LS32J		SN54LS32J	Tix	14c	4	14 14	22 22										
§SN74LS32N			Mot	14a	4	7 7	11 11										
SN74LS32N			Tix	14a	4	14 14	22 22										
§SN74LS32W		SN54LS32W	Tix	14n	4	14 14	22 22										
		SN54LS32W	Mot	14p	4	7 7	11 11										
74LS32DC		54LS32DM	Fch	14c	4,9	7 7	11 11										
74LS32FC		54LS32FM	Fch	14p	4,9	7 7	11 11										
74LS32J		54LS32J	Ray	14c	<9,8		22 22										
74LS32PC			Fch	14a	4,9	7 7	11 11										

7433
Output: OC

NOR-Gatter / NOR gates / Porte NOR / Circuito porta NOR / Puertas NOR

Logiktabelle siehe Sektion 1
Function table see section 1
Tableau logique voir section 1
Per tavola di logica vedi sec. 1
Tabla de verdad, ver sección 1

7433			Hersteller Production Fabricants Produttori Fabricantes	Bild Fig. Fig. Sec 3	I_S &I_R mA	t_{PD} E→Q ns_{typ} ↓ ↕ ↑	t_{PD} E→Q ns_{max} ↓ ↕ ↑	Bem./Note f_T §f_Z &f_E MHz
0...70°C § 0...75°C	−40...85°C § −25...85°C	−55...125°C						
		SN74ALS33AFN	Tix	cc	5,6	2 10	12 33	
			Tix	14c	5,6	2 10	18 40	SN54ALS33AJ
		SN74ALS33AN	Tix	14a	5,6	2 10	12 33	

LS

			Hersteller	Bild	I_S	t_{PD} typ	t_{PD} max	Note
MB74LS33			Fui	14a	<13,8		28 32	
MB74LS33M			Fui	14c	<13,8		28 32	
SN74LS33J		SN54LS33J	Tix	14c	4,4	18 20	28 32	
SN74LS33N			Tix	14a	4,4	18 20	28 32	
		SN54LS33W	Tix	14n	4,4	18 20	28 32	
74LS33DC		54LS33DM	Fch	14c	10	14 11	22 18	
74LS33FC		54LS33FM	Fch	14p	10	14 11	22 18	
74LS33J		54LS33J	Ray	14c	<13,8		28 32	
74LS33PC			Fch	14a	10	14 11	22 18	

7433			Hersteller Production Fabricants Produttori Fabricantes	Bild Fig. Fig. Sec 3	I_S &I_R mA	t_{PD} E→Q ns_{typ} ↓ ↕ ↑	t_{PD} E→Q ns_{max} ↓ ↕ ↑	Bem./Note f_T §f_Z &f_E MHz
0...70°C § 0...75°C	−40...85°C § −25...85°C	−55...125°C						
MIC7433J	MIC6433J	MIC5433J	Itt	14c	20	14 10	23 18	Q:C = 15pF
MIC7433N			Itt	14a	20	14 10	23 18	Q:C = 15pF
MIC7433AJ	MIC6433AJ	MIC5433AJ	Itt	14c	20	14 10	23 18	Q:15V,15pF
MIC7433AN			Itt	14a	20	14 10	23 18	Q:15V,15pF
SN7433J		SN5433J	Tix	14c	22,5	12 10	18 15	
SN7433N	§SN8433N		Tix	14a	22,5	12 10	18 15	
		SN5433W	Tix	14n	22,5	12 10	18 15	
T7433B1			Sgs	14a	22,5	12 10	18 15	
T7433D1		T5433D2	Sgs	14c	22,5	12 10	18 15	

ALS

DM74ALS33J		DM54ALS33J	Nsc	14c	<8		18 33	
DM74ALS33N			Nsc	14a	<8		18 33	
		SN54ALS33J	Tix	14c				
SN74ALS33N			Tix	14a				
		SN54ALS33AFH	Tix	cc	5,6	2 10	18 40	

2-53

7434 Output: TP — Treiber / Driver / Driver / Eccitatore / Excitadores

7435 Output: OC — Treiber / Driver / Driver / Eccitatore / Excitadores

Logiktabelle siehe Sektion 1
Function table see section 1
Tableau logique voir section 1
Per tavola di logica vedi sec. 1
Tabla de verdad, ver sección 1

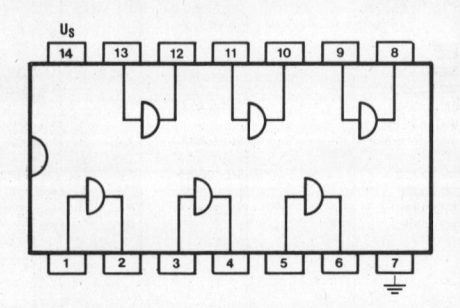

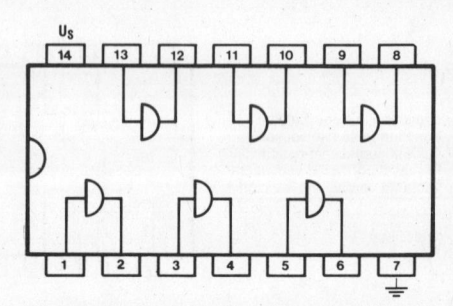

7434	Typ - Type - Tipo			Hersteller Production Fabricants Produttori Fabricantes	Bild Fig. Fig. Sec 3	I_S & I_R mA	t_{PD} E→Q ns_{typ} ↓ ↕ ↑	t_{PD} E→Q ns_{max} ↓ ↕ ↑	Bem./Note f_T §f_Z & f_E MHz
0...70°C § 0...75°C	−40...85°C § −25...85°C	−55...125°C							
SN74ALS34FN		SN54ALS34FH		Tix	cc	3,5	6 8	6 8	
				Tix	cc	3,5	6 8	6 8	
		SN54ALS34J		Tix	14c	3,5	6 8	6 8	
SN74ALS34N				Tix	14a	3,5	6 8	6 8	
AS									
DM74AS34J		DM54AS34J		Nsc	14c				
DM74AS34N				Nsc	14a				
SN74AS34FN		SN54AS34FH		Tix	cc	21,3	1 1	7 6,5	
				Tix	cc	21,3	1 1	6 5,5	
		SN54AS34J		Tix	14c	21,3	1 1	7 6,5	
SN74AS34N				Tix	14a	21,3	1 1	6 5,5	
HCT									
	MM74HCT34J	MM54HCT34J		Nsc	14c	<2u	10 10	18 18	
	MM74HCT34N			Nsc	14a	<2u	10 10	18 18	

7435	Typ - Type - Tipo			Hersteller Production Fabricants Produttori Fabricantes	Bild Fig. Fig. Sec 3	I_S & I_R mA	t_{PD} E→Q ns_{typ} ↓ ↕ ↑	t_{PD} E→Q ns_{max} ↓ ↕ ↑	Bem./Note f_T §f_Z & f_E MHz
0...70°C § 0...75°C	−40...85°C § −25...85°C	−55...125°C							
SN74ALS35FN		SN54ALS35FH		Tix	cc	4,1	15 55	12 50	
		SN54ALS35J		Tix	14c	4,1	15 55	12 50	
SN74ALS35N				Tix	14a	4,1			

7436
Output: TP

NOR-Gatter / NOR gates / Portes NOR / Circuito logico NOR / Puertas NOR

Logiktabelle siehe Sektion 1
Function table see section 1
Tableau logique voir section 1
Per tavola di logica vedi sec. 1
Tabla de verdad, ver sección 1

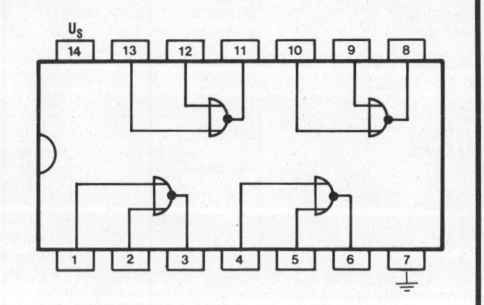

7437
Output: TP

NAND-Gatter (FQ = 30) / NAND gates (FQ = 30) / Porte NAND (FQ = 30) / Circuito porta NAND (FQ = 30) / Puertas NAND (FQ = 30)

Logiktabelle siehe Sektion 1
Function table see section 1
Tableau logique voir section 1
Per tavola di logica vedi sec. 1
Tabla de verdad, ver sección 1

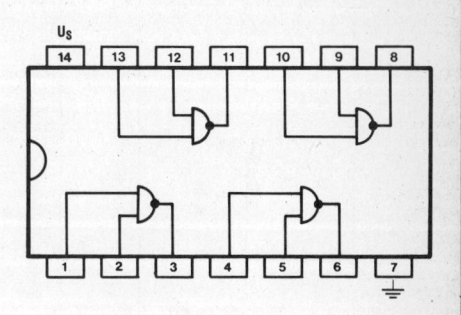

7436 0...70°C § 0...75°C	Typ - Type - Tipo −40...85°C § −25...85°C	−55...125°C	Hersteller Production Fabricants Produttori Fabricantes	Bild Fig. Fig. Sec 3	I_S &I_R mA	t_{PD} E→Q ns_{typ} ↓↕↑	t_{PD} E→Q ns_{max} ↓↕↑	Bem./Note f_T §f_Z &f_E MHz
		SN54HC36FH	Tix	cc	<2u	17 17		
	SN74HC36FH		Tix	cc	<2u	17 17		
		SN54HC36FK	Tix	cc	<2u	17 17		
	SN74HC36FN	SN54HC36J	Tix	14a	<2u	17 17		
	SN74HC36J		Tix	14a	<2u	17 17		
	SN74HC36N		Tix	14a	<2u	17 17		

7437 0...70°C § 0...75°C	Typ - Type - Tipo −40...85°C § −25...85°C	−55...125°C	Hersteller Production Fabricants Produttori Fabricantes	Bild Fig. Fig. Sec 3	I_S &I_R mA	t_{PD} E→Q ns_{typ} ↓↕↑	t_{PD} E→Q ns_{max} ↓↕↑	Bem./Note f_T §f_Z &f_E MHz
DM7437J		DM5437J	Nsc	14c			22 22	
DM7437N			Nsc	14a			22 22	
DM7437W		DM5437W	Nsc	14n			22 22	
FLH531	§FLH535		Sie	14a	21,5	8 13	15 22	
HD7437			Hit	14a	<54		15 22	
M53237P			Mit	14a	<54		15 22	
MB435			Jap,Fui	14a	<54		15 22	
MC7437J		MC5437J	Mot	14c	21,5	8 13	15 22	
MC7437N			Mot	14a	21,5	8 13	15 22	
MC7437W		MC5437W	Mot	14p	21,5	8 13	15 22	
N7437A			Mul,Phi,Sig	14a	21,4	8 13	15 22	
N7437F		S5437F	Mul,Phi,Sig	14c	21,4	8 13	15 22	
N7437W		S5437W	Mul,Phi,Sig	14n	21,4	8 13	15 22	
SFC437E	§SFC437ET	SFC437EM	Nuc,Ses	14a	<60		22	
SN7437J		SN5437J	Tix	14c	21,5	8 13	15 22	

7437 0...70°C § 0...75°C	Typ - Type - Tipo −40...85°C § −25...85°C	−55...125°C	Hersteller Production Fabricants Produttori Fabricantes	Bild Fig. Fig. Sec 3	I_S &I_R mA	t_{PD} E→Q ns_{typ} ↓ ↕ ↑	t_{PD} E→Q ns_{max} ↓ ↕ ↑	Bem./Note f_T §f_Z &f_E MHz
SN7437N	§SN8437N		Tix	14a	21,5	8 13	15 22	
		SN5437W	Tix	14n	21,5	8 13	15 22	
SW7437J			Stw	14a	<60		22	
SW7437N			Stw	14c	<60		22	
TD3437			Tos	14a	<54		15 22	
TL7437N			Aeg	14a	21,5	8 13	15 22	
TRW7437-1			Trw	14a	<60		22	
TRW7437-2			Trw	14c	<60		22	
ZN7437E			Fer	14a	<60		22	
ZN7437J		ZN5437J	Fer	14c	<60		22	
µPB237			Nip	14a	<54		15 22	
7437DC		5437DM	Fch	14c	<54		15 22	
7437FC		5437FM	Fch	14n	<54		15 22	
7437J		5437J	Ray	14a	<54		15 22	
7437PC			Fch	14a	<54		15 22	
ALS								
DM74ALS37J		DM54ALS37J	Nsc	14c	<6,4		8 8	
DM74ALS37N			Nsc	14a	<6,4		8 8	
		SN54ALS37J	Tix	14c				
SN74ALS37N			Tix	14a				
		SN54ALS37AFH	Tix	cc	4,8	2 2	10 10	
SN74ALS37AFN			Tix	cc	4,8	2 2	7 8	
		SN54ALS37AJ	Tix	14c	4,8	2 2	10 10	
SN74ALS37AN			Tix	14a	4,8	2 2	7 8	
H								
US74H37A			Spr	14a	28	9		
LS								
DM74LS37J		DM54LS37J	Nsc	14c	<12		24 24	
DM74LS37N			Nsc	14a	<12		24 24	
HD74LS37			Hit	14a	<12		24 24	
M74LS37			Mit	14a	<12		24 24	
MB74LS37			Fui	14a	<12		24 24	
MB74LS37M			Fui	14c	<12		24 24	
§SN74LS37J		SN54LS37J	Mot	14c	3,44	10 10	15 15	
SN74LS37J		SN54LS37J	Tix	14c	3,44	12 12	24 24	
§SN74LS37N			Mot	14a	3,44	10 10	15 15	
SN74LS37N			Tix	14a	3,44	12 12	24 24	

7437 0...70°C § 0...75°C	Typ - Type - Tipo −40...85°C § −25...85°C	−55...125°C	Hersteller Production Fabricants Produttori Fabricantes	Bild Fig. Fig. Sec 3	I_S &I_R mA	t_{PD} E→Q ns_{typ} ↓ ↕ ↑	t_{PD} E→Q ns_{max} ↓ ↕ ↑	Bem./Note f_T §f_Z &f_E MHz
§SN74LS37W		SN54LS37W	Tix	14n	3,44	12 12	24 24	
		SN54LS37W	Mot	14p	3,44	10 10	15 15	
74LS37DC		54LS37DM	Fch	14c	6	10 10	20 20	
74LS37FC		54LS37FM	Fch	14p	6	10 10	20 20	
74LS37J		54LS37J	Ray	14c	<12		24 24	
74LS37PC			Fch	14a	6	10 10	20 20	
S								
SN74S37J		SN54S37J	Tix	14c	33	4 4	6,5 6,5	
SN74S37N			Tix	14a	33	4 4	6,5 6,5	
		SN54S37W	Tix	14n	33	4 4	6,5 6,5	

7438
Output: OC

NAND-Gatter (FQ = 30)
NAND gates (FQ = 30)
Porte NAND (FQ = 30)
Circuito porta NAND (FQ = 30)
Puertas NAND (FQ = 30)

Logiktabelle siehe Sektion 1
Function table see section 1
Tableau logique voir section 1
Per tavola di logica vedi sec. 1
Tabla de verdad, ver sección 1

7438 0...70°C § 0...75°C	–40...85°C § –25...85°C	–55...125°C	Hersteller Production Fabricants Produttori Fabricantes	Bild Fig. Fig. Sec 3	I_S & I_R mA	t_{PD} E→Q ns_{typ} ↓ ↑ ↑	t_{PD} E→Q ns_{max} ↓ ↑ ↑	Bem./Note f_T §f_Z & f_E MHz
N7438F		S5438F	Mul,Phi,Sig	14c	19,5	11 14	18 22	
		S5438W	Mul,Phi,Sig	14n	19,5	11 14	18 22	
SFC438E	§SFC438ET	SFC438EM	Nuc,Ses	14a	<60		22	
SN7438J		SN5438J	Tix	14c	19,5	11 14	18 22	
SN7438N	§SN8438N		Tix	14a	19,5	11 14	18 22	
		SN5438W	Tix	14n	19,5	11 14	18 22	
SW7438J			Stw	14a	<60		22	
SW7438N			Stw	14c	<60		22	
TD3438			Tos	14a	<54		18 22	
TL7438N			Aeg	14a	19,5	11 14	18 22	
TRW7438-1			Trw	14a	<27		22	
TRW7438-2			Trw	14c	<27		22	
US7438A			Spr	14a	19	15		
ZN7438E			Fer	14a	<60		22	
ZN7438J		ZN5438J	Fer	14c	<60		22	
µPB238			Nip	14a	<54		18 22	
7438DC		5438DM	Fch	14c	<54		18 22	
7438FC		5438FM	Fch	14n	<54		18 22	
7438J		5438J	Ray	14a	<54		18 22	
7438PC			Fch	14a	<54			

7438 0...70°C § 0...75°C	–40...85°C § –25...85°C	–55...125°C	Hersteller Production Fabricants Produttori Fabricantes	Bild Fig. Fig. Sec 3	I_S & I_R mA	t_{PD} E→Q ns_{typ} ↓ ↑ ↑	t_{PD} E→Q ns_{max} ↓ ↑ ↑	Bem./Note f_T §f_Z & f_E MHz
DM7438J		DM5438J	Nsc	14c			22 22	
DM7438N			Nsc	14a			22 22	
DM7438W		DM5438W	Nsc	14n			22 22	
FLH541	§FLH545		Sie	14a	19,5	11 14	18 22	
HD7438			Hit	14a	<54		18 22	
M53238P			Mit	14a	<54		18 22	
MB433			Fui	14a	<54		18 22	
MC7438J		MC5438J	Mot	14c	19,5	11 14	18 22	
MC7438N			Mot	14a	19,5	11 14	18 22	
MC7438W		MC5438W	Mot	14p	19,5	11 14	18 22	
MIC7438J	MIC6438J	MIC5438J	Itt	14c	19,4	11 14	18 22	
MIC7438N			Itt	14a	19,4	11 14	18 22	
MIC7438AJ	MIC6438AJ	MIC5438AJ	Itt	14a	19,4	11 14	18 22	Q:15V
MIC7438AN			Itt	14a	19,4	11 14	18 22	Q:15V
N7438A			Mul,Phi,Sig	14a	19,5	11 14	18 22	

ALS

DM74ALS38J		DM54ALS38J	Nsc	14c	<6,4		18 33	
DM74ALS38N			Nsc	14a	<6,4		18 33	
		SN54ALS38J	Tix	14c				
SN74ALS38N			Tix	14a				
		SN54ALS38AFH	Tix	cc	4,8	2 10	18 40	
SN74ALS38AFN			Tix	cc	4,8	2 10	12 33	
		SN54ALS38AJ	Tix	14c	4,8	2 10	18 40	
SN74ALS38AN			Tix	14a	4,8	2 10	12 33	

LS

DM74LS38J		DM54LS38J	Nsc	14c	<12		28 32	
DM74LS38N			Nsc	14a	<12		28 32	
HD74LS38			Hit	14a	<12		28 32	
M74LS38			Mit	14a	<12		28 32	
MB74LS38			Fui	14a	<12		28 32	
MB74LS38M			Fui	14c	<12		28 32	
§SN74LS38J		SN54LS38J	Mot	14c	3,45	10 14	28 32	
SN74LS38J		SN54LS38J	Tix	14c	1,8	18 20	28 32	
§SN74LS38N			Mot	14a	3,45	10 14	28 32	
SN74LS38N			Tix	14a	1,8	18 20	28 32	

2-57

7438	Typ - Type - Tipo		Hersteller Production Fabricants Produttori Fabricantes	Bild Fig. Fig. Sec 3	I_S &I_R mA	t_{PD} E→Q ns$_{typ}$ ↓ ↕ ↑	t_{PD} E→Q ns$_{max}$ ↓ ↕ ↑	Bem./Note f_T §f_Z &f_E MHz
0...70°C § 0...75°C	−40...85°C § −25...85°C	−55...125°C						
§SN74LS38W		SN54LS38W	Tix	14n	1,8	18 20	28 32	
74LS38DC		SN54LS38W	Mot	14p	3,45	10 14	18 22	
74LS38FC		54LS38DM	Fch	14c	6	14 14	22 22	
74LS38J		54LS38FM	Fch	14p	6	14 14	22 22	
74LS38PC		54LS38J	Ray	14c	<12		28 32	
			Fch	14a	6	14 14	22 22	
S								
N74S38A		S54S38F	Mul,Phi,Sig	14a	<80	8,5		
N74S38F		S5438W	Mul,Phi,Sig	14c	<80	8,5		
SN74S38J		SN54S38J	Mul,Phi,Sig	14n	<80	8,5		
SN74S38N			Tix	14c	33	6,5 6,5	10 10	
			Tix	14a	33	6,5 6,5	10 10	
		SN54S38W	Tix	14n	33	6,5 6,5	10 10	

NAND-Treiber
NAND driver
Étages driver NAND
Eccitatori NAND
Excitador NAND

7439
Output: OC

Logiktabelle siehe Sektion 1
Function table see section 1
Tableau logique voir section 1
Per tavola di logica vedi sec. 1
Tabla de verdad, ver sección 1

7439	Typ - Type - Tipo		Hersteller Production Fabricants Produttori Fabricantes	Bild Fig. Fig. Sec 3	I_S &I_R mA	t_{PD} E→Q ns$_{typ}$ ↓ ↕ ↑	t_{PD} E→Q ns$_{max}$ ↓ ↕ ↑	Bem./Note f_T §f_Z &f_E MHz
0...70°C § 0...75°C	−40...85°C § −25...85°C	−55...125°C						
SN7439J		SN5439J	Tix	14c	<54		18 22	
SN7439N			Tix	14a	<54		18 22	
7439DC		5439DM	Fch	14c	<54		18 22	
7439FC		5439FM	Fch	14n	<54		18 22	
7439PC			Fch	14a	<54		18 22	

7440 / 1
Output: TP

NAND-Gatter (FQ = 30)
NAND gates (FQ = 30)
Porte NAND (FQ = 30)
Circuito porta NAND (FQ = 30)
Puertas NAND (FQ = 30)

Logiktabelle siehe Sektion 1
Function table see section 1
Tableau logique voir section 1
Per tavola di logica vedi sec. 1
Tabla de verdad, ver sección 1

7440 / 1	Typ - Type - Tipo		Hersteller Production Fabricants Produttori Fabricantes	Bild Fig. Fig. Fig. 3	I_S &I_R mA	t_{PD} E→Q ns_{typ} ↓ ↕ ↑	t_{PD} E→Q ns_{max} ↓ ↕ ↑	Bem./Note f_T §f_Z &f_E MHz
0...70°C § 0...75°C	–40...85°C § –25...85°C	–55...125°C						
MIC7440N			Itt	14a	10,6	8 10	15 22	
N7440A			Mul,Phi,Sig	14a	10,5	8 13	15 22	
N7440F		S5440F	Mul,Phi,Sig	14c	10,5	8 13	15 22	
NC7440N			Nuc	14a	8	13	22	
SFC440E	§SFC440ET	SFC440EM	Nuc,Ses	14a	8	13	22	
SN7440J		SN5440J	Tix	14c	10,5	8 13	15 22	
SN7440N	§SN8440N		Tix	14a	10,5	8 13	15 22	
SW7440J			Stw	14a	<10,8		13	
SW7440N			Stw	14c	<10,8		13	
T7440B1			Sgs	14a	8	13	15 22	
T7440D1		T5440D2	Sgs	14c	10,5	8 13	15 22	
TD3440			Tos	14a	<24		15 22	
TL7440N	§TL8440N		Aeg	14a	10,5	8 ·13	15 22	
U6A7440-59X		U6A5440-51X	Fch	14c				
U7A7440-59X			Fch	14a				
US7440A			Spr	14a		8 18		
µPB205			Nip	14a	<24		15 22	
7440DC		5440DM	Fch	14c	<24		15 22	
7440FC		5440FM	Fch	14n	<24		15 22	
7440PC			Fch	14a	<24		15 22	
1LB556			Su	14a	10	10 14,5	15 22	
ALS								
DM74ALS40J		DM54ALS40J	Nsc	14c	<3,2		8 8	
DM74ALS40N			Nsc	14a	<3,2		8 8	
		SN54ALS40J	Tix	14c				
SN74ALS40N			Tix	14a				
		SN54ALS40AFH	Tix	cc	2,4	2 2	10 10	
SN74ALS40AFN		SN54ALS40AJ	Tix	cc	2,4	2 2	7 8	
SN74ALS40AN			Tix	14c	2,4	2 2	10 10	
			Tix	14a	2,4	2 2	7 8	
H								
D240C			Hfo	14a	15	5 7	12 12	
DM74H40J		DM54H40J	Nsc	14c	<40		12 12	
DM74H40N			Nsc	14a	<40		12 12	
GJB74H40P			Rtc	14c	18,4		12	
MIC74H40J			Itt	14c			10	
N74H40A			Mul,Phi,Sig	14a	17,6	6,5 8,5	12 12	
N74H40F		S54H40F	Mul,Phi,Sig	14c	17,6	6,5 8,5	12 12	
NC74H40N			Nuc	14a	8	6	10	

7440 / 1	Typ - Type - Tipo		Hersteller Production Fabricants Produttori Fabricantes	Bild Fig. Fig. Fig. 3	I_S &I_R mA	t_{PD} E→Q ns_{typ} ↓ ↕ ↑	t_{PD} E→Q ns_{max} ↓ ↕ ↑	Bem./Note f_T §f_Z &f_E MHz
0...70°C § 0...75°C	–40...85°C § –25...85°C	–55...125°C						
D140C	§E140C		Hfo	14c	15	10 14,5	15 22	
D140D			Hfo	14a	15	10 14,5	15 22	
DM7440J		DM5440J	Nsc	14c	<22,8		25 25	
DM7440N			Nsc	14a	<22,8		25 25	
FJH141			Phi,Sig,Val	14a	10,5	8 13	15 22	
FLH141	§FLH145		Sie	14a	10,5	8 13	15 22	
GFB7440P			Rtc	14c	10,4	13		
HD7440			Hit	14a	<24		15 22	
M53240P			Mit	14a	<24		15 22	
MB404			Fuj	14a	<24		15 22	
MC7440J		MC5440J	Mot	14c	10,5	8 13	15 22	
MC7440N			Mot	14a	10,5	8 13	15 22	
MC7440W		MC5440W	Mot	14p	10,5	8 13	15 22	
MH7440	§MH8440		Tes	14a	10	10 14,5	15 22	
MIC7440J	MIC6440J	MIC5440J	Itt	14c	10,6	8 10	15 22	

7440 / 1 — NAND-Gatter (FQ = 30) / NAND gates / Porte NAND / Circuito porta NAND / Puertas NAND

0...70°C § 0...75°C	−40...85°C § −25...85°C	−55...125°C	Hersteller Production Fabricants Produttori Fabricantes	Bild Fig. Fig. Sec 3	I_S &I_R mA	t_{PD} E→Q ns_{typ} ↓ ↑	t_{PD} E→Q ns_{max} ↓ ↑	Bem./Note f_T §f_Z &f_E MHz
SFC440HE		SFC440HEM	Nuc,Ses	14a	8	6	10	
SN74H40J		SN54H40J	Tix	14c	17,7	6,5 8,5	12 12	
SN74H40N			Tix	14a	17,7	6,5 8,5	12 12	
T74H40B1			Sgs	14a	17,7	6,5 8,5	12 12	
T74H40D1		T54H40D2	Sgs	14c	17,7	6,5 8,5	12 12	
US74H40A			Spr	14a			10 25	
1LB316			Su	14a	15	5 7	12 12	
LS								
DM74LS40J		DM54LS40J	Nsc	14c	<6		24 24	
DM74LS40N			Nsc	14a	<6		24 24	
HD74LS40			Hit	14a	<6		24 24	
M74LS40			Mit	14a	<6		24 24	
MB74LS40			Fui	14a	<6		24 24	
MB74LS40M			Fui	14c	<6		24 24	
§SN74LS40J		SN54LS40J	Mot	14c	1,72	10 10	15 15	
SN74LS40J		SN54LS40J	Tix	14c	1,72	12 12	24 24	
§SN74LS40N			Mot	14a	1,72	10 10	15 15	
SN74LS40N			Tix	14a	1,72	12 12	24 24	
		SN54LS40W	Tix	14n	1,72	12 12	24 24	
§SN74LS40W		SN54LS40W	Mot	14p	1,72	10 10	15 15	
74LS40DC		54LS40DM	Fch	14c	3	20 10	24 24	
74LS40FC		54LS40FM	Fch	14p	3	20 10	24 24	
74LS40J		54LS40J	Ray	14c	<6		24 24	
74LS40PC			Fch	14a	3	20 10	24 24	
S								
DM74S40J		DM54S40J	Nsc	14c	<44		6,5 6,5	
DM74S40N			Nsc	14a	<44		6,5 6,5	
HD74S40			Hit	14a	<44		6,5 6,5	
M74S40			Mit	14a	<44		6,5 6,5	
N74S40A			Mul,Phi,Sig	14a	17,5	4 4	6,5 6,5	
N74S40F		S54S40F	Mul,Phi,Sig	14c	17,5	4 4	6,5 6,5	
		S54S40W	Mul,Phi,Sig	14n	17,5	4 4	6,5 6,5	
SN74S40J		SN54S40J	Tix	14c	17,5	4 4	6,5 6,5	
SN74S40N			Tix	14a	17,5	4 4	6,5 6,5	
		SN54S40W	Tix	14n	17,5	4 4	6,5 6,5	
74S40DC		54S40DM	Fch	14c	<44		6,5 6,5	
74S40FC		54S40FM	Fch	14p	<44		6,5 6,5	
74S40PC			Fch	14a	<44		6,5 6,5	

7440 / 2 — Output: TP

Logiktabelle siehe Sektion 1
Function table see section 1
Tableau logique voir section 1
Per tavola di logica vedi sec. 1
Tabla de verdad, ver sección 1

0...70°C § 0...75°C	−40...85°C § −25...85°C	−55...125°C	Hersteller Production Fabricants Produttori Fabricantes	Bild Fig. Fig. Sec 3	I_S &I_R mA	t_{PD} E→Q ns_{typ} ↓ ↑	t_{PD} E→Q ns_{max} ↓ ↑	Bem./Note f_T §f_Z &f_E MHz
MC7440F		DM5440W	Nsc	14n	<22,8		25 25	
		MC5440F	Mot	14p	10		13	
		S5440W	Mul,Phi,Sig	14n	10,5	8 13	15 22	
		SFC440PM	Nuc,Ses	14a	8		13	22
		SN5440W	Tix	14n	10,5	8 13	15 22	
US7440J		US5440J	Spr	14n		8 18		
H								
		SN54H40W	Tix	14n	17,7	6,5 8,5	12 12	
US74H40J		US54H40J	Spr	14n			10 25	

7441
Output: OC

BCD-zu-Dezimal-Dekoder / -Anzeigetreiber
BCD-to-decimal decoder / display driver
Convertisseur de code BCD / Décimal, driver d'affichage
Invertitore di codice BCD / decimale, eccitatore indicazione
Decodificador BCD a decimal / excitador de display

BCD - Input				Out
D	C	B	A	Q=L
L	L	L	L	0
L	L	L	H	1
L	L	H	L	2
L	L	H	H	3
L	H	L	L	4
L	H	L	H	5
L	H	H	L	6
L	H	H	H	7
H	L	L	L	8
H	L	L	H	9
H	L	H	L	—
H	L	H	H	—
H	H	L	L	—
H	H	L	H	—
H	H	H	L	—
H	H	H	H	—

Pinout: 16 15 14 13 12 11 10 9 / 1 2 3 4 5 6 7 8
Labels: 0 1 5 4 ⏚ 6 7 3 / 8 9 A D U_S B C 2

7441	Typ - Type - Tipo		Hersteller Production Fabricants Produttori Fabricantes	Bild Fig. Fig. Sec 3	I_S &I_R mA	t_{PD} E→Q ns_{typ} ↓ ↕ ↑	t_{PD} E→Q ns_{max} ↓ ↕ ↑	Bem./Note f_T §f_Z &f_E MHz
0...70°C §0...75°C	−40...85°C §−25...85°C	−55...125°C						
US7441A		US5441A	Spr	16c				
7441DC		5441DM	Fch	16c	<36			
7441FC		5441FM	Fch	16n	<36			
7441PC			Fch	16a	<36			

7441	Typ - Type - Tipo		Hersteller Production Fabricants Produttori Fabricantes	Bild Fig. Fig. Sec 3	I_S &I_R mA	t_{PD} E→Q ns_{typ} ↓ ↕ ↑	t_{PD} E→Q ns_{max} ↓ ↕ ↑	Bem./Note f_T §f_Z &f_E MHz
0...70°C §0...75°C	−40...85°C §−25...85°C	−55...125°C						
DM7441J		DM5441J	Nsc	16c	<36			
DM7441N			Nsc	16a	<36			
DM7441AJ		DM5441AJ	Nsc	16c	<36			
DM7441AN			Nsc	16a	<36			
		DM5441AW	Nsc	16n	<36			
FJL101			Val	16a	21			Q:70V
M53241P			Mit	16a	<36			
MIC7441AJ	MIC6441AJ	MIC5441AJ	Itt	16c	28			Q:85V
MIC7441AN			Itt	16a	28			Q:85V
N7441B			Mul,Phi,Sig	16a	21			
NC7441AN			Nuc	16a				
SW7441AJ			Stw	16c	<44			
T7441AB1			Sgs	16a	<42			
T7441AD1		T5441AD2	Sgs	16c	<42			
TD3441			Tos	16a	<44			

7442
Output: TP

BCD-zu-Dezimal-Dekoder
BCD-to-decimal decoder
Convertisseur de code BCD / Décimal
Invertitore di codice BCD / decimale
Decodificador BCD a decimal

BCD - Input				Out
D	C	B	A	Q = L
L	L	L	L	0
L	L	L	H	1
L	L	H	L	2
L	L	H	H	3
L	H	L	L	4
L	H	L	H	5
L	H	H	L	6
L	H	H	H	7
H	L	L	L	8
H	L	L	H	9
H	L	H	L	—
H	L	H	H	—
H	H	L	L	—
H	H	L	H	—
H	H	H	L	—
H	H	H	H	—

Pinout: U_S=16, A=15, B=14, C=13, D=12, 9=11, 8=10, 7=9; 0=1, 1=2, 2=3, 3=4, 4=5, 5=6, 6=7, GND=8

7442 0...70°C § 0...75°C	Typ - Type - Tipo −40...85°C § −25...85°C	−55...125°C	Hersteller Production Fabricants Produttori Fabricantes	Bild Fig. Fig. Sec 3	I_S & I_R mA	t_{PD} E→Q ns typ ↓ ↕ ↑	t_{PD} E→Q ns max ↓ ↕ ↑	Bem./Note f_T §f_Z &f_E MHz
N7442B			Mul,Phi,Sig	16a	28	22 17		
		S5442F	Mul,Phi,Sig	16c	28	22 17		
		S5442W	Mul,Phi,Sig	16n	28	22 17		
NC7442N			Nuc	16a	28		35	
SFC442E	§SFC442ET	SFC442EM	Nuc,Ses	16c	28		35	
SN7442AJ		SN5442AJ	Tix	16c	28	17 17	30 30	
SN7442AN			Tix	16a	28	17 17	30 30	
		SN5442AW	Tix	16n	28	17 17	30 30	
SW7442J			Stw	16c	28		30	
SW7442N			Stw	16a	28		30	
T7442B1			Sgs	16a	28		35	
T7442D1		T5442D2	Sgs	16c	28		35	
TD3442			Tos	16a	<56		30 30	
US7442A		US5442A	Spr	16c	28		35	
ZN7442E			Fer	16a	28			
ZN7442J		ZN5442J	Fer	16c	28			
7442DC		5442DM	Fch	16c	<56		30 30	
7442FC		5442FM	Fch	16n	<56		30 30	
7442J			Ray	16c	<56		30 30	
7442PC		5442J	Fch	16a	<56		30 30	

C

MM74C42J		MM54C42J	Nsc	16a	50n	200 200	300 300	
MM74C42N			Nsc	16a	50n	200 200	300 300	
		MM54C42W	Nsc	16o	50n	200 200	300 300	

HC

§CD74HC42E			Rca	16a		15 15		
		CD54HC42F	Rca	16c		15 15		
MC74HC42J		MC54HC42J	Mot	16c	<8u	13 13	26 26	
MC74HC42N			Mot	16a	<8u	13 13	26 26	
MM74HC42J		MM54HC42J	Nsc	16c	<8u	15 15	26 26	
MM74HC42N			Nsc	16a	<8u	15 15	26 26	
		SN54HC42FH	Tix	cc	<2u		26	
SN74HC42FH			Tix	cc	<2u		26	
		SN54HC42FK	Tix	cc	<2u		26	
SN74HC42FN			Tix	cc	<2u		26	
		SN54HC42J	Tix	16c	<2u		26	
SN74HC42J			Tix	16c	<2u		26	
SN74HC42N			Tix	16a	<2u		26	

7442 0...70°C § 0...75°C	Typ - Type - Tipo −40...85°C § −25...85°C	−55...125°C	Hersteller Production Fabricants Produttori Fabricantes	Bild Fig. Fig. Sec 3	I_S & I_R mA	t_{PD} E→Q ns typ ↓ ↕ ↑	t_{PD} E→Q ns max ↓ ↕ ↑	Bem./Note f_T §f_Z &f_E MHz
DM7442J		DM5442J	Nsc	16c	<56	35 35		
DM7442N			Nsc	16a	<56	35 35		
		DM5442W	Nsc	16n	<56	35 35		
FJH261			Phi,Sig,Val	16a	28	20		
FLH281	§FLH285		Sie	16a	28	14 10	17 17	
GFB7442			Rtc	16c	28			
HD7442			Hit	16a	<56		30 30	
M53242P			Mit	16a	<56		30 30	
MB442			Fui	16a	<56		30 30	
MB442M			Fui	16c	<56		30 30	
MC7442J		MC5442J	Mot	16c	28	14 10	17 17	
MC7442N			Mot	16a	28	14 10	17 17	
MC7442W		MC5442W	Mot	16n	28	14 10	17 17	
MIC7442J	MIC6442J	MIC5442J	Itt	16c	28	22 17		
MIC7442N			Itt	16a	28	22 17		

7442	Typ - Type - Tipo		Hersteller Production Fabricants Produttori Fabricantes	Bild Fig. Fig. Sec 3	I_S &I_R mA	t_{PD} E→Q ns_{typ} ↓ ↕ ↑	t_{PD} E→Q ns_{max} ↓ ↕ ↑	Bem./Note f_T §f_Z &f_E MHz
0...70°C § 0...75°C	−40...85°C § −25...85°C	−55...125°C						
HCT								
§CD74HCT42E			Rca	16a		15 15		
		CD54HCT42F	Rca	16c		15 15		
L								
DM74L42AF		DM54L42AF	Nsc	16p	3		140 140	
DM74L42AJ		DM54L42AJ	Nsc	16c	3		140 140	
DM74L42AN			Nsc	16a	3		140 140	
SN74L42J		SN54L42J	Tix	16c	14	46 52	70 70	
SN74L42N	§SN84L42N		Tix	16a	14	46 52	70 70	
LS								
DM74LS42J		DM54LS42J	Nsc	16c	<13		30 30	
DM74LS42N			Nsc	16a	<13		30 30	
M74LS42			Mit	16a	<13		30 30	
MB74LS42			Fui	16a	<13		30 30	
MB74LS42M			Fui	16c	<13		30 30	
§SN74LS42J		SN54LS42J	Mot	16c	7	20 20	30 30	
SN74LS42J		SN54LS42J	Tix	16c	7	20 20	30 30	
§SN74LS42N			Mot	16a	7	20 20	30 30	
SN74LS42N			Tix	16a	7	20 20	30 30	
		SN54LS42W	Tix	16n	7	20 20	30 30	
§SN74LS42W		SN54LS42W	Mot	16n	7	20 20	30 30	
74LS42DC		54LS42DM	Fch	16c	7	19 12	27 20	
74LS42FC		54LS42FM	Fch	16n	7	19 12	27 20	
74LS42J		54LS42J	Ray	16c	<13		30 30	
74LS42PC			Fch	16a	7	19 12	27 20	

7443
Output: TP

Excess-3-zu-Dezimal-Dekoder
Excess-3-to-decimal decoder
Convertisseur de code Excess-3 / Décimale
Invertitore di codice Excess-3 / decimale
Decodificador exceso en 3 a decimal

Excess-3 In				Out
D	C	B	A	Q=L
L	L	H	H	0
L	H	L	L	1
L	H	L	H	2
L	H	H	L	3
L	H	H	H	4
H	L	L	L	5
H	L	L	H	6
H	L	H	L	7
H	L	H	H	8
H	H	L	L	9
H	H	L	H	—
H	H	H	L	—
H	H	H	H	—
L	L	L	L	—
L	L	L	H	—
L	L	H	L	—

Pinout: U_S=16, A=15, B=14, C=13, D=12, 9=11, 8=10, 7=9, 1=1, 2=2, 3=3, 4=4, 5=5, 6=6, 0=7, GND=8

7443	Typ - Type - Tipo		Hersteller Production Fabricants Produttori Fabricantes	Bild Fig. Fig. Sec 3	I_S & I_R mA	t_{PD} E→Q ns_{typ} ↓↕↑	t_{PD} E→Q ns_{max} ↓↕↑	Bem./Note f_T §f_Z & f_E MHz
0...70°C § 0...75°C	−40...85°C § −25...85°C	−55...125°C						
SW7443N			Stw	16a	28		30	
T7443B1			Sgs	16a	28	22 17		
T7443D1		T5443D2	Sgs	16c	28	22 17		
TL7443N	§TL8443N		Aeg	16a	28	22 17		
US7443A		US5443A	Spr	16c			35	
7443DC		5443DM	Fch	16c	<56		30 30	
7443FC		5443FM	Fch	16n	<56		30 30	
7443J		5443J	Ray	16c	<56		30 30	
7443PC			Fch	16a	<56		30 30	
L								
SN74L43J		SN54L43J	Tix	16c	14	46 52	70 70	
SN74L43N			Tix	16a	14	46 52	70 70	
LS								
74LS43J		54LS43J	Ray	16c				

7443	Typ - Type - Tipo		Hersteller Production Fabricants Produttori Fabricantes	Bild Fig. Fig. Sec 3	I_S & I_R mA	t_{PD} E→Q ns_{typ} ↓↕↑	t_{PD} E→Q ns_{max} ↓↕↑	Bem./Note f_T §f_Z & f_E MHz
0...70°C § 0...75°C	−40...85°C § −25...85°C	−55...125°C						
FLH361	§FLH365		Sie	16a	28	14 10	17 17	
HD7443			Hit	16a	<56		30 30	
M53243P			Mit	16a	<56		30 30	
MC7443J		MC5443J	Mot	16c	28			
MC7443N			Mot	16a	28			
MC7443W		MC5443W	Mot	16n	28			
MIC7443J	MIC6443J	MIC5443J	Itt	16c	28	22 17	26 26	
MIC7443N			Itt	16a	28	22 17	26 26	
N7443B			Mul,Phi,Sig	16a	28	22 17		
		S5443F	Mul,Phi,Sig	16c	28	22 17		
		S5443W	Mul,Phi,Sig	16n	28	22 17		
SN7443AJ		SN5443AJ	Tix	16c	28	14 10	17 17	
SN7443AN			Tix	16a	28	14 10	17 17	
		SN5443AW	Tix	16n	28	14 10	17 17	
SW7443J			Stw	16c	28		30	

2-64

7444
Output: TP

Excess-3-Gray-zu-Dezimal-Dekoder
Excess-3-Gray-to-decimal decoder
Convertisseur de code Excess-3-Gray / Décimale
Invertitore di codice Excess-3-Gray / decimale
Decodificador Gray por exceso en 3 a decimal

Excess-3-Gray				Out
D	C	B	A	Q = L
L	L	H	L	0
L	H	H	L	1
L	H	H	H	2
L	H	L	H	3
L	H	L	L	4
H	H	L	L	5
H	H	L	H	6
H	H	H	H	7
H	H	H	L	8
H	L	H	L	9
H	L	H	H	—
H	L	L	H	—
H	L	L	L	—
L	L	L	L	—
L	L	L	H	—
L	L	H	H	—

Pinout: U$_S$=16, A=15, B=14, C=13, D=12, 9=11, 8=10, 7=9; outputs 0=1, 1=2, 2=3, 3=4, 4=5, 5=6, 6=7, GND=8

7444			Hersteller Production Fabricants Produttori Fabricantes	Bild Fig. Fig. Sec 3	I_S &I_R mA	t_{PD} E→Q ns$_{typ}$ ↓ ↕ ↑	t_{PD} E→Q ns$_{max}$ ↓ ↕ ↑	Bem./Note f_T §f_Z &f_E MHz
0...70°C § 0...75°C	–40...85°C § –25...85°C	–55...125°C						
SW7444N			Stw	16a	28		35	
T7444B1			Sgs	16a	28	22 17		
T7444D1		T5444D2	Sgs	16c	28	22 17		
TL7444N	§TL8444N		Aeg	16a	28	22 17		
US7444A		US5444A	Spr	16c			35	
7444DC		5444DM	Fch	16c	<56		30 30	
7444FC		5444FM	Fch	16n	<56		30 30	
7444J		5444J	Ray	16c	<56		30 30	
7444PC			Fch	16a	<56		30 30	
L								
SN74L44J		SN54L44J	Tix	16c	14	46 52	70 70	
SN74L44N			Tix	16a	14	46 52	70 70	
LS								
74LS44J		54LS44J	Ray	16c				

7444			Hersteller Production Fabricants Produttori Fabricantes	Bild Fig. Fig. Sec 3	I_S &I_R mA	t_{PD} E→Q ns$_{typ}$ ↓ ↕ ↑	t_{PD} E→Q ns$_{max}$ ↓ ↕ ↑	Bem./Note f_T §f_Z &f_E MHz
0...70°C § 0...75°C	–40...85°C § –25...85°C	–55...125°C						
FLH371	§FLH375		Sie	16a	28	17 17	30 30	
HD7444			Hit	16a	<56		30 30	
M53244P			Mit	16a	<56		30 30	
MC7444J		MC5444J	Mot	16c	28			
MC7444N			Mot	16a	28			
MC7444W		MC5444W	Mot	16n	28			
MIC7444J	MIC6444J	MIC5444J	Itt	16c	28	22 17	26 26	
MIC7444N			Itt	16a	28	22 17	26 26	
N7444B			Mul,Phi,Sig	16a	28	22 17		
N7444F		S5444F	Mul,Phi,Sig	16c	28	22 17		
		S5444W	Mul,Phi,Sig	16n	28	22 17		
SN7444AJ		SN5444AJ	Tix	16c	28	17 17	30 30	
SN7444AN			Tix	16a	28	17 17	30 30	
		SN5444AW	Tix	16n	28	17 17	30 30	
SW7444J			Stw	16c	28		35	

2-65

7445
Output: OC

BCD-zu-Dezimal-Dekoder (30V)
BCD-to-decimal decoder (30V)
Convertisseur de code BCD / Décimale (30V)
Invertitore di codice BCD / decimale (30V)
Decodificador BCD a decimal (30V)

BCD - Input				Out
D	C	B	A	Q=L
L	L	L	L	0
L	L	L	H	1
L	L	H	L	2
L	L	H	H	3
L	H	L	L	4
L	H	L	H	5
L	H	H	L	6
L	H	H	H	7
H	L	L	L	8
H	L	L	H	9
H	L	H	L	—
H	L	H	H	—
H	H	L	L	—
H	H	L	H	—
H	H	H	L	—
H	H	H	H	—

Pinout: U_S=16, A=15, B=14, C=13, D=12, 9=11, 8=10, 7=9; 0=1, 1=2, 2=3, 3=4, 4=5, 5=6, 6=7, GND=8

7445			Hersteller Production Fabricants Produttori Fabricantes	Bild Fig. Fig. Sec 3	I_S &I_R mA	t_{PD} E→Q ns_{typ} ↓↕↑	t_{PD} E→Q ns_{max} ↓↕↑	Bem./Note f_T §f_Z &f_E MHz
0...70°C § 0...75°C	−40...85°C § −25...85°C	−55...125°C						
SN7445J SN7445N	§SN8445N	S5445W SN5445J	Mul,Phi,Sig Tix Tix	16n 16c 16a	43 43 43	50 50 50	50 50 50	
SW7445J		SN5445W	Tix Stw	16n 16c	43 43	50	50	
SW7445N TL7445N US7445A µPB2045 7445DC	§TL8445N	US5445A 5445DM	Stw Aeg Spr Nip Fch	16a 16a 16a 16a 16c	43 43 43 <70 <70	50 50 50 50	50 50 50 50	
7445FC 7445J 7445PC		5445FM 5445J	Fch Ray Fch	16n 16c 16a	<70 <70 <70	50 50 50	50 50 50	

7445			Hersteller Production Fabricants Produttori Fabricantes	Bild Fig. Fig. Sec 3	I_S &I_R mA	t_{PD} E→Q ns_{typ} ↓↕↑	t_{PD} E→Q ns_{max} ↓↕↑	Bem./Note f_T §f_Z &f_E MHz
0...70°C § 0...75°C	−40...85°C § −25...85°C	−55...125°C						
DM7445J DM7445N DM7445W FLL111 HD7445	§FLL115	DM5445J DM5445W	Nsc Nsc Nsc Sie Hit	16c 16a 16n 16a 16a	42 42 42 43 <70	30 30 30 50 50	30 30 30 50 50	
M53245P MB443 MB443M MC7445J MC7445N		MC5445J	Mit Fui Fui Mot Mot	16a 16a 16c 16c 16a	<70 <70 <70 43 43	50 50 50 50 50	50 50 50 50 50	
MC7445W MIC7445J MIC7445N N7445B	MIC6445J	MC5445W MIC5445J S5445F	Mot Itt Itt Mul,Phi,Sig Mul,Phi,Sig	16a 16c 16a 16a 16a	43 43 43 43 43	50 50 50 50 50	50 50 50 50 50	

2-66

7446
Output: OC

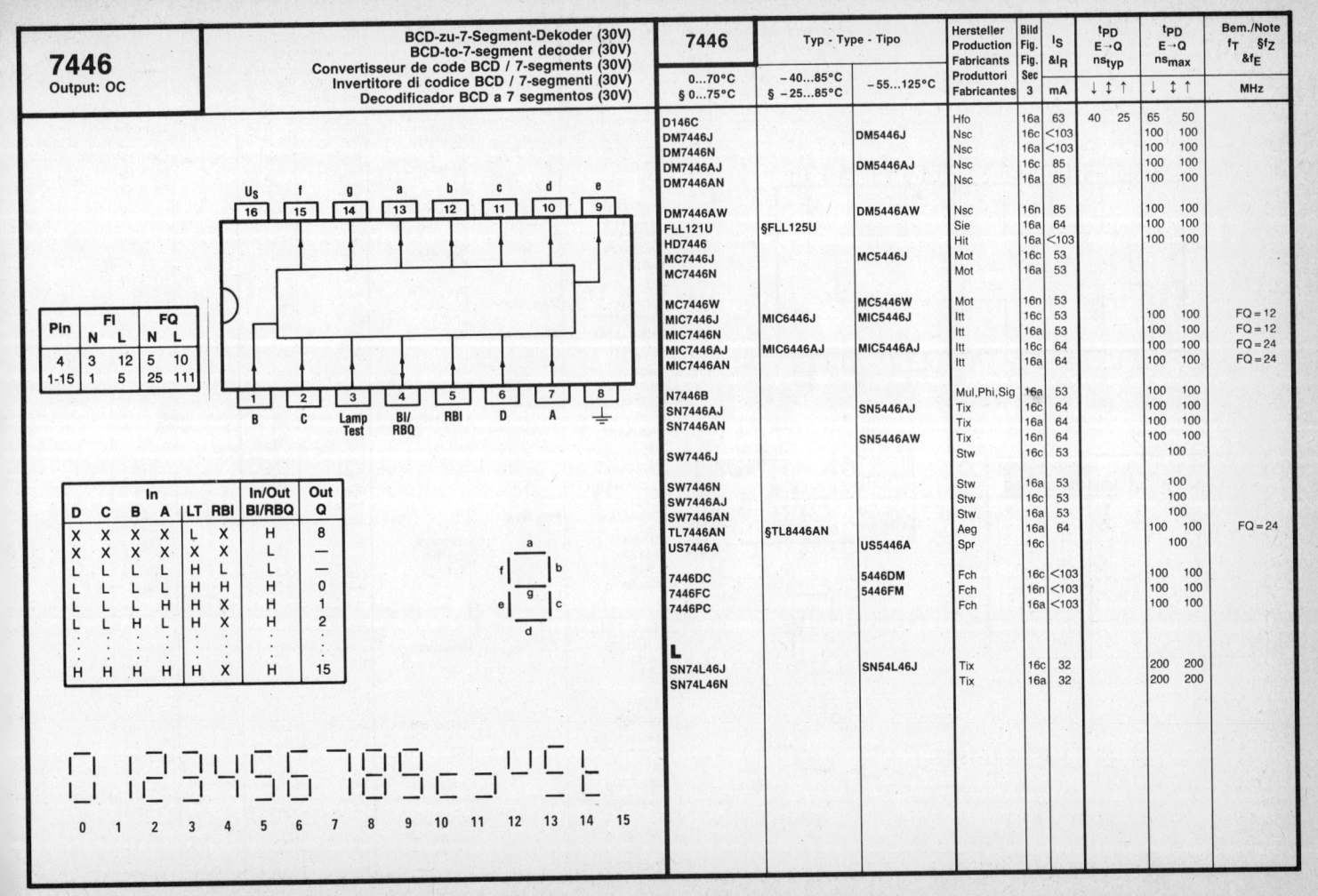

BCD-zu-7-Segment-Dekoder (30V)
BCD-to-7-segment decoder (30V)
Convertisseur de code BCD / 7-segments (30V)
Invertitore di codice BCD / 7-segmenti (30V)
Decodificador BCD a 7 segmentos (30V)

Pinout

Us	f	g	a	b	c	d	e
16	15	14	13	12	11	10	9

1	2	3	4	5	6	7	8
B	C	Lamp Test	BI/RBQ	RBI	D	A	⏚

Current table

Pin	FI N	FI L	FQ N	FQ L
4	3	12	5	10
1-15	1	5	25	111

Truth table

D	C	B	A	LT	RBI	In/Out BI/RBQ	Out Q
X	X	X	X	L	X	H	8
X	X	X	X	X	X	L	—
L	L	L	L	H	L	H	—
L	L	L	L	H	H	H	0
L	L	L	H	H	X	H	1
L	L	H	L	H	X	H	2
.	.	.	.	.	.	.	.
H	H	H	H	H	X	H	15

Device table

Typ 0...70°C § 0...75°C	Type −40...85°C § −25...85°C	Tipo −55...125°C	Hersteller Production Fabricants Produttori Fabricantes	Bild Fig. Fig. Sec 3	I_S &I_R mA	t_{PD} E→Q ns_{typ} ↓ ↑↑	t_{PD} E→Q ns_{max} ↓ ↑↑	Bem./Note f_T §f_Z &f_E MHz
D146C			Hfo	16a	63	40 25	65 50	
DM7446J	DM5446J		Nsc	16c	<103		100 100	
DM7446N			Nsc	16a	<103		100 100	
DM7446AJ	DM5446AJ		Nsc	16c	85		100 100	
DM7446AN			Nsc	16a	85		100 100	
DM7446AW	DM5446AW		Nsc	16n	85		100 100	
FLL121U	§FLL125U		Sie	16a	64		100 100	
HD7446			Hit	16a	<103		100 100	
MC7446J	MC5446J		Mot	16c	53			
MC7446N			Mot	16a	53			
MC7446W	MC5446W		Mot	16n	53			
MIC7446J	MIC6446J	MIC5446J	Itt	16c	53		100 100	FQ = 12
MIC7446N			Itt	16a	53		100 100	FQ = 12
MIC7446AJ	MIC6446AJ	MIC5446AJ	Itt	16c	64		100 100	FQ = 24
MIC7446AN			Itt	16a	64		100 100	FQ = 24
N7446B			Mul,Phi,Sig	16a	53		100 100	
SN7446AJ	SN5446AJ		Tix	16c	64		100 100	
SN7446AN			Tix	16a	64		100 100	
	SN5446AW		Tix	16n	64		100 100	
SW7446J			Stw	16c	53		100	
SW7446N			Stw	16a	53		100	
SW7446AJ			Stw	16c	53		100	
SW7446AN			Stw	16a	53		100	
TL7446AN	§TL8446AN		Aeg	16a	64		100 100	FQ = 24
US7446A		US5446A	Spr	16c			100	
7446DC	5446DM		Fch	16c	<103		100 100	
7446FC	5446FM		Fch	16n	<103		100 100	
7446PC			Fch	16a	<103		100 100	
L								
SN74L46J	SN54L46J		Tix	16c	32		200 200	
SN74L46N			Tix	16a	32		200 200	

7-segment display digits

0 1 2 3 4 5 6 7 8 9 c ɔ ꓴ ᴄ t
0 1 2 3 4 5 6 7 8 9 10 11 12 13 14 15

7447
Output: OC

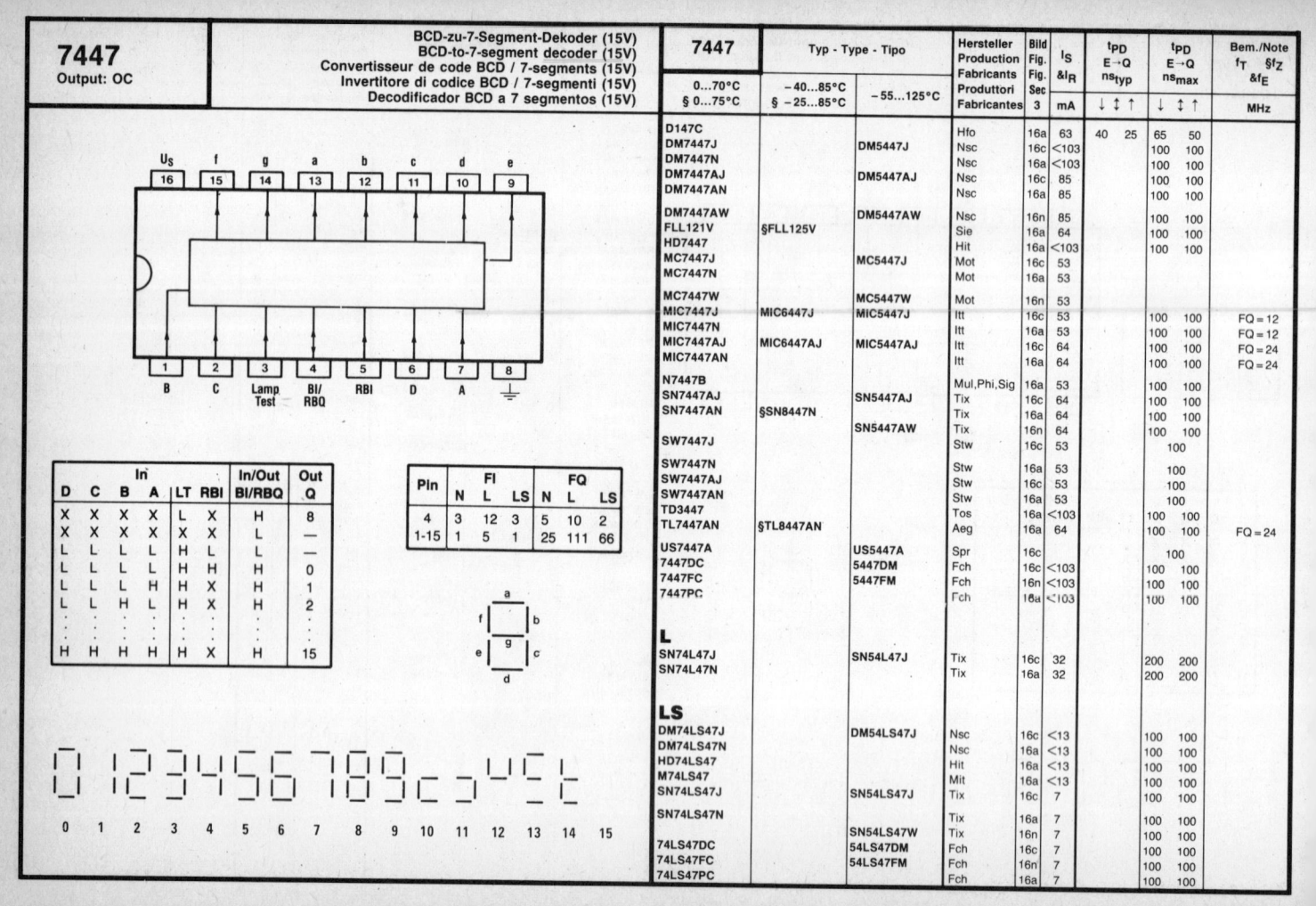

BCD-zu-7-Segment-Dekoder (15V)
BCD-to-7-segment decoder (15V)
Convertisseur de code BCD / 7-segments (15V)
Invertitore di codice BCD / 7-segmenti (15V)
Decodificador BCD a 7 segmentos (15V)

Pinout

Pin	16	15	14	13	12	11	10	9
	U_S	f	g	a	b	c	d	e

Pin	1	2	3	4	5	6	7	8
	B	C	Lamp Test	BI/RBQ	RBI	D	A	⏚

Truth Table

D	C	B	A	LT	RBI	In/Out BI/RBQ	Out Q
X	X	X	X	L	X	H	8
X	X	X	X	X	X	L	—
L	L	L	L	H	L	L	—
L	L	L	L	H	H	H	0
L	L	L	H	H	X	H	1
L	L	H	L	H	X	H	2
.	.	.	.	.	.	.	.
H	H	H	H	H	X	H	15

Pin Table

Pin	FI N	L	LS	FQ N	L	LS
4	3	12	3	5	10	2
1-15	1	5	1	25	111	66

Display digits

0 1 2 3 4 5 6 7 8 9 c ɔ ͧ U ᴄ t
0 1 2 3 4 5 6 7 8 9 10 11 12 13 14 15

Type Table

7447	Typ - Type - Tipo			Hersteller Production Fabricants Produttori Fabricantes	Bild Fig. Fig. Sec 3	I_S &I_R mA	t_{PD} E→Q ns_{typ} ↓ ↕ ↑	t_{PD} E→Q ns_{max} ↓ ↕ ↑	Bem./Note f_T §f_Z &f_E MHz
	0...70°C § 0...75°C	−40...85°C § −25...85°C	−55...125°C						
D147C				Hfo	16a	63	40 25	65 50	
DM7447J		DM5447J		Nsc	16c	<103		100 100	
DM7447N				Nsc	16a	<103		100 100	
DM7447AJ		DM5447AJ		Nsc	16c	85		100 100	
DM7447AN				Nsc	16a	85		100 100	
DM7447AW		DM5447AW		Nsc	16n	85		100 100	
FLL121V	§FLL125V			Sie	16a	64		100 100	
HD7447				Hit	16a	<103		100 100	
MC7447J		MC5447J		Mot	16c	53			
MC7447N				Mot	16a	53			
MC7447W		MC5447W		Mot	16n	53			
MIC7447J	MIC6447J	MIC5447J		Itt	16c	53		100 100	FQ = 12
MIC7447N				Itt	16a	53		100 100	FQ = 12
MIC7447AJ	MIC6447AJ	MIC5447AJ		Itt	16c	64		100 100	FQ = 24
MIC7447AN				Itt	16a	64		100 100	FQ = 24
N7447B				Mul,Phi,Sig	16a	53			
SN7447AJ		SN5447AJ		Tix	16c	64		100 100	
SN7447AN	§SN8447N			Tix	16a	64		100 100	
		SN5447AW		Tix	16n	64		100 100	
SW7447J				Stw	16c	53		100	
SW7447N				Stw	16a	53		100	
SW7447AJ				Stw	16c	53		100	
SW7447AN				Stw	16a	53		100	
TD3447				Tos	16a	<103		100 100	
TL7447AN	§TL8447AN			Aeg	16a	64		100 100	FQ = 24
US7447A		US5447A		Spr	16c			100	
7447DC		5447DM		Fch	16c	<103		100 100	
7447FC		5447FM		Fch	16n	<103		100 100	
7447PC				Fch	16a	<103		100 100	

L

| SN74L47J | | SN54L47J | | Tix | 16c | 32 | | 200 200 | |
| SN74L47N | | | | Tix | 16a | 32 | | 200 200 | |

LS

DM74LS47J		DM54LS47J		Nsc	16c	<13		100 100	
DM74LS47N				Nsc	16a	<13		100 100	
HD74LS47				Hit	16a	<13		100 100	
M74LS47				Mit	16a	<13		100 100	
SN74LS47J		SN54LS47J		Tix	16c	7		100 100	
SN74LS47N				Tix	16a	7		100 100	
		SN54LS47W		Tix	16n	7		100 100	
74LS47DC		54LS47DM		Fch	16c	7		100 100	
74LS47FC		54LS47FM		Fch	16n	7		100 100	
74LS47PC				Fch	16a	7		100 100	

7448
Output: OC

BCD-zu-7-Segment-Dekoder, negative Logik
BCD-to-7-segment decoder, outputs active-high
Convertisseur de code BCD / 7-segments, logique negative
Invertitore di codice BCD / 7-segmenti, logica negativa
Decodificador BCD a 7 segmentos, lógica negativa

Pinout

Pin	16	15	14	13	12	11	10	9
	U_S	f	g	a	b	c	d	e

Pin	1	2	3	4	5	6	7	8
	B	C	Lamp Test	BI/RBQ	RBI	D	A	⏚

Truth Table

In D	In C	In B	In A	LT	RBI	In/Out BI/RBQ	Out Q
X	X	X	X	L	X	H	8
X	X	X	X	X	X	L	—
L	L	L	L	H	L	L	—
L	L	L	L	H	H	H	0
L	L	L	H	H	X	H	1
L	L	H	L	H	X	H	2
:	:	:	:	:	:	:	:
H	H	H	H	H	X	H	15

Fan-out

Pin	FI N	FI LS	FQ N	FQ LS
4	3	3	5	3
1-15	1	1	4	5

Segments: a (top), b (upper right), c (lower right), d (bottom), e (lower left), f (upper left), g (middle)

Display digits: 0 1 2 3 4 5 6 7 8 9 c ⌐ ¬ ⌐ U E t (codes 0–15)

Types

7448	Typ - Type - Tipo		Hersteller Production Fabricants Produttori Fabricantes	Bild Fig. Fig. Sec 3	I_S &I_R mA	t_{PD} E→Q ns_{typ} ↓↑ ↑	t_{PD} E→Q ns_{max} ↓↑ ↑	Bem./Note f_T §f_Z &f_E MHz
0...70°C § 0...75°C	−40...85°C § −25...85°C	−55...125°C						
DM7448J		DM5448J	Nsc	16c	<90		100 100	
DM7448N			Nsc	16a	<90		100 100	
DM7448W		DM5448W	Nsc	16n	90		100 100	
FLH551	§FLH555		Sie	16a	53		100 100	
MC7448J		MC5448J	Mot	16c	53		100 100	
MC7448N			Mot	16a	53		100 100	
MC7448W		MC5448W	Mot	16n	53		100 100	
MIC7448J	MIC6448J	MIC5448J	Itt	16c	53		100 100	
MIC7448N			Itt	16a	53		100 100	
N7448B			Mul,Phi,Sig	16a	53		100 100	
SN7448J		SN5448J	Tix	16c	53		100 100	
SN7448N			Tix	16a	53		100 100	
		SN5448W	Tix	16n	53		100 100	
SW7448J			Stw	16c	53		100	
SW7448N			Stw	16a	53		100	
TL7448N	§TL8448N		Aeg	16a	53		100 100	
US7448A		US5448A	Spr				100	
7448DC		5448DM	Fch	16c	<90		100 100	
7448FC		5448FM	Fch	16n	<90		100 100	
7448PC			Fch	16a	<90		100 100	

C

MM74C48J	MM54C48J	Nsc	16c	50n	450 450	1500 1500
MM74C48N		Nsc	16a	50n	450 450	1500 1500
	MM54C48W	Nsc	16o	50n	450 450	1500 1500

LS

DM74LS48J	DM54LS48J	Nsc	16c	<38		100 100
DM74LS48N		Nsc	16a	<38		100 100
HD74LS48		Hit	16a	<38		100 100
M74LS48		Mit	16a	<38		100 100
SN74LS48J	SN54LS48J	Tix	16c	25		100 100
SN74LS48N		Tix	16a	25		100 100
	SN54LS48W	Tix	16n	25		100 100
74LS48DC	54LS48DM	Fch	16c	8		100 100
74LS48FC	54LS48FM	Fch	16n	8		100 100
74LS48PC		Fch	16a	8		100 100

7449
Output: OC

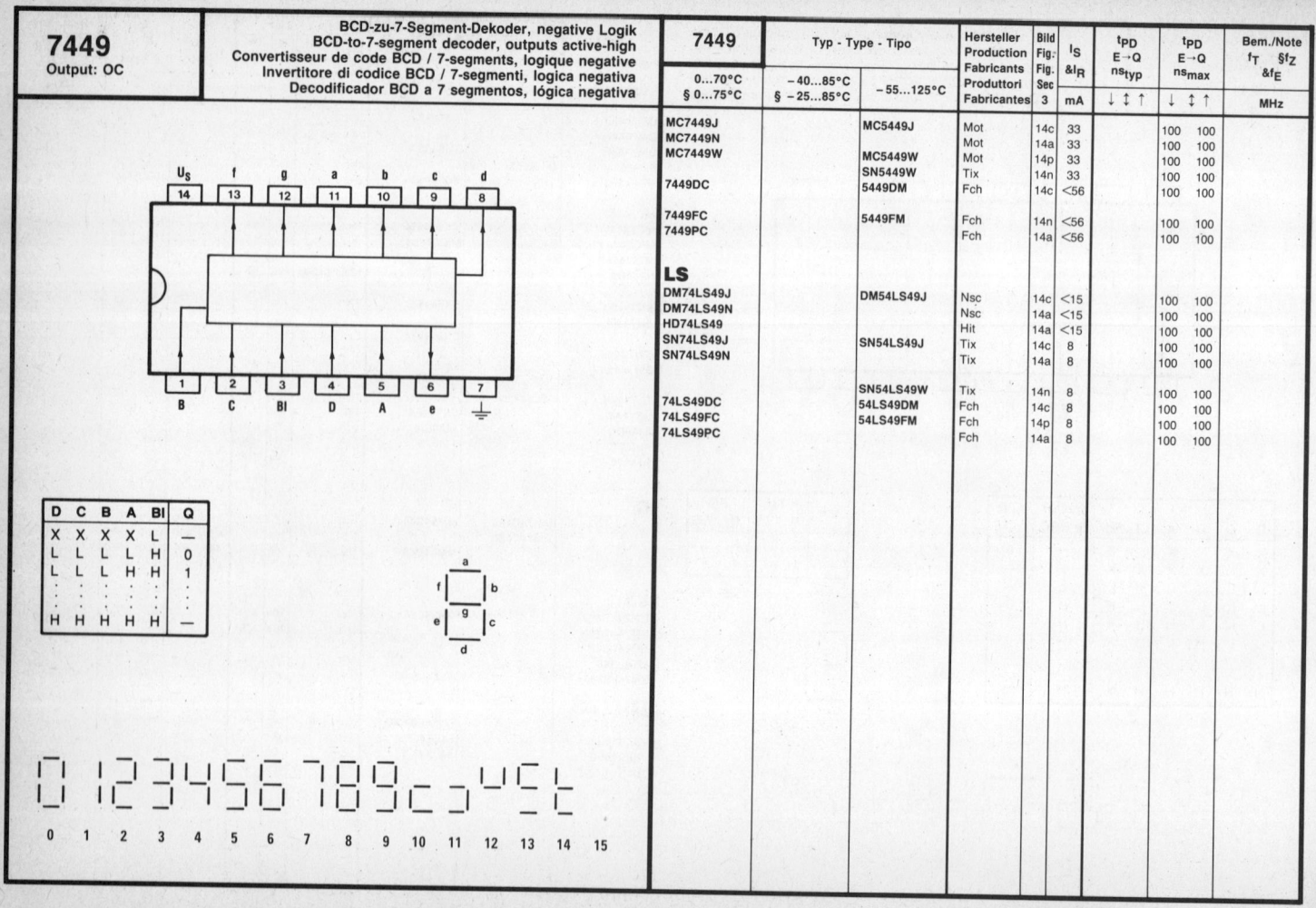

BCD-zu-7-Segment-Dekoder, negative Logik
BCD-to-7-segment decoder, outputs active-high
Convertisseur de code BCD / 7-segments, logique negative
Invertitore di codice BCD / 7-segmenti, logica negativa
Decodificador BCD a 7 segmentos, lógica negativa

Pinout (DIP-14):
- 14: U_S
- 13: f
- 12: g
- 11: a
- 10: b
- 9: c
- 8: d
- 1: B
- 2: C
- 3: BI
- 4: D
- 5: A
- 6: e
- 7: GND

7449	Typ - Type - Tipo		Hersteller Production Fabricants Produttori Fabricantes	Bild Fig. Fig. Sec 3	I_S &I_R mA	t_{PD} E→Q ns$_{typ}$ ↓↑ ↑↑	t_{PD} E→Q ns$_{max}$ ↓↑ ↑↑	Bem./Note f_T §f_Z &f_E MHz
0...70°C § 0...75°C	−40...85°C § −25...85°C	−55...125°C						
MC7449J		MC5449J	Mot	14c	33		100 100	
MC7449N			Mot	14a	33		100 100	
MC7449W			Mot	14p	33		100 100	
		SN5449W	Tix	14n	33		100 100	
7449DC		5449DM	Fch	14c	<56		100 100	
7449FC		5449FM	Fch	14n	<56		100 100	
7449PC			Fch	14a	<56		100 100	
LS								
DM74LS49J		DM54LS49J	Nsc	14c	<15		100 100	
DM74LS49N			Nsc	14a	<15		100 100	
HD74LS49			Hit	14a	<15		100 100	
SN74LS49J		SN54LS49J	Tix	14c	8		100 100	
SN74LS49N			Tix	14a	8		100 100	
		SN54LS49W	Tix	14n	8		100 100	
74LS49DC		54LS49DM	Fch	14c	8		100 100	
74LS49FC		54LS49FM	Fch	14p	8		100 100	
74LS49PC			Fch	14a	8		100 100	

D	C	B	A	BI	Q
X	X	X	X	L	—
L	L	L	L	H	0
L	L	L	H	H	1
.	.	.	.	.	.
H	H	H	H	H	—

7-segment layout: a (top), f (upper left), b (upper right), g (middle), e (lower left), c (lower right), d (bottom)

Digit display for values 0–15: `0 1 2 3 4 5 6 7 8 9 c ɔ ɹ 4 5 L`

7450 / 1
Output: TP

Invertierende AND/OR-Gatter, 1 Gatter erweiterbar
AND-OR-Invert gates, 1 gate expandable
Portes AND/OR invertisseuses, 1 porte susceptible d'être élargie
Circuiti invententi AND/OR, 1 circuito porta ampliabile
Puertas AND/OR inversoras, 1 puerta ampliable

$Q1 = \overline{(AB) + (CD)}$

$Q2 = \overline{(AB) + (CD) + X}$

7450 erweiterbar mit 7460 (max. 4)
74H50 erweiterbar mit 74H60 (max. 4) oder mit 74H62 (max. 1)
7450 expandable with 7460 (max. 4)
74H50 expandable with 74H60 (max. 4) or with 74H62 (max. 1)
7450 expandable par 7460 (max. 4)
74H50 expandable par 74H60 (max. 4) ou par 74H62 (max. 1)
7450 espansibile con 7460 (max. 4)
74H50 espansibile con 74H60 (max. 4) o con 74H62 (max. 1)
7450 expansible con 7460 (máx. 4)
74H50 expansible con 74H60 (máx. 4) o con 74H62 (máx. 1)

Pinout: US=14, A=13, X̄=12, X=11, C=10, D=9, Q2=8, B=1, A=2, B=3, C=4, D=5, Q1=6, (GND)=7

7450 / 1			Hersteller Production Fabricants Produttori Fabricantes	Bild Fig. Fig. Sec 3	I_S &I_R mA	t_{PD} E→Q ns typ ↓ ↕ ↑	t_{PD} E→Q ns max ↓ ↕ ↑	Bem./Note f_T §f_Z &f_E MHz
0...70°C § 0...75°C	−40...85°C § −25...85°C	−55...125°C						
MIC7450N			Itt	14a	5,8	8 10	15 22	
N7450A			Mul,Phi,Sig	14a	5,7	8 13	15 22	
N7450F		S5450F	Mul,Phi,Sig	14a	5,7	8 13	15 22	
NC7450N			Nuc	14a	5,6		22	
SFC450E	§SFC450ET	SFC450EM	Nuc,Ses	14c	5,6		22	
SN7450J		SN5450J	Tix	14a	5,7	8 13	15 22	
SN7450N	§SN8450N		Tix	14a	5,7	8 13	15 22	
SW7450J			Stw	14a		22		
SW7450N			Stw	14a		22		
T7450B1			Sgs	14a	5,7	8 13	15 22	
T7450D1		T5450D2	Sgs	14a	5,7	8 13	15 22	
TD3450			Tos	14a	<14		15 22	
TL7450N	§TL8450N		Aeg	14a	5,7	8 13	15 22	
TRW7450-1			Trw	14a	4	20		
TRW7450-2			Trw	14c	4	20		
U6A7450-59X		U6A5450-51X	Fch	14c				
U7A7450-59X			Fch	14c				
US7450A		US5450A	Spr	14a		8 18		
ZN7450E			Fer	14a	4		29	
µPB206			Nip	14a	<14		15 22	
7450DC		5450DM	Fch	14c	<14		15 22	
7450FC		5450FM	Fch	14a	<14		15 22	
7450PC			Fch	14a	<14		15 22	
1LR551			Su	14a	6	9 16	15 22	

H

DM74H50J		DM54H50J	Nsc	14c	<24		11 11	
DM74H50N			Nsc	14a	<24		11 11	
GJB74H50			Rtc	14a	5,6	13		
MIC74H50J			Itt	14a		10		
N74H50A			Mul,Phi,Sig	14a	11,7	7,4 11		
N74H50F		S54H50F	Mul,Phi,Sig	14a	11,7	7,4 11		
NC74H50N			Nuc	14a		6		
SFC450HE			Nuc,Ses	14c	8	6		
SN74H50J		SN54H50J	Tix	14a	11,7	6,2 6,8	11 11	
SN74H50N			Tix	14a	11,7	6,2 6,8	11 11	
T74H50B1			Sgs	14a	10	9		
T74H50D1		T54H50D2	Sgs	14a	10	9		
US74H50A		US54H50A	Spr	14c		10 10	11	

7450 / 1			Hersteller Production Fabricants Produttori Fabricantes	Bild Fig. Fig. Sec 3	I_S &I_R mA	t_{PD} E→Q ns typ ↓ ↕ ↑	t_{PD} E→Q ns max ↓ ↕ ↑	Bem./Note f_T §f_Z &f_E MHz
0...70°C § 0...75°C	−40...85°C § −25...85°C	−55...125°C						
D150C	§E150C		Hfo	14c	8	9 16	15 22	
D150D			Hfo	14a	8	9 16	15 22	
DM7450J		DM5450J	Nsc	14c	5,6	34 34		
DM7450N			Nsc	14a	5,6	34 34		
FJH151			Phi,Sig,Val	14a	5,7	8 13	15 22	
FLH151	§FLH155		Sie	14a	5,7	8 13	15 22	
GFB7450			Rtc	14c	5,6	13		
HD7450			Hit	14a	<14		15 22	
M53250P			Mit	14a	<14		15 22	
MB405			Fui	14a	<14		15 22	
MB405M			Fui	14c	<14		15 22	
MC7450J		MC5450J	Mot	14a	5,7	8 13	15 22	
MC7450N			Mot	14a	5,7	8 13	15 22	
MH7450			Tes	14a	6	9 16	15 22	
MIC7450J	MIC6450J	MIC5450J	Itt	14c	5,8	8 10	15 22	

7450 / 2
Output: TP

Invertierende AND/OR-Gatter, 1 Gatter erweiterbar
AND-OR-Invert gates, 1 gate expandable
Portes AND/OR invertisseuses, 1 porte susceptible d'être élargie
Circuiti invertenti AND/OR, 1 circuito porta ampliabile
Puertas AND/OR inversoras, 1 puerta ampliable

7451 / 1
Output: TP

Invertierende AND/OR-Gatter
AND-OR-Invert gates
Portes AND/OR invertisseuses
Circuiti invertenti AND/OR
Puertas AND/OR inversoras

$Q1 = \overline{(AB) + (CD)}$

$Q2 = \overline{(AB) + (CD) + X}$

7450 erweiterbar mit 7460 (max.4)
74H50 erweiterbar mit 74H60 (max.4)
oder mit 74H62 (max.1)
7450 expandable with 7460 (max.4)
74H50 expandable with 74H60 (max.4)
or with 74H62 (max.1)
7450 expandable par 7460 (max.4)
74H50 expandable par 74H60 (max.4) ou par 74H62 (max.1)
7450 espansibile con 7460 (max.4)
74H50 espansibile con 74H60 (max.4) o con 74H62 (max.1)
7450 espansible con 7460 (máx.4)
74H50 espansible con 74H60 (máx.4) o con 74H62 (máx.1)

$Q = \overline{(AB) + (CD)}$

7450 / 2

	Typ - Type - Tipo		Hersteller Production Fabricants Produttori Fabricantes	Bild Fig. Fig. Sec	I_S &I_R	t_{PD} E→Q ns_{typ}		t_{PD} E→Q ns_{max}		Bem./Note f_T §f_Z &f_E
0...70°C § 0...75°C	−40...85°C § −25...85°C	−55...125°C		3	mA	↓ ↕ ↑		↓ ↕ ↑		MHz
		DM5450W	Nsc	14n	5,6			34	34	
MC7450W		MC5450W	Mot	14n	5,7	8	13	15	22	
		S5450W	Mul,Phi,Sig	14n	5,7	8	13	15	22	
		SN5450W	Tix	14n	5,7	8	13	15	22	
US7450J		US5450J	Spr	14n		8	18			
ZN7450F		ZN5450F	Fer	14q	4			29		
H										
US74H50J		SN54H50W US54H50J	Tix Spr	14n 14n	11,7	6,2 10	6,8 10	11 11	11	

7451 / 1

	Typ - Type - Tipo		Hersteller Production Fabricants Produttori Fabricantes	Bild Fig. Fig. Sec	I_S &I_R	t_{PD} E→Q ns_{typ}		t_{PD} E→Q ns_{max}		Bem./Note f_T §f_Z &f_E
0...70°C § 0...75°C	−40...85°C § −25...85°C	−55...125°C		3	mA	↓ ↕ ↑		↓ ↕ ↑		MHz
D151C	§E151C		Hfo	14c	6	9	16	15	22	
D151D			Hfo	14a	6	9	16	15	22	
DM7451J		DM5451J	Nsc	14c	5,6			34	34	
DM7451N			Nsc	14a	5,6			34	34	
FJH161			Phi,Sig,Val	14a	5,6	11				
FLH161	§FLH165		Sie	14a	5,7	8	13	15	22	
GFB7451			Rtc	14c	5,6		13			
HD7451			Hit	14a	<14			15	22	
MC7451J		MC5451J	Mot	14c	5,7	8	13	15	22	
MC7451N			Mot	14a	5,7	8	13	15	22	
MIC7451J	MIC6451J	MIC5451J	Itt	14a	5,8	8	10	15	22	
MIC7451N			Itt	14a	5,8	8	10	15	22	
N7451A			Mul,Phi,Sig	14a	5,7	8	13	15	22	
N7451F		S5451F	Mul,Phi,Sig	14c	5,7	8	13	15	22	
NC7451N			Nuc	14a	8				22	
SFC451E	§SFC451ET	SFC451EM	Nuc,Ses	14c	8				22	
SN7451J		SN5451J	Tix	14c	5,7	8	13	15	22	
SN7451N	§SN8451N		Tix	14a	5,7	8	13	15	22	
SW7451J			Stw	14c	12				22	
SW7451N			Stw	14a	12				22	
T7451B1			Sgs	14a	5,7	8	13	15	22	
T7451D1		T5451D2	Sgs	14c	5,7	8	13	15	22	

7451 / 1

7451 / 2 — Invertierende AND/OR-Gatter / AND-OR-Invert gates / Portes AND/OR invertisseuses / Circuiti invertenti AND/OR / Puertas AND/OR inversoras

Output: TP

$$Q = \overline{(AB) + (CD)}$$

Pinout: A(14) B(13) Q(12) ⏚(11) Q(10) C(9) D(8) / C(1) U_S(2) D(3) (4) A(5) B(6) (7)

Typ - Type - Tipo 0...70°C § 0...75°C	Typ - Type - Tipo −40...85°C § −25...85°C	Typ - Type - Tipo −55...125°C	Hersteller Production Fabricants Produttori Fabricantes	Bild Fig. Fig. Sec 3	I_S &I_R mA	t_{PD} E→Q ns_{typ} ↓ ↑	t_{PD} E→Q ns_{max} ↓ ↑	Bem./Note f_T §f_Z &f_E MHz
TD3451			Tos	14a	<14		15 22	
TL7451N	§TL8451N		Aeg	14a	5,7	8 13	15 22	
TRW7451-1			Trw	14a	4	20		
TRW7451-2			Trw	14c	4	20		
U6A7451-59X	U6A5451-51X		Fch	14c				
U7A5451-59X			Fch	14a				
US7451A	US5451A		Spr	14c		8 18		
ZN7451E			Fer	14a				29
µPB207			Nip	14a	<14		15 22	
7451DC	5451DM		Fch	14c	<14		15 22	
7451FC	5451FM		Fch	14n	<14		15 22	
7451PC			Fch	14a	<14		15 22	
H								
D251C			Hfo	14c	11,2	7 7	11 11	
DM74H51J		DM54H51J	Nsc	14c	<24		11 11	
DM74H51N			Nsc	14a	<24		11 11	
GJB74H51			Rtc	14c	5,6	13		
MIC74H51J			Itt	14c			10	
N74H51A			Mul,Phi,Sig	14a	11,7	6,2 6,8	11 11	Q:C = 25pF
N74H51F		S54H51F	Mul,Phi,Sig	14c	11,7	6,2 6,8	11 11	Q:C = 25pF
NC74H51N			Nuc	14a			10	
SFC451HE		SFC451HEM	Nuc,Ses	14c			10	
SN74H51J		SN54H51J	Tix	14c	11,7	6,2 6,8	11 11	
SN74H51N			Tix	14a	11,7	6,2 6,8	11 11	
T74H51B1			Sgs	14a	<14			
T74H51D1		T54H51D2	Sgs	14c	<14			
US74H51A		US54H51A	Spr	14c			10 10	
S								
DM74S51J		DM54S51J	Nsc	14c	<22		5,5 5,5	
DM74S51N			Nsc	14a	<22		5,5 5,5	
HD74S51			Hit	14a	<22		5,5 5,5	
M74S51			Mit	14a	<22		5,5 5,5	
N74S51A			Mul,Phi,Sig	14a	<22		5,5	
N74S51F		S54S51F	Mul,Phi,Sig	14c	<22		5,5	
SN74S51J		SN54S51J	Tix	14c	10,9	3,5 3,5	5,5 5,5	
SN74S51N			Tix	14a	10,9	3,5 3,5	5,5 5,5	
		SN54S51W	Tix	14n	10,9	3,5 3,5	5,5 5,5	
74S51DC		54S51DM	Fch	14c	<22		5,5 5,5	
74S51FC		54S51FM	Fch	14n	<22		5,5 5,5	
74S51PC			Fch	14a	<22		5,5 5,5	

7451 / 2

Typ - Type - Tipo 0...70°C § 0...75°C	Typ - Type - Tipo −40...85°C § −25...85°C	Typ - Type - Tipo −55...125°C	Hersteller Production Fabricants Produttori Fabricantes	Bild Fig. Fig. Sec 3	I_S &I_R mA	t_{PD} E→Q ns_{typ} ↓ ↑	t_{PD} E→Q ns_{max} ↓ ↑	Bem./Note f_T §f_Z &f_E MHz
MC7451W		DM5451W	Nsc	14n	5,6		34 34	
		MC5451W	Mot	14p	5,7	8 13	15 22	
		S5451W	Mul,Phi,Sig	14n	5,7	8 13	15 22	
		SN5451W	Tix	14n	5,7	8 13	15 22	
US7451J		US5451J	Spr	14n		8 18		
ZN7451F		ZN5451F	Fer	14q				29
H								
SN74H51W		SN54H51W	Tix	14n	11,7	6,2 6,8	11 11	
		SN54H51W	Tix	14n	11,7	6,2 6,8	11 11	
US74H51J		US54H51J	Spr	14n			10 10	

7451 / 3
Output: TP

Invertierende AND/OR-Gatter
AND-OR-Invert gates
Portes AND/OR invertisseuses
Circuiti inventi AND/OR
Puertas AND/OR inversoras

$Q1 = \overline{(ABC) + (DEF)}$
$Q2 = \overline{(AB) + (CD)}$

Pinout (14-pin DIP): U$_S$=14, D=13, E=12, A=11, B=10, C=9, Q1=8, GND=7, Q2=6, D=5, C=4, B=3, A=2, F=1

7451 / 3 0...70°C § 0...75°C	Typ - Type - Tipo −40...85°C § −25...85°C	−55...125°C	Hersteller Production Fabricants Produttori Fabricantes	Bild Fig. Fig. Sec 3	I_S &I_R mA	t_{PD} E→Q ns$_{typ}$ ↓ ↕ ↑	t_{PD} E→Q ns$_{max}$ ↓ ↕ ↑	Bem./Note f_T §f_Z &f_E MHz
LS								
DM74LS51J		DM54LS51J	Nsc	14c	<14		15 20	
DM74LS51N			Nsc	14a	<14		15 20	
HD74LS51			Hit	14a	<14		15 20	
M74LS51			Mit	14a	<14		15 20	
MB74LS51			Fui	14a	<14		15 20	
MB74LS51M			Fui	14c	<14		15 20	
N74LS51A			Mul,Phi,Sig	14a	<1,4	12		
N74LS51F		S54LS51F	Mul,Phi,Sig	14c	<1,4	12		
§SN74LS51J		SN54LS51J	Mot	14c	1,1	8 8	13 13	
SN74LS51J		SN54LS51J	Tix	14c	3,3	12,5 12	20 20	
§SN74LS51N			Mot	14a	1,1	8 8	13 13	
SN74LS51N			Tix	14a	3,3	12,5 12	20 20	
		SN54LS51W	Tix	14n	3,3	12,5 12	20 20	
§SN74LS51W		SN54LS51W	Mot	14p	1,1	8 8	13 13	
74LS51DC		54LS51DM	Fch	14c	1,4	8 8	13 13	
74LS51FC		54LS51FM	Fch	14p	1,4	8 8	13 13	
74LS51J		54LS51J	Ray	14c	<14		15 20	
74LS51PC			Fch	14a	1,4	8 8	13 13	

7451 / 3 0...70°C § 0...75°C	Typ - Type - Tipo −40...85°C § −25...85°C	−55...125°C	Hersteller Production Fabricants Produttori Fabricantes	Bild Fig. Fig. Sec 3	I_S &I_R mA	t_{PD} E→Q ns$_{typ}$ ↓ ↕ ↑	t_{PD} E→Q ns$_{max}$ ↓ ↕ ↑	Bem./Note f_T §f_Z &f_E MHz
MC74HC51J		MC54HC51J	Mot	14c	<2u	11 11	21 21	
MC74HC51N			Mot	14a	<2u	11 11	21 21	
	MM74HC51J	MM54HC51J	Nsc	14c	<2u	11 11	21 21	
	MM74HC51N		Nsc	14a	<2u	11 11	21 21	
		SN54HC51FH	Tix	cc	<2u		24 24	
	SN74HC51FH		Tix	cc	<2u		24 24	
		SN54HC51FK	Tix	cc	<2u		24 24	
	SN74HC51FN		Tix	cc	<2u		24 24	
		SN54HC51J	Tix	14c	<2u		24 24	
	SN74HC51J		Tix	14c	<2u		24 24	
	SN74HC51N		Tix	14a	<2u		24 24	
L								
DM74L51J			Nsc	14c	0,4		90 90	
DM74L51N			Nsc	14a	0,4		90 90	
SN74L51J		SN54L51J	Tix	14c	1,8	35 50	60 90	
SN74L51N	§SN84L51N		Tix	14a	1,8	35 50	60 90	

7451 / 4
Output: TP

Invertierende AND/OR-Gatter
AND-OR-Invert gates
Portes AND/OR invertisseuses
Circuiti invertenti AND/OR
Puertas AND/OR inversoras

$Q1 = \overline{(ABC) + (DEF)}$
$Q2 = \overline{(AB) + (CD)}$

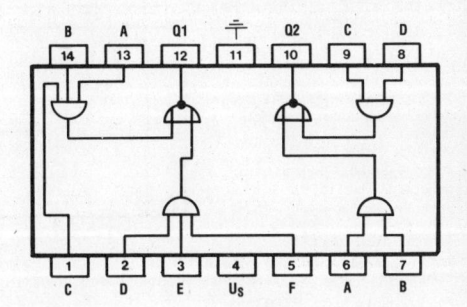

7452 / 1
Output: TP

Erweiterbares AND/OR-Gatter
Expandable AND-OR gate
Porte AND/OR, susceptible d'être élargie
Circuito porta AND/OR, ampliabile
Puerta AND/OR ampliable

$Q = (AB) + (CDE) + (FG) + (HI)$

Erweiterbar mit 74H61 (max. 6)
Expandable with 74H61 (max. 6)
Expandable par 74H61 (max. 6)
Espansibile con 74H61 (max. 6)
Expansible con 74H61 (máx. 6)

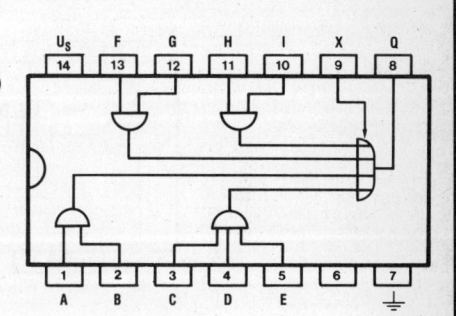

7451 / 4	Typ - Type - Tipo		Hersteller Production Fabricants Produttori Fabricantes	Bild Fig. Fig. Sec 3	I_S & I_R mA	t_{PD} E→Q ns$_{typ}$ ↓ ↕ ↑	t_{PD} E→Q ns$_{max}$ ↓ ↕ ↑	Bem./Note f_T §f_Z & f_E MHz
0...70°C § 0...75°C	−40...85°C § −25...85°C	−55...125°C						
DM74L51F		DM54L51F	Nsc	14p	0,4		90 90	
NC74L51N			Nuc	14c			90	
SFC451LE		SFC451LEM	Nuc,Ses	14c			90	
		SN54L51T	Tix	14p	1,8	35 50	60 90	

7452 / 1	Typ - Type - Tipo		Hersteller Production Fabricants Produttori Fabricantes	Bild Fig. Fig. Sec 3	I_S & I_R mA	t_{PD} E→Q ns$_{typ}$ ↓ ↕ ↑	t_{PD} E→Q ns$_{max}$ ↓ ↕ ↑	Bem./Note f_T §f_Z & f_E MHz
0...70°C § 0...75°C	−40...85°C § −25...85°C	−55...125°C						
DM74H52J		DM54H52J	Nsc	14c	<24		15 15	
DM74H52N			Nsc	14a	<24		15 15	
N74H52A			Mul,Phi,Sig	14a	17,6	9,2 10,6	15 15	
N74H52F		S54H52F	Mul,Phi,Sig	14c	17,6	9,2 10,6	15 15	
NC74H52N			Nuc	14a			15	
SN74H52J		SN54H52J	Tix	14c	17,6	9,2 10,6	15 15	
SN74H52N			Tix	14a	17,6	9,2 10,6	15 15	
T74H52B1			Sgs	14c	18			
T74H52D1		T54H52D2	Sgs	14c	18			
US74H52A		US54H52A	Spr	14c		10 10	15	

7452 / 2
Output: TP

Erweiterbares AND/OR-Gatter
Expandable AND-OR gate
Porte AND/OR, susceptible d'être élargie
Circuito porta AND/OR, ampliabile
Puerta AND/OR ampliable

$Q = (AB) + (CD) + (EF) + (GHI)$

Pinout: A=14, X=13, Q=12, ⏚=11, I=10, H=9, —=8
B=1, C=2, D=3, U_S=4, E=5, F=6, G=7

Erweiterbar mit 74H61 (max. 6)
Expandable with 74H61 (max. 6)
Expandable par 74H61 (max. 6)
Espansibile con 74H61 (max. 6)
Expansible con 74H61 (máx. 6)

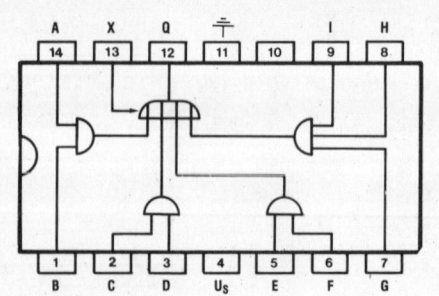

7453 / 1
Output: TP

Erweiterbares invertierendes AND/OR-Gatter
Expandable AND-OR-Invert gate
Porte AND/OR invertisseuse, susceptible d'être élargie
Circuito invertento porta AND/OR, ampliabile
Puerta AND/OR inversora ampliable

$Q = \overline{(AB) + (CD) + (EF) + (GH) + X}$

Pinout: U_S=14, A=13, $\overline{X}$=12, X=11, H=10, G=9, Q=8
B=1, C=2, D=3, E=4, F=5, 6, ⏚=7

7453 erweiterbar mit 7460 (max. 4)
74H53 erweiterbar mit 74H60 (max. 4)
oder mit 74H62 (max. 1)

7453 expandable with 7460 (max. 4)
74H53 expandable with 74H60 (max. 4)
or with 74H62 (max. 1)

7453 expandable par 7460 (max. 4)
74H53 expandable par 74H60 (max. 4) ou par 74H62 (max. 1)

7453 espansibile con 7460 (max. 4)
74H53 espansibile con 74H60 (max. 4) o con 74H62 (max. 1)

7453 expansible con 7460 (máx. 4)
74H53 expansible con 74H60 (máx. 4) o con 74H62 (máx. 1)

7452 / 2	Typ - Type - Tipo			Hersteller Production Fabricants Produttori Fabricantes	Bild Fig. Fig. Sec	I_S &I_R	t_{PD} E→Q ns$_{typ}$			t_{PD} E→Q ns$_{max}$			Bem./Note f_T §f_Z &f_E
0...70°C § 0...75°C	-40...85°C § -25...85°C	-55...125°C			3	mA	↓	↕	↑	↓	↕	↑	MHz
SN74H52W		S74H52W		Mul,Phi,Sig	14n	17,6	9,2		10,6	15		15	
US74H52J		SN54H52W US54H52J		Tix Spr	14n 14n	17,6	9,2 10		10,6 10	15 15		15	

7453 / 1	Typ - Type - Tipo			Hersteller Production Fabricants Produttori Fabricantes	Bild Fig. Fig. Sec	I_S &I_R	t_{PD} E→Q ns$_{typ}$			t_{PD} E→Q ns$_{max}$			Bem./Note f_T §f_Z &f_E
0...70°C § 0...75°C	-40...85°C § -25...85°C	-55...125°C			3	mA	↓	↕	↑	↓	↕	↑	MHz
D153C	§E153C			Hfo	14c	9,5	9		16	15		22	
D153D				Hfo	14a	9,5	9		16	15		22	
DM7453J		DM5453J		Nsc	14c	2,8				34		34	
DM7453N				Nsc	14a	2,8				34		34	
FJH171				Phi,Sig,Val	14a	4,4		11					
FLH171	§FLH175			Sie	14a	6,4	8		13	15		22	
GFB7453				Rtc	14c	5,6		13					
HD7453				Hit	14a	<9,5				15		22	
M53253P				Mit	14a	<9,5				15		22	
MB411				Fui	14a	<9,5				15		22	
MB411M				Fui	14c	<9,5				15		22	
MC7453J		MC5453J		Mot	14c	4,6	8		13	15		22	
MC7453N				Mot	14a	4,6	8		13	15		22	
N7453A				Mul,Phi,Sig	14a	4,6	8		13	15		22	
N7453F		S5453F		Mul,Phi,Sig	14c	4,6	8		13	15		22	

7453 / 1	Typ - Type - Tipo		Hersteller Production Fabricants Produttori Fabricantes	Bild Fig. Fig. Sec 3	I_S &I_R mA	t_{PD} E→Q ns_{typ} ↓↕↑	t_{PD} E→Q ns_{max} ↓↕↑	Bem./Note f_T §f_Z &f_E MHz
0...70°C § 0...75°C	−40...85°C § −25...85°C	−55...125°C						
NC7453N			Nuc	14a			22	
SFC453E	§SFC453ET	SFC453EM	Nuc,Ses	14c			22	
SN7453J		SN5453J	Tix	14c	4,6	8 13	15 22	
SN7453N	§SN8453N		Tix	14a	4,6	8 13	15 22	
SW7453J			Stw	14c			22	
SW7453N			Stw	14a			22	
T7453B1			Sgs	14c	4,6	8 13	15 22	
T7453D1		T5453D2	Sgs	14a	4,6	8 13	15 22	
TL7453N	§TL8453N		Aeg	14a	4,6	8 13	15 22	
TRW7453-1			Trw	14a			22	
TRW7453-2			Trw	14c			22	
U6A7453-59X		U6A5453-51X	Fch	14c				
U7A7453-59X			Fch	14a				
US7453A		US5453A	Spr	14c		8 18		
ZN7453E			Fer	14a			29	
µPB208			Nip	14a	<9,5		15 22	
7453DC		5453DM	Fch	14c	<9,5		15 22	
7453FC		5453FM	Fch	14c	<9,5		15 22	
7453PC			Fch	14a	<9,5		15 22	
1LR553			Su	14a	8,8	9 16	15 22	
H								
DM74H53J		DM54H53J	Nsc	14c	<14		11 11	
DM74H53N			Nsc	14a	<14		11 11	
GJB74H53P			Rtc	14c				

7453 / 2
Output: TP

Erweiterbares invertierendes AND/OR-Gatter
Expandable AND-OR-Invert gate
Porte AND/OR invertisseuse, susceptible d'être élargie
Circuito invertento porta AND/OR, ampliabile
Puerta AND/OR inversora ampliable

$Q = \overline{(AB)+(CD)+(EF)+(GH)+X}$

7453 erweiterbar mit 7460 (max. 4)
74H53 erweiterbar mit 74H60 (max. 4)
oder mit 74H62 (max. 1)

7453 expandable with 7460 (max. 4)
74H53 expandable with 74H60 (max. 4)
or with 74H62 (max. 1)

7453 expandable par 7460 (max. 4)
74H53 expandable par 74H60 (max. 4) ou par 74H62 (max. 1)

7453 espansibile con 7460 (max. 4)
74H53 espansibile con 74H60 (max. 4) o con 74H62 (max. 1)

7453 expansible con 7460 (máx. 4)
74H53 expansible con 74H60 (máx. 4) o con 74H62 (máx. 1)

7453 / 2	Typ - Type - Tipo		Hersteller Production Fabricants Produttori Fabricantes	Bild Fig. Fig. Sec 3	I_S &I_R mA	t_{PD} E→Q ns_{typ} ↓↕↑	t_{PD} E→Q ns_{max} ↓↕↑	Bem./Note f_T §f_Z &f_E MHz
0...70°C § 0...75°C	−40...85°C § −25...85°C	−55...125°C						
		DM5453W	Nsc	14n	2,8		34 34	
MC7453W		MC5453W	Mot	14p	4,6	8 13	15 22	
		S5453W	Mul,Phi,Sig	14n	4,6	8 13	15 22	
		SN5453W	Tix	14n	4,6	8 13	15 22	
US7453J		US5453J	Spr			8 18		
ZN7453F		ZN5453F	Fer	14q			29	
H								
		DM54H53W	Nsc	14n	<14		11 11	

7453 / 3
Output: TP

Erweiterbares invertierendes AND/OR-Gatter
Expandable AND-OR-Invert gate
Porte AND/OR invertisseuse, susceptible d'être élargie
Circuito invertento porta AND/OR, ampliabile
Puerta AND/OR inversora ampliable

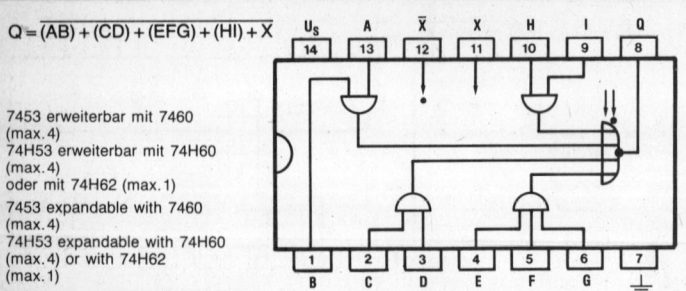

$Q = \overline{(AB) + (CD) + (EFG) + (HI) + X}$

7453 erweiterbar mit 7460 (max. 4)
74H53 erweiterbar mit 74H60 (max. 4)
oder mit 74H62 (max. 1)
7453 expandable with 7460 (max. 4)
74H53 expandable with 74H60 (max. 4) or with 74H62 (max. 1)
7453 expandable par 7460 (max. 4)
74H53 expandable par 74H60 (max. 4) ou par 74H62 (max. 1)
7453 espansibile con 7460 (max. 4)
74H53 espansibile con 74H60 (max. 4) o con 74H62 (max. 1)
7450 expansible con 7460 (máx. 4)
74H50 expansible con 74H60 (máx. 4) o con 74H62 (máx. 1)

7453 / 4
Output: TP

Erweiterbares invertierendes AND/OR-Gatter
Expandable AND-OR-Invert gate
Porte AND/OR invertisseuse, susceptible d'être élargie
Circuito invertento porta AND/OR, ampliabile
Puerta AND/OR inversora ampliable

$Q = \overline{(AB) + (CD) + (EFG) + (HI) + X}$

7453 erweiterbar mit 7460 (max. 4)
74H53 erweiterbar mit 74H60 (max. 4)
oder mit 74H62 (max. 1)
7453 expandable with 7460 (max. 4)
74H53 expandable with 74H60 (max. 4) or with 74H62 (max. 1)
7453 expandable par 7460 (max. 4)
74H53 expandable par 74H60 (max. 4) ou par 74H62 (max. 1)
7453 espansibile con 7460 (max. 4)
74H53 espansibile con 74H60 (max. 4) o con 74H62 (max. 1)
7450 expansible con 7460 (máx. 4)
74H50 expansible con 74H60 (máx. 4) o con 74H62 (máx. 1)

7453 / 3	Typ - Type - Tipo		Hersteller Production Fabricants Produttori Fabricantes	Bild Fig. Fig. Sec 3	I_S &I_R mA	t_{PD} E→Q ns_{typ} ↓↕↑	t_{PD} E→Q ns_{max} ↓↕↑	Bem./Note f_T §f_Z &f_E MHz
0...70°C § 0...75°C	−40...85°C § −25...85°C	−55...125°C						
MIC74H53J			Itt	14c			10	
N74H53A			Mul,Phi,Sig	14a	8,2	7,4 11,4		
N74H53F		S54H53F	Mul,Phi,Sig	14c	8,2	7,4 11,4		
NC74H53N			Nuc	14a			10	
SN74H53J		SN54H53J	Tix	14c	8,2	6,2 7	11 11	
SN74H53N			Tix	14a	8,2	6,2 7	11 11	
US74H53A		US54H53A	Spr	14c		10 10	11	

7453 / 4	Typ - Type - Tipo		Hersteller Production Fabricants Produttori Fabricantes	Bild Fig. Fig. Sec 3	I_S &I_R mA	t_{PD} E→Q ns_{typ} ↓↕↑	t_{PD} E→Q ns_{max} ↓↕↑	Bem./Note f_T §f_Z &f_E MHz
0...70°C § 0...75°C	−40...85°C § −25...85°C	−55...125°C						
		S54H53W	Mul,Phi,Sig	14n	8,2	7,4 11,4		
		SN54H53W	Tix	14n	8,2	6,2 7	11 11	
US74H53J		US54H53J	Spr	14n		10 10	11	

2-78

7454 / 1
Output: TP

Invertierendes AND/OR-Gatter
AND-OR-Invert gate
Porte AND/OR invertisseuse
Circuito invertento porta AND/OR
Puerta AND/OR inversora

$Q = \overline{(AB) + (CD) + (EF) + (GH)}$

Pinout: U$_S$=14, A=13, B=1, C=2, D=3, E=4, F=5, G=10, H=9, Q=8, GND=7

7454 / 1	Typ - Type - Tipo		Hersteller Production Fabricants Produttori Fabricantes	Bild Fig. Fig. Sec 3	I$_S$ &I$_R$ mA	t$_{PD}$ E→Q ns$_{typ}$ ↓ ↕ ↑	t$_{PD}$ E→Q ns$_{max}$ ↓ ↕ ↑	Bem./Note f$_T$ §f$_Z$ &f$_E$ MHz
0...70°C § 0...75°C	–40...85°C § –25...85°C	–55...125°C						
SFC454E	§SFC454ET	SFC454EM	Nuc,Ses	14c	5,6		22	
SN7454J		SN5454J	Tix	14c	4,6	8 13	15 22	
SN7454N	§SN8454N		Tix	14a	4,6	8 13	15 22	
SW7454J			Stw	14c			22	
SW7454N			Stw	14a			22	
T7454B1			Sgs	14a	4,6	8 13	15 22	
T7454D1		T5454D2	Sgs	14c	4,6	8 13	15 22	
TL7454N	§TL8454N		Aeg	14a	4,6	8 13	15 22	
TRW7454-1			Trw	14a			22	
TRW7454-2			Trw	14c			22	
U6A7454-59X		U6A5454-51X	Fch	14a				
US7454A		US5454A	Spr	14c		8 18		
ZN7454E			Fer	14a			29	
µPB209			Nip	14a	<9,5		15 22	
7454DC		5454DM	Fch	14c	<9,5		15 22	
7454FC		5454FM	Fch	14n	<9,5		15 22	
7454PC			Fch	14a	<9,5		15 22	
H								
DM74H54J		DM54H54J	Nsc	14c	<14		11 11	
DM74H54N			Nsc	14a	<14		11 11	
GJB74H54P			Rtc	14c				
L								
NC74L54N			Nuc	14a	0,9		90	

7454 / 1	Typ - Type - Tipo		Hersteller Production Fabricants Produttori Fabricantes	Bild Fig. Fig. Sec 3	I$_S$ &I$_R$ mA	t$_{PD}$ E→Q ns$_{typ}$ ↓ ↕ ↑	t$_{PD}$ E→Q ns$_{max}$ ↓ ↕ ↑	Bem./Note f$_T$ §f$_Z$ &f$_E$ MHz
0...70°C § 0...75°C	–40...85°C § –25...85°C	–55...125°C						
D154C	§E154C		Hfo	14c	9,5	9 16	15 22	
D154D			Hfo	14a	9,5	9 16	15 22	
DM7454J		DM5454J	Nsc	14c		34 34		
DM7454N			Nsc	14a		34 34		
FJH181			Phi,Sig,Val	14a	4,4	11		
FLH181	§FLH185		Sie	14a	4,6	8 13	15 22	
GFB7454			Rtc	14c	5,6	13		
HD7454			Hit	14a	<9,5		15 22	
MC7454J		MC5454J	Mot	14c	4,6	8 13	15 22	
MC7454N			Mot	14a	4,6	8 13	15 22	
MIC7454J	MIC6454J	MIC5454J	Itt	14c	4,6	8 10	15 22	
MIC7454N			Itt	14a	4,6	8 15	15 22	
N7454A			Mul,Phi,Sig	14a	4,6	8 13	15 22	
N7454F		S5454F	Mul,Phi,Sig	14c	4,6	8 13	15 22	
NC7454N			Nuc	14a	5,6		22	

7454 / 2　Output: TP	Invertierendes AND/OR-Gatter AND-OR-Invert gate Porte AND/OR invertisseuse Circuito invertento porta AND/OR Puerta AND/OR inversora	7454 / 3　Output: TP	Invertierendes AND/OR-Gatter AND-OR-Invert gate Porte AND/OR invertisseuse Circuito invertento porta AND/OR Puerta AND/OR inversora

$Q = \overline{(AB) + (CD) + (EF) + (GH)}$

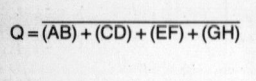

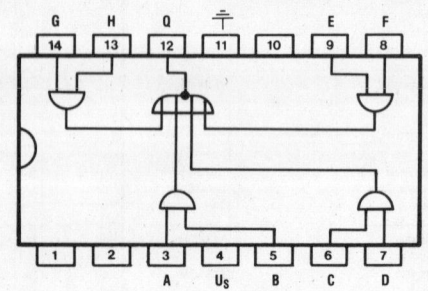

$Q = \overline{(AB) + (CD) + (EFG) + (HI)}$

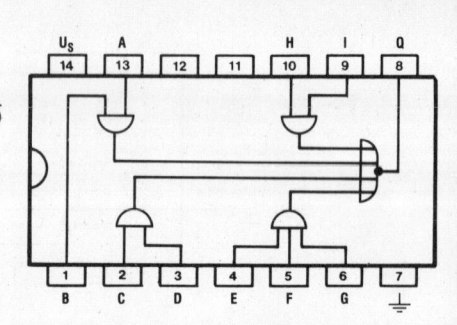

7454 / 2			Typ - Type - Tipo		Hersteller Production Fabricants Produttori Fabricantes	Bild Fig. Fig. Sec 3	I_S &I_R mA	t_{PD} E→Q ns$_{typ}$ ↓ ↕ ↑	t_{PD} E→Q ns$_{max}$ ↓ ↕ ↑	Bem./Note f_T　§f_Z &f_E MHz
0...70°C § 0...75°C			−40...85°C § −25...85°C	−55...125°C						
MC7454W				MC5454W S5454W SFC454PM SN5454W	Mot Mul,Phi,Sig Nuc,Ses Tix	14p 14n 14p 14n	4,6 4,6 5,6 4,6	8　13 8　13 8　13	15　22 15　22 　　22 15　22	
US7454J				US5454J	Spr	14n		8　18		

7454 / 3			Typ - Type - Tipo		Hersteller Production Fabricants Produttori Fabricantes	Bild Fig. Fig. Sec 3	I_S &I_R mA	t_{PD} E→Q ns$_{typ}$ ↓ ↕ ↑	t_{PD} E→Q ns$_{max}$ ↓ ↕ ↑	Bem./Note f_T　§f_Z &f_E MHz
0...70°C § 0...75°C			−40...85°C § −25...85°C	−55...125°C						
MIC74H54J N74H54F NC74H54N SFC453HE SN74H54J				S54H54F SFC453HEM SN54H54J	Itt Mul,Phi,Sig Nuc Nuc,Ses Tix	14c 14c 14a 14c 14c	8,2 5,6	6,2　7 6,2　7	10 11　11 10 10 11　11	
SN74H54N US74H54A				US54H54A	Tix Spr	14a 14c	5,6	6,2　7 10　10	11　11 11	

7454 / 4
Output: TP

Invertierendes AND/OR-Gatter
AND-OR-Invert gate
Porte AND/OR invertisseuse
Circuito invertento porta AND/OR
Puerta AND/OR inversora

$Q = \overline{(AB) + (CD) + (EFG) + (HI)}$

7454 / 5
Output: TP

Invertierendes AND/OR-Gatter
AND-OR-Invert gate
Porte AND/OR invertisseuse
Circuito invertento porta AND/OR
Puerta AND/OR inversora

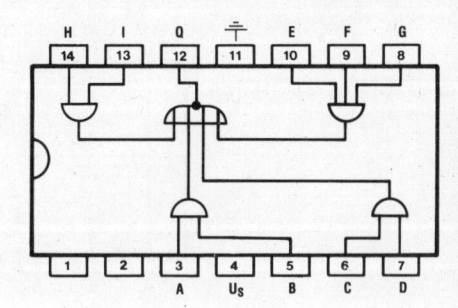

$Q = \overline{(AB) + (CDE) + (FGH) + (IJ)}$

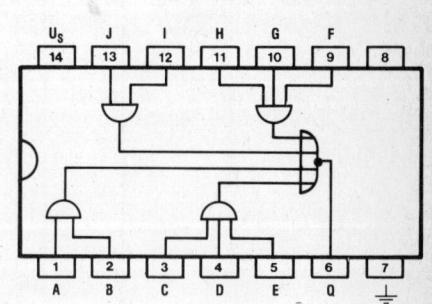

7454 / 4	Typ - Type - Tipo		Hersteller Production Fabricants Produttori Fabricantes	Bild Fig. Fig. Sec	I_S &I_R	t_{PD} E→Q ns_{typ}		t_{PD} E→Q ns_{max}		Bem./Note f_T §f_Z &f_E
0...70°C § 0...75°C	−40...85°C § −25...85°C	−55...125°C		3	mA	↓	↑	↓	↑	MHz
	S54H54W		Mul,Phi,Sig	14n	8,2	6,2	7	11	11	
	SN54H54W		Tix	14n	5,6	6,2	7	11	11	
US74H54J		US54H54J	Spr	14n		10	10	11		

7454 / 5	Typ - Type - Tipo		Hersteller Production Fabricants Produttori Fabricantes	Bild Fig. Fig. Sec	I_S &I_R	t_{PD} E→Q ns_{typ}		t_{PD} E→Q ns_{max}		Bem./Note f_T §f_Z &f_E
0...70°C § 0...75°C	−40...85°C § −25...85°C	−55...125°C		3	mA	↓	↑	↓	↑	MHz
DM74L54J		DM54L54J	Nsc	14c	0,2			90	90	
DM74L54N			Nsc	14a	0,2			90	90	
SN74L54J		SN54L54J	Tix	14c	2,5	35	50	60	90	
SN74L54N	§SN84L54N		Tix	14a	2,5	35	50	60	90	
LS										
DM74LS54J		DM54LS54J	Nsc	14c	<2			20	20	
DM74LS54N			Nsc	14a	<2			20	20	
HD74LS54			Hit	14a	<2			20	20	
MB74LS54			Fui	14a	<2			20	20	
MB74LS54M			Fui	14c	<2			20	20	
N74LS54A			Mul,Phi,Sig	14a	0,9			12		
N74LS54F			Mul,Phi,Sig	14a	0,9			12		
§SN74LS54J		SN54LS54J	Mot	14c	0,9	10	10	15	15	
SN74LS54J		SN54LS54J	Tix	14c	4,5	12,5	12	20	20	
§SN74LS54N			Mot	14a	0,9	10	10	15	15	

7454 / 5

	Typ - Type - Tipo		Hersteller Production Fabricants Produttori Fabricantes	Bild Fig. Fig. Sec 3	I_S &I_R mA	t_{PD} E→Q ns_{typ} ↓↕↑	t_{PD} E→Q ns_{max} ↓↕↑	Bem./Note f_T §f_Z &f_E MHz
0...70°C § 0...75°C	−40...85°C § −25...85°C	−55...125°C						
SN74LS54N			Tix	14a	4,5	12,5 12	20 20	
§SN74LS54W		SN54LS54W	Tix	14n	4,5	12,5 12	20 20	
		SN54LS54W	Mot	14p	0,9	10 10	15 15	
74LS54DC		54LS54DM	Fch	14c	1	10 10	15 15	
74LS54FC		54LS54FM	Fch	14p	1	10 10	15 15	
74LS54J		54LS54J	Ray	14c	<2		20 20	
74LS54PC			Fch	14a	1	10 10	15 15	

7454 / 6
Output: TP

Invertierendes AND/OR-Gatter
AND-OR-Invert gate
Porte AND/OR invertisseuse
Circuito invertento porta AND/OR
Puerta AND/OR inversora

$$Q = \overline{(ABC) + (DE) + (FG) + (HIJ)}$$

7454 / 6

Typ - Type - Tipo			Hersteller Production Fabricants Produttori Fabricantes	Bild Fig. Fig. Sec 3	I_S &I_R mA	t_{PD} E→Q ns_{typ} ↓↕↑	t_{PD} E→Q ns_{max} ↓↕↑	Bem./Note f_T §f_Z &f_E MHz
0...70°C § 0...75°C	−40...85°C § −25...85°C	−55...125°C						
DM74L54F		DM54L54F	Nsc	14p	0,2		90 90	
SFC454LE		SFC454LEM	Nuc,Ses	14c	0,9		90	
		SN54L54T	Tix	14p	2,5	35 50	60 90	

7455 / 1
Output: TP

Invertierendes erweiterbares AND/OR-Gatter
Expandable AND-OR-Invert gate
Porte AND/OR invertisseuse, susceptible d'être élargie
Circuito invertento porta AND/OR, ampliabile
Puerta AND/OR inversora ampliable

Pinout (DIP-14): U_S=14, E=13, F=12, G=11, H=10, X̄=9, Q=8; A=1, B=2, C=3, D=4, X=5, (NC)=6, GND=7

$$Q = \overline{(ABCD) + (EFGH) + \overline{X}}$$

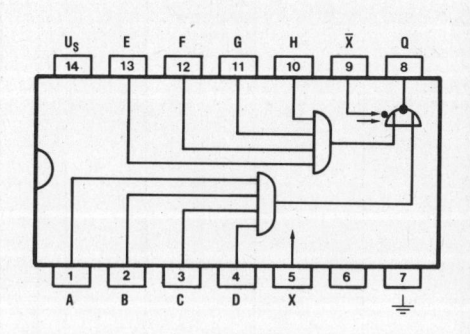

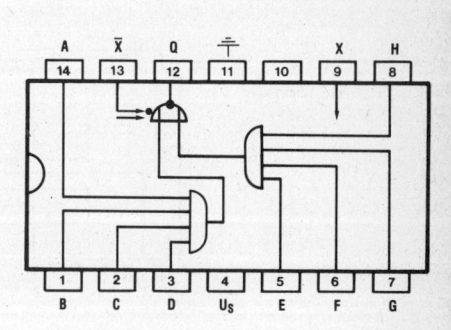

7455 / 2
Output: TP

Invertierendes erweiterbares AND/OR-Gatter
Expandable AND-OR-Invert gate
Porte AND/OR invertisseuse, susceptible d'être élargie
Circuito invertento porta AND/OR, ampliabile
Puerta AND/OR inversora ampliable

Pinout (DIP-14): A=14, X̄=13, Q=12, GND=11, X=10, H=9, (NC)=8; B=1, C=2, D=3, U_S=4, E=5, F=6, G=7

$$Q = \overline{(ABCD) + (EFGH) + \overline{X}}$$

7455 / 1 0…70°C § 0…75°C	Typ-Type-Tipo −40…85°C § −25…85°C	−55…125°C	Hersteller Production Fabricants Produttori Fabricantes	Bild Fig. Fig. Sec 3	I_S & I_R mA	t_{PD} E→Q ns$_{typ}$ ↓ ↕ ↑	t_{PD} E→Q ns$_{max}$ ↓ ↕ ↑	Bem./Note f_T §f_Z & f_E MHz
DM74H55J		DM54H55J	Nsc	14c	<12		11 11	
DM74H55N			Nsc	14a	<12		11 11	
MIC74H55J			Itt	14c			10	
N74H55A			Mul,Phi,Sig	14a	6	6,5 7	11 11	
N74H55F		S54H55F	Mul,Phi,Sig	14c	6	6,5 7	11 11	
NC74H55N			Nuc	14a			10	
SN74H55J		SN54H55J	Tix	14c	6		11 11	
SN74H55N			Tix	14a	6	6,5 7	11 11	
US74H55A		US54H55A	Spr	14c		10 10	11	

7455 / 2 0…70°C § 0…75°C	Typ-Type-Tipo −40…85°C § −25…85°C	−55…125°C	Hersteller Production Fabricants Produttori Fabricantes	Bild Fig. Fig. Sec 3	I_S & I_R mA	t_{PD} E→Q ns$_{typ}$ ↓ ↕ ↑	t_{PD} E→Q ns$_{max}$ ↓ ↕ ↑	Bem./Note f_T §f_Z & f_E MHz
US74H55J		S54H55W	Mul,Phi,Sig	14n	6	6,5 7	11 11	
		SN54H55W	Tix	14n	6	6,5 7	11 11	
		US54H55J	Spr	14n		10 10	11	

2-83

7455 / 3
Output: TP

Invertierendes erweiterbares AND/OR-Gatter
Expandable AND-OR-Invert gate
Porte AND/OR invertisseuse, susceptible d'être élargie
Circuito invertento porta AND/OR, ampliabile
Puerta AND/OR inversora ampliable

$Q = \overline{(ABCD) + (EFGH)}$

Pinout: U_S=14, E=13, F=12, G=11, H=10, 9, Q=8, A=1, B=2, C=3, D=4, 5, 6, GND=7

| 7455 / 3 | | | Hersteller | Bild | I_S | t_{PD} | t_{PD} | Bem./Note |
| 0…70°C | −40…85°C | −55…125°C | Production | Fig. | &I_R | E→Q | E→Q | f_T §f_Z |
§ 0…75°C	§ −25…85°C		Fabricants Produttori Fabricantes	Fig. Sec 3	mA	ns$_{typ}$ ↓↕↑	ns$_{max}$ ↓↕↑	&f_E MHz
SN74LS55N			Tix	14a	0,55	12,5 12	20 20	
	SN54LS55W		Tix	14n	0,55	12,5 12	20 20	
§SN74LS55W	SN54LS55W		Mot	14p	0,55	10 10	15 15	
74LS55DC		54LS55DM	Fch	14c	0,7	10 10	15 15	
74LS55FC		54LS55FM	Fch	14p	0,7	10 10	15 15	
74LS55J		54LS55J	Ray	14c	<1,3		20 20	
74LS55PC			Fch	14a	0,7	10 10	15 15	

| 7455 / 3 | | | Hersteller | Bild | I_S | t_{PD} | t_{PD} | Bem./Note |
| 0…70°C | −40…85°C | −55…125°C | Production | Fig. | &I_R | E→Q | E→Q | f_T §f_Z |
§ 0…75°C	§ −25…85°C		Fabricants Produttori Fabricantes	Fig. Sec 3	mA	ns$_{typ}$ ↓↕↑	ns$_{max}$ ↓↕↑	&f_E MHz
DM74L55J		DM54L55J	Nsc	14c	0,2		90 90	
DM74L55N			Nsc	14a	0,2		90 90	
SN74L55J		SN54L55J	Tix	14c	0,9	35 50	60 90	
SN74L55N	§SN84L55N		Tix	14a	0,9	35 50	60 90	
LS								
DM74LS55J		DM54LS55J	Nsc	14c	<1,3		20 20	
DM74LS55N			Nsc	14a	<1,3		20 20	
HD74LS55			Hit	14a	<1,3		20 20	
MB74LS55			Fui	14a	<1,3		20 20	
MB74LS55M			Fui	14c	<1,3		20 20	
N74LS55A			Mul,Phi,Sig	14a	0,55	12		
N74LS55F		S54LS55F	Mul,Phi,Sig	14c	0,55	12		
§SN74LS55J		SN54LS55J	Mot	14c	0,55	10 10	15 15	
SN74LS55J			Tix	14c	0,55	12,5 12	20 20	
§SN74LS55N		SN54LS55J	Mot	14a	0,55	10 10	15 15	

7455 / 4
Output: TP

Invertierendes erweiterbares AND/OR-Gatter
Expandable AND-OR-Invert gate
Porte AND/OR invertisseuse, susceptible d'être élargie
Circuito invertento porta AND/OR, ampliabile
Puerta AND/OR inversora ampliable

$Q = \overline{(ABCD) + (EFGH)}$

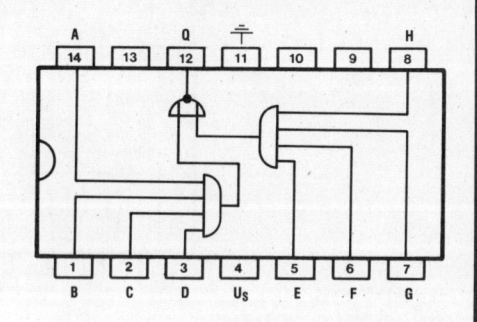

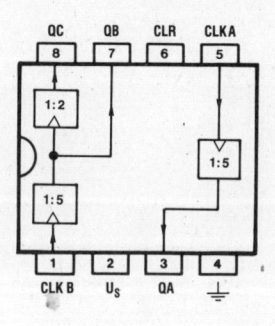

Pins: A-14, 13, Q-12, ⏚-11, 10, 9, H-8, B-1, C-2, D-3, U_S-4, 5, F-6, G-7

7456
Output: TP

Frequenzteiler
Frequency divider
Partageur de fréquence
Divisore di frequenza
Divisor de frecuencia

Pins: QC-8, QB-7, CLR-6, CLKA-5, CLK B-1, U_S-2, QA-3, ⏚-4
Internal: 1:2, 1:5, 1:5

7455 / 4 0...70°C § 0...75°C	Typ - Type - Tipo −40...85°C § −25...85°C	−55...125°C	Hersteller Production Fabricants Produttori Fabricantes	Bild Fig. Fig. Sec 3	I_S &I_R mA	t_{PD} E→Q ns_{typ} ↓ ↕ ↑	t_{PD} E→Q ns_{max} ↓ ↕ ↑	Bem./Note f_T §f_Z &f_E MHz
DM74L55F	DM54L55F		Nsc	14n	0,2		90 90	
NC74L55N			Nuc	14a	0,5		90	
	SN54L55T		Tix	14p	0,9	35 50	60 90	

7456 0...70°C § 0...75°C	Typ - Type - Tipo −40...85°C § −25...85°C	−55...125°C	Hersteller Production Fabricants Produttori Fabricantes	Bild Fig. Fig. Sec 3	I_S &I_R mA	t_{PD} E→Q ns_{typ} ↓ ↕ ↑	t_{PD} E→Q ns_{max} ↓ ↕ ↑	Bem./Note f_T §f_Z &f_E MHz
SN74LS56JG	SN54LS56JG		Tix	8c		14 12	25 20	25
SN74LS56P			Tix	8a		14 12	25 20	25

7457
Output: TP

Frequenzteiler
Frequency divider
Partageur de fréquence
Divisore di frequenza
Divisor de frecuencia

7458
Output: TP

AND/OR-Gatter
AND/OR gates
Portes AND/OR
Circuito porta AND/OR
Puertas AND/OR

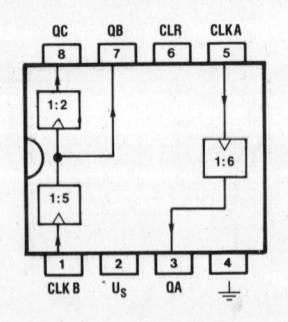

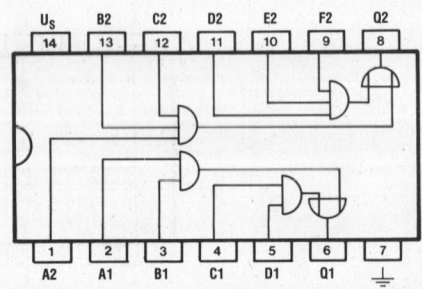

Pinout 7457: QC(8) QB(7) CLR(6) CLKA(5) — 1:2, 1:5, 1:6 — CLK B(1) U_S(2) QA(3) GND(4)

Pinout 7458: U_S(14) B2(13) C2(12) D2(11) E2(10) F2(9) Q2(8) — A2(1) A1(2) B1(3) C1(4) D1(5) Q1(6) GND(7)

$Q1 = (A1 \cdot B1) + (C1 \cdot D1)$
$Q2 = (A2 \cdot B2 \cdot C2) + (D2 \cdot E2 \cdot F2)$

7457	Typ - Type - Tipo		Hersteller Production Fabricants Produttori Fabricantes	Bild Fig. Fig. Sec 3	I_S &I_R mA	t_{PD} E→Q ns$_{typ}$ ↓ ↕ ↑	t_{PD} E→Q ns$_{max}$ ↓ ↕ ↑	Bem./Note f_T §f_Z &f_E MHz
0...70°C § 0...75°C	−40...85°C § −25...85°C	−55...125°C						
SN74LS57JG SN74LS57P		SN54LS57JG	Tix Tix	8c 8a		18 14 18 14	30 25 30 25	25 25

7458	Typ - Type - Tipo		Hersteller Production Fabricants Produttori Fabricantes	Bild Fig. Fig. Sec 3	I_S &I_R mA	t_{PD} E→Q ns$_{typ}$ ↓ ↕ ↑	t_{PD} E→Q ns$_{max}$ ↓ ↕ ↑	Bem./Note f_T §f_Z &f_E MHz
0...70°C § 0...75°C	−40...85°C § −25...85°C	−55...125°C						
MC74HC58J MC74HC58N		MC54HC58J	Mot Mot	14c 14a	<2u <2u	11 11 11 11	21 21 21 21	
	MM74HC58J MM74HC58N	MM54HC58J	Nsc Nsc	14c 14a	<2u <2u	11 11 11 11	21 21 21 21	

7460 / 1
Output: X

Expander für 7423, 7450, 7453, 7455
Expanders for 7423, 7450, 7453, 7455
Expandeurs pour 7423, 7450, 7453, 7455
Estensori per 7423, 7450, 7453, 7455
Expanders para 7423, 7450, 7453, 7455

$X = ABCD$

$FQ = 0$

Nur für X-Eingänge
For X-inputs only
Seulement pour des entrées X
Soltanto per entrate X
Solamente para entradas X

Pin-out: U_S 14, A 13, $\bar{X}$ 12, X 11, X 10, $\bar{X}$ 9, D 8; B 1, C 2, D 3, A 4, B 5, C 6, GND 7

7460 / 1	Typ - Type - Tipo		Hersteller Production Fabricants Produttori Fabricantes	Bild Fig. Fig. Sec 3	I_S &I_R mA	t_{PD} E→Q ns_{typ} ↓ ↕ ↑	t_{PD} E→Q ns_{max} ↓ ↕ ↑	Bem./Note f_T §f_Z &f_E MHz
0...70°C § 0...75°C	−40...85°C § −25...85°C	−55...125°C						
		SN5460J	Tix	14c	1,6	10 15	20 30	
SN7460J								
SN7460N			Tix	14a	1,6	10 15	20 30	
T7460B1			Sgs	14a	1,6		20 30	
T7460D1		T5460D2	Sgs	14c	1,6	10 15	20 30	
TD3460			Tos	14a	<4		20 30	
TL7460N	§TL8460N		Aeg	14a	1,6	10 15	20 30	
U6A7460-59X		U6A5460-51X	Fch	14c				
U7A7460-59X			Fch	14a				
US7460A		US5460A	Spr	14c			15	
ZN7460E			Fer	14a	2		29	
µPB210			Nip	14c	<4		20 30	
7460DC		5460DM	Fch	14c	<4		20 30	
7460FC		5460FM	Fch	14n	<4		20 30	
7460PC			Fch	14c	<4		20 30	
1LP551			Su	14a	1,65	11 25	20 30	

H

DM74H60J		DM54H60J	Nsc	14c	<4,4	11 11		
DM74H60N			Nsc	14c	<4,4	11 11		
MIC74H60J			Itt	14c		7		
N74H60A			Mul,Phi,Sig	14a		7		
N74H60F		S54H60F	Mul,Phi,Sig	14c		7		
NC74H60N			Nuc	14a		7		
SN74H60J		SN54H60J	Tix	14c	2,45			
SN74H60N	§SN84H60N		Tix	14a	2,45			
US74H60A		US54H60A	Spr	14c			16	

7460 / 1	Typ - Type - Tipo		Hersteller Production Fabricants Produttori Fabricantes	Bild Fig. Fig. Sec 3	I_S &I_R mA	t_{PD} E→Q ns_{typ} ↓ ↕ ↑	t_{PD} E→Q ns_{max} ↓ ↕ ↑	Bem./Note f_T §f_Z &f_E MHz
0...70°C § 0...75°C	−40...85°C § −25...85°C	−55...125°C						
D160C	§E160C		Hfo	14c	2	11 25	20 30	
D160D			Hfo	14a	2	11 25	20 30	
DM7460J		DM5460J	Nsc	14c	<5,6		13 13	
DM7460N			Nsc	14c	<5,6		13 13	
FJY101			Phi,Sig,Val	14a	1,6	15		
FLY101	§FLY105		Sie	14a	1,6	10 15	20 30	
GFB7460			Rtc	14a	1,6		30	
HD7460			Hit	14a	<4		20 30	
M53260P			Mit	14a	<4		20 30	
MH7460			Tes	14a	1,65	11 25	20 30	
MIC7460J	MIC6460J	MIC5460J	Itt	14c	1,6		30	
MIC7460N			Itt	14c	1,6		30	
N7460F		S5460F	Mul,Phi,Sig	14c	1,6	10 15	20 30	
NC7460N			Nuc	14a	1,6		15 30	
SFC460E	§SFC460ET	SFC460EM	Nuc,Ses	14c	1,6		15 30	

7460 / 2
Output: X

Expander für 7423, 7450, 7453, 7455
Expanders for 7423, 7450, 7453, 7455
Expandeurs pour 7423, 7450, 7453, 7455
Estensori per 7423, 7450, 7453, 7455
Expanders para 7423, 7450, 7453, 7455

X = ABCD

FQ = 0

Nur für X-Eingänge
For X-inputs only
Seulement pour des entrées X
Soltanto per entrate X
Solamente para entradas X

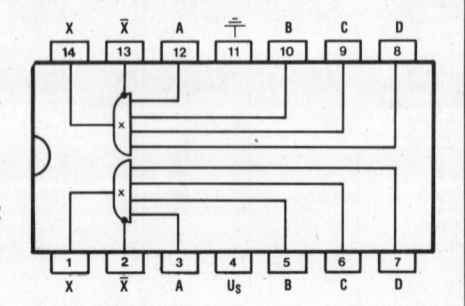

Pinout (DIP-14): 14=X, 13=X̄, 12=A, 11=⏚, 10=B, 9=C, 8=D; 1=X, 2=X̄, 3=A, 4=U_S, 5=B, 6=C, 7=D

7461 / 1
Output: X

Expander für 74H52
Expanders for 74H52
Expandeurs pour 74H52
Estensori per 74H52
Expanders para 74H52

X = ABC

FQ = 0

Nur für X-Eingänge
For X-inputs only
Seulement pour des entrées X
Soltanto per entrate X
Solamente para entradas X

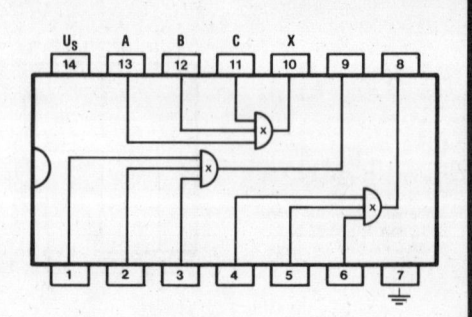

Pinout (DIP-14): 14=U_S, 13=A, 12=B, 11=C, 10=X, 9=—, 8=X; 1=—, 2=A, 3=B, 4=C, 5=X, 6=—, 7=⏚

7460 / 2

Typ - Type - Tipo 0...70°C § 0...75°C	Typ - Type - Tipo −40...85°C § −25...85°C	Typ - Type - Tipo −55...125°C	Hersteller Production Fabricants Produttori Fabricantes	Bild Fig. Fig. Sec 3	I_S &I_R mA	t_PD E→Q ns_typ ↓↑ ↑↓	t_PD E→Q ns_max ↓↑ ↑↓	Bem./Note f_T §f_Z &f_E MHz
US7460J		S5460W	Mul,Phi,Sig	14n	1,6	10 15	20 30	
ZN7460F		SN5460W	Tix	14n	1,6	10 15	20 30	
		US5460J	Spr	14n		15		
H		ZN5460F	Fer	14q	2		29	
		SN54H60W	Tix	14n	2,45			

7461 / 1

Typ - Type - Tipo 0...70°C § 0...75°C	Typ - Type - Tipo −40...85°C § −25...85°C	Typ - Type - Tipo −55...125°C	Hersteller Production Fabricants Produttori Fabricantes	Bild Fig. Fig. Sec 3	I_S &I_R mA	t_PD E→Q ns_typ ↓↑ ↑↓	t_PD E→Q ns_max ↓↑ ↑↓	Bem./Note f_T §f_Z &f_E MHz
DM74H61J		DM54H61J	Nsc	14c	<16	14 14		
DM74H61N			Nsc	14a	<16	14 14		
N74H61F		S54H61F	Mul,Phi,Sig	14c	8			
NC74H61N			Nuc	14a				
SN74H61J		SN54H61J	Tix	14c	8			
SN74H61N			Tix	14a	8			
T74H61B1			Sgs	14a	8			

7461 / 2
Output: X

Expander für 74H52
Expanders for 74H52
Expandeurs pour 74H52
Estensori per 74H52
Expanders para 74H52

$X = ABC$

$FQ = 0$

Nur für X-Eingänge
For X-inputs only
Seulement pour des entrées X
Soltanto per entrate X
Solamente para entradas X

7462 / 1
Output: X

Expander für 74H50, 74H53, 74H55
Expanders for 74H50, 74H53, 74H55
Expandeurs pour 74H50, 74H53, 74H55
Estensori per 74H50, 74H53, 74H55
Expanders para 74H50, 74H53, 74H55

$X = (AB) + (CDE) + (FG) + (HIJ)$

$FQ = 0$

Nur für X-Eingänge
For X-inputs only
Seulement pour des entrées X
Soltanto per entrate X
Solamente para entradas X

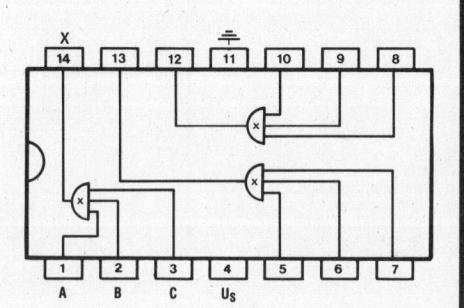

7461 / 2	Typ - Type - Tipo			Hersteller Production Produttori Fabricantes	Bild Fig. Fig. Sec 3	I_S &I_R mA	t_{PD} E→Q ns$_{typ}$ ↓ ↕ ↑	t_{PD} E→Q ns$_{max}$ ↓ ↕ ↑	Bem./Note f_T §f_Z &f_E MHz
0...70°C § 0...75°C	−40...85°C § −25...85°C	−55...125°C							
US74H61J		S54H61W SN54H61W US54H61J		Mul,Phi,Sig Tix Spr	14n 14n 14n	8 8	20		

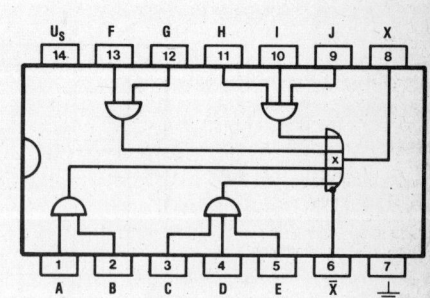

7462 / 1	Typ - Type - Tipo			Hersteller Production Produttori Fabricantes	Bild Fig. Fig. Sec 3	I_S &I_R mA	t_{PD} E→Q ns$_{typ}$ ↓ ↕ ↑	t_{PD} E→Q ns$_{max}$ ↓ ↕ ↑	Bem./Note f_T §f_Z &f_E MHz
0...70°C § 0...75°C	−40...85°C § −25...85°C	−55...125°C							
DM74H62J		DM54H62J		Nsc	14c	<9	11 11	11 11	
DM74H62N				Nsc	14a	<9	11 11	11 11	
MIC74H62J				Itt	14c				
N74H62A				Mul,Phi,Sig	14a	4,9			
N74H62F		S54H62F		Mul,Phi,Sig	14c	4,9			
SN74H62J		SN54H62J		Tix	14c	4,9			
SN74H62N				Tix	14a	4,9			
T74H62B1				Sgs	14c	<6			
T74H62D1		T54H62D2		Sgs	14c	<6			
US74H62A		US54H62A		Spr	14c				16

7462 / 2
Output: X

Expander für 74H50, 74H53, 74H55
Expanders for 74H50, 74H53, 74H55
Expandeurs pour 74H50, 74H53, 74H55
Estensori per 74H50, 74H53, 74H55
Expanders para 74H50, 74H53, 74H55

7463
Output: TP

Stromsensoren
Current sensors
Senseurs de courant
sensori di corrente
Sensores de corriente

$X = (ABC) + (DE) + (FG) + (HIJ)$

$FQ = 0$

Nur für X-Eingänge
For X-inputs only
Seulement pour des entrées X
Soltanto per entrate X
Solamente para entradas X

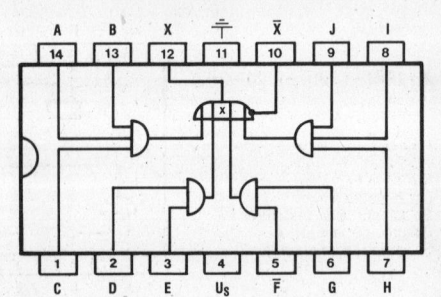

$610\ \Omega$
Eingangswiderstand
Input impedance
Impédance d'entrée
Resistenza di entrata
Impedancia de entrada

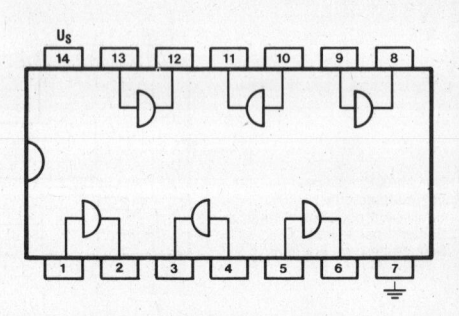

7462 / 2	Typ - Type - Tipo			Hersteller Production Fabricants Produttori Fabricantes	Bild Fig. Fig. Sec 3	I_S &I_R mA	t_{PD} E→Q ns_{typ} ↓ ↕ ↑	t_{PD} E→Q ns_{max} ↓ ↕ ↑	Bem./Note f_T §f_Z &f_E MHz
0...70°C § 0...75°C	−40...85°C § −25...85°C	−55...125°C							
US74H62J		S54H62W SN54H62W US54H62J		Mul,Phi,Sig Tix Spr	14n 14n 14n	4,9 4,9		16	

7463	Typ - Type - Tipo			Hersteller Production Fabricants Produttori Fabricantes	Bild Fig. Fig. Sec 3	I_S &I_R mA	t_{PD} E→Q ns_{typ} ↓ ↕ ↑	t_{PD} E→Q ns_{max} ↓ ↕ ↑	Bem./Note f_T §f_Z &f_E MHz
0...70°C § 0...75°C	−40...85°C § −25...85°C	−55...125°C							
SN74LS63J SN74LS63N		SN54LS63J SN54LS63W		Tix Tix Tix	14c 14a 14n	8 8 8	15 27 15 27 15 27	25 45 25 45 25 45	

7464
Output: TP

Invertierendes AND/OR-Gatter
AND-OR-Invert gate
Porte AND/OR invertisseuse
Circuito invertento AND/OR
Puerta AND/OR inversora

$Q = \overline{(AB) + (CDE) + (FGHI) + (JK)}$

Pinout: U_S=14, F=13, G=12, H=11, J=10, K=9, Q=8, I=1, A=2, B=3, C=4, D=5, E=6, GND=7

7464			Hersteller	Bild	I_S	t_{PD}			t_{PD}			Bem./Note
	Typ - Type - Tipo		Production Fabricants Produttori Fabricantes	Fig. Fig. Sec 3	&I_R	$E \to Q$ ns$_{typ}$			$E \to Q$ ns$_{max}$			f_T §f_Z &f_E
0...70°C § 0...75°C	-40...85°C § -25...85°C	-55...125°C			mA	↓	↑	↑	↓	↑	↑	MHz
N74S64F		S54S64F	Mul,Phi,Sig	14c	7,2	3,5		3,5	5,5		5	
		S54S64W	Mul,Phi,Sig	14n	7,2	3,5		3,5	5,5		5	
SN74S64J		SN54S64J	Tix	14c	7,8	3,5		3,5	5,5		5,5	
SN74S64N			Tix	14a	7,8	3,5		3,5	5,5		5,5	
		SN54S64W	Tix	14n	7,8	3,5		3,5	5,5		5,5	
µPB2S64			Nip	14a	<16				5,5		5,5	
74S64DC		54S64DM	Fch	14c	<16				5,5		5,5	
74S64FC		54S64FM	Fch	14n	<16				5,5		5,5	
74S64PC			Fch	14a	<16				5,5		5,5	

7464			Hersteller	Bild	I_S	t_{PD}			t_{PD}			Bem./Note
	Typ - Type - Tipo		Production Fabricants Produttori Fabricantes	Fig. Fig. Sec 3	&I_R	$E \to Q$ ns$_{typ}$			$E \to Q$ ns$_{max}$			f_T §f_Z &f_E
0...70°C § 0...75°C	-40...85°C § -25...85°C	-55...125°C			mA	↓	↑	↑	↓	↑	↑	MHz
MC74F64J		MC54F64J	Mot	14c	<4,7	2,8		3,6	3,8		4,8	
MC74F64N			Mot	14a	<4,7	2,8		3,6	3,8		4,8	
MC74F64W		MC54F64W	Mot	14p	<4,7	2,8		3,6	3,8		4,8	
N74F64F		S54F64F	Val	14c	<4,7	3,2		4,6	4,5		6	
N74F64N			Val	14a	<4,7	3,2		4,6	4,5		6	
		S54F64W	Val	14n	<4,7	3,2		4,6	4,5		6	
74F64DC		74F64DM	Fch	14c	<4,7	2,8		3,6	3,8		4,8	
74F64FC		74F64FM	Fch	14n	<4,7	2,8		3,6	3,8		4,8	
74F64PC			Fch	14a	<4,7	2,8		3,6	3,8		4,8	
S												
DM74S64J		DM54S64J	Nsc	14c	<16				5,5		5,5	
DM74S64N			Nsc	14a	<7,8				5,5		5,5	
GTB74S64P			Rtc	14c	3,8		3					
HD74S64			Hit	14a	<16				5,5		5,5	
N74S64A			Mul,Phi,Sig	14a	7,2	3,5		3,5	5,5		5	

2-91

7465
Output: OC

Invertierendes AND/OR-Gatter
AND-OR-Invert gate
Porte AND/OR invertisseuse
Circuito invertento AND/OR
Puerta AND/OR inversora

$Q = \overline{(AB) + (CDE) + (FGHI) + (JK)}$

Pinout: U_S=14, F=13, G=12, H=11, J=10, K=9, Q=8; I=1, A=2, B=3, C=4, D=5, E=6, GND=7

7465			Hersteller Production Fabricants Produttori Fabricantes	Bild Fig. Fig. Sec 3	I_S &I_R mA	t_{PD} E→Q ns_{typ} ↓↕↑	t_{PD} E→Q ns_{max} ↓↕↑	Bem./Note f_T §f_Z &f_E MHz
0...70°C § 0...75°C	−40...85°C § −25...85°C	−55...125°C						
DM74S65J		DM54S65J	Nsc	14c	<16		8,5 7,5	
DM74S65N			Nsc	14a	<7,2		8,5 8,5	
HD74S65			Hit	14a	<16		8,5 7,5	
N74S65A			Mul,Phi,Sig	14a	7,2	5,5 5	8,5 7,5	
N74S65F		S54S65F	Mul,Phi,Sig	14c	7,2	5,5 5	8,5 7,5	
		S54S65W	Mul,Phi,Sig	14n	7,2	5,5 5	8,5 7,5	
SN74S65J		SN54S65J	Tix	14c	7,25	5,5 5	8,5 7,5	
SN74S65N			Tix	14a	7,25	5,5 5	8,5 7,5	
		SN54S65W	Tix	14n	7,25	5,5 5	8,5 7,5	
74S65DC		54S65DM	Fch	14c	<16		8,5 7,5	
74S65FC		54S65FM	Fch	14n	<16		8,5 7,5	
74S65PC			Fch	14a	<16		8,5 7,5	

7468
Output: TP

2 asynchrone Dezimalzähler
2 asynchronous decade counters
2 compteurs décimaux asynchrones
2 contatori decimali asincroni
2 contadores decimales asíncronos

Pinout (16-pin):
- 16: U$_S$
- 15: CLK2
- 14: QA
- 13: QC
- 12: QD
- 11: CLR
- 10: QB
- 9: CLK
- 1: CLK1
- 2: QB
- 3: QD
- 4: CLR
- 5: QC
- 6: QA
- 8: GND

7469
Output: TP

2 asynchrone 4-Bit Binärzähler
2 asynchronous 4-bit binary counters
2 compteurs binaires asynchrones 4 bits
2 contatori binari 4 bit asincroni
2 contadores binarios asíncronos de 4 bits

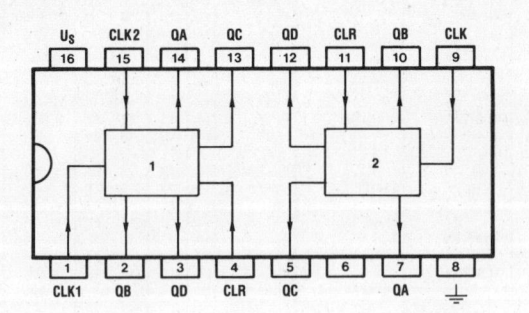

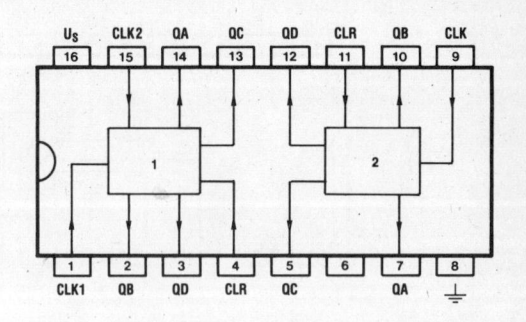

Pinout (16-pin):
- 16: U$_S$
- 15: CLK2
- 14: QA
- 13: QC
- 12: QD
- 11: CLR
- 10: QB
- 9: CLK
- 1: CLK1
- 2: QB
- 3: QD
- 4: CLR
- 5: QC
- 6: QA
- 8: GND

7468	Typ - Type - Tipo			Hersteller Production Fabricants Produttori Fabricantes	Bild Fig. Fig. Sec 3	I_S &I_R mA	t_{PD} E→Q ns$_{typ}$ ↓↓↑	t_{PD} E→Q ns$_{max}$ ↓↓↑	Bem./Note f_T §f_Z &f_E MHz
0...70°C § 0...75°C	−40...85°C § −25...85°C	−55...125°C							
SN74LS68J				Tix	16c		14 7	21 11	50
SN74LS68N				Tix	16a		14 7	21 11	50

7469	Typ - Type - Tipo			Hersteller Production Fabricants Produttori Fabricantes	Bild Fig. Fig. Sec 3	I_S &I_R mA	t_{PD} E→Q ns$_{typ}$ ↓↓↑	t_{PD} E→Q ns$_{max}$ ↓↓↑	Bem./Note f_T §f_Z &f_E MHz
0...70°C § 0...75°C	−40...85°C § −25...85°C	−55...125°C							
SN74LS69J				Tix	16c		14 7	21 11	50
SN74LS69N				Tix	16a		14 7	21 11	50

7470 / 1
Output: TP

Positiv flankengetriggertes JK-Flipflop
Positive-edge-triggered JK-flip-flop
Flip-flop JK déclenché à flanc positif
Flipflop JK scattato dal fianco positivo
Flipflop JK disparado por flancos positivos

FI (Pin S + R) = 2

$J = J1 \cdot J2 \cdot \bar{J}$

$K = K1 \cdot K2 \cdot \bar{K}$

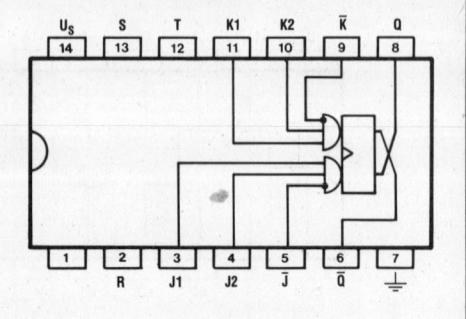

Pinout (DIP-14):
- 14: U_S
- 13: S
- 12: T
- 11: K1
- 10: K2
- 9: $\bar{K}$
- 8: Q
- 1: R
- 2: J1
- 3: J2
- 4: $\bar{J}$
- 6: $\bar{Q}$
- 7: GND

Input t_n				Output t_{n+1}	
S	R	J	K	Q	$\bar{Q}$
L	H	X	X	H	L
H	L	X	X	L	H
L	L	X	X	*	*
H	H	L	L	Q_n	$\bar{Q}_n$
H	H	H	L	H	L
H	H	L	H	L	H
H	H	H	H	$\bar{Q}_n$	Q_n

* Dieser Zustand ist nicht stabil
* This state is not stable
* Cet état n'est pas stable
* Questo stato non e stabile
* Este estado no es estable

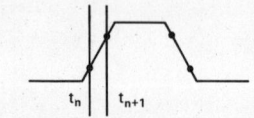

Taktimpuls · L'impulsion d'horloge · Clock pulse
Impulso di cadenza · Pulso del reloj
(with t_n and t_{n+1} markers)

7470 / 1	Typ - Type - Tipo			Hersteller Production Fabricants Produttori Fabricantes	Bild Fig. Fig. Sec 3	I_S &I_R mA	t_{PD} E→Q ns_{typ} ↓ ↕ ↑	t_{PD} E→Q ns_{max} ↓ ↕ ↑	Bem./Note f_T §f_Z &f_E MHz
	0...70°C § 0...75°C	–40...85°C § –25...85°C	–55...125°C						
DM7470J			DM5470J	Nsc	14c	<26		50 50	20
DM7470N				Nsc	14a	<26		50 50	20
FJJ101				Phi,Sig,Val	14a				
FLJ101	§FLJ105			Sie	14a	13	18 27	50 50	
GFB7470				Rtc	14c	14		50	
M53270P				Mit	14a	<26		50 50	20
MC7470J			MC5470J	Mot	14c	13	18 27	50 50	
MC7470N				Mot	14a	13	18 27	50 50	
MIC7470J	MIC6470J		MIC5470J	Itt	14c	15	18 27	50	
MIC7470N				Itt	14a	15	18 27	50	
N7470A				Mul,Phi,Sig	14a	13	18 27	50	35
N7470F			S5470F	Mul,Phi,Sig	14c	13	18 27	50	35
NC7470N				Nuc	14a	14		50	35
SN7470J			SN5470J	Tix	14c	13	18 27	50 50	
SN7470N	§SN8470N			Tix	14a	13	18 27	50 50	
TL7470N	§TL8470N			Aeg	14a	13	18 27	50	35
US7470A			US5470A	Spr	14c		18	50	25
ZN7470E				Fer	14a				
µPB211				Nip	14a	<26		50 50	20
7470DC			5470DM	Fch	14c	<26		50 50	20
7470FC			5470FM	Fch	14n	<26		50 50	20
7470PC				Fch	14a	<26		50 50	20

2-94

7470 / 2
Output: TP

Positiv flankengetriggertes JK-Flipflop
Positive-edge-triggered JK-flip-flop
Flip-flop JK déclenché à flanc positif
Flipflop JK scattato dal fianco positivo
Flipflop JK disparado por flancos positivos

7471 / 1
Output: TP

JK-Master-Slave-Flipflop
JK master slave flip-flop
JK-Master-Slave-Flipflop
Flipflop JK Master Slave
Flipflop JK master-slave

Pins: K2(14) $\overline{K}$(13) Q(12) ⏚(11) $\overline{Q}$(10) J(9) J(8); K(1) T(2) U_S(3) R(4) U_S(5) R(6) J1(7)

FI (Pin S + R) = 2

$J = J1 \cdot J2 \cdot \overline{J}$

$K = K1 \cdot K2 \cdot \overline{K}$

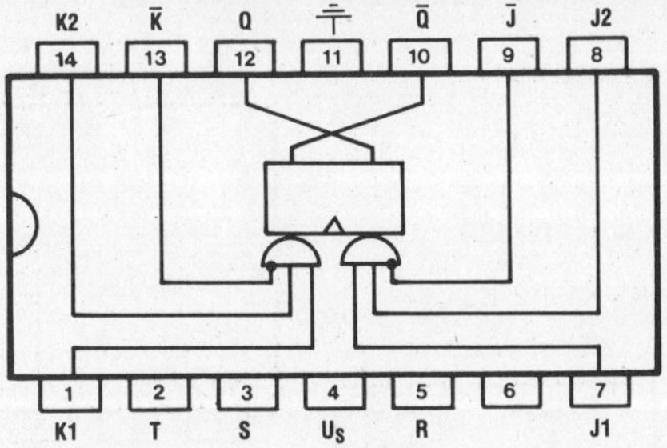

Pins: U_S(14) T(13) K1(12) K2(11) K3(10) K4(9) $\overline{Q}$(8); J1(1) J2(2) J3(3) J4(4) S(5) Q(6) ⏚(7)

FI (Pin S) = 3
FI (Pin T) = 2

$J = (J1 \cdot J2) + (J3 \cdot J4)$

$K = (K1 \cdot K2) + (K3 \cdot K4)$

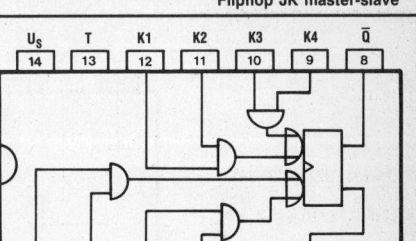

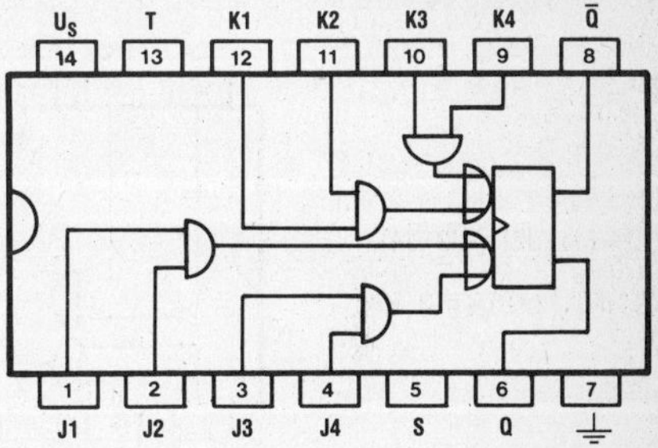

Input t_n / Output t_{n+1} (7470)

S	R	J	K	Q	$\overline{Q}$
L	H	X	X	H	L
H	L	X	X	L	H
L	L	X	X	*	*
H	H	L	L	Q_n	$\overline{Q}_n$
H	H	H	L	H	L
H	H	L	H	L	H
H	H	H	H	$\overline{Q}_n$	Q_n

* Dieser Zustand ist nicht stabil
* This state is not stable
* Cet état n'est pas stable
* Questo stato non è stabile
* Este estado no es estable

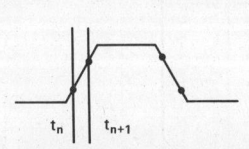

Taktimpuls · L'impulsion d'horloge · Clock pulse
Impulso di cadenza · Pulso del reloj

Input t_n / Output t_{n+1} (7471)

S	J	K	Q	$\overline{Q}$
L	X	X	H	L
H	L	L	Q_n	$\overline{Q}_n$
H	H	L	H	L
H	L	H	L	H
H	H	H	$\overline{Q}_n$	Q_n

* Dieser Zustand ist nicht stabil
* This state is not stable
* Cet état n'est pas stable
* Questo stato non è stabile
* Este estado no es estable

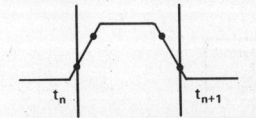

Taktimpuls · L'impulsion d'horloge · Clock pulse
Impulso di cadenza · Pulso del reloj

7470 / 2

0...70°C § 0...75°C	−40...85°C § −25...85°C	−55...125°C	Hersteller Production Fabricants Produttori Fabricantes	Bild Fig. Fig. Sec 3	I_S &I_R mA	t_{PD} E→Q ns_{typ} ↓↑↑	t_{PD} E→Q ns_{max} ↓↑↑	Bem./Note f_T §f_Z &f_E MHz
MC7470W	DM5470W		Nsc	14n	<26	18 27	50 50	20
	MC5470W		Mot	14p	13	18 27	50 50	
	S5470W		Mul,Phi,Sig	14n	13	18 27	50 50	35
	SN5470W		Tix	14n	13	18 27	50 50	
US7470J	US5470J		Spr	14n		18	50	25
ZN7470F	ZN5470F		Fer	14q				

7471 / 1

0...70°C § 0...75°C	−40...85°C § −25...85°C	−55...125°C	Hersteller Production Fabricants Produttori Fabricantes	Bild Fig. Fig. Sec 3	I_S &I_R mA	t_{PD} E→Q ns_{typ} ↓↑↑	t_{PD} E→Q ns_{max} ↓↑↑	Bem./Note f_T §f_Z &f_E MHz
DM74H71J	DM54H71J		Nsc	14c	<30	27 27		
DM74H71N			Nsc	14a	<30	27 27		
N74H71A			Mul,Phi,Sig	14a	19	22 14	24	30
N74H71F	S54H71F		Mul,Phi,Sig	14a	19	22 14	24	30
NC74H71N			Nuc	14c			27	30
SN74H71J	SN54H71J		Tix	14c	19	22 14	27 21	
SN74H71N			Tix	14a	19	22 14	27 21	
T74H71B1			Sgs	14a	<20			
T74H71D1	T54H71D2		Sgs	14a	<20			
US74H71A	US54H71A		Spr	14c			27	30

2-95

7471 / 2
Output: TP

JK-Master-Slave-Flipflop
JK master slave flip-flop
JK-Master-Slave-Flipflop
Flipflop JK Master Slave
Flipflop JK master-slave

Fl (Pin S) = 3
Fl (Pin T) = 2

$J = (J1 \cdot J2) + (J3 \cdot J4)$

$K = (K1 \cdot K2) + (K3 \cdot K4)$

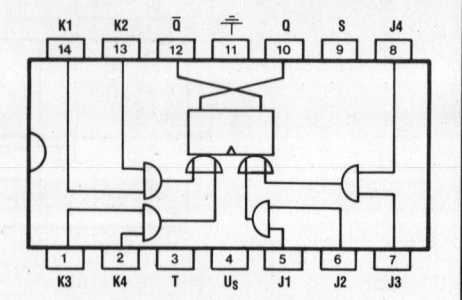

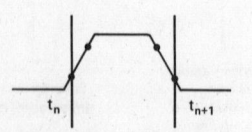

Pinout (DIP-14): K1(14), K2(13), $\bar{Q}$(12), GND(11), Q(10), S(9), J4(8); K3(1), K4(2), T(3), U_S(4), J1(5), J2(6), J3(7)

Input t_n			Output t_{n+1}	
S	J	K	Q	$\bar{Q}$
L	X	X	H	L
H	L	L	Q_n	$\bar{Q}_n$
H	H	L	H	L
H	L	H	L	H
H	H	H	$\bar{Q}_n$	Q_n

Taktimpuls · L'impulsion d'horloge · Clock pulse
Impulso di cadenza · Pulso del reloj

7471 / 3
Output: TP

JK-Master-Slave-Flipflop
JK master slave flip-flop
JK-Master-Slave-Flipflop
Flipflop JK Master Slave
Flipflop JK master-slave

Fl (Pin R, S, T) = 2

$J = J1 \cdot J2 \cdot J3$

$K = K1 \cdot K2 \cdot K3$

Pinout (DIP-14): U_S(14), S(13), T(12), K1(11), K2(10), K3(9), Q(8); R(1), J1(2), J2(3), J3(4), $\bar{Q}$(5), GND(6)

Input t_n					Output t_{n+1}	
S	R	J	K		Q	$\bar{Q}$
L	H	X	X		H	L
L	L	X	X		*	*
H	L	X	X		L	H
H	H	L	L		Q_n	$\bar{Q}_n$
H	H	H	L		H	L
H	H	L	H		L	H
H	H	H	H		*	*

* Dieser Zustand ist nicht stabil
* This state is not stable
* Cet état n'est pas stable
* Questo stato non e stabile
* Este estado no es estable

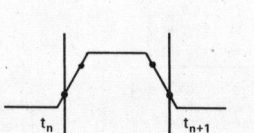

Taktimpuls · L'impulsion d'horloge · Clock pulse
Impulso di cadenza · Pulso del reloj

7471 / 2	Typ - Type - Tipo			Hersteller Production Fabricants Produttori Fabricantes	Bild Fig. Fig. Sec 3	I_S &I_R mA	t_{PD} E→Q ns typ ↓ ↕ ↑	t_{PD} E→Q ns max ↓ ↕ ↑	Bem./Note f_T §f_Z &f_E MHz
0...70°C § 0...75°C	−40...85°C § −25...85°C	−55...125°C							
US74H71J	S54H71W SN54H71W	US54H71J		Mul,Phi,Sig Tix Spr	14n 14n 14n	19 19	22 14 22 14	24 27 21 27	30 30

7471 / 3	Typ - Type - Tipo			Hersteller Production Fabricants Produttori Fabricantes	Bild Fig. Fig. Sec 3	I_S &I_R mA	t_{PD} E→Q ns typ ↓ ↕ ↑	t_{PD} E→Q ns max ↓ ↕ ↑	Bem./Note f_T §f_Z &f_E MHz
0...70°C § 0...75°C	−40...85°C § −25...85°C	−55...125°C							
DM74L71J DM74L71N MB407 MB407M		DM54L71J		Nsc Nsc Fui Fui	14c 14a 14a 14c	1 1		150 150 150 150	
SN74L71J		SN54L71J		Tix	14c	0,76	60 35	150 75	
SN74L71N	§SN84L71N			Tix	14a	0,76	60 35	150 75	

7471 / 4
Output: TP

JK-Master-Slave-Flipflop
JK master slave flip-flop
JK-Master-Slave-Flipflop
Flipflop JK Master Slave
Flipflop JK master-slave

7472 / 1
Output: TP

JK-Master-Slave-Flipflop
JK master slave flip-flop
JK-Master-Slave-Flipflop
Flipflop JK Master Slave
Flipflop JK master-slave

Pins (7471/4): K2(14) K3(13) Q(12) ⏚(11) $\bar{Q}$(10) J1(9) J2(8) / K1(1) T(2) R(3) U_S(4) R(5) — (6) J3(7)

$Fl\ (Pin\ R, S, T) = 2$

$J = J1 \cdot J2 \cdot J3$

$K = K1 \cdot K2 \cdot K3$

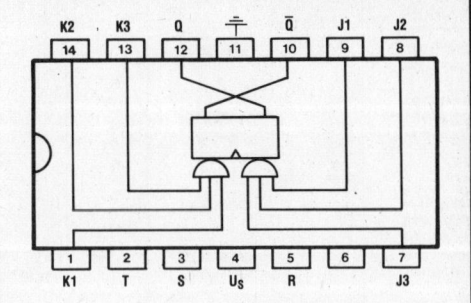

Pins (7472/1): U_S(14) S(13) T(12) K1(11) K2(10) K3(9) Q(8) / R(1) J1(2) J2(3) J3(4) — (5) $\bar{Q}$(6) ⏚(7)

$J = J1 \cdot J2 \cdot J3$

$K = K1 \cdot K2 \cdot K3$

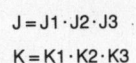

7472, 74L72:
$Fl\ (Pin\ R,S,T) = 2$

74H72:
$Fl\ (Pin\ R, S) = 2$

Truth table (7471/4)

Input t_n				Output t_{n+1}	
S	R	J	K	Q	$\bar{Q}$
L	H	X	X	H	L
H	L	X	X	L	H
L	L	X	X	H*	H*
H	H	L	L	Q_n	$\bar{Q}_n$
H	H	H	L	H	L
H	H	L	H	L	H
H	H	H	H	L*	H*

Truth table (7472/1)

Input t_n				Output t_{n+1}	
S	R	J	K	Q	$\bar{Q}$
L	H	X	X	H	L
H	L	X	X	L	H
L	L	X	X	H*	H*
H	H	L	L	Q_n	$\bar{Q}_n$
H	H	H	L	H	L
H	H	L	H	L	H
H	H	H	H	$\bar{Q}_n$	Q_n

* Dieser Zustand ist nicht stabil
* This state is not stable
* Cet état n'est pas stable
* Questo stato non e stabile
* Este estado no es estable

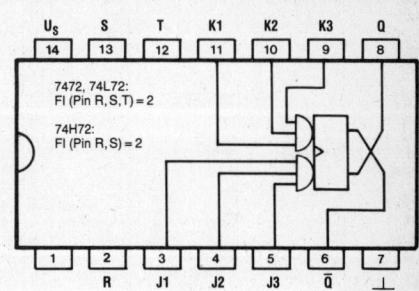

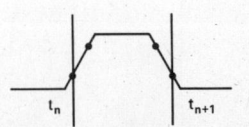

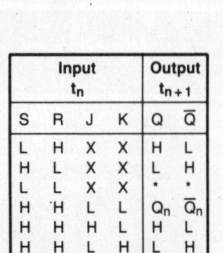

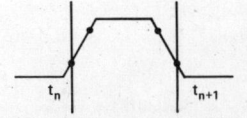

**Taktimpuls · L'impulsion d'horloge · Clock pulse
Impulso di cadenza · Pulso del reloj**

7471 / 4

Typ - Type - Tipo			Hersteller Production Fabricants Produttori Fabricantes	Bild Fig. Fig. Sec	I_S & I_R	t_{PD} E→Q ns typ	t_{PD} E→Q ns max	Bem./Note f_T §f_Z &f_E
0...70°C § 0...75°C	−40...85°C § −25...85°C	−55...125°C		3	mA	↓ ↑ ↑	↓ ↑ ↑	MHz
DM74L71F NC74L71N	DM54L71F		Nsc	14p	1		150 150	
		SN54L71T	Nuc	14a	1,6		48	3
			Tix	14p	0,76	60 35	150 75	

7472 / 1

Typ - Type - Tipo			Hersteller Production Fabricants Produttori Fabricantes	Bild Fig. Fig. Sec	I_S & I_R	t_{PD} E→Q ns typ	t_{PD} E→Q ns max	Bem./Note f_T §f_Z &f_E
0...70°C § 0...75°C	−40...85°C § −25...85°C	−55...125°C		3	mA	↓ ↑ ↑	↓ ↑ ↑	MHz
D172C	§E172C		Hfo	14c	11	24 17	40 25	30
D172D			Hfo	14c	11	24 17	40 25	30
DM7472J		DM5472J	Nsc	14c	<20		20 47	15
DM7472N			Nsc	14a	<20		20 47	15
FJJ111			Phi,Sig,Val	14a	8		40	10

7472 / 1 0…70°C § 0…75°C	Typ - Type - Tipo −40…85°C § −25…85°C	−55…125°C	Hersteller Production Fabricants Produttori Fabricantes	Bild Fig. Fig. Sec 3	I_S &I_R mA	t_{PD} E→Q ns_{typ} ↓ ↕ ↑	t_{PD} E→Q ns_{max} ↓ ↕ ↑	Bem./Note f_T §f_Z &f_E MHz	7472 / 1 0…70°C § 0…75°C	Typ - Type - Tipo −40…85°C § −25…85°C	−55…125°C	Hersteller Production Fabricants Produttori Fabricantes	Bild Fig. Fig. Sec 3	I_S &I_R mA	t_{PD} E→Q ns_{typ} ↓ ↕ ↑	t_{PD} E→Q ns_{max} ↓ ↕ ↑	Bem./Note f_T §f_Z &f_E MHz
FLJ111	§FLJ115		Sie	14a	8	25 16	40 25		N74H72F		S54H72F	Mul,Phi,Sig	14c	16	22 16	24	30
GFB7472			Rtc	14c	8		40	10	NC74H72N			Nuc	14a				
HD7472			Hit	14a	<20		20 47	15	SFC472HE		SFC472HEM	Nuc,Ses	14c				
M53272P			Mit	14a	<20		20 47	15	SN74H72J		SN54H72J	Tix	14c	16	22 14	27 21	
MB407			Fui	14a	<20		20 47	15	SN74H72N			Tix	14a	16	22 14	27 21	
MC7472J		MC5472J	Mot	14c	8	25 16	40 25		T74H72B1			Sgs	14a	18			
MC7472N			Mot	14a	8	25 16	40 25		T74H72D1		T54H72D2	Sgs	14c	18			
MH7472			Tes	14a	11	24 17	33	30	US74H72A		US54H72A	Spr	14c		10	27	30
MIC7472J	MIC6472J	MIC7472J	Itt	14c	8	25 16	40 25		**L**								
MIC7472N			Itt	14a	8	25 16	40 25		DM74L72J		DM54L72J	Nsc	14c	1		150	
N7472A			Mul,Phi,Sig	14a	8	25 16	33	20	DM74L72N			Nsc	14a	1		150	
N7472F		S5472F	Mul,Phi,Sig	14c	8	25 16	33	20	NC74L72N			Nuc	14a			200	3
NC7472N			Nuc	14a	10		40	20	SFC472LE		SFC472LEM	Nuc,Ses	14c			200	3
SFC472E	§SFC472ET	SFC472EM	Nuc,Ses	14c	10		40	20	SN74L72J		SN54L72J	Tix	14c	0,76	60 35	150 75	
		SFC472PM	Nuc,Ses	14a	10		40	20	SN74L72N	§SN84L72N		Tix	14a	0,76	60 35	150 75	
SN7472J		SN5472J	Tix	14c	8	25 16	40 25										
SN7472N	§SN8472N		Tix	14a	8	25 16	40 25										
SW7472J			Stw	14c	8		50	15									
SW7472N			Stw	14a	8		50	15									
T7472B1			Sgs	14a	8	25 16	40 25										
T7472D1		T5472D2	Sgs	14c	8	25 16	40 25										
TD3472			Tos	14a	<20		20 47	15									
TL7472N	§TL8472N		Aeg	14a	8	25 16	33	20									
TRW7472-1			Trw	14a	8		50	15									
TRW7472-2			Trw	14c	8		50	15									
U6A7472-59X		U6A5472-51X	Fch	14c													
U7A7472-59X			Fch	14a													
US7472A		US5472A	Spr	14c		18	50	15									
ZN7472E			Fer	14a													
7472DC		5472DM	Fch	14c	<20		20 47	15									
7472FC		5472FM	Fch	14n	<20		20 47	15									
7472PC			Fch	14a	<20		20 47	15									
1TK551			Su	14a	11	24 17	33	30									
H																	
DM74H72J		DM54H72J	Nsc	14c	<25		27										
DM74H72N			Nsc	14a	<25		27										
GJB74H72P			Rtc	14c	16,8		27	40									
MIC74H72J			Itt	14c			27	30									
N74H72A			Mul,Phi,Sig	14a	16	22 16	24	30									

7472 / 2
Output: TP

JK-Master-Slave-Flipflop
JK master slave flip-flop
JK-Master-Slave-Flipflop
Flipflop JK Master Slave
Flipflop JK master-slave

7472, 74L72:
FI (Pin R, S, T) = 2

74H72:
FI (Pin R, S) = 2

J = J1 · J2 · J3
K = K1 · K2 · K3

Pinout (DIP-14):
- 14: K2
- 13: K3
- 12: Q
- 11: ⏚ (GND)
- 10: Q̄
- 9: J1
- 8: J2
- 1: K1
- 2: T
- 3: S
- 4: U$_S$
- 5: R
- 6: —
- 7: J3

Input t_n				Output t_{n+1}	
S	R	J	K	Q	Q̄
L	H	X	X	H	L
H	L	X	X	L	H
L	L	X	X	*	*
H	H	L	L	Q$_n$	Q̄$_n$
H	H	H	L	H	L
H	H	L	H	L	H
H	H	H	H	Q̄$_n$	Q$_n$

* Dieser Zustand ist nicht stabil
* This state is not stable
* Cet état n'est pas stable
* Questo stato non e stabile
* Este estado no es estable

Taktimpuls · L'impulsion d'horloge · Clock pulse
Impulso di cadenza · Pulso del reloj

7472 / 2	Typ - Type - Tipo		Hersteller Production Fabricants Produttori Fabricantes	Bild Fig. Fig. Sec	I_S &I_R	t_{PD} E→Q ns$_{typ}$			t_{PD} E→Q ns$_{max}$			Bem./Note f_T §f_Z &f_E
0...70°C § 0...75°C	−40...85°C § −25...85°C	−55...125°C		3	mA	↓	↕	↑	↓	↕	↑	MHz
	US7472J ZN7472F	US5472J ZN5472F	Spr Fer	14n 14q		18			50			15
H												
		S54H72W SN54H72W	Mul,Phi,Sig Tix	14n 14n	16 16	22 22	16 14		24 27	21		30
US74H72J		US54H72J	Spr	14n			10			27		30
L												
DM74L72F		DM54L72F SN54L72T	Nsc Tix	14q 14p	1 0,76	60	35		150 150	75		
MC7472W		DM5472W MC5472W MCB5472F S5472W SN5472W	Nsc Mot Mot Mul,Phi,Sig Tix	14n 14p 14q 14n 14n	<17 8 8 8 8	25 25 25 25	16 16 16 16		45 40 40 33 40	25 25 25		27 20

7473

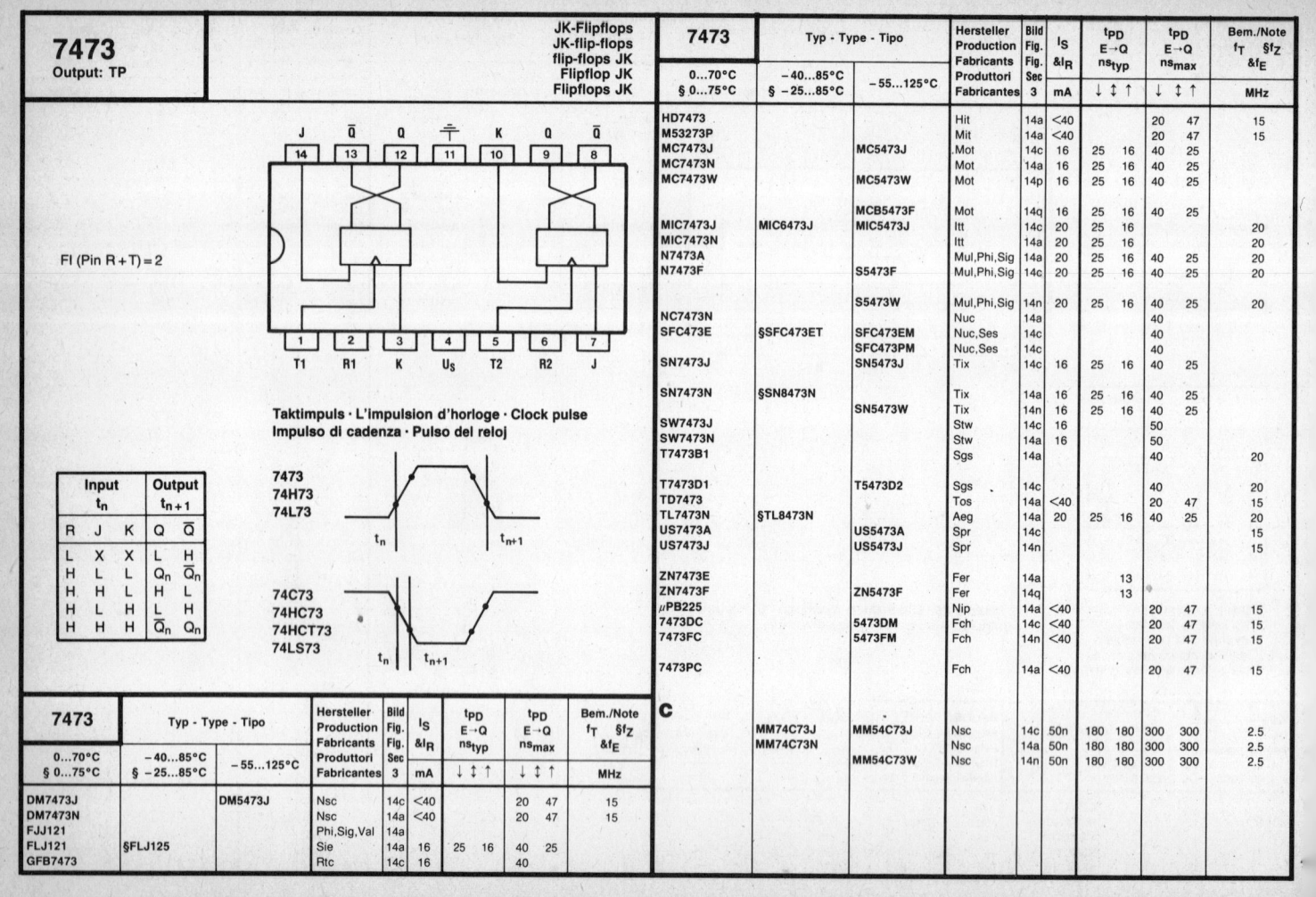

Output: TP

JK-Flipflops / JK-flip-flops / flip-flops JK / Flipflop JK / Flipflops JK

FI (Pin R + T) = 2

Pinout (14-pin): J(14) Q̄(13) Q(12) ⏚(11) K(10) Q(9) Q̄(8) / T1(1) R1(2) K(3) U_S(4) T2(5) R2(6) J(7)

Input			Output	
R	J	K	Q	Q̄
L	X	X	L	H
H	L	L	Q_n	$\bar{Q}_n$
H	H	L	L	H
H	L	H	H	L
H	H	H	$\bar{Q}_n$	Q_n

Taktimpuls · L'impulsion d'horloge · Clock pulse
Impulso di cadenza · Pulso del reloj

7473 / 74H73 / 74L73

74C73 / 74HC73 / 74HCT73 / 74LS73

7473	Typ - Type - Tipo		Hersteller Production Fabricants Produttori Fabricantes	Bild Fig. Fig. Sec 3	I_S & I_R mA	t_{PD} E→Q ns typ ↓ ↕ ↑	t_{PD} E→Q ns max ↓ ↕ ↑	Bem./Note f_T §f_Z & f_E MHz
0...70°C § 0...75°C	–40...85°C § –25...85°C	–55...125°C						
DM7473J		DM5473J	Nsc	14c	<40		20 47	15
DM7473N			Nsc	14a	<40		20 47	15
FJJ121			Phi,Sig,Val	14a				
FLJ121	§FLJ125		Sie	14a	16	25 16	40 25	
GFB7473			Rtc	14c	16		40	

7473	Typ - Type - Tipo		Hersteller Production Fabricants Produttori Fabricantes	Bild Fig. Fig. Sec 3	I_S & I_R mA	t_{PD} E→Q ns typ ↓ ↕ ↑	t_{PD} E→Q ns max ↓ ↕ ↑	Bem./Note f_T §f_Z & f_E MHz
0...70°C § 0...75°C	–40...85°C § –25...85°C	–55...125°C						
HD7473			Hit	14a	<40		20 47	15
M53273P			Mit	14a	<40		20 47	15
MC7473J		MC5473J	Mot	14c	16	25 16	40 25	
MC7473N			Mot	14a	16	25 16	40 25	
MC7473W		MC5473W	Mot	14p	16	25 16	40 25	
		MCB5473F	Mot	14q	16		40 25	
MIC7473J	MIC6473J	MIC5473J	Itt	14c	20	25 16		20
MIC7473N			Itt	14a	20	25 16		20
N7473A			Mul,Phi,Sig	14a	20	25 16	40 25	20
N7473F		S5473F	Mul,Phi,Sig	14c	20	25 16	40 25	20
		S5473W	Mul,Phi,Sig	14n	20	25 16	40 25	20
NC7473N			Nuc	14a			40	
SFC473E	§SFC473ET	SFC473EM	Nuc,Ses	14c			40	
		SFC473PM	Nuc,Ses	14a			40	
SN7473J		SN5473J	Tix	14c	16	25 16	40 25	
SN7473N	§SN8473N		Tix	14a	16	25 16	40 25	
		SN5473W	Tix	14n	16	25 16	40 25	
SW7473J			Stw	14c	16		50	
SW7473N			Stw	14a	16		50	
T7473B1			Sgs	14a			40	20
T7473D1		T5473D2	Sgs	14c			40	20
TD7473			Tos	14a	<40		20 47	15
TL7473N	§TL8473N		Aeg	14a	20	25 16	40 25	20
US7473A		US5473A	Spr	14c				15
US7473J		US5473J	Spr	14n				15
ZN7473E			Fer	14a		13		
ZN7473F		ZN5473F	Fer	14q		13		
µPB225			Nip	14a	<40		20 47	15
7473DC		5473DM	Fch	14c	<40		20 47	15
7473FC		5473FM	Fch	14n	<40		20 47	15
7473PC			Fch	14a	<40		20 47	15

C

MM74C73J		MM54C73J	Nsc	14c	50n	180 180	300 300	2.5
MM74C73N			Nsc	14a	50n	180 180	300 300	2.5
		MM54C73W	Nsc	14n	50n	180 180	300 300	2.5

7473

Typ - Type - Tipo 0...70°C § 0...75°C	Typ - Type - Tipo -40...85°C § -25...85°C	Typ - Type - Tipo -55...125°C	Hersteller Production Fabricants Produttori Fabricantes	Bild Fig. Fig. Sec 3	I_S &I_R mA	t_{PD} E→Q ns_{typ} ↓ ↕ ↑	t_{PD} E→Q ns_{max} ↓ ↕ ↑	Bem./Note f_T §f_Z &f_E MHz
H								
DM74H73J		DM54H73J	Nsc	14c	<50		27	
DM74H73N			Nsc	14a	<50		27	
MIC74H73J			Itt	14c			27	
N74H73A			Mul,Phi,Sig	14a	32	22 16	27 21	
N74H73F		S54H73F	Mul,Phi,Sig	14c	32	22 16	27 21	
		S54H73W	Mul,Phi,Sig	14n	32	22 16	27 21	
SN74H73J		SN54H73J	Tix	14c	32	22 14	27 21	
SN74H73N			Tix	14a	32	22 14	27 21	
		SN54H73W	Tix	14n	32	22 14	27 21	
HC								
§CD74HC73E			Rca	14a		18 18		60
		CD54HC73F	Rca	14c		18 18		60
MC74HC73J		MC54HC73F	Mot	14c	<4u	11 11	21 21	31
MC74HC73N			Mot	14a	<4u	11 11	21 21	31
	MM74HC73J	MM54HC73F	Nsc	14c	<4u	15 15	21 21	32
	MM74HC73N		Nsc	14a	<4u	15 15	21 21	32
HCT								
§CD74HCT73E			Rca	14a		18 18		60
		CD54HCT73F	Rca	14c		18 18		60
L								
DM74L73J		DM54L73J	Nsc	14c	<30			
DM74L73N			Nsc	14a	<30			
SFC473LE		SFC473LEM	Nuc,Ses	14c	<40			3
SN74L73J		SN54L73J	Tix	14c	1,5	60 35	150 75	
SN74L73N			Tix	14a	1,5	60 35	150 75	
		SN54L73T	Tix	14p	1,5	60 35	150 75	
LS								
DM74LS73J		DM54LS73J	Nsc	14c	<6		20	30
DM74LS73N			Nsc	14a	<6		20	30
HD74LS73			Hit	14a	<6		20	30
M74LS73			Mit	14a	<6		20	30
MB74LS73			Fui	14a	<6		20	30
MB74LS73M			Fui	14c	<6		20	30
N74LS73A			Mul,Phi,Sig	14a	<8		50	30
N74LS73F		S54LS73F	Mul,Phi,Sig	14c	<8		50	30

7473

Typ - Type - Tipo 0...70°C § 0...75°C	Typ - Type - Tipo -40...85°C § -25...85°C	Typ - Type - Tipo -55...125°C	Hersteller Production Fabricants Produttori Fabricantes	Bild Fig. Fig. Sec 3	I_S &I_R mA	t_{PD} E→Q ns_{typ} ↓ ↕ ↑	t_{PD} E→Q ns_{max} ↓ ↕ ↑	Bem./Note f_T §f_Z &f_E MHz
§SN74LS73J		SN54LS73J	Mot	14c	4	16 11	24 16	
SN74LS73J		SN54LS73J	Tix	14c	4	15 15	20 20	
§SN74LS73N			Mot	14a	4	16 11	24 16	
SN74LS73N			Tix	14a	4	15 15	20 20	
		SN54LS73W	Tix	14n	4	15 15	20 20	
§SN74LS73W		SN54LS73W	Mot	14p	4	16 11	24 16	
SN74LS73AJ		SN54LS73AJ	Tix	14c	4	15 15	20 20	
SN74LS73AN			Tix	14a	4	15 15	20 20	
		SN54LS73AW	Tix	14n	4	15 15	20 20	
74LS73DC		54LS73DM	Fch	14c	4	16 11	24 16	30
74LS73FC		54LS73FM	Fch	14p	4	16 11	24 16	30
74LS73J		54LS73J	Ray	14c	<6		20	30
74LS73PC			Fch	14a	4	16 11	24 16	30

2-101

7474 / 1
Output: TP

D-Flipflops
D-type flip-flops
flip-flops D
Flipflop tipo D
Flipflops D

Pin / FI

Pin	N	H	L	LS	S
R	3	2	2	3,3	3
S,T	2	2	2	2,2	2
D	1	1	1	1,1	1

Pins (14→8): U_S, R, D, T, S, Q, $\bar{Q}$
Pins (1→7): R, D, T, S, Q, $\bar{Q}$, ⏚

Input t_n / Output t_{n+1}

S	R	D	Q	$\bar{Q}$
H	L	X	L	H
L	H	X	H	L
L	L	X	*	*
H	H	H	H	L
H	H	L	L	H

* Dieser Zustand ist nicht stabil
* This state is not stable
* Cet état n'est pas stable
* Questo stato non e stabile
* Este estado no es estable

Taktimpuls · L'impulsion d'horloge · Clock pulse
Impulso di cadenza · Pulso del reloj

7474 / 1	Typ - Type - Tipo			Hersteller Production Fabricants Produttori Fabricantes	Bild Fig. Fig. Sec	I_S &I_R	t_{PD} E→Q ns_{typ}		t_{PD} E→Q ns_{max}		Bem./Note f_T §f_Z &f_E
	0...70°C §0...75°C	−40...85°C §−25...85°C	−55...125°C		3	mA	↓ ↕ ↑		↓ ↕ ↑		MHz
	M53274P			Mit	14a	17	20				15
	MB420			Fui	14a	17	20				15
	MC7474J		MC5474J	Mot	14c	17	20	14	40	25	
	MC7474N			Mot	14a	17	20	14	40	25	
	MH7474			Tes	14a	14	22	13,5			22
	MIC7474J	MIC6474J	MIC5474J	Itt	14c	17	40				25
	MIC7474N			Itt	14a	17	40				25
	N7474A			Mul,Phi,Sig	14a	17	20	14			25
	N7474F		S5474F	Mul,Phi,Sig	14c	17	20	14			25
	NC7474N			Nuc	14a	<40			40		25
	SFC474E	§SFC474ET	SFC474EM	Nuc,Ses	14c	<40			40		25
		§SFC474EV		Nuc,Ses	14c	<40			40		25
	SN7474J		SN5474J	Tix	14c	17	20	14	40	25	
	SN7474N	§SN8474N		Tix	14a	17	20	14	40	25	
	SW7474J			Stw	14c		24				25
	SW7474N			Stw	14a		24				25
	T7474B1			Sgs	14a	17	20	14	40	25	
	T7474D1		T5474D2	Sgs	14c	17	20	14	40	25	
	TD3474			Tos	14a	17	20				15
	TL7474N	§TL8474N		Aeg	14a	17	20	14	40	25	
	TRW7474-1			Trw	14a		24				25
	TRW7474-2			Trw	14a		24				25
	U6A7474-59X		U6A5474-51X	Fch	14c						
	U7A7474-59X			Fch	14a						
	US7474A		US5474A	Spr	14c						25
	ZN7474E			Fer	14a		13				
	μPB214			Nip	14a	17	20				15
	7474DC		5474DM	Fch	14c	17					15
	7474FC		5474FM	Fch	14n	17	20				15
	7474PC			Fch	14a	17	20				15
	1TK552			Su	14a	14	22	13,5			22
ALS											
	DM74ALS74J		DM54ALS74J	Nsc	14c	<4			18	18	34
	DM74ALS74N			Nsc	14a	<4			18	18	34
	HD74ALS74			Hit	14a	<4			18	18	34
	MC74ALS74J		MC54ALS74J	Mot	14c	2,4	7	5	18	16	
	MC74ALS74N			Mot	14a	2,4	7	5	18	16	
	MC74ALS74W		MC54ALS74W	Mot	14p	2,4	7	5	18	16	
	SN74ALS74FN		SN54ALS74FH	Tix	cc	2,4	7	5	20	18	
	SN74ALS74FN			Tix	cc	2,4	7	5	18	16	

7474 / 1	Typ - Type - Tipo			Hersteller Production Fabricants Produttori Fabricantes	Bild Fig. Fig. Sec	I_S &I_R	t_{PD} E→Q ns_{typ}		t_{PD} E→Q ns_{max}		Bem./Note f_T §f_Z &f_E
	0...70°C §0...75°C	−40...85°C §−25...85°C	−55...125°C		3	mA	↓ ↕ ↑		↓ ↕ ↑		MHz
	D174C			Hfo	14a	14	22	13,5			22
	DM7474J		DM5474J	Nsc	14c	17	20				15
	DM7474N			Nsc	14a	17	20				15
	FJJ131			Phi,Sig,Val	14a	17			50		15
	FLJ141	§FLJ145		Sie	14a	17	20	14	40	25	
	GFB7474			Rtc	14c	17			40		15
	HD7474			Hit	14a	17	20				15

7474 / 1

Typ-Type-Tipo (0...70°C §0...75°C)	Typ-Type-Tipo (−40...85°C §−25...85°C)	Typ-Type-Tipo (−55...125°C)	Hersteller Production Fabricants Produttori Fabricantes	Bild Fig. Sec 3	I_S & I_R (mA)	t_{PD} E→Q ns_{typ} (↓ ↕ ↑)	t_{PD} E→Q ns_{max} (↓ ↕ ↑)	Bem./Note f_T §f_Z & f_E (MHz)
		SN54ALS74J	Tix	14c	2,4	7 5	20 18	
SN74ALS74N			Tix	14a	2,4	7 5	18 16	
		SN54ALS74AFH	Tix	cc	2,4		20 18	30
SN74ALS74AFN			Tix	cc	2,4		18 16	34
		SN54ALS74AJ	Tix	14c	2,4		20 18	30
SN74ALS74AN			Tix	14a	2,4		18 16	34
AS								
DM74AS74J		DM54AS74J	Nsc	14c	10,5		6	125
DM74AS74N			Nsc	14a	10,5		6	125
		SN54AS74FH	Tix	cc	10,5	4,5 3,5	10,5 9	
SN74AS74FN		SN54AS74J	Tix	cc	10,5	4,5 3,5	9 8	
			Tix	14c	10,5	4,5 3,5	10,5 9	
SN74AS74N			Tix	14a	10,5	4,5 3,5	9 8	
C								
	MM74C74J	MM54C74J	Nsc	14c	50n	180 180	300 300	2
	MM74C74N		Nsc	14a	50n	180 180	300 300	2
		MM54C74W	Nsc	14n	50n	180 180	300 300	2
F								
MC74F74J		MC54F74J	Mot	14c	10,5	4,8 4,4		
MC74F74N			Mot	14a	10,5	4,8 4,4		
MC74F74W		MC54F74W	Mot	14p	10,5	4,8 4,4		
N74F74F		S54F74F	Val	14c	<16	6,2 5,3	8 6,8	125
N74F74N			Val	14a	<16	6,2 5,3	8 6,8	125
		S54F74W	Val	14n	<16	6,2 5,3	8 6,8	125
74F74DC		74F74DM	Fch	14c	10,5	4,8 4,4		
74F74FC		74F74FM	Fch	14n	10,5	4,8 4,4		
74F74PC			Fch	14a	10,5	4,8 4,4		
H								
D274C			Hfo	14a	25	14 8		48
DM74H74J		DM54H74J	Nsc	14c	<50		30	
DM74H74N			Nsc	14a	<50		30	
GJB74H74P			Rtc	14c	30		30	35
MIC74H74J			Itt	14c	30	30		35
N74H74A			Mul,Phi,Sig	14a	30	13 8,5		43
N74H74F		S54H74F	Mul,Phi,Sig	14c	30	13 8,5		43
SFC474HE		SFC474HEM	Nuc,Ses	14c	30		30	35
SN74H74J		SN54H74J	Tix	14c	30	13 8,5	20 15	
SN74H74N			Tix	14a	30	13 8,5	20 15	
US74H74A		US54H74A	Spr	14c		10	30	40
HC								
§CD74HC74E			Rca	14a	<2u		30 30	
		CD54HC74F	Rca	14c	<2u		30 30	
MC74HC74J		MC54HC74J	Mot	14c	<4u	15 15	30 30	32
MC74HC74N			Mot	14a	<4u	15 15	30 30	32
	MM74HC74J	MM54HC74J	Nsc	14c	<4u	15 15	30 30	32
	MM74HC74N		Nsc	14a	<4u	15 15	30 30	32
		SN54HC74FH	Tix	cc	<4u		30 30	29
SN74HC74FH		SN54HC74FK	Tix	cc	<4u		30 30	29
SN74HC74FN			Tix	cc	<4u		30 30	29
		SN54HC74J	Tix	14c	<4u		30 30	29
SN74HC74J			Tix	14c	<4u		30 30	29
SN74HC74N			Tix	14a	<4u		30 30	29
HCT								
§CD74HCT74E			Rca	14a	<2u		35 35	
		CD54HCT74F	Rca	14c	<2u		35 35	
MM74HCT74J		MM54HCT74J	Nsc	14c	<4u	21 21	35 35	27
MM74HCT74N			Nsc	14a	<4u	21 21	35 35	27
L								
DM74L74J		DM54L74J	Nsc	14c	2		120	
DM74L74N			Nsc	14a	2		120	
MIC74L74J			Itt	14c			150	
SFC474LE		SFC474LEM	Nuc,Ses	14c			150	3
SN74L74J		SN54L74J	Tix	14c	1,6	65 65	150 100	
SN74L74N		§SN84L74N	Tix	14a	1,6	65 65	150 100	
LS								
DM74LS74J		DM54LS74J	Nsc	14c	<8		40 40	25
DM74LS74N			Nsc	14a	<8		40 40	25
M74LS74			Mit	14a	<8		40 40	25
MB74LS74			Fui	14c	<8		40 40	25
MB74LS74M			Fui	14c	<8		40 40	25
N74LS74A			Mul,Phi,Sig	14a	<8			
N74LS74F		S54LS74F	Mul,Phi,Sig	14c	<8			

7474 / 1

Typ - Type - Tipo 0...70°C § 0...75°C	Typ - Type - Tipo −40...85°C § −25...85°C	Typ - Type - Tipo −55...125°C	Hersteller Production Fabricants Produttori Fabricantes	Bild Fig. Fig. Sec	I_S &I_R mA	t_{PD} E→Q ns_{typ} ↓↓↑	t_{PD} E→Q ns_{max} ↓↕↑	Bem./Note f_T §f_Z &f_E MHz
§SN74LS74J		SN54LS74J	Mot	14c	4	22 15	30 20	
SN74LS74J		SN54LS74J	Tix	14c	4	25 13	40 25	
§SN74LS74N			Mot	14a	4	22 15	30 20	
SN74LS74N			Tix	14a	4	25 13	40 25	
		SN54LS74W	Tix	14n	4	25 13	40 25	
§SN74LS74W		SN54LS74W	Mot	14p	4	22 15	30 20	
SN74LS74AJ		SN54LS74AJ	Tix	14c	4	25 13	40 25	
SN74LS74AN			Tix	14a	4	25 13	40 25	
		SN54LS74AW	Tix	14n	4	25 13	40 25	
74LS74DC		54LS74DM	Fch	14c	4	22 15	30 20	30
74LS74FC		54LS74FM	Fch	14p	4	22 15	30 20	30
74LS74J		54LS74J	Ray	14c	<8		40 40	25
74LS74PC			Fch	14a	4	22 15	30 20	30
S								
DM74S74J		DM54S74J	Nsc	14c	<50		9 9	75
DM74S74N			Nsc	14a	<50		9 9	75
GTB74S74			Rtc	14c		3		
HD74S74			Hit	14a	<50		9 9	75
M74S74			Mit	14a	<50		9 9	75
N74S74A			Mul,Phi,Sig	14a	30	7 7		90
N74S74F		S54S74F	Mul,Phi,Sig	14c	30	7 7		90
		S54S74W	Mul,Phi,Sig	14n	30	7 7		90
SN74S74J		SN54S74J	Tix	14c	30	6 6	9 9	
SN74S74N			Tix	14a	30	6 6	9 9	
		SN54S74W	Tix	14n	30	6 6	9 9	
µPB2S74			Nip	14a	<50		9 9	75
74S74DC		54S74DM	Fch	14c	<50		9 9	75
74S74FC		54S74FM	Fch	14p	<50		9 9	75
74S74PC			Fch	14a	<50		9 9	75

7474 / 2
Output: TP

D-Flipflops / D-type flip-flops / flip-flops D / Flipflop tipo D / Flipflops D

Pin	Fl N	Fl H	Fl L
R	3	2	2
S,T	2	2	2
D	1	1	1

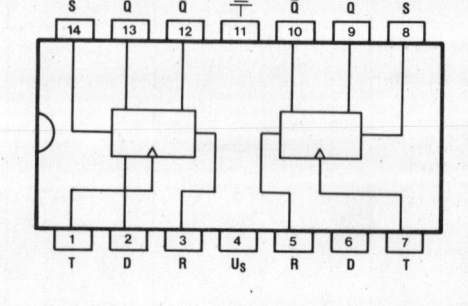

Input t_n			Output t_{n+1}	
S	R	D	Q	Q̄
H	L	X	L	H
L	H	X	H	L
L	L	X	*	*
H	H	H	H	L
H	H	L	L	H

* Dieser Zustand ist nicht stabil
* This state is not stable
* Cet état n'est pas stable
* Questo stato non e stabile
* Este estado no es estable

Taktimpuls · L'impulsion d'horloge · Clock pulse
Impulso di cadenza · Pulso del reloj

7474 / 2 Typ - Type - Tipo 0...70°C § 0...75°C	Typ - Type - Tipo −40...85°C § −25...85°C	Typ - Type - Tipo −55...125°C	Hersteller Production Fabricants Produttori	Bild Fig. Fig. Sec	I_S &I_R mA	t_{PD} E→Q ns_{typ} ↓↓↑	t_{PD} E→Q ns_{max} ↓↕↑	Bem./Note f_T §f_Z &f_E MHz
MC7474W		DM5474W	Nsc	14n	17	20 14	40 25	35
		MC5474W	Mot	14p	17	20 14	40 25	
		MCB5474F	Mot	14q	17	20 14		
		S5474W	Mul,Phi,Sig	14n	17	20 14		25
		SFC474PM	Nuc,Ses	14p	<40		40	25
US7474J		SN5474W	Tix	14n	17	20 14	40 25	
		US5474J	Spr	14n				25

7474 / 2

Typ - Type - Tipo			Hersteller Production Fabricants Produttori Fabricantes	Bild Fig. Fig. Sec 3	I_S &I_R mA	t_{PD} E→Q ns_{typ} ↓ ↕ ↑	t_{PD} E→Q ns_{max} ↓ ↕ ↑	Bem./Note f_T §f_Z &f_E MHz
0...70°C § 0...75°C	−40...85°C § −25...85°C	−55...125°C						
H		S54H74W	Mul,Phi,Sig	14n	30	13 8,5	30	43
		SFC474HPM	Nuc,Ses	14c	30		20 15	35
		SN54H74W	Tix	14n	30	13 8,5	30	
US74H74J		US54H74J	Spr	14n		10	30	40
L								
DM74L74F		DM54L74F	Nuc,Ses	14q	1,6		150	3
		SN54L74T	Tix	14p		65 65	150 100	

7475
Output: TP

D-Latches
D-type latches
Latches D
Latches tipo D
Registros-latch D

Pinout (pins 9–16 top row, 1–8 bottom row):
16: Q, 15: Q, 14: Q̄, 13: EN, 12: ⏚, 11: Q̄, 10: Q, 9: Q
1: Q̄, 2: D, 3: D, 4: EN, 5: U_S, 6: D, 7: D, 8: Q̄

Pin	Fl N	L	LS
D	2	9	1,1
T	4	18	4,4

EN	D	Q	Q̄
L	X	Q_n	$\overline{Q}_n$
H	L	L	H
H	H	H	L

7475	Typ - Type - Tipo			Hersteller Production Fabricants Produttori Fabricantes	Bild Fig. Fig. Sec 3	I_S &I_R mA	t_{PD} E→Q ns_{typ} ↓ ↕ ↑	t_{PD} E→Q ns_{max} ↓ ↕ ↑	Bem./Note f_T §f_Z &f_E MHz
0...70°C § 0...75°C	−40...85°C § −25...85°C	−55...125°C							
DM7475J		DM5475J		Nsc	16c	<53		25 30	
DM7475N				Nsc	16a	<53		25 30	
FJJ181				Phi,Sig,Val	16a				
FLJ151	§FLJ155			Sie	16a	32	14 16	25 30	
HD7475				Hit	16a	<53		25 30	
M53275P				Mit	16a	<53		25 30	
MC7475J		MC5475J		Mot	16a	32	14 16	25 30	
MC7475N				Mot	16a	32	14 16	25 30	
MC7475W		MC5475W		Mot	16n	32	14 16	25 30	
MIC7475J	MIC6475J	MIC5475J		Itt	16c	32	40		

7475 0...70°C § 0...75°C	Typ - Type - Tipo −40...85°C § −25...85°C	−55...125°C	Hersteller Production Fabricants Produttori Fabricantes	Bild Fig. Fig. Sec 3	I_S &I_R mA	t_{PD} E→Q ns$_{typ}$ ↓ ↕ ↑	t_{PD} E→Q ns$_{max}$ ↓ ↕ ↑	Bem./Note f_T §f_Z &f_E MHz	7475 0...70°C § 0...75°C	Typ - Type - Tipo −40...85°C § −25...85°C	−55...125°C	Hersteller Production Fabricants Produttori Fabricantes	Bild Fig. Fig. Sec 3	I_S &I_R mA	t_{PD} E→Q ns$_{typ}$ ↓ ↕ ↑	t_{PD} E→Q ns$_{max}$ ↓ ↕ ↑	Bem./Note f_T §f_Z &f_E MHz
MIC7475N			Itt	16a	32	40			SN74LS75J		SN54LS75J	Tix	16c	6,3	9 15	17 27	
N7475B			Mul,Phi,Sig	16a	32	7 16			SN74LS75N			Tix	16a	6,3	9 15	17 27	
SFC475E	§SFC475ET	SFC475EM	Nuc,Ses	16c	<53		40				SN54LS75W	Tix	16n	6,3	9 15	17 27	
		SFC475JM	Nuc,Ses	16c	<53		40		74LS75DC		54LS75DM	Fch	16c	6,3		17 27	
SN7475J		SN5475J	Tix	16c	32	14 16	25 30		74LS75FC		54LS75FM	Fch	16n	6,3		17 27	
SN7475N	§SN8475N		Tix	16a	32	14 16	25 30		74LS75J		54LS75J	Ray	16c	<12		17 27	
		SN5475W	Tix	16n	32	14 16	25 30										
T7475B1			Sgs	16a	32	40			74LS75PC			Fch	16a	6,3		17 27	
T7475D1		T5475D2	Sgs	16c	32	40											
TD3475			Tos	16a	<53		25 30										
TL7475N	§TL8475N		Aeg	16a	32	7 16											
ZN7475E			Fer	16a													
µPB217			Nip	16a	<53		25 30										
7475DC		5475DM	Fch	16c	<53		25 30										
7475FC		5475FM	Fch	16n	<53		25 30										
7475PC			Fch	16a	<53		25 30										
HC																	
§CD74HC75E			Rca	16a		10 10		60									
		CD54HC75F	Rca	16c		10 10		60									
MC74HC75J		TFMC54HC75J	Mot	16c	<4u	14 14	21 21										
MC74HC75N			Mot	16a	<4u	14 14	21 21										
	MM74HC75J	MM54HC75J	Nsc	16c	<4u	14 14	24 24										
	MM74HC75N		Nsc	16a	<4u	14 14	24 24										
		SN54HC75J	Tix	16c	<4u		25 25										
	SN74HC75J		Tix	16c	<4u		25 25										
	SN74HC75N		Tix	16a	<4u		25 25										
HCT																	
§CD74HCT75E			Rca	16a		10 10		60									
		CD54HCT75F	Rca	16c		10 10		60									
L																	
SN74L75J		SN54L75J	Tix	16c	16	28 32	50 60										
SN74L75N	§SN84L75N		Tix	16a	16	28 32	50 60										
LS																	
DM74LS75J		DM54LS75J	Nsc	16c	<12		17 27										
DM74LS75N			Nsc	16a	<12		17 27										
HD74LS75			Hit	16a	<12		17 27										
M74LS75			Mit	16a	<12		17 27										

7476
Output: TP

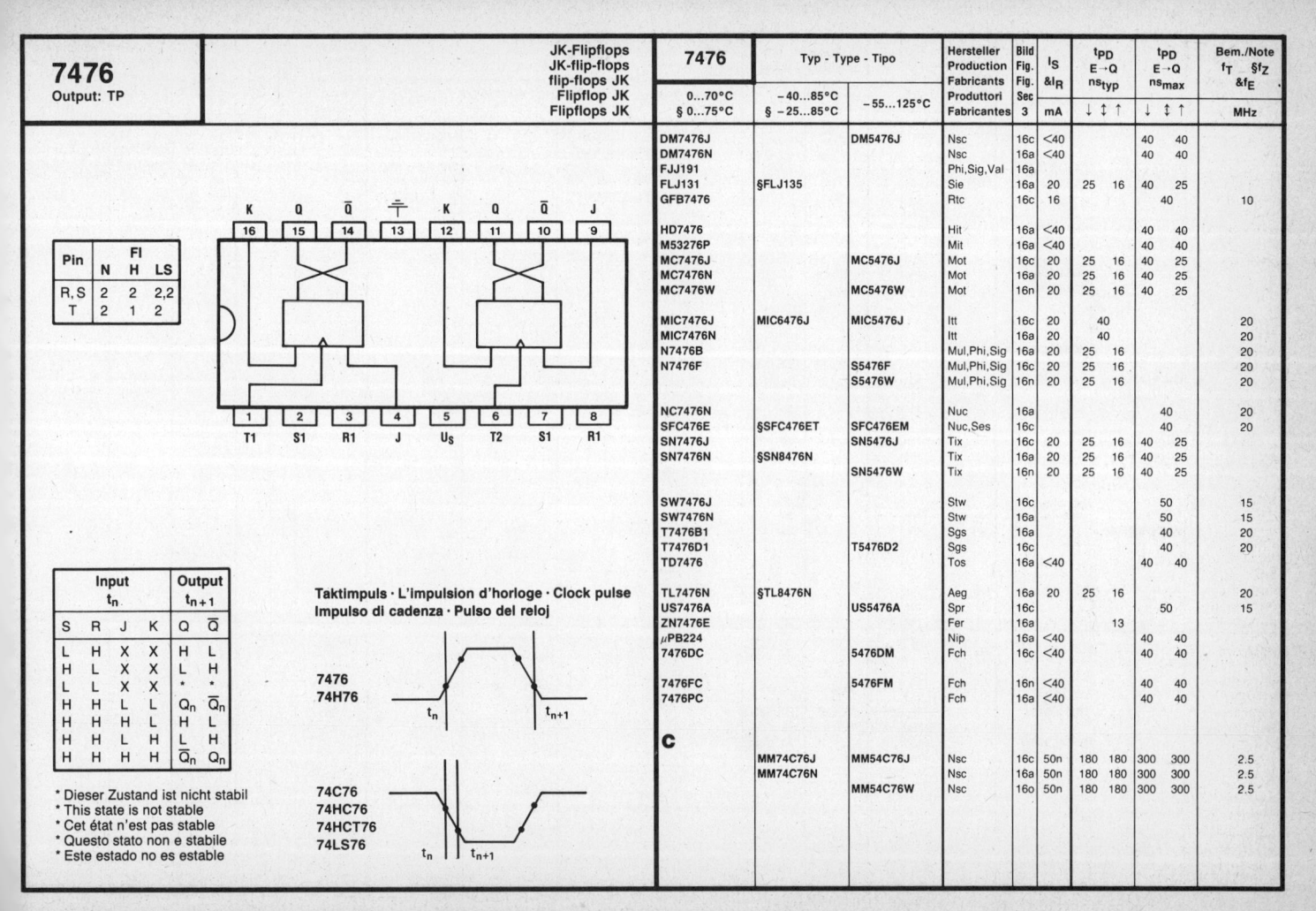

JK-Flipflops · JK-flip-flops · flip-flops JK · Flipflop JK · Flipflops JK

Pin	Fl N	Fl H	LS
R,S	2	2	2,2
T	2	1	2

Pinout (DIP-16):
- Pin 16: K
- Pin 15: Q
- Pin 14: Q̄
- Pin 13: ⏚ (GND)
- Pin 12: K
- Pin 11: Q
- Pin 10: Q̄
- Pin 9: J
- Pin 1: T1
- Pin 2: S1
- Pin 3: R1
- Pin 4: J
- Pin 5: U_S
- Pin 6: T2
- Pin 7: S1
- Pin 8: R1

Input t_n				Output t_{n+1}	
S	R	J	K	Q	Q̄
L	H	X	X	H	L
H	L	X	X	L	H
L	L	X	X	*	*
H	H	L	L	Q_n	$\bar{Q}_n$
H	H	H	L	H	L
H	H	L	H	L	H
H	H	H	H	$\bar{Q}_n$	Q_n

* Dieser Zustand ist nicht stabil
* This state is not stable
* Cet état n'est pas stable
* Questo stato non e stabile
* Este estado no es estable

Taktimpuls · L'impulsion d'horloge · Clock pulse · Impulso di cadenza · Pulso del reloj

- 7476 / 74H76
- 74C76 / 74HC76 / 74HCT76 / 74LS76

7476	Typ - Type - Tipo			Hersteller Production Fabricants Produttori Fabricantes	Bild Fig. Fig. Sec 3	I_S &I_R mA	t_{PD} E→Q ns_{typ} ↓ ↕ ↑	t_{PD} E→Q ns_{max} ↓ ↕ ↑	Bem./Note f_T §f_Z &f_E MHz
	0...70°C § 0...75°C	−40...85°C § −25...85°C	−55...125°C						
DM7476J			DM5476J	Nsc	16c	<40		40 40	
DM7476N				Nsc	16a	<40		40 40	
FJJ191				Phi,Sig,Val	16a				
FLJ131	§FLJ135			Sie	16a	20	25 16	40 25	
GFB7476				Rtc	16c	16		40	10
HD7476				Hit	16a	<40		40 40	
M53276P				Mit	16a	<40		40 40	
MC7476J			MC5476J	Mot	16c	20	25 16	40 25	
MC7476N				Mot	16a	20	25 16	40 25	
MC7476W			MC5476W	Mot	16n	20	25 16	40 25	
MIC7476J	MIC6476J		MIC5476J	Itt	16c	20	40		20
MIC7476N				Itt	16a	20	40		20
N7476B				Mul,Phi,Sig	16a	20	25 16		20
N7476F			S5476F	Mul,Phi,Sig	16c	20	25 16		20
			S5476W	Mul,Phi,Sig	16n	20	25 16		20
NC7476N				Nuc	16a			40	20
SFC476E	§SFC476ET		SFC476EM	Nuc,Ses	16c			40	20
SN7476J			SN5476J	Tix	16c	20	25 16	40 25	
SN7476N	§SN8476N			Tix	16a	20	25 16	40 25	
			SN5476W	Tix	16n	20	25 16	40 25	
SW7476J				Stw	16c			50	15
SW7476N				Stw	16a			50	15
T7476B1				Sgs	16a			40	20
T7476D1			T5476D2	Sgs	16c			40	20
TD7476				Tos	16a	<40		40 40	
TL7476N	§TL8476N			Aeg	16a	20	25 16		20
US7476A			US5476A	Spr	16c			50	15
ZN7476E				Fer	16a		13		
µPB224				Nip	16a	<40		40 40	
7476DC			5476DM	Fch	16c	<40		40 40	
7476FC			5476FM	Fch	16n	<40		40 40	
7476PC				Fch	16a	<40		40 40	

C

MM74C76J		MM54C76J		Nsc	16c	50n	180 180	300 300	2.5
MM74C76N				Nsc	16a	50n	180 180	300 300	2.5
		MM54C76W		Nsc	16o	50n	180 180	300 300	2.5

7476	Typ - Type - Tipo		Hersteller Production Fabricants Produttori Fabricantes	Bild Fig. Fig. Sec 3	I_S &I_R mA	t_{PD} E→Q ns_{typ} ↓↑ ↑	t_{PD} E→Q ns_{max} ↓↑ ↑	Bem./Note f_T §f_Z &f_E MHz	7476	Typ - Type - Tipo		Hersteller Production Fabricants Produttori Fabricantes	Bild Fig. Fig. Sec 3	I_S &I_R mA	t_{PD} E→Q ns_{typ} ↓↑ ↑	t_{PD} E→Q ns_{max} ↓↑ ↑	Bem./Note f_T §f_Z &f_E MHz
0...70°C § 0...75°C	−40...85°C § −25...85°C	−55...125°C							0...70°C § 0...75°C	−40...85°C § −25...85°C	−55...125°C						
H									SN74LS76AJ		SN54LS76AJ	Tix	16c	4	15 15	20 20	
DM74H76J		DM54H76J	Nsc	16c	<50		27		SN74LS76AN			Tix	16a	4	15 15	20 20	
DM74H76N			Nsc	16a	<50		27				SN54LS76AW	Tix	16n	4	15 15	20 20	
MIC74H76J			Itt	16c	32	20		30	74LS76DC		54LS76DM	Fch	16c	4	16 11	24 16	30
N74H76B			Mul,Phi,Sig	16a	<50		27	25	74LS76FC		54LS76FM	Fch	16n	4	16 11	24 16	30
SN74H76J		SN54H76J	Tix	16c	32	22 14	27 21		74LS76J		54LS76J	Ray	16c	<6		20 20	
SN74H76N			Tix	16a	32	22 14	27 21		74LS76PC			Fch	16a	4	16 11	24 16	30
		SN54H76W	Tix	16n	32	22 14	27 21										
US74H76A		US54H76A	Spr	16c	32		27	30									
HC																	
MC74HC76J		MC54HC76J	Mot	16c	<4u	17 17	22 22	31									
MC74HC76N			Mot	16a	<4u	17 17	22 22	31									
	MM74HC76J	MM54HC76J	Nsc	16c	<4u	17 17	21 21	31									
	MM74HC76N		Nsc	16a	<4u	17 17	21 21	31									
		SN54HC76J	Tix	16c	<4u		30 30	29									
SN74HC76J			Tix	16c	<4u		30 30	29									
SN74HC76N			Tix	16a	<4u		30 30	29									
HCT																	
	MM74HCT76J	MM54HCT76J	Nsc	16c	<4u	22 22	35 35	27									
	MM74HCT76N		Nsc	16a	<4u	22 22	35 35	27									
LS																	
DM74LS76J		DM54LS76J	Nsc	16c	<6		20 20										
DM74LS76N			Nsc	16a	<6		20 20										
HD74LS76			Hit	16a	<6		20 20										
M74LS76			Mit	16a	<6		20 20										
MB74LS76			Fui	16a	<6		20 20										
MB74LS76M			Fui	16c	<6		20 20										
N74LS76B			Mul,Phi,Sig	16a		25		30									
SN74LS76J		SN54LS76J	Tix	16c	4	15 15	20 20										
SN74LS76N			Tix	16a	4	15 15	20 20										
		SN54LS76W	Tix	16n	4	15 15	20 20										

7477
Output: TP

D-Latches
D-type latches
Latches D
Latches tipo D
Registros-latch D

7477:
FI (Pin D) = 2
FI (Pin T) = 4

74L77:
FI (Pin D) = 9
FI (Pin T) = 18

Pinout (14-pin DIP):
- Pin 14: Q
- Pin 13: Q
- Pin 12: EN
- Pin 11: —
- Pin 10: —
- Pin 9: Q
- Pin 8: Q
- Pin 1: D
- Pin 2: D
- Pin 3: EN
- Pin 4: U_S
- Pin 5: D
- Pin 6: D
- Pin 7: ⏚

EN	D	Q
L	X	Q_n
H	L	L
H	H	H

7477			Typ - Type - Tipo		Hersteller Production Fabricants Produttori Fabricantes	Bild Fig. Fig. Sec 3	I_S &I_R mA	t_{PD} E→Q ns_{typ} ↓ ↕ ↑			t_{PD} E→Q ns_{max} ↓ ↕ ↑			Bem./Note f_T §f_Z &f_E MHz
0...70°C § 0...75°C	−40...85°C § −25...85°C	−55...125°C												
L														
		SN54L77T	Tix			14p	16	28		32	50		60	
LS														
DM74LS77J		DM54LS77J	Nsc			14c	<13				17		19	
DM74LS77N			Nsc			14a	<13				17		19	
HD74LS77			Hit			14a	<13				17		19	
		SN54LS77W	Tix			14n	6,9	9		11	17		19	
74LS77DC		54LS77DM	Fch			14c	6,3				17		27	
74LS77FC		54LS77FM	Fch			14p	6,3				17		27	
74LS77J		54LS77J	Ray			14c	<13				17		19	
74LS77PC			Fch			14a	6,3				17		27	

7477			Hersteller Production Fabricants Produttori Fabricantes	Bild Fig. Fig. Sec 3	I_S &I_R mA	t_{PD} E→Q ns_{typ} ↓ ↕ ↑		t_{PD} E→Q ns_{max} ↓ ↕ ↑		Bem./Note f_T §f_Z &f_E MHz
0...70°C § 0...75°C	−40...85°C § −25...85°C	−55...125°C								
MC7477J		MC5477J	Mot	14c	32	7	24	15	40	
MC7477N			Mot	14a	32	7	24	15	40	
MC7477W		MC5477W	Mot	14p	32	7	24	15	40	
		SN5477W	Tix	14n	32	7	24	15	40	
7477DC		5477DM	Fch	14c	<53			25	30	
7477FC		5477FM	Fch	14n	<53			25	30	
7477PC			Fch	14a	<53			25	30	

7478 / 1
Output: TP

JK-Flipflops
JK-flip-flops
flip-flops JK
Flipflop JK
Flipflops JK

Fl (Pin R) = 4
Fl (Pin S, T) = 2

Pinout: U$_S$ (14), S1 (13), R1+2 (12), J (11), S2 (10), T (9), K (8), K (1), Q (2), Q̄ (3), J (4), Q̄ (5), Q (6), ⏚ (7)

Input t$_n$				Output t$_{n+1}$	
S	R	J	K	Q	Q̄
L	H	X	X	H	L
H	L	X	X	L	H
L	L	X	X	*	*
H	H	L	L	Q$_n$	Q̄$_n$
H	H	H	L	L	H
H	H	L	H	H	L
H	H	H	H	Q̄$_n$	Q$_n$

Taktimpuls · L'impulsion d'horloge · Clock pulse
Impulso di cadenza · Pulso del reloj

74H78
74L78

74LS78

* Dieser Zustand ist nicht stabil
* This state is not stable
* Cet état n'est pas stable
* Questo stato non e stabile
* Este estado no es estable

7478 / 1	Typ - Type - Tipo		Hersteller Production Fabricants Produttori Fabricantes	Bild Fig. Fig. Sec 3	I$_S$ &I$_R$ mA	t$_{PD}$ E→Q ns$_{typ}$ ↓ ↑	t$_{PD}$ E→Q ns$_{max}$ ↓ ↑	Bem./Note f$_T$ §f$_Z$ &f$_E$ MHz
0...70°C § 0...75°C	−40...85°C § −25...85°C	−55...125°C						
L								
DM74L78J		DM54L78J	Nsc	14c	1		150	
DM74L78N			Nsc	14a	1		150	
LS								
DM74LS78J		DM54LS78J	Nsc	14c	<6		20 20	
DM74LS78N			Nsc	14a	<6		20 20	
HD74LS78			Hit	14a	<6		20 20	
MB74LS78			Fui	14a	<6		20 20	
MB74LS78M			Fui	14c	<6		20 20	
74LS78DC		54LS78DM	Fch	14c	4	16 11	24 16	30
74LS78FC		54LS78FM	Fch	14p	4	16 11	24 16	30
74LS78J		54LS78J	Ray	14c	<6		20 20	
74LS78PC			Fch	14a	4	16 11	24 16	30

7478 / 1	Typ - Type - Tipo		Hersteller Production Fabricants Produttori Fabricantes	Bild Fig. Fig. Sec 3	I$_S$ &I$_R$ mA	t$_{PD}$ E→Q ns$_{typ}$ ↓ ↑	t$_{PD}$ E→Q ns$_{max}$ ↓ ↑	Bem./Note f$_T$ §f$_Z$ &f$_E$ MHz
0...70°C § 0...75°C	−40...85°C § −25...85°C	−55...125°C						
DM74H78J		DM54H78J	Nsc	14c	<50		27	
DM74H78N			Nsc	14a	<50		27	
SN74H78J		SN54H78J	Tix	14c	32	22 14	27 21	
SN74H78N			Tix	14a	32	22 14	27 21	
		SN54H78W	Tix	14n	32	22 14	27 21	
US74H78A		US54H78A	Spr	14c			27	30

7478 / 2
Output: TP

JK-Flipflops / JK-flip-flops / flip-flops JK / Flipflop JK / Flipflops JK

74L78:
FI (Pin R, T) = 4
FI (Pin S) = 2

74LS78:
FI (Pin R) = 4,4
FI (Pin S) = 2,2
FI (Pin T) = 4

Pinout (DIP-14):
- 14: K
- 13: Q
- 12: Q̄
- 11: ⏚
- 10: J
- 9: Q̄
- 8: Q
- 1: T
- 2: S1
- 3: J
- 4: U_S
- 5: R1+2
- 6: S2
- 7: K

Input t_n				Output t_{n+1}	
S	R	J	K	Q	Q̄
L	H	X	X	H	L
H	L	X	X	L	H
L	L	X	X	*	*
H	H	L	L	Q_n	$\bar{Q}_n$
H	H	H	L	H	L
H	H	L	H	L	H
H	H	H	H	$\bar{Q}_n$	Q_n

* Dieser Zustand ist nicht stabil
* This state is not stable
* Cet état n'est pas stable
* Questo stato non e stabile
* Este estado no es estable

Taktimpuls · L'impulsion d'horloge · Clock pulse
Impulso di cadenza · Pulso del reloj

74L78: (positive pulse t_n → t_{n+1})
74LS78: (negative pulse t_n → t_{n+1})

7478 / 2			Hersteller Production Fabricants Produttori Fabricantes	Bild Fig. Fig. Fig. Sec 3	I_S &I_R mA	t_{PD} E→Q ns_{typ} ↓ ↕ ↑	t_{PD} E→Q ns_{max} ↓ ↕ ↑	Bem./Note f_T §f_Z &f_E MHz
0...70°C § 0...75°C	−40...85°C § −25...85°C	−55...125°C						
SN74L78J SN74L78N		SN54L78J SN54L78T	Tix Tix Tix	14c 14a 14p	1,5 1,5 1,5	60 35 60 35 60 35	150 75 150 75 150 75	

LS

7478 / 2			Hersteller Production Fabricants Produttori Fabricantes	Bild Fig. Fig. Fig. Sec 3	I_S &I_R mA	t_{PD} E→Q ns_{typ} ↓ ↕ ↑	t_{PD} E→Q ns_{max} ↓ ↕ ↑	Bem./Note f_T §f_Z &f_E MHz
0...70°C § 0...75°C	−40...85°C § −25...85°C	−55...125°C						
N74LS78A			Mul,Phi,Sig	14a	<8	25		30
N74LS78F		S54LS78F	Mul,Phi,Sig	14c	<8	25		30
SN74LS78J		SN54LS78J	Tix	14c	4	15 15	20 20	
SN74LS78N			Tix	14a	4	15 15	20 20	
		SN54LS78W	Tix	14n	4	15 15	20 20	
SN74LS78AJ		SN54LS78AJ	Tix	14c	4	15 15	20 20	
SN74LS78AN			Tix	14a	4	15 15	20 20	
		SN54LS78AW	Tix	14n	4	15 15	20 20	

2-111

7480 / 1
Output: TP

1-Bit Volladdierer mit Parallelübertrag
1-bit full adder with parallel carry
Additionneur complet á un bit á report parallèle
Sommatore di 1 bit con trasporto parallelo
Sumador completo de 1 bit con acarreo en paralelo

Pinout (DIP-14):
- 14: U_S
- 13: B2
- 12: B1
- 11: A_C
- 10: A*
- 9: A2
- 8: A1
- 1: B*
- 2: B_C
- 3: C_E
- 4: $\overline{C_Q}$
- 5: Σ
- 6: $\overline{\Sigma}$
- 7: GND

$A = \overline{A_C} + \overline{A^*} + (A1 \cdot A2)$
$B = \overline{B_C} + \overline{B^*} + (B1 \cdot B2)$

Pin	FI	FQ
A*, B*	1,65	3
CE	5	
CQ		5

Input			Output		
C_E	A	B	Σ	$\overline{\Sigma}$	$\overline{C_Q}$
L	L	L	L	H	H
L	L	H	H	L	H
L	H	L	H	L	H
L	H	H	L	H	L
H	L	L	L	H	H
H	L	H	L	H	L
H	H	L	L	H	L
H	H	H	H	L	L

7480 / 1		Typ - Type - Tipo	Hersteller Production Fabricants Produttori Fabricantes	Bild Fig. Fig. Sec 3	I_S &I_R mA	t_{PD} E→Q ns$_{typ}$ ↓↑ ↑	t_{PD} E→Q ns$_{max}$ ↓↑ ↑	Bem./Note f_T §f_Z &f_E MHz
0...70°C § 0...75°C	−40...85°C § −25...85°C	−55...125°C						
FJH191			Phi,Sig,Val	14a		8 13	12 17	
FLH221	§FLH225		Sie	14a	21	8 13	12 17	
M53280			Jap,Mit	14a	<35		17	
MB408			Fui	14a	<35		17	
MB408M			Fui	14c	<35		17	
MC7480J		MC5480J	Mot	14c	21	8 13	12 17	
MC7480N			Mot	14a	21	8 13	12 17	
N7480A			Mul,Phi,Sig	14a	21	8 13		
N7480F		S5480F	Mul,Phi,Sig	14c	21	8 13		
SN7480J		SN5480J	Tix	14c	21	8 13	12 17	
SN7480N	§SN8480N		Tix	14a	21	8 13	12 17	
TD3480			Tos	14c	<35		17	
TL7480N	§TL8480N		Aeg	14a	21	8 13		
µPB2080			Nip	14a	<35		17	
7480DC		5480DM	Fch	14c	<35		17	
7480FC		5480FM	Fch	14n	<35		17	
7480PC			Fch	14a	<35		17	

7480 / 2
Output: TP

1-Bit Volladdierer mit Parallelübertrag
1-bit full adder with parallel carry
Additionneur complet á un bit á report parallèle
Sommatore di 1 bit con trasporto parallelo
Sumador completo de 1 bit con acarreo en paralelo

7481
Output: TP

16-Bit Schreib- / Lesespeicher
16-bit random access memory
16 bits mémoire d'inscription / lecture
Memoria ad accesso aleatorio, 16 bit
Memoria de lectura y escritura de 16 bits

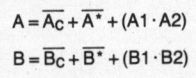

$A = \overline{A_C} + \overline{A^*} + (A1 \cdot A2)$

$B = \overline{B_C} + \overline{B^*} + (B1 \cdot B2)$

Pinout 7480/2 (DIP-14):
- 14: A*, 13: A2, 12: A1, 11: ⏚, 10: $\overline{\Sigma}$, 9: Σ, 8: $\overline{C_Q}$
- 1: A_C, 2: B1, 3: B2, 4: U_S, 5: B*, 6: B_C, 7: C_E

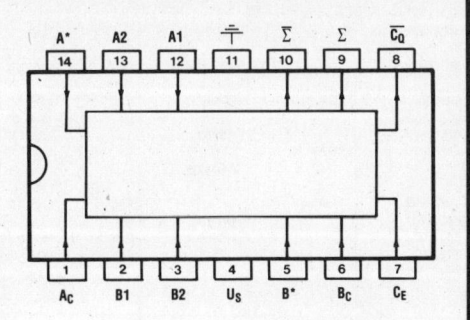

Input			Output		
C_E	A	B	Σ	$\overline{\Sigma}$	$\overline{C_Q}$
L	L	L	L	H	H
L	L	H	H	L	H
L	H	L	H	L	H
L	H	H	H	L	L
H	L	L	H	L	H
H	L	H	L	H	L
H	H	L	L	H	L
H	H	H	H	L	L

$FI(X, Y) = 10$
$FQ = 25$

Offener Kollektor-Ausgang
Open collector output
Sortie a collecteur ouvert
Uscita a collettore aperto
Salida a colector abierto

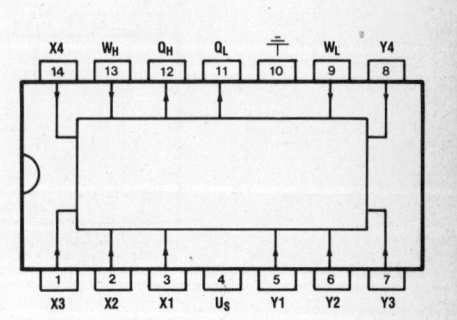

Pinout 7481 (DIP-14):
- 14: X4, 13: W_H, 12: Q_H, 11: Q_L, 10: ⏚, 9: W_L, 8: Y4
- 1: X3, 2: X2, 3: X1, 4: U_S, 5: Y1, 6: Y2, 7: Y3

Pin	FI	FQ
A*, B*	1,65	3
CE	5	
CQ		5

7480 / 2	Typ - Type - Tipo		Hersteller Production Fabricants Produttori Fabricantes	Bild Fig. Fig. Sec	I_S &I_R	t_{PD} E→Q ns_{typ}			t_{PD} E→Q ns_{max}			Bem./Note f_T §f_Z &f_E
0...70°C § 0...75°C	−40...85°C § −25...85°C	−55...125°C		3	mA	↓	↕	↑	↓	↕	↑	MHz
MC7480W		MC5480W	Mot	14p	21	8		13	12		17	
		S5480W	Mul,Phi,Sig	14p	21	8		13				
		SN5480W	Tix	14n	21	8		13	12		17	

7481	Typ - Type - Tipo		Hersteller Production Fabricants Produttori Fabricantes	Bild Fig. Fig. Sec	I_S &I_R	t_{PD} E→Q ns_{typ}			t_{PD} E→Q ns_{max}			Bem./Note f_T §f_Z &f_E
0...70°C § 0...75°C	−40...85°C § −25...85°C	−55...125°C		3	mA	↓	↕	↑	↓	↕	↑	MHz
D181C			Hfo	14a	<91				45		25	
FLQ111	§FLQ115		Sie	14a	45	11		13	19		20	
MIC7481J	MIC6481J	MIC5481J	Itt	14c	55				45		25	
MIC7481N			Itt		55				45		25	
SN7481AJ		SN5481AJ	Tix	14c	45	11		13	19		20	
SN7481AN			Tix	14a	45	11		13	19		20	
		SN5481AW	Tix	14n	45	11		13	19		20	
T7481B1			Sgs	14a	55	20		15	30			
T7481D1		T5481D2	Sgs	14c	55	20		15	30			
TL7481N	§TL8481N		Aeg	14a	55	12		12	30			

7482
Output: TP

2-Bit Volladdierer
2-bit full adder
Additionneur complet á 2 bits
Sommatore di 2 bit
Sumador completo de 2 bits

FI (A1, B1, CE) = 4
FQ (C2) = 5

Pinout: A2(14) B2(13) Σ2(12) ⏚(11) C2(10) (9) (8) / (1)Σ1 (2)A1 (3)B1 (4)U$_S$ (5)C$_E$ (6) (7)

7482	Typ - Type - Tipo			Hersteller Production Fabricants Produttori Fabricantes	Bild Fig. Fig. Sec	I$_S$ &I$_R$	t$_{PD}$ E→Q ns$_{typ}$			t$_{PD}$ E→Q ns$_{max}$			Bem./Note f$_T$ §f$_Z$ &f$_E$
0...70°C § 0...75°C	−40...85°C § −25...85°C	−55...125°C			3	mA	↓	↕	↑	↓	↕	↑	MHz
FJH201				Phi,Sig,Val	14a								
FLH231	§FLH235			Sie	14a	35	17	12		27	19		
MC7482J		MC5482J		Mot	14c	35	17	12		27	19		
MC7482N				Mot	14a	35	17	12		27	19		
MC7482W		MC5482W		Mot	14p	35	17	12		27	19		
MIC7482J	MIC6482J	MIC5482J		Itt	14c	35	40						
MIC7482N				Itt	14a	35	40						
SN7482J		SN5482J		Tix	14c	35	17	12		27	19		
SN7482N	§SN8482N			Tix	14a	35	17	12		27	19		
		SN5482W		Tix	14n	35	17	12		27	19		
TL7482N	§TL8482N			Aeg	14a	35				41	36		
7482DC		5482DM		Fch	14c	<58							
7482FC		5482FM		Fch	14n	<58							
7482PC				Fch	14a	<58							

Input				Output					
				C$_E$=L			C$_E$=H		
A1	B1	A2	B2	Σ1	Σ2	C2	Σ1	Σ2	C2
L	L	L	L	L	L	L	H	L	L
H	L	L	L	H	L	L	L	H	L
L	H	L	L	H	L	L	L	H	L
H	H	L	L	L	H	L	H	H	L
L	L	H	L	L	H	L	H	H	L
H	L	H	L	H	H	L	L	L	H
L	H	H	L	H	H	L	L	L	H
H	H	H	L	L	L	H	H	L	H
L	L	L	H	L	H	L	H	H	L
H	L	L	H	H	H	L	L	L	H
L	H	L	H	H	H	L	L	L	H
H	H	L	H	L	L	H	H	L	H
L	L	H	H	L	L	H	H	L	H
H	L	H	H	H	L	H	L	H	H
L	H	H	H	H	L	H	L	H	H
H	H	H	H	L	H	H	H	H	H

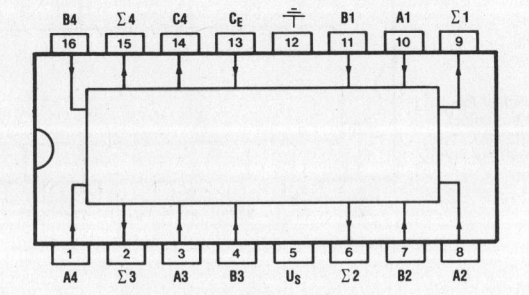

7483
Output: TP

4-Bit Volladdierer
4-bit full adder
Additionneur complet á 4 bits
Sommatore di 4 bit
Sumador completo de 4 bits

Pinout (DIP-16):
- 1: A4
- 2: Σ3
- 3: A3
- 4: B3
- 5: U_S
- 6: Σ2
- 7: B2
- 8: A2
- 9: Σ1
- 10: A1
- 11: B1
- 12: ⏚
- 13: C_E
- 14: C4
- 15: Σ4
- 16: B4

Function table

Input			Output	
A_{n+1}	B_{n+1}	Σ_n *C_E	Σ_{n+1}	Σ_{n+2} **C_Q
L	L	L	L	L
H	L	L	H	L
L	H	L	H	L
H	H	L	L	H
L	L	H	H	L
H	L	H	L	H
L	H	H	L	H
H	H	H	H	H

* für/when/pour/per A1, B1
** für/when/pour/per A4, B4

Fan-in / Fan-out

Pin	FI N	FI LS	FQ N	FQ LS
A, B	1	2,2		
CE	1	1,1		
C4			5	20

Types

Typ - Type - Tipo 0...70°C § 0...75°C	−40...85°C § −25...85°C	−55...125°C	Hersteller Production Fabricants Produttori Fabricantes	Bild Fig. Fig. Sec 3	I_S &I_R mA	t_{PD} E→Q ns$_{typ}$ ↓↕↑	t_{PD} E→Q ns$_{max}$ ↓↕↑	Bem./Note f_T §f_Z &f_E MHz
DM7483J		DM5483J	Nsc	16c	<56			
DM7483N			Nsc	16a	<56			
FJH211			Phi,Sig,Val	16a				
FLH241	§FLH245		Sie	16a	66	16 16		
HD7483			Hit	16a	<56			
M53283			Jap,Mit	16c	<56			
MC7483J		MC5483J	Mot	16c	66	16 16		
MC7483N			Mot	16a	66	16 16		
MC7483W		MC5483W	Mot	16n	66	16 16		
MIC7483J	MIC6483J	MIC5483J	Itt	16c	78	60		
MIC7483N			Itt	16a	78	60		
N7483B			Mul,Phi,Sig	16a	58		35 40	
N7483F		S5483F	Mul,Phi,Sig	16c	58		35 40	
SFC483E	§SFC483ET	SFC483EM	Nuc,Ses	16c	<72	50		
SN7483AJ		SN5483AJ	Tix	16c	66	12 14	21 21	
SN7483AN			Tix	16a	66	12 14	21 21	
		SN5483AW	Tix	16n	66	12 14	21 21	
T7483B1			Sgs	16a			50	
T7483D1		T5483D2	Sgs	16c			50	
µPB230			Nip	16a	<56			
7483DC		5483DM	Fch	16c	<56			
7483FC		5483FM	Fch	16n	<56			
7483J		5483J	Ray	16c	<56			
7483PC			Fch	16a	<56			

C

MM74C83J	MM54C83J		Nsc	16c	50n	300	550	
MM74C83N			Nsc	16a	50n	300	550	
		MM54C83W	Nsc	16o	50n	300	550	

LS

DM74LS83J		DM54LS83J	Nsc	16c	<34			
DM74LS83N			Nsc	16a	<34			
HD74LS83			Hit	16a	<34			
M74LS83			Mit	16a	<34			
MB74LS83			Fui	16a	<34			
MB74LS83M			Fui	16c	<34			
N74LS83B			Mul,Phi,Sig	16a	<39		24	
N74LS83F		S54LS83F	Mul,Phi,Sig	16c	<39		24	
SFC483LSE		SFC483LSEM	Nuc,Ses	16c	<39		24	
§SN74LS83J		SN54LS83J	Mot	16c				

7483	Typ - Type - Tipo		Hersteller Production Fabricants Produttori Fabricantes	Bild Fig. Fig. Sec 3	I_S &I_R mA	t_{PD} E→Q ns$_{typ}$ ↓↕↑	t_{PD} E→Q ns$_{max}$ ↓↕↑	Bem./Note f_T §f_Z &f_E MHz
0...70°C § 0...75°C	−40...85°C § −25...85°C	−55...125°C						
§SN74LS83N			Mot	16a				
§SN74LS83W			Mot	16n				
SN74LS83AJ		SN54LS83W	Tix	16c	22	15 16	24 24	
SN74LS83AN		SN54LS83AJ	Tix	16a	22	15 16	24 24	
		SN54LS83AW	Tix	16n	22	15 16	24 24	
74LS83J		54LS83J	Ray	16c	<34			
74LS83ADC		54LS83ADM	Fch	16c	22	19 17	24 24	
74LS83AFC		54LS83AFM	Fch	16n	22	19 17	24 24	
74LS83APC			Fch	16a	22	19 17	24 24	

7484
Output: OC

16-Bit Schreib- / Lesespeicher
16-bit random access memory
16 bits mémoire d'inscription / lecture
Memoria ad accesso aleatorio, 16 bit
Memoria de lectura y escritura de 16 bits

W$_{H1}$ W$_{H2}$ Q$_H$ Q$_L$ W$_{L1}$ W$_{L2}$ Y4
16 15 14 13 12 11 10 9

1 2 3 4 5 6 7 8
X4 X3 X2 X1 U$_S$ Y1 Y2 Y3

FI (X, Y) = 10
FQ = 25

Offener Kollektor-Ausgang
Open collector output
Sortie a collecteur ouvert
Uscita a collettore aperto
Salida a colector abierto

7484	Typ - Type - Tipo		Hersteller Production Fabricants Produttori Fabricantes	Bild Fig. Fig. Sec 3	I_S &I_R mA	t_{PD} E→Q ns$_{typ}$ ↓↕↑	t_{PD} E→Q ns$_{max}$ ↓↕↑	Bem./Note f_T §f_Z &f_E MHz
0...70°C § 0...75°C	−40...85°C § −25...85°C	−55...125°C						
FLQ121	§FLQ125		Sie	16a	45	11 13	19 20	
M53284			Jap,Mit	16a	<60		20 20	
MIC7484J	MIC6484J	MIC5484J	Itt	16c	55		45 25	
MIC7484N			Itt	16a	55		45 25	
SN7484AJ		SN5484AJ	Tix	16c	45	11 13	19 20	
SN7484AN			Tix	16a	45	11 13	19 20	
		SN5484AW	Tix	16n	45	11 13	19 20	
T7484B1			Sgs	16a	55	20 15	30	
T7484D1		T5484D2	Sgs	16c	55	20 15	30	
TL7484N	§TL8484N		Aeg	16a	55	12 12	30	
μPB2084			Nip	16a	<60		20 20	

7485 / 2
Output: TP

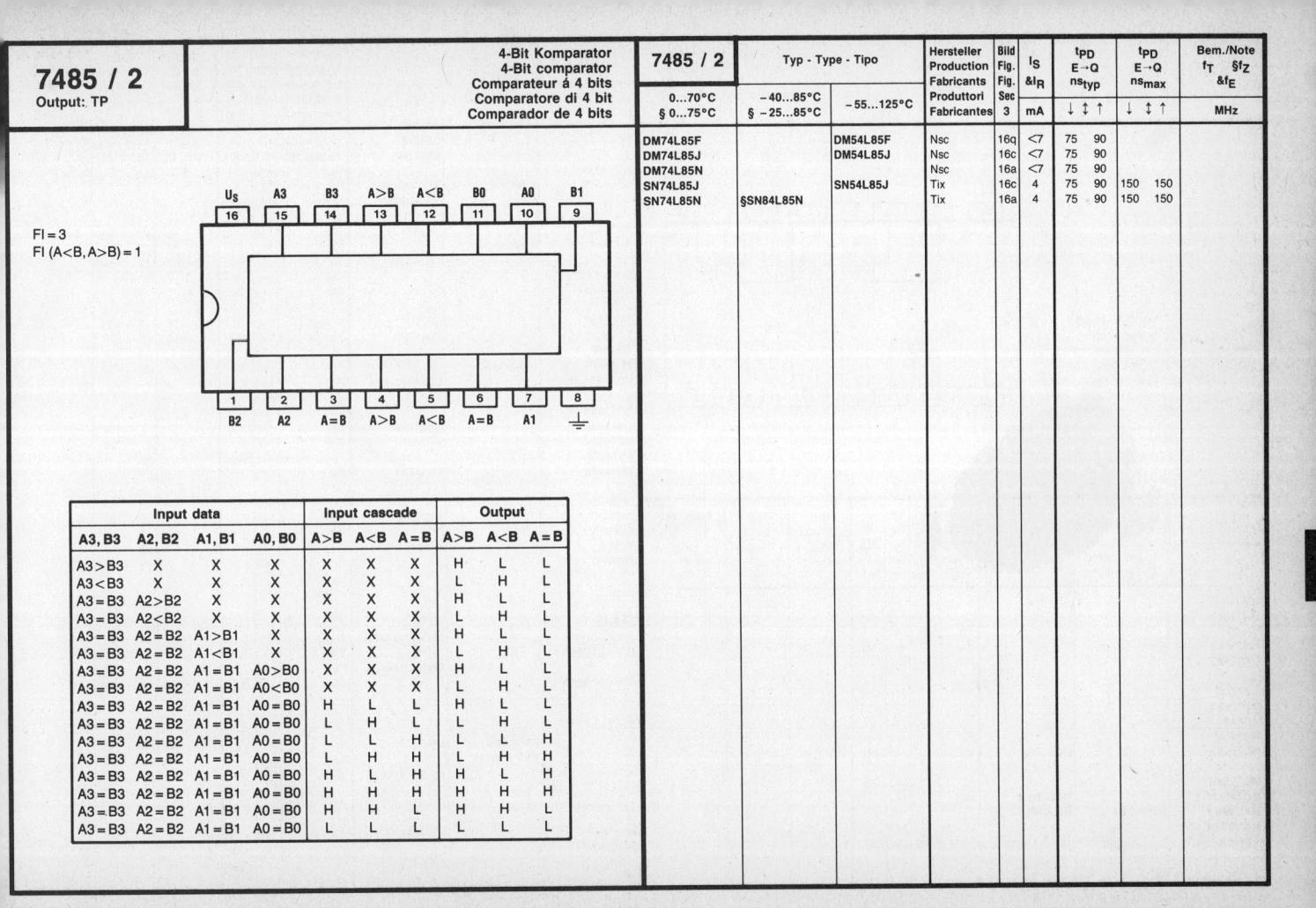

4-Bit Komparator
4-Bit comparator
Comparateur á 4 bits
Comparatore di 4 bit
Comparador de 4 bits

$FI = 3$
$FI (A<B, A>B) = 1$

Pinout (DIP-16):
- Pin 16: U_S
- Pin 15: A3
- Pin 14: B3
- Pin 13: A>B
- Pin 12: A<B
- Pin 11: B0
- Pin 10: A0
- Pin 9: B1
- Pin 1: B2
- Pin 2: A2
- Pin 3: A=B
- Pin 4: A>B
- Pin 5: A<B
- Pin 6: A=B
- Pin 7: A1
- Pin 8: ⏚

7485 / 2	Typ - Type - Tipo			Hersteller Production Fabricants Produttori Fabricantes	Bild Fig. Fig. Sec	I_S &I_R	t_{PD} E→Q ns$_{typ}$		t_{PD} E→Q ns$_{max}$		Bem./Note f_T §f_Z &f_E
0...70°C § 0...75°C	–40...85°C § –25...85°C	–55...125°C			3	mA	↓ ↕ ↑		↓ ↕ ↑		MHz
DM74L85F		DM54L85F		Nsc	16q	<7	75	90			
DM74L85J		DM54L85J		Nsc	16c	<7	75	90			
DM74L85N				Nsc	16a	<7	75	90			
SN74L85J		SN54L85J		Tix	16c	4	75	90	150	150	
SN74L85N	§SN84L85N			Tix	16a	4	75	90	150	150	

Input data				Input cascade			Output		
A3, B3	A2, B2	A1, B1	A0, B0	A>B	A<B	A=B	A>B	A<B	A=B
A3>B3	X	X	X	X	X	X	H	L	L
A3<B3	X	X	X	X	X	X	L	H	L
A3=B3	A2>B2	X	X	X	X	X	H	L	L
A3=B3	A2<B2	X	X	X	X	X	L	H	L
A3=B3	A2=B2	A1>B1	X	X	X	X	H	L	L
A3=B3	A2=B2	A1<B1	X	X	X	X	L	H	L
A3=B3	A2=B2	A1=B1	A0>B0	X	X	X	H	L	L
A3=B3	A2=B2	A1=B1	A0<B0	X	X	X	L	H	L
A3=B3	A2=B2	A1=B1	A0=B0	H	L	L	H	L	L
A3=B3	A2=B2	A1=B1	A0=B0	L	H	L	L	H	L
A3=B3	A2=B2	A1=B1	A0=B0	L	L	H	L	L	H
A3=B3	A2=B2	A1=B1	A0=B0	L	H	H	L	H	H
A3=B3	A2=B2	A1=B1	A0=B0	H	L	H	H	L	H
A3=B3	A2=B2	A1=B1	A0=B0	H	H	L	H	H	L
A3=B3	A2=B2	A1=B1	A0=B0	L	L	L	L	L	L

7486 / 1
Output: TP

EX-OR-Gatter / EX-OR gate / Porte EX-OR / Circuito porta EX-OR / Puerta EX-OR

FI (LS) = 2

Logiktabelle siehe Sektion 1
Function table see section 1
Tableau logique voir section 1
Per tavola di logica vedi sec. 1
Tabla de verdad, ver sección 1

U_S — pins 14,13,12,11,10,9,8 / 1,2,3,4,5,6,7

7486 / 1	Typ - Type - Tipo		Hersteller Production Fabricants Produttori Fabricantes	Bild Fig. Sec 3	I_S &I_R	t_{PD} E→Q ns$_{typ}$			t_{PD} E→Q ns$_{max}$			Bem./Note f_T §f_Z &f_E
0…70°C § 0…75°C	−40…85°C § −25…85°C	−55…125°C			mA	↓	↕	↑	↓	↕	↑	MHz
N7486F		S5486F	Mul,Phi,Sig	14c	30		12	16		26	20	
		S5486W	Mul,Phi,Sig	14n	30		12	16		26	20	
NC7486N			Nuc	14a	15							
SFC486E	§SFC486ET	SFC486EM	Nuc,Ses	14c	15							
		SFC486PM	Nuc,Ses	14c	15							
SN7486J		SN5486J	Tix	14c	30		13	18		22	30	
SN7486N	§SN8486N		Tix	14a	30		13	18		22	30	
		SN5486W	Tix	14n	30		13	18		22	30	
SW7486J			Stw	14c	30			15				
SW7486N			Stw	14a	30			15				
T7486B1			Sgs	14a	30		13	18		22	30	
T7486D1		T5486D2	Sgs	14c	30		13	18		22	30	
TD3486			Tos	14a	<50					22	30	
TL7486N	§TL8486N		Aeg	14a	30		12	16		26	20	
U6A7486-59X		U6A5486-51X	Fch	14c								
U7A7486-59X			Fch	14a								
US7486A		US5486A	Spr	14c							30	
US7486J		US5486J	Spr	14n							30	
ZN7486E			Fer	14a	30			14				
ZN7486J		ZN5486J	Fer	14c	30			14				
μPB2086			Nip	14a	<50					22	30	
7486DC		5486DM	Fch	14c	<50					22	30	
7486FC		5486FM	Fch	14n	<50					22	30	
7486J		5486J	Ray	14c	<50					22	30	
7486PC			Fch	14a	<50					22	30	

ALS

SN74ALS86FN		SN54ALS86FH	Tix	cc	3,9					14	22	
			Tix	cc	3,9					12	17	
		SN54ALS86J	Tix	14c	3,9					14	22	
SN74ALS86N			Tix	14a	3,9					12	17	

C

MM74C86J		MM54C86J	Nsc	14c	10n		110	110		185	185	
MM74C86N			Nsc	14a	10n		110	110		185	185	
		MM54C86W	Nsc	14n	10n		110	110		185	185	

F

N74F86F		S54F86F	Val	14c	<28		4,7	5,3		6,5	7	
N74F86N			Val	14a	<28		4,7	5,3		6,5	7	
		S54F86W	Val	14n	<28		4,7	5,3		6,5	7	

7486 / 1	Typ - Type - Tipo		Hersteller Production Fabricants Produttori Fabricantes	Bild Fig. Sec 3	I_S &I_R	t_{PD} E→Q ns$_{typ}$			t_{PD} E→Q ns$_{max}$			Bem./Note f_T §f_Z &f_E
0…70°C § 0…75°C	−40…85°C § −25…85°C	−55…125°C			mA	↓	↕	↑	↓	↕	↑	MHz
DM7486J		DM5486J	Nsc	14c	<50					22	30	
DM7486N			Nsc	14a	<50					22	30	
FJH271			Phi,Sig,Val	14a								
FLH341	§FLH345		Sie	14a	30		13	18		22	30	
GFB7486			Rtc	14c	12							
HD7486			Hit	14a	<50					22	30	
M53286P			Mit	14a	<50					22	30	
MB449			Fui	14a	<50					22	30	
MB449M			Fui	14c	<50					22	30	
MC7486J		MC5486J	Mot	14c	30		13	18		22	30	
MC7486N			Mot	14a	30		13	18		22	30	
MC7486W		MC5486W	Mot	14p	30		13	18		22	30	
MIC7486J	MIC6486J	MIC5486J	Itt	14c	30		12	16		26	20	
MIC7486N			Itt	14a	30		12	16		26	20	
N7486A			Mul,Phi,Sig	14a	30		12	16		26	20	

7486 / 1	Typ - Type - Tipo			Hersteller Production Fabricants Produttori Fabricantes	Bild Fig. Fig. Sec 3	I_S &I_R mA	t_{PD} E→Q ns$_{typ}$ ↓ ↕ ↑	t_{PD} E→Q ns$_{max}$ ↓ ↕ ↑	Bem./Note f_T §f_Z &f_E MHz	7486 / 1	Typ - Type - Tipo			Hersteller Production Fabricants Produttori Fabricantes	Bild Fig. Fig. Sec 3	I_S &I_R mA	t_{PD} E→Q ns$_{typ}$ ↓ ↕ ↑	t_{PD} E→Q ns$_{max}$ ↓ ↕ ↑	Bem./Note f_T §f_Z &f_E MHz
0...70°C § 0...75°C	−40...85°C § −25...85°C	−55...125°C								0...70°C § 0...75°C	−40...85°C § −25...85°C	−55...125°C							
HC										**S**									
		CD54HC86F		Rca	14c		10 10			DM74S86J		DM54S86J		Nsc	14c	<75		10 10,5	
MC74HC86J		MC54HC86J		Mot	14c	<2u	10 10	20 20		DM74S86N				Nsc	14a	<75		10 10,5	
MC74HC86N				Mot	14a	<2u	10 10	20 20		GTB74S86				Rtc	14c		3		
	MM74HC86J	MM54HC86J		Nsc	14c	<2u	10 10	20 20		HD74S86				Hit	14a	<75		10 10,5	
	MM74HC86N			Nsc	14a	<2u	10 10	20 20		N74S86A				Mul,Phi,Sig	14a	50	7 6,5	10,5 10	
		SN54HC86FH		Tix	cc	<2u		17 17											
	SN74HC86FH			Tix	cc	<2u		17 17		N74S86F		S54S86F		Mul,Phi,Sig	14c	50	7 6,5	10,5 10	
		SN54HC86FK		Tix	cc	<2u		17 17				S54S86W		Mul,Phi,Sig	14n	50	7 6,5	10,5 10	
	SN74HC86FN			Tix	cc	<2u		17 17		SN74S86J		SN54S86J		Tix	14c	50	6,5 7	10 10,5	
		SN54HC86J		Tix	14c	<2u		17 17		SN74S86N				Tix	14a	50	6,5 7	10 10,5	
												SN54S86W		Tix	14n	50	6,5 7	10 10,5	
	SN74HC86J			Tix	14c	<2u		17 17				T54S86F		Sgs	14q	<75		10	
	SN74HC86N			Tix	14a	<2u		17 17				T54S86J		Sgs	14c	<75		10	
										74S86DC		54S86DM		Fch	14c	<75		10 10,5	
HCT										74S86FC		54S86FM		Fch	14n	<75		10 10,5	
§CD74HCT86E										74S86PC				Fch	14a	<75		10 10,5	
		CD54HCT86F		Rca	14a		10 10												
				Rca	14c		10 10												
LS																			
DM74LS86J		DM54LS86J		Nsc	14c	<10		22 30											
DM74LS86N				Nsc	14a	<10		22 30											
HD74LS86				Hit	14a	<10		22 30											
M74LS86				Mit	14a	<10		22 30											
MB74LS86				Fui	14a	<10		22 30											
MB74LS86M				Fui	14c	<10		22 30											
§SN74LS86J		SN54LS86J		Mot	14c	6,1		17 12											
SN74LS86J		SN54LS86J		Tix	14c	6,1	11 11	26											
§SN74LS86N				Mot	14a	6,1		17 12											
SN74LS86N				Tix	14a	6,1	11 11	26											
		SN54LS86W		Tix	14n	6,1	11 11	26											
§SN74LS86W		SN54LS86W		Mot	14p	6,1		17 12											
SN74LS86AJ		SN54LS86AJ		Tix	14c	6,1	13 20	22 30											
SN74LS86AN				Tix	14a	6,1	13 20	22 30											
		SN54LS86AW		Tix	14n	6,1	13 20	22 30											
74LS86DC		54LS86DM		Fch	14c	6,1		17 12											
74LS86FC		54LS86FM		Fch	14p	6,1		17 12											
74LS86J		54LS86J		Ray	14c	<10		22 30											
74LS86PC				Fch	14a	6,1		17 12											

7486 / 2
Output: TP

EX-OR-Gatter / EX-OR gate / Porte EX-OR / Circuito porta EX-OR / Puerta EX-OR

FI = 2

Logiktabelle siehe Sektion 1
Function table see section 1
Tableau logique voir section 1
Per tavola di logica vedi sec. 1
Tabla de verdad, ver sección 1

7486 / 3
Output: TP

EX-OR-Gatter / EX-OR gate / Porte EX-OR / Circuito porta EX-OR / Puerta EX-OR

FI = 2

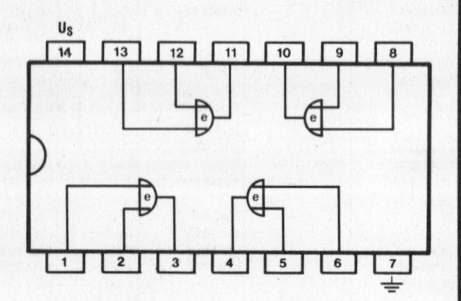

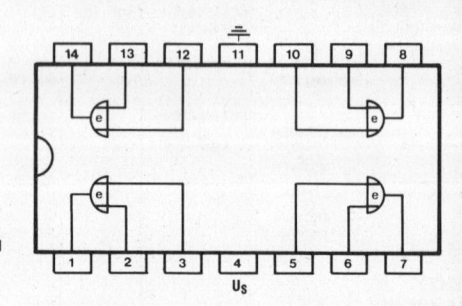

Logiktabelle siehe Sektion 1
Function table see section 1
Tableau logique voir section 1
Per tavola di logica vedi sec. 1
Tabla de verdad, ver sección 1

7486 / 2	Typ - Type - Tipo			Hersteller Production Fabricants Produttori Fabricantes	Bild Fig. Fig. Sec	I_S &I_R	t_{PD} E→Q ns_{typ}			t_{PD} E→Q ns_{max}			Bem./Note f_T §f_Z &f_E
0...70°C § 0...75°C	−40...85°C § −25...85°C		−55...125°C		3	mA	↓	↑	↑	↓	↑	↑	MHz
DM74L86J			DM54L86J	Nsc	14c	3,2				60			
DM74L86N				Nsc	14a	3,2				60			
SN74L86J			SN54L86J	Tix	14c	3,8	35		50	60		90	
SN74L86N	§SN84L86N			Tix	14a	3,8	35		50	60		90	

7486 / 3	Typ - Type - Tipo			Hersteller Production Fabricants Produttori Fabricantes	Bild Fig. Fig. Sec	I_S &I_R	t_{PD} E→Q ns_{typ}			t_{PD} E→Q ns_{max}			Bem./Note f_T §f_Z &f_E
0...70°C § 0...75°C	−40...85°C § −25...85°C		−55...125°C		3	mA	↓	↑	↑	↓	↑	↑	MHz
DM74L86F			DM54L86F	Nsc	14q	3,2				60			
			SN54L86T	Tix	14p	3,8	35		50	60		90	

7487
Output: TP

4-Bit Komplementierer
4-bit true / complement circuit
Complétateur á 4 bits
Complementatore di 4 bit
Complementador de 4 bits

7488
Output: OC

32x8-Bit Lesespeicher
32x8-bit read-only memory
Mémoire de lecture, 32x8 bits
Memoria di lettura, 32x8 bit
Memoria de lectura de 32x8 bits

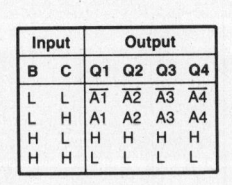

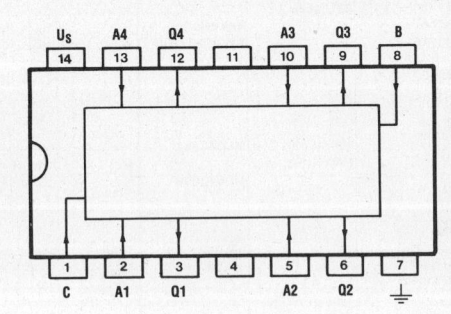

Input		Output			
B	C	Q1	Q2	Q3	Q4
L	L	A̅1	A̅2	A̅3	A̅4
L	H	A1	A2	A3	A4
H	L	H	H	H	H
H	H	L	L	L	L

Offener Kollektor-Ausgang
Open collector output
Sortie a collecteur ouvert
Uscita a collettore aperto
Salida a colector abierto

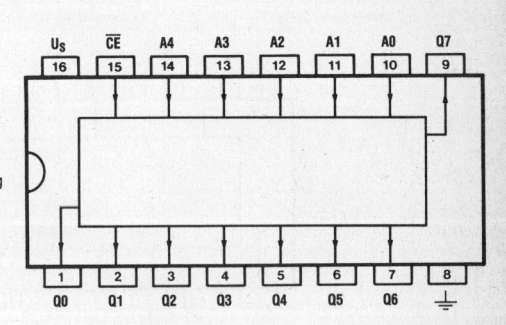

7487

			Hersteller Production Fabricants Produttori Fabricantes	Bild Fig. Fig. Sec 3	I_S &I_R mA	t_{PD} E→Q ns_{typ} ↓ ↕ ↑	t_{PD} E→Q ns_{max} ↓ ↕ ↑	Bem./Note f_T §f_Z &f_E MHz
0…70°C § 0…75°C	−40…85°C § −25…85°C	−55…125°C						
FLH441	§FLH445		Sie	14a	54	13 14	19 20	
MC74H87F		MC54H87F	Mot	14p	54	13 14	19 20	
MC74H87L		MC54H87L	Mot	14c	54	13 14	19 20	
MC74H87P			Mot	14a	54	13 14	19 20	
NC74H87N			Nuc	14a	54			
SN74H87J		SN54H87J	Tix	14c	54	13 14	19 20	
SN74H87N			Tix	14a	54	13 14	19 20	
TL74H87N	§TL84H87N	SN54H87W	Tix	14n	54	13 14	19 20	
			Aeg	14a	54	13 14	19 20	

7488

			Hersteller Production Fabricants Produttori Fabricantes	Bild Fig. Fig. Sec 3	I_S &I_R mA	t_{PD} E→Q ns_{typ} ↓ ↕ ↑	t_{PD} E→Q ns_{max} ↓ ↕ ↑	Bem./Note f_T §f_Z &f_E MHz
0…70°C § 0…75°C	−40…85°C § −25…85°C	−55…125°C						
SN7488AJ		SN5488AJ	Tix	16c	57	23 29	45 45	
SN7488AN			Tix	16a	57	23 29	45 45	
		SN5488AW	Tix	16n	57	23 29	45 45	

2-123

7489
Output: OC

16x4-Bit Schreib- / Lesespeicher
16x4-bit random access memory
16x4 bits mémoire d'inscription / lecture
64 bit memoria ad accesso aleatorio
Memoria de lectura y escritura de 16x4 bits

$FQ = 7,5$

Pinout (DIP-16):
- 16: U_S
- 15: A1
- 14: A2
- 13: A3
- 12: E3
- 11: Q3
- 10: E2
- 9: Q2
- 1: A0
- 2: $\overline{CE}$
- 3: $\overline{WR}$
- 4: E0
- 5: Q0
- 6: E1
- 7: Q1
- 8: GND

Siehe auch Section 4
See also section 4
Voir aussi section 4
Vedi anche sezione 4
Veasé tambien sección 4

$\overline{CE}$	$\overline{WR}$	Operation	Operation	Operation	Operazione	Operación
L	L	schreiben	write	mémorisation	immissione	escritura
L	H	lesen	read	balaiement	estrazione	lectura
H	L	keine Veränderung	do nothing	pas de modification	senza alterazione	sin modificación
H	H	keine Veränderung	do nothing	pas de modification	senza alterazione	sin modificación

7489			Typ - Type - Tipo		Hersteller Production Fabricants Produttori Fabricantes	Bild Fig. Fig. Sec 3	I_S &I_R mA	t_{PD} E→Q ns$_{typ}$ ↓ ↕ ↑	t_{PD} E→Q ns$_{max}$ ↓ ↕ ↑	Bem./Note f_T §f_Z &f_E MHz
0...70°C § 0...75°C		−40...85°C § −25...85°C	−55...125°C							
SN7489J					Tix	16c	75	35 30	60 60	
SN7489N		§SN8489N			Tix	16a	75	35 30	60 60	
TL7489N		§TL8489N			Aeg	16a	75	35 30	60 60	
7489DC			5489DM		Fch	16c	<105		50 50	
7489FC			5489FM		Fch	16n	<105		50 50	
7489PC					Fch	16a	<105		50 50	
C										
		MM74C89J	MM54C89J		Nsc	16c	50n	350 350	650 650	
		MM74C89N			Nsc	16a	50n	350 350	650 650	
			MM54C89W		Nsc	16o	50n	350 350	650 650	
LS										
74LS89DC			54LS89DM		Fch	16c				
74LS89FC			54LS89FM		Fch	16n				
74LS89PC					Fch	16a				

7489		Typ - Type - Tipo		Hersteller Production Fabricants Produttori Fabricantes	Bild Fig. Fig. Sec 3	I_S &I_R mA	t_{PD} E→Q ns$_{typ}$ ↓ ↕ ↑	t_{PD} E→Q ns$_{max}$ ↓ ↕ ↑	Bem./Note f_T §f_Z &f_E MHz
0...70°C § 0...75°C	−40...85°C § −25...85°C	−55...125°C							
FJQ111	§FLQ105			Phi,Sig,Val	16a				
FLQ101				Sie	16a	75	35 30	60 60	
HD7489				Hit	16a	<105		50 50	
M53289				Mit	16a	<105		50 50	
MB461				Fui	16a	<105		50 50	

7490
Output: TP

Dezimalzähler / Decade counter / Compteur décimale / Contatore decimale / Contador decimal

Pinout (Fig. 3)

Pins: A(14), Q0(12), Q3(11), ⏚(10), Q1(9), Q2(8), B(1), R0₁(2), R0₂(3), U$_S$(5), R9₁(6), R9₂(7), Q0(13 - top row shows A=14, ...Q0=12)

Pin labels top: A(14) — (13) — Q0(12) — Q3(11) — ⏚(10) — Q1(9) — Q2(8)
Pin labels bottom: B(1) — (2) — R0₁(3) — R0₂(4) — U$_S$(5) — R9₁(6) — R9₂(7)

Truth Table — BCD (Q$_D$ connected to A)

Count	Q$_D$	Q$_C$	Q$_B$	Q$_A$
0	L	L	L	L
1	L	L	L	H
2	L	L	H	L
3	L	L	H	H
4	L	H	L	L
5	L	H	L	H
6	L	H	H	L
7	L	H	H	H
8	H	L	L	L
9	H	L	L	H

BCD

Truth Table — biquinary (Q$_D$ connected to A)

Count	Q$_A$	Q$_D$	Q$_C$	Q$_B$
0	L	L	L	L
1	L	L	L	H
2	L	L	H	L
3	L	L	H	H
4	L	H	L	L
5	H	L	L	L
6	H	L	L	H
7	H	L	H	L
8	H	L	H	H
9	H	H	L	L

Q$_D$ mit A verbunden, biquinär
Q$_D$ connected to A, biquinary
Q$_D$ relié à A, biquinaire
Q$_D$ collegato con A, biquinario

Pin Fl

Pin	N	L
A	2	2
B	3	2

Input / Output

R0₁	R0₂	R9₁	R9₂	Q$_D$	Q$_C$	Q$_B$	Q$_A$
H	H	L	X	L	L	L	L
H	H	X	L	L	L	L	L
X	X	H	H	H	L	L	H
X	L	X	L	Count			
L	X	L	X	Count			
L	X	X	L	Count			
X	L	L	X	Count			

c

Main Table

Typ 0…70°C §0…75°C	Typ −40…85°C §−25…85°C	Typ −55…125°C	Hersteller	Bild Fig. 3	I$_S$ &I$_R$ mA	t$_{PD}$ E→Q ns$_{typ}$ ↓ ↕ ↑	t$_{PD}$ E→Q ns$_{max}$ ↓ ↕ ↑	Bem./Note f$_T$ §f$_Z$ &f$_E$ MHz
DM7490J		DM5490J	Nsc	14a	<42		18 18	32
DM7490N			Nsc	14a	<42		18 18	32
FJJ141			Phi,Sig,Val	14a				
FLJ161	§FLJ165		Sie	14a	29	12 10	18 16	§32
GFB7490			Rtc	14c	32		100	
HD7490			Hit	14a	<42		18 18	32
M53290			Mit	14a	<42		18 18	32
MC7490J		MC5490J	Mot	14c	32		100	
MC7490N			Mot	14a	32		100	
MC7490W		MC5490W	Mot	14p	32		100	
MIC7490J	MIC6490J	MIC5490J	Itt	14a	27	60	100	§18
MIC7490N			Itt	14a	27	60	100	§18
N7490A			Mul,Phi,Sig	14a	32	60	100	§18
N7490F		S5490F	Mul,Phi,Sig	14c	32	60	100	§18
		S5490W	Mul,Phi,Sig	14n	32	60	100	§18
NC7490N			Nuc	14a	32	75		
SFC490E	§SFC490ET	SFC490EM	Nuc,Ses	14c	32	75		
SN7490AJ		SN5490AJ	Tix	14c	29	12 10	18 16	§32
SN7490AN			Tix	14a	29	12 10	18 16	§32
		SN5490AW	Tix	14n	29	12 10	18 16	§32
SW7490J			Stw	14c	32		100	
SW7490N			Stw	14a	32		100	
T7490B1			Sgs	14a	32	60	100	§18
T7490D1		T5490D2	Sgs	14c	32	60	100	§18
TD3490			Tos	14a	<42		18 18	32
TL7490N	§TL8490N		Aeg	14a	32	60	100	§18
TRW7490-1			Trw	14a	32	75		
TRW7490-2			Trw	14c	32	75		
U6A7490-59X		U6A5490-51X	Fch	14c				
U7A7490-59X			Fch	14a				
US7490A		US5490A	Spr	14c	32	60		§18
US7490J		US5490J	Spr	14n	32	60		§18
μPB219			Nip	14a	<42		18 18	32
7490DC		5490DM	Fch	14c	<42		18 18	32
7490FC		5490FM	Fch	14n	<42		18 18	32
7490PC			Fch	14a	<42		18 18	32
MM74C90J		MM54C90J	Nsc	14c	50n	200 200	400 400	2
MM74C90N			Nsc	14a	50n	200 200	400 400	2
		MM54C90W	Nsc	14n	50n	200 200	400 400	2

2-125

7490

0...70°C / § 0...75°C	-40...85°C / § -25...85°C	-55...125°C	Hersteller Production Fabricants Produttori Fabricantes	Bild Fig. Fig. Sec 3	I_S &I_R mA	t_{pD} E→Q ns_{typ} ↓ ↕ ↑	t_{pD} E→Q ns_{max} ↓ ↕ ↑	Bem./Note f_T §f_Z &f_E MHz
HC								
MC74HC90J		MC54HC90J	Mot	14c				
MC74HC90N			Mot	14a				
L								
DM74L90F		DM54L90F	Nsc	14n	4		300	
DM74L90J		DM54L90J	Nsc	14c	4		300	
DM74L90N			Nsc	14a	4		300	
SN74L90J		SN54L90J	Tix	14c	4	230 230	340 340	§3
SN74L90N			Tix	14a	4	230 230	340 340	§3
		SN54L90T	Tix	14p	4	230 230	340 340	§3
LS								
DM74LS90J		DM54LS90J	Nsc	14c	<15		18 18	32
DM74LS90N			Nsc	14a	<15		18 18	32
HD74LS90			Hit	14c	<15		18 18	32
M74LS90			Mit	14a	<15		18 18	32
§SN74LS90J		SN54LS90J	Mot	14c	9	12 10	18 16	§32
SN74LS90J		SN54LS90J	Tix	14c	9	12 10	18 16	§32
§SN74LS90N			Mot	14a	9	12 10	18 16	§32
SN74LS90N			Tix	14a	9	12 10	18 16	§32
		SN54LS90W	Tix	14n	9	12 10	18 16	§32
§SN74LS90W		SN54LS90W	Mot	14p	9	12 10	18 16	§32
74LS90DC		54LS90DM	Fch	14c	9		18 16	32
74LS90FC		54LS90FM	Fch	14p	9		18 16	32
74LS90J		54LS90J	Ray	14c	<15		18 18	32
74LS90PC			Fch	14a	9		18 16	32

7491 / 1
Output: TP

8-Bit serielles Schieberegister
8-bit serial shift register
Registre de décalage á 8 bits, sériel
Registro scorrevole di 8 bit, in serie
Registro de desplazamiento serie de 8 bits

Input		Output	
t_n		t_{n+8}	
A	B	Q	$\overline{Q}$
H	H	H	L
L	X	L	H
X	L	L	H

Pinout: $\overline{Q}$ (14), Q (13), A (12), B (11), ⏚ (10), T (9), (8); (1), (2), (3), (4), U_S (5), (6), (7)

t_n ... t_{n+8}

7491 / 1

0...70°C / § 0...75°C	-40...85°C / § -25...85°C	-55...125°C	Hersteller Production Fabricants Produttori Fabricantes	Bild Fig. Fig. Sec 3	I_S &I_R mA	t_{pD} E→Q ns_{typ} ↓ ↕ ↑	t_{pD} E→Q ns_{max} ↓ ↕ ↑	Bem./Note f_T §f_Z &f_E MHz
D191C			Hfo	14c	58		40 40	10
DM7491J		DM5491J	Nsc	14c	35	27	40 40	10
DM7491N			Nsc	14a	35	27	40 40	10
FJJ151			Phi,Sig,Val	14a				
FLJ221	§FLJ225		Sie	14a	35	27 24	40 40	10
HD7491			Hit	14a		27	40 40	10
M53291			Mit	14a	35	27	40 40	10
MC7491J		MC5491J	Mot	14c				
MC7491N			Mot	14a				
MIC7491AJ	MIC6491AJ	MIC5491AJ	Itt	14c	35	27 24	40 40	10
MIC7491AN			Itt	14a	35	27 24	40 40	10
SN7491AJ		SN5491AJ	Tix	14c	35	27 24	40 40	10
SN7491AN			Tix	14a	35	27 24	40 40	10
TD3491			Tos	14a	35	27	40 40	10
TL7491AN			Aeg	14a	35	27 24	40 40	18

2-126

7491 / 1   7491 / 2

8-Bit serielles Schieberegister
8-bit serial shift register
Registre de décalage á 8 bits, sériel
Registro scorrevole di 8 bit, in serie
Registro de desplazamiento serie de 8 bits

7491 / 2 Output: TP

Input t_n		Output t_{n+8}	
A	B	Q	$\bar{Q}$
H	H	H	L
L	X	L	H
X	L	L	H

Pinout: $\bar{Q}$(14) Q(13) B(12) ⏚(11) A(10) T(9) (8) / (1)(2)(3)(4) U_S (5)(6)(7)

7491 / 1

Typ - Type - Tipo 0...70°C § 0...75°C	Typ - Type - Tipo −40...85°C § −25...85°C	Typ - Type - Tipo −55...125°C	Hersteller Production Fabricants Produttori Fabricantes	Bild Fig. Fig. Sec 3	I_S &I_R mA	t_{PD} E→Q ns$_{typ}$ ↓↕↑	t_{PD} E→Q ns$_{max}$ ↓↕↑	Bem./Note f_T §f_Z &f_E MHz
U6A7491-59X		U6A5491-51X	Fch	14c				
U7A7491-59X			Fch	14a				
µPB2091			Nip	14a	35	27	40 40	10
7491DC		5491DM	Fch	14c	35	27	40 40	10
7491FC		5491FM	Fch	14n	35	27	40 40	10
7491PC			Fch	14a	35	27	40 40	10
L								
SN74L91J		SN54L91J	Tix	14c	3,5	100 55	150 100	3
SN74L91N	§SN84L91N		Tix	14a	3,5	100 55	150 100	3
LS								
HD74LS91			Hit	14a	<20		40 40	10
M74LS91			Mit	14a	<20		40 40	10
SN74LS91J		SN54LS91J	Tix	14c	12	27 24	40 40	10
SN74LS91N			Tix	14a	12	27 24	40 40	10
74LS91J		54LS91J	Ray	14c	<20		40 40	10

7491 / 2

Typ - Type - Tipo 0...70°C § 0...75°C	Typ - Type - Tipo −40...85°C § −25...85°C	Typ - Type - Tipo −55...125°C	Hersteller Production Fabricants Produttori Fabricantes	Bild Fig. Fig. Sec 3	I_S &I_R mA	t_{PD} E→Q ns$_{typ}$ ↓↕↑	t_{PD} E→Q ns$_{max}$ ↓↕↑	Bem./Note f_T §f_Z &f_E MHz
MC7491W		MC5491W	Mot	14p	35	27 24	40 40	10
		SN5491AW	Tix	14n				
L								
		SN54L91T	Tix	14p	3,5	100 55	150 100	3
		SN54L91W	Tix	14n	3,5	100 55	150 100	3
LS								
		SN54LS91W	Tix	14n	12	27 24	40 40	10

2-127

7492
Output: TP

1:12-Teiler
Divide-by-12 counter
Diviseur, rapport 1:12
Divisore 1:12
Divisor por 12

Pin	Fl N	Fl LS
A	2	6,7
B	3	8,9

Pinout (DIP-14): A=14, 13, Q_A=12, Q_B=11, GND=10, Q_C=9, Q_D=8 (top); 1, 2, 3, 4, 5=U_S, 6=$R0_1$, 7=$R0_2$ (bottom); B at pin 1.

Count	Q_D	Q_C	Q_B	Q_A
0	L	L	L	L
1	L	L	L	H
2	L	L	H	L
3	L	L	H	H
4	L	H	L	L
5	L	H	L	H
6	H	L	L	L
7	H	L	L	H
8	H	L	H	L
9	H	L	H	H
10	H	H	L	L
11	H	H	L	H

Input R_{01}	Input R_{02}	Output Q_D	Q_C	Q_B	Q_A
H	H	L	L	L	L
L	X	Count			
X	L	Count			

7492	Typ - Type - Tipo		Hersteller Production Fabricants Produttori Fabricantes	Bild Fig. Fig. Sec 3	I_S &I_R mA	t_{PD} E→Q ns_{typ} ↓↕↑	t_{PD} E→Q ns_{max} ↓↕↑	Bem./Note f_T §f_Z &f_E MHz
0…70°C § 0…75°C	−40…85°C § −25…85°C	−55…125°C						
DM7492J		DM5492J	Nsc	14c	<39		18 18	32
DM7492N			Nsc	14a	<39		18 18	32
FJJ251			Phi,Sig,Val	14a				
FLJ171	§FLJ175		Sie	14a	26	12 10	18 16	§32
HD7492			Hit	14a	<39		18 18	32
M53292			Mit	14a	<39		18 18	32
MC7492J		MC5492J	Mot	14c				
MC7492N			Mot	14a				
MC7492W		MC5492W	Mot	14p				
MIC7492J	MIC6492J	MIC5492J	Itt	14c	25	60	100	§18
MIC7492N			Itt	14a	25	60	100	§18
N7492A			Mul,Phi,Sig	14a	31	60	100	§18
N7492F		S5492F	Mul,Phi,Sig	14c	31	60	100	§18
		S5492W	Mul,Phi,Sig	14n	31	60	100	§18
NC7492N			Nuc	14a	31	75		§18
SFC492E	§SFC492ET	SFC492EM	Nuc,Ses	14c	31	75		§18
SN7492AJ		SN5492AJ	Tix	14c	26	12 10	18 16	§32
SN7492AN			Tix	14a	26	12 10	18 16	§32
		SN5492AW	Tix	14n	26	12 10	18 16	§32
SW7492J			Stw	14c	31		100	
SW7492N			Stw	14a	31		100	
T7492B1			Sgs	14a	31	60	100	§18
T7492D1		T5492D2	Sgs	14c	31	60	100	§18
TD3492			Tos	14a	<39		18 18	32
TL7492N	§TL8492N		Aeg	14a	31	60	100	§18
US7492A		US5492A	Spr	14c	31		75	§18
US7492J		US5492J	Spr	14n	31		75	§18
ZN7492E			Fer	14a	31		100	§18
ZN7492F		ZN5492F	Fer	14q	31		100	§18
ZN7492AE			Fer	14a	26		50	
ZN7492AJ		ZN5492AJ	Fer	14c	26		50	
µPB222			Nip	14a	<39		18 18	32
7492DC		5492DM	Fch	14c	<39		18 18	32
7492FC		5492FM	Fch	14n	<39		18 18	32
7492PC			Fch	14a	<39		18 18	32

HC

7492	Typ		Hersteller	Bild	I_S	t_{PD}	t_{PD}	Bem.
MC74HC92J		MC54HC92J	Mot	14c				
MC74HC92N			Mot	14a				

7492	Typ - Type - Tipo		Hersteller Production Fabricants Produttori Fabricantes	Bild Fig. Fig. Sec 3	I_S &I_R mA	t_{PD} E→Q ns_{typ} ↓ ↕ ↑	t_{PD} E→Q ns_{max} ↓ ↕ ↑	Bem./Note f_T §f_Z &f_E MHz	7492	Typ - Type - Tipo		Hersteller Production Fabricants Produttori Fabricantes	Bild Fig. Fig. Sec 3	I_S &I_R mA	t_{PD} E→Q ns_{typ} ↓ ↕ ↑	t_{PD} E→Q ns_{max} ↓ ↕ ↑	Bem./Note f_T §f_Z &f_E MHz
0...70°C § 0...75°C	−40...85°C § −25...85°C	−55...125°C							0...70°C § 0...75°C	−40...85°C § −25...85°C	−55...125°C						
LS																	
DM74LS92J		DM54LS92J	Nsc	14c	<15		18 18	32									
DM74LS92N			Nsc	14a	<15		18 18	32									
HD74LS92			Hit	14a	<15		18 18	32									
M74LS92			Mit	14a	<15		18 18	32									
§SN74LS92J		SN54LS92J	Mot	14c	9	12 10	18 16	§32									
SN74LS92J		SN54LS92J	Tix	14c	9	12 10	18 16	§32									
§SN74LS92N			Mot	14a	9	12 10	18 16	§32									
SN74LS92N			Tix	14a	9	12 10	18 16	§32									
		SN54LS92W	Tix	14n	9	12 10	18 16	§32									
§SN74LS92W		SN54LS92W	Mot	14p	9	12 10	18 16	§32									
74LS92DC		54LS92DM	Fch	14c	9		18 16	32									
74LS92FC		54LS92FM	Fch	14p	9		18 16	32									
74LS92J		54LS92J	Ray	14c	<15		18 18	32									
74LS92PC			Fch	14a	9		18 16	32									

2-129

7493 / 1
Output: TP

4-Bit Binärzähler / 4-bit binary counter / Compteur binaire á 4 bits / Contatore binario di 4 bits / Contador binario de 4 bits

Pin	Fl N	LS
A	2	6,7
B	2	4,4

Pinout: A(14), Q0(13), Q3(12), (11), ⏚(10), Q1(9), Q2(8), (1), B(2), R0₁(3), R0₂(4), (5), Us(6), (7)

Count	Q3	Q2	Q1	Q0
0	L	L	L	L
1	L	L	L	H
2	L	L	H	L
3	L	L	H	H
4	L	H	L	L
5	L	H	L	H
6	L	H	H	L
7	L	H	H	H
8	H	L	L	L
9	H	L	L	H
10	H	L	H	L
11	H	L	H	H
12	H	H	L	L
13	H	H	L	H
14	H	H	H	L
15	H	H	H	H

Input		Output			
R_{01}	R_{02}	Q3	Q2	Q1	Q0
H	H	L	L	L	L
L	X	Count			
X	L	Count			

c

Typ - Type - Tipo 0…70°C §0…75°C	−40…85°C §−25…85°C	−55…125°C	Hersteller Production Fabricants Produttori Fabricantes	Bild Fig. Fig. Sec 3	I_S &I_R mA	t_{PD} E→Q ns_{typ} ↓ ↕ ↑	t_{PD} E→Q ns_{max} ↓ ↕ ↑	Bem./Note f_T §f_Z &f_E MHz
DM7493J		DM5493J	Nsc	14c	<39		18 18	32
DM7493N			Nsc	14a	<39		18 18	32
FJJ211			Phi,Sig,Val	14a				
FLJ181	§FLJ185		Sie	14a	26	12 10	18 16	§32
GFB7493			Rtc	14c	25,6		135	
HD7493			Hit	14a	<39		18 18	32
M53293			Mit	14a	<39		18 18	32
MC7493J		MC5493J	Mot	14c	32	20		
MC7493N			Mot	14a	32	20		
MC7493W		MC5493W	Mot	14p	32	20		
MIC7493J	MIC6493J	MIC5493J	Itt	14c	24	75	135	§18
MIC7493N			Itt	14a	24	75	135	§18
N7493A			Mul,Phi,Sig	14a	32	75	135	§18
N7493F		S5493F	Mul,Phi,Sig	14c	32	75	135	§18
		S5493W	Mul,Phi,Sig	14n	32	75	135	§18
NC7493N			Nuc	14a	31	75		§18
SFC493E	§SFC493ET	SFC493EM	Nuc,Ses	14c	31	75		§18
SN7493AJ		SN5493AJ	Tix	14c	26	12 10	18 16	§32
SN7493AN			Tix	14a	26	12 10	18 16	§32
		SN5493AW	Tix	14n	26	12 10	18 16	§32
SW7493N			Stw	14c	32		135	
SW7493N			Stw	14a	32		135	
T7493B1			Sgs	14a	32	75	135	§18
T7493D1		T5493D2	Sgs	14c	32	75	135	§18
TD3493			Tos	14a	<39		18 18	32
TL7493N	§TL8493N		Aeg	14a	32	75	135	§18
US7493A		US5493A	Spr	14c	31		135	§18
US7493J		US5493J	Spr	14n	31		135	§18
ZN7493E			Fer	14a	32		135	§18
ZN7493F		ZN5493F	Fer	14q	32		135	§18
ZN7493AE			Fer	14a	26	70		
ZN7493AJ		ZN5493AJ	Fer	14c	26	70		
µPB223			Nip	14a	<39		18 18	32
7493DC		5493DM	Fch	14c	<39		18 18	32
7493FC		5493FM	Fch	14n	<39		18 18	32
7493PC			Fch	14a	<39		18 18	32
MM74C93J		MM54C93J	Nsc	14c	50n	200 200	400 400	2
MM74C93N			Nsc	14a	50n	200 200	400 400	2
		MM54C93W	Nsc	14n	50n	200 200	400 400	2

7493 / 1 — 7493 / 2

4-Bit Binärzähler / 4-bit binary counter / Compteur binaire á 4 bits / Contatore binario di 4 bit / Contador binario de 4 bits

Output: TP

7493 / 1	Typ - Type - Tipo		Hersteller Production Fabricants Produttori Fabricantes	Bild Fig. Fig. Sec 3	I_S &I_R mA	t_{PD} E→Q ns$_{typ}$ ↓↑↑	t_{PD} E→Q ns$_{max}$ ↓↑↑	Bem./Note f_T §f_Z &f_E MHz
0...70°C § 0...75°C	−40...85°C § −25...85°C	−55...125°C						
HC								
MC74HC93J		MC54HC93J	Mot	14c				
MC74HC93N			Mot	14a				
LS								
DM74LS93J		DM54LS93J	Nsc	14c	<15		18 18	32
DM74LS93N			Nsc	14a	<15		18 18	32
HD74LS93			Hit	14a	<15		18 18	32
M74LS93			Mit	14a	<15		18 18	32
§SN74LS93J		SN54LS93J	Mot	14c	9	12 10	18 16	§32
SN74LS93J		SN54LS93J	Tix	14c	9	12 10	18 16	§32
§SN74LS93N			Mot	14a	9	12 10	18 16	§32
SN74LS93N			Tix	14a	9	12 10	18 16	§32
		SN54LS93W	Tix	14n	9	12 10	18 16	§32
§SN74LS93W		SN54LS93W	Mot	14p	9	12 10	18 16	§32
74LS93DC		54LS93DM	Fch	14c	9		18 16	32
74LS93FC		54LS93FM	Fch	14p	9		18 16	32
74LS93J		54LS93J	Ray	14c	<15		18 18	32
74LS93PC			Fch	14a	9		18 16	32

Count	Output			
	Q3	Q2	Q1	Q0
0	L	L	L	L
1	L	L	L	H
2	L	L	H	L
3	L	L	H	H
4	L	H	L	L
5	L	H	L	H
6	L	H	H	L
7	L	H	H	H
8	H	L	L	L
9	H	L	L	H
10	H	L	H	L
11	H	L	H	H
12	H	H	L	L
13	H	H	L	H
14	H	H	H	L
15	H	H	H	H

Pinout:
A(14) Q0(13) Q3(12) ⏚(11) Q2(10) Q1(9) B(8)
R0₁(1) R0₂(2) (3) (4) U$_S$(5) (6) (7)

Input		Output			
R$_{01}$	R$_{02}$	Q3	Q2	Q1	Q0
H	H	L	L	L	L
L	X	Count			
X	L	Count			

7493 / 2	Typ - Type - Tipo		Hersteller Production Fabricants Produttori Fabricantes	Bild Fig. Fig. Sec 3	I_S &I_R mA	t_{PD} E→Q ns$_{typ}$ ↓↑↑	t_{PD} E→Q ns$_{max}$ ↓↑↑	Bem./Note f_T §f_Z &f_E MHz
0...70°C § 0...75°C	−40...85°C § −25...85°C	−55...125°C						
DM74L93F		DM54L93F	Nsc	14q	3,6	400		§15
DM74L93J		DM54L93J	Nsc	14c	3,6	400		§15
DM74L93N			Nsc	14a	3,6	400		§15
SFC493LE		SFC493LEM	Nuc,Ses	14c	3,2		280	3
SN74L93J		SN54L93J	Tix	14c	3,2	280 280	450 450	§3
SN74L93N	§SN84L93N		Tix	14a	3,2	280 280	450 450	§3
		SN54L93T	Tix	14p	3,2	280 280	450 450	§3

7494
Output: TP

4-Bit Schieberegister mit parallelen NOR-Eing. u. seriellem Ausgang
4-bit shift register with parallel NOR-inputs and serial output
Registre de décalage á 4 bits, entrées parallèles NOR et sortie sériel
Registro scorrevole di 4 bit, entrate parallele NOR e uscita in serie
Registro de desplazamiento de 4 bits con entradas NOR en paralelo

FI (S1, S2) = 4

Pinout (16-pin): D0₁(16), S1(15), D1₁(14), D2₁(13), D3₁(12), R(11), SQ(10), (9), (8)T, SE(7), S2(6), U_S(5), D3₂(4), D2₂(3), D1₂(2), D0₂(1)

	Input				Intern			Out
R	S1	S2	T	SE	0	1	2	3 = SQ
H	L	L	X	X	L	L	L	L
X	H	L	X	X	D0₁	D1₁	D2₁	D3₁
X	L	H	X	X	D0₂	D1₂	D2₂	D3₂
L	L	L	↑	SE	→	→	→	

7494	Typ - Type - Tipo		Hersteller Production Fabricants Produttori Fabricantes	Bild Fig. Fig. Sec 3	I_S &I_R mA	t_{PD} E→Q ns_typ ↓↑ ↑↓	t_{PD} E→Q ns_max ↓↑ ↑↓	Bem./Note f_T §f_Z &f_E MHz
0...70°C § 0...75°C	−40...85°C § −25...85°C	−55...125°C						
MIC7494N			Itt	16a	35	25	40	10
SN7494J	§SN8494N	SN5494J	Tix	16c	35	25 25	40 40	10
SN7494N			Tix	16a	35	25 25	40 40	10
		SN5494W	Tix	16n	35	25 25	40 40	10
TL7494N	§TL8494N		Aeg	16a	35	25	40	10
7494DC		5494DM	Fch	16c	<58		40 40	10
7494FC		5494FM	Fch	16n	<58		40 40	10
7494PC			Fch	16a	<58		40 40	10

7494	Typ - Type - Tipo		Hersteller Production Fabricants Produttori Fabricantes	Bild Fig. Fig. Sec 3	I_S &I_R mA	t_{PD} E→Q ns_typ ↓↑ ↑↓	t_{PD} E→Q ns_max ↓↑ ↑↓	Bem./Note f_T §f_Z &f_E MHz
0...70°C § 0...75°C	−40...85°C § −25...85°C	−55...125°C						
FLJ231	§FLJ235		Sie	16a	35	25 25	40 40	10
MC7494J		MC5494J	Mot	16c	35	25 25	40 40	10
MC7494N			Mot	16a	35	25 25	40 40	10
MC7494W		MC5494W	Mot	16n	35	25 25	40 40	10
MIC7494J	MIC6494J	MIC5494J	Itt	16a	35	25	40	10

7495 / 1
Output: TP

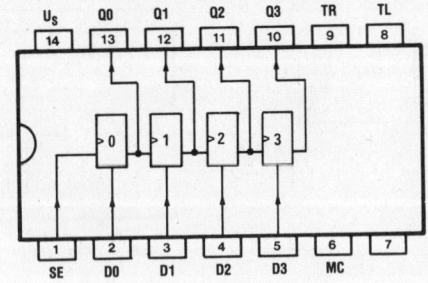

4-Bit Schieberegister mit parallelen Ein- und Ausgängen
4-bit shift register with parallel inputs and outputs
Registre de décalage á 4 bits, entrées et sorties parallèles
Registro scorrevole di 4 bit, entrate e uscite parallele
Registro de desplazamiento de 4 bits con entradas y salidas en paralelo

Pin layout: U_S 14, Q0 13, Q1 12, Q2 11, Q3 10, TR 9, TL 8, SE 1, D0 2, D1 3, D2 4, D3 5, MC 6, 7

Pin	Fl N	LS
MC	2	2
TL, TR	1	1,2

	Input			Output			
	MC	TL	TR	SE	Q0	Q1	Q2	Q3
*t_{n+1}	H	↓	X	X	D0	D1	D2	D3
t_n	H	H	X	X	$Q0_n$	$Q1_n$	$Q2_n$	$Q3_n$
**t_{n+1}	H	↓	X	X	↙	↙	↙	←D3
t_n	L	X	H	X	$Q0_n$	$Q1_n$	$Q2_n$	$Q3_n$
t_{n+1}	L	X	↓	SE	↙	↙	↙	↙

* Stellen
** Linksschieben, wenn Q1 mit D0, Q2 mit D1 und Q3 mit D2 verbunden ist
* Preset
** Shift left when Q1 connected to D0, Q2 to D1 and Q3 to D2
* Régler
** Pousser vers la gauche si Q1 est connexé à D0, Q2 à D1 et Q3 à D2
* Regolare
** Spostare verso sinistra se Q1 e collegato a D0, Q2 a D1 e Q3 a D2
* Ajuste
** Desplazar hacia la izquierda cuando Q1 esté unida a D0, Q2 a D1 y Q3 a D2

7495 / 1

Typ - Type - Tipo			Hersteller Production Fabricants Produttore Fabricantes	Bild Fig. Fig. Sec 3	I_S &I_R mA	t_{PD} E→Q ns_{typ} ↓ ↕ ↑	t_{PD} E→Q ns_{max} ↓ ↕ ↑	Bem./Note f_T §f_Z &f_E MHz
0...70°C § 0...75°C	−40...85°C § −25...85°C	−55...125°C						
D195C			Hfo	14c	<82		35 35	20
DM7495J		DM5495J	Nsc	14c	<63		32 32	25
DM7495N			Nsc	14a	<63		32 32	25
FLJ191	§FLJ195		Sie	14a	39	21 18	32 27	25
HD7495			Hit	14a	<63		32 32	25
M53295			Mit	14a	<63		32 32	25
MC7495J		MC5495J	Mot	14c				
MC7495N			Mot	14a				
MC7495W		MC5495W	Mot	14p				
MIC7495J	MIC6495J	MIC5495J	Itt	14c	40	24 26	35 35	31
MIC7495N			Itt	14a	40	24 26	35 35	31
SN7495AJ		SN5495AJ	Tix	14c	39	21 18	32 27	25
SN7495AN			Tix	14a	39	21 18	32 27	25
		SN5495AW	Tix	14n	39	21 18	32 27	25
TD3495			Tos	14a	<63		32 32	25
TL7495N	§TL8495N		Aeg	14a	39	18 21	27 32	36
μPB226			Nip	14a	<63		32 32	25
7495DC		5495DM	Fch	14c	<63		32 32	25
7495FC		5495FM	Fch	14n	<63		32 32	25
7495PC			Fch	14a	<63		32 32	25
1TR551			Su	14a	<80		35 35	20
C								
MM74C95J		MM54C95J	Nsc	14c	50n	200 200	400 400	3
MM74C95N			Nsc	14a	50n	200 200	400 400	3
		MM54C95W	Nsc	14n	50n	200 200	400 400	3
LS								
HD74LS95			Hit	14a	<21		32 32	25
M74LS95			Mit	14a	<21		32 32	25
§SN74LS95J		SN54LS95J	Mot	14c				
§SN74LS95N			Mot	14a				
§SN74LS95W		SN54LS95W	Mot	14p				
SN74LS95J		SN54LS95J	Tix	14c	10	35 30	48 45	28
SN74LS95N			Tix	14a	10	35 30	48 45	28
		SN54LS95W	Tix	14n	10	35 30	48 45	28
74LS95J		54LS95J	Ray	14c	<21		32 32	25
74LS95BDC		54LS95BDM	Fch	14c	13	18 20	27 27	30
74LS95BFC		54LS95BFM	Fch	14p	13	18 20	27 27	30
74LS95BPC			Fch	14a	13	18 20	27 27	30

7495 / 2
Output: TP

4-Bit Schieberegister mit parallelen Ein- und Ausgängen
4-bit shift register with parallel inputs and outputs
Registre de décalage á 4 bits, entrées et sorties parallèles
Registro scorrevole di 4 bit, entrate e uscite parallele
Registro de desplazamiento de 4 bits con entradas y salidas en paralelo

FI (MC) = 2

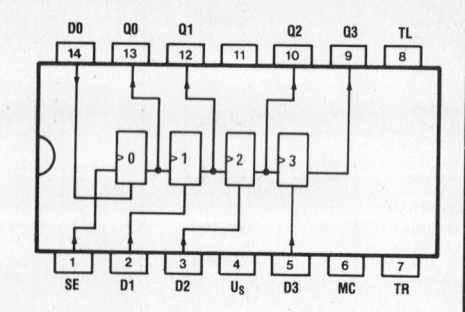

Pinout: 14=D0, 13=Q0, 12=Q1, 11=Q2, 10=Q3, 9=TL, 8=(nc); 1=SE, 2=D1, 3=D2, 4=U_S, 5=D3, 6=MC, 7=TR

	Input				Output			
	MC	TL	TR	SE	Q0	Q1	Q2	Q3
*t_{n+1}	H	↓	X	X	D0	D1	D2	D3
t_n	H	H	X	X	$Q0_n$	$Q1_n$	$Q2_n$	$Q3_n$
**t_{n+1}	H	↓	X	X	←D3			
t_n	L	X	H	X	$Q0_n$	$Q1_n$	$Q2_n$	$Q3_n$
t_{n+1}	L	X	↓	SE				

* Stellen
** Links schieben, wenn Q1 mit D0, Q2 mit D1 und Q3 mit D2 verbunden ist
* Preset
** Shift left when Q1 connected to D0, Q2 to D1 and Q3 to D2
* Régler
** Pousser vers la gauche si Q1 est connexé à D0, Q2 à D1 et Q3 à D2
* Regolare
** Spostare verso sinistra se Q1 e collegato a D0, Q2 a D1 e Q3 a D2
* Ajuste
** Desplazar hacia la izquierda cuando Q1 esté unida a D0, Q2 a D1 y Q3 a D2

7495 / 2	Typ - Type - Tipo		Hersteller Production Fabricants Produttori Fabricantes	Bild Fig. Fig. Sec	I_S &I_R	t_{PD} E→Q ns_{typ}	t_{PD} E→Q ns_{max}	Bem./Note f_T §f_Z &f_E
0…70°C § 0…75°C	−40…85°C § −25…85°C	−55…125°C		3	mA	↓ ↑ ↑	↓ ↑ ↑	MHz
SN74L95J		SN54L95J	Tix	14c	3,8	125 115	200 200	3
SN74L95N	§SN84L95N		Tix	14a	3,8	125 115	200 200	3
		SN54L95T	Tix	14p	3,8	125 115	200 200	3

7495 / 3
Output: TP

4-Bit Schieberegister mit parallelen Ein- und Ausgängen
4-bit shift register with parallel inputs and outputs
Registre de décalage á 4 bits, entrées et sorties parallèles
Registro scorrevole di 4 bit, entrate e uscite parallele
Registro de desplazamiento de 4 bits con entradas y salidas en paralelo

Pin	FI N	FI LS
MC	2	2
TL,TR	1	1,2

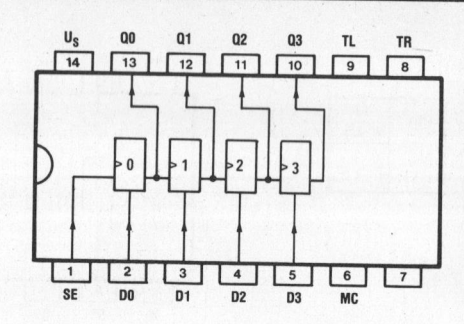

Pinout: 14=U_S, 13=Q0, 12=Q1, 11=Q2, 10=Q3, 9=TL, 8=TR; 1=SE, 2=D0, 3=D1, 4=D2, 5=D3, 6=MC, 7=(nc)

	Input				Output			
	MC	TL	TR	SE	Q0	Q1	Q2	Q3
*t_{n+1}	H	↓	X	X	D0	D1	D2	D3
t_n	H	H	X	X	$Q0_n$	$Q1_n$	$Q2_n$	$Q3_n$
**t_{n+1}	H	↓	X	X	←D3			
t_n	L	X	H	X	$Q0_n$	$Q1_n$	$Q2_n$	$Q3_n$
t_{n+1}	L	X	↓	SE				

* Stellen
** Links schieben, wenn Q1 mit D0, Q2 mit D1 und Q3 mit D2 verbunden ist
* Preset
** Shift left when Q1 connected to D0, Q2 to D1 and Q3 to D2
* Régler
** Pousser vers la gauche si Q1 est connexé à D0, Q2 à D1 et Q3 à D2
* Regolare
** Spostare verso sinistra se Q1 e collegato a D0, Q2 a D1 e Q3 a D2
* Ajuste
** Desplazar hacia la izquierda cuando Q1 esté unida a D0, Q2 a D1 y Q3 a D2

7495 / 3	Typ - Type - Tipo		Hersteller Production Fabricants Produttori Fabricantes	Bild Fig. Fig. Sec	I_S &I_R	t_{PD} E→Q ns_{typ}	t_{PD} E→Q ns_{max}	Bem./Note f_T §f_Z &f_E
0…70°C § 0…75°C	−40…85°C § −25…85°C	−55…125°C		3	mA	↓ ↑ ↑	↓ ↑ ↑	MHz
SN74AS95FN		SN54AS95FH	Tix	cc	26		10,5 11	100
		SN54AS95J	Tix	cc	26		9,5 10	100
			Tix	14c	26		10,5 11	100
SN74AS95N			Tix	14a	26		9,5 10	100

7496
Output: TP

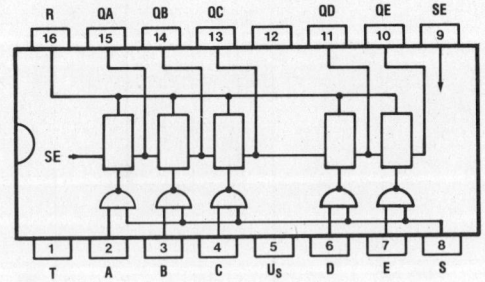

5-Bit Schieberegister mit parallelen Ein- und Ausgängen
5-bit shift register with parallel inputs and outputs
Registre de décalage á 5 bits, entrées et sorties parallèles
Registro scorrevole di 5 bit, entrate e uscite parallele
Registro desplazamiento de 5 bits con entradas y salidas en paralelo

Pinout (top view): R(16), QA(15), QB(14), QC(13), QD(12), QE(11), SE(10) — wait, re-reading: R 16, QA 15, QB 14, QC 13, QD 11, QE 10, SE 9; pins 1–8: T, A, B, C, U_S, D, E, S

$FI(A,B,C,D,E,S) = N: 5$
$\qquad L: 22$
$\qquad LS: 5,5$

	7496	Typ - Type - Tipo		Hersteller Production Fabricants Produttori Fabricantes	Bild Fig. Fig. Sec 3	I_S &I_R mA	t_{PD} $E \to Q$ ns_{typ} ↓ ↕ ↑	t_{PD} $E \to Q$ ns_{max} ↓ ↕ ↑	Bem./Note f_T §f_Z &f_E MHz
	0...70°C § 0...75°C	−40...85°C § −25...85°C	−55...125°C						
	DM7496J		DM5496J	Nsc	16c	<79		40 40	10
	DM7496N			Nsc	16a	<79		40 40	10
	FJJ241			Phi,Sig,Val	16a				
	FLJ261	§FLJ265		Sie	16a	48	25 25	40 40	
	HD7496			Hit	16a	<79		40 40	10
	M53296			Mit	16a	<79		40 40	10
	MC7496J		MC5496J	Mot	16c	48	25 25	40 40	
	MC7496N			Mot	16a	48	25 25	40 40	
	MC7496W		MC5496W	Mot	16n	48	25 25	40 40	
	MIC7496J	MIC6496J	MIC5496J	Itt	16c	43	25 25	40 40	10
	MIC7496N			Itt	16a	43	25 25	40 40	10
	SN7496J		SN5496J	Tix	16c	48	25 25	40 40	
	SN7496N	§SN8496N		Tix	16a	48	25 25	40 40	
			SN5496W	Tix	16n	48	25 25	40 40	
	TL7496N	§TL8496N		Aeg	16a	48	25 25	40 40	10
	7496DC		5496DM	Fch	16c	<79		40 40	10
	7496FC		5496FM	Fch	16n	<79		40 40	10
	7496PC			Fch	16a	<79		40 40	10
L									
	SN74L96J		SN54L96J	Tix	16c	24	50 50	80 80	
	SN74L96N	§SN84L96N		Tix	16a	24	50 50	80 80	
LS									
	HD74LS96			Hit	16a	<20		40 40	10
	M74LS96			Mit	16a	<20		40 40	10
	SN74LS96J		SN54LS96J	Tix	16c	12	25 25	40 40	
	SN74LS96N			Tix	16a	12	25 25	40 40	
			SN54LS96W	Tix	16n	12	25 25	40 40	

Input								Output				
R	S	A	B	C	D	E	T	SE	QA	QB	QC	QD	QE
L	L	X	X	X	X	X	X	X	L	L	L	L	L
L	X	L	L	L	L	L	X	X	L	L	L	L	L
H	H	H	H	H	H	H	X	X	H	H	H	H	H
H	H	L	L	L	L	L	L	X	QA_0	QB_0	QC_0	QD_0	QE_0
H	L	X	X	X	X	X	L	X	QA_0	QB_0	QC_0	QD_0	QE_0
H	L	X	X	X	X	X	↑	SE	→	→	→	→	→

2-135

7497
Output: TP

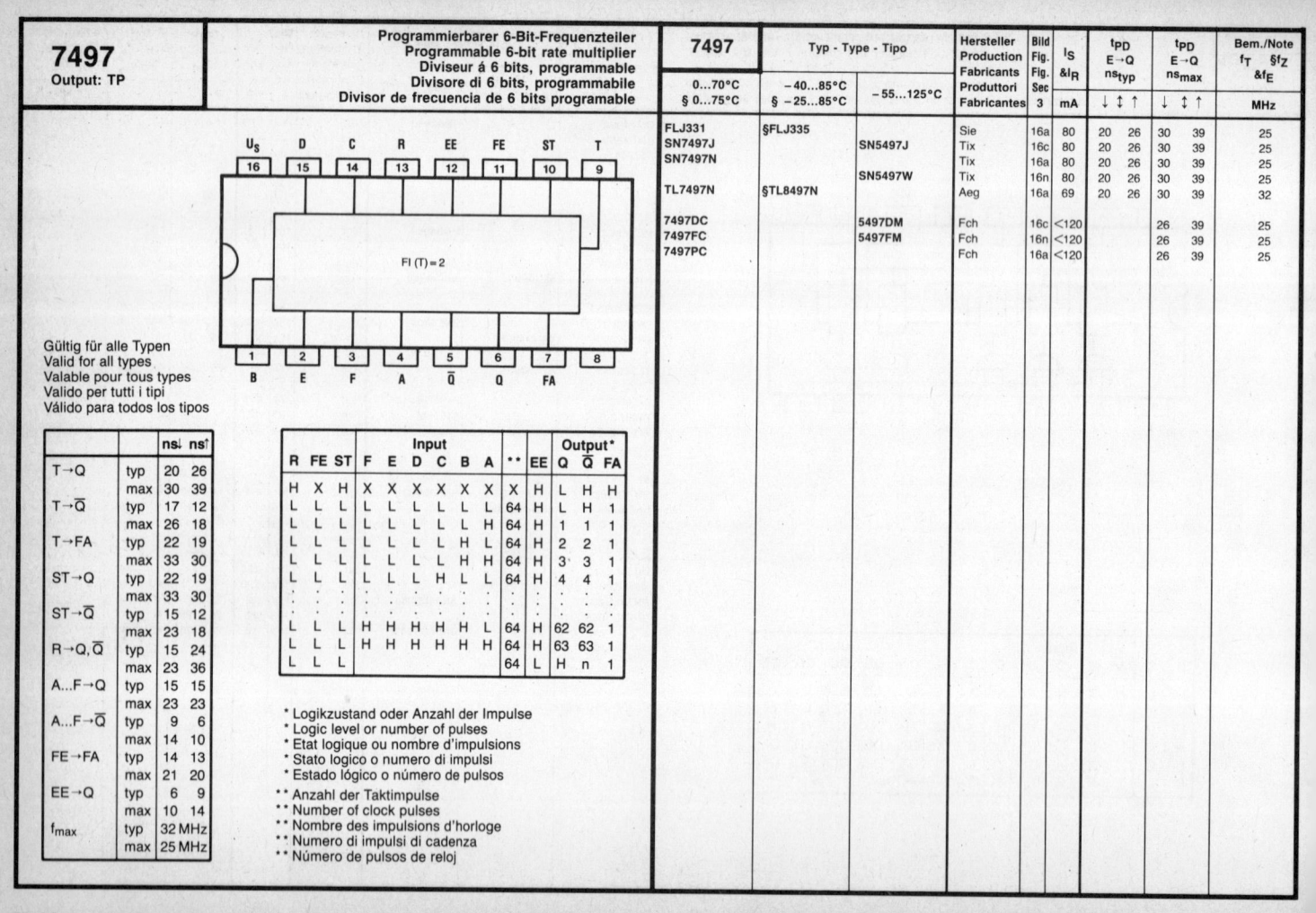

Programmierbarer 6-Bit-Frequenzteiler
Programmable 6-bit rate multiplier
Diviseur á 6 bits, programmable
Divisore di 6 bits, programmabile
Divisor de frecuencia de 6 bits programable

Pinout (DIP-16):
- Pin 16: U_S
- Pin 15: D
- Pin 14: C
- Pin 13: R
- Pin 12: EE
- Pin 11: FE
- Pin 10: ST
- Pin 9: T
- Pin 1: B
- Pin 2: E
- Pin 3: F
- Pin 4: A
- Pin 5: $\overline{Q}$
- Pin 6: Q
- Pin 7: FA

FI (T) = 2

7497		Typ - Type - Tipo		Hersteller Production Fabricants Produttori Fabricantes	Bild Fig. Fig. Fig. Sec 3	I_S & I_R mA	t_{PD} E→Q ns$_{typ}$ ↓ ↑ ↑	t_{PD} E→Q ns$_{max}$ ↓ ↑ ↑	Bem./Note f_T §f_Z &f_E MHz
0…70°C § 0…75°C	−40…85°C § −25…85°C	−55…125°C							
FLJ331	§FLJ335		Sie	16a	80	20 26	30 39	25
SN7497J		SN5497J	Tix	16c	80	20 26	30 39	25
SN7497N			Tix	16a	80	20 26	30 39	25
		SN5497W	Tix	16n	80	20 26	30 39	25
TL7497N	§TL8497N		Aeg	16a	69	20 26	30 39	32
7497DC		5497DM	Fch	16c	<120		26 39	25
7497FC		5497FM	Fch	16n	<120		26 39	25
7497PC			Fch	16a	<120		26 39	25

Gültig für alle Typen
Valid for all types
Valable pour tous types
Valido per tutti i tipi
Válido para todos los tipos

		ns↓	ns↑
T→Q	typ	20	26
	max	30	39
T→$\overline{Q}$	typ	17	12
	max	26	18
T→FA	typ	22	19
	max	33	30
ST→Q	typ	22	19
	max	33	30
ST→$\overline{Q}$	typ	15	12
	max	23	18
R→Q,$\overline{Q}$	typ	15	24
	max	23	36
A…F→Q	typ	15	15
	max	23	23
A…F→$\overline{Q}$	typ	9	6
	max	14	10
FE→FA	typ	14	13
	max	21	20
EE→Q	typ	6	9
	max	10	14
f_{max}	typ	32 MHz	
	max	25 MHz	

Input										Output*		
R	FE	ST	F	E	D	C	B	A	**	EE	Q	$\overline{Q}$	FA
H	X	H	X	X	X	X	X	X	X	H	L	H	H
L	L	L	L	L	L	L	L	L	64	H	L	H	1
L	L	L	L	L	L	L	L	H	64	H	1	1	1
L	L	L	L	L	L	L	H	L	64	H	2	2	1
L	L	L	L	L	L	L	H	H	64	H	3	3	1
L	L	L	L	L	L	H	L	L	64	H	4	4	1
.	.	.	.	.	.	.	.	.	.	.	.	.	.
.	.	.	.	.	.	.	.	.	.	.	.	.	.
L	L	L	H	H	H	H	H	L	64	H	62	62	1
L	L	L	H	H	H	H	H	H	64	H	63	63	1
L	L	L							64	L	H	n	1

* Logikzustand oder Anzahl der Impulse
* Logic level or number of pulses
* Etat logique ou nombre d'impulsions
* Stato logico o numero di impulsi
* Estado lógico o número de pulsos

** Anzahl der Taktimpulse
** Number of clock pulses
** Nombre des impulsions d'horloge
** Numero di impulsi di cadenza
** Número de pulsos de reloj

| **7498** Output: TP | 4 Multiplexer 2-zu-1 mit Zwischenspeicher
4 multiplexers 2-line-to-1-line with storage register
4 multiplexeurs 2 á 1 avec mémoire
4 multiplatori 2 a 1 con memoria
4 multiplexadores de 2 a 1 con registro intermedio | **7499** Output: TP | 4-Bit Schieberegister mit parallelen Ein- und Ausgängen
4-bit shift register with parallel inputs and outputs
Registre de décalage à 4 bits, entrées et sorties parallèles
Registro scorrevole di 4 bit, entrate e uscite parallele
Registro desplazamiento de 4 bits con entradas y salidas en paralelo |

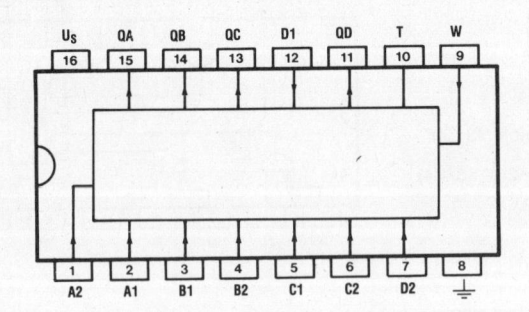

Pinout 7498: U_S(16) QA(15) QB(14) QC(13) D1(12) QD(11) T(10) W(9) / A2(1) A1(2) B1(3) B2(4) C1(5) C2(6) (7=GND)

Taktimpuls · L'impulsion d'horloge · Clock pulse
Impulso di cadenza · Pulso del reloj

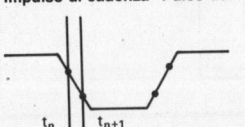

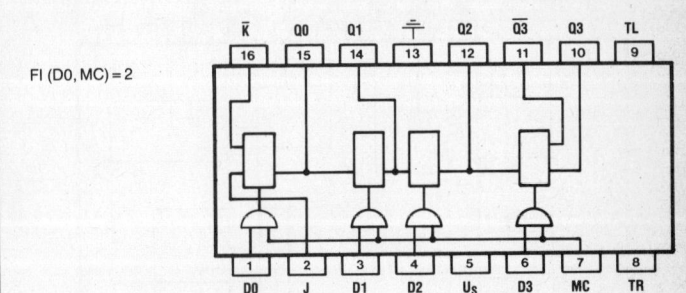

In	Output			
t_n	t_{n+1}			
W	QA	QB	QC	QD
L	A1	B1	C1	D1
H	A2	B2	C2	D2

7499: FI (D0, MC) = 2

Pinout 7499: $\overline{K}$(16) Q0(15) Q1(14) ⏚(13) Q2(12) $\overline{Q3}$(11) Q3(10) TL(9) / D0(1) J(2) D1(3) D2(4) U_S(5) D3(6) MC(7) TR(8)

	Input				Output				
	MC	TL	TR	J	$\overline{K}$	Q0	Q1	Q2	Q3	$\overline{Q3}$
t_n	H	H	X	X	X	$Q0_n$	$Q1_n$	$Q2_n$	$Q3_n$	$\overline{Q3_n}$
*t_{n+1}	H	↓	X	X	X	D0	D1	D2	D3	$\overline{D3}$
**t_{n+1}	H	↓	X	X	X	$Q1_n$	$Q2_n$	$Q3_n$	D3	$\overline{D3}$
t_n	L	L	H	X	X	$Q0_n$	$Q1_n$	$Q2_n$	$Q3_n$	$\overline{Q3_n}$
t_{n+1}	L	X	↓	L	L	$Q0_n$	$Q0_n$	$Q1_n$	$Q2_n$	$\overline{Q2_n}$
t_{n+1}	L	X	↓	L	H	L	$Q0_n$	$Q1_n$	$Q2_n$	$\overline{Q2_n}$
t_{n+1}	L	X	↓	H	H	H	$Q0_n$	$Q1_n$	$Q2_n$	$\overline{Q2_n}$
t_{n+1}	L	X	↓	H	L	$Q0_n$	$Q0_n$	$Q1_n$	$Q2_n$	$\overline{Q2_n}$

* Parallel laden / Parallel load / Charger parallèlement / Immissione parallelo / Ajuste

** Linksschieben, wenn QB mit A, QC mit B und QD mit C verbunden ist / Shift left when QB connected to A, QC to B and QD to C / Décaler vers à gauche si QB est connexé à A, QC à B et QD à C / Spostare verso sinistra se QB e collegato con A, QC con B e QD con C / Desplazar hacia la izquierda cuando QB esté unida a A, QC a B y QD a C

7498	Typ - Type - Tipo		Hersteller Production Fabricants Produttori Fabricantes	Bild Fig. Fig. Sec	I_S &I_R	t_{PD} E→Q ns_{typ}	t_{PD} E→Q ns_{max}	Bem./Note f_T §f_Z &f_E
0...70°C § 0...75°C	–40...85°C § –25...85°C	–55...125°C		3	mA	↓ ↑ ↑	↓ ↑ ↑	MHz
SN74L98J		SN54L98J	Tix	16c	5	125 115	200 200	3
SN74L98N	§SN84L98N		Tix	16a	5	125 115	200 200	3
SN74L98J	§SN84L98N	SN54L98J	Tix	16a	5	125 115	200 200	3

7499	Typ - Type - Tipo		Hersteller Production Fabricants Produttori Fabricantes	Bild Fig. Fig. Sec	I_S &I_R	t_{PD} E→Q ns_{typ}	t_{PD} E→Q ns_{max}	Bem./Note f_T §f_Z &f_E
0...70°C § 0...75°C	–40...85°C § –25...85°C	–55...125°C		3	mA	↓ ↑ ↑	↓ ↑ ↑	MHz
SN74L99J		SN54L99J	Tix	16c	3,8	125 115	200 200	3
SN74L99N	§SN84L99N		Tix	16a	3,8	125 115	200 200	3

74100
Output: TP

8 D-Latches
8 D-type latches
8 D-Latches
8 Latches tipo D
8 registros-latch tipo D

74101 / 1
Output: TP

Negativ flankengetriggertes JK-Flipflop
Negative edge-triggered JK-flip-flop
Flip-flop JK déclenché á flanc negatif
Flipflop JK scattato dal fianco negativo
Flipflop JK disparado por flancos negativos

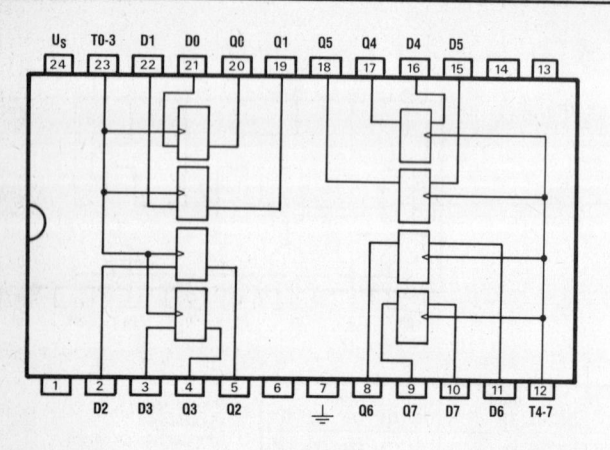

Pinout 74100: U_S 24, T0-3 23, D1 22, D0 21, Q0 20, Q1 19, Q5 18, Q4 17, D4 16, D5 15, D3 14, (GND) 13 / 1, D2 2, D3 3, Q3 4, Q2 5, (6), ⏚ 7, Q6 8, Q7 9, D7 10, D6 11, T4-7 12

Pin	Fl
D	2
T	8

Pinout 74101: U_S 14, T 13, K1 12, K2 11, K3 10, K4 9, Q̄ 8 / J1 1, J2 2, J3 3, J4 4, S 5, Q 6, ⏚ 7

Pin	Fl
S	2
T	2,4

$J = (J1 \cdot J2) + (J3 \cdot J4)$

$K = (K1 \cdot K2) + (K3 \cdot K4)$

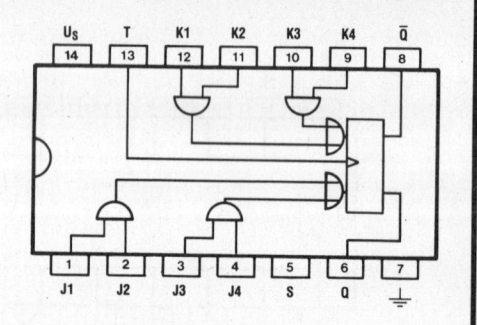

T	D	Q
L	X	Q0
H	L	L
H	H	H

Input			Output	
t_n			t_{n+1}	
S	J	K	Q	Q̄
L	X	X	H	L
H	L	L	Q_n	$\bar{Q}_n$
H	L	H	L	H
H	H	L	H	L
H	H	H	$\bar{Q}_n$	Q_n

Taktimpuls · L'impulsion d'horloge · Clock pulse
Impulso di cadenza · Pulso del reloj

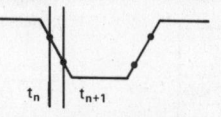

t_n | t_{n+1}

74100	Typ - Type - Tipo		Hersteller Production Fabricants Produttori Fabricantes	Bild Fig. Fig. Sec 3	I_S &I_R mA	t_{PD} E→Q ns_typ ↓ ↑	t_{PD} E→Q ns_max ↓ ↑	Bem./Note f_T §f_Z &f_E MHz
0...70°C § 0...75°C	−40...85°C § −25...85°C	−55...125°C						
FLJ301	§FLJ305		Sie	24a	64	14 16	25 30	
N74100F		S54100F	Mul,Phi,Sig	24d	64	14 16	25 30	
		S54100Q	Mul,Phi,Sig	24q	64	14 16	25 30	
SN74100J		SN54100J	Tix	24d	64	14 16	25 30	
SN74100N	§SN84100N		Tix	24g	64	14 16	25 30	
SN74100NT								
TL74100N	§TL84100N	SN54100W	Tix	24a	64	14 16	25 30	
			Tix	24n	64	14 16	25 30	
			Aeg	24g	64	14 16	25 30	

74101 / 1	Typ - Type - Tipo		Hersteller Production Fabricants Produttori Fabricantes	Bild Fig. Fig. Sec 3	I_S &I_R mA	t_{PD} E→Q ns_typ ↓ ↑	t_{PD} E→Q ns_max ↓ ↑	Bem./Note f_T §f_Z &f_E MHz
0...70°C § 0...75°C	−40...85°C § −25...85°C	−55...125°C						
N74H101A			Mul,Phi,Sig	14a	20	16 10	20 15	
N74H101F		S54H101F	Mul,Phi,Sig	14c	20	16 10	20 15	
SN74H101J		SN54H101J	Tix	14c	20	16 10	20 15	
SN74H101N			Tix	14a	20	16 10	20 15	

74101 / 2
Output: TP

Negativ flankengetriggertes JK-Flipflop
Negative edge-triggered JK-flip-flop
Flip-flop JK déclenché á flanc negatif
Flipflop JK scattato dal fianco negativo
Flipflop JK disparado por flancos negativos

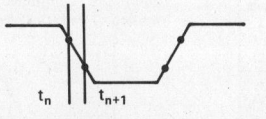

74102 / 1
Output: TP

Negativ flankengetriggertes JK-Flipflop
Negative edge-triggered JK-flip-flop
Flip-flop JK déclenché á flanc negatif
Flipflop JK scattato dal fianco negativo
Flipflop JK disparado por flancos negativos

74101/2

Pins: K1=14, K2=13, $\overline{Q}$=12, ⏚=11, Q=10, S=9, J4=8
Pins bottom: K3=1, K4=2, T=3, U_S=4, J1=5, J2=6, J3=7

Pin	Fl
S	2
T	2,4

$J = (J1 \cdot J2) + (J3 \cdot J4)$

$K = (K1 \cdot K2) + (K3 \cdot K4)$

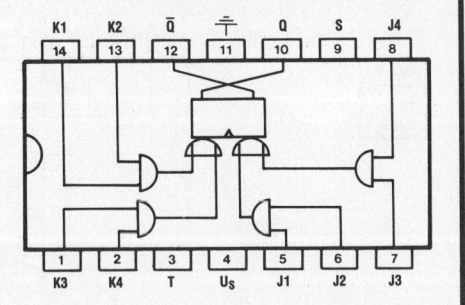

Input t_n			Output t_{n+1}	
S	J	K	Q	$\overline{Q}$
L	X	X	H	L
H	L	L	Q_n	$\overline{Q}_n$
H	H	L	H	L
H	L	H	L	H
H	H	H	$\overline{Q}_n$	Q_n

Taktimpuls · L'impulsion d'horloge · Clock pulse
Impulso di cadenza · Pulso del reloj

t_n ... t_{n+1}

74102/1

Pins: U_S=14, S=13, T=12, K1=11, K2=10, K3=9, Q=8
Pins bottom: R=1, J1=2, J2=3, J3=4, 5, $\overline{Q}$=6, ⏚=7

Pin	Fl
R,S	2
T	2,4

$J = J1 \cdot J2 \cdot J3$

$K = K1 \cdot K2 \cdot K3$

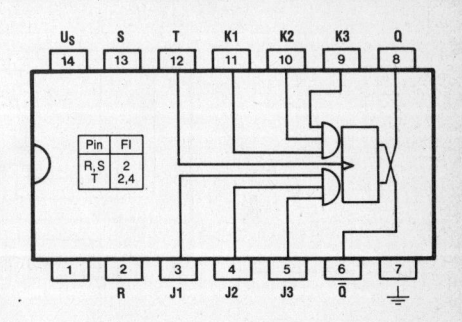

Input t_n					Output t_{n+1}	
S	R	J	K	Q	$\overline{Q}$	
L	H	X	X	H	L	
H	L	X	X	L	H	
L	L	X	X	*	*	
H	H	L	L	Q_n	$\overline{Q}_n$	
H	H	H	L	H	L	
H	H	L	H	L	H	
H	H	H	H	$\overline{Q}_n$	Q_n	

* Dieser Zustand ist nicht stabil
* This state is not stable
* Cet état n'est pas stable
* Questo stato non e stabile
* Este estado no es estable

Taktimpuls · L'impulsion d'horloge · Clock pulse
Impulso di cadenza · Pulso del reloj

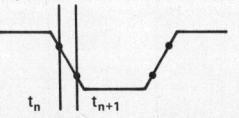

t_n ... t_{n+1}

74101 / 2	Typ - Type - Tipo			Hersteller Production Fabricants Produttori Fabricantes	Bild Fig. Fig. Sec 3	I_S &I_R mA	t_{PD} E→Q ns_{typ} ↓ ↑ ↑			t_{PD} E→Q ns_{max} ↓ ↑ ↑			Bem./Note f_T §f_Z &f_E MHz
0...70°C § 0...75°C	−40...85°C § −25...85°C	−55...125°C											
		S54H101W SN54H101W		Mul,Phi,Sig Tix	14n 14n	20 20	16 16	10 10		20 20	15 15		

74102 / 1	Typ - Type - Tipo			Hersteller Production Fabricants Produttori Fabricantes	Bild Fig. Fig. Sec 3	I_S &I_R mA	t_{PD} E→Q ns_{typ} ↓ ↑ ↑			t_{PD} E→Q ns_{max} ↓ ↑ ↑			Bem./Note f_T §f_Z &f_E MHz
0...70°C § 0...75°C	−40...85°C § −25...85°C	−55...125°C											
N74H102A N74H102F SN74H102J SN74H102N		S54H102F SN54H102J		Mul,Phi,Sig Mul,Phi,Sig Tix Tix	14a 14c 14c 14a	20 20 20 20	16 16 16 16	10 10 10 10		20 20 20 20	15 15 15 15		

74102 / 2
Output: TP

Negativ flankengetriggertes JK-Flipflop
Negative edge-triggered JK-flip-flop
Flip-flop JK déclenché á flanc negatif
Flipflop JK scattato dal fianco negativo
Flipflop JK disparado por flancos negativos

Pin	Fl
R, S	2
T	2,4

$J = J1 \cdot J2 \cdot J3$

$K = K1 \cdot K2 \cdot K3$

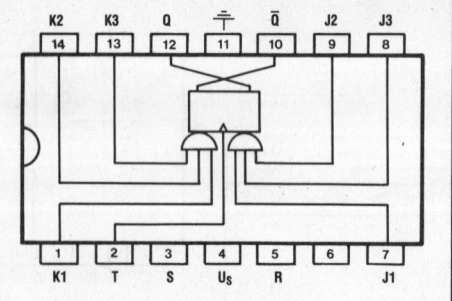

Pinout (DIP-14): K2(14) K3(13) Q(12) ⏚(11) Q̄(10) J2(9) J3(8) / K1(1) T(2) S(3) U$_S$(4) R(5) (6) J1(7)

Input t_n				Output t_{n+1}	
S	R	J	K	Q	Q̄
L	H	X	X	H	L
H	L	X	X	L	H
L	L	X	X	*	*
H	H	L	L	Q_n	$\bar{Q}_n$
H	H	H	L	H	L
H	H	L	H	L	H
H	H	H	H	$\bar{Q}_n$	Q_n

* Dieser Zustand ist nicht stabil
* This state is not stable
* Cet état n'est pas stable
* Questo stato non e stabile
* Este estado no es estable

Taktimpuls · L'impulsion d'horloge · Clock pulse
Impulso di cadenza · Pulso del reloj

(t_n, t_{n+1})

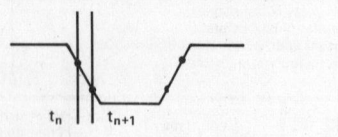

74103
Output: TP

Negativ flankengetriggerte JK-Flipflops
Negative edge-triggered JK-flip-flops
Flip-flop JK déclenché á flanc negatif
Flipflop JK scattato dal fianco negativo
Flipflops JK disparados por flancos negativos

Pin	Fl
R	2
T	2,4

Pinout (DIP-14): J(14) Q̄(13) Q(12) ⏚(11) K(10) Q(9) Q̄(8) / T(1) R(2) K(3) U$_S$(4) T(5) R(6) J(7)

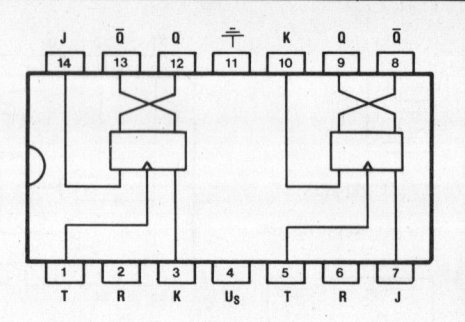

Input t_n			Output t_{n+1}	
R	J	K	Q	Q̄
L	X	X	L	H
H	L	L	Q_n	$\bar{Q}_n$
H	H	L	H	L
H	L	H	L	H
H	H	H	$\bar{Q}_n$	Q_n

Taktimpuls · L'impulsion d'horloge · Clock pulse
Impulso di cadenza · Pulso del reloj

(t_n, t_{n+1})

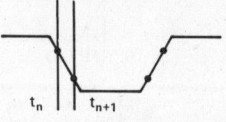

74102 / 2	Typ - Type - Tipo		Hersteller Production Fabricants Produttori Fabricantes	Bild Fig. Fig. Sec 3	I_S &I_R mA	t_{PD} E→Q ns$_{typ}$ ↓ ↕ ↑	t_{PD} E→Q ns$_{max}$ ↓ ↕ ↑	Bem./Note f_T §f_Z &f_E MHz
0...70°C § 0...75°C	−40...85°C § −25...85°C	−55...125°C						
		S54H102W SN54H102W	Mul,Phi,Sig Tix	14n 14n	20 20	16 10 16 10	20 15 20 15	

74103	Typ - Type - Tipo		Hersteller Production Fabricants Produttori Fabricantes	Bild Fig. Fig. Sec 3	I_S &I_R mA	t_{PD} E→Q ns$_{typ}$ ↓ ↕ ↑	t_{PD} E→Q ns$_{max}$ ↓ ↕ ↑	Bem./Note f_T §f_Z &f_E MHz
0...70°C § 0...75°C	−40...85°C § −25...85°C	−55...125°C						
N74H103A N74H103F SN74H103J SN74H103N		S54H103F S54H103W SN54H103J	Mul,Phi,Sig Mul,Phi,Sig Mul,Phi,Sig Tix Tix	14a 14c 14c 14a	40 40 40 40	16 10 16 10 16 10 16 10	20 15 20 15 20 15 20 15	
		SN54H103W	Tix	14n	40	16 10	20 15	

74104
Output: TP

JK Master Slave Flipflop
JK master slave flip-flop
JK-Master-Slave-Flip-flop
Flipflop JK Master Slave
Flipflop JK master-slave

Pin	Fl
R,S	3
JK	2

$J = J1 \cdot J2 \cdot J3$

$K = K1 \cdot K2 \cdot K3$

Pin layout (top, left to right): U_S(14) R(13) J3(12) K2(11) K1(10) T(9) $\overline{Q}$(8)
Pin layout (bottom): JK(1) S(2) K3(3) J1(4) J2(5) Q(6) ⏚(7)

Input t_n				Output t_{n+1}	
S	R	J	K	Q	$\overline{Q}$
L	H	X	X	H	L
H	L	X	X	L	H
L	L	X	X	H*	H*
H	H	X	L	Q_n	$\overline{Q}_n$
H	H	L	X	Q_n	$\overline{Q}_n$
H	H	H	L	H	L
H	H	L	H	L	H
H	H	H	H	$\overline{Q}_n$	Q_n

* Dieser Zustand ist nicht stabil
* This state is not stable
* Cet état n'est pas stable
* Questo stato non e stabile
* Este estado no es estable

Taktimpuls · L'impulsion d'horloge · Clock pulse
Impulso di cadenza · Pulso del reloj

74104	Typ - Type - Tipo		Hersteller Production Fabricants Produttori Fabricantes	Bild Fig. Fig. Sec 3	I_S &I_R mA	t_{PD} E→Q ns$_{typ}$ ↓ ↕ ↑	t_{PD} E→Q ns$_{max}$ ↓ ↕ ↑	Bem./Note f_T §f_Z &f_E MHz
0...70°C § 0...75°C	−40...85°C § −25...85°C	−55...125°C						
TL74104N	§TL84104N	SN54104W	Tix	14n	15	16 9	25 15	
			Aeg	14a	15	16 9	25 15	
74104DC		54104DM	Fch	14c	<28	30 30		15
74104FC		54104FM	Fch	14n	<28	30 30		15
74104PC			Fch	14a	<28	30 30		15

74104	Typ - Type - Tipo		Hersteller Production Fabricants Produttori Fabricantes	Bild Fig. Fig. Sec 3	I_S &I_R mA	t_{PD} E→Q ns$_{typ}$ ↓ ↕ ↑	t_{PD} E→Q ns$_{max}$ ↓ ↕ ↑	Bem./Note f_T §f_Z &f_E MHz
0...70°C § 0...75°C	−40...85°C § −25...85°C	−55...125°C						
FLJ281	§FLJ285		Sie	14a	15	16 9	25 15	
MIC74104J	MIC64104J	MIC54104J	Itt	14c	15	16 9	25 15	
MIC74104N			Itt	14a	15	16 9	25 15	
SN74104J		SN54104J	Tix	14c	15	16 9	25 15	
SN74104N			Tix	14a	15	16 9	25 15	

74105
Output: TP

JK Master Slave Flipflop
JK master slave flip-flop
JK-Master-Slave-Flip-flop
Flipflop JK Master Slave
Flipflop JK master-slave

Pin	Fl
R,S	3
JK	2

$J = J1 \cdot J2 \cdot \overline{J3}$

$K = K1 \cdot K2 \cdot \overline{K3}$

Pinout: U_S=14, R=13, J1=12, K2=11, $\overline{K3}$=10, T=9, $\overline{Q}$=8, JK=1, S=2, K1=3, J2=4, J3=5, Q=6, GND=7

Input t_n				Output t_{n+1}	
S	R	J	$\overline{K}$	Q	$\overline{Q}$
L	H	X	X	H	L
H	L	X	X	L	H
L	L	X	X	H*	H*
H	H	L	L	L	H
H	H	L	H	$\overline{Q}_n$	Q_n
H	H	H	L	Q_n	$\overline{Q}_n$
H	H	H	H	L	H

* Dieser Zustand ist nicht stabil
* This state is not stable
* Cet état n'est pas stable
* Questo stato non e stabile
* Este estado no es estable

Taktimpuls · L'impulsion d'horloge · Clock pulse
Impulso di cadenza · Pulso del reloj

74105	Typ - Type - Tipo			Hersteller Production Fabricants Produttori Fabricantes	Bild Fig. Fig. Sec 3	I_S &I_R mA	t_{PD} E→Q ns_typ ↓ ↕ ↑	t_{PD} E→Q ns_max ↓ ↕ ↑	Bem./Note f_T §f_Z &f_E MHz
	0...70°C § 0...75°C	−40...85°C § −25...85°C	−55...125°C						
TL74105N		§TL84105N	SN54105W	Tix	14n	17	16 9	25 15	
74105DC			54105DM	Aeg	14a	17	16 9	25 15	
74105FC			54105FM	Fch	14c	<33	30 30	30 30	30
74105PC				Fch	14n	<33	30 30	30 30	30
				Fch	14a	<33	30 30	30 30	30

74105	Typ - Type - Tipo			Hersteller Production Fabricants Produttori Fabricantes	Bild Fig. Fig. Sec 3	I_S &I_R mA	t_{PD} E→Q ns_typ ↓ ↕ ↑	t_{PD} E→Q ns_max ↓ ↕ ↑	Bem./Note f_T §f_Z &f_E MHz
	0...70°C § 0...75°C	−40...85°C § −25...85°C	−55...125°C						
FLJ291	§FLJ295			Sie	14a	17	16 9	25 15	
MIC74105J	MIC64105J	MIC54105J		Itt	14c	17	16 9	25 15	
MIC74105N				Itt	14a	17	16 9	25 15	
SN74105J		SN54105J		Tix	14c	17	16 9	25 15	
SN74105N				Tix	14a	17	16 9	25 15	

74106

Output: TP

JK-Flipflops / JK-flip-flops / Flip-flops JK / Flipflop JK / Flipflops JK

Pin	Fl
R,S	2
T	2,4

Input t_n / Output t_{n+1}

S	R	J	K	Q	$\overline{Q}$
L	H	X	X	H	L
H	L	X	X	L	H
L	L	X	X	*	*
H	H	L	L	Q_n	$\overline{Q}_n$
H	H	H	L	L	H
H	H	L	H	H	L
H	H	H	H	$\overline{Q}_n$	Q_n

* Dieser Zustand ist nicht stabil
* This state is not stable
* Cet état n'est pas stable
* Questo stato non e stabile
* Este estado no es estable

Pin assignment (DIP-16): K(16) Q(15) $\overline{Q}$(14) ⏚(13) K(12) Q(11) $\overline{Q}$(10) J(9) / T(1) S1(2) R1(3) J(4) U_S(5) T(6) S2(7) R2(8)

Taktimpuls · L'impulsion d'horloge · Clock pulse
Impulso di cadenza · Pulso del reloj

74106		Typ - Type - Tipo		Hersteller Production Fabricants Produttori Fabricantes	Bild Fig. Fig. Sec 3	I_S &I_R mA	t_{PD} E→Q ns typ ↓ ↕ ↑	t_{PD} E→Q ns max ↓ ↕ ↑	Bem./Note f_T §f_Z &f_E MHz
0...70°C § 0...75°C	−40...85°C § −25...85°C	−55...125°C							
N74H106B				Mul,Phi,Sig	16a	40	16 10	20 15	
N74H106F		S54H106F		Mul,Phi,Sig	16c	40	16 10	20 15	
		S54H106W		Mul,Phi,Sig	16n	40	16 10	20 15	
SN74H106J		SN54H106J		Tix	16c	40	16 10	20 15	
SN74H106N				Tix	16a	40	16 10	20 15	
		SN54H106W		Tix	16n	40	16 10	20 15	

2-143

74107

Output: TP

JK Master Slave Flipflops
JK master slave flip-flops
JK-Master-Slave-Flip-flops
Flipflop JK Master Slave
Flipflops JK master-slave

FI (R,T) = 2

Pins: Us-14, R1-13, T-12, K-11, R2-10, T-9, J-8
Bottom: 1-J, 2-$\bar{Q}$, 3-Q, 4-K, 5-Q, 6-$\bar{Q}$, 7-GND

Taktimpuls · L'impulsion d'horloge · Clock pulse
Impulso di cadenza · Pulso del reloj

Input t_n			Output t_{n+1}	
R	J	K	Q	$\bar{Q}$
L	X	X	L	H
H	L	L	Q_n	$\bar{Q}_n$
H	H	L	H	L
H	L	H	L	H
H	H	H	$\bar{Q}_n$	Q_n

74107 0...70°C § 0...75°C	Typ -40...85°C § -25...85°C	Type -55...125°C	Hersteller Production Fabricants Produttori Fabricantes	Bild Fig. Fig. Sec 3	I_S &I_R mA	t_{PD} E→Q ns typ ↓↕↑	t_{PD} E→Q ns max ↓↕↑	Bem./Note f_T §f_Z &f_E MHz
M53307P			Mit	14a	<40		40 40	15
MB410			Fui .	14a	<40		40 40	15
MB410M			Fui	14a	<40		40 40	15
MC74107J		MC54107J	Mot	14c	20	25 16	40 25	
MC74107N			Mot	14a	20	25 16	40 25	
MC74107W		MC54107W	Mot	14p	20	25 16	40 25	
MIC74107J	MIC64107J	MIC54107J	Itt	14c	20	25 16	40 25	
MIC74107N			Itt	14a	20	25 16	40 25	
N74107A			Mul,Phi,Sig	14a	20	25 16	40 25	
N74107F		S54107F	Mul,Phi,Sig	14c	20	25 16	40 25	
SFC4107E	§SFC4107ET	SFC4107EM	Nuc,Ses	14c		40		20
SN74107J		SN54107J	Tix	14c	20	25 16	40 25	
SN74107N	§SN84107N		Tix	14a	20	25 16	40 25	
T74107B1			Sgs	14a	20	25 16	40 25	
T74107D1		T54107D2	Sgs	14c	20	25 16	40 25	
TD34107			Tos	14a	<40		40 40	15
TL74107N	§TL84107N		Aeg	14a	20	25 16		
US74107A		US54107A	Spr	14a			50	15
US74107J		US54107J	Spr	14p			50	15
74107DC		54107DM	Fch	14c	<40		40 40	15
74107FC		54107FM	Fch	14n	<40		40 40	15
74107PC			Fch	14a	<40		40 40	15

ALS

| MB74ALS107 | | | Fui | 14a | | | | |

C

MM74C107J	MM54C107J	Nsc	14c	50n	180 180	300 300	2.5
MM74C107N		Nsc	14a	50n	180 180	300 300	2.5
	MM54C107W	Nsc	14n	50n	180 180	300 300	2.5

HC

§CD74HC107E		Rca	14a		18 18		
	CD54HC107F	Rca	14c		18 18		
MC74HC107J	MC54HC107J	Mot	14c	<4u	17 17	21 21	31
MC74HC107N		Mot	14a	<4u	17 17	21 21	31
MM74HC107J	MM54HC107J	Nsc	14c	<4u	16 16	21 21	31

74107 0...70°C § 0...75°C	Typ -40...85°C § -25...85°C	Type -55...125°C	Hersteller Production Fabricants Produttori Fabricantes	Bild Fig. Fig. Sec 3	I_S mA	t_{PD} E→Q ns typ ↓↕↑	t_{PD} E→Q ns max ↓↕↑	Bem./Note f_T §f_Z &f_E MHz
DM74107J		DM54107J	Nsc	14c	<40		40 40	15
DM74107N			Nsc	14a	<40		40 40	15
FJJ261			Val	14a				
FLJ271	§FLJ275		Sie	14a	20	25 16	40 25	
HD74107			Hit	14a	<40		40 40	15

74107

74107 0...70°C § 0...75°C	Typ - Type - Tipo −40...85°C § −25...85°C	−55...125°C	Hersteller Production Fabricants Produttori Fabricantes	Bild Fig. Fig. Sec 3	I_S & I_R mA	t_{PD} E→Q ns_{typ} ↓ ↕ ↑		t_{PD} E→Q ns_{max} ↓ ↕ ↑		Bem./Note f_T §f_Z &f_E MHz
	MM74HC107N		Nsc	14a	<4u	16	16	21	21	31
		SN54HC107FH	Tix	cc	<4u			30	30	29
	SN74HC107FH		Tix	cc	<4u			30	30	29
		SN54HC107FK	Tix	cc	<4u			30	30	29
	SN74HC107FN		Tix	cc	<4u			30	30	29
		SN54HC107J	Tix	14c	<4u			30	30	29
	SN74HC107J		Tix	14c	<4u			30	30	29
	SN74HC107N		Tix	14a	<4u			30	30	29

HCT

§CD74HCT107E			Rca	14a		18	18			
		CD54HCT107F	Rca	14c		18	18			
	MM74HCT107J	MM54HCT107J	Nsc	14c	<4u	22	22	35	35	27
	MM74HCT107N		Nsc	14a	<4u	22	22	35	35	27

LS

DM74LS107J		DM54LS107J	Nsc	14c	<6			20	20	30
DM74LS107N			Nsc	14a	<6			20	20	30
HD74LS107			Hit	14a	<6			20	20	30
M74LS107			Mit	14a	<6			20	20	30
MB74LS107			Fui	14a	<6			20	20	30
MB74LS107M			Fui	14c	<6			20	20	30
SN74LS107AJ		SN54LS107AJ	Tix	14c	4	15	15	20	20	
SN74LS107AN			Tix	14a	4	15	15	20	20	
74LS107DC		54LS107DM	Fch	14c						
74LS107FC		54LS107FM	Fch	14p						
74LS107J		54LS107J	Ray	14c	<6			20	20	30
74LS107PC			Fch	14a						

74108
Output: TP

JK-Flipflops
JK-flip-flops
JK-Flip-flops
Flipflop JK
Flipflops JK

Pin	Fl
T	4,8
R	4
S	2

Pin diagram: U_S(14), S1(13), R1+2(12), J(11), S2(10), T(9), K(8), K(1), Q(2), $\overline{Q}$(3), J(4), $\overline{Q}$(5), Q(6), ⏚(7)

Input t_n				Output t_{n+1}	
S	R	J	K	Q	$\overline{Q}$
L	H	X	X	H	L
H	L	X	X	L	H
L	L	X	X	*	*
H	H	L	L	Q_n	$\overline{Q}_n$
H	H	H	L	H	L
H	H	L	H	L	H
H	H	H	H	$\overline{Q}_n$	Q_n

Taktimpuls · L'impulsion d'horloge · Clock pulse
Impulso di cadenza · Pulso del reloj

t_n ... t_{n+1}

* Dieser Zustand ist nicht stabil
* This state is not stable
* Cet état n'est pas stable
* Questo stato non e stabile
* Este estado no es estable

74108 0...70°C § 0...75°C	Typ - Type - Tipo −40...85°C § −25...85°C	−55...125°C	Hersteller Production Fabricants Produttori Fabricantes	Bild Fig. Fig. Sec 3	I_S & I_R mA	t_{PD} E→Q ns_{typ} ↓ ↕ ↑		t_{PD} E→Q ns_{max} ↓ ↕ ↑		Bem./Note f_T §f_Z &f_E MHz
N74H108A			Mul,Phi,Sig	14a	40	16	10	20	15	
N74H108F			Mul,Phi,Sig	14c	40	16	10	20	15	
		S54H108F	Mul,Phi,Sig	14c	40	16	10	20	15	
		S54H108W	Mul,Phi,Sig	14n	40	16	10	20	15	
SN74H108J		SN54H108J	Tix	14c	40	16	10	20	15	
SN74H108N			Tix	14a	40	16	10	20	15	
		SN54H108W	Tix	14n	40	16	10	20	15	

74109

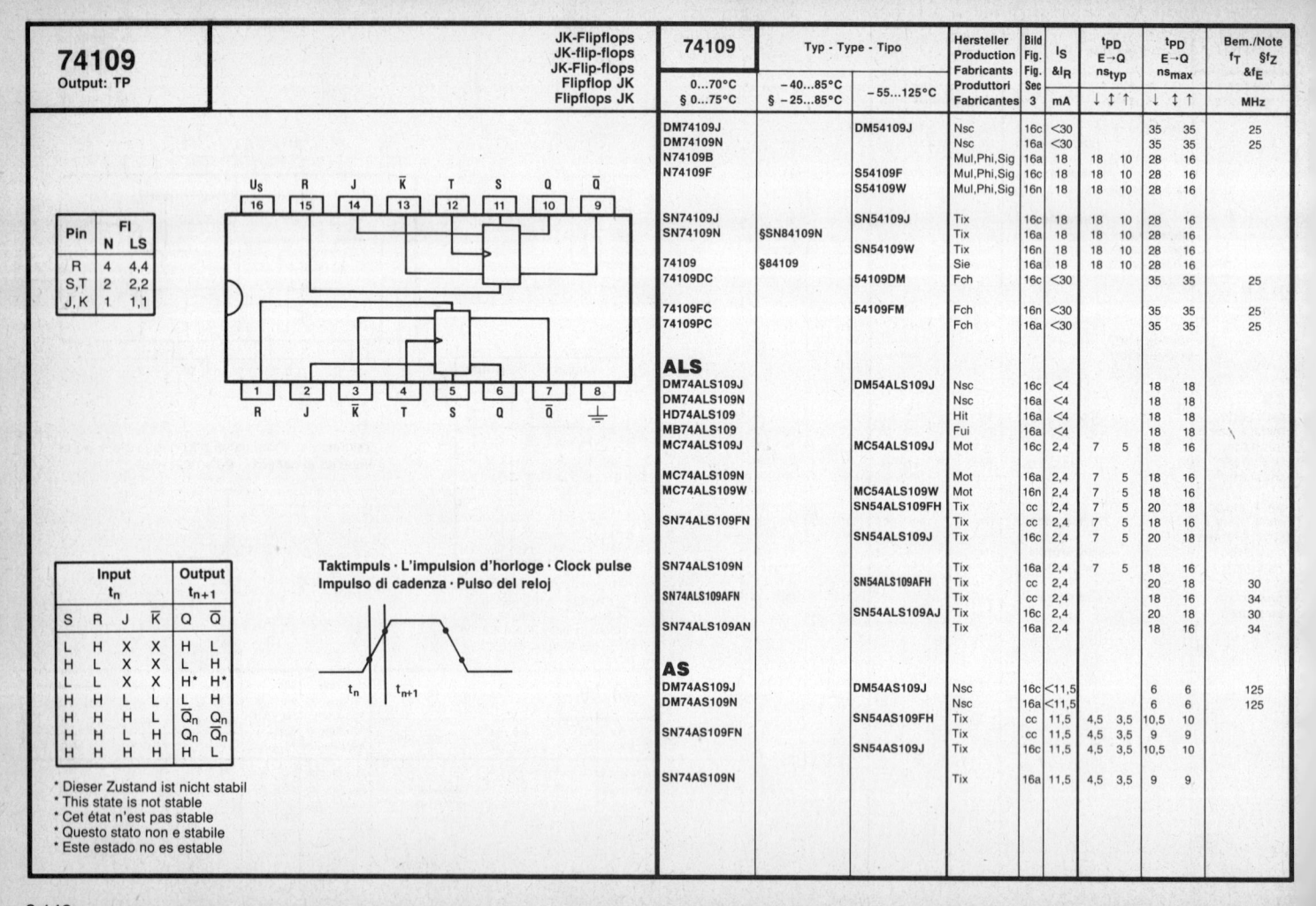

Output: TP

JK-Flipflops
JK-flip-flops
JK-Flip-flops
Flipflop JK
Flipflops JK

Pin	Fl N	LS
R	4	4,4
S,T	2	2,2
J,K	1	1,1

Pinout (Fig. 3): U_S(16), R(15), J(14), $\overline{K}$(13), T(12), S(11), Q(10), $\overline{Q}$(9), GND(8), $\overline{Q}$(7), Q(6), S(5), T(4), $\overline{K}$(3), J(2), R(1)

Input t_n				Output t_{n+1}	
S	R	J	$\overline{K}$	Q	$\overline{Q}$
L	H	X	X	H	L
H	L	X	X	L	H
L	L	X	X	H*	H*
H	H	L	L	$\overline{Q}_n$	Q_n
H	H	L	H	L	H
H	H	H	L	Q_n	$\overline{Q}_n$
H	H	H	H	H	L

* Dieser Zustand ist nicht stabil
* This state is not stable
* Cet état n'est pas stable
* Questo stato non e stabile
* Este estado no es estable

Taktimpuls · L'impulsion d'horloge · Clock pulse
Impulso di cadenza · Pulso del reloj

(t_n, t_{n+1} timing diagram)

74109			Hersteller Production Fabricants Produttori Fabricantes	Bild Fig. Fig. Fig. Sec 3	I_S &I_R mA	t_{PD} E→Q ns_{typ} ↓↕↑	t_{PD} E→Q ns_{max} ↓↕↑	Bem./Note f_T §f_Z &f_E MHz
0...70°C § 0...75°C	–40...85°C § –25...85°C	–55...125°C						
DM74109J		DM54109J	Nsc	16c	<30		35 35	25
DM74109N			Nsc	16a	<30		35 35	25
N74109B			Mul,Phi,Sig	16a	18	18 10	28 16	
N74109F		S54109F	Mul,Phi,Sig	16c	18	18 10	28 16	
		S54109W	Mul,Phi,Sig	16n	18	18 10	28 16	
SN74109J		SN54109J	Tix	16c	18	18 10	28 16	
SN74109N	§SN84109N		Tix	16a	18	18 10	28 16	
		SN54109W	Tix	16n	18	18 10	28 16	
74109	§84109		Sie	16a	18	18 10	28 16	
74109DC		54109DM	Fch	16c	<30		35 35	25
74109FC		54109FM	Fch	16n	<30		35 35	25
74109PC			Fch	16a	<30		35 35	25

ALS

DM74ALS109J		DM54ALS109J	Nsc	16c	<4		18 18	
DM74ALS109N			Nsc	16a	<4		18 18	
HD74ALS109			Hit	16a	<4		18 18	
MB74ALS109			Fuj	16a	<4		18 18	
MC74ALS109J		MC54ALS109J	Mot	16c	2,4	7 5	18 16	
MC74ALS109N			Mot	16a	2,4	7 5	18 16	
MC74ALS109W		MC54ALS109W	Mot	16n	2,4	7 5	18 16	
SN74ALS109FN		SN54ALS109FH	Tix	cc	2,4	7 5	20 18	
		SN54ALS109J	Tix	16c	2,4	7 5	20 18	
SN74ALS109N			Tix	16a	2,4	7 5	18 16	
SN74ALS109AFN		SN54ALS109AFH	Tix	cc	2,4		20 18	30
			Tix	cc	2,4		18 16	34
SN74ALS109AN		SN54ALS109AJ	Tix	16c	2,4		20 18	30
			Tix	16a	2,4		18 16	34

AS

DM74AS109J		DM54AS109J	Nsc	16c	<11,5		6 6	125
DM74AS109N			Nsc	16a	<11,5		6 6	125
		SN54AS109FH	Tix	cc	11,5	4,5 3,5	10,5 10	
SN74AS109FN			Tix	cc	11,5	4,5 3,5	9 9	
		SN54AS109J	Tix	16c	11,5	4,5 3,5	10,5 10	
SN74AS109N			Tix	16a	11,5	4,5 3,5	9 9	

2-146

74109 0...70°C § 0...75°C	Typ - Type - Tipo −40...85°C § −25...85°C	−55...125°C	Hersteller Production Fabricants Produttori Fabricantes	Bild Fig. Fig. Sec 3	I_S &I_R mA	t_{PD} E→Q ns_{typ} ↓ ↕ ↑	t_{PD} E→Q ns_{max} ↓ ↕ ↑	Bem./Note f_T §f_Z &f_E MHz
F								
74F109DC		54F109DM	Fch	16c	<17		9,2 9,2	90
74F109FC		54F109FM	Fch	16p	<17		9,2 9,2	90
74F109PC			Fch	16a	<17		9,2 9,2	90
HC								
§CD74HC109E		CD54HC109F	Rca	16a		18 18		
			Rca	16c		18 18		
MC74HC109J		MC54HC109J	Mot	16c	<4u	15 15	30 30	32
MC74HC109N			Mot	16a	<4u	15 15	30 30	32
	MM74HC109J	MM54HC109J	Nsc	16c	<4u	16 16	21 21	31
	MM74HC109N		Nsc	16a	<4u	16 16	21 21	31
	SN74HC109FH	SN54HC109FH	Tix	cc	<4u		30 30	29
		SN54HC109FK	Tix	cc	<4u		30 30	29
	SN74HC109FN		Tix	cc	<4u		30 30	29
		SN54HC109J	Tix	16c	<4u		30 30	29
	SN74HC109J		Tix	16c	<4u		30 30	29
	SN74HC109N		Tix	16a	<4u		30 30	29
HCT								
§CD74HCT109E		CD54HCT109F	Rca	16a		18 18		
			Rca	16c		18 18		
	MM74HCT109J	MM54HCT109J	Nsc	16c	<4u	22 22	35 35	27
	MM74HCT109N		Nsc	16a	<4u	22 22	35 35	27
LS								
DM74LS109J		DM54LS109J	Nsc	16c	<8		40 40	25
DM74LS109N			Nsc	16a	<8		40 40	25
HD74LS109			Hit	16a	<8		40 40	25
M74LS109			Mit	16a	<8		40 40	25
MB74LS109			Fui	16a	<8		40 40	25
MB74LS109M			Fui	16c	<8		40 40	25
N74LS109B			Mul,Phi,Sig	16a	4	25 13	40 25	
N74LS109F		S54LS109F	Mul,Phi,Sig	16c	4	25 13	40 25	
§SN74LS109J		SN54LS109J	Mot	16c	4	25 13	40 25	
SN74LS109J		SN54LS109J	Tix	16c	4	25 13	40 25	
§SN74LS109N			Mot	16a	4	25 13	40 25	
SN74LS109N			Tix	16a	4	25 13	40 25	
		SN54LS109W	Tix	16n	4	25 13	40 25	
§SN74LS109W		SN54LS109W	Mot	16n	4	25 13	40 25	

74109 0...70°C § 0...75°C	Typ - Type - Tipo −40...85°C § −25...85°C	−55...125°C	Hersteller Production Fabricants Produttori Fabricantes	Bild Fig. Fig. Sec 3	I_S &I_R mA	t_{PD} E→Q ns_{typ} ↓ ↕ ↑	t_{PD} E→Q ns_{max} ↓ ↕ ↑	Bem./Note f_T §f_Z &f_E MHz
SN74LS109AJ		SN54LS109AJ	Tix	16c	4	25 13	40 25	
SN74LS109AN			Tix	16a	4	25 13	40 25	
		SN54LS109AW	Tix	16n	4	25 13	40 25	
74LS109DC		54LS109DM	Fch	16c	4	22 15	30 20	30
74LS109FC		54LS109FM	Fch	16n	4	22 15	30 20	30
74LS109J		54LS109J	Ray	16c	<8		40 40	25
74LS109PC			Fch	16a	4	22 15	30 20	30
S								
74S109DC		54S109DM	Fch	16c	<52			75
74S109FC		54S109FM	Fch	16n	<52			75
74S109PC			Fch	16a	<52			75

2-147

74110
Output: TP

JK Master Slave Flipflops
JK master slave flip-flops
JK-Master-Slave-Flip-flops
Flipflop JK Master Slave
Flipflops JK master-slave

74110	Typ - Type - Tipo			Hersteller Production Fabricants Produttori Fabricantes	Bild Fig. Fig. Sec 3	I_S &I_R mA	t_{PD} E→Q ns$_{typ}$ ↓ ↕ ↑			t_{PD} E→Q ns$_{max}$ ↓ ↕ ↑			Bem./Note f_T §f_Z &f_E MHz
0...70°C § 0...75°C	−40...85°C § −25...85°C	−55...125°C											
FLJ341	§FLJ345		Sie	14a	60	13	20		20	30			
SN74110J		SN54110J	Tix	14c	60	13	20		20	30			
SN74110N	§SN84110N		Tix	14a	60	13	20		20	30			
		SN54110W	Tix	14n	60	13	20		20	30			
TL74110N	§TL84110N		Aeg	14a	60	13	20		20	30			

Pin	Fl
R,S	4

$J = J1 \cdot J2 \cdot J3$

$K = K1 \cdot K2 \cdot K3$

Pinout (14-pin DIP):
- 14: U_S
- 13: S
- 12: T
- 11: K1
- 10: K2
- 9: K3
- 8: Q
- 1: —
- 2: R
- 3: J1
- 4: J2
- 5: J3
- 6: $\overline{Q}$
- 7: GND

Input t_n				Output t_{n+1}	
S	R	J	K	Q	$\overline{Q}$
L	H	X	X	H	L
H	L	X	X	L	H
L	L	X	X	*	*
H	H	L	L	Q_n	$\overline{Q}_n$
H	H	L	H	L	H
H	H	H	L	H	L
H	H	H	H	$\overline{Q}_n$	Q_n

Taktimpuls · L'impulsion d'horloge · Clock pulse
Impulso di cadenza · Pulso del reloj

* Dieser Zustand ist nicht stabil
* This state is not stable
* Cet état n'est pas stable
* Questo stato non e stabile
* Este estado no es estable

74111

Output: TP

JK Master Slave Flipflops
JK master slave flip-flops
JK-Master-Slave-Flip-flops
Flipflop JK Master Slave
Flipflops JK master-slave

Pin	Fl
T	3
R, S	2

Pinout (top, pins 9–16): U_S(16), K(15), S2(14), R2(13), J(12), T2(11), $\overline{Q}$(10), Q(9)
Pinout (bottom, pins 1–8): K(1), S1(2), R1(3), J(4), T1(5), $\overline{Q}$(6), Q(7), ⏚(8)

74111	Typ - Type - Tipo			Hersteller Production Fabricants Produttori Fabricantes	Bild Fig. Fig. Sec 3	I_S &I_R mA	t_{PD} E→Q ns_{typ} ↓ ↕ ↑			t_{PD} E→Q ns_{max} ↓ ↕ ↑			Bem./Note f_T §f_Z &f_E MHz
0...70°C § 0...75°C	−40...85°C § −25...85°C	−55...125°C											
FLJ351	§FLJ355			Sie	16a	28	20		12	30		17	
SN74111J		SN54111J		Tix	16c	28	20		12	30		17	
SN74111N	§SN84111N			Tix	16a	28	20		12	30		17	
		SN54111W		Tix	16n	28	20		12	30		17	
TL74111N	§TL84111N			Aeg	16a	28	20		12	30		17	

**Taktimpuls · L'impulsion d'horloge · Clock pulse
Impulso di cadenza · Pulso del reloj**

(t_n ... t_{n+1})

Input t_n				Output t_{n+1}	
S	R	J	K	Q	$\overline{Q}$
L	H	X	X	H	L
H	L	X	X	L	H
L	L	X	X	*	*
H	H	L	L	Q_n	$\overline{Q}_n$
H	H	H	L	H	L
H	H	L	H	L	H
H	H	H	H	$\overline{Q}_n$	Q_n

* Dieser Zustand ist nicht stabil
* This state is not stable
* Cet état n'est pas stable
* Questo stato non e stabile
* Este estado no es estable

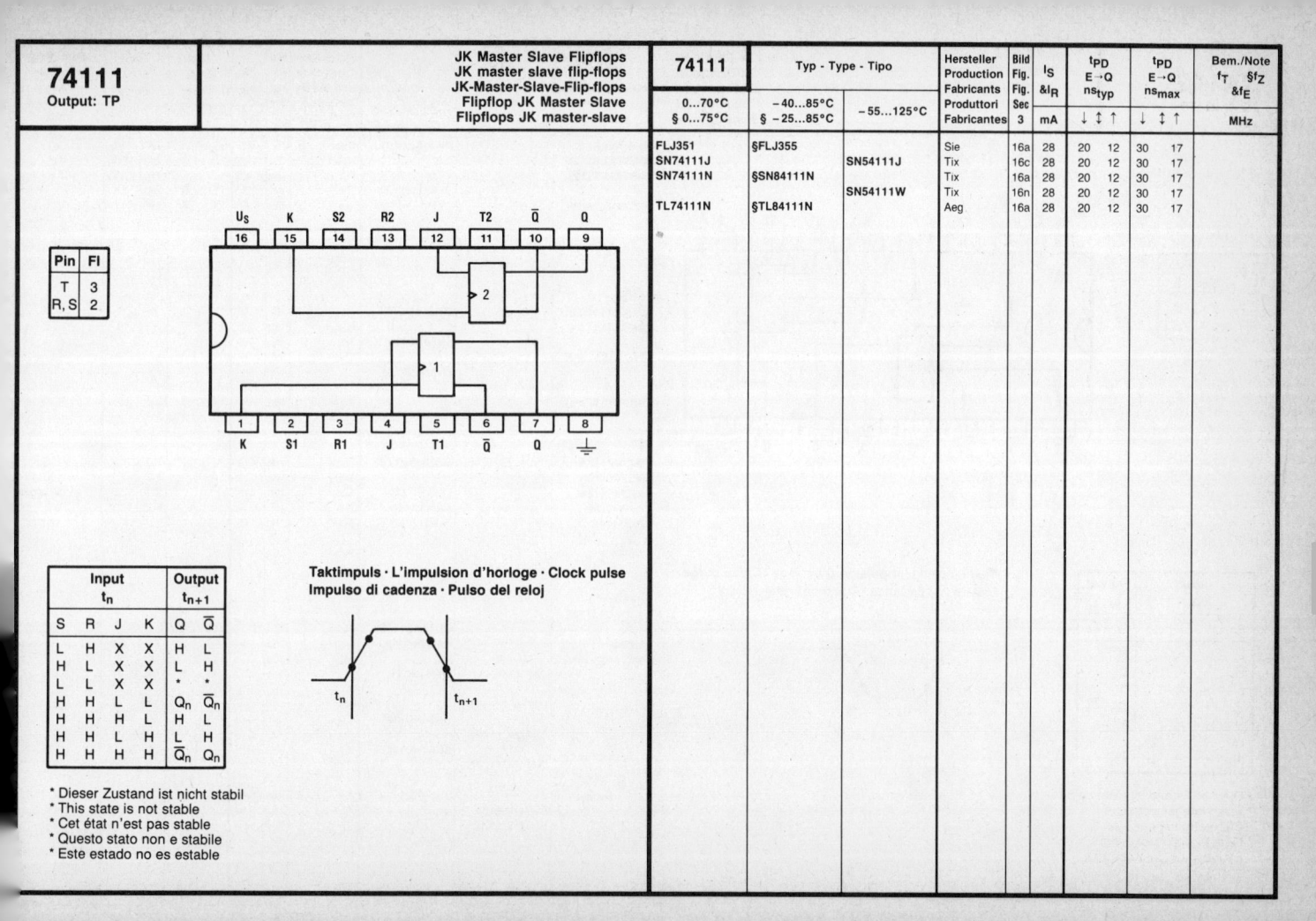

74112
Output: TP

JK-Flipflops
JK-flip-flops
JK-Flip-flops
Flipflop JK
Flipflops JK

Pin	Fl LS	S
T	4	2
R, S	3	3,5

Pinout (DIP-16):
- Pin 16: U_S
- Pin 15: R1
- Pin 14: R2
- Pin 13: T
- Pin 12: K
- Pin 11: J
- Pin 10: S2
- Pin 9: Q
- Pin 1: T
- Pin 2: K
- Pin 3: J
- Pin 4: S1
- Pin 5: Q
- Pin 6: $\overline{Q}$
- Pin 7: $\overline{Q}$
- Pin 8: GND

Input t_n / Output t_{n+1}

S	R	J	K	Q	$\overline{Q}$
L	H	X	X	H	L
H	L	X	X	L	H
L	L	X	X	*	*
H	H	L	L	Q_n	$\overline{Q}_n$
H	H	H	L	H	L
H	H	L	H	L	H
H	H	H	H	$\overline{Q}_n$	Q_n

* Dieser Zustand ist nicht stabil
* This state is not stable
* Cet état n'est pas stable
* Questo stato non e stabile
* Este estado no es estable

Taktimpuls · L'impulsion d'horloge · Clock pulse
Impulso di cadenza · Pulso del reloj

74112	Typ - Type - Tipo			Hersteller Production Fabricants Produttori Fabricantes	Bild Fig. Fig. Sec 3	I_S &I_R mA	t_{PD} E→Q ns_{typ} ↓ ↕ ↑			t_{PD} E→Q ns_{max} ↓ ↕ ↑			Bem./Note f_T §f_Z &f_E MHz
	0...70°C §0...75°C	−40...85°C §−25...85°C	−55...125°C										
	DM74ALS112J			Nsc	16c	<4,5				18	18		50
	DM74ALS112N			Nsc	16a	<4,5				18	18		50
	MB74ALS112			Fui	16a	<4,5				18	18		50
			SN54ALS112AFH	Tix	cc	2,5	5		3	23		18	
	SN74ALS112AFN			Tix	cc	2,5	5		3	19		15	
			SN54ALS112AJ	Tix	16c	2,5	5		3	23		18	
	SN74ALS112AN			Tix	16a	2,5	5		3	19		15	
AS													
	DM74AS112J		DM54AS112J	Nsc	16c	<38				4		4	175
	DM74AS112N			Nsc	16a	<38				4		4	175
			SN54AS112FH	Tix	cc	38	4		3				
	SN74AS112FN			Tix	cc	38	4		3				
			SN54AS112J	Tix	16c	38	4		3				
	SN74AS112N			Tix	16a	38	4		3				
F													
	MC74F112J		MC54F112J	Mot	16c	<19				7,7		7,7	100
	MC74F112N			Mot	16a	<19				7,7		7,7	100
	MC74F112W		MC54F112W	Mot	16n	<19				7,7		7,7	100
	74F112DC		54F112DM	Fch	16c	<19				7,7		7,7	100
	74F112FC		54F112FM	Fch	16n	<19				7,7		7,7	100
	74F112PC			Fch	16n	<19				7,7		7,7	100
HC													
§CD74HC112E				Rca	16a		18		18				
			CD54HC112F	Rca	16c		18		18				
	MC74HC112J		MC54HC112J	Mot	16c	<4u	17		17	21		21	31
	MC74HC112N			Mot	16a	<4u	17		17	21		21	31
	MM74HC112J		MM54HC112J	Nsc	16c	<4u	17		17	21		21	31
	MM74HC112N			Nsc	16a	<4u	17		17	21		21	31
	SN74HC112FH		SN54HC112FH	Tix	cc	<4u				30		30	29
			SN54HC112FK	Tix	cc	<4u				30		30	29
	SN74HC112FN			Tix	cc	<4u				30		30	29
			SN54HC112J	Tix	16c	<4u				30		30	29
	SN74HC112J			Tix	16a	<4u				30		30	29
	SN74HC112N			Tix	16a	<4u				30		30	29

74112 0...70°C § 0...75°C	Typ - Type - Tipo -40...85°C § -25...85°C	-55...125°C	Hersteller Production Fabricants Produttori Fabricantes	Bild Fig. Fig. Sec 3	I_S &I_R mA	t_{PD} E→Q ns_{typ} ↓↕↑	t_{PD} E→Q ns_{max} ↓↕↑	Bem./Note f_T §f_Z &f_E MHz	74112 0...70°C § 0...75°C	Typ - Type - Tipo -40...85°C § -25...85°C	-55...125°C	Hersteller Production Fabricants Produttori Fabricantes	Bild Fig. Fig. Sec 3	I_S &I_R mA	t_{PD} E→Q ns_{typ} ↓↕↑	t_{PD} E→Q ns_{max} ↓↕↑	Bem./Note f_T §f_Z &f_E MHz
HCT §CD74HCT112E			Rca	16a		18 18			µPB2S112 74S112DC 74S112FC 74S112PC		54S112DM 54S112FM	Nip Fch Fch Fch	16a 16c 16n 16a	<50 <50 <50 <50		7 7 7 7 7 7 7 7	80 80 80 80
		CD54HCT112F	Rca	16c		18 18											
	MM74HCT112J	MM54HCT112J	Nsc	16a	<4u	21 21	35 35	27									
	MM74HCT112N		Nsc	16a	<4u	21 21	35 35	27									
LS DM74LS112J		DM54LS112J	Nsc	16c	<6		20 20	30									
DM74LS112N			Nsc	16a	<6		20 20	30									
HD74LS112			Hit	16a	<6		20 20	30									
M74LS112			Mit	16a	<6		20 20	30									
MB74LS112			Fui	16a	<6		20 20	30									
MB74LS112M			Fui	16c	<6		20 20	30									
N74LS112B			Mul,Phi,Sig	16a	4	15 15	20 20										
N74LS112F		S54LS112F	Mul,Phi,Sig	16c	4	15 15	20 20										
§SN74LS112J		SN54LS112J	Mot	16c	4	15 15	20 20										
SN74LS112J		SN54LS112J	Tix	16c	4	15 15	20 20										
§SN74LS112N			Mot	16a	4	15 15	20 20										
SN74LS112N			Tix	16a	4	15 15	20 20										
		SN54LS112W	Tix	16n	4	15 15	20 20										
§SN74LS112W		SN54LS112W	Mot	16n	4	15 15	20 20										
SN74LS112AJ		SN54LS112AJ	Tix	16c	4	15 15	20 20										
SN74LS112AN			Tix	16a	4	15 15	20 20										
		SN54LS112AW	Tix	16n	4	15 15	20 20										
74LS112DC		54LS112DM	Fch	16c	4	16 11	24 16	30									
74LS112FC		54LS112FM	Fch	16n	4	16 11	24 16	30									
74LS112J		54LS112J	Ray	16c	<6		20 20	30									
74LS112PC			Fch	16a	4	16 11	24 16	30									
		54LS112W	Ray	16q	<6		20 20	30									
S DM74S112J		DM54S112J	Nsc	16c	<50		7 7	80									
DM74S112N			Nsc	16a	<50		7 7	80									
GTB74S112			Rtc	16a		3											
HD74S112			Hit	16a	<50		7 7	80									
M74S112			Mit	16a	<50		7 7	80									
N74S112B			Mul,Phi,Sig	16a	30	5 4	7 7										
N74S112F		S54S112F	Mul,Phi,Sig	16c	30	5 4	7 7										
SN74S112J		SN54S112J	Tix	16c	30	5 4	7 7										
SN74S112N			Tix	16a	30	5 4	7 7										
		SN54S112W	Tix	16n	30	5 4	7 7										

74113
Output: TP

JK-Flipflops
JK-flip-flops
JK-Flip-flops
Flipflop JK
Flipflops JK

Pin	Fl	
	LS	S
T	4	2
S	3	3,5

Input		Output	
t_n		t_{n+1}	
S	J	K	Q	$\bar{Q}$
L	X	X	H	L
H	L	L	Q_n	$\bar{Q}_n$
H	H	L	L	H
H	L	H	H	L
H	H	H	$\bar{Q}_n$	Q_n

Taktimpuls · L'impulsion d'horloge · Clock pulse
Impulso di cadenza · Pulso del reloj

74113	Typ - Type - Tipo		Hersteller Production Fabricants Produttori Fabricantes	Bild Fig. Fig. Sec 3	I_S &I_R mA	t_{PD} E→Q ns_{typ} ↓↑ ↑	t_{PD} E→Q ns_{max} ↓↑ ↑	Bem./Note f_T §f_Z &f_E MHz
0...70°C § 0...75°C	–40...85°C § –25...85°C	–55...125°C						
DM74ALS113J		DM54ALS113J	Nsc	14c	<4,5		19 19	30
DM74ALS113N			Nsc	14a	<4,5		19 19	30
MB74ALS113			Fui	14a	<4,5		19 19	30
		SN54ALS113AFH	Tix	cc	2,5	5 3	23 18	
SN74ALS113AFN			Tix	cc	2,5	5 3	19 15	
		SN54ALS113AJ	Tix	14c	2,5	5 3	23 18	
SN74ALS113AN			Tix	14a	2,5	5 3	19 15	
AS								
DM74AS113J		DM54AS113J	Nsc	14c	<38		4 4	175
DM74AS113N			Nsc	14a	<38		4 4	175
		SN54AS113FH	Tix	cc	38	4 3		175
SN74AS113FN			Tix	cc	38	4 3		175
		SN54AS113J	Tix	14c	38	4 3		175
SN74AS113N			Tix	14a	38	4 3		175
F								
MC74F113J		MC54F113J	Mot	14c	<19		7,7 7,7	100
MC74F113N			Mot	14a	<19		7,7 7,7	100
MC74F113W		MC54F113W	Mot	14p	<19		7,7 7,7	100
74F113DC		54F113DM	Fch	14c	<19		7,7 7,7	100
74F113FC		54F113FM	Fch	14n	<19		7,7 7,7	100
74F113PC			Fch	14n	<19		7,7 7,7	100
HC								
MC74HC113J		MC54HC113J	Mot	14c	<4u	17 17	21 21	31
MC74HC113N			Mot	14a	<4u	17 17	21 21	31
	MM74HC113J	MM54HC113J	Nsc	14c	<4u	17 17	33 33	31
	MM74HC113N		Nsc	14a	<4u	17 17	33 33	31
		SN54HC113FH	Tix	cc	<4u		30 30	29
SN74HC113FH			Tix	cc	<4u		30 30	29
		SN54HC113FK	Tix	cc	<4u		30 30	29
SN74HC113FN			Tix	cc	<4u		30 30	29
		SN54HC113J	Tix	14c	<4u		30 30	29
SN74HC113J			Tix	14c	<4u		30 30	29
SN74HC113N			Tix	14a	<4u		30 30	29

74113 0...70°C § 0...75°C	Typ - Type - Tipo −40...85°C § −25...85°C	−55...125°C	Hersteller Production Fabricants Produttori Fabricantes	Bild Fig. Fig. Sec 3	I_S &I_R mA	t_{PD} E→Q ns_{typ} ↓ ↕ ↑	t_{PD} E→Q ns_{max} ↓ ↕ ↑	Bem./Note f_T §f_Z &f_E MHz
LS								
DM74LS113J		DM54LS113J	Nsc	14c	<6		20 20	30
DM74LS113N			Nsc	14a	<6		20 20	30
HD74LS113			Hit	14a	<6		20 20	30
M74LS113			Mit	14a	<6		20 20	30
MB74LS113			Fui	14a	<6		20 20	30
MB74LS113M			Fui	14c	<6		20 20	30
N74LS113A			Mul,Phi,Sig	14a	4	15 15	20 20	
N74LS113F		S54LS113F	Mul,Phi,Sig	14c	4	15 15	20 20	
§SN74LS113J		SN54LS113J	Mot	14c	4	15 15	20 20	
SN74LS113J		SN54LS113J	Tix	14c	4	15 15	20 20	
§SN74LS113N			Mot	14a	4	15 15	20 20	
SN74LS113N			Tix	14a	4	15 15	20 20	
		SN54LS113W	Tix	14n	4	15 15	20 20	
§SN74LS113W		SN54LS113W	Mot	14p	4	15 15	20 20	
SN74LS113AJ		SN54LS113AJ	Tix	14c	4	15 15	20 20	
SN74LS113AN			Tix	14a	4	15 15	20 20	
		SN54LS113AW	Tix	14n	4	15 15	20 20	
74LS113DC		54LS113DM	Fch	14c	4	16 11	24 16	30
74LS113FC		54LS113FM	Fch	14p	4	16 11	24 16	30
74LS113J		54LS113J	Ray	14c	<6		20 20	30
74LS113PC			Fch	14a	4	16 11	24 16	30
		54LS113W	Ray	14q	<6		20 20	30
S								
DM74S113J		DM54S113J	Nsc	14c	<50		7 7	80
DM74S113N			Nsc	14a	<50		7 7	80
HD74S113			Hit	14a	<50		7 7	80
M74S113			Mit	14a	<50		7 7	80
N74S113A			Mul,Phi,Sig	14a	30	5 4	7 7	
N74S113F		S54S113F	Mul,Phi,Sig	14c	30	5 4	7 7	
		S54S113W	Mul,Phi,Sig	14n	30	5 4	7 7	
SN74S113J		SN54S113J	Tix	14c	30	5 4	7 7	
SN74S113N			Tix	14a	30	5 4	7 7	
		SN54S113W	Tix	14n	30	5 4	7 7	
74S113DC		54S113DM	Fch	14c	<50		7 7	80
74S113FC		54S113FM	Fch	14n	<50		7 7	80
74S113PC			Fch	14a	<50		7 7	80

74114
Output: TP

JK-Flipflops / JK-flip-flops / JK-Flip-flops / Flipflop JK / Flipflops JK

Pin	FI LS	S
T	8	4
R	6	7
S	3	3,5

Input t_n / Output t_{n+1}

S	R	J	K	Q	$\overline{Q}$
L	H	X	X	H	L
H	L	X	X	L	H
L	L	X	X	*	*
H	H	L	L	Q_n	$\overline{Q}_n$
H	H	H	L	H	L
H	H	L	H	L	H
H	H	H	H	$\overline{Q}_n$	Q_n

* Dieser Zustand ist nicht stabil
* This state is not stable
* Cet état n'est pas stable
* Questo stato non e stabile
* Este estado no es estable

Taktimpuls · L'impulsion d'horloge · Clock pulse
Impulso di cadenza · Pulso del reloj

74114	Typ - Type - Tipo			Hersteller Production Fabricants Produttori Fabricantes	Bild Fig. Fig. Sec 3	I_S &I_R mA	t_{PD} E→Q ns typ ↓↑ ↑↑	t_{PD} E→Q ns max ↓↑ ↑↑	Bem./Note f_T §f_Z &f_E MHz
	0...70°C § 0...75°C	−40...85°C § −25...85°C	−55...125°C						
	DM74ALS114J			Nsc	14c	<4,5		19 19	30
	DM74ALS114N			Nsc	14a	<4,5		19 19	30
	HD74ALS114			Hit	14a	<4,5		19 19	30
	MB74ALS114			Fui	14a	<4,5		19 19	30
			SN54ALS114AFH	Tix	cc	2,5		23 18	25
	SN74ALS114AFN			Tix	cc	2,5		19 15	30
			SN54ALS114AJ	Tix	14c	2,5		23 18	25
	SN74ALS114AN			Tix	14a	2,5		19 15	30
AS									
	DM74AS114J		DM54AS114J	Nsc	14c	<38		4 4	175
	DM74AS114N			Nsc	14a	<38		4 4	175
			SN54AS114FH	Tix	cc	38	4 3		
	SN74AS114FN			Tix	cc	38	4 3		
			SN54AS114J	Tix	14c	38	4 3		
	SN74AS114N			Tix	14a	38	4 3		
F									
	MC74F114J		MC54F114J	Mot	14c	<19		7,7 7,7	100
	MC74F114N			Mot	14a	<19		7,7 7,7	100
	MC74F114W		MC54F114W	Mot	14p	<19		7,7 7,7	100
	74F114DC		54F114DM	Fch	14c	<19		7,7 7,7	100
	74F114FC		54F114FM	Fch	14n	<19		7,7 7,7	100
	74F114PC			Fch	14n	<19		7,7 7,7	100
HC									
			SN54HC114FH	Tix	cc	<4u		30 30	29
	SN74HC114FH			Tix	cc	<4u		30 30	29
			SN54HC114FK	Tix	cc	<4u		30 30	29
	SN74HC114FN			Tix	cc	<4u		30 30	29
			SN54HC114J	Tix	14c	<4u		30 30	29
	SN74HC114J			Tix	14c	<4u		30 30	29
	SN74HC114N			Tix	14a	<4u		30 30	29
LS									
	DM74LS114J		DM54LS114J	Nsc	14c	<6		20 20	30
	DM74LS114N			Nsc	14a	<6		20 20	30
	HD74LS114			Hit	14a	<6		20 20	30
	M74LS114			Mit	14a	<6		20 20	30
	MB74LS114			Fui	14a	<6		20 20	30

74114

	Typ - Type - Tipo		Hersteller Production Fabricants Produttori Fabricantes	Bild Fig. Fig. Sec 3	I_S &I_R mA	t_{PD} E→Q ns$_{typ}$ ↓↕↑	t_{PD} E→Q ns$_{max}$ ↓↕↑	Bem./Note f_T §f_Z &f_E MHz
0...70°C § 0...75°C	−40...85°C § −25...85°C	−55...125°C						
MB74LS114M			Fui	14c	<6		20 20	30
N74LS114A			Mul,Phi,Sig	14a	4	15 15	20 20	
N74LS114F	S54LS114F		Mul,Phi,Sig	14c	4	15 15	20 20	
4SN74LS114J		SN54LS114J	Mot	14c	4	15 15	20 20	
SN74LS114J		SN54LS114J	Tix	14c	4	15 15	20 20	
4SN74LS114N			Mot	14a	4	15 15	20 20	
SN74LS114N			Tix	14a	4	15 15	20 20	
		SN54LS114W	Tix	14n	4	15 15	20 20	
4SN74LS114W		SN54LS114W	Mot	14p	4	15 15	20 20	
SN74LS114AJ		SN54LS114AJ	Tix	14c	4	15 15	20 20	
SN74LS114AN			Tix	14a	4	15 15	20 20	
		SN54LS114AW	Tix	14n	4	15 15	20 20	
74LS114DC		54LS114DM	Fch	14c	4	16 11	24 16	30
74LS114FC		54LS114FM	Fch	14p	4	16 11	24 16	30
74LS114J		54LS114J	Ray	14c	<6		20 20	30
74LS114PC			Fch	14a	4	16 11	24 16	30
		54LS114W	Ray	14q	<6		20 20	30

S

	Typ - Type - Tipo		Hersteller	Bild	I_S &I_R mA	t_{PD} ns$_{typ}$ ↓↕↑	t_{PD} ns$_{max}$ ↓↕↑	f_T MHz
DM74S114J	DM54S114J		Nsc	14c	<50		7 7	80
DM74S114N			Nsc	14a	<50		7 7	80
HD74S114			Hit	14a	<50		7 7	80
M74S114			Mit	14a	<50		7 7	80
N74S114A			Mul,Phi,Sig	14a	30	5 4	7 7	
N74S114F	S54S114F		Mul,Phi,Sig	14c	30	5 4	7 7	
	S54S114W		Mul,Phi,Sig	14n	30	5 4	7 7	
SN74S114J	SN54S114J		Tix	14c	30	5 4	7 7	
SN74S114N			Tix	14a	30	5 4	7 7	
	SN54S114W		Tix	14n	30	5 4	7 7	
74S114DC	54S114DM		Fch	14c	<50		7 7	80
74S114FC	54S114FM		Fch	14n	<50		7 7	80
74S114PC			Fch	14a	<50		7 7	80

74115
Output: TP

JK Master Slave Flipflops
JK master slave flip-flops
JK-Master-Slave-Flip-flops
Flipflop JK Master Slave
Flipflops JK master-slave

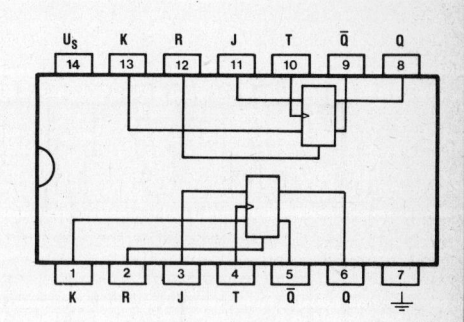

Pin	Fl
T	3
R	2

Pinout: U$_S$ K R J T $\bar{Q}$ Q = 14 13 12 11 10 9 8
K R J T $\bar{Q}$ Q ⏚ = 1 2 3 4 5 6 7

Input			Output	
t_n			t_{n+1}	
R	J	K	Q	$\bar{Q}$
L	X	X	L	H
H	L	L	Q$_n$	$\bar{Q}_n$
H	H	L	H	L
H	L	H	L	H
H	H	H	$\bar{Q}_n$	Q$_n$

Taktimpuls · L'impulsion d'horloge · Clock pulse
Impulso di cadenza · Pulso del reloj

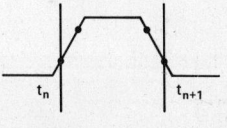

t_n ... t_{n+1}

74115	Typ - Type - Tipo		Hersteller Production Fabricants Produttori Fabricantes	Bild Fig. Fig. Sec 3	I_S &I_R mA	t_{PD} E→Q ns$_{typ}$ ↓↕↑	t_{PD} E→Q ns$_{max}$ ↓↕↑	Bem./Note f_T §f_Z &f_E MHz
0...70°C § 0...75°C	−40...85°C § −25...85°C	−55...125°C						
FLJ521	§FLJ525		Sie	14a	28	20 12	30 17	25
SN74115J		SN54115J	Tix	14c	28	20 12	30 17	25
SN74115N			Tix	14a	28	20 12	30 17	25
		SN54115W	Tix	14n	28	20 12	30 17	25
TL74115N	§TL84115N		Aeg	14a	28	20 12	30 17	25

74116
Output: TP

4-Bit D-Latches
4-bit D-Latches
Latches D á 4 bits
Latches D di 4 bit
Registros-latch tipo D de 4 bits

74116	Typ - Type - Tipo		Hersteller Production Fabricants Produttori Fabricantes	Bild Fig. Fig. Sec 3	I_S &I_R mA	t_{PD} E→Q ns_{typ} ↓ ↕ ↑	t_{PD} E→Q ns_{max} ↓ ↕ ↑	Bem./Note f_T §f_Z &f_E MHz
0...70°C § 0...75°C	−40...85°C § −25...85°C	−55...125°C						
SN74116J		SN54116J	Tix	24d	60	12 10	18 15	
SN74116N			Tix	24g	60	12 10	18 15	
SN74116NT			Tix	24a	60	12 10	18 15	
		SN54116W	Tix	24n	60	12 10	18 15	
74116	§84116		Sie	24a	60	12 10	18 15	
74116DC		54116DM	Fch	24d	<100		30 30	
74116FC		54116FM	Fch	24n	<100		30 30	
74116PC			Fch	24g	<100		30 30	

Pin	Fl
D	1,5

Input t_n				Output t_{n+1}
R	T1	T2	D	Q
L	X	X	X	L
H	L	L	L	L
H	L	L	H	H
H	H	X	X	Q_n
H	X	H	X	Q_n

2-156

74118
Output: TP

RS-Flipflops mit gemeinsamem Rückstelleingang
RS-flip-flops with common clear
Flip-flops RS avec entrées communes de rappel á zéro
flipflop RS con entrate di risposizionamento comune
Flipflops RS con entrada común de resposición

Pin	Fl
R	5

Logiktabelle siehe Sektion 1
Function table see section 1
Tableau logique voir section 1
Per tavola di logica vedi sec. 1
Tabla de verdad, ver sección 1

74119
Output: TP

RS-Flipflops mit getrennten Rückstelleingängen und Master-Reset
RS-flip-flops with clear inputs and additional master reset
Flip-flops RS avec entrées communes et separées de rappel á zéro
Flipflop RS con entrate di risposizionamento comune e separate
Flipflops RS con entradas de resposición separadas y master-reset

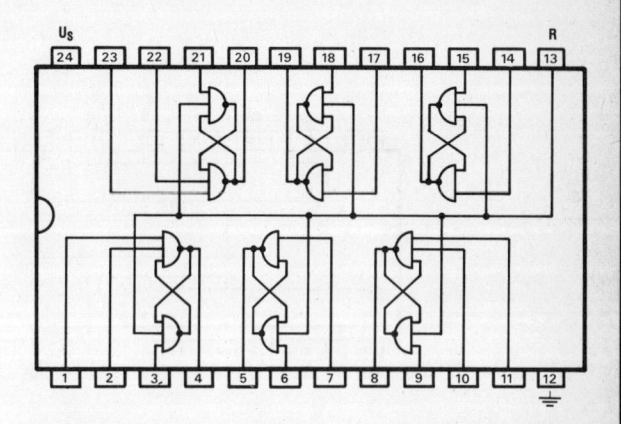

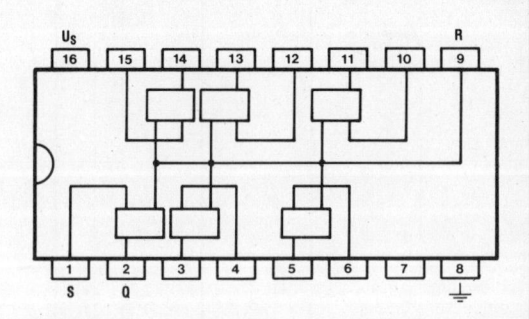

Pin	Fl
R	5

Logiktabelle siehe Sektion 1
Function table see section 1
Tableau logique voir section 1
Per tavola di logica vedi sec. 1
Tabla de verdad, ver sección 1

74118	Typ - Type - Tipo		Hersteller Production Fabricants Produttori Fabricantes	Bild Fig. Fig. Sec 3	I_S &I_R mA	t_{PD} E→Q ns_{typ} ↓↑↑	t_{PD} E→Q ns_{max} ↓↑↑	Bem./Note f_T §f_Z &f_E MHz
0...70°C § 0...75°C	−40...85°C § −25...85°C	−55...125°C						
FLJ361	§FLJ365		Sie	16a	30	10 18	17 29	
MIC74118J	MIC64118J	MIC54118J	Itt	16c	30	10 18	17 29	
MIC74118N			Itt	16a	30	10 18	17 29	
SN74118J		SN54118J	Tix	16c	30	10 18	17 29	
SN74118N	§SN84118N		Tix	16a	30	10 18	17 29	
		SN54118W	Tix	16n	30	10 18	17 29	
TL74118N	§TL84118N		Aeg	16a	30	10 18	17 29	

74119	Typ - Type - Tipo		Hersteller Production Fabricants Produttori Fabricantes	Bild Fig. Fig. Sec 3	I_S &I_R mA	t_{PD} E→Q ns_{typ} ↓↑↑	t_{PD} E→Q ns_{max} ↓↑↑	Bem./Note f_T §f_Z &f_E MHz
0...70°C § 0...75°C	−40...85°C § −25...85°C	−55...125°C						
FLJ371	§FLJ375		Sie	24a	30	10 18	17 29	
SN74119J		SN54119J	Tix	24d	30	10 18	17 29	
SN74119N	§SN84119N		Tix	24g	30	10 18	17 29	
		SN54119W	Tix	24n	30	10 18	17 29	
TL74119N	§TL84119N		Aeg	24g	30	10 18	17 29	

74120
Output: TP

Impulssynchronisierer / Pulse synchronizers / Synchronisateurs d'impulsion / Sincronizzatori di impulsi / Sincronizador de pulsos

Pin layout (top view):
- Pin 16: U_S
- Pin 15: MC
- Pin 14: S2
- Pin 13: S1
- Pin 12: R
- Pin 11: C
- Pin 10: Q
- Pin 9: $\bar{Q}$
- Pin 1: MC
- Pin 2: S1
- Pin 3: S2
- Pin 4: R
- Pin 5: C
- Pin 6: Q
- Pin 7: $\bar{Q}$
- Pin 8: GND

FI = 9
FI (C) = 2
FQ = 30

74120	Typ - Type - Tipo		Hersteller Production Fabricants Produttori Fabricantes	Bild Fig. Fig. Sec 3	I_S &I_R mA	t_{PD} E→Q ns typ ↓ ↕ ↑			t_{PD} E→Q ns max ↓ ↕ ↑			Bem./Note f_T §f_Z &f_E MHz
0…70°C § 0…75°C	−40…85°C § −25…85°C	−55…125°C										
MC74120J		MC54120J	Mot	16c	51	17		14	25		22	
MC74120N			Mot	16a	51	17		14	25		22	
MC74120W		MC54120W	Mot	16n	51	17		14	25		22	
SN74120J		SN54120J	Tix	16c	51	17		14	25		22	
SN74120N	§SN84120N		Tix	16a	51	17		14	25		22	
	§SN84120N	SN54120W	Tix	16n	51	17		14	25		22	
TL74120N	§TL84120N		Aeg	16a	51	17		14	25		22	

Input R S1 S2	Ausgangsimpulse	Output pulses	Impulsion de sortie	Impulsi di uscita	Pulsos de salida
X L X	Passieren	pass	passage	passare	pasan
X X L	Passieren	pass	passage	passare	pasan
L H H	Sperren	inhibit	blocage	bloccare	bloquero
H ↓ H	Starten	start	initialisation	avviare	inicializar
H H ↓	Starten	start	initialisation	avviare	inicializar
↓ H H	Stoppen	stop	arrêt	fermare	parar
H H H	Letzte Operation fortsetzen	continue last operation	continuer la dernière operation	continuare l'ultima operazione	continuar la última operación

2-158

74121
Output: TP

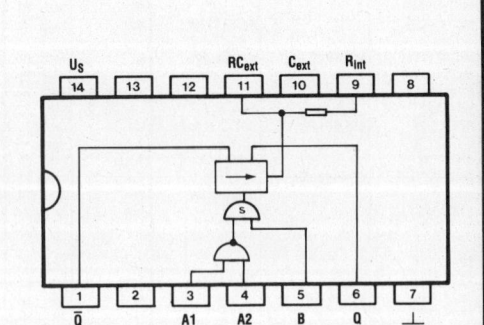

Monoflop mit Schmitt-Trigger-Eingang
Monostable multivibrator with Schmitt-Trigger input
Monoflop á entrée de déclencheur Schmitt
Monoflop con ingresso trigger Schmitt
Multivibrador monoestable con entrada de disparador de Schmitt

Pin	Fl N	Fl L
A	1	4,5
B	2	9

Pinout: Us(14), 13, 12, RC_ext(11), C_ext(10), R_int(9), 8, Q̄(1), 2, A1(3), A2(4), B(5), Q(6), ⏚(7)

Input			Output	
A1	A2	B	Q	Q̄
L	X	H	L	H
X	L	H	L	H
X	X	L	L	H
H	H	X	L	H
H	↓	H	⊓	⊔
↓	H	H	⊓	⊔
↓	↓	H	⊓	⊔
L	X	↑	⊓	⊔
X	L	↑	⊓	⊔

74121	Typ - Type - Tipo		Hersteller Production Fabricants Produttori Fabricantes	Bild Fig. Fig. Sec 3	I_S &I_R mA	t_{PD} E→Q ns_{typ} ↓ ↕ ↑	t_{PD} E→Q ns_{max} ↓ ↕ ↑	Bem./Note f_T §f_Z &f_E MHz
0...70°C § 0...75°C	−40...85°C § −25...85°C	−55...125°C						
DM74121J		DM54121J	Nsc	14c	<40		80 70	
DM74121N			Nsc	14a	<40		80 70	
FJK101			Val	14a				
FLK101	§FLK105		Sie	14a	23	45	70	
HD74121			Hit	14a	<40		80 70	
M53321P			Mit	14a	<40		80 70	
MC74121J		MC54121J	Mot	14c	23	45	70	
MC74121N			Mot	14a	23	45	70	
MC74121W		MC54121W	Mot	14p	23	45	70	
MIC74121J	MIC64121J	MIC54121J	Itt	14c	23	45	70	
MIC74121N			Itt	14a	23	45	70	
N74121A			Mul,Phi,Sig	14a	23	45	70	
N74121F		S54121F	Mul,Phi,Sig	14c	23	45	70	
		S54121W	Mul,Phi,Sig	14n	23	45	70	
NC74121N			Nuc	14a	23			
SFC4121E	§SFC4121ET	SFC4121EM	Nuc,Ses	14c				
SN74121J		SN54121J	Tix	14c	23	45	70	
SN74121N	§SN84121N		Tix	14a	23	45	70	
		SN54121W	Tix	14n	23	45	70	
SW74121J			Stw	14c	<40			
SW74121N			Stw	14a	<40			
T74121B1			Sgs	14a	23	45	70	
T74121D1		T54121D2	Sgs	14c	23	45	70	
TD34121			Tos	14a	<40		80 70	
TL74121N	§TL84121N		Aeg	14a	23	45	70	
TRW74121			Trw	14a	<40			
US74121A		US54121A	Spr	14c				
US74121J		US54121J	Spr	14p				
ZN74121E			Fer	14a	23			
ZN74121J		ZN54121J	Fer	14c	23			
74121DC		54121DM	Fch	14c	<40		80 70	
74121FC		54121FM	Fch	14n	<40		80 70	
74121PC			Fch	14a	<40		80 70	

L

SN74L121J		SN54L121J	Tix	14c	9		140	
SN74L121N	§SN84L121N		Tix	14a	9		140	
		SN54L121T	Tix	14p	9		140	

74122

Output: TP

Nachtriggerbares Monoflop
Retriggerable monostable multivibrator
Monoflop á déclenchement ultérieur
Monoflop a scatto addizionale
Multivibrador monoestable redisparable

Pin	FI N	L
A, B	1	4,5
R	2	9

Pinout (top to bottom labels): U_S (14), RC_{ext} (13), 12, C_{ext} (11), 10, R_{Int} (9), Q (8); bottom pins: A1 (1), A2 (2), B1 (3), B2 (4), R (5), $\overline{Q}$ (6), GND (7).

Input					Output	
R	A1	A2	B1	B2	Q	$\overline{Q}$
L	X	X	X	X	L	H
X	H	H	X	X	L	H
X	X	X	L	X	L	H
X	X	X	X	L	L	H
X	L	X	H	H	L	H
X	X	L	H	H	L	H
H	L	X	↑	H	⊓	⊔
H	L	X	H	↑	⊓	⊔
H	X	L	↑	H	⊓	⊔
H	X	L	H	↑	⊓	⊔
H	H	↓	H	H	⊓	⊔
H	↓	H	H	H	⊓	⊔
↑	L	X	H	H	⊓	⊔
↑	X	L	H	H	⊓	⊔

74122 0...70°C § 0...75°C	Typ - Type - Tipo −40...85°C § −25...85°C	−55...125°C	Hersteller Production Fabricants Produttori Fabricantes	Bild Fig. Fig. Sec 3	I_S &I_R mA	t_{PD} E→Q ns_{typ} ↓↑↑		t_{PD} E→Q ns_{max} ↓↑↑		Bem./Note f_T §f_Z &f_E MHz
FLK111	§FLK115		Sie	14a	23	30	22	40	33	
M53322P			Mit	14a	<28			40	23	
MC74122J		MC54122J	Mot	14c	23	30	22	40	33	
MC74122N			Mot	14a	23	30	22	40	33	
MC74122W		MC54122W	Mot	14p	23	30	22	40	33	
MIC74122J	MIC64122J	MIC54122J	Itt	14c	23	30	22	40	33	
MIC74122N			Itt	14a	23	30	22	40	33	
N74122A			Mul,Phi,Sig	14c	23	30	22	40	33	
N74122F		S54122F	Mul,Phi,Sig	14c	23	30	22	40	33	
SFC4122E	§SFC4122ET	SFC4122EM	Nuc	14c	<30,8					
SN74122J		SN54122J	Tix	14c	23	30	22	40	33	
SN74122N	§SN84122N		Tix	14a	23	30	22	40	33	
		SN54122W	Tix	14n	23	30	22	40	33	
SW74122J			Stw	14c	<30					
SW74122N			Stw	14a	<30					
T74122B1			Sgs	14a	23	30	22	40	33	
T74122D1		T54122D2	Sgs	14c	23	30	22	40	33	
TL74122N	§TL84122N		Aeg	14a	23	30	22	40	33	
ZN74122E			Fer	14a	<30,8					
ZN74122J		ZN54122J	Fer	14c	<30,8					
74122DC		54122DM	Fch	14c	<28			40	23	
74122FC		54122FM	Fch	14n	<28			40	23	
74122PC			Fch	14a	<28			40	23	
L										
SN74L122J		SN54L122J	Tix	14c	11	60	44	80	66	
SN74L122N	§SN84L122N		Tix	14a	11	60	44	80	66	
		SN54L122T	Tix	14p	11	60	44	80	66	
LS										
DM74LS122J		DM54LS122J	Nsc	14c	<17			45	33	
DM74LS122N			Nsc	14a	<17			45	33	
HD74LS122			Hit	14a	<17			45	33	
M74LS122			Mit	14a	<17			45	33	
MB74LS122			Fui	14a	<17			45	33	
MB74LS122M			Fui	14c	<17			45	33	
SN74LS122J		SN54LS122J	Tix	14c	6	32	23	45	33	
SN74LS122N			Tix	14a	6	32	23	45	33	
		SN54LS122W	Tix	14n	6	32	23	45	33	
74LS122J		54LS122J	Ray	14c	<17			45	33	

74123
Output: TP

Nachtriggerbare Monoflops
Retriggerable monostable multivibrators
Monoflops á déclenchement ultérieur
Monoflops a scatto addizionale
Multivibradores monoestables redisparables

Pin	Fl N	Fl L
A,B	1	4,5
R	2	9

Pins: U_S 16, RC_{ext} 15, C_{ext} 14, Q 13, $\bar{Q}$ 12, R 11, B 10, A 9; 1 A, 2 B, 3 R, 4 $\bar{Q}$, 5 Q, 6 C_{ext}, 7 RC_{ext}, 8 GND

Input			Output	
R	A	B	Q	$\bar{Q}$
L	X	X	L	H
X	H	X	L	H
X	X	L	L	H
H	L	↑	⊓	⊔
H	↓	H	⊓	⊔
↑	L	H	⊓	⊔

74123	Typ - Type - Tipo		Hersteller Production Fabricants Produttori Fabricantes	Bild Fig. Fig. Sec 3	I_S &I_R mA	t_{PD} E→Q ns_{typ} ↓ ↑↑ ↑	t_{PD} E→Q ns_{max} ↓ ↑↑ ↑	Bem./Note f_T §f_Z &f_E MHz
0...70°C § 0...75°C	–40...85°C § –25...85°C	–55...125°C						
DM74123J		DM54123J	Nsc	16c	<66		27 23	
DM74123N			Nsc	16a	<66		27 23	
FLK121	§FLK125		Sie	16a	46	30 22	40 33	
HD74123			Hit	16a	<66		27 23	
M53323P			Mit	16a	<66		27 23	
MB440			Fuj	16a	<66		27 23	
MB440M			Fuj	16c	<66		27 23	
MC74123J		MC54123J	Mot	16c	46	30 22	40 33	
MC74123N			Mot	16a	46	30 22	40 33	
MC74123W		MC54123W	Mot	16n	46	30 22	40 33	
MIC74123J	MIC64123J	MIC54123J	Itt	16c	46	30 22	40 33	
MIC74123N			Itt	16a	46	30 22	40 33	
N74123B			Mul,Phi,Sig	16a	46	30 22	40 33	
N74123F		S54123F	Mul,Phi,Sig	16c	46	30 22	40 33	
		S54123W	Mul,Phi,Sig	16n	46	30 22	40 33	
SFC4123E	§SFC4123ET	SFC4123EM	Nuc,Ses	16c	<72,6			
SN74123J		SN54123J	Tix	16c	46	30 22	40 33	
SN74123N	§SN84123N		Tix	16a	46	30 22	40 33	
		SN54123W	Tix	16n	46	30 22	40 33	
SW74123J			Stw	16c	<70			
SW74123N			Stw	16a	<70			
T74123B1			Sgs	16a	46	30 22	40 33	
T74123D1		T54123D2	Sgs	16c	46	30 22	40 33	
TL74123N	§TL84123N		Aeg	16a	46	30 22	40 33	
ZN74123E			Fer	16a	<72,6			
ZN74123J		ZN54123J	Fer	16c	<72,6			
µPB2123			Nip	16a	<66		27 23	
74123DC		54123DM	Fch	16c	<66		27 23	
74123FC		54123FM	Fch	16n	<66		27 23	
74123J		54123J	Ray	16c	<66		27 23	
74123PC			Fch	16a	<66		27 23	
HC								
§CD74HC123E			Rca	16a				
		CD54HC123F	Rca	16c				
MC74HC123J		MC54HC123J	Mot	16c				
MC74HC123N			Mot	16a				
	MM74HC123J	MM54HC123J	Nsc	16c	<8u	21 21	32 32	
	MM74HC123N		Nsc	16a	<8u	21 21	32 32	

74123	Typ - Type - Tipo		Hersteller Production Fabricants Produttori Fabricantes	Bild Fig. Fig. Sec 3	I_S &I_R mA	t_{PD} E→Q ns$_{typ}$ ↓ ↕ ↑	t_{PD} E→Q ns$_{max}$ ↓ ↕ ↑	Bem./Note f_T §f_Z &f_E MHz	74123	Typ - Type - Tipo		Hersteller Production Fabricants Produttori Fabricantes	Bild Fig. Fig. Sec 3	I_S &I_R mA	t_{PD} E→Q ns$_{typ}$ ↓ ↕ ↑	t_{PD} E→Q ns$_{max}$ ↓ ↕ ↑	Bem./Note f_T §f_Z &f_E MHz
0...70°C § 0...75°C	−40...85°C § −25...85°C	−55...125°C							0...70°C § 0...75°C	−40...85°C § −25...85°C	−55...125°C						
HCT §CD74HCT123E		CD54HCT123F	Rca Rca	16a 16c													
L DM74L123N SN74L123J SN74L123N SN74L123T	§SN84L123N	SN54L123J SN54L123T	Nsc Tix Tix Tix	16a 16c 16a 16p	23 23 23	60 44 60 44 60 44	80 66 80 66 80 66										
LS DM74LS123J DM74LS123N HD74LS123 M74LS123 MB74LS123		DM54LS123J	Nsc Nsc Hit Mit Fui	16c 16a 16a 16a 16a	<20 <20 <20 <20 <20		27 33 27 33 27 33 27 33 27 33										
MB74LS123M SN74LS123J SN74LS123N		SN54LS123J SN54LS123W	Fui Tix Tix Tix	16c 16c 16a 16n	<20 12 12 12	32 23 32 23 32 23	27 33 45 33 45 33 45 33										
74LS123J		54LS123J	Ray	16c	<20		27 33										

74124 / 1
Output: TP

Spannungsgesteuerte Oszillatoren
Voltage controlles oscillators
Oscillateurs commandés par tension
Oscillatori comandati da tensione
Osciladores gobernados por tensión

74124 / 2
Output: TP

Spannungsgesteuerte Oszillatoren
Voltage controlles oscillators
Oscillateurs commandés par tension
Oscillatori comandati da tensione
Osciladores gobernados por tensión

FQ (LS) = 60

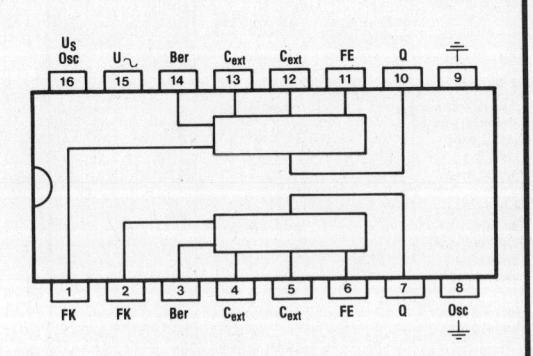

Pinout 74124/1: U_S Osc (16), $U_\sim$ (15), Ber (14), C_{ext} (13), C_{ext} (12), FE (11), Q (10), ⏚ (9); FK (1), FK (2), Ber (3), C_{ext} (4), C_{ext} (5), FE (6), Q (7), Osc (8)

$f_Q = 500 / C_{ext}$ (MHz, pF)

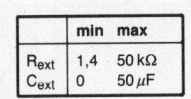

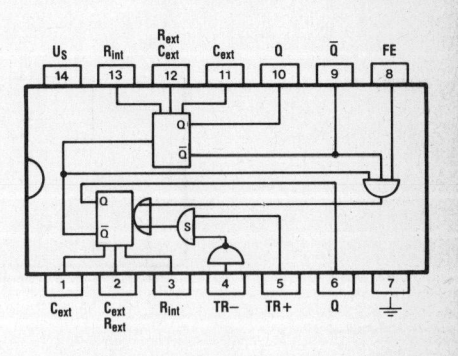

	min	max
R_{ext}	1,4	50 kΩ
C_{ext}	0	50 µF

Pinout 74124/2: U_S (14), R_{int} (13), R_{ext} C_{ext} (12), C_{ext} (11), Q (10), $\overline{Q}$ (9), FE (8); C_{ext} (1), C_{ext} R_{ext} (2), R_{int} (3), TR− (4), TR+ (5), Q (6), ⏚ (7)

74124 / 1	Typ - Type - Tipo		Hersteller Production Fabricants Produttori Fabricantes	Bild Fig. Fig. Sec 3	I_S &I_R	t_{PD} E→Q ns$_{typ}$	t_{PD} E→Q ns$_{max}$	Bem./Note f_T §f_Z &f_E
0...70°C § 0...75°C	−40...85°C § −25...85°C	−55...125°C			mA	↓ ↕ ↑	↓ ↕ ↑	MHz
M74LS124 SN74LS124J SN74LS124N			Mit Tix Tix Tix	16a 16c 16a 16n	<50 22 22 22			
	SN54LS124J							
		SN54LS124W						
S SN74S124J SN74S124N			Tix Tix Tix	16c 16a 16n	105 105 105	70 70 70		
	SN54S124J							
		SN54S124W						

74124 / 2	Typ - Type - Tipo		Hersteller Production Fabricants Produttori Fabricantes	Bild Fig. Fig. Sec 3	I_S &I_R	t_{PD} E→Q ns$_{typ}$	t_{PD} E→Q ns$_{max}$	Bem./Note f_T §f_Z &f_E
0...70°C § 0...75°C	−40...85°C § −25...85°C	−55...125°C			mA	↓ ↕ ↑	↓ ↕ ↑	MHz
MIC74124J MIC74124N	MIC64124J	MIC54124J	Itt Itt	14c 14a	30 30			

74125
Output: TS

Leitungstreiber
Line driver
Driver de ligne
Eccitatore di linea
Excitadores de línea

FQ (LS) = 44

Input		Outp.
C	A	Q
H	X	Z*
L	H	H
L	L	L

* Hochohmig
* High impedance
* Haute impédance
* Alta resistenza
* Alta impedancia

74125			Hersteller Production Fabricants Produttori Fabricantes	Bild Fig. Fig. Sec	I_S &I_R	t_{PD} E→Q ns_{typ}			t_{PD} E→Q ns_{max}			Bem./Note f_T §f_Z &f_E
0...70°C § 0...75°C	−40...85°C § −25...85°C	−55...125°C		3	mA	↓	↕	↑	↓	↕	↑	MHz
HC												
MC74HC125J		MC54HC125J	Mot	14c								
MC74HC125N			Mot	14a								
	MM74HC125J	MM54HC125J	Nsc	14c	<8u	8		8	17		17	
	MM74HC125N		Nsc	14a	<8u	8		8	17		17	
LS												
DM74LS125J		DM54LS125J	Nsc	14c	<20				18		15	
DM74LS125N			Nsc	14a	<20				18		15	
HD74LS125			Hit	14a	<20				18		15	
M74LS125			Mit	14a	<20				18		15	
MB74LS125			Fuj	14a	<20				18		15	
§SN74LS125J		SN54LS125J	Mot	14c	11	7		9	18		15	
SN74LS125J		SN54LS125J	Tix	14c	11	7		9	18		15	
§SN74LS125N			Mot	14a	11	7		9	18		15	
SN74LS125N			Tix	14a	11	7		9	18		15	
§SN74LS125W		SN54LS125W	Mot	14p	11	7		9	18		15	
SN74LS125AJ		SN54LS125AJ	Tix	14c	11	7		9	18		15	
SN74LS125AN			Tix	14a	11	7		9	18		15	
		SN54LS125AW	Tix	14n	11	7		9	18		15	
74LS125DC		54LS125DM	Fch	14c	<20				18		15	
74LS125FC		54LS125FM	Fch	14p	<20				18		15	
74LS125J		54LS125J	Ray	14c	<20				18		15	
74LS125PC			Fch	14a	<20				18		15	

74125			Hersteller Production Fabricants Produttori Fabricantes	Bild Fig. Fig. Sec	I_S &I_R	t_{PD} E→Q ns_{typ}			t_{PD} E→Q ns_{max}			Bem./Note f_T §f_Z &f_E
0...70°C § 0...75°C	−40...85°C § −25...85°C	−55...125°C		3	mA	↓	↕	↑	↓	↕	↑	MHz
DM74125J		DM54125J	Nsc	14c	<54				18		13	
DM74125N			Nsc	14a	<54				18		13	
HD74125			Hit	14a	<54				18		13	
M53325			Mit	14a	<54				18		13	
SN74125J		SN54125J	Tix	14c	32	12		8	18		13	
SN74125N	§SN84125N		Tix	14a	32	12		8	18		13	
		SN54125W	Tix	14n	32	12		8	18		13	
74125	§84125		Sie	14a	32	12		8	18		13	
74125DC		54125DM	Fch	14c	<54				18		13	
74125FC		54125FM	Fch	14n	<54				18		13	
74125PC			Fch	14a	<54				18		13	

74126
Output: TS

Leitungstreiber / Line driver / Driver de ligne / Eccitatore di linea / Excitadores de línea

FQ (LS) = 44

Input		Outp.
C	A	Q
L	X	Z*
H	H	H
H	L	L

* Hochohmig
* High impedance
* Haute impédance
* Alta resistenza
* Alta impedancia

HC

74126	Typ - Type - Tipo		Hersteller Production Fabricants Produttori Fabricantes	Bild Fig. Fig. Sec 3	I_S &I_R mA	t_{PD} E→Q ns_{typ} ↓ ↕ ↑	t_{PD} E→Q ns_{max} ↓ ↕ ↑	Bem./Note f_T §f_Z &f_E MHz
0...70°C § 0...75°C	−40...85°C § −25...85°C	−55...125°C						
MC74HC126J		MC54HC126J	Mot	14c				
MC74HC126N			Mot	14a				
	MM74HC126J	MM54HC126J	Nsc	14c	<8u	8 8	17 17	
	MM74HC126N		Nsc	14a	<8u	8 8	17 17	

LS

0...70°C § 0...75°C	−40...85°C § −25...85°C	−55...125°C	Production	Fig.	mA	typ	max	MHz
DM74LS126J		DM54LS126J	Nsc	14c	<22		18 15	
DM74LS126N			Nsc	14a	<22		18 15	
HD74LS126			Hit	14a	<22		18 15	
M74LS126			Mit	14a	<22		18 15	
MB74LS126			Fuj	14a	<22		18 15	
§SN74LS126J		SN54LS126J	Mot	14c	12	8 9	18 15	
SN74LS126J		SN54LS126J	Tix	14c	12	8 9	18 15	
§SN74LS126N			Mot	14a	12	8 9	18 15	
SN74LS126N			Tix	14a	12	8 9	18 15	
§SN74LS126W		SN54LS126W	Mot	14p	12	8 9	18 15	
SN74LS126AJ		SN54LS126AJ	Tix	14c	12	8 9	18 15	
SN74LS126AN			Tix	14a	12	8 9	18 15	
		SN54LS126AW	Tix	14n	12	8 9	18 15	
74LS126DC		54LS126DM	Fch	14c	<24		18 15	
74LS126FC		54LS126FM	Fch	14p	<24		18 15	
74LS126J		54LS126J	Ray	14c	<22		18 15	
74LS126PC			Fch	14a	<24		18 15	

74126	Typ - Type - Tipo		Hersteller Production Fabricants Produttori Fabricantes	Bild Fig. Fig. Sec 3	I_S &I_R mA	t_{PD} E→Q ns_{typ} ↓ ↕ ↑	t_{PD} E→Q ns_{max} ↓ ↕ ↑	Bem./Note f_T §f_Z &f_E MHz
0...70°C § 0...75°C	−40...85°C § −25...85°C	−55...125°C						
DM74126J		DM54126J	Nsc	14c	<62		18 13	
DM74126N			Nsc	14a	<62		18 13	
HD74126			Hit	14a	<62		18 13	
N74126A			Mul,Phi,Sig	14a	36	12 8	18 13	
N74126F		S54126F	Mul,Phi,Sig	14c	36	12 8	18 13	
SN74126J		SN54126J	Tix	14c	36	12 8	18 13	
SN74126N	§SN84126N		Tix	14a	36	12 8	18 13	
		SN54126W	Tix	14n	36		18 13	
74126	§84126		Sie	14a	36	12 8	18 13	
74126DC		54126DM	Fch	14c	<62		18 13	
74126FC		54126FM	Fch	14n	<62		18 13	
74126PC			Fch	14a	<62		18 13	

74128
Output: TP

50 Ohm NOR-Leitungstreiber
50 ohm NOR-line drivers
Driver de ligne NOR, 50 ohms
Eccitatore di linea NOR di 50 ohm
Excitadores NOR de línea de 50 Ohm

74130
Output: OC

AND-Treiber (30V)
AND driver (30V)
Étage driver AND (30V)
Eccitatore AND (30V)
Excitadores AND (30V)

$FQ = 30$

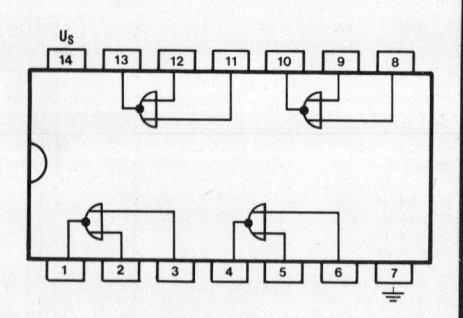

Logiktabelle siehe Sektion 1
Function table see section 1
Tableau logique voir section 1
Per tavola di logica vedi sec. 1
Tabla de verdad, ver sección 1

$FQ = 54$

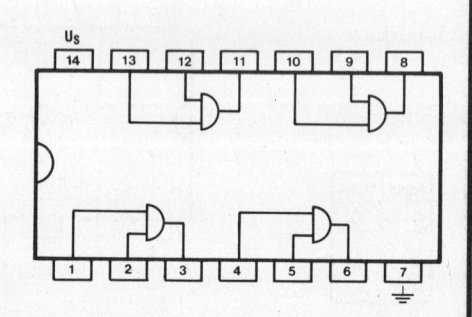

Logiktabelle siehe Sektion 1
Function table see section 1
Tableau logique voir section 1
Per tavola di logica vedi sec. 1
Tabla de verdad, ver sección 1

74128	Typ - Type - Tipo			Hersteller Production Fabricants Produttori Fabricantes	Bild Fig. Fig. Sec	I_S &I_R	t_{PD} E→Q ns_{typ}			t_{PD} E→Q ns_{max}			Bem./Note f_T §f_Z &f_E
0...70°C § 0...75°C	−40...85°C § −25...85°C		−55...125°C		3	mA	↓	↕	↑	↓	↕	↑	MHz
SN74128J			SN54128J	Tix	14c	22,5	8		6	12		9	
SN74128N	§SN84128N			Tix	14a	22,5	8		6	12		9	
74128	§84128		SN54128W	Tix	14n	22,5	8		6	12		9	
				Sie	14a	22,5	8		6	12		9	

74130	Typ - Type - Tipo			Hersteller Production Fabricants Produttori Fabricantes	Bild Fig. Fig. Sec	I_S &I_R	t_{PD} E→Q ns_{typ}			t_{PD} E→Q ns_{max}			Bem./Note f_T §f_Z &f_E
0...70°C § 0...75°C	−40...85°C § −25...85°C		−55...125°C		3	mA	↓	↕	↑	↓	↕	↑	MHz
MIC74130J			MIC54130J	Itt	14c	31	22		10	35		18	
MIC74130N				Itt	14a	31	22		10	35		18	

74131 / 1
Output: OC

3-zu-8 Demultiplexer
3-line-to-8-line demultiplexer
Démultiplexeur 3 lignes-1 ligne
Demultiplatore 3 a 8
Demultiplexador de 3 a 8

74131 / 2
Output: OC

AND-Treiber (15V)
AND driver (15V)
Étage driver AND (15V)
Eccitatore AND (15V)
Excitadores AND (15V)

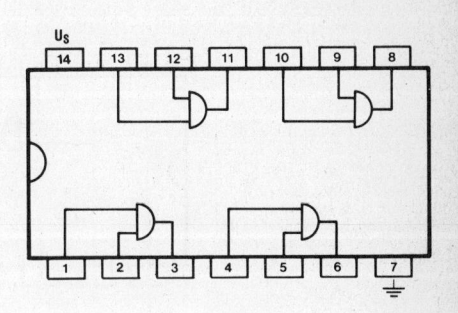

FQ = 54

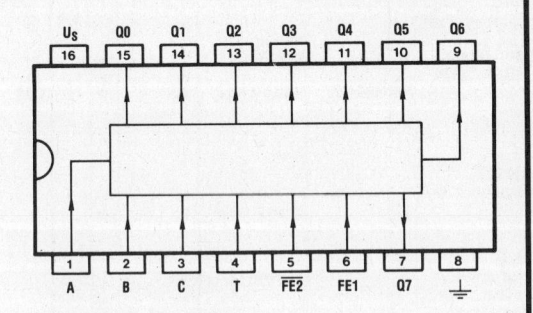

Pinout 74131/1 (16-pin):
U_S 16, Q0 15, Q1 14, Q2 13, Q3 12, Q4 11, Q5 10, Q6 9
1 A, 2 B, 3 C, 4 T, 5 $\overline{FE2}$, 6 FE1, 7 Q7, 8 GND

Pinout 74131/2 (14-pin):
U_S 14, 13, 12, 11, 10, 9, 8
1, 2, 3, 4, 5, 6, 7 GND

Logiktabelle siehe Sektion 1
Function table see section 1
Tableau logique voir section 1
Per tavola di logica vedi sec. 1
Tabla de verdad, ver sección 1

Logiktabelle siehe Sektion 1
Function table see section 1
Tableau logique voir section 1
Per tavola di logica vedi sec. 1
Tabla de verdad, ver sección 1

74131 / 1	Typ - Type - Tipo		Hersteller Production Fabricants Produttori Fabricantes	Bild Fig. Fig. Sec 3	I_S &I_R mA	t_{PD} E→Q ns$_{typ}$ ↓ ↕ ↑	t_{PD} E→Q ns$_{max}$ ↓ ↕ ↑	Bem./Note f_T §f_Z &f_E MHz
0...70°C § 0...75°C	–40...85°C § –25...85°C	–55...125°C						
DM74ALS131J DM74ALS131N		DM54ALS131J	Nsc Nsc	14c 14a	<11 <11			
SN74ALS131FN		SN54ALS131FH	Tix Tix	cc cc	5 5	24 28 20 25		40 50
		SN54ALS131J	Tix	14c	5	24 28		40
SN74ALS131N			Tix	14a	5	20 25		50
		SN54ALS131W	Tix	14n	5	24 28		40
AS								
SN74AS131FN		SN54AS131FH	Tix Tix	cc cc	16 16	5,3 5,4 5,3 5,4		
SN74AS131N		SN54AS131J	Tix Tix	14c 14a	16 16	5,3 5,4 5,3 5,4		

74131 / 2	Typ - Type - Tipo		Hersteller Production Fabricants Produttori Fabricantes	Bild Fig. Fig. Sec 3	I_S &I_R mA	t_{PD} E→Q ns$_{typ}$ ↓ ↕ ↑	t_{PD} E→Q ns$_{max}$ ↓ ↕ ↑	Bem./Note f_T §f_Z &f_E MHz
0...70°C § 0...75°C	–40...85°C § –25...85°C	–55...125°C						
MIC74131J MIC74131N		MIC54131J	Itt Itt	14c 14a	31 31	22 10 22 10	35 18 35 18	

74132

Output: TP

NAND-Schmitt-Trigger
NAND Schmitt Trigger
Montages trigger de Schmitt NAND
Sganciatori Schmitt NAND
Disparadores de Schmitt NAND

Logiktabelle siehe Sektion 1
Function table see section 1
Tableau logique voir section 1
Per tavola di logica vedi sec. 1
Tabla de verdad, ver sección 1

74132	Typ - Type - Tipo		Hersteller Production Fabricants Produttori Fabricantes	Bild Fig. Fig. Sec 3	I_S &I_R mA	t_{PD} E→Q ns_{typ} ↓↕↑	t_{PD} E→Q ns_{max} ↓↕↑	Bem./Note f_T §f_Z &f_E MHz
0...70°C § 0...75°C	−40...85°C § −25...85°C	−55...125°C						
HC								
§CD74HC132E			Rca	14a		8 8		
		CD54HC132F	Rca	14c		8 8		
MC74HC132J		MC54HC132J	Mot	14c	<2u	11 11	21 21	
MC74HC132N			Mot	14a	<2u	11 11	21 21	
	MM74HC132J	MM54HC132J	Nsc	14c	<2u	11 11	21 21	
	MM74HC132N		Nsc	14a	<2u	11 11	21 21	
HCT								
§CD74HCT132E			Rca	14a		8 8		
		CD54HCT132F	Rca	14c		8 8		
LS								
DM74LS132J		DM54LS132J	Nsc	14c	<14		22 22	
DM74LS132N			Nsc	14a	<14		22 22	
HD74LS132			Hit	14a	<14		22 22	
M74LS132			Mit	14a	<14		22 22	
MB74LS132			Fui	14a	<14		22 22	
§SN74LS132J		SN54LS132J	Mot	14c	7,04	15 15	22 22	
SN74LS132J		SN54LS132J	Tix	14c	7,04	15 15	22 22	
§SN74LS132N			Mot	14a	7,04	15 15	22 22	
SN74LS132N			Tix	14a	7,04	15 15	22 22	
		SN54LS132W	Tix	14n	7,04	15 15	22 22	
§SN74LS132W		SN54LS132W	Mot	14p	7,04	15 15	22 22	
74LS132DC		54LS132DM	Fch	14c	8,2		20 20	
74LS132FC		54LS132FM	Fch	14p	8,2		20 20	
74LS132J		54LS132J	Ray	14c	<14		22 22	
74LS132PC			Fch	14a	8,2		20 20	
S								
SN74S132J		SN54S132J	Tix	14c	36	8,5 7	13 10,5	
SN74S132N			Tix	14a	36	8,5 7	13 10,5	
		SN54S132W	Tix	14n	36	8,5 7	13 10,5	
74S132DC			Fch	14c	<68		13 10,5	
74S132FC		54S132FM	Fch	14n	<68		13 10,5	
74S132PC			Fch	14a	<68		13 10,5	

74132	Typ - Type - Tipo		Hersteller Production Fabricants Produttori Fabricantes	Bild Fig. Fig. Sec 3	I_S &I_R mA	t_{PD} E→Q ns_{typ} ↓↕↑	t_{PD} E→Q ns_{max} ↓↕↑	Bem./Note f_T §f_Z &f_E MHz
0...70°C § 0...75°C	−40...85°C § −25...85°C	−55...125°C						
DM74132J		DM54132J	Nsc	14c	<40		22 22	
DM74132N			Nsc	14a	<40		22 22	
FLH601	§FLH605		Sie	14a	20,4	15 15	22 22	
HD74132			Hit	14a	<40		22 22	
M53332			Mit	14a	<40		22 22	
MC74132J		MC54132J	Mot	14c	20,4	15 15	22 22	
MC74132N			Mot	14a	20,4	15 15	22 22	
MC74132W		MC54132W	Mot	14p	20,4	15 15	22 22	
N74132A			Mul,Phi,Sig	14a	20,4	15 15	22 22	
N74132F		S54132F	Mul,Phi,Sig	14c	20,4	15 15	22 22	
		S54132W	Mul,Phi,Sig	14n	20,4	15 15	22 22	
SN74132J		SN54132J	Tix	14c	20,4	15 15	22 22	
SN74132N	§SN84132N		Tix	14a	20,4	15 15	22 22	
		SN54132W	Tix	14n	20,4	15 15	22 22	
74132DC		54132DM	Fch	14c	<40		22 22	
74132FC		54132FM	Fch	14n	<40		22 22	
74132PC			Fch	14a	<40		22 22	

74133
Output: TP

NAND-Gatter / NAND gate / Porte NAND / Circuito porta NAND / Puertas NAND

Pinout: U_S = 16; pins 1–8 and 9–16 shown; pin 8 = GND

Logiktabelle siehe Section 1 · Function table see section 1 · Tableau logique voir section 1
Per tavola di logica vedi sezione 1 · Tabla de verdad, ver sección 1

74133	Typ - Type - Tipo		Hersteller Production Fabricants Produttori Fabricantes	Bild Fig. Fig. Sec 3	I_S &I_R mA	t_{PD} E→Q ns_{typ} ↓ ↕ ↑	t_{PD} E→Q ns_{max} ↓ ↕ ↑	Bem./Note f_T §f_Z &f_E MHz
0...70°C § 0...75°C	−40...85°C § −25...85°C	−55...125°C						
DM74ALS133J		DM54ALS133J	Nsc	16c	<0,8		25 11	
DM74ALS133N			Nsc	16a	<0,8		25 11	
		SN54ALS133FH	Tix	cc	0,56		28 14	
SN74ALS133FN			Tix	cc	0,56		25 11	
		SN54ALS133J	Tix	16c	0,56		28 14	
SN74ALS133N			Tix	16a	0,56		25 11	
HC								
MC74HC133J		MC54HC133J	Mot	16c				
MC74HC133N			Mot	16a				
	MM74HC133J	MM54HC133J	Nsc	16c	<2u	18 18	30 30	
	MM74HC133N		Nsc	16a	<2u	18 18	30 30	
		SN54HC133FH	Tix	cc	<2u		26 26	

74133	Typ - Type - Tipo		Hersteller Production Fabricants Produttori Fabricantes	Bild Fig. Fig. Sec 3	I_S &I_R mA	t_{PD} E→Q ns_{typ} ↓ ↕ ↑	t_{PD} E→Q ns_{max} ↓ ↕ ↑	Bem./Note f_T §f_Z &f_E MHz
0...70°C § 0...75°C	−40...85°C § −25...85°C	−55...125°C						
	SN74HC133FH		Tix	cc	<2u		26 26	
	SN74HC133FN	SN54HC133FK	Tix	cc	<2u		26 26	
		SN54HC133J	Tix	16c	<2u		26 26	
	SN74HC133J		Tix	16c	<2u		26 26	
	SN74HC133N		Tix	16a	<2u		26 26	
LS								
M74LS133			Mit	16a	<1,1		25 15	
§SN74LS133J		SN54LS133J	Mot	16c				
§SN74LS133N			Mot	16a				
§SN74LS133W		SN54LS133W	Mot	16n				
74LS133DC		54LS133DM	Fch	16c	0,6	25 10	38 15	
74LS133FC		54LS133FM	Fch	16n	0,6	25 10	38 15	
74LS133PC			Fch	16a	0,6	25 10	38 15	
S								
DM74S133J		DM54S133J	Nsc	16c	<10		7 6	
DM74S133N			Nsc	16a	<10		7 6	
HD74S133			Hit	16a	<10		7 6	
M74S133			Mit	16a	<10		7 6	
N74S133B			Mul,Phi,Sig	16a	4,25	4,5 4	7 6	
N74S133F		S54S133F	Mul,Phi,Sig	16c	4,25	4,5 4	7 6	
		S54S133W	Mul,Phi,Sig	16n	4,25	4,5 4	7 6	
SN74S133J		SN54S133J	Tix	16c	4,25	4,5 4	7 6	
SN74S133N			Tix	16a	4,25	4,5 4	7 6	
		SN54S133W	Tix	16n	4,25	4,5 4	7 6	
74S133DC		54S133DM	Fch	16c	<10		7 6	
74S133FC		54S133FM	Fch	16n	<10		7 6	

74134		74135	
Output: TS	NAND-Gatter / NAND gate / Porte NAND / Circuito porta NAND / Puertas NAND	Output: TP	EX-OR- / EX-NOR-Gatter / EX-OR / EX-NOR gates / Portes EX-OR / EX-NOR / Circuito porta EX-OR / EX-NOR / Puertas EX-OR / EX-NOR

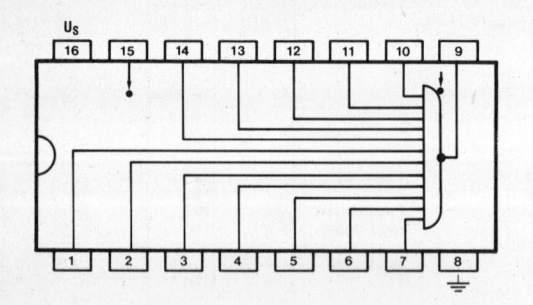

74135 Input/Output table:

Input			Outp.
A	B	C	Q
L	L	L	L
H	L	L	H
L	H	L	H
H	H	L	L
L	L	H	H
H	L	H	L
L	H	H	L
H	H	H	H

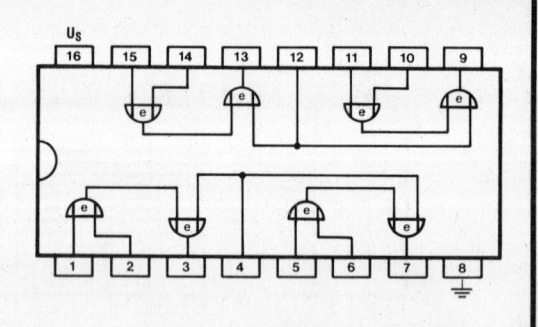

Logiktabelle siehe Section 1 · Function table see section 1 · Tableau logique voir section 1
Per tavola di logica vedi sezione 1 · Tabla de verdad, ver sección 1

74134 0...70°C § 0...75°C	Typ - Type - Tipo −40...85°C § −25...85°C	−55...125°C	Hersteller Production Fabricants Produttori Fabricantes	Bild Fig. Fig. Sec 3	I_S &I_R mA	t_{PD} E→Q ns_{typ} ↓ ↑	t_{PD} E→Q ns_{max} ↓ ↑	Bem./Note f_T §f_Z &f_E MHz
DM74S134J		DM54S134J	Nsc	16c	<25		7,5 6	
DM74S134N			Nsc	16a	<25		7,5 6	
HD74S134			Hit	16a	<25		7,5 6	
N74S134B			Mul,Phi,Sig	16a	14	5 4	7,5 6	
N74S134F		S54S134F	Mul,Phi,Sig	16c	14	5 4	7,5 6	
		S54S134W	Mul,Phi,Sig	16n	14	5 4	7,5 6	
SN74S134J		SN54S134J	Tix	16c	14	5 4	7,5 6	
SN74S134N			Tix	16a	14	5 4	7,5 6	
		SN54S134W	Tix	16n	14	5 4	7,5 6	
74S134DC		54S134DM	Fch	16c	<25		7,5 6	
74S134FC		54S134FM	Fch	16n	<25		7,5 6	
74S134PC			Fch	16a	<25		7,5 6	

74135 0...70°C § 0...75°C	Typ - Type - Tipo −40...85°C § −25...85°C	−55...125°C	Hersteller Production Fabricants Produttori Fabricantes	Bild Fig. Fig. Sec 3	I_S &I_R mA	t_{PD} E→Q ns_{typ} ↓ ↑	t_{PD} E→Q ns_{max} ↓ ↑	Bem./Note f_T §f_Z &f_E MHz
DM74S135J		DM54S135J	Nsc	16c	<99		15 15	
DM74S135N			Nsc	16a	<99		15 15	
HD74S135			Hit	16a	<99		15 15	
SN74S135J		SN54S135J	Tix	16c	65	11 8,5	15 13	
SN74S135N			Tix	16a	65	11 8,5	15 13	
		SN54S135W	Tix	16n	65	11 8,5	15 13	
74S135DC		54S135DM	Fch	16c	<99		15 15	
74S135FC		54S135FM	Fch	16n	<99		15 15	
74S135PC			Fch	16a	<99		15 15	

74136
Output: OC

EX-OR-Gatter
EX-OR gates
Portes EX-OR
Circuito porta EX-OR
Puertas EX-OR

FI (LS) = 2

Logiktabelle siehe Sektion 1
Function table see section 1
Tableau logique voir section 1
Per tavola di logica vedi sec. 1
Tabla de verdad, ver sección 1

Pinout: U_S pin 14; GND pin 7; inputs/outputs pins 1–6, 8–13 (with XOR gates labeled "e").

74136	Typ - Type - Tipo		Hersteller Production Fabricants Produttori Fabricantes	Bild Fig. Fig. Sec 3	I_S &I_R mA	t_{PD} E→Q ns_{typ} ↓ ↕ ↑	t_{PD} E→Q ns_{max} ↓ ↕ ↑	Bem./Note f_T §f_Z &f_E MHz
0...70°C § 0...75°C	−40...85°C § −25...85°C	−55...125°C						
LS								
DM74LS136J		DM54LS136J	Nsc	14c	<10		30 30	
DM74LS136N			Nsc	14c	<10		30 30	
HD74LS136			Hit	14c	<10		30 30	
M74LS136			Mit	14a	<10		30 30	
MB74LS136			Fui	14a	<10		30 30	
MB74LS136M			Fui	14c	<10		30 30	
§SN74LS136J		SN54LS136J	Mot	14c	6,1	18 18	30 30	
SN74LS136J		SN54LS136J	Tix	14c	6,1	18 18	30 30	
§SN74LS136N			Mot	14a	6,1	18 18	30 30	
SN74LS136N			Tix	14a	6,1	18 18	30 30	
		SN54LS136W	Tix	14n	6,1	18 18	30 30	
§SN74LS136W		SN54LS136W	Mot	14p	6,1	18 18	30 30	
74LS136DC		54LS136DM	Fch	14c	6,1		23 23	
74LS136FC		54LS136FM	Fch	14p	6,1		23 23	
74LS136J		54LS136J	Ray	14c	<10		30 30	
74LS136PC			Fch	14a	6,1		23 23	
S								
DM74S136J		DM54S136J	Nsc	14c	<75		12,5 12,5	
DM74S136N			Nsc	14a	<75		12,5 12,5	

74136	Typ - Type - Tipo		Hersteller Production Fabricants Produttori Fabricantes	Bild Fig. Fig. Sec 3	I_S &I_R mA	t_{PD} E→Q ns_{typ} ↓ ↕ ↑	t_{PD} E→Q ns_{max} ↓ ↕ ↑	Bem./Note f_T §f_Z &f_E MHz
0...70°C § 0...75°C	−40...85°C § −25...85°C	−55...125°C						
HD74136			Hit	14a	<50		55 22	
MC74136J		MC54136J	Mot	14c	30	42 14	55 22	
MC74136N			Mot	14a	30	42 14	55 22	
MC74136W		MC54136W	Mot	14p	30	42 14	55 22	
SN74136J		SN54136J	Tix	14c	30	42 14	55 22	
SN74136N	§SN84136N		Tix	14a	30	42 14	55 22	
		SN54136W	Tix	14n	30	42 14	55 22	
74136	§84136		Sie	14a	30	42 14	55 22	
74136J		54136J	Ray	14c	<50		55 22	
ALS								
		SN54ALS136FH	Tix	cc	3,9		18 55	
SN74ALS136FN			Tix	cc	3,9		15 50	
		SN54ALS136N	Tix	14c	3,9		18 55	
SN74ALS136N			Tix	14a	3,9		15 50	

74137
Output: TP

3-zu-8-Demultiplexer mit Adresslatch
3-line-to-8-line demultiplexer with address latch
Démultiplexeur 3 lignes-8 lignes avec latch d'adresse
3-a-8 demultiplexer con latch indirizzi
Demultiplexador de 3 a 8 con registro-latch de dirección

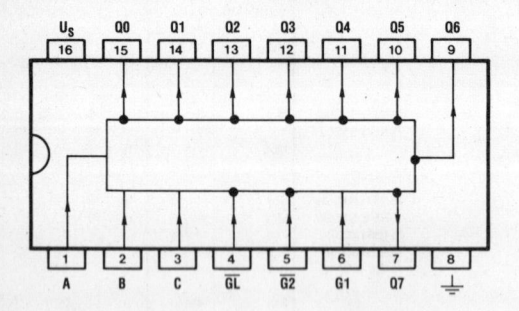

```
       Us  Q0  Q1  Q2  Q3  Q4  Q5  Q6
       16  15  14  13  12  11  10   9
       ┌──────────────────────────────┐
       │                              │
       │                              │
       │                              │
       └──────────────────────────────┘
        1   2   3   4   5   6   7   8
        A   B   C  /GL /G2  G1  Q7   ⏚
```

Input						Output								
Enable			Address											
/GL	G1	G2	C	B	A	Q0	Q1	Q2	Q3	Q4	Q5	Q6	Q7	
X	X	H	X	X	X	H	H	H	H	H	H	H	H	
X	L	X	X	X	X	H	H	H	H	H	H	H	H	
L	H	L	L	L	L	L	H	H	H	H	H	H	H	
L	H	L	L	L	H	H	L	H	H	H	H	H	H	
L	H	L	L	H	L	H	H	L	H	H	H	H	H	
L	H	L	L	H	H	H	H	H	L	H	H	H	H	
L	H	L	H	L	L	H	H	H	H	L	H	H	H	
L	H	L	H	L	H	H	H	H	H	H	L	H	H	
L	H	L	H	H	L	H	H	H	H	H	H	L	H	
L	H	L	H	H	H	H	H	H	H	H	H	H	L	
⌐	H	L	X	X	X	Latch address CBA								

74137	Typ - Type - Tipo		Hersteller Production Fabricants Produttori Fabricantes	Bild Fig. Fig. Sec 3	I_S &I_R mA	t_{PD} E→Q ns$_{typ}$ ↓ ↑ ↑		t_{PD} E→Q ns$_{max}$ ↓ ↑ ↑		Bem./Note f_T §f_Z &f_E MHz
0...70°C § 0...75°C	−40...85°C § −25...85°C	−55...125°C								
DM74ALS137J		DM54ALS137J	Nsc	16c	<11	20	20			
DM74ALS137N			Nsc	16a	<11	20	20			
	SN54ALS137FH		Tix	cc	5	25	25			
SN74ALS137FN			Tix	cc	5	20	20			
SN74ALS137J		SN54ALS137J	Tix	16c	5	20	20			
SN74ALS137N			Tix	16a	5	20	20			
AS										
		SN54AS137FH	Tix	cc	16	7,1	6,6			
SN74AS137FN			Tix	cc	16	7,1	6,6			
		SN54AS137J	Tix	16c	16	7,1	6,6			
SN74AS137N			Tix	16a	16	7,1	6,6			
HC										
MC74HC137J		MC54HC137J	Mot	16c	<8u	20	14	41	29	
MC74HC137N			Mot	16a	<8u	20	14	41	29	
	MM74HC137J	MM54HC137J	Nsc	16c	<8u	20	14	41	29	
MM74HC137N			Nsc	16a	<8u	20	14	41	29	
		SN54HC137FH	Tix	cc	<8u			37	37	29
SN74HC137FH			Tix	cc	<8u			37	37	29
		SN54HC137FK	Tix	cc	<8u			37	37	29
SN74HC137FN			Tix	cc	<8u			37	37	29
		SN54HC137J	Tix	16c	<8u			37	37	29
SN74HC137J			Tix	16c	<8u			37	37	29
SN74HC137N			Tix	16a	<8u			37	37	29
HCT										
		SN54HCT137FH	Tix	cc	<8u			37	37	29
SN74HCT137FH			Tix	cc	<8u			37	37	29
		SN54HCT137FK	Tix	cc	<8u			37	37	29
SN74HCT137FN			Tix	cc	<8u			37	37	29
		SN54HCT137J	Tix	16c	<8u			37	37	29
SN74HCT137J			Tix	16c	<8u			37	37	29
SN74HCT137N			Tix	16a	<8u			37	37	29
LS										
SN74LS137J		SN54LS137J	Tix	16c	11	19	16	29	24	
SN74LS137N			Tix	16a	11	19	16	29	24	
		SN54LS137W	Tix	16n	11	19	16	29	24	

74137 0...70°C § 0...75°C	Typ - Type - Tipo −40...85°C § −25...85°C	−55...125°C	Hersteller Production Fabricants Produttori Fabricantes	Bild Fig. Fig. Sec 3	I_S &I_R mA	t_{PD} E→Q ns_{typ} ↓ ↕ ↑	t_{PD} E→Q ns_{max} ↓ ↕ ↑	Bem./Note f_T §f_Z &f_E MHz	74137 0...70°C § 0...75°C	Typ - Type - Tipo −40...85°C § −25...85°C	−55...125°C	Hersteller Production Fabricants Produttori Fabricantes	Bild Fig. Fig. Sec 3	I_S &I_R mA	t_{PD} E→Q ns_{typ} ↓ ↕ ↑	t_{PD} E→Q ns_{max} ↓ ↕ ↑	Bem./Note f_T §f_Z &f_E MHz
S 74S137DC 74S137FC 74S137PC		54S137DM 54S137FM	Fch Fch Fch	16c 16n 16a	<95 <95 <95		20 20 20 20 20 20										

2-173

74138 / 1
Output: TP

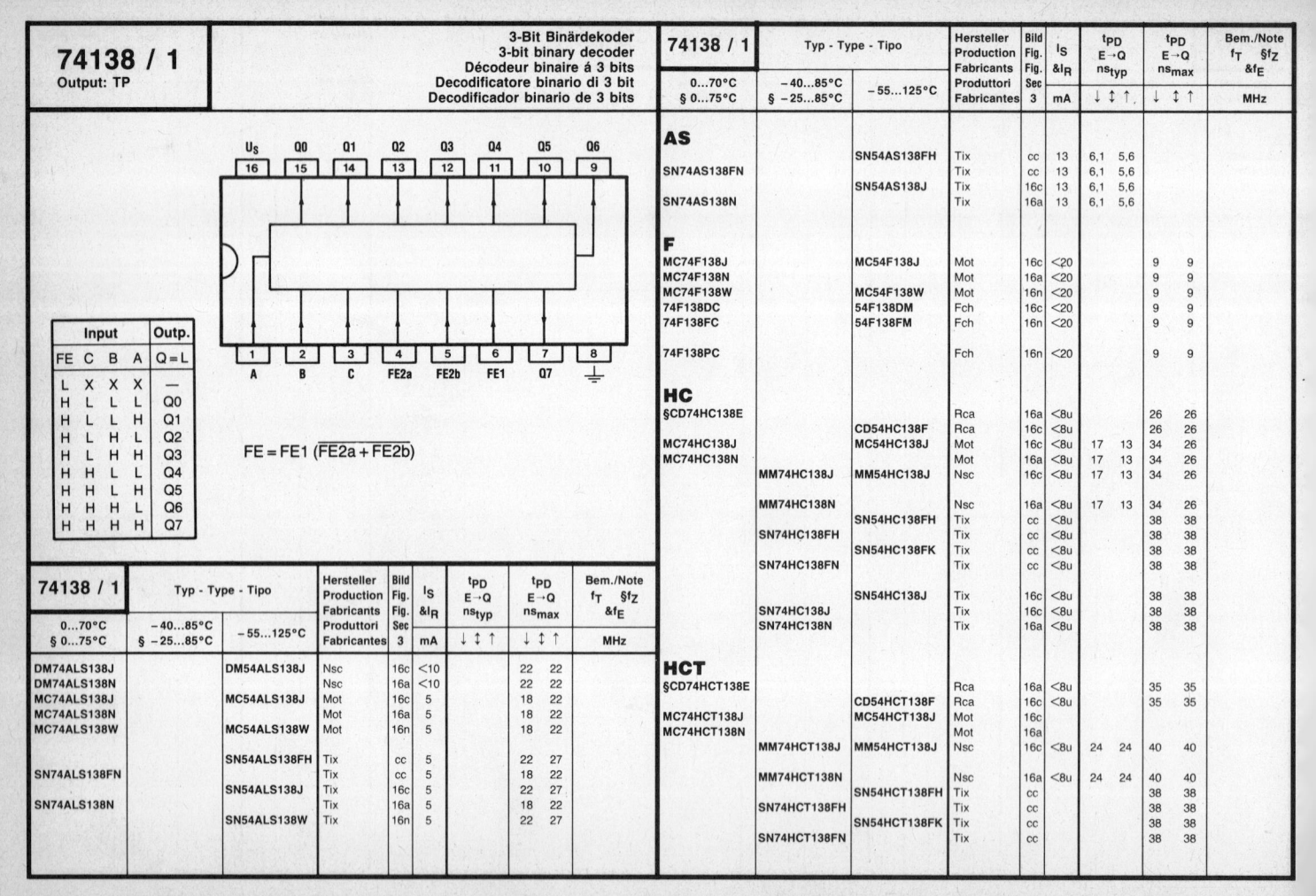

3-Bit Binärdekoder / 3-bit binary decoder / Décodeur binaire á 3 bits / Decodificatore binario di 3 bit / Decodificador binario de 3 bits

Pinout (DIP-16):
- Pin 16: U_S
- Pin 15: Q0
- Pin 14: Q1
- Pin 13: Q2
- Pin 12: Q3
- Pin 11: Q4
- Pin 10: Q5
- Pin 9: Q6
- Pin 1: A
- Pin 2: B
- Pin 3: C
- Pin 4: $\overline{FE2a}$
- Pin 5: $\overline{FE2b}$
- Pin 6: FE1
- Pin 7: Q7
- Pin 8: GND

$FE = FE1 \cdot (\overline{FE2a + FE2b})$

Truth Table

Input				Outp.
FE	C	B	A	Q = L
L	X	X	X	—
H	L	L	L	Q0
H	L	L	H	Q1
H	L	H	L	Q2
H	L	H	H	Q3
H	H	L	L	Q4
H	H	L	H	Q5
H	H	H	L	Q6
H	H	H	H	Q7

74138 / 1

Typ - Type - Tipo			Hersteller Production Fabricants Produttori Fabricantes	Bild Fig. Fig. Sec 3	I_S &I_R mA	t_{PD} E→Q ns_{typ} ↓↕↑	t_{PD} E→Q ns_{max} ↓↕↑	Bem./Note f_T §f_Z &f_E MHz
0...70°C § 0...75°C	−40...85°C § −25...85°C	−55...125°C						
DM74ALS138J		DM54ALS138J	Nsc	16c	<10		22 22	
DM74ALS138N			Nsc	16a	<10		22 22	
MC74ALS138J		MC54ALS138J	Mot	16c	5		18 22	
MC74ALS138N			Mot	16a	5		18 22	
MC74ALS138W		MC54ALS138W	Mot	16n	5		18 22	
		SN54ALS138FH	Tix	cc	5		22 27	
SN74ALS138FN			Tix	cc	5		18 22	
		SN54ALS138J	Tix	16c	5		22 27	
SN74ALS138N			Tix	16a	5		18 22	
		SN54ALS138W	Tix	16n	5		22 27	

74138 / 1

Typ - Type - Tipo		Hersteller Production Fabricants Produttori Fabricantes	Bild Fig. Fig. Sec 3	I_S &I_R mA	t_{PD} E→Q ns_{typ} ↓↕↑	t_{PD} E→Q ns_{max} ↓↕↑	Bem./Note f_T §f_Z &f_E MHz
0...70°C § 0...75°C	−40...85°C § −25...85°C	−55...125°C					
AS							
	SN74AS138FN	SN54AS138FH	Tix	cc	13	6,1 5,6	
			Tix	cc	13	6,1 5,6	
		SN54AS138J	Tix	16c	13	6,1 5,6	
	SN74AS138N		Tix	16a	13	6,1 5,6	
F							
MC74F138J		MC54F138J	Mot	16c	<20		9 9
MC74F138N			Mot	16a	<20		9 9
MC74F138W		MC54F138W	Mot	16n	<20		9 9
74F138DC		54F138DM	Fch	16c	<20		9 9
74F138FC		54F138FM	Fch	16n	<20		9 9
74F138PC			Fch	16n	<20		9 9
HC							
§CD74HC138E			Rca	16a	<8u		26 26
		CD54HC138F	Rca	16c	<8u		26 26
MC74HC138J		MC54HC138J	Mot	16c	<8u	17 13	34 26
MC74HC138N			Mot	16a	<8u	17 13	34 26
	MM74HC138J	MM54HC138J	Nsc	16c	<8u	17 13	34 26
	MM74HC138N		Nsc	16a	<8u	17 13	34 26
		SN54HC138FH	Tix	cc	<8u		38 38
	SN74HC138FH	SN54HC138FK	Tix	cc	<8u		38 38
	SN74HC138FN		Tix	cc	<8u		38 38
		SN54HC138J	Tix	16c	<8u		38 38
	SN74HC138J		Tix	16c	<8u		38 38
	SN74HC138N		Tix	16a	<8u		38 38
HCT							
§CD74HCT138E			Rca	16a	<8u		35 35
		CD54HCT138F	Rca	16c	<8u		35 35
MC74HCT138J		MC54HCT138J	Mot	16c			
MC74HCT138N			Mot	16a			
	MM74HCT138J	MM54HCT138J	Nsc	16c	<8u	24 24	40 40
	MM74HCT138N		Nsc	16a	<8u	24 24	40 40
		SN54HCT138FH	Tix	cc			38 38
	SN74HCT138FH	SN54HCT138FK	Tix	cc			38 38
	SN74HCT138FN		Tix	cc			38 38

74138 / 1

	Typ - Type - Tipo		Hersteller Production Fabricants Produttori Fabricantes	Bild Fig. Fig. Sec 3	I_S &I_R mA	t_{PD} E→Q ns_{typ} ↓ ↕ ↑	t_{PD} E→Q ns_{max} ↓ ↕ ↑	Bem./Note f_T §f_Z &f_E MHz
0...70°C § 0...75°C	−40...85°C § −25...85°C	−55...125°C						
		SN54HCT138J	Tix	16c			38 38	
	SN74HCT138J		Tix	16a			38 38	
	SN74HCT138N		Tix	16a			38 38	

LS

DM74LS138J		DM54LS138J	Nsc	16c	<10		41 41	
DM74LS138N			Nsc	16a	<10		41 41	
HD74LS138			Hit	16a	<10		41 41	
M74LS138			Mit	16a	<10		41 41	
MB74LS138			Fui	16a	<10		41 41	
MB74LS138M			Fui	16c	<10		41 41	
N74LS138B			Mul,Phi,Sig	16a	6,3	26 18	39 27	
N74LS138F		S54LS138F	Mul,Phi,Sig	16c	6,3	26 18	39 27	
		S54LS138W	Mul,Phi,Sig	16n	6,3	26 18	39 27	
§SN74LS138J		SN54LS138J	Mot	16c	6,3	26 18	39 27	
SN74LS138J		SN54LS138J	Tix	16c	6,3	26 18	39 27	
§SN74LS138N			Mot	16a	6,3	26 18	39 27	
SN74LS138N			Tix	16a	6,3	26 18	39 27	
		SN54LS138W	Tix	16n	6,3	26 18	39 27	
§SN74LS138W		SN54LS138W	Mot	16n	6,3	26 18	39 27	
74LS138DC		54LS138DM	Fch	16c	6,3	19 11	27 18	
74LS138FC		54LS138FM	Fch	16p	6,3	19 11	27 18	
74LS138J		54LS138J	Ray	16c	<10		41 41	
74LS138PC			Fch	16a	6,3	19 11	27 18	

S

DM74S138J		DM54S138J	Nsc	16c	<74		11 11	
DM74S138N			Nsc	16a	<74		11 11	
HD74S138			Hit	16a	<74		11 11	
M74S138			Mit	16a	<74		11 11	
SN74S138J		SN54S138J	Tix	16c	49	8 7,5	12 12	
SN74S138N			Tix	16a	49	8 7,5	12 12	
		SN54S138W	Tix	16n	49	8 7,5	12 12	
T74S138F		T54S138F	Sgs	16q	<74		12	
T74S138J		T54S138J	Sgs	16c	<74		12	
74S138DC		54S138DM	Fch	16c	<74		11 11	
74S138FC		54S138FM	Fch	16n	<74		11 11	
74S138PC			Fch	16a	<74		11 11	

74138 / 2
Output: OC

OR-Treiber (30V)
OR driver (30V)
Étage driver OR (30V)
Eccitatore OR (30V)
Excitadores OR (30V)

FQ = 54

74138 / 2	Typ - Type - Tipo		Hersteller Production Fabricants Produttori Fabricantes	Bild Fig. Fig. Sec 3	I_S &I_R mA	t_{PD} E→Q ns_{typ} ↓ ↕ ↑	t_{PD} E→Q ns_{max} ↓ ↕ ↑	Bem./Note f_T §f_Z &f_E MHz
0...70°C § 0...75°C	−40...85°C § −25...85°C	−55...125°C						
MIC74138J		MIC54138J	Itt	14c	31	9 16	22 35	
MIC74138N			Itt	14a	31	9 16	22 35	

2-175

74139
Output: TP

2x2-Bit Binärdekoder
2x2-bit binary decoders
2 décodeurs binaires á 2 bits
2 decodificatori di 2 bit
2 decodificadores binarios de 2 bits

Pinout (DIP-16):
- Pin 16: Us
- Pin 15: FE
- Pin 14: A
- Pin 13: B
- Pin 12: Q0
- Pin 11: Q1
- Pin 10: Q2
- Pin 9: Q3
- Pin 1: FE
- Pin 2: A
- Pin 3: B
- Pin 4: Q0
- Pin 5: Q1
- Pin 6: Q2
- Pin 7: Q3
- Pin 8: GND

Input			Outp.
FE	B	A	Q=L
H	X	X	—
L	L	L	0
L	L	H	1
L	H	L	2
L	H	H	3

74139 0...70°C § 0...75°C	Typ - Type - Tipo −40...85°C § −25...85°C	−55...125°C	Hersteller Production Fabricants Produttori Fabricantes	Bild Fig. Fig. Sec 3	I_S & I_R mA	t_{PD} E→Q ns_{typ} ↓ ↕ ↑	t_{PD} E→Q ns_{max} ↓ ↕ ↑	Bem./Note f_T §f_Z & f_E MHz
F								
MC74F139J		MC54F139J	Mot	16c	<20		9 9	
MC74F139N			Mot	16a	<20		9 9	
MC74F139W		MC54F139W	Mot	16n	<20		9 9	
74F139DC		54F139DM	Fch	16c	<20		9 9	
74F139FC		54F139FM	Fch	16n	<20		9 9	
74F139PC			Fch	16n	<20		9 9	
HC								
§CD74HC139E			Rca	16a		15 15		
		CD54HC139F	Rca	16c		15 15		
MC74HC139J		MC54HC139J	Mot	16c	<8u	18 18	30 30	
MC74HC139N			Mot	16a	<8u	18 18	30 30	
	MM74HC139J	MM54HC139J	Nsc	16c	<8u	18 18	30 30	
	MM74HC139N		Nsc	16a	<8u	18 18	30 30	
	SN74HC139FH	SN54HC139FH	Tix	cc	<8u		38 38	
		SN54HC139FK	Tix	cc	<8u		38 38	
	SN74HC139FN		Tix	cc	<8u		38 38	
		SN54HC139J	Tix	16c	<8u		38 38	
	SN74HC139J		Tix	16c	<8u		38 38	
	SN74HC139N		Tix	16a	<8u		38 38	
HCT								
§CD74HCT139E			Rca	16a		15 15		
		CD54HCT139F	Rca	16c		15 15		
	MM74HCT139J	MM54HCT139J	Nsc	16c	<4u	20 20	35 35	
	MM74HCT139N		Nsc	16a	<4u	20 20	35 35	
LS								
DM74LS139J		DM54LS139J	Nsc	16c	<11		38 38	
DM74LS139N			Nsc	16a	<11		38 38	
HD74LS139			Hit	16a	<11		38 38	
M74LS139			Mit	16a	<11		38 38	
MB74LS139			Fui	16a	<11		38 38	
MB74LS139M			Fui	16c	<11		38 38	
N74LS139B			Mul,Phi,Sig	16a	6,8	25 18	38 29	
N74LS139F		S54LS139F	Mul,Phi,Sig	16c	6,8	25 18	38 29	
		S54LS139W	Mul,Phi,Sig	16n	6,8	25 18	38 29	
§SN74LS139J		SN54LS139J	Mot	16c	6,8	25 18	38 29	

74139 0...70°C § 0...75°C	Typ - Type - Tipo −40...85°C § −25...85°C	−55...125°C	Hersteller Production Fabricants Produttori Fabricantes	Bild Fig. Fig. Sec 3	I_S & I_R mA	t_{PD} E→Q ns_{typ} ↓ ↕ ↑	t_{PD} E→Q ns_{max} ↓ ↕ ↑	Bem./Note f_T §f_Z & f_E MHz
MC74ALS139J		MC54ALS139J	Mot	16c	4,5	10 10		
MC74ALS139N			Mot	16a	4,5	10 10		
MC74ALS139W		MC54ALS139W	Mot	16n	4,5	10 10		
	SN74ALS139FN	SN54ALS139FH	Tix	cc	4,5	10 10		
		SN54ALS139J	Tix	16c	4,5	10 10		
SN74ALS139N			Tix	16a	4,5	10 10		
AS								
	SN74AS139FN	SN54AS139FH	Tix	cc	13	6 5,5		
		SN54AS139J	Tix	cc	13	6 5,5		
SN74AS139N			Tix	16c	13	6 5,5		
			Tix	16a	13	6 5,5		

74139

Typ - Type - Tipo			Hersteller Production Fabricants Produttori Fabricantes	Bild Fig. Fig. Sec 3	I_S &I_R mA	t_{PD} E→Q ns$_{typ}$ ↓ ↕ ↑			t_{PD} E→Q ns$_{max}$ ↓ ↕ ↑			Bem./Note f_T §f_Z &f_E MHz
0...70°C § 0...75°C	−40...85°C § −25...85°C	−55...125°C										
§SN74LS139N			Mot	16a	6,8	25		18	38		29	
§SN74LS139W	SN54LS139W		Mot	16n	6,8	25		18	38		29	
SN74LS139AJ	SN54LS139AJ		Tix	16c	6,8	25		18	38		29	
SN74LS139AN			Tix	16a	6,8	25		18	38		29	
	SN54LS139AW		Tix	16n	6,8	25		18	38		29	
74LS139DC	54LS139DM		Fch	16c	6,8	19		11	27		18	
74LS139FC	54LS139FM		Fch	16n	6,8	19		11	27		18	
74LS139J	54LS139J		Ray	16c	<11				38		38	
74LS139PC			Fch	16a	6,8	19		11	27		18	
S												
HD74S139			Hit	16a	<90				12		12	
SN74S139J	SN54S139J		Tix	16c	60	8		7	12		12	
SN74S139N			Tix	16a	60	8		7	12		12	
	SN54S139W		Tix	16n	60	8		7	12		12	
T74S139F	T54S139F		Sgs	16q	<90				12			
T74S139J	T54S139J		Sgs	16c	<90				12			
74S139DC	54S139DM		Fch	16c	<90				12		12	
74S139FC	54S139FM		Fch	16n	<90				12		12	
74S139PC			Fch	16a	<90				12		12	

74140
Output: TP

50 Ohm NAND-Leitungstreiber
50 ohm NAND line drivers
Driver de ligne NAND, 50 ohms
Eccitatore di linea NAND di 50 ohm
Excitadores NAND de línea de 50 Ohm

FI = 2
FQ = 30

Logiktabelle siehe Sektion 1
Function table see section 1
Tableau logique voir section 1
Per tavola di logica vedi sec. 1
Tabla de verdad, ver sección 1

74140	Typ - Type - Tipo			Hersteller Production Fabricants Produttori Fabricantes	Bild Fig. Fig. Sec 3	I_S &I_R mA	t_{PD} E→Q ns$_{typ}$ ↓ ↕ ↑		t_{PD} E→Q ns$_{max}$ ↓ ↕ ↑		Bem./Note f_T §f_Z &f_E MHz
	0...70°C § 0...75°C	−40...85°C § −25...85°C	−55...125°C								
	DM74S140J		DM54S140J	Nsc	14c	<44			6,5	6,5	
	DM74S140N			Nsc	14a	<44			6,5	6,5	
	HD74S140			Hit	14a	<44			6,5	6,5	
	SN74S140J		SN54S140J	Tix	14c	17,5	4	4	6,5	6,5	
	SN74S140N			Tix	14a	17,5	4	4	6,5	6,5	
			SN54S140W	Tix	14n	17,5	4	4	6,5	6,5	
	74S140DC		54S140DM	Fch	14c	<44			6,5	6,5	
	74S140FC		54S140FM	Fch	14n	<44			6,5	6,5	
	74S140PC			Fch	14a	<44			6,5	6,5	

2-177

74141
Output: OC

BCD-zu-Dezimal-Dekoder / -Anzeigetreiber (60V)
BCD-to-decimal decoder / display driver (60V)
Convertisseur de code BCD / décimale, driver d'affichage (60V)
Invertitore di codice BCD / decimale, eccitatore indicazione (60V)
Decodificador BCD a decimal / Excitador de display (60V)

Fl (A)   = 1
Fl (B, C, D) = 2

Pinout (DIP-16):
- 16: Q0
- 15: Q1
- 14: Q5
- 13: Q4
- 12: ⏚ (GND)
- 11: Q6
- 10: Q7
- 9: Q3
- 1: Q8
- 2: Q9
- 3: A
- 4: D
- 5: U_S
- 6: B
- 7: C
- 8: Q2

Input			Outp.
D	C	B	Q=L
L	L	L	Q0
L	L	L	Q1
L	L	H	Q2
L	L	H	Q3
.	.	.	.
H	L	L	Q9
H	L	H	—
.	.	.	.
H	H	H	—

74141	Typ - Type - Tipo			Hersteller Production Fabricants Produttori Fabricantes	Bild Fig. Fig. Sec 3	I_S & I_R mA	t_{PD} E→Q ns_{typ} ↓↑↑	t_{PD} E→Q ns_{max} ↓↑↑	Bem./Note f_T § f_Z & f_E MHz
0...70°C § 0...75°C	−40...85°C § −25...85°C	−55...125°C							
DM74141J		DM54141J		Nsc	16c	<25			
DM74141N				Nsc	16a	<25			
FLL101	§FLL105			Sie	16a	16			
GFB74141				Rtc	16c	23			
HD74141				Hit	16a	<25			
MC74141J		MC54141J		Mot	16c	16			
MC74141N				Mot	16a	16			
MC74141W		MC54141W		Mot	16n	16			
MIC74141J	MIC64141J	MIC54141J		Itt	16c	16			
MIC74141N				Itt	16a	16			
N74141B				Mul,Phi,Sig	16a	16			
N74141F		S54141F		Mul,Phi,Sig	16c	16			
SFC4141E				Nuc	16c	16			
SN74141J				Tix	16c	16			
SN74141N	§SN84141N			Tix	16a	16			
		SN54141W		Tix	16n	16			
SW74141J				Stw	16c	16,8			
SW74141N				Stw	16a	16,8			
TL74141N	§TL84141N			Aeg	16a	16			
µPB2141				Nip	16a	<25			
74141DC		54141DM		Fch	16c	<25			
74141FC		54141FM		Fch	16n	<25			
74141PC				Fch	16a	<25			

74142
Output: OC

Dezimalzähler und BCD-zu-Dezimal-Dekoder/-Anzeigetreiber (60V)
Decimal counter and BCD-to-decimal decoder / display driver (60V)
Comp. décimal, Conv. de code BCD/décimale, driver d'affichage (60V)
Cont. decimale, Inver. di codice BCD/decimale, eccitatore indicazione
Cont. decimal y decodificador BCD a decimal/Excit. de display (60V)

74142	Typ - Type - Tipo			Hersteller Production Fabricants Produttori Fabricantes	Bild Fig. Fig. Sec 3	I_S & I_R mA	t_{PD} E→Q ns_{typ} ↓↑ ↑↑		t_{PD} E→Q ns_{max} ↓↑ ↑↑		Bem./Note f_T §f_Z &f_E MHz
0...70°C § 0...75°C	–40...85°C § –25...85°C	–55...125°C									
FLL151	§FLL155			Sie	16a	68	30	35	45	55	
SN74142J				Tix	16c	68	30	35	45	55	
SN74142N				Tix		16a	68	30	35	45	55

Pinout (DIP-16):
- 16: U_S
- 15: T
- 14: $\overline{QD}$
- 13: ST
- 12: Q9
- 11: Q8
- 10: Q0
- 9: Q1
- 1: R
- 2: Q7
- 3: Q6
- 4: Q4
- 5: Q5
- 6: Q3
- 7: Q2
- 8: ⏚

Input			Outp.
N*	R	ST	Q = L
X	L	L	0
1	H	L	1
2	H	L	2
.	.	.	.
8	H	L	8
9	H	L	9

* Anzahl der Taktimpulse
* Number of clock pulses
* Nombre des impulsions d'horloge
* Numero di impulsi di cadenza
* Número de pulsos de reloj

74143
Output: OC

Dezimalzähler und BCD-zu-7-Segment-Dekoder / -Anzeigetreiber (15mA)
Decimal counter and BCD-to-7-segment decoder / display driver (15mA)
Compteur décimal, Convertisseur de code BCD / 7-segments, driver d'affichage
Contatore decimale, Invertitore di codice BCD/7-segmenti, eccitatore indicazione
Contador decimal y decodificador BCD a decimal / Excitador de display (15mA)

74143
Output: OC

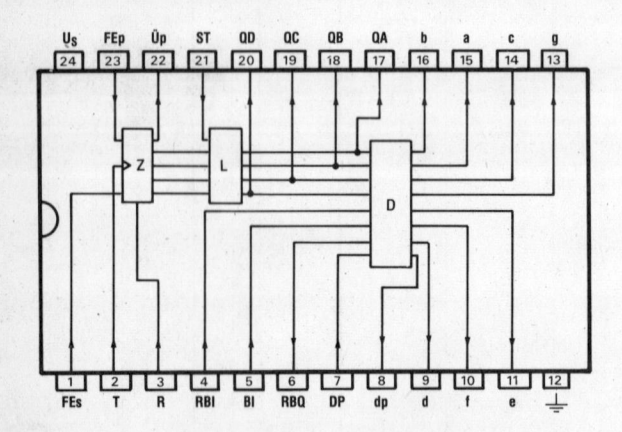

Pinout: U_S 24, FEp 23, Üp 22, ST 21, QD 20, QC 19, QB 18, QA 17, b 16, a 15, c 14, g 13, GND 12, e 11, d 10, dp 9, DP 8, RBQ 7, BI 6, RBI 5, R 4, T 3, FEs 2, (1)

$FI = 0{,}5 \quad FI\,(RBI) = 1{,}5 \quad FQ\,(QA{\ldots}QD,\,RBQ) = 3 \quad FQ\,(Üp) = 7$

Input						Output		
BI	RBI	DP	A	B	C	D	RBQ	Q = L	= Q dezimal
H	X	X	X	X	X	X	H	—	
L	L	X	H	H	H	H	L	—	0
L	H	H	X	X	X	X	H	dp	
L	H	X	H	H	H	H	H	a, b, c, d, e, f	0
L	H	X	L	H	H	H	H	b, c	1
:	:	:	:	:	:	:	:	:	:
L	H	X	H	H	H	L	H	a, b, c, d, e, f, g	8
L	H	X	L	H	H	L	H	a, b, c, d, f, g	9
L	H	X	L	L	H	L	H	—	
:	:	:	:	:	:	:	:	:	
L	H	X	L	L	L	L	H	—	

R	FEp	FEs	T	Funktion*
L	X	X	X	Reset: A, B, C, D = H
H	H	X	X	—
H	X	H	X	—
H	L	L	↑	Count

* function · fonction · funzione · función

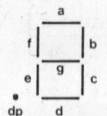

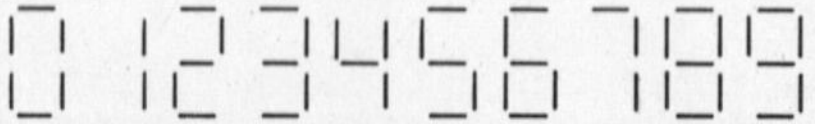

74143	Typ - Type - Tipo		Hersteller Production Fabricants Produttori Fabricantes	Bild Fig. Fig. Fig. Sec	I_S &I_R	t_{PD} E→Q ns_{typ}	t_{PD} E→Q ns_{max}	Bem./Note f_T §f_Z &f_E
0…70°C § 0…75°C	−40…85°C § −25…85°C	−55…125°C		3	mA	↓ ↕ ↑	↓ ↕ ↑	MHz
FLL171 SN74143J SN74143N SN74143NT	§FLL175 §SN84143N	SN54143J SN54143W	Sie Tix Tix Tix Tix	24a 24d 24g 24a 24n	56 56 56 56 56	38 28 38 28 38 28 38 28 38 28	60 45 60 45 60 45 60 45 60 45	

7-segment digits: 0 1 2 3 4 5 6 7 8 9

74144
Output: OC

Dezimalzähler und BCD-zu-7-Segment-Dekoder / -Anzeigetreiber (15V)
Decimal counter and BCD-to-7-segment decoder / display driver (15V)
Compteur décimal, Convertisseur de code BCD / 7-segments, driver d'affichage
Contatore decimale, Invertitore di codice BCD/7-segmenti, eccitatore indicazione
Contador decimal y decodificador BCD a decimal / Excitador de display (15V)

Pin assignment (top to bottom, pins 24→13):
U_S [24], FEp [23], Üp [22], ST [21], QD [20], QC [19], QB [18], QA [17], b [16], a [15], c [14], g [13]

Pin assignment (pins 1→12):
FEs [1], T [2], R [3], RBI [4], BI [5], RBQ [6], DP [7], dp [8], d [9], f [10], e [11], ⏚ [12]

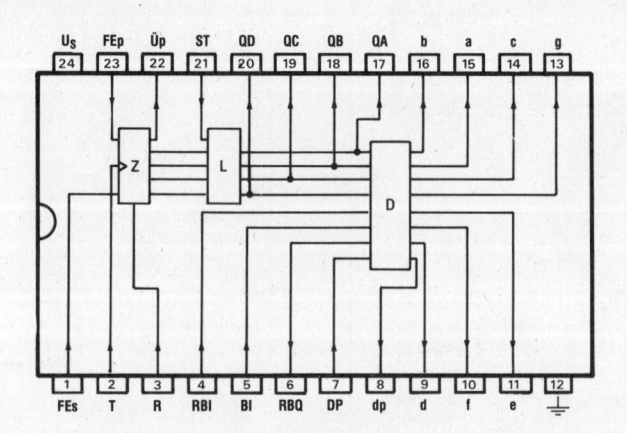

$FI = 0.5$ $FI (RBI) = 1.5$ $FQ (QA...QD, RBQ) = 3$ $FQ (Üp) = 7$

Input							Output		
BI	RBI	DP	A	B	C	D	RBQ	Q = L	= Q dezimal
H	X	X	X	X	X	X	H	—	
L	L	X	H	H	H	H	L	—	0
L	H	H	X	X	X	X	H	dp	
L	H	X	H	H	H	H	H	a,b,c,d,e,f	0
L	H	X	L	H	H	H	H	b,c	1
.	.	.	.	.	.	.	.	.	.
L	H	X	H	H	H	L	H	a,b,c,d,e,f,g	8
L	H	X	L	H	H	L	H	a,b,c,d,f,g	9
L	H	X	L	L	H	L	H	—	
.	.	.	.	.	.	.	.	.	
L	H	X	L	L	L	L	H	—	

R	FEp	FEs	T	Funktion *
L	X	X	X	Reset: A,B,C,D = H
H	H	X	X	—
H	X	H	X	—
H	L	L	↑	Count

* function · fonction · funzione · función

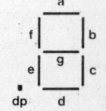

74144			Hersteller Production Fabricants Produttori Fabricantes	Bild Fig. Fig. Sec 3	I_S &I_R mA	t_{PD} E→Q ns_{typ} ↓ ↕ ↑	t_{PD} E→Q ns_{max} ↓ ↕ ↑	Bem./Note f_T §f_Z &f_E MHz
0...70°C § 0...75°C	–40...85°C § –25...85°C	–55...125°C						
FLL171T SN74144J SN74144N SN74144NT	§FLL175T §SN84144N	SN54144J SN54144W	Sie Tix Tix Tix Tix	24a 24d 24g 24a 24n	56 56 56 56 56	38 28 38 28 38 28 38 28 38 28	60 45 60 45 60 45 60 45 60 45	

7-segment display layout: segments a (top), b (upper right), c (lower right), d (bottom), e (lower left), f (upper left), g (middle), dp (decimal point).

Digit display 0 1 2 3 4 5 6 7 8 9

2-181

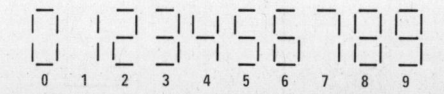

74145
Output: OC

BCD-zu-Dezimal-Dekoder / -Anzeigetreiber (15V)
BCD-to-decimal decoder / display driver (15V)
Convertisseur de code BCD / décimale, driver d'affichage (15V)
Invertitore di codice BCD / dezimale, eccitatore indicazione (15V)
Decodificador BCD a decimal / Excitador de display (15V)

FQ (N) = 12,5
FQ (L, S) = 33

Pinout: U_S=16, A=15, B=14, C=13, D=12, Q9=11, Q8=10, Q7=9, Q0=1, Q1=2, Q2=3, Q3=4, Q4=5, Q5=6, Q6=7, GND=8

Input				Outp.
D	C	B	A	Q = L
L	L	L	L	Q0
L	L	L	H	Q1
L	L	H	L	Q2
L	L	H	H	Q3
:	:	:	:	:
H	L	L	H	Q9
H	L	H	L	—
:	:	:	:	:
H	H	H	H	—

74145	Typ - Type - Tipo		Hersteller Production Fabricants Produttori Fabricantes	Bild Fig. Fig. Sec 3	I_S &I_R mA	t_{PD} E→Q ns$_{typ}$ ↓↑ ↑↓	t_{PD} E→Q ns$_{max}$ ↓↑ ↑↓	Bem./Note f_T §f_Z &f_E MHz
0...70°C § 0...75°C	−40...85°C § −25...85°C	−55...125°C						
N74145F		S54145F	Mul,Phi,Sig	16c	43		50 50	
SN74145J		SN54145J	Tix	16c	43		50 50	
SN74145N	§SN84145N		Tix	16a	43		50. 50	
		SN54145W	Tix	16n	43		50 50	
SW74145J			Stw	16c	43		50	
SW74145N			Stw	16a	43		50	
TL74145N	§TL84145N		Aeg	16a	43		50 50	
US74145A		US54145A	Spr	16a	43		50	
US74145J		US54145J	Spr	16n	43		50	
74145DC		54145DM	Fch	16c	<70		50 50	
74145FC		54145FM	Fch	16a	<70		50 50	
74145J		54145J	Ray	16c	<70		50 50	
74145PC			Fch	16a	<70		50 50	
LS								
HD74LS145			Hit	16a	<13		50 50	
M74LS145			Mit	16a	<13		50 50	
MB74LS145			Fui	16a	<13		50 50	
MB74LS145M			Fui	16c	<13		50 50	
SN74LS145J		SN54LS145J	Tix	16c	7		50 50	
SN74LS145W		SN54LS145W	Tix	16n	7		50 50	
74LS145DC		54LS145DM	Fch	16c	7		50 50	
74LS145FC		54LS145FM	Fch	16a	7		50 50	
74LS145PC			Fch	16a	7		50 50	

74145	Typ - Type - Tipo		Hersteller Production Fabricants Produttori Fabricantes	Bild Fig. Fig. Sec 3	I_S &I_R mA	t_{PD} E→Q ns$_{typ}$ ↓↑ ↑↓	t_{PD} E→Q ns$_{max}$ ↓↑ ↑↓	Bem./Note f_T §f_Z &f_E MHz
0...70°C § 0...75°C	−40...85°C § −25...85°C	−55...125°C						
DM74145J		DM54145J	Nsc	16c	<70		50 50	
DM74145N			Nsc	16a	<70		50 50	
FLL111T	§FLL115T		Sie	16a	43		50 50	
HD74145			Hit	16a	<70		50 50	
M53345			Mit	16a	<70		50 50	
MB443			Fui	16a	<70		50 50	
MC74145L		MC54145L	Mot	16c	43		50	
MIC74145J	MIC64145J	MIC54145J	Itt	16c	43		50 50	
MIC74145N			Itt	16a	43		50 50	
N74145B			Mul,Phi,Sig	16a	43		50 50	

74147
Output: TP

Prioritätskoder
Priority encoder
Encodeur de priorité
Codificatore di priorità
Codificador de prioridad

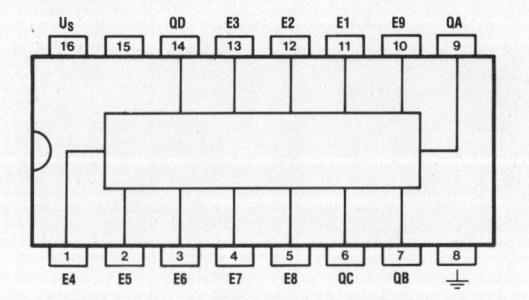

Pinout (DIP-16):
- 16: U_S
- 15: QD
- 14: (NC)
- 13: E3
- 12: E2
- 11: E1
- 10: E9
- 9: QA
- 1: E4
- 2: E5
- 3: E6
- 4: E7
- 5: E8
- 6: QC
- 7: QB
- 8: GND

Function table

Input									Output			
E1	E2	E3	E4	E5	E6	E7	E8	E9	QD	QC	QB	QA
H	H	H	H	H	H	H	H	H	H	H	H	H
L	H	H	H	H	H	H	H	H	H	H	H	L
X	L	H	H	H	H	H	H	H	H	H	L	H
X	X	L	H	H	H	H	H	H	H	H	L	L
X	X	X	L	H	H	H	H	H	H	L	H	H
X	X	X	X	L	H	H	H	H	H	L	H	L
X	X	X	X	X	L	H	H	H	H	L	L	H
X	X	X	X	X	X	L	H	H	H	L	L	L
X	X	X	X	X	X	X	L	H	L	H	H	H
X	X	X	X	X	X	X	X	L	L	H	H	L

Types

74147 0...70°C § 0...75°C	74147 −40...85°C § −25...85°C	74147 −55...125°C	Hersteller/Production/Fabricants/Produttori/Fabricantes	Bild Fig. Sec 3	I_S &I_R mA	t_{PD} E→Q ns typ ↓↕↑	t_{PD} E→Q ns max ↓↕↑	Bem./Note f_T §f_Z &I_E MHz
DM74147J		DM54147J	Nsc	16c	<70		19 19	
DM74147N			Nsc	16a	<70		19 19	
HD74147			Hit	16a	<70		19 19	
M53347			Mit	16a	<70		19 19	
N74147B			Mul,Phi,Sig	16a	50	12 13	19 19	
N74147F		S54147F	Mul,Phi,Sig	16c	50	12 13	19 19	
		S54147W	Mul,Phi,Sig	16n	50	12 13	19 19	
SN74147J		SN54147J	Tix	16c	50	12 13	19 19	
SN74147N	§SN84147N		Tix	16a	50	12 13	19 19	
		SN54147W	Tix	16n	50	12 13	19 19	
74147	§84147		Sie	16a	50	12 13	19 19	

HC

§CD74HC147E			Rca	16a			18 18	
		CD54HC147F	Rca	16c			18 18	
MC74HC147J		MC54HC147J	Mot	16c				
MC74HC147N			Mot	16a				
MM74HC147J		MM54HC147J	Nsc	16c	<8u	31 31	37 37	
MM74HC147N			Nsc	16a	<8u	31 31	37 37	

HCT

§CD74HCT147E			Rca	16a			18 18	
		CD54HCT147F	Rca	16c			18 18	

LS

M74LS147			Mit	16a	<20		33 33	
MB74LS147			Fuj	16a	<20		33 33	
SN74LS147J		SN54LS147J	Tix	16c	12	15 21	23 33	
SN74LS147N			Tix	16a	12	15 21	23 33	
		SN54LS147W	Tix	16n	12	15 21	23 33	

74148

Output: TP

Prioritätsenkoder / Priority encoder / Encodeur de priorité / Codificatore di priorità / Codificador de prioridad

Pinout (DIP-16):
- Pin 16: U_S
- Pin 15: FQ2
- Pin 14: FQ1
- Pin 13: E3
- Pin 12: E2
- Pin 11: E1
- Pin 10: E0
- Pin 9: QA
- Pin 1: E4
- Pin 2: E5
- Pin 3: E6
- Pin 4: E7
- Pin 5: FE
- Pin 6: QC
- Pin 7: QB
- Pin 8: GND

Pin	FI
E0	1
FE	2
E1…E7	2

Input / Output truth table

FE	E0	E1	E2	E3	E4	E5	E6	E7	QC	QB	QA	FQ1	FQ2
H	X	X	X	X	X	X	X	X	H	H	H	H	H
L	H	H	H	H	H	H	H	H	H	H	H	H	L
L	L	H	H	H	H	H	H	H	H	H	H	L	H
L	X	L	H	H	H	H	H	H	H	H	L	L	H
L	X	X	L	H	H	H	H	H	H	L	H	L	H
L	X	X	X	L	H	H	H	H	H	L	L	L	H
L	X	X	X	X	L	H	H	H	L	H	H	L	H
L	X	X	X	X	X	L	H	H	L	H	L	L	H
L	X	X	X	X	X	X	L	H	L	L	H	L	H
L	X	X	X	X	X	X	X	L	L	L	L	L	H

Types

74148 0…70°C / § 0…75°C	−40…85°C / § −25…85°C	−55…125°C	Hersteller / Production / Fabricants / Produttori / Fabricantes	Bild Fig. Sec 3	I_S &I_R mA	t_{PD} E→Q ns_{typ} ↓↕↑	t_{PD} E→Q ns_{max} ↓↕↑	Bem./Note f_T §f_Z &f_E MHz
DM74148J		DM54148J	Nsc	16c	<60		19 19	
DM74148N			Nsc	16a	<60		19 19	
HD74148			Hit	16a	<60		19 19	
M53348			Mit	16a	<60		19 19	
N74148B			Mul,Phi,Sig	16a	40	12 13	19 19	
N74148F		S54148F	Mul,Phi,Sig	16c	40	12 13	19 19	
		S54148W	Mul,Phi,Sig	16n	40	12 13	19 19	
SN74148J		SN54148J	Tix	16c	40	12 13	19 19	
SN74148N	§SN84148N		Tix	16a	40	12 13	19 19	
		SN54148W	Tix	16n	40	12 13	19 19	
74148	§84148		Sie	16a	40	12 13	19 19	
74148DC		54148DM	Fch	16c	<60		19 19	
74148FC		54148FM	Fch	16n	<60		19 19	
74148PC			Fch	16a	<60		19 19	

F

74F148DC		54F148DM	Fch	16c	<35		10,5 10,5	
74F148FC		54F148FM	Fch	16n	<35		10,5 10,5	
74F148PC			Fch	16n	<35		10,5 10,5	

LS

HD74LS148			Hit	16a	<20		36 36	
M74LS148			Mit	16a	<20		36 36	
MB74LS148			Fui	16a	<20		36 36	
SN74LS148J		SN54LS148J	Tix	16c	12	15 21	23 33	
SN74LS148N			Tix	16a	12	15 21	23 33	
		SN54LS148W	Tix	16n	12	15 21	23 33	

2-184

74149
Output: TP

8-Kanal Prioritätsencoder
8 channel priority encoder
Encodeur de priorité de 8 bits
Codificatore di priorità di 8 bit
Codificador de prioridad de 8 bit

74149	Typ - Type - Tipo		Hersteller Production Fabricants Produttori Fabricantes	Bild Fig. Fig. Sec 3	I_S & I_R mA	t_{PD} E→Q ns$_{typ}$ ↓ ↕ ↑	t_{PD} E→Q ns$_{max}$ ↓ ↕ ↑	Bem./Note f_T §f_Z & f_E MHz
0...70°C § 0...75°C	−40...85°C § −25...85°C	−55...125°C						
HCT	MM74HC149J MM74HC149N	MM54HC149J	Nsc Nsc	16c 16a	<8u <8u	22 22 22 22	30 30 30 30	
	MM74HCT149J MM74HCT149N	MM54HCT149J	Nsc Nsc	16c 16a	<8u <8u	18 18 18 18	32 32 32 32	

Pinout (pins 1–20):
- 1: E0, 2: E1, 3: E2, 4: E3, 5: E4, 6: E5, 7: E6, 8: E7, 9: $\overline{RQE}$, 10: GND
- 11: $\overline{RQP}$, 12: Q7, 13: Q6, 14: Q5, 15: Q4, 16: Q3, 17: Q2, 18: Q1, 19: Q0, 20: U_S

Internal blocks: Output Buffer, Priority Logic (RQP), Input Buffer

Input								Output							
E0	E1	E2	E3	E4	E5	E6	E7	$\overline{RQE}$	Q0	Q1	Q2	Q3	Q4	Q5	Q6	Q7	$\overline{RQP}$
X	X	X	X	X	X	X	X	H	H	H	H	H	H	H	H	H
H	H	H	H	H	H	H	H	L	H	H	H	H	H	H	H	H
X	X	X	X	X	X	X	L	L	H	H	H	H	H	H	H	L
X	X	X	X	X	X	L	H	L	H	H	H	H	H	H	L	L
X	X	X	X	X	L	H	H	L	H	H	H	H	H	L	H	L
X	X	X	X	L	H	H	H	L	H	H	H	H	L	H	H	L
X	X	X	L	H	H	H	H	L	H	H	H	L	H	H	H	L
X	X	L	H	H	H	H	H	L	H	H	L	H	H	H	H	L
X	L	H	H	H	H	H	H	L	H	L	H	H	H	H	H	L
L	H	H	H	H	H	H	H	L	L	H	H	H	H	H	H	L

2-185

74150
Output: TP

16-zu-1-Multiplexer
16-line-to-1-line multiplexer
Multiplexeur, 16 á 1
Multiplatore, 16 a 1
Multiplexador 16 a 1

Pinout

```
     Us  E8  E9 E10 E11 E12 E13 E14 E15  A   B   C
     24  23  22  21  20  19  18  17  16  15  14  13
      1   2   3   4   5   6   7   8   9  10  11  12
     E7  E6  E5  E4  E3  E2  E1  E0  ST   Q   D   ⏚
```

Function Table

Input				Outp.
D	C	B	A	ST	Q
X	X	X	X	H	H
L	L	L	L	L	$\overline{E0}$
L	L	L	H	L	$\overline{E1}$
.	.	.	.		.
H	H	H	L	L	$\overline{E14}$
H	H	H	H	L	$\overline{E15}$

Types

74150			Hersteller Production Fabricants Produttori Fabricantes	Bild Fig. Fig. Sec 3	I_S & I_R mA	t_{PD} E→Q ns_{typ} ↓↕↑		t_{PD} E→Q ns_{max} ↓↕↑		Bem./Note f_T §f_Z &f_E MHz
0…70°C § 0…75°C	−40…85°C § −25…85°C	−55…125°C								
DM74150J		DM54150J	Nsc	24d	<68			20	20	
DM74150N			Nsc	24g	<68			20	20	
FLY111	§FLY115		Sie	24a	40	22	23	33	35	
HD74150			Hit	24g	<68			20	20	
M53350			Mit	24a	<68			20	20	
MC74150J		MC54150J	Mot	24d	40	22	23	33	35	
MC74150N			Mot	24g	40	22	23	33	35	
MC74150W		MC54150W	Mot	24n	40	22	23	33	35	
SN74150J		SN54150J	Tix	24d	40	22	23	33	35	
SN74150N	§SN84150N		Tix	24g	40	22	23	33	35	
SN74150NT			Tix	24a	40'	22	23	33	35	
		SN54150W	Tix	24n	40	22	23	33	35	
TL74150N	§TL84150N		Aeg	24g	40	22	23	33	35	
µPB2150			Nip	24a	<68			20	20	
74150DC		54150DM	Fch	24d	<68			20	20	
74150FC		54150FM	Fch	24n	<68			20	20	
74150J		54150J	Ray	24d	<68			20	20	
74150PC			Fch	24g	<68			20	20	

AS

		SN54AS150J	Tix	24d						
		SN54AS150JT	Tix	24c						
SN74AS150N			Tix	24g						
SN74AS150NT			Tix	24a						

C

MM74C150J		MM54C150J	Nsc	24d	50n	250	250	600	600	
MM74C150N			Nsc	24g	50n	250	250	600	600	
		MM54C150W	Nsc	24p	50n	250	250	600	600	

74151
Output: TP

8-zu-1-Multiplexer
8-line-to-1-line multiplexer
Multiplexeur, 8 á 1
Multiplatore, 8 a 1
Multiplexador 8 a 1

Pinout (DIP-16):
- 16: U_S
- 15: E4
- 14: E5
- 13: E6
- 12: E7
- 11: A
- 10: B
- 9: C
- 1: E3
- 2: E2
- 3: E1
- 4: E0
- 5: Q
- 6: $\overline{Q}$
- 7: ST
- 8: GND

Function table:

Input				Output	
ST	C	B	A	Q	$\overline{Q}$
H	X	X	X	L	H
L	L	L	L	E0	$\overline{E0}$
L	L	L	H	E1	$\overline{E1}$
L	L	H	L	E2	$\overline{E2}$
L	L	H	H	E3	$\overline{E3}$
⋮	⋮	⋮	⋮	⋮	⋮
L	H	H	H	E7	$\overline{E7}$

74151

Typ - Type - Tipo			Hersteller Production Fabricants Produttori Fabricantes	Bild Fig. Fig. Sec 3	I_S &I_R mA	t_{PD} E→Q ns_{typ} ↓↕↑	t_{PD} E→Q ns_{max} ↓↕↑	Bem./Note f_T §f_Z &f_E MHz
0...70°C § 0...75°C	−40...85°C § −25...85°C	−55...125°C						
MC74151J		MC54151J	Mot	16c	29	19 17	30 26	
MC74151N			Mot	16a	29	19 17	30 26	
MC74151W		MC54151W	Mot	16n	29	19 17	30 26	
SN74151AJ		SN54151AJ	Tix	16c	29	19 17	30 26	
SN74151AN	§SN84151AN		Tix	16a	29	19 17	30 26	
		SN54151AW	Tix	16n	29	19 17	30 26	
TL74151N	§TL84151N		Aeg	16a	29	19 17	30 26	
µPB2151			Nip	16a	<48		27 27	
74151DC		54151DM	Fch	16c	<48		27 27	
74151FC		54151FM	Fch	16n	<48		27 27	
74151J		54151J	Ray	16c	<48		27 27	
74151PC			Fch	16a	<48		27 27	

ALS

Typ - Type - Tipo			Hersteller	Bild	I_S&I_R	t_{PD} typ	t_{PD} max	Note
DM74ALS151J		DM54ALS151J	Nsc	16c	<6		9 9	
DM74ALS151N			Nsc	16a	<6		9 9	
MC74ALS151J		MC54ALS151J	Mot	16c	7,5		23 24	
MC74ALS151N			Mot	16a	7,5		23 24	
MC74ALS151W		MC54ALS151W	Mot	16n	7,5		23 24	
		SN54ALS151FH	Tix	cc	7,5		26 28	
SN74ALS151FN			Tix	cc	7,5		23 24	
		SN54ALS151J	Tix	16c	7,5		26 28	
SN74ALS151N			Tix	16a	7,5		23 24	

AS

Typ			Hersteller	Bild	I_S&I_R	t_{PD} typ	t_{PD} max	Note
DM74AS151J		DM54AS151J	Nsc	16c	<26		5 5	
DM74AS151N			Nsc	16a	<26		5 5	
		SN54AS151FH	Tix	cc	26	4,5 4,5		
SN74AS151FN			Tix	cc	26	4,5 4,5		
		SN54AS151J	Tix	16c	26	4,5 4,5		
SN74AS151N			Tix	16a	26	4,5 4,5		

C

Typ			Hersteller	Bild	I_S&I_R	t_{PD} typ	t_{PD} max	Note
MM74C151J		MM54C151J	Nsc	16c	50n	170 170	270 270	
MM74C151N			Nsc	16a	50n	170 170	270 270	
		MM54C151W	Nsc	16o	50n	170 170	270 270	

74151

Typ - Type - Tipo			Hersteller Production Fabricants Produttori Fabricantes	Bild Fig. Fig. Sec 3	I_S&I_R mA	t_{PD} E→Q ns_{typ} ↓↕↑	t_{PD} E→Q ns_{max} ↓↕↑	Bem./Note f_T §f_Z &f_E MHz
0...70°C § 0...75°C	−40...85°C § −25...85°C	−55...125°C						
DM74151J		DM54151J	Nsc	16c	<48		27 27	
DM74151N			Nsc	16a	<48		27 27	
FLY121	§FLY125		Sie	16a	29	19 17	30 26	
HD74151			Hit	16a	<48		27 27	
M53351			Mit	16a	<48		27 27	

74151	Typ - Type - Tipo		Hersteller Production Fabricants Produttori Fabricantes	Bild Fig. Fig. Sec 3	I_S &I_R mA	t_{PD} E→Q ns_{typ} ↓↕↑	t_{PD} E→Q ns_{max} ↓↕↑	Bem./Note f_T §f_Z &f_E MHz
0...70°C § 0...75°C	−40...85°C § −25...85°C	−55...125°C						
F								
MC74F151J		MC54F151J	Mot	16c	<21		11 11	
MC74F151N			Mot	16a	<21		11 11	
MC74F151W		MC54F151W	Mot	16n	<21		11 11	
74F151DC		54F151DM	Fch	16c	<21		11 11	
74F151FC		54F151FM	Fch	16n	<21		11 11	
74F151PC			Fch	16n	<21		11 11	
HC								
§CD74HC151E			Rca	16a		20 20		
		CD54HC151F	Rca	16c		20 20		
MC74HC151J		MC54HC151J	Mot	16c	<8u	26 26	43 43	
MC74HC151N			Mot	16a	<8u	26 26	43 43	
	MM74HC151J	MM74HC151J	Nsc	16c	<8u	26 26	35 35	
	MM74HC151N		Nsc	16a	<8u	26 26	35 35	
	SN74HC151FH		Tix	cc	<8u		35 35	
		SN54HC151FK	Tix	cc	<8u		35 35	
	SN74HC151FN		Tix	cc	<8u		35 35	
		SN54HC151J	Tix	16c	<8u		35 35	
	SN74HC151J		Tix	16c	<8u		35 35	
	SN74HC151N		Tix	16a	<8u		35 35	
HCT								
§CD74HCT151E			Rca	16a		20 20		
		CD54HCT151F	Rca	16c		20 20		
LS								
DM74LS151J		DM54LS151J	Nsc	16c	<10		32 32	
DM74LS151N			Nsc	16a	<10		32 32	
HD74LS151			Hit	16a	<10		32 32	
M74LS151			Mit	16a	<10		32 32	
MB74LS151			Fui	16a	<10		32 32	
§SN74LS151J		SN54LS151J	Mot	16c	6	20 14	32 23	
SN74LS151J		SN54LS151J	Tix	16c	6	20 14	32 23	
§SN74LS151N			Mot	16a	6	20 14	32 23	
SN74LS151N			Tix	16a	6	20 14	32 23	
		SN54LS151W	Tix	16n	6	20 14	32 23	

74151	Typ - Type - Tipo		Hersteller Production Fabricants Produttori Fabricantes	Bild Fig. Fig. Sec 3	I_S &I_R mA	t_{PD} E→Q ns_{typ} ↓↕↑	t_{PD} E→Q ns_{max} ↓↕↑	Bem./Note f_T §f_Z &f_E MHz
0...70°C § 0...75°C	−40...85°C § −25...85°C	−55...125°C						
§SN74LS151W		SN54LS151W	Mot	16c	6	20 14	32 23	
74LS151DC		54LS151DM	Fch	16c	6	18 30	30 41	
74LS151FC		54LS151FM	Fch	16n	6	18 30	30 41	
74LS151J		54LS151J	Ray	16c	<10		32 32	
74LS151PC			Fch	16a	6	18 30	30 41	
S								
DM74S151J		DM54S151J	Nsc	16c	<70		12 12	
DM74S151N			Nsc	16a	<70		12 12	
HD74S151			Hit	16a	<70		12 12	
M74S151			Mit	16a	<70		12 12	
MB74S151			Fui	16a	<70		12 12	
SN74S151J		SN54S151J	Tix	16c	45	9 10	13,5 15	
SN74S151N			Tix	16a	45	9 10	13,5 15	
		SN54S151W	Tix	16n	45	9 10	13,5 15	
74S151DC		54S151DM	Fch	16c	<70		12 12	
74S151FC		54S151FM	Fch	16n	<70		12 12	
74S151PC			Fch	16a	<70		12 12	

74152
Output: TP

8-zu-1-Multiplexer
8-line-to-1-line multiplexer
Multiplexeur, 8 á 1
Multiplatore, 8 a 1
Multiplexador 8 a 1

Pinout (DIP-14):
- Pin 14: U_S
- Pin 13: D5
- Pin 12: D6
- Pin 11: D7
- Pin 10: A
- Pin 9: B
- Pin 8: C
- Pin 1: D4
- Pin 2: D3
- Pin 3: D2
- Pin 4: D1
- Pin 5: D0
- Pin 6: Q
- Pin 7: GND

Input			Outp.
C	B	A	Q
L	L	L	D0
L	L	H	D1
L	H	L	D2
L	H	H	D3
.	.	.	.
H	H	H	D7

74152	Typ - Type - Tipo		Hersteller Production Fabricants Produttori Fabricantes	Bild Fig. Fig. Sec 3	I_S &I_R mA	t_{PD} E→Q ns_{typ} ↓↕↑	t_{PD} E→Q ns_{max} ↓↕↑	Bem./Note f_T §f_Z &f_E MHz
0...70°C § 0...75°C	−40...85°C § −25...85°C	−55...125°C						
74152FC		54152FM	Fch	14n	<43		30 30	
74152J		54152J	Ray	14c	<43		30 30	
74152PC			Fch	14a	<43		30 30	
HC								
	SN74HC152FH	SN54HC152FH	Tix	cc	<8u		29 29	
			Tix	cc	<8u		29 29	
		SN54HC152FK	Tix	cc	<8u		29 29	
	SN74HC152FN		Tix	cc	<8u		29 29	
		SN54HC152J	Tix	14c	<8u		29 29	
	SN74HC152J		Tix	14c	<8u		29 29	
	SN74HC152N		Tix	14a	<8u		29 29	
LS								
HD74LS152			Hit	14a	<9		32 32	
§SN74LS152J		SN54LS152J	Mot	14c	5,6	20 14	32 23	
§SN74LS152N			Mot	14a	5,6	20 14	32 23	
		SN54LS152W	Tix	14n	5,6	20 14	32 23	
§SN74LS152W		SN54LS152W	Mot	14p	5,6	20 14	32 23	
74LS152DC		54LS152DM	Fch	14c	5,6	23 12	32 20	
74LS152FC		54LS152FM	Fch	14p	5,6	23 12	32 20	
74LS152J		54LS152J	Ray	14c	<9		32 32	
74LS152PC			Fch	14a	5,6	23 12	32 20	

74152	Typ - Type - Tipo		Hersteller Production Fabricants Produttori Fabricantes	Bild Fig. Fig. Sec 3	I_S &I_R mA	t_{PD} E→Q ns_{typ} ↓↕↑	t_{PD} E→Q ns_{max} ↓↕↑	Bem./Note f_T §f_Z &f_E MHz
0...70°C § 0...75°C	−40...85°C § −25...85°C	−55...125°C						
MC74152J		MC54152J	Mot	14c	26	19 17	30 26	
MC74152N			Mot	14a	26	19 17	30 26	
MC74152W		MC54152W	Mot	14p	26	19 17	30 26	
		SN54152AW	Tix	14n	26	19 17	30 26	
74152DC		54152DM	Fch	14c	<43		30 30	

74153
Output: TP

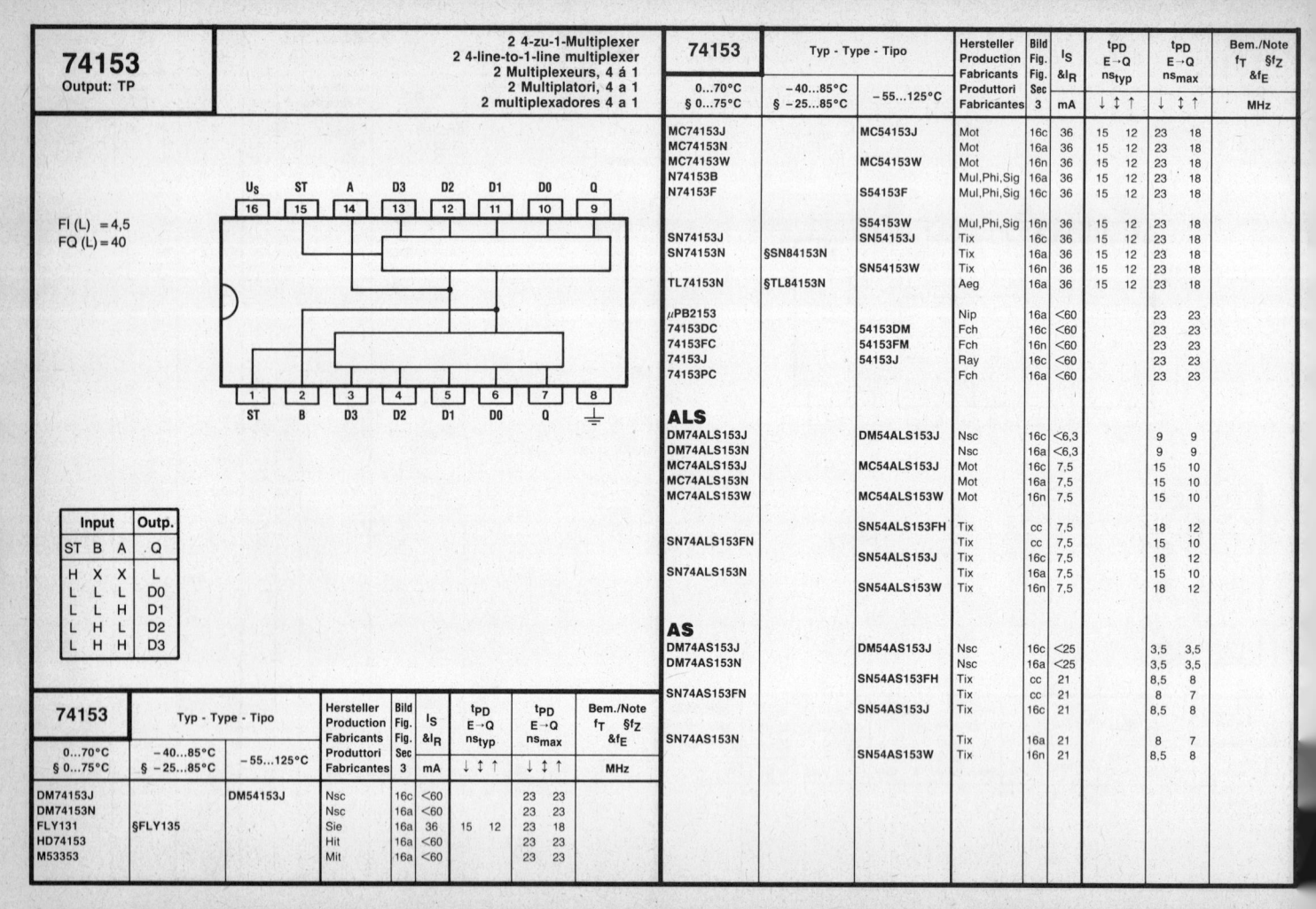

2 4-zu-1-Multiplexer
2 4-line-to-1-line multiplexer
2 Multiplexeurs, 4 á 1
2 Multiplatori, 4 a 1
2 multiplexadores 4 a 1

FI (L) = 4,5
FQ (L) = 40

Pinout (DIP-16):
- Pin 16: U_S
- Pin 15: ST
- Pin 14: A
- Pin 13: D3
- Pin 12: D2
- Pin 11: D1
- Pin 10: D0
- Pin 9: Q
- Pin 1: ST
- Pin 2: B
- Pin 3: D3
- Pin 4: D2
- Pin 5: D1
- Pin 6: D0
- Pin 7: Q
- Pin 8: ⏚

Function table

Input		Outp.
ST	B	A	Q
H	X	X	L
L	L	L	D0
L	L	H	D1
L	H	L	D2
L	H	H	D3

74153	Typ - Type - Tipo		Hersteller Production Fabricants Produttori Fabricantes	Bild Fig. Fig. Sec	I_S &I_R	t_{PD} E→Q ns_{typ}	t_{PD} E→Q ns_{max}	Bem./Note f_T §f_Z &f_E
0…70°C § 0…75°C	−40…85°C § −25…85°C	−55…125°C		3	mA	↓ ↕ ↑	↓ ↕ ↑	MHz
MC74153J		MC54153J	Mot	16c	36	15 12	23 18	
MC74153N			Mot	16a	36	15 12	23 18	
MC74153W		MC54153W	Mot	16n	36	15 12	23 18	
N74153B			Mul,Phi,Sig	16a	36	15 12	23 18	
N74153F		S54153F	Mul,Phi,Sig	16c	36	15 12	23 18	
		S54153W	Mul,Phi,Sig	16n	36	15 12	23 18	
SN74153J		SN54153J	Tix	16c	36	15 12	23 18	
SN74153N	§SN84153N		Tix	16a	36	15 12	23 18	
		SN54153W	Tix	16n	36	15 12	23 18	
TL74153N	§TL84153N		Aeg	16a	36	15 12	23 18	
µPB2153			Nip	16c	<60		23 23	
74153DC		54153DM	Fch	16c	<60		23 23	
74153FC		54153FM	Fch	16n	<60		23 23	
74153J		54153J	Ray	16c	<60		23 23	
74153PC			Fch	16a	<60		23 23	

ALS

DM74ALS153J		DM54ALS153J	Nsc	16c	<6,3		9 9	
DM74ALS153N			Nsc	16a	<6,3		9 9	
MC74ALS153J		MC54ALS153J	Mot	16c	7,5		15 10	
MC74ALS153N			Mot	16a	7,5		15 10	
MC74ALS153W		MC54ALS153W	Mot	16n	7,5		15 10	
		SN54ALS153FH	Tix	cc	7,5		18 12	
SN74ALS153FN			Tix	cc	7,5		15 10	
		SN54ALS153J	Tix	16c	7,5		18 12	
SN74ALS153N			Tix	16a	7,5		15 10	
		SN54ALS153W	Tix	16n	7,5		18 12	

AS

DM74AS153J		DM54AS153J	Nsc	16c	<25		3,5 3,5	
DM74AS153N			Nsc	16a	<25		3,5 3,5	
		SN54AS153FH	Tix	cc	21		8,5 8	
SN74AS153FN			Tix	cc	21		8 7	
		SN54AS153J	Tix	16c	21		8,5 8	
SN74AS153N			Tix	16a	21		8 7	
		SN54AS153W	Tix	16n	21		8,5 8	

74153

0…70°C § 0…75°C	−40…85°C § −25…85°C	−55…125°C	Hersteller Production Fabricants Produttori Fabricantes	Bild Fig. Fig. Sec 3	I_S &I_R mA	t_{PD} E→Q ns_{typ} ↓ ↕ ↑	t_{PD} E→Q ns_{max} ↓ ↕ ↑	Bem./Note f_T §f_Z &f_E MHz
DM74153J		DM54153J	Nsc	16c	<60		23 23	
DM74153N			Nsc	16a	<60		23 23	
FLY131	§FLY135		Sie	16a	36	15 12	23 18	
HD74153			Hit	16a	<60		23 23	
M53353			Mit	16a	<60		23 23	

74153 0...70°C § 0...75°C	Typ - Type - Tipo −40...85°C § −25...85°C	−55...125°C	Hersteller Production Fabricants Produttori Fabricantes	Bild Fig. Fig. Sec 3	I_S &I_R mA	t_{PD} E→Q ns_{typ} ↓ ↕ ↑	t_{PD} E→Q ns_{max} ↓ ↕ ↑	Bem./Note f_T §f_Z &f_E MHz	74153 0...70°C § 0...75°C	Typ - Type - Tipo −40...85°C § −25...85°C	−55...125°C	Hersteller Production Fabricants Produttori Fabricantes	Bild Fig. Fig. Sec 3	I_S &I_R mA	t_{PD} E→Q ns_{typ} ↓ ↕ ↑	t_{PD} E→Q ns_{max} ↓ ↕ ↑	Bem./Note f_T §f_Z &f_E MHz
F									§SN74LS153J		SN54LS153J	Mot	16c	6,2	17 10	26 15	
MC74F153J		MC54F153J	Mot	16c	<20		8 8		SN74LS153J		SN54LS153J	Tix	16c	6,2	17 10	26 15	
MC74F153N			Mot	16a	<20		8 8		§SN74LS153N			Mot	16a	6,2	17 10	26 15	
MC74F153W		MC54F153W	Mot	16n	<20		8 8		SN74LS153N			Tix	16a	6,2	17 10	26 15	
74F153DC		54F153DM	Fch	16c	<20		8 8				SN74LS153W	Tix	16n	6,2	17 10	26 15	
74F153FC		54F153FM	Fch	16n	<20		8 8		§SN74LS153W		SN54LS153W	Mot	16n	6,2	17 10	26 15	
									74LS153DC		54LS153DM	Fch	16c	6,2	10 10	15 15	
74F153PC			Fch	16n	<20		8 8		74LS153FC		54LS153FM	Fch	16n	6,2	10 10	15 15	
									74LS153J			Ray	16c	<10		26 26	
HC									74LS153PC			Fch	16a	6,2	10 10	15 15	
§CD74HC153E			Rca	16a		13 13											
		CD54HC153F	Rca	16c		13 13			**S**								
MC74HC153J		MC54HC153J	Mot	16c	<8u	18 18	23 23		DM74S153J		DM54S153J	Nsc	16c	<70		6 6	
MC74HC153N			Mot	16a	<8u	18 18	23 23		DM74S153N			Nsc	16a	<70		6 6	
	MM74HC153J	MM54HC153J	Nsc	16c	<8u	19 19	23 23		HD74S153			Hit	16a	<70		6 6	
	MM74HC153N		Nsc	16a	<8u	19 19	23 23		SN74S153J		SN54S153J	Tix	16c	45	6 6	9 9	
		SN54HC153FH	Tix	cc	<8u		26 26		SN74S153N			Tix	16a	45	6 6	9 9	
	SN74HC153FH		Tix	cc	<8u		26 26										
		SN54HC153FK	Tix	cc	<8u		26 26				SN54S153W	Tix	16n	45	6 6	9 9	
	SN74HC153FN		Tix	cc	<8u		26 26		74S153DC		54S153DM	Fch	16c	<70		6 6	
		SN54HC153J	Tix	16c	<8u		26 26		74S153FC		54S153FM	Fch	16n	<70		6 6	
	SN74HC153J		Tix	16c	<8u		26 26		74S153PC			Fch	16a	<70		6 6	
	SN74HC153N		Tix	16a	<8u		26 26										
HCT																	
§CD74HCT153E			Rca	16a		13 13											
		CD54HCT153F	Rca	16c		13 13											
L																	
SN74L153J		SN54L153J	Tix	16c	18	30 24											
SN74L153N	§SN84L153N		Tix	16a	18	30 24											
LS																	
DM74LS153J		DM54LS153J	Nsc	16c	<10		26 26										
DM74LS153N			Nsc	16a	<10		26 26										
HD74LS153			Hit	16a	<10		26 26										
M74LS153			Mit	16a	<10		26 26										
MB74LS153			Fui	16a	<10		26 26										

74154
Output: TP

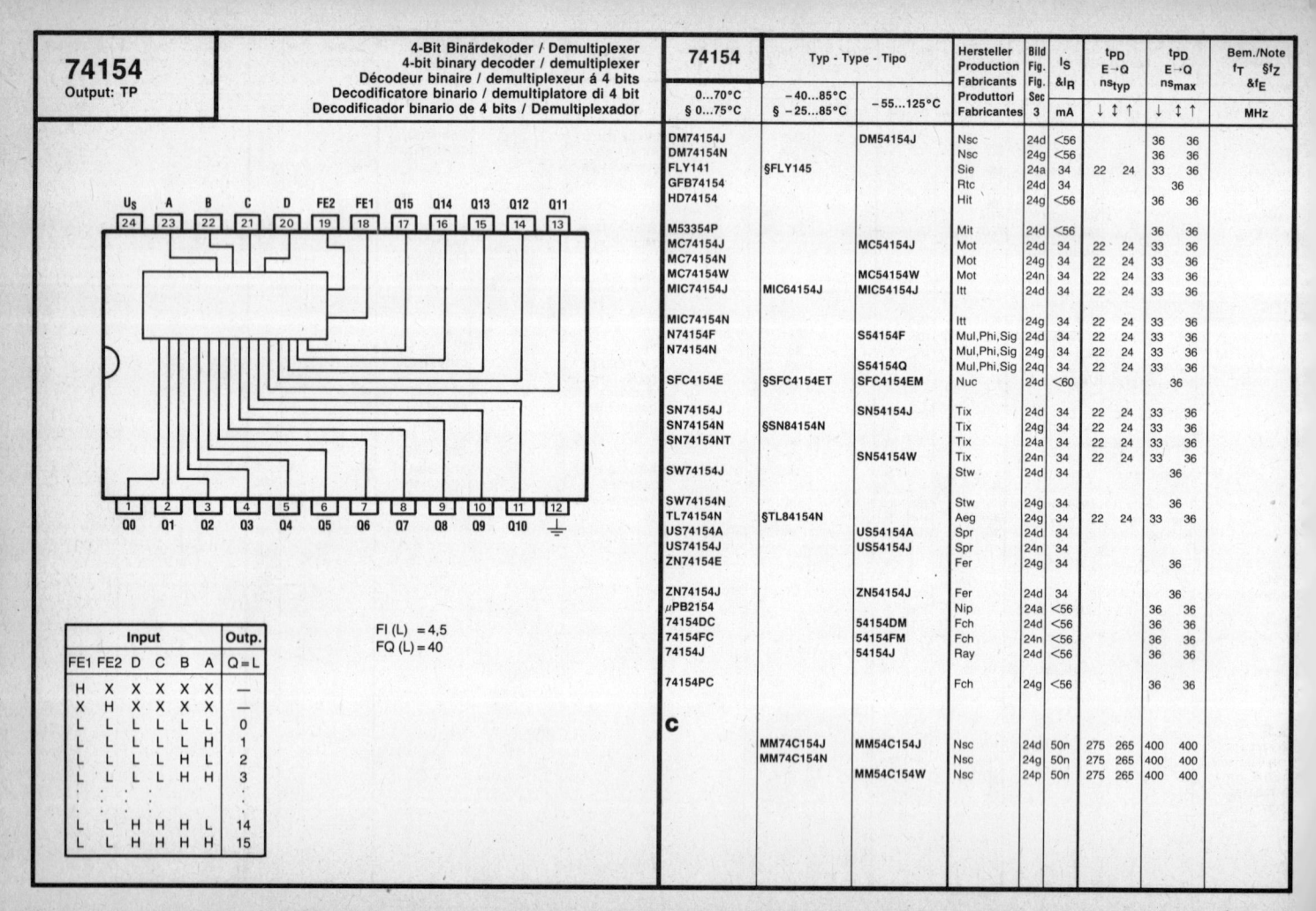

4-Bit Binärdekoder / Demultiplexer
4-bit binary decoder / demultiplexer
Décodeur binaire / demultiplexeur á 4 bits
Decodificatore binario / demultiplatore di 4 bit
Decodificador binario de 4 bits / Demultiplexador

Pinout (DIP-24):
- Pin 24: U_S
- Pin 23: A
- Pin 22: B
- Pin 21: C
- Pin 20: D
- Pin 19: FE2
- Pin 18: FE1
- Pin 17: Q15
- Pin 16: Q14
- Pin 15: Q13
- Pin 14: Q12
- Pin 13: Q11
- Pin 1: Q0
- Pin 2: Q1
- Pin 3: Q2
- Pin 4: Q3
- Pin 5: Q4
- Pin 6: Q5
- Pin 7: Q6
- Pin 8: Q7
- Pin 9: Q8
- Pin 10: Q9
- Pin 11: Q10
- Pin 12: ⏚

Truth Table

Input					Outp.
FE1	FE2	D	C	B	A	Q=L
H	X	X	X	X	X	—
X	H	X	X	X	X	—
L	L	L	L	L	L	0
L	L	L	L	L	H	1
L	L	L	L	H	L	2
L	L	L	L	H	H	3
:	:	:	:	:	:	:
L	L	H	H	H	L	14
L	L	H	H	H	H	15

$FI(L) = 4,5$
$FQ(L) = 40$

74154

0...70°C § 0...75°C	−40...85°C § −25...85°C	−55...125°C	Hersteller Production Fabricants Produttori Fabricantes	Bild Fig. Fig. Sec 3	I_S &I_R mA	t_{PD} E→Q ns_{typ} ↓↕↑	t_{PD} E→Q ns_{max} ↓↕↑	Bem./Note f_T §f_Z &f_E MHz
DM74154J		DM54154J	Nsc	24d	<56		36 36	
DM74154N			Nsc	24g	<56		36 36	
FLY141	§FLY145		Sie	24a	34	22 24	33 36	
GFB74154			Rtc	24d	34		36	
HD74154			Hit	24g	<56		36 36	
M53354P			Mit	24d	<56		36 36	
MC74154J		MC54154J	Mot	24d	34	22 24	33 36	
MC74154N			Mot	24g	34	22 24	33 36	
MC74154W		MC54154W	Mot	24n	34	22 24	33 36	
MIC74154J	MIC64154J	MIC54154J	Itt	24d	34	22 24	33 36	
MIC74154N			Itt	24g	34	22 24	33 36	
N74154F		S54154F	Mul,Phi,Sig	24d	34	22 24	33 36	
N74154N			Mul,Phi,Sig	24g	34	22 24	33 36	
		S54154Q	Mul,Phi,Sig	24q	34	22 24	33 36	
SFC4154E	§SFC4154ET	SFC4154EM	Nuc	24d	<60		36	
SN74154J		SN54154J	Tix	24d	34	22 24	33 36	
SN74154N	§SN84154N		Tix	24g	34	22 24	33 36	
SN74154NT			Tix	24a	34	22 24	33 36	
		SN54154W	Tix	24n	34	22 24	33 36	
SW74154J			Stw	24d	34		36	
SW74154N			Stw	24g	34		36	
TL74154N	§TL84154N		Aeg	24g	34	22 24	33 36	
US74154A		US54154A	Spr	24d	34			
US74154J		US54154J	Spr	24n	34			
ZN74154E			Fer	24g	34		36	
ZN74154J		ZN54154J	Fer	24d	34		36	
μPB2154			Nip	24a	<56		36 36	
74154DC		54154DM	Fch	24d	<56		36 36	
74154FC		54154FM	Fch	24n	<56		36 36	
74154J		54154J	Ray	24d	<56		36 36	
74154PC			Fch	24g	<56		36 36	

C

MM74C154J		MM54C154J	Nsc	24d	50n	275 265	400 400	
MM74C154N			Nsc	24g	50n	275 265	400 400	
		MM54C154W	Nsc	24p	50n	275 265	400 400	

74154 0...70°C § 0...75°C	Typ - Type - Tipo −40...85°C § −25...85°C	−55...125°C	Hersteller Production Fabricants Produttori Fabricantes	Bild Fig. Fig. Sec 3	I_S &I_R mA	t_{PD} E→Q ns_{typ} ↓ ↕ ↑	t_{PD} E→Q ns_{max} ↓ ↕ ↑	Bem./Note f_T §f_Z &f_E MHz
HC								
§CD74HC154E			Rca	24a		15 15		
		CD54HC154F	Rca	24c		15 15	21 21	
MC74HC154J		MC54HC154J	Mot	24a	<8u	11 11	21 21	
MC74HC154N			Mot	24c	<8u	11 11	30 30	
	MM74HC154J	MM54HC154J	Nsc	24c	<8u	20 20	30 30	
	MM74HC154N		Nsc	24g	<8u	20 20		
HCT								
§CD74HCT154E			Rca	24a		15 15		
		CD54HCT154F	Rca	24c		15 15		
L								
DM74L154AD		DM54L154AD	Nsc	24d	4		150	
DM74L154AF		DM54L154AF	Nsc	24n	4		150	
DM74L154AN			Nsc	24g	4		150	
SN74L154J		SN54L154J	Tix	24d	17	44 48	66 72	
SN74L154N	§SN84L154N		Tix	24g	17	44 48	66 72	
LS								
DM74LS154J		DM54LS154J	Nsc	24d	<14		36 36	
DM74LS154N			Nsc	24g	<14		36 36	
HD74LS154			Hit	24g	<14		36 36	

2-193

74155
Output: TP

2 2-Bit Binärdekoder / Demultiplexer
2 2-bit binary decoders / demultiplexers
2 Décodeurs binaire / demultiplexeurs á 4 bits
2 Decodificatori binarii / demultiplatori di 4 bit
2 decodificadores binarios de 2 bits / demultiplexadores

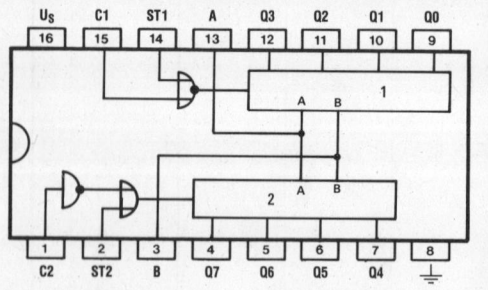

Pinout (DIP-16):
- Pin 16: U_S
- Pin 15: C1
- Pin 14: ST1
- Pin 13: A
- Pin 12: Q3
- Pin 11: Q2
- Pin 10: Q1
- Pin 9: Q0
- Pin 1: C2
- Pin 2: ST2
- Pin 3: B
- Pin 4: Q7
- Pin 5: Q6
- Pin 6: Q5
- Pin 7: Q4
- Pin 8: GND

Gate 1 / Gate 2 (A, B inputs)

Input / Output table (gate 1):

Input				Outp.
F	E	C	B	A	Q=L
H	X	X	X	—
L	L	L	L	0
L	L	L	H	1
L	L	H	L	2
L	L	H	H	3
.	.	.	.	.
L	H	H	H	7

Combined 1+2 table:

1+2	1		2	
SEL	Input	Outp.	Input	Outp.
B A	ST1 C1	Q=L	ST2 C2	Q=L
X X	H X	—	H X	—
X X	X L	—	X H	—
L L	L L	0	L L	4
L H	L L	1	L L	5
H L	L L	2	L L	6
H H	L L	3	L L	7

1 = 3-Bit-Binärdekoder
1 = 3-bit binary decoder
1 = Décodeur binaire à 3 bits
1 = Decodificatore binario di 3 bits
1 = Decodificador binario de 3 bits

2 = 2-Bit-Binärdekoder
2 = 2-bit binary decoders
2 = Décodeurs binaires à 2 bits
2 = Decodificatori binari di 2 bits
2 = Decodificadores binarios de 2 bits

C1 mit C2 und ST1 mit ST2 verbunden
C1 connected to C2 and ST1 to ST2
C1 connexé à C2 et ST1 à ST2
C1 collegato a C2 e ST1 a ST2
C1 unido a C2 y ST1 a ST2

74155	Typ - Type - Tipo			Hersteller Production Fabricants Produttori Fabricantes	Bild Fig. Fig. Sec	I_S & I_R	t_{PD} E→Q ns typ		t_{PD} E→Q ns max		Bem./Note f_T §f_Z & f_E
	0...70°C § 0...75°C	−40...85°C § −25...85°C	−55...125°C		3	mA	↓ ↕ ↑		↓ ↕ ↑		MHz
DM74155J			DM54155J	Nsc	16c	<40			32	32	
DM74155N				Nsc	16a	<40			32	32	
FLY151	§FLY155			Sie	16a	25	18	13	27	20	
HD74155				Hit	16a	<40			32	32	
M53355P				Mit	16a	<40			32	32	
MC74155J			MC54155J	Mot	16c	25	18	13	27	20	
MC74155N				Mot	16a	25	18	13	27	20	
MC74155W			MC54155W	Mot	16n	25	18	13	27	20	
MIC74155J	MIC64155J		MIC54155J	Itt	16c	25	18	13	27	20	
MIC74155N				Itt	16a	25	18	13	27	20	
N74155B				Mul,Phi,Sig	16a	25	18	13	27	20	
N74155F			S54155F	Mul,Phi,Sig	16c	25	18	13	27	20	
			S54155W	Mul,Phi,Sig	16n	25	18	13	27	20	
SFC4155E	§SFC4155ET		SFC4155EM	Nuc,Ses							
SN74155J			SN54155J	Tix	16c	25	18	13	27	20	
SN74155N	§SN84155N			Tix	16a	25	18	13	27	20	
SW74155J			SN54155W	Tix	16n	25	18	13	27	20	
				Stw	16c	<42			32		
SW74155N				Stw	16a	<42			32		
TL74155N	§TL84155N			Aeg	16a	25	18	13	27	20	
ZN74155E				Fer	16a	25			32		
ZN74155J			ZN54155J	Fer	16c	25			32		
74155DC			54155DM	Fch	16c	<40			32	32	
74155FC			54155FM	Fch	16n	<40			32	32	
74155J			54155J	Ray	16c	<40			32	32	
74155PC				Fch	16a	<40			32	32	

HCT

MM74HCT155J			MM54HCT155J	Nsc	16c	<8u	21	21	35	35	
MM74HCT155N				Nsc	16a	<8u	21	21	35	35	

LS

DM74LS155J			DM54LS155J	Nsc	16c	<10			30	30	
DM74LS155N				Nsc	16a	<10			30	30	
HD74LS155				Hit	16a	<10			30	30	
M74LS155				Mit	16a	<10			30	30	
MB74LS155				Fuj	16a	<10			30	30	
MB74LS155M				Fuj	16c	<10			30	30	
§SN74LS155J			SN54LS155J	Mot	16c	6,1	19	10	30	15	
SN74LS155J			SN54LS155J	Tix	16c	6,1	19	10	30	15	
§SN74LS155N				Mot	16a	6,1	19	10	30	15	

74155	Typ - Type - Tipo			Hersteller Production Fabricants Produttori Fabricantes	Bild Fig. Fig. Sec 3	I_S &I_R	t_{PD} E→Q ns_{typ}			t_{PD} E→Q ns_{max}			Bem./Note f_T §f_Z &f_E
0...70°C § 0...75°C	−40...85°C § −25...85°C		−55...125°C			mA	↓	↕	↑	↓	↕	↑	MHz
SN74LS155N				Tix	16a	6,1		19	10		30	15	
			SN54LS155W	Tix	16n	6,1		19	10		30	15	
§SN74LS155W			SN54LS155W	Mot	16n	6,1		19	10		30	15	
SN74LS155AJ			SN54LS155AJ	Tix	16c	6,1		19	10		30	15	
SN74LS155AN				Tix	16a	6,1		19	10		30	15	
			SN54LS155AW	Tix	16n	6,1		19	10		30	15	
74LS155DC			54LS155DM	Fch	16c	6,1		19	11		27	18	
74LS155FC			54LS155FM	Fch	16n	6,1		19	11		27	18	
74LS155J			54LS155J	Ray	16c	<10					30	30	
74LS155PC				Fch	16a	6,1		19	11		27	18	

74156
Output: OC

2 2-Bit Binärdekoder / Demultiplexer
2 2-bit binary decoders / demultiplexers
2 Décodeurs binaire / demultiplexeurs á 4 bits
2 Decodificatori binarii / demultiplatori di 4 bit
2 decodificadores binarios de 2 bits / demultiplexadores

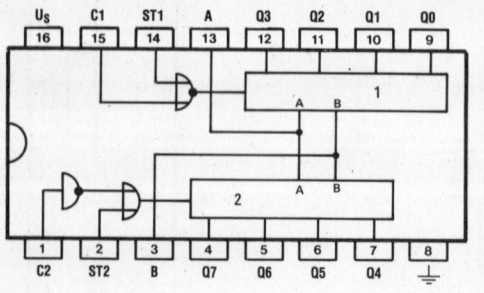

Pinout: U_S(16), C1(15), ST1(14), A(13), Q3(12), Q2(11), Q1(10), Q0(9), GND(8), Q4(7), Q5(6), Q6(5), Q7(4), B(3), ST2(2), C2(1)

1 = 3-Bit-Binärdekoder
1 = 3-bit binary decoder
1 = Décodeur binaire à 3 bits
1 = Decodificatore binario di 3 bits
1 = Decodificador binario de 3 bits

2 = 2-Bit-Binärdekoder
2 = 2-bit binary decoders
2 = Décodeurs binaires à 2 bits
2 = Decodificatori binari di 2 bits
2 = Decodificadores binarios de 2 bits

C1 mit C2 und ST1 mit ST2 verbunden
C1 connected to C2 and ST1 to ST2
C1 connexé à C2 et ST1 à ST2
C1 collegato a C2 e ST1 a ST2
C1 unido a C2 y ST1 a ST2

Truth table 1

Input				Outp.
FE	C	B	A	Q=L
H	X	X	X	—
L	L	L	L	0
L	L	L	H	1
L	L	H	L	2
L	L	H	H	3
...				
L	H	H	H	7

Truth table 1+2

1+2	1		2	
SEL	Input	Outp.	Input	Outp.
B A	ST1 C1	Q=L	ST2 C2	Q=L
X X	H X	—	H X	—
X X	X L	—	X H	—
L L	L L	0	L H	4
L H	L L	1	L H	5
H L	L L	2	L H	6
H H	L L	3	L H	7

74156	Typ - Type - Tipo		Hersteller Production Fabricants Produttori Fabricantes	Bild Fig. Fig. Sec 3	I_S &I_R mA	t_{PD} E→Q ns_{typ} ↓ ↕ ↑	t_{PD} E→Q ns_{max} ↓ ↕ ↑	Bem./Note f_T §f_Z &f_E MHz
0...70°C § 0...75°C	−40...85°C § −25...85°C	−55...125°C						
DM74156J		DM54156J	Nsc	16c	<40		34 34	
DM74156N			Nsc	16a	<40		34 34	
FLY161	§FLY165		Sie	16a	25	20 15	30 23	
HD74156			Hit	16a	<40		34 34	
M53356P			Mit	16a	<40		34 34	
MC74156J		MC54156J	Mot	16c	25	20 15	30 23	
MC74156N			Mot	16a	25	20 15	30 23	
MC74156W		MC54156W	Mot	16n	25	20 15	30 23	
MIC74156J	MIC64156J	MIC54156J	Itt	16c	25	20 15	30 23	
MIC74156N			Itt	16a	25	20 15	30 23	
N74156B			Mul,Phi,Sig	16a	25	20 15	30 23	
N74156F		S54156F	Mul,Phi,Sig	16c	25	20 15	30 23	
		S54156W	Mul,Phi,Sig	16n	25	20 15	30 23	
SN74156J		SN54156J	Tix	16c	25	20 15	30 23	
SN74156N	§SN84156N		Tix	16a	25	20 15	30 23	
SW74156J		SN54156W	Tix	16n	25	20 15	30 23	
SW74156J			Stw	16c	<42		34	
SW74156N			Stw	16a	<42		34	
TL74156N	§TL84156N		Aeg	16a	25	20 15	30 23	
µPB2156			Nip	16a	<40		34 34	
74156DC		54156DM	Fch	16c	<40		34 34	
74156FC		54156FM	Fch	16n	<40		34 34	
74156J		54156J	Ray	16c	<40		34 34	
74156PC			Fch	16a	<40		34 34	

LS

DM74LS156J		DM54LS156J	Nsc	16c	<10		51 51	
DM74LS156N			Nsc	16a	<10		51 51	
HD74LS156			Hit	16a	<10		51 51	
M74LS156			Mit	16a	<10		51 51	
MB74LS156			Fui	16a	<10		51 51	
MB74LS156M			Fui	16c	<10		51 51	
§SN74LS156J		SN54LS156J	Mot	16c	6,1	34 25	51 40	
SN74LS156J		SN54LS156J	Tix	16c	6,1	34 25	51 51	
§SN74LS156N			Mot	16a	6,1	34 25	51 40	
SN74LS156N			Tix	16a	6,1	34 25	51 51	
§SN74LS156W		SN54LS156W	Mot	16n	6,1	34 25	51 40	
74LS156DC		54LS156DM	Fch	16c	6,1	23 18	33 28	
74LS156FC		54LS156FM	Fch	16n	6,1	23 18	33 28	
74LS156J		54LS156J	Ray	16c	<10		51 51	
74LS156PC			Fch	16a	6,1	23 18	33 28	

74157
Output: TP

4 2-zu-1-Multiplexer
4 2-line-to-1-line multiplexers
4 Multiplexeurs, 2 á 1
4 multiplatori, 2 a 1
4 multiplexadores 2 a 1

Pinout (DIP-16)

Pin	16	15	14	13	12	11	10	9
	U_S	ST	A	B	Q	A	B	Q

Pin	1	2	3	4	5	6	7	8
	SEL	A	B	Q	A	B	Q	⏚

Function Table

Input				Outp.
ST	SEL	A	B	Q
H	X	X	X	L
L	L	L	X	L
L	L	H	X	H
L	H	X	L	L
L	H	X	H	H

Pin loading

Pin	FI / FQ			
	N	L	LS	S
A, B	1	4,5	1,1	1
Sel, St	1	4,5	2,2	2
FQ	10	40	20	10

Main Table

74157			Hersteller Production Fabricants Produttori Fabricantes	Bild Fig. Fig. Sec 3	I_S &I_R mA	t_{PD} E→Q ns$_{typ}$ ↓ ↕ ↑	t_{PD} E→Q ns$_{max}$ ↓ ↕ ↑	Bem./Note f_T §f_Z &f_E MHz
Typ - Type - Tipo								
0…70°C § 0…75°C	−40…85°C § −25…85°C	−55…125°C						
N74157B			Mul,Phi,Sig	16a	30	9 9	14 14	
N74157F	S54157F		Mul,Phi,Sig	16c	30	9 9	14 14	
	S54157W		Mul,Phi,Sig	16n	30	9 9	14 14	
SN74157J		SN54157J	Tix	16c	30	9 9	14 14	
SN74157N	§SN84157N		Tix	16a	30	9 9	14 14	
		SN54157W	Tix	16n	30	9 9	14 14	
µPB2157			Nip	16a	<48		27 27	
74157DC		54157DM	Fch	16c	<48		27 27	
74157FC		54157FM	Fch	16n	<48		27 27	
74157J		54157J	Ray	16c	<48		27 27	
74157PC			Fch	16a	<48		27 27	

ALS

Typ			Hersteller	Bild	I_S &I_R	t_{PD} typ ↓ ↕ ↑	t_{PD} max ↓ ↕ ↑	Note
DM74ALS157J			Nsc	16c	<7,8		6,5 6,5	
DM74ALS157N			Nsc	16a	<7,8		6,5 6,5	
MC74ALS157J		MC54ALS157J	Mot	16c	7,8	5 3,5		
MC74ALS157N			Mot	16a	7,8	5 3,5		
MC74ALS157W		MC54ALS157W	Mot	16n	7,8	5 3,5		
		SN54ALS157FH	Tix	cc	7,8	5 3,5		
SN74ALS157FN			Tix	cc	7,8	5 3,5		
		SN54ALS157J	Tix	16c	7,8	5 3,5		
SN74ALS157N			Tix	16a	7,8	5 3,5		
		SN54ALS157W	Tix	16n	7,8	5 3,5		

AS

Typ			Hersteller	Bild	I_S	t_{PD} typ	t_{PD} max	Note
DM74AS157J		DM54AS157J	Nsc	16c				
DM74AS157N			Nsc	16a				
		SN54AS157FH	Tix	cc	17,5		6,5 7,5	
SN74AS157FN			Tix	cc	17,5		5,5 6	
		SN54AS157J	Tix	16c	17,5		6,5 7,5	
SN74AS157N			Tix	16a	17,5		5,5 6	

C

Typ			Hersteller	Bild	I_S	t_{PD} typ	t_{PD} max	Note
MM74C157J		MM54C157J	Nsc	16c	50n	150 150	250 250	
MM74C157N			Nsc	16a	50n	150 150	250 250	
		MM54C157W	Nsc	16o	50n	150 150	250 250	

74157 (continued)

74157			Hersteller Production Fabricants Produttori Fabricantes	Bild Fig. Fig. Sec 3	I_S &I_R mA	t_{PD} E→Q ns$_{typ}$ ↓ ↕ ↑	t_{PD} E→Q ns$_{max}$ ↓ ↕ ↑	Bem./Note f_T §f_Z &f_E MHz
Typ - Type - Tipo								
0…70°C § 0…75°C	−40…85°C § −25…85°C	−55…125°C						
DM74157J		DM54157J	Nsc	16c	<48		27 27	
DM74157N			Nsc	16a	<48		27 27	
FLY171	§FLY175		Sie	16a	30	9 9	14 14	
HD74157			Hit	16a	<48		27 27	
M53357			Mit	16a	<48		27 27	

74157 0...70°C § 0...75°C	−40...85°C § −25...85°C	−55...125°C	Hersteller Production Fabricants Produttori Fabricantes	Bild Fig. Sec 3	I_S &I_R mA	t_{PD} E→Q ns_{typ} ↓↕↑	t_{PD} E→Q ns_{max} ↓↕↑	Bem./Note f_T §f_Z &f_E MHz	74157 0...70°C § 0...75°C	−40...85°C § −25...85°C	−55...125°C	Hersteller Production Fabricants Produttori Fabricantes	Bild Fig. Sec 3	I_S &I_R mA	t_{PD} E→Q ns_{typ} ↓↕↑	t_{PD} E→Q ns_{max} ↓↕↑	Bem./Note f_T §f_Z &f_E MHz
F									§SN74LS157J		SN54LS157J	Mot	16c	9,7	9 9	14 14	
MC74F157J		MC54F157J	Mot	16c	<23		15 15		SN74LS157J		SN54LS157J	Tix	16c	9,7	9 9	14 14	
MC74F157N		MC54F157W	Mot	16a	<23		15 15		§SN74LS157N			Mot	16a	9,7	9 9	14 14	
MC74F157W		54F157DM	Mot	16n	<23		15 15		SN74LS157N			Tix	16a	9,7	9 9	14 14	
74F157DC		54F157FM	Fch	16c	<23		15 15				SN54LS157W	Tix	16n	9,7	9 9	14 14	
74F157FC			Fch	16n	<23		15 15		§SN74LS157W		SN54LS157W	Mot	16n	9,7	9 9	14 14	
74F157PC			Fch	16n	<23		15 15		74LS157DC		54LS157DM	Fch	16c	9,7		24 26	
									74LS157FC		54LS157FM	Fch	16n	9,7		24 26	
HC									74LS157J		54LS157J	Ray	16c	<26		27 27	
§CD74HC157E			Rca	16a		13 13			74LS157PC			Fch	16a	9,7		24 26	
		CD54HC157F	Rca	16c		13 13											
MC74HC157J		MC54HC157J	Mot	16c	<8u		18 18		**S**								
MC74HC157N			Mot	16a	<8u		18 18		DM74S157J		DM54S157J	Nsc	16c	<78		15 15	
	MM74HC157J	MC54HC157J	Nsc	16c	<8u	11 11	21 21		DM74S157N			Nsc	16a	<78		15 15	
	MM74HC157N		Nsc	16a	<8u	11 11	21 21		HD74S157			Hit	16c	<78		15 15	
	SN74HC157FH	SN54HC157FH	Tix	cc	<8u		18 18		M74S157			Mit	16a	<78		15 15	
		SN54HC157FK	Tix	cc	<8u		18 18		SN74S157J		SN54S157J	Tix	16c	50	4,5 5	6,5 7,5	
	SN74HC157FN		Tix	cc	<8u		18 18										
		SN54HC157J	Tix	16c	<8u		18 18		SN74S157N		SN54S157W	Tix	16a	50	4,5 5	6,5 7,5	
	SN74HC157J		Tix	16c	<8u		18 18					Tix	16n	50	4,5 5	6,5 7,5	
	SN74HC157N		Tix	16a	<8u		18 18		74S157DC		54S157DM	Fch	16c	<78		15 15	
									74S157FC		54S157FM	Fch	16n	<78		15 15	
HCT									74S157PC			Fch	16a	<78		15 15	
§CD74HCT157E			Rca	16a		13 13											
		CD54HCT157F	Rca	16c		13 13											
	MM74HCT157J	MM54HCT157J	Nsc	16c	<8u	13 13	25 25										
	MM74HCT157N		Nsc	16a	<8u	13 13	25 25										
L																	
SN74L157J		SN54L157J	Tix	16c	15	18 18	28 28										
SN74L157N	§SN84L157N		Tix	16a	15	18 18	28 28										
LS																	
DM74LS157J		DM54LS157J	Nsc	16c	<26		27 27										
DM74LS157N			Nsc	16a	<26		27 27										
HD74LS157			Hit	16a	<26		27 27										
M74LS157			Mit	16a	<26		27 27										
MB74LS157			Fui	16a	<26		27 27										

74158
Output: TP

4 2-zu-1-Multiplexer
4 2-line-to-1-line multiplexers
4 multiplexeurs, 2 á 1
4 multiplatori, 2 a 1
4 multiplexadores 2 a 1

FI (SEL, ST) = 2

Pinout (DIP-16):
- 16: U_S
- 15: ST
- 14: A
- 13: B
- 12: Q
- 11: A
- 10: B
- 9: Q
- 1: SEL
- 2: A
- 3: B
- 4: Q
- 5: A
- 6: B
- 7: Q
- 8: GND

Input				Outp.
ST	SEL	A	B	Q
H	X	X	X	H
L	L	L	X	H
L	L	H	X	H
L	H	X	L	H
L	H	X	H	H

74158	Typ - Type - Tipo		Hersteller Production Fabricants Produttori Fabricantes	Bild Fig. Fig. Sec 3	I_S &I_R mA	t_{PD} E→Q ns_{typ} ↓ ↕ ↑	t_{PD} E→Q ns_{max} ↓ ↕ ↑	Bem./Note f_T §f_Z &f_E MHz
0...70°C § 0...75°C	−40...85°C § −25...85°C	−55...125°C						
M53358			Mit	16a	<48		27 27	
74158J		54158J	Ray	16c	<48		27 27	
ALS								
DM74ALS158J		DM54ALS158J	Nsc	16c	<2,3		6,5 6,5	
DM74ALS158N			Nsc	16a	<2,3		6,5 6,5	
MC74ALS158J		MC54ALS158J	Mot	16c	2,3	5 3,5		
MC74ALS158N			Mot	16a	2,3	5 3,5		
MC74ALS158W		MC54ALS158W	Mot	16n	2,3	5 3,5		
		SN54ALS158FH	Tix	cc	2,3	5 3,5		
SN74ALS158FN			Tix	cc	2,3	5 3,5		
		SN54ALS158J	Tix	16c	2,3	5 3,5		
SN74ALS158N			Tix	16a	2,3	5 3,5		
		SN54ALS158W	Tix	16n	2,3	5 3,5		
AS								
DM74AS158J		DM54AS158J	Nsc	16c				
DM74AS158N			Nsc	16a				
		SN54AS158FH	Tix	cc	15,6		5,5 6	
SN74AS158FN			Tix	cc	15,6		4,5 5	
		SN54AS158J	Tix	16c	15,6		5,5 6	
SN74AS158N			Tix	16a	15,6		4,5 5	
F								
MC74F158J		MC54F158J	Mot	16c	<15		10,5 10,5	
MC74F158N			Mot	16a	<15		10,5 10,5	
MC74F158W		MC54F158W	Mot	16n	<15		10,5 10,5	
74F158DC		54F158DM	Fch	16c	<15		10,5 10,5	
74F158FC		54F158FM	Fch	16n	<15		10,5 10,5	
74F158PC			Fch	16n	<15		10,5 10,5	
HC								
§CD74HC158E			Rca	16a	<8u		24 24	
		CD54HC158F	Rca	16c	<8u		24 24	
MC74HC158J		MC54HC158J	Mot	16c	<8u		18 18	
MC74HC158N			Mot	16a	<8u		18 18	
	MM74HC158J	MM54HC158J	Nsc	16c	<8u	11 11	21 21	

2-199

74158 0...70°C § 0...75°C	Typ - Type - Tipo −40...85°C § −25...85°C	−55...125°C	Hersteller Production Fabricants Produttori Fabricantes	Bild Fig. Fig. Sec 3	I_S &I_R mA	t_{PD} E→Q ns$_{typ}$ ↓ ↕ ↑	t_{PD} E→Q ns$_{max}$ ↓ ↕ ↑	Bem./Note f_T §f_Z &f_E MHz	74158 0...70°C § 0...75°C	Typ - Type - Tipo −40...85°C § −25...85°C	−55...125°C	Hersteller Production Fabricants Produttori Fabricantes	Bild Fig. Fig. Sec 3	I_S &I_R mA	t_{PD} E→Q ns$_{typ}$ ↓ ↕ ↑	t_{PD} E→Q ns$_{max}$ ↓ ↕ ↑	Bem./Note f_T §f_Z &f_E MHz
	MM74HC158N		Nsc	16a	<8u	11 11	21 21		SN74S158N			Tix	16a	39	4 4	6 6	
	SN74HC158FH	SN54HC158FH	Tix	cc	<8u		18 18				SN54S158W	Tix	16n	39	4 4	6 6	
		SN54HC158FK	Tix	cc	<8u		18 18		74S158DC		54S158DM	Fch	16c	<81		12 12	
	SN74HC158FN		Tix	cc	<8u		18 18		74S158FC		54S158FM	Fch	16n	<81		12 12	
		SN54HC158J	Tix	16c	<8u		18 18		74S158PC			Fch	16a	<81		12 12	
	SN74HC158J		Tix	16c	<8u		18 18										
	SN74HC158N		Tix	16a	<8u		18 18										
HCT §CD74HCT158E			Rca	16a	<8u		30 30										
		CD54HCT158F	Rca	16c	<8u		30 30										
	MM74HCT158J	MM54HCT158J	Nsc	16c	<8u	13 13	25 25										
	MM74HCT158N		Nsc	16a	<8u	13 13	25 25										
LS DM74LS158J		DM54LS158J	Nsc	16c	<8		24 24										
DM74LS158N			Nsc	16a	<8		24 24										
HD74LS158			Hit	16a	<8		24 24										
M74LS158			Mit	16a	<8		24 24										
MB74LS158			Fui	16a	<8		24 24										
§SN74LS158J		SN54LS158J	Mot	16c	6,5	10 7	15 12										
SN74LS158J		SN54LS158J	Tix	16c	6,5	10 7	15 12										
§SN74LS158N			Mot	16a	6,5	10 7	15 12										
SN74LS158N			Tix	16a	6,5	10 7	15 12										
		SN54LS158W	Tix	16n	6,5	10 7	15 12										
§SN74LS158W		SN54LS158W	Mot	16n	6,5	10 7	15 12										
74LS158DC		54LS158DM	Fch	16c	4,8		24 20										
74LS158FC		54LS158FM	Fch	16n	4,8		24 20										
74LS158J		54LS158J	Ray	16c	<8		24 24										
74LS158PC			Fch	16a	4,8		24 20										
S DM74S158J		DM54S158J	Nsc	16c	<81		12 12										
DM74S158N			Nsc	16a	<81		12 12										
HD74S158			Hit	16a	<81		12 12										
M74S158			Mit	16a	<81		12 12										
SN74S158J		SN54S158J	Tix	16c	39	4 4	6 6										

74159
Output: OC

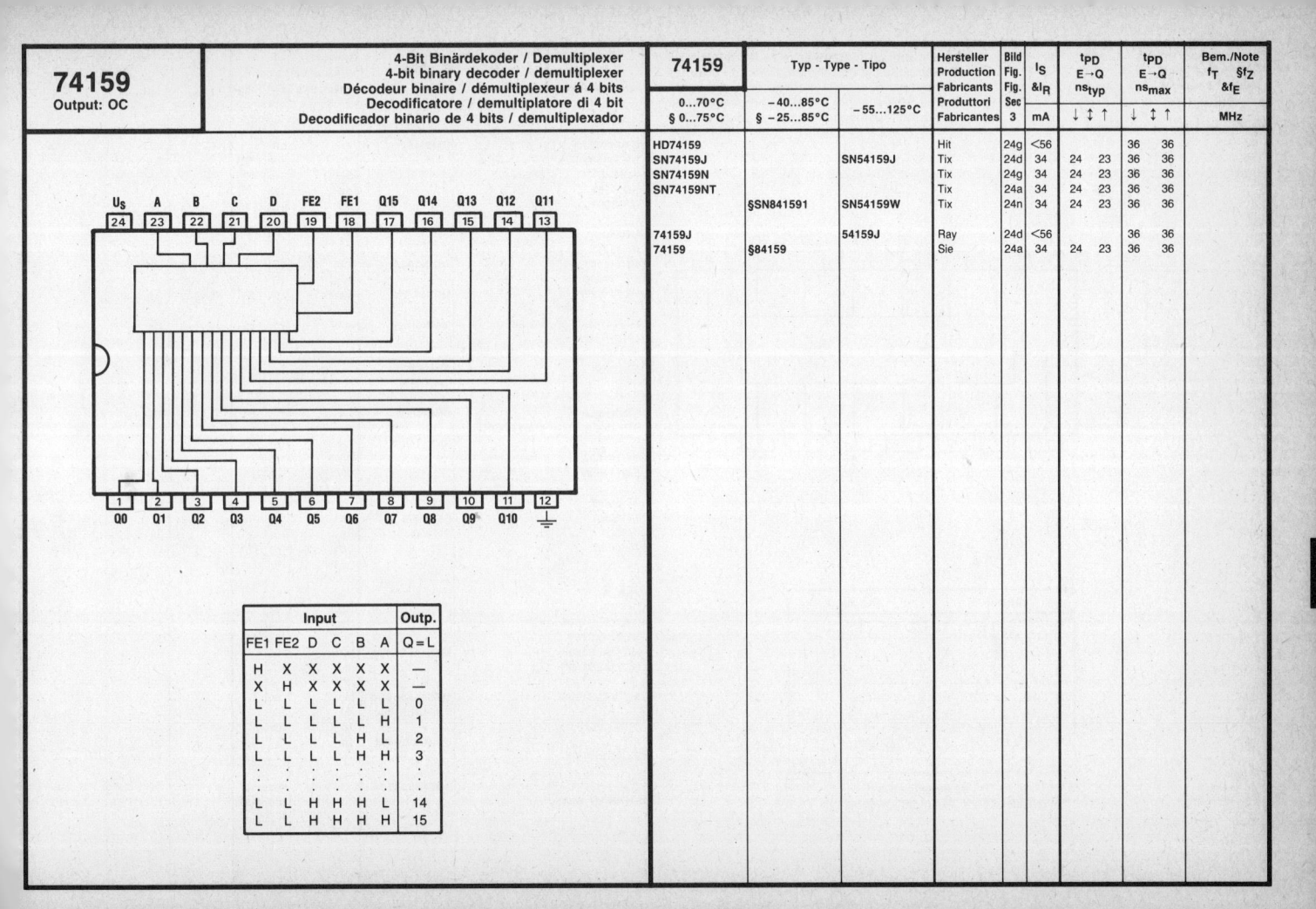

4-Bit Binärdekoder / Demultiplexer
4-bit binary decoder / demultiplexer
Décodeur binaire / démultiplexeur á 4 bits
Decodificatore / demultiplatore di 4 bit
Decodificador binario de 4 bits / demultiplexador

Pinout (24-pin DIP):
- Pin 24: U_S
- Pin 23: A
- Pin 22: B
- Pin 21: C
- Pin 20: D
- Pin 19: FE2
- Pin 18: FE1
- Pin 17: Q15
- Pin 16: Q14
- Pin 15: Q13
- Pin 14: Q12
- Pin 13: Q11
- Pin 1: Q0
- Pin 2: Q1
- Pin 3: Q2
- Pin 4: Q3
- Pin 5: Q4
- Pin 6: Q5
- Pin 7: Q6
- Pin 8: Q7
- Pin 9: Q8
- Pin 10: Q9
- Pin 11: Q10
- Pin 12: GND

74159	Typ - Type - Tipo		Hersteller Production Fabricants Produttori Fabricantes	Bild Fig. Fig. Sec 3	I_S & I_R mA	t_{PD} E→Q ns typ ↓ ↕ ↑	t_{PD} E→Q ns max ↓ ↕ ↑	Bem./Note f_T §f_Z &f_E MHz
0...70°C § 0...75°C	−40...85°C § −25...85°C	−55...125°C						
HD74159			Hit	24g	<56		36 36	
SN74159J		SN54159J	Tix	24d	34	24 23	36 36	
SN74159N			Tix	24g	34	24 23	36 36	
SN74159NT			Tix	24a	34	24 23	36 36	
	§SN841591	SN54159W	Tix	24n	34	24 23	36 36	
74159J		54159J	Ray	24d	<56		36 36	
74159	§84159		Sie	24a	34	24 23	36 36	

Input					Outp.
FE1	FE2	D	C	B	A	Q=L
H	X	X	X	X	X	—
X	H	X	X	X	X	—
L	L	L	L	L	L	0
L	L	L	L	L	H	1
L	L	L	L	H	L	2
L	L	L	L	H	H	3
.	.	.	.	.	.	.
L	L	H	H	H	L	14
L	L	H	H	H	H	15

74160

Output: TP

Synchroner programmierbarer Dezimalzähler
Synchronous programmable decade counter
Compteur décimal synchron programmable
Contatore decadico sincrono programmabile
Contador decimal síncrono programable

Pinout

Pins (top row): U_S (16), Ü (15), QA (14), QB (13), QC (12), QD (11), FE2 (10), S (9)
Pins (bottom row): R (1), T (2), A (3), B (4), C (5), D (6), FE1 (7), GND (8)

Pin	FI N	FI LS
T	2	3,3
FE2	2	2,2
S	1	2,2

Function Table

Input					Output				
R	S	FE1	FE2	T	QA	QB	QC	QD	Ü
L	X	X	X	X	L	L	L	L	L
H	L	X	X	↑	Load				
H	H	L	X	X	Keine Veränderung*				
H	H	X	L	X	Keine Veränderung*				
H	H	H	H	↑	Count	H	L	L	H

* No change · Pas de modification
Senza alterazione · Sin modificación

Types

74160	Typ - Type - Tipo		Hersteller Production Fabricants Produttori Fabricantes	Bild Fig. Fig. Sec 3	I_S &I_R mA	t_{PD} E→Q ns_{typ} ↓ ↕ ↑	t_{PD} E→Q ns_{max} ↓ ↕ ↑	Bem./Note f_T §f_Z &f_E MHz
0...70°C § 0...75°C	−40...85°C § −25...85°C	−55...125°C						
DM74160J		DM54160J	Nsc	16c	<101		29 29	25
DM74160N			Nsc	16a	<101		29 29	25
FLJ401	§FLJ405		Sie	16a	63	15 13	23 20	
HD74160			Hit	16a	<101			25
M53360P			Mit	16a	<101		29 29	25
MB450			Fui	16a	<101		29 29	25
MB450M			Fui	16c	<101		29 29	25
MC74160J		MC54160J	Mot	16c	63	15 13	23 20	
MC74160N			Mot	16a	63	15 13	23 20	
MC74160W		MC54160W	Mot	16n	63	15 13	23 20	
MIC74160J	MIC64160J	MIC54160J	Itt	16c	63	15 13	23 20	
MIC74160N			Itt	16a	63	15 13	23 20	
N74160B			Mul,Phi,Sig	16a	63	15 13	23 20	
N74160F		S54160F	Mul,Phi,Sig	16c	63	15 13	23 20	
		S54160W	Mul,Phi,Sig	16n	63	15 13	23 20	
SN74160J		SN54160J	Tix	16c	63	15 13	23 20	
SN74160N	§SN84160N		Tix	16a	63	15 13	23 20	
		SN54160W	Tix	16n	63	15 13	23 20	
SW74160J			Stw	16c	65		35	32
SW74160N			Stw	16a	65		35	32
74160DC		54160DM	Fch	16c	<101		29 29	25
74160FC		54160FM	Fch	16n	<101		29 29	25
74160J		54160J	Ray	16c	<101		29 29	25
74160PC			Fch	16a	<101		29 29	25

ALS

74160	Typ - Type - Tipo		Hersteller	Bild	I_S	t_{PD} typ	t_{PD} max	Bem./Note
DM74ALS160J		DM54ALS160J	Nsc	16c	<21		17 17	30
DM74ALS160N			Nsc	16a	<21		17 17	30
MB74ALS160			Fui	16a	<21		17 17	30
MC74ALS160J		MC54ALS160J	Mot	16c				
MC74ALS160N			Mot	16a				
MC74ALS160W		MC54ALS160W	Mot	16n				
		SN54ALS160J	Tix	16c				
SN74ALS160N			Tix	16a				
		SN54ALS160AFH	Tix	cc	12		20 18	25
SN74ALS160AFN			Tix	cc	12		17 15	30
		SN54ALS160AJ	Tix	cc	12		20 18	25
SN74ALS160AN			Tix	16a	12		17 15	30

74160 0...70°C § 0...75°C	Typ - Type - Tipo −40...85°C § −25...85°C	−55...125°C	Hersteller Production Fabricants Produttori Fabricantes	Bild Fig. Fig. Sec 3	I_S &I_R mA	t_{PD} E→Q ns_{typ} ↓ ↕ ↑	t_{PD} E→Q ns_{max} ↓ ↕ ↑	Bem./Note f_T §f_Z &f_E MHz	74160 0...70°C § 0...75°C	Typ - Type - Tipo −40...85°C § −25...85°C	−55...125°C	Hersteller Production Fabricants Produttori Fabricantes	Bild Fig. Fig. Sec 3	I_S &I_R mA	t_{PD} E→Q ns_{typ} ↓ ↕ ↑	t_{PD} E→Q ns_{max} ↓ ↕ ↑	Bem./Note f_T §f_Z &f_E MHz
AS									**LS**								
DM74AS160J		DM54AS160J	Nsc	16c					DM74LS160J		DM54LS160J	Nsc	16c	<32		27 27	25
DM74AS160N			Nsc	16a					DM74LS160N			Nsc	16a	<32		27 27	25
		SN54AS160FH	Tix	cc	35		14 7,5	65	HD74LS160			Hit	16a	<32		27 27	25
SN74AS160FN			Tix	cc	35		13 7	75	M74LS160			Mit	16a	<32		27 27	25
		SN54AS160J	Tix	16c	35		14 7,5	65	MB74LS160			Fui	16c	<32		27 27	25
SN74AS160N			Tix	16a	35		13 7	75	MB74LS160M			Fui	16c	<32		27 27	25
									§SN74LS160J		SN54LS160J	Mot	16c	18,6			25
C									SN74LS160J		SN54LS160J	Tix	16c	18,6			25
	MM74C160J	MM54C160J	Nsc	16c	50n	250 250	400 400	2	§SN74LS160N			Mot	16a	18,6			25
	MM74C160N		Nsc	16a	50n	250 250	400 400	2	SN74LS160N			Tix	16a	18,6			25
		MM54C160W	Nsc	16o	50n	250 250	400 400	2	§SN74LS160W		SN54LS160W	Mot	16n	18,6			25
									SN74LS160AJ		SN54LS160AJ	Tix	16c	19	18 13	27 24	25
F									SN74LS160AN			Tix	16a	19	18 13	27 24	25
74F160DC		54F160DM	Fch	16c	<50		11 11	100			SN54LS160AW	Tix	16n	19	18 13	27 24	25
74F160FC		54F160FM	Fch	16n	<50		11 11	100	74LS160DC		54LS160DM	Fch	16c	19	18 13	27 25	
74F160PC			Fch	16n	<50		11 11	100	74LS160FC		54LS160FM	Fch	16n	19	18 13	27 25	
									74LS160J		54LS160J	Ray	16c	<32		27 27	25
HC									74LS160PC			Fch	16a	19	18 13	27 25	
§CD74HC160E			Rca	16a		18 18		60									
		CD54HC160F	Rca	16c		18 18		60	**S**								
MC74HC160J		MC54HC160J	Mot	16c	<8u	17 14	35 29	30	DM74S160J		DM54S160J	Nsc	16c	<127		13 13	70
MC74HC160N			Mot	16a	<8u	17 14	35 29	30	DM74S160N			Nsc	16a	<127		13 13	70
	MM74HC160J	MM54HC160J	Nsc	16c	<8u	26 14	35 29	32	74S160DC		54S160DM	Fch	16c	<127		13 13	70
	MM74HC160N		Nsc	16a	<8u	26 14	35 29	32	74S160FC		54S160FM	Fch	16n	<127		13 13	70
	SN74HC160FH	SN54HC160FH	Tix	cc	<8u		35 35	29	74S160PC			Fch	16a	<127		13 13	70
			Tix	cc	<8u		35 35	29									
	SN74HC160FN	SN54HC160FK	Tix	cc	<8u		35 35	29									
			Tix	cc	<8u		35 35	29									
	SN74HC160J	SN54HC160J	Tix	16c	<8u		35 35	29									
	SN74HC160N		Tix	16c	<8u		35 35	29									
			Tix	16a	<8u		35 35	29									
HCT																	
§CD74HCT160E			Rca	16a		18 18		60									
		CD54HCT160F	Rca	16c		18 18		60									
	MM74HCT160J	MM54HCT160J	Nsc	16c	<2u	21 17	41 34	27									
	MM74HCT160N		Nsc	16a	<2u	21 17	41 34	27									

2-203

74161
Output: TP

Synchroner programmierbarer Binärzähler
Synchronous programmable binary counter
Compteur binaire synchron programmable
Contatore binario sincrono programmabile
Contador binario síncrono programable

Pinout (DIP-16):

Pin	16	15	14	13	12	11	10	9
	U_S	Ü	QA	QB	QC	QD	FE2	S

Pin	1	2	3	4	5	6	7	8
	R	T	A	B	C	D	FE1	⏚

FI

Pin	N	LS
T	2	3,3
FE2	2	2,2
S	1	2,2

Function table

Input					Output				
R	S	FE1	FE2	T	QA	QB	QC	QD	Ü
L	X	X	X	X	L	L	L	L	L
H	L	X	X	↑	Load				
H	H	L	X	X	Keine Veränderung*				
H	H	X	L	X	Keine Veränderung*				
H	H	H	H	↑	Count				
					H	H	H	H	H

* No change · Pas de modification
  Senza alterazione · Sin modificación

74161

Typ - Type - Tipo			Hersteller Production Fabricants Produttori Fabricantes	Bild Fig. Fig. Sec 3	I_S &I_R mA	t_{PD} E→Q ns$_{typ}$ ↓ ↕ ↑	t_{PD} E→Q ns$_{max}$ ↓ ↕ ↑	Bem./Note f_T §f_Z &f_E MHz
0...70°C § 0...75°C	−40...85°C § −25...85°C	−55...125°C						
DM74161J		DM54161J	Nsc	16c	<101		29 29	25
DM74161N			Nsc	16a	<101		29 29	25
FLJ411	§FLJ415		Sie	16a	63	15 13	23 20	
HD74161			Hit	16a	<101		29 29	25
M53361P			Mit	16a	<101		29 29	25
MC74161J		MC54161J	Mot	16c	63	15 13	23 20	
MC74161N			Mot	16a	63	15 13	23 20	
MC74161W		MC54161W	Mot	16n	63	15 13	23 20	
MIC74161J	MIC64161J	MIC54161J	Itt	16c	63	15 13	23 20	
MIC74161N			Itt	16a	63	15 13	23 20	
N74161B			Mul,Phi,Sig	16a	63	15 13	23 20	
N74161F		S54161F	Mul,Phi,Sig	16c	63	15 13	23 20	
		S54161W	Mul,Phi,Sig	16n	63	15 13	23 20	
SN74161J		SN54161J	Tix	16c	63	15 13	23 20	
SN74161N			Tix	16a	63	15 13	23 20	
SW74161J		SN54161W	Tix	16n	63	15 13	23 20	
			Stw	16c	65		35	
SW74161N			Stw	16a	65		35	
ZN74161E			Fer	16a	61		38	
ZN74161J		ZN54161J	Fer	16c	61		38	
µPB2161			Nip	16a	<101		29 29	25
74161DC		54161DM	Fch	16c	<101		29 29	25
74161FC		54161FM	Fch	16n	<101		29 29	25
74161J		54161J	Ray	16c	<101		29 29	25
74161PC			Fch	16a	<101		29 29	25

ALS

Typ - Type - Tipo			Hersteller	Bild	I_S&I_R	t_{PD} typ	t_{PD} max	f MHz
DM74ALS161J		DM54ALS161J	Nsc	16c	<21		17 17	30
DM74ALS161N			Nsc	16a	<21		17 17	30
MB74ALS161			Fui	16a	<21		17 17	30
MC74ALS161J		MC54ALS161J	Mot	16c				
MC74ALS161N			Mot	16a				
MC74ALS161W		MC54ALS161W	Mot	16n				
		SN54ALS161J	Tix	16c				
SN74ALS161N			Tix	16a				
		SN54ALS161AFH	Tix	cc	12		20 18	25
SN74ALS161AFN			Tix	cc	12		17 15	30
		SN54ALS161AJ	Tix	16c	12		20 18	25
SN74ALS161AN			Tix	16a	12		17 15	30

74161 0...70°C § 0...75°C	Typ - Type - Tipo −40...85°C § −25...85°C	−55...125°C	Hersteller Production Fabricants Produttori Fabricantes	Bild Fig. Fig. Sec 3	I_S &I_R mA	t_{PD} E→Q ns_{typ} ↓ ↕ ↑	t_{PD} E→Q ns_{max} ↓ ↕ ↑	Bem./Note f_T §f_Z &f_E MHz
AS								
DM74AS161J		DM54AS161J	Nsc	16c				
DM74AS161N			Nsc	16a				
		SN54AS161FH	Tix	cc	35		14 7,5	65
SN74AS161FN			Tix	cc	35		13 7	75
		SN54AS161J	Tix	16c	35		14 7,5	65
SN74AS161N			Tix	16a	35		13 7	75
C								
	MM74C161J	MM54C161J	Nsc	16c	50n	250 250	400 400	2
	MM74C161N		Nsc	16a	50n	250 250	400 400	2
		MM54C161W	Nsc	16o	50n	250 250	400 400	2
F								
74F161DC		54F161DM	Fch	16c	<50		11 11	100
74F161FC		54F161FM	Fch	16n	<50		11 11	100
74F161PC			Fch	16n	<50		11 11	100
HC								
§CD74HC161E			Rca	16c		18 18		60
		CD54HC161F	Rca	16c		18 18		60
MC74HC161J		MC54HC161J	Mot	16c	<8u	17 14	35 29	30
MC74HC161N			Mot	16a	<8u	17 14	35 29	30
	MM74HC161J	MM54HC161J	Nsc	16c	<8u	26 14	35 29	32
	MM74HC161N		Nsc	16a	<8u	26 14	35 29	32
		SN54HC161FH	Tix	cc	<8u		35 35	29
SN74HC161FH			Tix	cc	<8u		35 35	29
		SN54HC161FK	Tix	cc	<8u		35 35	29
SN74HC161FN			Tix	cc	<8u		35 35	29
		SN54HC161J	Tix	16c	<8u		35 35	29
SN74HC161J			Tix	16c	<8u		35 35	29
SN74HC161N			Tix	16a	<8u		35 35	29
HCT								
§CD74HCT161E			Rca	16a		18 18		60
		CD54HCT161F	Rca	16c		18 18		60
	MM74HCT161J	MM54HCT161J	Nsc	16c	<2u	21 17	41 34	27
	MM74HCT161N		Nsc	16a	<2u	21 17	41 34	27

74161 0...70°C § 0...75°C	Typ - Type - Tipo −40...85°C § −25...85°C	−55...125°C	Hersteller Production Fabricants Produttori Fabricantes	Bild Fig. Fig. Sec 3	I_S &I_R mA	t_{PD} E→Q ns_{typ} ↓ ↕ ↑	t_{PD} E→Q ns_{max} ↓ ↕ ↑	Bem./Note f_T §f_Z &f_E MHz
LS								
DM74LS161J		DM54LS161J	Nsc	16c	<32		27 27	25
DM74LS161N			Nsc	16a	<32		27 27	25
HD74LS161			Hit	16c	<32		27 27	25
M74LS161			Mit	16a	<32		27 27	25
MB74LS161			Fui	16a	<32		27 27	25
MB74LS161M			Fui	16c	<32		27 27	25
§SN74LS161J		SN54LS161J	Mot	16c	18,6			25
SN74LS161J		SN54LS161J	Tix	16c	18,6			25
§SN74LS161N			Mot	16a	18,6			25
SN74LS161N			Tix	16a	18,6			25
§SN74LS161W		SN54LS161W	Tix	16n	18,6			25
		SN54LS161W	Mot	16n	18,6			25
74LS161DC		54LS161DM	Fch	16c	19	18 13	27 25	
74LS161FC		54LS161FM	Fch	16n	19	18 13	27 25	
74LS161J		54LS161J	Ray	16c	<32		27 27	25
74LS161PC			Fch	16a	19	18 13	27) 25	
S								
DM74S161J		DM54S161J	Nsc	16c	<127		13 13	70
DM74S161N			Nsc	16a	<127		13 13	70
74S161DC		54S161DM	Fch	16c	<127		13 13	70
74S161FC		54S161FM	Fch	16n	<127		13 13	70
74S161PC			Fch	16a	<127		13 13	70

2-205

74162
Output: TP

Synchroner programmierbarer Dezimalzähler
Synchronous programmable decade counter
Compteur décimal synchron programmable
Contatore decadico sincrono programmabile
Contador decimal síncrono programable

Pinout

Pin	FI N	FI LS	FI S
T	3	3,3	1
FE2	2	2,2	2
R, S	1	2,2	1

Pin assignment (DIP 16):
- 16: U$_S$
- 15: Ü
- 14: QA
- 13: QB
- 12: QC
- 11: QD
- 10: FE2
- 9: S
- 1: R
- 2: T
- 3: A
- 4: B
- 5: C
- 6: D
- 7: FE1
- 8: GND

Function Table

Input					Output				
R	S	FE1	FE2	T	QA	QB	QC	QD	Ü
L	X	X	X	↑	L	L	L	L	L
H	L	X	X	↑	Load				
H	H	L	X	X	Keine Veränderung*				
H	H	X	L	X	Keine Veränderung*				
H	H	H	H	↑	Count				
					H	L	L	H	

* No change · Pas de modification
Senza alterazione · Sin modificación

74162

Typ - Type - Tipo 0...70°C § 0...75°C	−40...85°C § −25...85°C	−55...125°C	Hersteller Production Fabricants Produttori Fabricantes	Bild Fig. Fig. Sec 3	I$_S$ &I$_R$ mA	t$_{PD}$ E→Q ns$_{typ}$ ↓ ↑	t$_{PD}$ E→Q ns$_{max}$ ↓ ↑	Bem./Note f$_T$ §f$_Z$ &f$_E$ MHz
DM74162J		DM54162J	Nsc	16c	<101	29 29		25
DM74162N			Nsc	16a	<101	29 29		25
FLJ241	§FLJ245		Sie	16a	63	15 13	23 20	
HD74162			Hit	16a	<101	29 29		25
M53362P			Mit	16a	<101	29 29		25
MB451			Fui	16a	<101	29 29		25
MC74162J		MC54162J	Mot	16c	63	15 13	23 20	
MC74162N			Mot	16a	63	15 13	23 20	
MC74162W		MC54162W	Mot	16n	63	15 13	23 20	
MIC74162J	MIC64162J	MIC54162J	Itt	16c	63	15 13	23 20	
MIC74162N			Itt	16a	63	15 13	23 20	
N74162B		S54162F	Mul,Phi,Sig	16a	63	15 13	23 20	
N74162F		S54162W	Mul,Phi,Sig	16n	63	15 13	23 20	
SN74162J		SN54162J	Tix	16c	63	15 13	23 20	
SN74162N	§SN84162N		Tix	16a	63	15 13	23 20	
		SN54162W	Tix	16n	63	15 13	23 20	
SW74162J			Stw	16c	65		35	
SW74162N			Stw	16a	65		35	
TL74162N	§TL84162N		Aeg	16a	63	15 13	23 20	
74162DC		54162DM	Fch	16c	<101	29 29		25
74162FC		54162FM	Fch	16n	<101	29 29		25
74162J		54162J	Ray	16c	<101	29 29		25
74162PC			Fch	16a	<101	29 29		25

ALS

DM74ALS162J		DM54ALS162J	Nsc	16c	<21	17 17		30
DM74ALS162N			Nsc	16a	<21	17 17		30
MB74ALS162			Fui	16a	<21	17 17		30
MC74ALS162J		MC54ALS162J	Mot	16c				
MC74ALS162N			Mot	16a				
MC74ALS162W		MC54ALS162W	Mot	16n				
		SN54ALS162J	Tix	16c				
SN74ALS162N			Tix	16a				
		SN54ALS162AFH	Tix	cc	12	20 18		25
SN74ALS162AFN			Tix	cc	12	17 15		30
		SN54ALS162AJ	Tix	16c	12	20 18		25
SN74ALS162AN			Tix	16a	12	17 15		30

74162

Typ (0...70°C, §0...75°C)	Typ (−40...85°C, §−25...85°C)	Typ (−55...125°C)	Hersteller/Production/Fabricants/Produttori/Fabricantes	Bild/Fig./Sec 3	I_S & I_R mA	t_{PD} E→Q ns$_{typ}$ ↓↕↑	t_{PD} E→Q ns$_{max}$ ↓↕↑	Bem./Note f_T §f_Z & f_E MHz
AS								
DM74AS162J		DM54AS162J	Nsc	16c				
DM74AS162N			Nsc	16a				
		SN54AS162FH	Tix	cc	35		14 7,5	65
SN74AS162FN			Tix	cc	35		13 7	75
		SN54AS162J	Tix	16c	35		14 7,5	65
SN74AS162N			Tix	16a	35		13 7	75
C								
	MM74C162J	MM54C162J	Nsc	16c	50n	250 250	400 400	2
	MM74C162N		Nsc	16a	50n	250 250	400 400	2
		MM54C162W	Nsc	16o	50n	250 250	400 400	2
F								
74F162DC		54F162DM	Fch	16c	<50		11 11	100
74F162FC		54F162FM	Fch	16n	<50		11 11	100
74F162PC			Fch	16n	<50		11 11	100
HC								
§CD74HC162E			Rca	16a		18 18		60
		CD54HC162F	Rca	16c		18 18		60
MC74HC162J		MC54HC162J	Mot	16c	<8u	17 14	35 29	30
MC74HC162N			Mot	16a	<8u	17 14	35 29	30
	MM74HC162J	MM54HC162J	Nsc	16c	<8u	26 14	35 29	32
	MM74HC162N		Nsc	16a	<8u	26 14	35 29	32
		SN54HC162FH	Tix	cc	<8u		35 35	29
SN74HC162FH			Tix	cc	<8u		35 35	29
		SN54HC162FK	Tix	cc	<8u		35 35	29
SN74HC162FN			Tix	cc	<8u		35 35	29
		SN54HC162J	Tix	16c	<8u		35 35	29
SN74HC162J			Tix	16c	<8u		35 35	29
SN74HC162N			Tix	16a	<8u		35 35	29
HCT								
§CD74HCT162E			Rca	16a		18 18		60
		CD54HCT162F	Rca	16c		18 18		60
	MM74HCT162J	MM54HCT162J	Nsc	16c	<2u	21 17	41 34	27
	MM74HCT162N		Nsc	16a	<2u	21 17	41 34	27
LS								
DM74LS162J		DM54LS162J	Nsc	16c	<32		27 27	25
DM74LS162N			Nsc	16a	<32		27 27	25
HD74LS162			Hit	16a	<32		27 27	25
M74LS162			Mit	16a	<32		27 27	25
MB74LS162			Fui	16a	<32		27 27	25
MB74LS162M			Fui	16c	<32		27 27	25
§SN74LS162J		SN54LS162J	Mot	16c	18,6			25
§SN74LS162J		SN54LS162J	Tix	16c	18,6			25
§SN74LS162N			Mot	16a	18,6			25
SN74LS162N			Tix	16a	18,6			25
§SN74LS162W		SN54LS162W	Mot	16n	18,6			25
		SN54LS162W	Mot	16n	18,6			25
74LS162DC		54LS162DM	Fch	16c	19	18 13	27 25	
74LS162FC		54LS162FM	Fch	16n	19	18 13	27 25	
74LS162J		54LS162J	Ray	16c	<32		27 27	25
74LS162PC			Fch	16a	19	18 13	27 25	
S								
DM74S162J		DM54S162J	Nsc	16c	<160		15 15	40
DM74S162N			Nsc	16a	<160		15 15	40
SN74S162J		SN54S162J	Tix	16c	95	10 8	15 15	40
SN74S162N			Tix	16a	95	10 8	15 15	40
		SN54S162W	Tix	16n	95	10 8	15 15	40

74163
Output: TP

Synchroner programmierbarer Binärzähler
Synchronous programmable binary counter
Compteur binaire synchron programmable
Contatore binario sincrono programmabile
Contador binario síncrono programable

Pinout

Us(16) Ū(15) QA(14) QB(13) QC(12) QD(11) FE2(10) S(9)
R(1) T(2) A(3) B(4) C(5) D(6) FE1(7) ⏚(8)

FI

Pin	N	LS	S
T	2	3,3	1
FE2	2	2,2	2
R, S	1	2,2	1

Function Table

Input					Output				
R	S	FE1	FE2	T	QA	QB	QC	QD	Ü
L	X	X	X	X	L	L	L	L	L
H	L	X	X	↑	Load				
H	H	L	X	X	Keine Veränderung*				
H	H	X	L	X					
H	H	H	H	↑	Count				
					H	H	H	H	↑

* No change · Pas de modification
Senza alterazione · Sin modificación

Types

74163			Hersteller Production Fabricants Produttori Fabricantes	Bild Fig. Fig. Sec 3	I_S &I_R mA	t_{PD} E→Q ns_{typ} ↓ ↑ ↑		t_{PD} E→Q ns_{max} ↓ ↑ ↑		Bem./Note f_T §f_Z &f_E MHz
0…70°C § 0…75°C	−40…85°C § −25…85°C	−55…125°C								
DM74163J		DM54163J	Nsc	16c	<101			29	29	25
DM74163N			Nsc	16a	<101			29	29	25
FLJ431	§FLJ435		Sie	16a	63	15	13	23	20	
HD74163			Hit	16a	<101			29	29	25
M53363P			Mit	16a	<101			29	29	25
MB450			Fui	16a	<101			29	29	25
MC74163J		MC54163J	Mot	16c	63	15	13	23	20	
MC74163N			Mot	16a	63	15	13	23	20	
MC74163W		MC54163W	Mot	16n	63	15	13	23	20	
MIC74163J	MIC64163J	MIC54163J	Itt	16c	63	15	13	23	20	
MIC74163N			Itt	16a	63	15	13	23	20	
N74163B			Mul,Phi,Sig	16a	63	15	13	23	20	
N74163F		S54163F	Mul,Phi,Sig	16c	63	15	13	23	20	
		S54163W	Mul,Phi,Sig	16n	63	15	13	23	20	
SN74163J		SN54163J	Tix	16c	63	15	13	23	20	
SN74163N	§SN84163N		Tix	16a	63	15	13	23	20	
		SN54163W	Tix	16n	63	15	13	23	20	
TL74163N	§TL84163N		Aeg	16a	63	15	13	23	20	
ZN74163E			Fer	16a	61			38		
ZN74163J		ZN54163J	Fer	16c	61			38		
74163DC		54163DM	Fch	16c	<101			29	29	25
74163FC		54163FM	Fch	16n	<101			29	29	25
74163J		54163J	Ray	16c	<101			29	29	25
74163PC			Fch	16a	<101			29	29	25

ALS

DM74ALS163J		DM54ALS163J	Nsc	16c	<21			17	17	30
DM74ALS163N			Nsc	16a	<21			17	17	30
MB74ALS163			Fui	16a	<21			17	17	30
MC74ALS163J		MC54ALS163J	Mot	16c						
MC74ALS163N			Mot	16a						
MC74ALS163W		MC54ALS163W	Mot	16n						
		SN54ALS163J	Tix	16c						
SN74ALS163N			Tix	16a						
		SN54ALS163AFH	Tix	cc	12			20	18	25
SN74ALS163AFN			Tix	cc	12			17	15	30
		SN54ALS163AJ	Tix	16c	12			20	18	25
SN74ALS163AN			Tix	16a	12			17	15	30

2-208

74163 0...70°C § 0...75°C	Typ - Type - Tipo −40...85°C § −25...85°C	−55...125°C	Hersteller Production Fabricants Produttori Fabricantes	Bild Fig. Fig. Sec 3	I_S &I_R mA	t_{PD} E→Q ns_{typ} ↓ ↕ ↑	t_{PD} E→Q ns_{max} ↓ ↕ ↑	Bem./Note f_T §f_Z &f_E MHz	74163 0...70°C § 0...75°C	Typ - Type - Tipo −40...85°C § −25...85°C	−55...125°C	Hersteller Production Fabricants Produttori Fabricantes	Bild Fig. Fig. Sec 3	I_S &I_R mA	t_{PD} E→Q ns_{typ} ↓ ↕ ↑	t_{PD} E→Q ns_{max} ↓ ↕ ↑	Bem./Note f_T §f_Z &f_E MHz
AS									**LS**								
DM74AS163J		DM54AS163J	Nsc	16c					DM74LS163J		DM54LS163J	Nsc	16c	<32		27 27	25
DM74AS163N			Nsc	16a					DM74LS163N			Nsc	16a	<32		27 27	25
		SN54AS163FH	Tix	cc	35		14 7,5	65	HD74LS163			Hit	16a	<32		27 27	25
SN74AS163FN			Tix	cc	35		13 7	75	M74LS163			Mit	16a	<32		27 27	25
		SN54AS163J	Tix	16c	35		14 7,5	65	MB74LS163			Fui	16a	<32		27 27	25
SN74AS163N			Tix	16a	35		13 7	75	MB74LS163M			Fui	16c	<32		27 27	25
C									§SN74LS163J		SN54LS163J	Mot	16c	18,6			25
	MM74C163J	MM54C163J	Nsc	16c	50n	250 250	400 400	2	SN74LS163J		SN54LS163J	Tix	16c	18,6			25
	MM74C163N		Nsc	16a	50n	250 250	400 400	2	§SN74LS163N			Mot	16a	18,6			25
		MM54C163W	Nsc	16o	50n	250 250	400 400	2	SN74LS163N			Tix	16a	18,6			25
											SN54LS163W	Tix	16n	18,6			25
									§SN74LS163W		SN54LS163W	Mot	16n	18,6			25
F									74LS163DC		54LS163DM	Fch	16c	19	18 13	27 25	
74F163DC		54F163DM	Fch	16c	<50		11 11	100	74LS163FC		54LS163FM	Fch	16n	19	18 13	27 25	
74F163FC		54F163FM	Fch	16n	<50		11 11	100	74LS163J		54LS163J	Ray	16c	<32		27 27	25
74F163PC			Fch	16n	<50		11 11	100	74LS163PC			Fch	16a	19	18 13	27 25	
HC									**S**								
§CD74HC163E			Rca	16a		18 18		60	DM74S163J		DM54S163J	Nsc	16c	<160		15 15	40
		CD54HC163F	Rca	16c		18 18		60	DM74S163N			Nsc	16a	<160		15 15	40
MC74HC163J		MC54HC163J	Mot	16c	<8u	17 14	35 29	30	SN74S163J		SN54S163J	Tix	16c	95	10 8	15 15	40
MC74HC163N			Mot	16a	<8u	17 14	35 29	30	SN74S163N			Tix	16a	95	10 8	15 15	40
	MM74HC163J	MM54HC163J	Nsc	16c	<8u	26 14	35 29	32			SN54S163W	Tix	16n	95	10 8	15 15	40
	MM74HC163N		Nsc	16a	<8u	26 14	35 29	32									
		SN54HC163FH	Tix	cc	<8u		35 35	29									
SN74HC163FH			Tix	cc	<8u		35 35	29									
		SN54HC163FK	Tix	cc	<8u		35 35	29									
SN74HC163FN			Tix	cc	<8u		35 35	29									
		SN54HC163J	Tix	16c	<8u		35 35	29									
SN74HC163J			Tix	16c	<8u		35 35	29									
SN74HC163N			Tix	16a	<8u		35 35	29									
HCT																	
§CD74HCT163E			Rca	16a		18 18		60									
		CD54HCT163F	Rca	16c		18 18		60									
	MM74HCT163J	MM54HCT163J	Nsc	16c	<2u	21 17	41 34	27									
	MM74HCT163N		Nsc	16a	<2u	21 17	41 34	27									

2-209

74164
Output: TP

8-Bit Schieberegister mit Parallelausgang
8-bit shift register with parallel outputs
Registre de décalage á 8 bits avec sortie parallèle
Registro scorrevole di 8 bit con uscita parallela
Registro de desplazamiento de 8 bits con salidas en paralelo

FI (L) = 4,5
FQ (N) = 5

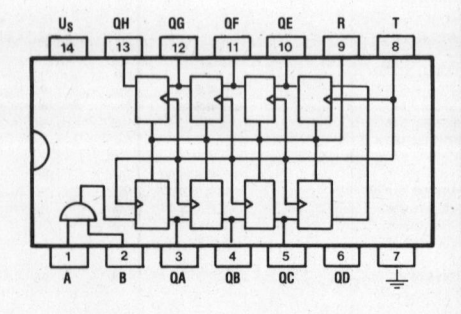

Pinout: U_S=14, QH=13, QG=12, QF=11, QE=10, R=9, T=8, GND=7, QD=6, QC=5, QB=4, QA=3, B=2, A=1

Input t_n				Output t_{n+1}	
R	T	A	B	QA	QB...QH
L	X	X	X	L	L...L
H	L	X	X	keine Veränderung*	
H	↑	H	H	H	shift**
H	↑	L	X	L	shift**
H	↑	X	L	L	shift**

* No change · Pas de modification
  Senza alterazione · Sin modificación
** Rechtsschieben · Pousser vers la droite · Spostare verso destra
   Desplazar a la derecha

74164	Typ - Type - Tipo		Hersteller Production Fabricants Produttori Fabricantes	Bild Fig. Fig. Sec 3	I_S &I_R mA	t_{PD} E→Q ns_{typ} ↓ ↑ ↑	t_{PD} E→Q ns_{max} ↓ ↑ ↑	Bem./Note f_T §f_Z &f_E MHz
0...70°C § 0...75°C	−40...85°C § −25...85°C	−55...125°C						
DM74164J		DM54164J	Nsc	14c	<54		32 32	25
DM74164N			Nsc	14a	<54		32 32	25
FLJ441	§FLJ445		Sie	14a	37	21 17	32 27	25
HD74164			Hit	14a	<54		32 32	25
M53364			Mit	14a	<54		32 32	25
N74164A			Mul,Phi,Sig	14a	37	21 17	32 27	25
N74164F		S54164F	Mul,Phi,Sig	14c	37	21 17	32 27	25
SN74164J		SN54164J	Tix	14c	37	21 17	32 27	25
SN74164N	§SN84164N		Tix	14a	37	21 17	32 27	25
		SN54164W	Tix	14n	37	21 17	32 27	25
TD34164			Tos	14a	<54		32 32	25
TL74164N	§TL84164N		Aeg	14a	37	21 17	32 27	25
µPB2164			Nip	14a	<54		32 32	25
74164DC		54164DM	Fch	14c	<54		32 32	25
74164FC		54164FM	Fch	14n	<54		32 32	25
74164J		54164J	Ray	14c	<54		32 32	25
74164PC			Fch	14a	<54		32 32	25
ALS								
		SN54ALS164FH	Tix	cc	10	11 10		
SN74ALS164FN			Tix	cc	10	11 10		
		SN54ALS164J	Tix	14c	10	11 10		
SN74ALS164N			Tix	14a	10	11 10		
C								
MM74C164J		MM54C164J	Nsc	14c	50n	280 230	380 310	
MM74C164N			Nsc	14a	50n	280 230	380 310	
		MM54C164W	Nsc	14n	50n	280 230	380 310	
F								
74F164DC		54F164DM	Fch	14c	<55		11 11	80
74F164FC		54F164FM	Fch	14n	<55		11 11	80
74F164PC			Fch	14n	<55		11 11	80
HC								
§CD74HC164E			Rca	14a				
		CD54HC164F	Rca	14c				
MC74HC164J		MC54HC164J	Mot	14c	<8u	20 20	30 30	30
MC74HC164N			Mot	14a	<8u	20 20	30 30	30
	MM74HC164J	MM54HC164J	Nsc	14c	<8u	20 20	30 30	31

74164 0...70°C § 0...75°C	Typ - Type - Tipo -40...85°C § -25...85°C	-55...125°C	Hersteller Production Fabricants Produttori Fabricantes	Bild Fig. Fig. Sec 3	I_S &I_R mA	t_{PD} E→Q ns_{typ} ↓ ↕ ↑	t_{PD} E→Q ns_{max} ↓ ↕ ↑	Bem./Note f_T §f_Z &f_E MHz
	MM74HC164N		Nsc	14a	<8u	20 20	30 30	31
		SN54HC164FH	Tix	cc	<8u		30 30	29
	SN74HC164FH		Tix	cc	<8u		30 30	29
		SN54HC164FK	Tix	cc	<8u		30 30	29
	SN74HC164FN		Tix	cc	<8u		30 30	29
		SN54HC164J	Tix	14c	<8u		30 30	29
	SN74HC164J		Tix	14c	<8u		30 30	29
	SN74HC164N		Tix	14a	<8u		30 30	29

HCT

74164 0...70°C § 0...75°C	Typ - Type - Tipo -40...85°C § -25...85°C	-55...125°C	Hersteller	Bild	I_S mA	t_{PD} typ	t_{PD} max	f_T MHz
§CD74HCT164E			Rca	14a				
		CD54HCT164F	Rca	14c				
	MM74HCT164J	MM54HCT164J	Nsc	14c	<4u	23 23	37 37	27
	MM74HCT164N		Nsc	14a	<4u	23 23	37 37	27

L

SN74L164J		SN54L164J	Tix	14c	19	42 34	64 54	18
SN74L164N	§SN84L164N		Tix	14a	19	42 34	64 54	18
		SN54L164T	Tix	14p	19	42 34	64 54	18

LS

DM74LS164J		DM54LS164J	Nsc	14c	<27		32 32	25
DM74LS164N			Nsc	14a	<27		32 32	25
HD74LS164			Hit	14a	<27		32 32	25
M74LS164			Mit	14a	<27		32 32	25
MB74LS164			Fuj	14a	<27		32 32	25
§SN74LS164J		SN54LS164J	Mot	14c	16	21 17	32 27	25
SN74LS164J		SN54LS164J	Tix	14c	16	21 17	32 27	25
§SN74LS164N			Mot	14a	16	21 17	32 27	25
SN74LS164N			Tix	14a	16	21 17	32 27	25
		SN54LS164W	Tix	14n	16	21 17	32 27	25
§SN74LS164W		SN54LS164W	Mot	14p	16	21 17	32 27	25
74LS164DC		54LS164DM	Fch	14c	16	21 17	32 27	25
74LS164FC		54LS164FM	Fch	14p	16	21 17	32 27	25
74LS164J		54LS164J	Ray	14c	<27		32 32	25
74LS164PC			Fch	14a	16	21 17	32 27	25

2-211

74165
Output: TP

8-Bit Schieberegister mit Paralleleingang
8-bit shift register with parallel inputs
Registre de décalage á 8 bits avec entrée parallèle
Registro scorrevole di 8 bit con entrata parallela
Registro desplazamiento de 8 bits con entradas en paralelo

FI (S/L) = 2

Pinout (DIP-16):
- 16: U_S
- 15: FE
- 14: D
- 13: C
- 12: B
- 11: A
- 10: SE
- 9: SQ
- 8: ⏚
- 7: $\overline{SQ}$
- 6: H
- 5: G
- 4: F
- 3: E
- 2: T
- 1: S/L

Input					Intern		Output
S/L	FE	T	A..H	SE	QA	QB...QG	QH = SQ
L	X	X	X	X	A	B...G	H
H	H	L	X	X	keine Veränderung*		
H	H	X	X	X	keine Veränderung*		
H	L	↑	X	X	SE	schieben**	

* No change · Pas de modification
  Senza alterazione · Sin modificación
** Shift right · Pousser vers la droite
   Spostare verso destra · Desplazar a la derecha

74165	Typ - Type - Tipo			Hersteller Production Fabricants Produttori Fabricantes	Bild Fig. Fig. Sec 3	I_S &I_R mA	t_{PD} E→Q ns typ ↓↕↑	t_{PD} E→Q ns max ↓↕↑	Bem./Note f_T §f_Z &f_E MHz
	0...70°C § 0...75°C	−40...85°C § −25...85°C	−55...125°C						
DM74165J			DM54165J	Nsc	16c	<63		31 31	20
DM74165N				Nsc	16a	<63		31 31	20
FLJ451	§FLJ455			Sie	16a	42	21 16	31 24	20
M53365				Mit	16a	<63		31 31	20
MC74165J			MC54165J	Mot	16c	42	21 16	31 24	20
MC74165N				Mot	16a	42	21 16	31 24	20
MC74165W			MC54165W	Mot	16n	42	21 16	31 24	20
N74165B			S54165F	Mul,Phi,Sig	16a	42	21 16	31 24	20
N74165F				Mul,Phi,Sig	16c	42	21 16	31 24	20
			S54165W	Mul,Phi,Sig	16n	42	21 16	31 24	20
SN74165J			SN54165J	Tix	16c	42	21 16	31 24	20
SN74165N		§SN84165N		Tix	16a	42	21 16	31 24	20
			SN54165W	Tix	16n	42	21 16	31 24	20
TL74165N		§TL84165N		Aeg	16a	42	21 16	31 24	20
74165DC				Fch	16c	<63		31 31	20
74165FC			54165FM	Fch	16n	<63		31 31	20
74165J			54165J	Ray	16c	<63		31 31	20
74165PC				Fch	16a	<63		31 31	20
ALS									
SN74ALS165FN			SN54ALS165FH	Tix	cc				
				Tix	cc				
			SN54ALS165J	Tix	16c				
SN74ALS165N				Tix	16a				
C									
			MM54C165J	Nsc	16c	50n	200 200	400 400	2.5
	MM74C165J			Nsc	16a	50n	200 200	400 400	2.5
	MM74C165N		MM54C165W	Nsc	16o	50n	200 200	400 400	2.5
HC									
§CD74HC165E				Rca	16a		18 18		60
			CD54HC165F	Rca	16c		18 18		60
MC74HC165J			MC54HC165J	Mot	16c	<8u	13 13	26 26	30
MC74HC165N				Mot	16a	<8u	13 13	26 26	30
	MM74HC165J		MM54HC165J	Nsc	16c	<8u	18 18	26 26	32
	MM74HC165N			Nsc	16a	<8u	18 18	26 26	32
SN74HC165FH			SN54HC165FH	Tix	cc	<8u		26 26	29
				Tix	cc	<8u		26 26	29
SN74HC165FN			SN54HC165FK	Tix	cc	<8u		26 26	29
				Tix	cc	<8u		26 26	29

74165	Typ - Type - Tipo		Hersteller Production Fabricants Produttori Fabricantes	Bild Fig. Fig. Sec 3	I_S &I_R mA	t_{PD} E→Q ns_{typ} ↓ ↕ ↑	t_{PD} E→Q ns_{max} ↓ ↕ ↑	Bem./Note f_T §f_Z &f_E MHz
0...70°C § 0...75°C	−40...85°C § −25...85°C	−55...125°C						
		SN54HC165J	Tix	16c	<8u		26 26	29
	SN74HC165J		Tix	16c	<8u		26 26	29
	SN74HC165N		Tix	16a	<8u		26 26	29
HCT								
§CD74HCT165E			Rca	16a		18 18		60
		CD54HCT165F	Rca	16c		18 18		60
LS								
DM74LS165J		DM54LS165J	Nsc	16c	<36		40 40	25
DM74LS165N			Nsc	16a	<36		40 40	25
M74LS165			Mit	16a	<36		40 40	25
MB74LS165			Fuj	16a	<36		40 40	25
SN74LS165J		SN54LS165J	Tix	16c				
SN74LS165N			Tix	16a				
		SN54LS165W	Tix	16n				
74LS165DC		54LS165DM	Fch	16c	<36		30 30	30
74LS165FC		54LS165FM	Fch	16n	<36		30 30	30
74LS165PC			Fch	16a	<36		30 30	30

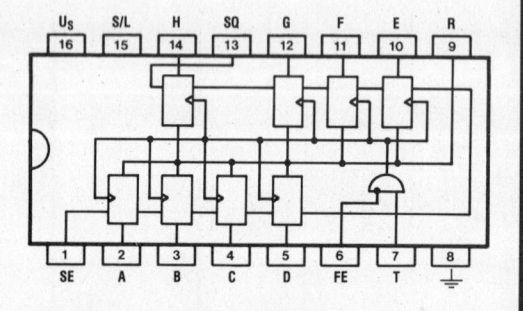

74166
Output: TP

8-Bit Schieberegister mit Paralleleingang
8-bit shift register with parallel inputs
Registre de décalage á 8 bits avec entrée parallèle
Registro scorrevole di 8 bit con entrata parallela
Registro desplazamiento de 8 bits con entradas en paralelo

Pinout (DIP-16):
- Pin 16: U_S
- Pin 15: S/L
- Pin 14: H
- Pin 13: SQ
- Pin 12: G
- Pin 11: F
- Pin 10: E
- Pin 9: R
- Pin 1: SE
- Pin 2: A
- Pin 3: B
- Pin 4: C
- Pin 5: D
- Pin 6: FE
- Pin 7: T
- Pin 8: GND

74166			Hersteller Production Fabricants Produttori Fabricantes	Bild Fig. Fig. Sec 3	I_S &I_R mA	t_{PD} E→Q ns_{typ} ↓ ↕ ↑	t_{PD} E→Q ns_{max} ↓ ↕ ↑	Bem./Note f_T §f_Z &f_E MHz
0...70°C § 0...75°C	−40...85°C § −25...85°C	−55...125°C						
DM74166J		DM54166J	Nsc	16c	<127		35 35	25
DM74166N			Nsc	16a	<127		35 35	25
FLJ461	§FLJ465		Sie	16a	90	17 20	26 30	25
HD74166			Hit	16a	<127		35 35	25
M53366			Mit	16a	<127		35 35	25
N74166B			Mul,Phi,Sig	16a	90	17 20	26 30	25
N74166F		S54166F	Mul,Phi,Sig	16c	90	17 20	26 30	25
		S54166W	Mul,Phi,Sig	16n	90	17 20	26 30	25
SN74166J		SN54166J	Tix	16c	90	17 20	26 30	25
SN74166N	§SN84166N		Tix	16a	90	17 20	26 30	25
		SN54166W	Tix	16n	90	17 20	26 30	25
TL74166N	§TL84166N		Aeg	16a	90	17 20	26 30	25
74166DC		54166DM	Fch	16c	<127		35 35	25
74166FC		54166FM	Fch	16n	<127		35 35	25
74166J		54166J	Ray	16c	<127		35 35	25
74166PC			Fch	16a	<127		35 35	25
ALS								
		SN54ALS166FH	Tix	cc	16	13 12		
SN74ALS166FN			Tix	cc	16	13 12		
		SN54ALS166J	Tix	16c	16	13 12		
SN74ALS166N			Tix	16a	16	13 12		
HC								
§CD74HC166E			Rca	16a	<8u		30 30	35
		CD54HC166F	Rca	16c	<8u		30 30	35
MC74HC166J		MC54HC166J	Mot	16c				
MC74HC166N			Mot	16a				
MM74HC166J		MM54HC166J	Nsc	16c	<8u	18 18	26 26	32
MM74HC166N			Nsc	16a	<8u	18 18	26 26	32
		SN54HC166FH	Tix	cc	<8u			29
SN74HC166FH			Tix	cc	<8u			29
		SN54HC166FK	Tix	cc	<8u			29
SN74HC166FN			Tix	cc	<8u			29
		SN54HC166J	Tix	16c	<8u			29
SN74HC166J			Tix	16c	<8u			29
SN74HC166N			Tix	16a	<8u			29

Input						Intern		Output
R	S/L	FE	T	A..H	SE	QA	QB...QG	QH = SQ
L	X	X	X	X	X	L	L	L
H	X	L	L	X	X	keine Veränderung*		
H	X	H	X	X	X	keine Veränderung*		
H	L	L	↑		X	A...H laden		
H	H	L	↑		X	SE	schieben**	

* No change · Pas de modification · Senza alterazione · Sin modificación

** Shift right · Pousser vers la droite · Spostare verso destra · Desplazar a la derecha

74166		Typ - Type - Tipo		Hersteller Production Fabricants Produttori Fabricantes	Bild Fig. Fig. Sec 3	I_S &I_R mA	t_{PD} E→Q ns_{typ} ↓ ↕ ↑	t_{PD} E→Q ns_{max} ↓ ↕ ↑	Bem./Note f_T §f_Z &f_E MHz
0...70°C § 0...75°C	−40...85°C § −25...85°C	−55...125°C							
HCT									
§CD74HCT166E			Rca	16a	<8u		40 40	25
		CD54HCT166F	Rca	16c	<8u		40 40	25
	MM74HCT166J	MM54HCT166J	Nsc	16c	<8u	21 21	30 30	27
	MM74HCT166N		Nsc	16a	<8u	21 21	30 30	27
LS									
DM74LS166J		DM54LS166J	Nsc	16c	<38		30 30	25
DM74LS166N			Nsc	16a	<38		30 30	25
HD74LS166			Hit	16a	<38		30 30	25
M74LS166			Mit	16a	<38		30 30	25
MB74LS166			Fuj	16a	<38		30 30	25
SN74LS166J		SN54LS166J	Tix	16c				
SN74LS166N			Tix	16a				
		SN54LS166W	Tix	16n				

2-215

74167

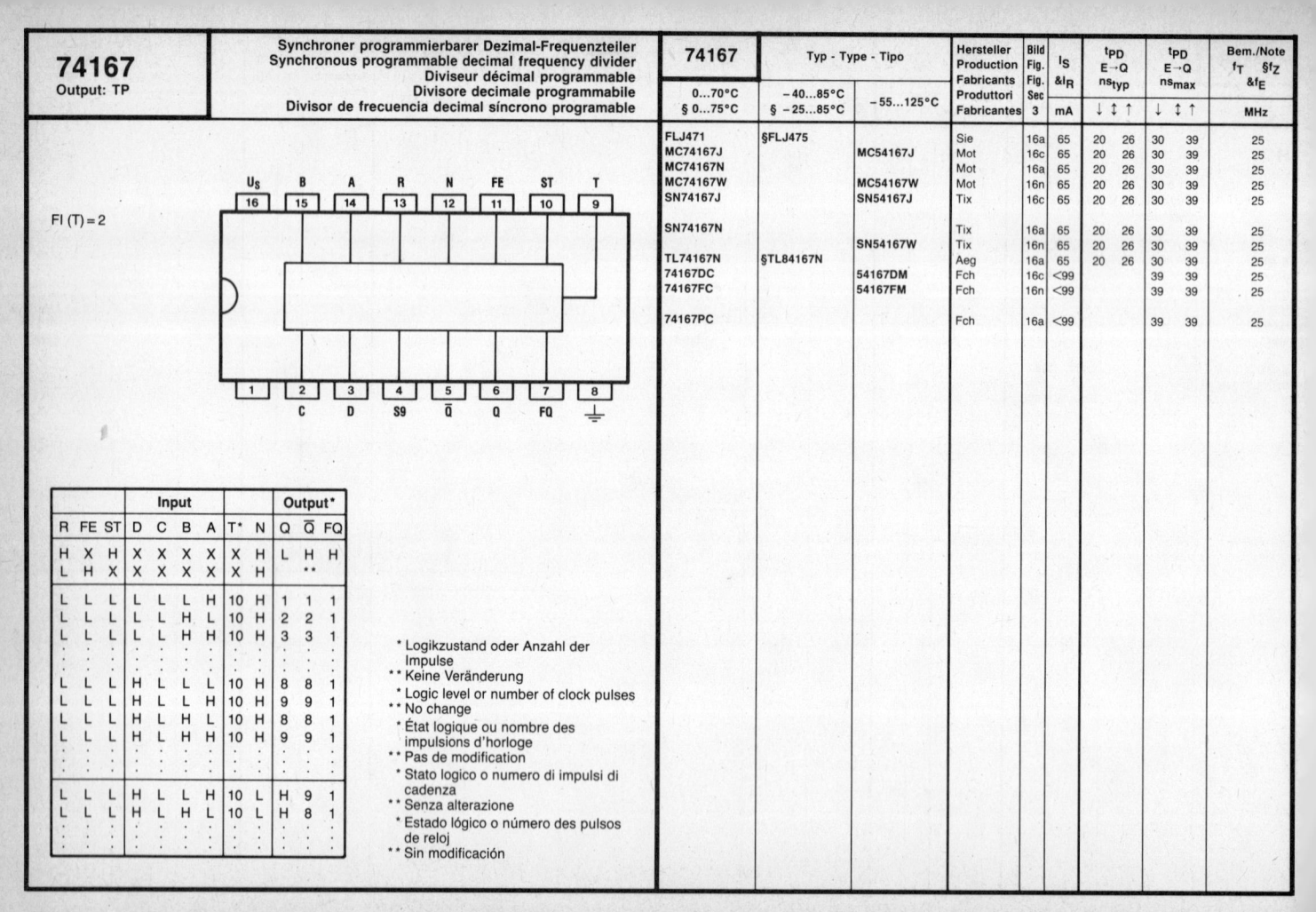

Output: TP

Synchroner programmierbarer Dezimal-Frequenzteiler
Synchronous programmable decimal frequency divider
Diviseur décimal programmable
Divisore decimale programmabile
Divisor de frecuencia decimal síncrono programable

$Fl(T) = 2$

Pinout (16-pin DIP):
- 16: U_S
- 15: B
- 14: A
- 13: R
- 12: N
- 11: FE
- 10: ST
- 9: T
- 1: —
- 2: C
- 3: D
- 4: S9
- 5: $\bar{Q}$
- 6: Q
- 7: FQ
- 8: ⏚

74167			Typ - Type - Tipo		Hersteller Fabricants Produttori Fabricantes	Bild Fig. Fig. Sec 3	I_S &I_R mA	t_{PD} E→Q ns$_{typ}$ ↓ ↕ ↑	t_{PD} E→Q ns$_{max}$ ↓ ↕ ↑	Bem./Note f_T §f_Z &f_E MHz
0...70°C §0...75°C	−40...85°C §−25...85°C	−55...125°C								
FLJ471	§FLJ475				Sie	16a	65	20 26	30 39	25
MC74167J		MC54167J			Mot	16c	65	20 26	30 39	25
MC74167N					Mot	16a	65	20 26	30 39	25
MC74167W		MC54167W			Mot	16n	65	20 26	30 39	25
SN74167J		SN54167J			Tix	16c	65	20 26	30 39	25
SN74167N					Tix	16a	65	20 26	30 39	25
		SN54167W			Tix	16n	65	20 26	30 39	25
TL74167N	§TL84167N				Aeg	16a	65	20 26	30 39	25
74167DC		54167DM			Fch	16c	<99		39 39	25
74167FC		54167FM			Fch	16n	<99		39 39	25
74167PC					Fch	16a	<99		39 39	25

Input								Output*		
R	FE	ST	D	C	B	A	T*	N	Q	$\bar{Q}$	FQ
H	X	H	X	X	X	X	X	H	L	H	H
L	H	X	X	X	X	X	X	H	**		
L	L	L	L	L	L	L	10	H	1	1	1
L	L	L	L	L	L	H	10	H	2	2	1
L	L	L	L	L	H	H	10	H	3	3	1
.	.	.	.	.	.	.	.	.	.	.	.
L	L	L	H	L	L	L	10	H	8	8	1
L	L	L	H	L	L	H	10	H	9	9	1
L	L	L	H	L	H	L	10	H	8	8	1
L	L	L	H	L	H	H	10	H	9	9	1
.	.	.	.	.	.	.	.	.	.	.	.
L	L	L	H	L	L	H	10	L	H	9	1
L	L	L	H	L	H	L	10	L	H	8	1

* Logikzustand oder Anzahl der Impulse
** Keine Veränderung
* Logic level or number of clock pulses
** No change
* État logique ou nombre des impulsions d'horloge
** Pas de modification
* Stato logico o numero di impulsi di cadenza
** Senza alterazione
* Estado lógico o número des pulsos de reloj
** Sin modificación

74168
Output: TP

Synchroner programmierbarer Dezimalzähler
Synchronous programmable decade counter
Compteur décimale synchron programmable
Contatore decadico sincrono programmabile
Contador decimal síncrono programable

Pin	FI	
	LS	S
FEp	3,3	1
FEs	2,2	2
T	3,3	1

Pinout (DIP-16):
- 16: U_S
- 15: $\bar{U}$
- 14: QA
- 13: QB
- 12: QC
- 11: QD
- 10: FEs
- 9: S
- 1: BA
- 2: T
- 3: A
- 4: B
- 5: C
- 6: D
- 7: FEp
- 8: GND

Funktionstabelle

	Input t_n							Output t_{n+1}				
	FEp	FEs	D	C	B	A	BA	T	QD	QC	QB	QA	$\bar{U}$
1)	X	H	X	X	X	X	X	X	keine Veränderung*				H
2)	L	L						X ↑	D	C	B	A	H
3)	H	L	X	X	X	X	X	H ↑	vorwärts**				H
	H	L	X	X	X	X	L ↑		rückwärts***				H
4)	H	L	X	X	X	X	H ↑		H	L	L	L	⊔
	H	L	X	X	X	X	H ↑		L	L	L	L	⊔
5)	H	L	X	X	X	X	L ↑		L	L	L	H	⊓
	H	L	X	X	X	X	L ↑		H	L	L	H	⊓

* No change / Pas de modification / Senza alterazione / Sin modificación
** Count up / Compter vers l'avant / Contare in avanti / Cuenta adelante
*** Count down / Vers l'arrière / Contare indietro / Cuenta atrás

74168

	Typ - Type - Tipo		Hersteller Production Fabricants Produttori Fabricantes	Bild Fig. Fig. Sec 3	I_S &I_R mA	t_{PD} E→Q ns_{typ} ↓↑ ↑		t_{PD} E→Q ns_{max} ↓↑ ↑		Bem./Note f_T §f_Z &f_E MHz
0...70°C § 0...75°C	−40...85°C § −25...85°C	−55...125°C								
DM74ALS168J		DM54ALS168J	Nsc	16c	<25	16	16			30
DM74ALS168N			Nsc	16a	<25	16	16			30
M74ALS168			Mit	16a	<25	16	16			30
MC74ALS168J		MC54ALS168J	Mot	16c						
MC74ALS168N			Mot	16a						
MC74ALS168W		MC54ALS168W	Mot	16n						
		SN54ALS168J	Tix	16c						
SN74ALS168N			Tix	16a						
		SN54ALS168AFH	Tix	cc	15	20	19			
SN74ALS168AFN			Tix	cc	15	16	16			
		SN54ALS168AJ	Tix	16c	15	20	19			
SN74ALS168AN			Tix	16a	15	16	16			
		SN54ALS168BFH	Tix	cc	15	20	15			25
SN74ALS168BFN			Tix	cc	15	16	13			30
		SN54ALS168BJ	Tix	16c	15	20	15			25
SN74ALS168BN			Tix	16a	15	16	13			30

AS

DM74AS168J		DM54AS168J	Nsc	16c						
DM74AS168N			Nsc	16a						
		SN54AS168FH	Tix	cc	41	14	7,5			65
SN74AS168FN			Tix	cc	41	13	7			75
		SN54AS168J	Tix	16c	41	14	7,5			65
SN74AS168N			Tix	16a	41	13	7			75

F

74F168DC		54F168DM	Fch	16c	<52	12,5	12,5			75
74F168FC		54F168FM	Fch	16n	<52	12,5	12,5			75
74F168PC			Fch	16n	<52	12,5	12,5			75

LS

DM74LS168J		DM54LS168J	Nsc	16c						
DM74LS168N			Nsc	16a						
HD74LS168			Hit	16a						
SN74LS168J		SN54LS168J	Tix	16c	20					25
SN74LS168N			Tix	16a	20					25
		SN54LS168W	Tix	16n	20					25
SN74LS168AJ		SN54LS168AJ	Tix	16c						
SN74LS168AN			Tix	16a						
		SN54LS168AW	Tix	16n						
74LS168DC		54LS168DM	Fch	16c	20	15	15	20	20	

74168	Typ - Type - Tipo		Hersteller Production Fabricants Produttori Fabricantes	Bild Fig. Fig. Sec 3	I_S &I_R mA	t_{PD} E→Q ns_{typ} ↓ ↕ ↑	t_{PD} E→Q ns_{max} ↓ ↕ ↑	Bem./Note f_T §f_Z &f_E MHz	74168	Typ - Type - Tipo		Hersteller Production Fabricants Produttori Fabricantes	Bild Fig. Fig. Sec 3	I_S &I_R mA	t_{PD} E→Q ns_{typ} ↓ ↕ ↑	t_{PD} E→Q ns_{max} ↓ ↕ ↑	Bem./Note f_T §f_Z &f_E MHz
0…70°C § 0…75°C	−40…85°C § −25…85°C	−55…125°C							0…70°C § 0…75°C	−40…85°C § −25…85°C	−55…125°C						
74LS168FC 74LS168PC		54LS168FM	Fch Fch	16n 16a	20 20	15 15 15 15	20 20 20 20										
S SN74S168J SN74S168N		SN54S168J SN54S168W	Tix Tix Tix	16c 16a 16n	100 100 100	11,8 15 11,8 15 11,8 15	15 40 15 40 15 40										

2-218

74169

Output: TP

Synchroner programmierbarer Binärzähler
Synchronous programmable binary counter
Compteur binaire synchron programmable
Contatore binario sincrono programmabile
Contador binario síncrono programable

Pinout

Pin	FI LS	FI S
FEp	3,3	1
FEs	2,2	2
T	3,3	1

Pin assignments:
- 16: U_S
- 15: $\bar{U}$
- 14: QA
- 13: QB
- 12: QC
- 11: QD
- 10: FEs
- 9: S
- 1: BA
- 2: T
- 3: A
- 4: B
- 5: C
- 6: D
- 7: FEp
- 8: GND

Function Table

	Input t_n							Output t_{n+1}				
	FEp	FEs	D	C	B	A	BA	T	QD	QC	QB	QA	Ü
1)	X	H	X	X	X	X	X		keine Veränderung*				H
2)	L	L					X	↑	D	C	B	A	H
3)	H	L	X	X	X	X	H	↑	vorwärts**				H
	H	L	X	X	X	X	L	↑	rückwärts***				H
4)	H	L	X	X	X	X	H	↑	H	H	H	H	
	H	L	X	X	X	X	H	↑	H	H	H	L	⎴
	H	L	X	X	X	X	H	↑	L	L	L	L	H
5)	H	L	X	X	X	X	L	↑	L	L	L	H	
	H	L	X	X	X	X	L	↑	L	L	L	L	⎴
	H	L	X	X	X	X	L	↑	H	H	H	H	H

* No change / Pas de modification / Senza alterazione / Sin modificación
** Count up / Compter vers l'avant / Contare in avanti / Cuenta adelante
*** Count down / Vers l'arrière / Contare indietro / Cuenta atrás

Types

74169 0...70°C § 0...75°C	Typ - Type - Tipo −40...85°C § −25...85°C	−55...125°C	Hersteller Production Fabricants Produttori Fabricantes	Bild Fig. Fig. Sec 3	I_S &I_R mA	t_{PD} E→Q ns_{typ} ↓↓ ↑↑	t_{PD} E→Q ns_{max} ↓↓ ↑↑	Bem./Note f_T §f_Z &f_E MHz
DM74ALS169J		DM54ALS169J	Nsc	16c	<25		16 16	30
DM74ALS169N			Nsc	16a	<25		16 16	30
M74ALS169			Mit	16a	<25		16 16	30
MC74ALS169J		MC54ALS169J	Mot	16c				
MC74ALS169N			Mot	16a				
MC74ALS169W		MC54ALS169W	Mot	16n				
		SN54ALS169J	Tix	16c				
SN74ALS169N			Tix	16a				
		SN54ALS169AFH	Tix	cc	15		20 19	
SN74ALS169AFN			Tix	cc	15		16 16	
		SN54ALS169AJ	Tix	cc	15		20 19	
SN74ALS169AN			Tix	16a	15		16 16	
		SN54ALS169BFH	Tix	cc	15		20 15	25
SN74ALS169BFN			Tix	cc	15		16 13	30
		SN54ALS169BJ	Tix	16c	15		20 15	25
SN74ALS169BN			Tix	16a	15		16 13	30

AS

DM74AS169J		DM54AS169J	Nsc	16c				
DM74AS169N			Nsc	16a				
		SN54AS169FH	Tix	cc	41		14 7,5	65
SN74AS169FN			Tix	cc	41		13 7	75
		SN54AS169J	Tix	16c	41		14 7,5	65
SN74AS169N			Tix	16a	41		13 7	75

F

74F169DC		54F169DM	Fch	16c	<52		12,5 12,5	75
74F169FC		54F169FM	Fch	16n	<52		12,5 12,5	75
74F169PC			Fch	16n	<52		12,5 12,5	75

HC

| MM74HC169J | | MM54HC169J | Nsc | 16c | <8u | 21 21 | 30 30 | 32 |
| MM74HC169N | | | Nsc | 16a | <8u | 21 21 | 30 30 | 32 |

HCT

| MM74HCT169J | | MM54HCT169J | Nsc | 16c | <8u | 22 22 | 35 35 | 27 |
| MM74HCT169N | | | Nsc | 16a | <8u | 22 22 | 35 35 | 27 |

74169 0...70°C § 0...75°C	Typ - Type - Tipo −40...85°C § −25...85°C	−55...125°C	Hersteller Production Fabricants Produttori Fabricantes	Bild Fig. Fig. Sec 3	I_S &I_R mA	t_{PD} E→Q ns_{typ} ↓ ↕ ↑	t_{PD} E→Q ns_{max} ↓ ↕ ↑	Bem./Note f_T §f_Z &f_E MHz
LS								
DM74LS169J		DM54LS169J	Nsc	16c				
DM74LS169N			Nsc	16a				
HD74LS169			Hit	16a				
SN74LS169J		SN54LS169J	Tix	16c	20			25
SN74LS169N			Tix	16a	20			25
		SN54LS169W	Tix	16n	20			25
SN74LS169AJ		SN54LS169AJ	Tix	16c				
SN74LS169AN			Tix	16a				
		SN54LS169AW	Tix	16n				
SN74LS169BJ		SN54LS169BJ	Tix	16c	28	17 16	25 25	20
SN74LS169BN			Tix	16a	28	17 16	25 25	20
		SN54LS169BW	Tix	16n	28	17 16	25 25	20
74LS169DC		54LS169DM	Fch	16c	20	15 15	20 20	
74LS169FC		54LS169FM	Fch	16n	20	15 15	20 20	
74LS169PC			Fch	16a	20	15 15	20 20	
S								
SN74S169J		SN54S169J	Tix	16c	100	11,8 15	15 40	
SN74S169N			Tix	16a	100	11,8 15	15 40	
		SN54S169W	Tix	16n	100	11,8 15	15 40	

74170
Output: OC

16-Bit Schreib- / Lesespeicher
16-bit random access memory
Mémoire d'inscription / lecture á 16 bits
Memoria ad accesso aleatorio di 16 bits
Memoria de lectura y escritura de 16 bits

Pin-Belegung:

	16	15	14	13	12	11	10	9
	U_S	D0	WR1	WR2	WR	RD	Q0	Q1
	1	2	3	4	5	6	7	8
	D1	D2	D3	RD2	RD1	Q3	Q2	⏚

Pin	FI N	FI LS
WR	1	2,2
RD	1	2,2

Input			Funktion*
RD	RD1	RD2	
H	X	X	Q = off. Koll.
L	L	L	M0 → Q0...Q3
L	H	L	M1 → Q0...Q3
L	L	H	M2 → Q0...Q3
L	H	H	M3 → Q0...Q3

Input			Funktion*
WR	WR1	WR2	
H	X	X	—
L	L	L	D0...D3 → M0
L	H	L	D0...D3 → M1
L	L	H	D0...D3 → M2
L	H	H	D0...D3 → M3

* function · fonction · funzione · función

74170		Typ - Type - Tipo		Hersteller Production Fabricants Produttori Fabricantes	Bild Fig. Fig. Sec 3	I_S &I_R mA	t_{PD} E→Q ns_{typ} ↓ ↕ ↑	t_{PD} E→Q ns_{max} ↓ ↕ ↑	Bem./Note f_T §f_Z &f_E MHz
0...70°C § 0...75°C	–40...85°C § –25...85°C	–55...125°C							
DM74170J		DM54170J	Nsc	16c	<150		45 45	
DM74170N			Nsc	16a	<150		45 45	
FLQ131	§FLQ135		Sie	16a	127	30 20	45 30	
M53370			Mit	16a	<150		45 45	
MB460			Fui	16a	<150		45 45	
N74170B		S54170F	Mul,Phi,Sig	16a	127	30 20	45 30	
N74170F		S54170W	Mul,Phi,Sig	16n	127	30 20	45 30	
SN74170J		SN54170J	Tix	16c	127	30 20	45 30	
SN74170N	§SN84170N		Tix	16a	127	30 20	45 30	
		SN54170W	Tix	16n	127	30 20	45 30	
TL74170N	§TL84170N		Aeg	16a	127	30 20	45 30	
µPB2170			Nip	16a	<150		45 45	
74170DC		54170DM	Fch	16c	<150		45 45	
74170FC		54170FM	Fch	16n	<150		45 45	
74170J		54170J	Ray	16c	<150		45 45	
74170PC			Fch	16a	<150		45 45	
LS								
DM74LS170J		DM54LS170J	Nsc	16c	<40		45 45	
DM74LS170N			Nsc	16a	<40		45 45	
HD74LS170			Hit	16a	<40		45 45	
M74LS170			Mit	16a	<40		45 45	
MB74LS170			Fui	16a	<40		45 45	
§SN74LS170J		SN54LS170J	Mot	16c	25	22 30	35 45	
SN74LS170J		SN54LS170J	Tix	16c	25	22 30	35 45	
§SN74LS170N			Mot	16a	25	22 30	35 45	
SN74LS170N			Tix	16a	25	22 30	35 45	
		SN54LS170W	Tix	16n	25	22 30	35 45	
§SN74LS170W		SN54LS170W	Mot	16n	25	22 30	35 45	
74LS170DC		54LS170DM	Fch	16c	25		35 45	
74LS170FC		54LS170FM	Fch	16n	25		35 45	
74LS170J		54LS170J	Ray	16c	<40		45 45	
74LS170PC			Fch	16a	25		35 45	

74171
Output: TP

	4 D-Flipflops 4 D-type flip-flops 4 flip-flops D 4 flipflop tipo D 4 flipflops D	74171	Typ - Type - Tipo			Hersteller Production Fabricants Produttori Fabricantes	Bild Fig. Fig. Fig. Sec	I_S &I_R	t_{PD} $E \rightarrow Q$ ns$_{typ}$			t_{PD} $E \rightarrow Q$ ns$_{max}$			Bem./Note f_T §f_Z &f_E
		0...70°C § 0...75°C	−40...85°C § −25...85°C		−55...125°C		3	mA	↓	↕	↑	↓	↕	↑	MHz
		SN74LS171J SN74LS171N			SN54LS171J SN54LS171W	Tix Tix Tix	16c 16a 16n	14 14 14	18 18 18		15 15 15	30 30 30		25 25 25	20 20 20

Input			Output	
CLR	CLK	D	Q	Q̄
L	X	X	L	H
H	⌐	H	H	L
H	⌐	L	L	H
H	L	X	Q0	Q̄0

74172
Output: TS

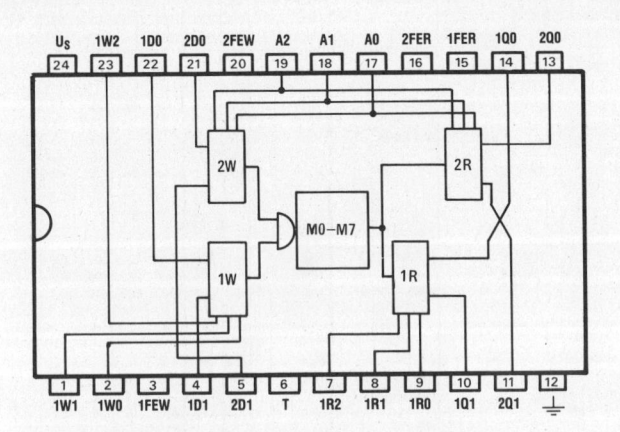

16-Bit Schreib- / Lesespeicher
16-bit random access memory
Mémoire d'inscription / lecture á 16 bits
Memoria ad accesso aleatorio di 16 bit
Memoria de lectura y escritura de 16 bits

Pinout (top): U_S(24), 1W2(23), 1D0(22), 2D0(21), 2FEW(20), A2(19), A1(18), A0(17), 2FER(16), 1FER(15), 1Q0(14), 2Q0(13)
Pinout (bottom): 1W1(1), 1W0(2), 1FEW(3), 1D1(4), 2D1(5), T(6), 1R2(7), 1R1(8), 1R0(9), 1Q1(10), 2Q1(11), ⏚(12)

| Input |||||||| Funktion** |
1FEW	2FEW	1W0	1W1	1W2	A0	A1	A2	T	
H	H	X	X	X	X	X	X	X	—
L	H	L	L	L	X	X	X	↑	1D0, 1D1 → M0
L	H	H	L	L	X	X	X	↑	1D0, 1D1 → M1
.	.	.	.	.	.	.	.	.	.
L	H	H	H	H	X	X	X	↑	1D0, 1D1 → M7
H	L	X	X	X	L	L	L	↑	2D0, 2D1 → M0
H	L	X	X	X	H	L	L	↑	2D0, 2D1 → M1
.	.	.	.	.	.	.	.	.	.
H	L	X	X	X	H	H	H	↑	2D0, 2D1 → M7
L	L	H	L	H	L	H	H	↑	1D0, 1D1 → M5 / 2D0, 2D1 → M6
L	L	H	L	H	H	L	H	↑	D0, D1 → M5*

M0...M7 = Speicherplatz 0...7 · M0...M7 = Memory cell 0...7
M0...M7 = Position 1 de mémoire · M0...M7 = Posizione 1 di memoria · M0...M7 = Células de memoria 0...7

| Input |||||||| Funktion** |
1FER	2FER	1R0	1R1	1R2	A0	A1	A2	
H	H	X	X	X	X	X	X	Q = Z***
L	H	L	L	L	X	X	X	M0 → 1Q0, 1Q1
L	H	H	L	L	X	X	X	M1 → 1Q0, 1Q1
.	.	.	.	.	.	.	.	.
H	L	X	X	X	L	L	L	M0 → 2Q0, 2Q1
.	.	.	.	.	.	.	.	.
L	L	H	L	H	H	H	L	M5 → 1Q0, 1Q1 / M3 → 2Q0, 2Q1

* D0 = 1D0...2D0, D1 = 1D1...2D1
** Function · Fonction · Funzione · Función
*** Hochohmig · High impedance · Haute impédance · Alta resistenza · Alta impedancia

| 74172 | Typ - Type - Tipo || Hersteller Production Fabricants Produttori Fabricantes | Bild Flg. Flg. Fig. | I_S &I_R | t_{PD} E→Q ns typ ||| t_{PD} E→Q ns max ||| Bem./Note f_T §f_Z &f_E |
0...70°C § 0...75°C	−40...85°C § −25...85°C	−55...125°C		Sec 3	mA	↓	↑	↑	↓	↑	↑	MHz
N74172F		S54172F	Mul,Phi,Sig	24d	112	35		35	50		50	20
N74172N			Mul,Phi,Sig	24g	112	35		35	50	'	50	20
SN74172J			Tix	24d	112	35		35	50		50	20
SN74172N			Tix	24g	112	35		35	50		50	20
SN74172NT			Tix	24a	112	35		35	50		50	20
74172	§84172		Sie	24a	112	35		35	50		50	20
S												
N74S172F		S54S172F	Mul,Phi,Sig	24d	112	25		25				25
N74S172N			Mul,Phi,Sig	24g	112	25		25				25

2-223

74173
Output: TS

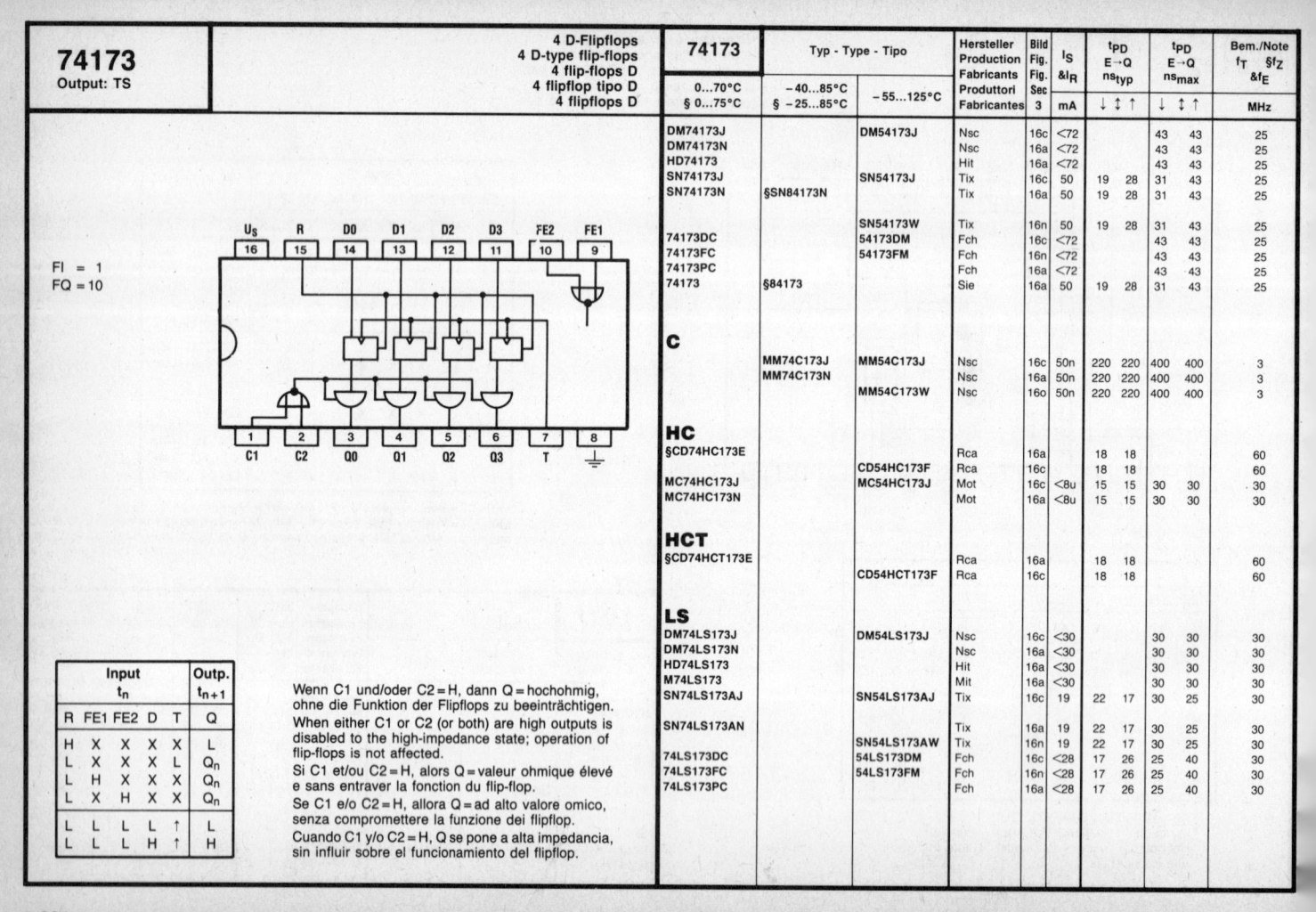

4 D-Flipflops
4 D-type flip-flops
4 flip-flops D
4 flipflop tipo D
4 flipflops D

$FI = 1$
$FQ = 10$

Pinout: U_S 16, R 15, D0 14, D1 13, D2 12, D3 11, FE2 10, FE1 9 / C1 1, C2 2, Q0 3, Q1 4, Q2 5, Q3 6, T 7, GND 8

Input t_n					Outp. t_{n+1}
R	FE1	FE2	D	T	Q
H	X	X	X	X	L
L	X	X	X	L	Q_n
L	H	X	X	↑	Q_n
L	X	H	X	↑	Q_n
L	L	L	L	↑	L
L	L	L	H	↑	H

Wenn C1 und/oder C2 = H, dann Q = hochohmig, ohne die Funktion der Flipflops zu beeinträchtigen.
When either C1 or C2 (or both) are high outputs is disabled to the high-impedance state; operation of flip-flops is not affected.
Si C1 et/ou C2 = H, alors Q = valeur ohmique élevé e sans entraver la fonction du flip-flop.
Se C1 e/o C2 = H, allora Q = ad alto valore omico, senza compromettere la funzione dei flipflop.
Cuando C1 y/o C2 = H, Q se pone a alta impedancia, sin influir sobre el funcionamiento del flipflop.

74173	Typ - Type - Tipo			Hersteller Production Fabricants Produttori Fabricantes	Bild Fig. Fig. Sec 3	I_S &I_R mA	t_{PD} E→Q ns typ ↓ ↕ ↑	t_{PD} E→Q ns max ↓ ↕ ↑	Bem./Note f_T §f_Z &f_E MHz
	0...70°C § 0...75°C	−40...85°C § −25...85°C	−55...125°C						
	DM74173J		DM54173J	Nsc	16c	<72		43 43	25
	DM74173N			Nsc	16a	<72		43 43	25
	HD74173			Hit	16a	<72		43 43	25
	SN74173J		SN54173J	Tix	16c	50	19 28	31 43	25
	SN74173N	§SN84173N		Tix	16a	50	19 28	31 43	25
	74173DC		SN54173W	Tix	16n	50	19 28	31 43	25
	74173FC		54173DM	Fch	16c	<72		43 43	25
	74173PC		54173FM	Fch	16a	<72		43 43	25
	74173	§84173		Sie	16a	50	19 28	31 43	25
C									
	MM74C173J		MM54C173J	Nsc	16c	50n	220 220	400 400	3
	MM74C173N			Nsc	16a	50n	220 220	400 400	3
			MM54C173W	Nsc	16o	50n	220 220	400 400	3
HC									
	§CD74HC173E			Rca	16a		18 18		60
			CD54HC173F	Rca	16c		18 18		60
	MC74HC173J		MC54HC173J	Mot	16c	<8u	15 15	30 30	30
	MC74HC173N			Mot	16a	<8u	15 15	30 30	30
HCT									
	§CD74HCT173E			Rca	16a		18 18		60
			CD54HCT173F	Rca	16c		18 18		60
LS									
	DM74LS173J		DM54LS173J	Nsc	16c	<30		30 30	30
	DM74LS173N			Nsc	16a	<30		30 30	30
	HD74LS173			Hit	16a	<30		30 30	30
	M74LS173			Mit	16a	<30		30 30	30
	SN74LS173AJ		SN54LS173AJ	Tix	16c	19	22 17	30 25	30
	SN74LS173AN			Tix	16a	19	22 17	30 25	30
			SN54LS173AW	Tix	16n	19	22 17	30 25	30
	74LS173DC		54LS173DM	Fch	16c	<28	17 26	25 40	30
	74LS173FC		54LS173FM	Fch	16n	<28	17 26	25 40	30
	74LS173PC			Fch	16a	<28	17 26	25 40	30

74174
Output: TP

6 D-Flipflops / 6 D-type flip-flops / 6 flip-flops D / 6 flipflop tipo D / 6 flipflops D

R	D	T	Q
L	X	X	L
H	X	L	Q_n
H	L	↑	L
H	H	↑	H

74174	Typ - Type - Tipo		Hersteller Production Fabricants Produttori Fabricantes	Bild Fig. Fig. Sec 3	I_S &I_R mA	t_{PD} E→Q ns_{typ} ↓ ↑ ↑	t_{PD} E→Q ns_{max} ↓ ↑ ↑	Bem./Note f_T §f_Z &f_E MHz
0...70°C § 0...75°C	−40...85°C § −25...85°C	−55...125°C						
SN74174J		SN54174J	Tix	16c	45	24 20	35 30	25
SN74174N	§SN84174N		Tix	16a	45	24 20	35 30	25
		SN54174W	Tix	16n	45	24 20	35 30	25
74174DC		54174DM	Fch	16c	<65		35 35	25
74174FC		54174FM	Fch	16n	<65		35 35	25
74174J		54174J	Ray	16c	<65		35 35	25
74174PC			Fch	16a	<65		35 35	25

ALS

DM74ALS174J		DM54ALS174J	Nsc	16c	<8		10 10	80
DM74ALS174N			Nsc	16a	<8		10 10	80
		SN54ALS174FH	Tix	cc	11		20 17	40
			Tix	cc	11		17 15	50
SN74ALS174FN		SN54ALS174J	Tix	16c	11		20 17	40
SN74ALS174N			Tix	16a	11		17 15	50
		SN54ALS174W	Tix	16n	11		20 17	40

AS

DM74AS174J		DM54AS174J	Nsc	16c	<46		4 4	160
DM74AS174N			Nsc	16a	<46		4 4	160
		SN54AS174FH	Tix	cc	30		11,5 9,5	100
SN74AS174FN			Tix	cc	30		10 8	100
		SN54AS174J	Tix	16c	30		11,5 9,5	100
SN74AS174N			Tix	16a	30		10 8	100

C

MM74C174J		MM54C174J	Nsc	16c	50n	150 150	300 300	2
MM74C174N			Nsc	16a	50n	150 150	300 300	2
		MM54C174W	Nsc	16o	50n	150 150	300 300	2

F

MC74F174J		MC54F174J	Mot	16c	<45		11 11	80
MC74F174N			Mot	16a	<45		11 11	80
MC74F174W		MC54F174W	Mot	16n	<45		11 11	80
74F174DC		54F174DM	Fch	16c	<45		11 11	80
74F174FC		54F174FM	Fch	16n	<45		11 11	80
74F174PC			Fch	16n	<45		11 11	80

74174	Typ - Type - Tipo		Hersteller Production Fabricants Produttori Fabricantes	Bild Fig. Fig. Sec 3	I_S &I_R mA	t_{PD} E→Q ns_{typ} ↓ ↑ ↑	t_{PD} E→Q ns_{max} ↓ ↑ ↑	Bem./Note f_T §f_Z &f_E MHz
0...70°C § 0...75°C	−40...85°C § −25...85°C	−55...125°C						
DM74174J		DM54174J	Nsc	16c	<65		35 35	25
DM74174N			Nsc	16a	<65		35 35	25
FLJ531	§FLJ535		Sie	16a	45	24 20	35 30	25
HD74174			Hit	16a	<65		35 35	25
M53374			Mit	16a	<65		35 35	25
MC74174J		MC54174J	Mot	16c	45	24 20	35 30	25
MC74174N			Mot	16a	45	24 20	35 30	25
MC74174W		MC54174W	Mot	16n	45	24 20	35 30	25
N74174B			Mul,Phi,Sig	16a	45	24 20	35 30	25
N74174F		S54174F	Mul,Phi,Sig	16c	45	24 20	35 30	25

74174 0...70°C § 0...75°C	Typ - Type - Tipo −40...85°C § −25...85°C	−55...125°C	Hersteller Production Fabricants Produttori Fabricantes	Bild Fig. Fig. Sec 3	I_S &I_R mA	t_{PD} E→Q ns typ ↓ ↕ ↑	t_{PD} E→Q ns max ↓ ↕ ↑	Bem./Note f_T §f_Z &f_E MHz	74174 0...70°C § 0...75°C	Typ - Type - Tipo −40...85°C § −25...85°C	−55...125°C	Hersteller Production Fabricants Produttori Fabricantes	Bild Fig. Fig. Sec 3	I_S &I_R mA	t_{PD} E→Q ns typ ↓ ↕ ↑	t_{PD} E→Q ns max ↓ ↕ ↑	Bem./Note f_T §f_Z &f_E MHz
HC §CD74HC174E			Rca	16a		18 18		60	**S** DM74S174J		DM54S174J	Nsc	16c	<144		17 17	75
		CD54HC174F	Rca	16c		18 18		60	DM74S174N			Nsc	16a	<144		17 17	75
MC74HC174J		MC54HC174J	Mot	16c	<8u	16 16	28 28	30	HD74S174			Hit	16c	<144		17 17	75
MC74HC174N			Mot	16a	<8u	16 16	28 28	30	M74S174			Mit	16a	<144		17 17	75
	MM74HC174J	MM54HC174J	Nsc	16c	<8u	16 16	28 28	31	MB74S174			Fui	16a	<144		17 17	75
	MM74HC174N		Nsc	16a	<8u	16 16	28 28	31	N74S174B			Mul,Phi,Sig	16a	90	11,5 8	17 12	75
	SN74HC174FH	SN54HC174FH	Tix	cc	<8u		27 27	29	N74S174F		S54S174F	Mul,Phi,Sig	16c	90	11,5 8	17 12	75
			Tix	cc	<8u		27 27	29	SN74S174J		SN54S174J	Tix	16c	90	11,5 8	17 12	75
	SN74HC174FN	SN54HC174FK	Tix	cc	<8u		27 27	29	SN74S174N			Tix	16a	90	11,5 8	17 12	75
			Tix	cc	<8u		27 27	29			SN54S174W	Tix	16n	90	11,5 8	17 12	75
		SN54HC174J	Tix	16c	<8u		27 27	29	74S174DC		54S174DM	Fch	16c	<144		17 17	75
	SN74HC174J		Tix	16c	<8u		27 27	29	74S174FC		54S174FM	Fch	16n	<144		17 17	75
	SN74HC174N		Tix	16a	<8u		27 27	29	74S174PC			Fch	16a	<144		17 17	75
HCT §CD74HCT174E			Rca	16a		18 18		60									
		CD54HCT174F	Rca	16c		18 18		60									
LS DM74LS174J		DM54LS174J	Nsc	16c	<26		30 30	30									
DM74LS174N			Nsc	16a	<26		30 30	30									
HD74LS174			Hit	16c	<26		30 30	30									
M74LS174			Mit	16a	<26		30 30	30									
MB74LS174			Fui	16a	<26		30 30	30									
MB74LS174M			Fui	16c	<26		30 30	30									
§SN74LS174J		SN54LS174J	Mot	16c	16	21 20	30 30	30									
SN74LS174J		SN54LS174J	Tix	16c	16	21 20	30 30	30									
§SN74LS174N			Mot	16a	16	21 20	30 30	30									
SN74LS174N			Tix	16a	16	21 20	30 30	30									
		SN54LS174W	Tix	16n	16	21 20	30 30	30									
§SN74LS174W		SN54LS174W	Mot	16n	16	21 20	30 30	30									
74LS174DC		54LS174DM	Fch	16c	16	15 12	22 20										
74LS174FC		54LS174FM	Fch	16n	16	15 12	22 20										
74LS174J		54LS174J	Ray	16c	<26		30 30	30									
74LS174PC			Fch	16a	16	15 12	22 20										

74175
Output: TP

4 D-Flipflops
4 D-type flip-flops
4 flip-flops D
4 flipflop tipo D
4 flipflops D

Pinout (DIP-16):
- Pin 16: U_S
- Pin 15: Q
- Pin 14: $\bar{Q}$
- Pin 13: D
- Pin 12: D
- Pin 11: $\bar{Q}$
- Pin 10: Q
- Pin 9: T
- Pin 1: R
- Pin 2: Q
- Pin 3: $\bar{Q}$
- Pin 4: D
- Pin 5: D
- Pin 6: $\bar{Q}$
- Pin 7: Q
- Pin 8: GND

Truth table:

R	D	T	Q	$\bar{Q}$
L	X	X	L	H
H	X	L	Q_n	$\bar{Q}_n$
H	L	↑	L	H
H	H	↑	H	L

74175			Hersteller Production Fabricants Produttori Fabricantes	Bild Fig. Fig. Sec 3	I_S &I_R mA	t_{PD} E→Q ns_{typ} ↓ ↑ ↑	t_{PD} E→Q ns_{max} ↓ ↑ ↑	Bem./Note f_T §f_Z &f_E MHz
0...70°C § 0...75°C	−40...85°C § −25...85°C	−55...125°C						
SN74175N	§SN84175N		Tix	16a	30	24 20	35 30	25
		SN54175W	Tix	16n	30	24 20	35 30	25
µPB2175			Nip	16a	<45		35 35	25
74175DC		54175DM	Fch	16c	<45		35 35	25
74175FC		54175FM	Fch	16n	<45		35 35	25
74175J		54175J	Ray	16c	<45		35 35	25
74175PC			Fch	16a	<45		35 35	25
74175	§84175		Sie	16a	30	24 20	35 30	25

ALS

DM74ALS175J		DM54ALS175J	Nsc	16c	<6		10 10	80
DM74ALS175N			Nsc	16a	<6		10 10	80
HD74ALS175			Hit	16a	<6		10 10	80
		SN54ALS175FH	Tix	cc	9		20 17	40
SN74ALS175FN			Tix	cc	9		17 15	50
		SN54ALS175J	Tix	16c	9		20 17	40
			Tix	16a	9		17 15	50
SN74ALS175N			Tix	16a	9		17 15	50
		SN54ALS175W	Tix	16n	9		20 17	40

AS

DM74AS175J		DM54AS175J	Nsc	16c	<33		4 4	160
DM74AS175N			Nsc	16a	<33		4 4	160
		SN54AS175FH	Tix	cc	30		11 8,5	100
SN74AS175FN			Tix	cc	30		10 7,5	100
		SN54AS175J	Tix	16c	30		11 8,5	100
SN74AS175N			Tix	16a	30		10 7,5	100

C

MM74C175J		MM54C175J	Nsc	16c	50n	190 190	300 300	2
MM74C175N			Nsc	16a	50n	190 190	300 300	2
		MM54C175W	Nsc	16o	50n	190 190	300 300	2

F

MC74F175J		MC54F175J	Mot	16c	<34		8,5 8,5	100
MC74F175N			Mot	16a	<34		8,5 8,5	100
MC74F175W		MC54F175W	Mot	16n	<34		8,5 8,5	100
74F175DC		54F175DM	Fch	16c	<34		8,5 8,5	100
74F175FC		54F175FM	Fch	16n	<34		8,5 8,5	100
74F175PC			Fch	16a	<34		8,5 8,5	100

74175			Hersteller Production Fabricants Produttori Fabricantes	Bild Fig. Fig. Sec 3	I_S &I_R mA	t_{PD} E→Q ns_{typ} ↓ ↑ ↑	t_{PD} E→Q ns_{max} ↓ ↑ ↑	Bem./Note f_T §f_Z &f_E MHz
0...70°C § 0...75°C	−40...85°C § −25...85°C	−55...125°C						
DM74175J		DM54175J	Nsc	16c	<45		35 35	25
DM74175N			Nsc	16a	<45		35 35	25
HD74175			Hit	16c	<45		35 35	25
M53375			Mit	16a	<45		35 35	25
MC74175J		MC54175J	Mot	16c	30	24 20	35 30	25
MC74175N			Mot	16a	30	24 20	35 30	25
MC74175W		MC54175W	Mot	16n	30	24 20	35 30	25
N74175B			Mul,Phi,Sig	16a	30	24 20	35 30	25
N74175F		S54175F	Mul,Phi,Sig	16c	30	24 20	35 30	25
SN74175J		SN54175J	Tix	16c	30	24 20	35 30	25

74175

Typ - Type - Tipo 0...70°C § 0...75°C	Typ - Type - Tipo −40...85°C § −25...85°C	Typ - Type - Tipo −55...125°C	Hersteller Production Fabricants Produttori Fabricantes	Bild Fig. Fig. Sec 3	I_S &I_R mA	t_{PD} E→Q ns_{typ} ↓ ↕ ↑	t_{PD} E→Q ns_{max} ↓ ↕ ↑	Bem./Note f_T §f_Z &f_E MHz
HC								
§CD74HC175E			Rca	16a	<8u	30 30	30 30	35
		CD54HC175F	Rca	16c	<8u	30 30	30 30	35
MC74HC175J		MC54HC175J	Mot	16c	<8u	13 13	26 26	35
MC74HC175N			Mot	16a	<8u	13 13	26 26	35
	MM74HC175J	MM54HC175J	Nsc	16c	<8u	13 13	26 26	35
	MM74HC175N		Nsc	16a	<8u	13 13	26 26	35
	SN74HC175FH	SN54HC175FH	Tix	cc	<4u			29
			Tix	cc	<4u			29
	SN74HC175FN	SN54HC175FK	Tix	cc	<4u			29
			Tix	cc	<4u			29
		SN54HC175J	Tix	16c	<4u			29
	SN74HC175J		Tix	16c	<4u			29
	SN74HC175N		Tix	16a	<4u			29
HCT								
§CD74HCT175E			Rca	16a	<8u	35 35		25
		CD54HCT175F	Rca	16c	<8u	35 35		25
LS								
DM74LS175J		DM54LS175J	Nsc	16c	<18	30 30		30
DM74LS175N			Nsc	16a	<18	30 30		30
HD74LS175			Hit	16a	<18	30 30		30
M74LS175			Mit	16a	<18	30 30		30
MB74LS175			Fui	16a	<18	30 30		30
MB74LS175M			Fui	16c	<18	30 30		30
§SN74LS175J		SN54LS175J	Mot	16c	11	16 13	25 25	30
SN74LS175J		SN54LS175J	Tix	16c	11	16 13	25 25	30
§SN74LS175N			Mot	16a	11	16 13	25 25	30
SN74LS175N			Tix	16a	11	16 13	25 25	30
§SN74LS175W		SN54LS175W	Tix	16n	11	16 13	25 25	30
		SN54LS175W	Mot	16n	11	16 13	25 25	30
74LS175DC		54LS175DM	Fch	16c	11			
74LS175FC		54LS175FM	Fch	16n	11			
74LS175J			Ray	16c	<18	30 30		30
74LS175PC			Fch	16a	11			

74175

Typ - Type - Tipo 0...70°C § 0...75°C	Typ - Type - Tipo −40...85°C § −25...85°C	Typ - Type - Tipo −55...125°C	Hersteller Production Fabricants Produttori Fabricantes	Bild Fig. Fig. Sec 3	I_S &I_R mA	t_{PD} E→Q ns_{typ} ↓ ↕ ↑	t_{PD} E→Q ns_{max} ↓ ↕ ↑	Bem./Note f_T §f_Z &f_E MHz
S								
DM74S175J		DM54S175J	Nsc	16c	<96		17 17	75
DM74S175N			Nsc	16a	<96		17 17	75
HD74S175			Hit	16a	<96		17 17	75
M74S175			Mit	16a	<96		17 17	75
MB74S175			Fui	16a	<96		17 17	75
N74S175B			Mul,Phi,Sig	16a	60	11,5 8	17 12	75
N74S175F		S54S175F	Mul,Phi,Sig	16c	60	11,5 8	17 12	75
SN74S175J		SN54S175J	Tix	16c	60	11,5 8	17 12	75
SN74S175N			Tix	16a	60	11,5 8	17 12	75
		SN54S175W	Tix	16n	60	11,5 8	17 12	75
74S175DC		54S175DM	Fch	16c	<96		17 17	75
74S175FC		54S175FM	Fch	16n	<96		17 17	75
74S175PC			Fch	16a	<96		17 17	75

74176
Output: TP

Programmierbarer Dezimalzähler
Programmable decade counter
Compteur décimal programmable
Contatore decadico programmabile
Contador decimal programable

Pin	Fl
T1	3
T2	3
R	2

Pinout (DIP-14):
- Pin 14: Us
- Pin 13: R
- Pin 12: QD
- Pin 11: D
- Pin 10: B
- Pin 9: QB
- Pin 8: T1
- Pin 1: S
- Pin 2: QC
- Pin 3: C
- Pin 4: A
- Pin 5: QA
- Pin 6: T2
- Pin 7: ⏚

74176	Typ - Type - Tipo			Hersteller Production Fabricants Produttori Fabricantes	Bild Fig. Fig. Sec 3	I_S &I_R mA	t_{PD} E→Q ns_{typ} ↓ ↕ ↑	t_{PD} E→Q ns_{max} ↓ ↕ ↑	Bem./Note f_T §f_Z &f_E MHz
0...70°C § 0...75°C	–40...85°C § –25...85°C		–55...125°C						
DM74176J			DM54176J	Nsc	14c	<48		17 17	T1:35
DM74176N				Nsc	14a	<48		17 17	T1:35
DM74176W			DM54176W	Nsc	14n	<48		17 17	T1:35
HD74176				Hit	14a	<48		17 17	T1:35
M53376				Mit	14a	<48		17 17	T1:35
MC74176J			MC54176J	Mot	14c	30	11 8	17 13	§35
MC74176N				Mot	14a	30	11 8	17 13	§35
MC74176W			MC54176W	Mot	14p	30	11 8	17 13	§35
SN74176J			SN54176J	Tix	14c	30	11 8	17 13	§35
SN74176N	§SN84176N			Tix	14a	30	11 8	17 13	§35
			SN54176W	Tix	14n	30	11 8	17 13	§35
74176DC			54176DM	Fch	14c	<48		17 17	T1:35
74176FC			54176FM	Fch	14n	<48		17 17	T1:35
74176PC				Fch	14a	<48		17 17	T1:35
74176	§84176			Sie	14a	30	11 8	17 13	§35

Input			Output			
R	S	N*	QD	QC	QB	QA
L	X	X	L	L	L	L
H	L	X	D	C	B	A
H	H	0	L	L	L	L
H	H	1	L	L	L	H
.	.	.				
H	H	9	H	L	L	H
H	H	10	L	L	L	L
H	H	11	L	L	L	H

Input			Output			
R	S	N*	QD	QC	QB	QA
L	X	X	L	L	L	L
H	L	X	D	C	B	A
H	H	0	L	L	L	L
H	H	1	L	L	L	H
.	.	.				
H	H	4	L	H	L	L
H	H	5	H	L	L	L
H	H	6	L	H	L	L

* Anzahl der Taktimpulse
* Number of clock pulses
* Nombre des impulsions d'horloge
* Numero di impulsi di cadenza
* Número de pulsos de reloj

74177
Output: TP

Programmierbarer 4-Bit Binärzähler
Programmable 4-bit binary counter
Compteur binaire á 4 bits programmable
Contatore binario di 4 bit programmabile
Contador binario programable de 4 bits

Pin	Fl
T1	3
T2	3
R	2

Pinout (DIP-14):
- Pin 14: U_S
- Pin 13: R
- Pin 12: QD
- Pin 11: D
- Pin 10: B
- Pin 9: QB
- Pin 8: T1
- Pin 1: S
- Pin 2: QC
- Pin 3: C
- Pin 4: A
- Pin 5: QA
- Pin 6: T2
- Pin 7: GND

74177	Typ - Type - Tipo		Hersteller Production Fabricants Produttori Fabricantes	Bild Fig. Fig. Sec 3	I_S & I_R mA	t_{PD} E→Q ns$_{typ}$ ↓ ↕ ↑	t_{PD} E→Q ns$_{max}$ ↓ ↕ ↑	Bem./Note f_T §f_Z & f_E MHz
0...70°C § 0...75°C	−40...85°C § −25...85°C	−55...125°C						
DM74177J			Nsc	14c	<48		17 17	T1:35
DM74177N			Nsc	14a	<48		17 17	T1:35
DM74177W		DM54177W	Nsc	14n	<48		17 17	T1:35
HD74177			Hit	14a	<48		17 17	T1:35
M53377			Mit	14a	<48		17 17	T1:35
MC74177J		MC54177J	Mot	14c	30	11 8	17 13	§35
MC74177N			Mot	14a	30	11 8	17 13	§35
MC74177W		MC54177W	Mot	14p	30	11 8	17 13	§35
SN74177J	§SN84177N	SN54177J	Tix	14c	30	11 8	17 13	§35
SN74177N			Tix	14a	30	11 8	17 13	§35
		SN54177W	Tix	14n	30	11 8	17 13	§35
74177DC		54177DM	Fch	14c	<48		17 17	T1:35
74177FC		54177FM	Fch	14n	<48		17 17	T1:35
74177PC			Fch	14a	<48		17 17	T1:35
74177	§84177		Sie	14a	30	11 8	17 13	§35

Input			Output			
R	S	N*	QD	QC	QB	QA
L	X	X	L	L	L	L
H	L	X	D	C	B	A
H	H	0	L	L	L	L
H	H	1	L	L	L	H
.	.	.	.	.	.	.
.	.	.	.	.	.	.
H	H	15	H	H	H	H
H	H	16	L	L	L	L

* Anzahl der Taktimpulse
* Number of clock pulses
* Nombre des impulsions d'horloge
* Numero di impulsi di cadenza
* Número de pulsos de reloj

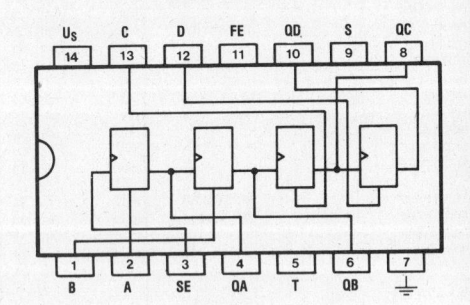

74178	4-Bit Schieberegister mit Parallelein- / ausgängen
Output: TP	4-bit shift register with parallel inputs / outputs
	Registre de décalage á 4 bits, parallèle
	Registro scorrevole di 4 bit, parallelo
	Registro desplazamiento de 4 bits con entradas y salidas en paralelo

Pinout 74178:
- 14: U_S, 13: C, 12: D, 11: FE, 10: QD, 9: S, 8: QC
- 1: B, 2: A, 3: SE, 4: QA, 5: T, 6: QB, 7: GND

FE	S	SE	T	QA	QB	QC	QD
X	X	X	H	keine Veränderung*			
L	L	X	X	keine Veränderung*			
L	H	X	↓	A	B	C	D
H	X	↓	SE shift				

* No change · Pas de modification
Senza alterazione · Sin modificación

74179	4-Bit Schieberegister mit Parallelein- / ausgängen
Output: TP	4-bit shift register with parallel inputs / outputs
	Registre de décalage á 4 bits, parallèle
	Registro scorrevole di 4 bit, parallelo
	Registro desplazamiento de 4 bits con entradas y salidas en paralelo

Pinout 74179:
- 16: U_S, 15: C, 14: D, 13: FE, 12: $\overline{QD}$, 11: QD, 10: S, 9: QC
- 1: R, 2: B, 3: A, 4: SE, 5: QA, 6: T, 7: QB, 8: GND

FE	R	S	SE	T	QA	QB	QC	QD
X	L	X	X	X	L	L	L	L
X	H	X	X	H	keine Veränderung*			
L	H	L	X	X	keine Veränderung*			
L	H	H	X	↓	A	B	C	D
H	H	X	↓	SE shift				

* No change · Pas de modification
Senza alterazione · Sin modificación

74178	Typ - Type - Tipo		Hersteller Production Fabricants Produttori Fabricantes	Bild Fig. Fig. Sec	I_S &I_R	t_{PD} E→Q ns_{typ}	t_{PD} E→Q ns_{max}	Bem./Note f_T §f_Z &f_E
0...70°C	−40...85°C	−55...125°C		3	mA	↓ ↑ ↑	↓ ↑ ↑	MHz
§ 0...75°C	§ −25...85°C							
SN74178J		SN54178J	Tix	14c	46	23 17	35 26	25
SN74178N	§SN84178N		Tix	14a	46	23 17	35 26	25
		SN54178W	Tix	14n	46	23 17	35 26	25
74178DC		54178DM	Fch	14c	<75		35 35	25
74178FC		54178FM	Fch	14n			35 35	25
74178PC			Fch	14a	<75		35 35	25
74178	§84178		Sie	14a	46	23 17	35 26	25
S								
N74S178A			Mul,Phi,Sig	14a				60
N74S178F		S54S178F	Mul,Phi,Sig	14c				60

74179	Typ - Type - Tipo		Hersteller Production Fabricants Produttori Fabricantes	Bild Fig. Fig. Sec	I_S &I_R	t_{PD} E→Q ns_{typ}	t_{PD} E→Q ns_{max}	Bem./Note f_T §f_Z &f_E
0...70°C	−40...85°C	−55...125°C		3	mA	↓ ↑ ↑	↓ ↑ ↑	MHz
§ 0...75°C	§ −25...85°C							
SN74179J		SN54179J	Tix	16a	46	23 17	35 26	25
SN74179N	§SN84179N		Tix	16a	46	23 17	35 26	25
		SN54179W	Tix	16n	46	23 17	35 26	25
74179DC		54179DM	Fch	16c	<75		35 35	25
74179FC		54179FM	Fch	16n	<75		35 35	25
74179PC			Fch	16a	<75		35 35	25
74179	§84179		Sie	16a	46	23 17	35 26	25
S								
N74S179B			Mul,Phi,Sig	16a				60
N74S179F		S54S179F	Mul,Phi,Sig	16c				60

74180
Output: TP

9-Bit Paritätsprüfer
9-bit parity checker
Comparateur de contrôle de parité à 9 bits
Comparatore di 9 bit per controlla di parità
Controlador de paridad de 9 bits

FI (even, odd) = 2

Pinout (DIP-14):
- Pin 14: U_S
- Pin 13: E
- Pin 12: E
- Pin 11: E
- Pin 10: E
- Pin 9: E
- Pin 8: E
- Pin 1: E
- Pin 2: E
- Pin 3: even
- Pin 4: odd
- Pin 5: Q even
- Pin 6: Q odd
- Pin 7: GND

ΣH's	even	odd	Q even	Q odd
even	H	L	L	H
even	L	H	H	L
odd	H	L	L	H
odd	L	H	H	L
X	H	H	L	L
X	L	L	H	H

74180	Typ - Type - Tipo			Hersteller Production Fabricants Produttori Fabricantes	Bild Fig. Fig. Sec 3	I_S &I_R mA	t_{PD} E→Q ns_{typ}			t_{PD} E→Q ns_{max}			Bem./Note f_T §f_Z &f_E MHz
0...70°C § 0...75°C	−40...85°C § −25...85°C	−55...125°C					↓	↕	↑	↓	↕	↑	
DM74180J		DM54180J		Nsc	14c	<56							
DM74180N				Nsc	14a	<56							
DM74180W				Nsc	14n	<56							
FLH421	§FLH425	DM54180W		Sie	14a	34	45	40		68	60		
HD74180				Hit	14a	<56							
M53380P				Mit	14a	<56							
MB447				Fui	14a	<56							
MB447M				Fui	14c	<56							
MC74180J		MC54180J		Mot	14c	34	45	40		68	60		
MC74180N				Mot	14a	34	45	40		68	60		
MC74180W		MC54180W		Mot	14p	34	45	40		68	60		
MIC74180J	MIC64180J	MIC54180J		Itt	14c	34	45	40		68	60		
MIC74180N				Itt	14a	34	45	40		68	60		
N74180A				Mul,Phi,Sig	14a	34	45	40		68	60		
N74180F		S54180F		Mul,Phi,Sig	14c	34	45	40		68	60		
		S54180W		Mul,Phi,Sig	14n	34	45	40		68	60		
SFC4180E	§SFC4180ET	SFC4180EM		Nuc,Ses	14c	<49		68					
		SFC4180JM		Nuc,Ses	14c	<49		68					
		SFC4180KM		Nuc,Ses	14c	<49		68					
SN74180J		SN54180J		Tix	14c	34	45	40		68	60		
SN74180N	§SN84180N			Tix	14a	34	45	40		68	60		
		SN54180W		Tix	14n	34	45	40		68	60		
SW74180J				Stw	14c	<58,8							
SW74180N				Stw	14a	<58,8							
T74180B1				Sgs	14a	34	45	40		68	60		
T74180D1		T54180D2		Sgs	14c	34	45	40		68	60		
TL74180N	§TL84180N			Aeg	14a	34	45	40		68	60		
μPB2180				Nip	14a	<56							
74180DC		54180DM		Fch	14c	<56							
74180FC		54180FM		Fch	14n	<56							
74180J		54180J		Ray	14c	<56							
74180PC				Fch	14a	<56							

2-232

74181
Output: TP

4-Bit ALU (arithmetische und logische Einheit)
4-bit ALU (arithmetic and logic unit)
ALU à 4 bits (unité arithmetique et logique)
ALU di 4 bit (unità aritmetica e logica)
Inidad aritmético-lógica de 4 bits

Pin	FI		
	N	LS	S
C_n	5	5,6	5
S	4	4	4
A, B	3	3	3

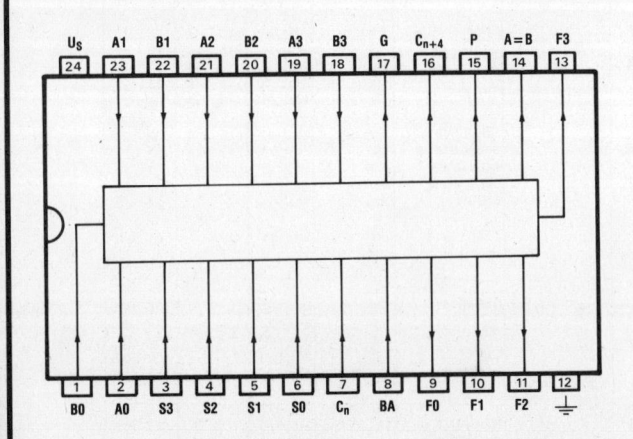

Pins (top row): U_S [24], A1 [23], B1 [22], A2 [21], B2 [20], A3 [19], B3 [18], G [17], C_{n+4} [16], P [15], A=B [14], F3 [13]

Pins (bottom row): B0 [1], A0 [2], S3 [3], S2 [4], S1 [5], S0 [6], C_n [7], BA [8], F0 [9], F1 [10], F2 [11], GND [12]

S3 S2 S1 S0	BA = H, Logische Betriebsart	BA = L, Arithmetische Betriebsart	
		C_n = H	C_n = L
L L L L	F = A	F = A	F = A + 1
L L L H	F = A + B	F = A + B	F = (A + B) + 1
L L H L	F = A, B	F = A + B	F = (A + B) + 1
L L H H	F = L	F = H	F = L
L H L L	F = A, B	F = A + (A, B)	F = A + (A, B) + 1
L H L H	F = B	F = (A + B) + (A, B)	F = (A + B) + (A, B) = 1
L H H L	F = (A, B) + (A, B)	F = A − B − 1	F = A − B
L H H H	F = A, B	F = (A, B) − 1	F = A, B
H L L L	F = A + B	F = A + (A, B)	F = A + (A, B) + 1
H L L H	F = (A, B) + (A, B)	F = A + B	F = A + B + 1
H L H L	F = B	F = (A + B) + (A, B)	F = (A + B) + (A, B) + 1
H L H H	F = A, B	F = (A, B) − 1	F = A, B
H H L L	F = H	F = A + A	F = A + A + 1
H H L H	F = A + B	F = (A + B) + A	F = (A + B) + A + 1
H H H L	F = A + B	F = (A + B) + A	F = (A + B) + A + 1
H H H H	F = A	F = A − 1	F = A

74181 0...70°C § 0...75°C	Typ - Type - Tipo −40...85°C § −25...85°C	−55...125°C	Hersteller Production Fabricants Produttori Fabricantes	Bild Fig. Fig. Sec 3	I_S &I_R mA	t_{PD} E→Q ns_{typ} ↓ ↕ ↑	t_{PD} E→Q ns_{max} ↓ ↕ ↑	Bem./Note f_T §f_Z &f_E MHz	74181 0...70°C § 0...75°C	Typ - Type - Tipo −40...85°C § −25...85°C	−55...125°C	Hersteller Production Fabricants Produttori Fabricantes	Bild Fig. Fig. Sec 3	I_S &I_R mA	t_{PD} E→Q ns_{typ} ↓ ↕ ↑	t_{PD} E→Q ns_{max} ↓ ↕ ↑	Bem./Note f_T §f_Z &f_E MHz
DM74181J			Nsc	24d	<150		19 19		**HC**								
DM74181N			Nsc	24g	<150		19 19		MC74HC181J		MC54HC181J	Mot	24c				
FLH401	§FLH405		Sie	24a	94	13 12	19 19		MC74HC181N			Mot	24a				
M53381			Mit	24g	<150		19 19			MM74HC181J	MM54HC181J	Nsc	24c	<8u	14 14	20 20	
MC74181J		MC54181J	Mot	24d	94	13 12	19 18			MM74HC181N		Nsc	24g	<8u	14 14	20 20	
MC74181N			Mot	24g	94	13 12	19 18		**LS**								
MC74181W		MC54181W	Mot	24n	94	13 12	19 18		HD74LS181			Hit	24g	<37		27 27	
N74181F		S54181F	Mul,Phi,Sig	24d	94	13 12	19 18		MB74LS181			Fui	24g	<37		27 27	
N74181N			Mul,Phi,Sig	24g	94	13 12	19 18		N74LS181F		S54LS181F	Mul,Phi,Sig	24d	21	13 18	20 27	
		S54181Q	Mul,Phi,Sig	24n	94	13 12	19 18		N74LS181N			Mul,Phi,Sig	24g	21	13 18	20 27	
SN74181J		SN54181J	Tix	24d	94	13 12	19 18				S54LS181Q	Mul,Phi,Sig	24n	21	13 18	20 27	
SN74181N	§SN84181N		Tix	24g	94	13 12	19 18		§SN74LS181J		SN54LS181J	Mot	24d	21	13 18	20 27	
SN74181NT			Tix	24a	94	13 12	19 18		SN74LS181J		SN54LS181J	Tix	24d	21	13 18	20 27	
		SN54181W	Tix	24n	94	13 12	19 18		§SN74LS181N			Mot	24g	21	13 18	20 27	
TL74181N	§TL84181N		Aeg	24g	94	13 12	19 18		SN74LS181N			Tix	24g	21	13 18	20 27	
µPB2181			Nip	24g	<150		19 19		SN74LS181NT			Tix	24a	21	13 18	20 27	
74181DC		54181DM	Fch	24d	<150		19 19				SN54LS181W	Tix	24n	21	13 18	20 27	
74181FC		54181FM	Fch	24n	<150		19 19		§SN74LS181W		SN54LS181W	Mot	24n	21	13 18	20 27	
74181J		54181J	Ray	24d	<150		19 19		74LS181DC		54LS181DM	Fch	24d	21		20 27	
74181PC			Fch	24g	<150		19 19		74LS181FC		54LS181FM	Fch	24n	21		20 27	
									74LS181J		54LS181J	Ray	24d	<37		27 27	
AS									74LS181PC			Fch	24g	21		20 27	
DM74AS181J		DM54AS181J	Nsc	24d	<200	7 7	9 9										
DM74AS181N			Nsc	24g	<200	7 7	9 9		**S**								
		SN54AS181J	Tix	24d					DM74S181J		DM54S181J	Nsc	24d	<220		10,5 10,5	
		SN54AS181JT	Tix	24c					DM74S181N			Nsc	24g	<220		10,5 10,5	
SN74AS181N			Tix	24g					HD74S181			Hit	24g	<220		10,5 10,5	
SN74AS181NT			Tix	24a					M74S181			Mit	24g	<220		10,5 10,5	
SN74AS181AFN		SN54AS181AFH	Tix	cc	135	7 7	11 11		N74S181F		S54S181F	Mul,Phi,Sig	24d	120	7 7	10,5 10,5	
			Tix	cc	135	7 7	9 9		N74S181N			Mul,Phi,Sig	24g	120	7 7	10,5 10,5	
SN74AS181AJ		SN54AS181AJ	Tix	24d	135	7 7	11 11				S54S181Q	Mul,Phi,Sig	24n	120	7 7	10,5 10,5	
SN74AS181AN			Tix	24g	135	7 7	9 9		SN74S181J		SN54S181J	Tix	24d	120	7 7	10,5 10,5	
									SN74S181N			Tix	24g	120	7 7	10,5 10,5	
F									SN74S181NT			Tix	24a	120	7 7	10,5 10,5	
74F181DC		54F181DM	Fch	24d	<65	9,5 9,5					SN54S181W	Tix	24n	120	7 7	10,5 10,5	
74F181FC		54F181FM	Fch	24n	<65	9,5 9,5			74S181DC		54S181DM	Fch	24d	<220		10,5 10,5	
74F181PC			Fch	24n	<65	9,5 9,5			74S181FC		54S181FM	Fch	24n	<220		10,5 10,5	
									74S181PC			Fch	24g	<220		10,5 10,5	

74182
Output: TP

Übertragseinheit für 74160-74163, 74181, 74281, 74381
Look-ahead carry generator for 74160-74163, 74181, 74281, 74381
Element de report parallèle pour 74160-74163, 74181, 74281, 74381
Elemento di riporto parallelo per 74160-74163, 74181, 74281, 74381
Generador de acarreo para 74160-74163, 74181, 74281, 74381

Pinout (DIP-16):
- 16: U_S
- 15: P2
- 14: G2
- 13: C_n
- 12: C_{n+x}
- 11: C_{n+y}
- 10: G
- 9: C_{n+z}
- 1: G1
- 2: P1
- 3: G0
- 4: P0
- 5: G3
- 6: P3
- 7: —
- 8: ⏚

Pin	FI N	FI S
G1	10	8
G0, G2	9	7
G3	5	4
P0, P1	5	4
P2	4	3
P3	3	2
Cn	2	1

$C_{n+x} = G0 + (P0, Cn)$
$C_{n+y} = G1 + (P1, G0) + (P1, P0, Cn)$
$C_{n+z} = G2 + (P2, G1) + (P2, P1, G0) + (P2, P1, P0, Cn)$
$G = G3 + (P3, G2) + (P3, P2, G1) + (P3, P2, P0, G0)$
$P = P3 + P2 + P1 + P0$

74182	Typ - Type - Tipo		Hersteller Production Fabricants Produttori Fabricantes	Bild Fig. Fig. Sec 3	I_S &I_R mA	t_{PD} E→Q ns$_{typ}$ ↓↕↑	t_{PD} E→Q ns$_{max}$ ↓↕↑	Bem./Note f_T §f_Z &f_E MHz
0...70°C § 0...75°C	−40...85°C § −25...85°C	−55...125°C						
MC74182W		MC54182W	Mot	16n	27	15 11	22 17	
N74182B			Mul,Phi,Sig	16a	27	15 11	22 17	
N74182F		S54182F	Mul,Phi,Sig	16n	27	15 11	22 17	
		S54182W	Mul,Phi,Sig	16n	27	15 11	22 17	
SFC4182E	§SFC4182ET	SFC4182EM	Nuc	16c	<72	22	22 17	
SN74182J		SN54182J	Tix	16c	27	15 11	22 17	
SN74182N	§SN84182N		Tix	16a	27	15 11	22 17	
		SN54182W	Tix	16n	27	15 11	22 17	
TL74182N	§TL84182N		Aeg	16a	27	15 11	22 17	
74182DC		54182DM	Fch	16c	<72		22 22	
74182FC		54182FM	Fch	16n	<72		22 22	
74182J		54182J	Ray	16c	<72		22 22	
74182PC			Fch	16a	<72		22 22	

AS

DM74AS182J		DM54AS182J	Nsc	16c				
DM74AS182N			Nsc	16a				
		SN54AS182FH	Tix	cc	23	5 5		
SN74AS182FN			Tix	cc	23	5 5		
		SN54AS182J	Tix	16c	23	5 5		
SN74AS182N			Tix	16a	23	5 5		

F

74F182DC		54F182DM	Fch	16c	<36		11,5	
74F182FC		54F182FM	Fch	16n	<36		11,5	
74F182PC			Fch	16n	<36		11,5	

HC

MC74HC182J		MC54HC182J	Mot	16c				
MC74HC182N			Mot	16a				
		MM74HC182J	MM54HC182J	Nsc	16c	<8u	16 16	24 24
		MM74HC182N		Nsc	16a	<8u	16 16	24 24

LS

SN74LS182J		SN54LS182J	Tix	16c				
SN74LS182N			Tix	16a				
		SN54LS182W	Tix	16n				
74LS182DC		54LS182DM	Fch	16c	<16	16 13		
74LS182FC		54LS182FM	Fch	16n	<16	16 13		
74LS182PC			Fch	16a	<16	16 13		

74182	Typ - Type - Tipo		Hersteller Production Fabricants Produttori Fabricantes	Bild Fig. Fig. Sec 3	I_S &I_R mA	t_{PD} E→Q ns$_{typ}$ ↓↕↑	t_{PD} E→Q ns$_{max}$ ↓↕↑	Bem./Note f_T §f_Z &f_E MHz
0...70°C § 0...75°C	−40...85°C § −25...85°C	−55...125°C						
DM74182J		DM54182J	Nsc	16c	<72		22 22	
DM74182N			Nsc	16a	<72		22 22	
FLH411	§FLH415		Sie	16a	27	15 11	22 17	
HD74182			Hit	16a	<72		22 22	
M53382			Mit	16a	<72		22 22	
MC74182J		MC54182J	Mot	16c	27	15 11	22 17	
MC74182N			Mot	16a	27	15 11	22 17	

74182	Typ - Type - Tipo		Hersteller Production Fabricants Produttori Fabricantes	Bild Fig. Fig. Sec	I_S &I_R	t_{PD} E→Q ns_{typ}	t_{PD} E→Q ns_{max}	Bem./Note f_T §f_Z &f_E
0...70°C § 0...75°C	−40...85°C § −25...85°C	−55...125°C		3	mA	↓ ↕ ↑	↓ ↕ ↑	MHz
S								
DM74S182J		DM54S182J	Nsc	16c	<109		10,5	
DM74S182N			Nsc	16a	<109		10,5	
HD74S182			Hit	16a	<109		10,5	
M74S182			Mit	16a	<109		10,5	
N74S182B			Mul,Phi,Sig	16a	35	7 6,5	10,5 10	
N74S182F		S54S182F	Mul,Phi,Sig	16c	35	7 6,5	10,5 10	
		S54S182W	Mul,Phi,Sig	16n	35	7 6,5	10,5 10	
SN74S182J		SN54S182J	Tix	16c	35	7 6,5	10,5 10	
SN74S182N			Tix	16a	35	7 6,5	10,5 10	
		SN54S182W	Tix	16n	35	7 6,5	10,5 10	
74S182DC		54S182DM	Fch	16c	<109		10,5	
74S182FC		54S182FM	Fch	16n	<109		10,5	
74S182PC			Fch	16a	<109		10,5	

74183
Output: TP

2 1-Bit Volladdierer
2 1-bit full adders
2 addeurs entiers à 1 bit
2 addizionatori di 1 bit
2 sumadores completos de 1 bit

FI = 3

Pinout (DIP-14):
- Pin 14: U_S
- Pin 13: A
- Pin 12: B
- Pin 11: C_n
- Pin 10: C_Q
- Pin 9: (nc)
- Pin 8: Q
- Pin 1: A
- Pin 2: B
- Pin 3: C_n
- Pin 4: C_Q
- Pin 5: Σ
- Pin 6: (nc)
- Pin 7: GND

Input			Output	
C_E	B	A	Σ	C_Q
L	L	L	L	L
L	L	H	H	L
L	H	L	H	L
L	H	H	L	H
H	L	L	H	L
H	L	H	L	H
H	H	L	L	H
H	H	H	H	H

74183	Typ - Type - Tipo			Hersteller Production Fabricants Produttori Fabricantes	Bild Fig. Fig. Sec 3	I_S &I_R mA	t_{PD} E→Q ns_{typ} ↓ ↕ ↑	t_{PD} E→Q ns_{max} ↓ ↕ ↑	Bem./Note f_T §f_Z &f_E MHz
	0...70°C § 0...75°C	−40...85°C § −25...85°C	−55...125°C						
HD74183				Hit	14a				
H									
FLH451	§FLH455			Sie	14a	48	12 10	18 15	
SN74H183J			SN54H183J	Tix	14c	48	12 10	18 15	
SN74H183N	§SN84H183N			Tix	14a	48	12 10	18 15	
			SN54H183W	Tix	14n	48	12 10	18 15	
LS									
M74LS183				Mit	14a	<17		23 23	
MB74LS183				Fui	14a	<17		23 23	
MB74LS183M				Fui	14c	<17		23 23	
SN74LS183J			SN54LS183J	Tix	14c	10	20 9	33 15	
SN74LS183N				Tix	14a	10	20 9	33 15	
			SN54LS183W	Tix	14n	10	20 9	33 15	

74184
Output: OC

BCD-zu-binär Kodeumsetzer
BCD-to-binary code converter
Convertisseur de code BCD / binaire
Convertitore di codice BCD / binario
Convertidor de código BCD a binario

74184
Output: OC

$FQ = 7{,}5$

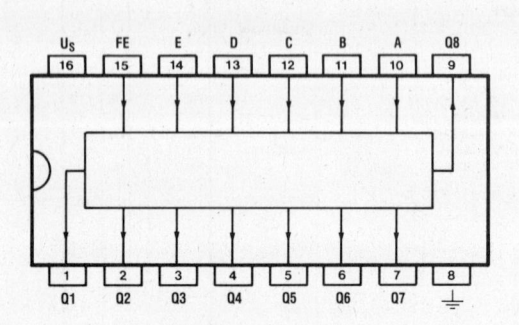

Schaltungsbeispiel
Typical circuit · Exemple de connexion · Esempio di circuito · Ejemplo de circuito

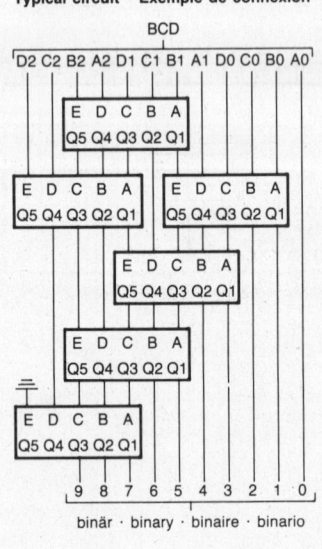

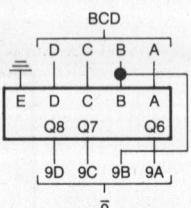

Pinout: U_S (16), FE (15), E (14), D (13), C (12), B (11), A (10), Q8 (9), GND (8), Q7 (7), Q6 (6), Q5 (5), Q4 (4), Q3 (3), Q2 (2), Q1 (1)

binär · binary · binaire · binario

9er Komplement · 9's complement
Complément de 9 · Complemento a 9
Complemento a nueve

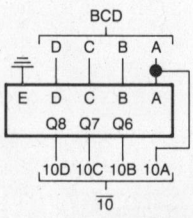

10er Komplement · 10's complement
Complément de 10 · Complemento a 10
Complemento a diez

74184	Typ - Type - Tipo		Hersteller Production Fabricants Produttori Fabricantes	Bild Fig. Fig. Sec 3	I_S &I_R mA	t_{PD} E·Q ns $_{typ}$ ↓ ↕ ↑	t_{PD} E·Q ns $_{max}$ ↓ ↕ ↑	Bem./Note f_T §f_Z &f_E MHz
0...70°C § 0...75°C	−40...85°C § −25...85°C	−55...125°C						
DM74184J		DM54184J	Nsc	16c	<99		40 40	
DM74184N			Nsc	16a	<99		40 40	
FLH561	§FLH565		Sie	16a	62	23 27	40 40	
SN74184J		SN54184J	Tix	16c	62	23 27	40 40	
SN74184N	§SN84184N		Tix	16a	62	23 27	40 40	
		SN54184W	Tix	16n	62	23 27	40 40	

74185
Output: OC

Binär-zu-BCD Kodeumsetzer
Binary-to-BCD code converter
Convertisseur de code binaire / BCD
Convertitore di codice binario / BCD
Convertidor de código binario a BCD

$FQ = 7,5$

Pinout (DIP-16):
- 16: U_S
- 15: FE
- 14: E
- 13: D
- 12: C
- 11: B
- 10: A
- 9: Q8
- 1: Q1
- 2: Q2
- 3: Q3
- 4: Q4
- 5: Q5
- 6: Q6
- 7: Q7
- 8: GND

Schaltungsbeispiel · Typical circuit · Exemple de connexion · Esempio di circuito · Ejemplo de circuito

binär · binary · binaire · binario: 11 10 9 8 7 6 5 4 3 2 1 0

Stage 1: E D C B A = Q6 Q5 Q4 Q3 Q2 Q1
Stage 2: E D C B A = Q5 Q4 Q3 Q2 Q1
Stage 3: E D C B A = Q6 Q5 Q4 Q3 Q2 Q1 ; E D C B A = Q5 Q4 Q3 Q2 Q1
Stage 4: E D C B A = Q5 Q4 Q3 Q2 Q1 ; E D C B A = Q5 Q4 Q3 Q2 Q1
Stage 5: E D C B A = Q6 Q5 Q4 Q3 Q2 Q1 ; D C B A = Q4 Q3 Q2 Q1

BCD outputs: C3 B3 A3 D2 C2 B2 A2 D1 C1 B1 A1 D0 C0 B0 A0

74185	Typ - Type - Tipo			Hersteller Production Fabricants Produttori Fabricantes	Bild Fig. Fig. Sec 3	I_S &I_R mA	t_{PD} E→Q ns typ ↓↕↑	t_{PD} E→Q ns max ↓↕↑	Bem./Note f_T §f_Z &f_E MHz
	0...70°C § 0...75°C	−40...85°C § −25...85°C	−55...125°C						
DM74185J	DM74185J		DM54185J	Nsc	16c	<99		40 40	
DM74185N	DM74185N			Nsc	16a	<99		40 40	
FLH571	FLH571	§FLH575		Sie	16a	56	23 27	40 40	
SN74185J	SN74185J		SN54185J	Tix	16c	56	23 27	40 40	
SN74185N	SN74185N			Tix	16a	56	23 27	40 40	
			SN54185W	Tix	16n	56	23 27	40 40	
SN74185AJ	SN74185AJ		SN54185AJ	Tix	16c	62	23 27	40 40	
SN74185AN	SN74185AN	§SN84185N		Tix	16a	62	23 27	40 40	
			SN54185AW	Tix	16n	62	23 27	40 40	

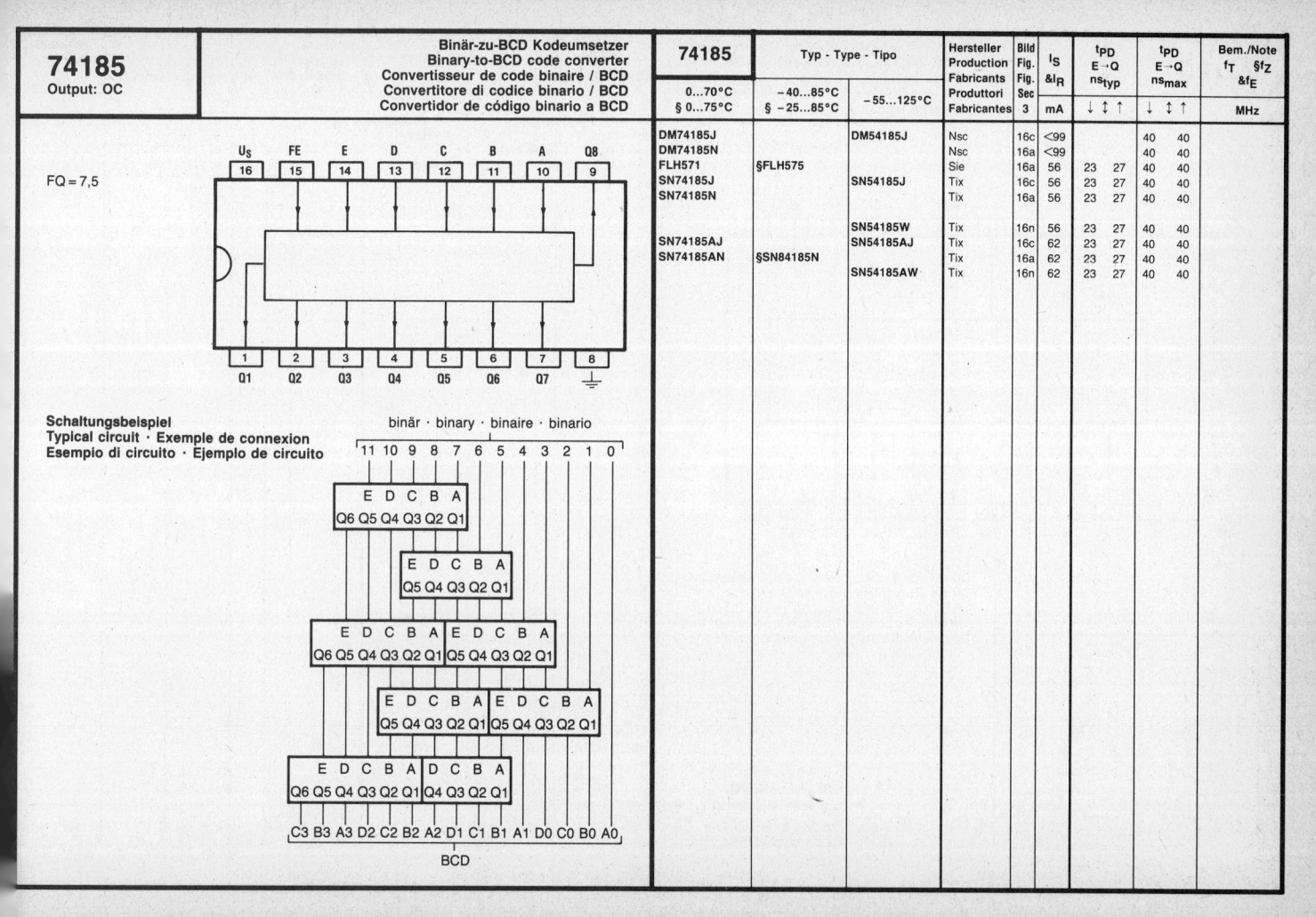

74186
Output: OC

64x8-Bit PROM (programmierbarer Lesespeicher)
64x8-bit PROM (programmable read-only memory)
PROM à 64x8 bits (mémoire de lecture programmable)
PROM di 64x8 bit (memoria di lettura programmabile)
PROM (memoria de sólo lectura programable) de 64x8 bits

74186	Typ - Type - Tipo			Hersteller Production Fabricants Produttori Fabricantes	Bild Fig. Fig. Fig. Sec 3	I_S &I_R mA	t_{PD} E→Q ns$_{typ}$ ↓↕↑	t_{PD} E→Q ns$_{max}$ ↓↕↑	Bem./Note f_T §f_Z &f_E MHz
0...70°C § 0...75°C	−40...85°C § −25...85°C		−55...125°C						
SN74186J SN74186N	§SN84186N		SN54186J SN54186W	Tix Tix Tix	24d 24g 24n	80 80 80	45 55 45 55 45 55	75 75 75 75 75 75	

Q9 nur für Programmierung und Testzwecke
Q9 for programming and tests only
Q9 seulement pour programmation et l'essai
Q9 solo per programmazione e per scopi di test
Q9 solamente para programación y tests

		Input					Output
FE1	FE2	F	E	D	C	B	A	Wort*
L	X	X	X	X	X	X	X	—
X	L	X	X	X	X	X	X	—
H	H	L	L	L	L	L	L	0
H	H	L	L	L	L	L	H	1
H	H	L	L	L	L	H	L	2
.	.	.	.	.	.	.	.	.
H	H	H	H	H	H	H	L	62
H	H	H	H	H	H	H	H	63

*word · mot · parola · palabra

Siehe auch Section 5
See also section 5
Voir aussi section 5
Vedi anche sezione 5
Veasé tambien sección 5

74187
Output: OC

256x4-Bit ROM (Lesespeicher)
256x4-bit ROM (read-only memory)
ROM à 256x4 bits (mémoire de lecture)
ROM di 256x4 bit (memoria di lettura)
ROM (memoria de sólo lectura) de 256x4 bits

74187	Typ - Type - Tipo			Hersteller Production Fabricants Produttori Fabricantes	Bild Fig. Fig. Sec 3	I_S &I_R mA	t_{PD} E→Q ns_{typ} ↓ ↕ ↑			t_{PD} E→Q ns_{max} ↓ ↕ ↑			Bem./Note f_T §f_Z &f_E MHz
0...70°C § 0...75°C	−40...85°C § −25...85°C		−55...125°C										
SN74187J			SN54187J	Tix	16c	92	40		40	60		60	
SN74187N	§SN84187N			Tix	16a	92	40		40	60		60	
			SN54187W	Tix	16n	92	40		40	60		60	

```
       Us   H   FE2  FE1  Q0   Q1   Q2   Q3
       16   15   14   13   12   11   10   9
       ┌────────────────────────────────────┐
       │                                    │
       │                                    │
       └────────────────────────────────────┘
       1    2    3    4    5    6    7    8
       G    F    E    D    A    B    C    ⏚
```

FE1	FE2	Input								Output Wort*
		H	G	F	E	D	C	B	A	
H	X	X	X	X	X	X	X	X	X	—
X	H	X	X	X	X	X	X	X	X	—
L	L	L	L	L	L	L	L	L	L	0
L	L	L	L	L	L	L	L	L	H	1
L	L	L	L	L	L	L	L	H	L	2
.	.	.	.	.	.	.	.	.	.	.
L	L	H	H	H	H	H	H	H	L	254
L	L	H	H	H	H	H	H	H	H	255

*word · mot · parola · palabra

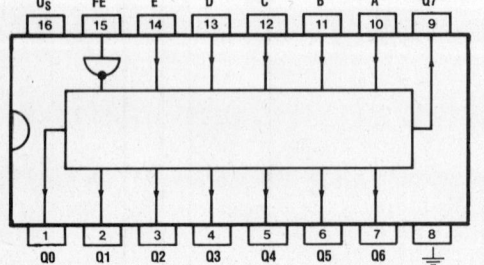

74188
Output: OC

32x8-Bit PROM (programmierbarer Lesespeicher)
32x8-bit PROM (programmable read-only memory)
PROM à 32x8 bits (mémoire de lecture programmable)
PROM di 32x8 bit (memoria di lettura programmabile)
PROM (memoria de sólo lectura programable) de 32x8 bits

74188	Typ - Type - Tipo			Hersteller Production Fabricants Produttori Fabricantes	Bild Fig. Fig. Sec 3	I_S &I_R mA	t_{PD} E→Q ns$_{typ}$ ↓ ↕ ↑			t_{PD} E→Q ns$_{max}$ ↓ ↕ ↑		Bem./Note f_T §f_Z &f_E MHz
0...70°C § 0...75°C	−40...85°C § −25...85°C		−55...125°C									
SN74188J			SN54188J	Tix	16c	80	31	28		50	50	
SN74188N				Tix	16a	80	31	28		50	50	
			SN54188W	Tix	16n	80	31	28		50	50	
SN74188AJ			SN54188AJ	Tix	16c	66	31	28		50	50	
SN74188AN	§SN84188AN			Tix	16a	66	31	28		50	50	
S												
SN74S188J			SN54S188J	Tix	16c		25	25				
SN74S188N				Tix	16a		25	25				
			SN54S188W	Tix	16n		25	25				

Pinout (DIP-16):
- Pin 16: U_S
- Pin 15: FE
- Pin 14: E
- Pin 13: D
- Pin 12: C
- Pin 11: B
- Pin 10: A
- Pin 9: Q7
- Pin 1: Q0
- Pin 2: Q1
- Pin 3: Q2
- Pin 4: Q3
- Pin 5: Q4
- Pin 6: Q5
- Pin 7: Q6
- Pin 8: GND

Input					Output Wort*
FE	E	D	C	B	A	
H	X	X	X	X	X	—
L	L	L	L	L	L	0
L	L	L	L	L	H	1
L	L	L	L	H	L	2
.	.	.	.	.	.	.
L	H	H	H	H	L	30
L	H	H	H	H	H	31

*word · mot · parola · palabra

Siehe auch Section 5
See also section 5
Voir aussi section 5
Vedi anche sezione 5
Veasé tambien sección 5

74189
Output: TS

16x4-Bit RAM (Schreib- / Lesespeicher)
16x4-bit RAM (random access memory)
RAM à 16x4 bits (mémoire d'inscription / lecture)
RAM di 16x4 bit (memoria ad accesso aleatorio)
RAM (memoria de lectura y escritura) de 16x4 bits

FI = 0,5

Pinout (DIP-16):
- Pin 16: U_S
- Pin 15: B
- Pin 14: C
- Pin 13: D
- Pin 12: D3
- Pin 11: Q3
- Pin 10: D2
- Pin 9: Q2
- Pin 1: A
- Pin 2: FE
- Pin 3: WE
- Pin 4: D0
- Pin 5: Q0
- Pin 6: D1
- Pin 7: Q1
- Pin 8: ⏚

Siehe auch Section 4
See also section 4
Voir aussi section 4
Vedi anche sezione 4
Veasé tambien sección 4

Input		Output	Funktion Function · Fonction · Funzione · Función
FE	WE		
H	X	Z*	sperren · inhibit · bloçage · bloccare · bloqueo
L	L	Z*	schreiben · write · mémorisation · immissione · escritura
L	H	Data	lesen · read · balaiement · estrazione · lectura

* hochohmig · high impedance · haute impédance · alta resistencia · alta impedancia

74189	Typ - Type - Tipo		Hersteller Production Fabricants Produttori Fabricantes	Bild Fig. Fig. Sec 3	I_S &I_R mA	t_{PD} E→Q ns_{typ} ↓↕↑	t_{PD} E→Q ns_{max} ↓↕↑	Bem./Note f_T §f_Z &f_E MHz
0...70°C § 0...75°C	−40...85°C § −25...85°C	−55...125°C						
SN74LS189J		SN54LS189J	Tix	16c				
SN74LS189N			Tix	16a				
		SN54LS189W	Tix	16n				
74LS189DC		54LS189DM	Fch	16c				
74LS189FC		54LS189FM	Fch	16n				
74LS189PC			Fch	16a				
S								
SN74S189J		SN54S189J	Tix	16c	75	25		
SN74S189N			Tix	16a	75	25		
		SN54S189W	Tix	16n	75	25		

2-243

74190

Output: TP

Synchroner programmierbarer Dezimalzähler
Synchronous programmable decade counter
Compteur décimal synchrone programmable
Contatore decadico sincrono programmabile
Contador decimal síncrono programable

FI = 1
FI (FE) = 3

Pinout (DIP-16):
- 16: U_S
- 15: A
- 14: T
- 13: FQ
- 12: Ü
- 11: S
- 10: C
- 9: D
- 1: B
- 2: QB
- 3: QA
- 4: FE
- 5: BA
- 6: QC
- 7: QD
- 8: ⏚

Function Table

Input t_n							Output t_{n+1}					
FE	S	D	C	B	A	BA	T	QD	QC	QB	QA	Ü	FQ
1) H	H	X	X	X	X	X	X	keine Veränderung*				L	H
2) X	L	X	X	X	X	X	X	D	C	B	A	L	H
3) L	H	X	X	X	X	L	↑	vorwärts**				L	H
3) L	H	X	X	X	X	H	↑	rückwärts***				L	H
4) L	H	X	X	X	X	L	↑	H	H	L	H	⎍	⎍
4) L	H	X	X	X	X	L	↑	H	L	L	H	⎍	⎍
4) L	H	X	X	X	X	L	↑	L	L	L	L	⎍	⎍

* No change · Pas de modification · Senza alterazione · Sin modificación
** Count up · Compter vers l'avant · Contare in avanti · Cuenta adelante
*** Count down · Vers l'arrière · Contare indietro · Cuenta atrás

Type Data

74190 0...70°C § 0...75°C	74190 −40...85°C § −25...85°C	Typ −55...125°C	Hersteller Production Fabricants Produttori Fabricantes	Bild Fig. Fig. Sec 3	I_S &I_R mA	t_{PD} E→Q ns_{typ} ↓ ↕ ↑	t_{PD} E→Q ns_{max} ↓ ↕ ↑	Bem./Note f_T §f_Z &f_E MHz
DM74190J		DM54190J	Nsc	16c	<105		50 50	20
DM74190N			Nsc	16a	<105		50 50	20
DM74190W		DM54190W	Nsc	16n	<105		50 50	20
FLJ201	§FLJ205		Sie	16a	65	35 14	50 22	20
HD74190			Hit	16a	<105		50 50	20
M53390P			Mit	16a	<105		50 50	20
MB456			Fui	16c	<105		50 50	20
MB456M			Fui	16c	<105		50 50	20
MC74190J		MC54190J	Mot	16c	65	35 14	50 22	20
MC74190N			Mot	16a	65	35 14	50 22	20
MC74190W		MC54190W	Mot	16n	65	35 14	50 22	20
MIC74190J	MIC64190J	MIC54190J	Itt	16c	65	35 14	50 22	20
MIC74190N			Itt	16a	65	35 14	50 22	20
N74190B			Mul,Phi,Sig	16a	65	35 14	50 22	20
N74190F		S54190F	Mul,Phi,Sig	16c	65	35 14	50 22	20
		S54190W	Mul,Phi,Sig	16n	65	35 14	50 22	20
SN74190J		SN54190J	Tix	16c	65	35 14	50 22	20
SN74190N	§SN84190N		Tix	16a	65	35 14	50 22	20
		SN54190W	Tix	16n	65	35 14	50 22	20
TL74190N	§TL84190N		Aeg	16a	65	35 14	50 22	20
74190DC		54190DM	Fch	16c	<105		50 50	20
74190FC		54190FM	Fch	16n	<105		50 50	20
74190J		54190J	Ray	16c	<105		50 50	20
74190PC			Fch	16a	<105		50 50	20
ALS								
MC74ALS190J		MC54ALS190J	Mot	16c	12		21 21	25
MC74ALS190N			Mot	16a	12		21 21	25
MC74ALS190W		MC54ALS190W	Mot	16n	12		21 21	25
		SN54ALS190FH	Tix	cc	12		25 25	20
SN74ALS190FN			Tix	cc	12		21 21	25
		SN54ALS190J	Tix	16c	12		25 25	20
SN74ALS190N			Tix	16a	12		21 21	25
		SN54ALS190W	Tix	16n	12		25 25	20

74190 0...70°C § 0...75°C	Typ - Type - Tipo -40...85°C § -25...85°C	-55...125°C	Hersteller Production Fabricants Produttori Fabricantes	Bild Fig. Fig. Sec 3	I_S &I_R mA	t_{PD} E→Q ns$_{typ}$ ↓ ↕ ↑	t_{PD} E→Q ns$_{max}$ ↓ ↕ ↑	Bem./Note f_T §f_Z &f_E MHz	74190 0...70°C § 0...75°C	Typ - Type - Tipo -40...85°C § -25...85°C	-55...125°C	Hersteller Production Fabricants Produttori Fabricantes	Bild Fig. Fig. Sec 3	I_S &I_R mA	t_{PD} E→Q ns$_{typ}$ ↓ ↕ ↑	t_{PD} E→Q ns$_{max}$ ↓ ↕ ↑	Bem./Note f_T §f_Z &f_E MHz
F									§SN74LS190W		SN54LS190W	Tix	16n	20	27 20	40 32	20
MC74F190J		MC54F190J	Mot	16c	<55		18 18	80	74LS190DC		SN54LS190W	Mot	16n	20	27 20	40 32	20
MC74F190N			Mot	16a	<55		18 18	80	74LS190FC		54LS190DM	Fch	16n	20		50 22	25
MC74F190W		MC54F190W	Mot	16n	<55		18 18	80	74LS190J		54LS190FM	Fch	16n	20		50 22	25
74F190DC		54F190DM	Fch	16c	<55		18 18	80			54LS190J	Ray	16c	<35		40 40	20
74F190FC		54F190FM	Fch	16n	<55		18 18	80	74LS190PC			Fch	16a	20		50 22	25
74F190PC			Fch	16n	<55		18 18	80									
HC																	
§CD74HC190E			Rca	16a		18 18		60									
		CD54HC190F	Rca	16c		18 18		60									
MC74HC190J		MC54HC190J	Mot	16c													
MC74HC190N			Mot	16a													
	MM74HC190J	MM54HC190J	Nsc	16c	<8u	25 25	39 39	23									
	MM74HC190N		Nsc	16a	<8u	25 25	39 39	23									
	SN74HC190FH	SN54HC190FH	Tix	cc	<8u		32 32	24									
		SN54HC190FK	Tix	cc	<8u		32 32	24									
	SN74HC190FN		Tix	cc	<8u		32 32	24									
	SN74HC190J	SN54HC190J	Tix	16c	<8u		32 32	24									
	SN74HC190N		Tix	16c	<8u		32 32	24									
			Tix	16a	<8u		32 32	24									
HCT																	
§CD74HCT190E			Rca	16a		18 18		60									
		CD54HCT190F	Rca	16c		18 18		60									
LS																	
DM74LS190J		DM54LS190J	Nsc	16c	<35		40 40	20									
DM74LS190N			Nsc	16a	<35		40 40	20									
HD74LS190			Hit	16a	<35		40 40	20									
M74LS190			Mit	16a	<35		40 40	20									
MB74LS190			Fui	16a	<35		40 40	20									
MB74LS190M			Fui	16c	<35		40 40	20									
§SN74LS190J		SN54LS190J	Mot	16c	20	27 20	40 32	20									
SN74LS190J		SN54LS190J	Tix	16c	20	27 20	40 32	20									
§SN74LS190N			Mot	16a	20	27 20	40 32	20									
SN74LS190N			Tix	16a	20	27 20	40 32	20									

2-245

74191

Output: TP

Synchroner programmierbarer Binärzähler
Synchronous programmable binary counter
Compteur binaire synchrone programmable
Contatore binario sincrono programmabile
Contador binario síncrono programable

FI = 1
FI (FE) = 3

Pinout (DIP-16):
- 16: U_S
- 15: A
- 14: T
- 13: FQ
- 12: Ü
- 11: S
- 10: C
- 9: D
- 8: GND
- 7: QD
- 6: QC
- 5: BA
- 4: FE
- 3: QA
- 2: QB
- 1: B

74191			Hersteller	Bild	I_S	t_{PD} E→Q	t_{PD} E→Q	Bem./Note
0...70°C § 0...75°C	−40...85°C § −25...85°C	−55...125°C	Production Fabricants Produttori Fabricantes	Fig. Fig. Sec 3	&I_R mA	ns$_{typ}$ ↓ ↕ ↑	ns$_{max}$ ↓ ↕ ↑	f_T §f_Z &f_E MHz
DM74191J		DM54191J	Nsc	16c	<105		50 50	20
DM74191N			Nsc	16a	<105		50 50	20
DM74191W		DM54191W	Nsc	16n	<105		50 50	20
FLJ211	§FLJ215		Sie	16a	65	35 14	50 22	20
HD74191			Hit	16a	<105		50 50	20
M53391P			Mit	16a	<105		50 50	20
MB456			Fuj	16a	<105		50 50	20
MC74191J		MC54191J	Mot	16c	65	35 14	50 22	20
MC74191N			Mot	16a	65	35 14	50 22	20
MC74191W		MC54191W	Mot	16n	65	35 14	50 22	20
MIC74191J	MIC64191J	MIC54191J	Itt	16c	65	35 14	50 22	20
MIC74191N			Itt	16a	65	35 14	50 22	20
N74191B			Mul,Phi,Sig	16a	65	35 14	50 22	20
N74191F		S54191F	Mul,Phi,Sig	16c	65	35 14	50 22	20
		S54191W	Mul,Phi,Sig	16n	65	35 14	50 22	20
SN74191J		SN54191J	Tix	16c	65	35 14	50 22	20
SN74191N	§SN84191N		Tix	16a	65	35 14	50 22	20
		SN54191W	Tix	16n	65	35 14	50 22	20
TL74191N	§TL84191N		Aeg	16a	65	35 14	50 22	20
74191DC		54191DM	Fch	16c	<105		50 50	20
74191FC		54191FM	Fch	16n	<105		50 50	20
74191J		54191J	Ray	16c	<105		50 50	20
74191PC			Fch	16a	<105		50 50	20
ALS								
MC74ALS191J		MC54ALS191J	Mot	16c	12		21 21	25
MC74ALS191N			Mot	16a	12		21 21	25
MC74ALS191W		MC54ALS191W	Mot	16n	12		21 21	25
		SN54ALS191FH	Tix	cc	12		25 25	20
SN74ALS191FN			Tix	cc	12		21 21	25
		SN54ALS191J	Tix	16c	12		25 25	20
SN74ALS191N			Tix	16a	12		21 21	25
		SN54ALS191W	Tix	16n	12		25 25	20

	Input t_n						Output t_{n+1}					
	FE	S	D	C	B	A	BA	T	QD	QC	QB	QA	Ü	FQ
1)	H	H	X	X	X	X	X		keine Veränderung*				L	H
2)	X	L						X	X	D	C	B	A	L	H
3)	L	H	X	X	X	X	L	↑	vorwärts**				L	H
	L	H	X	X	X	X	H	↑	rückwärts***				L	H
4)	L	H	X	X	X	X	L	↑	H	H	H	L	L	H
	L	H	X	X	X	X	L	↑	H	H	H	H	⊓⊔	
	L	H	X	X	X	X	L	↑	L	L	L	L		

* No change · Pas de modification · Senza alterazione · Sin modificación
** Count up · Compter vers l'avant · Contare in avanti · Cuenta adelante
*** Count down · Vers l'arrière · Contare indietro · Cuenta atrás

74191 0...70°C § 0...75°C	Typ - Type - Tipo −40...85°C § −25...85°C	−55...125°C	Hersteller Production Fabricants Produttori Fabricantes	Bild Fig. Fig. Sec 3	I_S &I_R mA	t_{PD} E→Q ns_{typ} ↓ ↕ ↑	t_{PD} E→Q ns_{max} ↓ ↕ ↑	Bem./Note f_T §f_Z &f_E MHz
F								
MC74F191J		MC54F191J	Mot	16c	<55		18 18	80
MC74F191N			Mot	16a	<55		18 18	80
MC74F191W		MC54F191W	Mot	16n	<55		18 18	80
74F191DC		54F191DM	Fch	16c	<55		18 18	80
74F191FC		54F191FM	Fch	16n	<55		18 18	80
74F191PC			Fch	16n	<55		18 18	80
HC								
§CD74HC191E			Rca	16a		18 18		60
		CD54HC191F	Rca	16c		18 18		60
MC74HC191J		MC54HC191J	Mot	16c				
MC74HC191N			Mot	16a				
	MM74HC191J	MM54HC191J	Nsc	16c	<8u	25 25	39 39	23
	MM74HC191N		Nsc	16a	<8u	25 25	39 39	23
SN74HC191FH		SN54HC191FH	Tix	cc	<8u		32 32	24
			Tix	cc	<8u		32 32	24
SN74HC191FN		SN54HC191FK	Tix	cc	<8u		32 32	24
			Tix	cc	<8u		32 32	24
		SN54HC191J	Tix	16c	<8u		32 32	24
SN74HC191J			Tix	16c	<8u		32 32	24
SN74HC191N			Tix	16a	<8u		32 32	24
HCT								
§CD74HCT191E			Rca	16a		18 18		60
		CD54HCT191F	Rca	16c		18 18		60
	MM74HCT191J	MM54HCT191J	Nsc	16c	<8u	28 28	46 46	20
	MM74HCT191N		Nsc	16a	<8u	28 28	46 46	20
LS								
DM74LS191J		DM54LS191J	Nsc	16c	<35		40 40	20
DM74LS191N			Nsc	16a	<35		40 40	20
HD74LS191			Hit	16a	<35		40 40	20
M74LS191			Mit	16a	<35		40 40	20
MB74LS191			Fui	16a	<35		40 40	20
MB74LS191M			Fui	16c	<35		40 40	20
§SN74LS191J		SN54LS191J	Mot	16c	20	27 20	40 32	20
SN74LS191J		SN54LS191J	Tix	16c	20	27 20	40 32	20
§SN74LS191N			Mot	16a	20	27 20	40 32	20
SN74LS191N			Tix	16a	20	27 20	40 32	20

74191 0...70°C § 0...75°C	Typ - Type - Tipo −40...85°C § −25...85°C	−55...125°C	Hersteller Production Fabricants Produttori Fabricantes	Bild Fig. Fig. Sec 3	I_S &I_R mA	t_{PD} E→Q ns_{typ} ↓ ↕ ↑	t_{PD} E→Q ns_{max} ↓ ↕ ↑	Bem./Note f_T §f_Z &f_E MHz
§SN74LS191W		SN54LS191W	Tix	16n	20	27 20	40 32	20
		SN54LS191W	Mot	16n	20	27 20	40 32	20
74LS191DC		54LS191DM	Fch	16c	20		50 22	25
74LS191FC		54LS191FM	Fch	16n	20		50 22	25
74LS191J		54LS191J	Ray	16c	<35		40 40	20
74LS191PC			Fch	16a	20		50 22	25

2-247

74192
Output: TP

Synchroner programmierbarer Dezimalzähler
Synchronous programmable decade counter
Compteur décimal synchrone programmable
Contatore decadico sincrono programmabile
Contador decimal síncrono programable

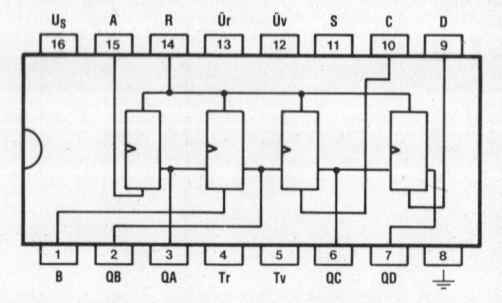

Pinout (DIP-16):
- Pin 16: U_S
- Pin 15: A
- Pin 14: R
- Pin 13: Ür
- Pin 12: Üv
- Pin 11: S
- Pin 10: C
- Pin 9: D
- Pin 1: B
- Pin 2: QB
- Pin 3: QA
- Pin 4: Tr
- Pin 5: Tv
- Pin 6: QC
- Pin 7: QD
- Pin 8: GND

Function Table

	Input t_n								Output t_{n+1}					
	R	S	D	C	B	A	Tv	Tr	QD	QC	QB	QA	Üv	Ür
1)	H	X	X	X	X	X	X	X	L	L	L	L	H	H
2)	L	L					X	X	D	C	B	A	H	H
3)	L	H	X	X	X	X	↑	H	vorwärts*				H	H
	L	H	X	X	X	X	H	↑	rückwärts**				H	H
4)	L	H	X	X	X	X	↑	H	H	L	L	L	⊓	H
	L	H	X	X	X	X	↑	H	H	L	L	H	⊓	H
	L	H	X	X	X	X	↑	H	L	L	L	L	⊓	H
5)	L	H	X	X	X	X	H	↑	L	L	L	L	H	⊔
	L	H	X	X	X	X	H	↑	H	L	L	H	H	⊔
	L	H	X	X	X	X	H	↑	H	L	L	L	H	⊔

* Count up · Compter vers l'avant · Contare in avanti · Cuenta adelante
** Count down · Vers l'arrière · Contare indietro · Cuenta atrás

Type Table

74192			Hersteller Production Fabricants Produttori Fabricantes	Bild Fig. Fig. Sec 3	I_S & I_R mA	t_{PD} E→Q ns typ ↓ ↕ ↑	t_{PD} E→Q ns max ↓ ↕ ↑	Bem./Note f_T §f_Z & f_E MHz
0…70°C § 0…75°C	−40…85°C § −25…85°C	−55…125°C						
DM74192J		DM54192J	Nsc	16c	<102		47 47	25
DM74192N			Nsc	16a	<102		47 47	25
DM74192W		DM54192W	Nsc	16n	<102		47 47	25
FLJ241	§FLJ245		Sie	16a	65	29 27	40 40	25
HD74192			Hit	16a	<102		47 47	25
M53392P			Mit	16a	<102		47 47	25
MC74192J		MC54192J	Mot	16c	65	29 27	40 40	25
MC74192N			Mot	16a	65	29 27	40 40	25
MC74192W		MC54192W	Mot	16n	65	29 27	40 40	25
MIC74192J	MIC64192J	MIC54192J	Itt	16c	65	29 27	40 40	25
MIC74192N			Itt	16a	65	29 27	40 40	25
N74192B			Mul,Phi,Sig	16a	65	29 27	40 40	25
N74192F		S54192F	Mul,Phi,Sig	16c	65	29 27	40 40	25
		S54192W	Mul,Phi,Sig	16n	65	29 27	40 40	25
SFC4192E	§SFC4192ET	SFC4192EM	Nuc,Ses	16c	65		47	32
SN74192J		SN54192J	Tix	16c	65	29 27	40 40	25
SN74192N	§SN84192N		Tix	16a	65	29 27	40 40	25
		SN54192W	Tix	16n	65	29 27	40 40	25
SW74192J			Stw	16c	68,2	20		25
SW74192N			Stw	16a	68,2	20		25
T74192B1			Sgs	16a	65	29 27	40 40	25
T74192D1		T54192D2	Sgs	16c	65	29 27	40 40	25
TD34192			Tos	16a	<102		47 47	25
TL74192N	§TL84192N		Aeg	16a	65	29 27	40 40	25
ZN74192E			Fer	16a	65		47	32
ZN74192J		ZN54192J	Fer	16c	65		47	32
μPB2192			Nip	16a	<102		47 47	25
74192DC		54192DM	Fch	16c	<102		47 47	25
74192FC		54192FM	Fch	16n	<102		47 47	25
74192J		54192J	Ray	16c	<102		47 47	25
74192PC			Fch	16a	<102		47 47	25

ALS

MC74ALS192J		MC54ALS192J	Mot	16c	12		28 30	25
MC74ALS192N			Mot	16a	12		28 30	25
MC74ALS192W		MC54ALS192W	Mot	16n	12		28 30	25
		SN54ALS192FH	Tix	cc	12		31 35	20
SN74ALS192FN			Tix	cc	12		28 30	25
SN74ALS192N		SN54ALS192J	Tix	16c	12		31 35	20
			Tix	16a	12		28 30	25
		SN54ALS192W	Tix	16n	12		31 35	20

74192 0...70°C § 0...75°C	Typ - Type - Tipo −40...85°C § −25...85°C	−55...125°C	Hersteller Production Fabricants Produttori Fabricantes	Bild Fig. Fig. Sec 3	I_S &I_R mA	t_{PD} E→Q ns_{typ} ↓ ↕ ↑	t_{PD} E→Q ns_{max} ↓ ↕ ↑	Bem./Note f_T §f_Z &f_E MHz	74192 0...70°C § 0...75°C	Typ - Type - Tipo −40...85°C § −25...85°C	−55...125°C	Hersteller Production Fabricants Produttori Fabricantes	Bild Fig. Fig. Sec 3	I_S &I_R mA	t_{PD} E→Q ns_{typ} ↓ ↕ ↑	t_{PD} E→Q ns_{max} ↓ ↕ ↑	Bem./Note f_T §f_Z &f_E MHz
C									**LS**								
	MM74C192J	MM54C192J	Nsc	16c	50n	250 250	400 400	2,5	DM74LS192J		DM54LS192J	Nsc	16c	<34		47 47	25
	MM74C192N		Nsc	16a	50n	250 250	400 400	2,5	DM74LS192N			Nsc	16a	<34		47 47	25
		MM54C192W	Nsc	16o	50n	250 250	400 400	2,5	HD74LS192			Hit	16a	<34		47 47	25
									M74LS192			Mit	16a	<34		47 47	25
F									MB74LS192			Fui	16a	<34		47 47	25
74F192DC		54F192DM	Fch	16c	<35		13 13	80	MB74LS192M			Fui	16c	<34		47 47	25
74F192FC		54F192FM	Fch	16n	<35		13 13	80	§SN74LS192J		SN54LS192J	Mot	16c	19	25 24	40 40	25
74F192PC			Fch	16n	<35		13 13	80	SN74LS192J		SN54LS192J	Tix	16c	19	25 24	40 40	25
									§SN74LS192N			Mot	16a	19	25 24	40 40	25
HC									SN74LS192N			Tix	16a	19	25 24	40 40	25
§CD74HC192E			Rca	16a		24 24		60			SN54LS192W	Tix	16n	19	25 24	40 40	25
		CD54HC192F	Rca	16c		24 24		60	§SN74LS192W		SN54LS192W	Mot	16n	19	25 24	40 40	25
MC74HC192J		MC54HC192J	Mot	16c					74LS192DC		54LS192DM	Fch	16c	19	18 22	28 31	30
MC74HC192N			Mot	16a					74LS192FC		54LS192FM	Fch	16n	19	18 22	28 31	30
	MM74HC192J	MM54HC192J	Nsc	16c	<8u	39 30	49 39		74LS192J		54LS192J	Ray	16c	<34		47 47	25
	MM74HC192N		Nsc	16a	<8u	39 30	49 39		74LS192PC			Fch	16a	19	18 22	28 31	30
	SN74HC192FH	SN54HC192FH	Tix	cc	<8u			24									
			Tix	cc	<8u			24									
	SN74HC192FN	SN54HC192FK	Tix	cc	<8u			24									
			Tix	cc	<8u			24									
		SN54HC192J	Tix	16c	<8u			24									
	SN74HC192J		Tix	16c	<8u			24									
	SN74HC192N		Tix	16a	<8u			24									
HCT																	
§CD74HCT192E			Rca	16a		24 24		60									
		CD54HCT192F	Rca	16c		24 24		60									
L																	
DM74L192F		DM54L192F	Nsc	16n	8		150	12									
DM74L192J		DM54L192J	Nsc	16c	8		150	12									
DM74L192N			Nsc	16a	8		150	12									
SN74L192J		SN54L192J	Tix	16c	85	135 104	240 200	7									
SN74L192N	§SN84L192N		Tix	16a	85	135 104	240 200	7									

74193
Output: TP

Synchroner programmierbarer Binärzähler
Synchronous programmable binary counter
Compteur binaire synchrone programmable
Contatore binario sincrono programmabile
Contador binario síncrono programable

Pinout (DIP-16):
- 16: U_S
- 15: A
- 14: R
- 13: $Ü_r$
- 12: $Ü_v$
- 11: S
- 10: C
- 9: D
- 1: B
- 2: QB
- 3: QA
- 4: Tr
- 5: Tv
- 6: QC
- 7: QD
- 8: GND

Funktionstabelle

	Input t_n							Output t_{n+1}					
	R	S	D	C	B	A	Tv	Tr	QD	QC	QB	QA	$Ü_v$	$Ü_r$
1)	H	X	X	X	X	X	X	X	L	L	L	L	H	H
2)	L	L			X	X	X	X	D	C	B	A	H	H
3)	L	H	X	X	X	X	↑	H	vorwärts*				H	H
	L	H	X	X	X	X	H	↑	rückwärts**				H	H
4)	L	H	X	X	X	X	↑	H	H	H	H	L	⎍	H
	L	H	X	X	X	X	↑	H	H	H	H	H	H	H
	L	H	X	X	X	X	↑	H	L	L	L	L	H	H
5)	L	H	X	X	X	X	H	↑	L	L	L	L	H	⎍
	L	H	X	X	X	X	H	↑	H	H	H	H	H	H

* Count up · Compter vers l'avant · Contare in avanti · Cuenta adelante
** Count down · Vers l'arrière · Contare indietro · Cuenta atrás

74193

Typ - Type - Tipo			Hersteller Production Fabricants Produttori Fabricantes	Bild Fig. Fig. Sec 3	I_S &I_R mA	t_{PD} E→Q ns_{typ} ↓↑ ↑↑	t_{PD} E→Q ns_{max} ↓↑ ↑↑	Bem./Note f_T §f_Z &f_E MHz
0...70°C § 0...75°C	−40...85°C § −25...85°C	−55...125°C						
DM74193J		DM54193J	Nsc	16c	<102		47 47	25
DM74193N			Nsc	16a	<102		47 47	25
DM74193W		DM54193W	Nsc	16n	<102		47 47	25
FLJ251	§FLJ255		Sie	16a	65	29 27	40 40	25
HD74193			Hit	16a	<102		47 47	25
M53393P			Mit	16a	<102		47 47	25
MC74193J		MC54193J	Mot	16c	65	29 27	40 40	25
MC74193N			Mot	16a	65	29 27	40 40	25
MC74193W		MC54193W	Mot	16n	65	29 27	40 40	25
MIC74193J	MIC64193J	MIC54193J	Itt	16c	65	29 27	40 40	25
MIC74193N			Itt	16a	65	29 27	40 40	25
N74193B			Mul,Phi,Sig	16a	65	29 27	40 40	25
N74193F		S54193F	Mul,Phi,Sig	16c	65	29 27	40 40	25
		S54193W	Mul,Phi,Sig	16n	65	29 27	40 40	25
SFC4193E	§SFC4193ET	SFC4193EM	Nuc,Ses	16c	65		47	32
SN74193J		SN54193J	Tix	16c	65	29 27	40 40	25
SN74193N	§SN84193N		Tix	16a	65	29 27	40 40	25
		SN54193W	Tix	16n	65	29 27	40 40	25
SW74193J			Stw	16c	68,2	20		25
SW74193N			Stw	16a	68,2	20		25
T74193B1			Sgs	16a	65	29 27	40 40	25
T74193D1		T54193D2	Sgs	16c	65	29 27	40 40	25
TD34193			Tos	16a	<102		47 47	25
TL74193N	§TL84193N		Aeg	16a	65	29 27	40 40	25
ZN74193E			Fer	16a	65		47	32
ZN74193J		ZN54193J	Fer	16c	65		47	32
µPB2193			Nip	16a	<102		47 47	25
74193DC		54193DM	Fch	16c	<102		47 47	25
74193FC		54193FM	Fch	16n	<102		47 47	25
74193J		54193J	Ray	16c	<102		47 47	25
74193PC			Fch	16a	<102		47 47	25

ALS

Typ - Type - Tipo			Hersteller	Bild Fig.	I_S mA	t_{PD} typ	t_{PD} max	f_T MHz
MC74ALS193J		MC54ALS193J	Mot	16c	12	28 30		25
MC74ALS193N			Mot	16a	12	28 30		25
MC74ALS193W		MC54ALS193W	Mot	16n	12	28 30		25
		SN54ALS193FH	Tix	cc	12	31 35		20
SN74ALS193FN		SN54ALS193FN	Tix	cc	12	28 30		25
		SN54ALS193J	Tix	16c	12	31 35		20
SN74ALS193N			Tix	16a	12	28 30		25
		SN54ALS193W	Tix	16n	12	31 35		20

74193	Typ - Type - Tipo		Hersteller Production Fabricants Produttori Fabricantes	Bild Fig. Fig. Sec 3	I_S &I_R mA	t_{PD} E→Q ns_{typ} ↓ ↕ ↑	t_{PD} E→Q ns_{max} ↓ ↕ ↑	Bem./Note f_T §f_Z &f_E MHz
0...70°C § 0...75°C	−40...85°C § −25...85°C	−55...125°C						
C								
	MM74C193J	MM54C193J	Nsc	16c	50n	250 250	400 400	2,5
	MM74C193N		Nsc	16a	50n	250 250	400 400	2,5
		MM54C193W	Nsc	16o	50n	250 250	400 400	2,5
F								
74F193DC		54F193DM	Fch	16c	<45		10,5 10,5	80
74F193FC		54F193FM	Fch	16n	<45		10,5 10,5	80
74F193PC			Fch	16n	<45		10,5 10,5	80
HC								
§CD74HC193E			Rca	16a		18 18		60
		CD54HC193F	Rca	16c		18 18		60
MC74HC193J		MC54HC193F	Mot	16c				
MC74HC193N			Mot	16a				
	MM74HC193J	MM54HC193J	Nsc	16c	<8u	39 30	49 39	
	MM74HC193N		Nsc	16a	<8u	39 30	49 39	
	SN74HC193FH	SN54HC193FH	Tix	cc	<8u			24
	SN74HC193FN	SN54HC193FK	Tix	cc	<8u			24
			Tix	cc	<8u			24
		SN54HC193J	Tix	16c	<8u			24
	SN74HC193J		Tix	16c	<8u			24
	SN74HC193N		Tix	16a	<8u			24
HCT								
§CD74HCT193E			Rca	16a		18 18		60
		CD54HCT193F	Rca	16c		18 18		60
	MM74HCT193J	MM54HCT193J	Nsc	16c	<4u	30 30	40 40	20
	MM74HCT193N		Nsc	16a	<4u	30 30	40 40	20
L								
DM74L193F		DM54L193F	Nsc	16n	8		150	12
DM74L193J		DM54L193J	Nsc	16c	8		150	12
DM74L193N			Nsc	16a	8		150	12
SN74L193J		SN54L193J	Tix	16c	85	135 104	240 200	7
SN74L193N	§SN84L193N		Tix	16a	85	135 104	240 200	7

74193	Typ - Type - Tipo		Hersteller Production Fabricants Produttori Fabricantes	Bild Fig. Fig. Sec 3	I_S &I_R mA	t_{PD} E→Q ns_{typ} ↓ ↕ ↑	t_{PD} E→Q ns_{max} ↓ ↕ ↑	Bem./Note f_T §f_Z &f_E MHz
0...70°C § 0...75°C	−40...85°C § −25...85°C	−55...125°C						
LS								
DM74LS193J		DM54LS193J	Nsc	16c	<34		47 47	25
DM74LS193N			Nsc	16a	<34		47 47	25
HD74LS193			Hit	16a	<34		47 47	25
M74LS193			Mit	16a	<34		47 47	25
MB74LS193			Fui	16a	<34		47 47	25
MB74LS193M			Fui	16c	<34		47 47	25
§SN74LS193J		SN54LS193J	Mot	16c	19	25 24	40 40	25
SN74LS193J		SN54LS193J	Tix	16c	19	25 24	40 40	25
§SN74LS193N			Mot	16a	19	25 24	40 40	25
SN74LS193N			Tix	16a	19	25 24	40 40	25
§SN74LS193W		SN54LS193W	Tix	16n	19	25 24	40 40	25
		SN54LS193W	Mot	16n	19	25 24	40 40	25
74LS193DC		54LS193DM	Fch	16c	19	18 22	28 31	30
74LS193FC		54LS193FM	Fch	16n	19	18 22	28 31	30
74LS193J		54LS193J	Ray	16c	<34		47 47	25
74LS193PC			Fch	16a	19	18 22	28 31	30

74194
Output: TP

4-Bit Universalschieberegister
4-bit universal shift register
Registre de décalage universelle à 4 bits
Registro scorrevole universale di 4 bits
Registro de desplazamiento universal de 4 bits

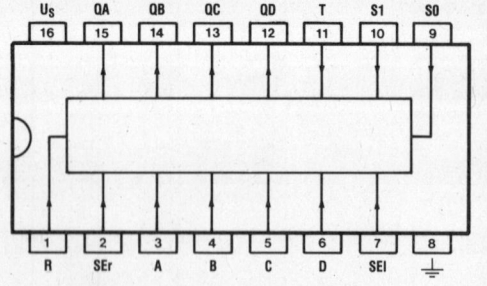

Pinout (DIP-16):
- Pin 16: U_S
- Pin 15: QA
- Pin 14: QB
- Pin 13: QC
- Pin 12: QD
- Pin 11: T
- Pin 10: S1
- Pin 9: S0
- Pin 1: R
- Pin 2: SEr
- Pin 3: A
- Pin 4: B
- Pin 5: C
- Pin 6: D
- Pin 7: SEl
- Pin 8: GND

Function table

Input						Output			
R	S1	S0	T	SEl	SEr	QA	QB	QC	QD
H	L	L	X	X	X	keine Veränderung*			
H	X	X	L	X	X	keine Veränderung*			
L	X	X	X	X	X	L	L	L	L
H	H	H	↑	X	X	A	B	C	D
H	L	H	↑	X	H	H rechts**			
H	L	H	↑	X	L	L rechts**			
H	H	L	↑	H	X	links***			H
H	H	L	↑	L	X	links***			L

* No change · Pas de modification · Senza alterazione · Sin modificación
** Shift right · Pousser vers la droite · Spostare verso destra · Desplazar a la derecha
*** Shift left · Pousser vers la gauche · Spostare verso sinistra · Desplazar a la izquierda

74194

| 0...70°C | −40...85°C | −55...125°C | Hersteller Production Fabricants Produttori Fabricantes | Bild Fig. Fig. Sec 3 | I_S &I_R mA | t_{PD} E→Q ns_{typ} ↓ ↕ ↑ | t_{PD} E→Q ns_{max} ↓ ↕ ↑ | Bem./Note f_T §f_Z &f_E MHz |
§ 0...75°C	§ −25...85°C							
DM74194J		DM54194J	Nsc	16c	<63		26 26	25
DM74194N			Nsc	16a	<63		26 26	25
FLJ551	§FLJ555		Sie	16a	39	17 14	26 22	25
HD74194			Hit	16a	<63		26 26	25
MC74194J		MC54194J	Mot	16c	39	17 14	26 22	25
MC74194N			Mot	16a	39	17 14	26 22	25
MC74194W		MC54194W	Mot	16n	39	17 14	26 22	25
MIC74194J	MIC64194J	MIC54194J	Itt	16c	39	17 14	26 22	25
MIC74194N			Itt	16a	39	17 14	26 22	25
N74194B			Mul,Phi,Sig	16a	39	17 14	26 22	25
N74194F		S54194F	Mul,Phi,Sig	16c	39	17 14	26 22	25
		S54194W	Mul,Phi,Sig	16n	39	17 14	26 22	25
SN74194J		SN54194J	Tix	16c	39	17 14	26 22	25
SN74194N	§SN84194N		Tix	16a	39	17 14	26 22	25
		SN54194W	Tix	16n	39	17 14	26 22	25
74194DC		54194DM	Fch	16c	<63		26 26	25
74194FC		54194FM	Fch	16n	<63		26 26	25
74194J		54194J	Ray	16c	<63		26 26	25
74194PC			Fch	16a	<63		26 26	25

AS

0...70°C	−40...85°C	−55...125°C	Hersteller	Bild	I_S&I_R	t_{PD} typ	t_{PD} max	Note
		SN54AS194FH	Tix	cc	27	5,5	5	
SN74AS194FN			Tix	cc	27	5,5	5	
		SN54AS194J	Tix	16c	27	5,5	5	
SN74AS194N			Tix	16a	27	5,5	5	

F

0...70°C	−40...85°C	−55...125°C	Hersteller	Bild	I_S&I_R	t_{PD} typ	t_{PD} max	Note
MC74F194J		MC54F194J	Mot	16c	<6		8 8	90
MC74F194N			Mot	16a	<6		8 8	90
MC74F194W		MC54F194W	Mot	16n	<6		8 8	90
74F194DC		54F194DM	Fch	16c	<6		8 8	90
74F194FC		54F194FM	Fch	16n	<6		8 8	90
74F194PC			Fch	16a	<6		8 8	90

HC

0...70°C	−40...85°C	−55...125°C	Hersteller	Bild	I_S&I_R	t_{PD} typ	t_{PD} max	Note
§CD74HC194E			Rca	16a	18	18		60
		CD54HC194F	Rca	16c	18	18		60
MC74HC194J		MC54HC194J	Mot	16c	<8u	12 12	25 25	35
MC74HC194N			Mot	16a	<8u	12 12	25 25	35
	MM74HC194J	MM54HC194J	Nsc	16c	<8u	12 12	25 25	35
	MM74HC194N		Nsc	16a	<8u	12 12	25 25	35

74194	Typ - Type - Tipo			Hersteller Production Fabricants Produttori Fabricantes	Bild Fig. Fig. Sec 3	I_S &I_R	t_{PD} E→Q ns_{typ}	t_{PD} E→Q ns_{max}	Bem./Note f_T §f_Z &f_E
0...70°C § 0...75°C	−40...85°C § −25...85°C	−55...125°C				mA	↓ ↕ ↑	↓ ↕ ↑	MHz
HCT									
§CD74HCT194E				Rca	16a		18 18		60
		CD54HCT194F		Rca	16c		18 18		60
LS									
DM74LS194J		DM54LS194J		Nsc	16c	<23		20 20	25
DM74LS194N				Nsc	16a	<23		20 20	25
HD74LS194				Hit	16a	<23		20 20	25
M74LS194				Mit	16a	<23		20 20	25
MB74LS194				Fui	16a	<23		20 20	25
§SN74LS194J		SN54LS194J		Mot	16c	12	31 27		28
SN74LS194J		SN54LS194J		Tix	16c	12	31 27		28
§SN74LS194N				Mot	16a	12	31 27		28
SN74LS194N				Tix	16a	12	31 27		28
		SN54LS194W		Tix	16n	12	31 27		28
§SN74LS194W		SN54LS194W		Mot	16n	12	31 27		28
SN74LS194AJ		SN54LS194AJ		Tix	16c	15	17 14	26 22	25
SN74LS194AN				Tix	16a	15	17 14	26 22	25
		SN54LS194AW		Tix	16n	15	17 14	26 22	25
74LS194J		54LS194J		Ray	16c	<23		20 20	25
74LS194ADC		54LS194ADM		Fch	16c	15	15 13	24 21	30
74LS194AFC		54LS194AFM		Fch	16n	15	15 13	24 21	30
74LS194APC				Fch	16a	15	15 13	24 21	30
S									
DM74S194J		DM54S194J		Nsc	16c	<135		16,5 16,5	70
DM74S194N				Nsc	16a	<135		16,5 16,5	70
MB74S194				Fui	16a	<135		16,5 16,5	70
N74S194B				Mul,Phi,Sig	16a	85	11 8	16,5 12	70
N74S194F		S54S194F		Mul,Phi,Sig	16c	85	11 8	16,5 12	70
		S54S194W		Mul,Phi,Sig	16n	85	11 8	16,5 12	70
SN74S194J		SN54S194J		Tix	16c	85	11 8	16,5 12	70
SN74S194N				Tix	16a	85	11 8	16,5 12	70
		SN54S194W		Tix	16n	85	11 8	16,5 12	70
74S194DC		54S194DM		Fch	16c	<135		16,5 16,5	70
74S194FC		54S194FM		Fch	16n	<135		16,5 16,5	70
74S194PC				Fch	16a	<135		16,5 16,5	70

2-253

74195
Output: TP

4-Bit Universalschieberegister
4-bit universal shift register
Registre de décalage universelle à 4 bits
Registro scorrevole universale di 4 bit
Registro de desplazamiento universal de 4 bits

Pinout (DIP-16):
- Pin 16: U_S
- Pin 15: QA
- Pin 14: QB
- Pin 13: QC
- Pin 12: QD
- Pin 11: $\overline{QD}$
- Pin 10: T
- Pin 9: S/L
- Pin 1: R
- Pin 2: J
- Pin 3: K
- Pin 4: A
- Pin 5: B
- Pin 6: C
- Pin 7: D
- Pin 8: GND

74195 0...70°C § 0...75°C	Typ - Type - Tipo −40...85°C § −25...85°C	−55...125°C	Hersteller Production Fabricants Produttori Fabricantes	Bild Fig. Fig. Sec 3	I_S &I_R mA	t_{PD} E→Q ns_{typ} ↓ ↓ ↑	t_{PD} E→Q ns_{max} ↓ ↓ ↑	Bem./Note f_T §f_Z &f_E MHz
DM74195J		DM54195J	Nsc	16c	<63		26 26	30
DM74195N			Nsc	16a	<63		26 26	30
FLJ561	§FLJ565		Sie	16a	39	17 14	26 22	30
HD74195			Hit	16a	<63		26 26	30
MC74195J		MC54195J	Mot	16c	39	17 14	26 22	30
MC74195N			Mot	16a	39	17 14	26 22	30
MC74195W		MC54195W	Mot	16n	39	17 14	26 22	30
MIC74195J	MIC64195J	MIC54195J	Itt	16c	39	17 14	26 22	30
MIC74195N			Itt	16a	39	17 14	26 22	30
N74195B			Mul,Phi,Sig	16a	39	17 14	26 22	30
N74195F		S54195F	Mul,Phi,Sig	16c	39	17 14	26 22	30
		S54195W	Mul,Phi,Sig	16n	39	17 14	26 22	30
SN74195J		SN54195J	Tix	16c	39	17 14	26 22	30
SN74195N	§SN84195N		Tix	16a	39	17 14	26 22	30
		SN54195W	Tix	16n	39	17 14	26 22	30
µPB2195			Nip	16a	<63		26 26	30
74195DC		54195DM	Fch	16c	<63		26 26	30
74195FC		54195FM	Fch	16n	<63		26 26	30
74195J		54195J	Ray	16c	<63		26 26	30
74195PC			Fch	16a	<63		26 26	30

AS

SN74AS195FN		SN54AS195FH	Tix	cc				
			Tix	cc				
		SN54AS195J	Tix	16c				
SN74AS195N			Tix	16a				

C

MM74C195J		MM54C195J	Nsc	16c	50n	150 150	300 300	2
MM74C195N			Nsc	16a	50n	150 150	300 300	2
		MM54C195W	Nsc	16o	50n	150 150	300 300	2

F

MC74F195J		MC54F195J	Mot	16c				
MC74F195N			Mot	16a				
MC74F195W		MC54F195W	Mot	16n				

Input				Output			
R	S/L	J	K	QA	QB	QC	QD
H	H	L	X	X	keine Veränderung*		
H	H	↑	L	H	keine Veränderung*		
L	X	X	X	L	L	L	L
H	↑	X	X	A	B	C	D
H	H	↑	L	L	L	rechts**		
H	H	↑	H	H	rechts**		
H	H	↑	H	L	$\overline{Q}_n$ rechts**		

* No change · Pas de modification · Senza alterazione · Sin modificación
** Shift right · Pousser vers la droite · Spostare verso destra · Desplazar a la derecha

74195 0…70°C § 0…75°C	Typ - Type - Tipo −40…85°C § −25…85°C	−55…125°C	Hersteller Production Fabricants Produttori Fabricantes	Bild Fig. Fig. Sec 3	I_S &I_R mA	t_{PD} E→Q ns_{typ} ↓ ↕ ↑	t_{PD} E→Q ns_{max} ↓ ↕ ↑	Bem./Note f_T §f_Z &f_E MHz	74195 0…70°C § 0…75°C	Typ - Type - Tipo −40…85°C § −25…85°C	−55…125°C	Hersteller Production Fabricants Produttori Fabricantes	Bild Fig. Fig. Sec 3	I_S &I_R mA	t_{PD} E→Q ns_{typ} ↓ ↕ ↑	t_{PD} E→Q ns_{max} ↓ ↕ ↑	Bem./Note f_T §f_Z &f_E MHz
HC									SN74S195J		S54S195W	Mul,Phi,Sig	16n	70	11 8	16,5 12	70
§CD74HC195E			Rca	16a	<8u		30 30	35	SN74S195N		SN54S195J	Tix	16c	70	11 8	16,5 12	70
		CD54HC195F	Rca	16c	<8u		30 30	35				Tix	16a	70	11 8	16,5 12	70
MC74HC195J		MC54HC195J	Mot	16c	<8u	12 12	25 25	35			SN54S195W	Tix	16n	70	11 8	16,5 12	70
MC74HC195N			Mot	16a	<8u	12 12	25 25	35	74S195DC		54S195DM	Fch	16c	<109		16,5 16,5	70
	MM74HC195J	MM54HC195J	Nsc	16c	<8u	12 12	25 25	35	74S195FC		54S195FM	Fch	16n	<109		16,5 16,5	70
	MM74HC195N		Nsc	16a	<8u	12 12	25 25	35	74S195PC			Fch	16a	<109		16,5 16,5	70
HCT																	
§CD74HCT195E			Hca	16a	<8u		35 35	25									
		CD54HCT195F	Rca	16c	<8u		35 35	25									
LS																	
DM74LS195J		DM54LS195J	Nsc	16c	<21		26 26	30									
DM74LS195N			Nsc	16a	<21		26 26	30									
HD74LS195			Hit	16a	<21		26 26	30									
M74LS195			Mit	16a	<21		26 26	30									
MB74LS195			Fui	16a	<21		26 26	30									
§SN74LS195J		SN54LS195J	Mot	16c	10	23 19		28									
SN74LS195J		SN54LS195J	Tix	16c	10	23 19		28									
§SN74LS195N			Mot	16a	10	23 19		28									
SN74LS195N			Tix	16a	10	23 19		28									
		SN54LS195W	Tix	16n	10	23 19		28									
§SN74LS195W		SN54LS195W	Mot	16n	10	23 19		28									
SN74LS195AJ		SN54LS195AJ	Tix	16c	14	17 14	26 22	30									
SN74LS195AN			Tix	16a	14	17 14	26 22	30									
		SN54LS195AW	Tix	16n	14	17 14	26 22	30									
74LS195J		54LS195J	Ray	16c	<21		26 26	30									
74LS195ADC		54LS195ADM	Fch	16c	14	17 16	24 21	30									
74LS195AFC		54LS195AFM	Fch	16n	14	17 16	24 21	30									
74LS195APC			Fch	16a	14	17 16	24 21	30									
S																	
DM74S195J		DM54S195J	Nsc	16c	<109		16,5 16,5	70									
DM74S195N			Nsc	16a	<109		16,5 16,5	70									
MB74S195			Fui	16a	<109		16,5 16,5	70									
N74S195B			Mul,Phi,Sig	16a	70	11 8	16,5 12	70									
N74S195F		S54S195F	Mul,Phi,Sig	16c	70	11 8	16,5 12	70									

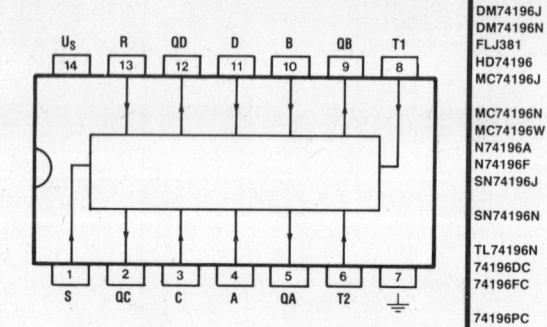

74196
Output: TP

Programmierbarer Dezimalzähler
Programmable decade counter
Compteur décimale programmable
Contatore decadico programmabile
Contador decimal programable

Pin	FI		
	N	LS	S
T1	1	1	0,375
T2	3	6,7	4
R	2	3,6	3
	2	2	0,375

Pinout (DIP-14): US(14), R(13), QD(12), D(11), B(10), QB(9), T1(8), GND(7), T2(6), QA(5), A(4), C(3), QC(2), S(1)

Input			Output			
R	S	T*	QD	QC	QB	QA
L	X	X	L	L	L	L
H	L	X	D	C	B	A
H	H	1	L	L	L	H
H	H	2	L	L	H	L
H	H	3	L	L	H	H
.	.	.	.	.	.	.
H	H	9	H	L	L	H

* Logikzustand oder Anzahl der Taktimpulse
* Logic level or number of clock pulses
* État logique ou nombre des impulsions d'horloge
* Stato logico o numero di impulsi di cadenza
* Estado lógico o número de pulsos de reloj

E	Q		74		74LS		
			↓	↑	↓	↑	
T1	QA	typ	10	7	13	8	ns
		max	15	12	20	15	ns
T2	QB	typ	14	12	22	16	ns
		max	21	18	33	24	ns
	QC	typ	28	24	41	38	ns
		max	42	36	62	57	ns
T2	QD	typ	12	14	30	12	ns
		max	18	21	45	18	ns
A...D	QA...QD	typ	25	16	29	20	ns
		max	38	24	44	30	ns
S	QA...QD	typ	24	22	30	27	ns
		max	36	33	45	41	ns
R	QA...QD	typ	25	17	34	16	ns
		max	37		51		ns
f_{max} (T1)		typ	70		40		MHz
		min	50		30		MHz
f_{max} (T2)		min	25		15		MHz

* Gültig für alle Typen · Valid for all types
Valido per tutti i tipi · Valable pour touts les types
Válido para todos los tipos

74196	Typ - Type - Tipo		Hersteller Production Fabricants Produttori Fabricantes	Bild Fig. Fig. Sec 3	I_S &I_R mA	t_{PD} E→Q ns_{typ} ↓ ↑	t_{PD} E→Q ns_{max} ↓ ↑	Bem./Note f_T §f_Z &f_E MHz
0...70°C § 0...75°C	−40...85°C § −25...85°C	−55...125°C						
DM74196J		DM54196J	Nsc	14c	<59		15 15	T1:50
DM74196N			Nsc	14a	<59		15 15	T1:50
FLJ381	§FLJ385		Sie	14a	48	25 16	38 24	50
HD74196			Hit	14a	<59		15 15	T1:50
MC74196J		MC54196J	Mot	14c	48	25 16	38 24	50
MC74196N			Mot	14a	48	25 16	38 24	50
MC74196W		MC54196W	Mot	14p	48	25 16	38 24	50
N74196A			Mul,Phi,Sig	14a	48	25 16	38 24	50
N74196F		S54196F	Mul,Phi,Sig	14c	48	25 16	38 24	50
SN74196J		SN54196J	Tix	14c	48	25 16	38 24	50
SN74196N	§SN84196N		Tix	14a	48	25 16	38 24	50
		SN54196W	Tix	14n	48	25 16	38 24	50
TL74196N	§TL84196N		Aeg	14a	48	25 16	38 24	50
74196DC		54196DM	Fch	14c	<59		15 15	T1:50
74196FC		54196FM	Fch	14n	<59		15 15	T1:50
74196PC			Fch	14a	<59		15 15	T1:50

LS

DM74LS196J		DM54LS196J	Nsc	14c	<27		20 20	T1:30
DM74LS196N			Nsc	14a	<27		20 20	T1:30
HD74LS196			Hit	14a	<27		20 20	T1:30
M74LS196			Mit	14a	<27		20 20	T1:30
N74LS196A			Mul,Phi,Sig	14a	16	29 20	44 30	30
N74LS196F		S54LS196F	Mul,Phi,Sig	14c	16	29 20	44 30	30
		S54LS196W	Mul,Phi,Sig	14a	16	29 20	44 30	30
§SN74LS196J		SN54LS196J	Mot	14c	16	29 20	44 30	30
SN74LS196J		SN54LS196J	Tix	14c	16	29 20	44 30	30
§SN74LS196N			Mot	14a	16	29 20	44 30	30
SN74LS196N			Tix	14a	16	29 20	44 30	30
§SN74LS196W		SN54LS196W	Tix	14p	16	29 20	44 30	30
		SN54LS196W	Mot	14p	16	29 20	44 30	30
74LS196DC		54LS196DM	Fch	14c	12	24 10	35 15	45
74LS196FC		54LS196FM	Fch	14p	12	24 10	35 15	45
74LS196J		54LS196J	Ray	14c	<27		20 20	T1:30
74LS196PC			Fch	14a	12	24 10	35 15	45

2-256

74196			Hersteller Production Fabricants Produttori Fabricantes	Bild Fig. Fig. Sec	I_S &I_R	t_{PD} E→Q ns_{typ}		t_{PD} E→Q ns_{max}		Bem./Note f_T §f_Z &f_E
0...70°C § 0...75°C	−40...85°C § −25...85°C	−55...125°C		3	mA	↓ ↕ ↑		↓ ↕ ↑		MHz
s										
DM74S196J		DM54S196J	Nsc	14c	<120			10	10	T1:100
DM74S196N			Nsc	14a	<120			10	10	T1:100
N74S196A			Mul,Phi,Sig	14a	75	12	7	18	12	100
N74S196F		S54S196F	Mul,Phi,Sig	14c	75	12	7	18	12	100
		S54S196W	Mul,Phi,Sig	14a	75	12	7	18	12	100
SN74S196J		SN54S196J	Tix	14c	75	12	7	18	12	100
SN74S196N			Tix	14a	75	12	7	18	12	100
		SN54S196W	Tix	14n	75	12	7	18	12	100

2-257

74197
Output: TP

Programmierbarer 4-Bit Binärzähler
Programmable 4-bit binary counter
Compteur binaire programmable à 4 bits
Contatore binario programmabile di 4 bits
Contador binario programable de 4 bits

Pin FI

Pin	N	LS	S
T1	1	1	0,375
	3	6,7	4
T2	2	3,6	3
R	2	2	0,375

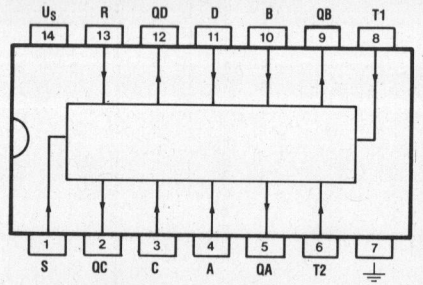

Pinout (14-pin DIP):
- Top: U_S(14) R(13) QD(12) D(11) B(10) QB(9) T(8)
- Bottom: S(1) QC(2) C(3) A(4) QA(5) T2(6) (7)

Input / Output Table

Input R	S	T*	Output QD	QC	QB	QA
L	X	X	L	L	L	L
H	L	X	D	C	B	A
H	H	1	L	L	L	H
H	H	2	L	L	H	L
H	H	3	L	L	H	H
.	.	.	.	.	.	.
H	H	15	H	H	H	H

* Logikzustand oder Anzahl der Taktimpulse
* Logic level or number of clock pulses
* État logique ou nombre des impulsions d'horloge
* Stato logico o numero di impulsi di cadenza
* Estado lógico o número de pulsos de reloj

74197	Typ - Type - Tipo		Hersteller Production Fabricants Produttori Fabricantes	Bild Fig. Fig. Sec 3	I_S &I_R mA	t_{PD} E→Q ns typ ↓↕↑	t_{PD} E→Q ns max ↓↕↑	Bem./Note f_T §f_Z &f_E MHz
0...70°C § 0...75°C	–40...85°C § –25...85°C	–55...125°C						
DM74197J		DM54197J	Nsc	14c	<59	15 15		T1:50
DM74197N			Nsc	14a	<59	15 15		T1:50
FLJ391	§FLJ395		Sie	14a	48	25 16	38 24	50
HD74197			Hit	14a	<59		15 15	T1:50
MC74197J		MC54197J	Mot	14c	48	25 16	38 24	50
MC74197N			Mot	14a	48	25 16	38 24	50
MC74197W		MC54197W	Mot	14p	48	25 16	38 24	50
N74197A			Mul,Phi,Sig	14a	48	25 16	38 24	50
N74197F		S54197F	Mul,Phi,Sig	14c	48	25 16	38 24	50
SN74197J		SN54197J	Tix	14c	48	25 16	38 24	50
SN74197N	§SN84197N		Tix	14a	48	25 16	38 24	50
		SN54197W	Tix	14n	48	25 16	38 24	50
TL74197N	§TL84197N		Aeg	14a	48	25 16	38 24	50
74197DC		54197DM	Fch	14c	<59		15 15	T1:50
74197FC		54197FM	Fch	14n	<59		15 15	T1:50
74197PC			Fch	14a	<59		15 15	T1:50
LS								
DM74LS197J		DM54LS197J	Nsc	14c	<27		21 21	T1:30
DM74LS197N			Nsc	14a	<27		21 21	T1:30
HD74LS197			Hit	14a	<27		21 21	T1:30
M74LS197			Mit	14a	<27		21 21	T1:30
N74LS197A			Mul,Phi,Sig	14a	16	29 18	44 27	30
N74LS197F		S54LS197F	Mul,Phi,Sig	14c	16	29 18	44 27	30
		S54LS197W	Mul,Phi,Sig	14a	16	29 18	44 27	30
§SN74LS197J		SN54LS197J	Mot	14c	16	29 18	44 27	30
SN74LS197J		SN54LS197J	Tix	14c	16	29 18	44 27	30
§SN74LS197N			Mot	14a	16	29 18	44 27	30
SN74LS197N			Tix	14a	16	29 18	44 27	30
		SN54LS197W	Tix	14n	16	29 18	44 27	30
§SN74LS197W		SN54LS197W	Mot	14p	16	29 18	44 27	30
74LS197DC		54LS197DM	Fch	14c	12	24 10	35 15	50
74LS197FC		54LS197FM	Fch	14n	12	24 10	35 15	50
74LS197J		54LS197J	Ray	14c	<27		21 21	T1:30
74LS197PC			Fch	14a	12	24 10	35 15	50

2-258

74198
Output: TP

8-Bit Universalschieberegister
8-bit universal shift register
Registre de décalage universelle à 8 bits
Registro scorrevole universale di 8 bit
Registro de desplazamiento universal de 8 bits

Pin layout:
- Top: U_S(24), S1(23), SEI(22), H(21), QH(20), G(19), QG(18), F(17), QF(16), E(15), QE(14), R(13)
- Bottom: S0(1), SEr(2), A(3), QA(4), B(5), QB(6), C(7), QC(8), D(9), QD(10), T(11), GND(12)

74198			Typ - Type - Tipo	Hersteller Production Fabricants Produttori Fabricantes	Bild Fig. Fig. Sec 3	I_S & I_R mA	t_{PD} E→Q ns_{typ} ↓ ↕ ↑	t_{PD} E→Q ns_{max} ↓ ↕ ↑	Bem./Note f_T §f_Z & f_E MHz
0...70°C § 0...75°C	−40...85°C § −25...85°C	−55...125°C							
DM74198J		DM54198J		Nsc	24d	<127		30 30	25
DM74198N				Nsc	24g	<127		30 30	25
FLJ311	§FLJ315			Sie	24a	90	20 17	30 26	25
HD74198				Hit	24g	<127		30 30	25
M53398				Mit	24g	<127		30 30	25
N74198F		S54198F		Mul,Phi,Sig	24d	90	20 17	30 26	25
N74198N				Mul,Phi,Sig	24g	90	20 17	30 26	25
		S54198Q		Mul,Phi,Sig	24n	90	20 17	30 26	25
SN74198J		SN54198J		Tix	24d	90	20 17	30 26	25
SN74198N	§SN84198N			Tix	24g	90	20 17	30 26	25
SN74198NT				Tix	24a	90	20 17	30 26	25
		SN54198W		Tix	24n	90	20 17	30 26	25
TL74198N	§TL84198N			Aeg	24g	90	20 17	30 26	25
74198DC		54198DM		Fch	24d	<127		30 30	25
74198FC		54198FM		Fch	24n	<127		30 30	25
74198J		54198J		Ray	24d	<127		30 30	25
74198PC				Fch	24g	<127		30 30	25

Input						Output		
R	S1	S0	T	SEI	SEr	QA	QB...QG	QH
H	L	L	X	X	X	keine Veränderung*		
H	X	X	L	X	X	keine Veränderung*		
L	X	X	X	X	X	L	L	L
H	H	H	↑	X	X	A	B...H	
H	L	H	↑	X		SEr rechts**		
H	L	H	↑		X	links***		SEI

* No change · Pas de modification · Senza alterazione · Sin modificación
** Shift right · Pousser vers la droite · Spostare verso destra · Desplazar a la derecha
*** Shift left · Pousser vers la gauche · Spostare verso sinistra · Desplazar a la izquierda

74199
Output: TP

8-Bit Schieberegister mit Parallelein- / ausgängen
8-bit shift register with parallel inputs / outputs
Registre de décalage à 8 bits, parallèle
Registro scorrevole di 8 bit, parallelo
Registro de desplaz. de 8 bits con entradas y salidas en paralelo

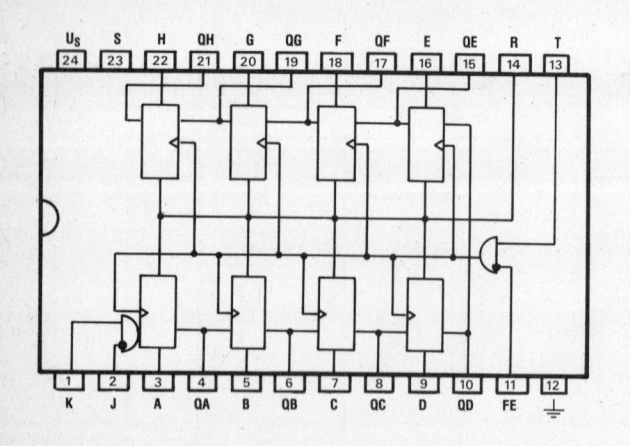

Pin diagram:
- Pin 24: U_S
- Pin 23: S
- Pin 22: H
- Pin 21: QH
- Pin 20: G
- Pin 19: QG
- Pin 18: F
- Pin 17: QF
- Pin 16: E
- Pin 15: QE
- Pin 14: R
- Pin 13: T
- Pin 1: K
- Pin 2: J
- Pin 3: A
- Pin 4: QA
- Pin 5: B
- Pin 6: QB
- Pin 7: C
- Pin 8: QC
- Pin 9: D
- Pin 10: QD
- Pin 11: FE
- Pin 12: GND

74199		Typ - Type - Tipo	Hersteller Production Fabricants Produttori Fabricantes	Bild Fig. Fig. Sec 3	I_S &I_R mA	t_{PD} E→Q ns_{typ} ↓ ↕ ↑	t_{PD} E→Q ns_{max} ↓ ↕ ↑	Bem./Note f_T §f_Z &f_E MHz
0...70°C § 0...75°C	−40...85°C § −25...85°C	−55...125°C						
DM74199J		DM54199J	Nsc	24d	<127		30 30	25
DM74199N			Nsc	24g	<127		30 30	25
FLJ321	§FLJ325		Sie	24a	90	20 17	30 26	25
HD74199			Hit	24g	<127		30 30	25
M53399			Mit	24g	<127		30 30	25
N74199F		S54199F	Mul,Phi,Sig	24d	90	20 17	30 26	25
N74199N			Mul,Phi,Sig	24g	90	20 17	30 26	25
		S54199Q	Mul,Phi,Sig	24n	90	20 17	30 26	25
SN74199J		SN54199J	Tix	24d	90	20 17	30 26	25
SN74199N	§SN84199N		Tix	24g	90	20 17	30 26	25
SN74199NT			Tix	24a	90	20 17	30 26	25
		SN54199W	Tix	24d	90	20 17	30 26	25
TL74199N	§TL84199N		Aeg	24g	90	20 17	30 26	25
74199DC		54199DM	Fch	24d	<127		30 30	25
74199FC		54199FM	Fch	24n	<127		30 30	25
74199J		54199J	Ray	24d	<127		30 30	25
74199PC			Fch	24g	<127		30 30	25

Input					Output	
R	S	FE	T	J K	QA	QB...QH
H	X	H	X	X X	keine Veränderung*	
H	X	L	L	X X	keine Veränderung*	
H	H	L	↑	L H	keine Veränderung*	
L	X	X	X	X X	L	L
H	L	L	↑	X X	A	B...H
H	H	L	↑	L L	L	rechts**
H	H	L	↑	H H	H	rechts**
H	H	L	↑	H L	$\overline{QA}$	rechts**

* No change · Pas de modification · Senza alterazione · Sin modificación
** Shift right · Pousser vers la droite · Spostare verso destra · Desplazar a la derecha

74200
Output: TS

256x1-Bit RAM (Schreib- / Lesespeicher)
256x1-bit RAM (random access memory)
RAM à 256x1 bit (mémoire d'inscription / lecture)
RAM di 256x1 bit (memoria ad accesso aleatorio)
RAM (memoria de lectura y escritura) de 256x1 bits

74200	Typ - Type - Tipo			Hersteller Production Fabricants Produttori Fabricantes	Bild Fig. Fig. Sec 3	I_S &I_R mA	t_{PD} E→Q ns_{typ} ↓↕↑	t_{PD} E→Q ns_{max} ↓↕↑	Bem./Note f_T §f_Z &f_E MHz
0...70°C § 0...75°C	−40...85°C § −25...85°C	−55...125°C							
	FLQ141			Sie	16a	95		80	
	SN74200J			Tix	16c	95	39 45	70 70	
	SN74200N			Tix	16a	95	39 45	70 70	
C									
	MM74C200J	MM54C200J		Nsc	16c	0,1	450 450	900 900	
	MM74C200N			Nsc	16a	0,1	450 450	900 900	
		MM54C200W		Nsc	16o	0,1	450 450	900 900	
LS									
	SN74LS200AJ	SN54LS200AJ		Tix	16c	55	35 35		
	SN74LS200AN			Tix	16a	55	35 35		
		SN54LS200AW		Tix	16n	55	35 35		
S									
	SN74S200J	SN54S200J		Tix	16c	87	29 33		
	SN74S200N			Tix	16a	87	29 33		
		SN54S200W		Tix	16n	87	29 33		
	SN74S200AJ	SN54S200AJ		Tix	16c		30 30		
	SN74S200AN			Tix	16a		30 30		
		SN54S200AW		Tix	16n		30 30		

FI (74S200) = 0,5

Pinout:
- 16: U_S
- 15: C
- 14: H
- 13: D
- 12: R/W
- 11: G
- 10: F
- 9: E
- 1: A
- 2: B
- 3: FE1
- 4: FE2
- 5: FE3
- 6: Q
- 7: D
- 8: ⏚

Siehe auch Section 4
See also section 4
Voir aussi section 4
Vedi anche sezione 4
Veasé tambien sección 4

FE1	FE2	FE3	W/R	Q	Funktion*
H	X	X	X	Z**	—
X	H	X	X	Z**	—
X	X	H	X	Z**	—
L	L	L	L	Z**	schreiben · write · mémorisation · immissione · escritura
L	L	L	H	$\overline{D}$	lesen · read · balaiement · estrazione · lectura

* Function · Fonction · Funzione · Función
** hochohmig · high impedance · haute impédance · alta resistenza · alta impedancia

74201
Output: TS

256x1-Bit RAM (Schreib- / Lesespeicher)
256x1-bit RAM (random access memory)
RAM à 256x1 bit (mémoire d'inscription / lecture)
RAM di 256x1 bit (memoria ad accesso aleatorio)
RAM (memoria de lectura y escritura) de 256x1 bits

$FI = 0.5$

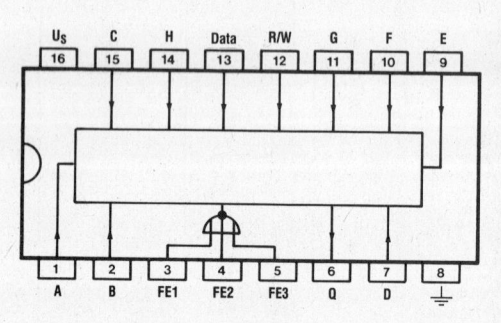

Pinout (DIP-16): U_S(16), C(15), H(14), Data(13), R/W(12), C(11), F(10), E(9); A(1), B(2), FE1(3), FE2(4), FE3(5), Q(6), D(7), GND(8)

Siehe auch Section 4
See also section 4
Voir aussi section 4
Vedi anche sezione 4
Veasé tambien sección 4

FE1	FE2	FE3	W/R	Q	Funktion*
H	X	X	X	Z**	—
X	H	X	X	Z**	—
X	X	H	X	Z**	—
L	L	L	L	Z**	schreiben · write · mémorisation · immissione · escritura
L	L	L	H	$\overline{D}$	lesen · read · balaiement · estrazione · lectura

* Function · Fonction · Funzione · Función
** hochohmig · high impedance · haute impédance · alta resistenza · alta impedancia

74202
Output: TS

256x1-Bit RAM (Schreib- / Lesespeicher)
256x1-bit RAM (random access memory)
RAM à 256x1 bit (mémoire d'inscription / lecture)
RAM di 256x1 bit (memoria ad accesso aleatorio)
RAM (memoria de lectura y escritura) de 256x1 bits

$P = 275$ mW
$P_D = 100$ mW

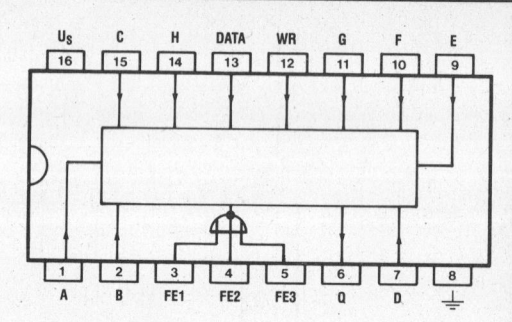

Pinout (DIP-16): U_S(16), C(15), H(14), DATA(13), WR(12), G(11), F(10), E(9); A(1), B(2), FE1(3), FE2(4), FE3(5), Q(6), Q(7), GND(8)

Para-meter	von/from	nach/to	ns min	ns typ	ns max
t_{PHL}	A0...A7	Q			35
t_{PLH}	A0...A7	Q			35
t_{ZX}	CS	Q			45
t_{XZ}	CS	Q			20
t_{XZ}	WR	Q			20
t_{set}	A0...A7	WR	0		
t_{set}	E	WR	15		
t_{set}	CS	WR	35		
t_{hold}	WR	An, E, CS	−5		
t_{wr}			15		
t_E			20		
t_{PD}			65		

Siehe auch Section 4
See also section 4
Voir aussi section 4
Vedi anche sezione 4
Veasé tambien sección 4

74201	Typ - Type - Tipo			Hersteller Production Fabricants Produttori Fabricantes	Bild Fig. Fig. Sec	I_S &I_R	t_{PD} E→Q ns$_{typ}$	t_{PD} E→Q ns$_{max}$	Bem./Note f_T §f_Z &f_E
	0...70°C § 0...75°C	−40...85°C § −25...85°C	−55...125°C		3	mA	↓ ↕ ↑	↓ ↕ ↑	MHz
SN74S201J SN74S201N			SN54S201J	Tix Tix	16c 16a	87 87	42 42		
			SN54S201W	Tix	16n	87	42		

74202	Typ - Type - Tipo			Hersteller Production Fabricants Produttori Fabricantes	Bild Fig. Fig. Sec	I_S &I_R	t_{PD} E→Q ns$_{typ}$	t_{PD} E→Q ns$_{max}$	Bem./Note f_T §f_Z &f_E
	0...70°C § 0...75°C	−40...85°C § −25...85°C	−55...125°C		3	mA	↓ ↕ ↑	↓ ↕ ↑	MHz
SN74LS202J SN74LS202N			SN54LS202J	Tix Tix	16c 16a	55 55	35 35	35 35	
			SN54LS202W	Tix	16n	55	35	35	

74206 Output: OC	256x1-Bit RAM (Schreib- / Lesespeicher) 256x1-bit RAM (random access memory) RAM à 256x1 bit (mémoire d'inscription / lecture) RAM di 256x1 bit (memoria ad accesso aleatorio) RAM (memoria de lectura y escritura) de 256x1 bits	74206	Typ - Type - Tipo		Hersteller Production Fabricants Produttori Fabricantes	Bild Fig. Fig. Sec 3	I_S &I_R mA	t_{PD} E→Q ns_{typ} ↓ ↕ ↑	t_{PD} E→Q ns_{max} ↓ ↕ ↑	Bem./Note f_T §f_Z &f_E MHz
		0...70°C § 0...75°C	−40...85°C § −25...85°C	−55...125°C						
		SN74S206J SN74S206N		SN54S206J SN54S206W	Tix Tix Tix	16c 16a 16n	87 87 87	29 29 29	37 37 37	

FI = 0,5

Pins: U$_S$ 16, C 15, H 14, Data 13, R/W 12, G 11, F 10, E 9, ⏚ 8, D 7, Q 6, FE3 5, FE2 4, FE1 3, B 2, A 1

Siehe auch Section 4
See also section 4
Voir aussi section 4
Vedi anche sezione 4
Veasé tambien sección 4

FE1	FE2	FE3	W/R	Q	Funktion*
H	X	X	X	H	—
X	H	X	X	H	—
X	X	H	X	H	—
L	L	L	L	H	schreiben · write · mémorisation · immissione · escritura
L	L	L	H	$\overline{D}$	lesen · read · balaiement · estrazione · lectura

* Function · Fonction · Funzione · Función

74207
Output: TS

256x4-Bit RAM (Schreib- / Lesespeicher)
256x4-bit RAM (random access memory)
RAM à 256x4 bit (mémoire d'inscription / lecture)
RAM di 256x4 bit (memoria ad accesso aleatorio)
RAM (memoria de lectura y escritura) de 256x4 bits

74207	Typ - Type - Tipo		Hersteller Production Fabricants Produttori Fabricantes	Bild Fig. Fig. Sec	I_S &I_R	t_{PD} E→Q ns$_{typ}$		t_{PD} E→Q ns$_{max}$		Bem./Note f_T §f_Z &f_E
0...70°C § 0...75°C	−40...85°C § −25...85°C	−55...125°C		3	mA	↓	↕ ↑	↓	↕ ↑	MHz
SN74LS207J SN74LS207N		SN54LS207J	Tix Tix	16c 16a	40 40	75 75		75 75		

S

SN74S207J SN74S207N		SN54S207J	Tix Tix	16c 16a	120 120	40 40		40 40		

Pinout (DIL-16):
16 U_S · 15 H · 14 WR · 13 RD · 12 D0 · 11 D1 · 10 D2 · 9 D3
1 G · 2 F · 3 E · 4 D · 5 A · 6 B · 7 C · 8 ⏚

Siehe auch Section 4
See also section 4
Voir aussi section 4
Vedi anche sezione 4
Veasé tambien sección 4

Para-meter	von/from	nach/to	74LS207			74S207			
			min	typ	max	min	typ	max	
t_{PHL}	A0...A7	Q			75			40	ns
t_{PLH}	A0...A7	Q			75			40	ns
t_{ZX}	FQ	Q			20			15	ns
t_{XZ}	FQ	Q			20			15	ns
t_{ZX}	WR	Q							
t_{XZ}	WR	Q			20			15	ns
t_{set}	An, Dn	WR			0			0	ns
t_{hold}	WR	An, Dn			65			35	ns
t_{wr}					25			15	ns

Flankengetriggertes Schreiben*			
FQ	WR	Funktion**	Output
H	X	sperren · inhibit · bloçage · bloccare · bloqueo	Z
H	↑	schreiben · write · mémorisation · immission · escritura	Z
L	X	lesen · read · balaiement · estrazione · lectura	Data
L	↑	schreiben und lesen · write and read · mémorisation et lecture · immissione e lettura · escritura y lectura	Data

* Edge-triggered writing · Mémorisation déclenché à flanc
  Immissione scattato dal fianco · Escritura gobernada por flancos
** function · fonction · funzione · función

74208
Output: TS

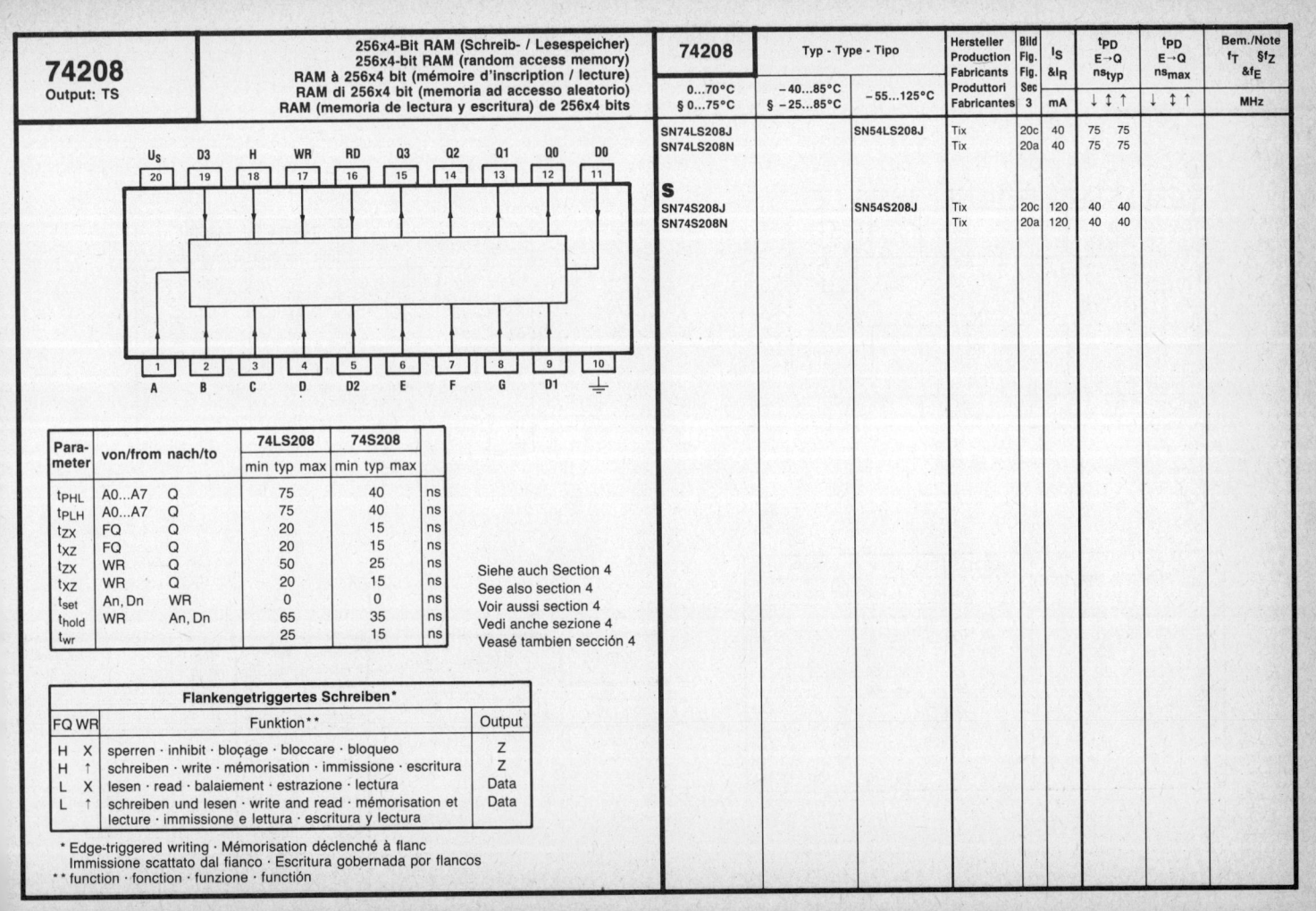

256x4-Bit RAM (Schreib- / Lesespeicher)
256x4-bit RAM (random access memory)
RAM à 256x4 bit (mémoire d'inscription / lecture)
RAM di 256x4 bit (memoria ad accesso aleatorio)
RAM (memoria de lectura y escritura) de 256x4 bits

74208	Typ - Type - Tipo		Hersteller Production Fabricants Produttori Fabricantes	Bild Fig. Fig. Sec 3	I_S &I_R mA	t_{PD} E→Q ns$_{typ}$ ↓ ↕ ↑	t_{PD} E→Q ns$_{max}$ ↓ ↕ ↑	Bem./Note f_T §f_Z &f_E MHz
0...70°C § 0...75°C	−40...85°C § −25...85°C	−55...125°C						
SN74LS208J SN74LS208N		SN54LS208J	Tix Tix	20c 20a	40 40	75 75	75 75	
S								
SN74S208J SN74S208N		SN54S208J	Tix Tix	20c 20a	120 120	40 40	40 40	

Pinout: U_S(20) D3(19) H(18) WR(17) RD(16) Q3(15) Q2(14) Q1(13) Q0(12) D0(11)
A(1) B(2) C(3) D(4) D2(5) E(6) F(7) G(8) D1(9) ⏚(10)

Parameter	von/from	nach/to	74LS208 min typ max	74S208 min typ max	
t_{PHL}	A0...A7	Q	75	40	ns
t_{PLH}	A0...A7	Q	75	40	ns
t_{ZX}	FQ	Q	20	15	ns
t_{XZ}	FQ	Q	20	15	ns
t_{ZX}	WR	Q	50	25	ns
t_{XZ}	WR	Q	20	15	ns
t_{set}	An, Dn	WR	0	0	ns
t_{hold}	WR	An, Dn	65	35	ns
t_{wr}			25	15	ns

Siehe auch Section 4
See also section 4
Voir aussi section 4
Vedi anche sezione 4
Veasé tambien sección 4

Flankengetriggertes Schreiben*

FQ	WR	Funktion**	Output
H	X	sperren · inhibit · bloçage · bloccare · bloqueo	Z
H	↑	schreiben · write · mémorisation · immissione · escritura	Z
L	X	lesen · read · balaiement · estrazione · lectura	Data
L	↑	schreiben und lesen · write and read · mémorisation et lecture · immissione e lettura · escritura y lectura	Data

* Edge-triggered writing · Mémorisation déclenché à flanc
Immissione scattato dal fianco · Escritura gobernada por flancos
** function · fonction · funzione · función

74214 — Output: TS

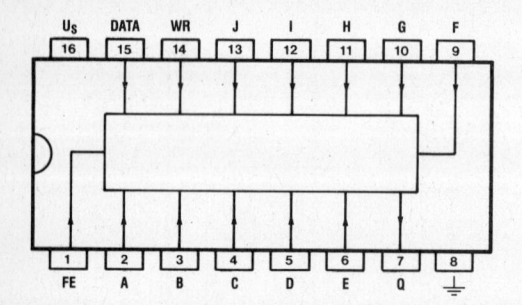

1024x1-Bit RAM (Schreib- / Lesespeicher)
1024x1-bit RAM (random access memory)
RAM à 1024x1 bit (mémoire d'inscription / lecture)
RAM di 1024x1 bit (memoria ad accesso aleatorio)
RAM (memoria de lectura y escritura) de 1024x1 bits

Pinout (DIP-16):
- 16: U_S
- 15: DATA
- 14: WR
- 13: J
- 12: I
- 11: H
- 10: G
- 9: F
- 8: GND
- 7: Q
- 6: E
- 5: D
- 4: C
- 3: B
- 2: A
- 1: FE

Para-meter	von/from	nach/to	74S214 min	74S214 typ	74S214 max	74S214A min	74S214A typ	74S214A max	
t_{PHL}	A0...A9	Q		40	70		30	45	ns
t_{PLH}	A0...A9	Q		40	70		30	45	ns
t_{ZX}	CS	Q		15	40		15	30	ns
t_{XZ}	CS	Q		20	40		15	30	ns
t_{XZ}	WR	Q		20	40		20	30	ns
t_{set}	A0...A9	WR	15			5			ns
t_{set}	En, CS	WR	65			40			ns
t_{hold}	WR	An, En, CS	5			5			ns
t_{wr}			50			35			ns
t_E				25	50		20	40	ns

Para-meter	von/from	nach/to	74LS214 min	74LS214 typ	74LS214 max	54LS214 min	54LS214 typ	54LS214 max	54S214 min	54S214 typ	54S214 max	
t_{PHL}	A0...A9	Q		75	95		75	140		40	75	ns
t_{PLH}	A0...A9	Q		75	95		75	140		40	75	ns
t_{ZX}	CS	Q		30	40		30	50		15	45	ns
t_{XZ}	CS	Q		30	40		30	50		20	50	ns
t_{XZ}	WR	Q		35	50		35	60		20	45	ns
t_{set}	A0...A9	WR	20			25			15			ns
t_{set}	En, CS	WR	75			95			60			ns
t_{hold}	WR	An, En, CS	15			20			5			ns
t_{wr}			60			75			55			ns
t_E				35	65		35	75		20	55	ns

Siehe auch Section 4
See also section 4
Voir aussi section 4
Vedi anche sezione 4
Veasé tambien sección 4

74214	Typ - Type - Tipo			Hersteller Production Fabricants Produttori Fabricantes	Bild Fig. Fig. Sec 3	I_S &I_R mA	t_{PD} E→Q ns typ ↓↑ ↑↑	t_{PD} E→Q ns max ↓↑ ↑↑	Bem./Note f_T §f_Z &f_E MHz
	0...70°C § 0...75°C	−40...85°C § −25...85°C	−55...125°C						
SN74LS214J		SN54LS214J		Tix	16c	40	75 75		
SN74LS214N				Tix	16a	40	75 75		
S									
SN74S214J		SN54S214J		Tix	16c	110			
SN74S214N				Tix	16a	110			
SN74S214AJ				Tix	16c	110	30 30	45 45	
SN74S214AN				Tix	16a	110	30 30	45 45	

74215
Output: TS

1024x1-Bit RAM (Schreib- / Lesespeicher)
1024x1-bit RAM (random access memory)
RAM à 1024x1 bit (mémoire d'inscription / lecture)
RAM di 1024x1 bit (memoria ad accesso aleatorio)
RAM (memoria de lectura y escritura) de 1024x1 bits

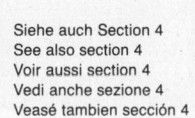

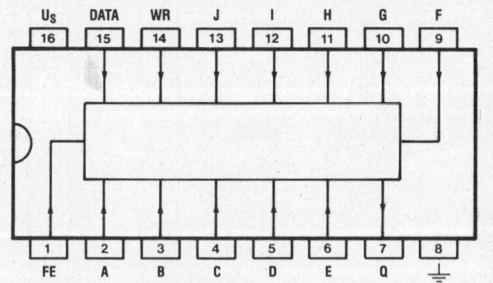

74219
Output: TS

16x4-Bit RAM (Schreib- / Lesespeicher)
16x4 bit RAM (random access memory)
RAM 16x4 bit (mémoire d'inscription / lecture)
RAM di 16x4 bit (memoria ad accesso aleatorio)
RAM (memoria de lectura y escritura) de 16x4 bits

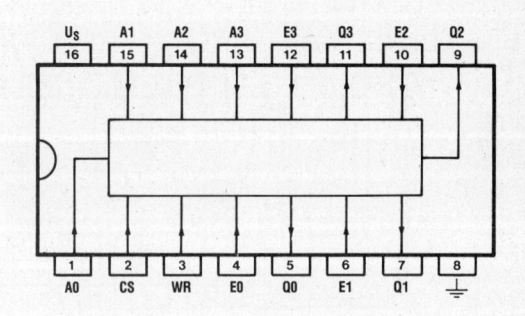

Siehe auch Section 4
See also section 4
Voir aussi section 4
Vedi anche sezione 4
Veasé tambien sección 4

Pin assignment 74215 (pin 16 U_S, 15 DATA, 14 WR, 13 J, 12 I, 11 H, 10 G, 9 F; 1 FE, 2 A, 3 B, 4 C, 5 D, 6 E, 7 Q, 8 GND)

Pin assignment 74219 (pin 16 U_S, 15 A1, 14 A2, 13 A3, 12 E3, 11 Q3, 10 E2, 9 Q2; 1 A0, 2 CS, 3 WR, 4 E0, 5 Q0, 6 E1, 7 Q1, 8 GND)

Para-meter	von/from	nach/to	74LS215 min	typ	max	54LS215 min	typ	max	
t_{PHL}	A0...A9	Q		75			75		ns
t_{PLH}	A0...A9	Q		75			75		ns
t_{ZX}	CS	Q		55			55		ns
t_{XZ}	CS	Q		30			30		ns
t_{XZ}	WR	Q		35			35		ns
t_{set}	A0...A9	WR	20			25			ns
t_{set}	E, CS	WR	75			95			ns
t_{hold}	WR	An, E, CS	15			20			ns
t_{wr}			60			75			ns
t_E				35			35		ns
t_{PD}				65			65		ns

$P = 200\,mW$
$P_D = 100\,mW$

Siehe auch Section 4
See also section 4
Voir aussi section 4
Vedi anche sezione 4
Veasé tambien sección 4

74215	Typ - Type - Tipo			Hersteller Production Fabricants Produttori Fabricantes	Bild Fig. Fig. Sec 3	I_S &I_R	t_{PD} E→Q ns typ	t_{PD} E→Q ns max	Bem./Note f_T §f_Z &f_E
0...70°C § 0...75°C	−40...85°C § −25...85°C	−55...125°C				mA	↓ ↕ ↑	↓ ↕ ↑	MHz
SN74LS215J		SN54LS215J		Tix	16c	40	75	75	
SN74LS215N				Tix	16a	40	75	75	

74219	Typ - Type - Tipo			Hersteller Production Fabricants Produttori Fabricantes	Bild Fig. Fig. Sec 3	I_S &I_R	t_{PD} E→Q ns typ	t_{PD} E→Q ns max	Bem./Note f_T §f_Z &f_E
0...70°C § 0...75°C	−40...85°C § −25...85°C	−55...125°C				mA	↓ ↕ ↑	↓ ↕ ↑	MHz
SN74LS219J		SN54LS219J		Tix	16c				
SN74LS219N				Tix	16a				
		SN54LS219W		Tix	16n				

74221
Output: TP

Monoflops mit Schmitt-Trigger-Eingang
Monostable multivibrators with Schmitt-Trigger input
Monoflops à entrée de declencheur Schmitt
Monoflops con ingresso trigger Schmitt
Multivibradores monoestables con entrada de disparador de Schmitt

$FI(B,R) = 2$

Pinout (DIP-16):
Pin	16	15	14	13	12	11	10	9
	U_S	R_{ext} C_{ext}	C_{ext}	Q	$\overline{Q}$	R	B	A

Pin	1	2	3	4	5	6	7	8
	A	B	R	$\overline{Q}$	Q	C_{ext}	C_{ext} R_{ext}	⏚

Input			Output	
R	A	B	Q	$\overline{Q}$
L	X	X	L	H
X	H	X	L	H
X	X	L	L	H
H	L	↑	⎍	⎴
H	↓	H	⎍	⎴

74221			Hersteller Production Fabricants Produttori Fabricantes	Bild Fig. Fig. Sec 3	I_S &I_R mA	t_{PD} E→Q ns typ ↓ ↕ ↑	t_{PD} E→Q ns max ↓ ↕ ↑	Bem./Note f_T §f_Z &f_E MHz
0...70°C § 0...75°C	−40...85°C § −25...85°C	−55...125°C						
HD74221			Hit	16a	<80		80 70	
SN74221J		SN54221J	Tix	16a	46	50 45	80 70	
SN74221N	§SN84221N		Tix	16a	46	50 45	80 70	
		SN54221W	Tix	16n	46	50 45	80 70	
74221	§84221		Sie	16a	46	50 45	80 70	
C								
MM74C221J		MM54C221J	Nsc	16c	50n	250 250	500 500	
MM74C221N			Nsc	16a	50n	250 250	500 500	
		MM54C221W	Nsc	16o	50n	250 250	500 500	
HC								
§CD74HC221E			Rca	16a				
		CD54HC221F	Rca	16c				
MC74HC221J		MC54HC221J	Mot	16c				
MC74HC221N			Mot	16a				
MM74HC221J		MM54HC221J	Nsc	16c				
MM74HC221N			Nsc	16a				
HCT								
§CD74HCT221E			Rca	16a				
		CD54HCT221F	Rca	16c				
LS								
DM74LS221J		DM54LS221J	Nsc	16c	<27		80 70	
DM74LS221N			Nsc	16a	<27		80 70	
HD74LS221			Hit	16a	<27		80 70	
M74LS221			Mit	16a	<27		80 70	
MB74LS221			Fui	16a	<27		80 70	
MB74LS221M			Fui	16c	<27		80 70	
SN74LS221J		SN54LS221J	Tix	16c	19	50 45	80 70	
SN74LS221N			Tix	16a	19	50 45	80 70	
		SN54LS221W	Tix	16n	19	50 45	80 70	
74LS221J		54LS221J	Ray	16c	<27		80 70	

74222
Output: TS

16x4-Bit asynchroner Silospeicher
16x4-bit asynchronous FIFO (first-in first-out memory)
Mémoire asynchron PAPS (premier arrivé-premier servi) 16x4 bits
16x4-bit memoria FIFO asincrona
Memoria FIFO (first in first out) asíncrona de 16x4 bits

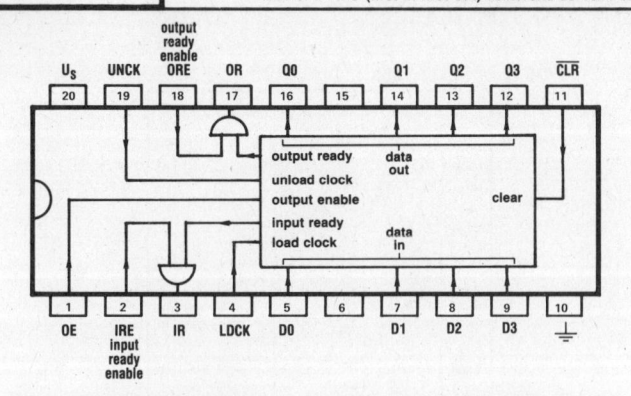

Pinout (20-pin):
- 20: U_S
- 19: UNCK
- 18: ORE (output ready enable)
- 17: OR
- 16: Q0
- 15: Q1
- 14: Q2
- 13: Q3
- 12: (not labeled)
- 11: $\overline{CLR}$
- 1: OE
- 2: IRE (input ready enable)
- 3: IR
- 4: LDCK
- 5: D0
- 6: D1
- 7: D2
- 8: D3
- 9: (not labeled)
- 10: GND

Internal signals: output ready, unload clock, output enable, data out, clear, input ready, load clock, data in

Function Table — 74222

Inputs / Conditions							Outputs		
$\overline{CLR}$	OE	LDCK	IRE	UNCK	ORE	Memory Contents	IR	OR	Function
↧	X	X	H	X	H	X	H	L	clear, reset
X	L	X	X	X	X	X	?	?	Q0...Q3 = Z
H	H	X	L	X	X	X	L	?	IR = disabled
H	H	X	X	X	L	X	?	L	OR = disabled
H	H	↧	H	X	X	<16 digits	H	?	load D0...D3
H	H	↧	H	X	X	= 16 digits	L	?	no load, full
H	H	X	X	↥	H	>0 digits	?	H	unload to Q0...Q3
H	H	X	X	↥	H	= 0 digits	?	L	no unload, empty

74222	Typ - Type - Tipo			Hersteller Production Fabricants Produttori Fabricantes	Bild Fig. Fig. Sec	I_S &I_R	t_{PD} E→Q ns typ	t_{PD} E→Q ns max	Bem./Note f_T §f_Z &f_E
	0...70°C § 0...75°C	−40...85°C § −25...85°C	−55...125°C		3	mA	↓ ↥ ↥	↓ ↥ ↥	MHz
SN74LS222J SN74LS222N		SN54LS222J		Tix Tix	20c 20a	89 89	31 25 31 25	50 40 50 40	

74224
Output: TS

16x4-Bit asynchroner Silospeicher
16x4-bit asynchronous FIFO (first-in first-out memory)
Mémoire asynchrone PAPS (premier arrivé-premier servi) 16x4 bits
16x4-bit memoria silo asincrona
Memoria FIFO (first in first out) asíncrona de 16x4 bits

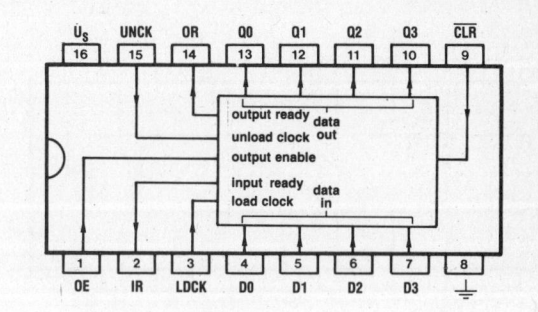

Pinout (16-pin):
- 16: U_S
- 15: UNCK
- 14: OR
- 13: Q0
- 12: Q1
- 11: Q2
- 10: Q3
- 9: $\overline{CLR}$
- 1: OE
- 2: IR
- 3: LDCK
- 4: D0
- 5: D1
- 6: D2
- 7: D3
- 8: GND

Internal signals: output ready, unload clock, output enable, data out, input ready, load clock, data in

Function Table — 74224

Inputs / Conditions					Outputs		
$\overline{CLR}$	OE	LDCK	UNCK	Memory Contents	IR	OR	Function
↧	X	X	X	X	H	L	clear, reset
X	L	X	X	X	?	?	Q0...Q3 = Z
H	H	↧	X	<16 digits	H	?	load D0...D3
H	H	↧	X	= 16 digits	L	?	no load, full
H	H	X	↥	>0 digits	?	H	unload to Q0...Q3
H	H	X	↥	= 0 digits	?	L	no unload, empty

74224	Typ - Type - Tipo			Hersteller Production Fabricants Produttori Fabricantes	Bild Fig. Fig. Sec	I_S &I_R	t_{PD} E→Q ns typ	t_{PD} E→Q ns max	Bem./Note f_T §f_Z &f_E
	0...70°C § 0...75°C	−40...85°C § −25...85°C	−55...125°C		3	mA	↓ ↥ ↥	↓ ↥ ↥	MHz
SN74LS224J SN74LS224N		SN54LS224J		Tix Tix	16c 16a	89 89	31 25 31 25	50 40 50 40	

74225
Output: TS

16x5-Bit asynchroner Silospeicher
16x5-bit asynchronous FIFO (first-in first-out memory)
Mémoire asynchrone PAPS (premier arrivé-premier servi) 16x5 bits
16x5-bit memoria silo asincrona
Memoria FIFO (first in first out) asíncrona de 16x5 bits

Pinout (DIP-20):
- Pin 20: U_S
- Pin 19: B
- Pin 18: R
- Pin 17: OR
- Pin 16: T_{in}
- Pin 15: Q0
- Pin 14: Q1
- Pin 13: Q2
- Pin 12: Q3
- Pin 11: Q4
- Pin 1: A
- Pin 2: TR
- Pin 3: T_{out}
- Pin 4: E0
- Pin 5: E1
- Pin 6: E2
- Pin 7: E3
- Pin 8: E4
- Pin 9: FQ
- Pin 10: GND

Parameter	von/from	nach/to	min	typ	max	
t_{PLZ}	FQ	Q0...Q5			40	ns
t_{PHZ}	FQ	Q0...Q4			40	ns
t_{PLH}	T_{in}	Q0...Q4		50	75	ns
t_{PHL}	T_{in}	Q0...Q4		50	75	ns
t_{PLH}	A, B	QR		215	325	ns
t_{PLH}	T_{in}	QR		40	60	ns
t_{PHL}	T_{in}	QR		30	45	ns
t_{PHL}	R	QR		40	60	ns
t_{PHL}	A, B	T_{out}		35	50	ns
t_{PHL}	T_{in}	T_{out}		300	450	ns
t_{PLH}	A, B	IR		42	65	ns
t_{PLH}	T_{in}	IR		290	450	ns
t_{PLH}	R	IR		20	35	ns
t_{PHL}	QR	Q0...Q4		5	15	ns
t_W		A, B	25			ns
t_W		T_{in}	7			ns
t_{CL}		R	40			ns
t_{set}	E0...E4	A, B	15			ns
t_{set}	R	A, B	25			ns
t_{hold}	A, B	E0...E4	0			ns

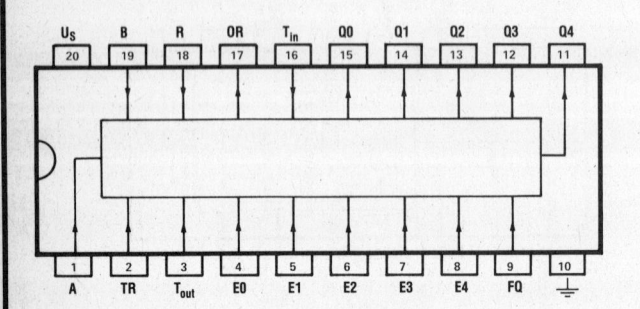

Input						Output		Funktion*
R	FQ	A	B	T_{in}	IR	QR	T_{out}	
H	L	X	X		L	X	X	voll / full
H	L	L	X		X	X	X	—
H	L	X	L		X	X	X	—
H	L	H	↑		H	X	X	data input
H	L	↑	H		H	X	X	data input
H	L	X	X	L	X	X	X	—
H	L	X	X	X	X	L	X	Daten ungültig**
H	L	X	X	X	X	X	H	
H	H	X	X	X	X	X	X	Q = Z
H	L	X	X	↑	X	H	X	data output
L	L	X	X	X				Q = L
L	H	X	X	X				Q = H

* Function · Fonction · Funzione · Función
** Data not valid · Données non valables
Dati eliminati · Datos inválidos

74225	Typ - Type - Tipo			Hersteller Production Fabricants Produttori Fabricantes	Bild Fig. Fig. Fig. Sec 3	I_S &I_R mA	t_{PD} E→Q ns$_{typ}$ ↓↑↑	t_{PD} E→Q ns$_{max}$ ↓↑↑	Bem./Note f_T §f_Z &f_E MHz
	0...70°C § 0...75°C	−40...85°C § −25...85°C	−55...125°C						
SN74S225J				Tix	20c	80	50 50	75 75	10
SN74S225N				Tix	20a	80	50 50	75 75	10

74226
Output: TS

4-Bit bi-direktionaler Bustreiber mit Zwischenspeicher
4-bit bi-directional bus driver with buffer
Driver du bus de donées à 4 bits avec mémoire
Bus ricetrasmittente di 4 bits con memoria
Excitador de bus bidireccional de 4 bits con memoria intermedia

74227
Output: OC

16x4-Bit asynchroner Silospeicher
16x4-bit asynchronous FIFO (first-in first-out memory)
Mémoire asynchr. PAPS (premier arrivé-premier servi) 16x4 bits
16x4-bit memoria silo asincrona
Memoria FIFO (first in first out) asíncrona de 16x4 bits

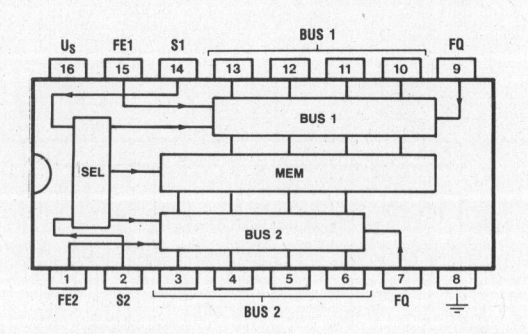

74226 Pinout

Pin	Signal
16	U_S
15	FE1
14	S1
13–10	BUS 1
9	FQ
1	FE2
2	S2
3–6	BUS 2
7	FQ
8	GND

Internal: BUS 1, MEM, BUS 2, SEL

74227 Pinout

Pin	Signal
20	U_S
19	UNCK
18	output ready enable ORE
17	OR
16	Q0
15	Q1
14	Q2
13	Q3
12	Q3
11	$\overline{CLR}$
1	OE
2	IRE input ready enable
3	IR
4	LDCK
5	D0
6	D1
7	D1
8	D2
9	D3
10	GND

Internal: output ready, unload clock, output enable, input ready, load clock, data out, data in, clear

74226 Function Table

Input		Funktion*
S1	S2	
L	L	BUS 1 → BUS 2
L	H	BUS 2 → BUS 1
H	L	BUS 1 + BUS 2 → MEM
H	H	MEM → BUS 1, BUS 2

FE1	FE2	BUS 1	BUS 2
L	L	Z**	Z**
L	H	Z**	Output
H	L	Output	Z**
H	H	Output	Output

* Function · Fonction · Funzione · Función
** Hochohmig · High impedance · Haute impédance · Alta resistenza · Alta impedancia

74227 Function Table

Inputs / Conditions							Outputs		
$\overline{CLR}$	OE	LDCK	IRE	UNCK	ORE	Memory Contents	IR	OR	Function
⌐	X	X	X	X	X	X	H	L	clear, reset
X	L	X	X	X	X	X	?	?	Q0…Q3 = Z
H	H	X	L	X	X	X	L	?	IR = disabled
H	H	X	X	X	L	X	?	L	OR = disabled
H	H	⌐	H	X	X	<16 digits	H	?	load D0…D3
H	H	⌐	H	X	X	= 16 digits	L	?	no load, full
H	H	X	X	⌡	H	>0 digits	?	H	unload to Q0…Q3
H	H	X	X	⌡	H	= 0 digits	?	L	no unload, empty

74226

	Typ - Type - Tipo		Hersteller Production Fabricants Produttori Fabricantes	Bild Fig. Fig. Sec	I_S &I_R	t_{PD} E→Q ns typ	t_{PD} E→Q ns max	Bem./Note f_T §f_Z &f_E
0…70°C § 0…75°C	−40…85°C § −25…85°C	−55…125°C		3	mA	↓ ↕ ↑	↓ ↕ ↑	MHz
SN74S226J SN74S226N	SN54S226J		Tix	16c	125	15 20	30 30	
		SN54S226W	Tix	16a	125	15 20	30 30	
			Tix	16n	125	15 20	30 30	

74227

	Typ - Type - Tipo		Hersteller Production Fabricants Produttori Fabricantes	Bild Fig. Fig. Sec	I_S &I_R	t_{PD} E→Q ns typ	t_{PD} E→Q ns max	Bem./Note f_T §f_Z &f_E
0…70°C § 0…75°C	−40…85°C § −25…85°C	−55…125°C		3	mA	↓ ↕ ↑	↓ ↕ ↑	MHz
SN74LS227J SN74LS227N	SN54LS227J		Tix	20c	89	32 27	50 40	
			Tix	20a	89	32 27	50 40	

74228
Output: OC

16x4-Bit asynchroner Silospeicher
16x4-bit asynchronous FIFO (first-in first-out memory)
Mémoire asynchr. PAPS (premier arrivé-premier servi) 16x4 bits
16x4-bit memoria silo asíncrona
Memoria FIFO (first in first out) asíncrona de 16x4 bits

74230
Output: TS

2 4-Bit Bustreiber
2 4-bit bus drivers
2 drivers bus 4 bits
2 4-bit eccitatore bus
2 excitadores de bus de 4 bits

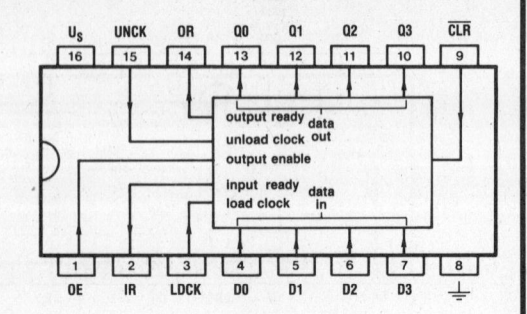

Inputs / Conditions					Outputs		
$\overline{CLR}$	OE	LDCK	UNCK	Memory Contents	IR	OR	Function
↧	X	X	X	X	H	L	clear, reset
X	L	X	X	X	?	?	Q0...Q3 = Z
H	H	↧	X	<16 digits	H	?	load D0...D3
H	H	↧	X	= 16 digits	L	?	no load, full
H	H	X	⌐⌐	>0 digits	?	H	unload to Q0...Q3
H	H	X	⌐⌐	= 0 digits	?	L	no unload, empty

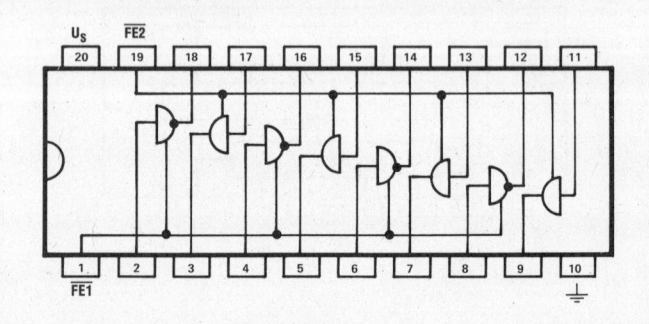

74228	Typ - Type - Tipo			Hersteller Production Fabricants Produttori Fabricantes	Bild Fig. Fig. Sec	I_S &I_R	t_{PD} E→Q ns_{typ}	t_{PD} E→Q ns_{max}	Bem./Note f_T §f_Z &f_E
0...70°C § 0...75°C	−40...85°C § −25...85°C	−55...125°C			3	mA	↓ ↕ ↑	↓ ↕ ↑	MHz
SN74LS228J SN74LS228N		SN54LS228J		Tix Tix	16c 16a	89 89	32 27 32 27	50 40 50 40	

74230	Typ - Type - Tipo			Hersteller Production Fabricants Produttori Fabricantes	Bild Fig. Fig. Sec	I_S &I_R	t_{PD} E→Q ns_{typ}	t_{PD} E→Q ns_{max}	Bem./Note f_T §f_Z &f_E
0...70°C § 0...75°C	−40...85°C § −25...85°C	−55...125°C			3	mA	↓ ↕ ↑	↓ ↕ ↑	MHz
DM74AS230J DM74AS230N		DM54AS230J		Nsc Nsc	20c 20a	<50 <50		4 3,5 4 3,5	
		SN54AS230FH		Tix	cc	55		6 7	Q = L
SN74AS230FN				Tix	cc	55		5,7 6,5	Q = L
		SN54AS230J		Tix	20c	55		6 7	Q = L
SN74AS230N				Tix	20a	55		5,7 6,5	Q = L

74231	2 invertierende 4-Bit Bustreiber
Output: TS	2 inverting 4-bit bus drivers
	2 drivers bus inverseurs 4 bits
	2 4-bit eccitatori bus inventi
	2 excitadores inversores de bus de 4 bits

74237	3-Bit Binärdekoder
Output: TP	3-bit binary decoder
	Décodeur binaire à 3 bits
	Decodificatore binario di 3 bits
	Decodificador a 3 bit

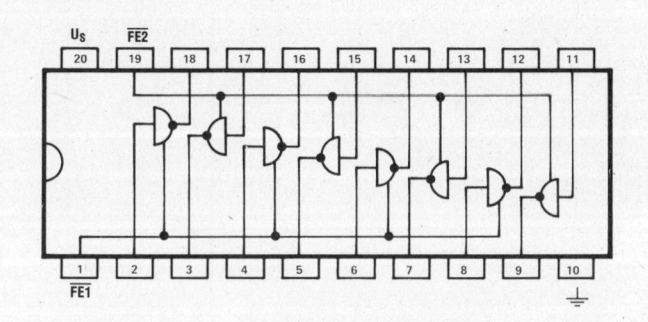

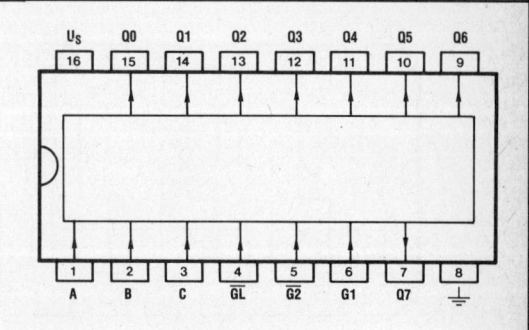

74237 Function Table

Inputs						Outputs							
$\overline{GL}$	$\overline{G2}$	G1	C	B	A	Q0	Q1	Q2	Q3	Q4	Q5	Q6	Q7
X	X	H	X	X	X	L	L	L	L	L	L	L	L
X	L	X	X	X	X	L	L	L	L	L	L	L	L
H	H	L	X	X	X	Buffer → Output							
L	H	L	L	L	L	H	L	L	L	L	L	L	L
L	H	L	L	L	H	L	H	L	L	L	L	L	L
L	H	L	L	H	L	L	L	H	L	L	L	L	L
L	H	L	L	H	H	L	L	L	H	L	L	L	L
L	H	L	H	L	L	L	L	L	L	H	L	L	L
L	H	L	H	L	H	L	L	L	L	L	H	L	L
L	H	L	H	H	L	L	L	L	L	L	L	H	L
L	H	L	H	H	H	L	L	L	L	L	L	L	H

74231

74231	Typ - Type - Tipo		Hersteller Production Fabricants Produttori Fabricantes	Bild Fig. Fig. Sec 3	I_S &I_R mA	t_{PD} E→Q ns$_{typ}$ ↓↑↑	t_{PD} E→Q ns$_{max}$ ↓↑↑	Bem./Note f_T §f_Z &f_E MHz
0...70°C § 0...75°C	−40...85°C § −25...85°C	−55...125°C						
DM74AS231J DM74AS231N		DM54AS231J	Nsc Nsc	20c 20a	<47 <47		3,5 3,5 3,5 3,5	Q=L Q=L
SN74AS231FN		SN54AS231FH	Tix Tix	cc cc	52 52		6 7 5,7 6,5	Q=L Q=L
SN74AS231N		SN54AS231J	Tix Tix	20c 20a	52 52		6 7 5,7 6,5	Q=L Q=L

74237

74237	Typ - Type - Tipo		Hersteller Production Fabricants Produttori Fabricantes	Bild Fig. Fig. Sec 3	I_S &I_R mA	t_{PD} E→Q ns$_{typ}$ ↓↑↑	t_{PD} E→Q ns$_{max}$ ↓↑↑	Bem./Note f_T §f_Z &f_E MHz
0...70°C § 0...75°C	−40...85°C § −25...85°C	−55...125°C						
MC74HC237J MC74HC237N		MC54HC237J	Mot Mot	16c 16a	<8u <8u	16 20 16 20	31 40 31 40	
MM74HC237J MM74HC237N	MM74HC237J	MM54HC237J	Nsc Nsc	16c 16a	<8u <8u	17 20 17 20	31 40 31 40	

74240
Output: TS

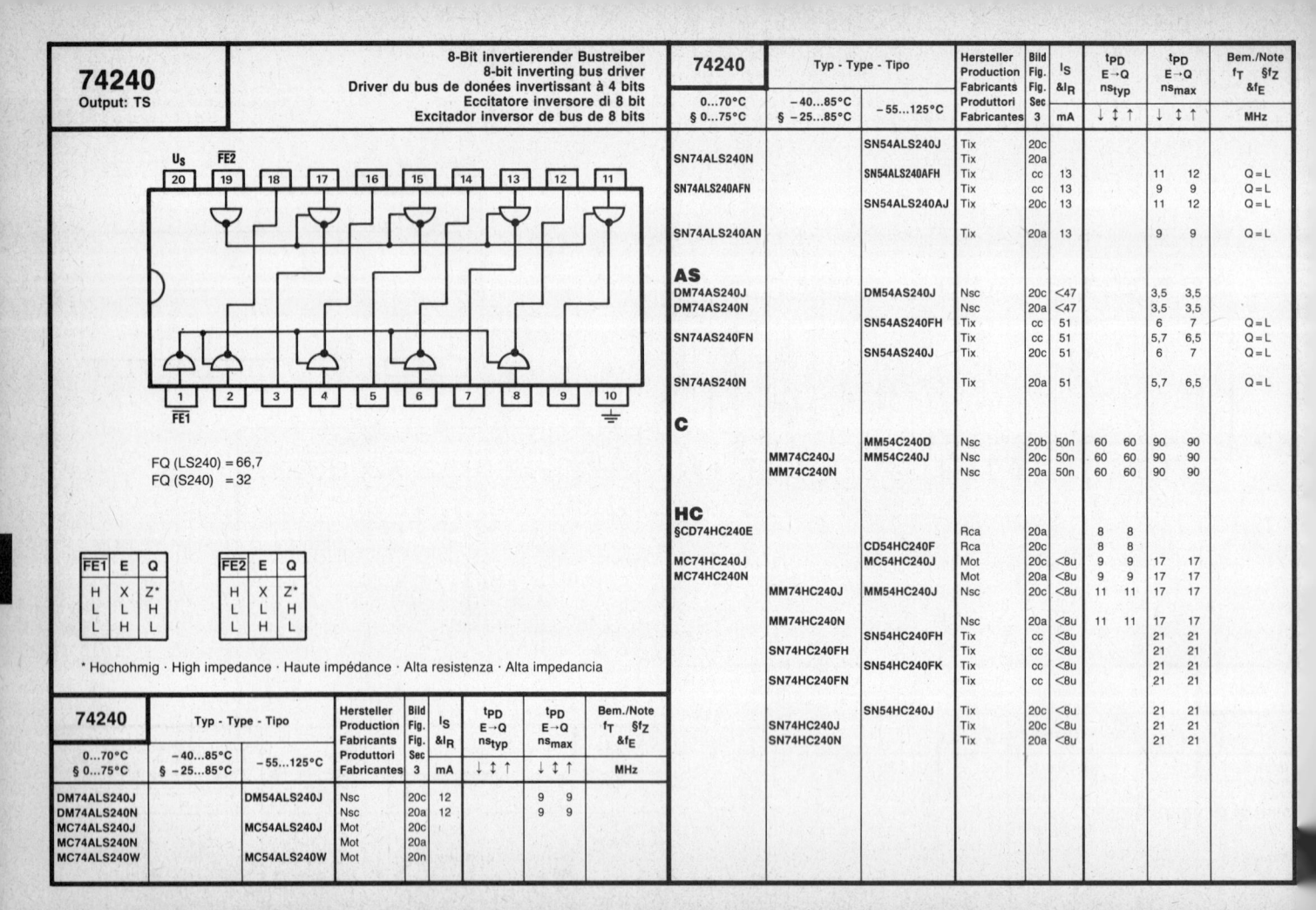

8-Bit invertierender Bustreiber
8-bit inverting bus driver
Driver du bus de donées invertissant à 4 bits
Eccitatore inversore di 8 bit
Excitador inversor de bus de 8 bits

Pinout (20-pin): Us[20], FE2[19], 18, 17, 16, 15, 14, 13, 12, 11 / FE1[1], 2, 3, 4, 5, 6, 7, 8, 9, GND[10]

FQ (LS240) = 66,7
FQ (S240) = 32

FE1	E	Q
H	X	Z*
L	L	H
L	H	L

FE2	E	Q
H	X	Z*
L	L	H
L	H	L

* Hochohmig · High impedance · Haute impédance · Alta resistenza · Alta impedancia

74240 0…70°C § 0…75°C	Typ - Type - Tipo −40…85°C § −25…85°C	−55…125°C	Hersteller Production Fabricants Produttori Fabricantes	Bild Fig. Fig. Sec 3	I_S & I_R mA	t_{PD} E→Q ns_{typ} ↓ ↕ ↑	t_{PD} E→Q ns_{max} ↓ ↕ ↑	Bem./Note f_T §f_Z & f_E MHz
		SN54ALS240J	Tix	20c				
SN74ALS240N		SN54ALS240AFH	Tix	20a	13		11 12	Q=L
SN74ALS240AFN			Tix	cc	13		9 9	Q=L
		SN54ALS240AJ	Tix	cc	13		11 12	Q=L
SN74ALS240AN			Tix	20c	13			
			Tix	20a	13		9 9	Q=L
AS								
DM74AS240J		DM54AS240J	Nsc	20c	<47		3,5 3,5	
DM74AS240N			Nsc	20a	<47		3,5 3,5	
SN74AS240FN		SN54AS240FH	Tix	cc	51		6 7	Q=L
			Tix	cc	51		5,7 6,5	Q=L
		SN54AS240J	Tix	20c	51		6 7	Q=L
SN74AS240N			Tix	20a	51		5,7 6,5	Q=L
C								
		MM54C240D	Nsc	20b	50n	60 60	90 90	
	MM74C240J	MM54C240J	Nsc	20c	50n	60 60	90 90	
	MM74C240N		Nsc	20a	50n	60 60	90 90	
HC								
§CD74HC240E			Rca	20a	8	8		
		CD54HC240F	Rca	20c	8	8		
MC74HC240J		MC54HC240J	Mot	20c	<8u	9 9	17 17	
MC74HC240N			Mot	20a	<8u	9 9	17 17	
MM74HC240J		MM54HC240J	Nsc	20c	<8u	11 11	17 17	
MM74HC240N			Nsc	20a	<8u	11 11	17 17	
		SN54HC240FH	Tix	cc	<8u		21 21	
SN74HC240FH		SN54HC240FK	Tix	cc	<8u		21 21	
SN74HC240FN			Tix	cc	<8u		21 21	
		SN54HC240J	Tix	20c	<8u		21 21	
SN74HC240J			Tix	20c	<8u		21 21	
SN74HC240N			Tix	20a	<8u		21 21	

74240 0…70°C § 0…75°C	Typ - Type - Tipo −40…85°C § −25…85°C	−55…125°C	Hersteller Production Fabricants Produttori Fabricantes	Bild Fig. Fig. Sec 3	I_S & I_R mA	t_{PD} E→Q ns_{typ} ↓ ↕ ↑	t_{PD} E→Q ns_{max} ↓ ↕ ↑	Bem./Note f_T §f_Z & f_E MHz
DM74ALS240J		DM54ALS240J	Nsc	20c	12		9 9	
DM74ALS240N			Nsc	20a	12		9 9	
MC74ALS240J		MC54ALS240J	Mot	20c				
MC74ALS240N			Mot	20a				
MC74ALS240W		MC54ALS240W	Mot	20n				

74240

0...70°C § 0...75°C	Typ - Type - Tipo −40...85°C § −25...85°C	−55...125°C	Hersteller Production Fabricants Produttori Fabricantes	Bild Fig. Fig. Sec 3	I_S &I_R mA	t_{PD} E→Q ns$_{typ}$ ↓ ↕ ↑	t_{PD} E→Q ns$_{max}$ ↓ ↕ ↑	Bem./Note f_T §f_Z &f_E MHz
HCT								
§CD74HCT240E			Rca	20a		8 8		
		CD54HCT240F	Rca	20c		8 8		
MC74HCT240J		MC54HCT240J	Mot	20c				
MC74HCT240N			Mot	20a				
	MM74HCT240J	MM54HCT240J	Nsc	20c	<8u	14 14	20 20	
	MM74HCT240N		Nsc	20a	<8u	14 14	20 20	
	SN74HCT240FH	SN54HCT240FH	Tix	cc			21 21	
		SN54HCT240FK	Tix	cc			21 21	
	SN74HCT240FN		Tix	cc			21 21	
		SN54HCT240J	Tix	20c			21 21	
	SN74HCT240J		Tix	20a			21 21	
	SN74HCT240N		Tix	20a			21 21	
LS								
DM74LS240J		DM54LS240J	Nsc	20c	<50		18 14	
DM74LS240N			Nsc	20a	<50		18 14	
HD74LS240			Hit	20a	<50		18 14	
SN74LS240J		SN54LS240J	Tix	20c	29	12 9	18 14	
SN74LS240N			Tix	20a	29	12 9	18 14	
74LS240PC			Fch	20a	29		18 14	
S								
DM74S240J		DM54S240J	Nsc	20c	<150		7 7	
DM74S240N			Nsc	20a	<150		7 7	
SN74S240J		SN54S240J	Tix	20c	100	4,5 4,5	7 7	
SN74S240N			Tix	20a	100	4,5 4,5	7 7	
74S240DC		54S240DM	Fch	20c	<150		7 7	
74S240FC		54S240FM	Fch	20n	<150		7 7	
74S240PC			Fch	20a	<150		7 7	

74241
Output: TS

8-Bit Bustreiber / 8-bit bus driver / Driver du bus de donées à 4 bits / Eccitatore di 8 bit / Excitador de bus de 8 bits

Pin diagram (DIP-20): U_S (20), FE2 (19), 18, 17, 16, 15, 14, 13, 12, 11 / FE1 (1), 2, 3, 4, 5, 6, 7, 8, 9, 10 (GND).

FQ (LS241) = 66,7
FQ (S241) = 32

FE1	E	Q
H	X	Z*
L	L	L
L	H	H

FE2	E	Q
L	X	Z*
H	L	L
H	H	H

* Hochohmig · High impedance · Haute impédance · Alta resistenza · Alta impedancia

0...70°C § 0...75°C	Typ - Type - Tipo −40...85°C § −25...85°C	−55...125°C	Hersteller Production Fabricants Produttori Fabricantes	Bild Fig. Fig. Sec 3	I_S &I_R mA	t_{PD} E→Q ns$_{typ}$ ↓ ↕ ↑	t_{PD} E→Q ns$_{max}$ ↓ ↕ ↑	Bem./Note f_T §f_Z &f_E MHz
DM74ALS241J		DM54ALS241J	Nsc	20c	<30		10 11	
DM74ALS241N			Nsc	20a	<30		10 11	
MC74ALS241J		MC54ALS241J	Mot	20c				
MC74ALS241N			Mot	20a				
MC74ALS241W		MC54ALS241W	Mot	20n				

74241

Typ 0...70°C §0...75°C	Typ −40...85°C §−25...85°C	Typ −55...125°C	Hersteller Production Fabricants Produttori Fabricantes	Bild Fig. Sec 3	I_S &I_R mA	t_{PD} E→Q ns_{typ} ↓↕↑	t_{PD} E→Q ns_{max} ↓↕↑	Bem./Note f_T §f_Z &f_E MHz
SN74ALS241N		SN54ALS241J	Tix	20c				
			Tix	20a				
SN74ALS241AFN		SN54ALS241AFH	Tix	cc	15		13 14	Q=L
			Tix	cc	15		10 11	Q=L
		SN54ALS241AJ	Tix	20c	15		13 14	Q=L
SN74ALS241AN			Tix	20a	15		10 11	Q=L
AS								
DM74AS241J		DM54AS241J	Nsc	20c	<53		4 4	
DM74AS241N			Nsc	20a	<53		4 4	
SN74AS241FN		SN54AS241FH	Tix	cc	61		7 9	Q=L
			Tix	cc	61		6,2 6,2	Q=L
		SN54AS241J	Tix	20c	61		7 9	Q=L
SN74AS241N			Tix	20a	61		6,2 6,2	Q=L
F								
MC74F241J		MC54F241J	Mot	20c	<90		6,5 6,2	
MC74F241N			Mot	20a	<90		6,5 6,2	
MC74F241W		MC54F241W	Mot	20n	<90		6,5 6,2	
HC								
§CD74HC241E			Rca	20a		10 10		
		CD54HC241F	Rca	20c		10 10		
MC74HC241J		MC54HC241J	Mot	20c	<8u	10 10	20 20	
MC74HC241N			Mot	20a	<8u	10 10	20 20	
	MM74HC241J	MM54HC241J	Nsc	20c	<8u	11 11	17 17	
	MM74HC241N		Nsc	20a	<8u	11 11	17 17	
	SN74HC241FH	SN54HC241FH	Tix	cc	<8u		21 21	
	SN74HC241FN	SN54HC241FK	Tix	cc	<8u		21 21	
			Tix	cc	<8u		21 21	
		SN54HC241J	Tix	20c	<8u		21 21	
	SN74HC241J		Tix	20c	<8u		21 21	
	SN74HC241N		Tix	20a	<8u		21 21	

74241

Typ 0...70°C §0...75°C	Typ −40...85°C §−25...85°C	Typ −55...125°C	Hersteller Production Fabricants Produttori Fabricantes	Bild Fig. Sec 3	I_S &I_R mA	t_{PD} E→Q ns_{typ} ↓↕↑	t_{PD} E→Q ns_{max} ↓↕↑	Bem./Note f_T §f_Z &f_E MHz
HCT								
§CD74HCT241E			Rca	20a		10 10		
		CD54HCT241F	Rca	20c		10 10		
MC74HCT241J		MC54HCT241J	Mot	20c				
MC74HCT241N			Mot	20a				
	MM74HCT241J	MM54HCT241J	Nsc	20c	<8u	14 14	18 18	
	MM74HCT241N		Nsc	20a	<8u	14 14	18 18	
		SN54HCT241FH	Tix	cc			21 21	
	SN74HCT241FH	SN54HCT241FK	Tix	cc			21 21	
	SN74HCT241FN		Tix	cc			21 21	
		SN54HCT241J	Tix	20c			21 21	
	SN74HCT241J		Tix	20c			21 21	
	SN74HCT241N		Tix	20a			21 21	
LS								
DM74LS241J		DM54LS241J	Nsc	20c	<54		18 18	
DM74LS241N			Nsc	20a	<54		18 18	
HD74LS241			Hit	20a	<54		18 18	
M74LS241			Mit	20a	<54		18 18	
SN74LS241J		SN54LS241J	Tix	20c	32	12 12	18 18	
SN74LS241N			Tix	20a	32	12 12	18 18	
74LS241PC			Fch	20a	32		18 18	
S								
DM74S241J		DM54S241J	Nsc	20c	<180		9 9	
DM74S241N			Nsc	20a	<180		9 9	
SN74S241J		SN54S241J	Tix	20c	120	6 6	9 9	
SN74S241N			Tix	20a	120	6 6	9 9	
74S241DC		54S241DM	Fch	20c	<180		9 9	
74S241FC		54S241FM	Fch	20n	<180		9 9	
74S241PC			Fch	20a	<180		9 9	

74242
Output: TS

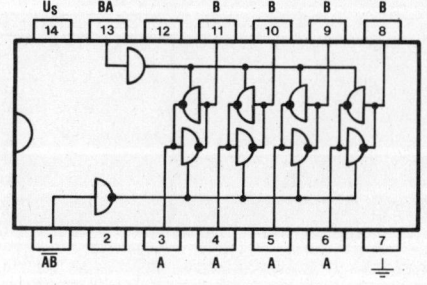

4-Bit bi-direktionaler invertierender Bustreiber
4-bit bi-directional inverting bus driver
Transceiver bi-directionnel invertissant à 4 bits
Ricetrasmittente bi-direzionale invertente di 4 bits
Excitador inversor bidireccional de bus de 4 bits

Pinout (14-pin):
- Pin 14: U_S
- Pin 13: $\overline{BA}$
- Pin 12: B
- Pin 11: B
- Pin 10: B
- Pin 9: B
- Pin 8: B
- Pin 1: $\overline{AB}$
- Pin 2–6: A, A, A, A
- Pin 7: GND

Funktion / Function / Fonction / Funzione / Función

Input		Function
$\overline{AB}$	BA	
H	H	$A = \overline{B}$
L	L	$B = \overline{A}$
H	L	sperren · inhibit · bloçage · bloccare · bloqueo
L	H	unzulässig · not valid · inadmissible · inammissibile · inadmisible

74242			Hersteller Production Fabricants Produttori Fabricantes	Bild Fig. Fig. Sec 3	I_S &I_R mA	t_{PD} E→Q ns_{typ} ↓↑↓↑	t_{PD} E→Q ns_{max} ↓↑↓↑	Bem./Note f_T §f_Z &f_E MHz
0...70°C § 0...75°C	−40...85°C § −25...85°C	−55...125°C						
		SN54ALS242J	Tix	14c				
SN74ALS242N			Tix	14a				
		SN54ALS242AFH	Tix	cc	14		14 15	Q=L
SN74ALS242AFN			Tix	cc	14		10 11	Q=L
		SN54ALS242AJ	Tix	14c	14		14 15	Q=L
SN74ALS242AN			Tix	14a	14		10 11	Q=L
AS								
DM74AS242J		DM54AS242J	Nsc	14c	<36		4 4	
DM74AS242N			Nsc	14a	<36		4 4	
		SN54AS242FH	Tix	cc	38		6 7	Q=L
SN74AS242FN			Tix	cc	38		5,7 6,5	Q=L
		SN54AS242J	Tix	14c	38		6 7	Q=L
SN74AS242N			Tix	14a	38		5,7 6,5	Q=L
F								
MC74F242J		MC54F242J	Mot	14c	<69		5,7 8	
MC74F242N			Mot	14a	<69		5,7 8	
MC74F242W		MC54F242W	Mot	14p	<69		5,7 8	
HC								
§CD74HC242E			Rca	14a	<8u		21 21	
		CD54HC242F	Rca	14c	<8u		21 21	
MC74HC242J		MC54HC242J	Mot	14c	<8u	9 9	17 17	
MC74HC242N			Mot	14a	<8u	9 9	17 17	
MM74HC242J		MM54HC242J	Nsc	14c	<8u	11 11	17 17	
MM74HC242N			Nsc	14a	<8u	11 11	17 17	
		SN54HC242FH	Tix	cc	<8u		26 26	
SN74HC242FH			Tix	cc	<8u		26 26	
		SN54HC242FK	Tix	cc	<8u		26 26	
SN74HC242FN			Tix	cc	<8u		26 26	
		SN54HC242J	Tix	14c	<8u		26 26	
SN74HC242J			Tix	14c	<8u		26 26	
SN74HC242N			Tix	14a	<8u		26 26	

74242			Hersteller Production Fabricants Produttori Fabricantes	Bild Fig. Fig. Sec 3	I_S &I_R mA	t_{PD} E→Q ns_{typ} ↓↑↓↑	t_{PD} E→Q ns_{max} ↓↑↓↑	Bem./Note f_T §f_Z &f_E MHz
0...70°C § 0...75°C	−40...85°C § −25...85°C	−55...125°C						
DM74ALS242J		DM54ALS242J	Nsc	14c				
DM74ALS242N			Nsc	14a				
MC74ALS242J		MC54ALS242J	Mot	14c				
MC74ALS242N			Mot	14a				
MC74ALS242W		MC54ALS242W	Mot	14p				

74242	Typ - Type - Tipo		Hersteller Production Fabricants Produttori Fabricantes	Bild Fig. Fig. Sec 3	I_S &I_R mA	t_{PD} E→Q ns_{typ} ↓ ↕ ↑	t_{PD} E→Q ns_{max} ↓ ↕ ↑	Bem./Note f_T §f_Z &f_E MHz
0...70°C § 0...75°C	−40...85°C § −25...85°C	−55...125°C						
HCT								
§CD74HCT242E		CD54HCT242F	Rca	14a	<8u			
			Rca	14c	<8u			
	SN74HCT242FH	SN54HCT242FH	Tix	cc			26 26	
			Tix	cc			26 26	
		SN54HCT242FK	Tix	cc			26 26	
	SN74HCT242FN		Tix	cc			26 26	
		SN54HCT242J	Tix	14c			26 26	
	SN74HCT242J		Tix	14c			26 26	
	SN74HCT242N		Tix	14a			26 26	
LS								
DM74LS242J		DM54LS242J	Nsc	14c	<50		18 14	
DM74LS242N			Nsc	14a	<50		18 14	
HD74LS242			Hit	14a	<50		18 14	
M74LS242			Mit	14a	<50		18 14	
SN74LS242J		SN54LS242J	Tix	14c	29	12 9	18 14	
SN74LS242N			Tix	14a	29	12 9	18 14	
		SN54LS242W	Tix	14n	29	12 9	18 14	
74LS242DC		54LS242DM	Fch	14c	29		18 14	
74LS242FC		54LS242FM	Fch	14p	29		18 14	
74LS242PC			Fch	14a	29		18 14	
S								
DM74S242J		DM54S242J	Nsc	14c	<150		7 7	
DM74S242N			Nsc	14a	<150		7 7	

74243 Output: TS

4-Bit bi-direktionaler Bustreiber
4-bit bi-directional bus driver
Transceiver bi-directionnel à 4 bits
Ricetrasmittente bi-direzionale di 4 bit
Excitador bidireccional de bus de 4 bits

Input		Funktion* Function · Fonction · Funzione · Función
$\overline{AB}$	BA	
H	H	A = B
L	L	B = A
H	L	sperren · inhibit · bloçage · bloccare · bloqueo
L	H	unzulässig · not valid · inadmissible · inammissibile · inadmisible

74243	Typ - Type - Tipo		Hersteller Production Fabricants Produttori Fabricantes	Bild Fig. Fig. Sec 3	I_S &I_R mA	t_{PD} E→Q ns_{typ} ↓ ↕ ↑	t_{PD} E→Q ns_{max} ↓ ↕ ↑	Bem./Note f_T §f_Z &f_E MHz
0...70°C § 0...75°C	−40...85°C § −25...85°C	−55...125°C						
DM74ALS243J		DM54ALS243J	Nsc	14c				
DM74ALS243N			Nsc	14a				
MC74ALS243J		MC54ALS243J	Mot	14c				
MC74ALS243N			Mot	14a				
MC74ALS243W		MC54ALS243W	Mot	14p				

74243	Typ - Type - Tipo			Hersteller Production Fabricants Produttori Fabricantes	Bild Fig. Fig. Sec 3	I_S &I_R	t_{PD} E→Q ns$_{typ}$			t_{PD} E→Q ns$_{max}$			Bem./Note f_T §f_Z &f_E
0...70°C § 0...75°C	−40...85°C § −25...85°C	−55...125°C				mA	↓	↕	↑	↓	↕	↑	MHz
SN74ALS243N		SN54ALS243J		Tix	14c								
				Tix	14a								
		SN54ALS243AFH		Tix	cc	20				15		15	Q = L
SN74ALS243AFN				Tix	cc	20				11		11	Q = L
		SN54ALS243AJ		Tix	14c	20				15		15	Q = L
SN74ALS243AN				Tix	14a	20				11		11	Q = L
AS													
DM74AS243J		DM54AS243J		Nsc	14c	<43				3,5		3,5	
DM74AS243N				Nsc	14a	<43				3,5		3,5	
		SN54AS243FH		Tix	cc	47				8		9	Q = L
SN74AS243FN				Tix	cc	47				6,5		7,5	Q = L
		SN54AS243J		Tix	14c	47				8		9	Q = L
SN74AS243N				Tix	14a	47				6,5		7,5	Q = L
F													
MC74F243J		MC54F243J		Mot	14c	<90				6,5		6,2	
MC74F243N				Mot	14a	<90				6,5		6,2	
MC74F243W		MC54F243W		Mot	14p	<90				6,5		6,2	
HC													
§CD74HC243E				Rca	14a	<8u				17		17	
		CD54HC243F		Rca	14c	<8u				17		17	
MC74HC243J		MC54HC243J		Mot	14c	<8u	9		9	17		17	
MC74HC243N				Mot	14a	<8u	9		9	17		17	
	MM74HC243J	MM54HC243J		Nsc	14c	<8u	11		11	17		17	
	MM74HC243N			Nsc	14a	<8u	11		11	17		17	
	SN74HC243FH	SN54HC243FH		Tix	cc	<8u				26		26	
		SN54HC243FK		Tix	cc	<8u				26		26	
	SN74HC243FN			Tix	cc	<8u				26		26	
		SN54HC243J		Tix	14c	<8u				26		26	
	SN74HC243J			Tix	14c	<8u				26		26	
	SN74HC243N			Tix	14a	<8u				26		26	

74243	Typ - Type - Tipo			Hersteller Production Fabricants Produttori Fabricantes	Bild Fig. Fig. Sec 3	I_S &I_R	t_{PD} E→Q ns$_{typ}$			t_{PD} E→Q ns$_{max}$			Bem./Note f_T §f_Z &f_E
0...70°C § 0...75°C	−40...85°C § −25...85°C	−55...125°C				mA	↓	↕	↑	↓	↕	↑	MHz
HCT													
§CD74HCT243E				Rca	14a	<8u							
		CD54HCT243F		Rca	14c	<8u							
	SN74HCT243FH	SN54HCT243FH		Tix	cc					26		26	
				Tix	cc					26		26	
		SN54HCT243FK		Tix	cc					26		26	
	SN74HCT243FN			Tix	cc					26		26	
		SN54HCT243J		Tix	14c					26		26	
	SN74HCT243J			Tix	14c					26		26	
	SN74HCT243N			Tix	14a					26		26	
LS													
DM74LS243J		DM54LS243J		Nsc	14c	<54				18		18	
DM74LS243N				Nsc	14a	<54				18		18	
HD74LS243				Hit	14a	<54				18		18	
M74LS243				Mit	14a	<54				18		18	
SN74LS243J		SN54LS243J		Tix	14c	32	12		12	18		18	
SN74LS243N				Tix	14n	32	12		12	18		18	
		SN54LS243W		Tix	14n	32	12		12	18		18	
74LS243DC		54LS243DM		Fch	14c	32				18		18	
74LS243FC				Fch	14p	32				18		18	
74LS243PC		54LS243FM		Fch	14a	32				18		18	
S													
DM74S243J		DM54S243J		Nsc	14c	<180				9		9	
DM74S243N				Nsc	14a	<180				9		9	

74244
Output: TS

8-Bit Bustreiber
8-bit bus driver
Transceiver à 8 bits
Eccitatore di 8 bits
Excitador de bus de 8 bits

FE	E	Q
H	X	Z*
L	L	L
L	H	H

*Hochohmig · High impedance · Haute impédance · Alta resistenza · Alta impedancia

74244	Typ - Type - Tipo			Hersteller Production Fabricants Produttori Fabricantes	Bild Fig. Fig. Sec 3	I_S & I_R mA	t_{PD} E→Q ns_{typ} ↓ ↑ ↑	t_{PD} E→Q ns_{max} ↓ ↑ ↑	Bem./Note f_T §f_Z & f_E MHz
0...70°C § 0...75°C	−40...85°C § −25...85°C	−55...125°C							
SN74ALS244N		SN54ALS244J		Tix	20c				
				Tix	20a				
SN74ALS244AFN		SN54ALS244AFH		Tix	cc	15		13 13	Q = L
				Tix	cc	15		10 10	Q = L
		SN54ALS244AJ		Tix	20c	15		13 13	Q = L
SN74ALS244AN				Tix	20a	15		10 10	Q = L
AS									
DM74AS244J		DM54AS244J		Nsc	20c	<52		4 4	
DM74AS244N				Nsc	20a	<52		4 4	
		SN54AS244FH		Tix	cc	60		7 9	Q = L
SN74AS244FN				Tix	cc	60		6,2 6,2	Q = L
		SN54AS244J		Tix	20c	60		7 9	Q = L
SN74AS244N				Tix	20a	60		6,2 6,2	Q = L
C									
	MM74C244J	MM54C244D		Nsc	20b	50n	45 45	70 70	
		MM54C244J		Nsc	20c	50n	45 45	70 70	
	MM74C244N			Nsc	20a	50n	45 45	70 70	
F									
MC74F244J		MC54F244J		Mot	20c	<90		6,5 6,2	
MC74F244N				Mot	20a	<90		6,5 6,2	
MC74F244W		MC54F244W		Mot	20n	<90		6,5 6,2	
HC									
§CD74HC244E				Rca	20a		10 10		
		CD54HC244F		Rca	20c		10 10		
MC74HC244J		MC54HC244J		Mot	20c	<8u	10 10	20 20	
MC74HC244N				Mot	20a	<8u	10 10	20 20	
	MM74HC244J	MM54HC244J		Nsc	20c	<8u	10 10	20 20	
	MM74HC244N			Nsc	20a	<8u	10 10	20 20	
		SN54HC244FH		Tix	cc	<8u		24 24	
SN74HC244FH		SN54HC244FK		Tix	cc	<8u		24 24	
SN74HC244FN				Tix	cc	<8u		24 24	
		SN54HC244J		Tix	20c	<8u		24 24	
SN74HC244J				Tix	20a	<8u		24 24	
SN74HC244N				Tix	20a	<8u		24 24	

74244	Typ - Type - Tipo		Hersteller Production Fabricants Produttori Fabricantes	Bild Fig. Fig. Sec 3	I_S & I_R mA	t_{PD} E→Q ns_{typ} ↓ ↑ ↑	t_{PD} E→Q ns_{max} ↓ ↑ ↑	Bem./Note f_T §f_Z & f_E MHz
0...70°C § 0...75°C	−40...85°C § −25...85°C	−55...125°C						
DM74ALS244J		DM54ALS244J	Nsc	20c	<20		14 14	
DM74ALS244N			Nsc	20a	<20		14 14	
MC74ALS244J		MC54ALS244J	Mot	20c				
MC74ALS244N			Mot	20a				
MC74ALS244W		MC54ALS244W	Mot	20n				

74244	Typ - Type - Tipo		Hersteller Production Fabricants Produttori Fabricantes	Bild Fig. Fig. Sec 3	I_S &I_R mA	t_{PD} E→Q ns$_{typ}$ ↓ ↕ ↑	t_{PD} E→Q ns$_{max}$ ↓ ↕ ↑	Bem./Note f_T §f_Z &f_E MHz
0...70°C § 0...75°C	−40...85°C § −25...85°C	−55...125°C						
HCT								
§CD74HCT244E			Rca	20a		10 10		
MC74HCT244J		CD54HCT244F	Rca	20c		10 10		
MC74HCT244N		MC54HCT244J	Mot	20c				
			Mot	20a				
	MM74HCT244J	MM54HCT244J	Nsc	20c	<8u	14 14	18 18	
	MM74HCT244N		Nsc	20a	<8u	14 14	18 18	
		SN54HCT244FH	Tix	cc			24 24	
	SN74HCT244FH	SN54HCT244FK	Tix	cc			24 24	
	SN74HCT244FN		Tix	cc			24 24	
		SN54HCT244J	Tix	20c			24 24	
	SN74HCT244J		Tix	20c			24 24	
	SN74HCT244N		Tix	20a			24 24	
LS								
DM74LS244J		DM54LS244J	Nsc	20c	<54		18 18	
DM74LS244N			Nsc	20a	<54		18 18	
HD74LS244			Hit	20a	<54		18 18	
M74LS244			Mit	20a	<54		18 18	
SN74LS244J		SN54LS244J	Tix	20c	32	12 12	18 18	
SN74LS244N			Tix	20a	32	12 12	18 18	
74LS244PC			Fch	20a	32		18 18	
S								
DM74S244J		DM54S244J	Nsc	20c	<180		6 6	
DM74S244N			Nsc	20a	<180		6 6	
SN74S244J		SN54S244J	Tix	20c	120	6 6	9 9	
SN74S244N			Tix	20a	120	6 6	9 9	

74245
Output: TS

8-Bit bi-direktionaler Bustreiber
8-bit bi-directional bus driver
Transceiver bi-directionnel à 8 bits
Eccitatore bi-direzionale di 8 bit
Excitador de bus bidireccional de 8 bits

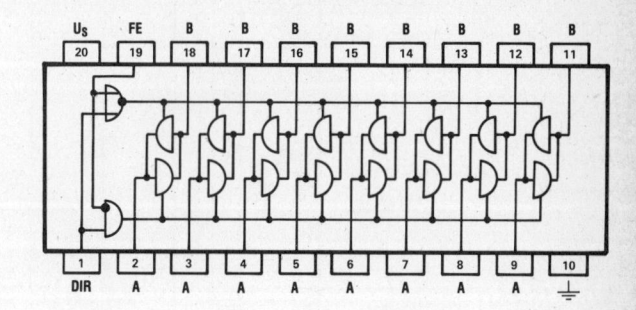

```
 U_S  FE   B    B    B    B    B    B    B    B
 20   19   18   17   16   15   14   13   12   11
  │    │    │    │    │    │    │    │    │    │
  [pin diagram of 74245 transceiver]
  │    │    │    │    │    │    │    │    │    │
  1    2    3    4    5    6    7    8    9    10
 DIR   A    A    A    A    A    A    A    A    ⏚
```

Input		Funktion*
FE	DIR	
H	X	A = B = Z**
L	L	A = B
L	H	B = A

* Function · Fonction · Funzione · Función
** Hochohmig · High impedance · Haute impédance · Alta resistenza · Alta impedancia

74245	Typ - Type - Tipo		Hersteller Production Fabricants Produttori Fabricantes	Bild Fig. Fig. Sec 3	I_S &I_R mA	t_{PD} E→Q ns$_{typ}$ ↓ ↕ ↑	t_{PD} E→Q ns$_{max}$ ↓ ↕ ↑	Bem./Note f_T §f_Z &f_E MHz
0...70°C § 0...75°C	−40...85°C § −25...85°C	−55...125°C						
DM74ALS245J		DM54ALS245J	Nsc	20c	<39		13	
DM74ALS245N			Nsc	20a	<39		13	
MC74ALS245J		MC54ALS245J	Mot	20c				
MC74ALS245N			Mot	20a				
MC74ALS245W		MC54ALS245W	Mot	20n				

74245	Typ - Type - Tipo			Hersteller Production Fabricants Produttori Fabricantes	Bild Fig. Fig. Sec 3	I_S &I_R mA	t_{PD} E→Q ns$_{typ}$ ↓ ↕ ↑	t_{PD} E→Q ns$_{max}$ ↓ ↕ ↑	Bem./Note f_T §f_Z &f_E MHz
0...70°C § 0...75°C	−40...85°C § −25...85°C	−55...125°C							
SN74ALS245N		SN54ALS245J		Tix	20c	36			
SN74ALS245AFN				Tix	20a	36		13 15	Q=L
		SN54ALS245AFH		Tix	cc	36		10 10	Q=L
		SN54ALS245AJ		Tix	20c	36		13 15	Q=L
SN74ALS245AN				Tix	20a	36		10 10	Q=L
AS									
DM74AS245J		DM54AS245J		Nsc	20c				
DM74AS245N				Nsc	20a				
		SN54AS245FH		Tix	cc	95	5 6		Q=L
SN74AS245FN				Tix	cc	95	5 6		Q=L
		SN54AS245J		Tix	20c	95	5 6		Q=L
SN74AS245N				Tix	20a	95	5 6		Q=L
F									
MC74F245J		MC54F245J		Mot	20c				
MC74F245N				Mot	20a				
MC74F245W		MC54F245W		Mot	20n				
HC									
§CD74HC245E				Rca	20a		10 10		
		CD54HC245F		Rca	20c		10 10		
MC74HC245J		MC54HC245J		Mot	20c				
MC74HC245N				Mot	20a				
	MM74HC245J	MM54HC245J		Nsc	20c	<8u	14 14	18 18	
	MM74HC245N			Nsc	20a	<8u	14 14	18 18	
		SN54HC245FH		Tix	cc	<8u		24 24	
SN74HC245FH		SN54HC245FK		Tix	cc	<8u		24 24	
SN74HC245FN				Tix	cc	<8u		24 24	
		SN54HC245J		Tix	20c	<8u		24 24	
SN74HC245J				Tix	20c	<8u		24 24	
SN74HC245N				Tix	20a	<8u		24 24	

74245	Typ - Type - Tipo			Hersteller Production Fabricants Produttori Fabricantes	Bild Fig. Fig. Sec 3	I_S &I_R mA	t_{PD} E→Q ns$_{typ}$ ↓ ↕ ↑	t_{PD} E→Q ns$_{max}$ ↓ ↕ ↑	Bem./Note f_T §f_Z &f_E MHz
0...70°C § 0...75°C	−40...85°C § −25...85°C	−55...125°C							
HCT									
§CD74HCT245E				Rca	20a		10 10		
		CD54HCT245F		Rca	20c		10 10		
MC74HCT245J		MC54HCT245J		Mot	20c				
MC74HCT245N				Mot	20a				
	MM74HCT245J	MM54HCT245J		Nsc	20c	<8u	14 14	23 23	
	MM74HCT245N			Nsc	20a	<8u	14 14	23 23	
LS									
DM74LS245J		DM54LS245J		Nsc	20c	<95		12	
DM74LS245N				Nsc	20a	<95		12	
HD74LS245				Hit	20c	<95		12	
M74LS245				Mit	20a	<95		12	
SN74LS245J		SN54LS245J		Tix	20c	64	8 8	12 12	
SN74LS245N				Tix	20a	64	8 8	12 12	
74LS245PC				Fch	20a	<85		18 18	

74246
Output: OC

BCD-zu-7-Segment-Dekoder / Anzeigetreiber (30V)
BCD-to-7-segment decoder / display driver (30V)
Convertisseur de code BCD / 7-seg. / driver d'affichage (30V)
Invertitore di codice BCD / 7-segmenti (30V)
Decodificador BCD a 7 segmentos / Excitador de display (30V)

$FQ = 25$
$FQ (BI/RBQ) = 5$
$FI (BI/RBQ) = 2,5$

Pinout (DIP-16):
- Pin 16: U_S
- Pin 15: f
- Pin 14: g
- Pin 13: a
- Pin 12: b
- Pin 11: c
- Pin 10: d
- Pin 9: e
- Pin 1: B
- Pin 2: C
- Pin 3: LT
- Pin 4: RBQ
- Pin 5: RBI
- Pin 6: D
- Pin 7: A
- Pin 8: GND

74246	Typ - Type - Tipo		Hersteller Production Fabricants Produttori Fabricantes	Bild Fig. Fig. Sec	I_S & I_R	t_{PD} E→Q ns_{typ}	t_{PD} E→Q ns_{max}	Bem./Note f_T §f_Z & f_E
0...70°C § 0...75°C	−40...85°C § −25...85°C	−55...125°C		3	mA	↓ ↕ ↑	↓ ↕ ↑	MHz
SN74246N			Tix	16a	64	100 100		
		SN54246W	Tix	16n	64	100 100		
74246			Sie	16a	64	100 100		

In					In/Out	Out
D	C	B	A	LT RBI	BI/RBQ	Q
X	X	X	X	L X	H	8
X	X	X	X	X X	L	—
L	L	L	L	H L	L	—
L	L	L	L	H H	H	0
L	L	L	H	H X	H	1
L	L	H	L	H X	H	2
.	.	.	.	. .	.	.
H	H	H	H	H X	H	15

7-segment layout:
```
   a
 f   b
   g
 e   c
   d
```

Display digits 0–15:
0 1 2 3 4 5 6 7 8 9 c d U t
0 1 2 3 4 5 6 7 8 9 10 11 12 13 14 15

74247
Output: OC

BCD-zu-7-Segment-Dekoder / Anzeigetreiber (15V)
BCD-to-7-segment decoder / display driver (15V)
Convertisseur de code BCD / 7-seg. / driver d'affichage (15V)
Invertitore di codice BCD / 7-segmenti (15V)
Decodificador BCD a 7 segmentos / Excitador de display (15V)

74247	Typ - Type - Tipo			Hersteller Production Fabricants Produttori Fabricantes	Bild Fig. Fig. Sec 3	I_S &I_R mA	t_{PD} E→Q ns$_{typ}$ ↓ ↕ ↑		t_{PD} E→Q ns$_{max}$ ↓ ↕ ↑		Bem./Note f_T §f_Z &f_E MHz
0...70°C § 0...75°C	−40...85°C § −25...85°C	−55...125°C									
SN74247J		SN54247J	Tix	16c	64	100	100			
SN74247N			Tix	16n	64	100	100			
		SN54247W	Tix	16a	64	100	100			
74247			Sie	16a	64	100	100			
LS										
DM74LS247J		DM54LS247J	Nsc	16c	<13	100	100			
DM74LS247N			Nsc	16a	<13	100	100			
HD74LS247			Hit	16a	<13	100	100			
M74LS247			Mit	16a	<13	100	100			
SN74LS247J		SN54LS247J	Tix	16c	7	100	100			
SN74LS247N			Tix	16a	7	100	100			
		SN54LS247W	Tix	16n	7	100	100			
74LS247DC		54LS247DM	Fch	16c						
74LS247FC		54LS247FM	Fch	16n						
74LS247PC			Fch	16a						

Pin	N	LS
4 (FI)	2,5	2,8
4 (FQ)	5	2,5
FQ	25	66,7

Pinout (DIP-16):
- 16: U_S
- 15: f
- 14: g
- 13: a
- 12: b
- 11: c
- 10: d
- 9: e
- 1: B
- 2: C
- 3: LT
- 4: RBQ
- 5: RBI
- 6: D
- 7: A
- 8: GND

In					In/Out	Out
D	C	B	A	LT	RBI	BI/RBQ	Q
X	X	X	X	L	X	H	8
X	X	X	X	X	X	L	—
L	L	L	L	H	L	H	—
L	L	L	L	H	H	H	0
L	L	L	H	H	X	H	1
L	L	H	L	H	X	H	2
...							
H	H	H	H	H	X	H	15

Seven-segment display: segments a (top), b (upper right), c (lower right), d (bottom), e (lower left), f (upper left), g (middle).

Digit display patterns for 0–15:
0 1 2 3 4 5 6 7 8 9 c ɔ u ⋴ ᴗ t
0 1 2 3 4 5 6 7 8 9 10 11 12 13 14 15

74248
Output: TP

BCD-zu-7-Segment-Dekoder / Anzeigetreiber
BCD-to-7-segment decoder / display driver
Convertisseur de code BCD / 7-segments / driver d'affichage
Invertitore di codice BCD / 7-segmenti
Decodificador BCD a 7 segmentos / Excitador de display

Pin	N	LS
4 (FI)	2,5	2,8
4 (FQ)	5	2,5
FQ	4	5

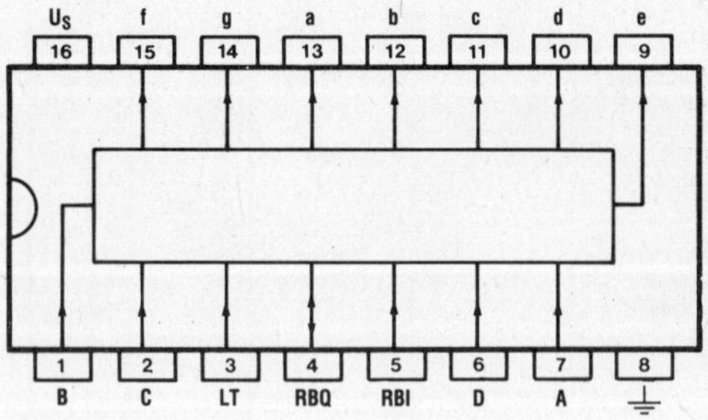

Pinout (DIP-16):
- 16: U$_S$
- 15: f
- 14: g
- 13: a
- 12: b
- 11: c
- 10: d
- 9: e
- 1: B
- 2: C
- 3: LT
- 4: RBQ
- 5: RBI
- 6: D
- 7: A
- 8: GND

74248	Typ - Type - Tipo			Hersteller Production Fabricants Produttori Fabricantes	Bild Fig. Fig. Sec 3	I_S &I_R mA	t_{PD} E→Q ns$_{typ}$ ↓ ↕ ↑	t_{PD} E→Q ns$_{max}$ ↓ ↕ ↑	Bem./Note f_T §f_Z &f_E MHz
	0...70°C § 0...75°C	–40...85°C § –25...85°C	–55...125°C						
	SN74248J		SN54248J	Tix	16c	53	100 100		
	SN74248N			Tix	16a	53	100 100		
			SN54248W	Tix	16n	53	100 100		
LS									
	DM74LS248J		DM54LS248J	Nsc	16c	<38	100 100		
	DM74LS248N			Nsc	16a	<38	100 100		
	HD74LS248			Hit	16a	<38	100 100		
	M74LS248			Mit	16a	<38	100 100		
	SN74LS248J		SN54LS248J	Tix	16c	25	100 100		
	SN74LS248N			Tix	16a	25	100 100		
			SN54LS248W	Tix	16n	25	100 100		
	74LS248DC		54LS248DM	Fch	16c				
	74LS248FC		54LS248FM	Fch	16n				
	74LS248PC			Fch	16a				

In					In/Out	Out
D	C	B	A	LT RBI	BI/RBQ	Q
X	X	X	X	L X	H	8
X	X	X	X	X X	L	—
L	L	L	L	H L	L	—
L	L	L	L	L L	H	0
L	L	L	H	H X	H	1
L	L	H	L	H X	H	2
:	:	:	:	: :	:	:
H	H	H	H	H X	H	15

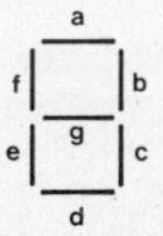

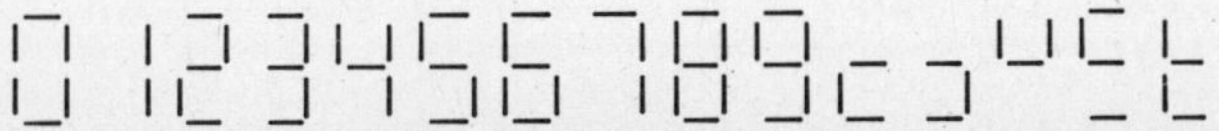

7-segment labels: a (top), f (top-left), b (top-right), g (middle), e (bottom-left), c (bottom-right), d (bottom)

Display digits 0–15: 0 1 2 3 4 5 6 7 8 9 c ⌐ ⌐ ⌐ ⋮ L

2-285

74249
Output: OC

BCD-zu-7-Segment-Dekoder / Anzeigetreiber
BCD-to-7-segment decoder / display driver
Convertisseur de code BCD / 7-segments / driver d'affichage
Invertitore di codice BCD / 7-segmenti
Decodificador BCD a 7 segmentos / Excitador de display

74249	Typ - Type - Tipo			Hersteller Production Fabricants Produttori Fabricantes	Bild Fig. Fig. Sec 3	I_S &I_R mA	t_{PD} E→Q ns_{typ} ↓ ↕ ↑	t_{PD} E→Q ns_{max} ↓ ↕ ↑	Bem./Note f_T §f_Z &f_E MHz
0...70°C § 0...75°C	−40...85°C § −25...85°C	−55...125°C							
SN74249J SN74249N		SN54249J		Tix Tix	16c 16a	53 53		100 100 100 100	
		SN54249W		Tix	16n	53		100 100	
LS									
DM74LS249J DM74LS249N HD74LS249 SN74LS249J SN74LS249N		DM54LS249J SN54LS249J		Nsc Nsc Hit Tix Tix	16c 16a 16a 16c 16a	<15 <15 <15 8 8		100 100 100 100 100 100 100 100	
74LS249DC 74LS249FC 74LS249PC		SN54LS249W 54LS249DM 54LS249FM		Tix Fch Fch Fch	16n 16c 16n 16a	8		100 100	

Pin	N	LS
4 (FI)	2,5	2,8
4 (FQ)	5	2,5
FQ	6,25	22,2

Pinout (DIP-16):
- 16: U_S
- 15: f
- 14: g
- 13: a
- 12: b
- 11: c
- 10: d
- 9: e
- 1: B
- 2: C
- 3: LT
- 4: RBQ
- 5: RBI
- 6: D
- 7: A
- 8: GND

In						In/Out	Out
D	C	B	A	LT	RBI	BI/RBQ	Q
X	X	X	X	L	X	H	8
X	X	X	X	X	X	L	—
L	L	L	L	H	L	L	—
L	L	L	L	H	H	H	0
L	L	L	H	H	X	H	1
L	L	H	L	H	X	H	2
⋮	⋮	⋮	⋮	⋮	⋮	⋮	⋮
H	H	H	H	H	X	H	15

Segment display: a (top), f b (upper sides), g (middle), e c (lower sides), d (bottom)

Digits 0–15 display: 0 1 2 3 4 5 6 7 8 9 c ⌐ ⌐ U ⌐ t

74250
Output: TS

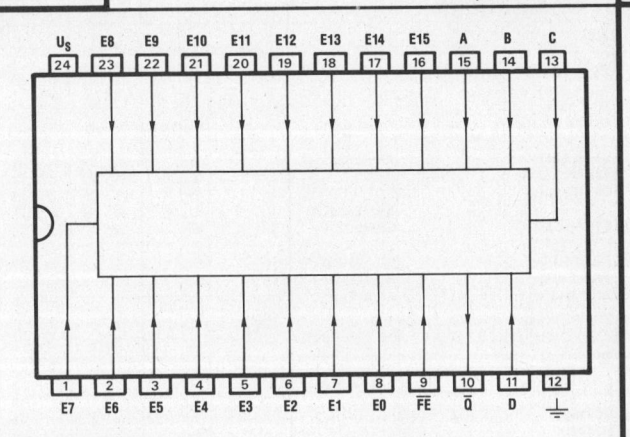

16-zu-1-Multiplexer
16-line-to-1-line multiplexer
Multiplexeur 16 lignes/1 ligne
16-a-1 multiplatore
Multiplexador 16 a 1

Pinout (24-pin DIP):
- Top: U_S(24), E8(23), E9(22), E10(21), E11(20), E12(19), E13(18), E14(17), E15(16), A(15), B(14), C(13)
- Bottom: E7(1), E6(2), E5(3), E4(4), E3(5), E2(6), E1(7), E0(8), $\overline{FE}$(9), $\overline{Q}$(10), Q(11), GND(12)

$\overline{FE}$	D	C	B	A	Q
H	X	X	X	X	Z
L	L	L	L	L	$\overline{E0}$
L	L	L	L	H	$\overline{E1}$
L	L	L	H	L	$\overline{E2}$
:	:	:	:	:	:
L	H	H	H	L	$\overline{E14}$
L	H	H	H	H	$\overline{E15}$

74250	Typ - Type - Tipo		Hersteller Production Fabricants Produttori Fabricantes	Bild Fig. Fig. Sec 3	I_S &I_R mA	t_{PD} E→Q ns$_{typ}$ ↓ ↕ ↑	t_{PD} E→Q ns$_{max}$ ↓ ↕ ↑	Bem./Note f_T §f_Z &f_E MHz
0...70°C § 0...75°C	−40...85°C § −25...85°C	−55...125°C						
SN74AS250FN		SN54AS250FH	Tix	cc	30	3,5 5		
			Tix	cc	30		6 8	
		SN54AS250J	Tix	24d	30	3,5 5		
SN74AS250N			Tix	24g	30		6 8	

74251
Output: TS

8-zu-1-Multiplexer
8-line-to-1-line multiplexer
Multiplexeur, 8 à 1
Multiplatore, 8 a 1
Multiplexador 8 a 1

Pinout (16-pin DIP):
- Top: U_S(16), D4(15), D5(14), D6(13), D7(12), A(11), B(10), C(9)
- Bottom: D3(1), D2(2), D1(3), D0(4), Q(5), $\overline{Q}$(6), $\overline{FE}$(7), GND(8)

Input				Output	
$\overline{FE}$	C	B	A	Q	$\overline{Q}$
H	X	X	X	Z*	Z*
L	L	L	L	D0	$\overline{D0}$
L	L	L	H	D1	$\overline{D1}$
:	:	:	:	:	:
L	H	H	H	D7	$\overline{D7}$

* Hochohmig
* High impedance
* Haute impédance
* Alta resistenza
* Alta impedancia

74251	Typ - Type - Tipo		Hersteller Production Fabricants Produttori Fabricantes	Bild Fig. Fig. Sec 3	I_S &I_R mA	t_{PD} E→Q ns$_{typ}$ ↓ ↕ ↑	t_{PD} E→Q ns$_{max}$ ↓ ↕ ↑	Bem./Note f_T §f_Z &f_E MHz
0...70°C § 0...75°C	−40...85°C § −25...85°C	−55...125°C						
DM74251J	DM54251J		Nsc	16c	<62		28 28	
DM74251N			Nsc	16a	<62		28 28	
HD74251			Hit	16a	<62		28 28	
SN74251J	SN54251J		Tix	16c	38	28 29	45 45	
SN74251N			Tix	16a	38	28 29	45 45	
	SN54251W		Tix	16n	38	28 29	45 45	
74251			Sie	16a	38	28 29	45 45	

74251	Typ - Type - Tipo			Hersteller Production Fabricants Produttori Fabricantes	Bild Fig. Fig. Sec 3	I_S &I_R mA	t_{PD} E→Q ns_{typ}			t_{PD} E→Q ns_{max}			Bem./Note f_T §f_Z &f_E MHz
0...70°C § 0...75°C	-40...85°C § -25...85°C	-55...125°C					↓	↕	↑	↓	↕	↑	
ALS													
DM74ALS251J		DM54ALS251J		Nsc	16c	<7,5				6		6	
DM74ALS251N				Nsc	16a	<7,5				6		6	
MC74ALS251J		MC54ALS251J		Mot	16c	9,4				24		18	
MC74ALS251N				Mot	16a	9,4				24		18	
MC74ALS251W		MC54ALS251W		Mot	16n	9,4				24		18	
		SN54ALS251FH		Tix	cc	9,4				28		21	
SN74ALS251FN				Tix	cc	9,4				24		18	
		SN54ALS251J		Tix	16c	9,4				28		21	
SN74ALS251N				Tix	16a	9,4				24		18	
AS													
DM74AS251J		DM54AS251J		Nsc	16c	<28				4		4	
DM74AS251N				Nsc	16a	<28				4		4	
		SN54AS251FH		Tix	cc	28	5		5				
SN74AS251FN				Tix	cc	28	5		5				
		SN54AS251J		Tix	16c	28	5		5				
SN74AS251N				Tix	16a	28	5		5				
F													
MC74F251J		MC54F251J		Mot	16c	<24				10,5			
MC74F251N				Mot	16a	<24				10,5			
MC74F251W		MC54F251W		Mot	16n	<24				10,5			
HC													
§CD74HC251E				Rca	16a	<8u				30		30	
		CD54HC251F		Rca	16c	<8u				30		30	
MC74HC251J		MC54HC251J		Mot	16c	<8u	23		23	33		33	
MC74HC251N				Mot	16a	<8u	23		23	33		33	
	MM74HC251J	MM54HC251J		Nsc	16c	<8u	23		23	33		33	
	MM74HC251N			Nsc	16a	<8u	23		23	33		33	
HCT													
§CD74HCT251E				Rca	16a	<8u				35		35	
		CD54HCT251F		Rca	16c	<8u				35		35	

74251	Typ - Type - Tipo			Hersteller Production Fabricants Produttori Fabricantes	Bild Fig. Fig. Sec 3	I_S &I_R mA	t_{PD} E→Q ns_{typ}			t_{PD} E→Q ns_{max}			Bem./Note f_T §f_Z &f_E MHz
0...70°C § 0...75°C	-40...85°C § -25...85°C	-55...125°C					↓	↕	↑	↓	↕	↑	
LS													
DM74LS251J		DM54LS251J		Nsc	16c	<12				28		28	
DM74LS251N				Nsc	16a	<12				28		28	
HD74LS251				Hit	16a	<12				28		28	
M74LS251				Mit	16a	<12				28		28	
§SN74LS251J		SN54LS251J		Mot	16c	7,1	28		29	45		45	
SN74LS251J		SN54LS251J		Tix	16c	7,1	28		29	45		45	
§SN74LS251N				Mot	16a	7,1	28		29	45		45	
SN74LS251N				Tix	16a	7,1	28		29	45		45	
		SN54LS251W		Mot	16n	7,1	28		29	45		45	
§SN74LS251W		SN54LS251W		Tix	16n	7,1	28		29	45		45	
74LS251DC		54LS251DM		Fch	16c	7,1	15		18	23		27	
74LS251FC		54LS251FM		Fch	16n	7,1	15		18	23		27	
74LS251J		54LS251J		Ray	16c	<12				28		28	
74LS251PC				Fch	16a	7,1	15		18	23		27	
S													
DM74S251J		DM54S251J		Nsc	16c	<85				12		12	
DM74S251N				Nsc	16a	<85				12		12	
HD74S251				Hit	16a	<85				12		12	
M74S251				Mit	16a	<85				12		12	
SN74S251J		SN54S251J		Tix	16c	55	13		12	19,5		18	
SN74S251N				Tix	16a	55	13		12	19,5		18	
		SN54S251W		Tix	16n	55	13		12	19,5		18	
74S251DC		54S251DM		Fch	16c	<85				12		12	
74S251FC		54S251FM		Fch	16n	<85				12		12	
74S251PC				Fch	16a	<85				12		12	

2-288

74253
Output: TS

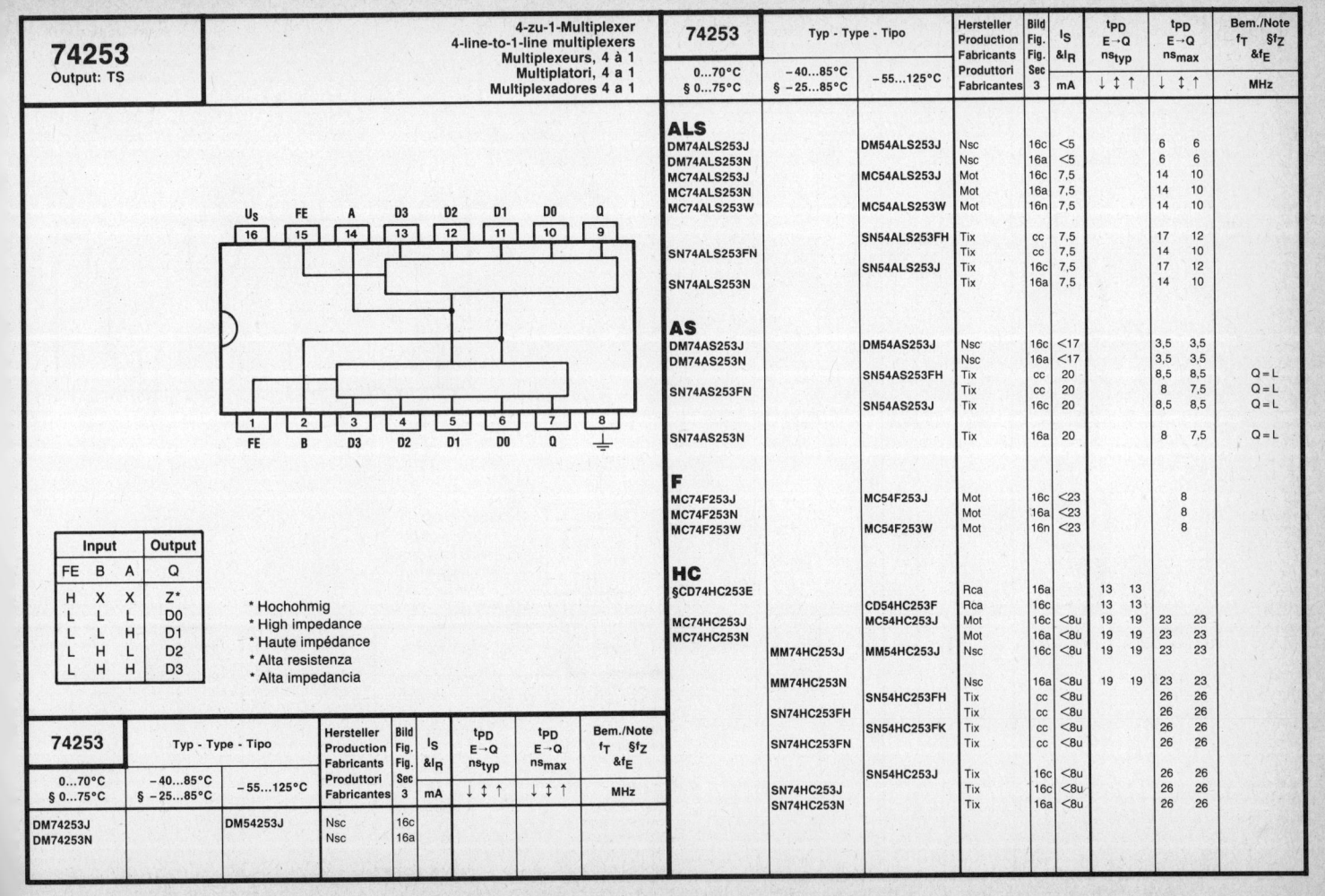

4-zu-1-Multiplexer
4-line-to-1-line multiplexers
Multiplexeurs, 4 à 1
Multiplatori, 4 a 1
Multiplexadores 4 a 1

Pinout (DIP-16):
- Pin 16: U_S
- Pin 15: FE
- Pin 14: A
- Pin 13: D3
- Pin 12: D2
- Pin 11: D1
- Pin 10: D0
- Pin 9: Q
- Pin 1: FE
- Pin 2: B
- Pin 3: D3
- Pin 4: D2
- Pin 5: D1
- Pin 6: D0
- Pin 7: Q
- Pin 8: GND

Input			Output
FE	B	A	Q
H	X	X	Z*
L	L	L	D0
L	L	H	D1
L	H	L	D2
L	H	H	D3

* Hochohmig
* High impedance
* Haute impédance
* Alta resistenza
* Alta impedancia

74253	Typ - Type - Tipo		Hersteller Production Fabricants Produttori Fabricantes	Bild Fig. Fig. Sec 3	I_S &I_R mA	t_{PD} E→Q ns_{typ} ↓ ↕ ↑	t_{PD} E→Q ns_{max} ↓ ↕ ↑	Bem./Note f_T §f_Z &f_E MHz
0...70°C § 0...75°C	−40...85°C § −25...85°C	−55...125°C						
DM74253J DM74253N		DM54253J	Nsc Nsc	16c 16a				

74253	Typ - Type - Tipo		Hersteller Production Fabricants Produttori Fabricantes	Bild Fig. Fig. Sec 3	I_S &I_R mA	t_{PD} E→Q ns_{typ} ↓ ↕ ↑	t_{PD} E→Q ns_{max} ↓ ↕ ↑	Bem./Note f_T §f_Z &f_E MHz
0...70°C § 0...75°C	−40...85°C § −25...85°C	−55...125°C						
ALS								
DM74ALS253J		DM54ALS253J	Nsc	16c	<5		6 6	
DM74ALS253N			Nsc	16a	<5		6 6	
MC74ALS253J		MC54ALS253J	Mot	16c	7,5		14 10	
MC74ALS253N			Mot	16a	7,5		14 10	
MC74ALS253W		MC54ALS253W	Mot	16n	7,5		14 10	
		SN54ALS253FH	Tix	cc	7,5		17 12	
SN74ALS253FN			Tix	cc	7,5		14 10	
		SN54ALS253J	Tix	16c	7,5		17 12	
SN74ALS253N			Tix	16a	7,5		14 10	
AS								
DM74AS253J		DM54AS253J	Nsc	16c	<17		3,5 3,5	
DM74AS253N			Nsc	16a	<17		3,5 3,5	
		SN54AS253FH	Tix	cc	20		8,5 8,5	Q = L
SN74AS253FN			Tix	cc	20		8 7,5	Q = L
		SN54AS253J	Tix	16c	20		8,5 8,5	Q = L
SN74AS253N			Tix	16a	20		8 7,5	Q = L
F								
MC74F253J		MC54F253J	Mot	16c	<23		8	
MC74F253N			Mot	16a	<23		8	
MC74F253W		MC54F253W	Mot	16n	<23		8	
HC								
§CD74HC253E			Rca	16a		13 13		
		CD54HC253F	Rca	16c		13 13		
MC74HC253J		MC54HC253J	Mot	16c	<8u	19 19	23 23	
MC74HC253N			Mot	16a	<8u	19 19	23 23	
MM74HC253J		MM54HC253J	Nsc	16c	<8u	19 19	23 23	
MM74HC253N			Nsc	16a	<8u	19 19	23 23	
SN74HC253FH		SN54HC253FH	Tix	cc	<8u		26 26	
		SN54HC253FK	Tix	cc	<8u		26 26	
SN74HC253FN			Tix	cc	<8u		26 26	
		SN54HC253J	Tix	16c	<8u		26 26	
SN74HC253J			Tix	16c	<8u		26 26	
SN74HC253N			Tix	16a	<8u		26 26	

74253

Typ - Type - Tipo			Hersteller Production Fabricants Fabricantes	Bild Fig. Fig. Sec 3	I_S &I_R mA	t_{PD} E→Q ns_{typ} ↓ ↕ ↑	t_{PD} E→Q ns_{max} ↓ ↕ ↑	Bem./Note f_T §f_Z &f_E MHz
0...70°C § 0...75°C	−40...85°C § −25...85°C	−55...125°C						
HCT								
§CD74HCT253E			Rca	16a		13 13		
		CD54HCT253F	Rca	16c		13 13		
LS								
DM74LS253J		DM54LS253J	Nsc	16c	<14		25 25	
DM74LS253N			Nsc	16a	<14		25 25	
HD74LS253			Hit	16a	<14		25 25	
M74LS253			Mit	16a	<14		25 25	
		SN54LS253J	Tix	16c	8,5	13 17	20 25	
§SN74LS253N			Mot	16a	8,5	13 17	20 25	
SN74LS253N			Tix	16a	8,5	13 17	20 25	
		SN54LS253W	Tix	16n	8,5	13 17	20 25	
§SN74LS253W		SN54LS253W	Mot	16n	8,5	13 17	20 25	
74LS253DC		54LS253DM	Fch	16c	10 10		15 15	
74LS253FC		54LS253FM	Fch	16n	8,5		15 15	
74LS253J		54LS253J	Ray	16c	<14		25 25	
74LS253PC			Fch	16a	8,5	10 10	15 15	
S								
DM74S253J		DM54S253J	Nsc	16c	<85		9 9	
DM74S253N			Nsc	16a	<85		9 9	
N74S253B			Sig	16a	45	6 6	12 11,5	
N74S253F		S54S253F	Sig	16a	45	6 6	12 11,5	
		S54S253W	Sig	16n	45	6 6	12 11,5	
74S253DC		54S253DM	Fch	16c	<85		9 9	
74S253FC		54S253FM	Fch	16n	<85		9 9	
74S253PC			Fch	16a	<85		9 9	

74257
Output: TS

FI (SEL) = 2

Pinout (16-pin DIP):
- Pin 16: U_S
- Pin 15: FE
- Pin 14: A1
- Pin 13: B1
- Pin 12: Q1
- Pin 11: A2
- Pin 10: B2
- Pin 9: Q2
- Pin 1: SEL
- Pin 2: A1
- Pin 3: B1
- Pin 4: Q1
- Pin 5: A2
- Pin 6: B2
- Pin 7: Q2
- Pin 8: ⏚

2-zu-1-Multiplexer
2-line-to-1-line multiplexers
Multiplexeurs, 2 à 1
Multiplatori, 2 a 1
Multiplexadores 2 a 1

FE	SEL	Q
H	X	Z*
L	L	A
L	H	B

* Hochohmig
* High impedance
* Haute impédance
* Alta resistenza
* Alta impedancia

74257			Hersteller Production Fabricants Fabricantes	Bild Fig. Fig. Sec 3	I_S &I_R mA	t_{PD} E→Q ns_{typ} ↓ ↕ ↑	t_{PD} E→Q ns_{max} ↓ ↕ ↑	Bem./Note f_T §f_Z &f_E MHz
0...70°C § 0...75°C	−40...85°C § −25...85°C	−55...125°C						
DM74257J		DM54257J	Nsc	16c				
DM74257N			Nsc	16a				
ALS								
DM74ALS257J		DM54ALS257J	Nsc	16c	<2,6		5	
DM74ALS257N			Nsc	16a	<2,6		5	
MC74ALS257J		MC54ALS257J	Mot	16c	8		12 10	Q = L
MC74ALS257N			Mot	16a	8		12 10	Q = L
MC74ALS257W		MC54ALS257W	Mot	16n	8		12 10	Q = L

74257 0...70°C § 0...75°C	Typ - Type - Tipo −40...85°C § −25...85°C	−55...125°C	Hersteller Production Fabricants Produttori Fabricantes	Bild Fig. Fig. Sec 3	I_S &I_R mA	t_{PD} E→Q ns$_{typ}$ ↓ ↕ ↑	t_{PD} E→Q ns$_{max}$ ↓ ↕ ↑	Bem./Note f_T §f_Z &f_E MHz	74257 0...70°C § 0...75°C	Typ - Type - Tipo −40...85°C § −25...85°C	−55...125°C	Hersteller Production Fabricants Produttori Fabricantes	Bild Fig. Fig. Sec 3	I_S &I_R mA	t_{PD} E→Q ns$_{typ}$ ↓ ↕ ↑	t_{PD} E→Q ns$_{max}$ ↓ ↕ ↑	Bem./Note f_T §f_Z &f_E MHz
		SN54ALS257FH	Tix	cc	8		14 12	Q = L	**LS**								
			Tix	cc	8		12 10	Q = L	DM74LS257J		DM54LS257J	Nsc	16c	<19		21	
SN74ALS257FN		SN54ALS257J	Tix	16c	8		14 12	Q = L	DM74LS257N			Nsc	16a	<19		21	
SN74ALS257N			Tix	16a	8		12 10	Q = L	HD74LS257			Hit	16a	<19		21	
		SN54ALS257W	Tix	16n	8		14 12	Q = L	M74LS257			Mit	16a	<19		21	
									§SN74LS257J		SN54LS257J	Mot	16c	10		12	
AS									SN74LS257J		SN54LS257J	Tix	16c	10		12	
DM74AS257J		DM54AS257J	Nsc	16c					§SN74LS257N			Tix	16a	10		12	
DM74AS257N			Nsc	16a					SN74LS257N			Tix	16a	10		12	
		SN54AS257FH	Tix	cc	19		7 6,5	Q = L			SN54LS257W	Tix	16n	10		12	
SN74AS257FN			Tix	cc	19		6 5,5	Q = L	§SN74LS257W		SN54LS257W	Mot	16n	10		12	
		SN54AS257J	Tix	16c	19		7 6,5	Q = L									
SN74AS257N			Tix	16a	19		6 5,5	Q = L	SN74LS257AJ		SN54LS257AJ	Tix	16c	<19	19 16	25 21	
									SN74LS257AN			Tix	16a	<19	19 16	25 21	
F											SN54LS257AW	Tix	16n	<19	19 16	25 21	
MC74F257J		MC54F257J	Mot	16c	<15		15 15		SN74LS257BJ		SN54LS257BJ	Tix	16c	13	10 8	15 13	
MC74F257N			Mot	16a	<15		15 15		SN74LS257BN			Tix	16a	13	10 8	15 13	
MC74F257W		MC54F257W	Mot	16n	<15		15 15				SN54LS257BW	Tix	16n	13	10 8	15 13	
									74LS257DC		54LS257DM	Fch	16c	<17		21 21	
HC									74LS257FC		54LS257FM	Fch	16n	<17		21 21	
§CD74HC257E			Rca	16a		15 15			74LS257J			Ray	16c	<19		21	
		CD54HC257F	Rca	16c		15 15			74LS257PC			Fch	16a	<17		21 21	
MC74HC257J		MC54HC257J	Mot	16c	<8u	9 9	17 17										
MC74HC257N			Mot	16a	<8u	9 9	17 17		**S**								
	MM74HC257J	MM54HC257J	Nsc	16c	<8u	9 9	17 17		DM74S257J		DM54S257J	Nsc	16c	<99		15	
	MM74HC257N		Nsc	16a	<8u	9 9	17 17		DM74S257N			Nsc	16a	<99		15	
		SN54HC257FH	Tix	cc	<8u		16 16		HD74S257			Hit	16a	<99		15	
			Tix	cc	<8u		16 16		M74S257			Mit	16a	<99		15	
		SN54HC257FK	Tix	cc	<8u		16 16		N74S257B			Sig	16a	56	4,5 5		
SN74HC257FN			Tix	cc	<8u		16 16										
		SN54HC257J	Tix	16c	<8u		16 16		N74S257F		S54S257F	Sig	16c	56	4,5 5		
SN74HC257J			Tix	16a	<8u		16 16				S54S257W	Sig	16n	56	4,5 5		
SN74HC257N			Tix	16a	<8u		16 16		SN74S257J		SN54S257J	Tix	16c	64	4,5 5	6,5 7,5	
									SN74S257N			Tix	16a	64	4,5 5	6,5 7,5	
HCT											SN54S257W	Tix	16n	64	4,5 5	6,5 7,5	
§CD74HCT257E			Rca	16a		15 15			74S257DC		54S257DM	Fch	16c	<99		15	
		CD54HCT257F	Rca	16c		15 15			74S257FC		54S257FM	Fch	16n	<99		15	
	MM74HCT257J	MM54HCT257J	Nsc	16c	<8u	15 15	30 30	C.L = 150pF	74S257PC			Fch	16a	<99		15	
	MM74HCT257N		Nsc	16a	<8u	15 15	30 30	C.L = 150pF									

2-291

74258
Output: TS

2-zu-1-Multiplexer
2-line-to-1-line multiplexers
Multiplexeurs, 2 à 1
Multiplatori, 2 a 1
Multiplexadores 2 a 1

Pinout (FI (SEL) = 2):
- Pin 16: U_S
- Pin 15: FE
- Pin 14: A4
- Pin 13: B4
- Pin 12: Q4
- Pin 11: A3
- Pin 10: B3
- Pin 9: Q3
- Pin 1: SEL
- Pin 2: A1
- Pin 3: B1
- Pin 4: Q1
- Pin 5: A2
- Pin 6: B2
- Pin 7: Q2
- Pin 8: GND

FE	SEL	Q
H	X	Z*
L	L	A
L	H	B

* Hochohmig
* High impedance
* Haute impédance
* Alta resistenza
* Alta impedancia

74258 0...70°C § 0...75°C	Typ - Type - Tipo −40...85°C § −25...85°C	−55...125°C	Hersteller Production Fabricants Produttori Fabricantes	Bild Fig. Fig. Sec 3	I_S &I_R mA	t_{PD} E→Q ns_{typ} ↓ ↕ ↑	t_{PD} E→Q ns_{max} ↓ ↕ ↑	Bem./Note f_T §f_Z &f_E MHz
SN74ALS258FN		SN54ALS258FH	Tix	cc	7		9 10	Q = L
			Tix	cc	7		7 8	Q = L
		SN54ALS258J	Tix	16c	7		9 10	Q = L
SN74ALS258N			Tix	16a	7		7 8	Q = L
		SN54ALS258W	Tix	16n	7		9 10	Q = L
AS								
DM74AS258J		DM54AS258J	Nsc	16c				
DM74AS258N			Nsc	16a				
		SN54AS258FH	Tix	cc	15,2		5 5,5	Q = L
			Tix	cc	15,2		4 5	Q = L
SN74AS258FN		SN54AS258J	Tix	16c	15,2		5 5,5	Q = L
SN74AS258N			Tix	16a	15,2		4 5	Q = L
F								
MC74F258J		MC54F258J	Mot	16c	<9,5		11 11	
MC74F258N			Mot	16a	<9,5		11 11	
MC74F258W		MC54F258W	Mot	16n	<9,5		11 11	
HC								
		SN54HC258FH	Tix	cc	<8u		18 18	
SN74HC258FH		SN54HC258FK	Tix	cc	<8u		18 18	
			Tix	cc	<8u		18 18	
SN74HC258FN		SN54HC258J	Tix	16c	<8u		18 18	
SN74HC258J			Tix	16c	<8u		18 18	
SN74HC258N			Tix	16a	<8u		18 18	
LS								
DM74LS258J		DM54LS258J	Nsc	16c	<19		21	
DM74LS258N			Nsc	16a	<19		21	
HD74LS258			Hit	16a	<19		21	
M74LS258			Mit	16a	<19		21	
§SN74LS258J		SN54LS258J	Mot	16c	10		12	
SN74LS258J		SN54LS258J	Tix	16c	10		12	
§SN74LS258N			Mot	16a	10		12	
SN74LS258N			Tix	16a	10		12	
§SN74LS258W		SN54LS258W	Mot	16n	10		12	
		SN54LS258W	Tix	16n	10		12	
SN74LS258AJ		SN54LS258AJ	Tix	16c	<19	18 15	25 21	

74258 0...70°C § 0...75°C	Typ - Type - Tipo −40...85°C § −25...85°C	−55...125°C	Hersteller Production Fabricants Produttori Fabricantes	Bild Fig. Fig. Sec 3	I_S &I_R mA	t_{PD} E→Q ns_{typ} ↓ ↕ ↑	t_{PD} E→Q ns_{max} ↓ ↕ ↑	Bem./Note f_T §f_Z &f_E MHz
DM74ALS258J		DM54ALS258J	Nsc	16c	<2,4		3,5	
DM74ALS258N			Nsc	16a	<2,4		3,5	
MC74ALS258J		MC54ALS258J	Mot	16c	7		7 8	Q = L
MC74ALS258N			Mot	16a	7		7 8	Q = L
MC74ALS258W		MC54ALS258W	Mot	16n	7		7 8	Q = L

74258	Typ - Type - Tipo			Hersteller Production Fabricants Produttori Fabricantes	Bild Fig. Fig. Sec 3	I_S &I_R mA	t_{PD} E→Q ns$_{typ}$ ↓ ↕ ↑	t_{PD} E→Q ns$_{max}$ ↓ ↕ ↑	Bem./Note f_T §f_Z &f_E MHz
0...70°C § 0...75°C	−40...85°C § −25...85°C		−55...125°C						
SN74LS258AN		SN54LS258AW		Tix	16a	<19	18 15	25 21	
		SN54LS258BJ		Tix	16n	<19	18 15	25 21	
SN74LS258BJ				Tix	16c	11	11 7	17 12	
SN74LS258BN				Tix	16a	11	11 7	17 12	
		SN54LS258BW		Tix	16n	11	11 7	17 12	
74LS258DC		54LS258DM		Fch	16c	<19		21 21	
74LS258FC		54LS258FM		Fch	16n	<19		21 21	
74LS258J				Ray	16c	<19		21	
74LS258PC		54LS258J		Fch	16a	<19		21 21	
S									
DM74S258J		DM54S258J		Nsc	16c	<87		12	
DM74S258N				Nsc	16a	<87		12	
HD74S258				Hit	16a	<87		12	
M74S258				Mit	16a	<87		12	
N74S258B				Sig	16a	56	4,5 5		
N74S258F		S54S258F		Sig	16c	56	4,5 5		
		S54S258W		Sig	16n	56	4,5 5		
SN74S258J		SN54S258J		Tix	16c	56	4 4	6 6	
SN74S258N				Tix	16a	56	4 4	6 6	
		SN54S258W		Tix	16n	56	4 4	6 6	
74S258DC		54S258DM		Fch	16c	<87		12	
74S258FC		54S258FM		Fch	16n	<87		12	
74S258PC				Fch	16a	<87		12	

74259
Output: TP

8-Bit Zwischenspeicher
8-bit latch
Mémoire intermediaire à 8 bits
Memoria intermedia di 8 bit
Registro-latch de 8 bits

Pin	Fl	
	N	LS
FE	1,5	1,1

Pinout: U_S=16, R=15, FE=14, D=13, QH=12, QG=11, QF=10, QE=9, A=1, B=2, C=3, QA=4, QB=5, QC=6, QD=7, GND=8

Input				Output							
R	FE	C	B	A	QA	QB	QC	QD	QE	QF	QG	QH
L	H	X	X	X	L	L	L	L	L	L	L	L
H	H	X	X	X	*	*	*	*	*	*	*	*
H	L	L	L	L	D	*	*	*	*	*	*	*
H	L	L	L	H	*	D	*	*	*	*	*	*
H	L	L	H	L	*	*	D	*	*	*	*	*
.	.	.	.	.	.	.	.	.	.	.	.	.
H	L	H	H	H	*	*	*	*	*	*	*	D
L	L	L	L	L	D	L	L	L	L	L	L	L
L	L	L	L	H	*	D	L	L	L	L	L	L
.	.	.	.	.	.	.	.	.	.	.	.	.
L	L	H	H	H	L	L	L	L	L	L	L	D

* Keine Veränderung
* No change
* Pas de modification
* Senza alterazione
* Sin modificación

74259	Typ - Type - Tipo			Hersteller Production Fabricants Produttori Fabricantes	Bild Fig. Fig. Sec 3	I_S &I_R mA	t_{PD} E→Q ns_{typ} ↓ ↕ ↑	t_{PD} E→Q ns_{max} ↓ ↕ ↑	Bem./Note f_T §f_Z &f_E MHz	74259	Typ - Type - Tipo			Hersteller Production Fabricants Produttori Fabricantes	Bild Fig. Fig. Sec 3	I_S &I_R mA	t_{PD} E→Q ns_{typ} ↓ ↕ ↑	t_{PD} E→Q ns_{max} ↓ ↕ ↑	Bem./Note f_T §f_Z &f_E MHz
0…70°C § 0…75°C	−40…85°C § −25…85°C		−55…125°C							0…70°C § 0…75°C	−40…85°C § −25…85°C		−55…125°C						
DM74259J			DM54259J	Nsc	16c	<90		24		SN74LS259AJ			SN54LS259AJ	Tix	16c	<60	11 14	20 24	
DM74259N				Nsc	16a	<90		24		SN74LS259AN				Tix	16a	<60	11 14	20 24	
SN74259J			SN54259J	Tix	16c	60	11 14	20 24					SN54LS259AW	Tix	16n	<60	11 14	20 24	
SN74259N				Tix	16a	60	11 14	20 24		SN74LS259BJ			SN54LS259BJ	Tix	16c	22	13 19	20 30	
			SN54259W	Tix	16n	60	11 14	20 24		SN74LS259BN				Tix	16a	22	13 19	20 30	
74259DC			54259DM	Fch	16c	<90		24					SN54LS259BW	Tix	16n	22	13 19	20 30	
74259FC			54259FM	Fch	16n	<90		24		74LS259DC			54LS259DM	Fch	16c	20	13 20	20 30	
74259PC				Fch	16a	<90		24		74LS259FC			54LS259FM	Fch	16n	20	13 20	20 30	
										74LS259PC				Fch	16a	20	13 20	20 30	
ALS																			
			SN54ALS259FH	Tix	cc														
SN74ALS259FN				Tix	cc														
			SN54ALS259J	Tix	16c														
SN74ALS259N				Tix	16a														
HC																			
§CD74HC259E				Rca	16a		15 15												
			CD54HC259F	Rca	16c		15 15												
MC74HC259J			MC54HC259J	Mot	16c														
MC74HC259N				Mot	16a														
	MM74HC259J		MM54HC259J	Nsc	16c	<8u	17 17	32 32											
	MM74HC259N			Nsc	16a	<8u	17 17	32 32											
HCT																			
§CD74HCT259E				Rca	16a		15 15												
			CD54HCT259F	Rca	16c		15 15												
LS																			
DM74LS259J			DM54LS259J	Nsc	16c	<36		32											
DM74LS259N				Nsc	16a	<36		32											
HD74LS259				Hit	16a	<36		32											
M74LS259				Mit	16a	<36		32											
§SN74LS259J			SN54LS259J	Mot	16c	22	15,5												
SN74LS259J			SN54LS259J	Tix	16c	22	15,5												
§SN74LS259N				Mot	16a	22	15,5												
SN74LS259N				Tix	16a	22	15,5												
			SN54LS259W	Tix	16n	22	15,5												
§SN74LS259W			SN54LS259W	Mot	16n	22	15,5												

74260
Output: TP

NOR-Gatter / NOR gate / Porte NOR / Circuito porta NOR / Puertas NOR

74261
Output: TP

2x4-Bit Multiplizierer / 2-by-4 bit multiplier / Multiplicateur, 2x4 bits / Moltiplicatore, 2x4 bit / Multiplicador de 2x4 bits

Logiktabelle siehe Sektion 1
Function table see section 1
Tableau logique voir section 1
Per tavola di logica vedi sec. 1
Tabla de verdad, ver sección 1

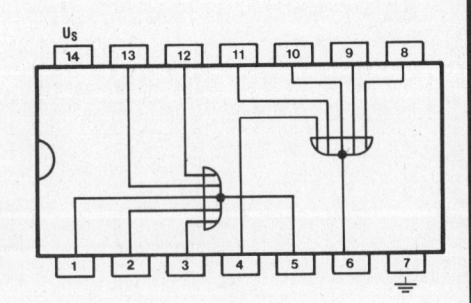

FI (M0, M1) = 2,2

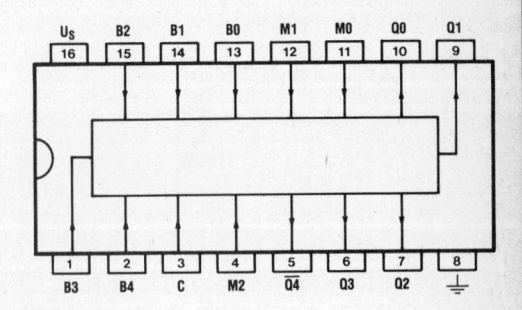

Input				Output				
C	M2	M1	M0	Q̄4	Q3	Q2	Q1	Q0
L	X	X	X	keine Veränderung*				
H	L	L	L	H	L	L	L	L
H	H	L	L	H	L	L	L	L
H	L	L	H	B̄4	B4	B3	B2	B1
H	L	H	L	B̄4	B4	B3	B2	B1
H	L	H	H	B̄4	B3	B2	B1	B0
H	H	L	H	B4	B̄3	B̄2	B̄1	B̄0
H	H	H	L	B4	B̄3	B̄2	B̄1	B̄0
H	H	H	H	B4	B̄4	B̄3	B̄2	B̄1

* No change · Pas de modification
Senza alterazione · Sin modificación

74260	Typ - Type - Tipo		Hersteller Production Fabricants Produttori Fabricantes	Bild Fig. Fig. Sec 3	I_S &I_R mA	t_PD E→Q ns_typ ↓↑ ↑↓	t_PD E→Q ns_max ↓↑ ↑↓	Bem./Note f_T §f_Z &f_E MHz
0...70°C § 0...75°C	−40...85°C § −25...85°C	−55...125°C						
N74LS260B		S54LS260F	Sig	14a	<26		20	
N74LS260F		S54LS260W	Sig	14c	<26		20	
			Sig	14n	<26		20	
74LS260DC		54LS260DM	Fch	14c	<5,5	6 5	12 10	
74LS260FC		54LS260FM	Fch	14p	<5,5	6 5	12 10	
74LS260PC			Fch	14a	<5,5	6 5	12 10	
S								
DM74S260J		DM54S260J	Nsc	14c	<45		6 5,5	
DM74S260N			Nsc	14a	<45		6 5,5	
SN74S260J		SN54S260J	Tix	14c	21,5	4 4	6 5,5	
SN74S260N			Tix	14a	21,5	4 4	6 5,5	
		SN54S260W	Tix	14n	21,5	4 4	6 5,5	
74S260DC		54S260DM	Fch	14c	<45		6 5,5	
74S260FC		54S260FM	Fch	14p	<45		6 5,5	
74S260PC			Fch	14a	<45		6 5,5	

74261	Typ - Type - Tipo		Hersteller Production Fabricants Produttori Fabricantes	Bild Fig. Fig. Sec 3	I_S &I_R mA	t_PD E→Q ns_typ ↓↑ ↑↓	t_PD E→Q ns_max ↓↑ ↑↓	Bem./Note f_T §f_Z &f_E MHz
0...70°C § 0...75°C	−40...85°C § −25...85°C	−55...125°C						
SN74LS261J		SN54LS261J	Tix	16c	20	24 27	37 42	
SN74LS261N			Tix	16a	20	24 27	37 42	
		SN54LS261W	Tix	16n	20	24 27	37 42	
74LS261J		54LS261J	Ray	16c	<40		42	

74264
Output: TP

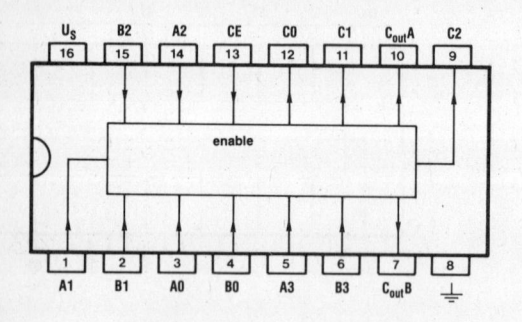

Übertragseinheit für Zähler
Carry generator for counters
Générateur de report pour compteurs
Unità di trasmissione per contatore
Generador de acarreo para contadores

Pinout (DIP-16):
- 1: A1, 2: B1, 3: A0, 4: B0, 5: A3, 6: B3, 7: $C_{out}B$, 8: GND
- 9: C2, 10: $C_{out}A$, 11: C1, 12: C0, 13: CE, 14: A2, 15: B2, 16: U_S

Function: enable

A0	B0	CE	C0
L	X	X	L
X	L	X	L
H	H	X	H
H	X	H	H

B3	B2	B1	B0	CE	$C_{out}B$
L	L	L	L	L	L
H	X	X	X	X	H
X	H	X	X	X	H
X	X	H	X	X	H
X	X	X	H	X	H
X	X	X	X	H	H

A1	A0	B1	B0	CE	C1
L	X	X	X	X	L
X	L	L	X	X	L
X	X	X	L	X	L
H	X	H	X	X	H
H	X	X	H	X	H
H	H	X	X	H	H

A2	A1	A0	B2	B1	B0	CE	C2
L	X	X	X	X	X	X	L
X	L	X	L	X	X	X	L
X	X	L	L	L	X	X	L
X	X	X	L	L	L	X	L
H	X	X	H	X	X	X	H
H	X	X	X	H	X	X	H
H	H	X	X	X	H	X	H
H	H	H	X	X	X	H	H

A3	A2	A1	A0	B3	B2	B1	CE	$C_{out}A$
L	X	X	X	X	X	X	X	L
X	L	X	X	L	X	X	X	L
X	X	L	X	L	L	X	X	L
X	X	X	L	L	L	L	X	L
X	X	X	X	L	L	L	L	L
H	X	X	X	H	X	X	X	H
H	H	X	X	X	H	X	X	H
H	H	H	X	X	X	H	X	H
H	H	H	H	X	X	X	X	H

74264	Typ - Type - Tipo		Hersteller Production Fabricants Produttori Fabricantes	Bild Fig. Fig. Sec 3	I_S &I_R mA	t_{PD} E→Q ns$_{typ}$ ↓ ↕ ↑	t_{PD} E→Q ns$_{max}$ ↓ ↕ ↑	Bem./Note f_T §f_Z &f_E MHz
0...70°C § 0...75°C	−40...85°C § −25...85°C	−55...125°C						
SN74AS264FN		SN54AS264FH	Tix	cc	28	5 5	5 5	
SN74AS264N		SN54AS264J	Tix	cc	28	5 5	5 5	
			Tix	16c	28	5 5	5 5	
			Tix	16a	28	5 5	5 5	

74265
Output: TP

Inverter und NAND-Gatter mit komplementären Ausgängen
Inverters and NAND gates with complementary outputs
Invertisseurs et portes NAND avec sorties complémentaires
Invertitori e porte NAND ad uscite complementari
Inversores y puertas NAND con salidas complementarias

$Q = E$
$\overline{Q} = \overline{E}$
$W = A \cdot B$
$Y = \overline{A \cdot B}$

74265			Typ - Type - Tipo		Hersteller Production Fabricants Produttori Fabricantes	Bild Fig. Fig. Sec	I_S &I_R	t_{PD} E→Q ns$_{typ}$	t_{PD} E→Q ns$_{max}$	Bem./Note f_T §f_Z &f_E
0...70°C § 0...75°C			−40...85°C § −25...85°C	−55...125°C		3	mA	↓ ↕ ↑	↓ ↕ ↑	MHz
SN74265J SN74265N				SN54265J	Tix	16c	25	9,8 11,6	18 18	
					Tix	16a	25	9,8 11,6	18 18	
				SN54265W	Tix	16n	25	9,8 11,6	18 18	
74265					Sie	16a	25	9,8 11,6	18 18	

74266
Output: OC

EX-NOR-Gatter
EX-NOR gates
Porte EX-NOR
Circuito porta EX-NOR
Puertas EX-NOR

FI = 2

FQ = 22

Logiktabelle siehe Sektion 1
Function table see section 1
Tableau logique voir section 1
Per tavola di logica vedi sec. 1
Tabla de verdad, ver sección 1

Pinout: U_S = 14, GND = 7

74266			Hersteller Production Fabricants Produttori Fabricantes	Bild Fig. Fig. Sec 3	I_S &I_R mA	t_{PD} E→Q ns$_{typ}$ ↓↕↑	t_{PD} E→Q ns$_{max}$ ↓↕↑	Bem./Note f_T §f_Z &f_E MHz
0...70°C § 0...75°C	−40...85°C § −25...85°C	−55...125°C						
M74LS266			Mit	14a	<13		30 30	
MB74LS266			Fui	14a	<13		30 30	
MB74LS266M			Fui	14c	<13		30 30	
§SN74LS266J		SN54LS266J	Mot	14c	8	18 18	30 30	
SN74LS266J		SN54LS266J	Tix	14c	8	18 18	30 30	
§SN74LS266N			Mot	14a	8	18 18	30 30	
SN74LS266N			Tix	14a	8	18 18	30 30	
§SN74LS266W		SN54LS266W	Tix	14n	8	18 18	30 30	
		SN54LS266W	Mot	14p	8	18 18	30 30	
74LS266DC		54LS266DM	Fch	14c	8		23 23	
74LS266FC		54LS266FM	Fch	14p	8		23 23	
74LS266J		54LS266J	Ray	14c	<13		30 30	
74LS266PC			Fch	14a	8		23 23	

74266			Hersteller Production Fabricants Produttori Fabricantes	Bild Fig. Fig. Sec 3	I_S &I_R mA	t_{PD} E→Q ns$_{typ}$ ↓↕↑	t_{PD} E→Q ns$_{max}$ ↓↕↑	Bem./Note f_T §f_Z &f_E MHz
0...70°C § 0...75°C	−40...85°C § −25...85°C	−55...125°C						
MC74HC266J		MC54HC266J	Mot	14c	<2u	10 10	20 20	
MC74HC266N			Mot	14a	<2u	10 10	20 20	
	MM74HC266J	MM54HC266J	Nsc	14c	<2u	10 10	20 20	
	MM74HC266N		Nsc	14a	<2u	10 10	20 20	
		SN54HC266FH	Tix	cc	<2u		17 17	
	SN74HC266FH		Tix	cc	<2u		17 17	
		SN54HC266FK	Tix	cc	<2u		17 17	
	SN74HC266FN		Tix	cc	<2u		17 17	
		SN54HC266J	Tix	14c	<2u		17 17	
	SN74HC266J		Tix	14c	<2u		17 17	
	SN74HC266N		Tix	14a	<2u		17 17	

LS

DM74LS266J		DM54LS266J	Nsc	14c	<13		30 30	
DM74LS266N			Nsc	14a	<13		30 30	
HD74LS266			Hit	14a	<13		30 30	

74270
Output: OC

512x4-Bit ROM (Lesespeicher)
512x4-bit ROM (read-only memory)
ROM à 512x4 bits (mémoire de lecture)
ROM di 512x4 bit (memoria lettura)
ROM (memoria de sólo lectura) de 512x4 bits

74271
Output: OC

256x8-Bit ROM (Lesespeicher)
256x8-bit ROM (read-only memory)
ROM à 256x8 bits (mémoire de lecture)
ROM di 256x8 bit (memoria lettura)
ROM (memoria de sólo lectura) de 256x8 bits

$FI = 0,5$

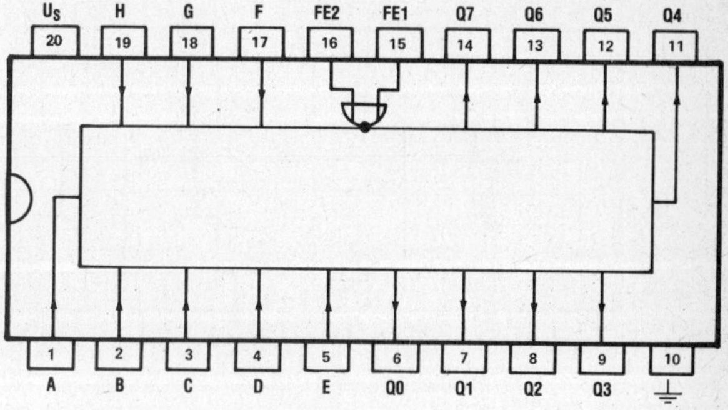

Pinout 74270 (16-pin):
Top: U_S(16) H(15) I(14) FE(13) Q0(12) Q1(11) Q2(10) Q3(9)
Bottom: G(1) F(2) E(3) D(4) A(5) B(6) C(7) ⏚(8)

$FI = 0,5$

Pinout 74271 (20-pin):
Top: U_S(20) H(19) G(18) F(17) FE2(16) FE1(15) Q7(14) Q6(13) Q5(12) Q4(11)
Bottom: A(1) B(2) C(3) D(4) E(5) Q0(6) Q1(7) Q2(8) Q3(9) ⏚(10)

74270 Truth Table

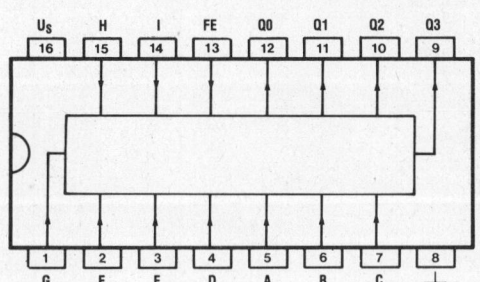

Input									Output Wort*
FE	I	H	G	F	E	D	C	B	A	
H	X	X	X	X	X	X	X	X	X	—
L	L	L	L	L	L	L	L	L	L	0
L	L	L	L	L	L	L	L	L	H	1
:	:	:	:	:	:	:	:	:	:	:
L	H	H	H	H	H	H	H	H	L	510
L	H	H	H	H	H	H	H	H	H	511

74271 Truth Table

Input									Output Wort*
FE	H	G	F	E	D	C	B	A	
H	X	X	X	X	X	X	X	X	—
L	L	L	L	L	L	L	L	L	0
L	L	L	L	L	L	L	L	H	1
:	:	:	:	:	:	:	:	:	:
L	H	H	H	H	H	H	H	L	254
L	H	H	H	H	H	H	H	H	255

* word · mot · parola · palabra

74270	Typ - Type - Tipo		Hersteller Production Fabricants Produttori Fabricantes	Bild Fig. Fig. Sec	I_S &I_R	t_{PD} E→Q ns_{typ}	t_{PD} E→Q ns_{max}	Bem./Note f_T §f_Z &f_E
0...70°C § 0...75°C	−40...85°C § −25...85°C	−55...125°C		3	mA	↓ ↕ ↑	↓ ↕ ↑	MHz
SN74S270J		SN54S270J	Tix	16c	105	45	45	
SN74S270N			Tix	16a	105	45	45	

74271	Typ - Type - Tipo		Hersteller Production Fabricants Produttori Fabricantes	Bild Fig. Fig. Sec	I_S &I_R	t_{PD} E→Q ns_{typ}	t_{PD} E→Q ns_{max}	Bem./Note f_T §f_Z &f_E
0...70°C § 0...75°C	−40...85°C § −25...85°C	−55...125°C		3	mA	↓ ↕ ↑	↓ ↕ ↑	MHz
SN74S271J		SN54S271J	Tix	20c	105	45	45	
SN74S271N			Tix	20a	105	45	45	

74273
Output: TP

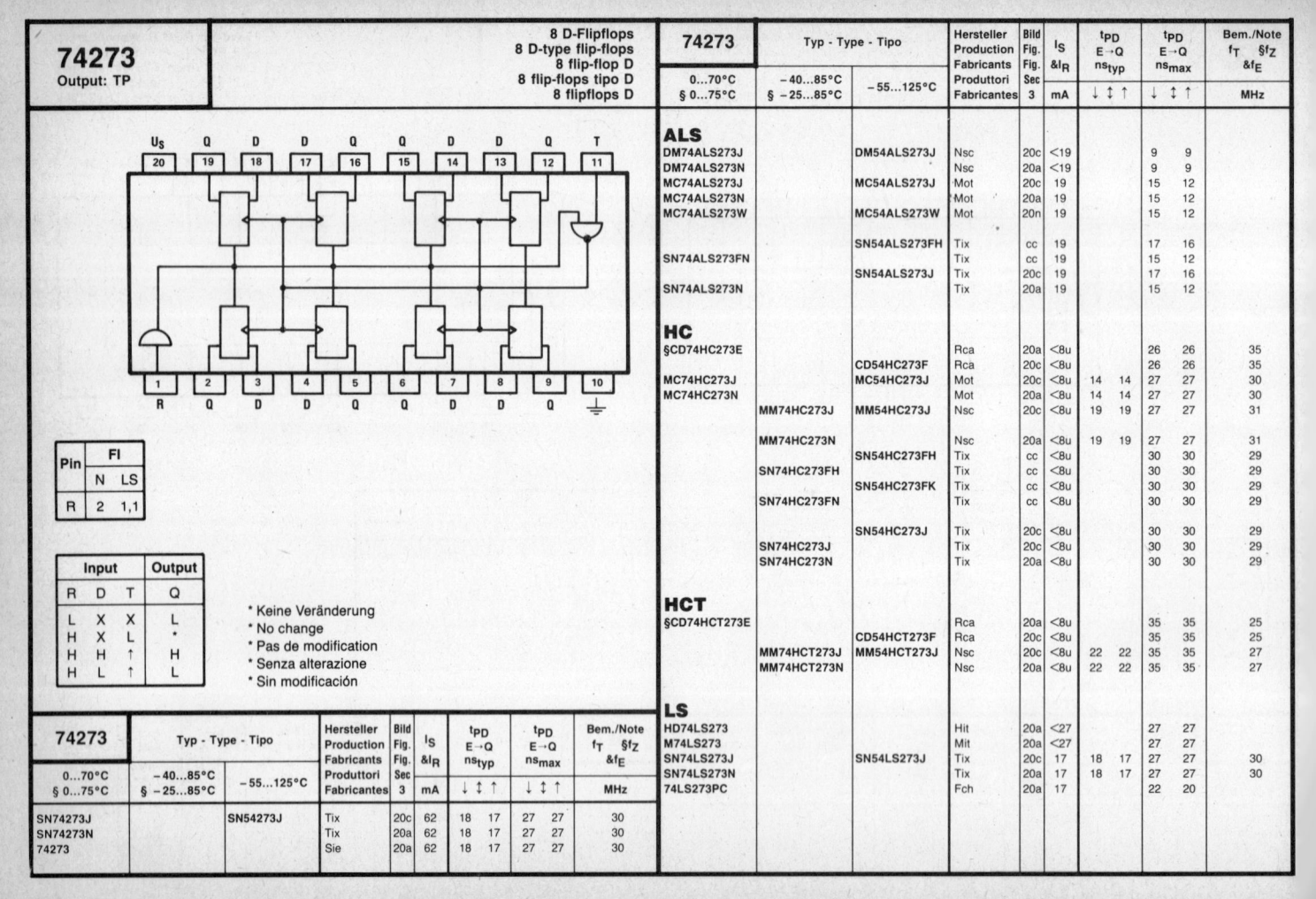

8 D-Flipflops
8 D-type flip-flops
8 flip-flop D
8 flip-flops tipo D
8 flipflops D

Pin layout (20-pin):
- Pin 20: U_S
- Pins 19,17,15,13,12: Q
- Pins 18,16,14,7,5,3: D (inputs)
- Pin 11: T
- Pins 2,4,6,8,9: Q outputs
- Pin 1: R
- Pin 10: GND

Pin	FI	
	N	LS
R	2	1,1

Input		Output
R	D	T	Q
L	X	X	L
H	X	L	*
H	H	↑	H
H	L	↑	L

* Keine Veränderung
* No change
* Pas de modification
* Senza alterazione
* Sin modificación

74273			Typ - Type - Tipo			Hersteller Production Fabricants Produttori Fabricantes	Bild Fig. Fig. Fig. Sec 3	I_S &I_R mA	t_{PD} E→Q ns_{typ} ↓ ↕ ↑	t_{PD} E→Q ns_{max} ↓ ↕ ↑	Bem./Note f_T §f_Z &f_E MHz
			0...70°C § 0...75°C	−40...85°C § −25...85°C	−55...125°C						
ALS											
DM74ALS273J					DM54ALS273J	Nsc	20c	<19		9 9	
DM74ALS273N						Nsc	20a	<19		9 9	
MC74ALS273J					MC54ALS273J	Mot	20c	19		15 12	
MC74ALS273N						Mot	20a	19		15 12	
MC74ALS273W					MC54ALS273W	Mot	20n	19		15 12	
					SN54ALS273FH	Tix	cc	19		17 16	
SN74ALS273FN						Tix	cc	19		15 12	
					SN54ALS273J	Tix	20c	19		17 16	
SN74ALS273N						Tix	20a	19		15 12	
HC											
§CD74HC273E						Rca	20a	<8u		26 26	35
					CD54HC273F	Rca	20c	<8u		26 26	35
MC74HC273J					MC54HC273J	Mot	20c	<8u	14 14	27 27	30
MC74HC273N						Mot	20a	<8u	14 14	27 27	30
MM74HC273J					MM54HC273J	Nsc	20c	<8u	19 19	27 27	31
MM74HC273N						Nsc	20a	<8u	19 19	27 27	31
					SN54HC273FH	Tix	cc	<8u		30 30	29
SN74HC273FH					SN54HC273FK	Tix	cc	<8u		30 30	29
SN74HC273FN						Tix	cc	<8u		30 30	29
					SN54HC273J	Tix	20c	<8u		30 30	29
SN74HC273J						Tix	20c	<8u		30 30	29
SN74HC273N						Tix	20a	<8u		30 30	29
HCT											
§CD74HCT273E						Rca	20a	<8u		35 35	25
					CD54HCT273F	Rca	20c	<8u		35 35	25
MM74HCT273J					MM54HCT273J	Nsc	20c	<8u	22 22	35 35	27
MM74HCT273N						Nsc	20a	<8u	22 22	35 35	27
LS											
HD74LS273						Hit	20a	<27		27 27	
M74LS273						Mit	20a	<27		27 27	
SN74LS273J					SN54LS273J	Tix	20c	17	18 17	27 27	30
SN74LS273N						Tix	20a	17	18 17	27 27	30
74LS273PC						Fch	20a	17		22 20	

74273		Typ - Type - Tipo			Hersteller Production Fabricants Produttori Fabricantes	Bild Fig. Fig. Fig. Sec 3	I_S &I_R mA	t_{PD} E→Q ns_{typ} ↓ ↕ ↑	t_{PD} E→Q ns_{max} ↓ ↕ ↑	Bem./Note f_T §f_Z &f_E MHz
		0...70°C § 0...75°C	−40...85°C § −25...85°C	−55...125°C						
SN74273J				SN54273J	Tix	20c	62	18 17	27 27	30
SN74273N					Tix	20a	62	18 17	27 27	30
74273					Sie	20a	62	18 17	27 27	30

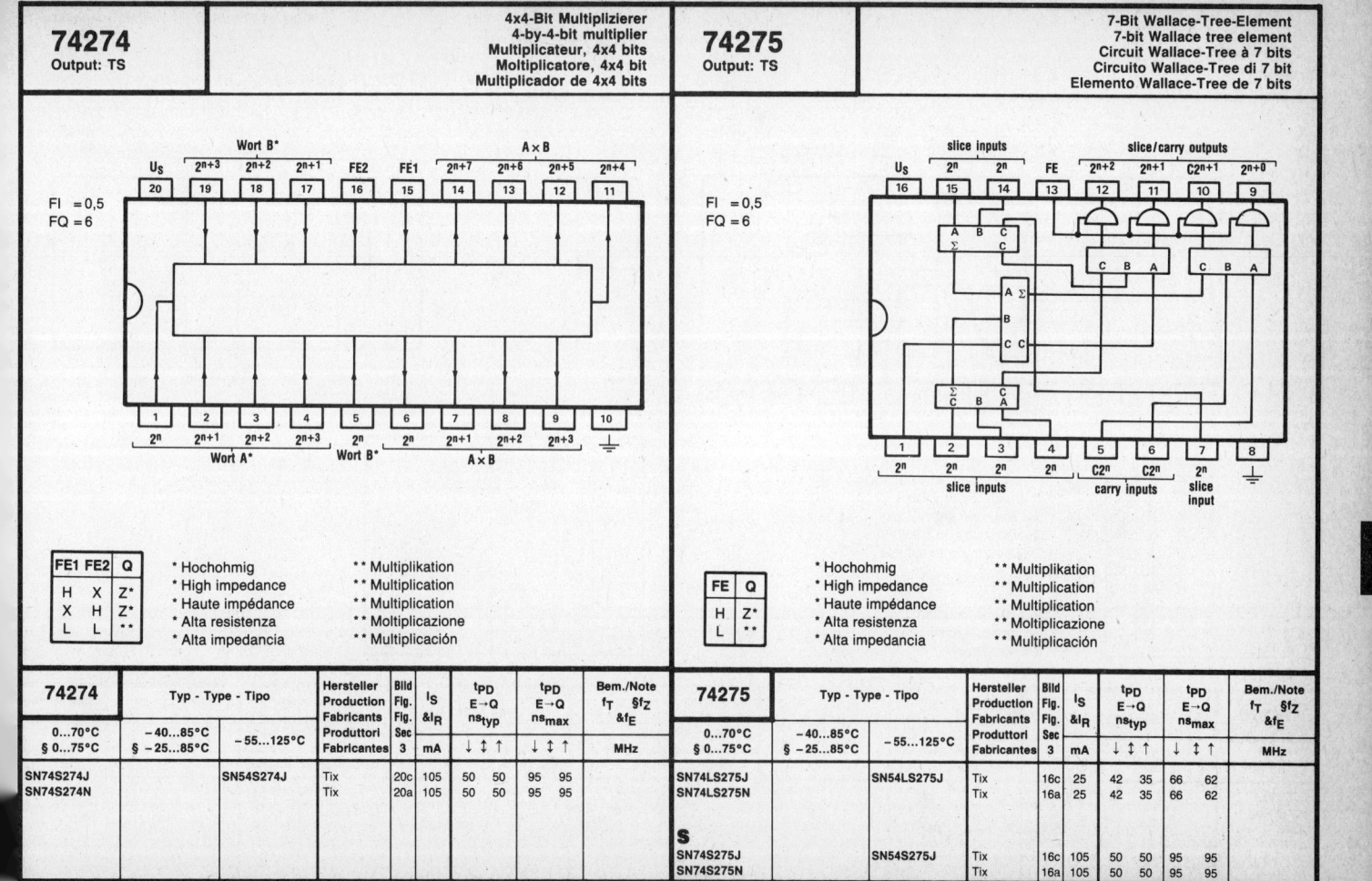

74274 Output: TS	4x4-Bit Multiplizierer 4-by-4-bit multiplier Multiplicateur, 4x4 bits Moltiplicatore, 4x4 bit Multiplicador de 4x4 bits	**74275** Output: TS	7-Bit Wallace-Tree-Element 7-bit Wallace tree element Circuit Wallace-Tree à 7 bits Circuito Wallace-Tree di 7 bit Elemento Wallace-Tree de 7 bits

$FI = 0{,}5$
$FQ = 6$

Pin labels (74274, 20-pin): U_S (20), Wort B*: 2^{n+3} (19), 2^{n+2} (18), 2^{n+1} (17), FE2 (16), FE1 (15), A×B: 2^{n+7} (14), 2^{n+6} (13), 2^{n+5} (12), 2^{n+4} (11), GND (10), A×B: 2^{n+3} (9), 2^{n+2} (8), 2^{n+1} (7), 2^{n} (6), Wort B*: 2^{n} (5), Wort A*: 2^{n+3} (4), 2^{n+2} (3), 2^{n+1} (2), 2^{n} (1)

$FI = 0{,}5$
$FQ = 6$

Pin labels (74275, 16-pin): U_S (16), slice inputs: 2^n (15), 2^n (14), FE (13), slice/carry outputs: 2^{n+2} (12), 2^{n+1} (11), $C2^{n+1}$ (10), $C2^{n+0}$ (9), slice input: 2^n (8), carry inputs: $C2^n$ (7), $C2^n$ (6), slice inputs: 2^n (5), 2^n (4), 2^n (3), 2^n (2), 2^n (1)

FE1	FE2	Q
H	X	Z*
X	H	Z*
L	L	**

* Hochohmig / High impedance / Haute impédance / Alta resistenza / Alta impedancia
** Multiplikation / Multiplication / Multiplication / Moltiplicazione / Multiplicación

FE	Q
H	Z*
L	**

* Hochohmig / High impedance / Haute impédance / Alta resistenza / Alta impedancia
** Multiplikation / Multiplication / Multiplication / Moltiplicazione / Multiplicación

74274	Typ - Type - Tipo			Hersteller Production Fabricants Produttori Fabricantes	Bild Fig. Fig. Sec 3	I_S &I_R mA	t_{PD} E→Q ns_{typ} ↓ ↕ ↑	t_{PD} E→Q ns_{max} ↓ ↕ ↑	Bem./Note f_T §f_Z &f_E MHz
0...70°C § 0...75°C	−40...85°C § −25...85°C		−55...125°C						
SN74S274J SN74S274N			SN54S274J	Tix Tix	20c 20a	105 105	50 50 50 50	95 95 95 95	

74275	Typ - Type - Tipo			Hersteller Production Fabricants Produttori Fabricantes	Bild Fig. Fig. Sec 3	I_S &I_R mA	t_{PD} E→Q ns_{typ} ↓ ↕ ↑	t_{PD} E→Q ns_{max} ↓ ↕ ↑	Bem./Note f_T §f_Z &f_E MHz
0...70°C § 0...75°C	−40...85°C § −25...85°C		−55...125°C						
SN74LS275J SN74LS275N			SN54LS275J	Tix Tix	16c 16a	25 25	42 35 42 35	66 62 66 62	
S SN74S275J SN74S275N			SN54S275J	Tix Tix	16c 16a	105 105	50 50 50 50	95 95 95 95	

74276
Output: TP

JK-Flipflops
JK-flip-flops
Flip-flops JK
Flip-flops JK
Flipflops JK

74278
Output: TP

Kaskadierbares 4-Bit Prioritätsregister
4-bit cascadable priority register
Registre de priorité à 4 bits
Registro di priorità in cascata di 4 bit
Registro de prioridad de 4 bits cascadable

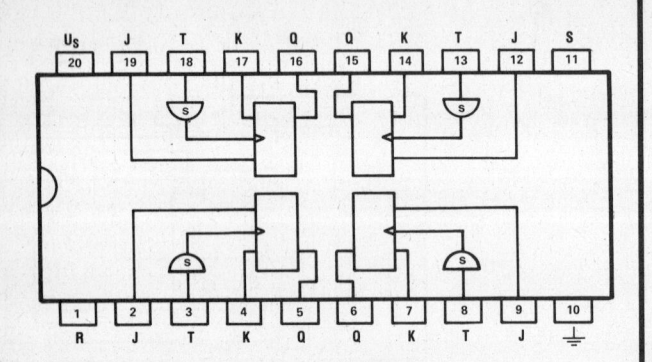

Pin	FI
	2
FE	8
P0	5

R	S	J	$\overline{K}$	T	Q
L	H	X	X	X	L
H	L	X	X	X	H
L	L	X	X	X	H*
H	H	X	X	H	**
H	H	L	H	↓	**
H	H	H	H	↓	H
H	H	H	L	↓	L
H	H	H	H	↓	$\overline{Q}_n$

* Dieser Zustand ist nicht stabil
* This state is not stable
* Cet état n'est pas stable
* Questo stato non e stabile
* Este estado no es estable

** Keine Veränderung
** No change
** Pas de modification
** Senza alterazione
** Sin modificación

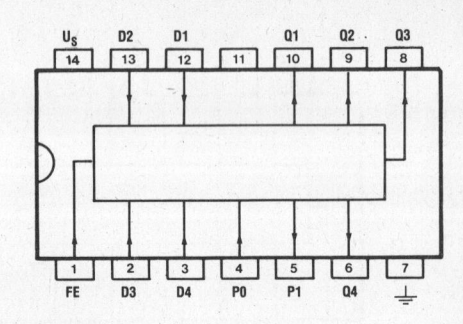

Input						Output				
P0	FE	D1	D2	D3	D4	Q1	Q2	Q3	Q4	P1
L	H	L	L	L	L	L	L	L	L	L
L	H	X	X	X	H	H	L	L	L	H
L	H	X	X	H	L	L	H	L	L	H
L	H	X	H	L	L	L	L	H	L	H
L	H	H	L	L	L	L	L	L	H	H
L	L	X	X	X	X	keine Veränderung*				
H	L	X	X	X	X	L	L	L	L	H
H	H	data→register				L	L	L	L	H

* No change
* Pas de modification
* Senza alterazione
* Sin modificación

74276	Typ - Type - Tipo			Hersteller Production Fabricants Produttori Fabricantes	Bild Fig. Flg. Sec	I_S &I_R	t_{PD} E→Q ns_{typ}	t_{PD} E→Q ns_{max}	Bem./Note f_T §f_Z &f_E
	0...70°C § 0...75°C	−40...85°C § −25...85°C	−55...125°C		3	mA	↓ ↕ ↑	↓ ↕ ↑	MHz
SN74276J SN74276N 74276			SN54276J	Tix Tix Sie	20c 20a 20a	60 60 60	20 17 20 17 20 17	30 30 30 30 30 30	35 35 35

74278	Typ - Type - Tipo			Hersteller Production Fabricants Produttori Fabricantes	Bild Fig. Flg. Sec	I_S &I_R	t_{PD} E→Q ns_{typ}	t_{PD} E→Q ns_{max}	Bem./Note f_T §f_Z &f_E
	0...70°C § 0...75°C	−40...85°C § −25...85°C	−55...125°C		3	mA	↓ ↕ ↑	↓ ↕ ↑	MHz
SN74278J SN74278N 74278			SN54278J SN54278W	Tix Tix Tix Sie	14c 14a 14n 14a	55 55 55 55		39 30 39 30 39 30 39 30	

74279
Output: TP

RS-Flipflops
RS-flip-flops
Flip-flops RS
Flip-flops RS
Flipflops RS

74279

Typ - Type - Tipo			Hersteller Production Fabricants Produttori Fabricantes	Bild Fig. Fig. Sec 3	I_S &I_R mA	t_{PD} E→Q ns_{typ} ↓ ↕ ↑	t_{PD} E→Q ns_{max} ↓ ↕ ↑	Bem./Note f_T §f_Z &f_E MHz
0...70°C § 0...75°C	−40...85°C § −25...85°C	−55...125°C						

LS

DM74LS279J		DM54LS279J	Nsc	16c	<7		27 22	
DM74LS279N			Nsc	16a	<7		27 22	
HD74LS279			Hit	16a	<7		27 22	
M74LS279			Mit	16a	<7		27 22	
§SN74LS279J		SN54LS279J	Mot	16c	3,8	13 12	21 22	
SN74LS279J		SN54LS279J	Tix	16c	3,8	13 12	21 22	
§SN74LS279N			Mot	16a	3,8	13 12	21 22	
SN74LS279N			Tix	16a	3,8	13 12	21 22	
		SN54LS279W	Tix	16n	3,8	13 12	21 22	
§SN74LS279W		SN54LS279W	Mot	16n	3,8	13 12	21 22	
SN74LS279AJ		SN54LS279AJ	Tix	16c	3,8	13 12	21 22	
SN74LS279AN			Tix	16a	3,8	13 12	21 22	
		SN54LS279AW	Tix	16n	3,8	13 12	21 22	
74LS279DC		54LS279DM	Fch	16c	3,8		15 22	
74LS279FC		54LS279FM	Fch	16n	3,8		15 22	
74LS279J		54LS279J	Ray	16c	<7		27 22	
74LS279PC			Fch	16a	3,8		15 22	

74279

Typ - Type - Tipo			Hersteller Production Fabricants Produttori Fabricantes	Bild Fig. Fig. Sec 3	I_S &I_R mA	t_{PD} E→Q ns_{typ} ↓ ↕ ↑	t_{PD} E→Q ns_{max} ↓ ↕ ↑	Bem./Note f_T §f_Z &f_E MHz
0...70°C § 0...75°C	−40...85°C § −25...85°C	−55...125°C						
HD74279			Hit	16a	<30		27 22	
N74279B			Sig	16a	18	15		
N74279F		S54279F	Sig	16c	18	15		
		S54279W	Sig	16n	18	15		
SN74279J		SN54279J	Tix	16c	18	9 12	15 22	
SN74279N	§SN84279N		Tix	16a	18	9 12	15 22	
		SN54279W	Tix	16n	18	9 12	15 22	
74279			Sie	16a	18	9 12	15 22	
74279DC		54279DM	Fch	16c	<30		27 22	
74279FC		54279FM	Fch	16n	<30		27 22	
74279PC			Fch	16a	<30		27 22	

74280
Output: TP

9-Bit Paritätsprüfer
9-bit priority checker
Comparateur de contrôl de parité à 9 bits
Comparatore di 9 bit per controlla di parità
Controlador de paridad de 9 bits

Pinout (DIP-14):
- 14: U_S
- 13: F
- 12: E
- 11: D
- 10: C
- 9: B
- 8: A
- 1: G
- 2: H
- 3: (NC)
- 4: I
- 5: Q even
- 6: Q odd
- 7: GND

ΣH's (A...I)	Q even	Q odd
even	H	L
odd	L	H

74280	Typ - Type - Tipo			Hersteller Production Fabricants Produttori Fabricantes	Bild Fig. Fig. Sec	I_S &I_R	t_{PD} E→Q ns_{typ}	t_{PD} E→Q ns_{max}	Bem./Note f_T §f_Z &f_E
	0...70°C § 0...75°C	−40...85°C § −25...85°C	−55...125°C		3	mA	↓ ↕ ↑	↓ ↕ ↑	MHz
HC	§CD74HC280E			Rca	14a		18 18		
			CD54HC280F	Rca	14c		18 18		
	MC74HC280J		MC54HC280J	Mot	14c	<8u	17 17	35 35	
	MC74HC280N			Mot	14a	<8u	17 17	35 35	
		MM74HC280J	MM54HC280J	Nsc	14c	<8u	17 17	35 35	
		MM74HC280N		Nsc	14a	<8u	17 17	35 35	
		SN74HC280FH	SN54HC280FH	Tix	cc	<8u			
			SN54HC280FK	Tix	cc	<8u			
		SN74HC280FN		Tix	cc	<8u			
			SN54HC280J	Tix	14c	<8u			
		SN74HC280J		Tix	14c	<8u			
		SN74HC280N		Tix	14a	<8u			
HCT	§CD74HCT280E			Rca	14a		18 18		
			CD54HCT280F	Rca	14c		18 18		
LS	HD74LS280			Hit	14a	<27		50 50	
	M74LS280			Mit	14a	<27		50 50	
	MB74LS280			Fui	14a	<27		50 50	
	MB74LS280M			Fui	14c	<27		50 50	
	SN74LS280J		SN54LS280J	Tix	14c	16	29 33	45 50	
	SN74LS280N			Tix	14a	16	29 33	45 50	
			SN54LS280W	Tix	14n	16	29 33	45 50	
S	DM74S280J		DM54S280J	Nsc	14c	<105		18 21	
	DM74S280N			Nsc	14a	<105		18 21	
	HD74S280			Hit	14a	<105		18 21	
	SN74S280J		SN54S280J	Tix	14c	67	11,5 14	18 21	
	SN74S280N			Tix	14a	67	11,5 14	18 21	
			SN54S280W	Tix	14n	67	11,5 14	18 21	
	74S280DC		54S280DM	Fch	14c	<105		18 21	
	74S280FC		54S280FM	Fch	14n	<105		18 21	
	74S280PC			Fch	14a	<105		18 21	

74280	Typ - Type - Tipo			Hersteller Production Produttori Fabricantes	Bild Fig. Fig. Sec	I_S &I_R	t_{PD} E→Q ns_{typ}	t_{PD} E→Q ns_{max}	Bem./Note f_T §f_Z &f_E
	0...70°C § 0...75°C	−40...85°C § −25...85°C	−55...125°C		3	mA	↓ ↕ ↑	↓ ↕ ↑	MHz
DM74AS280J			DM54AS280J	Nsc	14c				
DM74AS280N				Nsc	14a				
		SN54AS280FH		Tix	cc	27	7,5 7		
SN74AS280FN				Tix	cc	27	7,5 7		
		SN54AS280J		Tix	14c	27	7,5 7		
SN74AS280N				Tix	14a	27	7,5 7		

74281		4-Bit Akkumulator	74281
Output: TP		4-bit accumulator / Accumulateur à 4 bits / Accumulatore di 4 bit / Acumulador de 4 bits	Output: TP

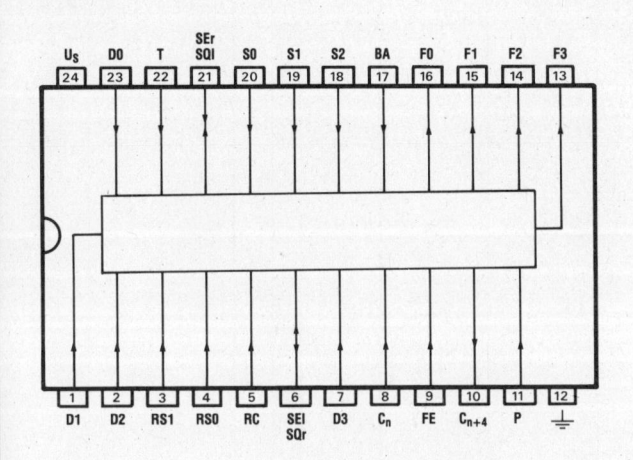

Pins (top, left→right): U_S [24], D0 [23], T [22], SEr/SQI [21], S0 [20], S1 [19], S2 [18], BA [17], F0 [16], F1 [15], F2 [14], F3 [13]

Pins (bottom, left→right): D1 [1], D2 [2], RS1 [3], RS0 [4], RC [5], SEI/SQr [6], D3 [7], C_n [8], FE [9], C_{n+4} [10], P [11], GND [12]

Pin	FI	FQ
S2	6	
D0...D3, Cn	5	
S0, S1, RC	5	
SEr/SQI	4	5
BA, T	3	
RS0, RS1	1	
SQr		5

Input			Output											
M =			L				L				H			
Cn =			L				H				X			
S2	S1	S0	F3	F2	F1	F0	F3	F2	F1	F0	F3	F2	F1	F0
L	L	L	H	H	H	H	H	H	H	L	L	L	L	L
L	L	H	B−A−1				B−A				$(A \cdot \overline{B}) + (\overline{A} \cdot B)$			
L	H	L	A−B−1				A−B				$(A \cdot \overline{B}) + (\overline{A} \cdot B)$			
L	H	H	A+B				A+B+1				$(A \cdot B) + (\overline{A} \cdot \overline{B})$			
H	L	L	B3	B2	B1	B0	B+1				A·B			
H	L	H	$\overline{B3}$	$\overline{B2}$	$\overline{B1}$	$\overline{B0}$	$\overline{B}+1$				A+B			
H	H	L	A3	A2	A1	A0	A+1				$\overline{A \cdot B}$			
H	H	H	$\overline{A3}$	$\overline{A2}$	$\overline{A1}$	$\overline{A0}$	$\overline{A}+1$				$\overline{A+B}$			
H	L	L												

Input					Intern				Out	
RS1	RS0	RC	T	SEr	SEI	Q0	Q1	Q2	Q3	SQr	SQI
L	L	X	↑	—	—	F0	F1	F2	F3	Z**	Z**
H	H	X	X	X	X	keine Veränderung*					
X	X	X	L	X	X	keine Veränderung*					
L	H	L	↑			Q1n	Q2n	Q3n	SEI	Q1n	
L	H	H	↑			Q1n	Q2n	SEI	Q3n	Q1n	
H	L	L	↑			SEr	Q0n	Q1n	Q2n	Q2n	
H	L	H	↑			SEr	Q0n	Q1n	Q3n	Q2n	

* No change · Pas de modification · Senza alterazione · Sin modificación
** Hochohmig · High impedance · Haute impédance · Alta resistenza · Alta impedancia

74281	Typ - Type - Tipo		Hersteller Production Fabricants Produttori Fabricantes	Bild Fig. Sec 3	I_S &I_R mA	t_{PD} E→Q ns_{typ} ↓↑↑	t_{PD} E→Q ns_{max} ↓↑↑	Bem./Note f_T §f_Z &f_E MHz
0...70°C § 0...75°C	−40...85°C § −25...85°C	−55...125°C						
DM74S281J		DM54S281J	Nsc	24d	<144		45 45	
DM74S281N			Nsc	24g	<144		45 45	
SN74S281J		SN54S281J	Tix	24d	144	35 35	55 55	
SN74S281N			Tix	24g	144	35 35	55 55	
SN74S281NT			Tix	24a	144	35 35	55 55	
		SN54S281W	Tix	24n	144	35 35	55 55	

74282
Output: TP

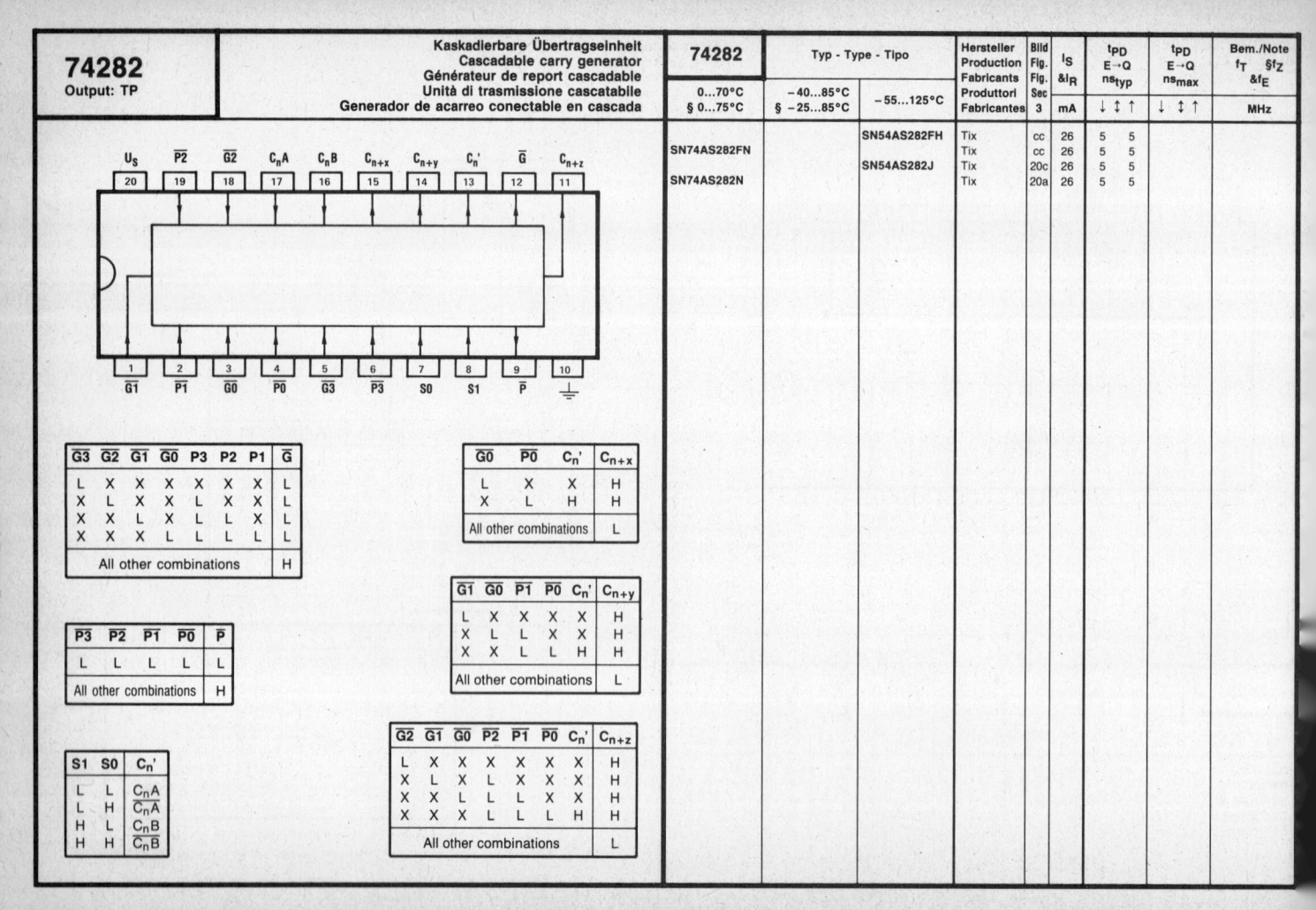

Kaskadierbare Übertragseinheit
Cascadable carry generator
Générateur de report cascadable
Unità di trasmissione cascatabile
Generador de acarreo conectable en cascada

Pinout (DIP-20):
- 20: U_S
- 19: $\overline{P2}$
- 18: $\overline{G2}$
- 17: C_nA
- 16: C_nB
- 15: C_{n+x}
- 14: C_{n+y}
- 13: $C_n{'}$
- 12: $\overline{G}$
- 11: C_{n+z}
- 1: $\overline{G1}$
- 2: $\overline{P1}$
- 3: $\overline{G0}$
- 4: $\overline{P0}$
- 5: $\overline{G3}$
- 6: $\overline{P3}$
- 7: S0
- 8: S1
- 9: $\overline{P}$
- 10: GND

74282	Typ - Type - Tipo		Hersteller Production Fabricants Produttori Fabricantes	Bild Fig. Fig. Sec 3	I_S &I_R mA	t_{PD} E→Q ns$_{typ}$ ↓↕↑		t_{PD} E→Q ns$_{max}$ ↓↕↑		Bem./Note f_T §f_Z &f_E MHz
0...70°C § 0...75°C	−40...85°C § −25...85°C	−55...125°C								
SN74AS282FN		SN54AS282FH	Tix	cc	26	5	5			
			Tix	cc	26	5	5			
		SN54AS282J	Tix	20c	26	5	5			
SN74AS282N			Tix	20a	26	5	5			

$\overline{G3}$	$\overline{G2}$	$\overline{G1}$	$\overline{G0}$	P3	P2	P1	$\overline{G}$
L	X	X	X	X	X	X	L
X	L	X	X	L	X	X	L
X	X	L	X	L	L	X	L
X	X	X	L	L	L	L	L
All other combinations							H

$\overline{P3}$	$\overline{P2}$	$\overline{P1}$	$\overline{P0}$	$\overline{P}$
L	L	L	L	L
All other combinations				H

S1	S0	$C_n{'}$
L	L	C_nA
L	H	$\overline{C_nA}$
H	L	C_nB
H	H	$\overline{C_nB}$

$\overline{G0}$	$\overline{P0}$	$C_n{'}$	C_{n+x}
L	X	X	H
X	L	H	H
All other combinations			L

$\overline{G1}$	$\overline{G0}$	$\overline{P1}$	$\overline{P0}$	$C_n{'}$	C_{n+y}
L	X	X	X	X	H
X	L	L	X	X	H
X	X	L	L	H	H
All other combinations					L

$\overline{G2}$	$\overline{G1}$	$\overline{G0}$	$\overline{P2}$	$\overline{P1}$	$\overline{P0}$	$C_n{'}$	C_{n+z}
L	X	X	X	X	X	X	H
X	L	X	L	X	X	X	H
X	X	L	L	L	X	X	H
X	X	X	L	L	L	H	H
All other combinations							L

74283

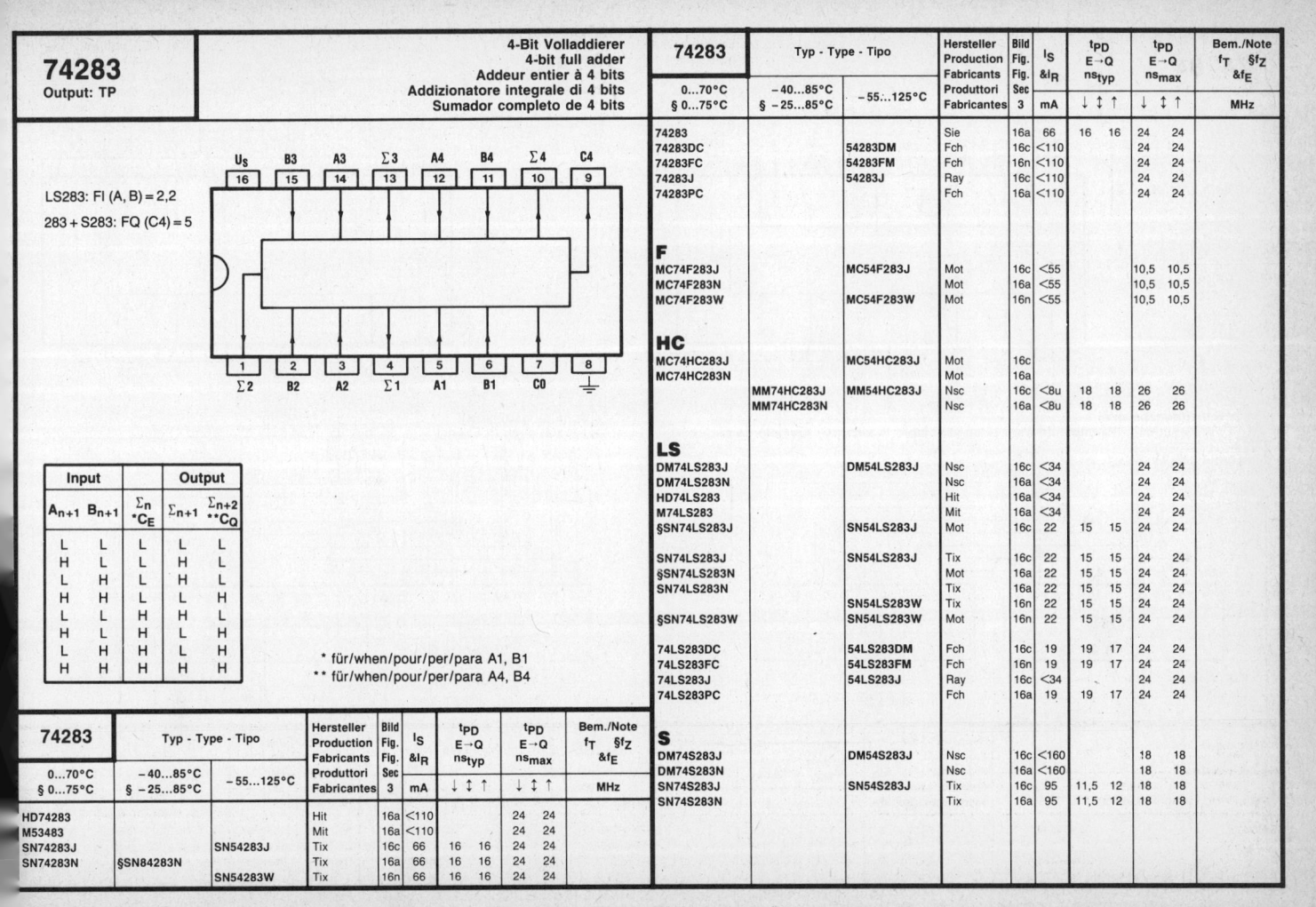

Output: TP

4-Bit Volladdierer
4-bit full adder
Addeur entier à 4 bits
Addizionatore integrale di 4 bits
Sumador completo de 4 bits

LS283: FI (A, B) = 2,2
283 + S283: FQ (C4) = 5

Pinout (DIP-16):
- Pin 16: U_S
- Pin 15: B3
- Pin 14: A3
- Pin 13: $\Sigma 3$
- Pin 12: A4
- Pin 11: B4
- Pin 10: $\Sigma 4$
- Pin 9: C4
- Pin 1: $\Sigma 2$
- Pin 2: B2
- Pin 3: A2
- Pin 4: $\Sigma 1$
- Pin 5: A1
- Pin 6: B1
- Pin 7: C0
- Pin 8: ⏚

Input		Output	
A_{n+1} B_{n+1}	Σ_n •C_E	Σ_{n+1}	Σ_{n+2} ••C_Q
L L	L	L	L
L H	L	H	L
H L	L	H	L
H H	L	L	H
L L	H	H	L
L H	H	L	H
H L	H	L	H
H H	H	H	H

* für/when/pour/per/para A1, B1
** für/when/pour/per/para A4, B4

74283 0...70°C § 0...75°C	Typ - Type - Tipo −40...85°C § −25...85°C	−55...125°C	Hersteller Production Fabricants Produttori Fabricantes	Bild Fig. Fig. Sec 3	I_S &I_R mA	t_{PD} E→Q ns_{typ} ↓ ↕ ↑	t_{PD} E→Q ns_{max} ↓ ↕ ↑	Bem./Note f_T §f_Z &f_E MHz
74283			Sie	16a	66	16 16	24 24	
74283DC		54283DM	Fch	16c	<110		24 24	
74283FC		54283FM	Fch	16n	<110		24 24	
74283J		54283J	Ray	16c	<110		24 24	
74283PC			Fch	16a	<110		24 24	
F								
MC74F283J		MC54F283J	Mot	16c	<55		10,5 10,5	
MC74F283N			Mot	16a	<55		10,5 10,5	
MC74F283W		MC54F283W	Mot	16n	<55		10,5 10,5	
HC								
MC74HC283J		MC54HC283J	Mot	16c				
MC74HC283N			Mot	16a				
MM74HC283J		MM54HC283J	Nsc	16c	<8u	18 18	26 26	
MM74HC283N			Nsc	16a	<8u	18 18	26 26	
LS								
DM74LS283J		DM54LS283J	Nsc	16c	<34		24 24	
DM74LS283N			Nsc	16a	<34		24 24	
HD74LS283			Hit	16a	<34		24 24	
M74LS283			Mit	16a	<34		24 24	
§SN74LS283J		SN54LS283J	Mot	16c	22	15 15	24 24	
SN74LS283J		SN54LS283J	Tix	16c	22	15 15	24 24	
§SN74LS283N			Mot	16a	22	15 15	24 24	
SN74LS283N			Tix	16a	22	15 15	24 24	
§SN74LS283W		SN54LS283W	Tix	16n	22	15 15	24 24	
		SN54LS283W	Mot	16n	22	15 15	24 24	
74LS283DC		54LS283DM	Fch	16c	19	19 17		
74LS283FC		54LS283FM	Fch	16n	19	19 17		
74LS283J		54LS283J	Ray	16c	<34			
74LS283PC			Fch	16a	19	19 17		
S								
DM74S283J		DM54S283J	Nsc	16c	<160		18 18	
DM74S283N			Nsc	16a	<160		18 18	
SN74S283J		SN54S283J	Tix	16c	95	11,5 12	18 18	
SN74S283N			Tix	16a	95	11,5 12	18 18	

74283 0...70°C § 0...75°C	Typ - Type - Tipo −40...85°C § −25...85°C	−55...125°C	Hersteller Production Fabricants Produttori Fabricantes	Bild Fig. Fig. Sec	I_S &I_R mA	t_{PD} E→Q ns_{typ} ↓ ↕ ↑	t_{PD} E→Q ns_{max} ↓ ↕ ↑	Bem./Note f_T §f_Z &f_E MHz
HD74283			Hit	16a	<110		24 24	
M53483			Mit	16a	<110		24 24	
SN74283J		SN54283J	Tix	16c	66	16 16	24 24	
SN74283N	§SN84283N		Tix	16a	66	16 16	24 24	
		SN54283W	Tix	16n	66	16 16	24 24	

2-307

74284
Output: OC

4x8-Bit Multiplizierer
4-by-8-bit multiplier
Multiplicateur, 4x4 bits
Moltiplicatore, 4x4 bit
Multiplicador de 4x8 bits

74285
Output: OC

4x8-Bit Multiplizierer
4-by-8-bit multiplier
Multiplicateur, 4x4 bits
Moltiplicatore, 4x4 bit
Multiplicador de 4x8 bits

$U_Q = 5{,}5\,V\ max$

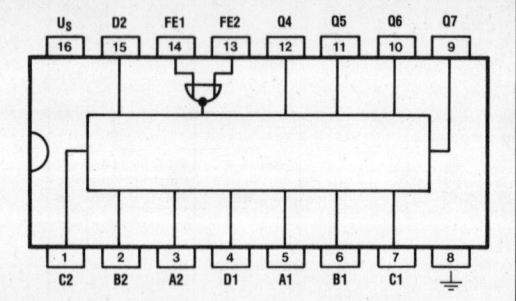

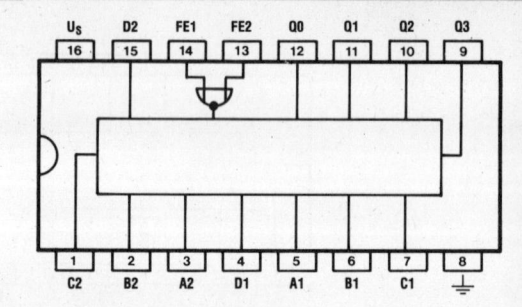

Pinout 74284: 16=U_S, 15=D2, 14=FE1, 13=FE2, 12=Q4, 11=Q5, 10=Q6, 9=Q7, 1=C2, 2=B2, 3=A2, 4=D1, 5=A1, 6=B1, 7=C1, 8=GND

$U_Q = 5{,}5\,V\ max$

Pinout 74285: 16=U_S, 15=D2, 14=FE1, 13=FE2, 12=Q0, 11=Q1, 10=Q2, 9=Q3, 1=C2, 2=B2, 3=A2, 4=D1, 5=A1, 6=B1, 7=C1, 8=GND

Schaltungsbeispiel · Typical circuit · Exemple de connexion · Esempio di circuito · Ejemplo de circuito

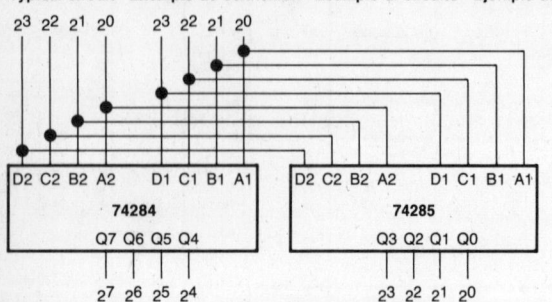

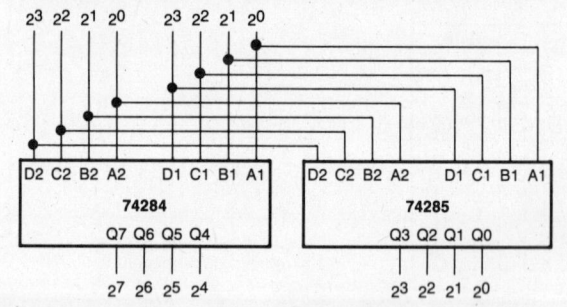

Inputs: $2^3\ 2^2\ 2^1\ 2^0\ 2^3\ 2^2\ 2^1\ 2^0$

74284: inputs D2 C2 B2 A2 D1 C1 B1 A1 — outputs Q7 Q6 Q5 Q4 → $2^7\ 2^6\ 2^5\ 2^4$

74285: inputs D2 C2 B2 A2 D1 C1 B1 A1 — outputs Q3 Q2 Q1 Q0 → $2^3\ 2^2\ 2^1\ 2^0$

74284	Typ - Type - Tipo			Hersteller Production Fabricants Produttori Fabricantes	Bild Fig. Fig. Sec	I_S &I_R	t_{PD} E→Q ns_{typ}	t_{PD} E→Q ns_{max}	Bem./Note f_T §f_Z &f_E
0…70°C § 0…75°C	−40…85°C § −25…85°C		−55…125°C		3	mA	↓ ↕ ↑	↓ ↕ ↑	MHz
SN74284J SN74284N		SN54284J SN54284W		Tix Tix Tix	16c 16a 16n	92 92 92	40 40 40 40 40 40	60 60 60 60 60 60	

74285	Typ - Type - Tipo			Hersteller Production Fabricants Produttori Fabricantes	Bild Fig. Fig. Sec	I_S &I_R	t_{PD} E→Q ns_{typ}	t_{PD} E→Q ns_{max}	Bem./Note f_T §f_Z &f_E
0…70°C § 0…75°C	−40…85°C § −25…85°C		−55…125°C		3	mA	↓ ↕ ↑	↓ ↕ ↑	MHz
SN74285J SN74285N		SN54285J SN54285W		Tix Tix Tix	16c 16a 16n	92 92 92	40 40 40 40 40 40	60 60 60 60 60 60	

74286	9-Bit Paritätsprüfer
Output: TP	9-bit parity checker
	Contrôleur de parité à bits
	8-bit controllore di parità
	Controlador de paridad de 9 bits

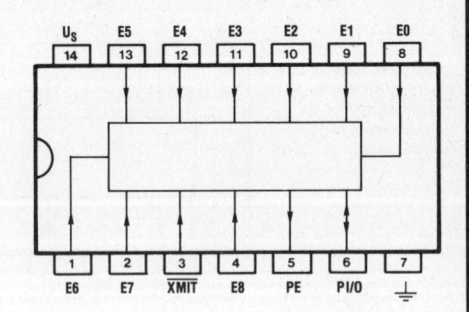

74287	256x4-Bit PROM (programmierbarer Lesespeicher)
Output: TS	256x4-bit PROM (programmable read-only memory)
	PROM à 256x4 bits (mémoire de lecture programmable)
	PROM di 256x4 bit (memoria di lettura programmabile)
	PROM (memoria de sólo lectura programable) de 256x4 bits

74286 pinout: U$_S$(14), E5(13), E4(12), E3(11), E2(10), E1(9), E0(8), GND(7), PI/O(6), PE(5), E8(4), $\overline{XMIT}$(3), E7(2), E6(1)

74287 pinout: U$_S$(16), A7(15), FE2(14), FE1(13), D0(12), D1(11), D2(10), D3(9), GND(8), A2(7), A1(6), A0(5), A3(4), A4(3), A5(2), A6(1); FI = 0,5

Anzahl E = High Number of E = High	Input $\overline{XMIT}$	Input PI/O	Output PI/O	Output PE
0, 2, 4, 6, 8	L		H	H
1, 3, 5, 7, 9	L		L	H
0, 2, 4, 6, 8	H	H		H
0, 2, 4, 6, 8	H	L		L
1, 3, 5, 7, 9	H	H		L
1, 3, 5, 7, 9	H	L		H

Input										Output Wort*
FE1	FE2	A7	A6	A5	A4	A3	A2	A1	A0	
H	X	X	X	X	X	X	X	X	X	—
X	H	X	X	X	X	X	X	X	X	—
L	L	L	L	L	L	L	L	L	L	0
L	L	L	L	L	L	L	L	L	H	1
.	.	.	.	.	.	.	.	.	.	
L	L	H	H	H	H	H	H	H	L	254
L	L	H	H	H	H	H	H	H	H	255

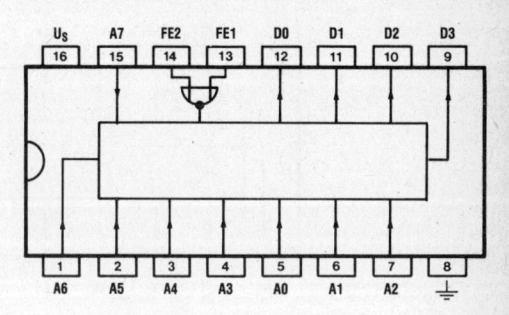

Siehe auch Section 5
See also section 5
Voir aussi section 5
Vedi anche sezione 5
Veasé también sección 5

* word · mot · parola · palabra

74286	Typ - Type - Tipo			Hersteller Production Fabricants Produttori Fabricantes	Bild Fig. Fig. Fig. Sec	I_S &I_R	t_{PD} E→Q ns$_{typ}$	t_{PD} E→Q ns$_{max}$	Bem./Note f_T §f_Z &f_E
0...70°C § 0...75°C	−40...85°C § −25...85°C		−55...125°C		3	mA	↓ ↕ ↑	↓ ↕ ↑	MHz
		SN54AS286FH		Tix	cc	34	8,5 8		
SN74AS286FN				Tix	cc	34	8,5 8		
		SN54AS286J		Tix	14c	34	8,5 8		
SN74AS286N				Tix	14a	34	8,5 8		

74287	Typ - Type - Tipo			Hersteller Production Fabricants Produttori Fabricantes	Bild Fig. Fig. Fig. Sec	I_S &I_R	t_{PD} E→Q ns$_{typ}$	t_{PD} E→Q ns$_{max}$	Bem./Note f_T §f_Z &f_E
0...70°C § 0...75°C	−40...85°C § −25...85°C		−55...125°C		3	mA	↓ ↕ ↑	↓ ↕ ↑	MHz
SN74S287J		SN54S287J		Tix	16c	110	42 42		
SN74S287N		SN54S287W		Tix	16a	110	42 42		
				Tix	16n	110	42 42		

2-309

74288
Output: TS

32x8-Bit PROM (programmierbarer Lesespeicher)
32x8-bit PROM (programmable read-only memory)
PROM à 32x8 bits (mémoire de lecture programmable)
PROM di 32x8 bit (memoria di lettura programmabile)
PROM (memoria de sólo lectura programable) de 32x8 bits

74289
Output: OC

16x4-Bit RAM (Schreib- / Lesespeicher)
16x4-bit RAM (random access memory)
RAM à 16x4 bits (mémoire d'inscription / lecture)
RAM di 16x4 bit (memoria ad accesso aleatorio)
RAM (memoria de lectura y escritura) de 16x4 bits

$Fl = 0.5$

74288 pinout (DIP-16):
- Top: Us(16), FE(15), A4(14), A3(13), A2(12), A1(11), A0(10), D7(9)
- Bottom: D0(1), D1(2), D2(3), D3(4), D4(5), D5(6), D6(7), GND(8)

74289 pinout (DIP-16):
- Top: Us(16), B(15), C(14), D(13), D3(12), Q3(11), D2(10), Q2(9)
- Bottom: A(1), FE(2), WR(3), D0(4), Q0(5), D1(6), Q1(7), GND(8)

Siehe auch Section 4
See also section 4
Voir aussi section 4
Vedi anche sezione 4
Veasé tambien sección 4

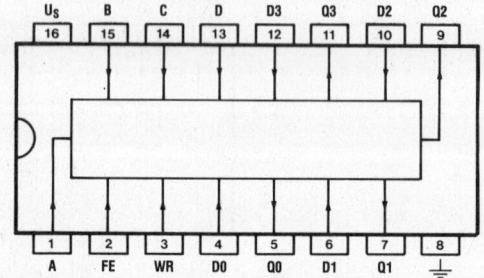

74288

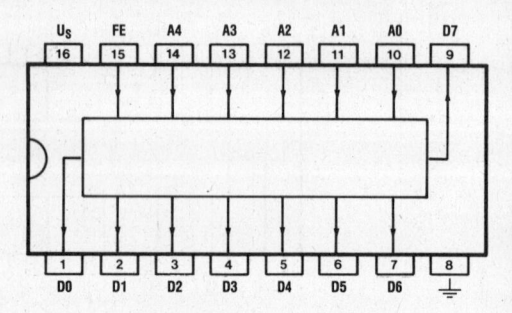

Input						Output Wort*
FE	A4	A3	A2	A1	A0	
H	X	X	X	X	X	—
L	L	L	L	L	L	0
L	L	L	L	L	H	1
.	.	.	.	.	.	.
L	H	H	H	H	L	30
L	H	H	H	H	H	31

Siehe auch Section 5
See also section 5
Voir aussi section 5
Vedi anche sezione 5
Veasé tambien sección 5

* word · mot · parola · palabra

74289

FE	W/R	Q	Funktion*
H	X	H	—
L	L	H	schreiben · write · mémorisation · immissione · escritura
L	H	$\overline{D}$	lesen · read · balaiement · estrazione · lectura

* Function · Fonction · Funzione · Función

74288	Typ - Type - Tipo		Hersteller Production Fabricants Produttori Fabricantes	Bild Fig. Fig. Sec 3	I_S &I_R mA	t_{PD} E→Q ns_{typ} ↓ ↕ ↑	t_{PD} E→Q ns_{max} ↓ ↕ ↑	Bem./Note f_T §f_Z &f_E MHz
0...70°C § 0...75°C	−40...85°C § −25...85°C	−55...125°C						
SN74S288J SN74S288N		SN54S288J SN54S288W	Tix Tix Tix	16c 16a 16n	80 80 80	25 25 25	25 25 25	

74289	Typ - Type - Tipo		Hersteller Production Fabricants Produttori Fabricantes	Bild Fig. Fig. Sec 3	I_S &I_R mA	t_{PD} E→Q ns_{typ} ↓ ↕ ↑	t_{PD} E→Q ns_{max} ↓ ↕ ↑	Bem./Note f_T §f_Z &f_E MHz
0...70°C § 0...75°C	−40...85°C § −25...85°C	−55...125°C						
SN74LS289J SN74LS289N 74LS289DC 74LS289FC 74LS289PC		SN54LS289J 54LS289DM 54LS289FM	Tix Tix Fch Fch Fch	16c 16a 16c 16n 16a				
S SN74S289J SN74S289N		SN54S289J SN54S289W	Tix Tix Tix	16c 16a 16n	75 75 75	25 25 25	25 25 25	

74290
Output: TP

Dezimalzähler
Decade counter
Compteur décimale
Contatore decadico
Contador decimal

Pinout: U_S 14, R0_2 13, R0_1 12, B 11, A 10, QA 9, QD 8; R9_1 1, R9_2 2, QC 5, QB 6, GND 7.

Pin	FI N	FI LS
B	3	8,9
A	2	6,7

Input					Output			
R0_1	R0_2	R9_1	R9_2	T*	QD	QC	QB	QA
H	H	L	X	X	L	L	L	L
H	H	X	L	X	L	L	L	L
X	X	H	H	X	H	L	L	H
L	X	L	X	1	L	L	L	L
X	L	X	L	2	L	L	L	L
L	X	X	L	⋮	L	L	L	L
X	L	L	X	9	H	L	L	H

* Logikzustand oder Anzahl der Taktimpulse
* Logic level or number of clock pulses
* État logique ou nombre des impulsions d'horloge
* Stato logico o numero di impulsi di cadenza
* Estado lógico o número de pulsos de reloj

74290	Typ - Type - Tipo			Hersteller Production Fabricants Produttori Fabricantes	Bild Fig. Fig. Sec 3	I_S & I_R mA	t_{PD} E→Q ns_{typ} ↓ ↕ ↑	t_{PD} E→Q ns_{max} ↓ ↕ ↑	Bem./Note f_T §f_Z & f_E MHz
	0...70°C § 0...75°C	−40...85°C § −25...85°C	−55...125°C						
	SN74290J		SN54290J	Tix	14c	29	12 10	18 16	32
	SN74290N	§SN84290N		Tix	14a	29	12 10	18 16	32
			SN54290W	Tix	14n	29	12 10	18 16	32
	74290			Tix,Sie	14a	29	12 10	18 16	32
	74290DC		54290DM	Fch	14c	<42		18 18	
	74290FC		54290FM	Fch	14n	<42		18 18	
	74290PC			Fch	14a	<42		18 18	
LS									
	DM74LS290J		DM54LS290J	Nsc	14c	<15		18 18	
	DM74LS290N			Nsc	14a	<15		18 18	
	HD74LS290			Hit	14a	<15		18 18	
	M74LS290			Mit	14a	<15		18 18	
	§SN74LS290J		SN54LS290J	Mot	14c	9	12 10	18 16	32
	SN74LS290J		SN54LS290J	Tix	14c	9	12 10	18 16	32
	§SN74LS290N			Mot	14a	9	12 10	18 16	32
	SN74LS290N			Tix	14a	9	12 10	18 16	32
			SN54LS290W	Tix	14n	9	12 10	18 16	32
	§SN74LS290W		SN54LS290W	Mot	14p	9	12 10	18 16	32
	74LS290DC		54LS290DM	Fch	14c	9		18 16	32
	74LS290FC		54LS290FM	Fch	14p	9		18 16	32
	74LS290PC			Fch	14a	9		18 16	32

74290	Typ - Type - Tipo			Hersteller Production Fabricants Produttori Fabricantes	Bild Fig. Fig. Sec 3	I_S & I_R mA	t_{PD} E→Q ns_{typ} ↓ ↕ ↑	t_{PD} E→Q ns_{max} ↓ ↕ ↑	Bem./Note f_T §f_Z & f_E MHz
	0...70°C § 0...75°C	−40...85°C § −25...85°C	−55...125°C						
	HD74290			Hit	14a	<42		18 18	
	M53490			Mit	14a	<42		18 18	
	MC74290J		MC54290J	Mot	14c	29	12 10	18 16	32
	MC74290N			Mot	14a	29		18 16	32
	MC74290W		MC54290W	Mot	14p	29	12 10	18 16	32

2-311

74291
Output: TP

Binärzähler und Universalschieberegister
Binary counter and universal shift register
Compteur binaire et registre de décalage universelle
Contatore binario e registro scorrevole universale
Contador binario y registro de desplazamiento universal

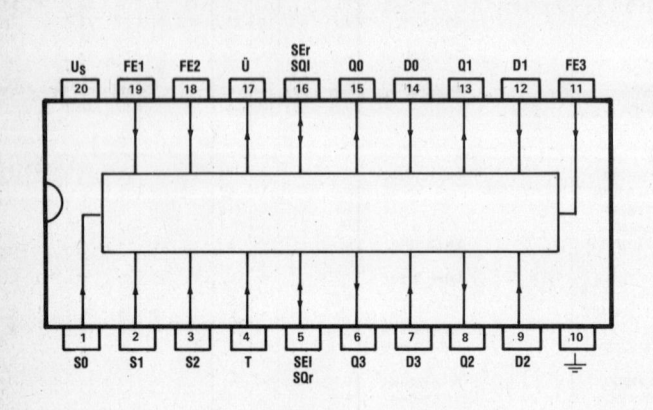

74292
Output: TP

Frequenzteiler, programmierbar bis $1:2^{31}$
Frequency divider, programmable up to $1:2^{31}$
Diviseur de fréquences, programmable jusqu'à $1:2^{31}$
Separatore di frequenza, programmabile fino $1:2^{31}$
Divisor de frecuencia, programable hasta $1:2^{31}$

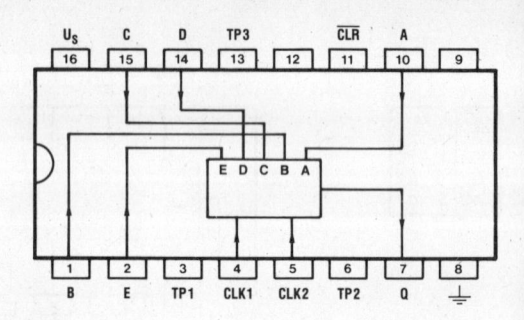

74291 pinout (20-pin):
Top: Us(20) FE1(19) FE2(18) Û(17) SEr/SQI(16) Q0(15) D0(14) Q1(13) D1(12) FE3(11)
Bottom: S0(1) S1(2) S2(3) T(4) SEI/SQr(5) Q3(6) D3(7) Q2(8) D2(9) GND(10)

74292 pinout (16-pin):
Top: Us(16) C(15) D(14) TP3(13) (12) CLR(11) A(10) (9)
Internal: E D C B A
Bottom: B(1) E(2) (3) TP1(4) CLK1(5) CLK2(6) TP2(7) Q(8)

E	D	C	B	A	Divide
L	L	L	L	L	—
L	L	L	L	H	—
L	L	L	H	L	$1:2^2$
L	L	L	H	H	$1:2^3$
L	L	H	L	L	$1:2^4$
⋮	⋮	⋮	⋮	⋮	⋮
H	H	H	H	L	$1:2^{30}$
H	H	H	H	H	$1:2^{31}$

CLR	CLK1	CLK2	Function
L	X	X	clear
H	↺	L	count
H	L	↺	count
H	H	X	—
H	X	H	—

S2	S1	S0	Funktion	function	fonction	funzione	función
L	L	L	löschen	clear	effacer	cancellare	borrar
L	L	H	rechts schieben	shift right	pousser vers la droite	spostare verso destra	desplazar a la derecha
L	H	L	links schieben	shift left	pousser vers la gauche	spostare verso sinistra	desplazar a la izquierda
L	H	H	stellen (Q=L)	load (Q=L)	régler (Q=L)	regolare (Q=L)	cargar (Q=L)
H	L	L	keine Veränderung	no change	pas de modification	senza alterazione	sin modificación
H	L	H	vorwärts zählen	count up	compter vers l'avant	contare in avanti	cuenta adelante
H	H	L	rückwärts zählen	count down	compter vers l'arrière	contare indietro	cuenta atrás
H	H	H	stellen	load	régler	regolare	cargar

74291

	Typ - Type - Tipo		Hersteller Production Fabricants Produttori Fabricantes	Bild Fig. Fig. Sec 3	I_S &I_R mA	t_{PD} E→Q ns_{typ} ↓↑↑	t_{PD} E→Q ns_{max} ↓↑↑	Bem./Note f_T §f_Z &f_E MHz
0…70°C § 0…75°C	−40…85°C § −25…85°C	−55…125°C						
SN74S291J			Tix	20c	117			60
SN74S291N			Tix	20a	117			60

74292

	Typ - Type - Tipo		Hersteller Production Fabricants Produttori Fabricantes	Bild Fig. Fig. Sec 3	I_S &I_R mA	t_{PD} E→Q ns_{typ} ↓↑↑	t_{PD} E→Q ns_{max} ↓↑↑	Bem./Note f_T §f_Z &f_E MHz
0…70°C § 0…75°C	−40…85°C § −25…85°C	−55…125°C						
MC74HC292J MC74HC292N		MC54HC292J	Mot Mot	16c 16a				
	MM74HC292J MM74HC292N	MM54HC292J	Nsc Nsc	16c 16a	<8u <8u	70 70 70 70	100 100 100 100	32 32
LS								
SN74LS292J SN74LS292N		SN54LS292J	Tix Tix	16c 16a	40 40	80 80	55 55	120 120	90 90	30 30
		SN54LS292W	Tix	16n	40	80	55	120	90	30

74293

Output: TP

4-Bit Binärzähler
4-bit binary counter
Compteur binaire à 4 bits
Contatore binario di 4 bit
Contador binario de 4 bits

Pinout (DIP-14):
- 14: U_S
- 13: $R0_2$
- 12: $R0_1$
- 11: B
- 10: A
- 9: QA
- 8: QD
- 7: GND
- 6: QB
- 5: QC
- 4: —
- 3: —
- 2: —
- 1: —

Pin	FI N	FI LS
A	2	6,7
B	2	4,4

Truth table

Input		*	Output			
R0₁	R0₂		QD	QC	QB	QA
H	H	X	L	L	L	L
L	X	1	L	L	L	H
		2	L	L	H	L
		⋮				
X	L	15	H	H	H	H
		16	L	L	L	L
		⋮				

* Anzahl der Taktimpulse
* Number of clock pulses
* Nombre des impulsions d'horloge
* Numero di impulsi di cadenza
* Número de pulsos de reloj

74293

Typ - Type - Tipo 0...70°C / §0...75°C	Typ - Type - Tipo −40...85°C / §−25...85°C	Typ - Type - Tipo −55...125°C	Hersteller Production Fabricants Produttori Fabricantes	Bild Fig. Fig. Sec 3	I_S &I_R mA	t_{PD} E→Q ns$_{typ}$ ↓↕↑	t_{PD} E→Q ns$_{max}$ ↓↕↑	Bem./Note f_T §f_Z &f_E MHz
SN74293J		SN54293J	Tix	14c	26	12 10	18 16	32
SN74293N	§SN84293N		Tix	14a	26	12 10	18 16	32
		SN54293W	Tix	14n	26	12 10	18 16	32
74293			Sie	14a	26		18 18	32
74293DC		54293DM	Fch	14c	<39		18 18	
74293FC		54293FM	Fch	14n	<39		18 18	
74293PC			Fch	14a	<39		18 18	

LS

Typ 0...70°C / §0...75°C	Typ −40...85°C	Typ −55...125°C	Hersteller	Bild	I_S mA	t_{PD} typ	t_{PD} max	MHz
DM74LS293J		DM54LS293J	Nsc	14c	<15		18 18	
DM74LS293N			Nsc	14a	<15		18 18	
HD74LS293			Hit	14a	<15		18 18	
M74LS293			Mit	14a	<15		18 18	
§SN74LS293J		SN54LS293J	Mot	14c	9	12 10	18 16	32
SN74LS293J		SN54LS293J	Tix	14c	9	12 10	18 16	32
§SN74LS293N			Mot	14a	9	12 10	18 16	32
SN74LS293N			Tix	14a	9	12 10	18 16	32
§SN74LS293W		SN54LS293W	Tix	14a	9	12 10	18 16	32
SN74LS293W		SN54LS293W	Mot	14p	9	12 10	18 16	32
74LS293DC		54LS293DM	Fch	14c	9		18 16	32
74LS293FC		54LS293FM	Fch	14p	9		18 16	32
74LS293PC			Fch	14a	9		18 16	32

74293

Typ - Type - Tipo 0...70°C / §0...75°C	−40...85°C / §−25...85°C	−55...125°C	Hersteller Production Fabricants Produttori Fabricantes	Bild Fig. Fig. Sec 3	I_S &I_R mA	t_{PD} E→Q ns$_{typ}$ ↓↕↑	t_{PD} E→Q ns$_{max}$ ↓↕↑	Bem./Note f_T §f_Z &f_E MHz
HD74293			Hit	14a	<39		18 18	
M53493			Mit	14a	<39		18 18	
MC74293J		MC54293J	Mot	14c	26	12 10	18 16	32
MC74293N			Mot	14a	26	12 10	18 16	32
MC74293W		MC54293W	Mot	14p	26	12 10	18 16	32

74294
Output: TP

Frequenzteiler, programmierbar bis 1:2¹⁵
Frequency divider, programmable up to 1:2¹⁵
Diviseur de fréquences, programmable jusqu'à 1:2¹⁵
Separatore di frequenza, programmabile fino 1:2¹⁵
Divisor de frecuencia, programable hasta 1:2¹⁵

74294			Typ - Type - Tipo	Hersteller Production Fabricants Produttori Fabricantes	Bild Fig. Fig. Sec 3	I_S &I_R mA	t_{PD} E→Q ns_{typ} ↓↕↑	t_{PD} E→Q ns_{max} ↓↕↑	Bem./Note f_T §f_Z &f_E MHz
0...70°C § 0...75°C	−40...85°C § −25...85°C	−55...125°C							
LS									
SN74LS294J			SN54LS294J	Tix	16c	30	80 55	120 90	30
SN74LS294N				Tix	16a	30	80 55	120 90	30
			SN54LS294W	Tix	16n	30	80 55	120 90	30

Pinout (DIP 16):
- 16: U_S
- 15: C
- 14: D
- 13: —
- 12: —
- 11: $\overline{CLR}$
- 10: —
- 9: —
- 1: B
- 2: E
- 3: TP
- 4: CLK1
- 5: CLK2
- 6: —
- 7: Q
- 8: ⏚

Internal: A B C D

$\overline{CLR}$	CLK1	CLK2	Function
L	X	X	clear
H	⤒	L	count
H	L	⤒	count
H	H	X	—
H	X	H	—

D	C	B	A	Divide
L	L	L	L	—
L	L	L	H	—
L	L	H	L	1:2²
L	L	H	H	1:2³
:	:	:	:	:
H	H	H	L	1:2¹⁴
H	H	H	H	1:2¹⁵

74294			Hersteller Production Fabricants Produttori Fabricantes	Bild Fig. Fig. Sec 3	I_S &I_R mA	t_{PD} E→Q ns_{typ} ↓↕↑	t_{PD} E→Q ns_{max} ↓↕↑	Bem./Note f_T §f_Z &f_E MHz
0...70°C § 0...75°C	−40...85°C § −25...85°C	−55...125°C						
MC74HC294J		MC54HC294J	Mot	16c				
MC74HC294N			Mot	16a				
	MM74HC294J	MM54HC294J	Nsc	16c	<8u	70 70	100 100	32
	MM74HC294N		Nsc	16a	<8u	70 70	100 100	32

74295
Output: TS

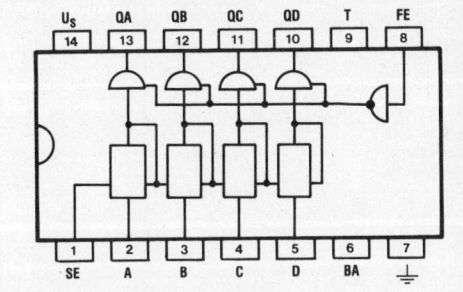

4-Bit Schieberegister mit Parallelein- / ausgängen
4-bit shift register with parallel inputs / outputs
Registre de décalage à 4 bits avec entrées / sorties parallèles
Registro scorrevole di 4 bit con entrate / uscite parallele
Registro de despl. de 4 bits con entradas y salidas en paralelo

$Fl(T) = 1,2$

Pinout (DIP-14):
- 14: U_S
- 13: QA
- 12: QB
- 11: QC
- 10: QD
- 9: T
- 8: FE
- 1: SE
- 2: A
- 3: B
- 4: C
- 5: D
- 6: BA
- 7: GND

74295	Typ - Type - Tipo			Hersteller Production Fabricants Produttori Fabricantes	Bild Fig. Fig. Sec 3	I_S &I_R mA	t_{PD} E→Q ns_{typ} ↓ ↕ ↑	t_{PD} E→Q ns_{max} ↓ ↕ ↑	Bem./Note f_T §f_Z &f_E MHz
	0...70°C § 0...75°C	−40...85°C § −25...85°C	−55...125°C						
SN74LS295AJ			SN54LS295AJ	Tix	14c	15	47 40	70 60	28
SN74LS295AN				Tix	14a	15	47 40	70 60	28
			SN54LS295AW	Tix	14n	15	47 40	70 60	28
SN74LS295BJ			SN54LS295BJ	Tix	14c	22	19 14	30 20	30
SN74LS295BN				Tix	14a	22	19 14	30 20	30
			SN54LS295BW	Tix	14n	22	19 14	30 20	30
74LS295J			54LS295J	Ray	14c	<33		30 30	30
74LS295ADC			54LS295ADM	Fch	14c	15	16 24	26 30	30
74LS295AFC			54LS295AFM	Fch	14p	15	16 24	26 30	30
74LS295APC				Fch	14a	15	16 24	26 30	30

Input			Output			
FE	BA	T	SE	QA	QB	QC	QD
L	X	X	X	Z**	Z**	Z**	Z**
H	X	H	X	keine Veränderung*			
H	H	↓	X	A	B	C	D
H	H	↓	X	QB°	QC°	QD°	D
H	L	↓		SE	QA	QB	QC

* Sin modificación
** Alta impedancia
° Cuando QB está unido externamente con A, QC con B y QD con C

** Hochohmig
° Wenn QB mit A, QC mit B und QD mit C extern verbunden ist
* No change
** High impedance
° If QB externally connected to A, QC to B and QD to C
* Pas de modification
** Haute impédance
° Si QB est connexé à A, QC à B et QD à C
* Senza alterazione
** Alta resistenza
° Se QB e collegato con A, QC con B, QD con C

74295	Typ - Type - Tipo			Hersteller Production Fabricants Produttori Fabricantes	Bild Fig. Fig. Sec 3	I_S &I_R mA	t_{PD} E→Q ns_{typ} ↓ ↕ ↑	t_{PD} E→Q ns_{max} ↓ ↕ ↑	Bem./Note f_T §f_Z &f_E MHz
	0...70°C § 0...75°C	−40...85°C § −25...85°C	−55...125°C						
HD74LS295				Hit	14a	<33	30 30	30	
M74LS295				Mit	14a	<33	30 30	30	
§SN74LS295J		SN54LS295J		Mot	14c				
§SN74LS295N				Mot	14a				
§SN74LS295W		SN54LS295W		Mot	14p				

74297
Output: TP

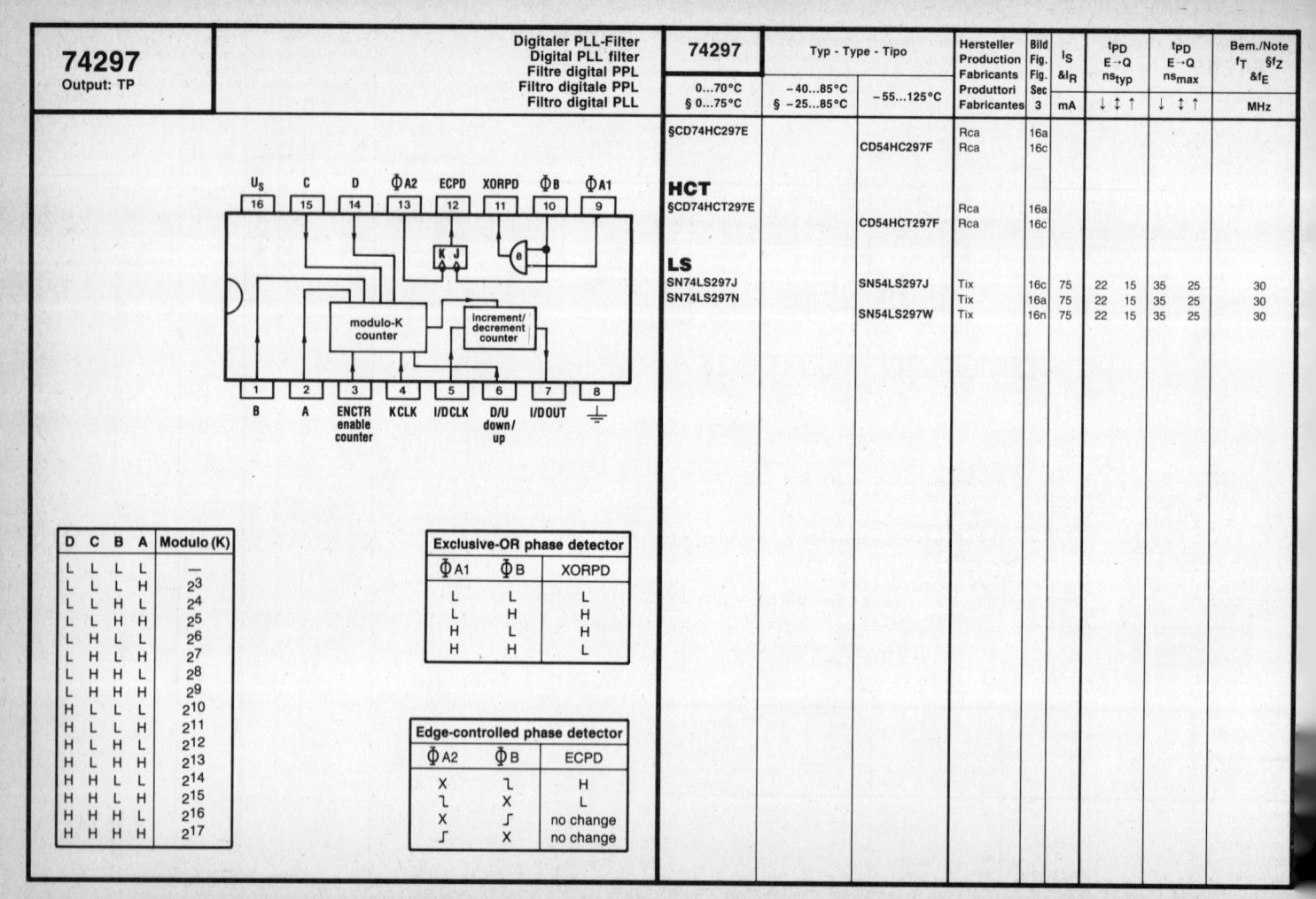

Digitaler PLL-Filter / Digital PLL filter / Filtre digital PPL / Filtro digitale PPL / Filtro digital PLL

Pin assignment (DIP-16):
- 16: U_S
- 15: C
- 14: D
- 13: ΦA2
- 12: ECPD
- 11: XORPD
- 10: ΦB
- 9: ΦA1
- 8: GND
- 7: I/DOUT
- 6: D/U down/up
- 5: I/DCLK
- 4: KCLK
- 3: ENCTR enable counter
- 2: A
- 1: B

Internal blocks: modulo-K counter, increment/decrement counter, K/J, exclusive-OR (e)

74297	Typ - Type - Tipo			Hersteller Production Fabricants Produttori Fabricantes	Bild Fig. Fig. Sec	I_S & I_R	t_{PD} E→Q ns$_{typ}$		t_{PD} E→Q ns$_{max}$		Bem./Note f_T §f_Z & f_E
	0…70°C § 0…75°C	−40…85°C § −25…85°C	−55…125°C		3	mA	↓ ↕ ↑		↓ ↕ ↑		MHz
§CD74HC297E			CD54HC297F	Rca Rca	16a 16c						
HCT §CD74HCT297E			CD54HCT297F	Rca Rca	16a 16c						
LS SN74LS297J			SN54LS297J	Tix	16c	75	22	15	35	25	30
SN74LS297N				Tix	16a	75	22	15	35	25	30
			SN54LS297W	Tix	16n	75	22	15	35	25	30

D	C	B	A	Modulo (K)
L	L	L	L	—
L	L	L	H	2^3
L	L	H	L	2^4
L	L	H	H	2^5
L	H	L	L	2^6
L	H	L	H	2^7
L	H	H	L	2^8
L	H	H	H	2^9
H	L	L	L	2^{10}
H	L	L	H	2^{11}
H	L	H	L	2^{12}
H	L	H	H	2^{13}
H	H	L	L	2^{14}
H	H	L	H	2^{15}
H	H	H	L	2^{16}
H	H	H	H	2^{17}

Exclusive-OR phase detector

ΦA1	ΦB	XORPD
L	L	L
L	H	H
H	L	H
H	H	L

Edge-controlled phase detector

ΦA2	ΦB	ECPD
X	↲	H
↲	X	L
X	↳	no change
↳	X	no change

74298
Output: TP

4 2-zu-1-Multiplexer mit Zwischenspeicher
4 2-line-to-1-line multiplexers with latch
4 multiplexeurs 2 à 1 avec mémoire intermediaire
4 multiplatori 2 a 1 con memoria intermedia
4 multiplexadores 2 a 1 con registros-latch

Pinout (DIP-16):
- 16: U_S
- 15: QA
- 14: QB
- 13: QC
- 12: QD
- 11: T
- 10: SEL
- 9: C7
- 1: B2
- 2: A2
- 3: A1
- 4: B1
- 5: C2
- 6: D2
- 7: D1
- 8: GND

Input		Output			
SEL	T	QA	QB	QC	QD
X	H	keine Veränderung*			
L	↓	A1	B1	C1	D1
H	↓	A2	B2	C2	D2

* No change
* Pas de modification
* Senza alterazione
* Sin modificación

74298	Typ - Type - Tipo		Hersteller Production Fabricants Produttori Fabricantes	Bild Fig. Fig. Sec 3	I_S &I_R mA	t_{PD} E→Q ns_{typ} ↓ ↕ ↑	t_{PD} E→Q ns_{max} ↓ ↕ ↑	Bem./Note f_T §f_Z &f_E MHz
0...70°C § 0...75°C	−40...85°C § −25...85°C	−55...125°C						
		SN54298W	Tix	16n	39	21 18	32 27	
74298DC		54298DM	Fch	16c	<65		32 32	25
74298FC		54298FM	Fch	16n	<65		32 32	25
74298PC			Fch	16a	<65		32 32	25
AS								
		SN54AS298FH	Tix	cc	22		12 16	100
SN74AS298FN			Tix	cc	22		11 9	100
		SN54AS298J	Tix	16c	22		12 16	100
SN74AS298N			Tix	16a	22		11 9	100
HC								
MC74HC298J		MC54HC298J	Mot	16c				
MC74HC298N			Mot	16a				
		MM54HC298J	Nsc	16c	<8u	20 20	31 31	
MM74HC298N			Nsc	16a	<8u	20 20	31 31	
LS								
DM74LS298J		DM54LS298J	Nsc	16c	<21		32 32	25
DM74LS298N			Nsc	16a	<21		32 32	25
HD74LS298			Hit	16a	<21		32 32	25
M74LS298			Mit	16a	<21		32 32	25
§SN74LS298J		SN54LS298J	Mot	16c	13	21 18	32 32	
SN74LS298J		SN54LS298J	Tix	16c	13	21 18	32 27	
§SN74LS298N			Mot	16a	13	21 18	32 27	
SN74LS298N			Tix	16a	13	21 18	32 27	
		SN54LS298W	Tix	16n	13	21 18	32 27	
§SN74LS298W		SN54LS298W	Mot	16n	13	21 18	32 27	
74LS298DC		54LS298DM	Fch	16c	13	16 19	25 25	
74LS298FC		54LS298FM	Fch	16n	13	16 19	25 25	
74LS298J		54LS298J	Ray	16c	<21		32 32	25
74LS298PC			Fch	16a	13	16 19	25 25	

74298	Typ - Type - Tipo		Hersteller Production Fabricants Produttori Fabricantes	Bild Fig. Fig. Sec 3	I_S &I_R mA	t_{PD} E→Q ns_{typ} ↓ ↕ ↑	t_{PD} E→Q ns_{max} ↓ ↕ ↑	Bem./Note f_T §f_Z &f_E MHz
0...70°C § 0...75°C	−40...85°C § −25...85°C	−55...125°C						
MC74298J		MC54298J	Mot	16c	39	21 18	32 27	
MC74298N			Mot	16a	39	21 18	32 27	
MC74298W		MC54298W	Mot	16n	39	21 18	32 27	
SN74298J		SN54298J	Tix	16c	39	21 18	32 27	
SN74298N			Tix	16a	39	21 18	32 27	

2-317

74299
Output: TS

8-Bit Universalschieberegister
8-bit universal shift register
Registre de décalage universel à 8 bits
Registro scorrevole universale di 8 bit
Registro de desplazamiento universal de 8 bits

Pinout (20-pin): U_S(20), S1(19), SEI(18), SQr(17), H/QH(16), F/QF(15), D/QD(14), B/QB(13), T(12), SEr(11), SO(1), FE1(2), FE2(3), G/QG(4), E/QE(5), C/QC(6), A/QA(7), SQI(8), R(9), GND(10).

FQ (SQI, SQr) = 3

Function Table

Input							Input / Output			Output	
FE1	FE2	R	S1	S0	T	SEI	SEr	A/QA	B/QB...G/QG	H/QH	SQI	SQr
H	X	X	X	X	X	X	X	Z*	Z*...Z*	Z*		
X	H	X	X	X	X	X	X	Z*	Z*...Z*	Z*		
L	L	L	X	X	X	X	X	L	L...L	L	L	L
L	L	L	X	L	X	X	X	L	L...L	L	L	L
L	L	H	L	L	X	X	X	keine Veränderung**			L	L
L	L	H	X	X	L	X	X	keine Veränderung**				
X	X	H	H	H	↑	X	X	A	B...G	H		
L	L	H	H	L	↑		X	SEr	QA...QF	QG	SEr	QG
L	L	H	L	H	↑	X		QB	QC...QH		QB	SEI

* Hochohmig · High impedance · Haute impédance · Alta resistenza · Alta impedancia
** No change · Pas de modification · Senza alterazione · Sin modificación

Main Table

74299			Typ - Type - Tipo		Hersteller Production Fabricants Produttori Fabricantes	Bild Fig. Fig. Sec 3	I_S &I_R mA	t_{PD} E→Q ns_{typ} ↓ ↕ ↑	t_{PD} E→Q ns_{max} ↓ ↕ ↑	Bem./Note f_T §f_Z &f_E MHz
0...70°C § 0...75°C		−40...85°C § −25...85°C	−55...125°C							
AS										
				SN54AS299FH	Tix	cc	95	10 10		
SN74AS299FN					Tix	cc	95	10 10		
				SN54AS299J	Tix	20c	95	10 10		
SN74AS299N					Tix	20a	95	10 10		
HC										
§CD74HC299E					Rca	20a	<8u		26 26	35
				CD54HC299F	Rca	20c	<8u		26 26	35
MC74HC299J				MC54HC299J	Mot	20c				
MC74HC299N					Mot	20a				
			MM74HC299J	MM54HC299J	Nsc	20c	<8u	25 25	35 35	29
			MM74HC299N		Nsc	20a	<8u	25 25	35 35	29
HCT										
§CD74HCT299E					Rca	20a	<8u		35 35	25
				CD54HCT299F	Rca	20c	<8u		35 35	25
			MM74HCT299J	MM54HCT299J	Nsc	20c				
			MM74HCT299N		Nsc	20a				
LS										
HD74LS299					Hit	20a	<53		25 25	35
M74LS299					Mit	20a	<53		25 25	35
SN74LS299J				SN54LS299J	Tix	20c	33	26 17	39 25	25
SN74LS299N					Tix	20a	33	26 17	39 25	25
74LS299PC					Fch	20a	35		25 25	&35
S										
DM74S299J				DM54S299J	Nsc	20c	<225		21 21	50
DM74S299N					Nsc	20a	<225		21 21	50
SN74S299J				SN54S299J	Tix	20c	140	15 15	21 21	50
SN74S299N					Tix	20a	140	15 15	21 21	50

74299			Typ - Type - Tipo		Hersteller Production Fabricants Produttori Fabricantes	Bild Fig. Fig. Sec 3	I_S &I_R mA	t_{PD} E→Q ns_{typ} ↓ ↕ ↑	t_{PD} E→Q ns_{max} ↓ ↕ ↑	Bem./Note f_T §f_Z &f_E MHz
0...70°C § 0...75°C		−40...85°C § −25...85°C	−55...125°C							
				SN54ALS299FH	Tix	cc	22	25 15	25	
SN74ALS299FN					Tix	cc	22	19 13	30	
				SN54ALS299J	Tix	20c	22	25 15	25	
SN74ALS299N					Tix	20a	22	19 13	30	

74300
Output: OC

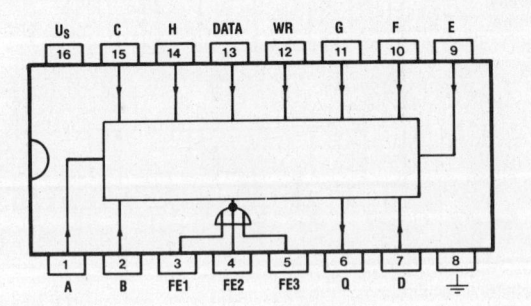

256x1-Bit RAM (Schreib- / Lesespeicher)
256x1-bit RAM (random access memory)
RAM à 256x1 bit (mémoire d'inscription / lecture)
RAM di 256x1 bit (memoria ad accesso aleatorio)
RAM (memoria de lectura y escritura) de 256x1 bits

Pin assignment:
Pin	16	15	14	13	12	11	10	9
	U_S	C	H	DATA	WR	G	F	E

Pin	1	2	3	4	5	6	7	8
	A	B	FE1	FE2	FE3	Q	D	⏚

Siehe auch Section 4
See also section 4
Voir aussi section 4
Vedi anche sezione 4
Veasé tambien sección 4

Parameter	von/from	nach/to	74S300A min	74S300A typ	74S300A max	54S300A min	54S300A typ	54S300A max	
t_{PHL}	A0...A7	Q		30	45		30	65	ns
t_{PLH}	A0...A7	Q		30	45		30	65	ns
t_{PHL}	CS	Q		15	30		15	40	ns
t_{PLH}	CS	Q		15	30		15	35	ns
t_{PLH}	WR	Q		20	35		20	45	ns
t_{set}	A0...A7	WR	0			0			ns
t_{set}	E, CS	WR	40			50			ns
t_{hold}	WR	An, E, CS	5			5			ns
t_E					40			50	ns
t_{wr}			40			50			ns

74300	Typ - Type - Tipo		Hersteller Production Fabricants Produttori Fabricantes	Bild Fig. Fig. Sec	I_S &I_R mA	t_{PD} E→Q ns typ ↓ ↕ ↑	t_{PD} E→Q ns max ↓ ↕ ↑	Bem./Note f_T §f_Z &f_E MHz
0...70°C § 0...75°C	−40...85°C § −25...85°C	−55...125°C		3				
SN74LS300AJ SN74LS300AN		SN54LS300AJ	Tix	16c	55	35 35		
			Tix	16a	55	35 35		
		SN54LS300AW	Tix	16n	55	35 35		
S SN74S300AJ SN74S300AN		SN54S300AJ	Tix	16c	100	30 30		
			Tix	16a	100	30 30		
		SN54S300AW	Tix	16n	100	30 30		

Parameter	von/from	nach/to	74LS300A min	74LS300A typ	74LS300A max	54LS300A min	54LS300A typ	54LS300A max	
t_{PHL}	A0...A7	Q		35	45		35	55	ns
t_{PLH}	A0...A7	Q		35	45		35	55	ns
t_{PHL}	CS	Q		15	25		15	30	ns
t_{PLH}	CS	Q		15	25		15	30	ns
t_{PLH}	WR	Q		20	30		20	40	ns
t_{set}	A0...A7	WR	15			20			ns
t_{set}	E	WR	30			40			ns
t_{set}	CS	WR	40			50			ns
t_{hold}	WR	An, E	0			10			ns
t_{hold}	WR	CS	0			0			ns
t_E					45			55	ns
t_{wr}			35			50			ns

74301
Output: OC

256x1-Bit RAM (Schreib- / Lesespeicher)
256x1-bit RAM (random access memory)
RAM à 256x1 bit (mémoire d'inscription / lecture)
RAM di 256x1 bit (memoria ad accesso aleatorio)
RAM (memoria de lectura y escritura) de 256x1 bits

74302
Output: OC

256x1-Bit RAM (Schreib- / Lesespeicher)
256x1-bit RAM (random access memory)
RAM à 256x1 bit (mémoire d'inscription / lecture)
RAM di 256x1 bit (memoria ad accesso aleatorio)
RAM (memoria de lectura y escritura) de 256x1 bits

FI = 0,5

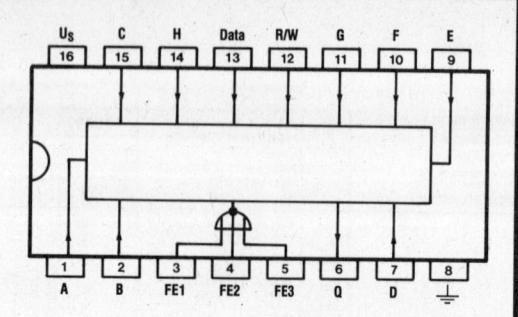

Pinout 74301: U_S(16), C(15), H(14), Data(13), R/W(12), G(11), F(10), E(9), A(1), B(2), FE1(3), FE2(4), FE3(5), Q(6), D(7), GND(8)

$P = 275$ mW
$P_D = 100$ mW

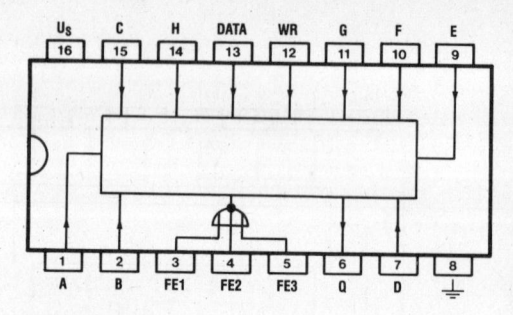

Pinout 74302: U_S(16), C(15), H(14), DATA(13), WR(12), G(11), F(10), E(9), A(1), B(2), FE1(3), FE2(4), FE3(5), Q(6), D(7), GND(8)

Siehe auch Section 4
See also section 4
Voir aussi section 4
Vedi anche sezione 4
Veasé tambien sección 4

FE1	FE2	FE3	W/R	Q	Funktion*
H	X	X	X	Z**	—
X	H	X	X	Z**	—
X	X	H	X	Z**	—
L	L	L	L	Z**	schreiben · write · mémorisation · immissione · escritura
L	L	L	H	$\overline{D}$	lesen · read · balaiement · estrazione · lectura

* Function · Fonction · Funzione · Función
** hochohmig · high impedance · haute impédance · alta resistenza · alta impedancia

Para-meter	von/from	nach/to	ns min	typ	max
t_{PHL}	A0...A7	Q			35
t_{PLH}	A0...A7	Q			35
t_{ZX}	CS	Q			45
t_{XZ}	CS	Q			20
t_{XZ}	WR	Q			20
t_{set}	A0...A7	WR	0		
t_{set}	E	WR	15		
t_{set}	CS	WR	35		
t_{hold}	WR	An, E, CS	−5		
t_{wr}			15		
t_E			20		
t_{PD}					65

Siehe auch Section 4
See also section 4
Voir aussi section 4
Vedi anche sezione 4
Veasé tambien sección 4

74301	Typ - Type - Tipo			Hersteller Production Fabricants Fabricantes	Bild Fig. Fig. Sec	I_S &I_R	t_{PD} E→Q ns typ	t_{PD} E→Q ns max	Bem./Note f_T §f_Z &f_E
	0...70°C § 0...75°C	−40...85°C § −25...85°C	−55...125°C		3	mA	↓ ↕ ↑	↓ ↕ ↑	MHz
SN74S301J SN74S301N				Tix Tix Tix	16c 16a 16n	100 100 100			
		SN54S301J SN54S301W							

74302	Typ - Type - Tipo			Hersteller Production Fabricants Fabricantes	Bild Fig. Fig. Sec	I_S &I_R	t_{PD} E→Q ns typ	t_{PD} E→Q ns max	Bem./Note f_T §f_Z &f_E
	0...70°C § 0...75°C	−40...85°C § −25...85°C	−55...125°C		3	mA	↓ ↕ ↑	↓ ↕ ↑	MHz
SN74LS302J SN74LS302N		SN54LS302J		Tix Tix Tix	16c 16a 16n	55 55 55	35 35 35	35 35 35	
			SN54LS302W						

74314
Output: OC

1024x1-Bit RAM (Schreib- / Lesespeicher)
1024x1-bit RAM (random access memory)
RAM à 1024x1 bit (mémoire d'inscription / lecture)
RAM di 1024x1 bit (memoria ad accesso aleatorio)
RAM (memoria de lectura y escritura) de 1024x1 bits

$P = 200\,mW$
$P_D = 100\,mW$

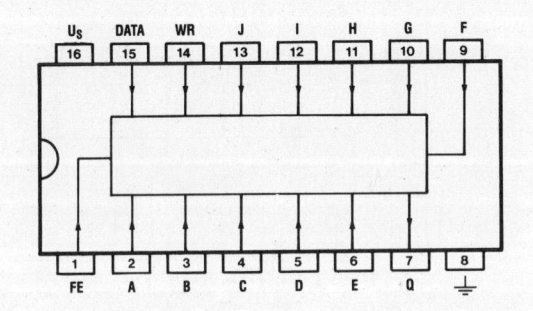

Pinout (DIP-16):
- 16: U_S
- 15: DATA
- 14: WR
- 13: J
- 12: I
- 11: H
- 10: G
- 9: F
- 8: GND
- 7: Q
- 6: E
- 5: D
- 4: C
- 3: B
- 2: A
- 1: FE

Para-meter	von/from	nach/to	74LS314 min	74LS314 typ	74LS314 max	54LS314 min	54LS314 typ	54LS314 max	74S314 min	74S314 typ	74S314 max	74S314A min	74S314A typ	74S314A max	
t_{PHL}	A0...A9	Q		75	95		75	140		40	70		30	45	ns
t_{PLH}	A0...A9	Q		75	95		75	140		40	70		30	45	ns
t_{PHL}	CS	Q		35	50		35	60		15	40		15	30	ns
t_{PLH}	CS	Q		45	60		45	70		20	40		15	30	ns
t_{PLH}	WR	Q		35	50		35	60		25	40		20	30	ns
t_{set}	A0...A9	WR	60			75			15			5			ns
t_{set}	E, CS	WR	75			95			65			40			ns
t_{hold}	WR	An, Q, CS	15			20			5			5			ns
t_{wr}			60			75			50			35			ns
t_E				35	50		35	60		25	50		20	40	ns

Siehe auch Section 4
See also section 4
Voir aussi section 4
Vedi anche sezione 4
Veasé tambien sección 4

74314	Typ - Type - Tipo		Hersteller Production Fabricants Produttori Fabricantes	Bild Fig. Fig. Sec 3	I_S & I_R mA	t_{PD} E→Q ns_{typ} ↓ ↕ ↑	t_{PD} E→Q ns_{max} ↓ ↕ ↑	Bem./Note f_T §f_Z & f_E MHz
0...70°C § 0...75°C	−40...85°C § −25...85°C	−55...125°C						
SN74LS314J SN74LS314N		SN54LS314J	Tix Tix	16c 16a	40 40	75 75		
S								
SN74S314J SN74S314N		SN54S314J	Tix Tix	16c 16a	110 110	40 40	70 70	
SN74S314AJ SN74S314AN		SN54S314AJ	Tix Tix	16c 16a	110 110	40 40	75 75	

Para-meter	von/from	nach/to	54S314 min	54S314 typ	54S314 max	
t_{PHL}	A0...A9	Q		40	75	ns
t_{PLH}	A0...A9	Q		40	75	ns
t_{PHL}	CS	Q		15	45	ns
t_{PLH}	CS	Q		20	50	ns
t_{PLH}	WR	Q		20	45	ns
t_{set}	A0...A9	WR	15			ns
t_{set}	En, CS	WR	60			ns
t_{hold}	WR	An, En, CS	5			ns
t_{wr}			55			ns
t_E				20	55	ns

74315
Output: OC

1024x1-Bit RAM (Schreib- / Lesespeicher)
1024x1-bit RAM (random access memory)
RAM à 1024x1 bit (mémoire d'inscription / lecture)
RAM di 1024x1 bit (memoria ad accesso aleatorio)
RAM (memoria de lectura y escritura) de 1024x1 bits

74319
Output: OC

1024x1-Bit RAM (Schreib- / Lesespeicher)
1024x1 bit RAM (random access memory)
RAM 1024x1 bit (mémoire d'inscription / lecture)
RAM di 1024x1 bit (memoria ad accesso aleatorio)
RAM (memoria de lectura y escritura) de 1024x1 bits

P = 200 mW
P_D = 100 mW

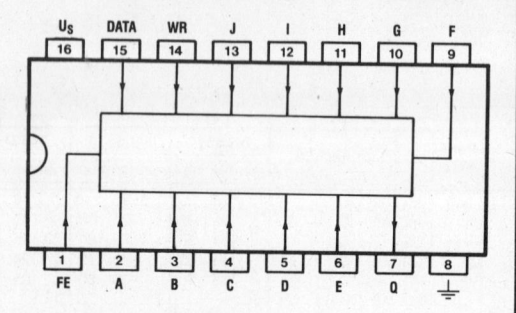

Pinout 74315: 16 U_S, 15 DATA, 14 WR, 13 J, 12 I, 11 H, 10 G, 9 F, 1 FE, 2 A, 3 B, 4 C, 5 D, 6 E, 7 Q, 8 GND

Pinout 74319: 16 U_S, 15 A1, 14 A2, 13 A3, 12 E3, 11 Q3, 10 E2, 9 Q2, 1 A0, 2 CS, 3 WR, 4 E0, 5 Q0, 6 E1, 7 Q1, 8 GND

Para-meter	von/from	nach/to	74LS315 min	typ	max	54LS315 min	typ	max	
t_{PHL}	A0...A9	Q		75			75		ns
t_{PLH}	A0...A9	Q		75			75		ns
t_{PHL}	CS	Q		55			55		ns
t_{PLH}	CS	Q		30			30		ns
t_{PLH}	WR	Q		35	50		35	60	ns
t_{set}	A0...A9	WR	60			75			ns
t_{set}	E, CS	WR	75			95			ns
t_{hold}	WR	An, Q, CS	15			20			ns
t_{wr}			60			75			ns
t_E				35	50		35	60	ns
t_{PD}				65			65		ns

Siehe auch Section 4
See also section 4
Voir aussi section 4
Vedi anche sezione 4
Veasé tambien sección 4

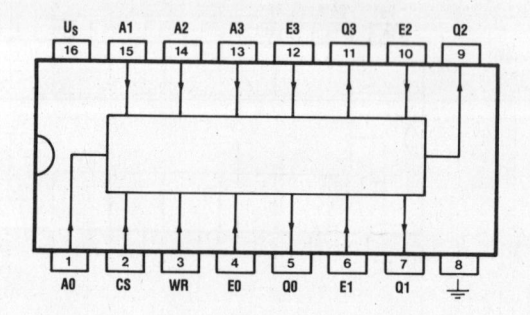

Siehe auch Section 4
See also section 4
Voir aussi section 4
Vedi anche sezione 4
Veasé tambien sección 4

74315	Typ - Type - Tipo			Hersteller Production Fabricants Produttori Fabricantes	Bild Fig. Fig. Sec 3	I_S &I_R mA	t_{PD} E→Q ns_{typ} ↓↑↑	t_{PD} E→Q ns_{max} ↓↑↑	Bem./Note f_T §f_Z &f_E MHz
0...70°C § 0...75°C	−40...85°C § −25...85°C	−55...125°C							
SN74LS315J SN74LS315N		SN54LS315J		Tix Tix	16c 16a	40 40	75 75	75 75	

74319	Typ - Type - Tipo			Hersteller Production Fabricants Produttori Fabricantes	Bild Fig. Fig. Sec 3	I_S &I_R mA	t_{PD} E→Q ns_{typ} ↓↑↑	t_{PD} E→Q ns_{max} ↓↑↑	Bem./Note f_T §f_Z &f_E MHz
0...70°C § 0...75°C	−40...85°C § −25...85°C	−55...125°C							
SN74LS319J SN74LS319N		SN54LS319J SN54LS319W		Tix Tix Tix	16c 16a 16n				

74320
Output: TP

Quarzoszillator / Crystal oscillator / Oscillateur à quartz / Oscillatore a cristallo / Oscilador de cuarzo

Pins: U_S (16), XTAL2 (15), XTAL1 (14), $\overline{F}$ (13), U_S' (12), F' (11), $\overline{F'}$ (10), (9), TANK1 (1), TANK2 (2), (3), FFQ (4), FFD (5), (6), F (7), (8)

Outputs	U_S	U_S'	f_{max}
F'/$\overline{F'}$	5V	5V	20 MHz
F/$\overline{F}$	5V	open	20 MHz
F/$\overline{F}$ + F'/$\overline{F'}$	5V	5V	10 MHz

74320	Typ - Type - Tipo		Hersteller Production Fabricants Produttori Fabricantes	Bild Fig. Fig. Sec	I_S &I_R	t_{PD} E→Q ns_{typ}	t_{PD} E→Q ns_{max}	Bem./Note f_T §f_Z &f_E
0...70°C § 0...75°C	−40...85°C § −25...85°C	−55...125°C		3	mA	↓ ↕ ↑	↓ ↕ ↑	MHz
SN74LS320J SN74LS320N		SN54LS320J	Tix Tix	16c 16a	42 42			

74321
Output: TP

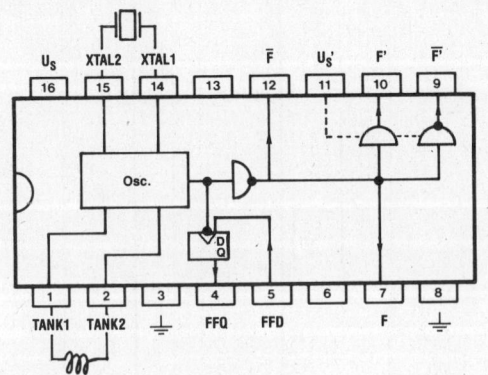

Quarzoszillator / Crystal oscillator / Oscillateur à quartz / Oscillatore a cristallo / Oscilador de cuarzo

Pins: U_S (16), XTAL2 (15), XTAL1 (14), F/2 (13), $\overline{F}$ (12), U_S' (11), F' (10), $\overline{F'}$ (9), TANK1 (1), TANK2 (2), (3), FFQ (4), FFD (5), (6), F/4 (7), (8)

Outputs	U_S	U_S'	f_{max}
F'/$\overline{F'}$	5V	5V	20 MHz
F/$\overline{F}$	5V	open	20 MHz
F/$\overline{F}$ + F'/$\overline{F'}$	5V	5V	10 MHz

74321	Typ - Type - Tipo		Hersteller Production Fabricants Produttori Fabricantes	Bild Fig. Fig. Sec	I_S &I_R	t_{PD} E→Q ns_{typ}	t_{PD} E→Q ns_{max}	Bem./Note f_T §f_Z &f_E
0...70°C § 0...75°C	−40...85°C § −25...85°C	−55...125°C		3	mA	↓ ↕ ↑	↓ ↕ ↑	MHz
SN74LS321J SN74LS321N		SN54LS321J	Tix Tix	16c 16a	42 42			

74322
Output: TP

8-Bit Schieberegister mit Vorzeichenerweiterung
8-bit shift register with sign-extension
Registre à décalage 8 bits avec répétition de signe
8-bit registro a scorrimento con estensione segno
Registro de desplazamiento de 8 bits con expansión del signo

74322	Typ - Type - Tipo		Hersteller Production Fabricants Produttori Fabricantes	Bild Fig. Fig. Sec 3	I_S &I_R mA	t_{PD} E→Q ns$_{typ}$ ↓ ↕ ↑	t_{PD} E→Q ns$_{max}$ ↓ ↕ ↑	Bem./Note f_T §f_Z &f_E MHz
0...70°C § 0...75°C	−40...85°C § −25...85°C	−55...125°C						
SN74LS322AJ		SN54LS322AJ	Tix	20c	35	22 16	33 25	25
SN74LS322AN			Tix	20a	35	22 16	33 25	25

Pinout (DIP-20):
- 20 U_S
- 19 DS — ser/par
- 18 SIGN — sign extend / ser in
- 17 D1 — select D0/D1
- 16 B/Q_B — par in/out
- 15 D/Q_D — par in/out
- 14 F/Q_F — par in/out
- 13 H/Q_H — par in/out
- 12 Q_H' — ser out
- 11 CLK — Clock
- 10 GND
- 9 CLR — clear
- 8 $\overline{OE}$ — output enable
- 7 G/Q_G — par in/out
- 6 E/Q_E — par in/out
- 5 C/Q_C — par in/out
- 4 A/Q_A — par in/out
- 3 D0
- 2 S/$\overline{P}$
- 1 REGEN — Register Enable

CLR	REGEN	S/$\overline{P}$	SIGN	DSEL	$\overline{OE}$	CLK	Function	Outputs
L	H	X	X	X	L	X	clear	L
L	X	H	X	X	L	X	clear	L
L	L	L	X	X	X	X	clear	Z
X	X	X	X	X	H	X	?	Z
H	H	X	X	X	L	X	hold	no change
H	L	H	H	L	L	⌐	shift right	shifted (D0→Q_A)
H	L	H	H	H	L	⌐	shift right	shifted (D1→Q_A)
H	L	H	L	X	L	⌐	sign extend	shifted (Q_A→Q_A)
H	L	L	X	X	X	⌐	load parallel	A...H→Q_A...Q_H

74323
Output: TS

8-Bit Universalschieberegister mit Zwischenspeicher
8-bit universal shift register with latch
Registre de décalage universel avec mémoire intermediaire
Registro scorrevole universale con memoria intermedia
Registro de desplazamiento universal de 8 bits con latch

```
         Us  S1  SEI QH' H/QH F/QF D/QD B/QB  T  SEr
         20  19  18  17   16   15   14   13  12  11

         ┌─────────────────────────────────────────┐
         │                                         │
         │        FI (SEI, SEr) = 3                │
         │                                         │
         └─────────────────────────────────────────┘
          1   2   3   4    5    6    7    8   9   10
          SO FE1 FE2 G/QG E/QE C/QC A/QA QA'  R  ⏚
```

	Input					Input / Output				
	R	S1	S0	T	SEI SEr	A/QA	B/QB...G/QG	H/QH	QA'	QH'
clear	L L	X L	L X	↑ ↑	X X X X	L L	L L	L L	L L	L L
hold	H H	L X	X X	X L	X X X X	keine Veränderung* keine Veränderung*			keine Veränd.*	
load	H	H	H	↑	X X	a	b...g	h	a	h
shift	H H	L H	H L	↑ ↑	X X	SEr rechts schieben** links schieben***		SEI	SEr QB	QG SEI

* No change · Pas de modification · Senza alterazione · Sin modificación
** Shift right · Pousser vers la droite · Spostare verso destra · Desplazar a la derecha
*** Shift left · Pousser vers la gauche · Spostare verso sinistra · Desplazar a la izquierda

Wenn FE1 und/oder FE2 = H, dann Q = hochohmig, ohne die Funktion des Schiebe-
registers zu beeinflussen.
If FE1 and/or FE2 = H then Q = high impedance, sequential operation of the register
is not affected.
Si FE1 et/ou FE2 = H, alors Q = valeur ohmique élevé e sans entraver la fonction
du registre de décalage.
Se FE1 e/o FE2 = H, allora Q = ad alto valore omico, senza compromettere la funzione
del registro scorrevole.
Cuando FE1 y/o FE2 = H, Q se pone a alta impedancia, sin influir sobre el
funcionamiento del registro de desplazamiento.

74323	Typ - Type - Tipo			Hersteller Production Fabricants Produttori Fabricantes	Bild Fig. Fig. Sec 3	I_S &I_R mA	t_{PD} E→Q ns$_{typ}$ ↓ ↑ ↑		t_{PD} E→Q ns$_{max}$ ↓ ↑ ↑		Bem./Note f_T §f_Z &f_E MHz
	0...70°C § 0...75°C	–40...85°C § –25...85°C	–55...125°C								
			SN54ALS323FH	Tix Tix	cc cc	22 22			25 19	15 13	25 30
	SN74ALS323FN	SN54ALS323J		Tix Tix	20c 20a	22 22			25 19	15 13	25 30
	SN74ALS323N										
AS											
			SN54AS323FH	Tix	cc	95	10	10			
	SN74AS323FN			Tix	cc	95	10	10			
		SN54AS323J		Tix	20c	95	10	10			
	SN74AS323N			Tix	20a	95	10	10			
HCT											
		MM74HCT323J	MM54HCT323J	Nsc	20c						
		MM74HCT323N		Nsc	20a						
LS											
	M74LS323			Mit	20a	<53			25	25	35
	SN74LS323J		SN54LS323J	Tix	20c	35	25	17	39	25	25
	SN74LS323N			Tix	20a	35	25	17	39	25	25
	74LS323PC			Fch	20a				25	25	&35

74324
Output: TP

Spannungsgesteuerter Oszillator
Voltage controlled oscillator
Oscillateur commandé par tension
Oscillatore commandato da tensione
Oscilador controlado por tensión

$FQ = 60$

$f_Q = 500\,\text{MHz}/C_{ext}\,(\text{pF})$

74325
Output: TP

2 spannungsgesteuerte Oszillatoren
2 voltage controlled oscillators
2 oscillateurs commandés par tension
2 oscillatori commandati da tensione
2 osciladores controlados por tensión

$FQ = 60$

$f_Q = 500\,\text{MHz}/C_{ext}\,(\text{pF})$

74324	Typ - Type - Tipo			Hersteller Production Fabricants Produttori Fabricantes	Bild Fig. Fig. Sec	I_S &I_R	t_{PD} E→Q ns$_{typ}$	t_{PD} E→Q ns$_{max}$	Bem./Note f_T §f_Z &f_E
0...70°C § 0...75°C	−40...85°C § −25...85°C	−55...125°C			3	mA	↓ ↕ ↑	↓ ↕ ↑	MHz
SN74LS324J SN74LS324N		SN54LS324J		Tix Tix	14c 14a	13 13			&35 &35

74325	Typ - Type - Tipo			Hersteller Production Fabricants Produttori Fabricantes	Bild Fig. Fig. Sec	I_S &I_R	t_{PD} E→Q ns$_{typ}$	t_{PD} E→Q ns$_{max}$	Bem./Note f_T §f_Z &f_E
0...70°C § 0...75°C	−40...85°C § −25...85°C	−55...125°C			3	mA	↓ ↕ ↑	↓ ↕ ↑	MHz
SN74LS325J SN74LS325N				Tix Tix	16c 16a	18 18			&20 &20

74326
Output: TP

2 spannungsgesteuerte Oszillatoren
2 voltage controlled oscillators
2 oscillateurs commandés par tension
2 oscillatori commandati da tensione
2 osciladores controlados por tensión

$FQ = 60$

Pinout (16-pin): 1 = ⏚, 2 = Q2, 3 = Q1, 4 = FE, 5 = C_{ext}, 6 = C_{ext}, 7 = Osc. U_S, 8 = Osc., 9 = FK, 10 = FK, 11 = C_{ext}, 12 = C_{ext}, 13 = FE, 14 = Q1, 15 = Q2, 16 = U_S

$f_Q = 500\,MHz / C_{ext}\,(pF)$

74327
Output: TP

2 spannungsgesteuerte Oszillatoren
2 voltage controlled oscillators
2 oscillateurs commandés par tension
2 oscillatori commandati da tensione
2 osciladores controlados por tensión

$FQ = 60$

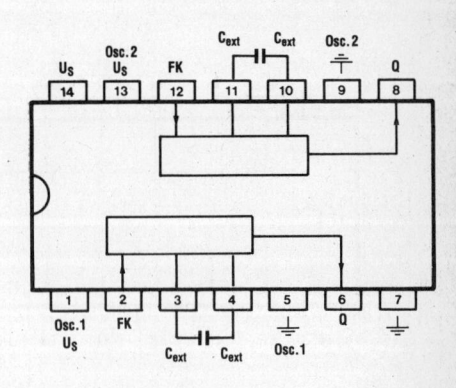

Pinout (14-pin): 1 = Osc.1, 2 = FK, 3 = C_{ext}, 4 = C_{ext}, 5 = ⏚, 6 = Q, 7 = ⏚, 8 = Q, 9 = ⏚ Osc.2, 10 = C_{ext}, 11 = C_{ext}, 12 = FK, 13 = U_S Osc.2, 14 = U_S

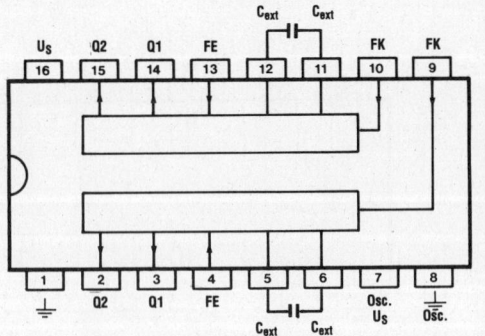

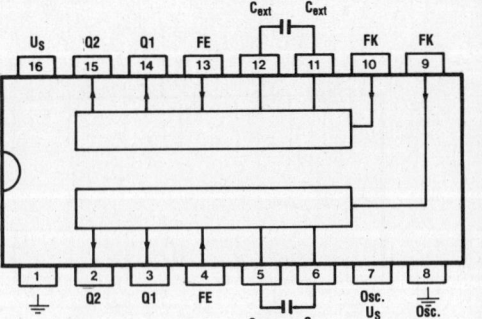

$f_Q = 500\,MHz / C_{ext}\,(pF)$

74326	Typ - Type - Tipo			Hersteller Production Fabricants Produttori Fabricantes	Bild Fig. Fig. Sec	I_S &I_R	t_{PD} E→Q ns_{typ}	t_{PD} E→Q ns_{max}	Bem./Note f_T §f_Z &f_E
0...70°C § 0...75°C	−40...85°C § −25...85°C	−55...125°C			3	mA	↓ ↕ ↑	↓ ↕ ↑	MHz
SN74LS326J				Tix	16c	30			&20
SN74LS326N				Tix	16a	30			&20

74327	Typ - Type - Tipo			Hersteller Production Fabricants Produttori Fabricantes	Bild Fig. Fig. Sec	I_S &I_R	t_{PD} E→Q ns_{typ}	t_{PD} E→Q ns_{max}	Bem./Note f_T §f_Z &f_E
0...70°C § 0...75°C	−40...85°C § −25...85°C	−55...125°C			3	mA	↓ ↕ ↑	↓ ↕ ↑	MHz
SN74LS327J				Tix	14c	18			&20
SN74LS327N				Tix	14a	18			&20

74330
Output: TS

12 x 50 x 6 FPLA
12 x 50 x 6 FPLA
FPLA 12 x 50 x 6
FPLA di 12 x 50 x 6
FPLA 12 x 50 x 6

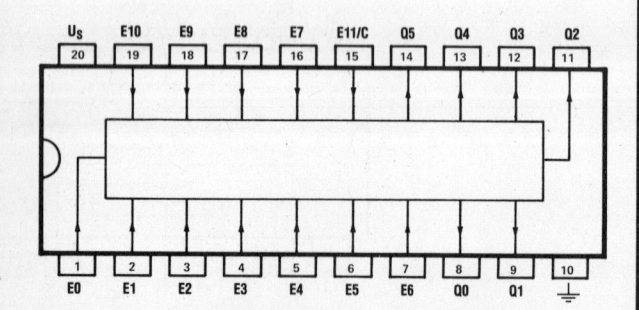

Pinout (20-pin DIP):
- Top (pins 20–11): U_S, E10, E9, E8, E7, E11/C, Q5, Q4, Q3, Q2
- Bottom (pins 1–10): E0, E1, E2, E3, E4, E5, E6, Q0, Q1, GND

Parameter	von/from	nach/to	typ	
t_{PLH}	E0…E10	Q0…Q5	35	ns
t_{PHL}	E0…E10	Q0…Q5	35	ns
t_{ZL}	E11/C	Q0…Q5	15	ns
t_{ZH}	E11/C	Q0…Q5	15	ns
t_{LZ}	E11/C	Q0…Q5	15	ns
t_{HZ}	E11/C	Q0…Q5	15	ns
I_{CC}	(74S330)		110	mA

Siehe auch Section 6
See also section 6
Voir aussi section 6
Vedi anche sezione 6
Veasé tambien sección 6

74330	Typ - Type - Tipo		Hersteller Production Fabricants Produttori Fabricantes	Bild Fig. Fig. Sec	I_S &I_R	t_{PD} E→Q ns_{typ}	t_{PD} E→Q ns_{max}	Bem./Note f_T §f_Z &f_E
0…70°C § 0…75°C	−40…85°C § −25…85°C	−55…125°C		3	mA	↓ ↕ ↑	↓ ↕ ↑	MHz
SN74S330J SN74S330N		SN54S330J	Tix Tix	20c 20a	22 22	35 35		

74331
Output: OC

12 x 50 x 6 FPLA
12 x 50 x 6 FPLA
FPLA 12 x 50 x 6
FPLA di 12 x 50 x 6
FPLA 12 x 50 x 6

Pinout (20-pin DIP):
- Top (pins 20–11): U_S, E10, E9, E8, E7, E11/C, Q5, Q4, Q3, Q2
- Bottom (pins 1–10): E0, E1, E2, E3, E4, E5, E6, Q0, Q1, GND

Parameter	von/from	nach/to	typ	
t_{PLH}	E0…E10	Q0…Q5	35	ns
t_{PHL}	E0…E10	Q0…Q5	35	ns
t_{ZL}	E11/C	Q0…Q5	15	ns
t_{ZH}	E11/C	Q0…Q5	15	ns
t_{LZ}	E11/C	Q0…Q5	15	ns
t_{HZ}	E11/C	Q0…Q5	15	ns
I_{CC}	(74S331)		122	mA

Siehe auch Section 6
See also section 6
Voir aussi section 6
Vedi anche sezione 6
Veasé tambien sección 6

74331	Typ - Type - Tipo		Hersteller Production Fabricants Produttori Fabricantes	Bild Fig. Fig. Sec	I_S &I_R	t_{PD} E→Q ns_{typ}	t_{PD} E→Q ns_{max}	Bem./Note f_T §f_Z &f_E
0…70°C § 0…75°C	−40…85°C § −25…85°C	−55…125°C		3	mA	↓ ↕ ↑	↓ ↕ ↑	MHz
SN74S331J SN74S331N		SN54S331J	Tix Tix	20c 20a	24,4 24,4	35 35		

74340
Output: TS

8 invertierende Bus-Leitungstreiber
8 inverting bus line drivers
8 drivers de ligne de bus inverseurs
8 eccitatori di linea bus invertenti
8 excitadores inversores de líneas de bus

74341
Output: TS

8 Bus-Leitungstreiber
8 bus line drivers
8 drivers de ligne de bus
8 eccitatore di linea bus
8 excitadores de líneas de bus

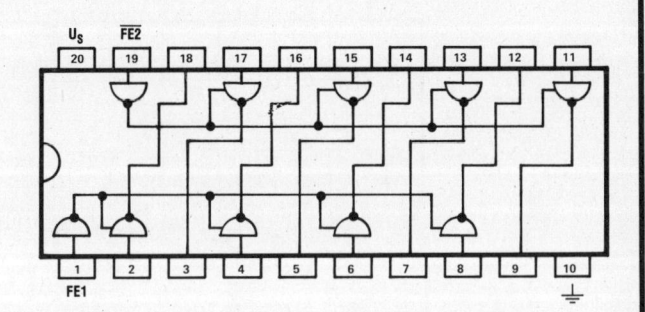

FE1/FE2	E	Q
L	L	H
L	H	L
H	X	Z

FE1	E	Q
L	L	H
L	H	L
H	X	Z

FE2	E	Q
L	X	Z
H	L	L
H	H	H

74340	Typ - Type - Tipo		Hersteller Production Fabricants Produttori Fabricantes	Bild Fig. Fig. Sec	I_S & I_R	t_{PD} $E \rightarrow Q$ ns_{typ}	t_{PD} $E \rightarrow Q$ ns_{max}	Bem./Note f_T §f_Z & f_E
0...70°C § 0...75°C	−40...85°C § −25...85°C	−55...125°C		3	mA	↓ ↕ ↑	↓ ↕ ↑	MHz
SN74S340J			Tix	20c	34	8 7	12 11	
SN74S340N			Tix	20a	34	8 7	12 11	

74341	Typ - Type - Tipo		Hersteller Production Fabricants Produttori Fabricantes	Bild Fig. Fig. Sec	I_S & I_R	t_{PD} $E \rightarrow Q$ ns_{typ}	t_{PD} $E \rightarrow Q$ ns_{max}	Bem./Note f_T §f_Z & f_E
0...70°C § 0...75°C	−40...85°C § −25...85°C	−55...125°C		3	mA	↓ ↕ ↑	↓ ↕ ↑	MHz
SN74S341J			Tix	20c	34	8 10	12 15	
SN74S341N			Tix	20a	34	8 10	12 15	

74344
Output: TS

8 Bus-Leitungstreiber
8 bus line drivers
8 drivers de ligne de bus
8 eccitatore di linea bus
8 excitadores de líneas de bus

74347
Output: OC

BCD-zu-7-Segment-Dekoder / Anzeigetreiber (15V)
BCD-to-7-segment decoder / display driver (15V)
Décodeur BCD/7 segments driver d'affichage (15V)
Invertitore di codice BCD / 7-segmenti (15V)
Decodificador BCD a binario / excitador de display (15V)

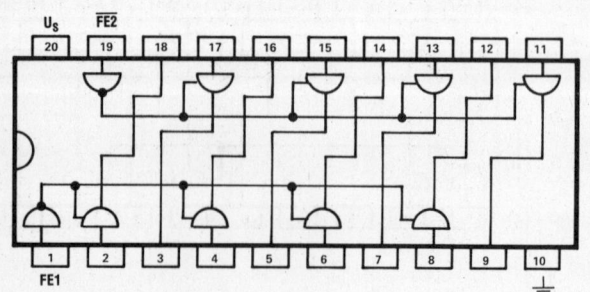

FE1/FE2	E	Q
L	L	L
L	H	H
H	X	Z

In					In/Out	Out
D	C	B	A	LT	RBI	BI/RBQ	Q
X	X	X	X	L	X	H	8
X	X	X	X	X	X	L	—
L	L	L	L	H	L	L	—
L	L	L	L	H	H	H	0
L	L	L	H	H	X	H	1
L	L	H	L	H	X	H	2
.	.	.	.	.	.	.	.
.	.	.	.	.	.	.	.
.	.	.	.	.	.	.	.
H	H	H	H	H	X	H	15

74344	Typ - Type - Tipo			Hersteller Production Fabricants Produttori Fabricantes	Bild Fig. Fig. Sec Fig. 3	I_S &I_R	t_{PD} $E \to Q$ ns_{typ}			t_{PD} $E \to Q$ ns_{max}			Bem./Note f_T §f_Z &f_E
0...70°C § 0...75°C	−40...85°C § −25...85°C	−55...125°C				mA	↓	↕	↑	↓	↕	↑	MHz
SN74S344J				Tix	20c	34	8		10	12		15	
SN74S344N				Tix	20a	34	8		10	12		15	

74347	Typ - Type - Tipo			Hersteller Production Fabricants Produttori Fabricantes	Bild Fig. Fig. Sec Fig. 3	I_S &I_R	t_{PD} $E \to Q$ ns_{typ}			t_{PD} $E \to Q$ ns_{max}			Bem./Note f_T §f_Z &f_E
0...70°C § 0...75°C	−40...85°C § −25...85°C	−55...125°C				mA	↓	↕	↑	↓	↕	↑	MHz
SN74LS347J		SN54LS347J		Tix	16c	7				100		100	
SN74LS347N				Tix	16a	7				100		100	
		SN54LS347W		Tix	16n	7				100		100	

74348
Output: TS

8-zu-3-Bit Prioritätsenkoder
8-line-to-3-line priority encoder
Encodeur de priorité 8 bits à 3 bits
Codificatore di priorità 8 bit a 3 bit
Codificador de prioridad de 8 a 3 bits

$FI\ (E0...E7) = 2$

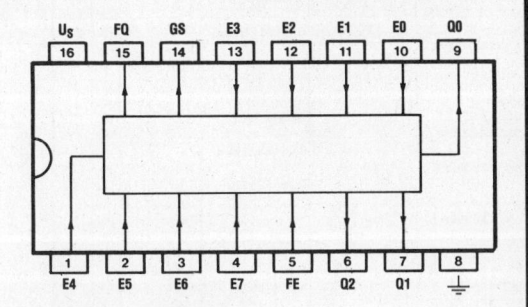

Pinout (16-pin DIP):
- Pin 16: U_S
- Pin 15: FQ
- Pin 14: GS
- Pin 13: E3
- Pin 12: E2
- Pin 11: E1
- Pin 10: E0
- Pin 9: Q0
- Pin 1: E2
- Pin 2: E3
- Pin 3: E5
- Pin 4: E7
- Pin 5: FE
- Pin 6: Q2
- Pin 7: Q1
- Pin 8: GND

Input									Output				
FE	E0	E1	E2	E3	E4	E5	E6	E7	Q2	Q1	Q0	GS	FQ
H	X	X	X	X	X	X	X	X	Z*	Z*	Z*	H	H
L	H	H	H	H	H	H	H	H	Z*	Z*	Z*	H	L
L	X	X	X	X	X	X	X	L	L	L	L	L	H
L	X	X	X	X	X	X	L	H	L	L	H	L	H
L	X	X	X	X	X	L	H	H	L	H	L	L	H
L	X	X	X	X	L	H	H	H	L	H	H	L	H
L	X	X	X	L	H	H	H	H	H	L	L	L	H
L	X	X	L	H	H	H	H	H	H	L	H	L	H
L	X	L	H	H	H	H	H	H	H	H	L	L	H
L	L	H	H	H	H	H	H	H	H	H	H	L	H

* Hochohmig · High impedance · Haute impédance · Alta resistenza · Alta impedancia

---

74351
Output: TS

2 8-zu-1-Multiplexer
2 8-line-to-1-line multiplexers
2 multiplexeurs 8 à 1
2 multiplatori 8 a 1
2 multiplexadores de 8 a 1

Pinout (20-pin DIP):
- Pin 20: U_S
- Pin 19: Q2
- Pin 18: 2D0
- Pin 17: 2D1
- Pin 16: 2D2
- Pin 15: 2D3
- Pin 14: D4
- Pin 13: D5
- Pin 12: D6
- Pin 11: D7
- Pin 1: Q1
- Pin 2: FE
- Pin 3: A
- Pin 4: B
- Pin 5: C
- Pin 6: 1D0
- Pin 7: 1D1
- Pin 8: 1D2
- Pin 9: 1D3
- Pin 10: GND

Input			Output	
FE	C	B	A	Q1	Q2
H	X	X	X	Z*	Z*
L	L	L	L	1D0	2D0
L	L	L	H	1D1	2D1
L	L	H	L	1D2	2D2
L	L	H	H	1D3	2D3
L	H	L	L	D4	D4
L	H	L	H	D5	D5
L	H	H	L	D6	D6
L	H	H	H	D7	D7

$FI\ (D4...D7) = 2$

* Hochohmig · High impedance · Haute impédance · Alta resistenza · Alta impedancia

---

74348	Typ - Type - Tipo			Hersteller Production Fabricants Produttori Fabricantes	Bild Fig. Fig. Sec	I_S &I_R	t_{PD} E→Q ns_{typ}	t_{PD} E→Q ns_{max}	Bem./Note f_T §f_Z &f_E
	0...70°C § 0...75°C	−40...85°C § −25...85°C	−55...125°C		3	mA	↓ ↕ ↑	↓ ↕ ↑	MHz
SN74LS348J		SN54LS348J		Tix	16c	13	20 11	30 17	
SN74LS348N				Tix	16a	13	20 11	30 17	
		SN54LS348W		Tix	16a	13	20 11	30 17	

74351	Typ - Type - Tipo			Hersteller Production Fabricants Produttori Fabricantes	Bild Fig. Fig. Sec	I_S &I_R	t_{PD} E→Q ns_{typ}	t_{PD} E→Q ns_{max}	Bem./Note f_T §f_Z &f_E
	0...70°C § 0...75°C	−40...85°C § −25...85°C	−55...125°C		3	mA	↓ ↕ ↑	↓ ↕ ↑	MHz
SN74351N				Tix	20a	44	10 10	22 22	
74351				Sie	20a	44	10 10	22 22	

74352
Output: TP

2 4-zu-1-Multiplexer
2 4-line-to-1-line multiplexers
2 multiplexeurs 4 à 1
2 multiplatori 4 a 1
2 multiplexadores de 4 a 1

Pinout (DIP-16):
- Pin 16: U_S
- Pin 15: FE2
- Pin 14: A
- Pin 13: 2D3
- Pin 12: 2D2
- Pin 11: 2D1
- Pin 10: 2D0
- Pin 9: Q2
- Pin 1: FE1
- Pin 2: B
- Pin 3: 1D3
- Pin 4: 1D2
- Pin 5: 1D1
- Pin 6: 1D0
- Pin 7: Q1
- Pin 8: GND

Input			Outp.
FE	B	A	Q
H	X	X	H
L	L	L	$\overline{D0}$
L	L	H	$\overline{D1}$
L	H	L	$\overline{D2}$
L	H	H	$\overline{D3}$

74352 0…70°C § 0…75°C	Typ - Type - Tipo −40…85°C § −25…85°C	−55…125°C	Hersteller Production Fabricants Produttori Fabricantes	Bild Fig. Fig. Sec 3	I_S &I_R mA	t_{PD} E→Q ns_{typ} ↓↕↑	t_{PD} E→Q ns_{max} ↓↕↑	Bem./Note f_T §f_Z &f_E MHz
		SN54ALS352FH	Tix	cc	6,5		15 21	
SN74ALS352FN			Tix	cc	6,5		13 18	
		SN54ALS352J	Tix	16c	6,5		15 21	
SN74ALS352N			Tix	16a	6,5		13 18	
AS								
DM74AS352J		DM54AS352J	Nsc	16c	<28		3 3	
DM74AS352N			Nsc	16a	<28		3 3	
		SN54AS352FH	Tix	cc	17,5		14 12,5	
SN74AS352FN			Tix	cc	17,5		13 11	
		SN54AS352J	Tix	16c	17,5		14 12,5	
SN74AS352N			Tix	16a	17,5		13 11	
F								
MC74F352J		MC54F352J	Mot	16c	<20		8 8	
MC74F352N			Mot	16a	<20		8 8	
MC74F352W		MC54F352W	Mot	16n	<20		8 8	
HC								
		SN54HC352FH	Tix	cc	<8u		32 32	
SN74HC352FH			Tix	cc	<8u		32 32	
		SN54HC352FK	Tix	cc	<8u		32 32	
SN74HC352FN			Tix	cc	<8u		32 32	
		SN54HC352J	Tix	16c	<8u		32 32	
SN74HC352J			Tix	16c	<8u		32 32	
SN74HC352N			Tix	16a	<8u		32 32	
LS								
DM74LS352J		DM54LS352J	Nsc	16c	<10		26 26	
DM74LS352N			Nsc	16a	<10		26 26	
M74LS352			Mit	16a	<10		26 26	
SN74LS352J		SN54LS352J	Tix	16c	6,2	17 13	26 20	
SN74LS352N			Tix	16a	6,2	17 13	26 20	
		SN54LS352W	Tix	16n	6,2	17 13	26 20	
74LS352DC		54LS352DM	Fch	16c	6,2	7 8	15 15	
74LS352FC		54LS352FM	Fch	16n	6,2	7 8	15 15	
74LS352PC			Fch	16a	6,2	7 8	15 15	

74352 0…70°C § 0…75°C	Typ - Type - Tipo −40…85°C § −25…85°C	−55…125°C	Hersteller Production Fabricants Produttori Fabricantes	Bild Fig. Fig. Sec 3	I_S &I_R mA	t_{PD} E→Q ns_{typ} ↓↕↑	t_{PD} E→Q ns_{max} ↓↕↑	Bem./Note f_T §f_Z &f_E MHz
DM74ALS352J		DM54ALS352J	Nsc	16c	<6,5		6 6	
DM74ALS352N			Nsc	16a	<6,5		6 6	
MC74ALS352J		MC54ALS352J	Mot	16c	6,5		13 18	
MC74ALS352N			Mot	16a	6,5		13 18	
MC74ALS352W		MC54ALS352W	Mot	16n	6,5		13 18	

74353
Output: TS

2 4-zu-1-Multiplexer
2 4-line-to-1-line multiplexers
2 multiplexeurs 4 à 1
2 multiplatori 4 a 1
2 multiplexadores de 4 a 1

Pinout (DIP-16):

Pin	16	15	14	13	12	11	10	9	8	7	6	5	4	3	2	1
	U_S	FE2	A	2D3	2D2	2D1	2D0	Q2	⏚	Q1	1D0	1D1	1D2	1D3	B	FE1

Input			Outp.
FE	B	A	Q
H	X	X	Z*
L	L	L	$\overline{D0}$
L	L	H	$\overline{D1}$
L	H	L	$\overline{D2}$
L	H	H	$\overline{D3}$

* Hochohmig
* High impedance
* Haute impédance
* Alta resistenza
* Alta impedancia

74353	Typ - Type - Tipo		Hersteller Production Fabricants Produttori Fabricantes	Bild Fig. Fig. Sec 3	I_S &I_R mA	t_{PD} E→Q ns_{typ} ↓↕↑	t_{PD} E→Q ns_{max} ↓↕↑	Bem./Note f_T §f_Z &f_E MHz
0...70°C § 0...75°C	–40...85°C § –25...85°C	–55...125°C						
SN74ALS353FN		SN54ALS353FH	Tix	cc	8		15 21	
			Tix	cc	8		13 18	
		SN54ALS353J	Tix	16c	8		15 21	
SN74ALS353N			Tix	16a	8		13 18	
AS								
DM74AS353J		DM54AS353J	Nsc	16c	<29		3 3	
DM74AS353N			Nsc	16a	<29		3 3	
SN74AS353FN		SN54AS353FH	Tix	cc	19		6,5 8,5	Q = L
			Tix	cc	19		6 7,5	Q = L
		SN54AS353J	Tix	16c	19		6,5 8,5	Q = L
SN74AS353N			Tix	16a	19		6 7,5	Q = L
F								
MC74F353J		MC54F353J	Mot	16c				
MC74F353N			Mot	16a				
MC74F353W		MC54F353W	Mot	16n				
HC								
		SN54HC353FH	Tix	cc	<8u		32 32	
SN74HC353FH		SN54HC353FK	Tix	cc	<8u		32 32	
			Tix	cc	<8u		32 32	
SN74HC353FN		SN54HC353J	Tix	16c	<8u		32 32	
SN74HC353J			Tix	16c	<8u		32 32	
SN74HC353N			Tix	16a	<8u		32 32	
LS								
DM74LS353J		DM54LS353J	Nsc	16c	<14		25 25	
DM74LS353N			Nsc	16a	<14		25 25	
M74LS353			Mit	16a	<14		25 25	
74LS353DC		54LS353DM	Fch	16c	8,5	10 10	15 15	
74LS353FC		54LS353FM	Fch	16n	8,5	10 10	15 15	
74LS353PC			Fch	16a	8,5	10 10	15 15	

74353	Typ - Type - Tipo		Hersteller Production Fabricants Produttori Fabricantes	Bild Fig. Fig. Sec 3	I_S &I_R mA	t_{PD} E→Q ns_{typ} ↓↕↑	t_{PD} E→Q ns_{max} ↓↕↑	Bem./Note f_T §f_Z &f_E MHz
0...70°C § 0...75°C	–40...85°C § –25...85°C	–55...125°C						
DM74ALS353J		DM54ALS353J	Nsc	16c	<8		6 6	
DM74ALS353N			Nsc	16a	<8		6 6	
MC74ALS353J		MC54ALS353J	Mot	16c	8		13 18	
MC74ALS353N			Mot	16a	8		13 18	
MC74ALS353W		MC54ALS353W	Mot	16n	8		13 18	

74354
Output: TS

8-zu-1 Multiplexer
8-line-to-1-line multiplexer
Multiplexeur 8 lignes-1 ligne
Multiplatore 8 a 1
Multiplexador de 8 a 1

Pinout (DIP-20):
- 20: U_S
- 19: Q
- 18: $\overline{Q}$
- 17: FE3
- 16: $\overline{FE2}$
- 15: $\overline{FE1}$
- 14: S0
- 13: S1
- 12: S2
- 11: $\overline{SEL\,EN}$ (select enable)
- 10: GND
- 9: $\overline{DC}$
- 8: D0
- 7: D1
- 6: D2
- 5: D3
- 4: D4
- 3: D5
- 2: D6
- 1: D7

74354	Typ - Type - Tipo		Hersteller Production Fabricants Produttori Fabricantes	Bild Fig. Fig. Sec 3	I_S &I_R mA	t_{PD} E→Q ns$_{typ}$ ↓ ↕ ↑	t_{PD} E→Q ns$_{max}$ ↓ ↕ ↑	Bem./Note f_T §f_Z &f_E MHz
0...70°C § 0...75°C	−40...85°C § −25...85°C	−55...125°C						
§CD74HC354E		CD54HC354F	Rca	20a		29 29		
MC74HC354J		MC54HC354J	Rca Mot	20c 20c		29 29		
MC74HC354N			Mot	20a				
	MM74HC354J	MM54HC354J	Nsc	20c	<8u	26 26	40 40	
	MM74HC354N		Nsc	20a	<8u	26 26	40 40	
HCT								
§CD74HCT354E			Rca	20a		29 29		
		CD54HCT354F	Rca	20c		29 29		
LS								
SN74LS354J		SN54LS354J	Tix	20c	29	23 24	35 36	
SN74LS354N			Tix	20a	29	23 24	35 36	

Inputs							Outputs	
FE1	FE2	FE3	$\overline{DC}$	S2	S1	S0	Q	$\overline{Q}$
H	X	X	X	X	X	X	Z	Z
X	H	X	X	X	X	X	Z	Z
X	X	L	X	X	X	X	Z	Z
L	L	H	H	X	X	X	Q_n	$\overline{Q}_n$
L	L	H	L	L	L	L	D0	$\overline{D0}$
L	L	H	L	L	L	H	D1	$\overline{D1}$
L	L	H	L	L	H	L	D2	$\overline{D2}$
L	L	H	L	L	H	H	D3	$\overline{D3}$
L	L	H	L	H	L	L	D4	$\overline{D4}$
L	L	H	L	H	L	H	D5	$\overline{D5}$
L	L	H	L	H	H	L	D6	$\overline{D6}$
L	L	H	L	H	H	H	D7	$\overline{D7}$

74355
Output: OC

8-zu-1 Multiplexer
8-line-to-1-line multiplexer
Multiplexeur 8 lignes-1 ligne
Multiplatore 8 a 1
Multiplexador de 8 a 1

74355	Typ - Type - Tipo		Hersteller Production Fabricants Produttori Fabricantes	Bild Fig. Fig. Sec	I_S &I_R	t_{PD} E→Q ns$_{typ}$			t_{PD} E→Q ns$_{max}$			Bem./Note f_T §f_Z &f_E
0...70°C § 0...75°C	−40...85°C § −25...85°C	−55...125°C		3	mA	↓	↕	↑	↓	↕	↑	MHz
SN74LS355J		SN54LS355J	Tix	20c	29		26	34		39	41	
SN74LS355N			Tix	20a	29		26	34		39	41	

Pinout (DIP-20):
- 20: U_S
- 19: Q
- 18: $\overline{Q}$
- 17: FE3
- 16: $\overline{FE2}$
- 15: $\overline{FE1}$
- 14: S0
- 13: S1
- 12: S2
- 11: $\overline{SEL\ EN}$ (select enable)
- 10: GND
- 9: $\overline{DC}$
- 8: D0
- 7: D1
- 6: D2
- 5: D3
- 4: D4
- 3: D5
- 2: D6
- 1: D7

Inputs							Outputs	
FE1	FE2	FE3	$\overline{DC}$	S2	S1	S0	Q	$\overline{Q}$
H	X	X	X	X	X	X	Z	Z
X	H	X	X	X	X	X	Z	Z
X	X	L	X	X	X	X	Z	Z
L	L	H	H	X	X	X	Q_n	$\overline{Q}_n$
L	L	H	L	L	L	L	D0	$\overline{D0}$
L	L	H	L	L	L	H	D1	$\overline{D1}$
L	L	H	L	L	H	L	D2	$\overline{D2}$
L	L	H	L	L	H	H	D3	$\overline{D3}$
L	L	H	L	H	L	L	D4	$\overline{D4}$
L	L	H	L	H	L	H	D5	$\overline{D5}$
L	L	H	L	H	H	L	D6	$\overline{D6}$
L	L	H	L	H	H	H	D7	$\overline{D7}$

74356
Output: TS

8-zu-1 Multiplexer
8-line-to-1-line multiplexer
Multiplexeur 8 lignes-1 ligne
Multiplatore 8 a 1
Multiplexador de 8 a 1

Pinout (DIP-20): U$_S$ (20), Q (19), $\overline{Q}$ (18), FE3 (17), $\overline{FE2}$ (16), $\overline{FE1}$ (15), S0 (14), S1 (13), S2 (12), SEL EN (11), GND (10), CLK (9), D0 (8), D1 (7), D2 (6), D3 (5), D4 (4), D5 (3), D6 (2), D7 (1)

select enable

74356	Typ - Type - Tipo		Hersteller Production Fabricants Produttori Fabricantes	Bild Fig. Fig. Sec 3	I$_S$ &I$_R$ mA	t$_{PD}$ E→Q ns$_{typ}$ ↓ ↕ ↑		t$_{PD}$ E→Q ns$_{max}$ ↓ ↕ ↑		Bem./Note f$_T$ §f$_Z$ &f$_E$ MHz
0...70°C § 0...75°C	−40...85°C § −25...85°C	−55...125°C								
§CD74HC356E			Rca	20a						
		CD54HC356F	Rca	20c						
MC74HC356J			Mot	20c						
MC74HC356N			Mot	20a						
	MM74HC356J	MM54HC356J	Nsc	20c	<8u	28	28	43	43	
	MM74HC356N		Nsc	20a	<8u	28	28	43	43	
HCT										
§CD74HCT356E			Rca	20a						
		CD54HCT356F	Rca	20c						
LS										
SN74LS356J		SN54LS356J	Tix	20c	29	28	30	48	45	
SN74LS356N			Tix	20a	29	28	30	48	45	

Inputs							Outputs	
$\overline{FE1}$	$\overline{FE2}$	FE3	CLK	S2	S1	S0	Q	$\overline{Q}$
H	X	X	X	X	X	X	Z	Z
X	H	X	X	X	X	X	Z	Z
X	X	L	X	X	X	X	Z	Z
L	L	H	X	X	X	X	Q$_n$	$\overline{Q}_n$
L	L	H	H	X	X	X	Q$_n$	$\overline{Q}_n$
L	L	H	↑	L	L	L	D0	$\overline{D0}$
L	L	H	↑	L	L	H	D1	$\overline{D1}$
L	L	H	↑	L	H	L	D2	$\overline{D2}$
L	L	H	↑	L	H	H	D3	$\overline{D3}$
L	L	H	↑	H	L	L	D4	$\overline{D4}$
L	L	H	↑	H	L	H	D5	$\overline{D5}$
L	L	H	↑	H	H	L	D6	$\overline{D6}$
L	L	H	↑	H	H	H	D7	$\overline{D7}$

74357
Output: OC

8-zu-1 Multiplexer
8-line-to-1-line multiplexer
Multiplexeur 8 lignes-1 ligne
Multiplatore 8 a 1
Multiplexador de 8 a 1

74357	Typ - Type - Tipo		Hersteller Production Fabricants Produttori Fabricantes	Bild Fig. Fig. Sec 3	I_S &I_R mA	t_{PD} E→Q ns$_{typ}$ ↓ ↕ ↑	t_{PD} E→Q ns$_{max}$ ↓ ↕ ↑	Bem./Note f_T §f_Z &f_E MHz
0...70°C § 0...75°C	−40...85°C § −25...85°C	−55...125°C						
SN74LS357J		SN54LS357J	Tix	20c	29	40 38	60 57	
SN74LS357N			Tix	20a	29	40 38	60 57	

Pinout (DIP-20):
- 20: U_S
- 19: Q
- 18: Q̄
- 17: FE3
- 16: FE2̄
- 15: FE1̄
- 14: S0
- 13: S1
- 12: S2
- 11: SELEN (select enable)
- 10: GND
- 9: CLK
- 8: D0
- 7: D1
- 6: D2
- 5: D3
- 4: D4
- 3: D5
- 2: D6
- 1: D7

Inputs							Outputs	
FE1̄	FE2̄	FE3	CLK	S2	S1	S0	Q	Q̄
H	X	X	X	X	X	X	Z	Z
X	H	X	X	X	X	X	Z	Z
X	X	L	X	X	X	X	Z	Z
L	L	H	L	X	X	X	Q$_n$	Q̄$_n$
L	L	H	H	X	X	X	Q$_n$	Q̄$_n$
L	L	H	⌠	L	L	L	D0	D̄0
L	L	H	⌠	L	L	H	D1	D̄1
L	L	H	⌠	L	H	L	D2	D̄2
L	L	H	⌠	L	H	H	D3	D̄3
L	L	H	⌠	H	L	L	D4	D̄4
L	L	H	⌠	H	L	H	D5	D̄5
L	L	H	⌠	H	H	L	D6	D̄6
L	L	H	⌠	H	H	H	D7	D̄7

74362

Output: TP

Taktoszillator für TMS 9900
Clock oscillator for the TMS 9900
Oscillateur d'impulsion pour le TMS 9900
Oscillatore di cadenza per il TMS 9900
Oscilador del impulso pora el TMS 9900

74362			Typ - Type - Tipo		Hersteller Production Fabricants Produttori Fabricantes	Bild Fig. Fig. Sec 3	I_S &I_R mA	t_{PD} E→Q ns_{typ} ↓ ↕ ↑	t_{PD} E→Q ns_{max} ↓ ↕ ↑	Bem./Note f_T §f_Z &f_E MHz
0...70°C § 0...75°C		−40...85°C § −25...85°C		−55...125°C						
SN74LS362J SN74LS362N				SN54LS362J	Tix Tix	16c 16a				

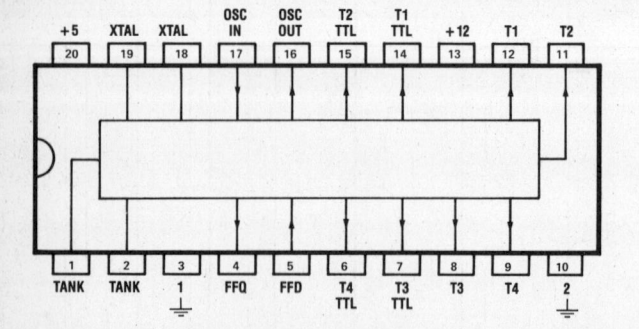

Pin assignment (20-pin DIP):

Pin	20	19	18	17	16	15	14	13	12	11
	+5	XTAL	XTAL	OSC IN	OSC OUT	T2 TTL	T1 TTL	+12	T1	T2

Pin	1	2	3	4	5	6	7	8	9	10
	TANK	TANK	⏚	FFQ	FFD	T4 TTL	T3 TTL	T3	T4	⏚

Erzeugung des 4-Phasen-Taktsignals für den TMS 9900:
4-phase clock generator for the TMS 9900:
Génération du signale de cadence de 4 phase pour le TMS 9900:
Generazione del segnale di impulsi quadrifase per il TMS 9900:
Generación del impulso de reloj de 4 fases para el TMS 9900:

Timing diagram: OSC, Φ1, Φ2, Φ3, Φ4 (OSC = intern)

Parameter		typ	max	
f_{OSC}	(intern)	48	54	MHz
f_{out}	(T1...T4)	3		MHz
f_{out}	(OSC OUT)	12		MHz
I_{CC}	(+5 V)	105	175	mA
I_{DD}	(+12 V)	12	20	mA

74363
Output: TS

8 D-Latches
8 D-type latches
8 latches D
8 latches tipo D
8 registros-latch D

74364
Output: TS

8 D-Flipflops
8 D-type flip-flops
8 flip-flops D
8 flip-flops tipo D
8 flipflops D

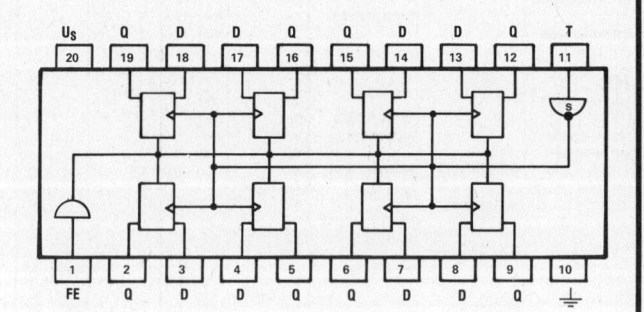

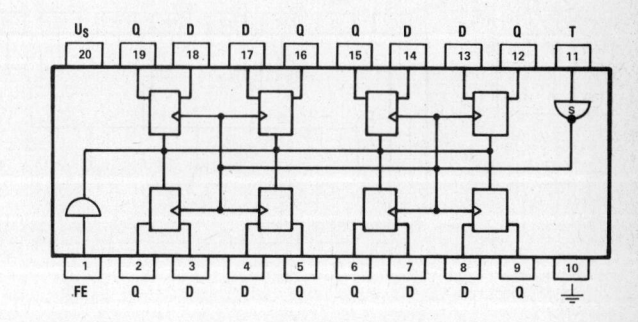

FE	T	D	Q
H	X	X	Z*
L	L	X	**
L	H	H	L
L	H	H	H

* Hochohmig
* High impedance
* Haute impédance
* Alta resistenza
* Alta impedancia

** Keine Veränderung
** No change
** Pas de modification
** Senza alterazione
** Sin modificación

FE	T	D	Q
H	X	X	Z*
L	L	X	**
L	↑	H	L
L	↑	H	H

* Hochohmig
* High impedance
* Haute impédance
* Alta resistenza
* Alta impedancia

** Keine Veränderung
** No change
** Pas de modification
** Senza alterazione
** Sin modificación

74363	Typ - Type - Tipo			Hersteller Production Fabricants Produttori Fabricantes	Bild Fig. Fig. Sec	I_S &I_R	t_{PD} E→Q ns_{typ}	t_{PD} E→Q ns_{max}	Bem./Note f_T §f_Z &f_E
0...70°C	−40...85°C	−55...125°C			3	mA	↓ ↕ ↑	↓ ↕ ↑	MHz
§ 0...75°C	§ −25...85°C								
SN74LS363J		SN54LS363J		Tix	20c	42	18 15		
SN74LS363N				Tix	20a	42	18 15		

74364	Typ - Type - Tipo			Hersteller Production Fabricants Produttori Fabricantes	Bild Fig. Fig. Sec	I_S &I_R	t_{PD} E→Q ns_{typ}	t_{PD} E→Q ns_{max}	Bem./Note f_T §f_Z &f_E
0...70°C	−40...85°C	−55...125°C			3	mA	↓ ↕ ↑	↓ ↕ ↑	MHz
§ 0...75°C	§ −25...85°C								
SN74LS364J		SN54LS364J		Tix	20c	42	18 15		
SN74LS364N				Tix	20a	42	18 15		

74365
Output: TS

6 Bus-Leitungstreiber
6 bus line drivers
6 attaques de ligne
6 eccitatori di linea
6 excitadores de líneas de bus

Pin	N	LS
FI	1	1,1
FQ	20	44,4

Input		Outp.
FE1	FE2	Q
H	X	Z*
X	H	Z*
L	L	L
L	L	H

* Hochohmig
* High impedance
* Haute impédance
* Alta resistenza
* Alta impedancia

74365	Typ - Type - Tipo		Hersteller Production Fabricants Produttori Fabricantes	Bild Fig. Fig. Sec	I_S &I_R	t_{PD} E→Q ns_{typ}			t_{PD} E→Q ns_{max}			Bem./Note f_T §f_Z &f_E
0...70°C § 0...75°C	−40...85°C § −25...85°C	−55...125°C		3	mA	↓	↕	↑	↓	↕	↑	MHz
DM74365J		DM54365J	Nsc	16c	<85				22	16		
DM74365N			Nsc	16a	<85				22	16		
SN74365J		SN54365J	Tix	16c	65	9		10	22	16		
SN74365N			Tix	16a	65	9		10	22	16		
		SN54365W	Tix	16n	65	9		10	22	16		
74365			Sie	16a	65	9		10	22	16		

74365	Typ - Type - Tipo		Hersteller Production Fabricants Produttori Fabricantes	Bild Fig. Fig. Sec	I_S &I_R	t_{PD} E→Q ns_{typ}			t_{PD} E→Q ns_{max}			Bem./Note f_T §f_Z &f_E
0...70°C § 0...75°C	−40...85°C § −25...85°C	−55...125°C		3	mA	↓	↕	↑	↓	↕	↑	MHz
ALS												
		SN54ALS365FH	Tix	cc	12		7	7				Q = L
SN74ALS365FN			Tix	cc	12		7	7				Q = L
		SN54ALS365J	Tix	16c	12		7	7				Q = L
SN74ALS365N			Tix	16a	12		7	7				Q = L
HC												
§CD74HC365E												
		CD54HC365F	Rca	16a			8	8				
MC74HC365J			Rca	16c			8	8				
MC74HC365J		MC74HC365J	Mot	16c								
MC74HC365N			Mot	16a								
	MM74HC365J	MM54HC365J	Nsc	16c	<8u		11	11		19	19	
	MM74HC365N		Nsc	16a	<8u		11	11		19	19	
		SN54HC365FH	Tix	cc	<8u					19	19	
		SN54HC365FK	Tix	cc	<8u					19	19	
SN74HC365FN			Tix	cc	<8u					19	19	
		SN54HC365J	Tix	16c	<8u					19	19	
SN74HC365J			Tix	16c	<8u					19	19	
SN74HC365N			Tix	16a	<8u					19	19	
HCT												
§CD74HCT365E			Rca	16a			8	8				
		CD54HCT365F	Rca	16c			8	8				
LS												
DM74LS365J		DM54LS365J	Nsc	16c	<24					22	16	
DM74LS365N			Nsc	16a	<24					22	16	
HD74LS365			Hit	16a	<24					22	16	
M74LS365			Mit	16a	<24					22	16	
§SN74LS365J		SN54LS365J	Mot	16c	<24					22	16	
§SN74LS365N			Mot	16a	<24					22	16	
§SN74LS365W		SN54LS365W	Mot	16n	<24					22	16	
SN74LS365AJ		SN54LS365AJ	Tix	16a	14	9		10	22	16		
SN74LS365AN			Tix	16a	14	9		10	22	16		
		SN54LS365AW	Tix	16n	14	9		10	22	16		
74LS365DC		54LS365DM	Fch	16c	13,5					16	10	
74LS365FC		54LS365FM	Fch	16c	13,5					16	10	
74LS365J		54LS365J	Ray	16c	<24					22	16	
74LS365PC			Fch	16a	13,5					16	10	

74366
Output: TS

6 invertierende Bus-Leitungstreiber
6 inverting bus line drivers
6 attaques invertissantes de ligne
6 eccitatori inversori di linea
6 excitadores inversores de líneas de bus

Pin	N	LS
FI	1	1,1
FQ	20	44,4

Input			Outp.
FE1	FE2	E	Q
H	X	X	Z*
X	H	X	Z*
L	L	L	H
L	L	H	L

* Hochohmig
* High impedance
* Haute impédance
* Alta resistenza
* Alta impedancia

74366	Typ - Type - Tipo		Hersteller Production Fabricants Produttori Fabricantes	Bild Fig. Fig. Sec 3	I_S &I_R mA	t_{PD} E→Q ns_{typ} ↓↑ ↑	t_{PD} E→Q ns_{max} ↓↑ ↑	Bem./Note f_T §f_Z &f_E MHz
0...70°C § 0...75°C	−40...85°C § −25...85°C	−55...125°C						
ALS								
SN74ALS366FN		SN54ALS366FH	Tix	cc	10	5 6		Q = L
			Tix	cc	10	5 6		Q = L
		SN54ALS366J	Tix	16c	10	5 6		Q = L
SN74ALS366N			Tix	16a	10	5 6		Q = L
HC								
§CD74HC366E			Rca	16a	8	8		
		CD54HC366F	Rca	16c	8	8		
MC74HC366J		MC54HC366J	Mot	16c				
MC74HC366N			Mot	16a				
		MM54HC366J	Nsc	16c	<8u	10 10	16 16	
MM74HC366N			Nsc	16a	<8u	10 10	16 16	
SN74HC366FH		SN54HC366FH	Tix	cc	<8u		19 19	
		SN54HC366FK	Tix	cc	<8u		19 19	
SN74HC366FN			Tix	cc	<8u		19 19	
			Tix	cc	<8u		19 19	
		SN54HC366J	Tix	16c	<8u		19 19	
SN74HC366J			Tix	16c	<8u		19 19	
SN74HC366N			Tix	16a	<8u		19 19	
HCT								
§CD74HCT366E			Rca	16a	8	8		
		CD54HCT366F	Rca	16c	8	8		
LS								
DM74LS366J		DM54LS366J	Nsc	16c	<21		18 15	
DM74LS366N			Nsc	16a	<21		18 15	
HD74LS366			Hit	16a	<21		18 15	
M74LS366			Mit	16a	<21		18 15	
§SN74LS366J		SN54LS366J	Mot	16c	<21		18 15	
§SN74LS366N			Mot	16a	<21		18 15	
§SN74LS366W		SN54LS366W	Mot	16n	<21		18 15	
SN74LS366AJ		SN54LS366AJ	Tix	16c	12	12 7	18 15	
SN74LS366AN			Tix	16a	12	12 7	18 15	
		SN54LS366AW	Tix	16n	12	12 7	18 15	
74LS366DC		54LS366DM	Fch	16c	11,8		16 10	
74LS366FC		54LS366FM	Fch	16n	11,8		16 10	
74LS366J		54LS366J	Ray	16c	<21		18 15	
74LS366PC			Fch	16a	11,8		16 10	

74366	Typ - Type - Tipo		Hersteller Production Fabricants Produttori Fabricantes	Bild Fig. Fig. Sec 3	I_S &I_R mA	t_{PD} E→Q ns_{typ} ↓↑ ↑	t_{PD} E→Q ns_{max} ↓↑ ↑	Bem./Note f_T §f_Z &f_E MHz
0...70°C § 0...75°C	−40...85°C § −25...85°C	−55...125°C						
DM74366J		DM54366J	Nsc	16c	<77		16 17	
DM74366N			Nsc	16a	<77		16 17	
SN74366J		SN54366J	Tix	16c	59	12 7	18 15	
SN74366N			Tix	16a	59	12 7	18 15	
		SN54366W	Tix	16n	59	12 7	18 15	
74366			Sie	16a	59	12 7	18 15	

2-341

74367
Output: TS

6 Bus-Leitungstreiber
6 bus line drivers
6 attaques de ligne
6 eccitatori di linea
6 excitadores de líneas de bus

Pin	N	LS
FI	1	1,1
FQ	20	44,4

Input		Outp.
FE	E	Q
H	X	Z*
L	L	L
L	H	H

* Hochohmig
* High impedance
* Haute impédance
* Alta resistenza
* Alta impedancia

74367	Typ - Type - Tipo		Hersteller Production Fabricants Produttori Fabricantes	Bild Fig. Fig. Sec 3	I_S &I_R mA	t_{PD} $E \rightarrow Q$ ns_{typ} ↓↕↑	t_{PD} $E \rightarrow Q$ ns_{max} ↓↕↑	Bem./Note f_T §f_Z &f_E MHz
0...70°C §0...75°C	−40...85°C §−25...85°C	−55...125°C						
DM74367J		DM54367J	Nsc	16c	<85		22 16	
DM74367N			Nsc	16a	<85		22 16	
SN74367J		SN54367J	Tix	16c	65	9 10	22 16	
SN74367N		SN54367W	Tix	16a	65	9 10	22 16	
			Tix	16n	65	9 10	22 16	
74367			Sie	16a	65	9 10	22 16	

ALS

Typ - Type - Tipo			Hersteller	Bild	I_S	t_{PD} typ	t_{PD} max	Bem./Note
0...70°C §0...75°C	−40...85°C §−25...85°C	−55...125°C						
		SN54ALS367FH	Tix	cc	12	7 7		Q = L
SN74ALS367FN			Tix	cc	12	7 7		Q = L
		SN54ALS367J	Tix	16c	12	7 7		Q = L
SN74ALS367N			Tix	16a	12	7 7		Q = L

HC

§CD74HC367E			Rca	16a		8 8		
		CD54HC367F	Rca	16c		8 8		
MC74HC367J		MC74HC367J	Mot	16a				
MC74HC367N			Mot	16a				
MM74HC367J		MM54HC367J	Nsc	16c	<8u	11 11	19 19	
MM74HC367N			Nsc	16a	<8u	11 11	19 19	
		SN54HC367FH	Tix	cc	<8u		19 19	
SN74HC367FH			Tix	cc	<8u		19 19	
		SN54HC367FK	Tix	cc	<8u		19 19	
SN74HC367FN			Tix	cc	<8u		19 19	
		SN54HC367J	Tix	16c	<8u		19 19	
SN74HC367J			Tix	16c	<8u		19 19	
SN74HC367N			Tix	16a	<8u		19 19	

HCT

§CD74HCT367E			Rca	16a		8 8		
		CD54HCT367F	Rca	16c		8 8		

LS

DM74LS367J		DM54LS367J	Nsc	16c	<24		22 16	
DM74LS367N			Nsc	16a	<24		22 16	
HD74LS367			Hit	16a	<24		22 16	
M74LS367			Mit	16a	<24		22 16	
§SN74LS367J		SN54LS367J	Mot	16c	<24		22 16	
§SN74LS367N			Mot	16a	<24		22 16	
§SN74LS367W		SN54LS367W	Mot	16n	<24		22 16	
SN74LS367AJ		SN54LS367AJ	Tix	16c	14	9 10	22 16	
SN74LS367AN			Tix	16a	14	9 10	22 16	
		SN54LS367AW	Tix	16n	14	9 10	22 16	
74LS367DC		54LS367DM	Fch	16c	13,5		16 10	
74LS367FC		54LS367FM	Fch	16n	13,5		16 10	
74LS367J		54LS367J	Ray	16c	<24		22 16	
74LS367PC			Fch	16a	13,5		16 10	

2-342

74368
Output: TS

6 invertierende Bus-Leitungstreiber
6 inverting bus line drivers
6 attaques invertissantes de ligne
6 eccitatori inversori di linea
6 excitadores inversores de líneas de bus

Pin	N	LS
FI	1	1,1
FQ	20	44,4

Input		Outp.
FE	E	Q
H	X	Z*
L	L	H
L	H	L

* Hochohmig
* High impedance
* Haute impédance
* Alta resistenza
* Alta impedancia

74368 0...70°C § 0...75°C	Typ - Type - Tipo −40...85°C § −25...85°C	−55...125°C	Hersteller Production Fabricants Produttori Fabricantes	Bild Fig. Fig. Sec 3	I_S &I_R mA	t_{PD} E→Q ns_{typ} ↓ ↕ ↑	t_{PD} E→Q ns_{max} ↓ ↕ ↑	Bem./Note f_T §f_Z &f_E MHz
DM74368J	DM54368J		Nsc	16c	<77		16 17	
DM74368N			Nsc	16a	<77		16 17	
MC74368J	MC54368J		Mot	16c	59	12 7	18 15	
MC74368N			Mot	16a	59	12 7	18 15	
MC74368W	MC54368W		Mot	16n	59	12 7	18 15	
SN74368J	SN54368J		Tix	16c	59	12 7	18 15	
SN74368N			Tix	16a	59	12 7	18 15	
	SN54368W		Tix	16n	59	12 7	18 15	
74368			Sie	16a	59	12 7	18 15	

74368 0...70°C § 0...75°C	Typ - Type - Tipo −40...85°C § −25...85°C	−55...125°C	Hersteller Production Fabricants Produttori Fabricantes	Bild Fig. Fig. Sec 3	I_S &I_R mA	t_{PD} E→Q ns_{typ} ↓ ↕ ↑	t_{PD} E→Q ns_{max} ↓ ↕ ↑	Bem./Note f_T §f_Z &f_E MHz
ALS								
		SN54ALS368FH	Tix	cc	10	5 6		Q = L
SN74ALS368FN			Tix	cc	10	5 6		Q = L
		SN54ALS368J	Tix	16c	10	5 6		Q = L
SN74ALS368N			Tix	16a	10	5 6		Q = L
HC								
§CD74HC368E			Rca	16a		8 8		
	CD54HC368F		Rca	16c		8 8		
MC74HC368J	MC54HC368J		Mot	16c				
MC74HC368N								
	MM74HC368J	MM54HC368J	Nsc	16a	<8u	10 10	16 16	
	MM74HC368N		Nsc	16a	<8u	10 10	16 16	
	SN74HC368FH	SN54HC368FH	Tix	cc	<8u		19 19	
			Tix	cc	<8u		19 19	
	SN74HC368FK	SN54HC368FK	Tix	cc	<8u		19 19	
	SN74HC368FN		Tix	cc	<8u		19 19	
		SN54HC368J	Tix	16c	<8u		19 19	
	SN74HC368J		Tix	16a	<8u		19 19	
	SN74HC368N		Tix	16a	<8u		19 19	
HCT								
§CD74HCT368E			Rca	16a		8 8		
	CD54HCT368F		Rca	16c		8 8		
LS								
DM74LS368J	DM54LS368J		Nsc	16c	<21		18 15	
DM74LS368N			Nsc	16a	<21		18 15	
HD74LS368			Hit	16a	<21		18 15	
M74LS368			Mit	16a	<21		18 15	
§SN74LS368J	SN54LS368J		Mot	16c	<21		18 15	
§SN74LS368N			Mot	16a	<21		18 15	
§SN74LS368W	SN54LS368W		Mot	16n	<21		18 15	
SN74LS368AJ	SN54LS368AJ		Tix	16c	12	12 7	18 15	
SN74LS368AN			Tix	16a	12	12 7	18 15	
	SN54LS368AW		Tix	16n	12	12 7	18 15	
74LS368DC	54LS368DM		Fch	16c	11,8		16 10	
74LS368FC	54LS368FM		Fch	16a	11,8		16 10	
74LS368J	54LS368J		Ray	16c	<21		18 15	
74LS368PC			Fch	16a	11,8		16 10	

| 74370 Output: TS | 512x4-Bit ROM (Lesespeicher) 512x4-bit ROM (read-only memory) ROM à 512x4 bits (mémoire de lecture) ROM di 512x4 bit (memoria di lettura) ROM (memoria de sólo lectura) de 512x4 bits | 74371 Output: TS | 256x8-Bit ROM (Lesespeicher) 256x8-bit ROM (read-only memory) ROM à 256x8 bits (mémoire de lecture) ROM di 256x8 bit (memoria di lettura) ROM (memoria de sólo lectura) de 256x8 bits |

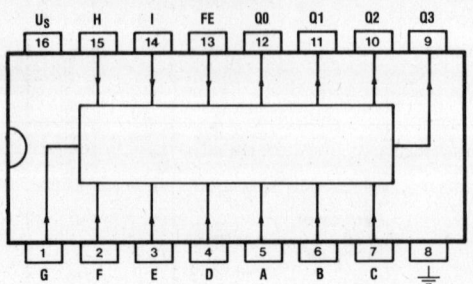

$FI = 0,5$

Pinout 74370 (16-pin): Top pins 16–9: U_S, H, I, FE, Q0, Q1, Q2, Q3. Bottom pins 1–8: G, F, E, D, A, B, C, GND.

$FI = 0,5$

Pinout 74371 (20-pin): Top pins 20–11: U_S, H, G, F, FE2, FE1, Q7, Q6, Q5, Q4. Bottom pins 1–10: A, B, C, D, E, Q0, Q1, Q2, Q3, GND.

74370

| Input |||||||| Output |
FE1	FE2	I	H	G	F	E	D	C	B	A	Wort*
H	X	X	X	X	X	X	X	X	X	X	—
X	H	X	X	X	X	X	X	X	X	X	—
L	L	L	L	L	L	L	L	L	L	L	0
L	L	L	L	L	L	L	L	L	L	H	1
.	.	.	.	.	.	.	.	.	.	.	.
L	L	H	H	H	H	H	H	H	H	L	510
L	L	H	H	H	H	H	H	H	H	H	511

*word · mot · parola · palabra

74371

| Input |||||||| Output |
FE1	FE2	H	G	F	E	D	C	B	A	Wort*
H	X	X	X	X	X	X	X	X	X	—
X	H	X	X	X	X	X	X	X	X	—
L	L	L	L	L	L	L	L	L	L	0
L	L	L	L	L	L	L	L	L	H	1
.	.	.	.	.	.	.	.	.	.	.
L	L	H	H	H	H	H	H	H	L	254
L	L	H	H	H	H	H	H	H	H	255

*word · mot · parola · palabra

74370	Typ - Type - Tipo			Hersteller Production Fabricants Produttori Fabricantes	Bild Fig. Fig. Sec	I_S &I_R	t_{PD} E→Q ns_{typ}	t_{PD} E→Q ns_{max}	Bem./Note f_T §f_Z &f_E
0...70°C § 0...75°C	−40...85°C § −25...85°C	−55...125°C		3	mA	↓ ↕ ↑	↓ ↕ ↑	MHz
SN74S370J SN74S370N		SN54S370J	Tix Tix	16c 16a				

74371	Typ - Type - Tipo			Hersteller Production Fabricants Produttori Fabricantes	Bild Fig. Fig. Sec	I_S &I_R	t_{PD} E→Q ns_{typ}	t_{PD} E→Q ns_{max}	Bem./Note f_T §f_Z &f_E
0...70°C § 0...75°C	−40...85°C § −25...85°C	−55...125°C		3	mA	↓ ↕ ↑	↓ ↕ ↑	MHz
SN74S371J SN74S371N		SN54S371J	Tix Tix	20c 20a				

74373
Output: TS

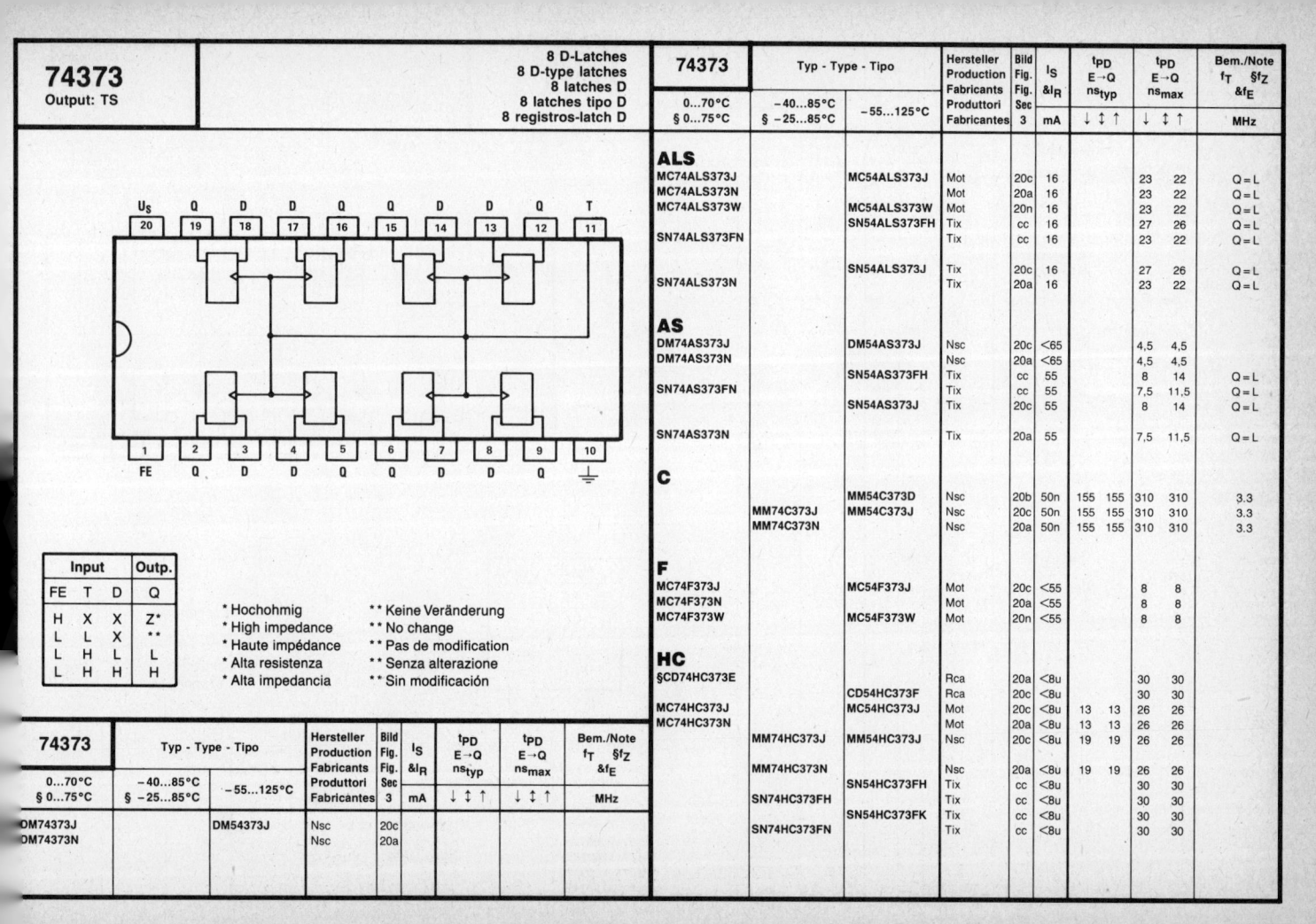

8 D-Latches
8 D-type latches
8 latches D
8 latches tipo D
8 registros-latch D

Pinout (DIP-20):
- Pin 20: U_S
- Pin 19: Q
- Pin 18: D
- Pin 17: D
- Pin 16: Q
- Pin 15: Q
- Pin 14: D
- Pin 13: D
- Pin 12: Q
- Pin 11: T
- Pin 1: FE
- Pin 2: Q
- Pin 3: D
- Pin 4: D
- Pin 5: Q
- Pin 6: Q
- Pin 7: D
- Pin 8: D
- Pin 9: Q
- Pin 10: GND

Input			Outp.
FE	T	D	Q
H	X	X	Z*
L	L	X	**
L	H	L	L
L	H	H	H

* Hochohmig / High impedance / Haute impédance / Alta resistenza / Alta impedancia
** Keine Veränderung / No change / Pas de modification / Senza alterazione / Sin modificación

74373	Typ - Type - Tipo		Hersteller Production Fabricants Produttori Fabricantes	Bild Fig. Fig. Sec 3	I_S &I_R mA	t_{PD} E→Q ns_{typ} ↓↕↑	t_{PD} E→Q ns_{max} ↓↕↑	Bem./Note f_T §f_Z &f_E MHz
0...70°C § 0...75°C	−40...85°C § −25...85°C	−55...125°C						
ALS								
MC74ALS373J			Mot	20c	16		23 22	Q = L
MC74ALS373N			Mot	20a	16		23 22	Q = L
MC74ALS373W		MC54ALS373W	Mot	20n	16		23 22	Q = L
		SN54ALS373FH	Tix	cc	16		27 26	Q = L
SN74ALS373FN			Tix	cc	16		23 22	Q = L
		SN54ALS373J	Tix	20c	16		27 26	Q = L
SN74ALS373N			Tix	20a	16		23 22	Q = L
AS								
DM74AS373J		DM54AS373J	Nsc	20c	<65		4,5 4,5	
DM74AS373N			Nsc	20a	<65		4,5 4,5	
		SN54AS373FH	Tix	cc	55		8 14	Q = L
SN74AS373FN			Tix	cc	55		7,5 11,5	Q = L
		SN54AS373J	Tix	20c	55		8 14	Q = L
SN74AS373N			Tix	20a	55		7,5 11,5	Q = L
C								
		MM54C373D	Nsc	20b	50n	155 155	310 310	3.3
	MM74C373J	MM54C373J	Nsc	20c	50n	155 155	310 310	3.3
MM74C373N			Nsc	20a	50n	155 155	310 310	3.3
F								
MC74F373J		MC54F373J	Mot	20c	<55		8 8	
MC74F373N			Mot	20a	<55		8 8	
MC74F373W		MC54F373W	Mot	20n	<55		8 8	
HC								
§CD74HC373E			Rca	20a	<8u		30 30	
		CD54HC373F	Rca	20c	<8u		30 30	
MC74HC373J		MC54HC373J	Mot	20c	<8u	13 13	26 26	
MC74HC373N			Mot	20a	<8u	13 13	26 26	
	MM74HC373J	MM54HC373J	Nsc	20c	<8u	19 19	26 26	
MM74HC373N			Nsc	20a	<8u	19 19	26 26	
		SN54HC373FH	Tix	cc	<8u		30 30	
SN74HC373FH			Tix	cc	<8u		30 30	
		SN54HC373FK	Tix	cc	<8u		30 30	
SN74HC373FN			Tix	cc	<8u		30 30	

74373	Typ - Type - Tipo		Hersteller Production Fabricants Produttori Fabricantes	Bild Fig. Fig. Sec 3	I_S &I_R mA	t_{PD} E→Q ns_{typ} ↓↕↑	t_{PD} E→Q ns_{max} ↓↕↑	Bem./Note f_T §f_Z &f_E MHz
0...70°C § 0...75°C	−40...85°C § −25...85°C	−55...125°C						
DM74373J	DM54373J		Nsc	20c				
DM74373N			Nsc	20a				

74373	Typ - Type - Tipo		Hersteller Production Fabricants Produttori Fabricantes	Bild Fig. Fig. Sec	I_S &I_R	t_{PD} $E \to Q$ ns_{typ}		t_{PD} $E \to Q$ ns_{max}		Bem./Note f_T §f_Z &f_E
0...70°C § 0...75°C	-40...85°C § -25...85°C	-55...125°C		3	mA	↓ ↕ ↑		↓ ↕ ↑		MHz
	SN74HC373J SN74HC373N	SN54HC373J	Tix Tix Tix	20c 20c 20a	<8u <8u <8u			30 30 30	30 30 30	
HCT §CD74HCT373E MC74HCT373J MC74HCT373N	MM74HCT373J MM74HCT373N	CD54HCT373F MC54HCT373J MM54HCT373J	Rca Rca Mot Mot Nsc Nsc	20a 20c 20c 20a 20c 20a	<8u <8u <8u <8u	25 25	25 25	35 35 35 35	35 35 35 35	
LS DM74LS373J DM74LS373N HD74LS373 M74LS373 SN74LS373J		DM54LS373J SN54LS373J	Nsc Nsc Hit Mit Tix	20c 20a 20a 20a 20c	<40 <40 <40 <40 24	18	20	18 18 18 18 30	18 18 18 18 30	
SN74LS373N 74LS373PC			Tix Fch	20a 20a	24 24	18 16	20 10	30 27	30 18	
S DM74S373J DM74S373N SN74S373J SN74S373N		DM54S373J SN54S373J	Nsc Nsc Tix Tix	20c 20a 20c 20a	<160 <160 105 105	12 12	7 7	13 13 18 18	13 13 14 14	

74374
Output: TS

8 D-Flipflops
8 D-type flip-flops
8 flip-flops D
8 flip-flops tipo D
8 flipflops D

Pinout:
U_S 20 | Q 19 | D 18 | D 17 | Q 16 | Q 15 | D 14 | D 13 | Q 12 | T 11
FE 1 | Q 2 | D 3 | D 4 | Q 5 | Q 6 | D 7 | D 8 | Q 9 | ⏚ 10

Input			Outp.
FE	T	D	Q
H	X	X	Z*
L	L	X	**
L	↑	L	L
L	↑	H	H

* Hochohmig
* High impedance
* Haute impédance
* Alta resistenza
* Alta impedancia

** Keine Veränderung
** No change
** Pas de modification
** Senza alterazione
** Sin modificación

74374	Typ - Type - Tipo		Hersteller Production Fabricants Produttori Fabricantes	Bild Fig. Fig. Sec	I_S &I_R	t_{PD} $E \to Q$ ns_{typ}		t_{PD} $E \to Q$ ns_{max}		Bem./Note f_T §f_Z &f_E
0...70°C § 0...75°C	-40...85°C § -25...85°C	-55...125°C		3	mA	↓ ↕ ↑		↓ ↕ ↑		MHz
DM74ALS374J DM74ALS374N MC74ALS374J MC74ALS374N MC74ALS374W		DM54ALS374J MC54ALS374J MC54ALS374W	Nsc Nsc Mot Mot Mot	20c 20a 20c 20a 20n	<20 <20 19 19 19			8 8 16 16 16	8 8 12 12 12	35 35 35

74374 0...70°C § 0...75°C	Typ - Type - Tipo −40...85°C § −25...85°C	−55...125°C	Hersteller Production Fabricants Produttori Fabricantes	Bild Fig. Fig. Sec 3	I_S &I_R mA	t_{PD} E→Q ns_{typ} ↓ ↕ ↑	t_{PD} E→Q ns_{max} ↓ ↕ ↑	Bem./Note f_T §f_Z &f_E MHz	74374 0...70°C § 0...75°C	Typ - Type - Tipo −40...85°C § −25...85°C	−55...125°C	Hersteller Production Fabricants Produttori Fabricantes	Bild Fig. Fig. Sec 3	I_S &I_R mA	t_{PD} E→Q ns_{typ} ↓ ↕ ↑	t_{PD} E→Q ns_{max} ↓ ↕ ↑	Bem./Note f_T §f_Z &f_E MHz
		SN54ALS374FH	Tix	cc	19		18 15	30	**HCT**								
SN74ALS374FN			Tix	cc	19		16 12	35	§CD74HCT374E			Rca	20a		18 18		60
		SN54ALS374J	Tix	20c	19		18 15	30			CD54HCT374F	Rca	20c		18 18		60
SN74ALS374N			Tix	20a	19		16 12	35	MC74HCT374J		MC54HCT374J	Mot	20c				
AS									MC74HCT374N			Mot	20a				
DM74AS374J		DM54AS374J	Nsc	20c	<88		6 6			MM74HCT374J	MM54HCT374J	Nsc	20c	<8u	22 22	36 36	30
DM74AS374N			Nsc	20a	<88		6 6			MM74HCT374N		Nsc	20a	<8u	22 22	36 36	30
		SN54AS374FH	Tix	cc	84		11,5 11	100	**LS**								
SN74AS374FN			Tix	cc	84		9 8	125	DM74LS374J		DM54LS374J	Nsc	20c	<40		28 28	
		SN54AS374J	Tix	20c	84		11,5 11	100	DM74LS374N			Nsc	20a	<40		28 28	
SN74AS374N			Tix	20a	84		9 8	125	HD74LS374			Hit	20a	<40		28 28	
C									M74LS374			Mit	20a	<40		28 28	
		MM54C374D	Nsc	20b	50n	150 150	300 300	3.5	SN74LS374J		SN54LS374J	Tix	20c	27	19 15	28 28	35
	MM74C374J	MM54C374J	Nsc	20c	50n	150 150	300 300	3.5	SN74LS374N			Tix	20a	27	19 15	28 28	35
	MM74C374N		Nsc	20a	50n	150 150	300 300	3.5	74LS374PC			Fch	20a	27		34 28	
F									**S**								
MC74F374J		MC54F374J	Mot	20c	<86		10 10		DM74S374J		DM54S374J	Nsc	20c	<140		17 17	
MC74F374N			Mot	20a	<86		10 10		DM74S374N			Nsc	20a	<140		17 17	
MC74F374W		MC54F374W	Mot	20n	<86		10 10		SN74S374J		SN54S374J	Tix	20c	90	11 8	17 15	75
HC									SN74S374N			Tix	20a	90	11 8	17 15	75
§CD74HC374E			Rca	20a		18 18		60									
		CD54HC374F	Rca	20c		18 18		60									
MC74HC374J		MC54HC374J	Mot	20c	<8u	15 15	31 31	35									
MC74HC374N			Mot	20a	<8u	15 15	31 31	35									
	MM74HC374J	MM54HC374J	Nsc	20c	<8u			35									
	MM74HC374N		Nsc	20a	<8u			35									
	SN74HC374FH	SN54HC374FH	Tix	cc	<8u		36 36	25									
	SN74HC374FN	SN54HC374FK	Tix	cc	<8u		36 36	25									
		SN54HC374J	Tix	20c	<8u		36 36	25									
SN74HC374J			Tix	20c	<8u		36 36	25									
SN74HC374N			Tix	20a	<8u		36 36	25									

74375
Output: TP

4 D-Latches
4 D-type latches
4 latches D
4 latches tipo D
4 registros-latch D

Pin	FI
T	4,4
D	1,1

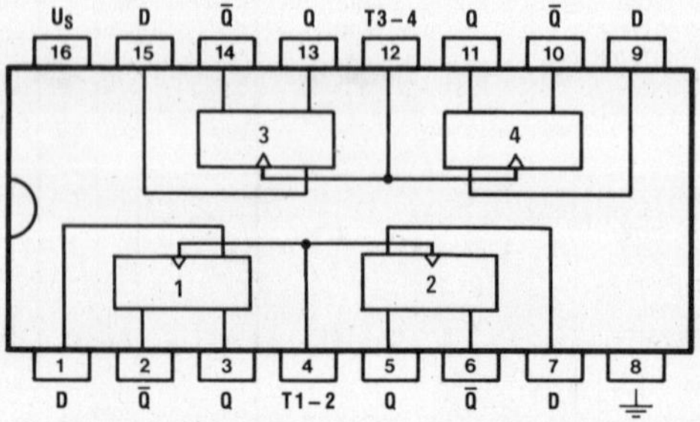

Input		Output	
T	D	Q	$\overline{Q}$
L	X	*	*
H	L	L	H
H	H	H	L

* Keine Veränderung
* No change
* Pas de modification
* Senza alterazione
* Sin modificación

74376
Output: TP

4 JK-Flipflops
4 JK-flip-flops
4 flip-flops JK
4 flip-flops JK
4 flipflops JK

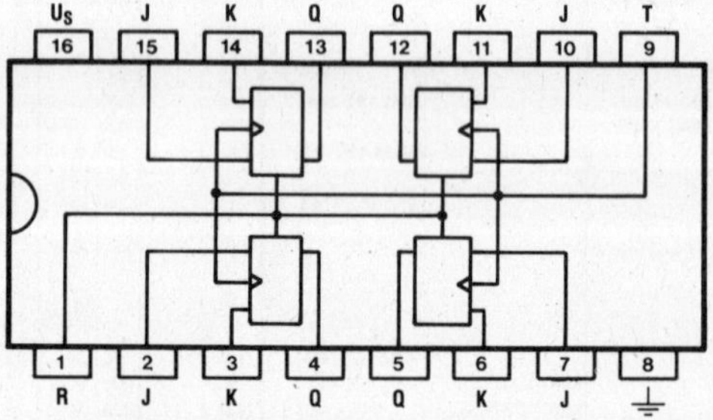

Input				Outp.
R	J	K	T	Q
L	X	X	X	L
H	X	X	L	Q0
H	L	L	↑	L
H	H	H	↑	H
H	L	H	↑	Q0
H	H	L	↑	$\overline{Q0}$

74375	Typ - Type - Tipo		Hersteller Production Fabricants Produttori Fabricantes	Bild Fig. Fig. Sec 3	I_S & I_R mA	t_{PD} E→Q ns_{typ} ↓ ↕ ↑	t_{PD} E→Q ns_{max} ↓ ↕ ↑	Bem./Note f_T §f_Z &f_E MHz
0...70°C § 0...75°C	−40...85°C § −25...85°C	−55...125°C						
HD74LS375			Hit	16a	<12		17 27	
M74LS375			Mit	16a	<12		17 27	
SN74LS375J		SN54LS375J	Tix	16c	6,3	9 15	17 27	
SN74LS375N			Tix	16a	6,3	9 15	17 27	
		SN54LS375W	Tix	16n	6,3	9 15	17 27	
74LS375DC		54LS375DM	Fch	16c				
74LS375FC		54LS375FM	Fch	16n				
74LS375J		54LS375J	Ray	16c	<12		17 27	
74LS375PC			Fch	16a				

74376	Typ - Type - Tipo		Hersteller Production Fabricants Produttori Fabricantes	Bild Fig. Fig. Sec 3	I_S & I_R mA	t_{PD} E→Q ns_{typ} ↓ ↕ ↑	t_{PD} E→Q ns_{max} ↓ ↕ ↑	Bem./Note f_T §f_Z &f_E MHz
0...70°C § 0...75°C	−40...85°C § −25...85°C	−55...125°C						
SN74376J		SN54376J	Tix	16c	52	24 22	35 35	30
SN74376N			Tix	16a	52	24 22	35 35	30
		SN54376W	Tix	16n	52	24 22	35 35	30
74376			Sie	16a	52	24 22	35 35	30

74377
Output: TP

8 D-Flipflops
8 D-type flip-flops
8 flip-flops D
8 flip-flops tipo D
8 flipflops D

FI = 1,1

Pinout (20-pin DIP):
- Top: U_S(20), Q(19), D(18), D(17), Q(16), D(15), D(14), Q(13), Q(12), T(11)
- Bottom: FE(1), Q(2), D(3), D(4), Q(5), Q(6), D(7), D(8), Q(9), GND(10)

Input			Outp.
FE	T	D	Q
H	X	X	*
L	L	X	*
L	↑	L	L
L	↑	H	H

* Keine Veränderung
* No change
* Pas de modification
* Senza alterazione
* Sin modificación

74377	Typ - Type - Tipo			Hersteller Production Fabricants Produttori Fabricantes	Bild Fig. Fig. Sec 3	I_S &I_R mA	t_{PD} E→Q ns_{typ} ↓ ↕ ↑	t_{PD} E→Q ns_{max} ↓ ↕ ↑	Bem./Note f_T §f_Z &f_E MHz
	0...70°C § 0...75°C	-40...85°C § -25...85°C	-55...125°C						
HC									
§CD74HC377E				Rca	20a		18 18		60
		CD54HC377F		Rca	20c		18 18		60
			SN54HC377FH	Tix	cc	<8u		30 30	29
	SN74HC377FH			Tix	cc	<8u		30 30	29
			SN54HC377FK	Tix	cc	<8u		30 30	29
	SN74HC377FN			Tix	cc	<8u		30 30	29
			SN54HC377J	Tix	20c	<8u		30 30	29
	SN74HC377J			Tix	20c	<8u		30 30	29
	SN74HC377N			Tix	20a	<8u		30 30	29
HCT									
§CD74HCT377E				Rca	20a		18 18		60
		CD54HCT377F		Rca	20c		18 18		60
LS									
M74LS377				Mit	20a	<28		27 27	30
SN74LS377J				Tix	20c	17	18 17	27 27	30
			SN54LS377J	Tix	20a	17	18 17	27 27	30
SN74LS377N				Tix	20a	17	18 17	27 27	30
74LS377PC				Fch	20a	17	18 17	27 27	30
MC74ALS377J		MC54ALS377J		Mot	20c				
MC74ALS377N				Mot	20a				
MC74ALS377W		MC54ALS377W		Mot	20n				

2-349

74378
Output: TP

6 D-Flipflops
6 D-type flip-flops
6 flip-flops D
6 flip-flops tipo D
6 flipflops D

Fl = 1,1

Input		Outp.
FE	T	D	Q
H	X	X	*
L	L	X	*
L	↑	L	L
L	↑	H	H

* Keine Veränderung
* No change
* Pas de modification
* Senza alterazione
* Sin modificación

74378	Typ - Type - Tipo		Hersteller Production Fabricants Produttori Fabricantes	Bild Fig. Fig. Sec 3	I_S &I_R mA	t_{PD} E→Q ns_{typ} ↓↕↑	t_{PD} E→Q ns_{max} ↓↕↑	Bem./Note f_T §f_Z &f_E MHz
0...70°C § 0...75°C	−40...85°C § −25...85°C	−55...125°C						
			LS					
SN74LS378J		SN54LS378J	Tix	16c	13	18 17	27 27	30
SN74LS378N			Tix	16a	13	18 17	27 27	30
		SN54LS378W	Tix	16n	13	18 17	27 27	30
74LS378DC		54LS378DM	Fch	16c	16		27 27	30
74LS378FC		54LS378FM	Fch	16n	16		27 27	30
74LS378PC			Fch	16a	16		27 27	30

74378	Typ - Type - Tipo		Hersteller Production Fabricants Produttori Fabricantes	Bild Fig. Fig. Sec 3	I_S &I_R mA	t_{PD} E→Q ns_{typ} ↓↕↑	t_{PD} E→Q ns_{max} ↓↕↑	Bem./Note f_T §f_Z &f_E MHz
0...70°C § 0...75°C	−40...85°C § −25...85°C	−55...125°C						
		SN54HC378FH	Tix	cc	<8u		27 27	29
SN74HC378FH			Tix	cc	<8u		27 27	29
		SN54HC378FK	Tix	cc	<8u		27 27	29
SN74HC378FN			Tix	cc	<8u		27 27	29
		SN54HC378J	Tix	16c	<8u		27 27	29
SN74HC378J			Tix	16c	<8u		27 27	29
SN74HC378N			Tix	16a	<8u		27 27	29

74379
Output: TP

4 D-Flipflops
4 D-type flip-flops
4 flip-flops D
4 flip-flops tipo D
4 flipflops D

FI (FE,T) = 1,1

Pinout (DIP-16):
- 16: U$_S$
- 15: Q
- 14: $\overline{Q}$
- 13: D
- 12: D
- 11: $\overline{Q}$
- 10: Q
- 9: T
- 1: FE
- 2: Q
- 3: $\overline{Q}$
- 4: D
- 5: D
- 6: $\overline{Q}$
- 7: Q
- 8: GND

Input			Output	
FE	T	D	Q	$\overline{Q}$
H	X	X	*	*
L	X	X	*	*
L	↑	L	L	H
L	↑	H	H	L

* Keine Veränderung
* No change
* Pas de modification
* Senza alterazione
* Sin modificación

74379	Typ - Type - Tipo			Hersteller Production Fabricants Produttori Fabricantes	Bild Fig. Fig. Sec 3	I$_S$ &I$_R$ mA	t$_{PD}$ E→Q ns$_{typ}$ ↓ ↕ ↑	t$_{PD}$ E→Q ns$_{max}$ ↓ ↕ ↑	Bem./Note f$_T$ §f$_Z$ &f$_E$ MHz
0...70°C § 0...75°C	−40...85°C § −25...85°C	−55...125°C							
LS									
	SN74LS379J		SN54LS379J	Tix	16c	9	18 17	27 27	30
	SN74LS379N			Tix	16a	9	18 17	27 27	30
			SN54LS379W	Tix	16n	9	18 17	27 27	30
	74LS379DC		54LS379DM	Fch	16c	<18		22 20	30
	74LS379FC		54LS379FM	Fch	16n	<18		22 20	30
	74LS379PC			Fch	16a	<18		22 20	30

74379	Typ - Type - Tipo			Hersteller Production Fabricants Produttori Fabricantes	Bild Fig. Fig. Sec 3	I$_S$ &I$_R$ mA	t$_{PD}$ E→Q ns$_{typ}$ ↓ ↕ ↑	t$_{PD}$ E→Q ns$_{max}$ ↓ ↕ ↑	Bem./Note f$_T$ §f$_Z$ &f$_E$ MHz
0...70°C § 0...75°C	−40...85°C § −25...85°C	−55...125°C							
		SN54HC379FH		Tix	cc	<4u			29
	SN74HC379FH			Tix	cc	<4u			29
		SN54HC379FK		Tix	cc	<4u			29
	SN74HC379FN			Tix	cc	<4u			29
		SN54HC379J		Tix	16c	<4u			29
	SN74HC379J			Tix	16c	<4u			29
	SN74HC379N			Tix	16a	<4u			29

74381
Output: TP

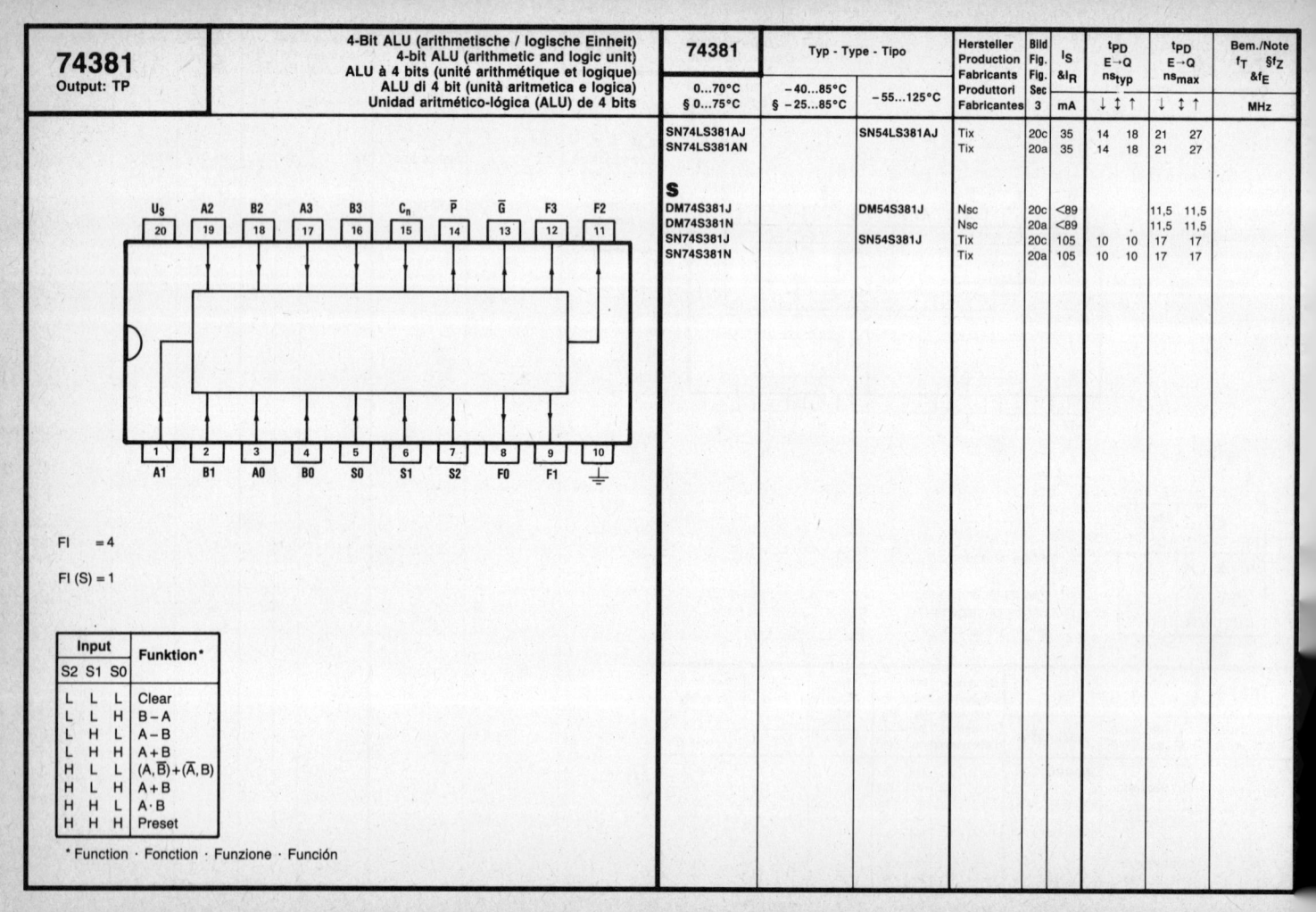

4-Bit ALU (arithmetische / logische Einheit)
4-bit ALU (arithmetic and logic unit)
ALU à 4 bits (unité arithmétique et logique)
ALU di 4 bit (unità aritmetica e logica)
Unidad aritmético-lógica (ALU) de 4 bits

Pinout (20-pin DIP):
- Pin 20: U_S
- Pin 19: A2
- Pin 18: B2
- Pin 17: A3
- Pin 16: B3
- Pin 15: C_n
- Pin 14: $\overline{P}$
- Pin 13: $\overline{G}$
- Pin 12: F3
- Pin 11: F2
- Pin 1: A1
- Pin 2: B1
- Pin 3: A0
- Pin 4: B0
- Pin 5: S0
- Pin 6: S1
- Pin 7: S2
- Pin 8: F0
- Pin 9: F1
- Pin 10: GND

FI = 4
FI (S) = 1

74381	Typ - Type - Tipo		Hersteller Production Fabricants Produttori Fabricantes	Bild Fig. Fig. Sec 3	I_S &I_R mA	t_{PD} E→Q ns$_{typ}$ ↓ ↕ ↑	t_{PD} E→Q ns$_{max}$ ↓ ↕ ↑	Bem./Note f_T §f_Z &f_E MHz
0...70°C § 0...75°C	−40...85°C § −25...85°C	−55...125°C						
SN74LS381AJ		SN54LS381AJ	Tix	20c	35	14 18	21 27	
SN74LS381AN			Tix	20a	35	14 18	21 27	
S								
DM74S381J		DM54S381J	Nsc	20c	<89		11,5 11,5	
DM74S381N			Nsc	20a	<89		11,5 11,5	
SN74S381J		SN54S381J	Tix	20c	105	10 10	17 17	
SN74S381N			Tix	20a	105	10 10	17 17	

Input			Funktion*
S2	S1	S0	
L	L	L	Clear
L	L	H	B − A
L	H	L	A − B
L	H	H	A + B
H	L	L	(A, $\overline{B}$) + ($\overline{A}$, B)
H	L	H	A + B
H	H	L	A · B
H	H	H	Preset

* Function · Fonction · Funzione · Función

74382
Output: TP

4-Bit ALU (arithmetische und logische Einheit)
4-bit ALU (arithmetic and logic unit)
Unité arithmétique et logique ALU 4 bits
4-bit ALU (unita aritmetica e logica)
Unidad aritmético-lógica (ALU) de 4 bits

74382	Typ - Type - Tipo			Hersteller Production Fabricants Produttori Fabricantes	Bild Fig. Fig. Sec 3	I_S &I_R mA	t_{PD} E→Q ns$_{typ}$ ↓↑ ↑↓ ↑↓	t_{PD} E→Q ns$_{max}$ ↓↑ ↑↓ ↑↓	Bem./Note f_T §f_Z &f_E MHz
0...70°C § 0...75°C	−40...85°C § −25...85°C	−55...125°C							
	SN74LS382J SN74LS382N		SN54LS382J	Tix Tix	20c 20a	35 35	14 18 14 18	21 27 21 27	

Pinout (20-pin DIP):
- Pin 20: U_S
- Pin 19: A2
- Pin 18: B2
- Pin 17: A3
- Pin 16: B3
- Pin 15: C_n (carry in)
- Pin 14: C_{n+4} (carry out)
- Pin 13: OVR (overflow)
- Pin 12: F3
- Pin 11: F2
- Pin 10: GND
- Pin 9: F1
- Pin 8: F0
- Pin 7: S2
- Pin 6: S1
- Pin 5: S0
- Pin 4: B0
- Pin 3: A0
- Pin 2: B1
- Pin 1: A1

FI = 4
FI (S) = 1

Input			Funktion*
S2	S1	S0	
L	L	L	Clear
L	L	H	B − A
L	H	L	A − B
L	H	H	A + B
H	L	L	$(A, \overline{B}) + (\overline{A}, B)$
H	L	H	A + B
H	H	L	A · B
H	H	H	Preset

* Function · Fonction · Funzione · Función

74384
Output: TP

8x1-Bit 2er-Komplement-Multiplizierer
8-bit-by-1-bit 2's complement rate multiplier
Multiplicateur complémentaire à 2, 8x1 bit
8x1-bit moltiplicatore complementare a 2
Multiplicador en complemento a 2 de 8x1 bits

Pinout (DIP-16):
- 16: U_S
- 15: Y
- 14: X4
- 13: X5
- 12: X6
- 11: X7
- 10: K
- 9: MODE
- 1: $\overline{CLR}$
- 2: X3
- 3: X2
- 4: X1
- 5: X0
- 6: PROD
- 7: CLK
- 8: GND

Durch CLR = Low wird der Multiplikand über X0...X7 parallel geladen. Multipliziert wird bei jedem Taktzyklus an CLK mit dem an Y anliegenden Bit. Somit muß der Multiplikator seriell (LSB zuerst) übertragen werden, ebenso wie das Produkt, das bitweise an PROD zur Verfügung steht. Zur Kaskadierung kann PROD an den K-Anschluß des nächsten (höherwertigeren) Schaltkreises angeschlossen werden. Der MODE-Eingang muß bei dem IC, das das MSB enthält = Low sein, bei allen anderen = High.

With CLR = low, the multiplicand is loaded parallel via X0...X7. Multiplication is effected at each clock cycle at CLK with the bit at Y. The multiplier must therefore be transferred serially (LSB first), as must the product, which is available in bits at PROD. PROD can be connected to the channel trunk of the next (higher-order) circuit for cascading. In the IC that contains the MSB, the MODE input must be = low, and in all others it must be = high.

X0...X7 par CLR = Low. La multiplication est effectuée avec le bit appliqué à Y à chaque cycle d'horloge présent sur CLK. Le multiplicateur doit ainsi être transmis séquentiellement (le bit de poids faible [LSB] d'abord), de même que le produit qui est disponible à PROD. Pour une connexion en cascade, la broche PROD peut être reliée au raccordement K du circuit suivant (de poids fort). L'entrée MODE doit être celle du CI qui comporte le MSB (bit de poids fort) = Low, pour tous les autres = High.

Per mezzo del CLR = Low attraverso X0...X7 il moltiplicando viene caricato parallelamente. La moltiplicazione avviene ad ogni cadenza di ciclo al CLK col bit adiacente al Y. Con ciò il moltiplicatore dev'essere trasmesso in modo seriale (prima LSB) in pari modo come il prodotto che stà a disposizione al PROD in forma di bit. Per il collegamento in cascata il PROD può essere attaccato al collegamento K del prossimo circuito logico (di valore più alto). Presso IC, che contiene il MSB, l'entrata MODE dev'essere = Low, presso tutti gli altri = High.

Mediante señal low en CLR se carga el multiplicando en paralelo a través de las entradas X0...X7. La multiplicación con el bit aplicado a la entrada Y se efectúa con cada ciclo de reloj en CLK. Por tanto es preciso transmitir el multiplicador en serie (primero el LSB), al igual que el producto, que aparece bit a bit en la salida PROD. En las conexiones en cascada puede conectarse PROD a la entrada K del circuito siguiente (de mayor peso). La entrada MODE debe estar a nivel low en el circuito integrado que contiene el MSB, y en todos los demás a nivel high.

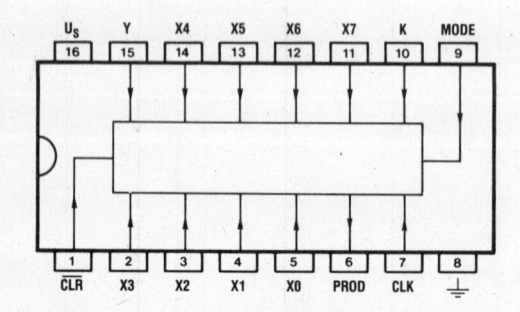

74384	Typ - Type - Tipo		Hersteller Production Fabricants Produttori Fabricantes	Bild Fig. Fig. Sec 3	I_S & I_R mA	t_{PD} E→Q ns_{typ} ↓ ↕ ↑	t_{PD} E→Q ns_{max} ↓ ↕ ↑	Bem./Note f_T §f_Z & f_E MHz
0...70°C § 0...75°C	−40...85°C § −25...85°C	−55...125°C						
§CD74HC384E			Rca	16a				
		CD54HC384F	Rca	16c				
HCT								
§CD74HCT384E			Rca	16a				
		CD54HCT384F	Rca	16c				
LS								
SN74LS384J	SN54LS384J		Tix	16c	91	15 15	23 23	25
SN74LS384N			Tix	16a	91	15 15	23 23	25
		SN54LS384W	Tix	16n	91	15 15	23 23	25

2-354

74385
Output: TP

4 serielle Addierer / Subtrahierer mit internem Übertrag
4 serial adders / subtractors with internal carry
4 additionneurs / substracteurs série avec report interne
4 addizionatore / sottrattori seriali con riporto interno
4 sumadores / restadores serie con acarreo interno

74385	Typ - Type - Tipo			Hersteller Production Fabricants Produttori Fabricantes	Bild Fig. Fig. Sec 3	I_S &I_R mA	t_{PD} E→Q ns$_{typ}$ ↓ ↓ ↑		t_{PD} E→Q ns$_{max}$ ↓ ↓ ↑		Bem./Note f_T §f_Z &f_E MHz
0...70°C § 0...75°C	−40...85°C § −25...85°C	−55...125°C									
SN74LS385J		SN54LS385J		Tix	20c	48	18	14	27	22	30
SN74LS385N				Tix	20a	48	18	14	27	22	30

Pinout (20-pin):
- Top: 20 U_S | 19 Σ | 18 S/$\bar{A}$ | 17 B | 16 A | 15 A | 14 B | 13 S/$\bar{A}$ | 12 Σ | 11 CLR
- Bottom: 1 CLK | 2 Σ | 3 S/$\bar{A}$ | 4 B | 5 A | 6 A | 7 B | 8 S/$\bar{A}$ | 9 Σ | 10 ⏚

Inputs					Internal/Carry		Out	Function
CLR	S/$\bar{A}$	A	B	CLK	t_n	t_{n+1}	Σ	
L	L	X	X	X	X	L	L	clear
L	H	X	X	X	X	H	H	
H	L	L	L	⌐	L	L	L	add
H	L	L	L	⌐	H	L	H	
H	L	L	H	⌐	L	L	L	
H	L	L	H	⌐	H	H	L	
H	L	H	L	⌐	L	L	L	
H	L	H	L	⌐	H	H	L	
H	L	H	H	⌐	L	H	L	
H	L	H	H	⌐	H	H	H	
H	H	L	L	⌐	L	L	H	subtract
H	H	L	L	⌐	H	H	L	
H	H	L	H	⌐	L	L	H	
H	H	L	H	⌐	H	L	H	
H	H	H	L	⌐	L	H	H	
H	H	H	L	⌐	H	H	H	
H	H	H	H	⌐	L	L	H	
H	H	H	H	⌐	H	H	L	

74386
Output: TP

EX-OR-Gatter / EX-OR gates / Porte EX-OR / Circuito porta EX-OR / Puertas EX-OR

FI = 2

Logiktabelle siehe Section 1
Function table see section 1
Tableau logique voir section 1
Per tavola di logica vedi sezione 1
Tabla de verdad, ver sección 1

74386			Typ - Type - Tipo		Hersteller Production Fabricants Produttori Fabricantes	Bild Fig. Fig. Sec 3	I_S &I_R mA	t_{PD} E→Q ns_{typ} ↓↕↑		t_{PD} E→Q ns_{max} ↓↕↑		Bem./Note f_T §f_Z &f_E MHz
0...70°C § 0...75°C	−40...85°C § −25...85°C	−55...125°C										
MB74LS386M					Fui	14c	<10			12	30	
SN74LS386J			SN54LS386J		Tix	14c	6,1	10	10	17	17	
SN74LS386N					Tix	14a	6,1	10	10	17	17	
			SN54LS386W		Tix	14n	6,1	10	10	17	17	
SN74LS386AJ			SN54LS386AJ		Tix	14c	6,1			22	30	
SN74LS386AN					Tix	14a	6,1			22	30	
			SN54LS386AW		Tix	14n	6,1			22	30	
74LS386DC			54LS386DM		Fch	14c	6,1			17	12	
74LS386FC			54LS386FM		Fch	14p	6,1			17	12	
74LS386J			54LS386J		Ray	14c	<10			12	30	
74LS386PC					Fch	14a	6,1			17	12	

74386			Typ - Type - Tipo		Hersteller Production Fabricants Produttori Fabricantes	Bild Fig. Fig. Sec 3	I_S &I_R mA	t_{PD} E→Q ns_{typ} ↓↕↑		t_{PD} E→Q ns_{max} ↓↕↑		Bem./Note f_T §f_Z &f_E MHz
0...70°C § 0...75°C	−40...85°C § −25...85°C	−55...125°C										
		SN54HC386FH			Tix	cc	<2u			17	17	
SN74HC386FH					Tix	cc	<2u			17	17	
		SN54HC386FK			Tix	cc	<2u			17	17	
SN74HC386FN					Tix	cc	<2u			17	17	
		SN54HC386J			Tix	14c	<2u			17	17	
SN74HC386J					Tix	14c	<2u			17	17	
SN74HC386N					Tix	14a	<2u			17	17	

LS
DM74LS386J
DM74LS386N
HD74LS386
M74LS386
MB74LS386

74386 LS			Typ		Hersteller	Bild	I_S			t_{PD} max		
DM74LS386J		DM54LS386J			Nsc	14c	<10			12	30	
DM74LS386N					Nsc	14a	<10			12	30	
HD74LS386					Hit	14a	<10			12	30	
M74LS386					Mit	14a	<10			12	30	
MB74LS386					Fui	14a	<10			12	30	

74387
Output: OC

256x4-Bit PROM (programmierbarer Lesespeicher)
256x4-bit PROM (programmable read-only memory)
PROM à 256x4 bits (mémoire de lecture programmable)
PROM di 256x4 bit (memoria di lettura programmabile)
PROM (memoria de sólo lectura programable) de 256x4 bits

$FI = 0,5$

Pinout (DIP-16):
- Pin 16: U_S
- Pin 15: A7
- Pin 14: FE2
- Pin 13: FE1
- Pin 12: D0
- Pin 11: D1
- Pin 10: D2
- Pin 9: D3
- Pin 8: ⏚
- Pin 7: A2
- Pin 6: A1
- Pin 5: A0
- Pin 4: A3
- Pin 3: A4
- Pin 2: A5
- Pin 1: A6

74387	Typ - Type - Tipo			Hersteller Production Fabricants Produttori Fabricantes	Bild Fig. Fig. Sec 3	I_S &I_R mA	t_{PD} E→Q ns$_{typ}$ ↓ ↕ ↑		t_{PD} E→Q ns$_{max}$ ↓ ↕ ↑		Bem./Note f_T §f_Z &f_E MHz
0...70°C § 0...75°C	−40...85°C § −25...85°C	−55...125°C									
SN74S387J SN74S387N		SN54S387J		Tix	16c	100	42	42			
				Tix	16a	100	42	42			
		SN54S387W		Tix	16n	100	42	42			

Input									Output
FE1	FE2	A7	A6	A5	A4	A3	A2	A1	A0	Wort*
H	X	X	X	X	X	X	X	X	X	—
X	H	X	X	X	X	X	X	X	X	—
L	L	L	L	L	L	L	L	L	L	0
L	L	L	L	L	L	L	L	L	H	1
:	:	:	:	:	:	:	:	:	:	:
L	L	H	H	H	H	H	H	H	L	254
L	L	H	H	H	H	H	H	H	H	255

*word · mot · parola · palabra

Siehe auch Section 5
See also section 5
Voir aussi section 5
Vedi anche sezione 5
Veáse tambien sección 5

2-357

74390
Output: TP

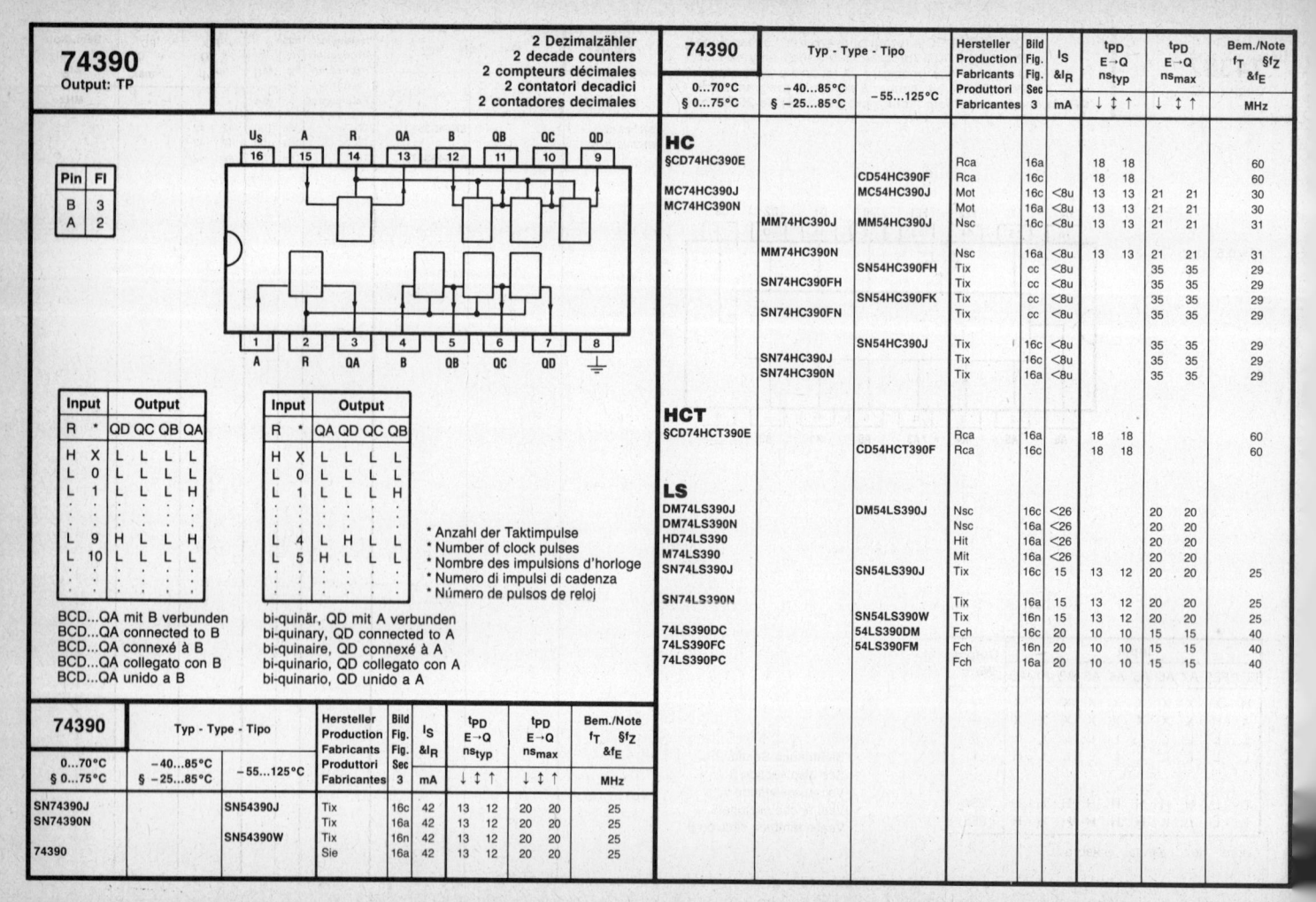

2 Dezimalzähler
2 decade counters
2 compteurs décimales
2 contatori decadici
2 contadores decimales

Pin	FI
B	3
A	2

Pinout: U_S=16, A=15, R=14, QA=13, B=12, QB=11, QC=10, QD=9; 1=R, 2=A, 3=QA, 4=B, 5=QB, 6=QC, 7=QD, 8=GND

Input		Output			
R	*	QD	QC	QB	QA
H	X	L	L	L	L
L	0	L	L	L	L
L	1	L	L	L	H
:	:	:	:	:	:
L	9	H	L	L	H
L	10	L	L	L	L
:	:	:	:	:	:

Input		Output			
R	*	QA	QD	QC	QB
H	X	L	L	L	L
L	0	L	L	L	L
L	1	L	L	L	H
:	:	:	:	:	:
L	4	L	H	L	L
L	5	H	L	L	L
:	:	:	:	:	:

* Anzahl der Taktimpulse
* Number of clock pulses
* Nombre des impulsions d'horloge
* Numero di impulsi di cadenza
* Número de pulsos de reloj

BCD...QA mit B verbunden — bi-quinär, QD mit A verbunden
BCD...QA connected to B — bi-quinary, QD connected to A
BCD...QA connexé à B — bi-quinaire, QD connexé à A
BCD...QA collegato con B — bi-quinario, QD collegato con A
BCD...QA unido a B — bi-quinario, QD unido a A

74390			Typ - Type - Tipo		Hersteller Production Fabricants Produttori Fabricantes	Bild Fig. Fig. Sec 3	I_S &I_R mA	t_{PD} E→Q ns_{typ} ↓ ↕ ↑	t_{PD} E→Q ns_{max} ↓ ↕ ↑	Bem./Note f_T §f_Z &f_E MHz
0...70°C § 0...75°C		−40...85°C § −25...85°C	−55...125°C							
HC										
§CD74HC390E					Rca	16a		18 18		60
			CD54HC390F		Rca	16c		18 18		60
MC74HC390J			MC54HC390J		Mot	16c	<8u	13 13	21 21	30
MC74HC390N					Mot	16a	<8u	13 13	21 21	30
			MM74HC390J	MM54HC390J	Nsc	16c	<8u	13 13	21 21	31
MM74HC390N					Nsc	16a	<8u	13 13	21 21	31
			SN54HC390FH		Tix	cc	<8u		35 35	29
SN74HC390FH					Tix	cc	<8u		35 35	29
			SN54HC390FK		Tix	cc	<8u		35 35	29
SN74HC390FN					Tix	cc	<8u		35 35	29
			SN54HC390J		Tix	16c	<8u		35 35	29
SN74HC390J					Tix	16c	<8u		35 35	29
SN74HC390N					Tix	16a	<8u		35 35	29
HCT										
§CD74HCT390E					Rca	16a		18 18		60
			CD54HCT390F		Rca	16c		18 18		60
LS										
DM74LS390J			DM54LS390J		Nsc	16c	<26		20 20	
DM74LS390N					Nsc	16a	<26		20 20	
HD74LS390					Hit	16a	<26		20 20	
M74LS390					Mit	16a	<26		20 20	
SN74LS390J			SN54LS390J		Tix	16c	15	13 12	20 20	25
SN74LS390N					Tix	16a	15	13 12	20 20	25
			SN54LS390W		Tix	16n	15	13 12	20 20	25
74LS390DC			54LS390DM		Fch	16c	20	10 10	15 15	40
74LS390FC			54LS390FM		Fch	16n	20	10 10	15 15	40
74LS390PC					Fch	16a	20	10 10	15 15	40

74390			Typ - Type - Tipo	Hersteller Production Fabricants Produttori Fabricantes	Bild Fig. Fig. Sec 3	I_S &I_R mA	t_{PD} E→Q ns_{typ} ↓ ↕ ↑	t_{PD} E→Q ns_{max} ↓ ↕ ↑	Bem./Note f_T §f_Z &f_E MHz
0...70°C § 0...75°C		−40...85°C § −25...85°C	−55...125°C						
SN74390J			SN54390J	Tix	16c	42	13 12	20 20	25
SN74390N				Tix	16a	42	13 12	20 20	25
			SN54390W	Tix	16n	42	13 12	20 20	25
74390				Sie	16a	42	13 12	20 20	25

74393
Output: TP

2 Binärzählerr / 2 binary counters / 2 compteurs binaires / 2 contatori binarii / 2 contadores binarios

Pin	Fl
A	2

Input		Output			
R	*	QA	QD	QC	QB
H	X	L	L	L	L
L	0	L	L	L	L
L	1	L	L	L	H
.	.	.	.	.	.
L	15	H	H	H	H
L	16	L	L	L	L
.	.	.	.	.	.

* Anzahl der Taktimpulse
* Number of clock pulses
* Nombre des impulsions d'horloge
* Numero di impulsi di cadenza
* Número de pulsos de reloj

74393	Typ - Type - Tipo			Hersteller Production Fabricants Produttori Fabricantes	Bild Fig. Fig. Sec 3	I_S &I_R mA	t_{PD} E→Q ns_{typ} ↓ ↕ ↑	t_{PD} E→Q ns_{max} ↓ ↕ ↑	Bem./Note f_T §f_Z &f_E MHz
	0...70°C § 0...75°C	−40...85°C § −25...85°C	−55...125°C						
HC									
§CD74HC393E				Rca	14a		18 18		60
			CD54HC393F	Rca	14c		18 18		60
MC74HC393J			MC54HC393J	Mot	14c	<8u	13 13	21 21	30
MC74HC393N				Mot	14a	<8u	13 13	21 21	30
	MM74HC393J		MM54HC393J	Nsc	14c	<8u	13 13	21 21	31
	MM74HC393N			Nsc	14a	<8u	13 13	21 21	31
		SN74HC393FH	SN54HC393FH	Tix	cc	<8u		35 35	29
		SN74HC393FH		Tix	cc	<8u		35 35	29
			SN54HC393FK	Tix	cc	<8u		35 35	29
		SN74HC393FN		Tix	cc	<8u		35 35	29
			SN54HC393J	Tix	14c	<8u		35 35	29
		SN74HC393J		Tix	14c	<8u		35 35	29
		SN74HC393N		Tix	14a	<8u		35 35	29
HCT									
§CD74HCT393E				Rca	14a		18 18		60
			CD54HCT393F	Rca	14c		18 18		60
LS									
DM74LS393J			DM54LS393J	Nsc	14c	<26		20 20	
DM74LS393N				Nsc	14a	<26		20 20	
HD74LS393				Hit	14a	<26		20 20	
M74LS393				Mit	14a	<26		20 20	
SN74LS393J			SN54LS393J	Tix	14c	15	13 12	20 20	25

74393	Typ - Type - Tipo			Hersteller Production Fabricants Produttori Fabricantes	Bild Fig. Fig. Sec 3	I_S &I_R mA	t_{PD} E→Q ns_{typ} ↓ ↕ ↑	t_{PD} E→Q ns_{max} ↓ ↕ ↑	Bem./Note f_T §f_Z &f_E MHz
	0...70°C § 0...75°C	−40...85°C § −25...85°C	−55...125°C						
SN74393J			SN54393J	Tix	14c	38	13 12	20 20	25
SN74393N				Tix	14a	38	13 12	20 20	25
			SN54393W	Tix	14n	38	13 12	20 20	25
74393				Sie	14a	38	13 12	20 20	25

2-359

74395
Output: TS

4-Bit Schieberegister
4-bit shift register
Registre de décalage à 4 bits
Registro scorrevole di 4 bit
Registro de desplazamiento de 4 bits

FI = 1,1

Pinout (DIP-16):
- Pin 16: U_S
- Pin 15: QA
- Pin 14: QB
- Pin 13: QC
- Pin 12: QD
- Pin 11: SQ
- Pin 10: T
- Pin 9: FE
- Pin 1: R
- Pin 2: SE
- Pin 3: A
- Pin 4: B
- Pin 5: C
- Pin 6: D
- Pin 7: BA
- Pin 8: GND

74395	Typ - Type - Tipo		Hersteller Production Fabricants Produttori Fabricantes	Bild Fig. Fig. Sec	I_S &I_R	t_{PD} E→Q ns_{typ}	t_{PD} E→Q ns_{max}	Bem./Note f_T §f_Z &f_E
0...70°C § 0...75°C	−40...85°C § −25...85°C	−55...125°C		3	mA	↓ ↕ ↑	↓ ↕ ↑	MHz
LS								
M74LS395			Mit	16a	<34		30 30	
SN74LS395J	SN54LS395J		Tix	16c	16	21 18	32 27	35
SN74LS395N			Tix	16a	16	21 18	32 27	35
	SN54LS395W		Tix	16n	16	21 18	32 27	35
SN74LS395AJ	SN54LS395AJ		Tix	16c	22	20 15	30 30	30
SN74LS395AN			Tix	16a	22	20 15	30 30	30
	SN54LS395AW		Tix	16n	22	20 15	30 30	30
74LS395DC	54LS395DM		Fch	16c	<29		25 35	30
74LS395FC	54LS395FM		Fch	16n	<29		25 35	30
74LS395J	54LS395J		Ray	16c	<34		30 30	
74LS395PC			Fch	16a	<29		25 35	30

Input				Output			
R	FE	BA	T	SE	QA	QB	QC	QD
X	H	X	X	X	Z**	Z**	Z**	Z**
L	L	X	X	X	L	L	L	L
H	L	X	H	X	keine Veränderung*			
H	L	H	↓	X	A	B	C	D
H	L	L	↓		SE	QA	QB	QC

** Hochohmig
* No change
** High impedance
* Pas de modification
** Haute impédance
* Senza alterazione
** Alta resistenza
* Sin modificación
** Alta impedancia

74395	Typ - Type - Tipo		Hersteller Production Fabricants Produttori Fabricantes	Bild Fig. Fig. Sec	I_S &I_R	t_{PD} E→Q ns_{typ}	t_{PD} E→Q ns_{max}	Bem./Note f_T §f_Z &f_E
0...70°C § 0...75°C	−40...85°C § −25...85°C	−55...125°C		3	mA	↓ ↕ ↑	↓ ↕ ↑	MHz
SN74AS395FN		SN54AS395J	Tix	cc				
SN74AS395N			Tix	16c				
			Tix	16a				

74396
Output: TP

8-Bit Speicherregister
8-bit storage register
Registre mémoire 8 bits
8-bit registro di memoria
Registro de memoria de 8 bits

74396	Typ - Type - Tipo			Hersteller Production Fabricants Produttori Fabricantes	Bild Fig. Fig. Sec 3	I_S &I_R mA	t_{PD} E→Q ns$_{typ}$ ↓ ↑		t_{PD} E→Q ns$_{max}$ ↓ ↑		Bem./Note t_T §f_Z &f_E MHz
0...70°C § 0...75°C	−40...85°C § −25...85°C		−55...125°C								
SN74LS396J SN74LS396N			SN54LS396J SN54LS396W	Tix Tix Tix	16c 16a 16n	24 24 24	20 20 20	20 20 20	30 30 30	30 30 30	

Pinout (DIP-16):
- 16: U_S
- 15: $\overline{FE}$
- 14: 2Q4
- 13: 1Q4
- 12: D4
- 11: 2Q3
- 10: 1Q3
- 9: D3
- 1: 2Q1
- 2: 1Q1
- 3: D1
- 4: 2Q2
- 5: 1Q2
- 6: D2
- 7: CLK
- 8: ⏚

Das 8-Bit-Wort wird mit 2 Taktzyklen eingelesen: Mit der steigenden Flanke des Taktsignals wird der Inhalt des Digits 1 (1Q1...1Q4) zum 2. Digit übertragen (2Q1...2Q4) und die Dateneingänge D1...D4 ins 1. Digit übernommen. $\overline{FE}$ = H setzt alle Ausgänge auf Low.

The 8-bit word is read in with 2 clock cycles. The leading edge of the clock signal effects transfer of the contents of digit 1 (1Q1...1Q4) to the 2nd digit and transfer of data entries D1...D4 into the 1st digit. $\overline{FE}$ = H sets all outputs to low.

Le mot de 8 bits est lu à l'aide de 2 cycles d'horloge: Au moyen du flanc ascendant du signal d'horloge, le contenu du digit 1 (1Q1...1Q4) est transmis au 2ème digit (2Q1...2Q4) et les entrées des données D1...D4 sont transférées dans le 1er digit. $\overline{FE}$ = H positionne toutes les sorties au niveau Low.

Il read in della parola a 8 bit avviene mediante 2 cadenze di ciclo: col fianco crescente del segnale di ciclo viene trasmesso al 2° digit (2Q1...1Q4) del digit 1 (1Q1...1Q4) e le entrate dei dati D1...D4 assunte nel 1° digit. $\overline{FE}$ = H mette tutte le uscite su Low.

La palabra de 8 bits se lee en 2 ciclos de reloj: con el flanco creciente de la señal de reloj se transmite el contenido del dígito 1 (1Q1...1Q4) al dígito 2 (2Q1...2Q4) y se toman las entradas de datos D1...D4 en el 1er dígito. $\overline{FE}$ = H pone todas las salidas a nivel Low.

74398
Output: TP

4 2-zu-1-Multiplexer
4 2-line-to-1-line multiplexers
4 multiplexeurs 2 à 1
4 multiplatori 2 a 1
4 multiplexadores de 2 a 1

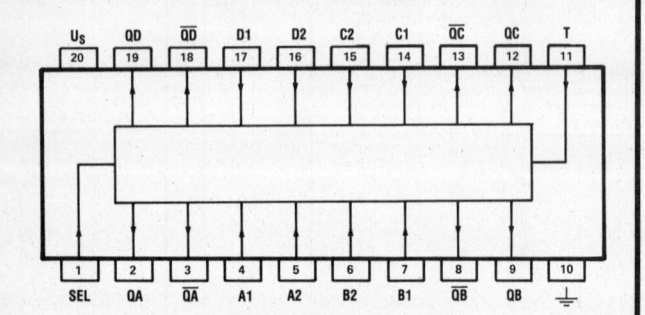

Pinout (DIP-20):
- 20: U_S
- 19: QD
- 18: $\overline{QD}$
- 17: D1
- 16: D2
- 15: C2
- 14: C1
- 13: $\overline{QC}$
- 12: QC
- 11: T
- 10: GND
- 9: QB
- 8: $\overline{QB}$
- 7: B1
- 6: B2
- 5: A2
- 4: A1
- 3: $\overline{QA}$
- 2: QA
- 1: SEL

Input		Output						
SEL	T	QA	QB	QC	$\overline{QA}$	$\overline{QB}$	$\overline{QC}$	$\overline{QD}$
X	L	keine Veränderung*						
L	↑	A1	B1	C1	D1	$\overline{A1}$	$\overline{B1}$	$\overline{C1}$	$\overline{D1}$
L	↑	A2	B2	C2	D2	$\overline{A2}$	$\overline{B2}$	$\overline{C2}$	$\overline{D2}$

* No change
* Pas de modification
* Senza alterazione
* Sin modificación

74399
Output: TP

4 2-zu-1-Multiplexer
4 2-line-to-1-line multiplexers
4 multiplexeurs 2 à 1
4 multiplatori 2 a 1
4 multiplexadores de 2 a 1

Pinout (DIP-16):
- 16: U_S
- 15: QD
- 14: D1
- 13: D2
- 12: C2
- 11: C1
- 10: QC
- 9: T
- 8: GND
- 7: QB
- 6: B1
- 5: B2
- 4: A2
- 3: A1
- 2: QA
- 1: SEL

Input		Output				
SEL	T	QA	QB	QC	QD	
X	L	keine Veränderung*				
L	↑	A1	B1	C1	D1	
L	↑	A2	B2	C2	D2	

* No change
* Pas de modification
* Senza alterazione
* Sin modificación

74398	Typ - Type - Tipo			Hersteller Production Fabricants Produttori Fabricantes	Bild Fig. Fig. Sec 3	I_S &I_R mA	t_{PD} E→Q ns typ ↓ ↕ ↑	t_{PD} E→Q ns max ↓ ↕ ↑	Bem./Note f_T §f_Z &f_E MHz
0...70°C § 0...75°C	−40...85°C § −25...85°C		−55...125°C						
SN74LS398J			SN54LS398J	Tix	20c	7,3	21 18	32 27	
SN74LS398N				Tix	20a	7,3	21 18	32 27	
74LS398PC				Fch	20a	7,3		32 27	

74399	Typ - Type - Tipo			Hersteller Production Fabricants Produttori Fabricantes	Bild Fig. Fig. Sec 3	I_S &I_R mA	t_{PD} E→Q ns typ ↓ ↕ ↑	t_{PD} E→Q ns max ↓ ↕ ↑	Bem./Note f_T §f_Z &f_E MHz
0...70°C § 0...75°C	−40...85°C § −25...85°C		−55...125°C						
SN74LS399J			SN54LS399J	Tix	16c	7,3	21 18	32 27	
SN74LS399N			SN54LS399W	Tix	16a	7,3	21 18	32 27	
74LS399DC			54LS399DM	Tix	16n	7,3	21 18	32 27	
74LS399FC			54LS399FM	Fch	16c	7,3		32 27	
				Fch	16n	7,3		32 27	
74LS399PC				Fch	16a	7,3		32 27	

74400
Output: TS

4096x1-Bit RAM (Schreib- / Lesespeicher)
4096x1 bit RAM (random access memory)
RAM 4096x1 bit (mémoire d'inscription / lecture)
RAM di 4096x1 bit (memoria ad accesso aleatorio)
RAM (memoria de lectura y escritura) de 4096x1 bits

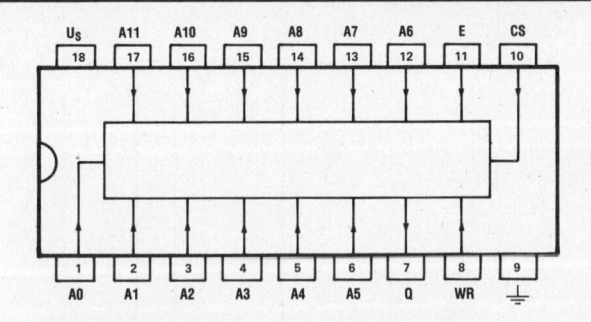

Pinout:
- Pin 18: U_S
- Pin 17: A11
- Pin 16: A10
- Pin 15: A9
- Pin 14: A8
- Pin 13: A7
- Pin 12: A6
- Pin 11: E
- Pin 10: CS
- Pin 1: A0
- Pin 2: A1
- Pin 3: A2
- Pin 4: A3
- Pin 5: A4
- Pin 6: A5
- Pin 7: Q
- Pin 8: WR
- Pin 9: ⏚

CS	WR	Funktion · Function · Fonction Funzione · Función	Ausgang · Output · Sortie Uscita · Salida
↑ L; ↑, H	H L	Sperren · inhibit · bloçage bloccare · bloqueo	Z
↓	L	Schreiben · write · mémorisation immissione · escritura	Z
↓	H	Lesen · read · lecture · lettura lectura	adressierte Daten · adressed data données adressées · dati indirizzati · datos direccionados
L	H	Anhalten · hold · arrêt · fermare retención	letzte Daten · last data · données précédentes · dati precedenti datos precedentes

Siehe auch Section 4 · See also section 4 · Voir aussi section 4 · Vedi anche sezione 4
Veasé tambien sección 4

74400	Typ - Type - Tipo		Hersteller Production Fabricants Produttori Fabricantes	Bild Fig. Fig. Sec 3	I_S &I_R	t_{PD} E→Q ns$_{typ}$	t_{PD} E→Q ns$_{max}$	Bem./Note f_T §f_Z &f_E
0...70°C § 0...75°C	−40...85°C § −25...85°C	−55...125°C			mA	↓ ↕ ↑	↓ ↕ ↑	MHz
SN74S400J SN74S400N		SN54S400J	Tix Tix	18c 18a	100 100			

74401
Output: OC

4096x1-Bit RAM (Schreib- / Lesespeicher)
4096x1 bit RAM (random access memory)
RAM 4096x1 bit (mémoire d'inscription / lecture)
RAM di 4096x1 bit (memoria ad accesso aleatorio)
RAM (memoria de lectura y escritura) de 4096x1 bits

Pinout:
- Pin 18: U_S
- Pin 17: A11
- Pin 16: A10
- Pin 15: A9
- Pin 14: A8
- Pin 13: A7
- Pin 12: A6
- Pin 11: E
- Pin 10: CS
- Pin 1: A0
- Pin 2: A1
- Pin 3: A2
- Pin 4: A3
- Pin 5: A4
- Pin 6: A5
- Pin 7: Q
- Pin 8: WR
- Pin 9: ⏚

CS	WR	Funktion · Function · Fonction Funzione · Función	Ausgang · Output · Sortie Uscita · Salida
↑ L; ↑, H	H L	Sperren · inhibit · bloçage bloccare · bloqueo	Z
↓	L	Schreiben · write · mémorisation immissione · escritura	Z
↓	H	Lesen · read · lecture · lettura lectura	adressierte Daten · adressed data données adressées · dati indirizzati · datos direccionados
L	H	Anhalten · hold · arrêt · fermare retención	letzte Daten · last data · données précédentes · dati precedenti datos precedentes

Siehe auch Section 4 · See also section 4 · Voir aussi section 4 · Vedi anche sezione 4
Veasé tambien sección 4

74401	Typ - Type - Tipo		Hersteller Production Fabricants Produttori Fabricantes	Bild Fig. Fig. Sec 3	I_S &I_R	t_{PD} E→Q ns$_{typ}$	t_{PD} E→Q ns$_{max}$	Bem./Note f_T §f_Z &f_E
0...70°C § 0...75°C	−40...85°C § −25...85°C	−55...125°C			mA	↓ ↕ ↑	↓ ↕ ↑	MHz
SN74S401J SN74S401N		SN54S401J	Tix Tix	18c 18a	100 100			

74412
Output: TS

8-Bit Multifunktionslatch (= Intel 8212)
8-bit multi function latch (= Intel 8212)
Latch multifonction 8 bits (= Intel 8212)
8-bit latch a funzioni multiple (= Intel 8212)
Registro-latch multifunción de 8 bits (= Intel 8212)

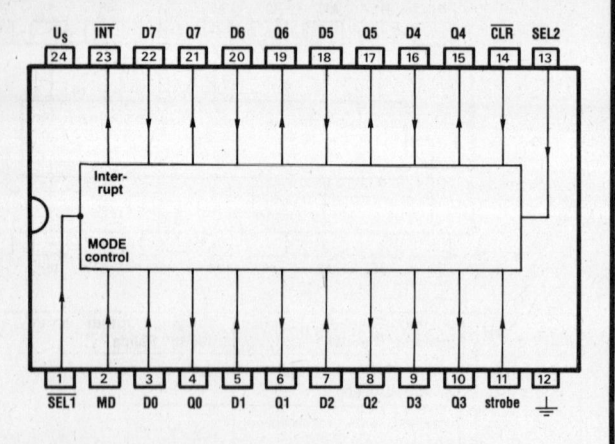

74412	Typ - Type - Tipo		Hersteller Production Fabricants Produttori Fabricantes	Bild Fig. Fig. Sec	I_S &I_R	t_{PD} E→Q ns$_{typ}$			t_{PD} E→Q ns$_{max}$			Bem./Note f_T §f_Z &f_E
0...70°C § 0...75°C	−40...85°C § −25...85°C	−55...125°C		3	mA	↓	↕	↑	↓	↕	↑	MHz
M74S412			Mit	24g								
SN74S412J		SN54S412J	Tix	24d	82	10		12	20		20	
SN74S412N			Tix	24g	82	10		12	20		20	

Pinout (24-pin DIP):
- Top (pins 24–13): U_S, $\overline{INT}$, D7, Q7, D6, Q6, D5, Q5, D4, Q4, $\overline{CLR}$, SEL2
- Bottom (pins 1–12): $\overline{SEL1}$, MD, D0, Q0, D1, Q1, D2, Q2, D3, Q3, strobe, ⏚
- Internal blocks: Interrupt, MODE control

Inputs						Output	
$\overline{CLR}$	MD	$\overline{SEL1}$	SEL2	STROBE	D_n	Q_n	Function
L	H	H	X	X	X	L	clear
L	L	L	H	L	X	L	
X	L	X	L	X	X	Z	de-select
X	L	H	X	X	X	Z	
H	H	H	L	X	X	Q_n	hold
H	L	L	H	X	X	Q_n	
H	H	L	H	X	L	L	
H	H	L	H	X	H	H	data ont
H	H	L	H	H	L	L	
H	H	L	H	H	H	H	

Inputs				Interrupt Output
$\overline{CLR}$	$\overline{SEL1}$	SEL2	STROBE	$\overline{INT}$
L	H	X	X	H
L	X	L	X	H
H	X	X	⌐	L
H	L	H	X	L

74422
Output: TP

Nachtriggerbares Monoflop
Retriggerable monostable multivibrator
Monostable redéclenchable
Multivibratore monostabile rieccitabile
Multivibrador monoestable redisparable

74422	Typ - Type - Tipo		Hersteller Production Fabricants Produttori Fabricantes	Bild Fig. Fig. Sec 3	I_S &I_R mA	t_{PD} E→Q ns$_{typ}$ ↓↕↑		t_{PD} E→Q ns$_{max}$ ↓↕↑		Bem./Note f_T §f_Z &f_E MHz
0...70°C § 0...75°C	−40...85°C § −25...85°C	−55...125°C								
SN74LS422J		SN54LS422J	Tix	14c	6	33	23	56	44	
SN74LS422N			Tix	14a	6	33	23	56	44	
		SN54LS422W	Tix	14n	6	33	23	56	44	

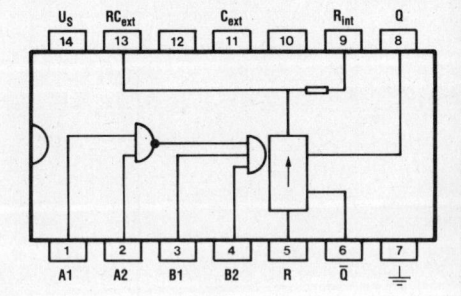

Pin	Fl N	L
A, B	1	4,5
R	2	9

Pinout (14-pin): U_S (14), RC_{ext} (13), 12, C_{ext} (11), 10, R_{int} (9), Q (8), 7 (⏚), $\overline{Q}$ (6), R (5), B2 (4), B1 (3), A2 (2), A1 (1)

Input				Output	
R	A1	A2	B1	B2	Q	$\overline{Q}$
L	X	X	X	X	L	H
X	H	H	X	X	L	H
X	X	X	L	L	L	H
X	X	X	X	L	L	H
X	L	X	H	H	L	H
X	X	L	H	H	L	H
H	L	X	↑	H	⎍	⎎
H	X	L	↑	H	⎍	⎎
H	X	L	H	↑	⎍	⎎
H	H	↓	H	H	⎍	⎎
H	↓	H	H	H	⎍	⎎
↑	L	X	H	H	⎍	⎎
↑	X	L	H	H	⎍	⎎

		min	typ	max	
A→Q	↑		22	33	ns
A→Q	↓		30	40	ns
B→Q	↑		19	28	ns
B→Q	↓		27	36	ns
R→Q	↓		18	27	ns
R→Q	↑		30	40	ns
t_Q			45	60	ns

74423
Output: TP

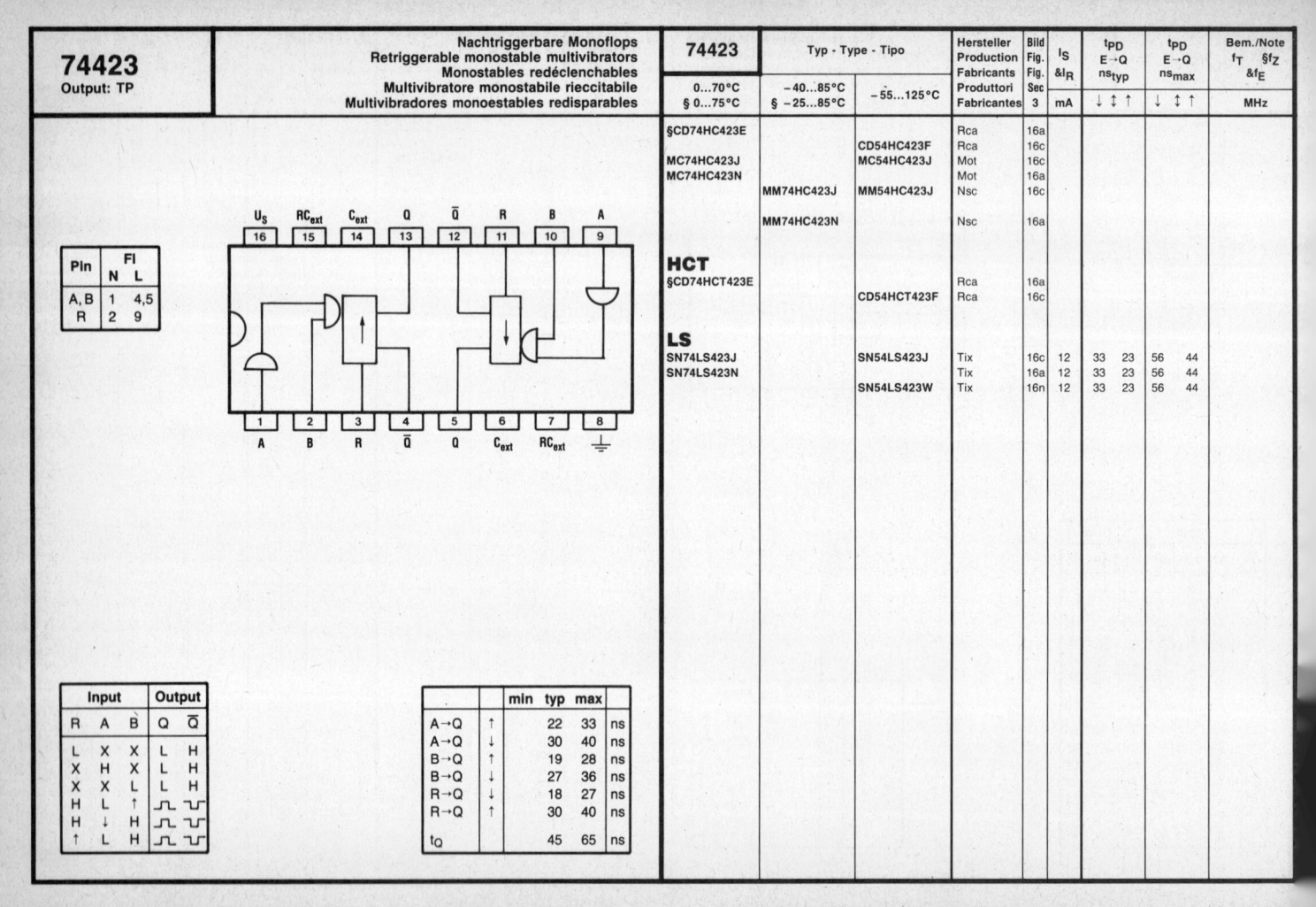

Nachtriggerbare Monoflops
Retriggerable monostable multivibrators
Monostables redéclenchables
Multivibratore monostabile rieccitabile
Multivibradores monoestables redisparables

Pin	Fl N	Fl L
A,B	1	4,5
R	2	9

Pinout: U_S (16), RC_{ext} (15), C_{ext} (14), Q (13), $\bar{Q}$ (12), R (11), B (10), A (9), GND (8), RC_{ext} (7), C_{ext} (6), Q (5), $\bar{Q}$ (4), R (3), B (2), A (1)

Input		Output	
R	A	B	Q / $\bar{Q}$
L	X	X	L / H
X	H	X	L / H
X	X	L	L / H
H	L	↑	⊓ / ⊔
H	↓	H	⊓ / ⊔
↑	L	H	⊓ / ⊔

74423			Typ - Type - Tipo		Hersteller Production Fabricants Produttori Fabricantes	Bild Fig. Fig. Sec 3	I_S &I_R mA	t_{PD} E→Q ns_{typ} ↓ ↕ ↑			t_{PD} E→Q ns_{max} ↓ ↕ ↑			Bem./Note f_T §f_Z &f_E MHz
0...70°C § 0...75°C	−40...85°C § −25...85°C	−55...125°C												
§CD74HC423E					Rca	16a								
		CD54HC423F			Rca	16c								
MC74HC423J					Mot	16a								
		MC54HC423J			Mot	16c								
MC74HC423N					Mot	16a								
	MM74HC423J	MM54HC423J			Nsc	16c								
	MM74HC423N				Nsc	16a								

HCT

§CD74HCT423E					Rca	16a								
		CD54HCT423F			Rca	16c								

LS

SN74LS423J		SN54LS423J			Tix	16c	12	33	23		56	44		
SN74LS423N					Tix	16a	12	33	23		56	44		
		SN54LS423W			Tix	16n	12	33	23		56	44		

		min	typ	max	
A→Q	↑		22	33	ns
A→Q	↓		30	40	ns
B→Q	↑		19	28	ns
B→Q	↓		27	36	ns
R→Q	↓		18	27	ns
R→Q	↑		30	40	ns
t_Q			45	65	ns

74424
Output: TP

Taktgenerator für den 8080
Clock generator for the 8080
Générateur de cadence pour le 8080
Generatore d'impulsi per l'8080
Generador de reloj para el 8080

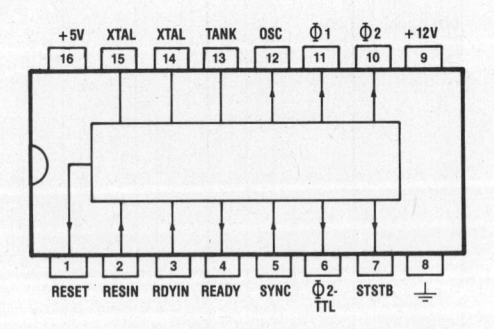

Pinout (DIP-16):
- 16: +5V
- 15: XTAL
- 14: XTAL
- 13: TANK
- 12: OSC
- 11: $\phi 1$
- 10: $\phi 2$
- 9: +12V
- 1: RESET
- 2: RESIN
- 3: RDYIN
- 4: READY
- 5: SYNC
- 6: $\phi 2$-TTL
- 7: STSTB
- 8: GND

Parameter		min	typ	max	
I_{CC}	(+5 V)		70	115	mA
I_{DD}	(+12 V)	3	6	12	mA
f_{max}	(OSC)	27			MHz
↑	($\phi 1, \phi 2$)			20	ns
↓	($\phi 1, \phi 2$)			20	ns
t_{PD}	$\phi 2 \rightarrow \phi 2$-TTL	−5		15	ns

	Anschlüsse:	Connections:	Raccordements:	Collegament:	Terminales:
RESET	Rücksetz-Ausgang	Reset output	Sortie de remise	Uscita di ripristino	Salida de reset
RESIN	Rücksetz-Eingang	Reset input	Entrée de remise	Entrata di ripristino	Entrada de reset
RDYIN	Bereit-Eingang	Ready input	Entrée de disponibilité	Entrata-pronto	Entrada de disposición
READY	Bereit-Ausgang	Ready output	Sortie de disponibilité	Uscita-pronto	Salida de disposición
SYNC	Synchron-Eingang	Synchronisation input	Entrée de synchronisation	Entrata-sincro	Entrada de sincronización
$\phi 2$-TTL	siehe Impulsdiagramm	See pulse diagram	Voir diagramme d'impulsion	Ved. diagramme d'impulso	Ver diagrama de pulsos
STSTB	Zustandsübernahme-Signal	Status strobe	Signal de charge d'état	Rilevamento di stato	Status strobe (carga del estado)
+12 V	Versorgungsspannung 12 V	Supply voltage 12 V	Tension d'alimentation 12 V	Tensione d'alimentazione 12 V	Tensión de alimentación 12 V
$\phi 2, \phi 1$	Taktsignale für 8080	Clock outputs for 8080	Sorties de cadence pour 8080	Uscite di cadenza per 8080	Salidas de reloj para 8080
OSC	Oszillator-Ausgang	Oscillator output	Sortie d'oscillateur	Uscita d'oscillatore	Salida del oscilador
TANK	Oberwellenquarz	Overtone crystal	Pour quartz d'harmoniques	Per quarzo di armoniche	Para cuarzo de harmónicos
XTAL	Quarz-Anschluß	Crystal connection	Raccordements pour quartz	Collegamenti per quarzo	Terminales para cristal de cuarzo
+5 V	Versorgungsspannung 5 V	Supply voltage 5 V	Tension d'alimentation 5 V	Tensione d'alimentazione 5 V	Tensión de alimentación 5 V

74424
Output: TP

Taktgenerator für den 8080
Clock generator for the 8080
Générateur de cadence pour le 8080
Generatore d'impulsi per l'8080
Generador de reloj para el 8080

74424			Hersteller Production Fabricants Produttori Fabricantes	Bild Fig. Fig. Sec 3	I_S &I_R mA	t_{PD} E→Q ns$_{typ}$ ↓↕↑	t_{PD} E→Q ns$_{max}$ ↓↕↑	Bem./Note f_T §f_Z &f_E MHz
0...70°C §0...75°C	−40...85°C §−25...85°C	−55...125°C	Typ - Type - Tipo					
SN74LS424J		SN54LS424J	Tix	16c	70			&27
SN74LS424N			Tix	16a	70			&27
S								
DM74S424J		DM54S424J	Nsc	16c				
DM74S424N			Nsc	16a				
M74S424			Mit	16a				

Erzeugung des 2-Phasen-Takts für den 8080:
2-phase clock generator for the 8080:
Génération du signal de cadence de 2 phases pour le 8080:
Generazione del segnale di impulsi 2 fasi per il 8080:
Generador de las dos fases del reloj para el 8080:

OSC
Φ1
Φ2
Φ2-TTL

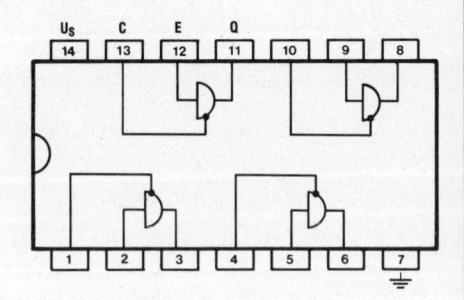

74425 Output: TS	4 Bus-Leitungstreiber 4 bus line drivers 4 attaques de ligne 4 eccitatori di linea 4 excitadores de líneas de bus	74426 Output: TS	4 Bus-Leitungstreiber 4 bus line drivers 4 attaques de ligne 4 eccitatori di linea 4 excitadores de líneas de bus

Pinout (pins U_S 14, C 13, E 12, Q 11, 10, 9, 8 / 1, 2, 3, 4, 5, 6, 7)

74425

Input		Outp.
C	E	Q
H	X	Z*
L	L	L
L	H	H

* Hochohmig
* High impedance
* Haute impédance
* Alta resistenza
* Alta impedancia

74426

Input		Outp.
C	E	Q
L	X	Z*
H	L	L
H	H	H

* Hochohmig
* High impedance
* Haute impédance
* Alta resistenza
* Alta impedancia

74425			Typ - Type - Tipo			Hersteller Production Produttori Fabricantes	Bild Fig. Fig. Sec 3	I_S &I_R mA	t_{PD} E→Q ns$_{typ}$ ↓ ↕ ↑	t_{PD} E→Q ns$_{max}$ ↓ ↕ ↑	Bem./Note f_T §f_Z &f_E MHz
0...70°C § 0...75°C		−40...85°C § −25...85°C		−55...125°C							
SN74425J SN74425N				SN54425J SN54425W		Tix Tix Tix	14c 14a 14n	32 32 32	12 8 12 8 12 8	18 13 18 13 18 13	

74426			Typ - Type - Tipo			Hersteller Production Produttori Fabricantes	Bild Fig. Fig. Sec 3	I_S &I_R mA	t_{PD} E→Q ns$_{typ}$ ↓ ↕ ↑	t_{PD} E→Q ns$_{max}$ ↓ ↕ ↑	Bem./Note f_T §f_Z &f_E MHz
0...70°C § 0...75°C		−40...85°C § −25...85°C		−55...125°C							
SN74426J SN74426N				SN54426J SN54426W		Tix Tix Tix	14c 14a 14n	36 36 36	12 8 12 8 12 8	18 13 18 13 18 13	

74428
Output: TP

Systemsteuer- und Bustreiber-Baustein für 8080 (= Intel 8228)
System controller and bus driver circuit for 8080 (= Intel 8228)
Circuit de commande système et driver de bus pour 8080 (= Intel 8228)
Circuito controllo sistema ed eccitatore bus per 8080 (= Intel 8228)
Controlador del sistema y excitador de bus para el 8080 (= Intel 8228)

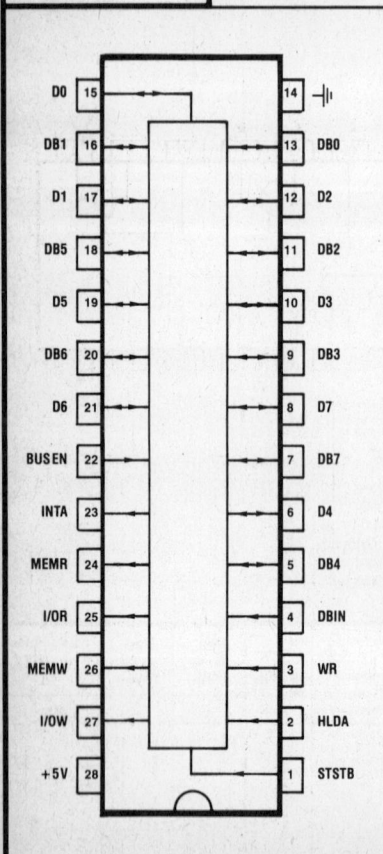

System-Steuer- und Bustreiberbaustein für 8080. Die Schreib-Freigabe I/OW und MEMW ist beim 74438 zeitlich vorgezogen.

Controller and bus driver for 8080. 74438 generates an advanced response for I/OW and MEMW enable.

Module de commande de système et driver de bus pour il 8080. Les sorties de libération d'écriture I/OW et MEMW seront avancés du point de vue temps pour le 74438.

Modulo comando sistema ed eccitatore sbarra per il 8080. Le uscite sbloccaggio scrittura I/OW e MEMW sul 74438 sono avanzate nel tempo.

Controlador del sistema y escitador del bus para el 8080. El 74438 genera avanzadas las señales de permiso para escritura I/OW y MEMW.

Pinout (28-pin DIP):

Pin	Signal	Pin	Signal
15	D0	14	⏚
16	DB1	13	DB0
17	D1	12	D2
18	DB5	11	DB2
19	D5	10	D3
20	DB6	9	DB3
21	D6	8	D7
22	BUSEN	7	DB7
23	INTA	6	D4
24	MEMR	5	DB4
25	I/OR	4	DBIN
26	MEMW	3	WR
27	I/OW	2	HLDA
28	+5V	1	STSTB

	Anschlüsse:	Connections:	Raccordements:
STSTB	Zustands-Übernahme	Status strobe	Signal de charge d'état
HLDA	Halt-Quittierung	Hold acknowledge	Quittance arrêt
WR	Schreib-Freigabe	Write enable	Libération d'écriture
DBIN	Datenbus-Freigabe	Data bus enable	Libération bus de données
DB...	Datenbus-Systemseite	Data bus system	Bus, côté de système
D...	Datenbus Prozessorseite	Data bus processor	Bus, côté processeur
BUSEN	Datenbus-Freigabe	Data bus enable	Libération bus de données
INTA	Interrupt Quittierung	Interrupt acknowledge	Quittance d'interruption
MEMR	Speicher lesen	Memory read enable	Lecture du mémoire
I/OR	Peripherie lesen	I/O-port read enable	Lecture des portes
MEMW	Speicher schreiben	Memory write enable	Écriture du mémoire
I/OW	Pheripherie schreiben	I/P-port write enable	Écriture des portes
+5 V	Versorgungsspannung 5 V	Supply voltage 5 V	Tension d'alimentation 5 V

	Collegamenti:	Terminales:
STSTB	Rilevamento di stato	Status strobe (carga del estado)
HLDA	Ricevuta-stop	Recibo de stop
WR	Sbloccaggio scrittura	Permiso para escritura
DBIN	Sbloccaggio sbarra dati	Permiso para bus de datos
DB...	Sbarra dati lato sistema	Bus de datos, lado del sistema
D...	Sbarra dati lato processore	Bus de datos, lado del procesador
BUSEN	Sbloccaggio sbarra dati	Permiso para bus de datos
INTA	Ricevuta-interruzione	Recibo de interrupción
MEMR	Lettura di memoria	Permiso para lectura de memoria
I/OR	Lettura porte	Permiso para lectura de ports de I/O
MEMW	Scrivere memoria	Permiso para escritura de memoria
I/OW	Scrivere porte	Permiso para escritura de ports de I/O
+5 V	Tensione d'alimentazione 5 V	Tensión de alimentación 5 V

74428
Output: TP

Systemsteuer- und Bustreiber-Baustein für 8080 (= Intel 8228)
System controller and bus driver circuit for 8080 (= Intel 8228)
Circ. de commande système et driver de bus pour 8080 (= Intel 8228)
Circuito controllo sistema ed eccitatore bus per 8080 (= Intel 8228)
Controlador del sistema y excitador de bus para el 8080 (= Intel 8228)

74428	Typ - Type - Tipo		Hersteller Production Fabricants Produttori Fabricantes	Bild Fig. Fig. Sec	I_S & I_R	t_{PD} E→Q ns_{typ}	t_{PD} E→Q ns_{max}	Bem./Note f_T §f_Z & f_E
0...70°C § 0...75°C	−40...85°C § −25...85°C	−55...125°C			mA	↓ ↕ ↑	↓ ↕ ↑	MHz
SN74S428N			Tix	3	28h	140		

Parameter	von/from	nach/to	min ns	max ns
t_{PHL}	D0...D7	DB0...DB7	5	40
t_{PLH}	D0...D7	DB0...DB7	5	40
t_{PHL}	DB0...DB7	D0...D7		30
t_{PLH}	DB0...DB7	D0...D7		30
t_{PHL}	STSTB	INTA, I/OR, MEMR I/OW, MEMW	20	60
t_{PHL}	WR	I/OW, MEMW	5	45
t_{PLH}	WR	I/OW, MEMW	5	45
t_{PLH}	DBIN	INTA, I/OR, MEMR		30
t_{PLH}	HLDA	INTA, I/OR, MEMR		25
t_{PZX}	DBIN	D0...D7		45
t_{PXZ}	DBIN	D0...D7		45
t_{PZX}	STSTB, BUSEN	DB0...DB7		30
t_{PXZ}	BUSEN	DB0...DB7		30

8080 Data Bus Output								Function	
INTA D7	WO D6	STACK D5	HLTA D4	OUT D3	M1 D2	INP D1	MEMR D0	Command	Machine cycle
H	L	H	L	L	L	L	H	MEMR	Instruction fetch
H	L	L	L	L	L	H	H	MEMR	Memory read
L	L	L	L	L	L	L	L	MEMW	Memory write
H	L	L	L	L	H	H	H	MEMR	Stack read
L	L	L	L	L	H	L	L	MEMW	Stack write
L	H	L	L	L	L	H	L	I/OR	Input read
L	L	L	H	L	L	L	L	I/OW	Output write
L	L	H	L	L	H	L	H	INTA	Interrupt Acknowledge
L	L	L	H	L	H	L	L	—	Halt Acknowledge
L	L	L	H	L	H	L	H	INTA	Interrupt Acknowledge + Halt

74436	6 invertierende Leitungstreiber	74437	6 invertierende Leitungstreiber mit Dämpfungswiderstand
Output: TP	6 inverting line drivers 6 drivers de ligne inverseurs 6 eccitatori di linea inventeri 6 excitadores inversores de línea	Output: TP	6 inverting line drivers with damping output resistors 6 drivers de ligne inverseurs avec résistance d'atténuation 6 eccitatori di linea inverteri con resistenza di smorzamento 6 excitadores inv. de línea con resist. de amortiguamiento de salida

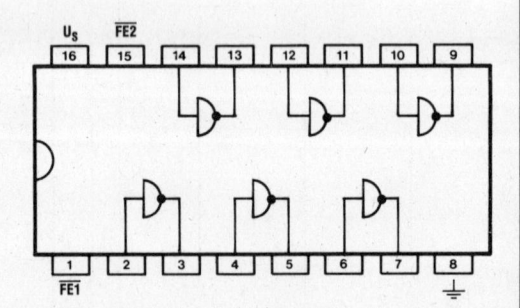

Pinout 74436: U_S =16, $\overline{FE2}$ =15, 14, 13, 12, 11, 10, 9; $\overline{FE1}$ =1, 2, 3, 4, 5, 6, 7, 8 (GND)

Pinout 74437: same, with $:15\,\Omega$ damping resistors

FE1	FE2	E	Q
H	X	X	H
X	H	X	H
L	L	L	H
L	L	H	L

FE1	FE2	E	Q
H	X	X	H
X	H	X	H
L	L	L	H
L	L	H	L

74436	Typ - Type - Tipo			Hersteller Production Fabricants Produttori Fabricantes	Bild Fig. Fig. Sec 3	I_S &I_R mA	t_{PD} E→Q ns typ	t_{PD} E→Q ns max	Bem./Note f_T §f_Z &f_E MHz
0…70 °C § 0…75 °C	−40…85 °C § −25…85 °C	−55…125 °C					↓ ↕ ↑	↓ ↕ ↑	
SN74S436J SN74S436N		SN54S436J SN54S436W		Tix Tix Tix	16c 16a 16n	33 33 33			

74437	Typ - Type - Tipo			Hersteller Production Fabricants Produttori Fabricantes	Bild Fig. Fig. Sec 3	I_S &I_R mA	t_{PD} E→Q ns typ	t_{PD} E→Q ns max	Bem./Note f_T §f_Z &f_E MHz
0…70 °C § 0…75 °C	−40…85 °C § −25…85 °C	−55…125 °C					↓ ↕ ↑	↓ ↕ ↑	
SN74S437J SN74S437N		SN54S437J SN54S437W		Tix Tix	16c 16n	33 33			

74438
Output: TP

Systemsteuer- und Bustreiber-Baustein für 8080 (= Intel 8238)
System controller and bus driver circuit for 8080 (= Intel 8238)
Circuit de commande système et driver de bus pour 8080 (Intel 8238)
Circuito controllo sistema ed eccitatore bus per 8080 (= Intel 8238)
Controlador del sistema y excitador de bus para el 8080 (= Intel 8238)

74438
Output: TP

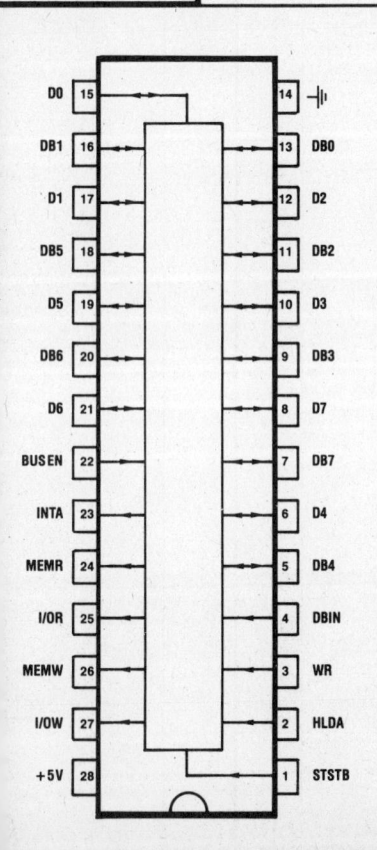

System-Steuer- und Bustreiberbaustein für 8080. Die Schreib-Freigabe I/OW und MEMW ist beim 74438 zeitlich vorgezogen.

Controller and bus driver for 8080. 74438 generates an advanced response for I/OW and MEMW enable.

Module de commande de système et driver de bus pour il 8080. Les sorties de libération d'écriture I/OW et MEMW seront avancés du point de vue temps pour le 74438.

Modulo comando sistema ed eccitatore sbarra per il 8080. Le uscite sbloccaggio scrittura I/OW e MEMW sul 74438 sono avanzate nel tempo.

Controlador del sistema y escitador del bus para el 8080. El 74438 genera avanzadas las señales de permiso para escritura I/OW y MEMW.

	Anschlüsse:	Connections:	Raccordements:
STSTB	Zustands-Übernahme	Status strobe	Signal de charge d'état
HLDA	Halt-Quittierung	Hold acknowledge	Quittance arrêt
WR	Schreib-Freigabe	Write enable	Libération d'écriture
DBIN	Datenbus-Freigabe	Data bus enable	Libération bus de données
DB...	Datenbus-Systemseite	Data bus system	Bus, côté de système
D...	Datenbus Prozessorseite	Data bus processor	Bus, côté processeur
BUSEN	Datenbus-Freigabe	Data bus enable	Libération bus de données
INTA	Interrupt Quittierung	Interrupt acknowledge	Quittance d'interruption
MEMR	Speicher lesen	Memory read enable	Lecture du mémoire
I/OR	Peripherie lesen	I/O-port read enable	Lecture des portes
MEMW	Speicher schreiben	Memory write enable	Écriture du mémoire
I/OW	Pheripherie schreiben	I/P-port write enable	Écriture des portes
+5V	Versorgungsspannung 5 V	Supply voltage 5 V	Tension d'alimentation 5 V

	Collegament:	Terminales:
STSTB	Rilevamento di stato	Status strobe (carga del estado)
HLDA	Ricevuta-stop	Recibo de stop
WR	Sbloccaggio scrittura	Permiso para escritura
DBIN	Sbloccaggio sbarra dati	Permiso para bus de datos
DB...	Sbarra dati lato sistema	Bus de datos, lado del sistema
D...	Sbarra dati lato processore	Bus de datos, lado del procesador
BUSEN	Sbloccaggio sbarra dati	Permiso para bus de datos
INTA	Ricevuta-interruzione	Recibo de interrupción
MEMR	Lettura di memoria	Permiso para lectura de memoria
I/OR	Lettura porte	Permiso para lectura de ports de I/O
MEMW	Scrivere memoria	Permiso para escritura de memoria
I/OW	Scrivere porte	Permiso para escritura de ports de I/O
+5V	Tensione d'alimentazione 5 V	Tensión de alimentación 5 V

Pin assignments:
- 1 STSTB
- 2 HLDA
- 3 WR
- 4 DBIN
- 5 DB4
- 6 D4
- 7 DB7
- 8 D7
- 9 DB3
- 10 D3
- 11 DB2
- 12 D2
- 13 DB0
- 14
- 15 D0
- 16 DB1
- 17 D1
- 18 DB5
- 19 D5
- 20 DB6
- 21 D6
- 22 BUSEN
- 23 INTA
- 24 MEMR
- 25 I/OR
- 26 MEMW
- 27 I/OW
- 28 +5V

74438
Output: TP

Systemsteuer- und Bustreiber-Baustein für 8080 (= Intel 8238)
System controller and bus driver circuit for 8080 (= Intel 8238)
Circ. de commande système et driver de bus pour 8080 (Intel 8238)
Circuito controllo sistema ed eccitatore bus per 8080 (= Intel 8238)
Contr. del sistema y excitador de bus para el 8080 (= Intel 8238)

74438	Typ - Type - Tipo			Hersteller Production Fabricants Produttori Fabricantes	Bild Fig. Fig. Sec 3	I_S & I_R mA	t_{PD} E→Q ns_{typ} ↓↕↑	t_{PD} E→Q ns_{max} ↓↕↑	Bem./Note f_T §f_Z &f_E MHz
0...70°C § 0...75°C	−40...85°C § −25...85°C		−55...125°C						
SN74S438N				Tix	28h	140			

Parameter	von/from	nach/to	min ns	max ns
t_{PHL}	D0...D7	DB0...DB7	5	40
t_{PLH}	D0...D7	DB0...DB7	5	40
t_{PHL}	DB0...DB7	D0...D7		30
t_{PLH}	DB0...DB7	D0...D7		30
t_{PHL}	STSTB	INTA, I/OR, MEMR I/OW, MEMW	20	60
t_{PHL}	WR	I/OW, MEMW	5	45
t_{PLH}	WR	I/OW, MEMW	5	45
t_{PLH}	DBIN	INTA, I/OR, MEMR		30
t_{PLH}	HLDA	INTA, I/OR, MEMR		25
t_{PZX}	DBIN	D0...D7		45
t_{PXZ}	DBIN	D0...D7		45
t_{PZX}	STSTB, BUSEN	DB0...DB7		30
t_{PXZ}	BUSEN	DB0...DB7		30

8080 Data Bus Output								Function	
INTA D7	WO D6	STACK D5	HLTA D4	OUT D3	M1 D2	INP D1	MEMR D0	Command	Machine cycle
H	L	H	L	L	H	L	H	MEMR	Instruction fetch
H	L	L	L	L	L	L	H	MEMR	Memory read
L	L	L	L	L	L	L	L	MEMW	Memory write
H	L	L	L	L	H	H	H	MEMR	Stack read
L	L	L	L	L	H	L	L	MEMW	Stack write
H	H	L	L	L	L	H	L	I/OR	Input read
L	L	L	H	L	L	L	L	I/OW	Output write
L	L	L	L	H	H	L	H	INTA	Interrupt Acknowledge
H	L	L	H	H	L	H	L	—	Halt Acknowledge
L	L	H	H	H	L	H	L	INTA	Interrupt Acknowledge + Halt

74440
Output: OC

4-Bit tri-direktionaler Bustreiber
4-bit tri-directional bus driver
Driver de bus tridirectionnel 4 bits
4-bit eccitatore bus tridirezionale
Excitador de bus tridireccional de 4 bits

74440 0...70°C § 0...75°C	Typ - Type - Tipo		Hersteller Production Fabricants Produttori Fabricantes	Bild Fig. Fig. Sec 3	I_S &I_R mA	t_{PD} E→Q ns$_{typ}$ ↓ ↕ ↑	t_{PD} E→Q ns$_{max}$ ↓ ↕ ↑	Bem./Note f_T §f_Z &f_E MHz
	−40...85°C § −25...85°C	−55...125°C						
SN74LS440J SN74LS440N		SN54LS440J	Tix Tix	20c 20a	64 64	20 24 20 24	30 35 30 35	

Pinout (20-pin DIP):
- Pin 20: U_S
- Pin 19: $\overline{GC}$
- Pin 18: $\overline{GB}$
- Pin 17: $\overline{GA}$
- Pin 16: A1
- Pin 15: A2
- Pin 14: A3
- Pin 13: A4
- Pin 12: S1
- Pin 11: S0
- Pin 1: $\overline{CS}$
- Pin 2: B1
- Pin 3: C1
- Pin 4: C2
- Pin 5: B2
- Pin 6: B3
- Pin 7: C3
- Pin 8: C4
- Pin 9: B4
- Pin 10: GND

FE	Source Bus		Destination Bus			Function
$\overline{CS}$	S1	S0	$\overline{GA}$	$\overline{GB}$	$\overline{GC}$	Transfer
H	X	X	X	X	X	—
X	H	H	X	X	X	—
X	X	X	H	H	H	—
X	L	L	X	H	H	—
X	L	H	H	X	H	—
X	H	L	H	H	X	—
L	L	L	X	L	L	A→B, A→C
L	L	H	L	X	L	B→C, B→A
L	H	L	L	L	X	C→A, C→B
L	L	L	X	L	H	A→B
L	L	H	H	X	L	B→C
L	H	L	L	H	X	C→A
L	L	L	X	H	L	A→C
L	L	H	L	X	H	B→A
L	H	L	H	L	X	C→B

74441
Output: OC

4-Bit tri-direktionaler Bustreiber
4-bit tri-directional bus driver
Driver de bus tridirectionnel 4 bits
4-bit eccitatore bus tridirezionale
Excitador de bus tridireccional de 4 bits

Pinout (DIP-20):
- Pin 20: U_S
- Pin 19: $\overline{GC}$
- Pin 18: $\overline{GB}$
- Pin 17: $\overline{GA}$
- Pin 16: A1
- Pin 15: A2
- Pin 14: A3
- Pin 13: A4
- Pin 12: S1
- Pin 11: S0
- Pin 1: $\overline{CS}$
- Pin 2: B1
- Pin 3: C1
- Pin 4: C2
- Pin 5: B2
- Pin 6: B3
- Pin 7: C3
- Pin 8: C4
- Pin 9: B4
- Pin 10: GND

74441	Typ - Type - Tipo		Hersteller Production Fabricants Produttori Fabricantes	Bild Fig. Fig. Sec	I_S &I_R	t_{PD} E→Q ns_{typ}			t_{PD} E→Q ns_{max}			Bem./Note f_T §f_Z &f_E
0...70°C § 0...75°C	−40...85°C § −25...85°C	−55...125°C		3	mA	↓	↕	↑	↓	↕	↑	MHz
SN74LS441J		SN54LS441J	Tix	20c	64	9		21	15		30	
SN74LS441N			Tix	20a	64	9		21	15		30	

FE	Source Bus		Destination Bus			Function
$\overline{CS}$	S1	S0	$\overline{GA}$	$\overline{GB}$	$\overline{GC}$	Transfer
H	X	X	X	X	X	—
X	H	H	X	X	X	—
X	X	X	H	H	H	—
X	L	L	X	H	H	—
X	L	H	H	X	H	—
X	H	L	H	H	X	—
L	L	L	X	L	L	$\overline{A}$→B, $\overline{A}$→C
L	L	H	L	X	L	$\overline{B}$→C, $\overline{B}$→A
L	H	L	L	L	X	$\overline{C}$→A, $\overline{C}$→B
L	L	L	X	L	L	$\overline{A}$→B
L	L	H	H	X	L	$\overline{B}$→C
L	H	L	L	H	X	$\overline{C}$→A
L	L	L	X	H	L	$\overline{A}$→C
L	L	H	L	X	H	$\overline{B}$→A
L	H	L	L	L	X	$\overline{C}$→B

74442
Output: TS

4-Bit tri-direktionaler Bustreiber
4-bit tri-directional bus driver
Driver de bus tridirectionnel 4 bits
4-bit eccitatore bus tridirezionale
Excitador de bus tridireccional de 4 bits

74442	Typ - Type - Tipo			Hersteller Production Fabricants Produttori Fabricantes	Bild Fig. Fig. Sec 3	I_S &I_R mA	t_{PD} E→Q ns$_{typ}$ ↓ ↕ ↑	t_{PD} E→Q ns$_{max}$ ↓ ↕ ↑	Bem./Note f_T §f_Z &f_E MHz
0...70°C § 0...75°C	−40...85°C § −25...85°C	−55...125°C							
SN74LS442J		SN54LS442J		Tix	20c	64	13 10	20 14	
SN74LS442N				Tix	20a	64	13 10	20 14	

Pinout (DIP-20):
- 20 U_S
- 19 $\overline{GC}$
- 18 $\overline{GB}$
- 17 $\overline{GA}$
- 16 A2
- 15 A1
- 14 A3
- 13 A4
- 12 S1
- 11 S0
- 10 GND
- 9 B4
- 8 C4
- 7 B3
- 6 C3
- 5 B2
- 4 C2
- 3 C1
- 2 B1
- 1 $\overline{CS}$

FE	Source Bus		Destination Bus			Function
$\overline{CS}$	S1	S0	$\overline{GA}$	$\overline{GB}$	$\overline{GC}$	Transfer
H	X	X	X	X	X	—
X	H	H	X	X	X	—
X	X	X	H	H	H	—
X	L	L	X	H	H	—
X	L	H	H	X	H	—
X	H	L	H	H	X	—
L	L	L	X	L	L	A→B, A→C
L	L	H	L	X	L	B→C, B→A
L	H	L	L	L	X	C→A, C→B
L	L	L	X	L	H	A→B
L	L	L	H	X	L	B→C
L	L	H	L	H	X	C→A
L	L	L	X	H	L	A→C
L	L	H	L	X	H	B→A
L	H	L	H	L	X	C→B

74443
Output: TS

4-Bit tri-direktionaler Bustreiber
4-bit tri-directional bus driver
Driver de bus tridirectionnel 4 bits
4-bit eccitatore bus tridirezionale
Excitador de bus tridireccional de 4 bits

74443	Typ - Type - Tipo		Hersteller Production Fabricants Produttori Fabricantes	Bild Fig. Fig. Sec	I_S &I_R	t_{PD} E→Q ns_{typ}	t_{PD} E→Q ns_{max}	Bem./Note f_T §f_Z &f_E
0...70°C § 0...75°C	–40...85°C § –25...85°C	–55...125°C		3	mA	↓ ↕ ↑	↓ ↕ ↑	MHz
SN74LS443J		SN54LS443J	Tix	20c	64	7 9	13 14	
SN74LS443N			Tix	20a	64	7 9	13 14	

Pinout (DIP-20):
- Pin 20: U_S
- Pin 19: $\overline{GC}$
- Pin 18: $\overline{GB}$
- Pin 17: $\overline{GA}$
- Pin 16: A1
- Pin 15: A2
- Pin 14: A3
- Pin 13: A4
- Pin 12: S1
- Pin 11: S0
- Pin 1: $\overline{CS}$
- Pin 2: B1
- Pin 3: C1
- Pin 4: C2
- Pin 5: B2
- Pin 6: B3
- Pin 7: C3
- Pin 8: C4
- Pin 9: B4
- Pin 10: GND

FE	Source Bus		Destination Bus			Function
$\overline{CS}$	S1	S0	$\overline{GA}$	$\overline{GB}$	$\overline{GC}$	Transfer
H	X	X	X	X	X	—
X	H	H	X	X	X	—
X	X	X	H	H	H	—
X	X	L	X	H	H	—
X	L	H	H	X	H	—
X	H	L	H	H	X	—
L	L	L	X	L	L	$\overline{A}$→B, $\overline{A}$→C
L	L	H	L	X	L	$\overline{B}$→C, $\overline{B}$→A
L	H	L	L	L	X	$\overline{C}$→A, $\overline{C}$→B
L	L	L	X	L	H	$\overline{A}$→B
L	L	H	H	X	L	$\overline{B}$→C
L	H	L	L	H	X	$\overline{C}$→A
L	L	L	X	H	L	$\overline{A}$→C
L	L	H	L	X	H	$\overline{B}$→A
L	H	L	H	L	X	$\overline{C}$→B

74444 Output: TS	4-Bit tri-direktionaler Bustreiber 4-bit tri-directional bus driver Driver de bus tridirectionnel 4 bits 4-bit eccitatore bus tridirezionale Excitador de bus tridireccional de 4 bits	74444 0...70°C § 0...75°C	Typ - Type - Tipo −40...85°C § −25...85°C	−55...125°C	Hersteller Production Fabricants Produttori Fabricantes	Bild Fig. Fig. Sec 3	I_S &I_R mA	t_{PD} E→Q ns$_{typ}$ ↓ ↕ ↑	t_{PD} E→Q ns$_{max}$ ↓ ↕ ↑	Bem./Note f_T §f_Z &f_E MHz
		SN74LS444J SN74LS444N		SN54LS444J	Tix Tix	20c 20a	64 64	7 9 7 9	13 14 13 14	

Pinout (20-pin DIP):
- 20: U_S
- 19: $\overline{GC}$
- 18: $\overline{GB}$
- 17: $\overline{GA}$
- 16: A1
- 15: A2
- 14: A3
- 13: A4
- 12: S1
- 11: S0
- 1: $\overline{CS}$
- 2: B1
- 3: C1
- 4: C2
- 5: B2
- 6: B3
- 7: C3
- 8: C4
- 9: B4
- 10: GND

FE	Source Bus		Destination Bus			Function
$\overline{CS}$	S1	S0	$\overline{GA}$	$\overline{GB}$	$\overline{GC}$	Transfer
H	X	X	X	X	X	—
X	H	H	X	X	X	—
X	X	X	H	H	H	—
X	L	L	X	H	H	—
X	L	H	H	X	H	—
X	H	L	H	H	X	—
L	L	L	X	L	L	$\overline{A}$→B, $\overline{A}$→C
L	L	H	L	X	L	B→C, $\overline{B}$→A
L	H	L	L	L	X	$\overline{C}$→A, C→B
L	L	L	X	L	H	$\overline{A}$→B
L	L	H	H	X	L	B→C
L	H	L	L	H	X	$\overline{C}$→A
L	L	L	X	H	L	$\overline{A}$→C
L	L	H	L	X	H	$\overline{B}$→A
L	H	L	H	L	X	C→B

74445
Output: TP

BCD-zu-Dezimal-Dekoder / Treiber
BCD-to-decimal decoder / driver
Décodeur BCD/Décimal - driver
Decodificatore BCD a decimale / eccitatore decimale
Decodificador BCD a decimal / excitador

74446
Output: TP

4-Bit bi-direktionaler Bustreiber
4-bit bi-directional bus driver
Driver de bus bidirectionnel 4 bits
4-bit eccitatore bus bidirezionale
Excitador de bus bidireccional de 4 bits

$FQ\,(N) = 12{,}5$
$FQ\,(L,S) = 33$

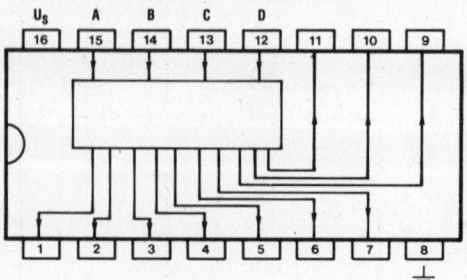

Pinout 74445: U_S (16), A (15), B (14), C (13), D (12), 11, 10, 9; 1, 2, 3, 4, 5, 6, 7, 8 (GND)

Pinout 74446: U_S (16), $\overline{GAB}$ (15), B1 (14), DIR1 (13), B2 (12), B3 (11), DIR4 (10), B4 (9); $\overline{GBA}$ (1), A1 (2), DIR2 (3), A2 (4), A3 (5), DIR3 (6), A4 (7), GND (8)

74445 Truth Table

Input				Outp.
D	C	B	A	Q = L
L	L	L	L	Q0
L	L	L	H	Q1
L	L	H	L	Q2
L	L	H	H	Q3
⋮	⋮	⋮	⋮	⋮
H	L	L	H	Q9
H	L	H	L	—
⋮	⋮	⋮	⋮	⋮
H	H	H	H	—

74446 Function Table

Inputs			Function
$\overline{GBA}$	$\overline{GAB}$	DIR	Transfer
H	H	X	—
H	X	L	—
X	H	H	—
L	X	L	$\overline{B} \to A$
X	L	H	$\overline{A} \to B$

74445

74445	Typ - Type - Tipo		Hersteller Production Fabricants Produttori Fabricantes	Bild Fig. Fig. Sec Fig.	I_S &I_R	t_{PD} $E \to Q$ ns_{typ}	t_{PD} $E \to Q$ ns_{max}	Bem./Note f_T §f_Z &f_E
0...70°C § 0...75°C	−40...85°C § −25...85°C	−55...125°C		3	mA	↓ ↕ ↑	↓ ↕ ↑	MHz
SN74LS445J		SN54LS445J	Tix	16c	7		50 50	
SN74LS445N			Tix	16a	7		50 50	
		SN54LS445W	Tix	16n	7		50 50	

74446

74446	Typ - Type - Tipo		Hersteller Production Fabricants Produttori Fabricantes	Bild Fig. Fig. Sec Fig.	I_S &I_R	t_{PD} $E \to Q$ ns_{typ}	t_{PD} $E \to Q$ ns_{max}	Bem./Note f_T §f_Z &f_E
0...70°C § 0...75°C	−40...85°C § −25...85°C	−55...125°C		3	mA	↓ ↕ ↑	↓ ↕ ↑	MHz
SN74LS446J		SN54LS446J	Tix	16c	42	7 8	12 13	
SN74LS446N			Tix	16a	42	7 8	12 13	

74447
Output: TP

BCD-zu-7-Segment-Dekoder / Treiber
BCD-to-7-segment decoder / driver
Décodeur BCD/7 segments - driver
Invertitore di codice BCD / 7-segmenti
Decodificador BCD a 7 segmentos / excitador

74447	Typ - Type - Tipo			Hersteller Production Fabricants Produttori Fabricantes	Bild Fig. Fig. Sec	I_S &I_R	t_{PD} E→Q ns_{typ}	t_{PD} E→Q ns_{max}	Bem./Note f_T §f_Z &f_E
0...70°C § 0...75°C	−40...85°C § −25...85°C		−55...125°C		3	mA	↓ ↕ ↑	↓ ↕ ↑	MHz
SN74LS447J SN74LS447N			SN54LS447J SN54LS447W	Tix Tix Tix	16c 16a 16n	7 7 7	100 100 100 100 100 100		

Pin	N	LS
4 (Fl)	2,5	2,8
4 (FQ)	5	2,5
FQ	25	66,7

Pinout (DIP-16):
- 1: B
- 2: C
- 3: LT
- 4: BI/RBQ
- 5: RBI
- 6: D
- 7: A
- 8: GND
- 9: e
- 10: d
- 11: c
- 12: b
- 13: a
- 14: g
- 15: f
- 16: U_S

In					In/Out	Out
D	C	B	A	LT RBI	BI/RBQ	Q
X	X	X	X	L X	H	8
X	X	X	X	X X	L	—
L	L	L	L	H L	L	—
L	L	L	L	H H	H	0
L	L	L	H	H X	H	1
L	L	H	L	· ·	H	2
·	·	·	·	· ·	·	·
H	H	H	H	H X	H	15

Display segments: a, b, c, d, e, f, g

Digits 0–15: 0 1 2 3 4 5 6 7 8 9 c s u 4 ⊔ t

74448
Output: OC

4-Bit tri-direktionaler Bustreiber
4-bit tri-directional bus driver
Driver de bus tri-directionnel 4 bits
4-bit eccitatore bus tridirezionale
Excitador de bus tridireccional de 4 bits

74448		Typ - Type - Tipo	Hersteller Production Fabricants Produttori Fabricantes	Bild Fig. Fig. Sec 3	I_S &I_R mA	t_{PD} E→Q ns$_{typ}$ ↓ ↕ ↑	t_{PD} E→Q ns$_{max}$ ↓ ↕ ↑	Bem./Note f_T §f_Z &f_E MHz
0...70°C § 0...75°C	−40...85°C § −25...85°C	−55...125°C						
SN74LS448J		SN54LS448J	Tix	20c	64	9 21	15 30	
SN74LS448N			Tix	20a	64	9 21	15 30	

Pinout (DIP-20):
- 20 U_S
- 19 $\overline{GC}$
- 18 $\overline{GB}$
- 17 $\overline{GA}$
- 16 A1
- 15 A2
- 14 A3
- 13 A4
- 12 S1
- 11 S0
- 1 $\overline{CS}$
- 2 B1
- 3 C1
- 4 C2
- 5 B2
- 6 B3
- 7 C3
- 8 C4
- 9 B4
- 10 GND

FE	Source Bus		Destination Bus			Function
$\overline{CS}$	S1	S0	$\overline{GA}$	$\overline{GB}$	$\overline{GC}$	Transfer
H	X	X	X	X	X	—
X	H	H	X	X	X	—
X	X	X	H	H	H	—
X	L	L	X	H	H	—
X	L	H	H	X	H	—
X	H	L	H	H	X	—
L	L	L	X	L	L	$\overline{A}$→B, $\overline{A}$→C
L	L	H	L	X	L	B→C, $\overline{B}$→A
L	H	L	L	L	X	$\overline{C}$→A, C→B
L	L	L	X	L	H	$\overline{A}$→B
L	L	H	H	X	L	B→C
L	H	L	L	H	X	$\overline{C}$→A
L	L	L	X	H	L	$\overline{A}$→C
L	L	H	L	X	H	$\overline{B}$→A
L	H	L	H	L	X	C→B

74449	4-Bit bi-direktionaler Bustreiber
Output: TS	4-bit bi-directional bus driver
	Driver de bus bi-directionnel 4 bits
	4-bit eccitatore bus bidirezionale
	Excitador de bus bidireccional de 4 bits

Pins: U_S 16, $\overline{GAB}$ 15, B1 14, DIR1 13, B2 12, B3 11, DIR4 10, B4 9, $\overline{GBA}$ 1, A1 2, DIR2 3, A2 4, A3 5, DIR3 6, A4 7, GND 8

Inputs			Function
$\overline{GBA}$	$\overline{GAB}$	DIR	Transfer
H	H	X	—
H	X	L	—
X	H	H	—
X	L	H	A→B
L	X	L	B→A

74465	8-Bit Bustreiber
Output: TS	8-bit bus driver
	Driver de bus 8 bits
	8-bit eccitatore bus
	Excitador de bus de 8 bits

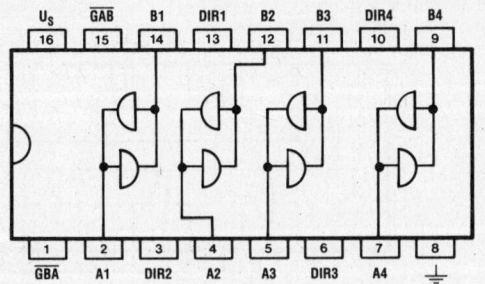

Pins: U_S 20, $\overline{FE2}$ 19, 18, 17, 16, 15, 14, 13, 12, 11, $\overline{FE1}$ 1, 2, 3, 4, 5, 6, 7, 8, 9, GND 10

$\overline{FE1}$	$\overline{FE2}$	E	Q
H	X	X	Z
X	H	X	Z
L	L	L	L
L	L	H	H

74449	Typ - Type - Tipo		Hersteller Production Fabricants Produttori Fabricantes	Bild Fig. Fig. Sec 3	I_S &I_R mA	t_{PD} E→Q ns$_{typ}$ ↓↑ ↑	t_{PD} E→Q ns$_{max}$ ↓ ↑↓ ↑	Bem./Note f_T §f_Z &f_E MHz
0...70°C §0...75°C	−40...85°C §−25...85°C	−55...125°C						
SN74LS449J		SN54LS449J	Tix	16c	50	11 10	17 15	
SN74LS449N			Tix	16a	50	11 10	17 15	

74465	Typ - Type - Tipo		Hersteller Production Fabricants Produttori Fabricantes	Bild Fig. Fig. Sec 3	I_S &I_R mA	t_{PD} E→Q ns$_{typ}$ ↓↑ ↑	t_{PD} E→Q ns$_{max}$ ↓ ↑↓ ↑	Bem./Note f_T §f_Z &f_E MHz
0...70°C §0...75°C	−40...85°C §−25...85°C	−55...125°C						
SN74ALS465N		SN54ALS465J	Tix	20c	19			
			Tix	20a	19			
SN74ALS465AFN		SN54ALS465AFH	Tix	cc	19		15 16	Q=L
			Tix	cc	19		12 13	Q=L
		SN54ALS465AJ	Tix	20c	19		15 16	Q=L
SN74ALS465AN			Tix	20a	19		12 13	Q=L

LS

| SN74LS465J | | SN54LS465J | Tix | 20c | 22 | 12 9 | 18 15 | |
| SN74LS465N | | | Tix | 20a | 22 | 12 9 | 18 15 | |

74466
Output: TS

8-Bit invertierender Bustreiber
8-bit inverting bus triver
Driver du bus de données invertissant à 8 bits
Eccitatore inversore di 8 bit
Excitador inversor de bus de 8 bits

74467
Output: TS

2x4-Bit Bustreiber
2x4-bit bus driver
Driver du bus 2x4 bits
2x4-bit eccitatore di bus
Excitator de bus de 2x4 bits

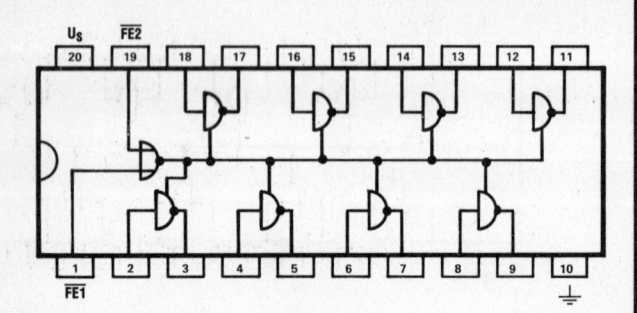

$\overline{FE1}$	$\overline{FE2}$	E	Q
H	X	X	Z
X	H	X	Z
L	L	L	H
L	L	H	L

$\overline{FE}$	E	Q
H	X	Z
L	L	H
L	H	L

74466

	Typ - Type - Tipo		Hersteller Production Fabricants Produttori Fabricantes	Bild Fig. Fig. Sec 3	I_S &I_R mA	t_{PD} E→Q ns_{typ} ↓ ↑ ↑	t_{PD} E→Q ns_{max} ↓ ↑ ↑	Bem./Note f_T §f_Z &f_E MHz
0...70°C § 0...75°C	−40...85°C § −25...85°C	−55...125°C						
SN74ALS466N		SN54ALS466J	Tix	20c				
			Tix	20a				
SN74ALS466AFN		SN54ALS466AFH	Tix	cc	16	11 14		Q = L
			Tix	cc	16	9 12		Q = L
		SN54ALS466AJ	Tix	20c	16	11 14		Q = L
SN74ALS466AN			Tix	20a	16	9 12		Q = L
LS								
SN74LS466J		SN54LS466J	Tix	20c	17	9 7	15 12	
SN74LS466N			Tix	20a	17	9 7	15 12	

74467

	Typ - Type - Tipo		Hersteller Production Fabricants Produttori Fabricantes	Bild Fig. Fig. Sec 3	I_S &I_R mA	t_{PD} E→Q ns_{typ} ↓ ↑ ↑	t_{PD} E→Q ns_{max} ↓ ↑ ↑	Bem./Note f_T §f_Z &f_E MHz
0...70°C § 0...75°C	−40...85°C § −25...85°C	−55...125°C						
SN74ALS467N		SN54ALS467J	Tix	20c				
			Tix	20a				
SN74ALS467AFN		SN54ALS467AFH	Tix	cc	19		15 16	Q = L
			Tix	cc			12 13	Q = L
		SN54ALS467AJ	Tix	20c	19		15 16	Q = L
SN74ALS467AN			Tix	20a	19		12 13	Q = L
LS								
SN74LS467J		SN54LS467J	Tix	20c	22	12 9	18 15	
SN74LS467N			Tix	20a	22	12 9	18 15	

74468
Output: TS

2x4-Bit invertierender Bustreiber
2x4-bit inverting bus triver
Driver du bus inverseur 2x4 bits
2x4-bit eccitatore invertente
Excitador inversor de bus de 2x4 bits

74468	Typ - Type - Tipo			Hersteller Production Fabricants Produttori Fabricantes	Bild Fig. Fig. Fig. Sec 3	I_S &I_R mA	t_{PD} E→Q ns$_{typ}$ ↓↕↑		t_{PD} E→Q ns$_{max}$ ↓↕↑		Bem./Note f_T §f_Z &f_E MHz
0...70°C § 0...75°C	−40...85°C § −25...85°C	−55...125°C									
		SN54ALS468J		Tix	20c						
SN74ALS468N				Tix	20a	16			11	14	Q = L
	SN54ALS468AFH			Tix	cc	16			9	12	Q = L
SN74ALS468AFN				Tix	cc	16					
		SN54ALS468AJ		Tix	20c	16			11	14	Q = L
SN74ALS468AN				Tix	20a	16			9	12	Q = L
LS											
SN74LS468J		SN54LS468J		Tix	20c	17	9	7	15	12	
SN74LS468N				Tix	20a	17	9	7	15	12	

$\overline{FE}$	E	Q
H	X	Z
L	L	H
L	H	L

2-385

74470
Output: OC

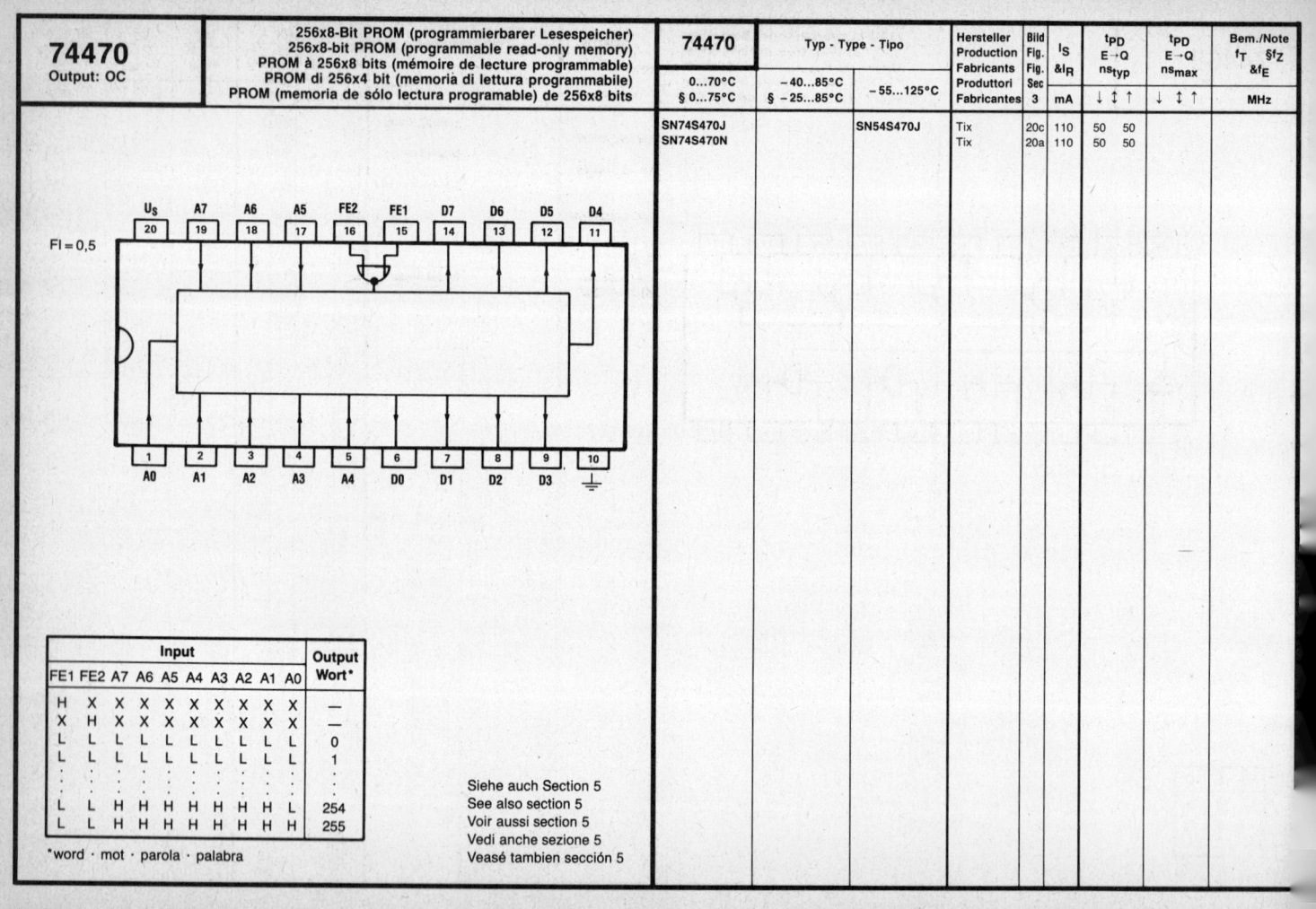

256x8-Bit PROM (programmierbarer Lesespeicher)
256x8-bit PROM (programmable read-only memory)
PROM à 256x8 bits (mémoire de lecture programmable)
PROM di 256x4 bit (memoria di lettura programmabile)
PROM (memoria de sólo lectura programable) de 256x8 bits

74470	Typ - Type - Tipo			Hersteller Production Fabricants Produttori Fabricantes	Bild Fig. Fig. Sec	I_S &I_R	t_{PD} E→Q ns$_{typ}$		t_{PD} E→Q ns$_{max}$		Bem./Note f_T §f_Z &f_E
0...70°C § 0...75°C	−40...85°C § −25...85°C	−55...125°C			3	mA	↓↕	↑	↓↕	↑	MHz
SN74S470J SN74S470N		SN54S470J		Tix Tix	20c 20a	110 110	50 50		50 50		

$FI = 0,5$

Pinout (20-pin DIP):
- Pin 20: U_S
- Pin 19: A7
- Pin 18: A6
- Pin 17: A5
- Pin 16: FE2
- Pin 15: FE1
- Pin 14: D7
- Pin 13: D6
- Pin 12: D5
- Pin 11: D4
- Pin 1: A0
- Pin 2: A1
- Pin 3: A2
- Pin 4: A3
- Pin 5: A4
- Pin 6: D0
- Pin 7: D1
- Pin 8: D2
- Pin 9: D3
- Pin 10: ⊥

Input									Output Wort*
FE1	FE2	A7	A6	A5	A4	A3	A2	A1	A0	
H	X	X	X	X	X	X	X	X	X	—
X	H	X	X	X	X	X	X	X	X	—
L	L	L	L	L	L	L	L	L	L	0
L	L	L	L	L	L	L	L	L	H	1
.	.	.	.	.	.	.	.	.	.	.
L	L	H	H	H	H	H	H	H	L	254
L	L	H	H	H	H	H	H	H	H	255

*word · mot · parola · palabra

Siehe auch Section 5
See also section 5
Voir aussi section 5
Vedi anche sezione 5
Veasé tambien sección 5

74471 — Output: TS
256x8-Bit PROM (programmierbarer Lesespeicher)
256x8-bit PROM (programmable read-only memory)
PROM à 256x8 bits (mémoire de lecture programmable)
PROM di 256x4 bit (memoria di lettura programmabile)
PROM (memoria de sólo lectura programable) de 256x8 bits

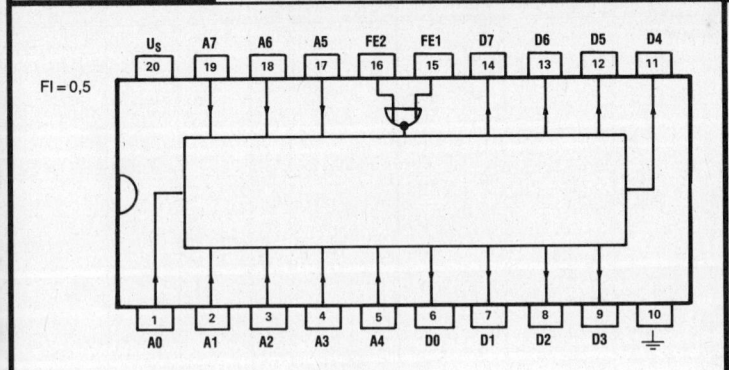

FI = 0,5

Pin-out (DIP-20):
- Top: U$_S$(20), A7(19), A6(18), A5(17), FE2(16), FE1(15), D7(14), D6(13), D5(12), D4(11)
- Bottom: A0(1), A1(2), A2(3), A3(4), D0(5), D1(6), D2(7), D3(8), (9), GND(10)

Truth table — 74471

Input										Output Wort*
FE1	FE2	A7	A6	A5	A4	A3	A2	A1	A0	
H	X	X	X	X	X	X	X	X	X	—
X	H	X	X	X	X	X	X	X	X	—
L	L	L	L	L	L	L	L	L	L	0
L	L	L	L	L	L	L	L	L	H	1
.	.	.	.	.	.	.	.	.	.	.
L	L	H	H	H	H	H	H	H	L	254
L	L	H	H	H	H	H	H	H	H	255

*word · mot · parola · palabra

Siehe auch Section 5
See also section 5
Voir aussi section 5
Vedi anche sezione 5
Veasé tambien sección 5

74471 — Specifications

74471	Typ - Type - Tipo		Hersteller Production Fabricants Produttori Fabricantes	Bild Fig. Fig. Sec	I$_S$ &I$_R$	t$_{PD}$ E→Q ns$_{typ}$	t$_{PD}$ E→Q ns$_{max}$	Bem./Note f$_T$ §f$_Z$ &f$_E$
0...70°C § 0...75°C	−40...85°C § −25...85°C	−55...125°C		3	mA	↓ ↓ ↑	↓ ↓ ↑	MHz
SN74S471J SN74S471N		SN54S471J	Tix Tix	20c 20a	110 110	50 50 50 50		

74472 — Output: TS
512x8-Bit PROM (programmierbarer Lesespeicher)
512x8-bit PROM (programmable read-only memory)
PROM à 512x8 bits (mémoire de lecture programmable)
PROM di 512x4 bit (memoria di lettura programmabile)
PROM (memoria de sólo lectura programable) de 512x8 bits

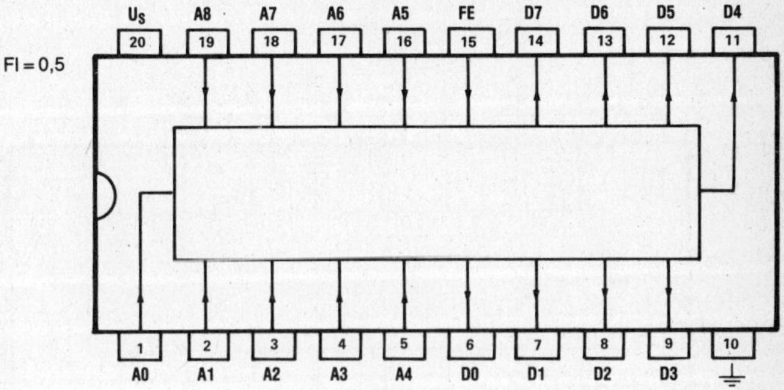

FI = 0,5

Pin-out (DIP-20):
- Top: U$_S$(20), A8(19), A7(18), A6(17), A5(16), FE(15), D7(14), D6(13), D5(12), D4(11)
- Bottom: A0(1), A1(2), A2(3), A3(4), A4(5), D0(6), D1(7), D2(8), D3(9), GND(10)

Truth table — 74472

Input										Output Wort*
FE	A8	A7	A6	A5	A4	A3	A2	A1	A0	
H	X	X	X	X	X	X	X	X	X	—
L	L	L	L	L	L	L	L	L	L	0
L	L	L	L	L	L	L	L	L	H	1
.	.	.	.	.	.	.	.	.	.	.
L	H	H	H	H	H	H	H	H	L	510
L	H	H	H	H	H	H	H	H	H	511

*word · mot · parola · palabra

Siehe auch Section 5
See also section 5
Voir aussi section 5
Vedi anche sezione 5
Veasé tambien sección 5

74472 — Specifications

74472	Typ - Type - Tipo		Hersteller Production Fabricants Produttori Fabricantes	Bild Fig. Fig. Sec	I$_S$ &I$_R$	t$_{PD}$ E→Q ns$_{typ}$	t$_{PD}$ E→Q ns$_{max}$	Bem./Note f$_T$ §f$_Z$ &f$_E$
0...70°C § 0...75°C	−40...85°C § −25...85°C	−55...125°C		3	mA	↓ ↓ ↑	↓ ↓ ↑	MHz
SN74S472J SN74S472N		SN54S472J	Tix Tix	20c 20a	120 120	55 55 55 55		

74473
Output: OC

512x8-Bit PROM (programmierbarer Lesespeicher)
512x8-bit PROM (programmable read-only memory)
PROM à 512x8 bits (mémoire de lecture programmable)
PROM di 512x4 bit (memoria di lettura programmabile)
PROM (memoria de sólo lectura programable) de 512x8 bits

74473	Typ - Type - Tipo			Hersteller Production Fabricants Produttori Fabricantes	Bild Fig. Fig. Sec	I_S &I_R	t_{PD} E→Q ns_{typ}	t_{PD} E→Q ns_{max}	Bem./Note f_T §f_Z &f_E
0...70°C § 0...75°C	−40...85°C § −25...85°C	−55...125°C			3	mA	↓ ↕ ↑	↓ ↕ ↑	MHz
SN74S473J SN74S473N		SN54S473J		Tix Tix	20c 20a	120 120	55 55 55 55		

FI = 0,5

Pinout (DIP-20):
- Pin 1: A0
- Pin 2: A1
- Pin 3: A2
- Pin 4: A3
- Pin 5: A4
- Pin 6: D0
- Pin 7: D1
- Pin 8: D2
- Pin 9: D3
- Pin 10: GND
- Pin 11: D4
- Pin 12: D5
- Pin 13: D6
- Pin 14: D7
- Pin 15: FE
- Pin 16: A5
- Pin 17: A6
- Pin 18: A7
- Pin 19: A8
- Pin 20: U_S

Input										Output
FE	A8	A7	A6	A5	A4	A3	A2	A1	A0	Wort*
H	X	X	X	X	X	X	X	X	X	—
L	L	L	L	L	L	L	L	L	L	0
L	L	L	L	L	L	L	L	L	H	1
:	:	:	:	:	:	:	:	:	:	:
L	H	H	H	H	H	H	H	H	L	510
L	H	H	H	H	H	H	H	H	H	511

*word · mot · parola · palabra

Siehe auch Section 5
See also section 5
Voir aussi section 5
Vedi anche sezione 5
Veasé tambien sección 5

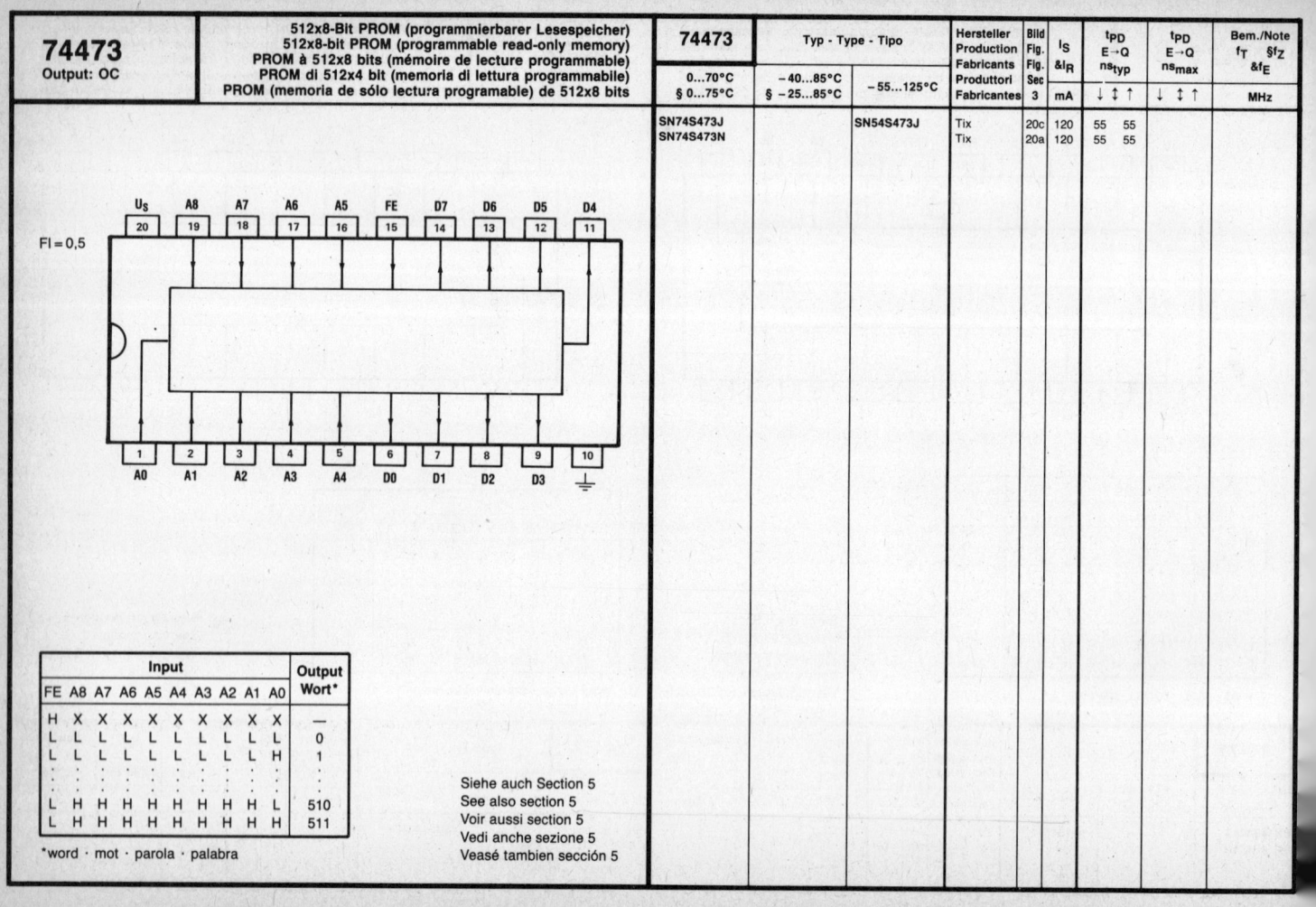

74474
Output: TS

512x8-Bit PROM (programmierbarer Lesespeicher)
512x8-bit PROM (programmable read-only memory)
PROM à 512x8 bits (mémoire de lecture programmable)
PROM di 512x4 bit (memoria di lettura programmabile)
PROM (memoria de sólo lectura programable) de 512x8 bits

74474	Typ - Type - Tipo			Hersteller Production Fabricants Produttori Fabricantes	Bild Fig. Fig. Sec 3	I_S & I_R mA	t_{PD} E→Q ns typ ↓ ↕ ↑	t_{PD} E→Q ns max ↓ ↕ ↑	Bem./Note f_T §f_Z & f_E MHz
	0...70°C § 0...75°C	−40...85°C § −25...85°C	−55...125°C						
	SN74S474J SN74S474N		SN54S474J SN54S474W	Tix Tix Tix	24d 24g 24n	120 120 120	55 55 55 55 55 55		

FI = 0,5

Pinout (24-pin DIP):
- Pin 24: U_S
- Pin 23: A8
- Pin 22: FE1
- Pin 21: FE2
- Pin 20: FE3
- Pin 19: FE4
- Pin 18: D7
- Pin 17: D6
- Pin 16: D5
- Pin 15: D4
- Pin 14: D3
- Pin 13: (not labeled)
- Pin 1: A7
- Pin 2: A6
- Pin 3: A5
- Pin 4: A4
- Pin 5: A3
- Pin 6: A2
- Pin 7: A1
- Pin 8: A0
- Pin 9: D0
- Pin 10: D1
- Pin 11: D2
- Pin 12: ⏚

Input												Output Wort*
FE1	FE2	FE3	FE4	A8	A7	A6	A5	A4	A3	A2	A1	A0	
H	X	X	X	X	X	X	X	X	X	X	X	X	—
X	H	X	X	X	X	X	X	X	X	X	X	X	—
X	X	L	X	X	X	X	X	X	X	X	X	X	—
X	X	X	L	X	X	X	X	X	X	X	X	X	—
L	L	H	H	L	L	L	L	L	L	L	L	L	0
L	L	H	H	L	L	L	L	L	L	L	L	H	1
:	:	:	:	:	:	:	:	:	:	:	:	:	:
L	L	H	H	H	H	H	H	H	H	H	H	L	510
L	L	H	H	H	H	H	H	H	H	H	H	H	511

*word · mot · parola · palabra

Siehe auch Section 5
See also section 5
Voir aussi section 5
Vedi anche sezione 5
Veasé tambien sección 5

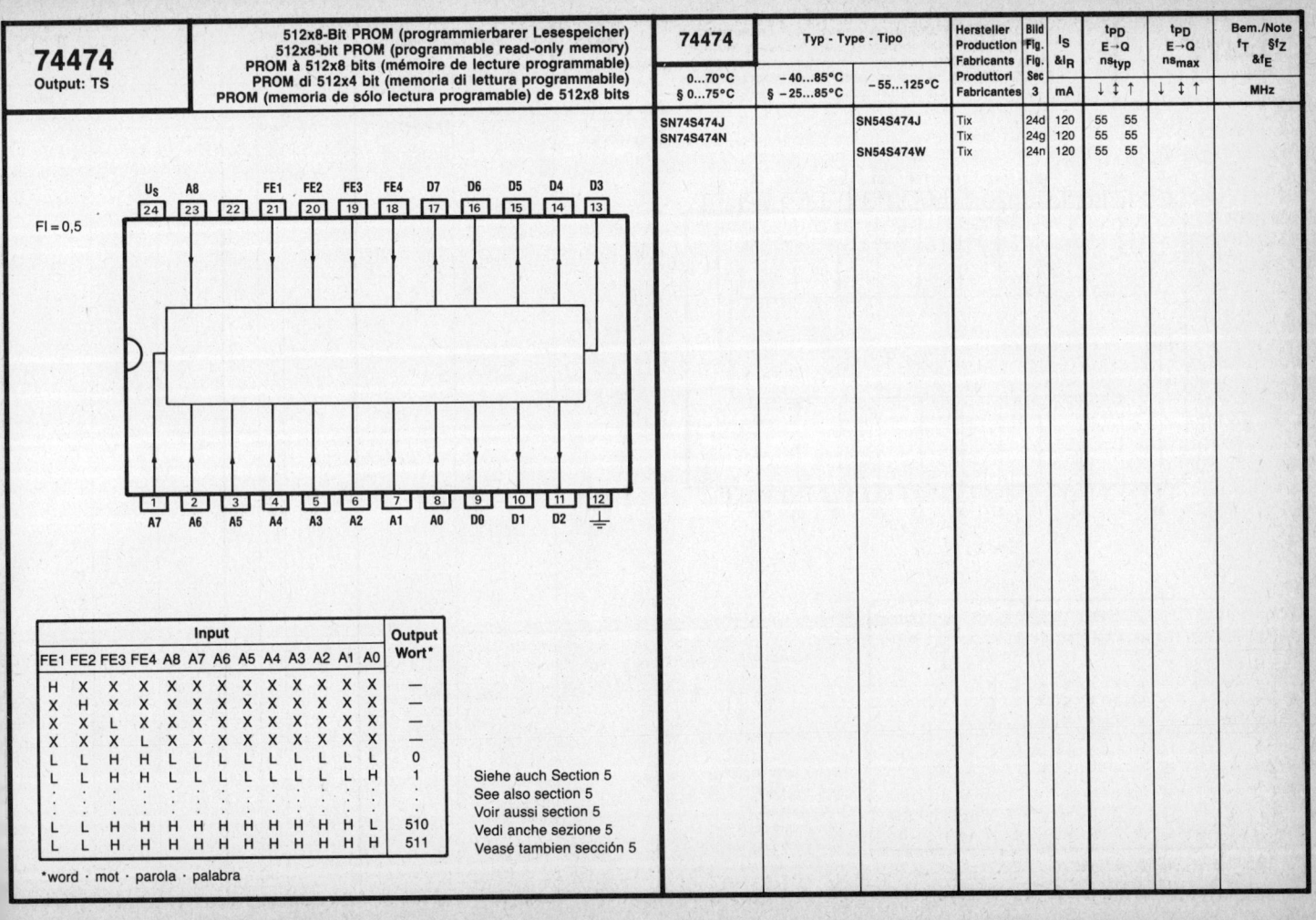

74475
Output: OC

512x8-Bit PROM (programmierbarer Lesespeicher)
512x8-bit PROM (programmable read-only memory)
PROM à 512x8 bits (mémoire de lecture programmable)
PROM di 512x4 bit (memoria di lettura programmabile)
PROM (memoria de sólo lectura programable) de 512x8 bits

74475 0...70°C § 0...75°C	Typ - Type - Tipo −40...85°C § −25...85°C	−55...125°C	Hersteller Production Fabricants Produttori Fabricantes	Bild Fig. Fig. Sec	I_S &I_R	t_{PD} E→Q ns typ	t_{PD} E→Q ns max	Bem./Note f_T §f_Z &f_E
				3	mA	↓ ↕ ↑	↓ ↕ ↑	MHz
SN74S475J SN74S475N		SN54S475J SN54S475W	Tix Tix Tix	24d 24g 24n	120 120 120	55 55 55 55 55 55		

Fl = 0,5

Pinout (24-pin DIP):
- 24: U_S
- 23: A8
- 22: FE1
- 21: FE2
- 20: FE3
- 19: FE4
- 18: D7
- 17: D6
- 16: D5
- 15: D4
- 14: D3
- 13: (GND)
- 1: A7
- 2: A6
- 3: A5
- 4: A4
- 5: A3
- 6: A2
- 7: A1
- 8: A0
- 9: D0
- 10: D1
- 11: D2
- 12: ⏚

Input												Output Wort*
FE1	FE2	FE3	FE4	A8	A7	A6	A5	A4	A3	A2	A1	A0	
H	X	X	X	X	X	X	X	X	X	X	X	X	—
X	H	X	X	X	X	X	X	X	X	X	X	X	—
X	X	L	X	X	X	X	X	X	X	X	X	X	—
X	X	X	L	X	X	X	X	X	X	X	X	X	—
L	L	H	H	L	L	L	L	L	L	L	L	L	0
L	L	H	H	L	L	L	L	L	L	L	L	H	1
:	:	:	:	:	:	:	:	:	:	:	:	:	:
L	L	H	H	H	H	H	H	H	H	H	H	L	510
L	L	H	H	H	H	H	H	H	H	H	H	H	511

*word · mot · parola · palabra

Siehe auch Section 5
See also section 5
Voir aussi section 5
Vedi anche sezione 5
Veasé tambien sección 5

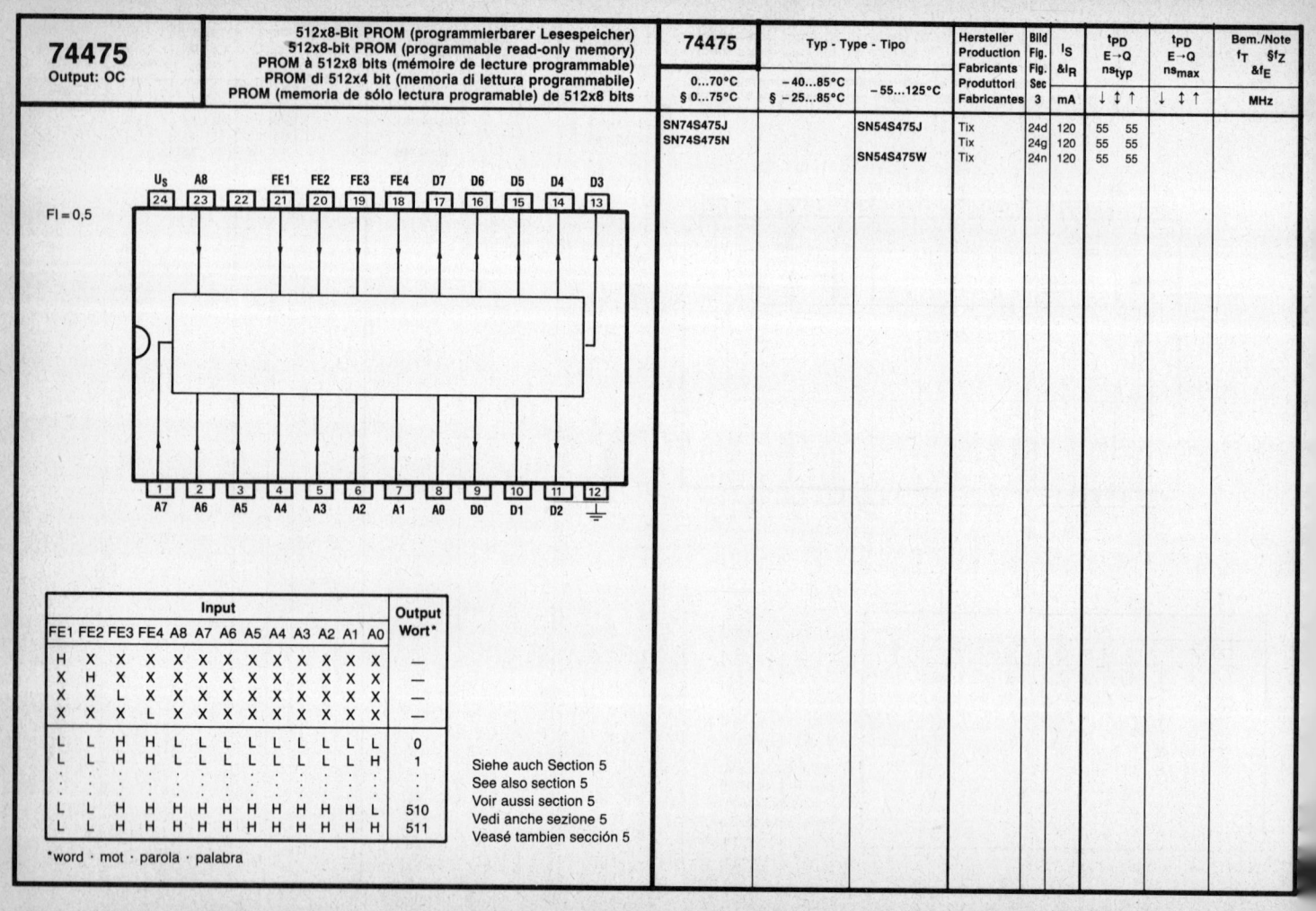

74481
Output: TS

4-Bit Slice-Prozessor
4-bit slice processor
Processeur à répartition 4 bits
4-bit processore slice
Sección (slice) de procesador de 4 bits

74481
Output: TS

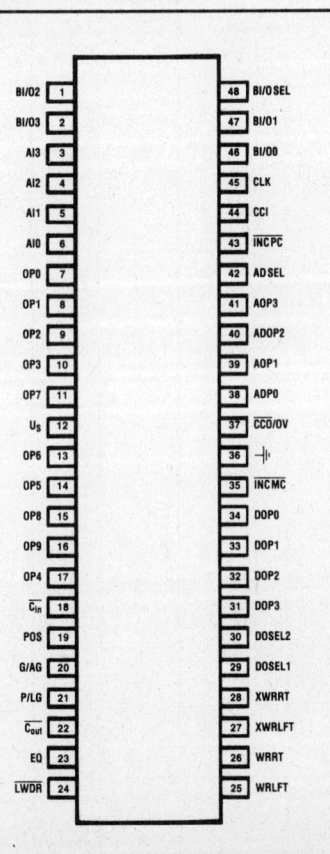

```
BI/O2    1      48  BI/O SEL
BI/O3    2      47  BI/O1
AI3      3      46  BI/O0
AI2      4      45  CLK
AI1      5      44  CCI
AI0      6      43  INCPC
OP0      7      42  ADSEL
OP1      8      41  AOP3
OP2      9      40  ADOP2
OP3     10      39  AOP1
OP7     11      38  ADP0
Us      12      37  CCO/OV
OP6     13      36  ⏚
OP5     14      35  INCMC
OP8     15      34  DOP0
OP9     16      33  DOP1
OP4     17      32  DOP2
Cin     18      31  DOP3
POS     19      30  DOSEL2
G/AG    20      29  DOSEL1
P/LG    21      28  XWRRT
Cout    22      27  XWRLFT
EQ      23      26  WRRT
LWDR    24      25  WRLFT
```

Eine Beschreibung der Funktionen sprengt den Rahmen dieser Daten- und Vergleichstabelle. Siehe »Bipolar Microcomputer Components Data Book« von Texas Instruments.

A description of the functional characteristics would go beyond the scope of this data and comparison table. See "Bipolar Microcomputer Components Data Book" by Texas Instruments.

Une description des fonctions déborde le cadre de ce tableau de données et de comparaison. Voir à ce sujet «Bipolar Microcomputer Components Data Book» de Texas Instruments.

Una descrizione delle funzioni esulerebbe dal campo di questa tabella di dati e di comparazione. Vedasi „Bipolar Microcomputer Components Data Book" della Texas Instruments.

Una descripción detallada de las funciones de este procesador se saldría de los límites de la presente tabla comparativa y de datos. Véase para ello «Bipolar Microcomputer Components Data Book» de Texas Instruments.

74481	Typ - Type - Tipo			Hersteller Production Fabricants Produttori Fabricantes	Bild Fig. Fig. Sec 3	I_S &I_R mA	t_{PD} E→Q ns$_{typ}$ ↓ ↕ ↑	t_{PD} E→Q ns$_{max}$ ↓ ↕ ↑	Bem./Note f_T §f_Z &f_E MHz
	0...70°C § 0...75°C	−40...85°C § −25...85°C	−55...125°C						
SN74LS481JD				Tix	48f				
S SN74S481JD				Tix	48f				

74482 Output: TS	4-Bit Slice-Mikrocontroller 4-bit slice micro controller Micro-contrôleur à répartition 4 bits 4-bit microcontroller slice Sección (slice) de microcontrolador de 4 bits	74482	Typ - Type - Tipo		Hersteller Production Fabricants Produttori Fabricantes	Bild Fig. Fig. Sec	I_S &I_R	t_{PD} $E \rightarrow Q$ ns$_{typ}$	t_{PD} $E \rightarrow Q$ ns$_{max}$	Bem./Note f_T §f_Z &f_E
		0...70°C § 0...75°C	–40...85°C § –25...85°C	–55...125°C		3	mA	↓ ↕ ↑	↓ ↕ ↑	MHz
		SN74S482J SN74S482N		SN54S482J	Tix Tix	20c 20a				

```
         U_S  CLK  S5   S6   CLR  F0   F1   F2   F3   A0
         20   19   18   17   16   15   14   13   12   11
        ┌─────────────────────────────────────────────────┐
        │                                                 │
        │                                                 │
        └─────────────────────────────────────────────────┘
         1    2    3    4    5    6    7    8    9    10
         S4   S3   C_out C_in S1   S2   A3   A2   A1   ⏚
```

Eine Beschreibung der Funktionen sprengt den Rahmen dieser Daten- und Vergleichstabelle. Siehe »Bipolar Microcomputer Components Data Book« von Texas Instruments.

A description of the functional characteristics would go beyond the scope of this data and comparison table. See "Bipolar Microcomputer Components Data Book" by Texas Instruments.

Une description des fonctions déborde le cadre de ce tableau de données et de comparaison. Voir à ce sujet «Bipolar Microcomputer Components Data Book» de Texas Instruments.

Una descrizione delle funzioni esulerebbe dal campo di questa tabella di dati e di comparazione. Vedasi „Bipolar Microcomputer Components Data Book" della Texas Instruments.

Una descripción detallada de las funciones de este procesador se saldría de los límites de la presente tabla comparativa y de datos. Véase para ello «Bipolar Microcomputer Components Data Book» de Texas Instruments.

74490
Output: TP

2 Dezimalzähler
2 decade counters
2 compteurs décimales
2 contatori decadici
2 contadores decimales

Pinout (16-pin):
- Pin 16: U_S
- Pin 15: T
- Pin 14: R0
- Pin 13: QA
- Pin 12: R9
- Pin 11: QB
- Pin 10: QC
- Pin 9: QD
- Pin 1: T
- Pin 2: R0
- Pin 3: QA
- Pin 4: R9
- Pin 5: QB
- Pin 6: QC
- Pin 7: QD
- Pin 8: GND

Input			Output			
R0	R9	T*	QD	QC	QB	QA
H	L	X	L	L	L	L
L	H	X	H	L	L	H
L	L	0	L	L	L	L
L	L	1	L	L	L	H
:	:	:	:	:	:	:
L	L	9	H	L	L	H

* Logikzustand oder Anzahl der Taktimpulse
* Logic level or number of clock pulses
* État logique ou nombre des impulsions d'horloge
* Stato logico o numero di impulsi di cadenza
* Estado lógico o número de pulsos de reloj

74490	Typ - Type - Tipo		Hersteller Production Fabricants Produttori Fabricantes	Bild Fig. Fig. Sec 3	I_S &I_R mA	t_{PD} E→Q ns_{typ} ↓ ↕ ↑	t_{PD} E→Q ns_{max} ↓ ↕ ↑	Bem./Note f_T §f_Z &f_E MHz
0...70°C § 0...75°C	−40...85°C § −25...85°C	−55...125°C						
HC								
		SN54HC490FH	Tix	cc	<8u		37 37	29
	SN74HC490FH	SN54HC490FK	Tix	cc	<8u		37 37	29
	SN74HC490FN		Tix	cc	<8u		37 37	29
		SN54HC490J	Tix	16c	<8u		37 37	29
	SN74HC490J		Tix	16c	<8u		37 37	29
	SN74HC490N		Tix	16a	<8u		37 37	29
LS								
HD74LS490			Hit	16a	<26		20 20	25
M74LS490			Mit	16a	<26		20 20	25
SN74LS490J		SN54LS490J	Tix	16c	15	13 12	20 20	25
SN74LS490N			Tix	16a	15	13 12	20 20	25
		SN54LS490W	Tix	16n	15	13 12	20 20	25
74LS490DC		54LS490DM	Fch	16c	19	6 5	15 15	40
74LS490FC		54LS490FM	Fch	16n	19	6 5	15 15	40
74LS490PC			Fch	16a	19	6 5	15 15	40

74490	Typ - Type - Tipo		Hersteller Production Fabricants Produttori Fabricantes	Bild Fig. Fig. Sec 3	I_S &I_R mA	t_{PD} E→Q ns_{typ} ↓ ↕ ↑	t_{PD} E→Q ns_{max} ↓ ↕ ↑	Bem./Note f_T §f_Z &f_E MHz
0...70°C § 0...75°C	−40...85°C § −25...85°C	−55...125°C						
SN74490J		SN54490J	Tix	16c	45	13 12	20 20	25
SN74490N			Tix	16a	45	13 12	20 20	25
		SN54490W	Tix	16n	45	13 12	20 20	25
74490			Sie	16a	45	13 12	20 20	25

2-393

74502
Output: TP

8-Bit Register für sukzessive Approximation
8-Bit Successive Approximation Register
Registre à 8 bits pour approximation successive
Registro a 8 bit per approssimazione successiva
Registro de 8 bits para aproximación sucesiva

74502			Typ - Type - Tipo	Hersteller Production Fabricants Produttori Fabricantes	Bild Fig. Fig. Sec 3	I_S &I_R mA	t_{PD} E→Q ns_{typ} ↓↕↑		t_{PD} E→Q ns_{max} ↓↕↑		Bem./Note f_T §f_Z &f_E MHz
0...70°C § 0...75°C	−40...85°C § −25...85°C	−55...125°C									
DM74502J		DM54502J		Nsc	16c	<95	38	38			15
DM74502N				Nsc	16a	<95	38	38			15
LS											
§SN74LS502J		SN54LS502J		Mot	16c	<65	38	38			15
74LS502DC		54LS502DM		Fch	16c	<65	38	38			15
74LS502PC				Fch	16a	<65	38	38			15

```
       Us   Q7   Q7   Q6   Q5   Q4   S    T
       16   15   14   13   12   11   10   9
      ┌───────────────────────────────────┐
      │                                   │
      │                                   │
      └───────────────────────────────────┘
       1    2    3    4    5    6    7    8
       QD   CC   Q0   Q1   Q2   Q3   D    ⏚
```

Input			Output							
D	$\overline{S}$	T*	QD	Q7	Q6	Q5	Q4	Q3	Q2	Q1	Q0	$\overline{CC}$
X	L	0	Reset / Start									
D7	H	1	?	L	H	H	H	H	H	H	H	H
D6	H	2	D7	D7	L	H	H	H	H	H	H	H
D5	H	3	D6	D7	D6	L	H	H	H	H	H	H
D4	H	4	D5	D7	D6	D5	L	H	H	H	H	H
D3	H	5	D4	D7	D6	D5	D4	L	H	H	H	H
D2	H	6	D3	D7	D6	D5	D4	D3	L	H	H	H
D1	H	7	D2	D7	D6	D5	D4	D3	D2	L	H	H
D0	H	8	D1	D7	D6	D5	D4	D3	D2	D1	L	H
X	H	9	D0	D7	D6	D5	D4	D3	D2	D1	D0	L
X	H	10	?	D7	D6	D5	D4	D3	D2	D1	D0	L

* Anzahl der Taktimpulse · Number of clock pulses · Nombre des impulsions d'horloge
* Numero di impulsi di cadenza · Número de pulsos de reloj

74503
Output: TP

8-Bit Register für sukzessive Approximation
8-Bit Successive Approximation Register
Registre à 8 bits pour approximation successive
Registro a 8 bit per approssimazione successiva
Registro de 8 bits para aproximación sucesiva

74503	Typ - Type - Tipo			Hersteller Production Fabricants Produttori Fabricantes	Bild Fig. Fig. Sec	I_S &I_R	t_{PD} E→Q ns$_{typ}$	t_{PD} E→Q ns$_{max}$	Bem./Note f_T §f_Z &f_E
0...70°C § 0...75°C	−40...85°C § −25...85°C	−55...125°C			3	mA	↓ ↕ ↑	↓ ↕ ↑	MHz
DM74503J		DM54503J		Nsc	16c	<90		38 38	15
DM74503N				Nsc	16a	<90		38 38	15
LS									
74LS503DC		54LS503DM		Fch	16c	<65		38 38	15
74LS503PC				Fch	16a	<65		38 38	15

```
            U_S  Q7   Q7   Q6   Q5   Q4   S̄    T
            16   15   14   13   12   11   10   9

            1    2    3    4    5    6    7    8
            Ē    CC   Q0   Q1   Q2   Q3   D    ⏚
```

Input				Output							
D	S̄	Ē	T*	Q7	Q6	Q5	Q4	Q3	Q2	Q1	Q0	CC
X	L	H	X				Reset / Start					
X	H	H	X				Inhibit					
D7	H	L	1	L	H	H	H	H	H	H	H	
D6	H	L	2	D7	L	H	H	H	H	H	H	
D5	H	L	3	D7	D6	L	H	H	H	H	H	
D4	H	L	4	D7	D6	D5	L	H	H	H	H	
D3	H	L	5	D7	D6	D5	D4	L	H	H	H	
D2	H	L	6	D7	D6	D5	D4	D3	L	H	H	
D1	H	L	7	D7	D6	D5	D4	D3	D2	L	H	
D0	H	L	8	D7	D6	D5	D4	D3	D2	D1	L	
X	H	L	9	D7	D6	D5	D4	D3	D2	D1	D0	L
X	H	L	10	D7	D6	D5	D4	D3	D2	D1	D0	L

* Anzahl der Taktimpulse · Number of clock pulses · Nombre des impulsions d'horloge
* Numero di impulsi di cadenza · Número de pulsos de reloj

74504
Output: TP

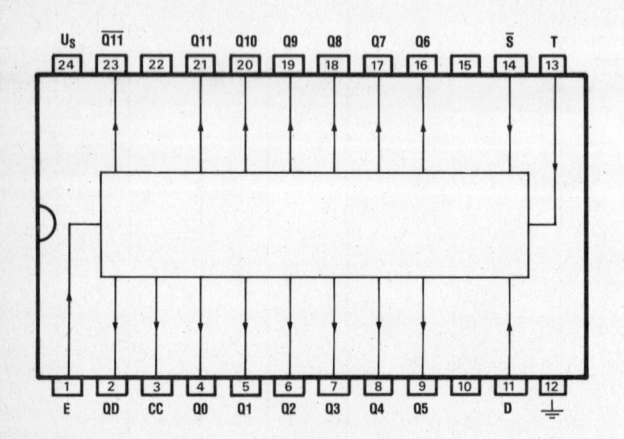

12-Bit Register für sukzessive Approximation
12-Bit Successive Approximation Register
Registre à 12 bits pour approximation successive
Registro a 12 bit per approssimazione successiva
Registro de 12 bits para aproximación sucesiva

Pinout (24-pin):
- 1: E
- 2: QD
- 3: CC
- 4: Q0
- 5: Q1
- 6: Q2
- 7: Q3
- 8: Q4
- 9: Q5
- 10: D
- 11: (GND)
- 12: (GND)
- 13: T
- 14: $\overline{S}$
- 15: Q6
- 16: Q7
- 17: Q8
- 18: Q9
- 19: Q10
- 20: Q11
- 21: (Q11)
- 22: (Q11)
- 23: $\overline{Q11}$
- 24: U_S

Input				Output											
D	$\overline{S}$	$\overline{E}$	T*	Q11	Q10	Q9	Q8	Q7	Q6	Q5	Q4	Q3	Q2	Q1	Q0	$\overline{CC}$
X	L	H	X	Reset / Start											
X	H	H	X	Inhibit											
D11	H	L	1	L	H	H	H	H	H	H	H	H	H	H	H	H
D10	H	L	2	D11	L	H	H	H	H	H	H	H	H	H	H	H
D9	H	L	3	D11	D10	L	H	H	H	H	H	H	H	H	H	H
D8	H	L	4	D11	D10	D9	L	H	H	H	H	H	H	H	H	H
D7	H	L	5	D11	D10	D9	D8	L	H	H	H	H	H	H	H	H
D6	H	L	6	D11	D10	D9	D8	D7	L	H	H	H	H	H	H	H
D5	H	L	7	D11	D10	D9	D8	D7	D6	L	H	H	H	H	H	H
D4	H	L	8	D11	D10	D9	D8	D7	D6	D5	L	H	H	H	H	H
D3	H	L	9	D11	D10	D9	D8	D7	D6	D5	D4	L	H	H	H	H
D2	H	L	10	D11	D10	D9	D8	D7	D6	D5	D4	D3	L	H	H	H
D1	H	L	11	D11	D10	D9	D8	D7	D6	D5	D4	D3	D2	L	H	H
D0	H	L	12	D11	D10	D9	D8	D7	D6	D5	D4	D3	D2	D1	L	H
X	H	L	13	D11	D10	D9	D8	D7	D6	D5	D4	D3	D2	D1	D0	L
X	H	L	14	D11	D10	D9	D8	D7	D6	D5	D4	D3	D2	D1	D0	L

* Anzahl der Taktimpulse · Number of clock pulses · Nombre des impulsions d'horloge
* Numero di impulsi di cadenza · Número de pulsos de reloj

74504	Typ - Type - Tipo			Hersteller Production Fabricants Produttori Fabricantes	Bild Fig. Fig. Sec 3	I_S &I_R mA	t_{PD} E→Q ns_{typ} ↓↕↑	t_{PD} E→Q ns_{max} ↓↕↑	Bem./Note f_T §f_Z &f_E MHz
	0…70°C § 0…75°C	−40…85°C § −25…85°C	−55…125°C						
DM74504J DM74504N			DM54504J	Nsc Nsc	24d 24g	<124 <124		38 38 38 38	15 15
LS 74LS504DC 74LS504PC			54LS504DM	Fch Fch	24d 24g	<90 <90		38 38 38 38	15 15

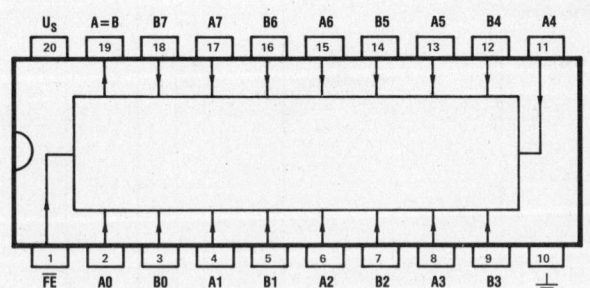

74518
Output: OC

8-Bit Vergleicher / 8-bit comparator / Comparateur 8 bits / 8-bit comparatore / Comparador de 8 bits

Pinout (20-pin DIP):
- Pin 20: U_S
- Pin 19: A=B
- Pin 18: B7
- Pin 17: A7
- Pin 16: B6
- Pin 15: A6
- Pin 14: B5
- Pin 13: A5
- Pin 12: B4
- Pin 11: A4
- Pin 10: GND
- Pin 9: B3
- Pin 8: A3
- Pin 7: B2
- Pin 6: A2
- Pin 5: B1
- Pin 4: A1
- Pin 3: B0
- Pin 2: A0
- Pin 1: $\overline{FE}$

A,B	$\overline{FE}$	A=B
X	H	H
A=B	L	L
A>B	X	H
A<B	X	H

74519
Output: OC

8-Bit Vergleicher / 8-bit comparator / Comparateur 8 bits / 8-bit comparatore / Comparador de 8 bits

Pinout (20-pin DIP): identical to 74518.

A,B	$\overline{FE}$	A=B
X	H	H
A=B	L	L
A>B	X	H
A<B	X	H

74518

	Typ - Type - Tipo		Hersteller Production Fabricants Produttori Fabricantes	Bild Fig. Fig. Sec 3	I_S &I_R mA	t_{PD} E→Q ns_{typ} ↓↕↑	t_{PD} E→Q ns_{max} ↓↕↑	Bem./Note f_T §f_Z &f_E MHz
0...70°C § 0...75°C	−40...85°C § −25...85°C	−55...125°C						
DM74ALS518J			Nsc	20c	<17	33 33		
DM74ALS518N			Nsc	20a	<17	33 33		
	DM54ALS518J							
		SN54ALS518FH	Tix	cc	11	18 37		
SN74ALS518FN			Tix	cc	11	15 33		
		SN54ALS518J	Tix	20c	11	18 37		
SN74ALS518N			Tix	20a	11	15 33		
		SN54ALS518W	Tix	20n	11	18 37		

74519

	Typ - Type - Tipo		Hersteller Production Fabricants Produttori Fabricantes	Bild Fig. Fig. Sec 3	I_S &I_R mA	t_{PD} E→Q ns_{typ} ↓↕↑	t_{PD} E→Q ns_{max} ↓↕↑	Bem./Note f_T §f_Z &f_E MHz
0...70°C § 0...75°C	−40...85°C § −25...85°C	−55...125°C						
DM74ALS519J			Nsc	20c	<17	33 33		
DM74ALS519N			Nsc	20a	<17	33 33		
	DM54ALS519J							
		SN54ALS519FH	Tix	cc	11	18 37		
SN74ALS519FN			Tix	cc	11	15 33		
		SN54ALS519J	Tix	20c	11	18 37		
SN74ALS519N			Tix	20a	11	15 33		
		SN54ALS519W	Tix	20n	11	18 37		

74520
Output: TP

8-Bit Vergleicher / 8-bit comparator / Comparateur 8 bits / 8-bit comparatore / Comparador de 8 bits

Pinout (20-pin DIP):
- Pin 20: U_S
- Pin 19: $\overline{A=B}$
- Pin 18: B7
- Pin 17: A7
- Pin 16: B6
- Pin 15: A6
- Pin 14: B5
- Pin 13: A5
- Pin 12: B4
- Pin 11: A4
- Pin 10: GND
- Pin 9: B3
- Pin 8: A3
- Pin 7: B2
- Pin 6: A2
- Pin 5: B1
- Pin 4: A1
- Pin 3: B0
- Pin 2: A0
- Pin 1: $\overline{FE}$

A, B	$\overline{FE}$	$\overline{A=B}$
X	H	H
A=B	L	L
A>B	X	H
A<B	X	H

74520		Typ - Type - Tipo		Hersteller Production Fabricants Produttori Fabricantes	Bild Fig. Fig. Sec 3	I_S &I_R mA	t_{PD} E→Q ns_{typ} ↓ ↕ ↑	t_{PD} E→Q ns_{max} ↓ ↕ ↑	Bem./Note f_T §f_Z &f_E MHz
0...70°C § 0...75°C	−40...85°C § −25...85°C	−55...125°C							
DM74ALS520J		DM54ALS520J		Nsc	20c	<15	20 20		
DM74ALS520N				Nsc	20a	<15	20 20		
		SN54ALS520FH		Tix	cc	12	25 16		
SN74ALS520FN				Tix	cc	12	20 12		
		SN54ALS520J		Tix	20c	12	25 16		
SN74ALS520N				Tix	20a	12	20 12		
		SN54ALS520W		Tix	20n	12	25 16		

2-398

74521
Output: TP

8-Bit Vergleicher / 8-bit comparator / Comparateur 8 bits / 8-bit comparatore / Comparador de 8 bits

Pinout (DIP-20):
- 1: $\overline{FE}$
- 2: A0
- 3: B0
- 4: A1
- 5: B1
- 6: A2
- 7: B2
- 8: A3
- 9: B3
- 10: GND
- 11: A4
- 12: B4
- 13: A5
- 14: B5
- 15: A6
- 16: B6
- 17: A7
- 18: B7
- 19: $\overline{A=B}$
- 20: U_S

A, B	$\overline{FE}$	$\overline{A=B}$
X	H	H
A = B	L	L
A > B	X	H
A < B	X	H

74521	Typ - Type - Tipo		Hersteller Production Fabricants Produttori Fabricantes	Bild Fig. Fig. Sec 3	I_S &I_R mA	t_{PD} E→Q ns_{typ} ↓ ↕ ↑	t_{PD} E→Q ns_{max} ↓ ↕ ↑	Bem./Note f_T §f_Z &f_E MHz
0...70°C § 0...75°C	−40...85°C § −25...85°C	−55...125°C						
SN74ALS521N			Tix	20a	12		20 12	
		SN54ALS521W	Tix	20n	12		25 16	
F								
MC74F521J		MC54F521J	Mot	20c				
MC74F521N			Mot	20a				
MC74F521W		MC54F521W	Mot	20n				
HC								
MM74HC521J	MM54HC521J		Nsc	20c	<8u			
MM74HC521N			Nsc	20a	<8u			
HCT								
MM74HCT521J	MM54HCT521J		Nsc	20c	<8u	23 16	35 24	
MM74HCT521N			Nsc	20a	<8u	23 16	35 24	

74521	Typ - Type - Tipo		Hersteller Production Fabricants Produttori Fabricantes	Bild Fig. Fig. Sec 3	I_S &I_R mA	t_{PD} E→Q ns_{typ} ↓ ↕ ↑	t_{PD} E→Q ns_{max} ↓ ↕ ↑	Bem./Note f_T §f_Z &f_E MHz
0...70°C § 0...75°C	−40...85°C § −25...85°C	−55...125°C						
DM74ALS521J	DM54ALS521J		Nsc	20c	<15		20 20	
DM74ALS521N			Nsc	20a	<15		20 20	
	SN54ALS521FH		Tix	cc	12		25 16	
SN74ALS521FN			Tix	cc	12		20 12	
	SN54ALS521J		Tix	20c	12		25 16	

74522
Output: OC

8-Bit Vergleicher
8-bit comparator
Comparateur 8 bits
8-bit comparatore
Comparador de 8 bits

74526
Output: TP

16-Bit programmierbarer Vergleicher
16-bit programmable comparator
Comparateur programmable 16 bits
16-bit comparatore programmabile
Comparador programable de 16 bits

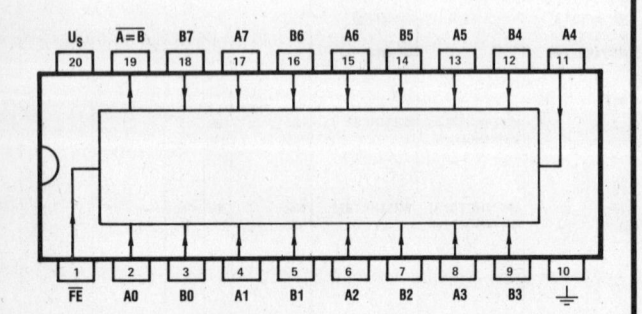

74522 pinout (20-pin DIP):
- Pin 20: U_S
- Pin 19: $\overline{A=B}$
- Pin 18: B7
- Pin 17: A7
- Pin 16: B6
- Pin 15: A6
- Pin 14: B5
- Pin 13: A5
- Pin 12: B4
- Pin 11: A4
- Pin 1: $\overline{FE}$
- Pin 2: A0
- Pin 3: B0
- Pin 4: A1
- Pin 5: B1
- Pin 6: A2
- Pin 7: B2
- Pin 8: A3
- Pin 9: B3
- Pin 10: ⏚

74526 pinout (20-pin DIP):
- Pin 20: U_S
- Pin 19: $\overline{D=P}$
- Pin 18: D15
- Pin 17: D14
- Pin 16: D13
- Pin 15: D12
- Pin 14: D11
- Pin 13: D10
- Pin 12: D9
- Pin 11: D8
- Pin 1: $\overline{FE}$
- Pin 2: D0
- Pin 3: D1
- Pin 4: D2
- Pin 5: D3
- Pin 6: D4
- Pin 7: D5
- Pin 8: D6
- Pin 9: D7
- Pin 10: ⏚

Internal blocks: internal = external? | D0...D15 | P0...P15 internal programmed | external inputs

A, B	$\overline{FE}$	$\overline{A=B}$
X	H	H
A = B	L	L
A > B	X	H
A < B	X	H

74522	Typ - Type - Tipo		Hersteller Production Fabricants Produttori Fabricantes	Bild Fig. Fig. Sec 3	I_S &I_R mA	t_{PD} E→Q ns_{typ} ↓ ↕ ↑	t_{PD} E→Q ns_{max} ↓ ↕ ↑	Bem./Note f_T §f_Z &f_E MHz
0...70°C § 0...75°C	−40...85°C § −25...85°C	−55...125°C						
DM74ALS522J			Nsc	20c	<15		25 25	
DM74ALS522N			Nsc	20a	<15		25 25	
		DM54ALS522J	Tix	cc	11		25 30	
		SN54ALS522FH	Tix	cc	11		23 25	
SN74ALS522FN			Tix	20c	11		25 30	
		SN54ALS522J						
SN74ALS522N			Tix	20a	11		23 25	
		SN54ALS522W	Tix	20n	11		25 30	

74526	Typ - Type - Tipo		Hersteller Production Fabricants Produttori Fabricantes	Bild Fig. Fig. Sec 3	I_S &I_R mA	t_{PD} E→Q ns_{typ} ↓ ↕ ↑	t_{PD} E→Q ns_{max} ↓ ↕ ↑	Bem./Note f_T §f_Z &f_E MHz
0...70°C § 0...75°C	−40...85°C § −25...85°C	−55...125°C						
		SN54ALS526FH	Tix	cc	14	9 8		
SN74ALS526FN			Tix	cc	14	9 8		
		SN54ALS526J	Tix	20c	14	9 8		
SN74ALS526N			Tix	20a	14	9 8		

74527					
Output: TP					

12-Bit programmierbarer Vergleicher
12-bit programmable comparator
Comparateur programmable 12 bits
12-bit comparatore programmabile
Comparador programable de 12 bits

74528					
Output: TP					

12-Bit programmierbarer Vergleicher
12-bit programmable comparator
Comparateur programmable 12 bits
Comparatore programmabile di 12 bit
Comparador programable de 12 bits

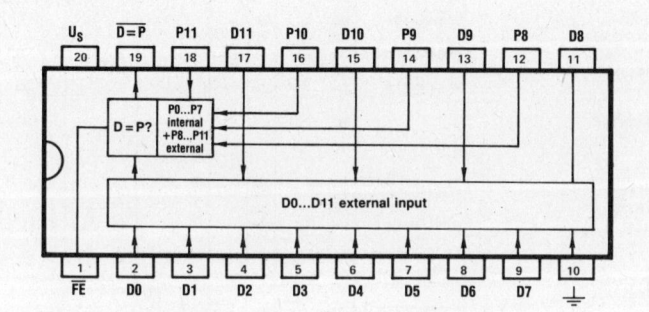

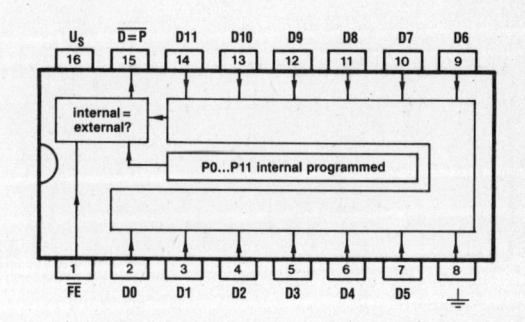

Pinout 74527 (20-pin): U_S (20), $\overline{D=P}$ (19), P11 (18), D11 (17), P10 (16), D10 (15), P9 (14), D9 (13), P8 (12), D8 (11), GND (10), D7 (9), D6 (8), D5 (7), D4 (6), D3 (5), D2 (4), D1 (3), D0 (2), FE (1). Internal blocks: D=P?, P0...P7 internal + P8...P11 external, D0...D11 external input.

Pinout 74528 (16-pin): U_S (16), $\overline{D=P}$ (15), D11 (14), D10 (13), D9 (12), D8 (11), D7 (10), D6 (9), GND (8), D5 (7), D4 (6), D3 (5), D2 (4), D1 (3), D0 (2), FE (1). Internal blocks: internal = external?, P0...P11 internal programmed.

74527	Typ - Type - Tipo		Hersteller Production Fabricants Produttori Fabricantes	Bild Fig. Fig. Sec	I_S &I_R	t_{PD} E→Q ns_{typ}	t_{PD} E→Q ns_{max}	Bem./Note f_T §f_Z &f_E
0...70°C § 0...75°C	−40...85°C § −25...85°C	−55...125°C		3	mA	↓ ↕ ↑	↓ ↕ ↑	MHz
SN74ALS527FN		SN54ALS527FH	Tix	cc	13	9 8		
			Tix	cc	13	9 8		
		SN54ALS527J	Tix	20c	13	9 8		
SN74ALS527N			Tix	20a	13	9 8		

74528	Typ - Type - Tipo		Hersteller Production Fabricants Produttori Fabricantes	Bild Fig. Fig. Sec	I_S &I_R	t_{PD} E→Q ns_{typ}	t_{PD} E→Q ns_{max}	Bem./Note f_T §f_Z &f_E
0...70°C § 0...75°C	−40...85°C § −25...85°C	−55...125°C		3	mA	↓ ↕ ↑	↓ ↕ ↑	MHz
SN74ALS528FN		SN54ALS528FH	Tix	cc	13	9 8		
			Tix	cc	13	9 8		
		SN54ALS528J	Tix	16c	13	9 8		
SN74ALS528N			Tix	16a	13	9 8		

2-401

74533
Output: TS

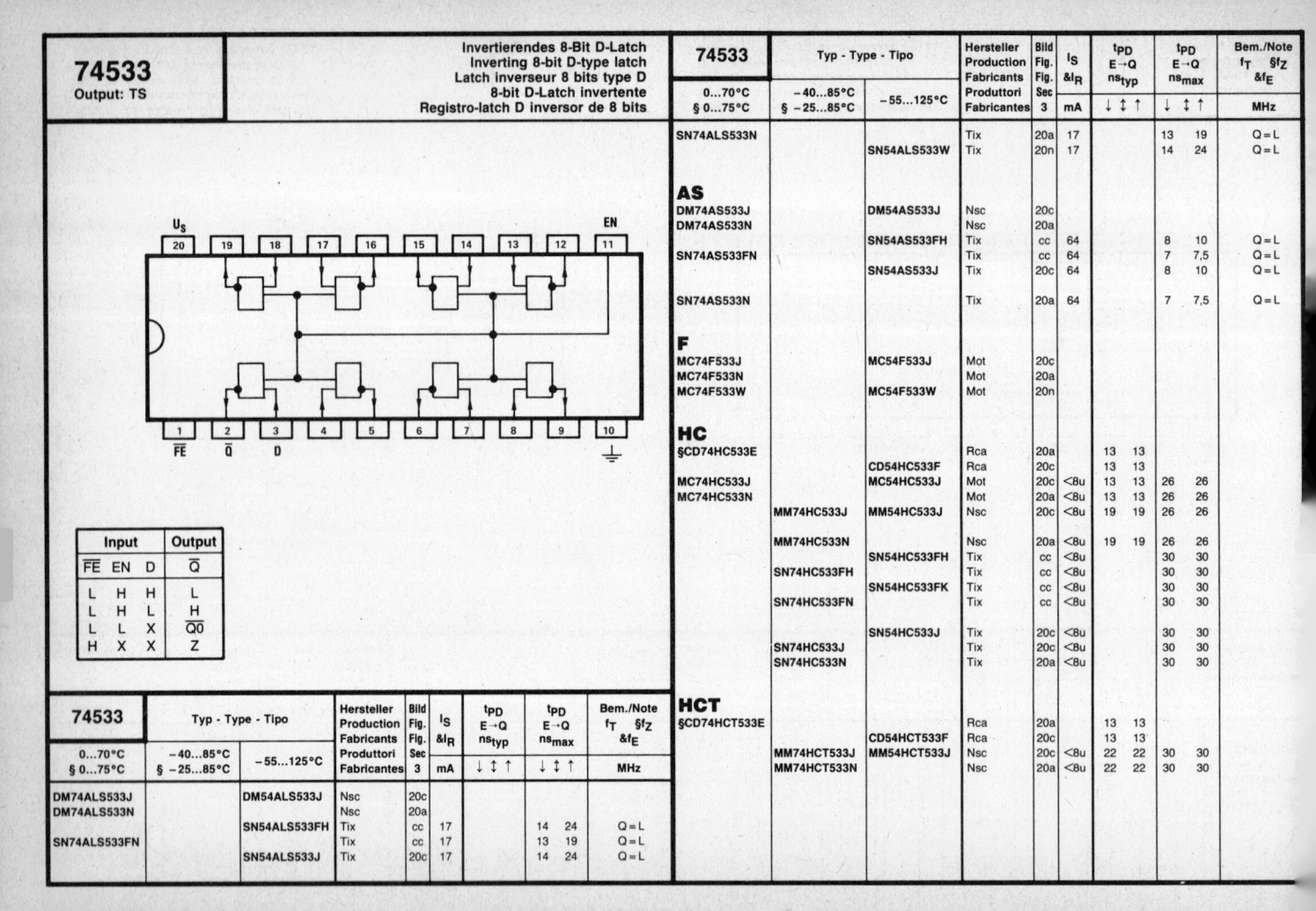

Invertierendes 8-Bit D-Latch
Inverting 8-bit D-type latch
Latch inverseur 8 bits type D
8-bit D-Latch invertente
Registro-latch D inversor de 8 bits

Pinout (DIP-20): U_S=20, 19, 18, 17, 16, 15, 14, 13, 12, EN=11 (top); $\overline{FE}$=1, $\overline{Q}$=2, D=3, 4, 5, 6, 7, 8, 9, GND=10 (bottom)

Function Table

Input			Output
$\overline{FE}$	EN	D	$\overline{Q}$
L	H	H	L
L	H	L	H
L	L	X	$\overline{Q0}$
H	X	X	Z

74533

Typ - Type - Tipo 0...70°C § 0...75°C	Typ - Type - Tipo −40...85°C § −25...85°C	Typ - Type - Tipo −55...125°C	Hersteller Production Fabricants Produttori Fabricantes	Bild Fig. Fig. Sec 3	I_S &I_R mA	t_{PD} E→Q ns_{typ} ↓ ↕ ↑	t_{PD} E→Q ns_{max} ↓ ↕ ↑	Bem./Note f_T §f_Z &f_E MHz
SN74ALS533N			Tix	20a	17		13 19	Q = L
		SN54ALS533W	Tix	20n	17		14 24	Q = L
AS								
DM74AS533J	DM54AS533J		Nsc	20c				
DM74AS533N			Nsc	20a				
	SN54AS533FH		Tix	cc	64		8 10	Q = L
SN74AS533FN			Tix	cc	64		7 7,5	Q = L
	SN54AS533J		Tix	20c	64		8 10	Q = L
SN74AS533N			Tix	20a	64		7 7,5	Q = L
F								
MC74F533J	MC54F533J		Mot	20c				
MC74F533N			Mot	20a				
MC74F533W	MC54F533W		Mot	20n				
HC								
§CD74HC533E			Rca	20a		13 13		
	CD54HC533F		Rca	20c		13 13		
MC74HC533J	MC54HC533J		Mot	20c	<8u	13 13	26 26	
MC74HC533N			Mot	20a	<8u	13 13	26 26	
MM74HC533J	MM54HC533J		Nsc	20c	<8u	19 19	26 26	
MM74HC533N			Nsc	20a	<8u	19 19	26 26	
	SN54HC533FH		Tix	cc	<8u		30 30	
SN74HC533FH			Tix	cc	<8u		30 30	
	SN54HC533FK		Tix	cc	<8u		30 30	
SN74HC533FN			Tix	cc	<8u		30 30	
	SN54HC533J		Tix	20c	<8u		30 30	
SN74HC533J			Tix	20c	<8u		30 30	
SN74HC533N			Tix	20a	<8u		30 30	
HCT								
§CD74HCT533E			Rca	20a		13 13		
	CD54HCT533F		Rca	20c		13 13		
MM74HCT533J	MM54HCT533J		Nsc	20c	<8u	22 22	30 30	
MM74HCT533N			Nsc	20a	<8u	22 22	30 30	

74533

Typ - Type - Tipo 0...70°C § 0...75°C	Typ - Type - Tipo −40...85°C § −25...85°C	Typ - Type - Tipo −55...125°C	Hersteller Production Fabricants Produttori Fabricantes	Bild Fig. Fig. Sec 3	I_S &I_R mA	t_{PD} E→Q ns_{typ} ↓ ↕ ↑	t_{PD} E→Q ns_{max} ↓ ↕ ↑	Bem./Note f_T §f_Z &f_E MHz
DM74ALS533J	DM54ALS533J		Nsc	20c				
DM74ALS533N			Nsc	20a				
	SN54ALS533FH		Tix	cc	17		14 24	Q = L
SN74ALS533FN			Tix	cc	17		13 19	Q = L
	SN54ALS533J		Tix	20c	17		14 24	Q = L

2-402

74534
Output: TS

Invertierendes 8-Bit D-Flipflop
Inverting 8-bit D-type flip-flop
Flipflop inverseur 8 bits type D
8-bit flip-flop tipo D
Flipflop D inversor de 8 bits

Input			Output
FE	T	D	$\overline{Q}$
L	⌐	L	L
L	⌐	H	H
L	L	X	$\overline{Q0}$
H	X	X	Z

74534			Hersteller Production Fabricants Produttori Fabricantes	Bild Fig. Fig. Sec 3	I_S &I_R mA	t_{PD} E→Q ns_{typ} ↓↕↑	t_{PD} E→Q ns_{max} ↓↕↑	Bem./Note f_T §f_Z &f_E MHz
0...70°C § 0...75°C	−40...85°C § −25...85°C	−55...125°C						
	SN74ALS534N		Tix	20a	19		16 12	35
		SN54ALS534W	Tix	20n	19		18 15	30
AS								
DM74AS534J DM74AS534N		DM54AS534J	Nsc Nsc	20c 20a				
		SN54AS534FH	Tix	cc	84		11,5 11	100
SN74AS534FN			Tix	cc	84		9 8	125
		SN54AS534J	Tix	20c	84		11,5 11	100
SN74AS534N			Tix	20a	84		9 8	125
F								
MC74F534J MC74F534N		MC54F534J	Mot Mot	20c 20a				
MC74F534W		MC54F534W	Mot	20n				
HC								
§CD74HC534E			Rca	20a		18 18		60
		CD54HC534F	Rca	20c		18 18		60
MC74HC534J		MC54HC534J	Mot	20c	<8u	15 15	31 31	35
MC74HC534N			Mot	20a	<8u	15 15	31 31	35
MM74HC534J		MM54HC534J	Nsc	20c	<8u	20 20	31 31	35
MM74HC534N			Nsc	20a	<8u	20 20	31 31	35
HCT								
§CD74HCT534E			Rca	20a		18 18		60
		CD54HCT534F	Rca	20c		18 18		60
MM74HCT534J		MM54HCT534J	Nsc	20c	<8u	22 22	36 36	30
MM74HCT534N			Nsc	20a	<8u	22 22	36 36	30

74534			Hersteller Production Fabricants Produttori Fabricantes	Bild Fig. Fig. Sec 3	I_S &I_R mA	t_{PD} E→Q ns_{typ} ↓↕↑	t_{PD} E→Q ns_{max} ↓↕↑	Bem./Note f_T §f_Z &f_E MHz
0...70°C § 0...75°C	−40...85°C § −25...85°C	−55...125°C						
DM74ALS534J DM74ALS534N		DM54ALS534J	Nsc Nsc	20c 20a				
		SN54ALS534FH	Tix	cc	19		18 15	30
SN74ALS534FN			Tix	cc	19		16 12	35
		SN54ALS534J	Tix	20c	19		18 15	30

74537
Output: TS

BCD-zu-Dezimal-Dekoder
BCD-to-decimal decoder
Décodeur BCD/décimal
Decodificatore BCD a decimale
Decodificador BCD a decimal

74537	Typ - Type - Tipo		Hersteller Production Fabricants Produttori Fabricantes	Bild Fig. Fig. Sec 3	I_S &I_R mA	t_{PD} E→Q ns_{typ} ↓↕↑	t_{PD} E→Q ns_{max} ↓↕↑	Bem./Note f_T §f_Z &f_E MHz
0...70°C § 0...75°C	−40...85°C § −25...85°C	−55...125°C						
MC74ALS537J		MC54ALS537J	Mot	20c				
MC74ALS537N			Mot	20a				
MC74ALS537W		MC54ALS537W	Mot	20n				
F								
MC74F537J		MC54F537J	Mot	20c				
MC74F537N			Mot	20a				
MC74F537W		MC54F537W	Mot	20n				

Pinout (20-pin DIP):
- Top (pins 20–11): U_S, Q3, Q4, D, C, $\overline{E1}$, E2, Q9, Q8, Q7
- Bottom (pins 1–10): Q2, Q1, Q0, POL, $\overline{OE}$, A, B, Q5, Q6, GND

74538
Output: TS

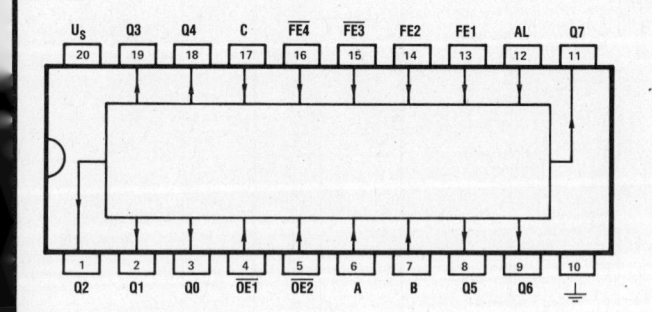

3-zu-8-Demultiplexer
3-line-to-8-line demultiplexer
Démultiplexeur 3 lignes - 8 lignes
3-a-8 demultiplexer
Demultiplexador de 3 a 8

Pinout (DIP-20):
- 20: U_S
- 19: Q3
- 18: Q4
- 17: C
- 16: $\overline{FE4}$
- 15: $\overline{FE3}$
- 14: FE2
- 13: FE1
- 12: AL
- 11: Q7
- 1: Q2
- 2: Q1
- 3: Q0
- 4: $\overline{OE1}$
- 5: $\overline{OE2}$
- 6: A
- 7: B
- 8: Q5
- 9: Q6
- 10: GND

Input									Output								Funktion
AL	$\overline{OE1}$	$\overline{OE2}$	FE1	FE2	FE3	FE4	C	B	A	Q0	Q1	Q2	Q3	Q4	Q5	Q6	Q7	
X	H	X	X	X	X	X	X	X	X	Z	Z	Z	Z	Z	Z	Z	Z	High Impedance
X	X	H	X	X	X	X	X	X	X	Z	Z	Z	Z	Z	Z	Z	Z	
X	L	L	L	X	X	X	X	X	X									
X	L	L	X	L	X	X	X	X	X			Same Level as AL Input						Disable
X	L	L	X	X	H	X	X	X	X									
X	L	L	X	X	X	H	X	X	X									
L	L	L	H	H	L	L	L	L	L	H	L	L	L	L	L	L	L	Active High
L	L	L	H	H	L	L	L	L	H	L	H	L	L	L	L	L	L	
L	L	L	H	H	L	L	L	H	L	L	L	H	L	L	L	L	L	
L	L	L	H	H	L	L	L	H	H	L	L	L	H	L	L	L	L	
L	L	L	H	H	L	L	H	L	L	L	L	L	L	H	L	L	L	
L	L	L	H	H	L	L	H	L	H	L	L	L	L	L	H	L	L	
L	L	L	H	H	L	L	H	H	L	L	L	L	L	L	L	H	L	
L	L	L	H	H	L	L	H	H	H	L	L	L	L	L	L	L	H	
H	L	L	H	H	L	L	L	L	L	L	H	H	H	H	H	H	H	Active Low
H	L	L	H	H	L	L	L	L	H	H	L	H	H	H	H	H	H	
H	L	L	H	H	L	L	L	H	L	H	H	L	H	H	H	H	H	
H	L	L	H	H	L	L	L	H	H	H	H	H	L	H	H	H	H	
H	L	L	H	H	L	L	H	L	L	H	H	H	H	L	H	H	H	
H	L	L	H	H	L	L	H	L	H	H	H	H	H	H	L	H	H	
H	L	L	H	H	L	L	H	H	L	H	H	H	H	H	H	L	H	
H	L	L	H	H	L	L	H	H	H	H	H	H	H	H	H	H	L	

74538	Typ - Type - Tipo		Hersteller Production Fabricants Produttori Fabricantes	Bild Fig. Fig. Sec 3	I_S &I_R mA	t_{PD} E→Q ns typ ↓ ↕ ↑	t_{PD} E→Q ns max ↓ ↕ ↑	Bem./Note f_T §f_Z &f_E MHz
0...70°C § 0...75°C	−40...85°C § −25...85°C	−55...125°C						
MC74ALS538J		MC54ALS538J	Mot	20c	25	22 22		
MC74ALS538N			Mot	20a	25	22 22		
MC74ALS538W		MC54ALS538W	Mot	20n	25	22 22		
		SN54ALS538FH	Tix	cc	25	22 22		
SN74ALS538FN			Tix	cc	25	22 22		
		SN54ALS538J	Tix	20c	25	22 22		
SN74ALS538N			Tix	20a	25	22 22		
MC74F538J		MC54F538J	Mot	20c				
MC74F538N			Mot	20a				
MC74F538W		MC54F538W	Mot	20n				

74539
Output: TS

2 2-zu-4-Demultiplexer
2 2-line-to-4-line demultiplexer
2 démultiplexeurs 2 lignes - 4 lignes
2 2-a-4 demultiplexer
2 demultiplexadores de 2 a 4

74539			Typ - Type - Tipo	Hersteller Production Fabricants Produttori Fabricantes	Bild Fig. Fig. Sec 3	I_S &I_R mA	t_{PD} E→Q ns_{typ} ↓ ↕ ↑	t_{PD} E→Q ns_{max} ↓ ↕ ↑	Bem./Note f_T §f_Z &f_E MHz
0...70°C § 0...75°C	−40...85°C § −25...85°C	−55...125°C							
MC74ALS539J		MC54ALS539J		Mot	20c	24		22 22	
MC74ALS539N				Mot	20a	24		22 22	
MC74ALS539W		MC54ALS539W		Mot	20n	24		22 22	
		SN54ALS539FH		Tix	cc	24		22 22	
SN74ALS539FN				Tix	cc	24		22 22	
		SN54ALS539J		Tix	20c	24		22 22	
SN74ALS539N				Tix	20a	24		22 22	
F									
MC74F539J		MC54F539J		Mot	20c				
MC74F539N				Mot	20a				
MC74F539W		MC54F539W		Mot	20n				

Pinout (DIP-20):
- Pin 20: U_S
- Pin 19: Q3
- Pin 18: B
- Pin 17: A
- Pin 16: $\overline{FE}$
- Pin 15: $\overline{FE}$
- Pin 14: $\overline{OE}$
- Pin 13: AL
- Pin 12: Q0
- Pin 11: Q1
- Pin 1: Q2
- Pin 2: Q1
- Pin 3: Q0
- Pin 4: AL
- Pin 5: $\overline{OE}$
- Pin 6: A
- Pin 7: B
- Pin 8: Q3
- Pin 9: Q2
- Pin 10: ⏚

Input					Output				Funktion
AL	Q2	$\overline{FE}$	B	A	Q0	Q1	Q2	Q3	
X	H	X	X	X	Z	Z	Z	Z	High Impedance
X	L	H	X	X	Same Level as AL				Disable
L	L	L	L	L	L	H	H	H	Active High
L	L	L	L	H	H	L	H	H	
L	L	L	H	L	H	H	L	H	
L	L	L	H	H	H	H	H	L	
H	L	L	L	L	L	H	H	H	Active Low
H	L	L	L	H	H	L	H	H	
H	L	L	H	L	H	H	L	H	
H	L	L	H	H	H	H	H	L	

74540
Output: TS

8-Bit invertierende Leitungstreiber
8-bit inverting line driver
Driver de lignes inverseur 8 bits
8-bit eccitatori di linea invertenti
Excitador inversor de línea de 8 bits

74540 0...70°C § 0...75°C	Typ - Type - Tipo −40...85°C § −25...85°C	−55...125°C	Hersteller Production Fabricants Produttori Fabricantes	Bild Fig. Fig. Sec 3	I_S &I_R mA	t_{PD} E→Q ns_{typ} ↓↕↑	t_{PD} E→Q ns_{max} ↓↕↑	Bem./Note f_T §f_Z &f_E MHz
MC74ALS540J		MC54ALS540J	Mot	20c	18	6 6		Q = L
MC74ALS540N			Mot	20a	18	6 6		Q = L
MC74ALS540W		MC54ALS540W	Mot	20n	18	6 6		Q = L
		SN54ALS540FH	Tix	cc	18	6 6		Q = L
SN74ALS540FN			Tix	cc	18	6 6		Q = L
		SN54ALS540J	Tix	20c	18	6 6		Q = L
SN74ALS540N			Tix	20a	18	6 6		Q = L
HC								
§CD74HC540E			Rca	20a		8 8		
		CD54HC540F	Rca	20c		8 8		
MC74HC540J		MC54HC540J	Mot	20c				
MC74HC540N			Mot	20a				
	MM74HC540J	MM54HC540J	Nsc	20c	<8u	11 11	17 17	
	MM74HC540N		Nsc	20a	<8u	11 11	17 17	
HCT								
§CD74HCT540E			Rca	20a		8 8		
		CD54HCT540F	Rca	20c		8 8		
	MM74HCT540J	MM54HCT540J	Nsc	20c	<8u	12 12	20 20	
	MM74HCT540N		Nsc	20a	<8u	12 12	20 20	
LS								
SN74LS540J		SN54LS540J	Tix	20c	30	9 9	15 15	
SN74LS540N			Tix	20a	30	9 9	15 15	
74LS540PC			Fch	20a	29		18 14	

FE1	FE2	E	Q
H	X	X	Z
X	H	X	Z
L	L	L	H
L	L	H	L

74541
Output: TS

8-Bit Leitungstreiber / 8-bit line driver / Driver de lignes 8 bits / 8-bit eccitatori di linea / Excitador de línea de 8 bits

Pinout (DIP-20): U_S = pin 20, $\overline{FE2}$ = pin 19, outputs/inputs pins 2–9 and 11–18, $\overline{FE1}$ = pin 1, GND = pin 10.

74541			Hersteller Production Fabricants Produttori Fabricantes	Bild Fig. Fig. Sec 3	I_S &I_R mA	t_{PD} E→Q ns_{typ} ↓↕↑	t_{PD} E→Q ns_{max} ↓↕↑	Bem./Note f_T §f_Z &f_E MHz
0...70°C § 0...75°C	−40...85°C § −25...85°C	−55...125°C						
MC74ALS541J		MC54ALS541J	Mot	20c	18	6 6		Q = L
MC74ALS541N			Mot	20a	18	6 6		Q = L
MC74ALS541W		MC54ALS541W	Mot	20n	18	6 6		Q = L
		SN54ALS541FH	Tix	cc	18	6 6		Q = L
SN74ALS541FN			Tix	cc	18	6 6		Q = L
		SN54ALS541J	Tix	20c	18	6 6		Q = L
SN74ALS541N			Tix	20a	18	6 6		Q = L
HC								
§CD74HC541E			Rca	20a		10 10		
		CD54HC541F	Rca	20c		10 10		
MC74HC541J		MC54HC541J	Mot	20c				
MC74HC541N			Mot	20a				
MM74HC541J		MM54HC541J	Nsc	20c	<8u	11 11	20 20	
MM74HC541N			Nsc	20a	<8u	11 11	20 20	
HCT								
§CD74HCT541E			Rca	20a		10 10		
		CD54HCT541F	Rca	20c		10 10		
MM74HCT541J		MM54HCT541J	Nsc	20c	<8u	14 14	23 23	
MM74HCT541N			Nsc	20a	<8u	14 14	23 23	
LS								
SN74LS541J		SN54LS541J	Tix	20c	32	10 9	18 15	
SN74LS541N			Tix	20a	32	10 9	18 15	
74LS541PC			Fch	20a	32		18 18	

$\overline{FE1}$	$\overline{FE2}$	E	Q
H	X	X	Z
X	H	X	Z
L	L	L	L
L	L	H	H

74543
Output: TS

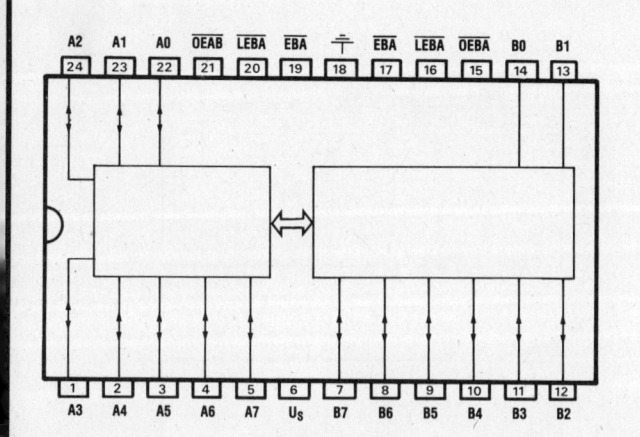

8-Bit bidirektionaler Bustreiber mit Latch
8-bit bi-directional bus driver with latch
8 bits driver de bus bi-directionnel avec latch
8-bit eccitatore bus bidirezionale con latch
Excitador de bus bidireccional de 8 bits con registro-latch

Pinout (DIP-24):
- Pin 24: A2
- Pin 23: A1
- Pin 22: A0
- Pin 21: $\overline{OEAB}$
- Pin 20: $\overline{LEBA}$
- Pin 19: $\overline{EBA}$
- Pin 18: GND
- Pin 17: $\overline{EBA}$
- Pin 16: $\overline{LEBA}$
- Pin 15: $\overline{OEBA}$
- Pin 14: B0
- Pin 13: B1
- Pin 1: A3
- Pin 2: A4
- Pin 3: A5
- Pin 4: A6
- Pin 5: A7
- Pin 6: U_S
- Pin 7: B7
- Pin 8: B6
- Pin 9: B5
- Pin 10: B4
- Pin 11: B3
- Pin 12: B2

Input			Output	Funktion
$\overline{EAB}$	$\overline{LEAB}$	$\overline{OEAB}$	B0...B7	
H	X	X	Z	Inhibit
X	H	—	—	—
X	—	H	Z	Inhibit
L	L	L	A0...A7	Transparent
L	⌠	L	A0...A7	Latch A0...A7
L	H	L	Latch	Output Latched Data

Input			Output	Funktion
$\overline{EBA}$	$\overline{LEBA}$	$\overline{OEBA}$	A0...A7	
H	X	X	Z	Inhibit
X	H	—	—	—
X	—	H	Z	Inhibit
L	L	L	B0...B7	Transparent
L	⌠	L	B0...B7	Latch B0...B7
L	H	L	Latch	Output Latched Data

74543	Typ - Type - Tipo			Hersteller Production Fabricants Produttori Fabricantes	Bild Fig. Fig. Sec	I_S &I_R	t_{PD} E→Q ns_{typ}	t_{PD} E→Q ns_{max}	Bem./Note f_T §f_Z &f_E
0...70°C § 0...75°C	–40...85°C § –25...85°C	–55...125°C			3	mA	↓ ↕ ↑	↓ ↕ ↑	MHz
	MM74HC543J MM74HC543N		MM54HC543J	Nsc Nsc	24d 24g				
HCT	MM74HCT543J MM74HCT543N		MM54HCT543J	Nsc Nsc	24d 24g				

74544
Output: TS

74544
Output: TS

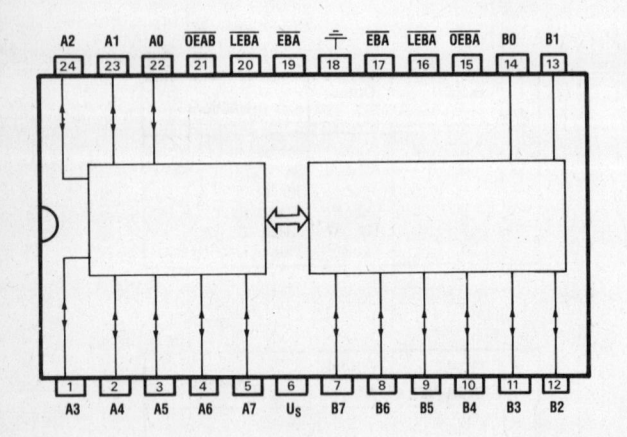

8-Bit bidirektionaler invertierender Bustreiber mit Latch
8-bit bi-directional inverting bus driver with latch
8 bits driver de bus invertissant bi-directionnel avec latch
8-bit eccitatore bus invertente bidirezionale con latch
Excitador inversor de bus bidireccional de 8 bits con registro-latch

Pins: A2 (24), A1 (23), A0 (22), OEAB (21), LEBA (20), EBA (19), ⏚ (18), EBA (17), LEBA (16), OEBA (15), B0 (14), B1 (13), A3 (1), A4 (2), A5 (3), A6 (4), A7 (5), U_S (6), B7 (7), B6 (8), B5 (9), B4 (10), B3 (11), B2 (12)

Input			Output	Funktion
EAB	LEBA	OEAB	B0...B7	
H	X	X	Z	Inhibit
X	H	—	—	—
X	—	H	Z	Inhibit
L	L	L	A0...A7	Transparent
L	⌐	L	A0...A7	Latch A0...A7
L	H	L	Latch	Output Latched Data

Input			Output	Funktion
EBA	LEBA	OEBA	A0...A7	
H	X	X	Z	Inhibit
X	H	—	—	—
X	—	H	Z	Inhibit
L	L	L	B0...B7	Transparent
L	⌐	L	B0...B7	Latch B0...B7
L	H	L	Latch	Output Latched Data

74544	Typ - Type - Tipo			Hersteller Production Fabricants Produttori Fabricantes	Bild Fig. Fig. Sec 3	I_S &I_R mA	t_{PD} E→Q ns$_{typ}$ ↓↕↑	t_{PD} E→Q ns$_{max}$ ↓↕↑	Bem./Note f_T §f_Z &f_E MHz
0...70°C § 0...75°C	−40...85°C § −25...85°C	−55...125°C							
HCT	MM74HC544J MM74HC544N	MM54HC544J		Nsc Nsc	24d 24g				
	MM74HCT544J MM74HCT544N	MM54HCT544J		Nsc Nsc	24d 24g				

74550
Output: TS

8-Bit bidirektionaler Bustreiber mit Latch
8-bit bi-directional bus driver with latch
8 bits driver de bus bi-directionnel avec latch
8-bit eccitatore bus bidirezionale con latch
Excitador de bus bidireccional de 8 bits con registro-latch

	A2	A1	A0	$\overline{OEA}$	CPB	$\overline{CEB}$	⏚	$\overline{CEA}$	CPA	$\overline{OEB}$	B0	B1	B2	B3
pin	28	27	26	25	24	23	22	21	20	19	18	17	16	15
pin	1	2	3	4	5	6	7	8	9	10	11	12	13	14
	A3	A4	A5	CFBA	FBA	A6	A7	U_S	B7	B6	FAB	CFAB	B5	B4

74551
Output: TS

8-Bit bidirektionaler invertierender Bustreiber mit Latch
8-bit bi-directional inverting bus driver with latch
8 bits driver de bus invertissant bi-directionnel avec latch
8-bit eccitatore bus invertente bidirezionale con latch
Excitador inversor de bus bidireccional de 8 bits con registro-latch

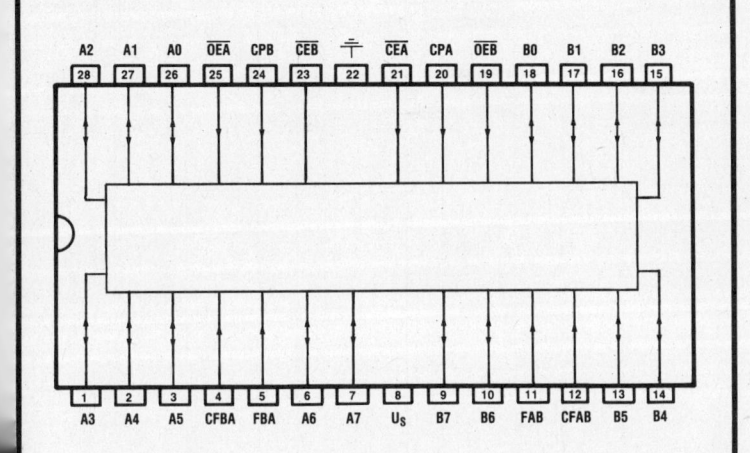

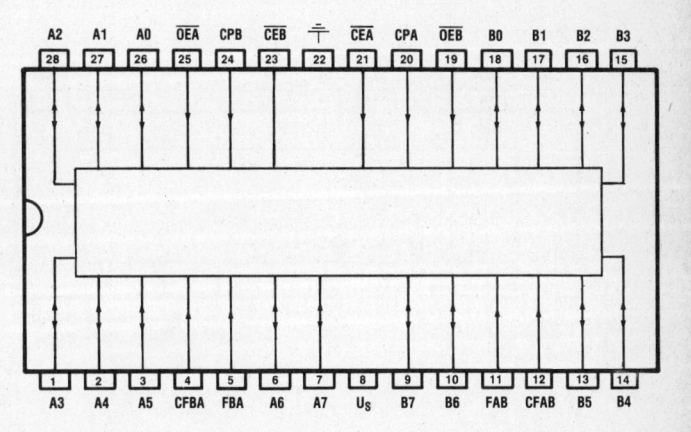

	A2	A1	A0	$\overline{OEA}$	CPB	$\overline{CEB}$	⏚	$\overline{CEA}$	CPA	$\overline{OEB}$	B0	B1	B2	B3
pin	28	27	26	25	24	23	22	21	20	19	18	17	16	15
pin	1	2	3	4	5	6	7	8	9	10	11	12	13	14
	A3	A4	A5	CFBA	FBA	A6	A7	U_S	B7	B6	FAB	CFAB	B5	B4

74550 0...70°C § 0...75°C	Typ - Type - Tipo −40...85°C § −25...85°C	−55...125°C	Hersteller Production Fabricants Produttori Fabricantes	Bild Fig. Fig. Sec 3	I_S &I_R mA	t_{PD} E→Q ns_{typ} ↓↕↑	t_{PD} E→Q ns_{max} ↓↕↑	Bem./Note f_T §f_Z &f_E MHz
HC	MM74HC550J MM74HC550N	MM54HC550J	Nsc Nsc	28d 28g				
HCT	MM74HCT550J MM74HCT550N	MM54HCT550J	Nsc Nsc	28d 28g				

74551 0...70°C § 0...75°C	Typ - Type - Tipo −40...85°C § −25...85°C	−55...125°C	Hersteller Production Fabricants Produttori Fabricantes	Bild Fig. Fig. Sec 3	I_S &I_R mA	t_{PD} E→Q ns_{typ} ↓↕↑	t_{PD} E→Q ns_{max} ↓↕↑	Bem./Note f_T §f_Z &f_E MHz
HC	MM74HC550J MM74HC550N	MM54HC550J	Nsc Nsc	28d 28g				
HCT	MM74HCT550J MM74HCT550N	MM54HCT550J	Nsc Nsc	28d 28g				

74560
Output: TS

Synchroner Dezimalzähler
Synchronous decade counter
Compteur décimal synchrone
Contatore decimale sincrono
Contador decimal síncrono

74560	Typ - Type - Tipo			Hersteller Production Fabricants Produttori Fabricantes	Bild Fig. Fig. Fig. Sec	I_S &I_R	t_{PD} $E \rightarrow Q$ ns_{typ}	t_{PD} $E \rightarrow Q$ ns_{max}	Bem./Note f_T §f_Z &f_E
	0...70°C § 0...75°C	−40...85°C § −25...85°C	−55...125°C		3	mA	↓ ↕ ↑	↓ ↕ ↑	MHz
MC74ALS560J			MC54ALS560J	Mot	20c	22		21 15	18
MC74ALS560N				Mot	20a	22		21 15	18
MC74ALS560W			MC54ALS560W	Mot	20n	22		21 15	18
SN74ALS560N			SN54ALS560J	Tix	20c	22		21 15	18
				Tix	20a	22		21 15	18
SN74ALS560AFN			SN54ALS560AFH	Tix	cc	21		21 15	18
				Tix	cc	21		18 12	20
SN74ALS560AN			SN54ALS560AJ	Tix	20c	21		21 15	18
				Tix	20a	21		18 12	20

Pinout (DIP-20):
- 1: ALOAD
- 2: T
- 3: A
- 4: B
- 5: C
- 6: D
- 7: ENP
- 8: ACLR
- 9: SCLR
- 10: GND
- 11: SLOAD
- 12: ENT
- 13: QD
- 14: QC
- 15: QB
- 16: QA
- 17: FE
- 18: CCO
- 19: RCO
- 20: U_S

Input							Funktion
FE	ACLR	ALOAD	SCLR	SLOAD	ENT	ENP	T	
H	X	X	X	X	X	X	X	High Impedance
L	L	X	X	X	X	X	X	Asynchronous Clear
L	H	L	X	X	X	X	X	Asynchronous Load
L	H	H	L	X	X	X	∫	Synchronous Clear
L	H	H	H	L	X	X	∫	Synchronous Load
L	H	H	H	H	H	H	∫	Count
L	H	H	H	H	L	X	X	Inhibit Count
L	H	H	H	H	X	L	X	Inhibit Count

74561
Output: TS

Synchroner 4-Bit Binärzähler
Synchronous 4-bit binary counter
Compteur binaire synchrone
4-bit contatore binario sincrono
Contador binario síncrono de 4 bits

74561	Typ - Type - Tipo		Hersteller Production Fabricants Produttori Fabricantes	Bild Fig. Fig. Sec 3	I_S &I_R mA	t_{PD} E→Q ns$_{typ}$ ↓↓ ↑	t_{PD} E→Q ns$_{max}$ ↓ ↕ ↑	Bem./Note f_T §f_Z &f_E MHz
0...70°C § 0...75°C	–40...85°C § –25...85°C	–55...125°C						
MC74ALS561J		MC54ALS561J	Mot	20c	22	21 15		20
MC74ALS561N			Mot	20a	22	21 15		20
MC74ALS561W		MC54ALS561W	Mot	20n	22	21 15		20
		SN54ALS561J	Tix	20c	22	21 15		20
SN74ALS561N			Tix	20a	22	21 15		20
		SN54ALS561AFH	Tix	cc	21	21 15		25
SN74ALS561AFN			Tix	cc	21	18 12		30
		SN54ALS561AJ	Tix	20c	21	21 15		25
SN74ALS561AN			Tix	20a	21	18 12		30

Pinout (top):
U_S 20 | RCO 19 | CCO 18 | $\overline{FE}$ 17 | QA 16 | QB 15 | QC 14 | QD 13 | ENT 12 | $\overline{SLOAD}$ 11

Pinout (bottom):
$\overline{ALOAD}$ 1 | T 2 | A 3 | B 4 | C 5 | D 6 | ENP 7 | $\overline{ACLR}$ 8 | $\overline{SCLR}$ 9 | ⏚ 10

Input								Funktion
FE	ACLR	ALOAD	SCLR	SLOAD	ENT	ENP	T	
H	X	X	X	X	X	X	X	High Impedance
L	L	X	X	X	X	X	X	Asynchronous Clear
L	H	L	X	X	X	X	X	Asynchronous Load
L	H	H	L	X	X	X	∫	Synchronous Clear
L	H	H	H	L	X	X	∫	Synchronous Load
L	H	H	H	H	H	H	∫	Count
L	H	H	H	H	L	X	X	Inhibit Count
L	H	H	H	X	L	X	Inhibit Count

2-413

74563
Output: TS

Invertierendes 8-Bit D-Latch
Inverting 8-bit D-type latch
Latch inverseur 8 bits type D
8-bit D-latch invertente
Registro-latch D inversor de 8 bits

74563			Typ - Type - Tipo		Hersteller Production Fabricants Produttori Fabricantes	Bild Fig. Fig. Fig. Sec 3	I_S &I_R mA	t_{PD} E→Q ns$_{typ}$ ↓↕↑		t_{PD} E→Q ns$_{max}$ ↓↕↑		Bem./Note †T §f$_Z$ &f$_E$ MHz
0...70°C § 0...75°C		−40...85°C § −25...85°C		−55...125°C								
DM74ALS563J				DM54ALS563J	Nsc	20c	<27	18	18			
DM74ALS563N					Nsc	20a	<27	18	18			
				SN54ALS563FH	Tix	cc	15	15	21			Q = L
SN74ALS563FN					Tix	cc	15	14	18			Q = L
				SN54ALS563J	Tix	20c	15	15	21			Q = L
SN74ALS563N					Tix	20a	15	14	18			Q = L

HC

§CD74HC563E		Rca	20a		13	13		
	CD54HC563F	Rca	20c		13	13		
MC74HC563J	MC54HC563J	Mot	20c					
MC74HC563N		Mot	20a					
	MM54HC563J	Nsc	20c	<8u	12	12	19	19
MM74HC563J								
MM74HC563N		Nsc	20a	<8u	12	12	19	19
	SN54HC563FH	Tix	cc	<8u			30	30
SN74HC563FH		Tix	cc	<8u			30	30
	SN54HC563FK	Tix	cc	<8u			30	30
SN74HC563FN		Tix	cc	<8u			30	30
	SN54HC563J	Tix	20c	<8u			30	30
SN74HC563J		Tix	20c	<8u			30	30
SN74HC563N		Tix	20a	<8u			30	30

HCT

§CD74HCT563E		Rca	20a		13	13		
	CD54HCT563F	Rca	20c		13	13		
MM74HCT563J	MM54HCT563J	Nsc	20c	<8u	22	22	30	30
MM74HCT563N		Nsc	20a	<8u	22	22	30	30
	SN54HCT563FH	Tix	cc				30	30
SN74HCT563FH		Tix	cc				30	30
	SN54HCT563FK	Tix	cc				30	30
SN74HCT563FN		Tix	cc				30	30
	SN54HCT563J	Tix	20c				30	30
SN74HCT563J		Tix	20c				30	30
SN74HCT563N		Tix	20a				30	30

Pinout (DIP-20): U_S=20, Q=19, 18, 17, 16, 15, 14, 13, 12, T=11, GND=10, 9...2=D, $\overline{OE}$=1

Input			Output
$\overline{OE}$	T	D	$\overline{Q}$
L	H	H	L
L	H	L	H
L	L	X	$\overline{Q0}$
H	X	X	Z

2-414

74564
Output: TS

Invertierendes 8-Bit D-Flipflop
Inverting 8-bit D-type flip-flop
Flipflop inverseur 8 bits type D
8-bit flip-flop tipo D invertente
Flipflop D inversor de 8 bits

Pinout (DIP-20):
- Pin 1: $\overline{OE}$
- Pin 2: D
- Pins 3–9: D inputs
- Pin 10: GND
- Pin 11: CLK
- Pins 12–19: Q outputs
- Pin 20: U_S

Input			Output
$\overline{OE}$	CLK	D	$\overline{Q}$
L	⌐	H	L
L	⌐	L	H
L	L	X	$\overline{Q_0}$
H	X	X	Z

74564	Typ - Type - Tipo		Hersteller Production Fabricants Produttori Fabricantes	Bild Fig. Fig. Sec 3	I_S &I_R mA	t_{PD} E→Q ns_{typ} ↓ ↕ ↑	t_{PD} E→Q ns_{max} ↓ ↕ ↑	Bem./Note f_T §f_Z &f_E MHz
0...70°C § 0...75°C	−40...85°C § −25...85°C	−55...125°C						
DM74ALS564J		DM54ALS564J	Nsc	20c				
DM74ALS564N			Nsc	20a				
		SN54ALS564FH	Tix	cc	15		15 15	30
SN74ALS564FN			Tix	cc	15		14 14	35
		SN54ALS564J	Tix	20c	15		15 15	30
SN74ALS564N			Tix	20a	15		14 14	35
HC								
§CD74HC564E			Rca	20a		18 18		60
		CD54HC564F	Rca	20c		18 18		60
MC74HC564J		MC54HC564J	Mot	20c				
MC74HC564N			Mot	20a				
	MM74HC564J	MM54HC564J	Nsc	20c	<8u	12 12	20 20	35
	MM74HC564N		Nsc	20a	<8u	12 12	20 20	35
HCT								
§CD74HCT564E			Rca	20a		18 18		60
		CD54HCT564F	Rca	20c		18 18		60
	MM74HCT564J	MM54HCT564J	Nsc	20c	<8u	22 22	36 36	30
	MM74HCT564N		Nsc	20a	<8u	22 22	36 36	30

74568

Output: TS

Synchroner Dezimalzähler
Synchronous decade counter
Compteur décimal synchrone
Contatore decimale sincrono
Contador decimal síncrono

Pinout (20-pin DIP):
- Pin 20: U_S
- Pin 19: $\overline{RCO}$
- Pin 18: $\overline{CCO}$
- Pin 17: $\overline{FE}$
- Pin 16: QA
- Pin 15: QB
- Pin 14: QC
- Pin 13: QD
- Pin 12: ENT
- Pin 11: $\overline{LOAD}$
- Pin 1: $U/\overline{D}$
- Pin 2: T
- Pin 3: A
- Pin 4: B
- Pin 5: C
- Pin 6: D
- Pin 7: ENP
- Pin 8: $\overline{ACLR}$
- Pin 9: $\overline{SCLR}$
- Pin 10: GND

74568			Hersteller Production Fabricants Produttori Fabricantes	Bild Fig. Fig. Fig. Sec	I_S &I_R	t_{PD} E→Q ns$_{typ}$	t_{PD} E→Q ns$_{max}$	Bem./Note f_T §f_Z &f_E
0...70°C § 0...75°C	−40...85°C § −25...85°C	−55...125°C		3	mA	↓ ↕ ↑	↓ ↕ ↑	MHz
MC74ALS568J		MC54ALS568J	Mot	20c				
MC74ALS568N			Mot	20a				
MC74ALS568W		MC54ALS568W	Mot	20n				
		SN54ALS568J	Tix	20c				
SN74ALS568N			Tix	20a				
		SN54ALS568AFH	Tix	cc	20	18 17	18	
SN74ALS568AFN			Tix	cc	20	16 13	20	
		SN54ALS568AJ	Tix	20c	20	18 17	18	
SN74ALS568AN			Tix	20a	20	16 13	20	
LS								
74LS568PC			Fch	20a				

Input						Funktion
$\overline{FE}$	$\overline{ACLR}$	$\overline{SCLR}$	$\overline{LOAD}$	ENT ENP	T	
H	X	X	X	X X	X	High Impedance
L	L	X	X	X X	X	Asynchronous Clear
L	H	L	X	X X	⌐⌐	Synchronous Clear
L	H	H	L	X X	⌐⌐	Synchronous Load
L	H	H	H	H H	⌐⌐	Count Up
L	H	H	H	L L	⌐⌐	Count Down
L	H	H	H	X X	X	Inhibit Count
L	H	H	H	X H	X	Inhibit Count

74569
Output: TS

Synchroner 4-Bit Binärzähler
Synchronous 4-bit binary counter
Compteur binaire synchrone 4 bits
4-bit contatore binario sincrono
Contador binario síncrono de 4 bits

Pinout (DIP-20):

Pin	20	19	18	17	16	15	14	13	12	11
Name	U_S	$\overline{RCO}$	$\overline{CCO}$	$\overline{FE}$	QA	QB	QC	QD	$\overline{ENT}$	$\overline{LOAD}$

Pin	1	2	3	4	5	6	7	8	9	10
Name	U/$\overline{D}$	T	A	B	C	D	$\overline{ENP}$	$\overline{ACLR}$	$\overline{SCLR}$	⏚

74569			Typ - Type - Tipo		Hersteller Production Fabricants Produttori Fabricantes	Bild Fig. Fig. Sec 3	I_S & I_R mA	t_{PD} E→Q ns_{typ} ↓↑↓↑	t_{PD} E→Q ns_{max} ↓↑↓↑	Bem./Note f_T §f_Z & f_E MHz
0...70°C § 0...75°C		−40...85°C § −25...85°C	−55...125°C							
MC74ALS569J			MC54ALS569J		Mot	20c				
MC74ALS569N					Mot	20a				
MC74ALS569W			MC54ALS569W		Mot	20n				
			SN54ALS569J		Tix	20c				
SN74ALS569N					Tix	20a				
			SN54ALS569AFH		Tix	cc	20	18 17	25	
SN74ALS569AFN					Tix	cc	20	16 13	30	
			SN54ALS569AJ		Tix	20c	20	18 17	25	
SN74ALS569AN					Tix	20a	20	16 13	30	
LS										
74LS569PC					Fch	20a				

Funktionstabelle

Input							Funktion
$\overline{FE}$	$\overline{ACLR}$	$\overline{SCLR}$	$\overline{LOAD}$	$\overline{ENT}$	$\overline{ENP}$	U/$\overline{D}$	T	
H	X	X	X	X	X	X	X	High Impedance
L	L	X	X	X	X	X	X	Asynchronous Clear
L	H	L	X	X	X	X	X	Synchronous Clear
L	H	H	L	X	X	X	⌐⌐	Synchronous Load
L	H	H	H	L	L	H	⌐⌐	Count Up
L	H	H	H	L	L	L	⌐⌐	Count Down
L	H	H	H	H	X	X	X	Inhibit Count
L	H	H	H	X	H	X	X	Inhibit Count

2-417

74573
Output: TS

8-Bit D-Latch / Bustreiber
8-bit D-latch / bus driver
Latch 8 bits type D / Driver de bus
8-bit D-latch / eccitatore bus
Registro-latch D de 8 bits / excitador de bus

```
     Us   Q
     20  19  18  17  16  15  14  13  12  11  T
     ┌──────────────────────────────────────┐
     │   Q   Q   Q   Q   Q   Q   Q   Q      │
     │   D   D   D   D   D   D   D   D      │
     │   T   T   T   T   T   T   T   T      │
     └──────────────────────────────────────┘
      1   2   3   4   5   6   7   8   9   10
     OE   D                                 ⏚
```

OE	T	D	Q
H	X	X	Z
L	L	X	Q_n
L	H	L	L
L	H	H	H

74573 0...70°C § 0...75°C	Typ - Type - Tipo −40...85°C § −25...85°C	−55...125°C	Hersteller Production Fabricants Produttori Fabricantes	Bild Fig. Fig. Sec 3	I_S &I_R mA	t_{PD} E→Q ns_{typ} ↓ ↑ ↑	t_{PD} E→Q ns_{max} ↓ ↑ ↑	Bem./Note f_T §f_Z &f_E MHz
AS								
DM74AS573J		DM54AS573J	Nsc	20c				
DM74AS573N			Nsc	20a				
		SN54AS573FH	Tix	cc	55		7 9	Q = L
SN74AS573FN			Tix	cc	55		6 6	Q = L
		SN54AS573J	Tix	20c	55		7 9	Q = L
SN74AS573N			Tix	20a	55		6 6	Q = L
HC								
§CD74HC573E			Rca	20a		13 13		
		CD54HC573F	Rca	20c		13 13		
MC74HC573J		MC54HC573J	Mot	20c				
MC74HC573N			Mot	20a				
	MM74HC573J	MM54HC573J	Nsc	20c	<8u	12 12	19 19	
	MM74HC573N		Nsc	20a	<8u	12 12	19 19	
		SN54HC573FH	Tix	cc	<8u		30 30	
SN74HC573FH			Tix	cc	<8u		30 30	
		SN54HC573FK	Tix	cc	<8u		30 30	
SN74HC573FN			Tix	cc	<8u		30 30	
		SN54HC573J	Tix	20c	<8u		30 30	
SN74HC573J			Tix	20c	<8u		30 30	
SN74HC573N			Tix	20a	<8u		30 30	
HCT								
§CD74HCT573E			Rca	20a		13 13		
		CD54HCT573F	Rca	20c		13 13		
	MM74HCT573J	MM54HCT573J	Nsc	20c	<8u	14 14	23 23	
	MM74HCT573N		Nsc	20a	<8u	14 14	23 23	
		SN54HCT573FH	Tix	cc			30 30	
SN74HCT573FH			Tix	cc			30 30	
		SN54HCT573FK	Tix	cc			30 30	
SN74HCT573FN			Tix	cc			30 30	
		SN54HCT573J	Tix	20c			30 30	
SN74HCT573J			Tix	20c			30 30	
SN74HCT573N			Tix	20a			30 30	
LS								
74LS573PC			Fch	20a				

74573 0...70°C § 0...75°C	Typ - Type - Tipo −40...85°C § −25...85°C	−55...125°C	Hersteller Production Fabricants Produttori Fabricantes	Bild Fig. Fig. Sec 3	I_S &I_R mA	t_{PD} E→Q ns_{typ} ↓ ↑ ↑	t_{PD} E→Q ns_{max} ↓ ↑ ↑	Bem./Note f_T §f_Z &f_E MHz
DM74ALS573J		DM54ALS573J	Nsc	20c	<27		14 14	
DM74ALS573N			Nsc	20a	<27		14 14	
MC74ALS573J		MC54ALS573J	Mot	20c	15		14 14	Q = L
MC74ALS573N			Mot	20a	15		14 14	Q = L
MC74ALS573W		MC54ALS573W	Mot	20n	15		14 14	Q = L
		SN54ALS573FH	Tix	cc	15		15 15	Q = L
SN74ALS573FN			Tix	cc	15		14 14	Q = L
		SN54ALS573J	Tix	20c	15		15 15	Q = L
SN74ALS573N			Tix	20a	15		14 14	Q = L

74574
Output: TS

8-Bit D-Flipflop / Bustreiber
8-bit D-type flip-flop / bus driver
Flipflop 8 bits type D / Driver de bus
8-bit flip-flop tipo D / eccitatore bus
Flipflop D de 8 bits / excitador de bus

Pinout (DIP-20):
- Pin 1: OE
- Pin 2: D (input)
- Pins 3–9: D inputs
- Pin 10: GND
- Pin 11: CLK
- Pins 12–19: Q outputs
- Pin 20: U_S

OE	CLK	D	Q
H	X	X	Z
L	L	X	Q_n
L	↑	L	L
L	↑	H	H

74574	Typ - Type - Tipo		Hersteller Production Fabricants Produttori Fabricantes	Bild Fig. Fig. Sec 3	I_S &I_R mA	t_{PD} E→Q ns_{typ} ↓ ↕ ↑	t_{PD} E→Q ns_{max} ↓ ↕ ↑	Bem./Note f_T §f_Z &f_E MHz
0...70°C § 0...75°C	−40...85°C § −25...85°C	−55...125°C						
AS								
DM74AS574J		DM54AS574J	Nsc	20c				
DM74AS574N			Nsc	20a				
		SN54AS574FH	Tix	cc	85		11 11	100
SN74AS574FN			Tix	cc	85		9 8	125
		SN54AS574J	Tix	20c	85		11 11	100
SN74AS574N			Tix	20a	85		9 8	125
HC								
§CD74HC574E			Rca	20a		18 18		60
		CD54HC574F	Rca	20c		18 18		60
MC74HC574J		MC54HC574J	Mot	20c				
MC74HC574N			Mot	20a				
		MM54HC574J	Nsc	20c	<8u	12 12	20 20	35
MM74HC574N			Nsc	20a	<8u	12 12	20 20	35
HCT								
§CD74HCT574E			Rca	20a		18 18		60
		CD54HCT574F	Rca	20c		18 18		60
MM74HCT574J		MM54HCT574J	Nsc	20c	<8u	13 13	23 23	30
MM74HCT574N			Nsc	20a	<8u	13 13	23 23	30
LS								
74LS574PC			Fch	20a				

74574	Typ - Type - Tipo		Hersteller Production Fabricants Fabricantes	Bild Fig. Fig. Sec 3	I_S &I_R mA	t_{PD} E→Q ns_{typ} ↓ ↕ ↑	t_{PD} E→Q ns_{max} ↓ ↕ ↑	Bem./Note f_T §f_Z &f_E MHz
0...70°C § 0...75°C	−40...85°C § −25...85°C	−55...125°C						
DM74ALS574J		DM54ALS574J	Nsc	20c				
DM74ALS574N			Nsc	20a				
MC74ALS574J		MC54ALS574J	Mot	20c	15		14 14	35
MC74ALS574N			Mot	20a	15		14 14	35
MC74ALS574W		MC54ALS574W	Mot	20n	15		14 14	35
		SN54ALS574FH	Tix	cc	15		15 15	30
SN74ALS574FN			Tix	cc	15		14 14	35
		SN54ALS574J	Tix	20c	15		15 15	30
SN74ALS574N			Tix	20a	15		14 14	35

74575
Output: TS

8-Bit D-Flipflop
8-bit D-type flip-flop
Flipflop 8 bits type D
8-bit flip-flop tipo D
Flipflop D de 8 bits

74575	Typ - Type - Tipo		Hersteller Production Fabricants Produttori Fabricantes	Bild Fig. Fig. Sec	I_S &I_R	t_{PD} $E \rightarrow Q$ ns$_{typ}$		t_{PD} $E \rightarrow Q$ ns$_{max}$		Bem./Note f_T §f_Z &f_E
0...70°C § 0...75°C	−40...85°C § −25...85°C	−55...125°C		3	mA	↓	↕ ↑	↓	↕ ↑	MHz
		SN54ALS575FH	Tix	cc	15			15	15	25
SN74ALS575FN			Tix	cc	15			14	14	30
		SN54ALS575JT	Tix	24c	15			15	15	25
SN74ALS575NT			Tix	24a	15			14	14	30
AS										
DM74AS575J		DM54AS575J	Nsc	24d	<84			6	6	160
DM74AS575N			Nsc	24g	<84			6	6	160
		SN54AS575FH	Tix	cc	88			11	11	100
SN74AS575FN			Tix	cc	88			9	8	125
		SN54AS575JT	Tix	24c	88			11	11	100
SN74AS575NT			Tix	24a	88			9	8	125

Input				Output
OC	CLR	CLK	D	Q
L	L	↑	X	L
L	H	↑	H	H
L	H	↑	L	L
L	H	L	X	Q0
H	X	X	X	Z

74576
Output: TS

8-Bit invertierendes D-Flipflop
8-bit inverting D-type flip-flop
Flipflop inverseur 8 bits type D
8-bit flip-flop tipo D invertente
Flipflop D inversor de 8 bits

74576	Typ - Type - Tipo		Hersteller Production Fabricants Produttori Fabricantes	Bild Fig. Fig. Sec 3	I_S &I_R mA	t_{PD} E→Q ns$_{typ}$ ↓ ↕ ↑	t_{PD} E→Q ns$_{max}$ ↓ ↕ ↑	Bem./Note f_T §f_Z &f_E MHz
0...70°C § 0...75°C	−40...85°C § −25...85°C	−55...125°C						
DM74ALS576J		DM54ALS576J	Nsc	20c	<27		14 14	35
DM74ALS576N			Nsc	20a	<27		14 14	35
MC74ALS576J		MC54ALS576J	Mot	20c	15		14 14	30
MC74ALS576N			Mot	20a	15		14 14	30
MC74ALS576W		MC54ALS576W	Mot	20n	15		14 14	30
		SN54ALS576FH	Tix	cc	15		15 15	25
SN74ALS576FN			Tix	cc	15		14 14	30
		SN54ALS576J	Tix	20c	15		15 15	25
SN74ALS576N			Tix	20a	15		14 14	30
AS								
DM74AS576J		DM54AS576J	Nsc	20c	<84		6 6	160
DM74AS576N			Nsc	20a	<84		6 6	160
		SN54AS576FH	Tix	cc	84		11 11	100
SN74AS576FN			Tix	cc	84		9 8	125
		SN54AS576J	Tix	20c	84		11 11	100
SN74AS576N			Tix	20a	84		9 8	125

$\overline{OE}$	CLK	D	$\overline{Q}$
H	X	X	Z
L	X	X	$\overline{Q}_n$
L	⌐	L	H
L	⌐	H	L

74577
Output: TS

Invertierendes 8-Bit D-Flipflop
Inverting 8-bit D-type flip-flop
Flipflop inverseur 8 bits type D
8-bit flip-flop tipo D invertente
Flipflop D inversor de 8 bits

74577	Typ - Type - Tipo		Hersteller Production Fabricants Produttori Fabricantes	Bild Fig. Fig. Sec 3	I_S &I_R mA	t_{PD} $E \rightarrow Q$ ns_{typ} ↓ ↑	t_{PD} $E \rightarrow Q$ ns_{max} ↓ ↑	Bem./Note f_T §f_Z &f_E MHz
0...70°C § 0...75°C	−40...85°C § −25...85°C	−55...125°C						
		SN54ALS577FH	Tix	cc	15		15 15	25
SN74ALS577FN			Tix	cc	15		14 14	30
		SN54ALS577JT	Tix	24c	15		15 15	25
SN74ALS577NT			Tix	24a	15		14 14	30
AS								
DM74AS577J		DM54AS577J	Nsc	24d	<84		6 6	160
DM74AS577N			Nsc	24g	<84		6 6	160
		SN54AS577FH	Tix	cc	76		11 11	100
SN74AS577FN			Tix	cc	76		9 8	125
		SN54AS577JT	Tix	24c	76		11 11	100
SN74AS577NT			Tix	24a	76		9 8	125

Input				Output
OC	CLR	CLK	D	$\overline{Q}$
L	L	⌐	X	H
L	H	⌐	H	L
L	H	⌐	L	H
L	H	L	X	$\overline{Q0}$
H	X	X	X	Z

74580
Output: TS

8-Bit invertierendes D-Latch
8-bit inverting D-latch
Latch inverseur 8 bits type D
8-bit D-latch invertente
Registro-latch D inversor de 8 bits

74580	Typ - Type - Tipo		Hersteller Production Fabricants Produttori Fabricantes	Bild Fig. Fig. Sec 3	I_S &I_R mA	t_{PD} E→Q ns_{typ} ↓ ↕ ↑	t_{PD} E→Q ns_{max} ↓ ↕ ↑	Bem./Note f_T §f_Z &f_E MHz
0...70°C § 0...75°C	−40...85°C § −25...85°C	−55...125°C						
DM74ALS580J		DM54ALS580J	Nsc	20c	<27		18 18	
DM74ALS580N			Nsc	20a	<27		18 18	
MC74ALS580J		MC54ALS580J	Mot	20c	15		14 18	Q = L
MC74ALS580N			Mot	20a	15		14 18	Q = L
MC74ALS580W		MC54ALS580W	Mot	20n	15		14 18	Q = L
		SN54ALS580FH	Tix	cc	15		15 21	Q = L
			Tix	cc	15		14 18	Q = L
SN74ALS580FN		SN54ALS580J	Tix	20c	15		15 21	Q = L
SN74ALS580N			Tix	20a	15		14 18	Q = L
AS								
DM74AS580J		DM54AS580J	Nsc	20c	<71	4 4		
DM74AS580N			Nsc	20a	<71	4 4		
		SN54AS580FH	Tix	cc	65	7,5 10		Q = L
SN74AS580FN			Tix	cc	65	7 7,5		Q = L
		SN54AS580J	Tix	20c	65	7,5 10		Q = L
SN74AS580N			Tix	20a	65	7 7,5		Q = L

Pinout (20-pin DIP):
- Pin 1: $\overline{OE}$
- Pin 2: D
- Pins 3–9: D inputs
- Pin 10: GND
- Pin 11: CLK
- Pins 12–18: Q outputs (inverted)
- Pin 19: $\overline{Q}$
- Pin 20: U_S

Function table:

$\overline{OE}$	T	D	$\overline{Q}$
H	X	X	Z
L	L	X	$\overline{Q}_n$
L	H	L	H
L	H	H	L

74589
Output: TS

8-Bit Schieberegister mit Eingangs-Latch
8-bit shift register with latched inputs
Registre à décalage 8 bits avec latch d'entrée
8-bit registro scorrerole con latch d'entrata
Registro de desplazamiento de 8 bits con latch de entrada

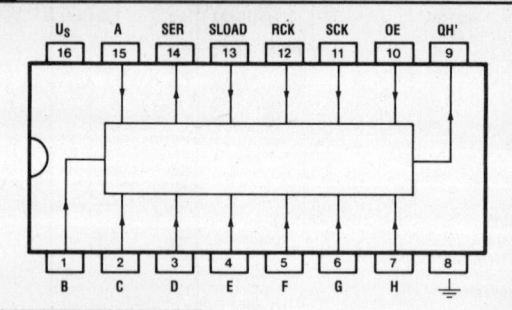

Pinout (16-pin):
- 16: U_S
- 15: A
- 14: SER
- 13: SLOAD
- 12: RCK
- 11: SCK
- 10: OE
- 9: QH'
- 1: B
- 2: C
- 3: D
- 4: E
- 5: F
- 6: G
- 7: H
- 8: GND

Input				Funktion
RCK	SCK	SLOAD	OE	
↑	X	X	X	A...H → Input Latch
L	X	L	H	Input Latch → Register
H	X	L	H	Input Latch → Register
↑	X	L	H	A...H → Register
X	X	X	L	SER = Z
X	↑	H	H	Shift

74590
Output: TS

8-Bit Binärzähler
8-bit binary counter
Compteur binaire 8 bits
8-bit contatore binario
Contador binario de 8 bits

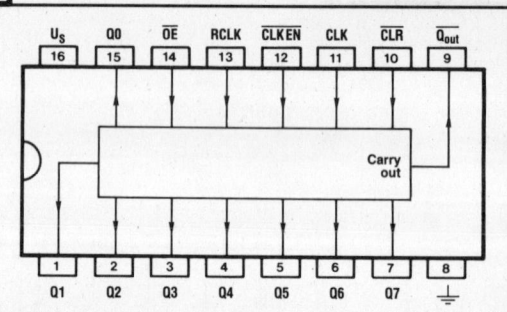

Pinout (16-pin):
- 16: U_S
- 15: Q0
- 14: $\overline{OE}$
- 13: RCLK
- 12: $\overline{CLKEN}$
- 11: CLK
- 10: $\overline{CLR}$
- 9: $\overline{Q_{out}}$ (Carry out)
- 1: Q1
- 2: Q2
- 3: Q3
- 4: Q4
- 5: Q5
- 6: Q6
- 7: Q7
- 8: GND

$\overline{OE}$	$\overline{CLKEN}$	$\overline{CLR}$	CLK	RCLK	Internal Counter	Q0...Q7
H	X	X	X	X	?	Z
L	H	H	X	X	No count	Q_n
L	X	L	X	X	Clear	Q_n
L	L	H	↑	L	Count	Q_n
L	L	H	X	↑	?	= counter

74589	Typ - Type - Tipo		Hersteller Production Fabricants Produttori Fabricantes	Bild Fig. Fig. Sec 3	I_S &I_R mA	t_{PD} E→Q ns_{typ} ↓ ↑	t_{PD} E→Q ns_{max} ↓ ↑	Bem./Note f_T §f_Z &f_E MHz
0...70°C § 0...75°C	−40...85°C § −25...85°C	−55...125°C						
MC74HC589J MC74HC589N		MC54HC589J	Mot	24c	<8u	18 18	36 36	30
			Mot	24a	<8u	18 18	36 36	30
	MM74HC589J	MM54HC589J	Nsc	24c	<8u	28 28	38 38	32
	MM74HC589N		Nsc	24g	<8u	28 28	38 38	32

74590	Typ - Type - Tipo		Hersteller Production Fabricants Produttori Fabricantes	Bild Fig. Fig. Sec 3	I_S &I_R mA	t_{PD} E→Q ns_{typ} ↓ ↑	t_{PD} E→Q ns_{max} ↓ ↑	Bem./Note f_T §f_Z &f_E MHz
0...70°C § 0...75°C	−40...85°C § −25...85°C	−55...125°C						
	MM74HC590J MM74HC590N	MM54HC590J	Nsc	16c				
			Nsc	16a				
HCT								
	MM74HCT590J MM74HCT590N	MM54HCT590J	Nsc	16c				
			Nsc	16a				
LS								
SN74LS590J SN74LS590N		SN54LS590J	Tix	16c	46	14 30	22	20
		SN54LS590W	Tix	16a	46	14 30	22	20
			Tix	16n	46	14 30	22	20

74591
Output: OC

74592
Output: TP

8-Bit Binärzähler
8-bit binary counter
Compteur binaire 8 bits
8-bit contatore binario
Contador binario de 8 bits

8-Bit Binärzähler mit Preset
8-bit binary counter with preset
Compteur binaire 8 bits avec prépositionnement
8-bit contatore binario con preset
Contador binario de 8 bits con preset

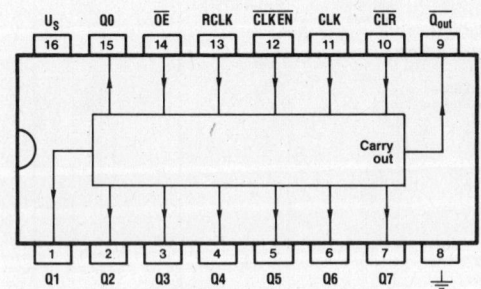

74591 Pinout
- 16: U_S
- 15: Q0
- 14: $\overline{OE}$
- 13: RCLK
- 12: $\overline{CLKEN}$
- 11: CLK
- 10: $\overline{CLR}$
- 9: $\overline{Q_{out}}$
- 1: Q1
- 2: Q2
- 3: Q3
- 4: Q4
- 5: Q5
- 6: Q6
- 7: Q7
- 8: GND

Carry out

74592 Pinout
- 16: U_S
- 15: D0
- 14: $\overline{LOAD}$
- 13: RCLK
- 12: $\overline{CLKEN}$
- 11: CLK
- 10: $\overline{CLR}$
- 9: $\overline{Q}$
- 1: D1
- 2: D2
- 3: D3
- 4: D4
- 5: D5
- 6: D6
- 7: D7
- 8: GND

74592 Function Table

$\overline{CLR}$	RCLK	$\overline{CLKEN}$	$\overline{LOAD}$	CLK	Function
L	X	X	X	X	Clear counter
X	⌐	X	X	X	D0...D7 → Input register
H	L	X	L	X	Input register → counter
H	X	H	X	X	—
H	X	L	X	⌐	Count
H	X	L	X	255×⌐	$\overline{Q} = L$

74591 Function Table

$\overline{OE}$	$\overline{CLKEN}$	$\overline{CLR}$	CLK	RCLK	Internal Counter	Q0...Q7
H	X	X	X	X	?	Open
L	H	H	X	X	No count	Q_n
L	X	L	X	X	Clear	Q_n
L	L	H	⌐	L	Count	Q_n
L	L	H	X	⌐	?	= counter

74591

	Typ - Type - Tipo		Hersteller Production Fabricants Produttori Fabricantes	Bild Fig. Fig. Sec	I_S &I_R	t_{PD} E→Q ns$_{typ}$	t_{PD} E→Q ns$_{max}$	Bem./Note f_T §f_Z &f_E
0...70°C §0...75°C	−40...85°C §−25...85°C	−55...125°C		3	mA	↓ ↕ ↑	↓ ↕ ↑	MHz
SN74LS591J	SN54LS591J		Tix	16c	42	25 16	38 24	20
SN74LS591N			Tix	16a	42	25 16	38 24	20
		SN54LS591W	Tix	16n	42	25 16	38 24	20

74592

	Typ - Type - Tipo		Hersteller Production Fabricants Produttori Fabricantes	Bild Fig. Fig. Sec	I_S &I_R	t_{PD} E→Q ns$_{typ}$	t_{PD} E→Q ns$_{max}$	Bem./Note f_T §f_Z &f_E
0...70°C §0...75°C	−40...85°C §−25...85°C	−55...125°C		3	mA	↓ ↕ ↑	↓ ↕ ↑	MHz

HCT

MM74HC592J	MM54HC592J	Nsc	16c			
MM74HC592N		Nsc	16a			
MM74HCT592J	MM54HCT592J	Nsc	16c			
MM74HCT592N		Nsc	16a			

LS

SN74LS592J	SN54LS592J		Tix	16c	40	20 15	30 23	20
SN74LS592N			Tix	16a	40	20 15	30 23	20
		SN54LS592W	Tix	16n	40	20 15	30 23	20

74593
Output: TS

8-Bit Binärzähler mit Preset und Parallelausgängen
8-bit binary counter with preset and parallel outputs
Compteur bin. 8 bits avec prépositionnement et sort. parallèles
8-bit contatore binario con preset ed uscite parallele
Contador binario de 8 bits con preset y salidas en paralelo

74593 0...70°C § 0...75°C	Typ - Type - Tipo −40...85°C § −25...85°C	−55...125°C	Hersteller Production Fabricants Produttori Fabricantes	Bild Fig. Fig. Sec 3	I_S &I_R mA	t_{PD} E→Q ns$_{typ}$ ↓ ↑ ↑	t_{PD} E→Q ns$_{max}$ ↓ ↑ ↑	Bem./Note f_T §f_Z &f_E MHz
	MM74HC593J MM74HC593N	MM54HC593J	Nsc Nsc	20c 20a				
HCT								
	MM74HCT593J MM74HCT593N	MM54HCT593J	Nsc Nsc	20c 20a				
LS								
SN74LS593J SN74LS593N		SN54LS593J	Tix Tix	20c 20a	57 57	26 14 26 14	39 21 39 21	20 20

Pin diagram:
20: U_S, 19: OE, 18: $\overline{OE}$, 17: $\overline{RCLKEN}$, 16: RCLK, 15: CLKEN, 14: $\overline{CLKEN}$, 13: CLK, 12: $\overline{CLR}$, 11: $\overline{Q}$
1: D0/Q0, 2: D1/Q1, 3: D2/Q2, 4: D3/Q3, 5: D4/Q4, 6: D5/Q5, 7: D6/Q6, 8: D7/Q7, 9: $\overline{LOAD}$, 10: GND

$\overline{CLR}$	OE	$\overline{OE}$	$\overline{RCLKEN}$	RCLK	$\overline{LOAD}$	CLKEN	$\overline{CLKEN}$	CLK	Function
L	X	X	X	X	H	X	X	X	Clear counter
X	L	X	X	X	X	X	X	X	$Q_n = Z$
X	X	H	X	X	X	X	X	X	$Q_n = Z$
X	X	X	L	⌐	X	X	X	X	D0...D7→Input register
H	X	X	X	X	L	X	X	X	Input register→counter
H	H	L	X	X	H	L	X	X	No count
H	H	L	X	X	H	X	H	X	No count
H	H	L	X	X	H	H	L	⌐	Count, Q = Count output

74594
Output: TP

8-Bit Schieberegister mit Ausgangslatch
8-bit shift register with latched outputs
Registre à décalage 8 bits avec latch de sortie
8-bit registro scorrerole con latch d'uscita
Registro de desplazamiento de 8 bits con latch de salida

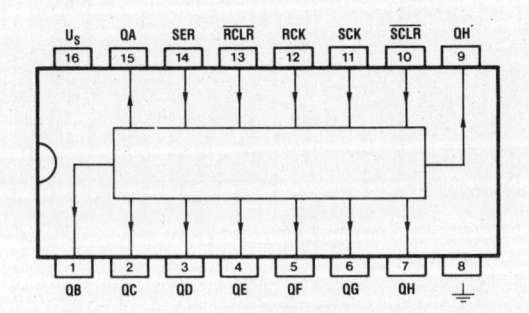

74595
Output: TS

8-Bit Schieberegister mit Ausgangslatch
8-bit shift register with latched outputs
Registre à décalage 8 bits avec latch de sortie
8-bit registro scorrerole con latch d'uscita
Registro de desplazamiento de 8 bits con latch de salida

Pinout 74594 (DIP-16): U_S(16), QA(15), SER(14), $\overline{RCLR}$(13), RCK(12), SCK(11), $\overline{SCLR}$(10), QH(9), GND(8), QH(7), QG(6), QF(5), QE(4), QD(3), QC(2), QB(1)

Pinout 74595 (DIP-16): U_S(16), Q0(15), SERIN(14), $\overline{OE}$(13), RCLK(12), CLK(11), $\overline{CLR}$(10), SEROUT(9), GND(8), Q7(7), Q6(6), Q5(5), Q4(4), Q3(3), Q2(2), Q1(1)

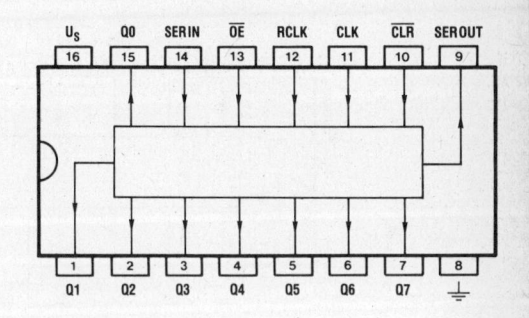

$\overline{OE}$	$\overline{CLR}$	CLK	RCLK	Function
H	X	X	X	Q0...Q7 = Z
X	L	X	X	Clear shift register
X	H	⌐	X	Shift right
X	H	X	⌐	Shift register → Output register

74594	Typ - Type - Tipo			Hersteller Production Fabricants Produttori Fabricantes	Bild Fig. Fig. Sec	I_S &I_R	t_{PD} E→Q ns_{typ}		t_{PD} E→Q ns_{max}		Bem./Note f_T §f_Z &f_E
0...70°C § 0...75°C	−40...85°C § −25...85°C	−55...125°C			3	mA	↓↑	↑	↓↑	↑	MHz
SN74LS594J		SN54LS594J		Tix	16c	42	20	12	30	18	
SN74LS594N				Tix	16a	42	20	12	30	18	
		SN54LS594W		Tix	16n	42	20	12	30	18	

74595	Typ - Type - Tipo			Hersteller Production Fabricants Produttori Fabricantes	Bild Fig. Fig. Sec	I_S &I_R	t_{PD} E→Q ns_{typ}		t_{PD} E→Q ns_{max}		Bem./Note f_T §f_Z &f_E
0...70°C § 0...75°C	−40...85°C § −25...85°C	−55...125°C			3	mA	↓↑	↑	↓↑	↑	MHz
MC74HC595J		MC54HC595J		Mot	16c	<8u	18	18	36	36	30
MC74HC595N				Mot	16a	<8u	18	18	36	36	30
		MM74HC595J	MM54HC595J	Nsc	16c	<8u	10	10	20	20	32
		MM74HC595N		Nsc	16a	<8u	10	10	20	20	32
LS											
SN74LS595J		SN54LS595J		Tix	16c	44	24	12	35	18	
SN74LS595N				Tix	16a	44	24	12	35	18	
		SN54LS595W		Tix	16n	44	24	12	35	18	

74596	8-Bit Schieberegister mit Ausgangslatch
Output: OC	8-bit shift register with latched outputs
	Registre à décalage 8 bits avec latch de sortie
	8-bit registro scorrerole con latch d'uscita
	Registro de desplazamiento de 8 bits con latch de salida

Pinout 74596: U_S(16), Q0(15), SERIN(14), $\overline{OE}$(13), RCLK(12), CLK(11), $\overline{CLR}$(10), SEROUT(9); Q1(1), Q2(2), Q3(3), Q4(4), Q5(5), Q6(6), Q7(7), GND(8)

$\overline{OE}$	$\overline{CLR}$	CLK	RCLK	Function
H	X	X	X	Q0...Q7 = Z
X	L	X	X	Clear shift register
X	H	⌐	X	Shift right
X	H	X	⌐	Shift register → Output register

74597	8-Bit Schieberegister mit Eingangslatch
Output: TP	8-bit shift register with latched inputs
	Registre à décalage 8 bits avec latch d'entrée
	8-bit registro scorrerole con latch d'entrata
	Registro de desplazamiento de 8 bits con latch de entrada

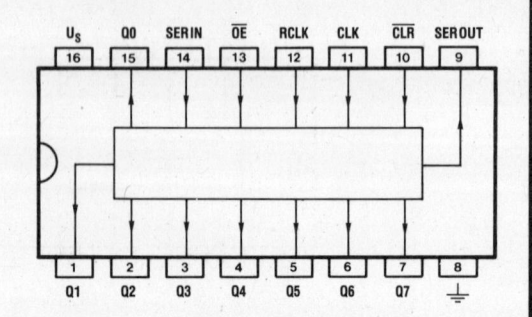

Pinout 74597: U_S(16), D0(15), SERIN(14), $\overline{LOAD}$(13), RCLK(12), CLK(11), $\overline{CLR}$(10), SEROUT(9); D1(1), D2(2), D3(3), D4(4), D5(5), D6(6), D7(7), GND(8)

$\overline{CLR}$	RCLK	$\overline{LOAD}$	CLK	Function
L	X	X	X	Clear shift register
X	⌐	X	X	D0...D7 → Input register
H	L	L	X	Input register → Shift register
H	X	H	⌐	Shift right

74596	Typ - Type - Tipo		Hersteller Production Fabricants Produttori Fabricantes	Bild Fig. Fig. Sec 3	I_S &I_R mA	t_{PD} E→Q ns_typ ↓ ↕ ↑	t_{PD} E→Q ns_max ↓ ↕ ↑	Bem./Note f_T §f_Z &f_E MHz
0...70°C § 0...75°C	−40...85°C § −25...85°C	−55...125°C						
SN74LS596J SN74LS596N			Tix Tix	16c 16a	36 36	24 28 24 28	35 42 35 42	
	SN54LS596J		Tix					
		SN54LS596W	Tix	16n	36	24 28	35 42	

74597	Typ - Type - Tipo		Hersteller Production Fabricants Produttori Fabricantes	Bild Fig. Fig. Sec 3	I_S &I_R mA	t_{PD} E→Q ns_typ ↓ ↕ ↑	t_{PD} E→Q ns_max ↓ ↕ ↑	Bem./Note f_T §f_Z &f_E MHz
0...70°C § 0...75°C	−40...85°C § −25...85°C	−55...125°C						
MC74HC597J MC74HC597N		MC54HC597J	Mot Mot	16c 16a	<8u <8u	18 18 18 18	36 36 36 36	30 30
	MM74HC597J MM74HC597N	MM54HC597J	Nsc Nsc	16c 16a	<8u <8u	18 18 18 18	30 30 30 30	32 32
LS								
SN74LS597J SN74LS597N		SN54LS597J	Tix Tix	16c 16a	35 35	32 41 32 41	48 60 48 60	20 20
		SN54LS597W	Tix	16n	35	32 41	48 60	20

74598
Output: TS

8-Bit Schieberegister mit Paralleleingängen
8-bit shift register with parallel inputs
Registre à décalage 8 bits avec entrées parallèles
8-bit registro scorrerole con entrate parallele
Registro de desplazamiento de 8 bits con entradas en paralelo

74599
Output: OC

8-Bit Schieberegister mit Ausgangslatch
8-bit shift register with latched outputs
Registre à décalage 8 bits avec sorties latch
8-bit registro scorrerole con latch d'uscita
Registro de desplazamiento de 8 bits con latch de salida

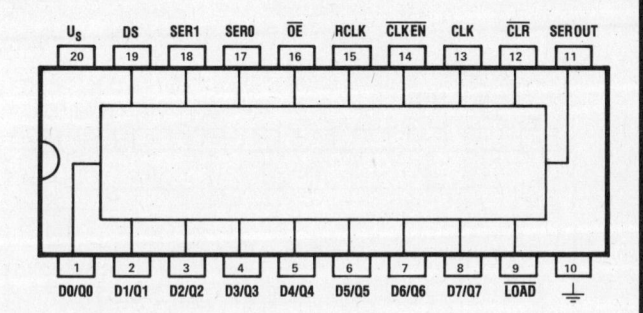

Pinout 74598: U_S(20), DS(19), SER1(18), SER0(17), $\overline{OE}$(16), RCLK(15), CLKEN(14), CLK(13), $\overline{CLR}$(12), SEROUT(11), GND(10), $\overline{LOAD}$(9), D7/Q7(8), D6/Q6(7), D5/Q5(6), D4/Q4(5), D3/Q3(4), D2/Q2(3), D1/Q1(2), D0/Q0(1)

Pinout 74599: U_S(16), QA(15), SER(14), $\overline{RCLR}$(13), RCK(12), SCK(11), $\overline{SCLR}$(10), QH(9), GND(8), QH(7), QG(6), QF(5), QE(4), QD(3), QC(2), QB(1)

$\overline{OE}$	$\overline{CLR}$	RCLK	$\overline{LOAD}$	CLKEN	CLK	DS	Function
H	X	X	X	X	X	X	Q0...Q7 = Z
X	L	X	X	X	X	X	Clear shift register
X	X	⌐	X	X	X	X	D0...D7 → Input register
X	H	L	L	X	L	X	Input register → Shift register
X	H	L	L	H	X	X	Input register → Shift register
X	H	X	H	X	L	X	—
X	H	X	H	H	X	X	—
X	H	X	H	L	⌐	L	Shift right, SER0 = Input
X	H	X	H	L	⌐	H	shift right, SER1 = Input

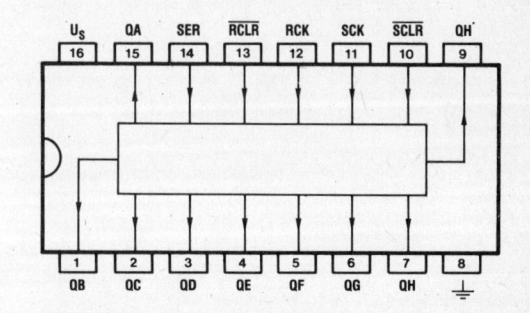

74598	Typ - Type - Tipo		Hersteller Production Fabricants Produttori Fabricantes	Bild Fig. Fig. Sec	I_S &I_R	t_{PD} E→Q ns_{typ}	t_{PD} E→Q ns_{max}	Bem./Note f_T §f_Z &f_E
0...70°C § 0...75°C	−40...85°C § −25...85°C	−55...125°C		3	mA	↓ ↕ ↑	↓ ↕ ↑	MHz
SN74LS598J	SN54LS598J		Tix	20c	56	24 32	36 48	20
SN74LS598N			Tix	20a	56	24 32	36 48	20

74599	Typ - Type - Tipo		Hersteller Production Fabricants Produttori Fabricantes	Bild Fig. Fig. Sec	I_S &I_R	t_{PD} E→Q ns_{typ}	t_{PD} E→Q ns_{max}	Bem./Note f_T §f_Z &f_E
0...70°C § 0...75°C	−40...85°C § −25...85°C	−55...125°C		3	mA	↓ ↕ ↑	↓ ↕ ↑	MHz
SN74LS599J	SN54LS599J		Tix	16c	38	24 28	35 42	
SN74LS599N			Tix	16a	38	24 28	35 42	
	SN54LS599W		Tix	16n	38	24 28	35 42	

74600
Output: TP

Refresh-Controller für 4/16 KByte dynamische RAMs
Refresh controller for 4/16 KByte dynamic RAMs
Contrôleur de régénération pour RAM dynamiques 4/16 KByte
Refresh-controller per 4/16 KByte RAMs dinamiche
Controlador de refresco para RAMs dinámicas de 4/16 KByte

74600
Output: TP

1. Die CPU setzt REF REQ1 und REF REQ2 während einem für den Refresh gedachten Zyklus = High.
2. Der 74600 arbeitet im Transparent-Modus, das heißt, es werden soviele Adressen wie möglich refreshed, solange 1. andauert.
3. Low-Level an BUSY signalisiert der CPU, bis zum vollendeten Refresh der momentanen Adresse zu warten.
4. Wenn die an RC BURST programmierte minimale Sicherheitszeit für Refresh überschritten wird, wird HOLD auf Low-Level gelegt.
5. Die CPU muß dann die REF REQ-Pins auf High halten, bis HOLD = High wird (= Refresh-Zyklus abgeschlossen).

1. The CPU sets REF REQ1 and REF REQ2 during a cycle intended for refreshing = high.
2. The 74600 operates in the transparent mode, i.e. as many addresses as possible are refreshed for as long as 1. lasts.
3. Low-level at BUSY signals to the CPU that it must wait until the refresh of the current address is completed.
4. If the minimum safety period programmed at RC BURST for refresh is exceeded, HOLD is switched to low level.
5. The CPU must then keep the REF REQ PIUs at high until HOLD becomes = high (= refresh cycle completed).

1. L'unité centrale (CPU) positionne REF REQ1 et REF REQ2 au niveau High pendant un cycle prévu pour la régénération.
2. Le 74600 travaille en mode transparent c.a.d. qu'une multitude d'adresses sera régénérée autant que possible, tant que le positionnement indiqué sous 1. persiste.
3. Le niveau Low à la broche BUSY signale à l'unité centrale qu'il faut attendre jusqu'à ce l'adresse momentanée soit intégralement régénérée.
4. Lorsque le temps de sécurité minimal pour la régénération programmé sur RC BURST est dépassé, HOLD est mis au niveau Low.
5. L'unité centrale doit alors maintenir REF REQ-Plus au niveau High jusqu'à ce que HOLD passe au niveau High (= cycle de régénération terminé).

1. La CPU pone REF REQ1 e REF REQ2 durante un ciclo previsto per il Refresh = High.
2. Il 74600 lavora nel modo trasparente, ossia vengono refreshed il più possibile di indirizzi fino a che il punto 1 persiste.
3. Low-Level al BUSY segnala alla CPU di attendere fino al Refresh completato dell'indirizzo momentaneo.
4. Se il periodo di sicurezza minimo per Refresh programmato al RC BURST viene superato, HOLD viene posto su Low-Level.
5. La CPU deve poi tenere REF REQ-Pius su High fino a che HOLD diventa = High (= ciclo Refresh completato).

1. La CPU pone REF REQ1 y REF REQ2 a nivel High mientras dura el ciclo de refresco.
2. El 74600 trabaja en modo transparente, o sea que mientras dura 1. «refresca» tantas direcciones de memoria como puede.
3. Nivel Low en BUSY indica a la CPU que debe esperar hasta que se acabe de refrescar la dirección momentánea.
4. Cuando el tiempo mínimo de seguridad programado en RC BURST para el refresco ha sido sobrepasado, se pone la salida HOLD a nivel Low.
5. La CPU debe mantener entonces REF REQ-Plus a nivel High hasta que HOLD se ponga también a high (ciclo de refresco terminado).

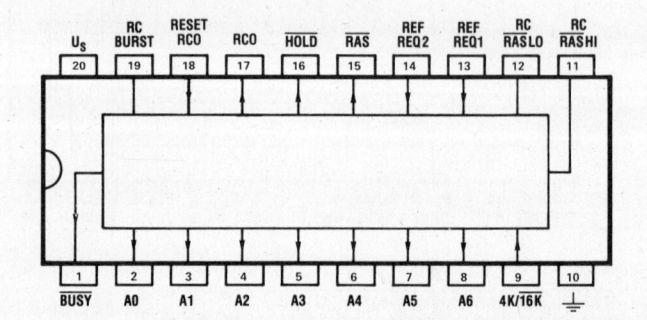

74600	Typ - Type - Tipo		Hersteller Production Fabricants Produttori Fabricantes	Bild Fig. Fig. Sec	I_S & I_R	t_{PD} E→Q ns_{typ}			t_{PD} E→Q ns_{max}			Bem./Note f_T §f_Z & f_E
0...70°C § 0...75°C	−40...85°C § −25...85°C	−55...125°C			mA	↓	↕	↑	↓	↕	↑	MHz
SN74LS600AJ SN74LS600AN		SN54LS600AJ	Tix Tix	20c 20a	50 50							

74601
Output: TP

Refresh-Controller für 64 KByte dynamische RAMs
Refresh controller for 64 KByte dynamic RAMs
Contrôleur de régénération pour RAM dynamiques 64 KByte
Refresh-controller per 64 KByte RAMs dinamiche
Controlador de refresco para RAMs dinámicas de 64 KByte

74601
Output: TP

1. Die CPU setzt REF REQ1 und REF REQ2 während einem für den Refresh gedachten Zyklus = High.
2. Der 74600 arbeitet im Transparent-Modus, das heißt, es werden soviele Adressen wie möglich refreshed, solange 1. andauert.
3. Low-Level an BUSY signalisiert der CPU, bis zum vollendeten Refresh der momentanen Adresse zu warten.
4. Wenn die an RC BURST programmierte minimale Sicherheitszeit für Refresh überschritten wird, wird HOLD auf Low-Level gelegt.
5. Die CPU muß dann die REF REQ-Pins auf High halten, bis HOLD = High wird (= Refresh-Zyklus abgeschlossen).

1. The CPU sets REF REQ1 and REF REQ2 during a cycle intended for refreshing = high.
2. The 74600 operates in the transparent mode, i.e. as many addresses as possible are refreshed for as long as 1. lasts.
3. Low-level at BUSY signals to the CPU that it must wait until the refresh of the current address is completed.
4. If the minimum safety period programmed at RC BURST for refresh is exceeded, HOLD is switched to low level.
5. The CPU must then keep the REF REQ PIUs at high until HOLD becomes = high (= refresh cycle completed).

1. L'unité centrale (CPU) positionne REF REQ1 et REF REQ2 au niveau High pendant un cycle prévu pour la régénération.
2. Le 74600 travaille en mode transparent c.a.d. qu'une multitude d'adresses sera régénérée autant que possible, tant que le positionnement indiqué sous 1. persiste.
3. Le niveau Low à la broche BUSY signale à l'unité centrale qu'il faut attendre jusqu'à ce l'adresse momentanée soit intégralement régénérée.
4. Lorsque le temps de sécurité minimal pour la régénération programmé sur RC BURST est dépassé, HOLD est mis au niveau Low.
5. L'unité centrale doit alors maintenir REF REQ-Plus au niveau High jusqu'à ce que HOLD passe au niveau High (= cycle de régénération terminé).

1. La CPU pone REF REQ1 e REF REQ2 durante un ciclo previsto per il Refresh = High.
2. Il 74600 lavora nel modo trasparente, ossia vengono refreshed il più possibile di indirizzi fino a che il punto 1 persiste.
3. Low-Level al BUSY segnala alla CPU di attendere fino al Refresh completato dell'indirizzo momentaneo.
4. Se il periodo di sicurezza minimo per Refresh programmato al RC BURST viene superato, HOLD viene posto su Low-Level.
5. La CPU deve poi tenere REF REQ-Pius su High fino a che HOLD diventa = High (= ciclo Refresh completato).

1. La CPU pone REF REQ1 y REF REQ2 a nivel High mientras dura el ciclo de refresco.
2. El 74600 trabaja en modo transparente, o sea que mientras dura 1. «refresca» tantas direcciones de memoria como puede.
3. Nivel Low en BUSY indica a la CPU que debe esperar hasta que se acabe de refrescar la dirección momentánea.
4. Cuando el tiempo mínimo de seguridad programado en RC BURST para el refresco ha sido sobrepasado, se pone la salida HOLD a nivel Low.
5. La CPU debe mantener entonces REF REQ-Plus a nivel High hasta que HOLD se ponga también a high (ciclo de refresco terminado).

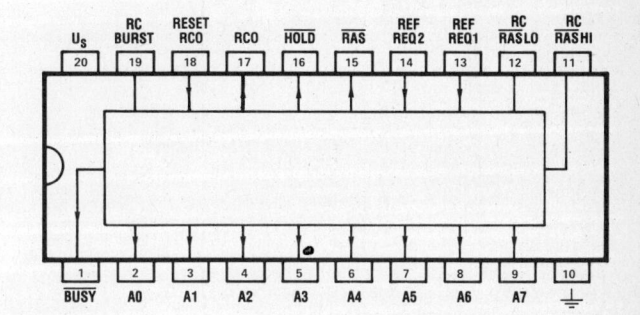

Pinout (pins 20–11 top, 1–10 bottom):
U_S (20), RC BURST (19), RESET RCO (18), RCO (17), $\overline{HOLD}$ (16), $\overline{RAS}$ (15), REF REQ2 (14), REF REQ1 (13), RC RASLO (12), RC RASHI (11)
$\overline{BUSY}$ (1), A0 (2), A1 (3), A2 (4), A3 (5), A4 (6), A5 (7), A6 (8), A7 (9), GND (10)

74601	Typ - Type - Tipo		Hersteller Production Fabricants Produttori Fabricantes	Bild Fig. Fig. Sec 3	I_S &I_R mA	t_{PD} E→Q ns_{typ}	t_{PD} E→Q ns_{max}	Bem./Note f_T §f_Z &f_E MHz
0...70°C § 0...75°C	–40...85°C § –25...85°C	–55...125°C				↓ ↕ ↑	↓ ↕ ↑	
SN74LS601AJ SN74LS601AN		SN54LS601AJ	Tix Tix	20c 20a	50 50			

2-431

74602
Output: TP

Refresh-Controller für 4/16 KByte dynamische RAMs
Refresh controller for 4/16 KByte dynamic RAMs
Contrôleur de régénération pour RAM dynamiques 4/16 KByte
Refresh-controller per 4/16 KByte RAMs dinamiche
Controlador de refresco para RAMs dinámicas de 4/16 KByte

Der 74602 arbeitet im Cycle-Steal Refresh Mode, das heißt, die minimale Sicherheits-Refreshzeit wird in gleiche Segmente unterteilt und während jeden Segments wird der Refresh für eine Adresse durchgeführt. Die Segmentzeit wird an RC CYCLE STEAL programmiert. Low-Level an READY signalisiert der CPU, einen Wartezyklus für Refresh einzuschieben. Sonstige Arbeitsweise wie beim 74600.

The 74602 operates in the cycle-steal refresh mode, i.e. the minimum safety refresh time is sub-divided into equal segments, and the refresh for one adress is carried out during each segment. The segment time is programmed on RC CYCLE STEAL. Low-level at READY signals to the CPU that it must insert a wait cycle for the refresh. Otherwise same operation as 74600.

Le 74602 travaille en mode régénération vol de cycles c.a.d. que le temps de sécurité minimal de régénération est divisé en des tranches de temps égales et la régénération pour une adresse est effectuée pendant chaque tranche.
La tranche de temps est programmée à RC CYCLE STEAL.
Un niveau Low sur READY signale à l'unité centrale d'insérer un cycle d'attente pour la régénération. Le reste du mode de fonctionnement est identique à celui du 74600.

Il 74602 lavora nel modo Cycle-Steal Refresh, ossia il periodo di Refresh minimo di sicurezza viene suddiviso in settori uguali e durante ogni settore viene effettuato il Refresh per un indirizzo. Il periodo di settore viene programmato al RC CYCLE STEAL. Il Low-Level al READY segnala alla CPU di inserire per Refresh un ciclo di attesa. Per il resto il modo di lavoro si svolge come presso 74600.

El 74602 trabaja en el modo de refresco «cycle-steal» (robo de ciclos), o sea que el tiempo mínimo de seguridad para refresco se distribuye en intervalos iguales, y durante cada intervalo se efectúal el refresco de una dirección de memoria.
La duración de cada intervalo se programa mediante RC CYCLE STEAL. Nivel Low en READY indica a la CPU que debe intercalar un ciclo de espera para el refresco.
El funcionamiento restante es análogo al del 74600.

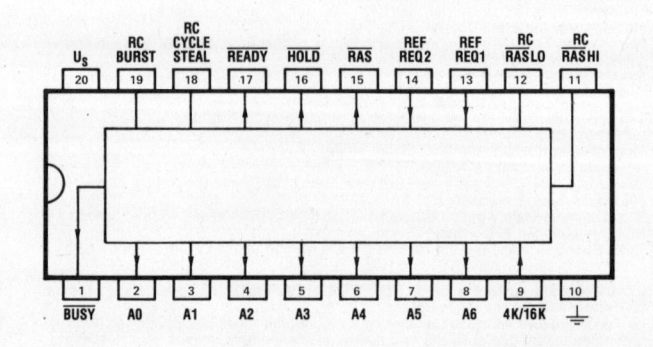

Pinout: U_S (20), RC BURST (19), RC CYCLE STEAL (18), READY (17), HOLD (16), RAS (15), REF REQ2 (14), REF REQ1 (13), RC RASLO (12), RC RASHI (11), BUSY (1), A0 (2), A1 (3), A2 (4), A3 (5), A4 (6), A5 (7), A6 (8), 4K/16K (9), GND (10)

74602	Typ - Type - Tipo		Hersteller Production Fabricants Produttori Fabricantes	Bild Fig. Fig. Sec	I_S &I_R	t_{PD} E→Q ns typ	t_{PD} E→Q ns max	Bem./Note f_T §f_Z &f_E
0...70°C § 0...75°C	−40...85°C § −25...85°C	−55...125°C		3	mA	↓ ↕ ↑	↓ ↕ ↑	MHz
SN74LS602AJ		SN54LS602AJ	Tix	20c	50			
SN74LS602AN			Tix	20a	50			

74603
Output: TP

Refresh-Controller für 64 KByte dynamische RAMs
Refresh controller for 64 KByte dynamic RAMs
Contrôleur de régénération pour RAM dynamiques 64 KByte
Refresh-controller per 64 KByte RAMs dinamiche
Controlador de refresco para RAMs dinámicas de 64 KByte

Der 74603 arbeitet im Cycle-Steal Refresh Mode, das heißt, die minimale Sicherheits-Refreshzeit wird in gleiche Segmente unterteilt und während jeden Segments wird der Refresh für eine Adresse durchgeführt. Die Segmentzeit wird an RC CYCLE STEAL programmiert. Low-Level an READY signalisiert der CPU, einen Wartezyklus für Refresh einzuschieben. Sonstige Arbeitsweise wie beim 74600.

The 74603 operates in the cycle-steal refresh mode, i.e. the minimum safety refresh time is sub-divided into equal segments, and the refresh for one adress is carried out during each segment. The segment time is programmed on RC CYCLE STEAL. Low-level at READY signals to the CPU that it must insert a wait cycle for the refresh. Otherwise same operation as 74600.

Le 74603 travaille en mode régénération vol de cycles c.a.d. que le temps de sécurité minimal de régénération est divisé en des tranches de temps égales et la régénération pour une adresse est effectuée pendant chaque tranche.
La tranche de temps est programmée à RC CYCLE STEAL.
Un niveau Low sur READY signale à l'unité centrale d'insérer un cycle d'attente pour la régénération. Le reste du mode de fonctionnement est identique à celui du 74600.

Il 74603 lavora nel modo Cycle-Steal Refresh, ossia il periodo di Refresh minimo di sicurezza viene suddiviso in settori uguali e durante ogni settore viene effettuato il Refresh per un indirizzo. Il periodo di settore viene programmato al RC CYCLE STEAL.
Il Low-Level al READY segnala alla CPU di inserire per Refresh un ciclo di attesa. Per il resto il modo di lavoro si svolge come presso 74600.

El 74603 trabaja en el modo de refresco «cycle-steal» (robo de ciclos), o sea que el tiempo mínimo de seguridad para refresco se distribuye en intervalos iguales, y durante cada intervalo se efectúal el refresco de una dirección de memoria.
La duración de cada intervalo se programa mediante RC CYCLE STEAL. Nivel Low en READY indica a la CPU que debe intercalar un ciclo de espera para el refresco.
El funcionamiento restante es análogo al del 74600.

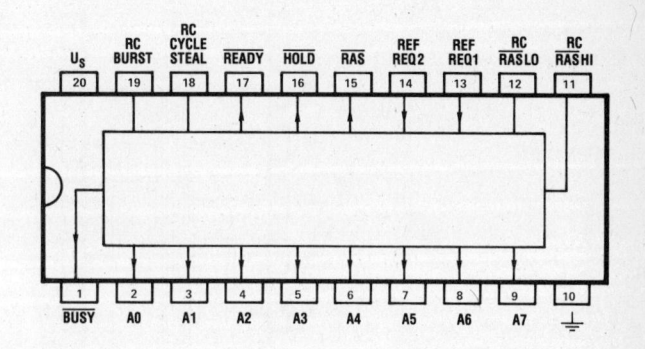

Pin assignment:
- 20: U_S
- 19: RC BURST
- 18: RC CYCLE STEAL
- 17: READY
- 16: HOLD
- 15: RAS
- 14: REF REQ2
- 13: REF REQ1
- 12: RC RASLO
- 11: RC RASHI
- 1: BUSY
- 2: A0
- 3: A1
- 4: A2
- 5: A3
- 6: A4
- 7: A5
- 8: A6
- 9: A7
- 10: ⏚

74603	Typ - Type - Tipo			Hersteller Production Fabricants Produttori Fabricantes	Bild Fig. Fig. Sec 3	I_S &I_R mA	t_{PD} E→Q ns_{typ} ↓ ↕ ↑	t_{PD} E→Q ns_{max} ↓ ↕ ↑	Bem./Note f_T §f_Z &f_E MHz
0...70°C § 0...75°C	−40...85°C § −25...85°C		−55...125°C						
SN74LS603AJ SN74LS603AN			SN54LS603AJ	Tix Tix	20c 20a	50 50			

74604
Output: TS

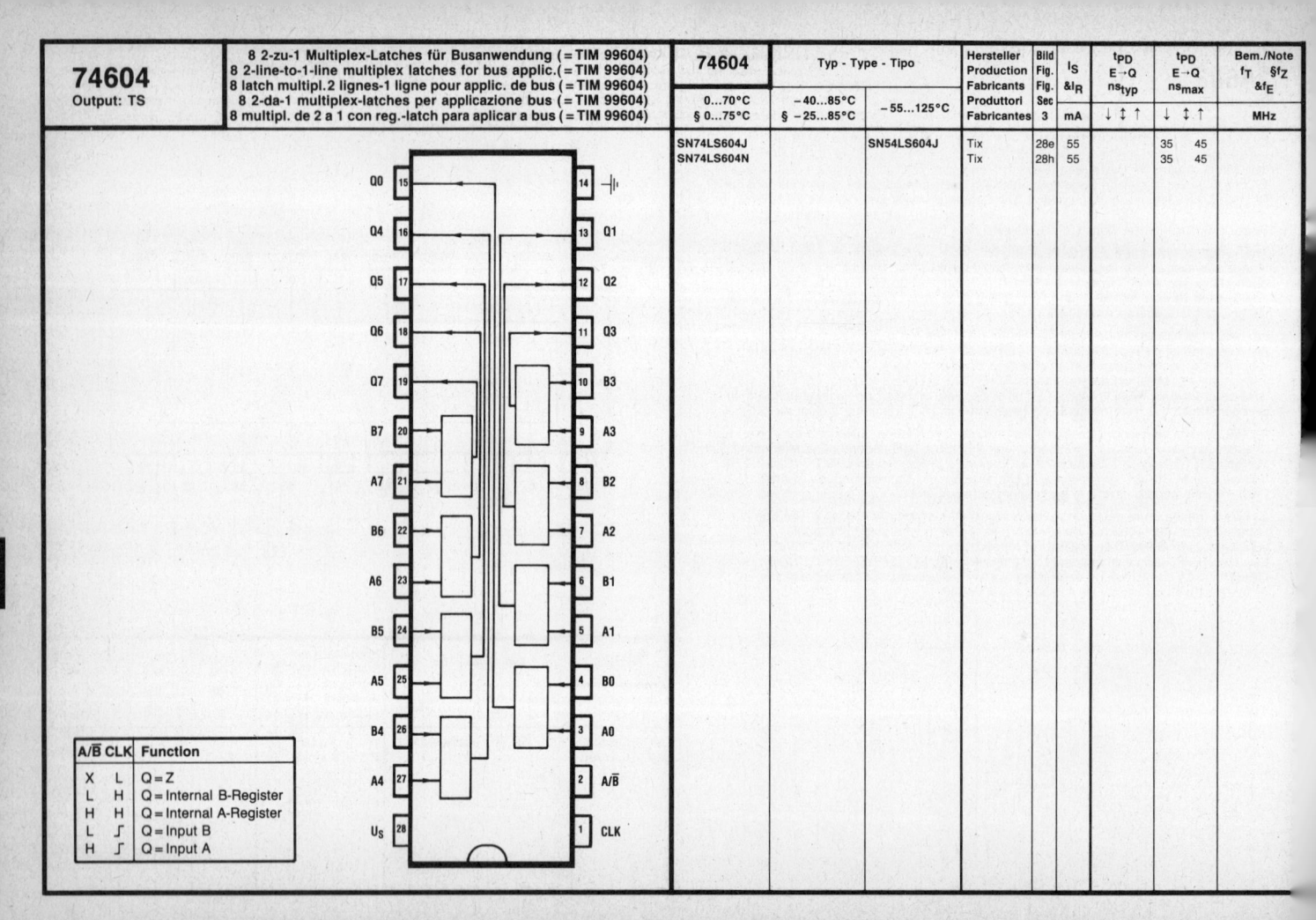

8 2-zu-1 Multiplex-Latches für Busanwendung (= TIM 99604)
8 2-line-to-1-line multiplex latches for bus applic.(= TIM 99604)
8 latch multipl. 2 lignes-1 ligne pour applic. de bus (= TIM 99604)
8 2-da-1 multiplex-latches per applicazione bus (= TIM 99604)
8 multipl. de 2 a 1 con reg.-latch para aplicar a bus (= TIM 99604)

74604	Typ - Type - Tipo			Hersteller Production Fabricants Produttori Fabricantes	Bild Fig. Fig. Sec 3	I_S &I_R mA	t_{PD} E→Q ns_{typ} ↓ ↕ ↑	t_{PD} E→Q ns_{max} ↓ ↕ ↑	Bem./Note f_T §f_Z &f_E MHz
0…70°C § 0…75°C	−40…85°C § −25…85°C		−55…125°C						
SN74LS604J SN74LS604N			SN54LS604J	Tix Tix	28e 28h	55 55		35 45 35 45	

A/B̄	CLK	Function
X	L	Q = Z
L	H	Q = Internal B-Register
H	H	Q = Internal A-Register
L	∫	Q = Input B
H	∫	Q = Input A

Pinout:
- 15 Q0, 14 —
- 16 Q4, 13 Q1
- 17 Q5, 12 Q2
- 18 Q6, 11 Q3
- 19 Q7, 10 B3
- 20 B7, 9 A3
- 21 A7, 8 B2
- 22 B6, 7 A2
- 23 A6, 6 B1
- 24 B5, 5 A1
- 25 A5, 4 B0
- 26 B4, 3 A0
- 27 A4, 2 A/B̄
- 28 U_S, 1 CLK

2-434

74605
Output: OC

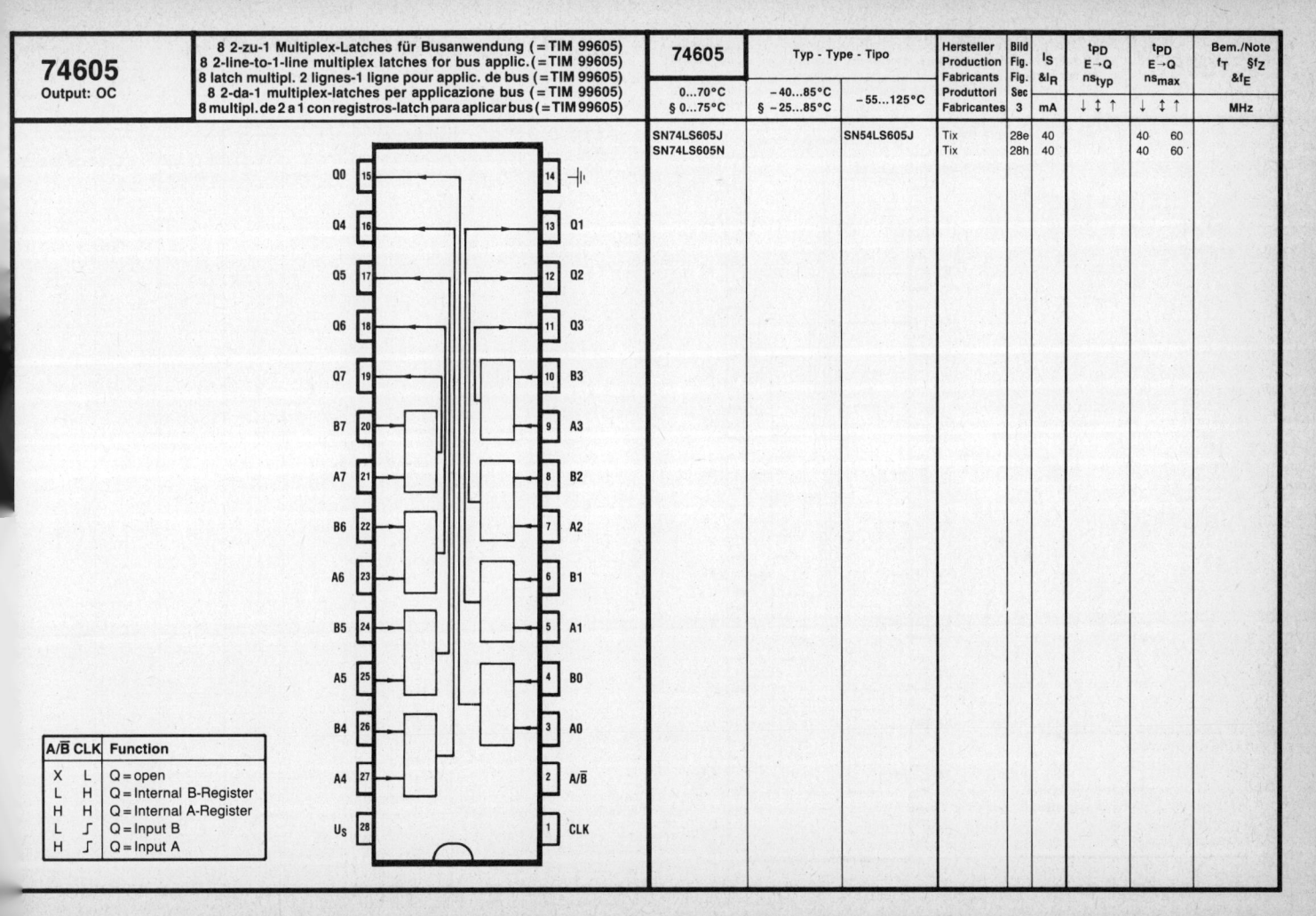

8 2-zu-1 Multiplex-Latches für Busanwendung (= TIM 99605)
8 2-line-to-1-line multiplex latches for bus applic. (= TIM 99605)
8 latch multipl. 2 lignes-1 ligne pour applic. de bus (= TIM 99605)
8 2-da-1 multiplex-latches per applicazione bus (= TIM 99605)
8 multipl. de 2 a 1 con registros-latch para aplicar bus (= TIM 99605)

74605	Typ - Type - Tipo			Hersteller Production Fabricants Produttori Fabricantes	Bild Fig. Fig. Sec 3	I_S &I_R mA	t_{PD} E→Q ns_{typ} ↓↑ ↑↑	t_{PD} E→Q ns_{max} ↓↑ ↑↑	Bem./Note f_T §f_Z &f_E MHz
	0...70°C § 0...75°C	−40...85°C § −25...85°C	−55...125°C						
	SN74LS605J SN74LS605N		SN54LS605J	Tix Tix	28e 28h	40 40		40 60 40 60	

Function table

A/B	CLK	Function
X	L	Q = open
L	H	Q = Internal B-Register
H	H	Q = Internal A-Register
L	⌡	Q = Input B
H	⌡	Q = Input A

Pinout

Pin	Signal	Pin	Signal
15	Q0	14	GND
16	Q4	13	Q1
17	Q5	12	Q2
18	Q6	11	Q3
19	Q7	10	B3
20	B7	9	A3
21	A7	8	B2
22	B6	7	A2
23	A6	6	B1
24	B5	5	A1
25	A5	4	B0
26	B4	3	A0
27	A4	2	A/B̄
28	U_S	1	CLK

74606
Output: TS

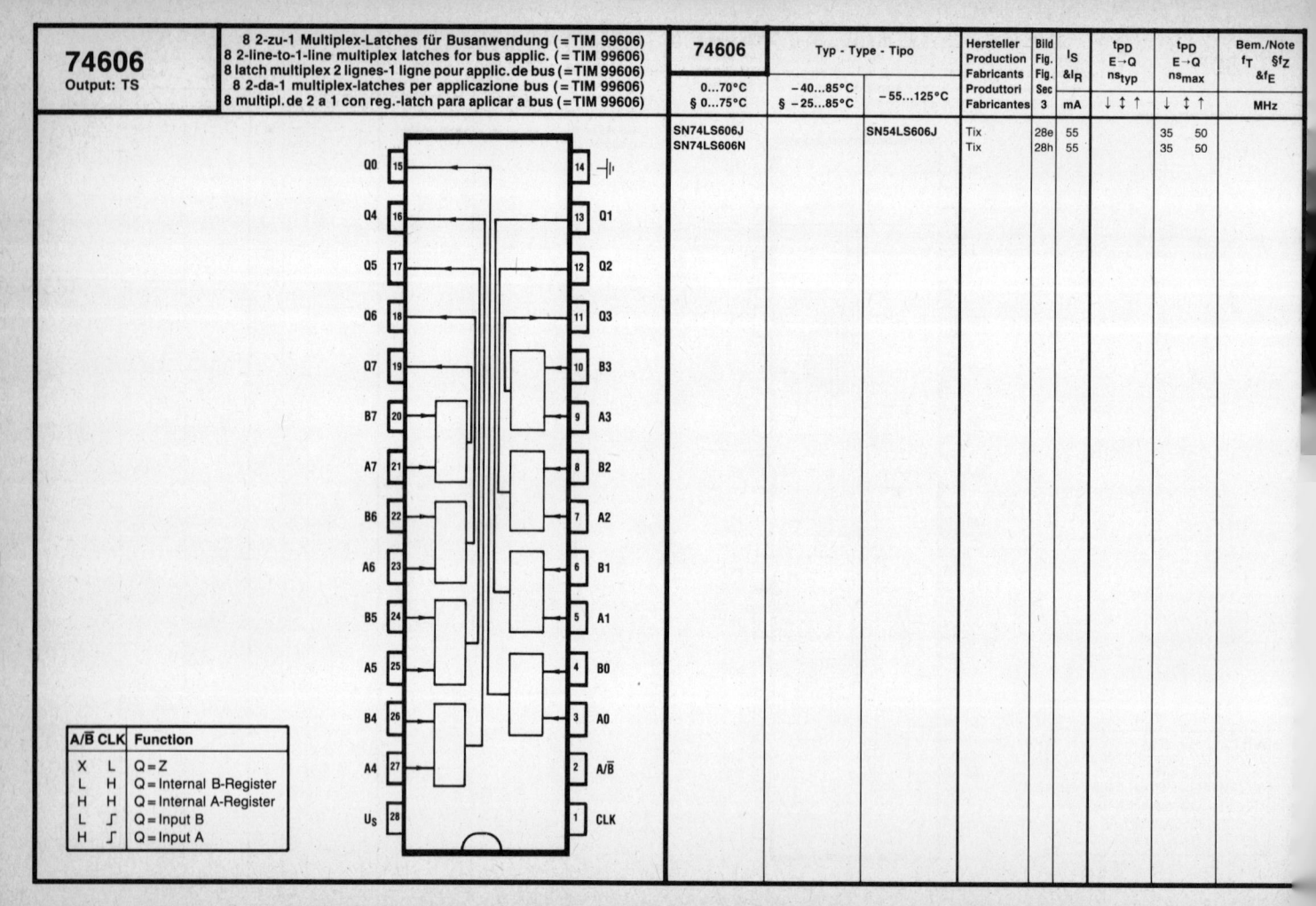

8 2-zu-1 Multiplex-Latches für Busanwendung (= TIM 99606)
8 2-line-to-1-line multiplex latches for bus applic. (= TIM 99606)
8 latch multiplex 2 lignes-1 ligne pour applic.de bus (= TIM 99606)
8 2-da-1 multiplex-latches per applicazione bus (= TIM 99606)
8 multipl.de 2 a 1 con reg.-latch para aplicar a bus (= TIM 99606)

74606	Typ - Type - Tipo		Hersteller Production Fabricants Produttori Fabricantes	Bild Fig. Fig. Sec 3	I_S &I_R mA	t_{PD} E→Q ns$_{typ}$ ↓ ↕ ↑	t_{PD} E→Q ns$_{max}$ ↓ ↕ ↑	Bem./Note f_T §f_Z &f_E MHz
0...70°C § 0...75°C	−40...85°C § −25...85°C	−55...125°C						
SN74LS606J		SN54LS606J	Tix	28e	55		35 50	
SN74LS606N			Tix	28h	55		35 50	

A/B̄	CLK	Function
X	L	Q = Z
L	H	Q = Internal B-Register
H	H	Q = Internal A-Register
L	⌐	Q = Input B
H	⌐	Q = Input A

Pinout (28-pin DIP):
- 15: Q0, 14: —||—
- 16: Q4, 13: Q1
- 17: Q5, 12: Q2
- 18: Q6, 11: Q3
- 19: Q7, 10: B3
- 20: B7, 9: A3
- 21: A7, 8: B2
- 22: B6, 7: A2
- 23: A6, 6: B1
- 24: B5, 5: A1
- 25: A5, 4: B0
- 26: B4, 3: A0
- 27: A4, 2: A/B̄
- 28: U$_S$, 1: CLK

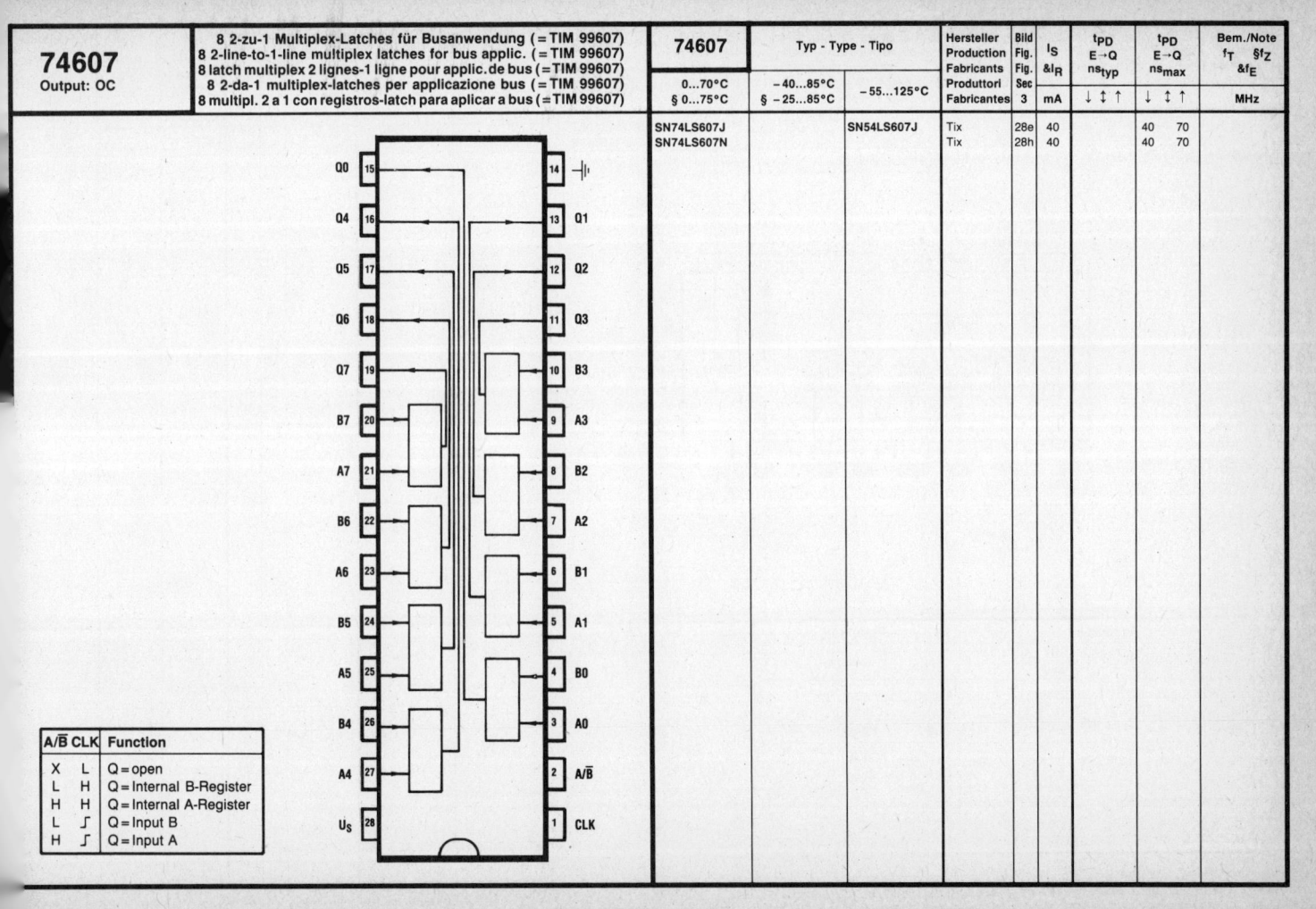

74607 Output: OC	8 2-zu-1 Multiplex-Latches für Busanwendung (= TIM 99607) 8 2-line-to-1-line multiplex latches for bus applic. (= TIM 99607) 8 latch multiplex 2 lignes-1 ligne pour applic. de bus (= TIM 99607) 8 2-da-1 multiplex-latches per applicazione bus (= TIM 99607) 8 multipl. 2 a 1 con registros-latch para aplicar a bus (= TIM 99607)	74607	Typ - Type - Tipo			Hersteller Production Fabricants Produttori Fabricantes	Bild Fig. Fig. Sec 3	I_S &I_R mA	t_{PD} $E \to Q$ ns $_{typ}$ ↓ ↑ ↑	t_{PD} $E \to Q$ ns $_{max}$ ↓ ↑ ↑	Bem./Note f_T §f_Z &f_E MHz
		0...70°C § 0...75°C	−40...85°C § −25...85°C	−55...125°C							
		SN74LS607J SN74LS607N		SN54LS607J	Tix Tix	28e 28h	40 40		40 70 40 70	

A/B̄	CLK	Function
X	L	Q = open
L	H	Q = Internal B-Register
H	H	Q = Internal A-Register
L	⌡	Q = Input B
H	⌡	Q = Input A

74608 Output: TP	Zyklus-Controller für dynamische RAMs (= TIM 99608) Cycle controller for dynamic RAMs (= TIM 99608) Contrôleur de cycle pour RAM dynamiques (= TIM 99608) Controller ciclo per RAMs dinamiche (= TIM 99608) Controlador de ciclos para RAMs dinámicas (= TIM 99608)	74608			Typ - Type - Tipo		Hersteller Production Fabricants Produttori Fabricantes	Bild Fig. Fig. Sec 3	I_S &I_R mA	t_{PD} $E \rightarrow Q$ ns_{typ} ↓ ↕ ↑	t_{PD} $E \rightarrow Q$ ns_{max} ↓ ↕ ↑	Bem./Note f_T §f_Z &f_E MHz
		0...70°C § 0...75°C	−40...85°C § −25...85°C		−55...125°C							
		SN74LS608J SN74LS608N			SN54LS608J	Tix Tix	16c 16a	<65 <65	8 8	15 435 15 435	

Inputs / Function

P/N̄	R/W̄	R̄M̄W̄	R̄ĀS̄ĒN̄	C̄ĀS̄/HOLD	START	REF	Mode	Memory Cycle
H	H	H	L	H	⌐	L	Page	Read
H	L	H	L	H	⌐	L	Page	Write
H	H	L	L	H	⌐	L	Page	Read-Modify-Write
L	H	H	L	H	⌐	L	Normal	Read
L	L	H	L	H	⌐	L	Normal	Write
L	H	L	L	H	⌐	L	Normal	Read-Modify-Write
X	X	X	L	H	⌐	H	Refresh	Refresh
X	X	X	H	H	X	L	Refresh	External Refresh

Pinout (16-pin):
- 16: U_S
- 15: RC/CASLO
- 14: REF
- 13: START
- 12: RC/RAH
- 11: R/C̄
- 10: CAS/HOLD
- 9: C̄ĀS̄
- 1: RC PREC
- 2: P/N̄
- 3: R/W̄
- 4: R̄M̄W̄
- 5: R/W̄
- 6: R̄ĀS̄ĒN̄
- 7: RAS
- 8: ⏚

Functions: Precharge, Page/Normal, Read/Write, Read-Modify-Write, Read/Write, RAS Enable, Refresh, Row/Col

74610
Output: TS

Memory-Mapper mit gelatchten Ausgängen
Memory mapper with latched outputs
Configurateur mémoire (memory mapper) avec sorties latch
Memory-mapper con uscite latches
Mapper de memoria con salidas en latch

Pinout (74610)

Pin	Signal	Pin	Signal
21	ME	20	—
22	MO06	19	MO05
23	MO07	18	MO04
24	MO08	17	MO03
25	MO09	16	MO02
26	MO010	15	MO01
27	MO011	14	MO00
28	C	13	$\overline{MM}$
29	D6	12	D5
30	D7	11	D4
31	D8	10	D3
32	D9	9	D2
33	D10	8	D1
34	D11	7	D0
35	MA0	6	$R/\overline{W}$
36	RS0	5	STROBE
37	MA1	4	$\overline{CS}$
38	RS1	3	RS3
39	MA2	2	MA3
40	U_S	1	RS2

Blocks: Enable, Map Outputs, Latch Enable, Map Mode, Data Bus I/O, Map Inputs, Register Select.

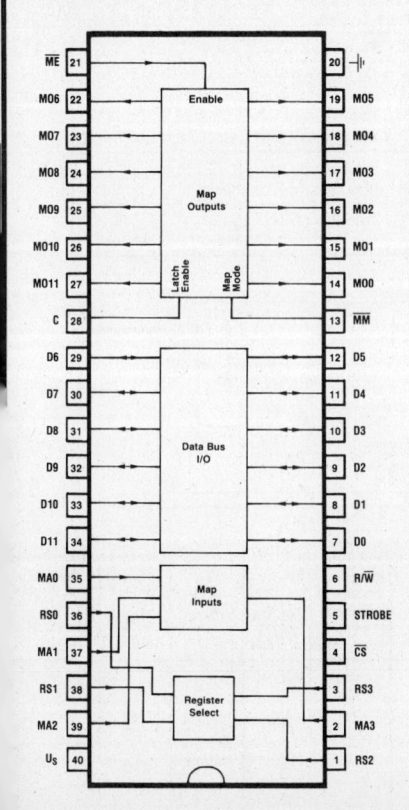

Map-Mode

MA3	MA2	MA1	MA0	Map Register
L	L	L	L	0
L	L	L	H	1
L	L	H	L	2
L	L	H	H	3
L	H	L	L	4
.	.	.	.	.
.	.	.	.	.
H	H	H	L	14
H	H	H	H	15

I/O-Operation

RS3	RS2	RS1	RS0	Map Register
L	L	L	L	0
L	L	L	H	1
L	L	H	L	2
L	L	H	H	3
L	H	L	L	4
.	.	.	.	.
.	.	.	.	.
H	H	H	L	14
H	H	H	H	15

Function Table

$\overline{CS}$	R/$\overline{W}$	STROBE	ME	$\overline{MM}$	C	Function
H	X	X	X	X	X	No I/O, Map Mode only
L	X	X	H	X	X	MO0...MO11 = Z
L	X	X	L	L	X	Map Register → Map Outputs
L	X	X	L	H	X	MA0...MA3 → MO0...MO3, MO4...MO11 = L
L	X	X	L	X	L	Data → Map Outputs
L	X	X	L	X	H	Map Outputs = Latched
L	L	L	X	X	X	Data Bus → Map Register
L	H	X	X	X	X	Map Register → Data Bus

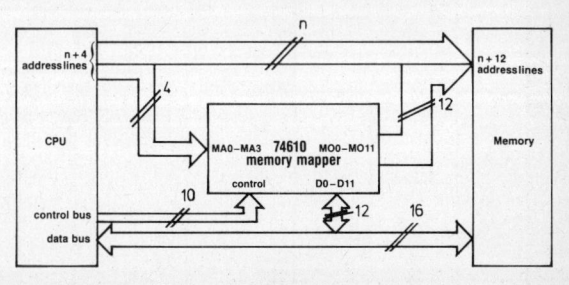

Diagram: CPU with n+4 address lines, 4 to MA0–MA3 of 74610 memory mapper, MO0–MO11 to n+12 address lines (12) to Memory; control bus (10) to control; D0–D11 data bus (12), (16) to Memory.

74610

74610	Typ - Type - Tipo		Hersteller Production Fabricants Produttori Fabricantes	Bild Fig. Fig. Sec	I_S & I_R	t_{PD} E→Q ns$_{typ}$	t_{PD} E→Q ns$_{max}$	Bem./Note f_T §f_Z &f_E
0...70 °C § 0...75 °C	−40...85 °C § −25...85 °C	−55...125 °C		3	mA	↓ ↑ ↑	↓ ↑ ↑	MHz
SN74LS610JD	Tix	SN54LS610JD	Tix	40f	150			Q = Z
SN74LS610N	Tix		Tix	40h	150			Q = Z

2-439

74611
Output: OC

Memory-Mapper mit gelatchten Ausgängen
Memory mapper with latched outputs
Configurateur mémoire (memory mapper) avec sorties latch
Memory-mapper con uscite latches
Mapper de memoria con salidas en latch

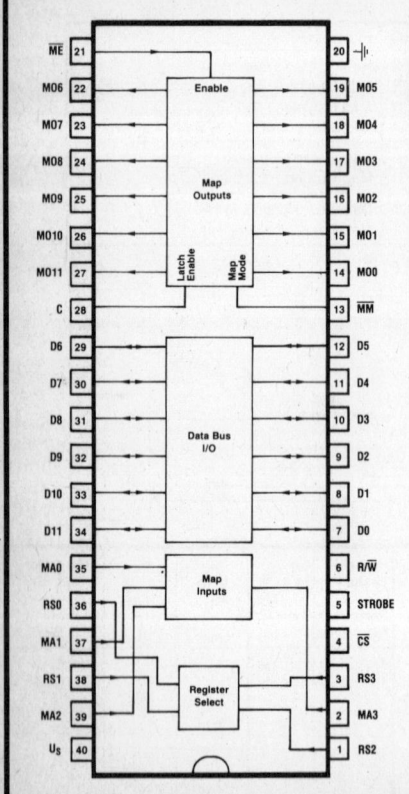

Map-Mode

MA3	MA2	MA1	MA0	Map Register
L	L	L	L	0
L	L	L	H	1
L	L	H	L	2
L	L	H	H	3
L	H	L	L	4
.	.	.	.	.
H	H	H	L	14
H	H	H	H	15

I/O-Operation

RS3	RS2	RS1	RS0	Map Register
L	L	L	L	0
L	L	L	H	1
L	L	H	L	2
L	L	H	H	3
L	H	L	L	4
.	.	.	.	.
H	H	H	L	14
H	H	H	H	15

Function

$\overline{CS}$	R/$\overline{W}$	STROBE	ME	$\overline{MM}$	C	Function
H	X	X	X	X	X	No I/O, Map Mode only
L	X	X	H	X	X	MO0...MO11 = open
L	X	X	L	L	X	Map Register → Map Outputs
L	X	X	L	H	X	MA0...MA3 → MO0...MO3, MO4...MO11 = L
L	X	X	L	X	L	Data → Map Outputs
L	X	X	L	X	H	Map Outputs = Latched
L	L	X	X	X	X	Data Bus → Map Register
L	H	X	X	X	X	Map Register → Data Bus

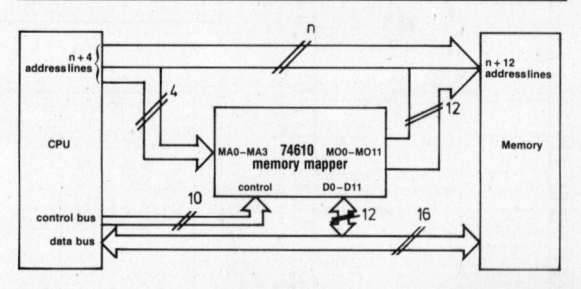

Diagram: CPU (n+4 address lines, 4 MA0–MA3) → 74610 memory mapper (MO0–MO11, 12) → Memory (n+12 address lines). Control bus (10) and data bus (16) to control and D0–D11 (12).

74611	Typ - Type - Tipo		Hersteller Production Fabricants Produttori Fabricantes	Bild Fig. Fig. Sec 3	I_S & I_R mA	t_{PD} E→Q ns$_{typ}$	t_{PD} E→Q ns$_{max}$	Bem./Note f_T §f_Z & f_E MHz
	0...70°C § 0...75°C	−40...85°C § −25...85°C	−55...125°C			↓ ↕ ↑	↓ ↕ ↑	
SN74LS611JD		SN54LS611JD	Tix	40f	110			Q = Z
SN74LS611N			Tix	40h	110			Q = Z

Pinout (DIP):
- 21 ME, 22 MO6, 23 MO7, 24 MO8, 25 MO9, 26 MO10, 27 MO11, 28 C, 29 D6, 30 D7, 31 D8, 32 D9, 33 D10, 34 D11, 35 MA0, 36 RS0, 37 MA1, 38 RS1, 39 MA2, 40 U_S
- 20, 19 MO5, 18 MO4, 17 MO3, 16 MO2, 15 MO1, 14 MO0, 13 $\overline{MM}$, 12 D5, 11 D4, 10 D3, 9 D2, 8 D1, 7 D0, 6 R/$\overline{W}$, 5 STROBE, 4 $\overline{CS}$, 3 RS3, 2 MA3, 1 RS2

Internal blocks: Enable, Map Outputs, Latch Enable, Map Mode, Data Bus I/O, Map Inputs, Register Select.

74612
Output: TS

Memory-Mapper
Memory mapper
Configurateur mémoire (memory mapper)
Memory-mapper
Mapper de memoria

74612
Output: TS

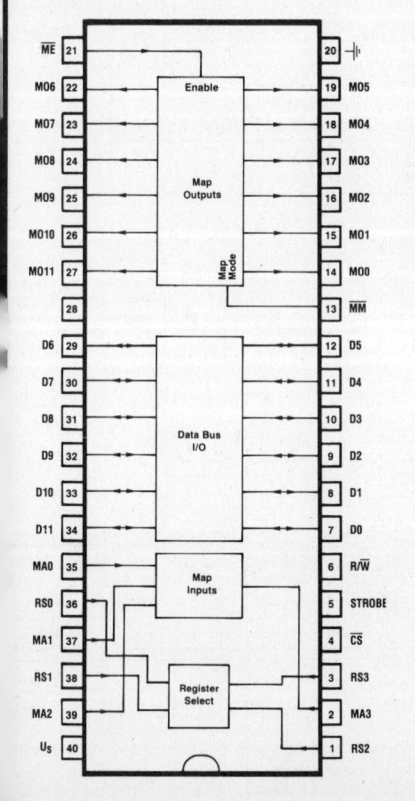

Pinout (74612):

Pin	Signal	Pin	Signal
21	ME	20	
22	M06	19	M05
23	M07	18	M04
24	M08	17	M03
25	M09	16	M02
26	MO10	15	MO1
27	MO11	14	MO0
28		13	MM
29	D6	12	D5
30	D7	11	D4
31	D8	10	D3
32	D9	9	D2
33	D10	8	D1
34	D11	7	D0
35	MA0	6	R/W
36	RS0	5	STROBE
37	MA1	4	CS
38	RS1	3	RS3
39	MA2	2	MA3
40	U_S	1	RS2

Blocks: Enable, Map Outputs, Map Mode, Data Bus I/O, Map Inputs, Register Select

Map-Mode

MA3	MA2	MA1	MA0	Map Register
L	L	L	L	0
L	L	L	H	1
L	L	H	L	2
L	L	H	H	3
L	H	L	L	4
⋮	⋮	⋮	⋮	⋮
H	H	H	L	14
H	H	H	H	15

I/O-Operation

RS3	RS2	RS1	RS0	Map Register
L	L	L	L	0
L	L	L	H	1
L	L	H	L	2
L	L	H	H	3
L	H	L	L	4
⋮	⋮	⋮	⋮	⋮
H	H	H	L	14
H	H	H	H	15

CS	R/W	STROBE	ME	MM	Function
H	X	X	X	X	No I/O, Map Mode only
L	X	X	H	X	M0...MO11 = Z
L	X	X	L	L	Map Register→Map Outputs
L	X	X	L	H	MA0...MA3→MO0...MO3, MO4...MO11 = L
L	L	L	X	X	Data Bus→Map Register
L	H	X	X	X	Map Register→Data Bus

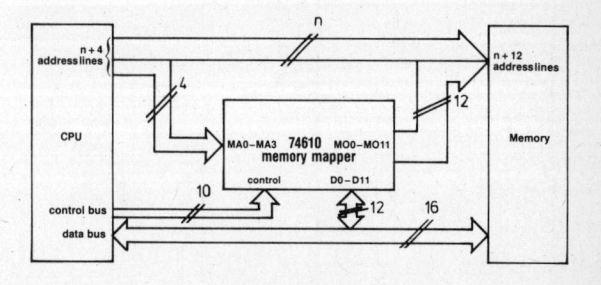

Block diagram: CPU — n+4 address lines — 4 — MA0–MA3 — 74610 memory mapper — MO0–MO11 — 12 — n+12 address lines — Memory; control bus — 10 — control; data bus — 12 — D0–D11 — 16

74612	Typ - Type - Tipo			Hersteller Production Fabricants Produttori Fabricantes	Bild Fig. Fig. Sec 3	I_S &I_R mA	t_{PD} E→Q ns_{typ} ↓ ↕ ↑	t_{PD} E→Q ns_{max} ↓ ↕ ↑	Bem./Note f_T §f_Z &f_E MHz
0...70°C § 0...75°C	−40...85°C § −25...85°C	−55...125°C							
SN74LS612JD		SN54LS612JD		Tix	40f	180			Q=Z
SN74LS612N				Tix	40h	180			Q=Z

2-441

74613 — Memory-Mapper

Output: OC

Memory-Mapper
Memory mapper
Configurateur mémoire (memory mapper)
Memory-mapper
Mapper de memoria

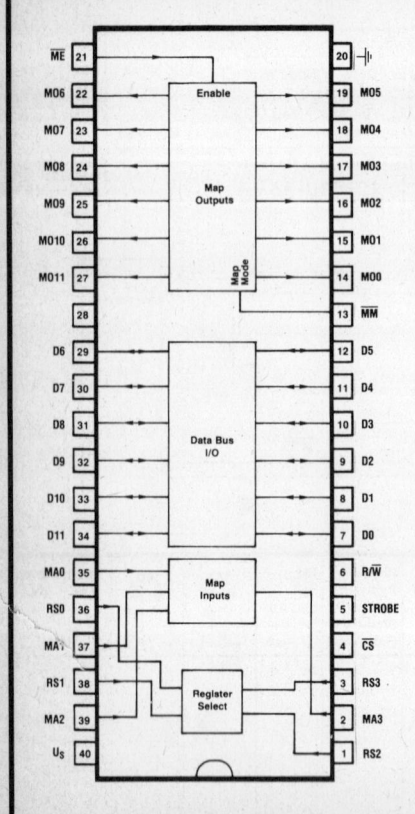

Pin assignments

Pin	Signal	Pin	Signal
21	ME	20	—
22	MO6	19	MO5
23	MO7	18	MO4
24	MO8	17	MO3
25	MO9	16	MO2
26	MO10	15	MO1
27	MO11	14	MO0
28		13	MM
29	D6	12	D5
30	D7	11	D4
31	D8	10	D3
32	D9	9	D2
33	D10	8	D1
34	D11	7	D0
35	MA0	6	R/W
36	RS0	5	STROBE
37	MA1	4	CS
38	RS1	3	RS3
39	MA2	2	MA3
40	U_S	1	RS2

Map-Mode

MA3	MA2	MA1	MA0	Map Register
L	L	L	L	0
L	L	L	H	1
L	L	H	L	2
L	L	H	H	3
L	H	L	L	4
.	.	.	.	.
H	H	H	L	14
H	H	H	H	15

I/O-Operation

RS3	RS2	RS1	RS0	Map Register
L	L	L	L	0
L	L	L	H	1
L	L	H	L	2
L	L	H	H	3
L	H	L	L	4
.	.	.	.	.
H	H	H	L	14
H	H	H	H	15

Function

CS	R/W	STROBE	ME	MM	Function
H	X	X	X	X	No I/O, Map Mode only
L	X	X	H	L	MO0...MO11 = open
L	X	X	L	L	Map Register → Map Outputs
L	X	X	L	H	MA0...MA3 → MO0...MO3, MO4...MO11 = L
L	L	L	X	X	Data Bus → Map Register
L	H	X	X	X	Map Register → Data Bus

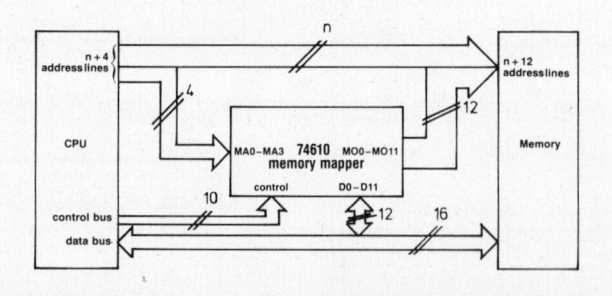

Block diagram: CPU — n+4 address lines → MA0–MA3 of 74610 memory mapper → MO0–MO11, n+12 address lines → Memory. Control bus (10), data bus (D0–D11, 12) ↔ 74610; 16 to memory.

74613	Typ - Type - Tipo		Hersteller Production Fabricants Produttori Fabricantes	Bild Fig. Fig. Sec	I_S & I_R	t_{PD} E→Q ns$_{typ}$	t_{PD} E→Q ns$_{max}$	Bem./Note f_T §f_Z & f_E
	0...70°C § 0...75°C	−40...85°C § −25...85°C	−55...125°C		3	mA	↓ ↕ ↑	↓ ↕ ↑	MHz
SN74LS613JD SN74LS613N		SN54LS613JD		Tix Tix	40f 40h	110 110			Q = Z Q = Z

2-442

74620
Output: TS

8-Bit invertierender Bustreiber
8-bit inverting bus driver
Driver de bus inverseur 8 bits
8-bit eccitatore bus invertente
Excitador inversor de bus de 8 bits

Pinout (20-pin):
- Pin 20: U_S
- Pin 19: $\overline{BA}$
- Pin 18: B0
- Pin 17: B1
- Pin 16: B2
- Pin 15: B3
- Pin 14: B4
- Pin 13: B5
- Pin 12: B6
- Pin 11: B7
- Pin 1: AB
- Pin 2: A0
- Pin 3: A1
- Pin 4: A2
- Pin 5: A3
- Pin 6: A4
- Pin 7: A5
- Pin 8: A6
- Pin 9: A7
- Pin 10: GND

Function table

AB	$\overline{BA}$	Function
L	L	$\overline{B} \to A$
L	H	$A = B = Z$
H	L	$\overline{B} \to A, \overline{A} \to B$
H	H	$\overline{A} \to B$

74620

	Typ - Type - Tipo		Hersteller Production Fabricants Produttori Fabricantes	Bild Fig. Fig. Sec 3	I_S &I_R mA	t_{PD} E→Q ns_{typ} ↓ ↕ ↑	t_{PD} E→Q ns_{max} ↓ ↕ ↑	Bem./Note f_T §f_Z &f_E MHz
0...70°C § 0...75°C	−40...85°C § −25...85°C	−55...125°C						
AS								
		SN54AS620FH	Tix	cc	74		7 8	Q = L
SN74AS620FN			Tix	cc	74		6 7	Q = L
		SN54AS620J	Tix	20c	74		7 8	Q = L
SN74AS620N			Tix	20a	74		6 7	Q = L
HC								
		SN54HC620FH	Tix	cc	<8u		18 18	
	SN74HC620FH		Tix	cc	<8u		18 18	
		SN54HC620FK	Tix	cc	<8u		18 18	
	SN74HC620FN		Tix	cc	<8u		18 18	
		SN54HC620J	Tix	20c	<8u		18 18	
	SN74HC620J		Tix	20a	<8u		18 18	
	SN74HC620N		Tix	20a	<8u		18 18	
LS								
SN74LS620J		SN54LS620J	Tix	20c	64	8 6	15 10	Q = Z
SN74LS620N			Tix	20a	64	8 6	15 10	Q = Z

74620

	Typ - Type - Tipo		Hersteller Production Fabricants Produttori Fabricantes	Bild Fig. Fig. Sec 3	I_S &I_R mA	t_{PD} E→Q ns_{typ} ↓ ↕ ↑	t_{PD} E→Q ns_{max} ↓ ↕ ↑	Bem./Note f_T §f_Z &f_E MHz
0...70°C § 0...75°C	−40...85°C § −25...85°C	−55...125°C						
		SN54ALS620J	Tix	20c				
SN74ALS620N			Tix	20a				
		SN54ALS620AFH	Tix	cc	31		12 12	Q = L
SN74ALS620AFN			Tix	cc	31		10 10	Q = L
		SN54ALS620AJ	Tix	20c	31		12 12	Q = L
SN74ALS620AN			Tix	20a	31		10 10	Q = L

2-443

74621
Output: OC

8-Bit Bustreiber
8-bit bus driver
Driver de bus 8 bits
8-bit eccitatore bus
Excitador de bus de 8 bits

Pinout

Pin	20	19	18	17	16	15	14	13	12	11
	U_S	$\overline{BA}$	B0	B1	B2	B3	B4	B5	B6	B7

Pin	1	2	3	4	5	6	7	8	9	10
	AB	A0	A1	A2	A3	A4	A5	A6	A7	⏚

Function Table

AB	$\overline{BA}$	Function
L	L	B→A
L	H	A = B = open
H	L	B→A, A→B
H	H	A→B

74621

74621 0…70°C § 0…75°C	Typ - Type - Tipo −40…85°C § −25…85°C	−55…125°C	Hersteller Production Fabricants Produttori Fabricantes	Bild Fig. Fig. Sec 3	I_S &I_R mA	t_{PD} E→Q ns_{typ} ↓ ↕ ↑	t_{PD} E→Q ns_{max} ↓ ↕ ↑	Bem./Note f_T §f_Z &f_E MHz
AS								
		SN54AS621FH	Tix	cc	116		8,5 28,5	Q = L
SN74AS621FN			Tix	cc	116		7,5 24	Q = L
		SN54AS621J	Tix	20c	116		8,5 28,5	Q = L
SN74AS621N			Tix	20a	116		7,5 24	Q = L
LS								
SN74LS621J		SN54LS621J	Tix	20c	62	16 17	25 25	O = L
SN74LS621N			Tix	20a	62	16 17	25 25	O = L

74621 0…70°C § 0…75°C	Typ - Type - Tipo −40…85°C § −25…85°C	−55…125°C	Hersteller Production Fabricants Produttori Fabricantes	Bild Fig. Fig. Sec 3	I_S &I_R mA	t_{PD} E→Q ns_{typ} ↓ ↕ ↑	t_{PD} E→Q ns_{max} ↓ ↕ ↑	Bem./Note f_T §f_Z &f_E MHz
		SN54ALS621J	Tix	20c				
SN74ALS621N			Tix	20a				
		SN54ALS621AFH	Tix	cc	35		24 45	Q = L
SN74ALS621AFN			Tix	cc	35		20 33	Q = L
		SN54ALS621AJ	Tix	20c	35		24 45	Q = L
SN74ALS621AN			Tix	20a	35		20 33	Q = L

74622
Output: OC

8-Bit invertierender Bustreiber
8-bit inverting bus driver
Driver de bus inverseur 8 bits
8-bit eccitatore bus invertente
Excitador inversor de bus de 8 bits

Pinout: U_S(20), $\overline{BA}$(19), B0(18), B1(17), B2(16), B3(15), B4(14), B5(13), B6(12), B7(11), GND(10), A7(9), A6(8), A5(7), A4(6), A3(5), A2(4), A1(3), A0(2), AB(1)

AB	$\overline{BA}$	Function
L	L	$\overline{B} \rightarrow A$
L	H	A = B = open
H	L	$\overline{B} \rightarrow A$, $\overline{A} \rightarrow B$
H	H	$\overline{A} \rightarrow B$

74622	Typ - Type - Tipo		Hersteller Production Fabricants Produttori Fabricantes	Bild Flg. Fig. Sec 3	I_S &I_R mA	t_{PD} E→Q ns_{typ} ↓↕↑	t_{PD} E→Q ns_{max} ↓↕↑	Bem./Note f_T §f_Z &f_E MHz
0...70°C § 0...75°C	−40...85°C § −25...85°C	−55...125°C						
AS								
		SN54AS622FH	Tix	cc	63		8,5 28,5	Q=L
SN74AS622FN			Tix	cc	63		8 24,5	Q=L
		SN54AS622J	Tix	20c	63		8,5 28,5	Q=L
SN74AS622N			Tix	20a	63		8 24,5	Q=L
LS								
SN74LS622J		SN54LS622J	Tix	20c	62	14 19	25 25	0=L
SN74LS622N			Tix	20a	62	14 19	25 25	0=L
		SN54ALS622J	Tix	20c				
SN74ALS622N			Tix	20a				
		SN54ALS622AFH	Tix	cc	20		23 42	Q=L
SN74ALS622AFN			Tix	cc	20		19 35	Q=L
		SN54ALS622AJ	Tix	20c	20		23 42	Q=L
SN74ALS622AN			Tix	20a	20		19 35	Q=L

2-445

74623
Output: TS

8-Bit Bustreiber
8-bit bus driver
Driver de bus 8 bits
8-bit eccitatore bus
Excitador de bus de 8 bits

Pinout (20-pin DIP):
- Pin 20: U_S
- Pin 19: $\overline{BA}$
- Pin 18: B0
- Pin 17: B1
- Pin 16: B2
- Pin 15: B3
- Pin 14: B4
- Pin 13: B5
- Pin 12: B6
- Pin 11: B7
- Pin 10: GND
- Pin 9: A7
- Pin 8: A6
- Pin 7: A5
- Pin 6: A4
- Pin 5: A3
- Pin 4: A2
- Pin 3: A1
- Pin 2: A0
- Pin 1: AB

Function Table

AB	$\overline{BA}$	Function
L	L	B→A
L	H	A = B = Z
H	L	B→A, A→B
H	H	A→B

74623

74623	Typ - Type - Tipo		Hersteller Production Fabricants Produttori Fabricantes	Bild Fig. Fig. Sec 3	I_S &I_R mA	t_{PD} E→Q ns_{typ} ↓ ↕ ↑	t_{PD} E→Q ns_{max} ↓ ↕ ↑	Bem./Note f_T §f_Z &f_E MHz
0...70°C § 0...75°C	−40...85°C § −25...85°C	−55...125°C						
AS								
SN74AS623FN		SN54AS623FH	Tix	cc	116		9 10	Q=L
			Tix	cc	116		8 9	Q=L
SN74AS623N		SN54AS623J	Tix	20c	116		9 10	Q=L
			Tix	20a	116		8 9	Q=L
HC								
		SN54HC623FH	Tix	cc	<8u		18 18	
SN74HC623FH			Tix	cc	<8u		18 18	
		SN54HC623FK	Tix	cc	<8u		18 18	
SN74HC623FN			Tix	cc	<8u		18 18	
		SN54HC623J	Tix	20c	<8u		18 18	
SN74HC623J			Tix	20c	<8u		18 18	
SN74HC623N			Tix	20a	<8u		18 18	
LS								
SN74LS623J		SN54LS623J	Tix	20c	64	11 8	15 15	0=Z
SN74LS623N			Tix	20a	64	11 8	15 15	0=Z

74623

74623	Typ - Type - Tipo		Hersteller Production Fabricants Produttori Fabricantes	Bild Fig. Fig. Sec 3	I_S &I_R mA	t_{PD} E→Q ns_{typ} ↓ ↕ ↑	t_{PD} E→Q ns_{max} ↓ ↕ ↑	Bem./Note f_T §f_Z &f_E MHz
0...70°C § 0...75°C	−40...85°C § −25...85°C	−55...125°C						
SN74ALS623N		SN54ALS623J	Tix	20c	39			
			Tix	20a	39			
		SN54ALS623AFH	Tix	cc	39		13 15	Q=L
SN74ALS623AFN			Tix	cc	39		11 13	Q=L
		SN54ALS623AJ	Tix	20c	39		13 15	Q=L
SN74ALS623AN			Tix	20a	39		11 13	Q=L

74624
Output: TP

Spannungsgesteuerter Oszillator
Voltage controlled oscillator
Oscillateur commandé par tension
Oscillatore controllato dalla tensione
Oscilador controlado por tensión

74625
Output: TP

2 spannungsgesteuerte Oszillatoren
2 voltage controlled oscillators
2 oscillateurs commandés par tension
2 oscillatori controllati dalla tensione
2 osciladores controlados por tensión

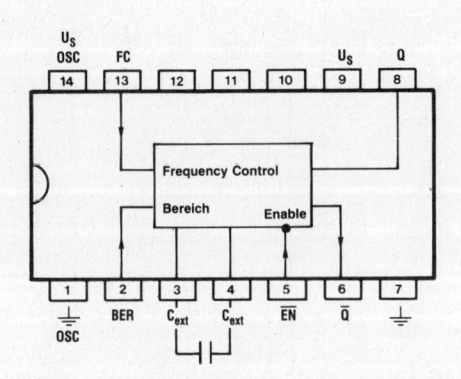

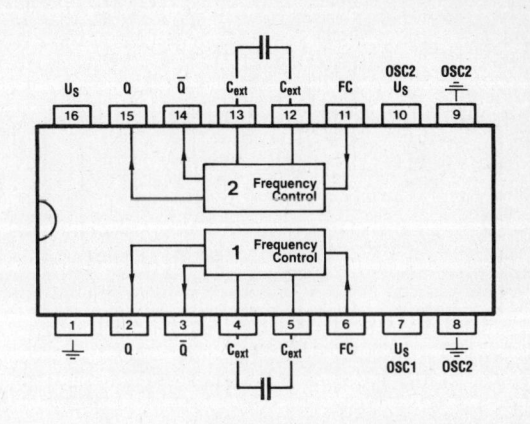

74624	Typ - Type - Tipo			Hersteller Production Fabricants Produttori Fabricantes	Bild Fig. Fig. Sec 3	I_S &I_R mA	t_{PD} E→Q ns_{typ} ↓ ↕ ↑	t_{PD} E→Q ns_{max} ↓ ↕ ↑	Bem./Note f_T §f_Z &f_E MHz
0...70°C § 0...75°C	−40...85°C § −25...85°C	−55...125°C							
SN74LS624J		SN54LS624J		Tix	14c	20			f.O = 15
SN74LS624N		SN54LS624W		Tix	14a	20			f.O = 15
				Tix	14n	20			f.O = 15

74625	Typ - Type - Tipo			Hersteller Production Fabricants Produttori Fabricantes	Bild Fig. Fig. Sec 3	I_S &I_R mA	t_{PD} E→Q ns_{typ} ↓ ↕ ↑	t_{PD} E→Q ns_{max} ↓ ↕ ↑	Bem./Note f_T §f_Z &f_E MHz
0...70°C § 0...75°C	−40...85°C § −25...85°C	−55...125°C							
SN74LS625J		SN54LS625J		Tix	16c	35			f.O = 7
SN74LS625N		SN54LS625W		Tix	16a	35			f.O = 7
				Tix	16n	35			f.O = 7

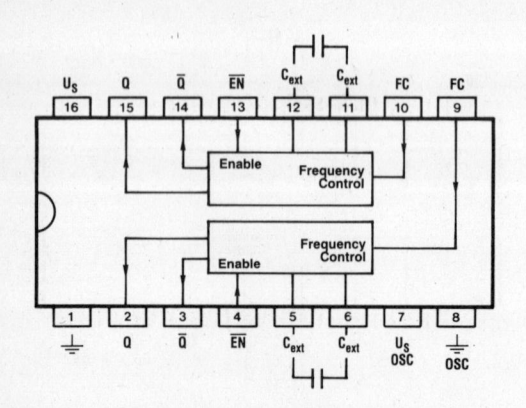

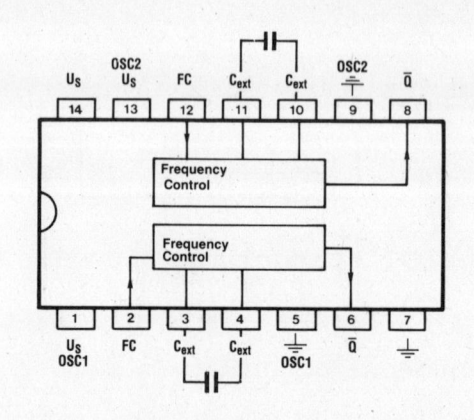

74626	2 spannungsgesteuerte Oszillatoren	74627	2 spannungsgesteuerte Oszillatoren
Output: TP	2 voltage controlled oscillators 2 oscillateurs commandés par tension 2 oscillatori controllati dalla tensione 2 osciladores controlados por tensión	Output: TP	2 voltage controlled oscillators 2 oscillateurs commandés par tension 2 oscillatori controllati dalla tensione 2 osciladores controlados por tensión

74626	Typ - Type - Tipo			Hersteller Production Fabricants Produttori Fabricantes	Bild Fig. Fig. Sec 3	I_S &I_R mA	t_{PD} $E \to Q$ ns_{typ} ↓ ↕ ↑	t_{PD} $E \to Q$ ns_{max} ↓ ↕ ↑	Bem./Note f_T §f_Z &f_E MHz
0...70°C § 0...75°C	−40...85°C § −25...85°C	−55...125°C							
SN74LS626J SN74LS626N				Tix Tix	16c 16a	35 35			f.O = 7 f.O = 7
		SN54LS626J SN54LS626W		Tix	16n	35			f.O = 7

74627	Typ - Type - Tipo			Hersteller Production Fabricants Produttori Fabricantes	Bild Fig. Fig. Sec 3	I_S &I_R mA	t_{PD} $E \to Q$ ns_{typ} ↓ ↕ ↑	t_{PD} $E \to Q$ ns_{max} ↓ ↕ ↑	Bem./Note f_T §f_Z &f_E MHz
0...70°C § 0...75°C	−40...85°C § −25...85°C	−55...125°C							
SN74LS627J SN74LS627N				Tix Tix	14c 14a	35 35			f.O = 7 f.O = 7
		SN54LS627J SN54LS627W		Tix	14n	35			f.O = 7

74628
Output: TP

Spannungsgesteuerter Oszillator
Voltage controlled oscillator s
Oscillateur commandé par tension
Oscillatore controllato dalla tensione
Oscilador controlado por tensión

Pinout (DIP-14):
- Pin 14: OSC U_S
- Pin 13: FC
- Pin 12: R_{ext}
- Pin 11: R_{ext}
- Pin 10: —
- Pin 9: U_S
- Pin 8: Q
- Pin 1: ⏚ OSC
- Pin 2: BER
- Pin 3: C_{ext}
- Pin 4: C_{ext}
- Pin 5: $\overline{EN}$
- Pin 6: $\overline{Q}$
- Pin 7: ⏚

Internal blocks: Frequency Control, Bereich, Enable

74628	Typ - Type - Tipo			Hersteller Production Fabricants Produttori Fabricantes	Bild Fig. Fig. Sec 3	I_S &I_R mA	t_{PD} E→Q ns_{typ} ↓ ↕ ↑	t_{PD} E→Q ns_{max} ↓ ↕ ↑	Bem./Note f_T §f_Z &f_E MHz
0...70°C § 0...75°C	−40...85°C § −25...85°C	−55...125°C							
N74LS628J N74LS628N		SN54LS628J SN54LS628W		Tix Tix Tix	14c 14a 14n	20 20 20			f.O = 15 f.O = 15 f.O = 15

74629
Output: TP

2 spannungsgesteuerte Oszillatoren
2 voltage controlled oscillators
2 oscillateurs commandés par tension
2 oscillatori controllati dalla tensione
2 osciladores controlados por tensión

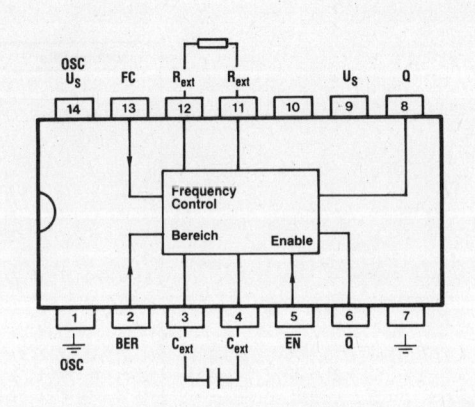

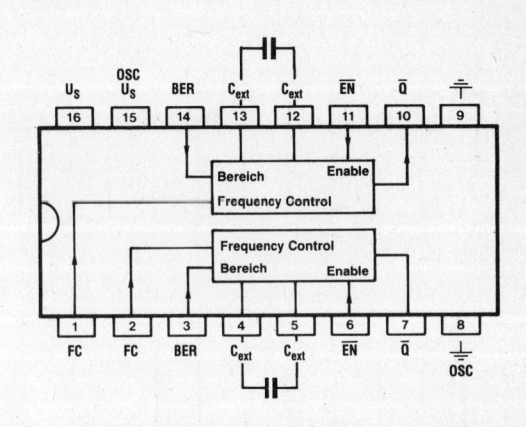

Pinout (DIP-16):
- Pin 16: U_S
- Pin 15: OSC U_S
- Pin 14: BER
- Pin 13: C_{ext}
- Pin 12: C_{ext}
- Pin 11: $\overline{EN}$
- Pin 10: $\overline{Q}$
- Pin 9: ⏚
- Pin 1: FC
- Pin 2: FC
- Pin 3: BER
- Pin 4: C_{ext}
- Pin 5: C_{ext}
- Pin 6: $\overline{EN}$
- Pin 7: $\overline{Q}$
- Pin 8: OSC

Internal blocks: Bereich, Frequency Control, Enable (x2)

74629	Typ - Type - Tipo			Hersteller Production Fabricants Produttori Fabricantes	Bild Fig. Fig. Sec 3	I_S &I_R mA	t_{PD} E→Q ns_{typ} ↓ ↕ ↑	t_{PD} E→Q ns_{max} ↓ ↕ ↑	Bem./Note f_T §f_Z &f_E MHz
0...70°C § 0...75°C	−40...85°C § −25...85°C	−55...125°C							
SN74LS629J SN74LS629N		SN54LS629J SN54LS629W		Tix Tix Tix	16c 16a 16n	35 35 35			f.O = 15 f.O = 15 f.O = 15

74630
Output: TS

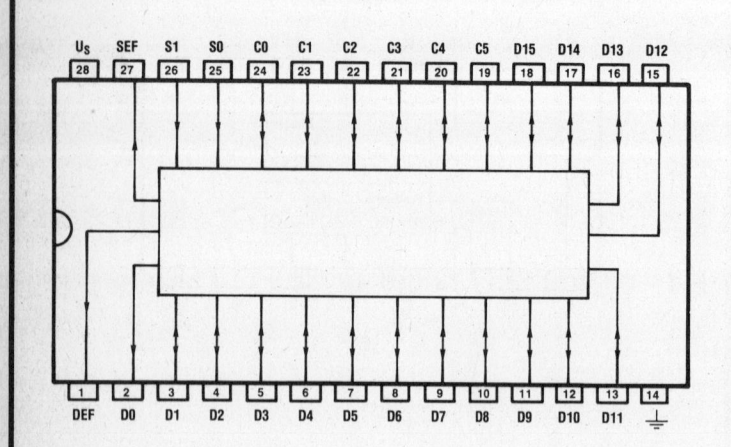

16-Bit EDAC (Fehlererkennung und -behebung)
16-bit EDAC (error detection and correction)
EDAC 16 bits (détection et correction d'erreurs)
16-bit EDAC (riconoscimento e correzione errori)
EDAC (detección y corrección de errores) de 16 bits

Pinout (28-pin):
- 28: U_S
- 27: SEF
- 26: S1
- 25: S0
- 24: C0
- 23: C1
- 22: C2
- 21: C3
- 20: C4
- 19: C5
- 18: D15
- 17: D14
- 16: D13
- 15: D12
- 14: GND
- 13: D11
- 12: D10
- 11: D9
- 10: D8
- 9: D7
- 8: D6
- 7: D5
- 6: D4
- 5: D3
- 4: D2
- 3: D1
- 2: D0
- 1: DEF

Number of Errors		Flag Outputs		Function
Data	Check Word	SEF	DEF	
0	0	L	L	Okay
1	0	H	L	Correction
0	1	H	L	Correction
1	1	H	H	Interrupt
2	0	H	H	Interrupt
0	2	H	H	Interrupt

Syndrome Bits						Error Location
C0	C1	C2	C3	C4	C5	
L	L	H	L	H	H	D0
L	H	L	L	H	H	D1
H	L	L	L	H	H	D2
L	L	H	H	L	H	D3
L	H	L	H	L	H	D4
H	L	L	H	L	H	D5
L	H	H	L	L	H	D6
H	L	H	L	L	H	D7
L	L	H	H	H	L	D8
L	H	L	H	H	L	D9
L	H	H	H	H	L	D10
H	L	H	H	L	L	D11
H	H	L	L	H	L	D12
L	H	H	H	L	L	D13
H	L	H	H	L	L	D14
H	H	L	H	L	L	D15
L	H	H	H	H	H	C0
H	L	H	H	H	H	C1
H	H	L	H	H	H	C2
H	H	H	L	H	H	C3
H	H	H	H	L	H	C4
H	H	H	H	H	L	C5
H	H	H	H	H	H	non

S1	S0	Cycle	EDAC Function	D0…D15	C0…C5	SEF	DEF
L	L	Write	Generate Check Word	Input Data	Output Check Word	L	L
L	H	Read	Read Data + Check Word	Input Data	Input Check Word	L	L
H	H	Read	Latch + Flag Errors	Latch Data	Latch Check Word	enabled	enabled
H	L	Read	Correct	Corrected Out	Syndrome Bits Out	enabled	enabled

74630	Typ - Type - Tipo		Hersteller Production Fabricants Produttori Fabricantes	Bild Fig. Flg. Sec	I_S & I_R	t_{PD} E→Q ns_{typ}	t_{PD} E→Q ns_{max}	Bem./Note f_T §f_Z & f_E
0…70°C § 0…75°C	−40…85°C § −25…85°C	−55…125°C		3	mA	↓ ↕ ↑	↓ ↕ ↑	MHz
SN74LS630J SN74LS630N		SN54LS630J	Tix Tix	28e 28h	143 143	45 31 45 31	65 45 65 45	

74631
Output: OC

16-Bit EDAC (Fehlererkennung und -behebung)
16-bit EDAC (error detection and correction)
EDAC 16 bits (détection et correction d'erreurs)
16-bit EDAC (riconoscimento e correzione errori)
EDAC (detección y corrección de errores) de 16 bits

74631
Output: OC

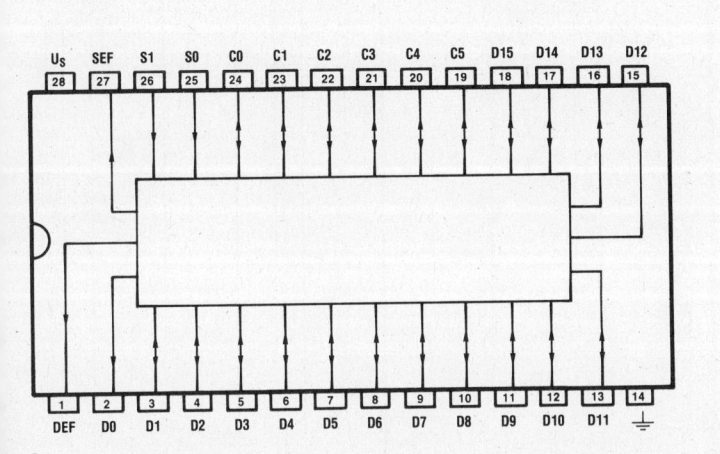

Pinout (28-pin DIP):
- Pin 28: U_S
- Pin 27: SEF
- Pin 26: S1
- Pin 25: S0
- Pin 24: C0
- Pin 23: C1
- Pin 22: C2
- Pin 21: C3
- Pin 20: C4
- Pin 19: C5
- Pin 18: D15
- Pin 17: D14
- Pin 16: D13
- Pin 15: D12
- Pin 14: GND
- Pin 13: D11
- Pin 12: D10
- Pin 11: D9
- Pin 10: D8
- Pin 9: D7
- Pin 8: D6
- Pin 7: D5
- Pin 6: D4
- Pin 5: D3
- Pin 4: D2
- Pin 3: D1
- Pin 2: D0
- Pin 1: DEF

Number of Errors		Flag Outputs		Function
Data	Check Word	SEF	DEF	
0	0	L	L	Okay
1	0	H	L	Correction
0	1	H	L	Correction
1	1	H	H	Interrupt
2	0	H	H	Interrupt
0	2	H	H	Interrupt

Syndrome Bits						Error Location
C0	C1	C2	C3	C4	C5	
L	L	H	L	H	H	D0
L	H	L	L	H	H	D1
H	L	L	L	H	H	D2
L	L	H	H	L	H	D3
L	H	L	H	L	H	D4
H	L	L	H	L	H	D5
H	H	L	L	L	H	D6
H	H	L	L	L	H	D7
L	L	H	H	H	L	D8
L	H	L	H	H	L	D9
H	L	L	H	H	L	D10
L	H	H	L	H	L	D11
H	L	H	L	H	L	D12
L	H	H	H	L	L	D13
H	L	H	H	L	L	D14
H	H	L	H	L	L	D15
L	H	H	H	H	H	C0
H	L	H	H	H	H	C1
H	H	L	H	H	H	C2
H	H	H	L	H	H	C3
H	H	H	H	L	H	C4
H	H	H	H	H	L	C5
H	H	H	H	H	H	non

S1	S0	Cycle	EDAC Function	D0...D15	C0...C5	SEF	DEF
L	L	Write	Generate Check Word	Input Data	Output Check Word	L	L
L	H	Read	Read Data + Check Word	Input Data	Input Check Word	L	L
H	L	Read	Latch + Flag Errors	Latch Data	Latch Check Word	enabled	enabled
H	H	Read	Correct	Corrected Out	Syndrome Bits Out	enabled	enabled

74631		Typ - Type - Tipo		Hersteller Production Fabricants Produttori Fabricantes	Bild Fig. Flg. Sec 3	I_S &I_R mA	t_{PD} E→Q ns_{typ}		t_{PD} E→Q ns_{max}		Bem./Note f_T §f_Z &f_E MHz
0...70°C		−40...85°C					↓↑	↑	↓↑	↑	
§ 0...75°C		§ −25...85°C									
SN74LS631J		SN54LS631J		Tix	28e	113	45	38	65	55	
SN74LS631N				Tix	28h	113	45	38	65	55	

74632
Output: TP

32-Bit EDAC (Fehlererkennung und -korrektur)
32-bit EDAC (error detection and correction)
EDAC 32 bits (détection et correction d'erreurs)
32-bit EDAC (riconoscimento e correzione errori)
EDAC (detección y corrección de errores) de 32 bits

Pinout (74632)

Pin	Signal	Pin	Signal
1	LEDBO	52	U_S
2	MERR	51	S1
3	ERR	50	S0
4	D0	49	D31
5	D1	48	D30
6	D2	47	D29
7	D3	46	D28
8	D4	45	D27
9	D5	44	D26
10	OEB0	43	OEB3
11	D6	42	D25
12	D7	41	D24
13	⏚	40	⏚
14	D8	39	D23
15	D9	38	D22
16	OEB1	37	OEB2
17	D10	36	D21
18	D11	35	D20
19	D12	34	D19
20	D13	33	D18
21	D14	32	D17
22	D15	31	D16
23	CS0	30	CS6
24	CS1	29	CS5
25	CS2	28	CS4
26	OECS	27	CS3

Eine Beschreibung der Funktionen sprengt den Rahmen dieser Daten- und Vergleichstabelle. Siehe »Bipolar Microcomputer Components Data Book« von Texas Instruments.

A description of the functional characteristics would go beyond the scope of this data and comparison table. See "Bipolar Microcomputer Components Data Book" by Texas Instruments.

Une description des fonctions déborde le cadre de ce tableau de données et de comparaison. Voir à ce sujet «Bipolar Microcomputer Components Data Book» de Texas Instruments.

Una descrizione delle funzioni esulerebbe dal campo di questa tabella di dati e di comparazione. Vedasi „Bipolar Microcomputer Components Data Book" della Texas Instruments.

Una descripción detallada de las funciones de este procesador se saldría de los límites de la presente tabla comparativa y de datos. Véase para ello «Bipolar Microcomputer Components Data Book» de Texas Instruments.

74632	Typ - Type - Tipo		Hersteller Production Fabricants Produttori Fabricantes	Bild Flg. Flg. Sec	I_S &I_R	t_{PD} $E{\rightarrow}Q$ ns_{typ}	t_{PD} $E{\rightarrow}Q$ ns_{max}	Bem./Note f_T §f_Z &f_E
0...70°C § 0...75°C	−40...85°C § −25...85°C	−55...125°C		3	mA	↓ ↓ ↑	↓ ↓ ↑	MHz
SN74ALS632JD		SN54ALS632JD	Tix	52f	150		25 25	

74633
Output: OC

32-Bit EDAC (Fehlererkennung und -korrektur)
32-bit EDAC (error detection and correction)
EDAC 32 bits (détection et correction d'erreurs)
32-bit EDAC (riconoscimento e correzione errori)
EDAC (detección y corrección de errores) de 32 bits

Pinout (52-pin):
- 1 LEDBO — 52 U_S
- 2 MERR — 51 S1
- 3 ERR — 50 S0
- 4 D0 — 49 D31
- 5 D1 — 48 D30
- 6 D2 — 47 D29
- 7 D3 — 46 D28
- 8 D4 — 45 D27
- 9 D5 — 44 D26
- 10 OEB0 — 43 OEB3
- 11 D6 — 42 D25
- 12 D7 — 41 D24
- 13 ⏚ — 40 ⏚
- 14 D8 — 39 D23
- 15 D9 — 38 D22
- 16 OEB1 — 37 OEB2
- 17 D10 — 36 D21
- 18 D11 — 35 D20
- 19 D12 — 34 D19
- 20 D13 — 33 D18
- 21 D14 — 32 D17
- 22 D15 — 31 D16
- 23 CS0 — 30 CS6
- 24 CS1 — 29 CS5
- 25 CS2 — 28 CS4
- 26 OECS — 27 CS3

74633	Typ - Type - Tipo		Hersteller Production Fabricants Produttori Fabricantes	Bild Fig. Fig. Sec 3	I_S &I_R mA	t_{PD} E→Q ns$_{typ}$ ↓↕↑	t_{PD} E→Q ns$_{max}$ ↓↕↑	Bem./Note f_T §f_Z &f_E MHz
0...70°C § 0...75°C	−40...85°C § −25...85°C	−55...125°C						
SN74ALS633JD		SN54ALS633JD	Tix	52f	150	24	24	

Eine Beschreibung der Funktionen sprengt den Rahmen dieser Daten- und Vergleichstabelle. Siehe »Bipolar Microcomputer Components Data Book« von Texas Instruments.

A description of the functional characteristics would go beyond the scope of this data and comparison table. See "Bipolar Microcomputer Components Data Book" by Texas Instruments.

Une description des fonctions déborde le cadre de ce tableau de données et de comparaison. Voir à ce sujet «Bipolar Microcomputer Components Data Book» de Texas Instruments.

Una descrizione delle funzioni esulerebbe dal campo di questa tabella di dati e di comparazione. Vedasi „Bipolar Microcomputer Components Data Book" della Texas Instruments.

Una descripción detallada de las funciones de este procesador se saldría de los límites de la presente tabla comparativa y de datos. Véase para ello «Bipolar Microcomputer Components Data Book» de Texas Instruments.

74634
Output: OC

32-Bit EDAC (Fehlererkennung und -korrektur)
32-bit EDAC (error detection and correction)
EDAC 32 bits (détection et correction d'erreurs)
32-bit EDAC (riconoscimento e correzione errori)
EDAC (detección y corrección de errores) de 32 bits

74634	Typ - Type - Tipo		Hersteller Production Fabricants Produttori Fabricantes	Bild Fig. Fig. Fig. Sec 3	I_S & I_R mA	t_{PD} E→Q ns_{typ} ↓↑↑	t_{PD} E→Q ns_{max} ↓↑↑	Bem./Note f_T §f_Z & f_E MHz
0...70°C § 0...75°C	−40...85°C § −25...85°C	−55...125°C						
SN74ALS634JD		SN54ALS634JD	Tix	48f	150	18	18	

Pinout (48-pin):
- 1 MERR — 48 U_S
- 2 ERR — 47 S1
- 3 D0 — 46 S0
- 4 D1 — 45 D31
- 5 D2 — 44 D30
- 6 D3 — 43 D29
- 7 D4 — 42 D28
- 8 D5 — 41 D27
- 9 OEDB — 40 D26
- 10 D6 — 39 D25
- 11 D7 — 38 D24
- 12 — 37
- 13 D8 — 36 D23
- 14 D9 — 35 D22
- 15 D10 — 34 D21
- 16 D11 — 33 D20
- 17 D12 — 32 D19
- 18 D13 — 31 D18
- 19 D14 — 30 D17
- 20 D15 — 29 D16
- 21 CS6 — 28 CS0
- 22 CS5 — 27 CS1
- 23 CS4 — 26 CS2
- 24 OECS — 25 CS3

Eine Beschreibung der Funktionen sprengt den Rahmen dieser Daten- und Vergleichstabelle. Siehe »Bipolar Microcomputer Components Data Book« von Texas Instruments.

A description of the functional characteristics would go beyond the scope of this data and comparison table. See "Bipolar Microcomputer Components Data Book" by Texas Instruments.

Une description des fonctions déborde le cadre de ce tableau de données et de comparaison. Voir à ce sujet «Bipolar Microcomputer Components Data Book» de Texas Instruments.

Una descrizione delle funzioni esulerebbe dal campo di questa tabella di dati e di comparazione. Vedasi „Bipolar Microcomputer Components Data Book" della Texas Instruments.

Una descripción detallada de las funciones de este procesador se saldría de los limites de la presente tabla comparativa y de datos. Véase para ello «Bipolar Microcomputer Components Data Book» de Texas Instruments.

74635
Output: OC

32-Bit EDAC (Fehlererkennung und -korrektur)
32-bit EDAC (error detection and correction)
EDAC 32 bits (détection et correction d'erreurs)
32-bit EDAC (riconoscimento e correzione errori)
EDAC (detección y corrección de errores) de 32 bits

Pinout (48-pin):
- 1 MERR
- 2 ERR
- 3 D0
- 4 D1
- 5 D2
- 6 D3
- 7 D4
- 8 D5
- 9 OEDB
- 10 D6
- 11 D7
- 12 ⏚
- 13 D8
- 14 D9
- 15 D10
- 16 D11
- 17 D12
- 18 D13
- 19 D14
- 20 D15
- 21 CS6
- 22 CS5
- 23 CS4
- 24 OECS
- 25 CS3
- 26 CS2
- 27 CS1
- 28 CS0
- 29 D16
- 30 D17
- 31 D18
- 32 D19
- 33 D20
- 34 D21
- 35 D22
- 36 D23
- 37 ⏚
- 38 D24
- 39 D25
- 40 D26
- 41 D27
- 42 D28
- 43 D29
- 44 D30
- 45 D31
- 46 S0
- 47 S1
- 48 U_S

74635	Typ - Type - Tipo		Hersteller Production Fabricants Produttori Fabricantes	Bild Fig. Fig. Sec 3	I_S &I_R mA	t_{PD} E→Q ns$_{typ}$ ↓ ↕ ↑	t_{PD} E→Q ns$_{max}$ ↓ ↕ ↑	Bem./Note f_T §f_Z &f_E MHz
0...70°C § 0...75°C	−40...85°C § −25...85°C	−55...125°C						
SN74ALS635JD		SN54ALS635JD	TIx	48f	150	24	24	

Eine Beschreibung der Funktionen sprengt den Rahmen dieser Daten- und Vergleichstabelle. Siehe »Bipolar Microcomputer Components Data Book« von Texas Instruments.

A description of the functional characteristics would go beyond the scope of this data and comparison table. See "Bipolar Microcomputer Components Data Book" by Texas Instruments.

Une description des fonctions déborde le cadre de ce tableau de données et de comparaison. Voir à ce sujet «Bipolar Microcomputer Components Data Book» de Texas Instruments.

Una descrizione delle funzioni esulerebbe dal campo di questa tabella di dati e di comparazione. Vedasi „Bipolar Microcomputer Components Data Book" della Texas Instruments.

Una descripción detallada de las funciones de este procesador se saldría de los límites de la presente tabla comparativa y de datos. Véase para ello «Bipolar Microcomputer Components Data Book» de Texas Instruments.

74636
Output: TP

8-Bit EDAC (Fehlererkennung und -korrektur)
8-bit EDAC (error detection and correction)
EDAC 8 bits (détection et correction d'erreurs)
8-bit EDAC (riconoscimento e correzione errori)
EDAC (detección y correctión de errores) de 8 bits

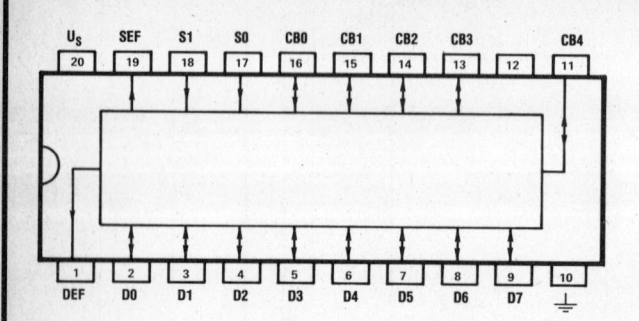

Pinout (20-pin DIP):
- Pin 20: U_S
- Pin 19: SEF
- Pin 18: S1
- Pin 17: S0
- Pin 16: CB0
- Pin 15: CB1
- Pin 14: CB2
- Pin 13: CB3
- Pin 12: CB4
- Pin 11: (—)
- Pin 1: DEF
- Pin 2: D0
- Pin 3: D1
- Pin 4: D2
- Pin 5: D3
- Pin 6: D4
- Pin 7: D5
- Pin 8: D6
- Pin 9: D7
- Pin 10: GND

Eine Beschreibung der Funktionen sprengt den Rahmen dieser Daten- und Vergleichstabelle. Siehe »Bipolar Microcomputer Components Data Book« von Texas Instruments.

A description of the functional characteristics would go beyond the scope of this data and comparison table. See "Bipolar Microcomputer Components Data Book" by Texas Instruments.

Une description des fonctions déborde le cadre de ce tableau de données et de comparaison. Voir à ce sujet «Bipolar Microcomputer Components Data Book» de Texas Instruments.

Una descrizione delle funzioni esulerebbe dal campo di questa tabella di dati e di comparazione. Vedasi „Bipolar Microcomputer Components Data Book" della Texas Instruments.

Una descripción detallada de las funciones de este procesador se saldría de los límites de la presente tabla comparativa y de datos. Véase para ello «Bipolar Microcomputer Components Data Book» de Texas Instruments.

74636	Typ - Type - Tipo		Hersteller Production Fabricants Produttori Fabricantes	Bild Fig. Fig. Sec	I_S &I_R	t_{PD} E→Q ns_{typ}		t_{PD} E→Q ns_{max}		Bem./Note f_T §f_Z &f_E
0...70°C § 0...75°C	−40...85°C § −25...85°C	−55...125°C		3	mA	↓ ↑	↑	↓ ↑	↑	MHz
SN74LS636J SN74LS636N		SN54LS636J	Tix Tix	20c 20a	100 100	45 45	31 31	65 65	45 45	

74637
Output: OC

8-Bit EDAC (Fehlererkennung und -korrektur)
8-bit EDAC (error detection and correction)
EDAC 8 bits (détection et correction d'erreurs)
8-bit EDAC (riconoscimento e correzione errori)
EDAC (detección y correctión de errores) de 8 bits

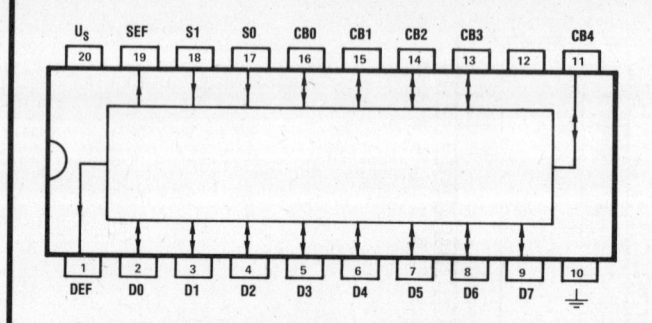

Pinout (20-pin DIP):
- Pin 20: U_S
- Pin 19: SEF
- Pin 18: S1
- Pin 17: S0
- Pin 16: CB0
- Pin 15: CB1
- Pin 14: CB2
- Pin 13: CB3
- Pin 12: CB4
- Pin 11: (—)
- Pin 1: DEF
- Pin 2: D0
- Pin 3: D1
- Pin 4: D2
- Pin 5: D3
- Pin 6: D4
- Pin 7: D5
- Pin 8: D6
- Pin 9: D7
- Pin 10: GND

Eine Beschreibung der Funktionen sprengt den Rahmen dieser Daten- und Vergleichstabelle. Siehe »Bipolar Microcomputer Components Data Book« von Texas Instruments.

A description of the functional characteristics would go beyond the scope of this data and comparison table. See "Bipolar Microcomputer Components Data Book" by Texas Instruments.

Une description des fonctions déborde le cadre de ce tableau de données et de comparaison. Voir à ce sujet «Bipolar Microcomputer Components Data Book» de Texas Instruments.

Una descrizione delle funzioni esulerebbe dal campo di questa tabella di dati e di comparazione. Vedasi „Bipolar Microcomputer Components Data Book" della Texas Instruments.

Una descripción detallada de las funciones de este procesador se saldría de los límites de la presente tabla comparativa y de datos. Véase para ello «Bipolar Microcomputer Components Data Book» de Texas Instruments.

74637	Typ - Type - Tipo		Hersteller Production Fabricants Produttori Fabricantes	Bild Fig. Fig. Sec	I_S &I_R	t_{PD} E→Q ns_{typ}		t_{PD} E→Q ns_{max}		Bem./Note f_T §f_Z &f_E
0...70°C § 0...75°C	−40...85°C § −25...85°C	−55...125°C		3	mA	↓ ↑	↑	↓ ↑	↑	MHz
SN74LS637J SN74LS637N		SN54LS637J	Tix Tix	20c 20a	90 90	45 45	38 38	65 65	55 55	

74638
Output: OC/TS

8-Bit bi-direktionaler invertierender Bustreiber
8-bit bi-directional inverting bus driver
Driver de bus inverseur bi-directionnel 8 bits
8-bit eccitatore bus bidirezionale invertente
Excitador inversor de bus bidireccional de 8 bits

Pinout (20-pin DIP):
- Pin 20: U_S
- Pin 19: $\overline{EN}$
- Pins 18–11: Bus B: Tri-State-Ausgänge (18, 17, 16, 15, 14, 13, 12, 11)
- Pin 1: DIR
- Pins 2–9: Bus A: off.-Koll.-Ausgänge
- Pin 10: GND

$\overline{EN}$	DIR	Function
L	L	$\overline{B} \rightarrow A$
L	H	$\overline{A} \rightarrow B$
H	X	A = open, B = Z

74638	Typ - Type - Tipo		Hersteller Production Fabricants Produttori Fabricantes	Bild Fig. Fig. Sec 3	I_S &I_R mA	t_{PD} E→Q ns_{typ} ↓ ↕ ↑	t_{PD} E→Q ns_{max} ↓ ↕ ↑	Bem./Note f_T §f_Z &f_E MHz
0...70°C § 0...75°C	–40...85°C § –25...85°C	–55...125°C						
AS								
		SN54AS638FH	Tix	cc	75		7,5 8	Q = L
SN74AS638FN			Tix	cc	75		6,5 7	Q = L
		SN54AS638J	Tix	20c	75		7,5 8	Q = L
SN74AS638N			Tix	20a	75		6,5 7	Q = L
F								
MC74F638J		MC54F638J	Mot	20c				
MC74F638N			Mot	20a				
MC74F638W		MC54F638W	Mot	20n				
LS								
SN74LS638J		SN54LS638J	Tix	20c	64	8 6	15 10	
SN74LS638N			Tix	20a	64	8 6	15 10	

74638	Typ - Type - Tipo		Hersteller Production Fabricants Produttori Fabricantes	Bild Fig. Fig. Sec 3	I_S &I_R mA	t_{PD} E→Q ns_{typ} ↓ ↕ ↑	t_{PD} E→Q ns_{max} ↓ ↕ ↑	Bem./Note f_T §f_Z &f_E MHz
0...70°C § 0...75°C	–40...85°C § –25...85°C	–55...125°C						
MC74ALS638J		MC54ALS638J	Mot	20c				
MC74ALS638N			Mot	20a				
MC74ALS638W		MC54ALS638W	Mot	20n				
		SN54ALS638J	Tix	20c				
SN74ALS638N			Tix	20a				
		SN54ALS638AFH	Tix	cc	25		15 15	Q = L
SN74ALS638AFN			Tix	cc	26		12 12	Q = L
		SN54ALS638AJ	Tix	20c	25		15 15	Q = L
SN74ALS638AN			Tix	20a	26		12 12	Q = L

74639
Outpt: OC/TS

8-Bit bi-direktionaler invertierender Bustreiber
8-bit bi-directional inverting bus driver
Driver de bus inverseur bi-directionnel 8 bits
8-bit eccitatore bus bidirezionale invertente
Excitador inversor de bus bidireccional de 8 bits

Pin diagram (DIP-20): U_S (20), $\overline{EN}$ (19), Bus B: Tri-State-Ausgänge (pins 18–11), DIR (1), Bus A: off.-Koll.-Ausgänge (pins 2–9), GND (10).

$\overline{EN}$	DIR	Function
L	L	B→A
L	H	A→B
H	X	A = open, B = Z

74639			Hersteller Production Fabricants Produttori Fabricantes	Bild Fig. Fig. Sec	I_S &I_R	t_{PD} E→Q ns$_{typ}$			t_{PD} E→Q ns$_{max}$			Bem./Note f_T §f_Z &f_E
0...70°C § 0...75°C	−40...85°C § −25...85°C	−55...125°C		3	mA	↓	↑	↑	↓	↑	↑	MHz
AS												
SN74AS639FN		SN54AS639FH	Tix		cc				10,5		11	Q = L
			Tix		cc				9		9,5	Q = L
SN74AS639N		SN54AS639J	Tix		20c	95			10,5		11	Q = L
			Tix		20a	95			9		9,5	Q = L
F												
MC74F639J		MC54F639J	Mot		20c							
MC74F639N			Mot		20a							
MC74F639W		MC54F639W	Mot		20n							
LS												
SN74LS639J		SN54LS639J	Tix		20c	64	11	8	15		15	
SN74LS639N			Tix		20a	64	11	8	15		15	

74639			Hersteller Production Fabricants Produttori Fabricantes	Bild Fig. Fig. Sec	I_S &I_R	t_{PD} E→Q ns$_{typ}$			t_{PD} E→Q ns$_{max}$			Bem./Note f_T §f_Z &f_E
0...70°C § 0...75°C	−40...85°C § −25...85°C	−55...125°C		3	mA	↓	↑	↑	↓	↑	↑	MHz
MC74ALS639J		MC54ALS639J	Mot		20c							
MC74ALS639N			Mot		20a							
MC74ALS639W		MC54ALS639W	Mot		20n							
		SN54ALS639J	Tix		20c							
SN74ALS639N			Tix		20a							
SN74ALS639AFN		SN54ALS639AFH	Tix		cc	30			15		15	Q = L
			Tix		cc	30	12		12			Q = L
		SN54ALS639AJ	Tix		20c	30	15		15			Q = L
SN74ALS639AN			Tix		20a	30	12		12			Q = L

74640
Output: TS

8-Bit bi-direktionaler invertierender Bustreiber
8-bit bi-directional inverting bus driver
Driver de bus inverseur bi-directionnel 8 bits
8-bit eccitatore bus bidirezionale invertente
Excitador inversor de bus bidireccional de 8 bits

Pinout (top view): Us=20, EN=19, B=18,17,16,15,14,13,12,11, GND=10, A=9,8,7,6,5,4,3,2, DIR=1

EN	DIR	Function
L	L	$\overline{B} \to A$
L	H	$\overline{A} \to B$
H	X	$A = Z, B = Z$

74640			Typ - Type - Tipo		Hersteller Production Fabricants Produttori Fabricantes	Bild Fig. Fig. Sec 3	I_S &I_R mA	t_{PD} E→Q ns_{typ} ↓ ↕ ↑	t_{PD} E→Q ns_{max} ↓ ↕ ↑	Bem./Note f_T §f_Z &f_E MHz
0...70°C § 0...75°C	−40...85°C § −25...85°C	−55...125°C								
AS										
DM74AS640J				DM54AS640J	Nsc	20c				
DM74AS640N					Nsc	20a				
			SN74AS640FH		Tix	cc	78		7 8	Q = L
SN74AS640FN					Tix	cc	78		6 7	Q = L
				SN54AS640J	Tix	20c	78		7 8	Q = L
SN74AS640N					Tix	20a	78		6 7	Q = L
F										
MC74F640J				MC54F640J	Mot	20c				
MC74F640N					Mot	20a				
MC74F640W				MC54F640W	Mot	20n				
HC										
§CD74HC640E					Rca	20a		10 10		
				CD54HC640F	Rca	20c		10 10		
MC74HC640J				MC54HC640J	Mot	20c				
MC74HC640N					Mot	20a				
			MM74HC640J	MM54HC640J	Nsc	20c	<8u	14 14	18 18	
			MM74HC640N		Nsc	20a	<8u	14 14	18 18	
				SN54HC640FH	Tix	cc	<8u		18 18	
SN74HC640FH					Tix	cc	<8u		18 18	
				SN54HC640FK	Tix	cc	<8u		18 18	
SN74HC640FN					Tix	cc	<8u		18 18	
				SN54HC640J	Tix	20c	<8u		18 18	
SN74HC640J					Tix	20c	<8u		18 18	
SN74HC640N					Tix	20a	<8u		18 18	
HCT										
§CD74HCT640E					Rca	20a		10 10		
				CD54HCT640F	Rca	20c		10 10		
MC74HCT640J				MC54HCT640J	Mot	20c				
MC74HCT640N					Mot	20a				
			MM74HCT640J	MM54HCT640J	Nsc	20c	<8u	17 17	23 23	
			MM74HCT640N		Nsc	20a	<8u	17 17	23 23	
LS										
HD74LS640					Hit	20a	<95		15 15	
M74LS640					Mit	20a	<95		15 15	
SN74LS640J				SN54LS640J	Tix	20c	64	8 6	15 10	
SN74LS640N					Tix	20a	64	8 6	15 10	

74640			Typ - Type - Tipo		Hersteller Production Fabricants Produttori Fabricantes	Bild Fig. Fig. Sec 3	I_S &I_R mA	t_{PD} E→Q ns_{typ} ↓ ↕ ↑	t_{PD} E→Q ns_{max} ↓ ↕ ↑	Bem./Note f_T §f_Z &f_E MHz
0...70°C § 0...75°C	−40...85°C § −25...85°C	−55...125°C								
DM74ALS640J				DM54ALS640J	Nsc	20c	<43	11 11		
DM74ALS640N					Nsc	20a	<43	11 11		
MC74ALS640J				MC54ALS640J	Mot	20c		11 11		
MC74ALS640N					Mot	20a				
MC74ALS640W				MC54ALS640W	Mot	20n				
				SN54ALS640J	Tix	20c				
SN74ALS640N					Tix	20a				
				SN54ALS640FH	Tix	cc	27	13 14		Q = L
SN74ALS640AFN					Tix	cc	27	10 11		Q = L
				SN54ALS640AJ	Tix	20c	27	13 14		Q = L
N74ALS640AN					Tix	20a	27	10 11		Q = L

2-459

74641
Output: OC

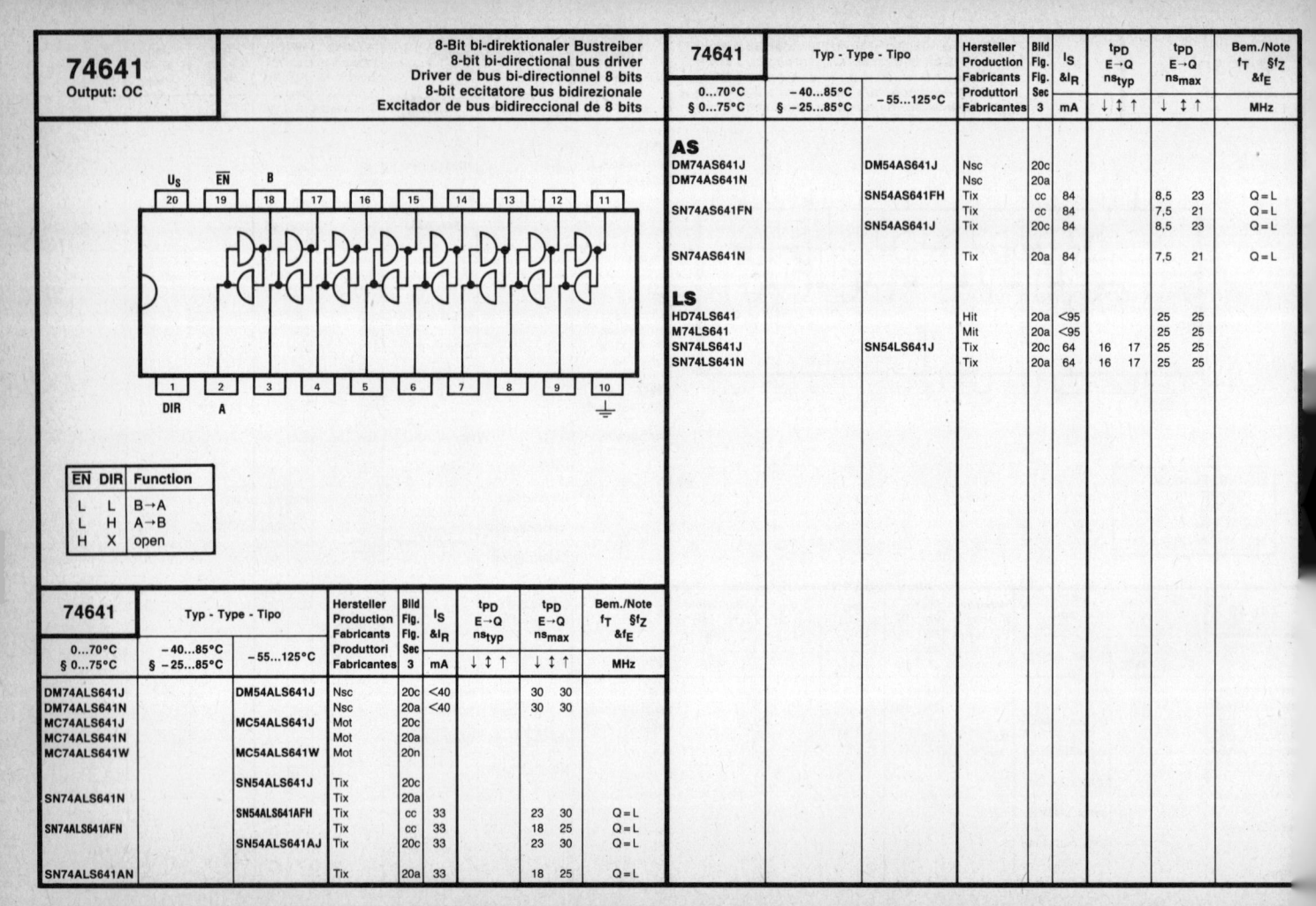

8-Bit bi-direktionaler Bustreiber
8-bit bi-directional bus driver
Driver de bus bi-directionnel 8 bits
8-bit eccitatore bus bidirezionale
Excitador de bus bidireccional de 8 bits

EN	DIR	Function
L	L	B→A
L	H	A→B
H	X	open

74641			Hersteller Production Fabricants Produttori Fabricantes	Bild Flg. Flg. Sec 3	I_S &I_R mA	t_{PD} E→Q ns_{typ} ↓ ↕ ↑	t_{PD} E→Q ns_{max} ↓ ↕ ↑	Bem./Note f_T §f_Z &f_E MHz
0...70°C § 0...75°C	−40...85°C § −25...85°C	−55...125°C						
AS								
DM74AS641J			Nsc	20c				
DM74AS641N			Nsc	20a				
		DM54AS641J	Tix	cc	84		8,5 23	Q=L
SN74AS641FN			Tix	cc	84		7,5 21	Q=L
		SN54AS641J	Tix	20c	84		8,5 23	Q=L
SN74AS641N			Tix	20a	84		7,5 21	Q=L
LS								
HD74LS641			Hit	20a	<95		25 25	
M74LS641			Mit	20a	<95		25 25	
SN74LS641J		SN54LS641J	Tix	20c	64	16 17	25 25	
SN74LS641N			Tix	20a	64	16 17	25 25	

74641			Hersteller Production Fabricants Produttori Fabricantes	Bild Flg. Flg. Sec 3	I_S &I_R mA	t_{PD} E→Q ns_{typ} ↓ ↕ ↑	t_{PD} E→Q ns_{max} ↓ ↕ ↑	Bem./Note f_T §f_Z &f_E MHz
0...70°C § 0...75°C	−40...85°C § −25...85°C	−55...125°C						
DM74ALS641J		DM54ALS641J	Nsc	20c	<40	30 30		
DM74ALS641N			Nsc	20a	<40	30 30		
MC74ALS641J		MC54ALS641J	Mot	20c				
MC74ALS641N			Mot	20a				
MC74ALS641W		MC54ALS641W	Mot	20n				
		SN54ALS641J	Tix	20c				
SN74ALS641N			Tix	20a				
		SN54ALS641AFH	Tix	cc	33	23 30		Q=L
SN74ALS641AFN			Tix	cc	33	18 25		Q=L
		SN54ALS641AJ	Tix	20c	33	23 30		Q=L
SN74ALS641AN			Tix	20a	33	18 25		Q=L

74642
Output: OC

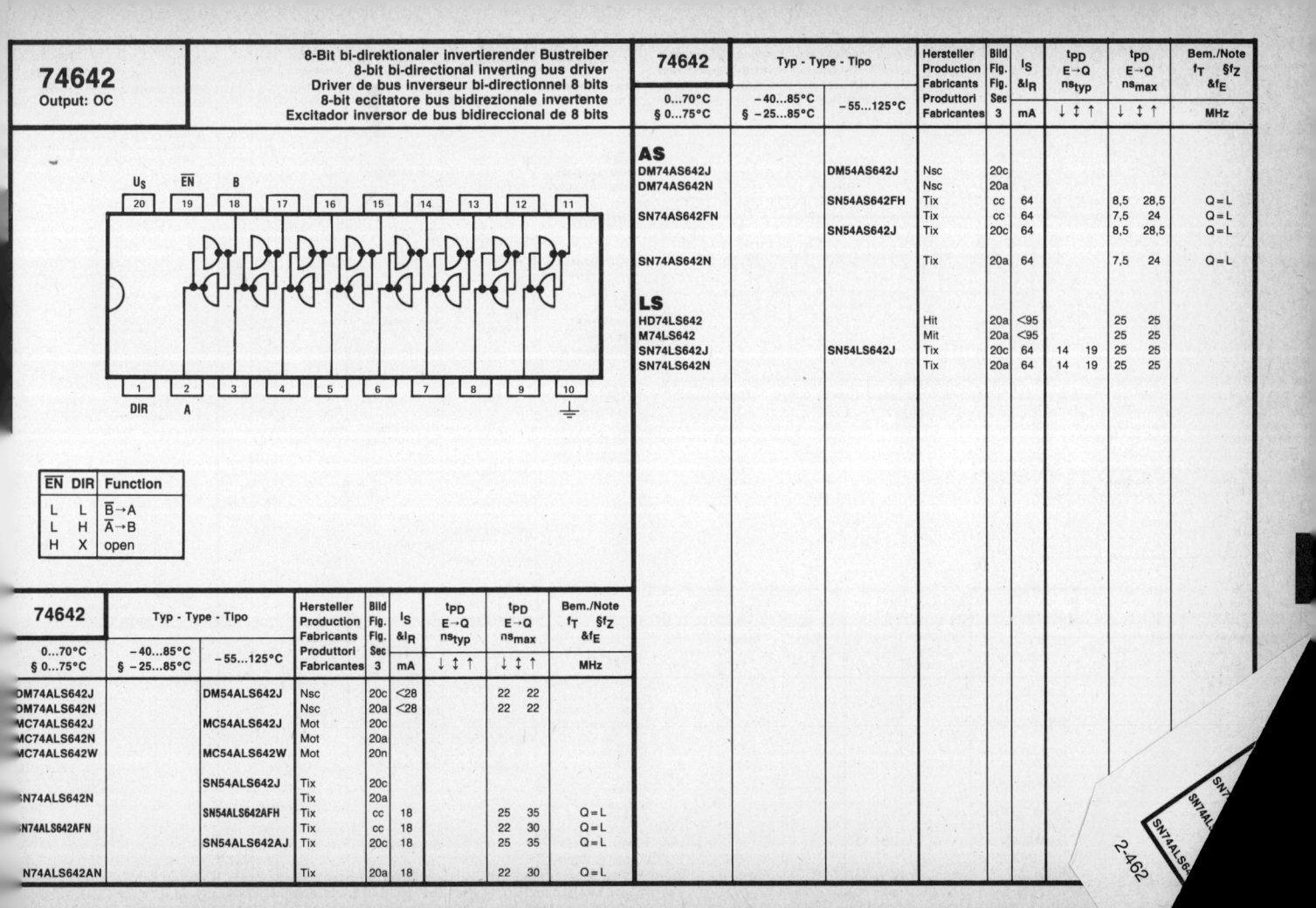

8-Bit bi-direktionaler invertierender Bustreiber
8-bit bi-directional inverting bus driver
Driver de bus inverseur bi-directionnel 8 bits
8-bit eccitatore bus bidirezionale invertente
Excitador inversor de bus bidireccional de 8 bits

Pinout: U_S (20), $\overline{EN}$ (19), B (18,17,16,15,14,13,12,11), DIR (1), A (2,3,4,5,6,7,8,9), GND (10)

$\overline{EN}$	DIR	Function
L	L	$\overline{B} \to A$
L	H	$\overline{A} \to B$
H	X	open

74642	Typ - Type - Tipo		Hersteller Production Fabricants Produttori Fabricantes	Bild Fig. Fig. Sec	I_S &I_R	t_{PD} E→Q ns$_{typ}$			t_{PD} E→Q ns$_{max}$			Bem./Note f_T §f_Z &f_E
0...70°C § 0...75°C	−40...85°C § −25...85°C	−55...125°C		3	mA	↓	↕	↑	↓	↕	↑	MHz
AS												
DM74AS642J			Nsc	20c								
DM74AS642N			Nsc	20a								
		SN54AS642FH	Tix	cc	64				8,5		28,5	Q = L
SN74AS642FN			Tix	cc	64				7,5		24	Q = L
		SN54AS642J	Tix	20c	64				8,5		28,5	Q = L
SN74AS642N			Tix	20a	64				7,5		24	Q = L
LS												
HD74LS642			Hit	20a	<95					25	25	
M74LS642			Mit	20a	<95					25	25	
SN74LS642J		SN54LS642J	Tix	20c	64		14	19		25	25	
SN74LS642N			Tix	20a	64		14	19		25	25	
DM74ALS642J			Nsc	20c	<28		22	22				
DM74ALS642N		DM54ALS642J	Nsc	20a	<28		22	22				
MC74ALS642J		MC54ALS642J	Mot	20c								
MC74ALS642N			Mot	20a								
MC74ALS642W		MC54ALS642W	Mot	20n								
		SN54ALS642J	Tix	20c								
SN74ALS642N			Tix	20a								
SN74ALS642AFN		SN54ALS642AFH	Tix	cc	18				25		35	Q = L
			Tix	cc	18				22		30	Q = L
		SN54ALS642AJ	Tix	20c	18				25		35	Q = L
SN74ALS642AN			Tix	20a	18				22		30	Q = L

74643
Output: TS

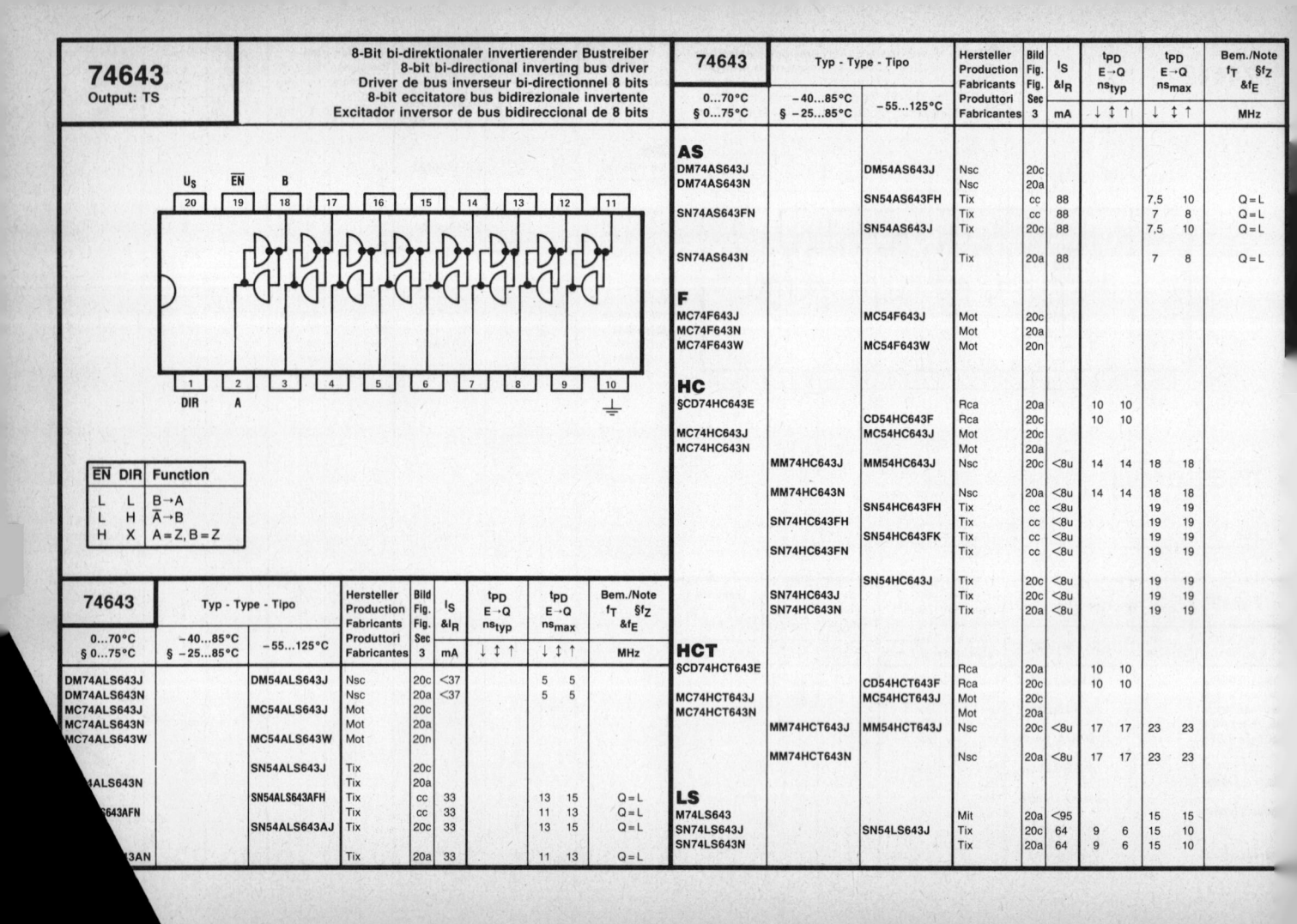

8-Bit bi-direktionaler invertierender Bustreiber
8-bit bi-directional inverting bus driver
Driver de bus inverseur bi-directionnel 8 bits
8-bit eccitatore bus bidirezionale invertente
Excitador inversor de bus bidireccional de 8 bits

Pinout (20-pin): U_S (20), $\overline{EN}$ (19), B (18,17,16,15,14,13,12,11), GND (10), A (9,8,7,6,5,4,3,2), DIR (1)

$\overline{EN}$	DIR	Function
L	L	B → A
L	H	$\overline{A}$ → B
H	X	A = Z, B = Z

74643			Typ - Type - Tipo			Hersteller Production Fabricants Produttori Fabricantes	Bild Fig. Fig. Sec 3	I_S &I_R mA	t_{PD} E→Q ns_{typ} ↓ ↕ ↑	t_{PD} E→Q ns_{max} ↓ ↕ ↑	Bem./Note f_T §f_Z &f_E MHz
0...70°C § 0...75°C			−40...85°C § −25...85°C		−55...125°C						
AS											
DM74AS643J					DM54AS643J	Nsc	20c				
DM74AS643N						Nsc	20a				
SN74AS643FN					SN54AS643FH	Tix	cc	88		7,5 10	Q = L
					SN54AS643J	Tix	cc	88		7 8	Q = L
						Tix	20c	88		7,5 10	Q = L
SN74AS643N						Tix	20a	88		7 8	Q = L
F											
MC74F643J					MC54F643J	Mot	20c				
MC74F643N						Mot	20a				
MC74F643W					MC54F643W	Mot	20n				
HC											
§CD74HC643E						Rca	20a		10 10		
					CD54HC643F	Rca	20c		10 10		
MC74HC643J					MC54HC643J	Mot	20c				
MC74HC643N						Mot	20a				
				MM74HC643J	MM54HC643J	Nsc	20c	<8u	14 14	18 18	
				MM74HC643N		Nsc	20a	<8u	14 14	18 18	
					SN54HC643FH	Tix	cc	<8u		19 19	
				SN74HC643FH	SN54HC643FK	Tix	cc	<8u		19 19	
				SN74HC643FN		Tix	cc	<8u		19 19	
					SN54HC643J	Tix	20c	<8u		19 19	
				SN74HC643J		Tix	20c	<8u		19 19	
				SN74HC643N		Tix	20a	<8u		19 19	
HCT											
§CD74HCT643E						Rca	20a		10 10		
					CD54HCT643F	Rca	20c		10 10		
MC74HCT643J					MC54HCT643J	Mot	20c				
MC74HCT643N						Mot	20a				
				MM74HCT643J	MM54HCT643J	Nsc	20c	<8u	17 17	23 23	
				MM74HCT643N		Nsc	20a	<8u	17 17	23 23	
LS											
M74LS643						Mit	20a	<95		15 15	
SN74LS643J					SN54LS643J	Tix	20c	64	9 6	15 10	
SN74LS643N						Tix	20a	64	9 6	15 10	

74643			Typ - Type - Tipo			Hersteller Production Fabricants Produttori Fabricantes	Bild Fig. Fig. Sec 3	I_S &I_R mA	t_{PD} E→Q ns_{typ} ↓ ↕ ↑	t_{PD} E→Q ns_{max} ↓ ↕ ↑	Bem./Note f_T §f_Z &f_E MHz
0...70°C § 0...75°C			−40...85°C § −25...85°C		−55...125°C						
DM74ALS643J					DM54ALS643J	Nsc	20c	<37		5 5	
DM74ALS643N						Nsc	20a	<37		5 5	
MC74ALS643J					MC54ALS643J	Mot	20c				
MC74ALS643N						Mot	20a				
MC74ALS643W					MC54ALS643W	Mot	20n				
...ALS643N					SN54ALS643J	Tix	20c				
						Tix	20a				
...643AFN					SN54ALS643AFH	Tix	cc	33		13 15	Q = L
						Tix	cc	33		11 13	Q = L
					SN54ALS643AJ	Tix	20c	33		13 15	Q = L
...3AN						Tix	20a	33		11 13	Q = L

74644
Output: OC

8-Bit bi-direktionaler Bustreiber
8-bit bi-directional bus driver
Driver de bus bi-directionnel 8 bits
8-bit eccitatore bus bidirezionale
Excitador de bus bidireccional de 8 bits

Pinout (top view): Us(20), EN(19), B(18,17,16,15,14,13,12,11), GND(10), A(9,8,7,6,5,4,3,2), DIR(1)

EN	DIR	Function
L	L	B→A
L	H	A→B
H	X	A=B=open

74644 0...70°C § 0...75°C	Typ - Type - Tipo −40...85°C § −25...85°C	−55...125°C	Hersteller Production Fabricants Produttori Fabricantes	Bild Fig. Fig. Sec 3	I_S &I_R mA	t_{PD} E→Q ns_{typ} ↓↕↑	t_{PD} E→Q ns_{max} ↓↕↑	Bem./Note f_T §f_Z &f_E MHz
AS								
DM74AS644J		DM54AS644J	Nsc	20c				
DM74AS644N			Nsc	20a				
SN74AS644FN		SN54AS644FH	Tix	cc	76		8,5 28,5	Q=L
			Tix	cc	76		7,5 24	Q=L
		SN54AS644J	Tix	20c	76		8,5 28,5	Q=L
SN74AS644N			Tix	20a	76		7,5 24	Q=L
LS								
M74LS644			Mit	20a	<95	5 5		
SN74LS644J		SN54LS644J	Tix	20c	64	14 17	25 25	
SN74LS644N			Tix	20a	64	14 17	25 25	

74644 0...70°C § 0...75°C	Typ - Type - Tipo −40...85°C § −25...85°C	−55...125°C	Hersteller Production Fabricants Produttori Fabricantes	Bild Fig. Fig. Sec 3	I_S &I_R mA	t_{PD} E→Q ns_{typ} ↓↕↑	t_{PD} E→Q ns_{max} ↓↕↑	Bem./Note f_T §f_Z &f_E MHz
M74ALS644J		DM54ALS644J	Nsc	20c	<22			
M74ALS644N			Nsc	20a	<22			
C74ALS644J		MC54ALS644J	Mot	20c				
C74ALS644N			Mot	20a				
C74ALS644W		MC54ALS644W	Mot	20n				
		SN54ALS644J	Tix	20c				
			Tix	20a				
N74ALS644N		SN54ALS644AFH	Tix	cc	25	25 35		Q=L
M74ALS644AFN			Tix	cc	25	22 30		Q=L
		SN54ALS644AJ	Tix	20c	25	25 35		Q=L
N74ALS644AN			Tix	20a	25	22 30		Q=L

74645
Output: TS

8-Bit bi-direktionaler Bustreiber
8-bit bi-directional bus driver
Driver de bus bi-directionnel 8 bits
8-bit eccitatore bus bidirezionale
Excitador de bus bidireccional de 8 bits

Pinout (DIP-20): U_S (20), EN (19), B (18–11), DIR (1), A (2), outputs (3–9), GND (10)

EN	DIR	Function
L	L	B→A
L	H	A→B
H	X	A=Z, B=Z

74645 0…70°C § 0…75°C	Typ - Type - Tipo −40…85°C § −25…85°C	−55…125°C	Hersteller Production Fabricants Produttori Fabricantes	Bild Fig. Fig. Sec 3	I_S & I_R mA	t_{PD} E→Q ns_{typ} ↓↕↑	t_{PD} E→Q ns_{max} ↓↕↑	Bem./Note f_T §f_Z &f_E MHz
AS								
DM74AS645J		DM54AS645J	Nsc	20c				
DM74AS645N			Nsc	20a				
		SN54AS645FH	Tix	cc	95		10,5 11	Q=L
SN74AS645FN			Tix	cc	95		9 9,5	Q=L
		SN54AS645J	Tix	20c	95		10,5 11	Q=L
SN74AS645N			Tix	20a	95		9 9,5	Q=L
F								
MC74F645J		MC54F645J	Mot	20c				
MC74F645N			Mot	20a				
MC74F645W		MC54F645W	Mot	20n				
LS								
HD74LS645			Hit	20a	<95		15 15	
M74LS645			Mit	20a	<95		15 15	
SN74LS645J		SN54LS645J	Tix	20c	64	11 8	15 15	
SN74LS645N			Tix	20a	64	11 8	15 15	

74645 0…70°C § 0…75°C	Typ - Type - Tipo −40…85°C § −25…85°C	−55…125°C	Hersteller Production Fabricants Produttori Fabricantes	Bild Fig. Fig. Sec 3	I_S & I_R mA	t_{PD} E→Q ns_{typ} ↓↕↑	t_{PD} E→Q ns_{max} ↓↕↑	Bem./Note f_T §f_Z &f_E MHz
DM74ALS645J		DM54ALS645J	Nsc	20c	<58		10 10	
DM74ALS645N			Nsc	20a	<58		10 10	
		SN54ALS645J	Tix	20c				
SN74ALS645N			Tix	20a				
		SN54ALS645AFH	Tix	cc	36		13 15	Q=L
SN74ALS645AFN			Tix	cc	36		10 10	Q=L
		SN54ALS645AJ	Tix	20c	36		13 15	Q=L
SN74ALS645AN			Tix	20a	36		10 10	Q=L

74646
Output: TS

8-Bit bi-direktionaler Bustreiber
8-bit bi-directional bus driver
Driver de bus bi-directionnel 8 bits
8-bit eccitatore bus bidirezionale
Excitador de bus bidirecctional de 8 bits

Pinout (top view):
- Pin 24: U_S
- Pin 23: CLK BA
- Pin 22: SEL BA
- Pin 21: $\overline{EN}$
- Pins 20–13: B0, B1, B2, B3, B4, B5, B6, B7 (Bus B)
- Pin 1: CLK AB
- Pin 2: SEL AB
- Pin 3: DIR
- Pins 4–11: A0, A1, A2, A3, A4, A5, A6, A7 (Bus A)
- Pin 12: GND

Internal: Register B, Register A

74646	Typ - Type - Tipo			Hersteller Production Fabricants Produttori Fabricantes	Bild Fig. Fig. Sec 3	I_S &I_R mA	t_{PD} E→Q ns typ ↓ ↕ ↑	t_{PD} E→Q ns max ↓ ↕ ↑	Bem./Note f_T §f_Z &f_E MHz
	0...70°C § 0...75°C	−40...85°C § −25...85°C	−55...125°C						
			SN54ALS646FH	Tix	cc	68	13 11		Q = L
SN74ALS646FN				Tix	cc	68	13 11		Q = L
			SN54ALS646JT	Tix	24c	68	13 11		Q = L
SN74ALS646NT				Tix	24a	68	13 11		Q = L
AS									
			SN54AS646FH	Tix	cc	130		10 9,5	75
SN74AS646FN				Tix	cc	130		9 8,5	90
			SN54AS646JT	Tix	24c	130		10 9,5	75
SN74AS646NT				Tix	24a	130		9 8,5	90
HC									
§CD74HC646E				Rca	24a		23 23		
			CD54HC646F	Rca	24c		23 23		
	MM74HC646J	MM54HC646J		Nsc	24c	<8u	18 18	26 26	31
	MM74HC646N			Nsc	24g	<8u	18 18	26 26	31
HCT									
§CD74HCT646E				Rca	24a		23 23		
			CD54HCT646F	Rca	24c		23 23		
MC74HCT646J				Mot	24c				
MC74HCT646N		MC54HCT646J		Mot	24a				
LS									
SN74LS646J				Tix	24d	103	23 15	35 25	Q = Z
			SN54LS646JT	Tix	24c	103	23 15	35 25	Q = Z
SN74LS646NT				Tix	24a	103	23 15	35 25	Q = Z

$\overline{EN}$ BA	EN AB	CLK AB	CLK BA	SEL AB	SEL BA	Function
H	X	H or L	H or L	X	X	A = B = Z
H	X	⌐	H or L	X	X	A → Register B
H	X	X	⌐	X	X	B → Register A
L	L	X	X	X	L	B → A
L	H	X	X	L	X	A → B
L	L	X	X	X	H	Register A → A
L	H	H or L	X	H	X	Register B → B

2-465

74647
Output: OC

8-Bit bi-direktionaler Bustreiber
8-bit bi-directional bus driver
Driver de bus bi-directionnel 8 bits
8-bit eccitatore bus bidirezionale
Excitador de bus bidireccional de 8 bits

74647	Typ - Type - Tipo			Hersteller Production Fabricants Produttori Fabricantes	Bild Fig. Fig. Sec 3	I_S &I_R mA	t_{PD} E→Q ns$_{typ}$ ↓ ↕ ↑	t_{PD} E→Q ns$_{max}$ ↓ ↕ ↑	Bem./Note f_T §f_Z &f_E MHz
0...70°C § 0...75°C	−40...85°C § −25...85°C	−55...125°C							
		SN54ALS647FH	Tix	cc	62	15 24		Q = L
SN74ALS647FN			Tix	cc	62	15 24		Q = L
		SN54ALS647JT	Tix	24c	62	15 24		Q = L
SN74ALS647NT			Tix	24a	62	15 24		Q = L
LS								
SN74LS647J			Tix	24d	94	28 22	45 35	Q = L
		SN54LS647JT	Tix	24c	94	28 22	45 35	Q = L
SN74LS647NT			Tix	24a	94	28 22	45 35	Q = L

Pinout (24-pin):
- 24 U_S
- 23 CLK BA
- 22 SEL BA
- 21 $\overline{EN}$
- 20 B0, 19 B1, 18 B2, 17 B3, 16 B4, 15 B5, 14 B6, 13 B7 (Bus B)
- 1 CLK AB, 2 SEL AB, 3 DIR
- 4 A0, 5 A1, 6 A2, 7 A3, 8 A4, 9 A5, 10 A6, 11 A7 (Bus A)
- 12 GND

Internal: Register B, Register A

$\overline{EN}\,BA$	EN AB	CLK AB	CLK BA	SEL AB	SEL BA	Function
H	X	H or L	H or L	X	X	A = B = open
H	X	⌐	H or L	X	X	A → Register B
H	X	X	⌐	X	X	B → Register A
L	L	X	X	X	L	B → A
L	H	X	X	L	X	A → B
L	L	X	X	X	H	Register A → A
L	H	H or L	X	H	X	Register B → B

74648
Output: TS

8-Bit bi-direktionaler invertierender Bustreiber
8-bit bi-directional inverting bus driver
Driver de bus inverseur bi-directionnel 8 bits
8-bit eccitatore bus bidirezionale invertente
Excitador inversor de bus bidireccional de 8 bits

Pinout (24-pin):
- 1: CLK AB
- 2: SEL AB
- 3: DIR
- 4–11: A0–A7 (Bus A)
- 12: GND
- 13–20: B7–B0 (Bus B)
- 21: $\overline{EN}$
- 22: SEL BA
- 23: CLK BA
- 24: U_S

Internal: Register A and Register B

74648	Typ - Type - Tipo			Hersteller Production Fabricants Produttori Fabricantes	Bild Fig. Fig. Sec 3	I_S &I_R mA	t_{PD} E→Q ns_{typ} ↓ ↕ ↑		t_{PD} E→Q ns_{max} ↓ ↕ ↑		Bem./Note f_T §f_Z &f_E MHz
0…70°C § 0…75°C	−40…85°C § −25…85°C	−55…125°C									
	SN74ALS648FN		SN54ALS648FH	Tix	cc	57	13	11			Q = L
				Tix	cc	57	13	11			Q = L
	SN74ALS648NT		SN54ALS648JT	Tix	24c	57	13	11			Q = L
				Tix	24a	57	13	11			Q = L
AS											
	SN74AS648FN		SN54AS648FH	Tix	cc	120			10	9,5	75
				Tix	cc	120			9	8,5	90
	SN74AS648NT		SN54AS648JT	Tix	24c	120			10	9,5	75
				Tix	24a	120			9	8,5	90
HC											
§CD74HC648E				Rca	24a		23	23			
			CD54HC648F	Rca	24c		23	23			
		MM74HC648J	MM54HC648J	Nsc	24c	<8u	18	18	26	26	31
		MM74HC648N		Nsc	24g	<8u	18	18	26	26	31
HCT											
§CD74HCT648E				Rca	24a		23	23			
			CD54HCT648F	Rca	24c		23	23			
MC74HCT648J			MC54HCT648J	Mot	24c						
MC74HCT648N				Mot	24a						
LS											
	SN74LS648J			Tix	24d	103	24	15	40	25	Q = Z
			SN54LS648JT	Tix	24c	103	24	15	40	25	Q = Z
	SN74LS648NT			Tix	24a	103	24	15	40	25	Q = Z

$\overline{EN}$	DIR	CLK AB	CLK BA	SEL AB	SEL BA	Function
H	X	H or L	H or L	X	X	A = B = Z
H	X	⌐	H or L	X	X	$\overline{A}$ → Register B
H	X	X	⌐	X	X	$\overline{B}$ → Register A
L	L	X	X	X	X	$\overline{B}$ → A
L	H	X	X	L	X	$\overline{A}$ → B
L	L	X	X	X	H	Register A → A
L	H	H or L	X	H	X	Register B → B

74649
Output: OC

8-Bit bi-direktionaler invertierender Bustreiber
8-bit bi-directional inverting bus driver
Driver de bus inverseur bi-directionnel 8 bits
8-bit eccitatore bus bidirezionale invertente
Excitador inversor de bus bidireccional de 8 bits

Pinout (24-pin DIP):
- Pin 24: U_S
- Pin 23: CLK BA
- Pin 22: SEL BA
- Pin 21: $\overline{EN}$
- Pin 20: B0
- Pin 19: B1
- Pin 18: B2
- Pin 17: B3
- Pin 16: B4
- Pin 15: B5
- Pin 14: B6
- Pin 13: B7
- Pin 1: CLK AB
- Pin 2: SEL AB
- Pin 3: DIR
- Pin 4: A0
- Pin 5: A1
- Pin 6: A2
- Pin 7: A3
- Pin 8: A4
- Pin 9: A5
- Pin 10: A6
- Pin 11: A7
- Pin 12: GND

Bus B = B0..B7; Bus A = A0..A7; contains Register B and Register A.

74649	Typ - Type - Tipo		Hersteller Production Fabricants Produttori Fabricantes	Bild Fig. Fig. Sec 3	I_S &I_R mA	t_{PD} $E \rightarrow Q$ ns_{typ} ↓ ↕ ↑	t_{PD} $E \rightarrow Q$ ns_{max} ↓ ↕ ↑	Bem./Note f_T §f_Z &f_E MHz
0...70°C § 0...75°C	−40...85°C § −25...85°C	−55...125°C						
		SN54ALS649FH	Tix	cc	60	15 24		Q=L
SN74ALS649FN			Tix	cc	60	15 24		Q=L
		SN54ALS649JT	Tix	24c	60	15 24		Q=L
SN74ALS649NT			Tix	24a	60	15 24		Q=L
LS								
SN74LS649J			Tix	24d	94	28 17	45 30	Q=L
		SN54LS649JT	Tix	24c	94	28 17	45 30	Q=L
SN74LS649NT			Tix	24a	94	28 17	45 30	Q=L

$\overline{EN}$	DIR	CLK AB	CLK BA	SEL AB	SEL BA	Function
H	X	H or L	H or L	X	X	A = B = open
H	X	⌐	H or L	X	X	$\overline{A}$ → Register B
H	X	X	⌐	X	X	$\overline{B}$ → Register A
L	L	X	X	X	L	$\overline{B}$ → A
L	H	X	X	L	X	$\overline{A}$ → B
L	L	X	X	X	H	Register A → A
L	H	H or L	X	H	X	Register B → B

74651

Output: TS

8-Bit bi-direktionaler invert. Bustreiber mit Zwischenspeicher
8-bit bi-directional inverting bus driver with storage register
Driver de bus inv. bi-direc. 8 bits avec mémoire intermédiaire
8-bit eccitatore bus bidirez. invertente con memoria intermedia
Excitador inv. de bus bidireccional de 8 bits con reg. intermedio

Pinout (top view):
- Pin 24: U_S
- Pin 23: CLK BA
- Pin 22: SEL BA
- Pin 21: $\overline{EN}$ BA
- Pins 20–13: B0, B1, B2, B3, B4, B5, B6, B7 (Bus B)
- Register B / Register A
- Pin 1: CLK AB
- Pin 2: SEL AB
- Pin 3: EN AB
- Pins 4–11: A0, A1, A2, A3, A4, A5, A6, A7 (Bus A)
- Pin 12: GND

74651	Typ - Type - Tipo		Hersteller Production Fabricants Produttori Fabricantes	Bild Fig. Fig. Sec	I_S &I_R	t_{PD} E→Q ns$_{typ}$		t_{PD} E→Q ns$_{max}$		Bem./Note f_T §f_Z &f_E
0...70°C § 0...75°C	−40...85°C § −25...85°C	−55...125°C		3	mA	↓	↕ ↑	↓	↕ ↑	MHz
SN74ALS651FN		SN54ALS651FC	Tix	cc	57	13	11			Q = L
			Tix	cc	57	13	11			Q = L
		SN54ALS651JT	Tix	24c	57	13	11			Q = L
SN74ALS651NT			Tix	24a	57	13	11			Q = L
AS										
		SN54AS651FC	Tix	cc	120			10	9,5	75
SN74AS651FN			Tix	cc	120			9	8,5	90
		SN54AS651JT	Tix	24c	120			10	9,5	75
SN74AS651NT			Tix	24a	120			9	8,5	90
LS										
SN74LS651JT		SN54LS651JT	Tix	24c	88	26	15			Q = Z
SN74LS651NT			Tix	24a	88	26	15			Q = Z

EN AB	$\overline{EN}$ BA	CLK AB	CLK BA	SEL AB	SEL BA	Function
L	H	H or L	H or L	X	X	A = B = Z
L	H	⌐	H or L	X	X	$\overline{A}$ → Register B
L	H	H or L	⌐	X	X	$\overline{B}$ → Register A
L	L	X	X	X	L	$\overline{B}$ → A
H	H	X	X	L	X	$\overline{A}$ → B
L	L	X	H or L	X	H	Register A → A
H	H	H or L	X	H	X	Register B → B
H	L	H or L	H or L	H	H	Register A → A + Register B → B

74652
Output: TS

8-Bit bi-direktionaler Bustreiber mit Zwischenspeicher
8-bit bi-directional bus driver with storage register
Driver de bus bi-directionnel 8 bits avec mémoire intermédiaire
8-bit eccitatore bus bidirezionale con memoria intermedia
Excitador de bus bidireccional de 8 bits con registro intermedio

74652	Typ - Type - Tipo			Hersteller Production Fabricants Produttori Fabricantes	Bild Fig. Fig. Sec 3	I_S &I_R mA	t_{PD} E→Q ns$_{typ}$ ↓ ↕ ↑	t_{PD} E→Q ns$_{max}$ ↓ ↕ ↑	Bem./Note f_T §f_Z &f_E MHz
0...70°C § 0...75°C	−40...85°C § −25...85°C	−55...125°C							
		SN54ALS652FC	Tix	cc	68	13 11		Q=L
SN74ALS652FN			Tix	cc	68	13 11		Q=L
		SN54ALS652JT	Tix	24c	68	13 11		Q=L
SN74ALS652NT			Tix	24a	68	13 11		Q=L
AS									
		SN54AS652FC	Tix	cc	130		10 9,5	75
SN74AS652FN			Tix	cc	130		9 8,5	90
		SN54AS652JT	Tix	24c	130		10 9,5	75
SN74AS652NT			Tix	24a	130		9 8,5	90
LS									
SN74LS652JT		SN54LS652JT	Tix	24c	103	23 15		Q=Z
SN74LS652NT			Tix	24a	103	23 15		Q=Z

Pinout (24-pin DIP):
- Pin 1: CLK AB
- Pin 2: SEL AB
- Pin 3: EN AB
- Pins 4–11: A0–A7 (Bus A)
- Pin 12: GND
- Pins 13–20: B7–B0 (Bus B)
- Pin 21: EN BA
- Pin 22: SEL BA
- Pin 23: CLK BA
- Pin 24: U_S

Internal: Register A, Register B

EN AB	EN BA	CLK AB	CLK BA	SEL AB	SEL BA	Function
L	H	H or L	H or L	X	X	A = B = Z
L	H	⌐	H or L	X	X	A → Register B
L	H	H or L	⌐	X	X	B → Register A
L	L	X	X	X	L	B → A
H	H	X	X	L	X	A → B
L	L	X	H or L	X	H	Register A → A
H	H	H or L	X	H	X	Register B → B
H	L	H or L	H or L	H	H	Register A → A + Register B → B

74653
Output: OC

8-Bit invertierender bi-direktionaler Bustreiber
8-bit inverting bi-directional bus driver
Driver de bus inverseur bi-directionnel 8 bits
8-bit eccitatore bus invertente bidirezionale
Excitador inversor de bus bidireccional de 8 bits

74653	Typ - Type - Tipo			Hersteller Production Fabricants Produttori Fabricantes	Bild Fig. Fig. Sec 3	I_S &I_R mA	t_{PD} E→Q ns_{typ} ↓↑ ↑↓	t_{PD} E→Q ns_{max} ↓↑ ↑↓	Bem./Note f_T §f_Z &f_E MHz
0...70°C § 0...75°C	−40...85°C § −25...85°C	−55...125°C							
		SN54ALS653FC	Tix	cc	57	15 24		Q = L
SN74ALS653FN			Tix	cc	57	15 24		Q = L
		SN54ALS653JT	Tix	24c	57	15 24		Q = L
SN74ALS653NT			Tix	24a	57	15 24		Q = L
LS								
SN74LS653JT		SN54LS653JT	Tix	24c	88			Q = Z
SN74LS653NT			Tix	24a	88			Q = Z

Pinout (24-pin):
- 24: U_S
- 23: CLK BA
- 22: SEL BA
- 21: $\overline{EN}$ BA
- 20–13: B0 B1 B2 B3 B4 B5 B6 B7 (Bus B)
- 1: CLK AB
- 2: SEL AB
- 3: EN AB
- 4–11: A0 A1 A2 A3 A4 A5 A6 A7 (Bus A)
- 12: GND

Internal: Register B, Register A

EN AB	$\overline{EN}$ BA	CLK AB	CLK BA	SEL AB	SEL BA	Function
L	H	H or L	H or L	X	X	A = B = open
L	H	⌐	H or L	X	X	$\overline{A}$ → Register B
L	H	H or L	⌐	X	X	$\overline{B}$ → Register A
L	L	X	X	X	L	$\overline{B}$ → A
H	H	X	X	L	X	$\overline{A}$ → B
L	L	X	H or L	X	H	Register A → A
H	H	H or L	X	H	X	Register B → B
H	L	H or L	H or L	H	H	Register A → A + Register B → B

74654
Output: OC

8-Bit bi-direktionaler Bustreiber
8-bit bi-directional bus driver
Driver de bus bi-directionnel 8 bits
8-bit eccitatore bus bidirezionale
Excitador de bus bidireccional de 8 bits

74654	Typ - Type - Tipo			Hersteller Production Fabricants Produttori Fabricantes	Bild Fig. Fig. Sec 3	I_S &I_R mA	t_{PD} E→Q ns_{typ} ↓ ↕ ↑	t_{PD} E→Q ns_{max} ↓ ↕ ↑	Bem./Note f_T §f_Z &f_E MHz
	0...70°C § 0...75°C	−40...85°C § −25...85°C	−55...125°C						
			SN54ALS654FC	Tix	cc	68	15 24		Q = L
SN74ALS654FN				Tix	cc	68	15 24		Q = L
			SN54ALS654JT	Tix	24c	68	15 24		Q = L
SN74ALS654NT				Tix	24a	68	15 24		Q = L
LS									
SN74LS654JT			SN54LS654JT	Tix	24c	103			Q = Z
SN74LS654NT				Tix	24a	103			Q = Z

```
                          Bus B
       CLK SEL EN  B0 B1 B2 B3 B4 B5 B6 B7
  Us   BA  BA  BA
  24   23  22  21  20 19 18 17 16 15 14 13

              ┌─────────────────────┐
              │     Register B      │
              └─────────────────────┘
                       ⇕
              ┌─────────────────────┐
              │     Register A      │
              └─────────────────────┘

   1    2   3   4  5  6  7  8  9 10 11  12
  CLK  SEL EN  A0 A1 A2 A3 A4 A5 A6 A7
  AB   AB  AB          Bus A
```

EN AB	$\overline{EN\,BA}$	CLK AB	CLK BA	SEL AB	SEL BA	Function
L	H	H or L	H or L	X	X	A = B = open
L	H	⌐	H or L	X	X	A → Register B
L	H	H or L	⌐	X	X	B → Register A
L	L	X	X	X	L	B → A
H	H	X	X	L	X	A → B
L	L	X	H or L	X	H	Register A → A
H	H	H or L	X	H	X	Register B → B
H	L	H or L	H or L	H	H	Register A → A + Register B → B

2-472

74668
Output: TP

4-Bit synchroner Dezimalzähler mit Preset
4-bit synchronous decade counter with preset
Compteur décimal synchrone 4 bits avec prépositionnement
4-bit contatore decimale sincrono con preset
Contador decimal síncrono de 8 bits con preset

74669
Output: TP

4-Bit synchroner Binärzähler mit Preset
4-bit synchronous binary counter with preset
Compteur binaire synchrone 4 bits avec prépositionnement
4-bit contatore binario sincrono con preset
Contador binario síncrono de 8 bits con preset

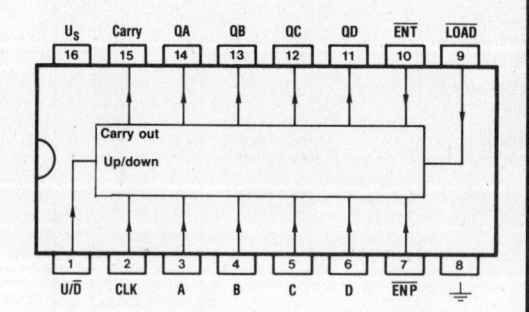

Pinout 74668 (DIP16):
- 16: U_S
- 15: Carry
- 14: QA
- 13: QB
- 12: QC
- 11: QD
- 10: $\overline{ENT}$
- 9: $\overline{LOAD}$
- 8: ⏚
- 7: $\overline{ENP}$
- 6: D
- 5: C
- 4: B
- 3: A
- 2: CLK
- 1: $U/\overline{D}$

Internal: Carry out, Up/down

Pinout 74669 (DIP16): same as 74668

ENP	ENT	LOAD	U/D	CLK	Function
H	X	X	X	X	Latch counter + QA...QD
X	H	X	X	X	Latch counter + QA...QD
L	L	L	X	X	A...D→Counter + QA...QD
L	L	H	L	⎍	Count down
L	L	H	H	⎍	Count up

ENP	ENT	LOAD	U/D	CLK	Function
H	X	X	X	X	Latch counter + QA...QD
X	H	X	X	X	Latch counter + QA...QD
L	L	L	X	X	A...D→Counter + QA...QD
L	L	H	L	⎍	Count down
L	L	H	H	⎍	Count up

74668	Typ - Type - Tipo			Hersteller Production Fabricants Produttori Fabricantes	Bild Fig. Fig. Sec	I_S &I_R	t_{PD} E→Q ns_{typ}			t_{PD} E→Q ns_{max}			Bem./Note f_T §f_Z &f_E
0...70°C § 0...75°C	−40...85°C § −25...85°C	−55...125°C			3	mA	↓	↕	↑	↓	↕	↑	MHz
HD74LS668				Hit	16a	<34				27		27	25
M74LS668				Mit	16a	<34				27		27	25
N74LS668J		SN54LS668J		Tix	16c	20	18		18	27		27	25
N74LS668N				Tix	16a	20	18		18	27		27	25
		SN54LS668W		Tix	16n	20	18		18	27		27	25

74669	Typ - Type - Tipo			Hersteller Production Fabricants Produttori Fabricantes	Bild Fig. Fig. Sec	I_S &I_R	t_{PD} E→Q ns_{typ}			t_{PD} E→Q ns_{max}			Bem./Note f_T §f_Z &f_E
0...70°C § 0...75°C	−40...85°C § −25...85°C	−55...125°C			3	mA	↓	↕	↑	↓	↕	↑	MHz
HD74LS669				Hit	16a	<34				27		27	25
M74LS669				Mit	16a	<34				27		27	25
SN74LS669J		SN54LS669J		Tix	16a	20	18		18	27		27	25
SN74LS669N				Tix	16a	20	18		18	27		27	25
		SN54LS669W		Tix	16n	20	18		18	27		27	25

74670
Output: TS

4x4-Bit RAM (Schreib- / Lesespeicher)
4x4-bit RAM (random access memory)
RAM à 4x4 bits (mémoire d'inscription / lecture)
RAM di 4x4 bit (memoria di immissione / lettura)
RAM (memoria de lectura y escritura) de 4x4 bits

Pin	Fl
RD	3,3
WR	2,2

Pinout (DIP-16):
- 16: Us
- 15: D0
- 14: WR1
- 13: WR2
- 12: WR
- 11: RD
- 10: Q0
- 9: Q1
- 1: D1
- 2: D2
- 3: D3
- 4: RD2
- 5: RD1
- 6: Q3
- 7: Q2
- 8: GND

Input			Funktion*
WR	WR1	WR2	
H	X	X	—
L	L	L	D0...D3→M0
L	L	H	D0...D3→M1
L	H	L	D0...D3→M2
L	H	H	D0...D3→M3

Input			Funktion*
RD	RD1	RD2	
H	X	X	Q = off. Koll.
L	L	L	M0→Q0...Q3
L	L	H	M1→Q0...Q3
L	H	L	M2→Q0...Q3
L	H	H	M3→Q0...Q3

* function · fonction · funzione · función

74670 0...70°C / § 0...75°C	Typ - Type - Tipo −40...85°C / § −25...85°C	−55...125°C	Hersteller Production Fabricants Produttori Fabricantes	Bild Fig. Fig. Sec 3	I_S &I_R mA	t_{PD} E→Q ns_{typ} ↓ ↕ ↑	t_{PD} E→Q ns_{max} ↓ ↕ ↑	Bem./Note f_T §f_Z &f_E MHz
LS								
DM74LS670J		DM54LS670J	Nsc	16c	<50		45 45	
DM74LS670N			Nsc	16a	<50		45 45	
M74LS670			Mit	16a	<50		45 45	
§SN74LS670J		SN54LS670J	Mot	16c	30	23 25	40 45	
SN74LS670J		SN54LS670J	Tix	16c	30	23 25	40 45	
§SN74LS670N			Mot	16a	30	23 25	40 45	
SN74LS670N			Tix	16a	30	23 25	40 45	
		SN54LS670W	Tix	16n	30	23 25	40 45	
§SN74LS670W		SN54LS670W	Mot	16n	30	23 25	40 45	
74LS670DC		54LS670DM	Fch	16c	30		40 45	
74LS670FC		54LS670FM	Fch	16n	30		40 45	
74LS670J		54LS670J	Ray	16c	<50		45 45	
74LS670PC			Fch	16a	30		40 45	

74670 0...70°C / § 0...75°C	Typ - Type - Tipo −40...85°C / § −25...85°C	−55...125°C	Hersteller Production Fabricants Produttori Fabricantes	Bild Fig. Fig. Sec 3	I_S &I_R mA	t_{PD} E→Q ns_{typ} ↓ ↕ ↑	t_{PD} E→Q ns_{max} ↓ ↕ ↑	Bem./Note f_T §f_Z &f_E MHz
§CD74HC670E			Rca	16a		28 28		
	CD54HC670F		Rca	16c		28 28		
HCT								
§CD74HCT670E			Rca	16a		28 28		
	CD54HCT670F		Rca	16c		28 28		

74671	4-Bit Universalschieberegister mit asynchronem Clear
Output: TP	4-bit universal shift register with asynchronous clear
	Registre à décalage universel 4 bits avec clear asynchrone
	4-bit registro scorrerole universale con clear asincrono
	Registro de desplazamiento universal con borrado asíncrono

74672	4-Bit Universalschieberegister mit synchronem Clear
Output: TP	4-bit universal shift register with synchronous clear
	Registre à décalage universel 4 bits avec clear synchrone
	4-bit registro scorrerole universale con clear sincrono
	Registro desplazamiento universal con borrado síncrono

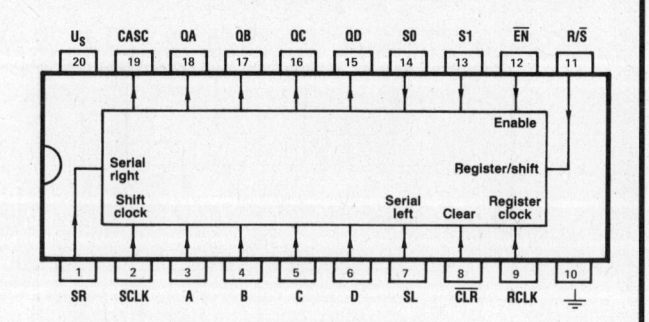

Pinout (both 74671 and 74672):

Pin 20: U_S · Pin 19: CASC · Pin 18: QA · Pin 17: QB · Pin 16: QC · Pin 15: QD · Pin 14: S0 · Pin 13: S1 · Pin 12: $\overline{EN}$ (Enable) · Pin 11: R/$\overline{S}$ (Register/shift)

Pin 1: SR (Serial right) · Pin 2: SCLK (Shift clock) · Pin 3: A · Pin 4: B · Pin 5: C · Pin 6: D · Pin 7: SL (Serial left) · Pin 8: $\overline{CLR}$ (Clear) · Pin 9: RCLK (Register clock) · Pin 10: GND

Function Table

$\overline{EN}$	$\overline{CLR}$	R/$\overline{S}$	S1	S2	RCLK	SCLK	CASC	Function
H	X	X	H	L	X	⎍	QB_n	Shift left, Q = Z
H	X	X	L	H	X	⎍	QC_n	Shift right, Q = Z
L	L	L	X	X	X	X	?	Clear
L	X	H	X	X	⎍	X	?	Register → Q
L	H	L	L	L	X	X	H	—
L	H	L	L	H	X	⎍	QC_n	Shift right
L	H	L	H	L	X	⎍	QB_n	Shift left
L	H	L	H	H	X	⎍	H	Load from A...D

74671

	Typ - Type - Tipo		Hersteller Production Fabricants Produttori Fabricantes	Bild Fig. Fig. Sec	I_S &I_R	t_{PD} E→Q ns_{typ}	t_{PD} E→Q ns_{max}	Bem./Note f_T §f_Z &f_E
0...70°C	−40...85°C	−55...125°C		3	mA	↓ ↑	↓ ↑	MHz
§ 0...75°C	§ −25...85°C							
SN74LS671J		SN54LS671J	Tix	20c	37	15 12	25 25	
SN74LS671N			Tix	20a	37	15 12	25 25	

74672

	Typ - Type - Tipo		Hersteller Production Fabricants Produttori Fabricantes	Bild Fig. Fig. Sec	I_S &I_R	t_{PD} E→Q ns_{typ}	t_{PD} E→Q ns_{max}	Bem./Note f_T §f_Z &f_E
0...70°C	−40...85°C	−55...125°C		3	mA	↓ ↑	↓ ↑	MHz
§ 0...75°C	§ −25...85°C							
SN74LS672J		SN54LS672J	Tix	20c	37	15 13	25 25	
SN74LS672N			Tix	20a	37	15 13	25 25	

74673
Output: TP

16-Bit Schieberegister mit Parallelausgängen
16-bit shift register with parallel outputs
Registre à décalage 16 bits avec sorties parallèles
16-bit registro scorrerole con uscite parallele
Registro de desplazamiento de 16 bits con salidas en paralelo

Pinout (DIP-24):
- 24: U_S
- 23: Q15, 22: Q14, 21: Q13, 20: Q12, 19: Q11, 18: Q10, 17: Q9, 16: Q8, 15: Q7, 14: Q6, 13: Q5
- 1: $\overline{CS}$, 2: SCLK, 3: $R/\overline{W}$, 4: $\overline{CLR}$, 5: MODE, 6: SER, 7: Q0, 8: Q1, 9: Q2, 10: Q3, 11: Q4, 12: GND

Chip select / Serial in/out

Inputs					In/Out	Function	
$\overline{CS}$	$R/\overline{W}$	SCLK	$\overline{CLR}$	MODE	SER	Shift Register	Storage register
H	X	X	X	X	Z	—	—
X	X	X	L	X	—	—	Clear
L	L	⌐	X	X	Z	Shift, serial in	—
L	H	X	X	X	out	Serial out read	—
L	H	⌐	X	L	out	Shift, serial out	—
L	H	⌐	L	H	L	Parallel in, serial out	Clear
L	H	⌐	H	H	$Q15_n$	Parallel in, serial out	—
L	L	X	H	⌐	L	→ Storage register	→ Shift register

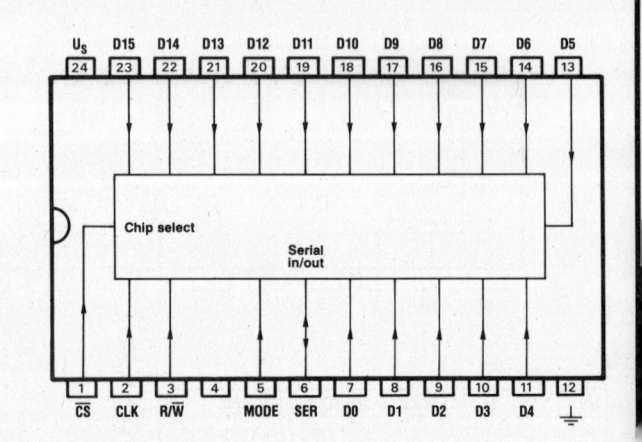

74674
Output: TP

16-Bit Schieberegister mit Paralleleingängen
16-bit shift register with parallel inputs
Registre à décalage 16 bits avec entrées parallèles
16-bit registro scorrerole con uscite parallele
Registro de desplazamiento de 16 bits con entradas en paralelo

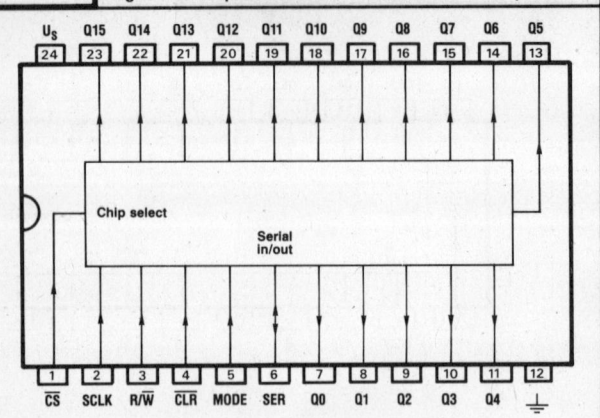

Pinout (DIP-24):
- 24: U_S
- 23: D15, 22: D14, 21: D13, 20: D12, 19: D11, 18: D10, 17: D9, 16: D8, 15: D7, 14: D6, 13: D5
- 1: $\overline{CS}$, 2: CLK, 3: $R/\overline{W}$, 4: MODE, 5: SER, 6: D0, 7: D1, 8: D2, 9: D3, 10: D4, 11: —, 12: GND

Chip select / Serial in/out

Inputs				In/Out	Function
$\overline{CS}$	$R/\overline{W}$	MODE	CLK	SER	
H	X	X	X	Z	—
L	X	X	⌐	Z	Shift
L	H	L	⌐	out	Shift, serial out
L	H	H	⌐	out	Parallel in, serial out

74673	Typ - Type - Tipo			Hersteller Production Fabricants Produttori Fabricantes	Bild Fig. Fig. Sec	I_S &I_R	t_{PD} E→Q ns_{typ}	t_{PD} E→Q ns_{max}	Bem./Note f_T §f_Z &f_E
	0...70°C § 0...75°C	−40...85°C § −25...85°C	−55...125°C		3	mA	↓ ↕ ↑	↓ ↕ ↑	MHz
SN74LS673J SN74LS673N			SN54LS673J	Tix Tix	24d 24g	52 52	30 28 30 28	45 45 45 45	20 20

74674	Typ - Type - Tipo			Hersteller Production Fabricants Produttori Fabricantes	Bild Fig. Fig. Sec	I_S &I_R	t_{PD} E→Q ns_{typ}	t_{PD} E→Q ns_{max}	Bem./Note f_T §f_Z &f_E
	0...70°C § 0...75°C	−40...85°C § −25...85°C	−55...125°C		3	mA	↓ ↕ ↑	↓ ↕ ↑	MHz
SN74LS674N			SN54LS674J	Tix Tix	24d 24g	25 25	30 28 30 28	45 45 45 45	20 20

74677
Output: TP

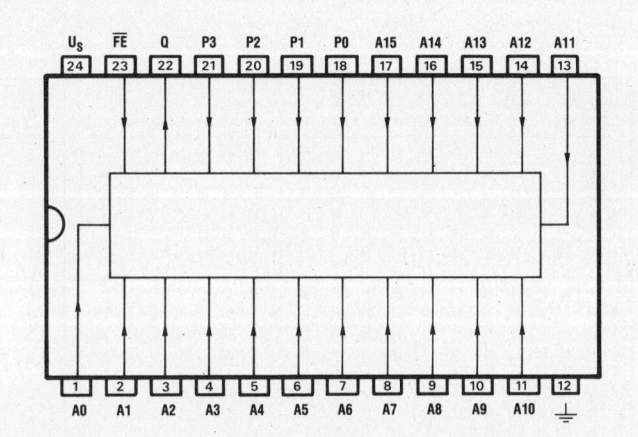

16-Bit Adresskomparator
16-bit address comparator
Comparateur d'adresses 16 bits
16-bit comparatore indirizzi
Comparador de direcciones de 16 bits

74677
Output: TP

Pinout (24-pin): U$_S$ (24), $\overline{FE}$ (23), Q (22), P3 (21), P2 (20), P1 (19), P0 (18), A15 (17), A14 (16), A13 (15), A12 (14), A11 (13), GND (12), A10 (11), A9 (10), A8 (9), A7 (8), A6 (7), A5 (6), A4 (5), A3 (4), A2 (3), A1 (2), A0 (1)

$\overline{G}$	P3	P2	P1	P0	A15	A14	A13	A12	A11	A10	A9	A8	A7	A6	A5	A4	A3	A2	A1	A0	Q
L	L	L	L	L	H	H	H	H	H	H	H	H	H	H	H	H	H	H	H	H	L
L	L	L	L	H	H	H	H	H	H	H	H	H	H	H	H	H	H	H	H	L	L
L	L	L	H	L	H	H	H	H	H	H	H	H	H	H	H	H	H	H	L	L	L
L	L	L	H	H	H	H	H	H	H	H	H	H	H	H	H	H	H	L	L	L	L
L	L	H	L	L	H	H	H	H	H	H	H	H	H	H	H	H	L	L	L	L	L
L	L	H	L	H	H	H	H	H	H	H	H	H	H	H	H	L	L	L	L	L	L
L	L	H	H	L	H	H	H	H	H	H	H	H	H	H	L	L	L	L	L	L	L
L	L	H	H	H	H	H	H	H	H	H	H	H	H	L	L	L	L	L	L	L	L
L	H	L	L	L	H	H	H	H	H	H	H	H	L	L	L	L	L	L	L	L	L
L	H	L	L	H	H	H	H	H	H	H	H	L	L	L	L	L	L	L	L	L	L
L	H	L	H	L	H	H	H	H	H	H	L	L	L	L	L	L	L	L	L	L	L
L	H	L	H	H	H	H	H	H	H	L	L	L	L	L	L	L	L	L	L	L	L
L	H	H	L	L	H	H	H	H	L	L	L	L	L	L	L	L	L	L	L	L	L
L	H	H	L	H	H	H	H	L	L	L	L	L	L	L	L	L	L	L	L	L	L
L	H	H	H	L	H	H	L	L	L	L	L	L	L	L	L	L	L	L	L	L	L
L	H	H	H	H	H	L	L	L	L	L	L	L	L	L	L	L	L	L	L	L	L
H	X	X	X	X	X	X	X	X	X	X	X	X	X	X	X	X	X	X	X	X	H
L	Alle anderen Kombinationen — all other combinations																				H

74677	Typ - Type - Tipo		Hersteller Production Fabricants Produttori Fabricantes	Bild Fig. Fig. Sec	I$_S$ &I$_R$	t$_{PD}$ E→Q ns$_{typ}$			t$_{PD}$ E→Q ns$_{max}$			Bem./Note f$_T$ §f$_Z$ &f$_E$
0...70°C § 0...75°C	−40...85°C § −25...85°C	−55...125°C		3	mA	↓	↕	↑	↓	↕	↑	MHz
74ALS677FN		SN54ALS677FH	Tix	cc	21				40		26	
			Tix	cc	21				35		22	
74ALS677NT		SN54ALS677JT	Tix	24c	21				40		26	
			Tix	24a	21				35		22	

74678
Output: TP

16-Bit Adresskomparator mit Latch
16-bit address comparator with latch
Comparateur d'adresses 16 bits avec latch
16-bit comparatore indirizzi con latch
Comparador de direcciones de 16 bits con registro-latch

74678
Output: TP

Pinout (24-pin DIP):
- Pin 24: U_S
- Pin 23: EN
- Pin 22: Q
- Pin 21: P3
- Pin 20: P2
- Pin 19: P1
- Pin 18: P0
- Pin 17: A15
- Pin 16: A14
- Pin 15: A13
- Pin 14: A12
- Pin 13: A11
- Pin 1: A0
- Pin 2: A1
- Pin 3: A2
- Pin 4: A3
- Pin 5: A4
- Pin 6: A5
- Pin 7: A6
- Pin 8: A7
- Pin 9: A8
- Pin 10: A9
- Pin 11: A10
- Pin 12: GND

Input																					Output
C	P3	P2	P1	P0	A15	A14	A13	A12	A11	A10	A9	A8	A7	A6	A5	A4	A3	A2	A1	A0	Q
H	L	L	L	L	H	H	H	H	H	H	H	H	H	H	H	H	H	H	H	H	L
H	L	L	L	H	H	H	H	H	H	H	H	H	H	H	H	H	H	H	H	L	L
H	L	L	H	L	H	H	H	H	H	H	H	H	H	H	H	H	H	H	L	L	L
H	L	L	H	H	H	H	H	H	H	H	H	H	H	H	H	H	H	L	L	L	L
H	L	H	L	L	H	H	H	H	H	H	H	H	H	H	H	H	L	L	L	L	L
H	L	H	L	H	H	H	H	H	H	H	H	H	H	H	H	L	L	L	L	L	L
H	L	H	H	L	H	H	H	H	H	H	H	H	H	H	L	L	L	L	L	L	L
H	L	H	H	H	H	H	H	H	H	H	H	H	H	L	L	L	L	L	L	L	L
H	H	L	L	L	H	H	H	H	H	H	H	H	L	L	L	L	L	L	L	L	L
H	H	L	L	H	H	H	H	H	H	H	H	L	L	L	L	L	L	L	L	L	L
H	H	L	H	L	H	H	H	H	H	H	L	L	L	L	L	L	L	L	L	L	L
H	H	L	H	H	H	H	H	H	H	L	L	L	L	L	L	L	L	L	L	L	L
H	H	H	L	L	H	H	H	H	L	L	L	L	L	L	L	L	L	L	L	L	L
H	H	H	L	H	H	H	H	L	L	L	L	L	L	L	L	L	L	L	L	L	L
H	H	H	H	L	H	H	L	L	L	L	L	L	L	L	L	L	L	L	L	L	L
H	H	H	H	H	L	L	L	L	L	L	L	L	L	L	L	L	L	L	L	L	L
L	X	X	X	X	X	X	X	X	X	X	X	X	X	X	X	X	X	X	X	X	Latched
H	Alle anderen Kombinationen — all other combinations																				H

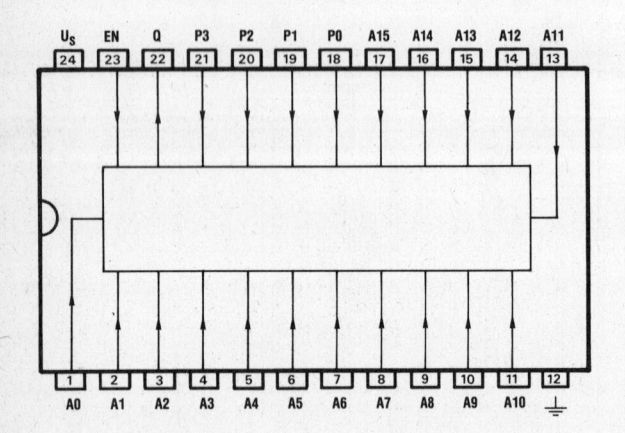

74678	Typ - Type - Tipo		Hersteller Production Fabricants Produttori Fabricantes	Bild Fig. Fig. Sec	I_S & I_R	t_{PD} E→Q ns$_{typ}$	t_{PD} E→Q ns$_{max}$	Bem./Note f_T §f_Z & f_E
0...70°C § 0...75°C	−40...85°C § −25...85°C	−55...125°C		3	mA	↓ ↕ ↑	↓ ↕ ↑	MHz
SN74ALS678FN		SN54ALS678FH	Tix	cc	21		40 25	
			Tix	cc	21		35 21	
		SN54ALS678JT	Tix	24c	21		40 25	
SN74ALS678NT			Tix	24a	21		35 21	

74679
Output: TP

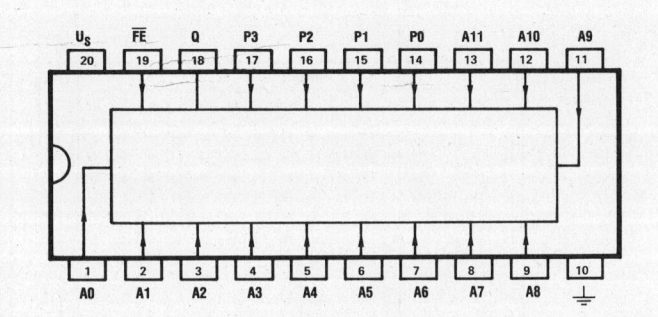

12-Bit Adresskomparator
12-bit address comparator
Comparateur d'adresses 12 bits
12-bit comparatore latch
Comparador de direcciones de 12 bits

Pinout (20-pin DIP):
- Pin 1: A0
- Pin 2: A1
- Pin 3: A2
- Pin 4: A3
- Pin 5: A4
- Pin 6: A5
- Pin 7: A6
- Pin 8: A7
- Pin 9: A8
- Pin 10: GND
- Pin 11: A9
- Pin 12: A10
- Pin 13: A11
- Pin 14: P0
- Pin 15: P1
- Pin 16: P2
- Pin 17: P3
- Pin 18: Q
- Pin 19: $\overline{FE}$
- Pin 20: U_S

Function table

	Input															Output
$\overline{G}$	P3	P2	P1	P0	A10	A9	A8	A7	A6	A5	A4	A3	A2	A1	A0	Q
L	L	L	L	L	H	H	H	H	H	H	H	H	H	H	H	L
L	L	L	L	H	H	H	H	H	H	H	H	H	H	H	L	L
L	L	L	H	L	H	H	H	H	H	H	H	H	H	L	L	L
L	L	L	H	H	H	H	H	H	H	H	H	H	L	L	L	L
L	L	H	L	L	H	H	H	H	H	H	H	L	L	L	L	L
L	L	H	L	H	H	H	H	H	H	H	L	L	L	L	L	L
L	L	H	H	L	H	H	H	H	H	H	L	L	L	L	L	L
L	L	H	H	H	H	H	H	H	H	L	L	L	L	L	L	L
L	H	L	L	L	H	H	H	H	L	L	L	L	L	L	L	L
L	H	L	L	H	H	H	H	L	L	L	L	L	L	L	L	L
L	H	L	H	L	H	H	L	L	L	L	L	L	L	L	L	L
L	H	L	H	H	H	L	L	L	L	L	L	L	L	L	L	L
L	H	H	L	L	L	L	L	L	L	L	L	L	L	L	L	L
L	H	H	L	H	L	L	L	L	L	L	L	L	L	L	L	L
L	H	H	H	L	L	L	L	L	L	L	L	L	L	L	L	L
L	H	H	H	H	L	L	L	L	L	L	L	L	L	L	L	L
H	X	X	X	X	X	X	X	X	X	X	X	X	X	X	X	H
L	Alle anderen Kombinationen — all other combinations															H

Parameters

74679	Typ - Type - Tipo		Hersteller Production Fabricants Produttori Fabricantes	Bild Fig. Fig. Sec	I_S &I_R	t_{PD} E→Q ns_{typ} ↓ ↕ ↑	t_{PD} E→Q ns_{max} ↓ ↕ ↑	Bem./Note f_T §f_Z &f_E
0...70°C § 0...75°C	−40...85°C § −25...85°C	−55...125°C		3	mA			MHz
N74ALS679FN		SN54ALS679FH	Tix	cc	17	35 26		
			Tix	cc	17	30 22		
		SN54ALS679J	Tix	20c	17	35 26		
N74ALS679N			Tix	20a	17	30 22		

74680
Output: TP

12-Bit Adresskomparator mit Latch
12-bit address comparator with latch
Comparateur d'adresses 16 bits avec latch
12-bit comparatore indirizzi con latch
Comparador de direcciones de 12 bits con registro-latch

Pinout (DIP-20):
- Pin 1: A0
- Pin 2: A1
- Pin 3: A2
- Pin 4: A3
- Pin 5: A4
- Pin 6: A5
- Pin 7: A6
- Pin 8: A7
- Pin 9: A8
- Pin 10: GND
- Pin 11: A9
- Pin 12: A10
- Pin 13: A11
- Pin 14: P0
- Pin 15: P1
- Pin 16: P2
- Pin 17: P3
- Pin 18: Q
- Pin 19: EN
- Pin 20: U_S

				Input											Output
C	P3	P2	P1	P0	A10	A9	A8	A7	A6	A5	A4	A3	A2	A1	A0	Q
H	L	L	L	L	H	H	H	H	H	H	H	H	H	H	H	L
H	L	L	L	H	H	H	H	H	H	H	H	H	H	H	L	L
H	L	L	H	L	H	H	H	H	H	H	H	H	H	L	L	L
H	L	L	H	H	H	H	H	H	H	H	H	H	L	L	L	L
H	L	H	L	L	H	H	H	H	H	H	H	L	L	L	L	L
H	L	H	L	H	H	H	H	H	H	H	L	L	L	L	L	L
H	L	H	H	L	H	H	H	H	H	L	L	L	L	L	L	L
H	L	H	H	H	H	H	H	H	L	L	L	L	L	L	L	L
H	H	L	L	L	H	H	H	L	L	L	L	L	L	L	L	L
H	H	L	L	H	H	H	L	L	L	L	L	L	L	L	L	L
H	H	L	H	L	H	L	L	L	L	L	L	L	L	L	L	L
H	H	L	H	H	L	L	L	L	L	L	L	L	L	L	L	L
H	H	H	L	L	L	L	L	L	L	L	L	L	L	L	L	L
H	H	H	L	H	L	L	L	L	L	L	L	L	L	L	L	L
H	H	H	H	L	L	L	L	L	L	L	L	L	L	L	L	L
L	X	X	X	X	X	X	X	X	X	X	X	X	X	X	X	Latched
H	Alle anderen Kombinationen — all other combinations															H

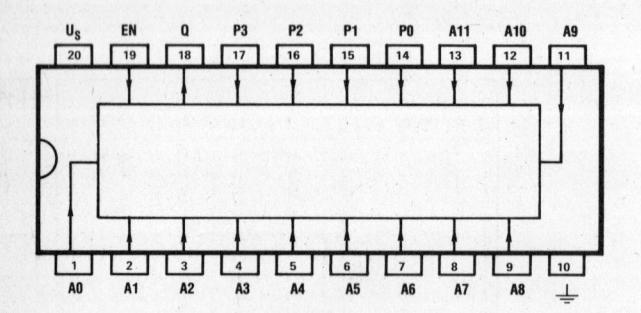

74680	Typ - Type - Tipo		Hersteller Production Fabricants Produttori Fabricantes	Bild Fig. Fig. Sec 3	I_S &I_R mA	t_{PD} E→Q ns typ ↓↑↑	t_{PD} E→Q ns max ↓↑↑	Bem./Note f_T §f_Z &f_E MHz
	0...70°C § 0...75°C	−40...85°C § −25...85°C	−55...125°C					
SN74ALS680FN			SN54ALS680FH	Tix	cc	18	28 25	
				Tix	cc	18	25 21	
SN74ALS680N			SN54ALS680J	Tix	20c	18	28 25	
				Tix	20a	18	25 21	

74681
Output: TP

4-Bit Akkumulator
4-bit accumulator
Accumulateur 4 bits
4-bit accumulatore
Acumulador de 4 bits

74682
Output: TP

8-Bit Größenvergleicher mit Pull-up Widerständen
8-bit magnitude comparator with pull-up resistors
Comparateur de grandeur 8 bits avec résistances pull-up
8-bit comparatore di grandezza con resistenze pull-up
Comparador de magnitud de 8 bits con resistencias pull-up

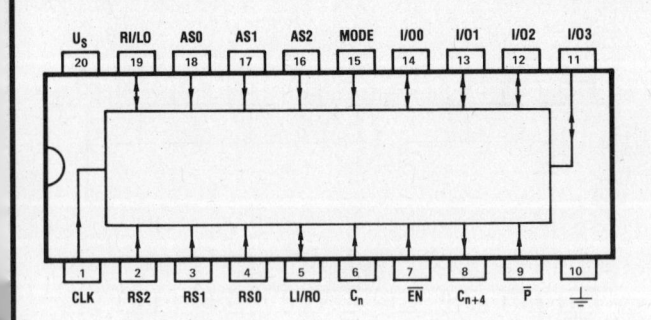

74681 pinout:
- 20: U_S
- 19: RI/LO
- 18: AS0
- 17: AS1
- 16: AS2
- 15: MODE
- 14: I/O0
- 13: I/O1
- 12: I/O2
- 11: I/O3
- 1: CLK
- 2: RS2
- 3: RS1
- 4: RS0
- 5: LI/LO
- 6: C_n
- 7: $\overline{EN}$
- 8: C_{n+4}
- 9: $\overline{P}$
- 10: GND

74682 pinout:
- 20: U_S
- 19: $\overline{A=B}$
- 18: B7
- 17: A7
- 16: B6
- 15: A6
- 14: B5
- 13: A5
- 12: B4
- 11: A4
- 1: $\overline{A>B}$
- 2: A0
- 3: B0
- 4: A1
- 5: B1
- 6: A2
- 7: B2
- 8: A3
- 9: B3
- 10: GND

Eine eingehende Beschreibung würde den Rahmen dieser Daten- und Vergleichstabelle sprengen. Siehe Texas Instruments »TTL Data Book«.
A detailed description would go beyond the scope of the data and comparison table. See Texas Instruments "TTL Data Book".
Une description exhaustive débordera le cadre du tableau de données et de comparaison. Voir «TTL Data Book» de Texas Instruments.
Una descrizione dettagliata esulerebbe dal campo della tabella di dati e di comparazione. Vedasi Texas Instruments »TTL Data Book«.
Una descripción detallada se saldría de los límites de presente obra. Véase »TTL Data Book« de Texas Instruments.

A, B	$\overline{A=B}$	$\overline{A>B}$
A = B	L	H
A > B	H	L
A < B	H	H

74681	Typ - Type - Tipo			Hersteller Production Fabricants Produttori Fabricantes	Bild Fig. Fig. Sec 3	I_S &I_R mA	t_{PD} E→Q ns_{typ} ↓ ↕ ↑	t_{PD} E→Q ns_{max} ↓ ↕ ↑	Bem./Note f_T §f_Z &f_E MHz
0...70°C § 0...75°C	−40...85°C § −25...85°C		−55...125°C						
SN74LS681J SN74LS681N		SN54LS681J		Tix Tix	20c 20a	100 100	29 27 29 27	40 40 40 40	

74682	Typ - Type - Tipo			Hersteller Production Fabricants Produttori Fabricantes	Bild Fig. Fig. Sec 3	I_S &I_R mA	t_{PD} E→Q ns_{typ} ↓ ↕ ↑	t_{PD} E→Q ns_{max} ↓ ↕ ↑	Bem./Note f_T §f_Z &f_E MHz
0...70°C § 0...75°C	−40...85°C § −25...85°C		−55...125°C						
SN74LS682J SN74LS682N		SN54LS682J		Tix Tix	20c 20a	42 42	15 13 15 13	25 25 25 25	

74683
Output: OC

8-Bit Größenvergleicher mit Pull-up Widerständen
8-bit magnitude comparator with pull-up resistors
Comparateur de grandeur 8 bits avec résistantes pull-up
8-bit comparatore di grandezza con resistenze pull-up
Comparador de magnitud de 8 bits con resistencias pull-up

74684
Output: TP

8-Bit Größenvergleicher
8-bit magnitude comparator
Comparateur de grandeur 8 bits
8-bit comparatore di grandezza
Comparador de magnitud de 8 bits

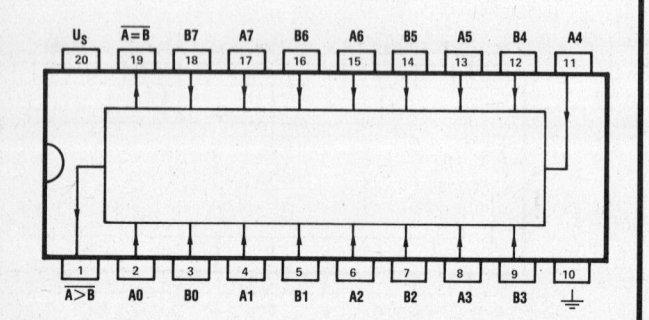

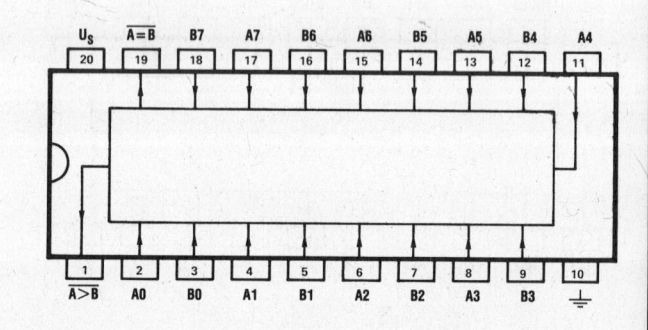

Pinout (both devices): U_S (20), $\overline{A=B}$ (19), B7 (18), A7 (17), B6 (16), A6 (15), B5 (14), A5 (13), B4 (12), A4 (11), $\overline{A>B}$ (1), A0 (2), B0 (3), A1 (4), B1 (5), A2 (6), B2 (7), A3 (8), B3 (9), GND (10)

A,B	$\overline{A=B}$	$\overline{A>B}$
A=B	L	H
A>B	H	L
A<B	H	H

A,B	$\overline{A=B}$	$\overline{A>B}$
A=B	L	H
A>B	H	L
A<B	H	H

74683	Typ - Type - Tipo			Hersteller Production Fabricants Produttori Fabricantes	Bild Fig. Fig. Sec	I_S &I_R	t_{PD} E→Q ns_{typ}	t_{PD} E→Q ns_{max}	Bem./Note f_T §f_Z &f_E
0...70°C § 0...75°C	−40...85°C § −25...85°C	−55...125°C			3	mA	↓ ↕ ↑	↓ ↕ ↑	MHz
SN74LS683J SN74LS683N		SN54LS683J		Tix Tix	20c 20a	42 42	20 30 20 30	30 45 30 45	

74684	Typ - Type - Tipo			Hersteller Production Fabricants Produttori Fabricantes	Bild Fig. Fig. Sec	I_S &I_R	t_{PD} E→Q ns_{typ}	t_{PD} E→Q ns_{max}	Bem./Note f_T §f_Z &f_E
0...70°C § 0...75°C	−40...85°C § −25...85°C	−55...125°C			3	mA	↓ ↕ ↑	↓ ↕ ↑	MHz
SN74LS684J SN74LS684N		SN54LS684J		Tix Tix	20c 20a	40 40	17 15 17 15	25 25 25 25	

74685
Output: OC

8-Bit Größenvergleicher
8-bit magnitude comparator
Comparateur de grandeur 8 bits
8-bit comparatore di grandezza
Comparador de magnitud de 8 bits

74686
Output: TP

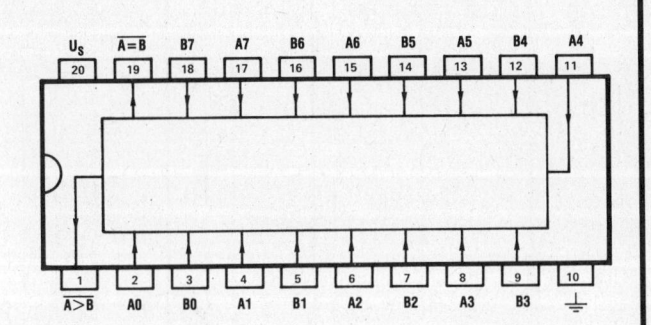

8-Bit Größenvergleicher
8-bit magnitude comparator
Comparateur de grandeur 8 bits
8-bit comparatore di grandezza
Comparador de magnitud de 8 bits

74685 pinout
Top pins (left to right): U_S (20), $\overline{A=B}$ (19), B7 (18), A7 (17), B6 (16), A6 (15), B5 (14), A5 (13), B4 (12), A4 (11)
Bottom pins (left to right): $\overline{A>B}$ (1), A0 (2), B0 (3), A1 (4), B1 (5), A2 (6), B2 (7), A3 (8), B3 (9), GND (10)

74686 pinout
Top pins (left to right): U_S (24), $\overline{FE2}$ (23), $\overline{A=B}$ (22), B7 (21), A7 (20), B6 (19), A6 (18), B5 (17), A5 (16), B4 (15), A4 (14), (13)
Bottom pins (left to right): $\overline{A>B}$ (1), $\overline{FE1}$ (2), A0 (3), B0 (4), A1 (5), B1 (6), A2 (7), B2 (8), A3 (9), B3 (10), (11), GND (12)

74685 function table

A, B	$\overline{A=B}$	$\overline{A>B}$
A = B	L	H
A > B	H	L
A < B	H	H

74686 function table

A, B	$\overline{FE1}$	$\overline{FE2}$	$\overline{A=B}$	$\overline{A>B}$
X	H	X	H	?
X	X	H	?	H
A = B	L	L	L	H
A > B	L	L	H	L
A < B	L	L	H	H

74685

74685	Typ - Type - Tipo		Hersteller Production Fabricants Produttori Fabricantes	Bild Fig. Fig. Sec	I_S &I_R	t_{PD} E→Q ns_{typ}	t_{PD} E→Q ns_{max}	Bem./Note f_T §f_Z &f_E
0...70°C § 0...75°C	−40...85°C § −25...85°C	−55...125°C		3	mA	↓ ↕ ↑	↓ ↕ ↑	MHz
SN74LS685J		SN54LS685J	Tix	20c	40	19 30	35 45	
SN74LS685N			Tix	20a	40	19 30	35 45	

74686

74686	Typ - Type - Tipo		Hersteller Production Fabricants Produttori Fabricantes	Bild Fig. Fig. Sec	I_S &I_R	t_{PD} E→Q ns_{typ}	t_{PD} E→Q ns_{max}	Bem./Note f_T §f_Z &f_E
0...70°C § 0...75°C	−40...85°C § −25...85°C	−55...125°C		3	mA	↓ ↕ ↑	↓ ↕ ↑	MHz
SN74LS686JT		SN54LS686JT	Tix	24c	44	20 13	30 25	
SN74LS686NT			Tix	24a	44	20 13	30 25	

2-483

74687
Output: OC

8-Bit Größenvergleicher
8-bit magnitude comparator
Comparateur de grandeur 8 bits
8-bit comparatore di grandezza
Comparador de magnitud de 8 bits

74687	Typ - Type - Tipo		Hersteller Production Fabricants Produttori Fabricantes	Bild Fig. Fig. Sec 3	I_S &I_R mA	t_{PD} E→Q ns_{typ} ↓ ↕ ↑	t_{PD} E→Q ns_{max} ↓ ↕ ↑	Bem./Note f_T §f_Z &f_E MHz
0...70°C § 0...75°C	−40...85°C § −25...85°C	−55...125°C						
SN74LS687JT SN74LS687NT		SN54LS687JT	Tix Tix	24c 24a	44 44	20 24 20 24	30 35 30 35	

A, B	FE1	FE2	A=B	A>B
X	H	X	H	?
X	X	H	?	H
A=B	L	L	L	H
A>B	L	L	H	L
A<B	L	L	H	H

74688
Output: TP

8-Bit Größenvergleicher
8-bit magnitude comparator
Comparateur de grandeur 8 bits
8-bit comparatore di grandezza
Comparador de magnitud de 8 bits

Pinout (20-pin):
- Pin 1: FE
- Pin 2: A0
- Pin 3: B0
- Pin 4: A1
- Pin 5: B1
- Pin 6: A2
- Pin 7: B2
- Pin 8: A3
- Pin 9: B3
- Pin 10: GND
- Pin 11: A4
- Pin 12: B4
- Pin 13: A5
- Pin 14: B5
- Pin 15: A6
- Pin 16: B6
- Pin 17: A7
- Pin 18: B7
- Pin 19: $\overline{A=B}$
- Pin 20: U_S

A, B	$\overline{FE}$	$\overline{A=B}$
X	H	H
A=B	L	L
A>B	X	H
A<B	X	H

74688	Typ - Type - Tipo			Hersteller Production Fabricants Produttori Fabricantes	Bild Fig. Fig. Sec 3	I_S &I_R mA	t_{PD} E→Q ns typ ↓ ↕ ↑	t_{PD} E→Q ns max ↓ ↕ ↑	Bem./Note f_T §f_Z &f_E MHz
0...70°C § 0...75°C	−40...85°C § −25...85°C	−55...125°C							
HC									
§CD74HC688E				Rca	20a		13 13		
			CD54HC688F	Rca	20c		13 13		
MC74HC688J			MC54HC688J	Mot	20c	<8u	24 24	36 36	
MC74HC688N				Mot	20a	<8u	24 24	36 36	
		MM74HC688J	MM54HC688J	Nsc	20c	<8u			
		MM74HC688N		Nsc	20a	<8u			
HCT									
§CD74HCT688E				Rca	20a		13 13		
			CD54HCT688F	Rca	20c		13 13		
MC74HCT688J			MC54HCT688J	Mot	20c				
MC74HCT688N				Mot	20a				
		MM74HCT688J	MM54HCT688J	Nsc	20c	<8u	23 16	35 24	
		MM74HCT688N		Nsc	20a	<8u	23 16	35 24	
LS									
SN74LS688J			SN54LS688J	Tix	20c	40	17 12	23 18	
SN74LS688N				Tix	20a	40	17 12	23 18	

74688	Typ - Type - Tipo			Hersteller Production Fabricants Produttori Fabricantes	Bild Fig. Fig. Sec 3	I_S &I_R mA	t_{PD} E→Q ns typ ↓ ↕ ↑	t_{PD} E→Q ns max ↓ ↕ ↑	Bem./Note f_T §f_Z &f_E MHz
0...70°C § 0...75°C	−40...85°C § −25...85°C	−55...125°C							
		SN54ALS688FH		Tix	cc	12		25 16	
		SN54ALS688J		Tix	cc	12		20 12	
SN74ALS688FN				Tix	20c	12		25 16	
SN74ALS688N				Tix	20a	12		20 12	

74689
Output: OC

8-Bit Größenvergleicher
8-bit magnitude comparator
Comparateur de grandeur 8 bits
8-bit comparatore di grandezza
Comparador de magnitud de 8 bits

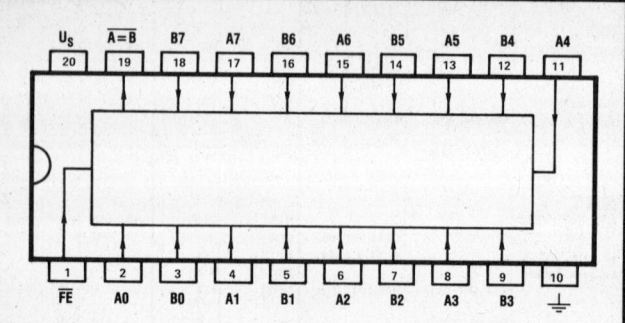

74690
Output: TS

4-Bit Dezimalzähler mit Register und Multiplexer
4-bit decade counter with register and multiplexer
Compteur décimal 4 bits avec registre et multiplexeur
4-bit contatore decimale con registro e multiplexer
Contador decimal de 4 bits con registro y multiplexador

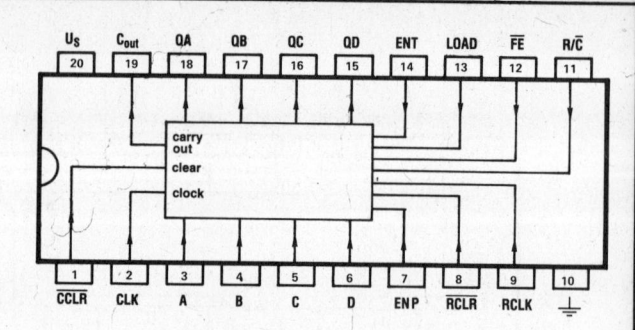

Pinout 74689: U_S(20), $\overline{A=B}$(19), B7(18), A7(17), B6(16), A6(15), B5(14), A5(13), B4(12), A4(11); $\overline{FE}$(1), A0(2), B0(3), A1(4), B1(5), A2(6), B2(7), A3(8), B3(9), GND(10)

Pinout 74690: U_S(20), C_{out}(19), QA(18), QB(17), QC(16), QD(15), ENT(14), LOAD(13), $\overline{FE}$(12), R/C(11); $\overline{CCLR}$(1), CLK(2), A(3), B(4), C(5), D(6), ENP(7), $\overline{RCLR}$(8), RCLK(9), GND(10)

Internal labels 74690: carry out, clear, clock

A,B	$\overline{FE}$	$\overline{A=B}$
X	H	H
A=B	L	L
A>B	X	H
A<B	X	H

74689

0...70°C / § 0...75°C	−40...85°C / § −25...85°C	−55...125°C	Hersteller Production Fabricants Produttori Fabricantes	Bild Fig. Fig. Sec 3	I_S &I_R mA	t_{PD} E→Q ns_{typ} ↓ ↑	t_{PD} E→Q ns_{max} ↓ ↑	Bem./Note f_T §f_Z &f_E MHz
DM74ALS689J		DM54ALS689J	Nsc	20c	<15	25 25		
DM74ALS689N			Nsc	20a	<15	25 25		
		SN54ALS689FH	Tix	cc	12	25 30		
SN74ALS689FN			Tix	cc	12	23 25		
		SN54ALS689J	Tix	20c	12	25 30		
SN74ALS689N			Tix	20a	12	23 25		
LS								
SN74LS689J		SN54LS689J	Tix	20c	40	22 24	35 40	
SN74LS689N			Tix	20a	40	22 24	35 40	

74690

0...70°C / § 0...75°C	−40...85°C / § −25...85°C	−55...125°C	Hersteller Production Fabricants Produttori Fabricantes	Bild Fig. Fig. Sec 3	I_S &I_R mA	t_{PD} E→Q ns_{typ} ↓ ↑ ↑	t_{PD} E→Q ns_{max} ↓ ↑ ↑	Bem./Note f_T §f_Z &f_E MHz
MC74ALS690J		MC54ALS690J	Mot	20c				
MC74ALS690N			Mot	20a				
MC74ALS690W		MC54ALS690W	Mot	20n				
LS								
SN74LS690J		SN54LS690J	Tix	20c	48	17 12	25 20	
SN74LS690N			Tix	20a	48	17 12	25 20	

74691 — Output: TS
4-Bit Binärzähler mit Register und Multiplexer
4-bit binary counter with register and multiplexer
Compteur binaire 4 bits avec registre et multiplexeur
4-bit contatore binario con registro e multiplexer
Contador binario de 4 bits con registro y multiplexador

Pinout (top, pins 20–11): U_S 20 | C_{out} 19 | QA 18 | QB 17 | QC 16 | QD 15 | ENT 14 | LOAD 13 | $\overline{FE}$ 12 | $R/\overline{C}$ 11

Internal labels: carry out, clear, clock

Pinout (bottom, pins 1–10): $\overline{CCLR}$ 1 | CLK 2 | A 3 | B 4 | C 5 | D 6 | ENP 7 | $\overline{RCLR}$ 8 | RCLK 9 | ⏚ 10

74692 — Output: TS
4-Bit Dezimalzähler mit Register und Multiplexer
4-bit decade counter with register and multiplexer
Compteur décimal 4 bits avec registre et multiplexeur
4-bit contatore decimale con registro e multiplexer
Contador decimal de 4 bits con registro y multiplexador

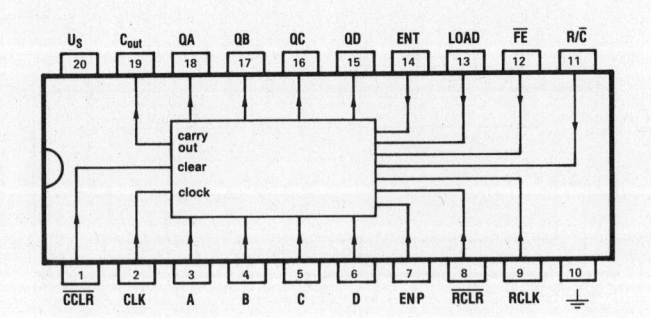

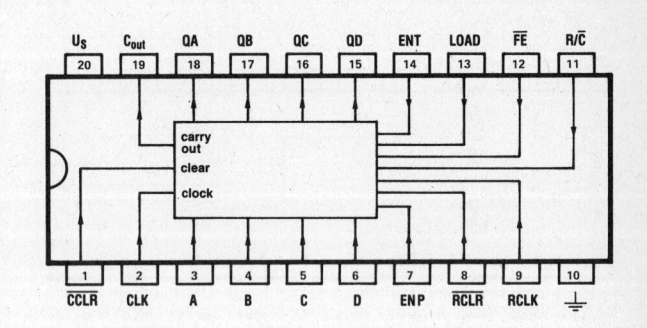

Pinout (top, pins 20–11): U_S 20 | C_{out} 19 | QA 18 | QB 17 | QC 16 | QD 15 | ENT 14 | LOAD 13 | $\overline{FE}$ 12 | $R/\overline{C}$ 11

Internal labels: carry out, clear, clock

Pinout (bottom, pins 1–10): $\overline{CCLR}$ 1 | CLK 2 | A 3 | B 4 | C 5 | D 6 | ENP 7 | $\overline{RCLR}$ 8 | RCLK 9 | ⏚ 10

74691

74691	Typ - Type - Tipo			Hersteller Production Fabricants Produttori Fabricantes	Bild Fig. Fig. Sec	I_S &I_R	t_{PD} E→Q ns_{typ}			t_{PD} E→Q ns_{max}			Bem./Note f_T §f_Z &f_E
0…70°C § 0…75°C	−40…85°C § −25…85°C		−55…125°C		3	mA	↓	↕	↑	↓	↕	↑	MHz
MC74ALS691J MC74ALS691N MC74ALS691W	MC54ALS691J MC54ALS691W			Mot Mot Mot	20c 20a 20n								
LS SN74LS691J SN74LS691N	SN54LS691J			Tix Tix	20c 20a	48 48	17 17	12 12		25 25	20 20		

74692

74692	Typ - Type - Tipo			Hersteller Production Fabricants Produttori	Bild Fig. Sec	I_S &I_R	t_{PD} E→Q ns_{typ}			t_{PD} E→Q ns_{max}			Bem./Note f_T §f_Z &f_E
0…70°C § 0…75°C	−40…85°C § −25…85°C		−55…125°C		3	mA	↓	↕	↑	↓	↕	↑	MHz
MC74ALS692J MC74ALS692N MC74ALS692W	MC54ALS692J MC54ALS692W			Mot Mot Mot	20c 20a 20n								
LS SN74LS692J SN74LS692N	SN54LS692J			Tix Tix	20c 20a	48 48	17 17	12 12		25 25	20 20		

2-487

74693
Output: TS

4-Bit Binärzähler mit Register und Multiplexer
4-bit binary counter with register and multiplexer
Compteur binaire 4 bits avec registre et multiplexeur
4-bit contatore binario con registro e multiplexer
Contador binario de 4 bits con registro y multiplexador

74696
Output: TS

4-Bit Dezimalzähler mit Register und Multiplexer
4-bit decade counter with register and multiplexer
Compteur décimal 4 bits avec registre et multiplexeur
4-bit contatore decimale con registro e multiplexer
Contador decimal de 4 bits con registro y multiplexador

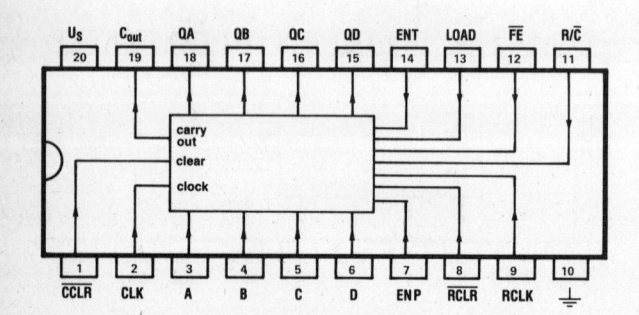

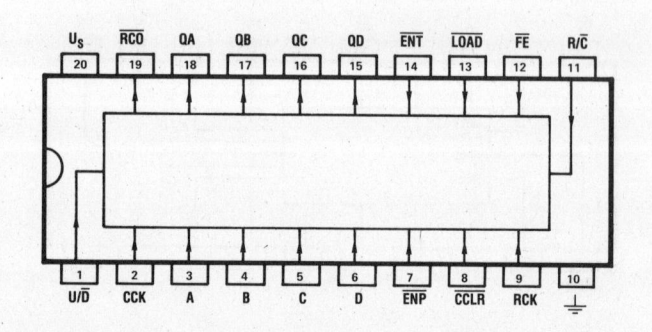

74693 pinout

Pin	20	19	18	17	16	15	14	13	12	11
Signal	U_S	C_{out}	QA	QB	QC	QD	ENT	LOAD	$\overline{FE}$	$R/\overline{C}$

Internal labels: carry out, clear, clock

Pin	1	2	3	4	5	6	7	8	9	10
Signal	$\overline{CCLR}$	CLK	A	B	C	D	ENP	$\overline{RCLR}$	RCLK	⏚

74696 pinout

Pin	20	19	18	17	16	15	14	13	12	11
Signal	U_S	$\overline{RCO}$	QA	QB	QC	QD	ENT	$\overline{LOAD}$	$\overline{FE}$	$R/\overline{C}$

Pin	1	2	3	4	5	6	7	8	9	10
Signal	$U/\overline{D}$	CCK	A	B	C	D	$\overline{ENP}$	$\overline{CCLR}$	RCK	⏚

74693

Typ - Type - Tipo			Hersteller Production Fabricants Produttori Fabricantes	Bild Fig. Fig. Sec 3	I_S &I_R mA	t_{PD} E→Q ns_{typ} ↓ ↑	t_{PD} E→Q ns_{max} ↓ ↑	Bem./Note f_T §f_Z &f_E MHz
0...70°C § 0...75°C	−40...85°C § −25...85°C	−55...125°C						
MC74ALS693J		MC54ALS693J	Mot	20c				
MC74ALS693N			Mot	20a				
MC74ALS693W		MC54ALS693W	Mot	20n				
LS								
SN74LS693J		SN54LS693J	Tix	20c	48	17 12	25 20	
SN74LS693N			Tix	20a	48	17 12	25 20	

74696

Typ - Type - Tipo			Hersteller Production Fabricants Produttori Fabricantes	Bild Fig. Fig. Sec 3	I_S &I_R mA	t_{PD} E→Q ns_{typ} ↓ ↑	t_{PD} E→Q ns_{max} ↓ ↑	Bem./Note f_T §f_Z &f_E MHz
0...70°C § 0...75°C	−40...85°C § −25...85°C	−55...125°C						
MC74ALS696J		MC54ALS696J	Mot	20c				
MC74ALS696N			Mot	20a				
MC74ALS696W		MC54ALS696W	Mot	20n				
LS								
SN74LS696J		SN54LS696J	Tix	20c	48	17 12	25 20	
SN74LS696N			Tix	20a	48	17 12	25 20	

74697	4-Bit Binärzähler mit Register und Multiplexer	74698	4-Bit Dezimalzähler mit Register und Multiplexer
Output: TS	4-bit binary counter with register and multiplexer Compteur binaire 4 bits avec registre et multiplexeur 4-bit contatore binario con registro e multiplexer Contador binario de 4 bits con registro y multiplexador	Output: TS	4-bit decade counter with register and multiplexer Compteur décimal 4 bits avec registre et multiplexeur 4-bit contatore decimale con registro e multiplexer Contador decimal de 4 bits con registro y multiplexador

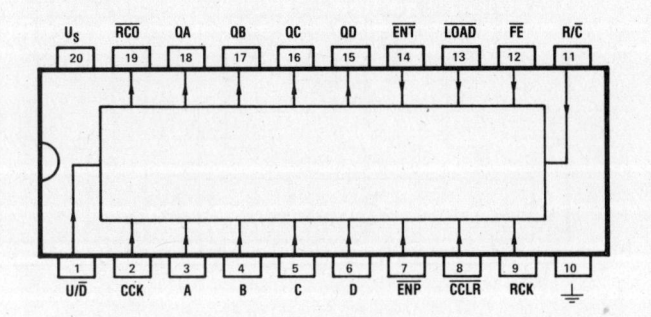

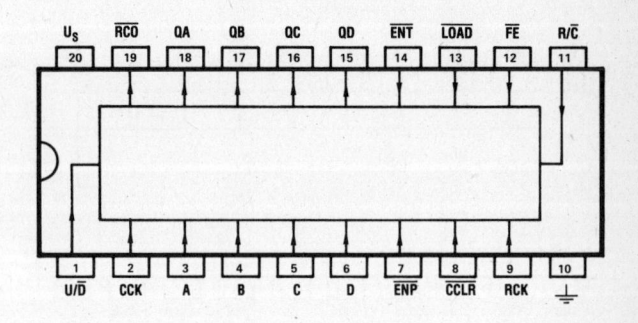

Pinout 74697:
- Top: U_S (20), $\overline{RCO}$ (19), QA (18), QB (17), QC (16), QD (15), $\overline{ENT}$ (14), $\overline{LOAD}$ (13), $\overline{FE}$ (12), R/$\overline{C}$ (11)
- Bottom: U/$\overline{D}$ (1), CCK (2), A (3), B (4), C (5), D (6), $\overline{ENP}$ (7), $\overline{CCLR}$ (8), RCK (9), ⏚ (10)

Pinout 74698: same pin assignments as 74697.

74697	Typ - Type - Tipo		Hersteller Production Fabricants Produttori Fabricantes	Bild Fig. Fig. Sec	I_S &I_R	t_{PD} E→Q ns $_{typ}$		t_{PD} E→Q ns $_{max}$		Bem./Note f_T §f_Z &f_E
0...70°C § 0...75°C	−40...85°C § −25...85°C	−55...125°C		3	mA	↓ ↕ ↑		↓ ↕ ↑		MHz
MC74ALS697J MC74ALS697N MC74ALS697W	MC54ALS697J MC54ALS697W		Mot Mot Mot	20c 20a 20n						
LS SN74LS697J SN74LS697N	SN54LS697J		Tix Tix	20c 20a	48 48	17 12 17 12		25 20 25 20		

74698	Typ - Type - Tipo		Hersteller Production Fabricants Produttori Fabricantes	Bild Fig. Fig. Sec	I_S &I_R	t_{PD} E→Q ns $_{typ}$		t_{PD} E→Q ns $_{max}$		Bem./Note f_T §f_Z &f_E
0...70°C § 0...75°C	−40...85°C § −25...85°C	−55...125°C		3	mA	↓ ↕ ↑		↓ ↕ ↑		MHz
MC74ALS698J MC74ALS698N MC74ALS698W	MC54ALS698J MC54ALS698W		Mot Mot Mot	20c 20a 20n						
LS SN74LS698J SN74LS698N	SN54LS698J		Tix Tix	20c 20a	48 48	17 12 17 12		25 20 25 20		

74699		4-Bit Binärzähler mit Register und Multiplexer
Output: TS		4-bit binary counter with register and multiplexer
		Compteur binaire 4 bits avec registre et multiplexeur
		4-bit contatore binario con registro e multiplexer
		Contador binario de 4 bits con registro y multiplexador

74756		8-Bit invertierender Bustreiber
Output: OC		8-bit inverting bus driver
		Driver de bus inverseur à 8 bits
		8-bit eccitatore invertente
		Excitador inversor de bus de 8 bits

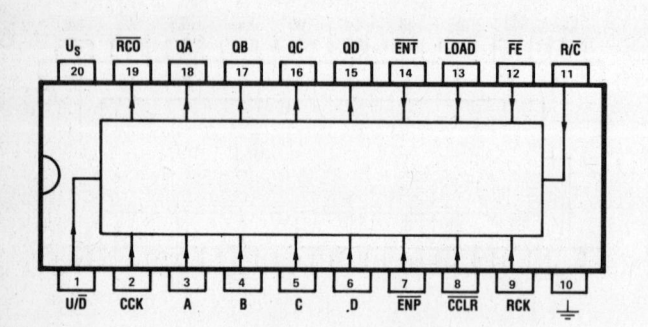

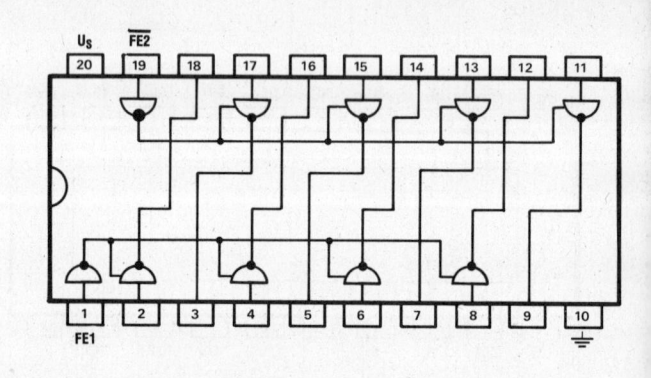

Pinout 74699: U$_S$(20), $\overline{RCO}$(19), QA(18), QB(17), QC(16), QD(15), $\overline{ENT}$(14), $\overline{LOAD}$(13), $\overline{FE}$(12), R/$\overline{C}$(11), GND(10), RCK(9), $\overline{CCLR}$(8), $\overline{ENP}$(7), D(6), C(5), B(4), A(3), CCK(2), U/$\overline{D}$(1)

Pinout 74756: U$_S$(20), $\overline{FE2}$(19), 18, 17, 16, 15, 14, 13, 12, 11, GND(10), 9, 8, 7, 6, 5, 4, 3, 2, FE1(1)

FE1	E	Q
H	X	open
L	L	L
L	H	H

FE2	E	Q
H	X	open
L	L	H
L	H	L

74699	Typ - Type - Tipo			Hersteller Production Fabricants Produttori Fabricantes	Bild Fig. Fig. Sec 3	I$_S$ &I$_R$ mA	t$_{PD}$ E→Q ns$_{typ}$ ↓ ↑ ↑	t$_{PD}$ E→Q ns$_{max}$ ↓ ↑ ↑	Bem./Note f$_T$ §f$_Z$ &f$_E$ MHz
0...70°C §0...75°C	−40...85°C §−25...85°C	−55...125°C							
MC74ALS699J MC74ALS699W	MC74ALS699J	MC54ALS699J MC54ALS699W		Mot Mot	20c 20n				
LS SN74LS699J SN74LS699N		SN54LS699J		Tix Tix	20c 20a	48 48	17 12 17 12	25 20 25 20	

74756	Typ - Type - Tipo			Hersteller Production Fabricants Produttori Fabricantes	Bild Fig. Fig. Sec 3	I$_S$ &I$_R$ mA	t$_{PD}$ E→Q ns$_{typ}$ ↓ ↑ ↑	t$_{PD}$ E→Q ns$_{max}$ ↓ ↑ ↑	Bem./Note f$_T$ §f$_Z$ &f$_E$ MHz
0...70°C §0...75°C	−40...85°C §−25...85°C	−55...125°C							
SN74AS756FN		SN54AS756FH		Tix	cc	51		7 20	Q=L
		SN54AS756J		Tix	cc	51		6 19	Q=L
SN74AS756N				Tix Tix	20c 20a	51 51		7 20 6 19	Q=L Q=L

74757	8-Bit Bustreiber
Output: OC	8-bit bus driver
	Driver de bus à 8 bits
	8-bit eccitatore bus
	Excitador de bus de 8 bits

74758	4-Bit bidirektionaler invertierender Bustreiber
Output: OC	4-bit bi-directional inverting bus driver
	Driver de bus inverseur bi-directionnel à 4 bits
	4-bit eccitatore bus invertente bidirezionale
	Excitador inversor de bus bidireccional de 4 bits

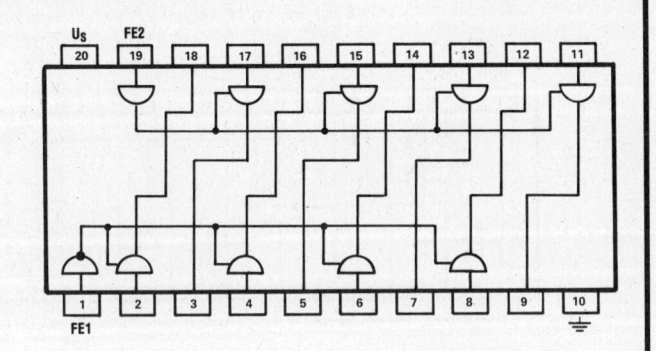

74757 pinout
Pins: U_S(20), FE2(19), 18, 17, 16, 15, 14, 13, 12, 11
Bottom: FE1(1), 2, 3, 4, 5, 6, 7, 8, 9, 10(GND)

FE1	E	Q
H	X	open
L	L	L
L	H	H

FE2	E	Q
L	X	open
H	L	L
H	H	H

74758 pinout
Pins: U_S(14), BA(13), B(12), B(11), B(10), B(9), B(8)
Bottom: AB(1), 2, A(3), A(4), A(5), A(6), 7(GND)

AB	BA	Function
L	L	$\overline{A} \to B$
H	H	$\overline{B} \to A$
H	L	—
L	H	Latch A + B

74757	Typ - Type - Tipo		Hersteller Production Fabricants Fabricantes	Bild Fig. Fig. Sec 3	I_S &I_R mA	t_{PD} $E \to Q$ ns_{typ} ↓ ↑↑	t_{PD} $E \to Q$ ns_{max} ↓ ↑↑	Bem./Note f_T §f_Z &f_E MHz
0...70°C § 0...75°C	−40...85°C § −25...85°C	−55...125°C						
N74AS757FN		SN54AS757FH	Tix	cc	61	7 19,5		Q=L
			Tix	cc	61	6 18,5		Q=L
N74AS757N		SN54AS757J	Tix	20c	61	7 19,5		Q=L
			Tix	20a	61	6 18,5		Q=L

74758	Typ - Type - Tipo		Hersteller Production Fabricants Fabricantes	Bild Fig. Fig. Sec 3	I_S &I_R mA	t_{PD} $E \to Q$ ns_{typ} ↓ ↑↑	t_{PD} $E \to Q$ ns_{max} ↓ ↑↑	Bem./Note f_T §f_Z &f_E MHz
0...70°C § 0...75°C	−40...85°C § −25...85°C	−55...125°C						
SN74AS758FN		SN54AS758FH	Tix	cc	38	7 20,5		Q=L
			Tix	cc	38	6 19,5		Q=L
SN74AS758N		SN54AS758J	Tix	14c	38	7 20,5		Q=L
			Tix	14a	38	6 19,5		Q=L

74759	4-Bit bidirektionaler Bustreiber 4-bit bi-directional bus driver Driver de bus bi-directionnel à 4 bits 4-bit eccitatore bus bidirezionale Excitador de bus bidireccional de 4 bits	74760	8-Bit Bustreiber 8-bit bus driver Driver de bus à 8 bits 8-bit eccitatore bus Excitador de bus de 8 bits
Output: OC		Output: OC	

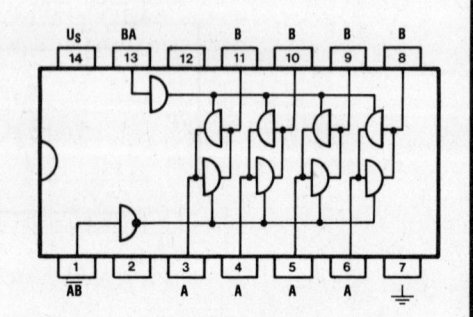

74759

$\overline{AB}$	BA	Function
L	L	A→B
H	H	B→A
H	L	—
L	H	Latch A + B

74760

FE	E	Q
H	X	open
L	L	L
L	H	H

74759

74759	Typ - Type - Tipo		Hersteller Production Fabricants Fabricantes	Bild Fig. Fig. Sec	I_S &I_R	t_{PD} E→Q ns$_{typ}$	t_{PD} E→Q ns$_{max}$	Bem./Note f_T §f_Z &f_E
0...70°C § 0...75°C	−40...85°C § −25...85°C	−55...125°C		3	mA	↓ ↑ ↑	↓ ↑ ↑	MHz
SN74AS759FN		SN54AS759FH	Tix	cc	47		7 21	Q = L
			Tix	cc	47		6 20	Q = L
		SN54AS759J	Tix	14c	47		7 21	Q = L
SN74AS759N			Tix	14a	47		6 20	Q = L

74760

74760	Typ - Type - Tipo		Hersteller Production Fabricants Fabricantes	Bild Fig. Fig. Sec	I_S &I_R	t_{PD} E→Q ns$_{typ}$	t_{PD} E→Q ns$_{max}$	Bem./Note f_T §f_Z &f_E
0...70°C § 0...75°C	−40...85°C § −25...85°C	−55...125°C		3	mA	↓ ↑ ↑	↓ ↑ ↑	MHz
SN74AS760FN		SN54AS760FH	Tix	cc	60		7 19,5	Q = L
			Tix	cc	60		6 18,5	Q = L
		SN54AS760J	Tix	20c	60		7 19,5	Q = L
SN74AS760N			Tix	20a	60		6 18,5	Q = L

74762
Output: OC

8-Bit Bustreiber
8-bit bus driver
Driver de bus à 8 bits
8-bit eccitatore bus
Excitador de bus de 8 bits

74763
Output: OC

8-Bit invertierender Bustreiber
8-bit inverting bus driver
Driver de bus inverseur à 8 bits
8-bit eccitatore bus invertente
Excitador inversor de bus de 8 bits

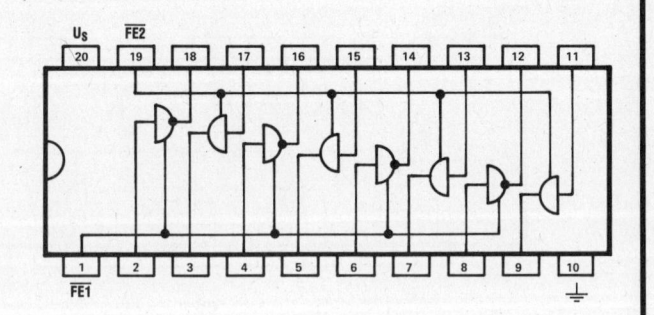

74762

Pins: U_S (20), $\overline{FE2}$ (19), 18, 17, 16, 15, 14, 13, 12, 11 / $\overline{FE1}$ (1), 2, 3, 4, 5, 6, 7, 8, 9, 10 (GND)

$\overline{FE1}$	E	Q
H	X	open
L	L	H
L	H	L

$\overline{FE2}$	E	Q
H	X	open
L	L	H
L	H	L

74763

Pins: U_S (20), FE2 (19), 18, 17, 16, 15, 14, 13, 12, 11 / $\overline{FE1}$ (1), 2, 3, 4, 5, 6, 7, 8, 9, 10 (GND)

$\overline{FE1}$	E	Q
H	X	open
L	L	L
L	H	H

FE2	E	Q
L	X	open
H	L	L
H	H	H

74762

Typ - Type - Tipo			Hersteller Production Fabricants Produttori Fabricantes	Bild Fig. Fig. Fig. Sec 3	I_S &I_R mA	t_{PD} E→Q ns_{typ} ↓↕↑	t_{PD} E→Q ns_{max} ↓↕↑	Bem./Note f_T §f_Z &f_E MHz
0...70°C § 0...75°C	−40...85°C § −25...85°C	−55...125°C						
SN74AS762FN		SN54AS762FH	Tix	cc	55		7 20	Q = L
			Tix	cc	55		6 19	Q = L
		SN54AS762J	Tix	20c	55		7 20	Q = L
SN74AS762N			Tix	20a	55		6 19	Q = L

74763

Typ - Type - Tipo			Hersteller Production Fabricants Produttori Fabricantes	Bild Fig. Fig. Fig. Sec 3	I_S &I_R mA	t_{PD} E→Q ns_{typ} ↓↕↑	t_{PD} E→Q ns_{max} ↓↕↑	Bem./Note f_T §f_Z &f_E MHz
0...70°C § 0...75°C	−40...85°C § −25...85°C	−55...125°C						
SN74AS763FN		SN54AS763FH	Tix	cc	52		7 20	Q = L
			Tix	cc	52		6 19	Q = L
		SN54AS763J	Tix	20c	52		7 20	Q = L
SN74AS763N			Tix	20a	52		6 19	Q = L

74795
Output: TS

8-Bit Bustreiber
8-bit bus driver
Driver de bus de 8 bits
8-bit eccitatore bus
Excitador de bus de 8 bits

74796
Output: TS

8-Bit invertierender Bustreiber
8-bit inverting bus driver
Driver de bus invertissant de 8 bits
8-bit eccitatore bus invertente
Excitador inversor de bus de 8 bits

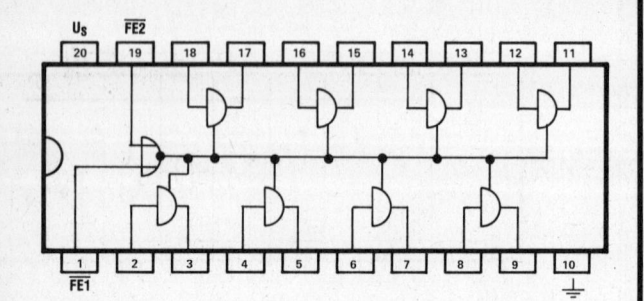

74795

Input			Output
$\overline{FE1}$	FE2	E	Q
H	X	X	Z
X	H	X	Z
L	L	L	L
L	L	H	H

74796

Input			Output
$\overline{FE1}$	FE2	E	Q
H	X	X	Z
X	H	X	Z
L	L	L	H
L	L	H	L

74795	Typ - Type - Tipo		Hersteller Production Fabricants Produttori Fabricantes	Bild Fig. Fig. Sec	I_S &I_R	t_{PD} E→Q ns_{typ}	t_{PD} E→Q ns_{max}	Bem./Note f_T §f_Z &f_E
0...70°C § 0...75°C	−40...85°C § −25...85°C	−55...125°C			mA	↓ ↑↑	↓ ↑↑	MHz
DM74LS795J DM74LS795N		DM54LS795J	Nsc Nsc	20c 20a	<26 <26	22 22	16 16	

74796	Typ - Type - Tipo		Hersteller Production Fabricants Produttori Fabricantes	Bild Fig. Fig. Sec	I_S &I_R	t_{PD} E→Q ns_{typ}	t_{PD} E→Q ns_{max}	Bem./Note f_T §f_Z &f_E
0...70°C § 0...75°C	−40...85°C § −25...85°C	−55...125°C			mA	↓ ↑↑	↓ ↑↑	MHz
DM74LS796J DM74LS796N		DM54LS796J	Nsc Nsc	20c 20a	<21 <21	17 17	10 10	

74797	8-Bit Bustreiber	74798	8-Bit invertierender Bustreiber
Output: TS	8-bit bus driver	Output: TS	8-bit inverting bus driver
	Driver de bus de 8 bits		Driver de bus invertissant de 8 bits
	8-bit eccitatore bus		8-bit eccitatore bus invertente
	Excitador de bus de 8 bits		Excitador inversor de bus de 8 bits

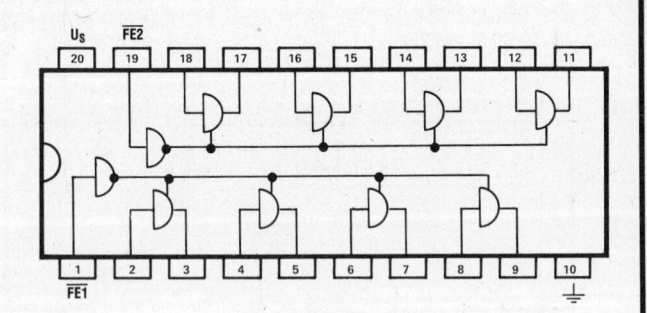

74797

Input		Output
$\overline{FE1}$	E	Q
H	X	Z
L	L	L
L	H	H

74798

Input		Output
$\overline{FE1}$	E	Q
H	X	Z
L	L	L
L	H	H

Input		Output
$\overline{FE2}$	E	Q
H	X	Z
L	L	H
L	H	L

74797	Typ - Type - Tipo			Hersteller Production Fabricants Produttori Fabricantes	Bild Fig. Fig. Sec	I_S &I_R	t_{PD} E→Q ns_{typ}	t_{PD} E→Q ns_{max}	Bem./Note f_T §f_Z &f_E
0...70°C § 0...75°C	−40...85°C § −25...85°C	−55...125°C			3	mA	↓ ↕ ↑	↓ ↕ ↑	MHz
M74LS797J		DM54LS797J		Nsc	20c	<26	22 16		
M74LS797N				Nsc	20a	<26	22 16		

74798	Typ - Type - Tipo			Hersteller Production Fabricants Produttori Fabricantes	Bild Fig. Fig. Sec	I_S &I_R	t_{PD} E→Q ns_{typ}	t_{PD} E→Q ns_{max}	Bem./Note f_T §f_Z &f_E
0...70°C § 0...75°C	−40...85°C § −25...85°C	−55...125°C			3	mA	↓ ↕ ↑	↓ ↕ ↑	MHz
DM74LS798J		DM54LS798J		Nsc	20c	<21		17 10	
DM74LS798N				Nsc	20a	<21		17 10	

74800		AND- / NAND-Treiber
Output: TP		AND / NAND driver
		Driver AND / NAND
		Eccitatore AND / NAND
		Excitadores NAND / AND

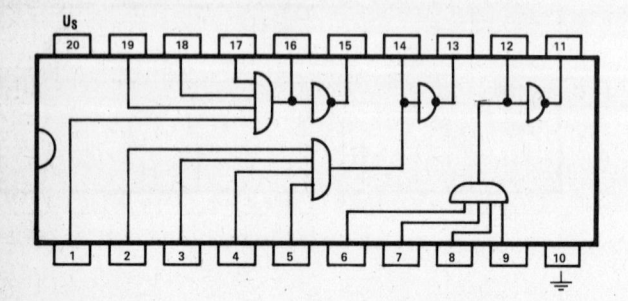

74802		OR- / NOR-Treiber
Output: TP		OR / NOR driver
		Driver OR / NOR
		Eccitatore OR / Nor
		Excitadores OR / NOR

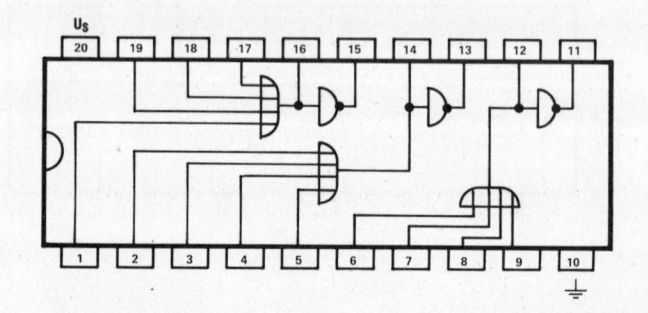

Siehe auch Section 1
See also section 1
Voir aussi section 1
Vedi anche sezione 1
Veasé tambien sección 1

Siehe auch Section 1
See also section 1
Voir aussi section 1
Vedi anche sezione 1
Veasé tambien sección 1

74800	Typ - Type - Tipo			Hersteller Production Fabricants Produttori Fabricantes	Bild Fig. Fig. Sec 3	I_S &I_R mA	t_{PD} E→Q ns_{typ} ↓ ↑ ↑	t_{PD} E→Q ns_{max} ↓ ↑ ↑	Bem./Note f_T §f_Z &f_E MHz
	0...70°C § 0...75°C	−40...85°C § −25...85°C	−55...125°C						
SN74AS800FN			SN54AS800FH	Tix	cc	13	3,5 3,5		
			SN54AS800J	Tix	cc	13	3,5 3,5		
				Tix	20c	13	3,5 3,5		
SN74AS800N				Tix	20a	13	3,5 3,5		

74802	Typ - Type - Tipo			Hersteller Production Fabricants Produttori Fabricantes	Bild Fig. Fig. Sec 3	I_S &I_R mA	t_{PD} E→Q ns_{typ} ↓ ↑ ↑	t_{PD} E→Q ns_{max} ↓ ↑ ↑	Bem./Note f_T §f_Z &f_E MHz
	0...70°C § 0...75°C	−40...85°C § −25...85°C	−55...125°C						
SN74AS802FN			SN54AS802FH	Tix	cc	20	4,5 3,5		
			SN54AS802J	Tix	cc	20	4,5 3,5		
				Tix	20c	20	4,5 3,5		
SN74AS802N				Tix	20a	20	4,5 3,5		

74804
Output: TP

NAND-Treiber
NAND driver
Driver NAND
Eccitatore NAND
Excitatores NAND

74805
Output: TP

NOR-Treiber
NOR driver
Driver NOR
Eccitatore NOR
Excitatores NOR

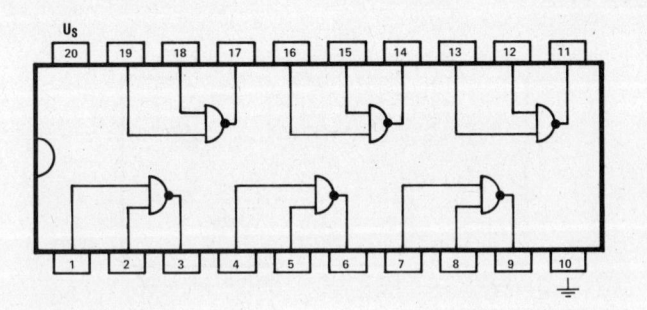

Siehe auch Section 1
See also section 1
Voir aussi section 1
Vedi anche sezione 1
Veasé tambien sección 1

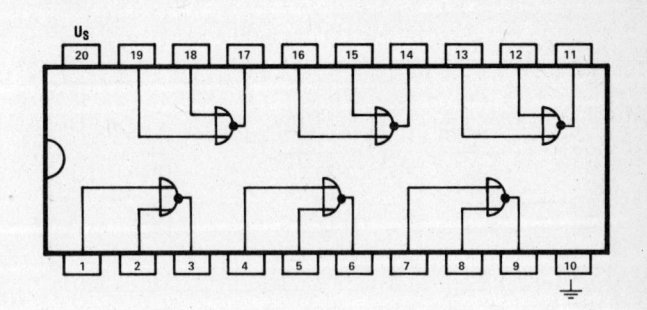

74804	Typ - Type - Tipo		Hersteller Production Fabricants Produttori Fabricantes	Bild Fig. Fig. Sec 3	I_S &I_R mA	t_{PD} E→Q ns_{typ} ↓↕↑	t_{PD} E→Q ns_{max} ↓↕↑	Bem./Note f_T §f_Z &f_E MHz
0...70°C § 0...75°C	−40...85°C § −25...85°C	−55...125°C						
		SN54ALS804FH	Tix	cc	7		9 8	
			Tix	cc	7		7 6	
		SN54ALS804J	Tix	20c	7		9 8	
SN74ALS804FN			Tix	20a	7		7 6	
SN74ALS804N								
AS								
		SN54AS804AFH	Tix	cc	16		4,5 4,5	
			Tix	cc	16		3,5 3,5	
		SN54AS804AJ	Tix	20c	16		4,5 4,5	
SN74AS804AFN			Tix	20a	16		3,5 3,5	
SN74AS804AN								

74805	Typ - Type - Tipo		Hersteller Production Fabricants Produttori Fabricantes	Bild Fig. Fig. Sec 3	I_S &I_R mA	t_{PD} E→Q ns_{typ} ↓↕↑	t_{PD} E→Q ns_{max} ↓↕↑	Bem./Note f_T §f_Z &f_E MHz
0...70°C § 0...75°C	−40...85°C § −25...85°C	−55...125°C						
		SN54ALS805FH	Tix	cc	8		9 8	
			Tix	cc	8		7 6	
SN74ALS805FN		SN54ALS805J	Tix	20c	8		9 8	
SN74ALS805N			Tix	20a	8		7 6	
AS								
		SN54AS805AFH	Tix	cc	18		4,5 4,5	
			Tix	cc	18		4 4	
SN74AS805AFN		SN54AS805AJ	Tix	20c	18		4,5 4,5	
SN74AS805AN			Tix	20a	18		4 4	

74808
Output: TP

AND-Treiber
AND driver
Driver AND
Eccitatore AND
Excitatores AND

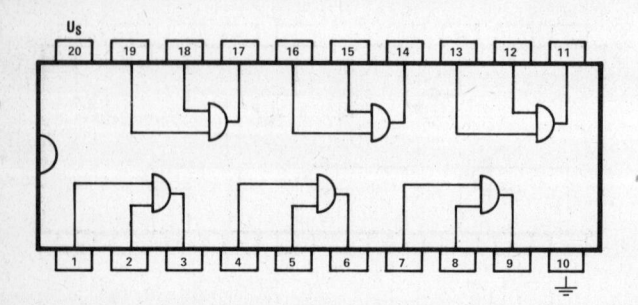

74810
Output: TP

EX-NOR Gatter
EX-NOR gates
Portes EX-NOR
Circuito porta EX-NOR
Puertas EX-NOR

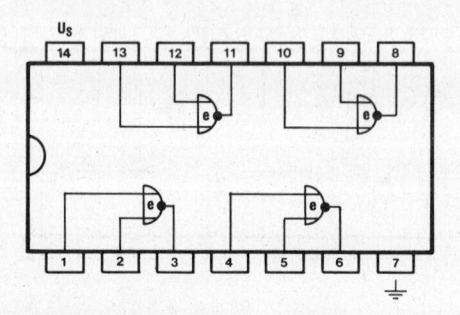

Logiktabelle siehe Section 1
Function table see section 1
Tableau logique voir section 1
Per tavola di logica vedi sezione 1
Tabla de verdad, ver sección 1

Logiktabelle siehe Section 1
Function table see section 1
Tableau logique voir section 1
Per tavola di logica vedi sezione 1
Tabla de verdad, ver sección 1

74808	Typ - Type - Tipo			Hersteller Production Fabricants Produttori Fabricantes	Bild Fig. Fig. Sec 3	I_S &I_R mA	t_{PD} E→Q ns typ ↓ ↑ ↑	t_{PD} E→Q ns max ↓ ↑ ↑	Bem./Note f_T §f_Z &f_E MHz
0...70°C § 0...75°C	−40...85°C § −25...85°C		−55...125°C						
			SN54ALS808FH	Tix	cc	8	10 10		
SN74ALS808FN				Tix	cc	8	8 8		
			SN54ALS808J	Tix	20c	8	10 10		
SN74ALS808N				Tix	20a	8	8 8		
AS									
			SN54AS808AFH	Tix	cc	19	6 6		
SN74AS808AFN				Tix	cc	19	5 5		
			SN54AS808AJ	Tix	20c	19	6 6		
SN74AS808AN				Tix	20a	19	5 5		

74810	Typ - Type - Tipo			Hersteller Production Fabricants Produttori Fabricantes	Bild Fig. Fig. Sec 3	I_S &I_R mA	t_{PD} E→Q ns typ ↓ ↑ ↑	t_{PD} E→Q ns max ↓ ↑ ↑	Bem./Note f_T §f_Z &f_E MHz
0...70°C § 0...75°C	−40...85°C § −25...85°C		−55...125°C						
			SN54ALS810FH	Tix	cc	5	17 23		
SN74ALS810FN				Tix	cc	5	14 20		
			SN54ALS810J	Tix	20c	5	17 23		
SN74ALS810N				Tix	20a	5	14 20		

74811	EX-NOR Gatter	74821	10-Bit Businterface-Flipflops
Output: OC	EX-NOR gates	Output: TS	10-bit bus interface flip-flops
	Portes EX-NOR		Flipflops d'interface de bus à 10 bits
	Circuito porta EX-NOR		10-bit bus interfaccia-flipflops
	Puertas EX-NOR		Flipflops para interface de bus de 10 bits

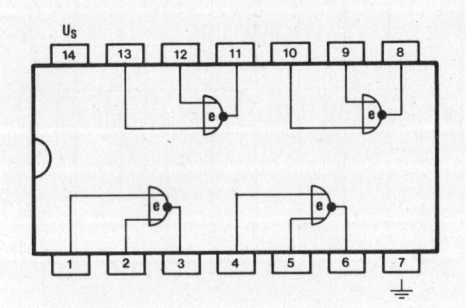

Logiktabelle siehe Section 1
Function table see section 1
Tableau logique voir section 1
Per tavola di logica vedi sezione 1
Tabla de verdad, ver sección 1

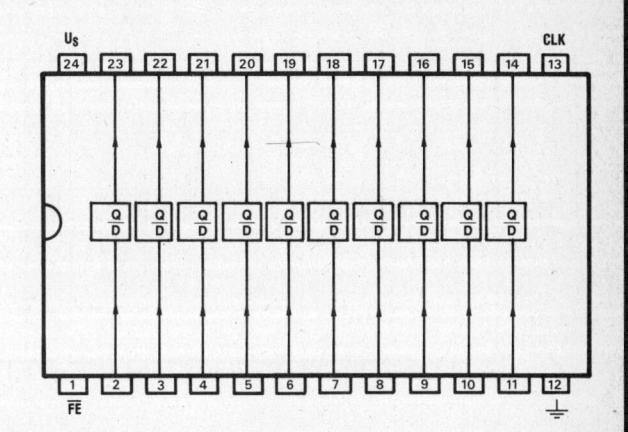

FE	CLK	D	Q
H	X	X	Z
L	L	X	Q_0
L	⌐	L	L
L	⌐	H	H

74811	Typ - Type - Tipo			Hersteller Production Fabricants Produttori Fabricantes	Bild Fig. Fig. Sec 3	I_S &I_R mA	t_{PD} E→Q ns_{typ} ↓ ↕ ↑	t_{PD} E→Q ns_{max} ↓ ↕ ↑	Bem./Note f_T §f_Z &f_E MHz
0...70°C	−40...85°C	−55...125°C							
§ 0...75°C	§ −25...85°C								
		SN54ALS811FH		Tix	cc	5		30 60	
SN74ALS811FN				Tix	cc	5		28 55	
		SN54ALS811J		Tix	20c	5		30 60	
SN74ALS811N				Tix	20a	5		28 55	

74821	Typ - Type - Tipo			Hersteller Production Fabricants Produttori Fabricantes	Bild Fig. Fig. Sec 3	I_S &I_R mA	t_{PD} E→Q ns_{typ} ↓ ↕ ↑	t_{PD} E→Q ns_{max} ↓ ↕ ↑	Bem./Note f_T §f_Z &f_E MHz
0...70°C	−40...85°C	−55...125°C							
§ 0...75°C	§ −25...85°C								
		SN54AS821FH		Tix	cc	68		11,5 9	Q = L
SN74AS821FN				Tix	cc	68		10,5 7,5	Q = L
		SN54AS821JT		Tix	24c	68		11,5 9	Q = L
SN74AS821NT				Tix	24a	68		10,5 7,5	Q = L

2-499

| **74822** Output: TS | 10-Bit invertierende Businterface-Flipflops
10-bit inverting bus interface flip-flops
Flipflops d'interface de bus inverseurs à 10 bits
10-bit bus interfaccia-flipflops invertenti
Flipflops para interface inversor de bus de 10 bits | **74823** Output: TS | 9-Bit Businterface-Flipflops
9-bit bus interface flip-flops
Flipflops d'interface de bus à 9 bits
9-bit bus interfaccia-flipflops
Flipflops para interface de bus de 9 bits |

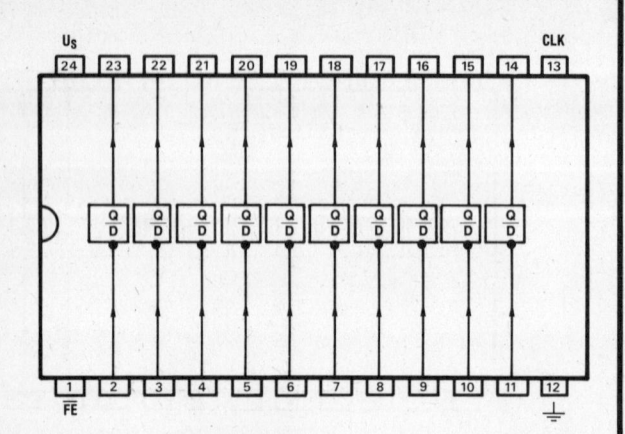

Pinout 74822: Pins 24=U_S, 23–15=inputs, 13=CLK, 14=Q, 1=$\overline{FE}$, 2–11=Q outputs, 12=GND

Pinout 74823: Pins 24=U_S, 23–15=inputs, 13=CLK, 14=$\overline{CLK/EN}$, 1=$\overline{FE}$, 11=$\overline{CLR}$, 12=GND

$\overline{FE}$	CLK	D	Q
H	X	X	Z
L	L	X	Q_0
L	⌐⌐	L	H
L	⌐⌐	H	L

$\overline{FE}$	$\overline{CLR}$	$\overline{CLK\,EN}$	CLK	D	Q
H	X	X	X	X	Z
L	H	H	X	X	Q_0
L	L	X	X	X	L
L	H	L	⌐⌐	L	L
L	H	L	⌐⌐	H	H

74822	Typ - Type - Tipo		Hersteller Production Fabricants Produttori Fabricantes	Bild Fig. Fig. Sec 3	I_S &I_R mA	t_{PD} E→Q ns$_{typ}$ ↓ ↕ ↑	t_{PD} E→Q ns$_{max}$ ↓ ↕ ↑	Bem./Note f_T §f_Z &f_E MHz
0...70°C § 0...75°C	−40...85°C § −25...85°C	−55...125°C						
SN74AS822FN		SN54AS822FH	Tix	cc	68		11,5 9	Q = L
			Tix	cc	68		10,5 7,5	Q = L
		SN54AS822JT	Tix	24c	68		11,5 9	Q = L
SN74AS822NT			Tix	24a	68		10,5 7,5	Q = L

74823	Typ - Type - Tipo		Hersteller Production Fabricants Produttori Fabricantes	Bild Fig. Fig. Sec 3	I_S &I_R mA	t_{PD} E→Q ns$_{typ}$ ↓ ↕ ↑	t_{PD} E→Q ns$_{max}$ ↓ ↕ ↑	Bem./Note f_T §f_Z &f_E MHz
0...70°C § 0...75°C	−40...85°C § −25...85°C	−55...125°C						
SN74AS823FN		SN54AS823FH	Tix	cc	58		9,5 7,5	
			Tix	cc	58		9,5 7,5	
		SN54AS823JT	Tix	24c	58		9,5 7,5	
SN74AS823NT			Tix	24a	58		9,5 7,5	

74824
Output: TS

9-Bit invertierende Businterface-Flipflops
9-bit inverting bus interface flip-flops
Flipflops d'interface de bus inverseurs à 9 bits
9-bit bus interfaccia-flipflops inventori
Flipflops para interface inversor de bus de 9 bits

74824	Typ - Type - Tipo			Hersteller Production Fabricants Produttori Fabricantes	Bild Fig. Fig. Sec	I_S &I_R	t_{PD} E→Q ns$_{typ}$		t_{PD} E→Q ns$_{max}$		Bem./Note f_T §f_Z &f_E
0...70°C § 0...75°C	−40...85°C § −25...85°C	−55...125°C			3	mA	↓ ↕ ↑		↓ ↕ ↑		MHz
		SN54AS824FH		Tix	cc	58	9,5 7,5				
SN74AS824FN				Tix	cc	58	9,5 7,5				
		SN54AS824JT		Tix	24c	58	9,5 7,5				
SN74AS824NT				Tix	24a	58	9,5 7,5				

$\overline{FE}$	$\overline{CLR}$	$\overline{CLK}$ EN	CLK	D	Q
H	X	X	X	X	Z
L	H	H	X	X	Q_0
L	L	X	X	X	L
L	H	L	⌐	L	H
L	H	L	⌐	H	L

74825
Output: TS

8-Bit Businterface-Flipflops
8-bit bus interface flip-flops
Flipflops d'interface de bus à 8 bits
8-bit bus interfaccia-flipflops
Flipflops para interface de bus de 8 bits

74825	Typ - Type - Tipo			Hersteller Production Fabricants Produttori Fabricantes	Bild Fig. Fig. Sec 3	I_S &I_R mA	t_{PD} E→Q ns$_{typ}$ ↓ ↕ ↑	t_{PD} E→Q ns$_{max}$ ↓ ↕ ↑	Bem./Note f_T §f_Z &f_E MHz
0...70°C § 0...75°C	–40...85°C § –25...85°C	–55...125°C							
SN74AS825FN		SN54AS825FH		Tix	cc	58	9,5 7,5		
		SN54AS825JT		Tix	cc	58	9,5 7,5		
SN74AS825NT				Tix	24c	58	9,5 7,5		
				Tix	24a	58	9,5 7,5		

Pin diagram:
- Pin 24: U_S
- Pin 23: $\overline{FE3}$
- Pins 22–15: Q/D (8 flip-flops)
- Pin 14: $\overline{CLK}/EN$
- Pin 13: CLK
- Pin 1: $\overline{FE1}$
- Pin 2: $\overline{FE2}$
- Pins 3–10: inputs
- Pin 11: $\overline{CLR}$
- Pin 12: GND

FE1	FE2	FE3	CLR	CLK	EN	CLK	D	Q
H	X	X	X	X	X	X	X	Z
X	H	X	X	X	X	X	X	Z
X	X	H	X	X	X	X	X	Z
L	L	L	L	X	X	X	X	L
L	L	L	H	H	X	X	X	Q_0
L	L	L	H	L	↑	L	L	
L	L	L	H	L	↑	H	L	

74826
Output: TS

8-Bit invertierende Businterface-Flipflops
8-bit inverting bus interface flip-flops
Flipflops d'interface de bus inverseurs à 8 bits
8-bit bus interfaccia-flipflops invententi
Flipflops para interface inversor de bus de 8 bits

74832
Output: TP

OR-Treiber
OR driver
Driver OR
Eccitatore OR
Excitatores OR

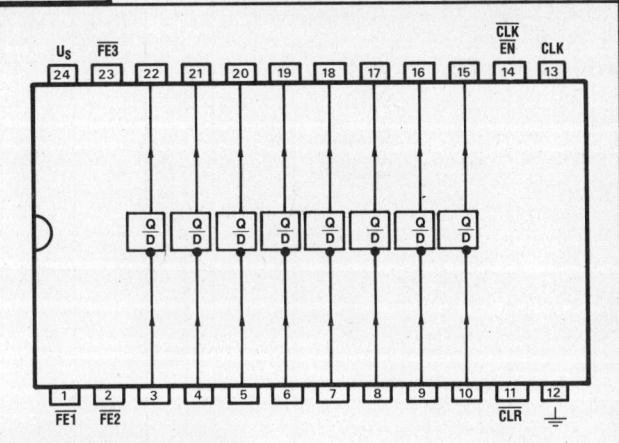

74826 Function table

FE1	FE2	FE3	CLR	CLK	EN	CLK	D	Q
H	X	X	X	X	X	X	X	Z
X	H	X	X	X	X	X	X	Z
X	X	H	X	X	X	X	X	Z
L	L	L	L	X	X	X	X	L
L	L	L	H	H	X	X	X	Q_0
L	L	L	H	L	↑	L	L	H
L	L	L	H	L	↑	L	L	L

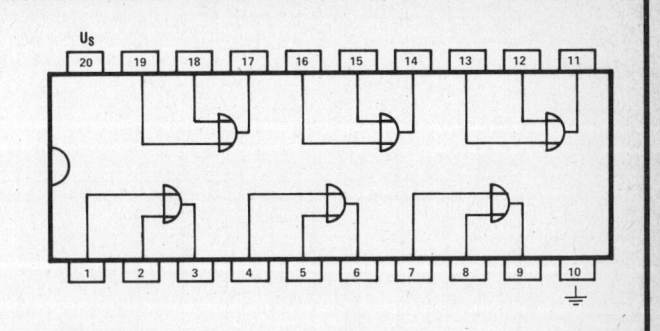

Logiktabelle siehe Section 1
Function table see section 1
Tableau logique voir section 1
Per tavola di logica vedi sezione 1
Tabla de verdad, ver sección 1

74826

	Typ - Type - Tipo		Hersteller Production Fabricants Produttori Fabricantes	Bild Fig. Fig. Fig.	I_S &I_R	t_{PD} $E \to Q$ ns_{typ}		t_{PD} $E \to Q$ ns_{max}		Bem./Note f_T §f_Z &f_E
0...70°C § 0...75°C	–40...85°C § –25...85°C	–55...125°C		Sec 3	mA	↓	↑↑	↓	↑↑	MHz
		SN54AS826FH	Tix	cc	58	9,5	7,5			
			Tix	cc	58	9,5	7,5			
SN74AS826FN		SN54AS826JT	Tix	24c	58	9,5	7,5			
SN74AS826NT			Tix	24a	58	9,5	7,5			

74832

	Typ - Type - Tipo		Hersteller Production Fabricants Produttori Fabricantes	Bild Fig. Fig. Fig.	I_S &I_R	t_{PD} $E \to Q$ ns_{typ}		t_{PD} $E \to Q$ ns_{max}		Bem./Note f_T §f_Z &f_E
0...70°C § 0...75°C	–40...85°C § –25...85°C	–55...125°C		Sec 3	mA	↓	↑↑	↓	↑↑	MHz
		SN54ALS832FH	Tix	cc	9,5	10	10			
			Tix	cc	9,5	8	8			
SN74ALS832FN		SN54ALS832J	Tix	20c	9,5	10	10			
SN74ALS832N			Tix	20a	9,5	8	8			
AS										
		SN54AS832AFH	Tix	cc	22	6,5	7			
SN74AS832AFN		SN54AS832AJ	Tix	cc	22	5,5	5,5			
			Tix	20c	22	6,5	7			
SN74AS832AN			Tix	20a	22	5,5	5,5			

74841
Output: TS

10-Bit Businterface-Latches
10-bit bus interface latches
Bascules (latch) d'interface de bus à 10 bits
10-bit bus interfaccia-latches
Registros-latch para interface de bus de 10 bits

74841	Typ - Type - Tipo			Hersteller Production Fabricants Produttori Fabricantes	Bild Fig. Fig. Sec 3	I_S &I_R mA	t_{PD} E→Q ns_{typ} ↓↕↑	t_{PD} E→Q ns_{max} ↓↕↑	Bem./Note f_T §f_Z &f_E MHz
	0...70°C § 0...75°C	−40...85°C § −25...85°C	−55...125°C						
	SN74ALS841FN		SN54ALS841FH	Tix	cc	25	9 7		Q = Z
				Tix	cc	25	9 7		Q = Z
			SN54ALS841JT	Tix	24c	25	9 7		Q = Z
	SN74ALS841NT			Tix	24a	25	9 7		Q = Z
AS									
	SN74AS841FN		SN54AS841FH	Tix	cc	58		10 8,5	Q = L
				Tix	cc	58		9 6,5	Q = L
			SN54AS841JT	Tix	24c	58		10 8,5	Q = L
	SN74AS841NT			Tix	24a	58		9 6,5	Q = L

Pinout diagram: 24-pin package. Pin 24 = U_S, Pin 13 = C, Pin 12 = GND, Pin 1 = $\overline{FE}$. Pins 2–11 = D inputs, Pins 14–23 = Q outputs, arranged as ten Q/D latch cells.

$\overline{FE}$	C	D	Q
H	X	X	Z
L	X	X	Q_0
L	H	L	L
L	H	H	H

74842
Output: TS

10-Bit invertierende Businterface-Latches
10-bit inverting bus interface latches
Bascules (latch) d'interface de bus inverseurs à 10 bits
10-bit bus interfaccia-latches invententi
Registros-latch para interface inversor de bus de 10 bits

74842	Typ - Type - Tipo			Hersteller Production Fabricants Produttori Fabricantes	Bild Fig. Fig. Sec 3	I_S &I_R mA	t_{PD} E→Q ns$_{typ}$ ↓ ↕ ↑	t_{PD} E→Q ns$_{max}$ ↓ ↕ ↑	Bem./Note f_T §f_Z &f_E MHz
	0...70°C § 0...75°C	−40...85°C § −25...85°C	−55...125°C						
			SN54ALS842FH	Tix	cc	28	9 11		Q = Z
SN74ALS842FN				Tix	cc	28	9 11		Q = Z
			SN54ALS842JT	Tix	24c	28	9 11		Q = Z
SN74ALS842NT				Tix	24a	28	9 11		Q = Z
AS									
			SN54AS842FH	Tix	cc	60		10 11	Q = L
SN74AS842FN				Tix	cc	60		9 8,5	Q = L
			SN54AS842JT	Tix	24c	60		10 11	Q = L
SN74AS842NT				Tix	24a	60		9 8,5	Q = L

Pinout: U_S=24, 23, 22, 21, 20, 19, 18, 17, 16, 15, 14, C=13 (top); 1=$\overline{FE}$, 2, 3, 4, 5, 6, 7, 8, 9, 10, 11, 12=GND (bottom). Contains Q/D latches.

$\overline{FE}$	C	D	Q
H	X	X	Z
L	L	X	Q_0
L	H	L	H
L	H	H	L

74843
Output: TS

9-Bit Businterface-Latches
9-bit bus interface latches
Bascules (latch) d'interface de bus à 9 bits
9-bit bus interfaccia-latches
Registros-latch para interface de bus de 9 bits

74843	Typ - Type - Tipo		Hersteller Production Fabricants Produttori Fabricantes	Bild Fig. Fig. Sec 3	I_S &I_R mA	t_{PD} E→Q ns$_{typ}$ ↓ ↕ ↑	t_{PD} E→Q ns$_{max}$ ↓ ↕ ↑	Bem./Note f_T §f_Z &f_E MHz
0...70°C § 0...75°C	−40...85°C § −25...85°C	−55...125°C						
		SN54ALS843FH	Tix	cc	25	9 7		Q = Z
SN74ALS843FN			Tix	cc	25	9 7		Q = Z
		SN54ALS843JT	Tix	24c	25	9 7		Q = Z
SN74ALS843NT			Tix	24a	25	9 7		Q = Z
AS								
		SN54AS843FH	Tix	cc	56		10 8,5	Q = L
SN74AS843FN			Tix	cc	56		9 6,5	Q = L
		SN54AS843JT	Tix	24c	56		10 8,5	Q = L
SN74AS843NT			Tix	24a	56		9 6,5	Q = L

$\overline{S}$	$\overline{CLR}$	FE	C	D	Q
L	H	L	X	X	H
H	L	L	X	X	L
L	L	L	X	X	H
X	X	H	X	X	Z
H	H	L	L	X	Q_0
H	H	L	H	L	L
H	H	L	H	H	H

Pin assignment: U_S (24), 23, 22, 21, 20, 19, 18, 17, 16, 15, $\overline{S}$ (14), C (13); pins 1 $\overline{FE}$, 2–10, 11 $\overline{CLR}$, 12 GND.

74844
Output: TS

9-Bit invertierende Businterface-Latches
9-bit inverting bus interface latches
Bascules (latch) d'interface de bus inverseurs à 9 bits
9-bit bus interfaccia-latches invertenti
Registros-latch para interface inversor de bus de 9 bits

74844	Typ - Type - Tipo		Hersteller Production Fabricants Produttori Fabricantes	Bild Fig. Fig. Fig. Sec 3	I_S &I_R mA	t_{PD} E→Q ns$_{typ}$ ↓ ↕ ↑	t_{PD} E→Q ns$_{max}$ ↓ ↕ ↑	Bem./Note f_T §f_Z &f_E MHz
0...70°C § 0...75°C	−40...85°C § −25...85°C	−55...125°C						
SN74ALS844FN		SN54ALS844FH	Tix	cc	28	9 7		Q = Z
			Tix	cc	28	9 7		Q = Z
		SN54ALS844JT	Tix	24c	28	9 7		Q = Z
SN74ALS844NT			Tix	24a	28	9 7		Q = Z
AS								
		SN54AS844FH	Tix	cc	58		11 11	Q = L
SN74AS844FN			Tix	cc	58		10 8,5	Q = L
		SN54AS844JT	Tix	24c	58		11 11	Q = L
SN74AS844NT			Tix	24a	58		10 8,5	Q = L

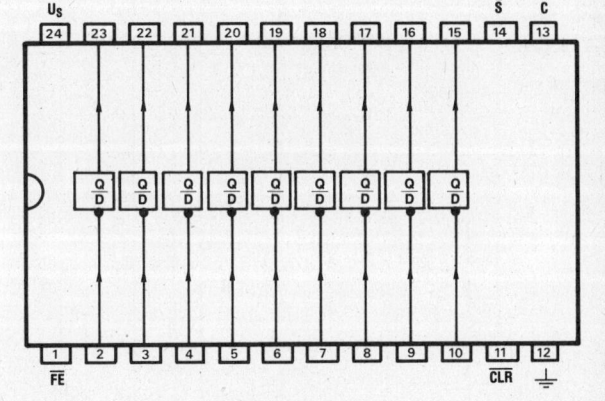

Pinout (24-pin): Pin 24 = U_S; Pins 23,22,21,20,19,18,17,16,15 = Q outputs; Pin 14 = $\overline{S}$; Pin 13 = C; Pins 1 = $\overline{FE}$; Pins 2–10 = D inputs; Pin 11 = $\overline{CLR}$; Pin 12 = GND

$\overline{S}$	$\overline{CLR}$	FE	C	D	Q
L	H	L	X	X	H
H	L	L	X	X	L
L	L	L	X	X	H
X	X	H	X	X	Z
H	H	L	L	X	Q_0
H	H	L	H	L	H
H	H	L	H	H	L

74845
Output: TS

8-Bit Businterface-Latches
8-bit bus interface latches
Bascules (latch) d'interface de bus à 8 bits
8-bit bus interfaccia-latches
Registros-latch para interface de bus de 8 bits

74845	Typ - Type - Tipo		Hersteller Production Fabricants Produttori Fabricantes	Bild Fig. Fig. Sec 3	I_S &I_R mA	t_{PD} E→Q ns typ ↓ ↕ ↑	t_{PD} E→Q ns max ↓ ↕ ↑	Bem./Note f_T §f_Z &f_E MHz
0...70°C § 0...75°C	−40...85°C § −25...85°C	−55...125°C						
SN74ALS845FN		SN54ALS845FH	Tix	cc	25	9 7		Q = Z
		SN54ALS845JT	Tix	cc	25	9 7		Q = Z
SN74ALS845NT			Tix	24c	25	9 7		Q = Z
			Tix	24a	25	9 7		Q = Z
AS								
		SN54AS845FH	Tix	cc	52		10 8,5	Q = L
SN74AS845FN			Tix	cc	52		9 6,5	Q = L
		SN54AS845JT	Tix	24c	52		10 8,5	Q = L
SN74AS845NT			Tix	24a	52		9 6,5	Q = L

Pinout (24-pin): U_S=24, $\overline{FE3}$=23, 22=Q/D, 21=Q/D, 20=Q/D, 19=Q/D, 18=Q/D, 17=Q/D, 16=Q/D, 15=Q/D, $\overline{S}$=14, C=13, 12=GND, $\overline{CLR}$=11, 10, 9, 8, 7, 6, 5, 4, 3, $\overline{FE2}$=2, $\overline{FE1}$=1

FE1	FE2	FE3	$\overline{S}$	$\overline{CLR}$	C	D	Q
H	X	X	X	X	X	X	Z
X	H	X	X	X	X	X	Z
X	X	H	X	X	X	X	Z
L	L	L	L	H	X	X	H
L	L	L	H	L	X	X	L
L	L	L	L	L	X	X	H
L	L	L	H	H	L	X	Q_0
L	L	L	H	H	H	L	L
L	L	L	H	H	H	H	H

74846
Output: TS

8-Bit invertierende Businterface-Latches
8-bit inverting bus interface latches
Bascules (latch) d'interface de bus inverseurs à 8 bits
8-bit bus interfaccia-latches invertenti
Registros-latch para interface inversor de bus de 8 bits

74846	Typ - Type - Tipo		Hersteller Production Fabricants Produttori Fabricantes	Bild Fig. Fig. Sec	I_S &I_R	t_{PD} E→Q ns$_{typ}$	t_{PD} E→Q ns$_{max}$	Bem./Note f_T §f_Z &f_E
0...70°C § 0...75°C	−40...85°C § −25...85°C	−55...125°C		3	mA	↓ ↕ ↑	↓ ↕ ↑	MHz
		SN54ALS846FH	Tix	cc	28	9 7		Q = Z
SN74ALS846FN			Tix	cc	28	9 7		Q = Z
		SN54ALS846JT	Tix	24c	28	9 7		Q = Z
SN74ALS846NT			Tix	24a	28	9 7		Q = Z
AS								
		SN54AS846FH	Tix	cc	53	4,5 4		Q = L
SN74AS846FN			Tix	cc	53	4,5 4		Q = L
		SN54AS846JT	Tix	24c	53	4,5 4		Q = L
SN74AS846NT			Tix	24a	53	4,5 4		Q = L

Pinout (DIP-24):
- 24: U_S
- 23: $\overline{FE3}$
- 22–15: D inputs (8 latches Q/D)
- 14: $\overline{S}$
- 13: C
- 1: $\overline{FE1}$
- 2: $\overline{FE2}$
- 3–10: Q outputs
- 11: $\overline{CLR}$
- 12: GND

FE1	FE2	FE3	$\overline{S}$	$\overline{CLR}$	C	D	Q
H	X	X	X	X	X	X	Z
X	H	X	X	X	X	X	Z
X	X	H	X	X	X	X	Z
L	L	L	L	H	X	X	H
L	L	L	H	L	X	X	L
L	L	L	L	L	L	X	H
L	L	L	H	H	L	X	Q_0
L	L	L	H	H	H	L	H
L	L	L	H	H	H	H	L

74850
Output: TS

16-zu-1-Multiplexer
16-line-to-1-line multiplexer
Multiplexeur 16 lignes/1 ligne
16-a-1 multiplexer
Multiplexador de 16 a 1

74850		Typ - Type - Tipo		Hersteller Production Fabricants Produttori Fabricantes	Bild Fig. Fig. Sec 3	I_S &I_R mA	t_{PD} E→Q ns_{typ}		t_{PD} E→Q ns_{max}		Bem./Note f_T §f_Z &f_E MHz
0...70°C § 0...75°C	−40...85°C § −25...85°C	−55...125°C					↓	↕ ↑	↓	↕ ↑	
		SN54AS850FH		Tix	cc	52	7	5			Q = Z
SN74AS850FN				Tix	cc	52			11	10,5	Q = Z
		SN54AS850JD		Tix	28f	52	7	5			Q = Z
SN74AS850N				Tix	28h	52			11	10,5	Q = Z

Pinout (28-pin DIP):
- Top: U_S(28), D8(27), D9(26), D10(25), D11(24), D12(23), D13(22), D14(21), D15(20), S0(19), S1(18), S2(17), S3(16), (15)
- Bottom: D7(1), D6(2), D5(3), D4(4), D3(5), D2(6), D1(7), D0(8), $\overline{FEQ}$(9), $\overline{FE}$(10), FEQ(11), CLK(12), $\overline{Q}$(13), ⏚(14)

S3	S2	S1	S0	CLK	To Output
X	X	X	X	L	Dn
X	X	X	X	H	Dn
L	L	L	L	⤴	D0
L	L	L	H	⤴	D1
L	L	H	L	⤴	D2
.	.	.	.		.
H	H	H	L	⤴	D14
H	H	H	H	⤴	D15

$\overline{FE}$	$\overline{FEQ}$	FEQ	Q	$\overline{Q}$
H	X	X	Z	Z
L	H	L	Z	Z
L	L	L	D	$\overline{D}$
L	H	H	Z	Z
L	L	H	D	$\overline{D}$

74851
Output: TS

16-zu-1-Multiplexer
16-line-to-1-line multiplexer
Multiplexeur 16 lignes/1 ligne
16-a-1 multiplexer
Multiplexador de 16 a 1

74851	Typ - Type - Tipo			Hersteller Production Fabricants Produttori Fabricantes	Bild Fig. Fig. Sec 3	I_S &I_R mA	t_{PD} E→Q ns$_{typ}$ ↓ ↕ ↑	t_{PD} E→Q ns$_{max}$ ↓ ↕ ↑	Bem./Note f_T §f_Z &f_E MHz
0...70°C § 0...75°C	−40...85°C § −25...85°C		−55...125°C						
			SN54AS851FH	Tix	cc	52	7 5		Q=Z
SN74AS851FN				Tix	cc	52		11 10,5	Q=Z
			SN54AS851JD	Tix	28f	52	7 5		Q=Z
SN74AS851N				Tix	28h	52		11 10,5	Q=Z

Pinout (28-pin):
- Top (pins 28–15): U$_S$(28), D8(27), D9(26), D10(25), D11(24), D12(23), D13(22), D14(21), D15(20), Q(19), S0(18), S1(17), S2(16), S3(15)
- Bottom (pins 1–14): D7(1), D6(2), D5(3), D4(4), D3(5), D2(6), D1(7), D0(8), $\overline{FEQ}$(9), $\overline{FE}$(10), FEQ(11), $\overline{SC}$(12), $\overline{Q}$(13), ⏚(14)

S3	S2	S1	S0	$\overline{SC}$	To Output
X	X	X	X	H	Dn
L	L	L	L	L	D0
L	L	L	H	L	D1
L	L	H	L	L	D2
.	.	.	.	.	.
H	H	H	L	L	D14
H	H	H	H	L	D15

$\overline{FE}$	$\overline{FEQ}$	FEQ	Q	$\overline{Q}$
H	X	X	Z	Z
L	H	L	Z	Z
L	L	L	D	Z
L	H	H	Z	$\overline{D}$
L	L	H	D	$\overline{D}$

2-511

74852
Output: TS

8-Bit bidirektionaler Treiber und Port-Controller
8-bit bi-directional driver and port controller
Driver bi-directionnel à 8 bits et contrôleur de port
8-bit eccitatore bidirezionale e controllore port
Excitador bidireccional de 8 bits y controlador de port

74852	Typ - Type - Tipo		Hersteller Production Fabricants Produttori Fabricantes	Bild Fig. Fig. Sec	I_S &I_R	t_{PD} E→Q ns_{typ}	t_{PD} E→Q ns_{max}	Bem./Note §f_Z &f_E
0...70°C § 0...75°C	−40...85°C § −25...85°C	−55...125°C		3	mA	↓ ↕ ↑	↓ ↕ ↑	MHz
		SN54AS852FH	Tix	cc	122	12,5 6,5		
SN74AS852FN			Tix	cc	122	12,5 6,5		
		SN54AS852JT	Tix	24c	122	12,5 6,5		
SN74AS852NT			Tix	24a	122	12,5 6,5		

Pinout (24-pin): U_S(24), CLK(23), SER IN(22), B0(21), B1(20), B2(19), B3(18), B4(17), B5(16), B6(15), B7(14), SER OUT(13), S0(1), S1(2), S2(3), A0(4), A1(5), A2(6), A3(7), A4(8), A5(9), A6(10), A7(11), GND(12)

Internal blocks: Port B, Shift Register, Mode Control, Port A

S2	S1	S0	CLK	Functions
L	L	L	L or H	A→B
L	L	L	⌐	A→B A→Shift Reg.
L	L	H	L or H	B→A
L	L	H	⌐	B→A B→Shift Reg.
L	H	L	L or H	Shift Reg.→B
L	H	L	⌐	A→B A→Shift Reg.
L	H	H	L or H	Shift Reg.→A
L	H	H	⌐	B→A B→Shift Reg.
H	L	L	L or H	A→B
H	L	L	⌐	A→B Shift
H	L	H	L or H	B→A
H	L	H	⌐	B→A Shift
H	H	L	L or H	—
H	H	L	⌐	Shift
H	H	H	L or H	—
H	H	H	⌐	Clear Shift Register

74856
Output: TS

8-Bit bidirektionaler Treiber und Port-Controller
8-bit bi-directional driver and port controller
Driver bi-directionnel à 8 bits et contrôleur de port
8-bit eccitatore bidirezionale e controllore port
Excitador bidireccional de 8 bits y controlador de port

Pin labels (top): U_S [24], CLK [23], SER IN [22], B0 [21], B1 [20], B2 [19], B3 [18], B4 [17], B5 [16], B6 [15], B7 [14], SER OUT [13]

Pin labels (bottom): S0 [1], S1 [2], S2 [3], A0 [4], A1 [5], A2 [6], A3 [7], A4 [8], A5 [9], A6 [10], A7 [11], GND [12]

Internal blocks: Port B, Shift Register, Mode Control, Port A

74856	Typ - Type - Tipo			Hersteller Production Fabricants Produttori Fabricantes	Bild Fig. Fig. Sec 3	I_S &I_R mA	t_{PD} E→Q ns$_{typ}$ ↓ ↕ ↑	t_{PD} E→Q ns$_{max}$ ↓ ↕ ↑	Bem./Note f_T §f_Z &f_E MHz
	0...70°C § 0...75°C	−40...85°C § −25...85°C	−55...125°C						
SN74AS856FN		SN54AS856FH		Tix	cc	118	12,5 6,5		
				Tix	cc	118	12,5 6,5		
SN74AS856NT		SN54AS856JT		Tix	24c	118	12,5 6,5		
				Tix	24a	118	12,5 6,5		

S2	S1	S0	CLK	Functions
L	L	L	L or H	Shift Reg.→A, Shift Reg.→B
L	L	L	⤒	Shift Reg.→A, Shift Reg.→B
L	L	H	L or H	B→A
L	L	H	⤒	B→A, B→Shift Reg.
L	H	L	L or H	Shift Reg.→B
L	H	L	⤒	A→B, A→Shift Reg.
L	H	H	L or H	—
L	H	H	⤒	A→Shift Reg.
H	L	L	L or H	Shift Reg.→A, Shift Reg.→B
H	L	L	⤒	Shift, Shift Reg.→A, Shift Reg.→B
H	L	H	L or H	Shift Reg.→A
H	L	H	⤒	Shift, Shift Reg.→A
H	H	L	L or H	Shift Reg.→B
H	H	L	⤒	Shift, Shift Reg.→B
H	H	H	L or H	—
H	H	H	⤒	Shift

2-513

74857
Output: TP

6 2-zu-1 Universalmultiplexer
6 2-line-to-1-line universal multiplexers
6 multiplexeurs universels 2 lignes/1 ligne
6 multiplatori universali 2 a 1
6 multiplexadores universales de 2 a 1

Pinout (DIP-24):
- Pin 24: U_S
- Pin 23: S1
- Pin 22: A6
- Pin 21: B6
- Pin 20: Q6
- Pin 19: A5
- Pin 18: B5
- Pin 17: Q5
- Pin 16: A4
- Pin 15: B4
- Pin 14: Q4
- Pin 13: $\overline{T}/C$
- Pin 12: ⏚
- Pin 11: ZERO
- Pin 10: Q3
- Pin 9: B3
- Pin 8: A3
- Pin 7: Q2
- Pin 6: B2
- Pin 5: A2
- Pin 4: Q1
- Pin 3: B1
- Pin 2: A1
- Pin 1: S0

True/Compl.

74857			Typ - Type - Tipo	Hersteller Production Fabricants Produttori Fabricantes	Bild Flg. Flg. Sec	I_S &I_R	t_{PD} E→Q ns$_{typ}$			t_{PD} E→Q ns$_{max}$			Bem./Note f_T §f_Z &f_E
0...70°C § 0...75°C	−40...85°C § −25...85°C	−55...125°C			3	mA	↓	↕	↑	↓	↕	↑	MHz
SN74ALS857FN		SN54ALS857FH		Tix	cc	16				27		27	Q=L
				Tix	cc	16				21		24	Q=L
		SN54ALS857JT		Tix	24c	16				27		27	Q=L
SN74ALS857NT				Tix	24a	16				21		24	Q=L
AS													
SN74AS857FN		SN54AS857FH		Tix	cc	127				10		14	Q=L
				Tix	cc	127				9		12	Q=L
		SN54AS857JT		Tix	24c	127				10		14	Q=L
SN74AS857NT				Tix	24a	127				9		12	Q=L

Inputs			Output	Function
$\overline{T}$/C	S1	S0	ZERO	
L	L	L	H*	A→Q
L	L	H	H**	B→Q
L	H	L	Z	A·B→Q
L	H	H	L	Q=L
H	L	L	H*	$\overline{A}$→Q
H	L	H	H**	$\overline{B}$→Q
H	H	L	Z	$\overline{A·B}$→Q
H	H	H		Q=Z

* If all A = L   ** If all B = L

74866
Output: OC

8-Bit Größenvergleicher
8-bit magnitude comparator
Comparateur de grandeur 8 bits
8-bit comparatore di grandezza
Comparador de magnitud de 8 bits

Pinout (28-pin):
- 28: U_S
- 27: $\overline{CLRQ}$
- 26: PLE
- 25: P7
- 24: P6
- 23: P5
- 22: P4
- 21: P3
- 20: P2
- 19: P1
- 18: P0
- 17: P<Q
- 16: P>Q
- 15: OLE
- 14: GND
- 13: P=Q
- 12: Q0
- 11: Q1
- 10: Q2
- 9: Q3
- 8: Q4
- 7: Q5
- 6: Q6
- 5: Q7
- 4: P>Q
- 3: P<Q
- 2: L/$\overline{A}$
- 1: QLE

	74866	Typ - Type - Tipo		Hersteller Production Fabricants Produttori Fabricantes	Bild Fig. Fig. Sec 3	I_S &I_R mA	t_{PD} E→Q ns$_{typ}$ ↓ ↕ ↑	t_{PD} E→Q ns$_{max}$ ↓ ↕ ↑	Bem./Note f_T §f_Z &f_E MHz
		0...70°C § 0...75°C	−40...85°C § −25...85°C	−55...125°C						
	SN74AS866FN		SN54AS866FH		Tix	cc	160	9 10	14 15	
					Tix	cc	160	9 10	13 14	
	SN74AS866N		SN54AS866JD		Tix	28f	160	9 10	14 15	
					Tix	28h	160	9 10	13 14	

Input			Output			Function
L/$\overline{A}$	Data	P>Q	P<Q	P>Q	P<Q	P=Q	Comparison
H	P>Q	X	X	H	L	L	Logical
H	P<Q	X	X	L	H	L	Logical
H	P=Q	L	L	L	L	H	Logical
H	P=Q	L	H	L	H	L	Logical
H	P=Q	H	L	H	L	L	Logical
H	P=Q	H	H	H	H	L	Logical
L	P>Q*	X	X	H	L	L	Arithmetical
L	Q>P*	X	X	L	H	L	Arithmetical
L	P=Q	L	L	L	L	H	Arithmetical
L	P=Q	L	H	L	H	L	Arithmetical
L	P=Q	H	L	H	L	L	Arithmetical
L	P=Q	H	H	H	H	L	Arithmetical

* arithmetically greater

74867
Output: TP

8-Bit synchroner Zähler
8-bit synchronous counter
Comparateur synchrone 8 bits
8-bit contatore sincrono
Contador síncrono de 8 bits

Pins (top): U_S (24), ENP (23), Q0 (22), Q1 (21), Q2 (20), Q3 (19), Q4 (18), Q5 (17), Q6 (16), Q7 (15), CLK (14), C_out (13)

Pins (bottom): S0 (1), S1 (2), D0 (3), D1 (4), D2 (5), D3 (6), D4 (7), D5 (8), D6 (9), D7 (10), ENT (11), ⏚ (12)

ENP	ENT	S1	S0	CLK	Function
H	X	X	X	X	—
X	H	X	X	X	—
L	L	L	L	⤒	Load parallel
L	L	L	H	⤒	Count up
L	L	H	L	⤒	Count down
L	L	H	H	X	Clear

74867	Typ - Type - Tipo		Hersteller Production Fabricants Produttori Fabricantes	Bild Flg. Fig. Sec 3	I_S &I_R mA	t_{PD} E→Q ns_{typ} ↓↕↑	t_{PD} E→Q ns_{max} ↓↕↑	Bem./Note f_T §f_Z &f_E MHz
0...70°C § 0...75°C	−40...85°C § −25...85°C	−55...125°C						
SN74AS867NT		SN54AS867FH SN54AS867JT	Tix Tix Tix	cc 24c 24a	134 134 134		16 12 16 12 15 11	

74869
Output: TP

8-Bit synchroner Zähler
8-bit synchronous counter
Compteur synchrone 8 bits
8-bit contatore sincrono
Contador síncrono de 8 bits

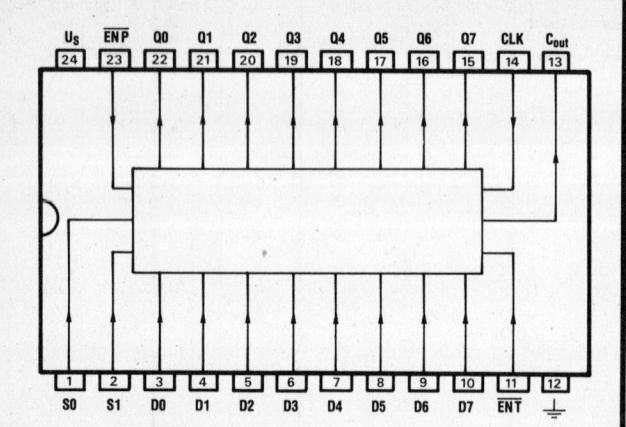

Pins (top): U_S (24), ENP (23), Q0 (22), Q1 (21), Q2 (20), Q3 (19), Q4 (18), Q5 (17), Q6 (16), Q7 (15), CLK (14), C_out (13)

Pins (bottom): S0 (1), S1 (2), D0 (3), D1 (4), D2 (5), D3 (6), D4 (7), D5 (8), D6 (9), D7 (10), ENT (11), ⏚ (12)

ENP	ENT	S1	S0	CLK	Function
H	X	X	X	X	—
X	H	X	X	X	—
L	L	L	L	⤒	Load parallel
L	L	L	H	⤒	Count up
L	L	H	L	⤒	Count down
L	L	H	H	X	Clear

74869	Typ - Type - Tipo		Hersteller Production Fabricants Produttori Fabricantes	Bild Flg. Fig. Sec 3	I_S &I_R mA	t_{PD} E→Q ns_{typ} ↓↕↑	t_{PD} E→Q ns_{max} ↓↕↑	Bem./Note f_T §f_Z &f_E MHz
0...70°C § 0...75°C	−40...85°C § −25...85°C	−55...125°C						
SN74AS869NT		SN54AS869FH SN54AS869JT	Tix Tix Tix	cc 24c 24a	125 125 125		16 12 16 12 15 11	

74870
Output: TP

2x16 Register à 4 Bit
2x16 registers, 4 bit each
2x16 registres, 4 bits chacun
2x16 registri di 4 bit
2x16 registros de 4 bits

Pinout (pin numbers, top row left-to-right):

Pin	24	23	22	21	20	19	18	17	16	15	14	13
Signal	U_S	S1	A3	A2	A1	A0	R/W	S3	D3	D2	D1	D0

Pin	1	2	3	4	5	6	7	8	9	10	11	12
Signal	S0	A0	A1	A2	A3	R/W	S2	D0	D1	D2	D3	⏚

Internal blocks: Address for Register 2, Address for Register 1, Data Bus B, Data Bus A.

S3	S2	S1	S0	Function	
L	L	L	L	Reg1→A	Reg1→B
L	L	L	H	Reg2→A	Reg1→B
L	L	H	L	Reg1→A	Reg2→B
L	L	H	H	Reg2→A	Reg2→B
L	H	L	L	A→Reg1	Reg1→B
L	H	L	H	A→Reg2	Reg1→B
L	H	H	L	A→Reg1	Reg2→B
L	H	H	H	A→Reg2	Reg2→B
H	L	L	L	Reg1→A	B→Reg1
H	L	L	H	Reg2→A	B→Reg1
H	L	H	L	Reg1→A	B→Reg2
H	L	H	H	Reg1→A	B→Reg2
H	H	L	L	B→Reg1	
H	H	L	H	A→Reg2	B→Reg1
H	H	H	L	A→Reg1	B→Reg2
H	H	H	H	B→Reg2	

74870	Typ - Type - Tipo		Hersteller Production Fabricants Produttori Fabricantes	Bild Fig. Fig. Sec 3	I_S &I_R mA	t_{PD} E→Q ns$_{typ}$ ↓ ↕ ↑	t_{PD} E→Q ns$_{max}$ ↓ ↕ ↑	Bem./Note f_T §f_Z &f_E MHz
0...70°C § 0...75°C	−40...85°C § −25...85°C	−55...125°C						
		SN54AS870FH	Tix	cc	120		20 20	
SN74AS870FN			Tix	cc	120		15 15	
		SN54AS870JT	Tix	24c	120		20 20	
SN74AS870NT			Tix	24a	120		15 15	

2-517

74871
Output: TP

2x16 Register à 4 Bit
2x16 registers, 4 bit each
2x16 registres, 4 bits chacun
2x16 registri di 4 bit
2x16 registros de 4 bits

Pinout (DIP-28):
- 28 U_S
- 27 E3
- 26 E2
- 25 S1
- 24 A3
- 23 A2
- 22 A1
- 21 A0
- 20 R/W
- 19 S3
- 18 D3
- 17 D2
- 16 D1
- 15 D0
- 14 GND
- 13 Q3
- 12 Q2
- 11 Q1
- 10 Q0
- 9 S2
- 8 R/W
- 7 A3
- 6 A2
- 5 A1
- 4 A0
- 3 S0
- 2 E1
- 1 E0

Internal blocks: Data Bus A Input, Address for Register 2, Data Bus B, Address for Register 1, Data Bus A Output.

S3	S2	S1	S0	Function	
L	L	L	L	Reg1→A	Reg1→B
L	L	L	H	Reg2→A	Reg1→B
L	L	H	L	Reg1→A	Reg2→B
L	L	H	H	Reg2→A	Reg2→B
L	H	L	L	A→Reg1	Reg1→B
L	H	L	H	A→Reg2	Reg1→B
L	H	H	L	A→Reg1	Reg2→B
L	H	H	H	A→Reg2	Reg2→B
H	L	L	L	Reg1→A	B→Reg1
H	L	L	H	Reg2→A	B→Reg1
H	L	H	L	Reg1→A	B→Reg2
H	L	H	H	Reg1→A	B→Reg2
H	H	L	L	B→Reg1	
H	H	L	H	A→Reg2	B→Reg1
H	H	H	L	A→Reg1	B→Reg2
H	H	H	H	B→Reg2	

74871	Typ - Type - Tipo			Hersteller Production Fabricants Produttori Fabricantes	Bild Flg. Fig. Sec	I_S & I_R	t_{PD} E→Q ns_{typ}			t_{PD} E→Q ns_{max}			Bem./Note f_T §f_Z & f_E
0...70°C § 0...75°C	−40...85°C § −25...85°C	−55...125°C			3	mA	↓	↕	↑	↓	↕	↑	MHz
		SN54AS871FH		Tix	cc	120				20		20	
SN74AS871FN				Tix	cc	120				16		16	
		SN54AS871J		Tix	28e	120				20		20	
		SN54AS871JD		Tix	28f	120				20		20	
SN74AS871N				Tix	28h	120				16		16	

74873

Output: TS

2x4-Bit D-Latches
2x4-bit D-type latches
Latchs 2x4 bits, type D
2x4 bit D-latches
Registros-latch D de 2x4 bits

74873	Typ - Type - Tipo		Hersteller Production Fabricants Produttori Fabricantes	Bild Fig. Fig. Sec 3	I_S &I_R mA	t_{PD} E→Q ns_{typ} ↓ ↕ ↑	t_{PD} E→Q ns_{max} ↓ ↕ ↑	Bem./Note f_T §f_Z &f_E MHz
0...70°C § 0...75°C	−40...85°C § −25...85°C	−55...125°C						
		SN54ALS873FH	Tix	cc	15		15 15	Q=L
SN74ALS873FN			Tix	cc	15		14 14	Q=L
		SN54ALS873JT	Tix	24c	15		15 15	Q=L
SN74ALS873NT			Tix	24a	15		14 14	Q=L
AS								
		SN54AS873FH	Tix	cc	67		7 9	Q=L
SN74AS873FN			Tix	cc	67		6 6	Q=L
		SN54AS873JT	Tix	24c	67		7 9	Q=L
SN74AS873NT			Tix	24a	67		6 6	Q=L

$\overline{OE}$	$\overline{CLR}$	EN	D	Q
H	X	X	X	Z
L	L	X	X	L
L	H	L	X	Q_n
L	H	H	L	L
L	H	H	H	H

74874
Output: TS

2x4-Bit D-Flipflops
2x4-bit D-type flip-flops
Flipflops 2x4 bits, type D
2x4-bit D-multivibratore bistabile
Flipflops D de 2x4 bits

74874	Typ - Type - Tipo		Hersteller Production Fabricants Produttori Fabricantes	Bild Fig. Fig. Sec 3	I_S &I_R mA	t_{PD} $E \rightarrow Q$ ns$_{typ}$ ↓ ↕ ↑	t_{PD} $E \rightarrow Q$ ns$_{max}$ ↓ ↕ ↑	Bem./Note f_T §f_Z &f_E MHz
0...70°C § 0...75°C	−40...85°C § −25...85°C	−55...125°C						
SN74ALS874FN		SN54ALS874FH	Tix	cc	18	15 15		25
			Tix	cc	18	14 14		30
SN74ALS874NT		SN54ALS874JT	Tix	24c	18	15 15		25
			Tix	24a	18	14 14		30
AS								
SN74AS874FN		SN54AS874FH	Tix	cc	92		12,5 11,5	100
			Tix	cc	92		10,5 8,5	125
SN74AS874NT		SN54AS874JT	Tix	24c	92		12,5 11,5	100
			Tix	24a	92		10,5 8,5	125

Pinout (24-pin):
- Top: U_S(24) T(23) Q(22,21,20,19,18,17,16,15) T(14) $\overline{CLR}$(13)
- Bottom: CLR(1) $\overline{OE}$(2) D(3,4,5,6,7,8,9,10) $\overline{OE}$(11) GND(12)

$\overline{OE}$	$\overline{CLR}$	CLK	D	Q
H	X	X	X	Z
L	L	X	X	L
L	H	L	X	Q_n
L	H	⌐	L	L
L	H	⌐	H	H

2-520

74876
Output: TS

2x4-Bit invertierende D-Flipflops
2x4-bit inverting D-type flip-flops
Flipflops 2x4 bits inverseurs, type D
2x4-bit D-multivibratore bistabile invertente
Flipflops D inversores de 2x4 bits

74876	Typ - Type - Tipo			Hersteller Production Fabricants Produttori Fabricantes	Bild Fig. Fig. Sec 3	I_S & I_R mA	t_{PD} E→Q ns_{typ} ↓↑↑	t_{PD} E→Q ns_{max} ↓↑↑	Bem./Note f_T §f_Z &f_E MHz
	0...70°C § 0...75°C	−40...85°C § −25...85°C	−55...125°C						
			SN54ALS876FH	Tix	cc	18		15 15	25
SN74ALS876FN				Tix	cc	18		14 14	30
			SN54ALS876JT	Tix	24c	18		15 15	25
SN74ALS876NT				Tix	24a	18		14 14	30
AS									
			SN54AS876FH	Tix	cc	94		12,5 11,5	100
SN74AS876FN				Tix	cc	94		10,5 8,5	125
			SN54AS876JT	Tix	24c	94		12,5 11,5	100
SN74AS876NT				Tix	24a	94		10,5 8,5	125

Pinout (24-pin):
- Top: 24 U_S | 23 CLK | 22 $\overline{Q0}$ | 21 Q1 | 20 Q2 | 19 Q3 | 18 $\overline{Q0}$ | 17 Q1 | 16 Q2 | 15 Q3 | 14 CLK | 13 $\overline{CLR}$
- Bottom: 1 $\overline{CLR}$ | 2 $\overline{OE}$ | 3 D0 | 4 D1 | 5 D2 | 6 D3 | 7 D0 | 8 D1 | 9 D2 | 10 D3 | 11 $\overline{OE}$ | 12 ⏚

Input				Output
$\overline{OE}$	$\overline{CLR}$	CLK	D	$\overline{Q}$
L	L	X	X	L
L	H	↑	H	L
L	H	↑	L	H
L	H	L	X	$\overline{Q0}$
H	X	X	X	Z

2-521

74877
Output: TP

Universeller 8-Bit Bustreiber / Port-Controller
Universal bus driver / port controller
Driver de bus universel 8 bits / contrôleur de port
8-bit eccitatore bus universale / port-controller
Excitador de bus universal de 8 bits / Controlador de port

74877	Typ - Type - Tipo		Hersteller Production Fabricants Produttori Fabricantes	Bild Fig. Fig. Sec	I_S &I_R	t_{PD} E→Q ns_{typ}	t_{PD} E→Q ns_{max}	Bem./Note f_T §f_Z &f_E
0...70°C § 0...75°C	−40...85°C § −25...85°C	−55...125°C		3	mA	↓ ↕ ↑	↓ ↕ ↑	MHz
SN74AS877FN		SN54AS877FH	Tix	cc	136		10,5 8,5	45
			Tix	cc	136		9 7	50
		SN54AS877JT	Tix	24c	136		10,5 8,5	45
SN74AS877NT			Tix	24a	136		9 7	50

Eine Beschreibung der Funktionen sprengt den Rahmen dieser Daten- und Vergleichstabelle. Siehe »Bipolar Microcomputer Components Data Book« von Texas Instruments.

A description of the functional characteristics would go beyond the scope of this data and comparison table. See "Bipolar Microcomputer Components Data Book" by Texas Instruments.

Une description des fonctions déborde le cadre de ce tableau de données et de comparaison. Voir à ce sujet «Bipolar Microcomputer Components Data Book» de Texas Instruments.

Una descrizione delle funzioni esulerebbe dal campo di questa tabella di dati e di comparazione. Vedasi „Bipolar Microcomputer Components Data Book" della Texas Instruments.

Una descripción detallada de las funciones de este procesador se saldría de los límites de la presente tabla comparativa y de datos. Véase para ello «Bipolar Microcomputer Components Data Book» de Texas Instruments.

74878
Output: TS

2 4-Bit D-Flipflops
2 4-bit D-type flip-flops
2 flipflops 4 bits, type D
2 4-bit flip-flop tipo D
2 flipflops D de 4 bits

74878		Typ - Type - Tipo		Hersteller Production Fabricants Produttori Fabricantes	Bild Fig. Fig. Sec 3	I_S &I_R mA	t_{PD} E→Q ns$_{typ}$ ↓↑↑	t_{PD} E→Q ns$_{max}$ ↓↑↑	Bem./Note f_T §f_Z &f_E MHz
0...70°C	−40...85°C		−55...125°C						
§ 0...75°C	§ −25...85°C								
			SN54ALS878FH	Tix	cc	18		17 15	25
SN74ALS878FN				Tix	cc	18		16 14	30
			SN54ALS878JT	Tix	24c	18		17 15	25
SN74ALS878NT				Tix	24a	18		16 14	30
AS									
			SN54AS878FH	Tix	cc	96		12,5 11,5	100
SN74AS878FN				Tix	cc	96		10,5 8,5	125
			SN54AS878JT	Tix	24c	96		12,5 11,5	100
SN74AS878NT				Tix	24a	96		10,5 8,5	125

Input				Output
$\overline{OC}$	CLR	T	D	Q
L	L	⌐	X	L
L	H	⌐	H	H
L	H	⌐	L	L
L	H	L	X	Q0
H	X	X	X	Z

2-523

74879
Output: TS

2 invertierende 4-Bit D-Flipflops
2 inverting 4-bit D-type flip-flops
2 flipflops inverseurs 4 bits, type D
2 4-bit flip-flop tipo D invertente
2 flipflops D inversores de 4 bits

74879	Typ - Type - Tipo		Hersteller Production Fabricants Produttori Fabricantes	Bild Fig. Fig. Sec 3	I_S &I_R mA	t_{PD} E→Q ns$_{typ}$ ↓ ↕ ↑	t_{PD} E→Q ns$_{max}$ ↓ ↕ ↑	Bem./Note f_T §f_Z &f_E MHz
0...70°C § 0...75°C	−40...85°C § −25...85°C	−55...125°C						
		SN54ALS879FH	Tix	cc	18		17 15	25
SN74ALS879FN			Tix	cc	18		16 14	30
		SN54ALS879JT	Tix	24c	18		17 15	25
SN74ALS879NT			Tix	24a	18		16 14	30
AS								
		SN54AS879FH	Tix	cc	94		12,5 11,5	100
SN74AS879FN			Tix	cc	94		10,5 8,5	125
		SN54AS879JT	Tix	24c	94		12,5 11,5	100
SN74AS879NT			Tix	24a	94		10,5 8,5	125

Pinout:
- 24: U_S
- 23: T
- 22: $\overline{Q}$
- 21–15: data pins
- 14: T
- 13: $\overline{CLR}$
- 1: $\overline{CLR}$
- 2: $\overline{OC}$
- 3: D
- 4–10: data pins
- 11: $\overline{OC}$
- 12: GND

Input				Output
$\overline{OC}$	$\overline{CLR}$	T	D	$\overline{Q}$
L	L	∫	X	L
L	H	∫	H	L
L	H	∫	L	H
L	H	L	X	$\overline{Q0}$
H	X	X	X	Z

74880
Output: TS

2x4-Bit invertierende D-Latches
2x4-bit Inverting D-type latches
Latch inverseurs 2x4 bits, type D
2x4-bit D-latches invertente
Registros-latch D inversores de 2x4 bits

74880	Typ - Type - Tipo			Hersteller Production Fabricants Fabbricanti Fabricantes	Bild Flg. Flg. Sec	I_S &I_R	t_{PD} E→Q ns$_{typ}$			t_{PD} E→Q ns$_{max}$			Bem./Note f_T §f_Z &f_E
	0...70°C § 0...75°C	−40...85°C § −25...85°C	−55...125°C		3	mA	↓	↕	↑	↓	↕	↑	MHz
			SN54ALS880FH	Tix	cc	19				15		23	Q = L
	SN74ALS880FN			Tix	cc	19				14		20	Q = L
			SN54ALS880JT	Tix	24c	19				15		23	Q = L
	SN74ALS880NT			Tix	24a	19				14		20	Q = L
AS													
			SN54AS880FH	Tix	cc	76		9			11		Q = L
	SN74AS880FN			Tix	cc	76		8,5			9,5		Q = L
			SN54AS880JT	Tix	24c	76		9			11		Q = L
	SN74AS880NT			Tix	24a	76		8,5			9,5		Q = L

OE	CLR	EN	D	$\overline{Q}$
H	X	X	X	Z
L	L	X	X	L
L	H	L	X	$\overline{Q}_n$
L	H	H	L	H
L	H	H	H	L

74881
Output: TP

4-Bit ALU / Funktionsgenerator
4-bit ALU / function generator
ALU 4 bits / générateur de fonctions
4-bit ALU / generatori di funzioni
ALU (unidad aritmético-lógica) de 4 bits / Generador de funciones

E	Q	BA	S0	S1	S2	S3		74 ↓ ↑	74LS ↓ ↑	74S ↓ ↑	
Cn	Cn+4	X	X	X	X	X	typ	13 12	13 18	7 7	ns
							max	19 18	20 27	10,5 10,5	ns
Cn	F	L	X	X	X	X	typ	12 13	13 17	7 7	ns
							max	18 19	20 26	12 12	ns
A,B	Cn+4	L	H	L	L	H	typ	27 28	25 25	12,5 12,5	ns
							max	41 43	38 38	18,5 18,5	ns
A,B	Cn+4	L	L	H	H	L	typ	33 35	27 27	15,5 15,5	ns
							max	50 50	41 41	23 23	ns
A,B	G	L	H	L	L	H	typ	13 13	15 19	7,5 8	ns
							max	19 19	23 29	12 12	ns
A,B	G	L	L	H	H	L	typ	17 17	17 21	10,5 10,5	ns
							max	25 25	26 32	15 15	ns
A,B	P	L	H	L	L	H	typ	17 13	20 20	7,5 7,5	ns
							max	25 19	30 30	12 12	ns
A,B	P	L	L	H	H	L	typ	17 17	22 20	10,5 10,5	ns
							max	25 25	33 30	15 15	ns
A,B	F	L	H	L	L	H	typ	21 28	13 21	11 11	ns
							max	32 42	20 31	16,5 16,5	ns
A,B	F	L	L	H	H	L	typ	23 32	15 21	14 14	ns
							max	34 48	23 32	22 20	ns
A,B	F	H	L	H	H	L	typ	23 32	19 22	14 14	ns
							max	34 48	29 33	22 20	ns
A,B	A=B	L	L	H	H	L	typ	32 35	41 33	20 15	ns
							max	48 50	62 50	30 23	ns

Pin	FI N	FI LS	FI S
Cn	5	5,6	5
S	4	4	4
A,B	3	3	3

Pinout: U_S 24, A1 23, B1 22, A2 21, B2 20, A3 19, B3 18, G 17, C_{n+4} 16, P 15, A=B 14, F3 13, B0 1, A0 2, S3 3, S2 4, S1 5, S0 6, C_n 7, BA 8, F0 9, F1 10, F2 11, ⏚ 12

* Gültig für alle Typen · Valid for all types · Valido per tutti i tipi
  Valable pour touts les types · Válido para todos los tipos

74881	Typ - Type - Tipo		Hersteller Production Fabricants Produttori Fabricantes	Bild Fig. Fig. Sec 3	I_S &I_R mA	t_{PD} E→Q ns_{typ} ↓ ↑ ↑	t_{PD} E→Q ns_{max} ↓ ↑ ↑	Bem./Note f_T §f_Z &f_E MHz
0...70°C § 0...75°C	−40...85°C § −25...85°C	−55...125°C						
SN74AS881AFN		SN54AS881AFH	Tix	cc				
SN74AS881ANT		SN54AS881AJT	Tix Tix	cc 24c 24a				

S3	S2	S1	S0	BA = H, Logische Betriebsart	BA = L, Arithmetische Betriebsart	
					Cn = H	Cn = L
L	L	L	L	F = A	F = A	F = A + 1
L	L	L	H	F = A + B	F = A + B	F = (A + B) + 1
L	L	H	L	F = A.B	F = A + B	F = (A + B) + 1
L	L	H	H	F = L	F = H	F = L
L	H	L	L	F = A.B	F = A + (A,B)	F = A + (A,B) + 1
L	H	L	H	F = B	F = (A + B) + (A,B)	F = (A + B) + (A,B) + 1
L	H	H	L	F = (A,B) + (A,B)	F = A − B − 1	F = A − B
L	H	H	H	F = (A,B)	F = (A,B) − 1	F = (A,B)
H	L	L	L	F = A + B	F = A + (A,B)	F = A + (A,B) + 1
H	L	L	H	F = (A,B) + (A,B)	F = A + B	F = A + B + 1
H	L	H	L	F = B	F = (A + B) + (A,B)	F = (A + B) + (A,B) + 1
H	L	H	H	F = A,B	F = (A,B) − 1	F = A,B
H	H	L	L	F = H	F = A + A	F = A + A + 1
H	H	L	H	F = A + B	F = (A + B) + A	F = (A + B) + A + 1
H	H	H	L	F = A + B	F = (A + B) + A	F = (A + B) + A + 1
H	H	H	H	F = A	F = A − 1	F = A

74882 Output: TP	Übertragseinheit für 32-Bit ALUs Carry generator for 32-bit ALUs Générateur de retenue pour les ALU 32 bits Unità di riporto per 32-bit ALU Generador de acarreo para ALUs de 32 bits	74882 0...70°C § 0...75°C	–40...85°C § –25...85°C	–55...125°C	Typ - Type - Tipo	Hersteller Production Fabricants Produttori Fabricantes	Bild Fig. Fig. Sec 3	I_S &I_R mA	t_{PD} E→Q ns$_{typ}$ ↓ ↕ ↑	t_{PD} E→Q ns$_{max}$ ↓ ↕ ↑	Bem./Note f_T §f_Z &f_E MHz
					SN54AS882FH	Tix	cc	72		15 15	
		SN74AS882FN				Tix	cc	72		14 14	
					SN54AS882JT	Tix	24c	72		15 15	
		SN74AS882NT				Tix	24a	72		14 14	

Pinout (24-pin DIP):
- Pin 24: U_S
- Pin 23: C_{n+32}
- Pin 22: $\overline{P7}$
- Pin 21: $\overline{G7}$
- Pin 20: $\overline{P6}$
- Pin 19: $\overline{G6}$
- Pin 18: $\overline{P5}$ (shown as $\overline{P5}$... actually label shows)
- Pin 17: C_{n+24}
- Pin 16: $\overline{P5}$
- Pin 15: $\overline{G5}$
- Pin 14: $\overline{P4}$
- Pin 13: $\overline{G4}$
- Pin 1: C_n
- Pin 2: $\overline{G0}$
- Pin 3: $\overline{P0}$
- Pin 4: $\overline{G1}$
- Pin 5: $\overline{P1}$
- Pin 6: C_{n+8}
- Pin 7: $\overline{G2}$
- Pin 8: $\overline{P2}$
- Pin 9: $\overline{G3}$
- Pin 10: $\overline{P3}$
- Pin 11: C_{n+16}
- Pin 12: GND

$C_{n+8} = G1 + P1 \cdot G0 + P1 \cdot P0 \cdot C_n$

$C_{n+16} = G3 + P3 \cdot G2 + P3 \cdot P2 \cdot G1 + P3 \cdot P2 \cdot P1 \cdot G0 + P3 \cdot P2 \cdot P1 \cdot P0 \cdot C_n$

$C_{n+24} = G5 + P5 \cdot G4 + P5 \cdot P4 \cdot G3 + P5 \cdot P4 \cdot P3 \cdot G2 + P5 \cdot P4 \cdot P3 \cdot P2 \cdot G1 + P5 \cdot P4 \cdot P3 \cdot P2 \cdot P1 \cdot G0 + P5 \cdot P4 \cdot P3 \cdot P2 \cdot P1 \cdot P0 \cdot C_n$

$C_{n+32} = G7 + P7 \cdot G6 + P7 \cdot P6 \cdot G5 + P7 \cdot P6 \cdot P5 \cdot G4 + P7 \cdot P6 \cdot P5 \cdot P4 \cdot G3 + P7 \cdot P6 \cdot P5 \cdot P4 \cdot P3 \cdot G2 + P7 \cdot P6 \cdot P5 \cdot P4 \cdot P3 \cdot P2 \cdot G1 + P7 \cdot P6 \cdot P5 \cdot P4 \cdot P3 \cdot P2 \cdot P1 \cdot G0 + P7 \cdot P6 \cdot P5 \cdot P4 \cdot P3 \cdot P2 \cdot P1 \cdot P0 \cdot C_n$

74885
Output: TP

Erweiterbarer 8-Bit Größenvergleicher
Expandable 8-bit magnitude comparator
Comparateur de grandeur extensible 8 bits
8-bit comparatore di grandezza espandibile
Comparador de magnitud de 8 bits ampliable

74885	Typ - Type - Tipo		Hersteller Production Fabricants Produttori Fabricantes	Bild Flg. Fig. Sec 3	I_S &I_R mA	t_{PD} E→Q ns_{typ} ↓ ↕ ↑	t_{PD} E→Q ns_{max} ↓ ↕ ↑	Bem./Note f_T §f_Z &f_E MHz
0...70°C § 0...75°C	–40...85°C § –25...85°C	–55...125°C						
		SN54AS885FH	Tix	cc	130	10 13,5	17 21	
SN74AS885FN			Tix	cc	130	10 13,5	15 17,5	
		SN54AS885JT	Tix	24c	130	10 13,5	17 21	
SN74AS885NT			Tix	24a	130	10 13,5	15 17,5	

Pinout (24-pin DIP):
- Pin 24: U_S
- Pin 23: EN
- Pin 22: A7
- Pin 21: A6
- Pin 20: A5
- Pin 19: A4
- Pin 18: A3
- Pin 17: A2
- Pin 16: A1
- Pin 15: A0
- Pin 14: A<B
- Pin 13: A>B
- Pin 1: L/$\overline{A}$
- Pin 2: A<B
- Pin 3: A>B
- Pin 4: B7
- Pin 5: B6
- Pin 6: B5
- Pin 7: B4
- Pin 8: B3
- Pin 9: B2
- Pin 10: B1
- Pin 11: B0
- Pin 12: ⏚

Internal: latch A0–A7, Logic/Arithmetic

Inputs				Outputs		Compare
L/$\overline{A}$	A, B	A>B	A<B	A>B	A<B	Function
L	A>B	X	X	H	L	
L	A<B	X	X	L	H	
L	A=B	L	X	L	?	Arithmetic
L	A=B	H	X	H	?	
L	A=B	X	L	?	L	
L	A=B	X	H	?	H	
H	A>B	X	X	H	L	
H	A<B	X	X	L	H	
H	A=B	L	X	L	?	Logic
H	A=B	H	X	H	?	
H	A=B	X	L	?	L	
H	A=B	X	H	?	H	

741000	NAND-Treiber
Output: TP	NAND drivers
	Drivers NAND
	Eccitatore NAND
	Excitadores NAND

741002	NOR-Treiber
Output: TP	NOR drivers
	Drivers NOR
	Eccitatore NOR
	Excitadores NOR

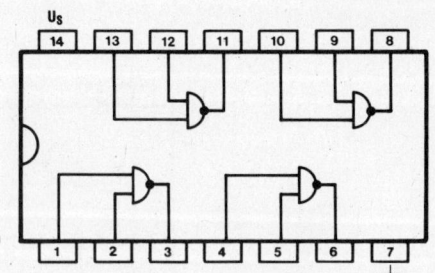

Logiktabelle siehe Section 1
Function table see section 1
Tableau logique voir section 1
Per tavola di logica vedi sezione 1
Tabla de verdad, ver sección 1

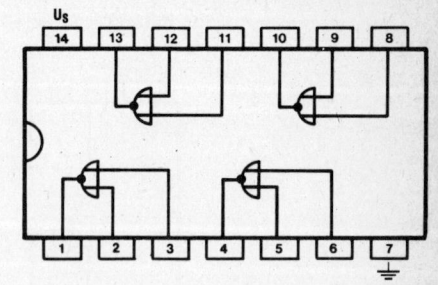

741000	Typ - Type - Tipo			Hersteller Production Fabricants Produttori Fabricantes	Bild Flg. Flg. Sec 3	I_S &I_R mA	t_{PD} E→Q ns_{typ} ↓ ↕ ↑	t_{PD} E→Q ns_{max} ↓ ↕ ↑	Bem./Note f_T §f_Z &f_E MHz
0...70°C § 0...75°C	−40...85°C § −25...85°C		−55...125°C						
DM74ALS1000J	DM54ALS1000J			Nsc	14c	<6,4		8 8	
DM74ALS1000N				Nsc	14a	<6,4		8 8	
MB74ALS1000				Fui	14a	<6,4		8 8	
	SN54ALS1000J			Tix	14c				
SN74ALS1000N				Tix	14a				
	SN54ALS1000AFH			Tix	cc	4,8		10 10	
				Tix	cc	4,8		7 8	
	SN54ALS1000AJ			Tix	14c	4,8		10 10	
SN74ALS1000AN				Tix	14a	4,8		7 8	
AS									
DM74AS1000J	DM54AS1000J			Nsc	14c	<16,1		3 4,5	
DM74AS1000N				Nsc	14a	<16,1		3 4,5	
	SN54AS1000FH			Tix	cc	11,5		4,5 4,5	
SN74AS1000FN				Tix	cc	11,5		3,5 3,5	
	SN54AS1000J			Tix	14c	11,5		4,5 4,5	
SN74AS1000N				Tix	14a	11,5		3,5 3,5	

741002	Typ - Type - Tipo			Hersteller Production Fabricants Produttori Fabricantes	Bild Flg. Flg. Sec 3	I_S &I_R mA	t_{PD} E→Q ns_{typ} ↓ ↕ ↑	t_{PD} E→Q ns_{max} ↓ ↕ ↑	Bem./Note f_T §f_Z &f_E MHz
0...70°C § 0...75°C	−40...85°C § −25...85°C		−55...125°C						
DM74ALS1002J	DM54ALS1002J			Nsc	14c	<8		8 8	
DM74ALS1002N				Nsc	14a	<8		8 8	
MB74ALS1002				Fui	14a	<8		8 8	
	SN54ALS1002J			Tix	14c				
SN74ALS1002N				Tix	14a				
	SN54ALS1002AFH			Tix	cc	5,6		10 10	
SN74ALS1002AFN				Tix	cc	5,6		7 8	
	SN54ALS1002AJ			Tix	14c	5,6		10 10	
SN74ALS1002AN				Tix	14a	5,6		7 8	
AS									
DM74AS1002J	DM54AS1002J			Nsc	14c				
DM74AS1002N				Nsc	14a				

741003	NAND-Treiber
Output: OC	NAND drivers
	Drivers NAND
	Eccitatore NAND
	Excitadores NAND

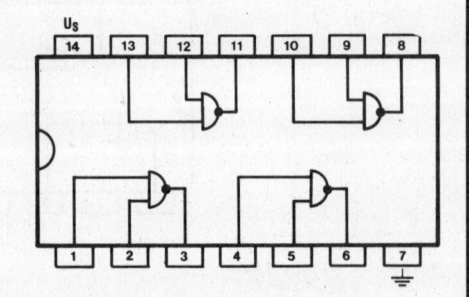

741004	Inverter-Treiber
Output: TP	Inverting drivers
	Drivers inverseurs
	Eccitatore invertitore
	Excitadores inversores

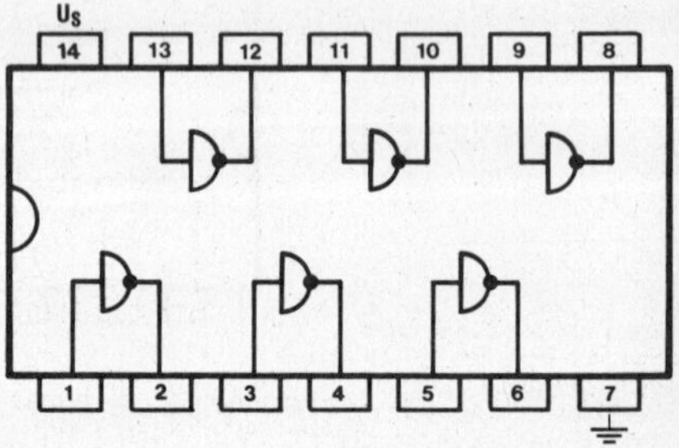

Logiktabelle siehe Section 1
Function table see section 1
Tableau logique voir section 1
Per tavola di logica vedi sezione 1
Tabla de verdad, ver sección 1

Logiktabelle siehe Section 1
Function table see section 1
Tableau logique voir section 1
Per tavola di logica vedi sezione 1
Tabla de verdad, ver sección 1

741003	Typ - Type - Tipo		Hersteller Production Fabricants Produttori Fabricantes	Bild Fig. Fig. Sec	I_S & I_R	t_{PD} E→Q ns_{typ}	t_{PD} E→Q ns_{max}	Bem./Note f_T §f_Z & f_E
0...70°C § 0...75°C	-40...85°C § -25...85°C	-55...125°C		3	mA	↓ ↕ ↑	↓ ↕ ↑	MHz
DM74ALS1003J		DM54ALS1003J	Nsc	14c	<6,4		18 33	
DM74ALS1003N			Nsc	14a	<6,4		18 33	
MB74ALS1003			Fui	14a	<6,4		18 33	
		SN54ALS1003J	Tix	14c				
SN74ALS1003N			Tix	14a				
		SN54ALS1003AFH	Tix	cc	4,8		18 40	
SN74ALS1003AFN			Tix	cc	4,8		12 33	
		SN54ALS1003AJ	Tix	14c	4,8		18 40	
SN74ALS1003AN			Tix	14a	4,8		12 33	

741004	Typ - Type - Tipo		Hersteller Production Fabricants Produttori Fabricantes	Bild Fig. Fig. Sec	I_S & I_R	t_{PD} E→Q ns_{typ}	t_{PD} E→Q ns_{max}	Bem./Note f_T §f_Z & f_E
0...70°C § 0...75°C	-40...85°C § -25...85°C	-55...125°C		3	mA	↓ ↕ ↑	↓ ↕ ↑	MHz
DM74ALS1004J		DM54ALS1004J	Nsc	14c	7,2	3 3		
DM74ALS1004N			Nsc	14a	7,2	3 3		
MB74ALS1004			Fui	14a	7,2	3 3		
		SN54ALS1004FH	Tix	cc	7		8 9	
SN74ALS1004FN			Tix	cc	7		6 7	
		SN54ALS1004J	Tix	14c	7		8 9	
SN74ALS1004N			Tix	14a	7		6 7	
AS								
DM74AS1004J		DM54AS1004J	Nsc	14c				
DM74AS1004N			Nsc	14a				
SN74AS1004N			Tix	14a	17,2		3,5 3,5	

741005		Inverter-Treiber / Inverting drivers / Drivers inverseurs / Eccitatore invertitore / Excitadores inversores	741008		AND-Treiber / AND drivers / Drivers AND / Eccitatore AND / Excitadores AND
Output: OC			Output: TP		

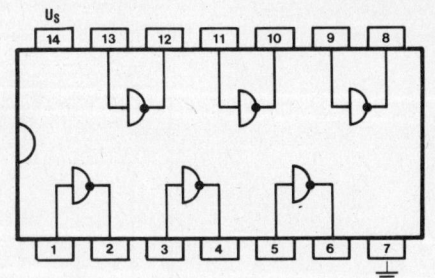

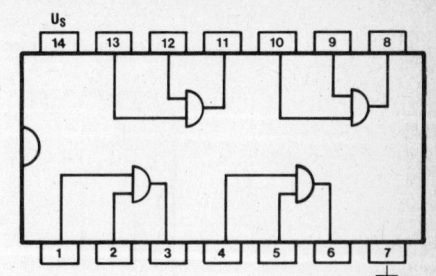

Logiktabelle siehe Section 1
Function table see section 1
Tableau logique voir section 1
Per tavola di logica vedi sezione 1
Tabla de verdad, ver sección 1

Logiktabelle siehe Section 1
Function table see section 1
Tableau logique voir section 1
Per tavola di logica vedi sezione 1
Tabla de verdad, ver sección 1

741005	Typ - Type - Tipo		Hersteller Production Fabricants Produttori Fabricantes	Bild Fig. Fig. Sec 3	I_S &I_R mA	t_{PD} E→Q ns_{typ} ↓↑ ↑↓	t_{PD} E→Q ns_{max} ↓↑ ↑↓	Bem./Note f_T §f_Z &f_E MHz
0...70°C §0...75°C	−40...85°C §−25...85°C	−55...125°C						
DM74ALS1005J			Nsc	14c	7,2			
DM74ALS1005N			Nsc	14a	7,2			
MB74ALS1005			Fui	14a	7,2			
	DM54ALS1005J		Nsc	14c	7	12	35	
	SN54ALS1005FH		Tix	cc	7	10	30	
SN74ALS1005FN			Tix	cc				
		SN54ALS1005J	Tix	14c	7	12	35	
SN74ALS1005N			Tix	14a	7	10	30	

741008	Typ - Type - Tipo		Hersteller Production Fabricants Produttori Fabricantes	Bild Fig. Fig. Sec 3	I_S &I_R mA	t_{PD} E→Q ns_{typ} ↓↑ ↑↓	t_{PD} E→Q ns_{max} ↓↑ ↑↓	Bem./Note f_T §f_Z &f_E MHz
0...70°C §0...75°C	−40...85°C §−25...85°C	−55...125°C						
DM74ALS1008J			Nsc	14c	<8		9 9	
DM74ALS1008N			Nsc	14a	<8		9 9	
MB74ALS1008			Fui	14a	<8		9 9	
		DM54ALS1008J	Nsc	14c				
	SN54ALS1008J		Tix	14c				
SN74ALS1008N			Tix	14a				
		SN54ALS1008AFH	Tix	cc	5,7		11 11	
SN74ALS1008AFN			Tix	cc	5,7		9 9	
		SN54ALS1008AJ	Tix	14c	5,7		11 11	
SN74ALS1008AN			Tix	14a	5,7		9 9	
AS								
DM74AS1008J			Nsc	14c	22		3 3,3	
DM74AS1008N			Nsc	14a	22		3 3,3	
	DM54AS1008J		Tix	cc	13,5		6 6	
		SN54AS1008FH	Tix	cc	13,5		5 5	
SN74AS1008FN			Tix	14c	13,5		6 6	
		SN54AS1008J	Tix	14a	13,5		5 5	
SN74AS1008N								

2-531

741010 — Output: TP

NAND-Treiber / NAND drivers / Drivers NAND / Eccitatore NAND / Excitadores NAND

Logiktabelle siehe Section 1
Function table see section 1
Tableau logique voir section 1
Per tavola di logica vedi sezione 1
Tabla de verdad, ver sección 1

741010 0...70°C §0...75°C	Typ - Type - Tipo −40...85°C §−25...85°C	−55...125°C	Hersteller Production Fabricants Produttori Fabricantes	Bild Fig. Fig. Sec 3	I_S &I_R mA	t_{PD} E→Q ns_{typ} ↓↑↑	t_{PD} E→Q ns_{max} ↓↑↑	Bem./Note f_T §f_Z &f_E MHz
DM74ALS1010J		DM54ALS1010J	Nsc	14c	<6	8 8		
DM74ALS1010N			Nsc	14a	<6	8 8		
MB74ALS1010			Fui	14a	<6	8 8		
		SN54ALS1010J	Tix	14c				
SN74ALS1010N			Tix	14a				
SN74ALS1010AFN		SN54ALS1010AFH	Tix	cc	3,6	10 10		
			Tix	cc	3,6	7 8		
		SN54ALS1010AJ	Tix	14c	3,6	10 10		
SN74ALS1010AN			Tix	14a	3,6	7 8		

741011 — Output: TP

AND-Treiber / AND drivers / Drivers AND / Eccitatore AND / Excitadores AND

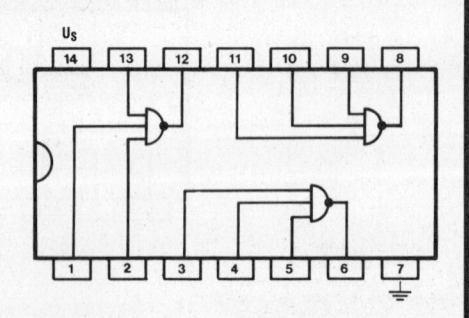

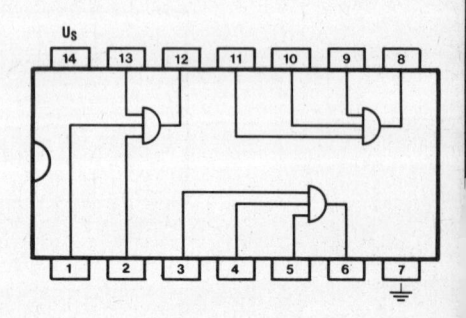

Logiktabelle siehe Section 1
Function table see section 1
Tableau logique voir section 1
Per tavola di logica vedi sezione 1
Tabla de verdad, ver sección 1

741011 0...70°C §0...75°C	Typ - Type - Tipo −40...85°C §−25...85°C	−55...125°C	Hersteller Production Fabricants Produttori Fabricantes	Bild Fig. Fig. Sec 3	I_S &I_R mA	t_{PD} E→Q ns_{typ} ↓↑↑	t_{PD} E→Q ns_{max} ↓↑↑	Bem./Note f_T §f_Z &f_E MHz
DM74ALS1011J		DM54ALS1011J	Nsc	14c	<6	8 8		
DM74ALS1011N			Nsc	14a	<6	8 8		
MB74ALS1011			Fui	14a	<6	8 8		
		SN54ALS1011J	Tix	14c				
SN74ALS1011N			Tix	14a				
SN74ALS1011AFN		SN54ALS1011AFH	Tix	cc	4,3	11 12		
			Tix	cc	4,3	9 10		
		SN54ALS1011AJ	Tix	14c	4,3	11 12		
SN74ALS1011AN			Tix	14a	4,3	9 10		

741020
Output: TP

NAND-Treiber
NAND drivers
Drivers NAND
Eccitatore NAND
Excitadores NAND

741032
Output: TP

OR-Treiber
OR drivers
Drivers OR
Eccitatore OR
Excitadores OR

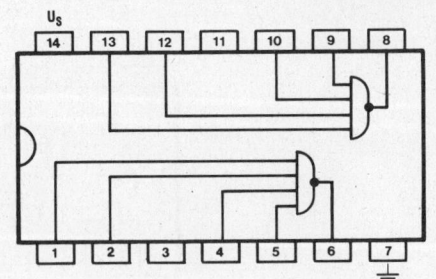

Logiktabelle siehe Section 1
Function table see section 1
Tableau logique voir section 1
Per tavola di logica vedi sezione 1
Tabla de verdad, ver sección 1

Logiktabelle siehe Section 1
Function table see section 1
Tableau logique voir section 1
Per tavola di logica vedi sezione 1
Tabla de verdad, ver sección 1

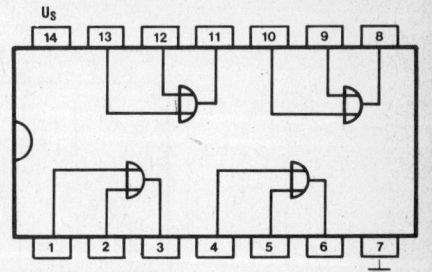

741020	Typ - Type - Tipo			Hersteller Production Fabricants Produttori Fabricantes	Bild Fig. Fig. Sec 3	I_S & I_R mA	t_{PD} E→Q ns_{typ} ↓ ↕ ↑	t_{PD} E→Q ns_{max} ↓ ↕ ↑	Bem./Note f_T §f_Z & f_E MHz
0...70°C § 0...75°C	−40...85°C § −25...85°C	−55...125°C							
DM74ALS1020J				Nsc	14c	<6		9 10	
DM74ALS1020N				Nsc	14a	<6		9 10	
MB74ALS1020				Fui	14a	<6		9 10	
		DM54ALS1020J		Nsc	14c				
				Tix	14c				
SN74ALS1020N		SN54ALS1020J		Tix	14a				
		SN54ALS1020AFH		Tix	cc	2,4		10 10	
				Tix	cc	2,4		7 8	
SN74ALS1020AFN		SN54ALS1020AJ		Tix	14c	2,4		10 10	
SN74ALS1020AN				Tix	14a	2,4		7 8	

741032	Typ - Type - Tipo			Hersteller Production Fabricants Produttori Fabricantes	Bild Fig. Fig. Sec 3	I_S & I_R mA	t_{PD} E→Q ns_{typ} ↓ ↕ ↑	t_{PD} E→Q ns_{max} ↓ ↕ ↑	Bem./Note f_T §f_Z & f_E MHz
0...70°C § 0...75°C	−40...85°C § −25...85°C	−55...125°C							
DM74ALS1032J				Nsc	14c	3,2	8 8		
DM74ALS1032N				Nsc	14a	3,2	8 8		
MB74ALS1032				Fui	14a	3,2	8 8		
		DM54ALS1032J		Tix	14c				
SN74ALS1032N				Tix	14a				
		SN54ALS1032AFH		Tix	cc	6,6		15 12	
SN74ALS1032AFN				Tix	cc	6,6		12 9	
		SN54ALS1032AJ		Tix	14c	6,6		15 12	
SN74ALS1032AN				Tix	14a	6,6		12 9	
AS									
DM74AS1032J		DM54AS1032J		Nsc	14c	25	3 3,3		
DM74AS1032N				Nsc	14a	25	3 3,3		
		SN54AS1032FH		Tix	cc	14,7		6,5 7	
SN74AS1032FN				Tix	cc	14,7		5,5 5,5	
		SN54AS1032J		Tix	14c	14,7		6,5 7	
SN74AS1032N				Tix	14a	14,7		5,5 5,5	

741034
Output: TP

Treiber
Drivers
Drivers
Eccitatore
Excitadores

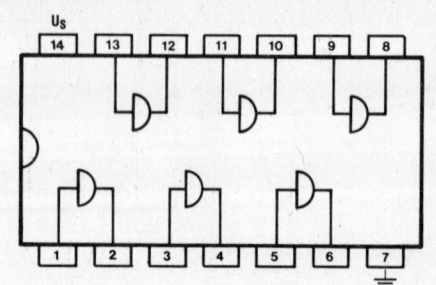

Logiktabelle siehe Section 1
Function table see section 1
Tableau logique voir section 1
Per tavola di logica vedi sezione 1
Tabla de verdad, ver sección 1

741034	Typ - Type - Tipo			Hersteller Production Fabricants Produttori Fabricantes	Bild Fig. Fig. Fig. Sec	I_S &I_R	t_{PD} E→Q ns_{typ}			t_{PD} E→Q ns_{max}			Bem./Note f_T §f_Z &f_E
0...70°C § 0...75°C	−40...85°C § −25...85°C	−55...125°C			3	mA	↓	↕	↑	↓	↕	↑	MHz
DM74ALS1034J DM74ALS1034N				Nsc Nsc	14c 14a	7,8 7,8	4,5 4,5		4 4				
SN74ALS1034FN		SN54ALS1034FH		Tix	cc	8				10 8			10 8
		SN54ALS1034J		Tix	14c	8				10			10
SN74ALS1034N				Tix	14a	8				8			8
AS DM74AS1034J DM74AS1034N				Nsc Nsc	14c 14a	<18 <18	2,7 2,7		2,6 2,6				
SN74AS1034FN		SN54AS1034FH		Tix	cc	20				6 5			6 5
		SN54AS1034J		Tix	14c	20				6			6
SN74AS1034N				Tix	14a	20				5			5

741035
Output: OC

Treiber
Drivers
Drivers
Eccitatore
Excitadores

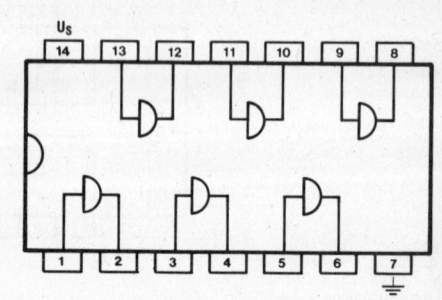

Logiktabelle siehe Section 1
Function table see section 1
Tableau logique voir section 1
Per tavola di logica vedi sezione 1
Tabla de verdad, ver sección 1

741035	Typ - Type - Tipo			Hersteller Production Fabricants Produttori Fabricantes	Bild Fig. Fig. Fig. Sec	I_S &I_R	t_{PD} E→Q ns_{typ}			t_{PD} E→Q ns_{max}			Bem./Note f_T §f_Z &f_E
0...70°C § 0...75°C	−40...85°C § −25...85°C	−55...125°C			3	mA	↓	↕	↑	↓	↕	↑	MHz
DM74ALS1035J DM74ALS1035N				Nsc Nsc	14c 14a	8,6 8,6							
SN74ALS1035FN		SN54ALS1035FH		Tix	cc	8							14 35
		SN54ALS1035J		Tix	cc 14c	8 8							12 30 14 35
SN74ALS1035N				Tix	14a	8							12 30
AS SN74AS1035N		SN54AS1035J		Tix Tix	14c 14a								

741036	NOR-Treiber
Output: TP	NOR drivers
	Drivers NOR
	Eccitatore NOR
	Excitadores NOR

741240	8-Bit invertierender Bustreiber
Output: TS	8-bit inverting bus driver
	Driver de bus inverseur 8 bits
	8-bit eccitatore bus invertente
	Excitador inversor de bus de 8 bits

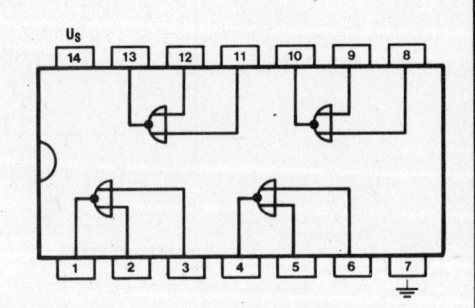

Logiktabelle siehe Section 1
Function table see section 1
Tableau logique voir section 1
Per tavola di logica vedi sezione 1
Tabla de verdad, ver sección 1

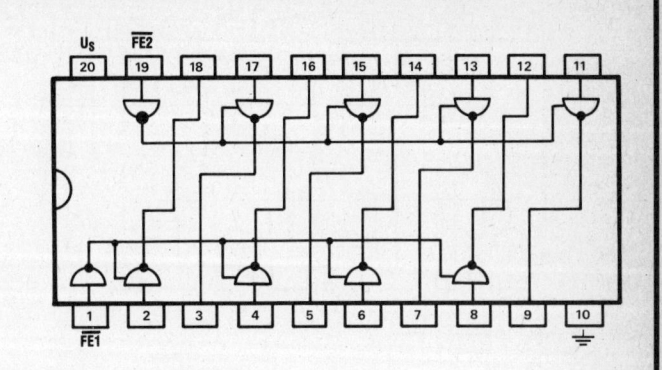

FE1	E	Q
H	X	Z*
L	L	H
L	H	L

FE2	E	Q
H	X	Z*
L	L	H
L	H	L

FQ (LS240) = 66,7
FQ (S240) = 32

* Hochohmig · High impedance · Haute impédance · Alta resistenza · Alta impedancia

741036	Typ - Type - Tipo		Hersteller Production Fabricants Produttori Fabricantes	Bild Fig. Fig. Sec 3	I_S &I_R mA	t_{PD} E→Q ns_{typ} ↓ ↕ ↑	t_{PD} E→Q ns_{max} ↓ ↕ ↑	Bem./Note f_T §f_Z &f_E MHz
0...70°C § 0...75°C	−40...85°C § −25...85°C	−55...125°C						
SN74AS1036FN		SN54AS1036FH	Tix	cc	14	4,5 4,5	4 4	
SN74AS1036N		SN54AS1036J	Tix	cc	14			
			Tix	14c	14	4,5 4,5	4 4	
			Tix	14a	14			

741240	Typ - Type - Tipo		Hersteller Production Fabricants Produttori Fabricantes	Bild Fig. Fig. Sec 3	I_S &I_R mA	t_{PD} E→Q ns_{typ} ↓ ↕ ↑	t_{PD} E→Q ns_{max} ↓ ↕ ↑	Bem./Note f_T §f_Z &f_E MHz
0...70°C § 0...75°C	−40...85°C § −25...85°C	−55...125°C						
DM74ALS1240J		DM54ALS1240J	Nsc	20c	12	9 9		
DM74ALS1240N			Nsc	20a	12	9 9		
SN74ALS1240FN		SN54ALS1240FH	Tix	cc	10	9 9		Q = L
		SN54ALS1240J	Tix	20c	10	9 9		Q = L
SN74ALS1240N			Tix	20a	10	9 9		Q = L

741241
Output: TS

8-Bit Bustreiber
8-bit bus driver
Driver de bus 8 bits
8-bit eccitatore bus
Excitador de bus de 8 bits

741242
Output: TS

Invertierender bi-direktionaler 4-Bit Bustreiber
Inverting bi-directional 4-bit bus driver
Driver de bus inverseur bi-directionnel 4 bits
4-bit eccitatore bus invertente bidirezionale
Excitador inversor de bus bidireccional de 4 bits

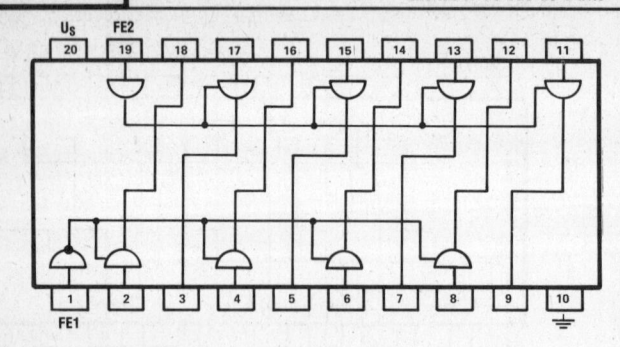

FE1	E	Q
H	X	Z*
L	L	L
L	H	H

FE2	E	Q
L	X	Z*
H	L	L
H	H	H

FQ (LS241) = 66,7
FQ (S241) = 32

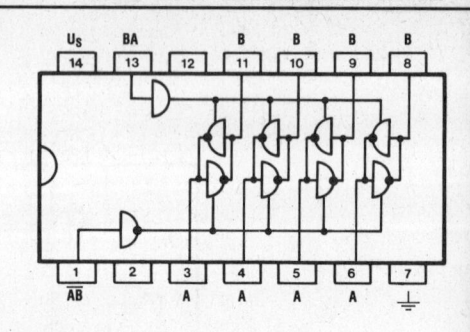

Input		Funktion*
AB	BA	Function · Fonction · Funzione · Función
H	H	A = $\overline{B}$
L	L	B = $\overline{A}$
H	L	sperren · inhibit · bloçage · bloccare · bloqueo
L	H	unzulässig · not valid · inadmissible · inammissibile · inadmisible

* Hochohmig · High impedance · Haute impédance · Alta resistenza · Alta impedancia

741241	Typ - Type - Tipo		Hersteller Production Fabricants Produttori Fabricantes	Bild Fig. Fig. Sec	I_S &I_R	t_{PD} E→Q ns typ	t_{PD} E→Q ns max	Bem./Note f_T §f_Z &f_E
0...70°C § 0...75°C	−40...85°C § −25...85°C	−55...125°C		3	mA	↓ ↕ ↑	↓ ↕ ↑	MHz
DM74ALS1241J		DM54ALS1241J	Nsc	20c	12	9 9		
DM74ALS1241N			Nsc	20a	12	9 9		
		SN54ALS1241FH	Tix	cc	10	9 9		Q = L
SN74ALS1241FN			Tix	cc	10	9 9		Q = L
		SN54ALS1241J	Tix	20c	10	9 9		Q = L
SN74ALS1241N			Tix	20a	10	9 9		Q = L
AS								
SN74AS1241FN		SN54AS1241FH	Tix	cc				
			Tix	cc				
		SN54AS1241J	Tix	20c				
SN74AS1241N			Tix	20a				

741242	Typ - Type - Tipo		Hersteller Production Fabricants Produttori Fabricantes	Bild Fig. Fig. Sec	I_S &I_R	t_{PD} E→Q ns typ	t_{PD} E→Q ns max	Bem./Note f_T §f_Z &f_E
0...70°C § 0...75°C	−40...85°C § −25...85°C	−55...125°C		3	mA	↓ ↕ ↑	↓ ↕ ↑	MHz
DM74ALS1242J		DM54ALS1242J	Nsc	14c	24	4 4		
DM74ALS1242N			Nsc	14a	24	4 4		
		SN54ALS1242FH	Tix	cc	10	9 9		Q = L
SN74ALS1242FN			Tix	cc	10	9 9		Q = L
		SN54ALS1242J	Tix	14c	10	9 9		Q = L
SN74ALS1242N			Tix	14a	10	9 9		Q = L

741243
Output: TS

Bi-direktionaler 4-Bit Bustreiber
Bi-directional 4-bit bus driver
Driver de bus bi-directionnel 4 bits
4-bit eccitatore bus bidirezionale
Excitador de bus bidireccional de 4 bits

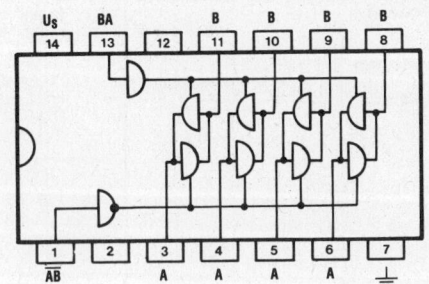

Pinout: U_S 14, BA 13, B 12, B 11, B 10, B 9, B 8 / AB 1, A 2, A 3, A 4, A 5, A 6, GND 7

Funktion · Function · Fonction · Funzione · Función

Input		Function
AB	BA	
H	H	A = B
L	L	B = A
H	L	sperren · inhibit · bloçage · bloccare · bloqueo
L	H	unzulässig · not valid · inadmissible · inammissibile · inadmisible

741243	Typ - Type - Tipo		Hersteller Production Produttori Fabricantes	Bild Fig. Fig. Sec 3	I_S &I_R mA	t_{PD} E→Q ns_{typ} ↓ ↕ ↑	t_{PD} E→Q ns_{max} ↓ ↕ ↑	Bem./Note f_T §f_Z &f_E MHz
0...70°C § 0...75°C	−40...85°C § −25...85°C	−55...125°C						
DM74ALS1243J	DM54ALS1243J		Nsc	14c				
DM74ALS1243N			Nsc	14a				
		SN54ALS1243FH	Tix	cc	12	11 11		Q=L
SN74ALS1243FN			Tix	cc	12	11 11		Q=L
		SN54ALS1243J	Tix	14c	12	11 11		Q=L
SN74ALS1243N			Tix	14a	12	11 11		Q=L

741244
Output: TS

8-Bit Bustreiber
8-bit bus driver
Driver de bus 8 bits
8-bit eccitatore bus
Excitador de bus de 8 bits

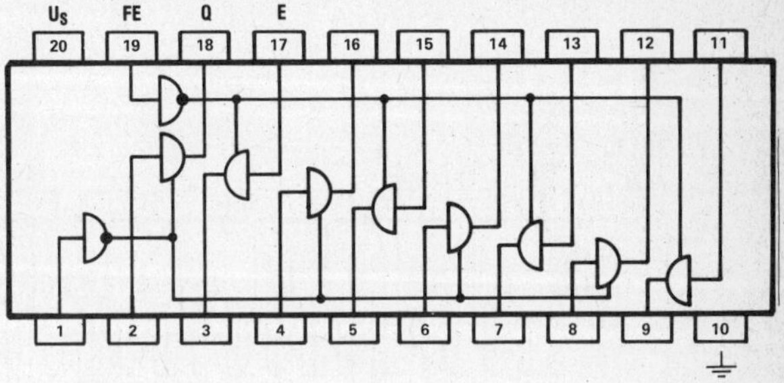

Pinout: U_S 20, FE 19, Q 18, E 17, 16, 15, 14, 13, 12, 11 / 1, 2, 3, 4, 5, 6, 7, 8, 9, 10

FE	E	Q
H	X	Z*
L	L	L
L	H	H

* Hochohmig · High impedance · Haute impédance · Alta resistenza · Alta impedancia

741244	Typ - Type - Tipo		Hersteller Production Produttori Fabricantes	Bild Fig. Fig. Sec 3	I_S &I_R mA	t_{PD} E→Q ns_{typ} ↓ ↕ ↑	t_{PD} E→Q ns_{max} ↓ ↕ ↑	Bem./Note f_T §f_Z &f_E MHz
0...70°C § 0...75°C	−40...85°C § −25...85°C	−55...125°C						
DM74ALS1244J	DM54ALS1244J		Nsc	20c	20	14 14		
DM74ALS1244N			Nsc	20a	20	14 14		
		SN54ALS1244J	Tix	20c				
SN74ALS1244N			Tix	20a				
		SN54ALS1244AFH	Tix	cc	10		16 16	Q=L
SN74ALS1244AFN			Tix	cc	10		14 14	Q=L
		SN54ALS1244AJ	Tix	20c	10		16 16	Q=L
SN74ALS1244AN			Tix	20a	10		14 14	Q=L

2-537

741245
Output: TS

8-Bit Bustreiber
8-bit bus driver
Driver du bus de donées à 4 bits
Eccitatore di 8 bit
Excitador de bus de 8 bits

741245	Typ - Type - Tipo		Hersteller Production Fabricants Produttori Fabricantes	Bild Fig. Fig. Sec 3	I_S & I_R mA	t_{PD} E→Q ns_{typ} ↓ ↕ ↑	t_{PD} E→Q ns_{max} ↓ ↕ ↑	Bem./Note f_T §f_Z & f_E MHz
0...70°C § 0...75°C	−40...85°C § −25...85°C	−55...125°C						
SN74ALS1245FN		SN54ALS1245FH	Tix	cc	23	15 15		Q=L
			Tix	cc	23	13 13		Q=L
		SN54ALS1245J	Tix	20c	23	15 15		Q=L
SN74ALS1245N			Tix	20a	23	13 13		Q=L
		SN54ALS1245AFH	Tix	cc	23	15 15		Q=L
SN74ALS1245AFN			Tix	cc	23	13 13		Q=L
		SN54ALS1245AJ	Tix	20c	23	15 15		Q=L
SN74ALS1245AN			Tix	20a	23	13 13		Q=L

Input		Funktion*
FE	DIR	
H	X	A = B = Z**
L	L	A = B
L	H	B = A

* Function · Fonction · Funzione · Función
** Hochohmig · High impedance · Haute impédance · Alta resistenza · Alta impedancia

741620	8-Bit invertierender Bustreiber		741621	8-Bit Bustreiber
Output: TS	Inverting 8-bit bus driver Driver de bus inverseur 8 bits 8-bit eccitatore bus invertente Excitador inversor de bus de 8 bits		Output: OC	8-bit bus driver Driver de bus 8 bits 8-bit eccitatore bus Excitador de bus de 8 bits

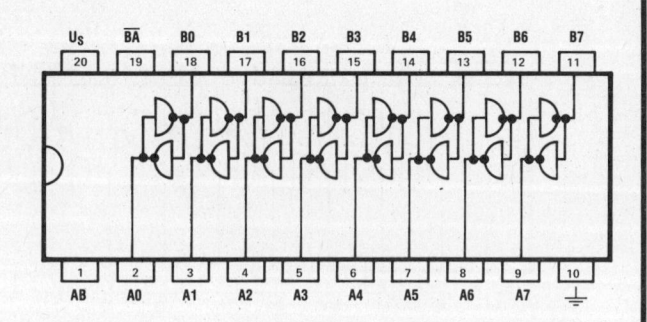

741620 pinout: U_S(20), $\overline{BA}$(19), B0(18), B1(17), B2(16), B3(15), B4(14), B5(13), B6(12), B7(11), GND(10), A7(9), A6(8), A5(7), A4(6), A3(5), A2(4), A1(3), A0(2), AB(1).

741621 pinout: same pin assignments.

741620 Function table

AB	$\overline{BA}$	Function
L	L	$\overline{B} \to A$
L	H	$A = B = Z$
H	L	$\overline{B} \to A, \overline{A} \to B$
H	H	$\overline{A} \to B$

741621 Function table

AB	$\overline{BA}$	Function
L	L	$B \to A$
L	H	$A = B =$ open
H	L	$B \to A, A \to B$
H	H	$A \to B$

741620	Typ - Type - Tipo			Hersteller Production Fabricants Produttori Fabricantes	Bild Fig. Fig. Sec 3	I_S &I_R mA	t_{PD} $E \to Q$ ns_{typ} ↓ ↕ ↑	t_{PD} $E \to Q$ ns_{max} ↓ ↕ ↑	Bem./Note f_T §f_Z &f_E MHz
0...70°C § 0...75°C	−40...85°C § −25...85°C	−55...125°C							
		SN54ALS1620FH		Tix	cc	19	6 9		Q=L
SN74ALS1620FN				Tix	cc	19	6 9		Q=L
		SN54ALS1620J		Tix	20c	19	6 9		Q=L
SN74ALS1620N				Tix	20a	19	6 9		Q=L

741621	Typ - Type - Tipo			Hersteller Production Fabricants Produttori Fabricantes	Bild Fig. Fig. Sec 3	I_S &I_R mA	t_{PD} $E \to Q$ ns_{typ} ↓ ↕ ↑	t_{PD} $E \to Q$ ns_{max} ↓ ↕ ↑	Bem./Note f_T §f_Z &f_E MHz
0...70°C § 0...75°C	−40...85°C § −25...85°C	−55...125°C							
		SN54ALS1621FH		Tix	cc	16	14 22		Q=L
SN74ALS1621FN				Tix	cc	16	14 22		Q=L
		SN54ALS1621J		Tix	20c	16	14 22		Q=L
SN74ALS1621N				Tix	20a	16	14 22		Q=L

741622	8-Bit invertierender Bustreiber
Output: OC	Inverting 8-bit bus driver
	Driver de bus inverseur 8 bits
	8-bit eccitatore bus invertente
	Excitador inversor de bus de 8 bits

741623	8-Bit Bustreiber
Output: TS	8-bit bus driver
	Driver de bus 8 bits
	8-bit eccitatore bus
	Excitador de bus de 8 bits

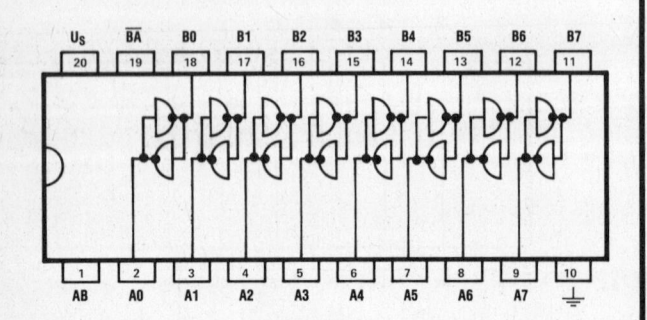

Pinout 741622 (20-pin): U_S=20, $\overline{BA}$=19, B0=18, B1=17, B2=16, B3=15, B4=14, B5=13, B6=12, B7=11, GND=10, A7=9, A6=8, A5=7, A4=6, A3=5, A2=4, A1=3, A0=2, AB=1

Pinout 741623 (20-pin): U_S=20, $\overline{BA}$=19, B0=18, B1=17, B2=16, B3=15, B4=14, B5=13, B6=12, B7=11, GND=10, A7=9, A6=8, A5=7, A4=6, A3=5, A2=4, A1=3, A0=2, AB=1

741622

AB	$\overline{BA}$	Function
L	L	$\overline{B} \rightarrow A$
L	H	A = B = open
H	L	$\overline{B} \rightarrow A, \overline{A} \rightarrow B$
H	H	$\overline{A} \rightarrow B$

741623

AB	$\overline{BA}$	Function
L	L	$B \rightarrow A$
L	H	A = B = Z
H	L	$B \rightarrow A, A \rightarrow B$
H	H	$A \rightarrow B$

741622	Typ - Type - Tipo			Hersteller Production Fabricants Produttori Fabricantes	Bild Fig. Sec 3	I_S & I_R mA	t_{PD} E→Q ns_{typ} ↓ ↕ ↑	t_{PD} E→Q ns_{max} ↓ ↕ ↑	Bem./Note f_T §f_Z & f_E MHz
0...70°C § 0...75°C	−40...85°C § −25...85°C	−55...125°C							
SN74ALS1622FN		SN54ALS1622FH		Tix	cc	18	13 25		Q=L
				Tix	cc	18	13 25		Q=L
		SN54ALS1622J		Tix	20c	18	13 25		Q=L
SN74ALS1622N				Tix	20a	18	13 25		Q=L

741623	Typ - Type - Tipo			Hersteller Production Fabricants Produttori Fabricantes	Bild Fig. Sec 3	I_S & I_R mA	t_{PD} E→Q ns_{typ} ↓ ↕ ↑	t_{PD} E→Q ns_{max} ↓ ↕ ↑	Bem./Note f_T §f_Z & f_E MHz
0...70°C § 0...75°C	−40...85°C § −25...85°C	−55...125°C							
SN74ALS1623FN		SN54ALS1623FH		Tix	cc	18	8 8		Q=L
				Tix	cc	18	8 8		Q=L
		SN54ALS1623J		Tix	20c	18	8 8		Q=L
SN74ALS1623N				Tix	20a	18	8 8		Q=L

741638
Output: SS

8-Bit invertierender bi-direktionaler Bustreiber
8-bit inverting bi-directional bus driver
Driver de bus inverseur bi-directionnel 8 bits
8-bit eccitatore bus invertente bidirezionale
Excitador inversor de bus bidireccional de 8 bits

741639
Output: SS

8-Bit bi-direktionaler Bustreiber
8-bit bi-directional bus driver
Driver de bus bi-directionnel 8 bits
8-bit eccitatore bus bidirezionale
Excitador de bus bidireccional de 8 bits

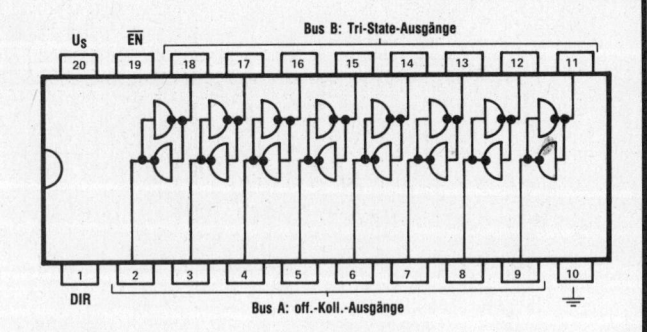

Pinout (741638): U_S=20, $\overline{EN}$=19, Bus B: Tri-State-Ausgänge = 18...11, DIR=1, Bus A: off.-Koll.-Ausgänge = 2...9, GND=10

$\overline{EN}$	DIR	Function
L	L	$\overline{B} \rightarrow A$
L	H	$\overline{A} \rightarrow B$
H	X	A = open, B = Z

Pinout (741639): U_S=20, $\overline{EN}$=19, Bus B: Tri-State-Ausgänge = 18...11, DIR=1, Bus A: off.-Koll.-Ausgänge = 2...9, GND=10

$\overline{EN}$	DIR	Function
L	L	$B \rightarrow A$
L	H	$A \rightarrow B$
H	X	A = open, B = Z

741638	Typ - Type - Tipo			Hersteller Production Fabricants Produttori Fabricantes	Bild Fig. Fig. Sec 3	I_S &I_R mA	t_{PD} E→Q ns typ ↓ ↕ ↑	t_{PD} E→Q ns max ↓ ↕ ↑	Bem./Note f_T §f_Z &f_E MHz
0...70°C § 0...75°C	−40...85°C § −25...85°C	−55...125°C							
SN74ALS1638FN				Tix	cc	23	21 6		Q = L
				Tix	cc	23	21 6		Q = L
		SN54ALS1638FH		Tix	20c	23	21 6		Q = L
SN74ALS1638N		SN54ALS1638J		Tix	20a	23	21 6		Q = L

741639	Typ - Type - Tipo			Hersteller Production Fabricants Produttori Fabricantes	Bild Fig. Fig. Sec 3	I_S &I_R mA	t_{PD} E→Q ns typ ↓ ↕ ↑	t_{PD} E→Q ns max ↓ ↕ ↑	Bem./Note f_T §f_Z &f_E MHz
0...70°C § 0...75°C	−40...85°C § −25...85°C	−55...125°C							
SN74ALS1639FN				Tix	cc	23	21 7		Q = L
				Tix	cc	23	21 7		Q = L
		SN54ALS1639FH		Tix	20c	23	21 7		Q = L
SN74ALS1639N		SN54ALS1639J		Tix	20a	23	21 7		Q = L

741640
Output: TS

8-Bit invertierender bi-direktionaler Bustreiber
8-bit inverting bi-directional bus driver
Driver de bus inverseur bi-directionnel 8 bits
8-bit eccitatore bus invertente bidirezionale
Excitador inversor de bus bidireccional de 8 bits

741641
Output: OC

8-Bit bi-direktionaler Bustreiber
8-bit bi-directional bus driver
Driver de bus bi-directionnel 8 bits
8-bit eccitatore bus bidirezionale
Excitador de bus bidireccional de 8 bits

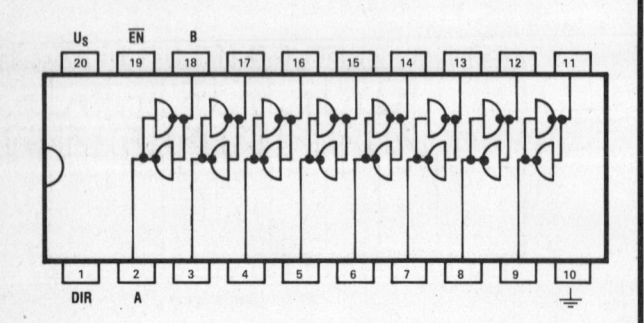

741640 pinout
Pins: U_S (20), $\overline{EN}$ (19), B (18–11), DIR (1), A (2), GND (10), outputs pins 3–9

$\overline{EN}$	DIR	Function
L	L	$\overline{B} \to A$
L	H	$\overline{A} \to B$
H	X	A = Z, B = Z

741641 pinout
Pins: U_S (20), $\overline{EN}$ (19), B (18–11), DIR (1), A (2), GND (10), outputs pins 3–9

$\overline{EN}$	DIR	Function
L	L	$B \to A$
L	H	$A \to B$
H	X	open

741640

Typ - Type - Tipo			Hersteller Production Fabricants Produttori Fabricantes	Bild Fig. Fig. Sec 3	I_S &I_R mA	t_{PD} E→Q ns_{typ}	t_{PD} E→Q ns_{max}	Bem./Note f_T §f_Z &f_E MHz
0...70°C § 0...75°C	−40...85°C § −25...85°C	−55...125°C				↓ ↕ ↑	↓ ↕ ↑	
SN74ALS1640N			Tix	20c				
		SN54ALS1640J	Tix	20a				
	SN54ALS1640AFH		Tix	cc	18	13 17		
SN74ALS1640AFN			Tix	cc	18	10 15		
		SN54ALS1640AJ	Tix	20c	18	13 17		
SN74ALS1640AN			Tix	20a	18	10 15		

741641

Typ - Type - Tipo			Hersteller Production Fabricants Produttori Fabricantes	Bild Fig. Fig. Sec 3	I_S &I_R mA	t_{PD} E→Q ns_{typ}	t_{PD} E→Q ns_{max}	Bem./Note f_T §f_Z &f_E MHz
0...70°C § 0...75°C	−40...85°C § −25...85°C	−55...125°C				↓ ↕ ↑	↓ ↕ ↑	
DM74ALS1641J			Nsc	20c	23			
DM74ALS1641N			Nsc	20a	23			
		DM54ALS1641J	Tix	cc	23	14 22		
	SN54ALS1641FH		Tix	cc	23	14 22		
SN74ALS1641FN			Tix	20c	23	14 22		
		SN54ALS1641J	Tix					
SN74ALS1641N			Tix	20a	23	14 22		

741642
Output: OC

8-Bit invertierender bi-direktionaler Bustreiber
8-bit inverting bi-directional bus driver
Driver de bus inverseur bi-directionnel 8 bits
8-bit eccitatore bus invertente bidirezionale
Excitador inversor de bus bidireccional de 8 bits

741643
Output: TS

8-Bit bi-direktionaler Bustreiber
8-bit bi-directional bus driver
Driver de bus bi-directionnel 8 bits
8-bit eccitatore bus bidirezionale
Excitador de bus bidireccional de 8 bits

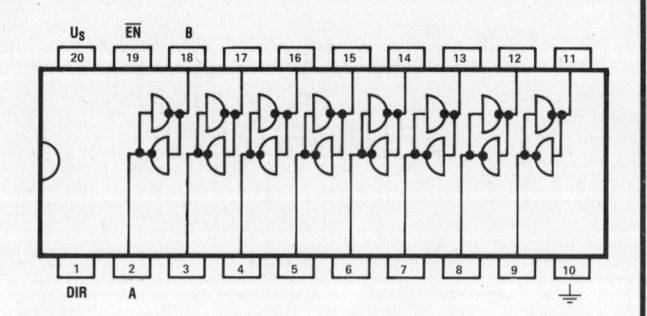

741642 pinout
Pins: U_S (20), $\overline{EN}$ (19), B: 18, 17, 16, 15, 14, 13, 12, 11
Bottom: 1 DIR, 2 A, 3, 4, 5, 6, 7, 8, 9, 10 (GND)

$\overline{EN}$	DIR	Function
L	L	$\overline{B} \to A$
L	H	$\overline{A} \to B$
H	X	open

741643 pinout
Pins: U_S (20), $\overline{EN}$ (19), B: 18, 17, 16, 15, 14, 13, 12, 11
Bottom: 1 DIR, 2 A, 3, 4, 5, 6, 7, 8, 9, 10

$\overline{EN}$	DIR	Function
L	L	$B \to A$
L	H	$\overline{A} \to B$
H	X	$A = Z, B = Z$

741642	Typ - Type - Tipo		Hersteller Production Fabricants Produttori Fabricantes	Bild Fig. Fig. Sec	I_S &I_R	t_{PD} E→Q ns_{typ}	t_{PD} E→Q ns_{max}	Bem./Note f_T §f_Z &f_E
0...70°C § 0...75°C	−40...85°C § −25...85°C	−55...125°C		3	mA	↓ ↕ ↑	↓ ↕ ↑	MHz
74ALS1642J		DM54ALS1642J	Nsc	20c	20			
74ALS1642N			Nsc	20a	20			
		SN54ALS1642FH	Tix	cc	20	13 25		
74ALS1642FN			Tix	cc	20	13 25		
		SN54ALS1642J	Tix	20c	20	13 25		
74ALS1642N			Tix	20a	20	13 25		

741643	Typ - Type - Tipo		Hersteller Production Fabricants Produttori Fabricantes	Bild Fig. Fig. Sec	I_S &I_R	t_{PD} E→Q ns_{typ}	t_{PD} E→Q ns_{max}	Bem./Note f_T §f_Z &f_E
0...70°C § 0...75°C	−40...85°C § −25...85°C	−55...125°C		3	mA	↓ ↕ ↑	↓ ↕ ↑	MHz
DM74ALS1643J		DM54ALS1643J	Nsc	20c	22	8 7		
DM74ALS1643N			Nsc	20a	22	8 7		
		SN54ALS1643FH	Tix	cc	22	7 7		
SN74ALS1643FN			Tix	cc	22	7 7		
		SN54ALS1643J	Tix	20c	22	7 7		
SN74ALS1643N			Tix	20a	22	7 7		

741644
Output: OC

8-Bit bi-direktionaler Bustreiber
8-bit bi-directional bus driver
Driver de bus bi-directionnel 8 bits
8-bit eccitatore bus bidirezionale
Excitador de bus bidireccional de 8 bits

741645
Output: TS

8-Bit bi-direktionaler Bustreiber
8-bit bi-directional bus driver
Driver de bus bidirectionnel 8 bits
8-bit eccitatore bus bidirezionale
Excitador de bus bidireccional de 8 bits

$\overline{EN}$	DIR	Function
L	L	B→A
L	H	$\overline{A}$→B
H	X	open

$\overline{EN}$	DIR	Function
L	L	B→A
L	H	$\overline{A}$→B
H	X	A=Z, B=Z

741644	Typ - Type - Tipo			Hersteller Production Fabricants Produttori Fabricantes	Bild Fig. Fig. Sec	I_S &I_R	t_{PD} E→Q ns_{typ}	t_{PD} E→Q ns_{max}	Bem./Note f_T §f_Z &f_E
0...70°C § 0...75°C	−40...85°C § −25...85°C		−55...125°C		3	mA	↓ ↕ ↑	↓ ↕ ↑	MHz
DM74ALS1644J DM74ALS1644N		DM54ALS1644J		Nsc Nsc	20c 20a	22 22			
SN74ALS1644FN		SN54ALS1644FH SN54ALS1644J		Tix Tix Tix	cc cc 20c	22 22 22	19 27 19 27 19 27		
SN74ALS1644N				Tix	20a	22	19 27		

741645	Typ - Type - Tipo			Hersteller Production Fabricants Produttori Fabricantes	Bild Fig. Fig. Sec	I_S &I_R	t_{PD} E→Q ns_{typ}	t_{PD} E→Q ns_{max}	Bem./Note f_T §f_Z &f_E
0...70°C § 0...75°C	−40...85°C § −25...85°C		−55...125°C		3	mA	↓ ↕ ↑	↓ ↕ ↑	MHz
DM74ALS1645J DM74ALS1645N		DM54ALS1645J		Nsc Nsc	20c 20a	39 39	13 13 13 13		
SN74ALS1645N		SN54ALS1645J		Tix Tix	20c 20a	25			
SN74ALS1645AFN		SN54ALS1645AFH		Tix	cc	25		15 15	
SN74ALS1645AN		SN54ALS1645AJ		Tix Tix Tix	cc 20c 20a	25 25 25	13 13 15 15 13 13		

2-544

742000	16-Bit Drehrichtungsdiskriminator
Output: TP	16-bit direction discriminator
	Discriminateur direction de rotation 16 bits
	16-bit discriminatore senso di rotazione
	Discriminador de sentido de giro de 16 bits

742620	8-Bit bidirektionaler Bustreiber (für MOS)
Output: TS	8-bit bi-directional bus driver (for MOS)
	Driver de bus bi-directionnel à 8 bits (pour MOS)
	8-bit eccitatore bus bidirezionale (per MOS)
	Excitador de bus bidireccional de 8 bits (para MOS)

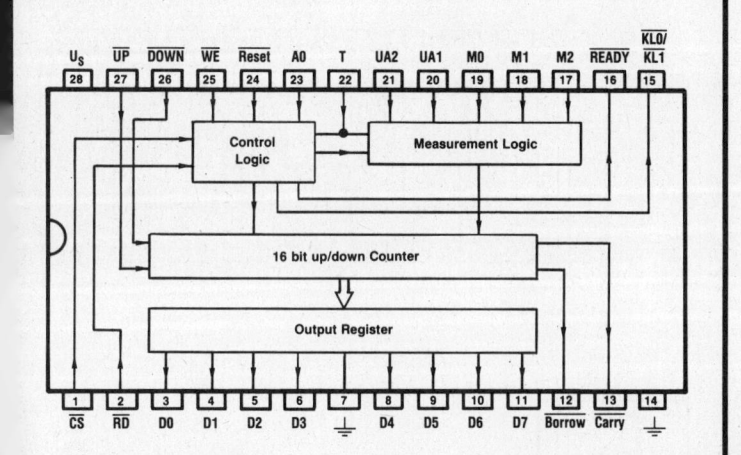

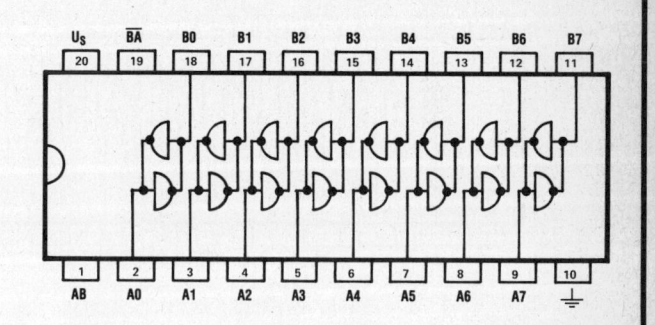

Pinout 742000:
- 28: U_S
- 27: UP
- 26: DOWN
- 25: WE
- 24: Reset
- 23: A0
- 22: T
- 21: UA2
- 20: UA1
- 19: M0
- 18: M1
- 17: M2
- 16: READY
- 15: KL0/KL1
- 1: CS
- 2: RD
- 3: D0
- 4: D1
- 5: D2
- 6: D3
- 7: GND
- 8: D4
- 9: D5
- 10: D6
- 11: D7
- 12: Borrow
- 13: Carry
- 14: GND

Internal blocks: Control Logic, Measurement Logic, 16 bit up/down Counter, Output Register

Pinout 742620:
- 20: U_S
- 19: BA
- 18: B0
- 17: B1
- 16: B2
- 15: B3
- 14: B4
- 13: B5
- 12: B6
- 11: B7
- 1: AB
- 2: A0
- 3: A1
- 4: A2
- 5: A3
- 6: A4
- 7: A5
- 8: A6
- 9: A7
- 10: GND

AB	$\overline{BA}$	Function
L	L	$\overline{B} \to A$
L	H	—
H	L	$\overline{B} \to A, \overline{A} \to B$
H	H	$\overline{A} \to B$

742000	Typ - Type - Tipo			Hersteller Production Fabricants Produttori Fabricantes	Bild Fig. Fig. Sec	I_S &I_R	t_{PD} $E \to Q$ ns_{typ}	t_{PD} $E \to Q$ ns_{max}	Bem./Note f_T §f_Z &f_E
0...70°C § 0...75°C	−40...85°C § −25...85°C	−55...125°C			3	mA	↓ ↕ ↑	↓ ↕ ↑	MHz
SN74LS2000N				Tix	28h	150			5

742620	Typ - Type - Tipo			Hersteller Production Fabricants Produttori Fabricantes	Bild Fig. Fig. Sec	I_S &I_R	t_{PD} $E \to Q$ ns_{typ}	t_{PD} $E \to Q$ ns_{max}	Bem./Note f_T §f_Z &f_E
0...70°C § 0...75°C	−40...85°C § −25...85°C	−55...125°C			3	mA	↓ ↕ ↑	↓ ↕ ↑	MHz
			SN54AS2620FH	Tix	cc	74	7,5	9,5	Q = L
SN74AS2620FN				Tix	cc	74	6,5	8	Q = L
			SN54AS2620J	Tix	20c	74	7,5	9,5	Q = L
SN74AS2620N				Tix	20a	74	6,5	8	Q = L

742623	8-Bit bidirektionaler Bustreiber (für MOS)	742640	8-Bit bidirektionaler Bustreiber
Output: TS	8-bit bi-directional bus driver (for MOS)	Output: TS	8-bit bi-directional bus driver
	Driver de bus bi-directionnel à 8 bits (pour MOS)		Driver de bus bi-directionnel à 8 bits
	8-bit eccitatore bus bidirezionale (per MOS)		8-bit eccitatore bus bidirezionale
	Excitador bidireccional de 8 bits (para MOS)		Excitador de bus bidireccional de 8 bits

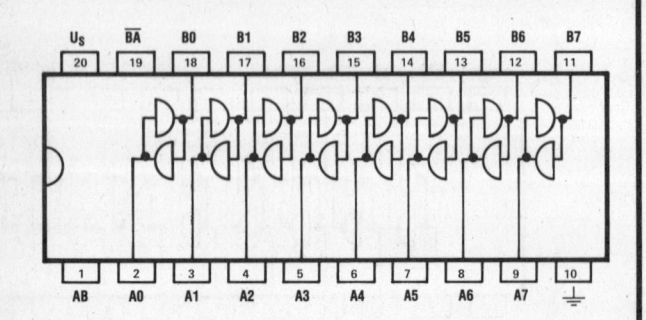

742623 pinout: U_S(20), $\overline{BA}$(19), B0(18), B1(17), B2(16), B3(15), B4(14), B5(13), B6(12), B7(11) / AB(1), A0(2), A1(3), A2(4), A3(5), A4(6), A5(7), A6(8), A7(9), GND(10)

742640 pinout: U_S(20), $\overline{FE}$(19), B(18), B(17), B(16), B(15), B(14), B(13), B(12), B(11) / DIR(1), A(2), A(3), A(4), A(5), A(6), A(7), A(8), A(9), GND(10)

AB	$\overline{BA}$	Function
L	L	B→A
L	H	—
H	L	A→B, B→A
H	H	A→B

$\overline{FE}$	DIR	Function
H	X	—
L	L	$\overline{B}$→A
L	H	$\overline{A}$→B

742623	Typ - Type - Tipo			Hersteller Production Fabricants Produttori Fabricantes	Bild Fig. Sec	I_S &I_R	t_{PD} E→Q ns_{typ}		t_{PD} E→Q ns_{max}		Bem./Note f_T §f_Z &f_E
0...70°C § 0...75°C	−40...85°C § −25...85°C	−55...125°C				mA	↓	↕ ↑	↓	↕ ↑	MHz
SN74AS2623FN		SN54AS2623FH		Tix	cc	116	8,5	9,5			Q=L
		SN54AS2623J		Tix	cc	116	7,5	8,5			Q=L
				Tix	20c	116	8,5	9,5			Q=L
SN74AS2623N				Tix	20a	116	7,5	8,5			Q=L

742640	Typ - Type - Tipo			Hersteller Production Fabricants Produttori Fabricantes	Bild Fig. Sec	I_S &I_R	t_{PD} E→Q ns_{typ}		t_{PD} E→Q ns_{max}		Bem./Note f_T §f_Z &f_E
0...70°C § 0...75°C	−40...85°C § −25...85°C	−55...125°C				mA	↓	↕ ↑	↓	↕ ↑	MHz
SN74AS2640FN		SN54AS2640FH		Tix	cc	78			7	7,5	Q=L
		SN54AS2640J		Tix	cc	78			6,5	7,5	Q=L
				Tix	20c	78			7	9,5	Q=L
SN74AS2640N				Tix	20a	78			6,5	7,5	Q=L

742645
Output: TS

8-Bit bidirektionaler Bustreiber
8-bit bi-directional bus driver
Driver de bus bi-directionnel à 8 bits
8-bit eccitatore bus bidirezionale
Excitador de bus bidireccional de 8 bits

748003
Output: TP

NAND Gatter
NAND gater
Portes NAND
Circuito logico NAND
Puertas NAND

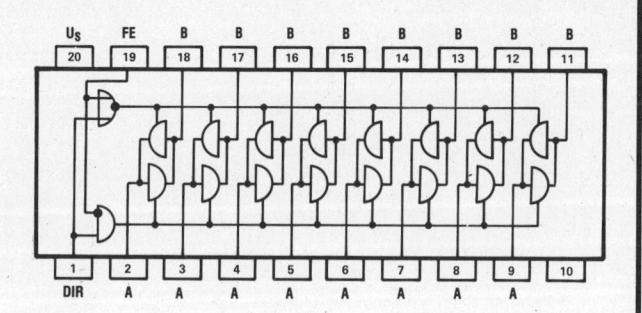

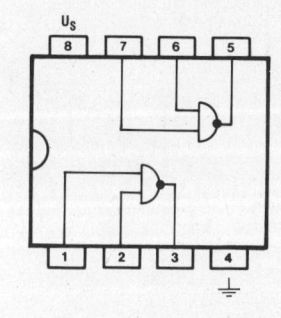

Pin assignment 742645 (20-pin):
- 20: U_S
- 19: FE
- 18–11: B
- 1: DIR
- 2–9: A
- 10: (A)

Pin assignment 748003 (8-pin):
- 8: U_S
- 7, 6, 5: inputs
- 1, 2, 3: inputs
- 4: GND

FE	DIR	Function
H	X	—
L	L	B→A
L	H	A→B

742645			Hersteller Production Fabricants Produttori Fabricantes	Bild Fig. Sec 3	I_S &I_R mA	t_{PD} E→Q ns_{typ}			t_{PD} E→Q ns_{max}			Bem./Note f_T §f_Z &f_E MHz
0...70°C § 0...75°C	−40...85°C § −25...85°C	−55...125°C				↓	↕	↑	↓	↕	↑	
		SN54AS2645FH	Tix	cc	95				11		12	Q=L
SN74AS2645FN			Tix	cc	95				9,5		10	Q=L
		SN54AS2645J	Tix	20c	95				11		12	Q=L
SN74AS2645N			Tix	20a	95				9,5		10	Q=L

742640			Hersteller Production Fabricants Produttori Fabricantes	Bild Fig. Sec 3	I_S &I_R mA	t_{PD} E→Q ns_{typ}			t_{PD} E→Q ns_{max}			Bem./Note f_T §f_Z &f_E MHz
0...70°C § 0...75°C	−40...85°C § −25...85°C	−55...125°C				↓	↕	↑	↓	↕	↑	
		SN54ALS8003FH	Tix	cc	0,81				10		14	
SN74ALS8003FN			Tix	cc	0,81				8		11	
		SN54ALS8003JG	Tix	8c	0,81				10		14	
SN74ALS8003P			Tix	8a	0,81				8		11	

Gehäusezeichnungen
case outline drawings
dessins des boîtiers
disegni di involucri
esquemas de cápsulas

section 3

Die Maßangaben und -Toleranzen sind bei einem Gehäuse von verschiedenen Herstellern nicht immer genau übereinstimmend. Deshalb sind die Bemaßungen hier als Mittelwerte zu verstehen, wenn nicht anders vermerkt.

Alle Maße in Millimetern (mm)

Les informations concernant les cotes et tolérances d'un boîtier diffèrent souvent entre fournisseurs. Par conséquent et sauf indication contraire, les dimensions données seront des valeurs moyennes.

Toutes dimensions en millimètres (mm)

Dimensions and dimensional tolerances as stated by different manufacturers for one and the same case ar not always precisely identical. These values are thus to be understood as mean values, unless stated otherwise.

All dimensions in millimeters (mm)

I dati di misura e tolleranza non sono sempre uguali quando si tratta di carcassa prodotta da diversi fabbricanti. Ragion per cui le misurazioni devono intendersi come medie, salvo diversa indicazione.

Tutte le misure in millimetro (mm)

Los datos sobre las dimensiones y tolerancias de las medidas de una cápsula no coinciden siempre exactamente en los diferentes fabricantes. Por ello los datos indicados en este caso deben entenderse como valores medios, salvo indicación expresa de lo contrario.

Todas las medidas en milímetros (mm)

3-3

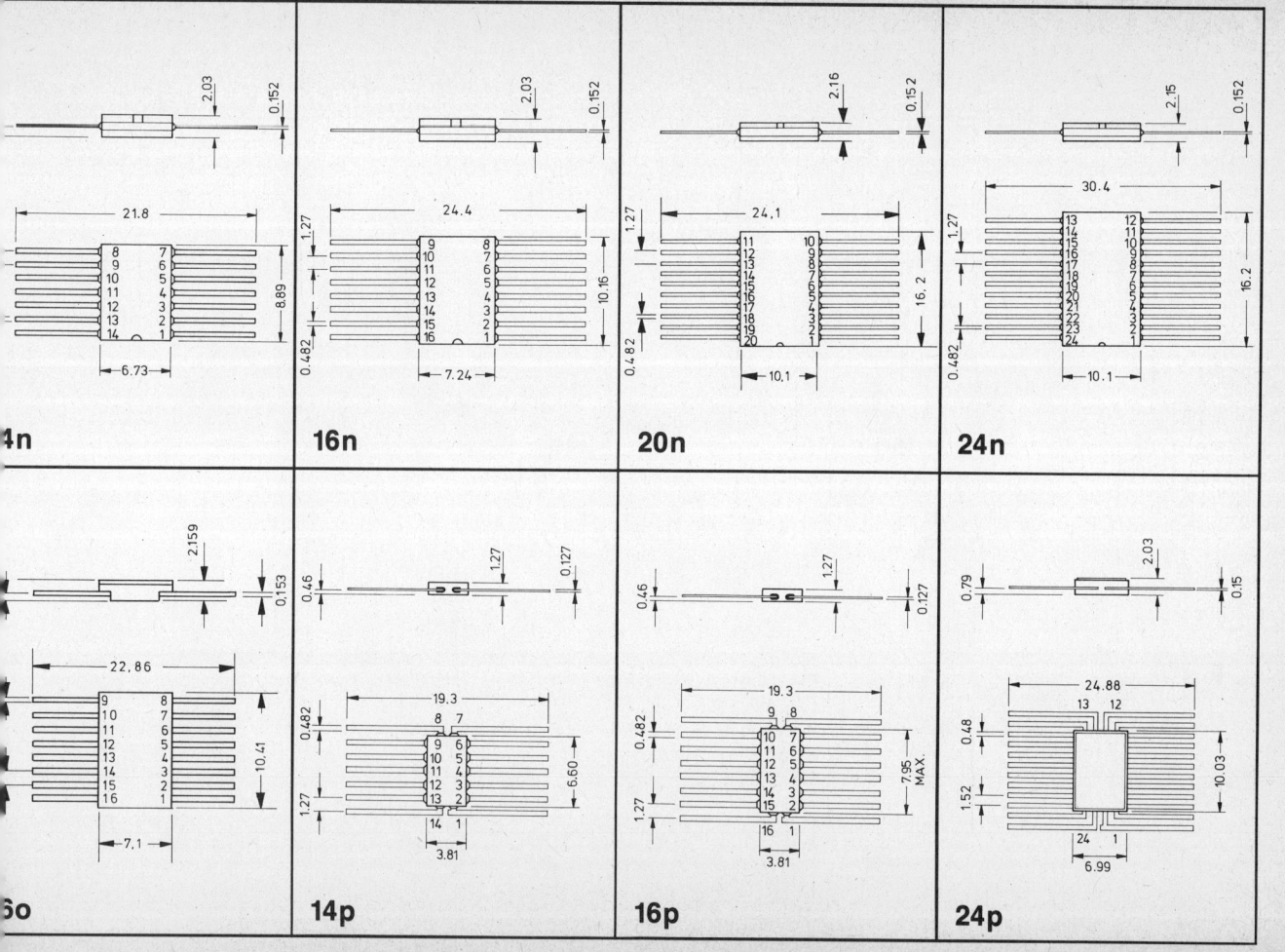

| 14q | 16q | 24q |

Bauform/Rastermaß · Structural shape/Modular dimension · Type de construction/Mesure modulaire
Forma costruttiva/Misura di reticolo · Tipo de construcción/Medida modular

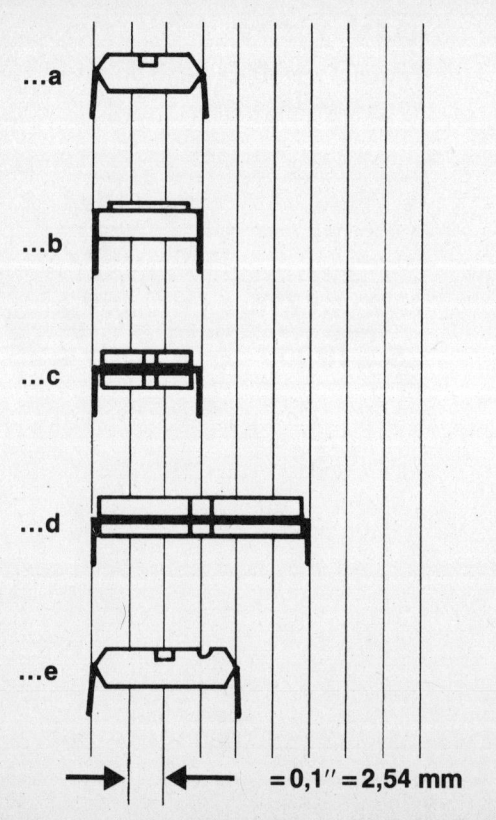

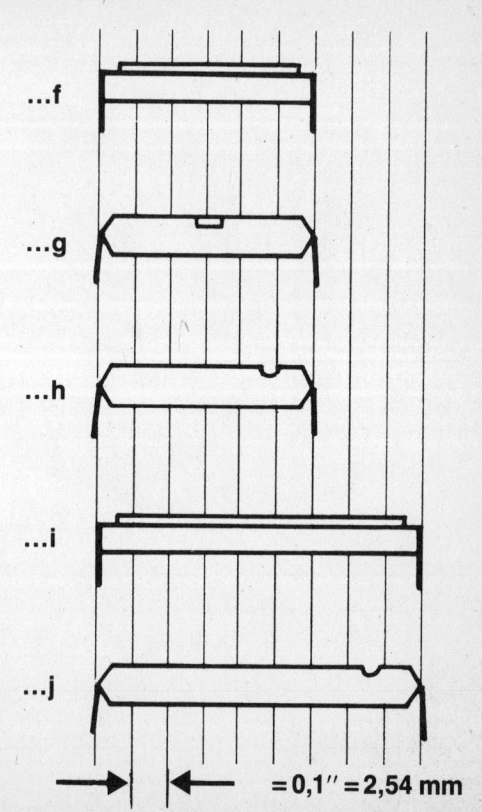

...a

...b

...c

...d

...e

= 0,1″ = 2,54 mm

...f

...g

...h

...i

...j

= 0,1″ = 2,54 mm

3-5

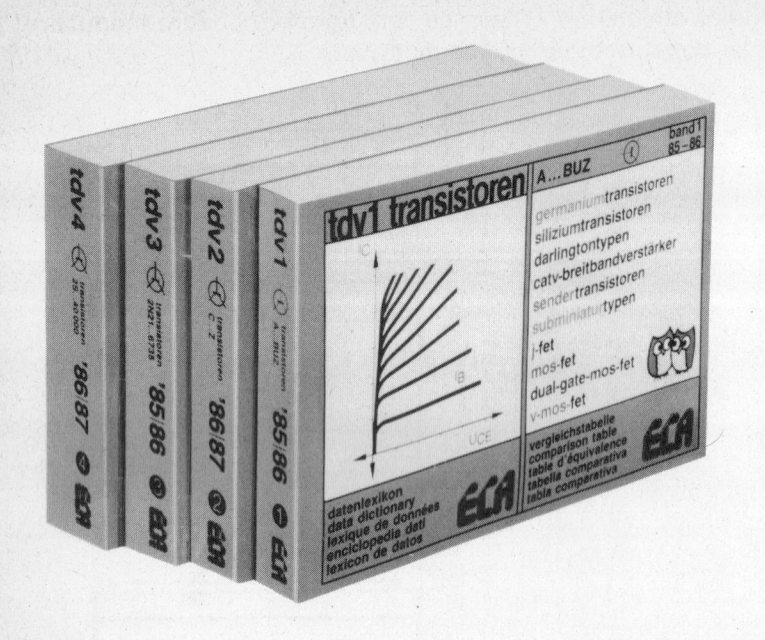

tdv 1–4

Transistoren-Datenlexikon und Vergleichstabellen

A...BUZ	→	**tdv 1**
C...Z	→	**tdv 2**
2N21...6776	→	**tdv 3**
2S...40 000	→	**tdv 4**

tdv 1
Bestell-Nr. 101
ISBN 3-88109-028-2

tdv 2
Bestell-Nr. 102
ISBN 3-88109-029-0

tdv 3
Bestell-Nr. 103
ISBN 3-88109-030-4

tdv 4
Bestell-Nr. 104
ISBN 3-88109-031-2

RAM
schreib-/lesespeicher
read/write memories
memoires d'inscription/lecture
memorie d'immissione/lettura
memorias de lectura y escritura

section 4

RAM — Erläuterungen · Explications · Explanations · Spiegazioni · Aclaraciones

1. Offener Kollektor-Ausgang · Open collector output · Sortie à collecteur ouvert · Uscita a collettore aperto · Salida a colector abierto

1.1. Lesezyklus · Read cycle · Cycle de lecture · Ciclo di lettura · Ciclo de lectura

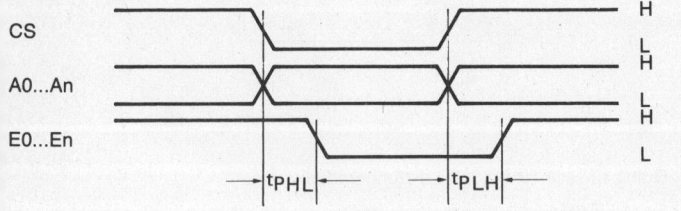

1.2. Schreibzyklus · Write cycle · Mémorisation · Ciclo d'immissione · Ciclo de escritura

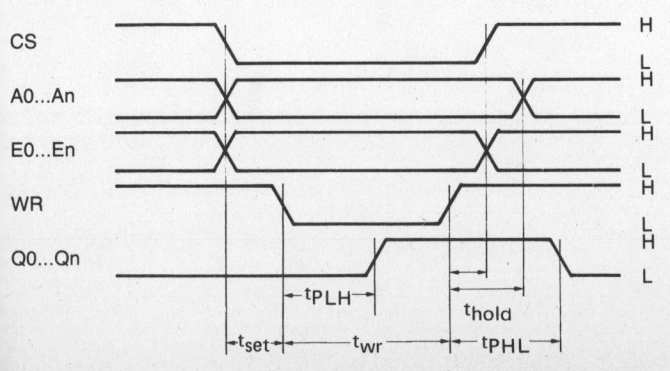

2. Tri-State-Ausgang · Tri-state output · Sortie à trois états · Uscita a tre stati · Salida a tres estados

2.1. Lesezyklus · Read cycle · Cycle de lecture · Ciclo di lettura · Ciclo de lectura

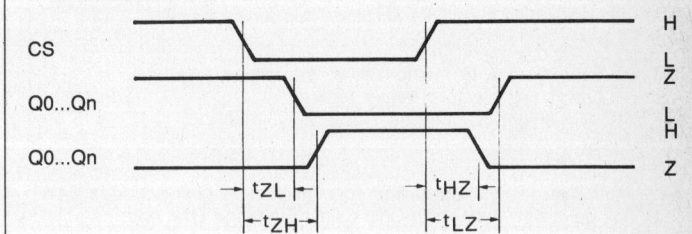

2.2. Schreibzyklus · Write cycle · Mémorisation · Ciclo d'immissione · Ciclo de escritura

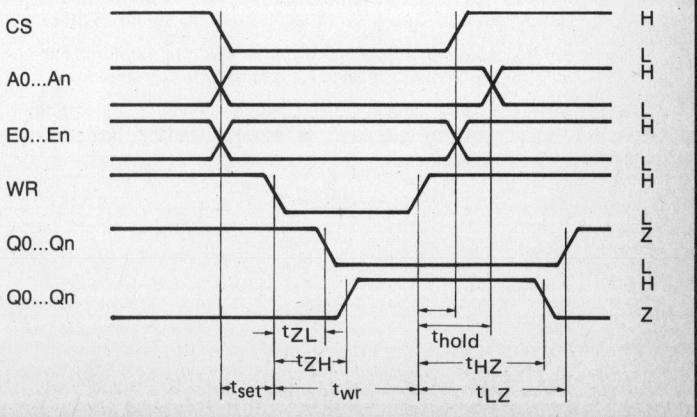

RAM · Erläuterungen · Explications · Explanations · Spiegazioni · Aclaraciones · RAM

3. Funktionstabelle · Function table · Tableau logique
   Tavola di logica · Tabla de funciones

CS	WR	Funktion · function · fonction · funzione · función	Output o.K.	3-st.
L	L	Schreiben · write · mémorisation · immissione · escritura	H	Z
L	H	Lesen · read · lecture · lettura · lectura	Data*	
H	X	Sperren · inhibit · blocage · bloccare · bloqueo	H	Z

* Je nach Typ gespeichertes Wort oder invertiertes gespeichertes Wort.
  CS ist dann Low, wenn alle Chip-Select-Eingänge Low sind.

* Data entered or complement of data entered.
  CS is low when all chip select inputs are low.

* En fonction du type, mot en mémoire ou mot inversé en mémoire.
  CS ne sera à l'état Low que si toutes les entrées CS seront à l'état Low.

* Parola memorizzata secondo il tipo o parola invertita memorizzata.
  CS si trova in Low soltanto quando tutte le entrate CS sono Low.

* Según el tipo, palabra almacenada o palabra almacenada invertida.
  CS está solamente Low cuando todas las entradas Chip Select están Low.

4. Leistungsreduzierung · Power-down waveforms · Réduction de la puissance · Riduzione di potenza · Reducción de potencia

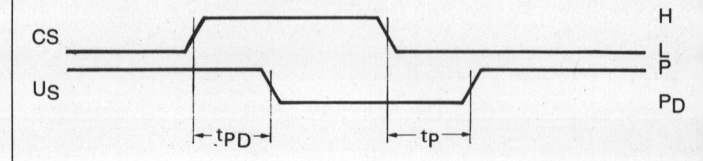

Gültig für alle RAMs mit Leistungsreduzierung.

For all RAMs with power-down ability.

Valable pour tous les RAM avec réduction de la puissance.

Valevole per tutti i RAMs con riduzione di potenza.

Válido para todas las RAMs con reducción de potencia.

PROM
programmierbare lesespeicher
programmable read-only memories
memoires de lecture programmables
memorie di lettura programmabili
memorias de sólo lectura programables

section 5

PROM — Erläuterungen · Explications · Explanations · Spiegazioni · Aclaraciones

1. Programmierzyklus · Programming Cycle

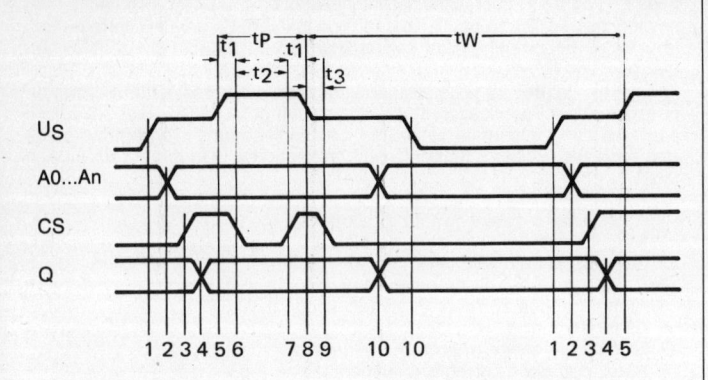

	min	typ	max	
t_1	0,01		1	ms
t_2	0,9	1	10	ms
t_3	0,01			ms
t_P		$= 2 \cdot t_1 + t_2$		
t_W	1,85·t_P		3·t_P	

1 Anlegen der Versorgungsspannung (5 V)
2 Einstellen der Adresse des zu programmierenden Wortes
3 Sperren der Ausgänge
4 Einstellen des zu programmierenden Bits*
5 Erhöhen der Versorgungsspannung auf 10,5 V
6 Durchschalten der Ausgänge
7 Sperren der Ausgänge nach der Programmierdauer t_2
8 Reduzierung der Versorgungsspannung auf 5 V
9 Durchschalten der Ausgänge, prüfen der Programmierung
10 Bevor das nächste Bit programmiert wird, können Adressleitungen und Versorgungsspannung abgeschaltet werden, um die Leistungsaufnahme während der Wartezeit t_W zu reduzieren.

Immer nur ein Bit auf einmal programmieren! Vorstehende Daten und Diagramme gelten für alle PROMs mit Ausnahme der nicht mehr hergestellten 74186 und 74188. Für den Lesezyklus gelten die gleichen Impulsdiagramme wie bei RAMs.

Ausnahme 74186: Die Programmierung erfolgt durch Adressierung des gewünschten Wortes und Anlegen einer Spannung von -5 bis -6 V für mindestens 700 ms an jeden zu programmierenden Ausgang nacheinander. Nicht zu programmierende Ausgänge bleiben offen.

1 Apply steady-state supply voltage (5 V)
2 Address the word to be programmed
3 Disable outputs
4 Address the bit to be programmed*
5 Step supply voltage to 10.5 V
6 Enable outputs
7 Disable outputs
8 Step down supply voltage to 5 V
9 Enable outputs, verify programming
10 During the sense recovery time adress lines and supply voltage may shut down to reduce average power dissipation.

Program only one bit at a time! Above data and diagrams are valid for all PROM except 74186 and 74188 which are no longer manufactured. Pulse diagrams for read-cycles are the same as those for RAMs.

Exception 74186: For programming first select the desired word. Then apply a pulse of -5 to -6 V to each output to be programmed during 700 ms min. Let open each bit that is to remain at a low level. Program only one bit at a time.

* Zu programmierender Ausgang
* Output to be programmed   0...0,3V ——— Q

* Nicht zu programmierender Ausgang
* Output not to be programmed   5V —[ ]— Q   3,9k

PROM · Erläuterungen · Explications · Explanations · Spiegazioni · Aclaraciones · PROM

1. Cycle de programmation · Ciclo di programmazione

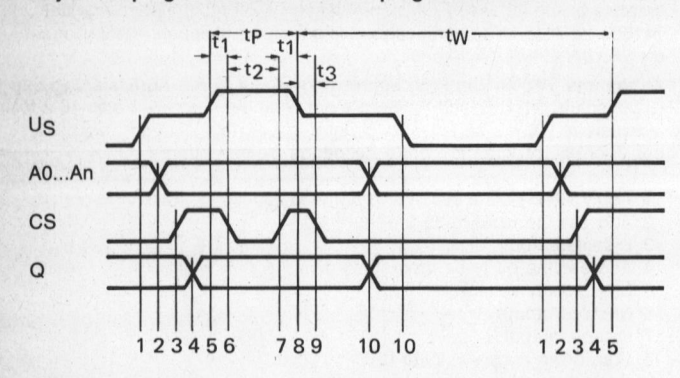

	min	typ	max	
t_1	0,01		1	ms
t_2	0,9	1	10	ms
t_3	0,01			ms
t_P		$= 2 \cdot t_1 + t_2$		
t_W	$1,85 \cdot t_P$	$3 \cdot t_P$		

1 Application de la tension d'alimentation (5 V)
2 Réglage de l'adresse du mot restant à programmer
3 Blocage des sorties
4 Réglage du bit restant à programmer*
5 Augmentation à 10,5 V de la tension d'alimentation
6 Interconnexion des sorties
7 Blocage des sorties
8 Réduction à 5 V de la tension d'alimentation
9 Interconnexion des sorties, test de la programmation
10 Avant de programmer le bit suivant, il sera possible de déconnecter les lignes d'adressage et de tension d'alimentation et ce afin de réduire la puissance absorbée au cours du temps d'attente.

Veiller à limiter la programmation à uniquement un bit à la fois! Les données et diagrammes précités seront valables pour tous les PROMs, à l'exception des 74186 et 74188 dont la production a été arrêtée entre-temps. Pour cycle de lecture seront valable les mêmes diagrammes d'impulsion que pour les RAMs.

Exception 74186: La programmation se fera par présélection du mot en question et par l'application d'une tension comprise entre -5 et $-6V$ et ce pour une durée minimale de 700 ms. Les sorties non à programmer resteront ouvertes. Veiller à limiter la programmation à uniquement un bit à la fois!

1 Applicazione della corrente di alimentazione
2 Regolazione indirizzo della parola da programmare
3 Bloccaggio delle uscite
4 Regolazione del bit da programmare*
5 Aumento della corrente di alimentazione a 10,5 V
6 Collegamento delle uscite
7 Bloccaggio uscite trascorso il periodo di programmazione
8 Riduzione delle corrente di alimentazione a 5 V
9 Collegamento delle uscite, controllo programmazione
10 Prima di programmare il prossimo bit, si possono disinserire le linee di indirizzi ed alimentazione onde ridurre la potenza assorbita durante il tempo d'attesa.

Programmare un solo bit alla volta! Dati e diagrammi di cui sopra valgono per tutti i PROMs ad eccezione dei 74186 e 74188 di cessata produzione. Per ciclo di lettura sono validi i medesimi diagrammi di impulsi come per i RAM.

Eccezione 74186: La programmazione avviene tramite preselezione della parola desiderata ed applicazione di una tensione da $-5V$ a $-6V$ almeno per 700 ms. Uscite da non programmare rimangono aperte. Programmare un solo bit alla volta!

* Sortie restant à programmer
* Uscita da programmare   0...0,3 V ——— Q

* Sortie non pas à programmer
* Uscita da non programmare   5 V —[ ]— Q
                                    3,9 k

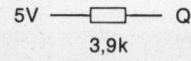

1. Ciclo de programación

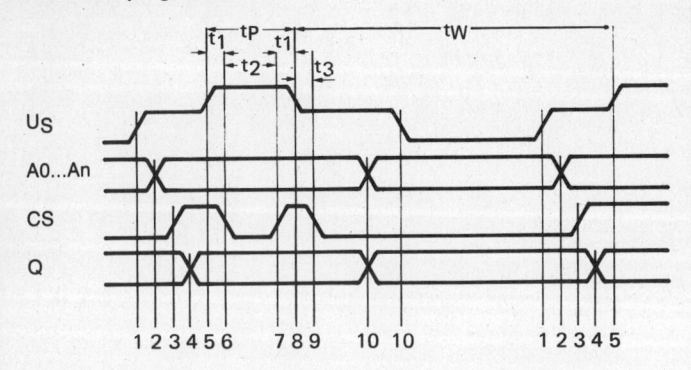

Programar solamente un bit cada vez! Los datos y diagramas anteriores son válidos para todas las PROMs a excepción de las 74186 y 74188, que ya no se fabrican. Para los ciclos de lectura son válidos los mismos diagramas de pulsos que para la RAMs.

Excepción 74186: La programación se efectúa direccionando la palabra deseada y aplicando a cada una de las salidas a programar sucesivamente una tensión de -5 a $-6V$ durante un mínimo de 700 ms. Las salidas que no quieran programarse permanecen abiertas.

1. Aplicar la tensión de alimentación (5 V)
2. Seleccionar la dirección de la palabra a programar
3. Bloquear las salidas
4. Seleccionar el bit a programar *
5. Elevar la tensión de alimentación a 10,5 V
6. Conectar las salidas
7. Bloquear las salidas después del tiempo de programación t_P
8. Reducir la tensión de alimentación a 5 V
9. Conectar las salidas y comprobar la programación
10. Antes de programar el bit siguiente pueden desconectarse las líneas de dirección y la tensión de alimentación a fin de reducir el consumo de potencia durante el tiempo de espera t_W.

	min	typ	max	
t_1	0,01		1	ms
t_2	0,9	1	10	ms
t_3	0,01			ms
t_P	$= 2 \cdot t_1 + t_2$			
t_W	$1,85 \cdot t_P$	$3 \cdot t_P$		

* Salida a programar   0...0,3V ——— Q

* Salida no a programar   5V ——[3,9k]—— Q

FPLA
feld-programmierbare logikeinheit
field-programmable logic array
unite logique programmable au champ
unita di logica programmabile di campo
matrices lógicas programables

section 6

FPLA — 74S330J,N · 74S331J,N · 54S330J · 54S331J

1. Aufbau · Construction · Construction

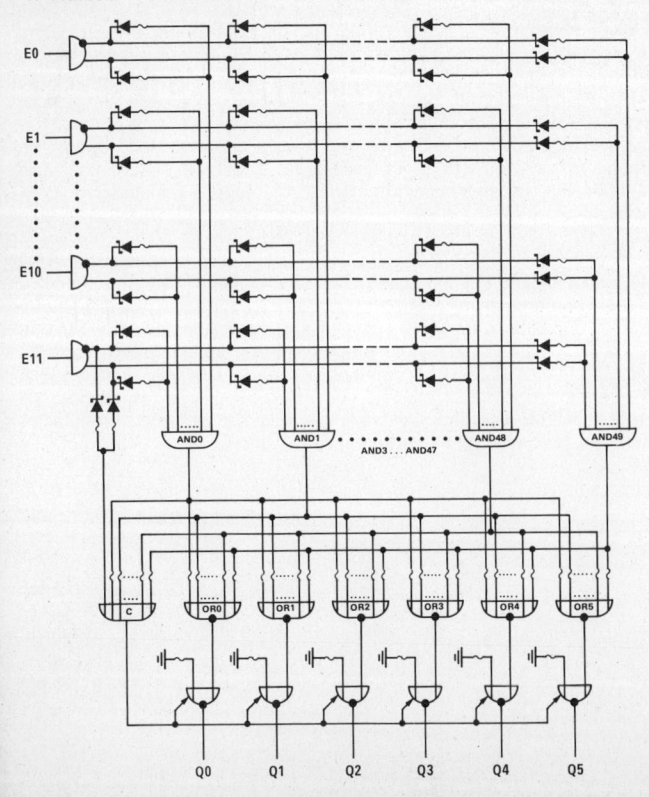

2. Funktion · Function · Fonction

Die FPLA ist eine hochkomplexe frei programmierbare AND/OR-Matrix. Das nebenstehende vereinfachte Schaltbild verdeutlicht die Funktion: Die Eingänge E0 bis E11 werden in beliebigen Kombinationen von E und $\bar{E}$ AND-verknüpft. Es stehen dabei 50 Kombinationsmöglichkeiten (AND 0 bis AND 49) zur Verfügung. Die Ausgänge dieser AND-Gatter lassen sich nun beliebig OR-verknüpfen (ebenfalls in Kombinationen von wahr und nicht wahr). Die Ausgänge der FPLA Q0 bis Q5 können nun noch als Q oder $\bar{Q}$ dieser OR-Gatter programmiert werden. Der 74S330 hat Tri-State-Ausgänge, der 74S331 offenen Kollektor mit integriertem 2,5k-Widerstand.

The FPLA is a large scale integrated field-programmable AND/OR logic array. The bloc diagram beside shows its function: Inputs E0 to E11 may be AND-gated in combinations of E and $\bar{E}$. 50 product terms (AND 0 to AND 49) are available. Outputs of those AND-gates can be OR-gated now in combinations of true and false. FPLA's outputs Q0 to Q5 may be programmed as Q or $\bar{Q}$ outputs of those OR-gates. The 74S330 has tri-state outputs, the 74S331 open collectors with implemented 2,5k pull-up resistors.

En ce qui concerne la FPLA, il s'agit d'une matrice fort complexe AND-OR à programmation libre. Le schéma simplifié ci-contre représentera la fonction: les entrées E0 à E11 seront liées par des combinaisons AND quelquonces de E et de $\bar{E}$. Dans le cas, 50 combinaisons de liaison seront disponibles (AND 0 à AND 49). Les sorties de ces portes AND permettant une combinaison quelquonce avec OR (également par des combinaisons de «réel» et de «non réel»). Les sorties de la FPLA Q0 à Q5 permettent d'être combinées en outre en tant que Q ou $\bar{Q}$ de ces portes OR. La 74S330 comprend des sorties à trois états, la 74S331 des collecteurs ouverts avec une résistance intégrée de 2,5 k.

FPLA

74S330J,N · 74S331J,N · 54S330J · 54S331J

1. Costruzione · Estructura

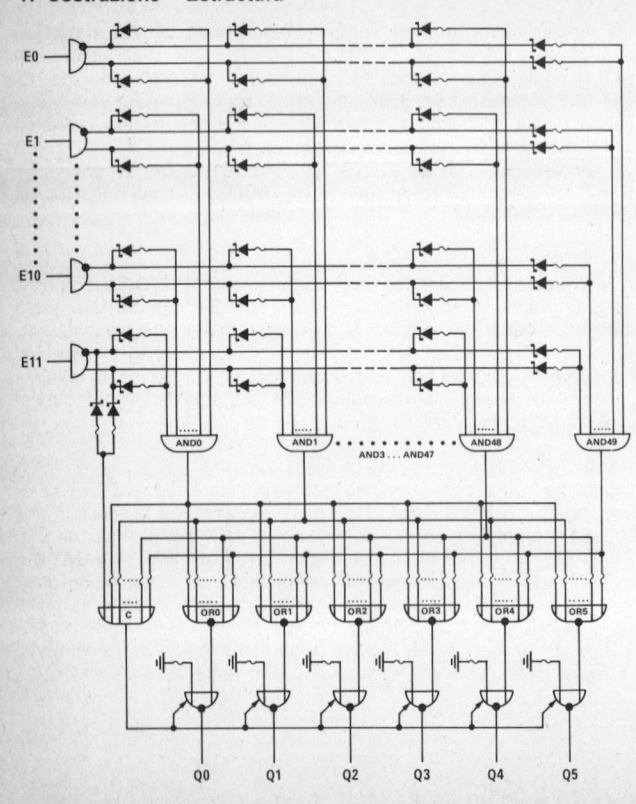

2. Funzione · Funcionamiento

La FPLA è una molto complessa matrice del tipo AND/OR, liberamente programmabile. Il semplificato schema elettrico qui accanto ne illustra la funzione: Le entrate da E0 a E11 vengono accoppiate a scelta in combinazioni AND di E ed $\overline{E}$. Esistono cosi 50 possibilità di combinazioni (da AND 0 a AND 49). Le uscite di queste porte di AND si possono collegare a volontà con OR (pure in combinazioni di vero e non vero). Le uscite delle FPLA da Q0 a Q5 sono ora anche programmabili come Q oppure $\overline{Q}$ di queste porte di OR. La 74S330 ha uscite a tre stati, la 74S331 uscite a collettore aperto con integrata resistenza di 2,5k.

La FPLA es una matriz AND/OR de alta complejidad programable libremente. El diagrama simplificado adjunto aclara su funcionamiento: Las entradas E0 a E11 se pueden combinar a voluntad, bien con E o con $\overline{E}$, para lo que se dispone de 50 posibles combinaciones (AND 0 a AND 49). Las salidas de estas puertas pueden combinarse a voluntad mediante puertas OR, e, igual que en el caso anterior, tanto con la entrada directa como con la negada. Las salidas de la FPLA Q0 a Q5 pueden programarse además como Q o bien $\overline{Q}$ de las puertas OR anteriores. La 74S330 presenta salidas a tres estados, la 74S331 a colector abierto con resistencia de 2,5k integrada.

74S330J,N · 74S331J,N · 54S330J · 54S331J

FPLA

3. Programmierung in 3 Stufen · Sequential programming · Programmation en 3 étapes

3.1. Ausgänge · Outputs · Sorties

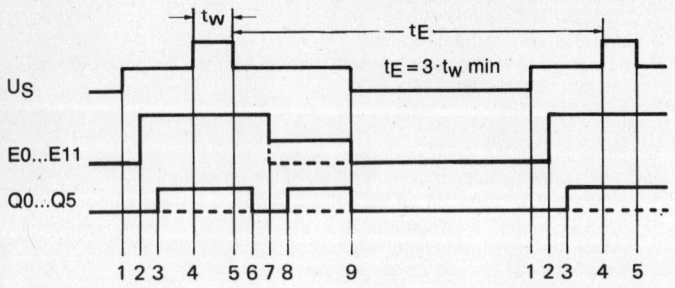

$t_W = 0,9$ ms min, 1 ms typ, 20 ms max

$t_E = 3 \cdot t_W$ min

Signals: U_S, E0...E11, Q0...Q5

Q5	Q4	Q3	Q2	Q1	Q0	Adresse	Programm
H	H	L	L	H	L	50	Q5 = OR5
H	H	L	L	H	H	51	Q4 = OR4
H	H	L	H	L	H	52	Q3 = OR3
H	H	L	H	L	H	53	Q2 = OR2
H	H	L	H	H	L	54	Q1 = OR1
H	H	L	H	H	H	55	Q0 = OR0
H	H	H	L	L	L	56	E11 → C
H	H	H	L	L	H	57	C = activ

1 Anlegen der Versorgungsspannung (5 V)
2 Sperren der Ausgänge durch Anlegen von 10,5 V an die Eingänge
3 Einstellen der Adresse an den Ausgängen nach obiger Tabelle
4 Erhöhen der Versorgungsspannung auf 10,5 V
5 Reduzieren der Versorgungsspannung auf 5 V
6 Spannungen an den Ausgängen abschalten
7 Eingänge auf H oder L legen
8 Programmierung prüfen
9 Spannungen können während der Erholzeit t_E abgeschaltet werden, um die durchschnittliche Leistungsaufnahme zu reduzieren.

1 Apply steady-state supply voltage (5 V)
2 Disable the outputs by applying 10.5 V to the data inputs
3 Address the output to be programmed using the above table
4 Step supply voltage to 10.5 V
5 Step down supply voltage to 5 V
6 Shut down output voltage
7 Apply H- or L-level to the inputs
8 Verify programming
9 Voltages may be shut down during sense recovery time, to reduce average power dissipation.

1 Application de la tension d'alimentation (5 V)
2 Blocage des sorties par application de 10,5 V aux entrées
3 Réglage de l'adresse aux sorties, conformément au tableau ci-haut
4 Augmentation à 10,5 V de la tension d'alimentation
5 Réduction à 5 V de la tension d'alimentation
6 Déconnecter les tensions aux sorties
7 Appliquer à H ou L les entrées
8 Verifier la programmation
9 Les tensions peuvent être déconnectées au cours du temps de rétablissement (réduction de la puissance absorbée).

74S330 J, N · 74S331 J, N · 54S330 J · 54S331 J

3. Programmazione in 3 stadi · Programación en 3 fases

3.1. Uscite · Salidas

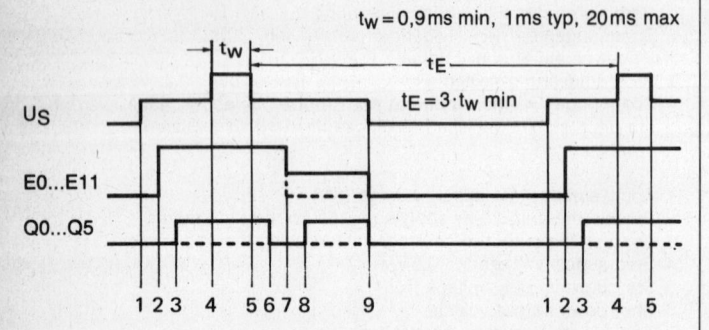

$t_W = 0,9$ ms min, 1 ms typ, 20 ms max

$t_E = 3 \cdot t_W$ min

U_S
$E_0...E_{11}$
$Q_0...Q_5$

1 Applicazione della corrente di alimentazione (5 V)
2 Bloccaggio delle uscite applicando 10,5 V alle entrate
3 Regolazione dell'indirizzo alle uscite secondo la tabella sopra
4 Aumento della corrente di alimentazione a 10,5 V
5 Riduzione della corrente di alimentazione a 5 V
6 Interrompere le tensioni alle uscite
7 Collegare entrate con H o L
8 Controllare la programmazione
9 Le tensione possono venir interrote durante il tempo di riposo per ridurre la potenza media assorbita.

1 Aplicar la tensión de alimentación (5 V)
2 Bloquear las salidas aplicando 10,5 V a las entradas
3 Seleccionar la dirección en las salidas según la tabla superior
4 Elevar la tensión de alimentación a 10,5 V
5 Reducir la tensión de alimentatión de 5 V
6 Desconectar la tensión de las salidas
7 Aplicar a las entradas nivel H ó L
8 Comprobar la programación
9 Las tensiones pueden desconectarse durante el tiempo de recuperación t_E para reducir el consumo medio de potencia.

Q5	Q4	Q3	Q2	Q1	Q0	Adresse	Programm
H	H	L	L	H	L	50	Q5 = OR5
H	H	L	L	H	H	51	Q4 = OR4
H	H	L	H	L	L	52	Q3 = OR3
H	H	L	H	L	H	53	Q2 = OR2
H	H	L	H	H	L	54	Q1 = OR1
H	H	L	H	H	H	55	Q0 = OR0
H	H	H	L	L	L	56	E11 → C
H	H	H	L	L	H	57	C = activ

FPLA 74S330J,N · 74S331J,N · 54S330J · 54S331J FPLA

3.2. AND-Matrix · AND matrix

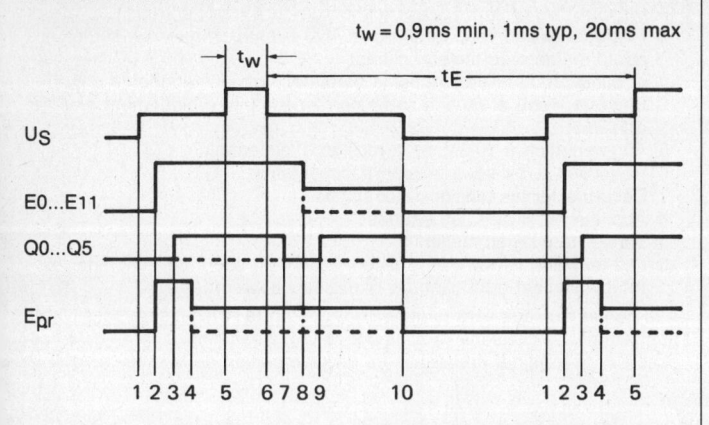

$t_W = 0.9$ ms min, 1 ms typ, 20 ms max

Signals: U_S, $E0...E11$, $Q0...Q5$, E_{pr}

1 Anlegen der Versorgungsspannung (5 V)
2 Sperren der Ausgänge durch Anlegen von 10,5 V an die Eingänge
3 Einstellen der Adresse des zu programmierenden AND-Gatters an den Ausgängen nach nebenstehender Tabelle
4 Anlegen des Pegels, den das AND-Gatter als wahr verarbeiten soll, am entsprechenden Eingang. Ist der Pegel eines Eingangs für die gewünschte AND-Funktion irrelevant, so wird nacheinander mit H und L programmiert. Nur einen Eingang auf einmal programmieren.
5 Erhöhen der Versorgungsspannung auf 10,5 V
6 Reduzieren der Versorgungsspannung auf 5 V
7 Spannungen an den Ausgängen abschalten
8 Eingänge auf H oder L legen
9 Programmierung prüfen
10 Spannungen können während der Erholzeit t_E abgeschaltet werden, um die durchschnittliche Leistungsaufnahme zu reduzieren.

Wenn der Durchlauf für ein AND-Gatter abgeschlossen ist, können dessen Verbindungen zu den OR-Gattern programmiert werden. Es kann aber auch die Programmierung der AND-Matrix zuerst abgeschlossen werden.

Q5	Q4	Q3	Q2	Q1	Q0	Adresse	Programm
L	L	L	L	L	L	0	AND 0
L	L	L	L	L	H	1	AND 1
L	L	L	L	H	L	2	AND 2
L	L	L	L	H	H	3	AND 3
L	L	L	H	L	L	4	AND 4
:	:	:	:	:	:	:	:
H	H	L	L	L	L	48	AND 48
H	H	L	L	L	H	49	AND 49

1 Apply steady-state supply voltage (5 V)
2 Disable the outputs by applying 10.5 V to the data inputs
3 Address the AND-gate to be programmed using the above table
4 Apply the level to be true at the input to be programmed. For irrelevant levels apply first L, then H. Program only 1 input at a time.
5 Step supply voltage to 10.5 V
6 Step down supply voltage to 5 V
7 Shut down output voltage
8 Apply H- or L-level to the inputs
9 Verify programming
10 Voltages may be shut down during sense recovery time, to reduce average power dissipation.

The OR matrix for each product term can be programmed immediately upon completion of the AND-term associated with it; or, the entire AND matrix can be programmed before programming the OR matrix.

FPLA 74S330J,N · 74S331J,N · 54S330J · 54S331J

3.2. Matrice AND · Matrice AND

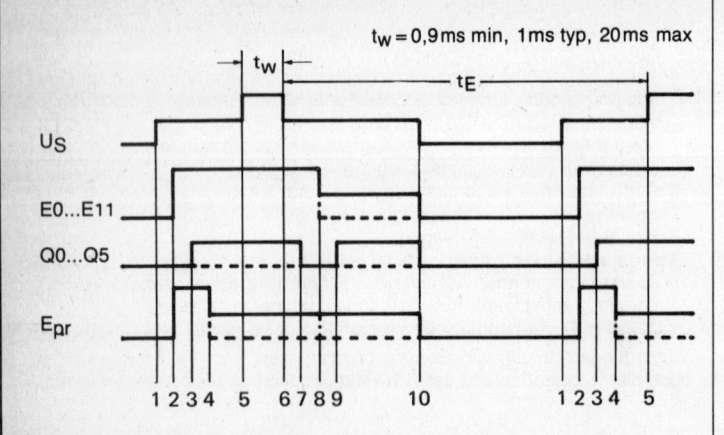

$t_W = 0{,}9$ ms min, 1 ms typ, 20 ms max

Signals: U_S, $E0...E11$, $Q0...Q5$, E_{pr}

Time points: 1 2 3 4 5 6 7 8 9 10 1 2 3 4 5

Q5	Q4	Q3	Q2	Q1	Q0	Adresse	Programm
L	L	L	L	L	L	0	AND 0
L	L	L	L	L	H	1	AND 1
L	L	L	L	H	L	2	AND 2
L	L	L	L	H	H	3	AND 3
L	L	L	H	L	L	4	AND 4
:	:	:	:	:	:	:	:
H	H	L	L	L	L	48	AND 48
H	H	L	L	L	H	49	AND 49

1. Application de la tension d'alimentation (5 V)
2. Blocage des sorties par application de 10,5 V aux entrées
3. Réglage de l'adresse de la porte AND à programmer aux sorties, conformément au tableau ci-haut
4. Application du niveau lequel la porte AND est demandée de traiter en tant que «réel» et ce à la sortie correspondante (uniquement 1 entrée à la fois)
5. Augmentation à 10,5 V de la tension d'alimentation
6. Réduction à 5 V de la tension d'alimentation
7. Déconnecter les tensions aux sorties
8. Appliquer à H ou L les entrées
9. Verifier la programmation
10. Les tensions peuvent être déconnectées au cours du temps de rétablissement (réduction de la puissance absorbée).

Dès que le passage sera terminé pour une porte AND, il sera possible de programmer ses liaisons vers les portes OR. Néamoins, il sera également possible de terminer auparavant la programmation de la matrice AND.

1. Applicazione della corrente di alimentazione (5 V)
2. Bloccaggio delle uscite applicando 10,5 V alle entrate
3. Regolazione dell'indirizzo della porta-AND da programmare alle uscite secondo la tabella di cui sopra
4. Applicazione del livello che la porta-AND deve elaborare alla rispettiva entrata (sempre una sola entrata alla volta)
5. Aumento della corrente di alimentazione a 10,5 V
6. Riduzione della corrente di alimentazione a 5 V
7. Interrompere le tensioni alle uscite
8. Collegare entrate con H o L
9. Controllare la programmazione
10. Le tensione possono venir interrote durante il tempo di riposo per ridurre la potenza media assorbita.

Se il ciclo per 1 porte-AND è terminato, possono essere programmati i suoi collegamenti con le porte-OR. Però, si può chiudere prima anche la programmazione della matrice AND.

FPLA 74S330J,N · 74S331J,N · 54S330J · 54S331J FPLA

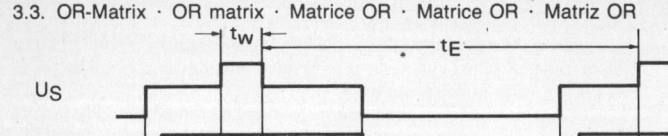

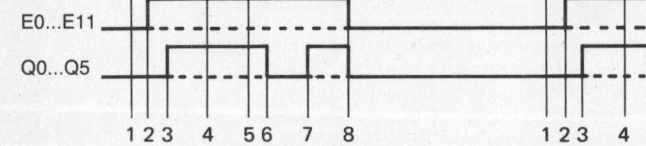

3.3. OR-Matrix · OR matrix · Matrice OR · Matrice OR · Matriz OR

```
         |← t_W →|
         |       |←——————— t_E ———————→|
  U_S  __|‾‾‾‾‾‾‾|_____|‾‾‾‾‾
  E0...E11  ___|‾‾‾‾‾‾‾‾‾‾‾‾‾‾‾‾‾|_____
  Q0...Q5   _____|‾‾‾‾‾‾‾|_____
           1  2  3  4  5  6  7  8    1 2 3 4
```

1. Anlegen der Versorgungsspannung (5 V)
2. Adressieren des AND-Gatters, dessen Ausgang programmiert werden soll. Die Adressierung erfolgt dabei durch Anlegen derjenigen Pegel an die Eingänge, für die das entsprechende AND-Gatter bereits programmiert ist.
3. Anlegen von 0,25 V an den Ausgang, dessen zugehöriges OR-Gatter die AND-Bedingungen als nicht wahr verarbeiten soll.
4. Erhöhen der Versorgungsspannung auf 10,5 V
5. Reduzieren der Versorgungsspannung auf 5 V
6. Spannungen an den Ausgängen abschalten
7. Programmierung prüfen
8. Spannungen können während der Erholzeit t_E abgeschaltet werden, um die durchschnittliche Leistungsaufnahme zu reduzieren.

1. Apply steady-state supply voltage (5 V)
2. Address the AND gate the output of which is to be programmed, by applying those levels to the inputs, the unique AND gate is already programmed for.
3. Enable the AND gate to be programmed by applying 0.25 V to the first output to be false in the product term.
4. Step supply voltage to 10.5 V
5. Step down supply voltage to 5 V
6. Shut down output voltage
7. Verify programming
8. Voltages may be shut down during sense recovery time, to reduce average power dissipation.

1. Application de la tension d'alimentation (5 V)
2. Adressage de la porte AND dont la sortie doit être programmée; l'adressage se fera alors par l'application de ces niveaux aux entrées pour lesquels sera déjà programmée la porte correspondante AND.
3. Application de 0,25 V aux sorties dont les portes OR correspondantes sont appelées à traiter comme «faux» la condition AND.
4. Augmentation à 10,5 V de la tension d'alimentation
5. Réduction à 5 V de la tension d'alimentation
6. Déconnecter les tensions aux sorties
7. Verifier la programmation
8. Les tensions peuvent être déconnectées au cours du temps de rétablissement (réduction de la puissance absorbée).

1. Applicazione della corrente di alimentazione (5 V)
2. Indirizzare la porta-AND, la cui uscita deve essere programmata. In questo caso l'indirizzare avviene mediante applicazione dei livelli alle entrate, per i quali la relativa porta-AND à già programmata.
3. Applicazione di 0,25 V alle uscite, le cui porte-OR devono elaborare la condizione di AND come errata.
4. Aumento della corrente di alimentazione a 10,5 V
5. Riduzione della corrente di alimentazione a 5 V
6. Interrompere le tensioni alle uscite
7. Controllare la programmazione
8. Le tensione possono venir interrote durante il tempo di riposo per ridurre la potenza media assorbita.

1. Aplicar la tensión de alimentación (5 V)
2. Direccionar la puerta AND cuya salida desee programarse. El direccionamiento se efectúa aplicando a las entradas el nivel de tensión para el que se haya programado previamente la puerta AND correspondiente.
3. Aplicar 0,25 V a la salida de la puerta OR que deba procesar la función AND como nivel L.
4. Elevar la tensión de alimentación a 10,5 V
5. Reducir la tensión de alimentatión a 5 V
6. Desconectar la tensión de las salidas
7. Comprobar la programación
8. Durante el tiempo de recuperación t_E pueden desconectarse las tensiones para reducir el consumo medio de potencia.

FPLA
74S330J,N · 74S331J,N · 54S330J · 54S331J
FPLA

3.2. Matriz AND

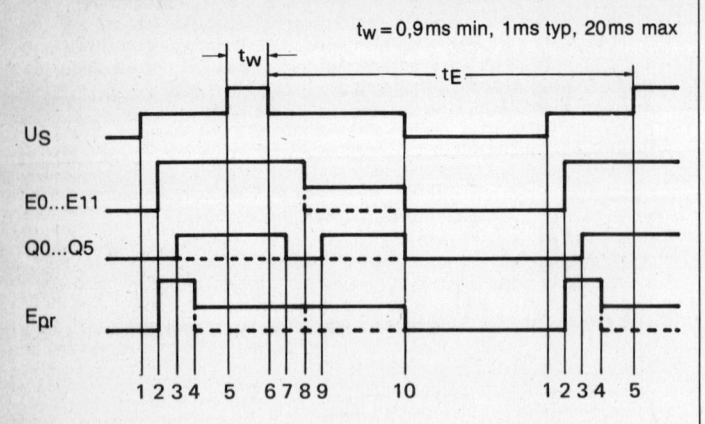

$t_W = 0{,}9\,\text{ms min}, 1\,\text{ms typ}, 20\,\text{ms max}$

1. Aplicar la tensión de alimentación (5 V)
2. Bloquear las salidas aplicando 10,5 V a las entradas
3. Seleccionar la dirección de la puerta AND a programar mediante las salidas y según la tabla superior
4. Aplicar a la entrada correspondiente el nivel de tensión correspondiente al nivel H de la puerta AND durante su funcionamiento. Cuando el nivel de una entrada sea irrelevante para la función AND deseada se programará primero nivel H y después L. Programar solamente una entrada cada vez.
5. Elevar la tensión de alimentación a 10,5 V
6. Reducir la tensión de alimentatión a 5 V
7. Desconectar la tensión de las salidas
8. Poner las entradas nivel H ó L
9. Comprobar la programación
10. Las tensiones pueden desconectarse durante el tiempo de recuperación t_E para reducir el consumo medio de potencia.

Una vez finalizada la programación de la puerta AND pueden programarse sus conexiones con las puertas OR, aunque también es posible acabar primero con la programación de toda la matriz AND.

Q5	Q4	Q3	Q2	Q1	Q0	Adresse	Programm
L	L	L	L	L	L	0	AND 0
L	L	L	L	L	H	1	AND 1
L	L	L	L	H	L	2	AND 2
L	L	L	L	H	H	3	AND 3
L	L	L	H	L	L	4	AND 4
⋮	⋮	⋮	⋮	⋮	⋮	⋮	⋮
H	H	L	L	L	L	48	AND 48
H	H	L	L	L	H	49	AND 49

FPLA   74S330 J,N · 74S331 J,N · 54S330 J · 54S331 J   FPLA

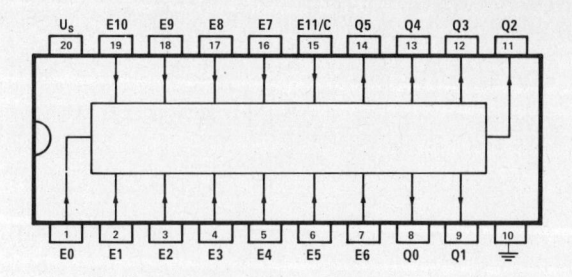

Pinout (20-pin DIP):

- Pin 20: U_s
- Pin 19: E10
- Pin 18: E9
- Pin 17: E8
- Pin 16: E7
- Pin 15: E11/C
- Pin 14: Q5
- Pin 13: Q4
- Pin 12: Q3
- Pin 11: Q2
- Pin 1: E0
- Pin 2: E1
- Pin 3: E2
- Pin 4: E3
- Pin 5: E4
- Pin 6: E5
- Pin 7: E6
- Pin 8: Q0
- Pin 9: Q1
- Pin 10: GND

Parameter	von/from	nach/to	typ
t_{PLH}	E0...E10	Q0...Q5	35 ns
t_{PHL}	E0...E10	Q0...Q5	35 ns
t_{ZL}	E11/C	Q0...Q5	15 ns
t_{ZH}	E11/C	Q0...Q5	15 ns
t_{LZ}	E11/C	Q0...Q5	15 ns
t_{HZ}	E11/C	Q0...Q5	15 ns
I_{CC}	(74S330)		110 mA
I_{CC}	(74S331)		122 mA

NOTIZEN · NOTES · ANNOTAZIONI · NOTECEAS

NOTIZEN · NOTES · ANNOTAZIONI · NOTECEAS

NOTIZEN · NOTES · ANNOTAZIONI · NOTECEAS